国防工业出版社

"十二五"国家重点出版规划项目

《航天器和导弹制导、导航与控制》丛书 Spacecraft Guided Missile

房建成　宁晓琳　刘　劲　著

航天器自主天文导航原理与方法(第2版)

Principles and Methods of Spacecraft Celestial Navigation(Second Edition)

国防工業出版社
National Defense Industry Press

图书在版编目(CIP)数据

航天器自主天文导航原理与方法/房建成,宁晓琳,刘劲著.
—2版.—北京:国防工业出版社,2017.5
(航天器和导弹制导、导航与控制)
ISBN 978-7-118-11090-6

Ⅰ.①航… Ⅱ.①房… ②宁… ③刘… Ⅲ.①航天器—天文导航—研究 Ⅳ.①V249.32

中国版本图书馆CIP数据核字(2017)第096243号

航天器自主天文导航原理与方法(第2版)

著　　者　房建成　宁晓琳　刘　劲　著
责任编辑　肖　姝　王　华
出版发行　国防工业出版社(010-88540717　010-88540777)
地址邮编　北京市海淀区紫竹院南路23号,100048
经　　售　新华书店
印　　刷　三河市腾飞印务有限公司
开　　本　710×1000　1/16
印　　张　49¼
印　　数　1-2000册
字　　数　955千字
版 印 次　2017年5月第2版第1次印刷

定　　价　198.00元　

致读者

本书由中央军委装备发展部国防科技图书出版基金资助出版。

为了促进国防科技和武器装备发展,加强社会主义物质文明和精神文明建设,培养优秀科技人才,确保国防科技优秀图书的出版,原国防科工委于1988年初决定每年拨出专款,设立国防科技图书出版基金,成立评审委员会,扶持、审定出版国防科技优秀图书。这是一项具有深远意义的创举。

国防科技图书出版基金资助的对象是:

1. 在国防科学技术领域中,学术水平高,内容有创见,在学科上居领先地位的基础科学理论图书;在工程技术理论方面有突破的应用科学专著。

2. 学术思想新颖,内容具体、实用,对国防科技和武器装备发展具有较大推动作用的专著;密切结合国防现代化和武器装备现代化需要的高新技术内容的专著。

3. 有重要发展前景和有重大开拓使用价值,密切结合国防现代化和武器装备现代化需要的新工艺、新材料内容的专著。

4. 填补目前我国科技领域空白并具有军事应用前景的薄弱学科和边缘学科的科技图书。

国防科技图书出版基金评审委员会在中央军委装备发展部的领导下开展工作,负责掌握出版基金的使用方向,评审受理的图书选题,决定资助的图书选题和资助金额,以及决定中断或取消资助等。经评审给予资助的图书,由中央军委装备发展部国防工业出版社出版发行。

国防科技和武器装备发展已经取得了举世瞩目的成就,国防科技图书承担着记载和弘扬这些成就，积累和传播科技知识的使命。开展好评审工作，使有限的基金发挥出巨大的效能，需要不断地摸索、认真地总结和及时地改进，更需要国防科技和武器装备建设战线广大科技工作者、专家、教授，以及社会各界朋友的热情支持。

让我们携起手来，为祖国昌盛、科技腾飞、出版繁荣而共同奋斗！

国防科技图书出版基金

评审委员会

国防科技图书出版基金
第七届评审委员会组成人员

主 任 委 员　潘银喜

副主任委员　吴有生　傅兴男　杨崇新

秘　书　长　杨崇新

副 秘 书 长　邢海鹰　谢晓阳

委员（按姓氏笔画排序）

才鸿年　马伟明　王小谟　王群书　甘茂治
甘晓华　卢秉恒　巩水利　刘泽金　孙秀冬
芮筱亭　李言荣　李德仁　李德毅　杨　伟
肖志力　吴宏鑫　张文栋　张信威　陆　军
陈良惠　房建成　赵万生　赵凤起　郭云飞
唐志共　陶西平　韩祖南　傅惠民　魏炳波

《航天器和导弹制导、导航与控制》丛书编委会

注:人名有*者均为院士。

总　序

航天器(Spacecraft)是指在地球大气层以外的宇宙空间(太空),按照天体力学的规律运行,执行探索、开发或利用太空及天体等特定任务的飞行器,例如人造地球卫星、飞船、深空探测器等。导弹(Guided Missile)是指携带有效载荷,依靠自身动力装置推进,由制导和导航系统导引控制飞行航迹,导向目标的飞行器,如战略/战术导弹、运载火箭等。

航天器和导弹技术是现代科学技术中发展最快,最引人注目的高新技术之一。它们的出现使人类的活动领域从地球扩展到太空,无论是从军事还是从和平利用空间的角度都使人类的认识发生了极其重大的变化。

制导、导航与控制(Guidance Navigation and Control,GNC)是实现航天器和导弹飞行性能的系统技术,是飞行器技术最复杂的核心技术之一,是集自动控制、计算机、精密机械、仪器仪表以及数学、力学、光学和电子学等多领域于一体的前沿交叉科学技术。

中国航天事业历经50多年的努力,在航天器和导弹的制导、导航与控制技术领域取得了辉煌的成就,达到了世界先进水平。这些成就不仅为增强国防实力和促进经济发展起了重大作用,而且也促进了相关领域科学技术的进步和发展。

1987年出版的"导弹与航天丛书"以工程应用为主,体现了工程的系统性和实用性,是我国航天科技队伍30年心血凝聚的精神和智慧成果,是多种专业技术工作者通力合作的产物。此后20余年,我国航天器和导弹的制导、导航与控制技术又有了突飞猛进的发展,取得了许多创新性成果,这些成果是航天器和导弹的制导、导航与控制领域的新理论、新方法和新技术的集中体现。为适应新形势的需要,我们决定组织撰写出版"航天器和导弹制导、导航与控制”丛书。本丛书以基础性、前瞻性和创新性研究成果为主，突出工程应用中的关键技术。这套丛书不仅是新理论、新方法、新技术的总结与提炼，而且希望推动这些理论、方法和技术在工程中推广应用，更希望通过“产、学、研、用”相结合的方式使我国制导、导航与控制技术研究取得更大进步。

本丛书分两个部分：第一部分是制导、导航与控制的理论和方法；第二部分是制导、导航与控制的系统和器部件技术。

本丛书的作者主要来自北京航空航天大学、哈尔滨工业大学、西北工业大学、国防科学技术大学、清华大学、北京理工大学、华中科技大学和南京航空航天大学等高等学校，中国航天科技集团公司和中国航天科工集团公司所属的研究院所，以及“宇航智能控制技术”“空间智能控制技术”“飞行控制一体化技术”“惯性技术”“航天飞行力学技术”等国家级重点实验室，而且大多为该领域的优秀中青年学术带头人及其创新团队的成员。他们根据丛书编委会总体设计要求，从不同角度将自己研究的创新成果，包括一批获国家和省部级发明奖与科技进步奖的成果撰写成书，每本书均具有鲜明的创新特色和前瞻性。本丛书既可为从事相关专业技术研究和应用领域的工程技术人员提供参考，也可作为相关专业的高年级本科生和研究生的教材及参考书。

为了撰写好本丛书，特别聘请了本领域德高望重的陆元九院士、屠善澄院士和梁思礼院士担任丛书编委会顾问。编委会由本领域各方面的知名专家和学者组成，编著人员在组织和技术工作上付出了很多心血。本丛书得到了中央军委装备发展部国防科技图书出版基金资助和国防工业出版社的大力支持。在此一并表示衷心感谢！

期望这套丛书能对我国航天器和导弹的制导、导航与控制技术的人才培养及创新性成果的工程应用发挥积极作用，进一步促进我国航天事业迈向新的更高的目标。

丛书编委会

2010 年 8 月

前　言

天文导航技术是一门既古老又年轻的技术，起源于航海，发展于航空，辉煌于航天。自20世纪60年代以来，随着航天事业的发展，尤其是载人航天和深空探测任务的实施，都对航天器的自主导航技术提出了新的要求。作为航天器的主要自主导航方式之一，航天器天文导航技术也获得了高速发展。

早在20世纪60年代，国外就开始研究基于天体敏感器的航天器天文导航技术。与此同时，不断发展与天文导航系统相适应的各种敏感器，包括地球敏感器、太阳敏感器、星敏感器、自动空间六分仪等。例如，美国的林肯试验卫星-6、“阿波罗”登月飞船、苏联“和平”号空间站以及与飞船的交会对接等航天任务都成功地应用了天文导航技术。从70年代开始，随着深空探测任务的发展，天文导航技术也在深空探测器上获得应用，“水手”9号、“旅行者”1号和2号、“伽利略”号和“卡西尼”号探测器上均使用了天文导航技术。从90年代开始，天文导航系统作为完全独立的自主导航系统，在“深空”1号、星尘号、深度撞击等探测器上获得成功，开启了航天器天文导航技术的新篇章。

我国近年来航天事业快速发展，2005年“神舟”五号第一次实现了中国的载人梦想，此后，“神舟”六号到“神舟”十号也相继成功。在深空探测方面，“嫦娥”一号到“嫦娥”三号分别实现了绕月探测、月球着陆和巡视勘测，在不久的将来还将实现月球的采样返回。这些激动人心的航天任务都为航天器的自主天文导航研究带来了新的挑战。天文导航技术作为地球卫星、深空探测器和空间站自主导航的主要方式和远程弹道导弹、运载火箭和高空远程侦察机等的重要辅助导航手段，在未来人类探索宇宙的星际航行中也必将发挥重要的作用。

本书重点研究航天器天文导航的基本原理和方法。全书内容共分15章。第1章～第4章，主要介绍了天文导航的相关基础知识和基本理论，其中：第1章，主要综述了天文导航技术的发展过程，简要介绍了航天器天文导航中常用的坐标系、时间系统和天体运动等基础知识；第2章简要介绍了天文导航中常用的天体敏感器；第3章概述了航天器的轨道姿态动力学方程；第4章介绍了航天器天文导航的测角、测距和测速三种主要量测信息和相应的量测方程，以及非线性滤波方法。第5章和第6章系统地论述了地球卫星自主天文导航的原理与方法。由于地球卫星的轨道动力学模型为二体问题，目前已有较精确的模型，因此天文量测信息尤其是制约导航精度的地平信息就成为地球卫星天文导航的关键。根据敏感地平方式的不同，地球卫星自主天文导航方法可分为直接敏感地平和利用大气星光折射间接敏感地平两种，因此本书用两个章节分别对这两种方法的原理、数学模型、滤波方法、计算机仿真结果以及相应的系统可观测性分析进行了全面、深入的研究。第7章～第9章专门研究了深空探测器的自主天文导航原理与方法。根据测量方式的不同，深空探测器天文导航方法可分为测角、测距和测速。本部分分别针对测角、测距的不同特点和要求，研究了相应的自主天文导航方法。在此基础上，利用不同测量方法之间的互补性，研究了多种测角/测距/测速组合导航方法。天文导航的另一个重要的应用领域，是在深空探测巡视器和弹道导弹中作为辅助导航手段与惯性、视觉等导航技术相结合进行组合导航。第10章和第11章主要介绍了作者课题组将惯性/天文组合导航应用在巡视器和弹道导弹上取得的部分研究成果。第12章～第14章介绍了天文导航的计算机仿真和半物理仿真技术，其中：第12章阐述了如何利用STK软件生成卫星和深空探测器的轨道和姿态数据文件进行天文导航的计算机仿真的方法；第13章、第14章则介绍了作者课题组研制的天文导航半物理仿真系统及其设计方法，以及星图匹配和星体识别等关键技术。最后在第15章还对天文导航未来的发展趋势进行了展望。

作者及其课题组从20世纪末开始航天器天文导航方向的研究工作，在总结多年的教学实践和科研成果的基础上于2006年出版了《航天器自主天文导航原理与方法》,获得了同行专家及相关科研人员的好评。本书在此基础上整合了近年来在国家自然科学基金重点项目(61233005)和国家重点基础研究发展计划("973"计划)项目(2014CB744202)等支持下取得的最新科研成果,对大部分内容进行了更新,尤其是在深空探测器的自主天文导航技术方面,大幅增加了测角、测距、测速及其组合导航方法的研究进展。本书内容涉及多门学科前沿,内容较新。由于作者水平有限,难免存在不妥和错误之处,恳请广大同行、读者批评指正。最后,感谢在本书撰写过程中所有给予关心、支持和帮助的人们。

作者

2016 年 10 月

目　录

CONTENTS

第 1 章 概 论

本章简要概述了航天器自主导航和天文导航的现状，总结了天文导航的特点，并介绍了坐标系、时间系统以及天体和天体的运动等基础知识。

1.1 航天器自主导航和天文导航概述

航天器导航是指确定航天器的位置、速度和姿态等信息的技术，分为地基导航和自主导航两类。目前，航天器主要是依靠地面站的无线电测控进行地基定位导航，由于受地理条件的限制，国内地面站可测控的航天器轨道弧段总是有限的，往往难以实现整个轨道的定位导航，尤其是对距离遥远的深空探测器，更是存在时延长、信号弱、测角精度低等不足。为了提高航天器的自主运行、自主管理和在轨生存能力，各国都在积极发展各种不依赖地面无线电测控的自主导航技术。自主导航是指不与外界进行信息传输和交换，不依赖于地面设备的定位导航技术。航天器的种类很多，每种航天器都有自己的自主导航技术。

地球卫星是目前数量最多的航天器，在通信、导航、资源调查与测绘、气象与灾害预报以及军事等领域发挥着重要作用。目前，地球卫星的自主导航方法包括基于磁强计的导航方法、基于雷达高度计的导航方法和天文导航方法等。深空探测器是另一类非常重要的航天器，在 20 世纪人类共发射了 100 多颗深空探测器对太阳系进行探测和监测。对于深空探测器而言,利用各种天体如恒星、行星、小行星和X射线脉冲星等的天文导航是唯一有效的自主导航手段。

1.1.1 地球卫星的自主导航技术

由于地球卫星与地球距离较近,因此地球卫星的自主导航主要利用地球的各种观测量,如地磁场、地心距和地心方向等。根据所用量测信息和测量仪器的不同,地球卫星的自主导航方法可分为如下三类。

(1) 基于磁强计的自主导航。三轴磁强计是一种可靠、廉价的姿态敏感器,它能敏感地球的磁场强度。如果分别测得不共面的三个方向上的地磁分量的强度,就能测得地磁矢量的方向和强度,由此可获得地磁参考矢量在卫星本体坐标系中的方位。由于地磁场的强度和方向是位置的函数,因此通过比较卫星所在位置地磁场强度的量测值与国际地磁场模型(IGRF)的标准值,就可间接获取航天器相对于地球的位置信息。

20世纪90年代初,Bar－Itzhack首先提出了利用磁强计测量地磁场实现卫星自主定轨的方法,国内对此方法也进行了研究,仿真结果表明,当磁强计测量精度为40nT时,位置精度为300～1500m。由于地磁场模型和磁强计本身精度的限制以及地磁场的可变性,这种方法的导航精度不高,主要适用于低成本、低轨小卫星。

(2) 基于雷达高度计的自主导航。雷达测高仪(或称雷达高度计)是海洋卫星必备的有效载荷,用于测绘海洋起伏、表面流、潮汐和波浪。利用对称斜装的雷达测高仪测量卫星至地球表面的斜距,同时考虑地球形状的影响,可获得高精度地心方向(约0.004°)和轨道高度的测量值。苏联在20世纪70年代中期首先研制了基于雷达高度计的自主导航系统,并进行了在轨飞行试验。该系统采用了框架式星跟踪器,测角精度约为10′,测高仪在海平面上的高度测量精度为2～3m,系统导航精度约为15km。该系统进行了改进,改进后的系统采用捷联式电荷耦合器(Charge Coupled Device,CCD)星敏感器,预计导航精度可达200m。雷达高度计自主导航系统可自主确定卫星的轨道和三轴姿态,但导航敏感器的重量和功耗较大,且导航精度受到地球海平面高度模型的不确定性,微波波束方向相对于卫星本体的标定误差等因素的制约,仅适用于轨道高度小于1000km的卫星。

(3) 基于天体敏感器的自主天文导航。地球卫星自主天文导航是利用天体敏感器测得的天体(恒星、地球、月球、太阳和其他行星)方位信息,结合星历数据获取卫星的位置、速度和姿态,其基本原理如图1-1所示。近年来,地球卫星自主天文导航方法主要包括直接敏感地平的天文导航方法和新颖的利用星光折射间接敏感地平的天文导航方法。

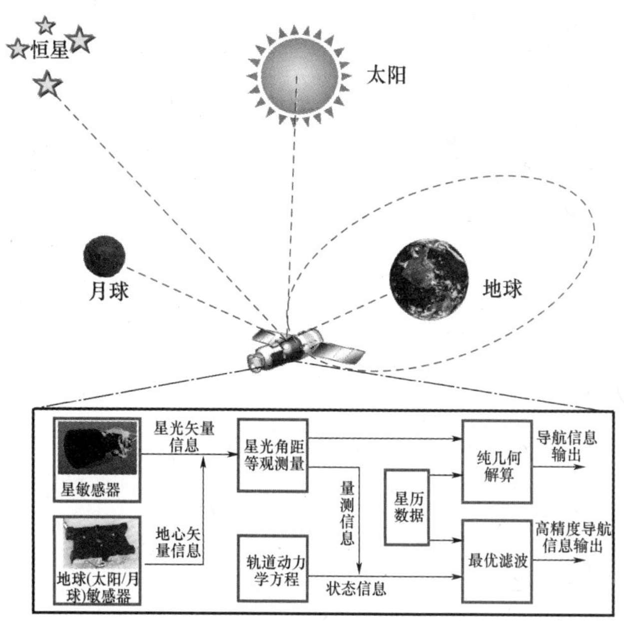

图1-1　航天器的自主天文导航的基本原理

直接敏感地平的天文导航方法根据其所使用的敏感器的不同,有两种实现方案。

第一种方案是直接利用由红外地平仪、星敏感器和惯性测量单元获得的星光方向与地平方向之间的夹角作为观测量,这种方案的优点是成本较低、技术成熟、可靠性高,但受地平仪精度的限制,导航精度不高,当星敏感器精度为3″、地平仪精度为0.02°时,导航精度在1km以上。

第二种方案是以由自动空间六分仪测得的恒星与地球边缘、恒星与月球的明亮边缘之间的夹角作为量测量,利用最小二乘卡尔曼滤波对测量数据进行实时处理获得卫星的导航信息。由于空间六分仪采用了复杂的测角机构,角度测量精度可达1″,因此该方案的三轴姿态估计精度可达1″(1σ),位置估计精度在200~300m(1σ)。美国20世纪70年代初开始研制的空间六分仪/自主导航和姿态基准系统(Space Sextant-Autonomous Navigation and Attitude Reference System,SS/ANARS)就是采用了这种方案。但该方案的缺点是仪器结构复杂、成本很高且研制周期长。

基于星光折射间接敏感地平的天文导航方法是20世纪80年代初发展起来的一种低成本的航天器自主天文导航方案。这一方法利用高精度的CCD星敏感器,以及大气对星光折射的数学模型及误差补偿方法,精确间接敏感地平。研究结果表明,通过星光折射间接敏感地平进行航天器自主导航,精度可达100m(1σ)。这种天文导航方法结构简单、成本低廉,能达到较高的导航精度,是一种很有前途的天文导航方法。美国于20世纪80年代初开始研制,1989年进行空间试验,90年代投入使用的多任务姿态确定和自主导航系统(Multi-mission Attitude Determination and Autonomous Navigation System,MADAN)便利用了星光折射敏感地平原理。

美国Microcosm公司还研制了麦氏自主导航系统(Microcosm Autonomous Navigation System,MANS)。MANS利用专用的麦氏自主导航敏感器对地球、太阳、月球的在轨测量数据实时确定航天器的轨道,同时确定航天器的三轴姿态,是完全意义上的自主导航系统。MANS的导航敏感器是在EDO公司巴恩斯工程部研制的双锥扫描地平仪的基础上增加了一对扇形扫描式日、月敏感器,由对地球的红外辐射圆盘的角半径以及地心、日、月方向矢量的量测值确定航天器的轨道和三轴姿态。MANS的主要特点是:基于一个导航敏感器的测量值即可完成自主导航和三轴姿态确定的任务,可应用于中低轨道卫星;导航敏感器由通常的圆锥扫描式红外地球敏感器经过改进而成,重量小、功耗低、成本低廉,采用了先进的轨道动力学模型、敏感器设计加工标定技术、精确的地球大气模型等最新技术成果。1994年3月,美国空军在范登堡空军基地发射"空间试验平台—零号"航天器,其有效载荷为"自主运行生存技术"(Technology for Autonomous Operational Survivability,TAOS)"飞行试验设备。通过飞行试验对MANS天文导航系统及其关键技术进行了检验,验证结果公布的导航精度为:位置精度100m(3σ),速度精度0.1m/s(3σ)。

美国、苏联等航天大国早在空间飞行的初始阶段就开展了地球卫星自主天文导航的研究工作,至今已有近40年的历史。与此同时,还不断发展了与各种自主天文导航系统配套的敏感器,包括地平扫描仪、星敏感器以及空间六分仪等。美国的“林肯”试验卫星-6,苏联“和平”号空间站以及飞船的交会对接等航天任务中都应用了自主天文导航技术。表1-1给出了国际上地球卫星自主天文导航系统的发展过程。

表1-1 自主天文导航系统发展过程

日期/年	系统名称	测量类型	测量仪器	最高定位精度(1σ)
1977—1981	空间六分仪/自主导航和姿态基准系统(SS/ANARS)	恒星方向,月球(地球)边缘	空间六分仪	224m
1979—1985	多任务姿态确定和自主导航系统(MADAN)	恒星方向,地平方向	星敏感器与地平仪	100m
1988—1994	麦氏自主导航系统(MANS)	对地距离(用光学敏感器测量),对地、对日及对月的方向	MANS天体敏感器	30m

1.1.2 深空探测器的自主天文导航技术

深空探测器由于其距离太阳和各行星的距离都较远,上述用于地球卫星的自主导航方法,如基于磁强计和雷达高度计的自主导航方法都无法使用,此时,天文导航是唯一有效的自主导航手段。根据测量方式的不同,深空探测器的自主天文导航方法大致可分为测角、测距和测速三类。

1.1.2.1 深空探测器天文测角导航

美国是最先实现深空探测器自主天文导航的国家,如“水手”号(Mariner)、“海盗”号(Viking)、“旅行者”号(Voyager)等。早期的自主导航任务都是将敏感器获取的导航信息发送回地基导航系统进行处理后,再上传回深空探测器。从“深空”1号开始,美国国家航空航天局(NASA)开始尝试在轨验证捕获段的完全自主导航技术,在火星勘测轨道器、深空撞击任务中真正实现了完全自主的基于目标天体及其卫星的捕获段自主导航。同时,欧洲航天局(ESA)也在积极研究捕获段自主导航技术,并实现了地面验证。

表1-2总结了测角自主导航技术在深空探测器的应用情况。

表1-2　深空任务中自主导航的应用情况

序号	发射时间	任务/探测器	机构	自主导航系统	核心敏感器
1	1973.11.3	"水手"10号 Mariner10 (三轴)	NASA	导航阶段:水星捕获段。 量测量:水星和背景恒星图像、无线电测控数据。 滤波方法:批处理最小二乘滤波、批处理序贯滤波和平滑	科学摄像望远镜相机A和相机B
2	1977.8.20	"旅行者"2号 Voyager Ⅱ (三轴)	NASA/JPL	导航阶段:捕获段(借力飞行交会)。 量测量:行星和行星卫星、恒星背景无线电测速、测距信息。 滤波方法:批处理最小二乘滤波、批处理序贯滤波和平滑	宽视场和窄视场成像相机
3	1977.9.5	"旅行者"1号 Voyager Ⅰ (三轴)	NASA/JPL	同Voyager Ⅱ	宽视场和窄视场成像相机
4	1989.10.18	"伽利略"号 Galileo (三轴)	NASA	导航阶段:小行星和木星捕获段。 量测量:小行星及背景恒星图像、木星/卫星/背景恒星图像、无线电测控数据。 导航精度:20km。 滤波方法:序贯批处理滤波	固态成像仪
5	1990.1.24	"飞天"号 Muses-A (Hiten) (自旋)	ISAS	量测量:无线电测控数据、地球/月球/背景恒星图像。 导航精度:10km。 成就:自主天文导航技术第一次在自旋稳定卫星上的应用	光学导航敏感器、地平仪

（续）

序号	发射时间	任务/探测器	机构	自主导航系统	核心敏感器
6	1996. 2. 17	“近地小行星交会”号 NEAR （三轴）	NASA/JPL	导航阶段:捕获段(地球/Eros)。 量测量:无线电测控数据、月球/地球/背景恒星图像。 滤波方法:平方根信息滤波	多光谱成像仪
7	1997. 10. 6	“卡西尼”号 Cassini （三轴）	NASA/ESA/ASI	导航阶段:捕获段(木星/木星卫星)。 量测量:土星卫星图像、无线电测速测距数据。 导航精度:10km。 滤波方法:伪历元状态估计滤波	惯性恒注罗盘
8	1999. 2. 7	“星尘”号 Stardust （三轴）	NASA/JPL	导航阶段:捕获段(地球/彗星Wild2/ Tempel1)。 量测量:无线电双程测速测距数据、彗星及背景恒星图像。 滤波方法:平方根信息滤波、加权最小二乘滤波	导航相机
9	2003. 9. 27	“智慧”1号 SMART－1 （三轴）	ESA	导航阶段:捕获段(月球)。 量测量:月球/地球/小行星图像。 滤波方法:平方根信息滤波。 导航精度:230km	先进月球微型成像仪
10	2004. 3. 2	“罗塞塔”号 Rosetta （三轴）	ESA	导航阶段:小行星(Stein,Luteria)。 量测量:无线电测控数据、小行星图像数据。 滤波方法:平方根信息滤波。 导航精度:20km	导航相机、光学光谱红外远程成像仪

(续)

序号	发射时间	任务/探测器	机构	自主导航系统	核心敏感器
11	2004.8.3	“信使”号 MESSENGER (三轴)	NASA	导航阶段:捕获段(地球/金星/水星)。 量测量:地球/月球/金星/水星图像、无线电测控测距组合导航、激光高度数据陆标数据。 滤波方法:批处理滤波/卡尔曼滤波。 导航精度:10km	水星双镜头成像敏感器(宽视场/窄视场)
12	2006.1.19	“新地平线”号 New Horizons (三轴)	NASA	导航阶段:捕获段(冥王星)。 量测量:冥王星/卫星/背景恒星图像、无线电测速测距数据。 滤波方法:平方根信息滤波。 导航精度:10km	远距离侦查成像仪、多光谱可见光成像相机
13	2007.9.27	“黎明”号 Dawn (三轴)	NASA	导航阶段:捕获段(小行星)。 量测量:无线电测控信号、小行星陆标数据。 滤波方法:平方根加权最小二乘滤波 导航精度:1.2~0.8km(捕获段早期)0.5km(捕获段晚期)	可见光红外光谱仪、导航相机

国内在深空探测天文测角导航方面的研究起步较晚,且尚未在深空任务中成功应用。但近年来天文测角导航技术作为深空探测飞行任务转移段、捕获段、着陆段等各阶段的共性关键技术取得了较快的发展。北京航空航天大学、北京控制工程研究所、上海航天控制技术研究所、中国科学院光电技术研究所、哈尔滨工业大学、北京理工大学、清华大学、国家天文台、国防科技大学等均在该方向进行了研究。

1.1.2.2 X射线脉冲星天文测距自主导航研究现状

1974年,美国JPL的G. S. Downs首先提出了射电脉冲星用于行星际导航的思想。1980 年,G. S. Downs 和 P. E. Reichley 提出了基于脉冲星脉冲到达时间的测量方法。1981 年,T. J. Chester 和 S. A. Butman 提出了基于脉冲星的 X 射线波段进行导航的改进方法,并建议将 X 射线脉冲星应用于深空探测自主导航。1993 年,美国海军研究实验室的 K. S. Wood 对基于 X 射线源的授时、定轨和定姿方法展开了深入研究。21 世纪,X 射线脉冲星导航研究成为航天器自主导航领域的热点。2004 年初,美国国防部国防预先研究项目局(Defense Advanced Research Projects Agency,DARPA)提出了"基于 X 射线源的自主导航定位验证"计划(X – ray Source – based Navigation for Autonomous Position Determination Program,XNAV)。X 射线脉冲星导航已经被纳入了美国国防部长期发展战略规划纲要中。同年,欧洲航天局(European Space Agency,ESA)也开展了 X 射线脉冲星导航可行性的论证工作。2005 年,美国马里兰大学的 S. I. Sheikh 系统阐述了基于 X 射线脉冲星的自主导航原理,建立了脉冲到达时间测量模型,并利用扩展卡尔曼滤波方法为航天器提供位置、姿态、时间等信息,并针对多个地球卫星和月球卫星进行了仿真。2011 年,美国加州大学的 A. Emadzadeh 提出了基于 X 射线脉冲星的相对导航方法,并将此方法应用于探测器的编队飞行中。

在深空探测 X 射线脉冲星天文测距导航方面,中国空间技术研究院对 X 射线脉冲星导航原理、时间转换机理、鲁棒滤波方法等方面也开展了深入的研究工作。北京航空航天大学在 X 射线脉冲星导航原理、X 射线脉冲星常值测量误差扩维状态估计、X 射线脉冲星/小行星组合导航、X 射线脉冲星/多普勒测速组合导航等方向都开展了相关研究。国防科学技术大学对行星际航行的轨道设计与优化、中段轨道修正、制导与控制和 X 射线脉冲星自主导航的相关理论和方法进行了深入的研究,并研制了 X 射线脉冲星导航地面试验系统,完成了性能测试、脉冲到达时间估计算法检验和导航算法验证等功能。华中科技大学和武汉科技大学对 X 射线脉冲星星历误差、X 射线脉冲星导航滤波方法、X 射线脉冲星组合导航等方面也开展了研究。西安电子科技大学在脉冲星信号处理方面进行了研究。

1.1.2.3 天文测速自主导航研究现状

1960 年,美国富兰克林研究所的 R. G. Franklin 提出了通过测量天体光谱多普勒频移确定探测器速度的构想。由于仅采用观测太阳光学多普勒径向速度这一观测量时自主导航系统不可观测,1999年,美国约翰·霍普金斯大学的研究学者Y. P. Guo提出了利用测量太阳光多普勒径向速度和太阳矢量方向的自主天文导航方法。2000年,美国德克萨斯大学的J. R. Yim采用太阳的光学多普勒径向速度,与太阳和地球的矢量方向共同作为量测量,提出了一种深空探测器的自主导航方法。2002年,T. A. Henderson等研究学者搭建了基于太阳多普勒频移测速的探测器轨道确定半物理仿真系统。

在国内,上海卫星工程研究所围绕我国即将开展的第一次独立探火任务,提出了基于恒星光谱测速的天文自主导航方法,北京航空航天大学提出了在太阳光谱稳定条件下基于恒星光谱测速和脉冲星天文测距组合的导航方法,北京理工大学提出了一种基于太阳多普勒测速信息与天体视线矢量信息组合的自主导航方法,国防科学技术大学提出了一种基于脉冲星与太阳多普勒频移测速的自主导航方法,华中科技大学提出了一种利用基于太阳多普勒/脉冲星信息融合方法。

1.1.3 天文导航特点

天文导航是通过测量自然天体相对航天器的矢量方向来实现定位导航的。日月星辰构成的惯性参考系,具有无可比拟的精确性和可靠性,因此天文导航具有以下特点。

1. 被动式测量、自主式导航

天文导航以天体为导航信标,不依赖于其他外部信息,也不向外部辐射能量,被动接收天体辐射或反射的光,进而获取导航信息,是一种完全自主的导航方式,工作安全、隐蔽。

2. 导航精度较高

天文导航与其他导航方法相比精度并不最高,短时间内的导航精度低于惯性导航的精度,但其误差不随时间积累,这一特点对长期运行的载体来说非常重要。天文导航的定位精度主要取决于天体敏感器的精度。

3. 抗干扰能力强、可靠性高

天体辐射覆盖了X射线、紫外、可见光和红外整个电磁波段,具有极强的抗干扰能力。此外,天体的空间运动不受人为干扰,保证了以天体为导航信标的天文导航信息的完备和可靠。

4. 可同时提供位置和姿态信息

天文导航不仅可以提供航天器的位置、速度信息，还可以提供姿态信息，且通常不需要增加硬件成本。

5. 导航误差不随时间积累

天文导航系统依靠天体敏感器观测天体的方位信息进行定位导航。由于从地球到恒星的方位基本保持不变，因此天体敏感器就相当于惯导系统中没有漂移的陀螺仪，虽有像差、视差和地球极轴的章动等，但这些因素造成的定位导航误差极小。

1.2　坐标系

导航就是要提供深空探测器的位置、速度和姿态等信息，而要描述这些导航信息就离不开坐标系，因此本节对深空探测器自主导航中涉及的几种常用坐标系进行简单介绍，主要包括天球坐标系和地球坐标系。

1.2.1　天球坐标系

宇宙中天体位置的描述通常采用天球坐标系。天球是以地球球心为中心，半径无限大的想象球体。所有天体不管其距离地球的远近，一律把它们投影到天球的球面上。天球坐标系是定义在球面上的二维坐标系统。

1. 第一赤道坐标系

如图1－2所示，第一赤道坐标系的基本大圆为天赤道和测者子午圆，坐标原点为天赤道和测者子午圆在午半圆的交点（Q'），坐标为地方时角和赤纬。

天赤道是将赤道平面无限扩展与天球球面相交的大圆。测者子午圆是过测者的天顶点和南北天极的大圆。天体时圆为过天体和南北天极的半个大圆。

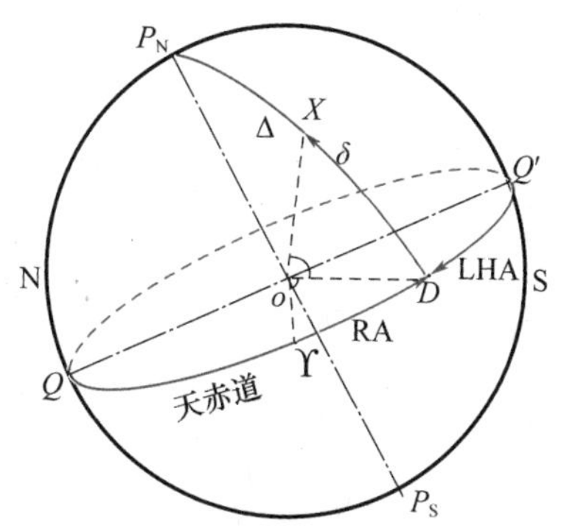

图1－2　赤道坐标系

天体的地方时角是测者午半圆到天体时圆在天赤道上所夹的弧距，用“LHA”表示。天体的格林时角即0°经线处的天体地方时角，用“GHA”表示。

天体赤纬是从天赤道到天体在天体时圆上所夹的弧距,用“δ”表示;天体极距是从天极到天体在天体时圆上所夹的弧距,用“Δ”表示。天体赤纬和天体极距的代数和为90°。天体的格林时角和赤纬与该天体在地球上投影点的经度与纬度相对应。

2.第二赤道坐标系

如图1-2所示,第二赤道坐标系的基本大圆为天赤道和春分点时圆,坐标原点为春分点,用“Υ”表示,坐标为赤经和赤纬。

天体赤经为从春分点向东到天体时圆在天赤道上所夹的弧距,用“RA”表示,范围0°~360°。天体赤纬和天体极距的定义同第一赤道坐标系。

3.黄道坐标系

黄道坐标系的基本大圆为黄道和春分点时圆,坐标原点为春分点,坐标为黄经和黄纬,如图1-3所示。

天体黄经圈是过天体和南北黄极的半个大圆。黄经是自春分点沿黄道到天体黄经圈逆时针计量的弧长,用“λ”表示,范围0°~360°。黄纬是自黄道沿黄经圈到天体所夹的弧长,向北为正,向南为负,用“β”表示,范围0°~±90°。

4.地平坐标系

地平坐标系的基本大圆为测者真地平圈和测者子午圆,坐标原点为正北点或正南点,坐标为方位和高度,如图1-4所示。

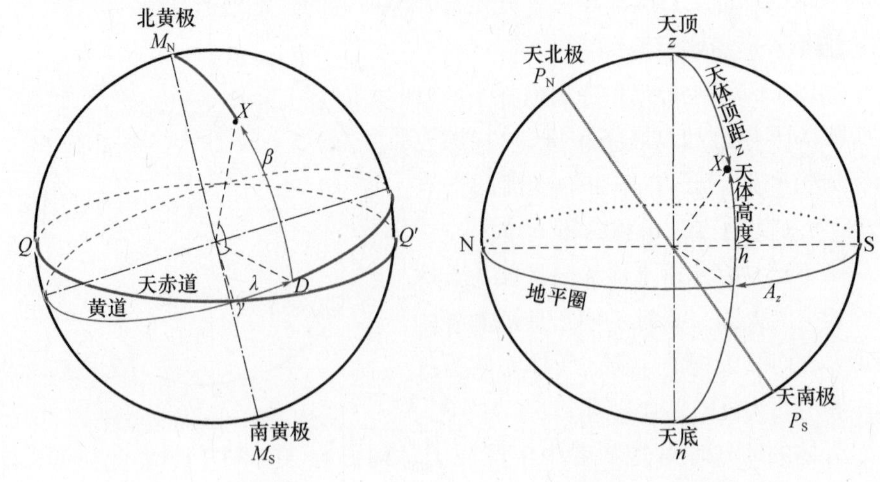

图1-3 黄道坐标系

图1-4 地平坐标系

测者真地平圈是过地球中心垂直于测者垂直线的平面扩展与天球球面相交的大圆。天体方位是从测者子午圆到天体方位圆在真地平圈上所夹的弧距，用“A_z”表示。其中天体方位圆是指过天体、天顶和天底的半个大圆。天体高度是从测者真地平圈到天体在天体方位圆上所夹的弧距，用“h”表示，范围0°～90°。天体在上天半球，高度为“＋”；天体在下天半球，高度为“－”。天体顶距是从测者天顶点到天体在天体方位圆上所夹的弧距，用“z”表示，范围0°～180°。

5. 国际天球参考系

上述天球坐标系的坐标轴均以地球的自转轴和赤道为基准，但地球的自转轴在惯性空间并非固定不变，而是不断运动的，因此上述天球坐标系也并非严格意义上的惯性坐标系。由于日、月对地球非球形部分（主要是赤道隆起部分）的引力作用，使地球像陀螺那样，其自转轴在空间摆动。反映在天球上，即天极的运动。天极的运动可分为两种：一种是天极绕黄极的圆周运动，周期约为25800年，称为日月岁差；另一种运动是真天极绕平天极的运动，周期为18.6年，称为章动。岁差和章动的共同影响使得真天极绕黄极在天球上描绘出一条波浪线，如图1－5所示。假想的仅做岁差运动的天极称为平天极，与平天极对应的赤道和春分点则称为平赤道和平春分点，与真天极对应的赤道和春分点则称为真赤道和真春分点。

为了建立一个标准的惯性坐标系，通常选择某一特定时刻作为标准历元，并将该时刻地球平天极和平春分点作为Z轴和X轴建立坐标系，称为关于该标准历元的协议天球参考系（CCRS），如J2000.0坐标系就是以儒略日期地球时（TT）2000年1月1日12时，即原子时（TAI）2000年1月1日11:59:27.816，协调世界时（UTC）2000年1月1日11:58:55.816的平天极和平春分点定义的。

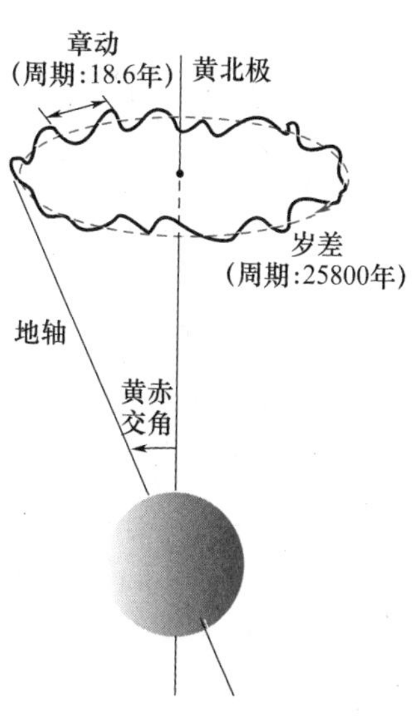

图1－5 岁差和章动

任何协议天球参考系可以由一组特定的参数进行描述，如一组射电源的位置表、一组恒星的星表、一组河外星系位置表、一个行星或卫星的运动历表等。将某种天球参考系的实现方式加以“协议”的限定,就称为协议天球参考架(CCRF)。

在1997年日本京都召开的第23届国际天文学联合会(International Astronomical Union,IAU)大会上,IAU决议采用由参考架工作组(WGRF)提出的用608颗河外射电源实现的天球参考系作为IAU协议的天球参考系,又称国际天球参考系(ICRS)。大会同时决定自1998年1月1日起,国际天球参考架(ICRF)代替旧的FK5星表(Fifth Fundamental Catalogue)成为基本天球参考架。

ICRS是基于运动学定义的参考系,原点在太阳系质心,基本平面靠近J2000.0平赤道,X轴方向根据三部射电源表中23颗河外射电源的赤经采用值来确定,这三部射电源表分别由美国的哥达德飞行中心(GSFC)、喷气推进实验室(JPL)和国家大地测量局(NGS)三个单位给出。现阶段采用的基本天球参考架仍是第23届IAU大会公布的ICRF。

1.2.2 地球坐标系

以地球为中心引力体运行的航天器如地球卫星、月球探测器等的导航坐标描述通常采用地球坐标系。此外,深空探测器的测控和通信离不开地面站,要描述深空探测器与地面站的关系也需使用地球坐标系。

1. 地心赤道惯性坐标系

地心赤道惯性坐标系的坐标原点位于地心,坐标轴o_ex_e在赤道面内,指向春分点;o_ez_e垂直于赤道面,与地球自转角速度矢量一致;o_ey_e与o_ex_e和o_ez_e垂直,且$o_ex_ey_ez_e$构成右手笛卡儿坐标系,如图1-6所示。

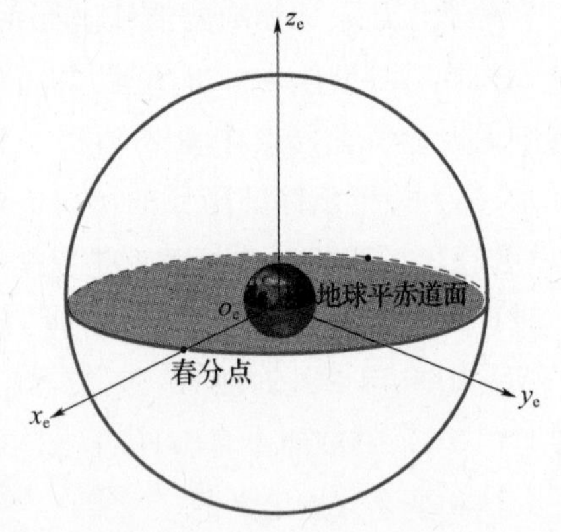

图1-6 地心赤道惯性坐标系

2. 地球固连坐标系

地球固连坐标系的坐标原点位于地心,坐标轴o_1x_1在赤道面内,指向零度经线;o_1z_1轴垂直于赤道面,与地球自转角速度矢量一致;o_1y_1轴与o_1x_1轴和o_1z_1轴垂直,且$o_1x_1y_1z_1$构成右手笛卡儿坐标系,如图1-7所示。

3. 地球地理坐标系

常用的地球地理坐标系主要有东北天坐标系。东北天坐标系的坐标原点位于载体质心,坐标轴 o_gx_g 沿参考椭球卯酉圈方向指向东,o_gy_g 沿参考椭球子午圈方向指向北,o_gz_g 由右手定则决定,如图 1-8 所示。

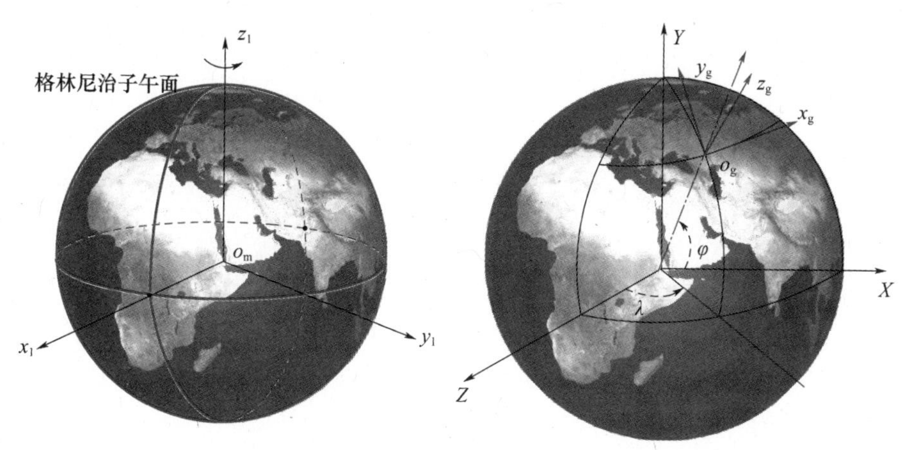

图 1-7 地球固连坐标系

图 1-8 地球地理坐标系

4. 国际地球参考系

上述地球坐标系都是以地球的自转轴和赤道作为基准,但是地球的自转轴在地球本体内并非固定不变,而是不断运动的,这种运动称为极移。1765 年,欧拉最先从力学上预言了极移的存在。1888 年,德国的屈斯特纳从纬度变化的观测中发现了极移。1891 年,美国天文学家张德勒指出,极移包括两个主要周期成分:一个是年周期,另一个是约 432 天的张德勒周期。前者主要是由于大气周年运动引起的地球受迫摆动,后者是由于地球非刚体性引起的地球自由摆动。

由于极移的存在,使得不同时刻的地球坐标系的坐标轴指向不断变化,从而导致地面某一固定点的坐标也会不断变化。显然,这种瞬时地球坐标系不适宜用来表示地面固定点的位置,为此需要建立一个不会受极移影响的地球坐标系,也即协议地球参考系(CTRS),与之对应的参考框架称为协议地区参考框架(CTRF)。

国际地球参考系(ITRS)和国际地球参考框架(ITRF)是国际上精度最高、

应用最广的协议地球参考系和参考框架。按 1991 年在维也纳召开的国际大地测量和地球物理学联合会(IUGG)第 2 号决议,国际地球自转及参考系统服务(IERS)负责 ITRS 定义、实现和改进,ITRS 的基本定义如下:

(1) 坐标原点是地心,即整个地球(包含海洋和大气)的质量中心。

(2) 长度单位是 m,这一比例尺和地心局部框架的 TCG 时间坐标保持一致,符合 IAU 和 IUGG 的 1991 年决议,由相应的相对论模型得到。

(3) 坐标轴的初始方向由国际时间局(BIH)在历元 1984.0 的方向给出。

(4) 在采用相对于整个地球的水平板块运动没有净旋转条件下,确定方向随时间变化。

ITRF 是 ITRS 的实现,由 IERS 负责建立和维持由 ITRS 中心局(ITRSCB)根据各分析中心的处理结果进行综合,得出 ITRF 的最终结果,并以 ITRS 年度报告和技术备忘录的形式向世界发布。迄今为止,IERS 共发布了 11 个 ITRF 版本,最新的为 ITRF2005。

1.2.3 太阳坐标系

1. 太阳系质心坐标系

太阳系质心坐标系 $o_sx_sy_sz_s$ 的坐标原点位于太阳系平均质心,坐标轴 o_sx_s 在黄道面内,指向春分点;o_sz_s 垂直于黄道面,与地球公转角速度矢量一致;o_sy_s、o_sx_s 和 o_sz_s 垂直,且 $o_sx_sy_sz_s$ 构成右手笛卡儿坐标系。

2. 日心黄道惯性坐标系

日心黄道惯性坐标系 $o_sx_sy_sz_s$ 的坐标原点位于日心,坐标轴 o_sx_s 在黄道面内,指向春分点;o_sz_s 垂直于黄道面,与地球公转角速度矢量一致;o_sy_s、o_sx_s 和 o_sz_s 垂直,且 $o_sx_sy_sz_s$ 构成右手笛卡儿坐标系,如图 1-9 所示。

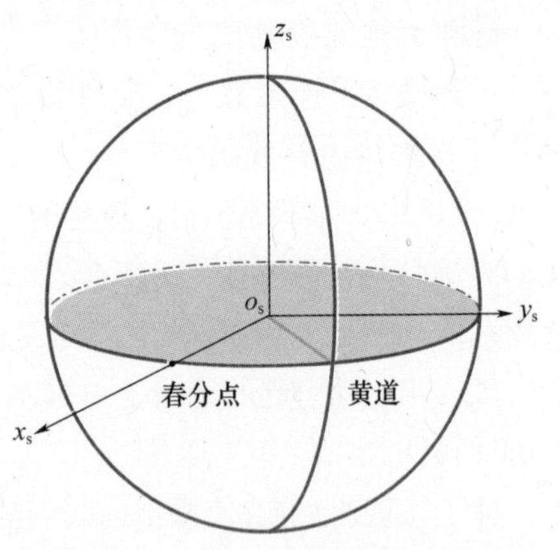

图 1-9 日心黄道惯性坐标系

以太阳为中心引力体运行的深空探测器的导航坐标描述通常采用该坐标系。

1.3 时间系统

深空探测器和天体运动规律的建立是由相应的时间系统决定的。为描述深空探测器和天体的运动,需要与其位置对应的时刻和时间系统。

时间是由物质的运动来计量的,在选择不同的物质运动来计量时间时,必须遵从三个原则,即该物质运动形式必须具有周期性、稳定性和可测性。选择不同的周期性运动便产生了不同的时间计量系统,如:依据地球自转的恒星时、世界时系统;依据地球公转的历书时系统;依据原子振荡的原子时系统。此外,还有通过放射性元素半衰期以及脉冲星脉冲计时的方法。

深空探测器自主导航常用时间系统有以下四类:世界时(Universal Time)、恒星时(Sidereal Time)、原子时(Atomic Time)和力学时(Dynamic Time)。

1.3.1 世界时

世界时(UT)是根据地球自转建立的时间系统。也就是说,以地球自转周期作为时间的计量单位。地球上的人们无法直接测量地球的自转周期,但是可以选择地球以外的一点作为参考点,通过观测该点周日视运动的周期来间接地测量地球的自转周期,从而得到时间计量单位。选择的参考点不同,得到的时间计量单位也不同。

1. 真太阳时或视时(Apparent Time)

真太阳时以真太阳视中心连续两次上中天的时间间隔定义为一个真太阳日。

2. 平太阳时(Mean Time)

由于太阳的周年视运动不均匀,太阳运行至近地点时最快,至远地点时最慢,同时因为黄赤交角存在,因而真太阳日有长短不一的问题。为了解决这个问题,使计时系统均匀化,人们假想了一个辅助点——“平太阳”,它沿着天赤道匀速运行,速度等于太阳在一年内的平均速度,并且和太阳同时经过近地点(即地球过近日点)和远地点(即地球过远日点)。以假想的平太阳作为参考点,以平太阳视中心连续两次上中天的时间间隔定义为一个平太阳日。根据这个系统计量时间所得的结果,就叫作“平太阳时”,简称“平时”,这就是我们日常生活中所使用的时间。

在相当长的一段时间内,人们认为地球自转的速率是均匀的。随着观测资料年复一年的积累和精密时钟的出现,人们才从实测中证实地球自转的速率是不均匀的,从而导致以地球的自转周期作为时间的计量单位也不均匀。另外,地球在自转的过程中还存在极移。极移使地球上各点的经纬度发生变化,导致世界各地天文台测得的世界时之间存在微小差别。

尽管由于地球自转不均匀性和极移等引起的时间误差很小,但是,随着科学的发展,人们对时间的精确性的要求也越来越高。1955 年,IAU 决定自 1956 年起,对直接观测到的世界时做两项修正。因此,世界时又可分为以下三种。

(1) UT0。根据天文观测直接测定的格林尼治平太阳时(GMT)称为 UT0。由于极移的影响,世界各地天文台测得的 UT0 有微小差别。

(2) UTl。UT0 经极移修正后得到 UT1,这是真正反映地球自转的统一时间。UT1 和 UT0 的关系为

$$\mathrm{UT1} = \mathrm{UT0} + \Delta\lambda_{\mathrm{p}} \tag{1-1}$$

式中:$\Delta\lambda_{\mathrm{p}}$ 为地球自转轴的经纬度极移修正量。

(3) UT2。UT1 经过季节修正后得到 UT2。UT2 与 UT0、UT1 的关系为

$$\mathrm{UT2} = \mathrm{UT1} + \Delta T_{\mathrm{S}} = \mathrm{UT0} + \Delta\lambda_{\mathrm{p}} + \Delta T_{\mathrm{S}} \tag{1-2}$$

式中:ΔT_{S} 为地球自转修正因子。

UT2 是 1972 年以前国际上公认的时间标准。由于修正量的测量精度不高,所以 UT2 还是不均匀的,只能满足一般精度的需求,对于高精度的要求必须寻找更加均匀的时间系统。

1.3.2 恒星时

恒星时与世界时一样,也是以地球自转周期作为时间的计量单位。但与世界时以太阳作为参考点不同,恒星时以惯性空间中的固定点,恒星或春分点作为参考点。恒星时以恒星或春分点连续两次经过上中天的时间间隔作为恒星日的基本长度,春分点经过上中天的时刻作为每个恒星日的起点,即零时。格林尼治的地方恒星时称为格林尼治恒星时 S_{G}。由于岁差和章动的影响,春分点在不断缓慢变化,因此存在两种恒星时。

1. 真恒星时

以瞬时真春分点为参考的恒星时称为真恒星时。格林尼治当地的真恒星

时称为格林尼治真恒星时(Greenwich Apparent Sidereal Time,GAST)。真恒星日由观测得到。

2.平恒星时

以平春分点为参考的恒星时称为平恒星时。格林尼治当地的平恒星时称为格林尼治平恒星时(Greenwich Mean Sidereal Time,GMST)。真恒星时 S_A 和平恒星时 S_M 的转换公式为

$$S_A = S_M + \Delta\varphi\cos\varepsilon + \sigma \tag{1-3}$$

式中:$\Delta\varphi$ 为黄经章动;ε 为黄赤交角;σ 为较小的调整值。

恒星时反映了地球的真正自转周期,但由于地球自转的不均匀特性,恒星时也不是均匀的时间系统。

1.3.3 原子时

原子时系统是建立在原子能级跃迁频率基础上的时间系统,具有极高的稳定性和精密度。第十三届国际计量大会(1967 年 10 月)做出规定:铯原子(Cs)133 基态 F3 和 F4 能级之间跃迁振荡 9192631770 周期所经历的时间为一个原子时秒。原子时秒具有极高的稳定性,其准确度优于 10 ~ 12。原子时的起始历元为世界时 UT2 的 1958 年 1 月 1 日 0 时。

虽然原子时是一个均匀的时间尺度,然而,它并不能反映地球自转的特性,在用于描述或计算涉及地球自转等问题时,仍需要采用世界时;由于世界时的秒长不均匀,长期来看比原子时的秒长要长,导致世界时不断落后原子时。于是,需要一种既具有均匀时间尺度又能反映地球自转特性的时间系统,这就是协调世界时(Coordinated Universal Time,UTC)。

协调世界时以原子时的秒长为时间计量单位,保证时间尺度的均匀;在时刻上与世界时 UTl 之差保持在 0. 9s 之内,保证反映地球自转特性。协调世界时通过“跳秒”来控制与世界时之差。协调世界时(UTC)从 1972 年 1 月 1 日世界时 00h 开始实施。协调世界时实际是一种采用以世界时制约的原子时系统。

1.3.4 力学时

力学时由国际天文学联合会在 1976 年提出,分为两种。一种是基于太阳

系质心坐标系中天体相对太阳质心运动采用的时间系统,称为太阳系质心力学时(Barycentric Dynamic Time,TDB);另一种是基于地球质心坐标系中天体相对地球质心运动采用的时间系统,称为地球力学时(Terrerial Dynamic Time,TDT),1991年后改称为地球时(Terrerial Time,TT)。在太阳系中运行的天体其星历描述可以采用太阳质心力学时;在近地空间运行的天体,其星历描述可以采用地球时作为时间系统。

力学时采用由原子时定义的秒长,但二者初始历元不同,原子时和地球时之间的关系为

$$TT = TAI + 32.184s \tag{1-4}$$

力学时实际是一种抽象的均匀时间尺度,1984年后取代历书时,岁差和章动等的计算就依据力学时。

1.4 天体和天体运动

天文导航是利用天体敏感器测量得到的天体信息进行导航的方法。导航的前提是必须知道这些天体的位置,而天体是不停运动的,因此要研究天文导航技术必须对天体和天体的运动有清晰的理解。

1.4.1 天体

天体,广义上是指宇宙中的所有个体,如在太阳系中的太阳、行星、卫星、小行星、彗星、流星、行星际物质,银河系中的恒星、星团、星云、星际物质,以及河外星系、星系团、超星系团、星系际物质等。通过射电探测手段和空间探测手段所发现的红外源、紫外源 、射电源、X射线源和γ射线源,也都是天体。

1. 太阳系

太阳系是由多个天体按一定规律排列组成的天体系统。太阳系包括1颗恒星、8颗行星、众多行星卫星、约100万颗小行星和无数彗星和星际物质等。

太阳是太阳系的中心天体,是距离地球最近的恒星,其质量占整个太阳系总质量的99.87%。太阳作为银河系内1000亿颗恒星中普通的一员,位于银河系的一只旋臂中,距离银河系中心约33000光年,在银道面以北约26光年,它一方面绕着银心以250km/s的速度旋转,另一方面又相对于周围恒星以

19.7km/s 的速度朝着织女星方向运动。

2. 八大行星

根据行星的大小和行星表面的特点，八大行星可以分为类地行星和类木行星。水星、金星、地球和火星称为类地行星，它们像地球一样具有坚固的岩石表面。木星、土星、天王星、海王星称为类木行星（或巨行星），和类地行星相比更为巨大，并且和木星一样由大量的气体组成，它们都具有多个卫星或卫星环（光环）。

八大行星根据距离太阳的远近以地球轨道为界，可分为内行星和外行星。水星和金星的轨道位于地球轨道内侧，比地球更接近太阳，称为内行星。火星、木星、土星、天王星、海王星和冥王星的轨道位于地球轨道外侧，是外行星。

八大行星的运行特点如下：

（1）公转的方向相同，所有行星都绕太阳自西向东公转。

（2）公转轨道面与黄道面（太阳周年视运动的轨道面，是地球公转轨道面在天球上的投影）的交角都比较小，最大为 17°，几乎在同一平面上。

（3）轨道偏心率都比较小，最大为 0.25，即轨道接近正圆。

3. 恒星

古代的天文学家认为恒星在星空的位置是永恒不变的，称其为恒星。实际上，恒星也在不停地高速运动，但由于恒星离我们距离很远，以至我们难以觉察到它们位置的变动。

天文学上用光度来表示恒星的发光能力。所谓光度，就是指从恒星表面以光的形式辐射出的功率。恒星表面的温度也有高有低。一般说来，恒星表面的温度越低，它的光越偏红；温度越高，光则越偏蓝。表面温度越高，表面积越大，光度就越大。

从地球上看到的恒星的明暗不仅与恒星的光度有关，还与恒星到地球的距离有关。在天文学上，用星等来表示恒星的明暗度。星等分为视星等和绝对星等，分别用 m 和 M 表示。视星等是直接用肉眼感觉到或用仪器测量得到的天体亮度。绝对星等是把恒星置于 10 秒差距（1 秒差距 = 3.261 光年）处得到的视星等，反映了恒星的实际亮度。通常意义上的星等是指视星等，视星等越小（包括负数），星越亮，视星等数每相差 1，星的亮度相差约 2.5 倍。我们肉眼能够看到的最暗的星约为 6 等星（6^m 星）。天空中亮度在 6^m 以上（即星等小于6)的星有6000多颗。满月时月球的亮度相当于-12.6^m;太阳是我们看到的最亮的天体,它的亮度可达-26.7^m;当今世界上最大的天文望远镜能看到暗至24^m的天体。

4. 脉冲星

脉冲星是在1967年被首次发现的,当时还是一名女研究生的贝尔,发现狐狸星座有一颗星(PSR1919+21)发出一种周期性的电波,经过仔细分析认为这是一种未知的天体。因为这种星体不断发出电磁脉冲信号,就把它命名为脉冲星,后来证实脉冲星就是一种高速自转的中子星。恒星在演化末期,由于缺乏继续燃烧所需的核反应原料,内部辐射压降低,自身的引力作用逐渐坍缩。质量不够大的恒星坍缩后依靠电子的简并压力与引力抗衡,成为白矮星,而质量比较大的恒星,电子被压入原子核形成中子,恒星依靠中子的简并压与引力保持平衡,就形成中子星。典型中子星的半径只有几千米到十几千米,约为太阳直径的万分之一,但质量约为太阳质量的1~2倍,因此其密度可以达到每立方厘米上亿吨。由于恒星在坍缩时角动量守恒,坍缩成半径很小的中子星后自转速度往往非常快。又因为恒星磁场的磁轴与自转轴通常不平行,有的夹角甚至达到90°,因此从磁极发射出的电磁波会形成圆锥形的辐射区,如图1-10所示。若地球刚好处于辐射的方向上,就能接收到辐射,且每转一圈,辐射就扫过地球一次,也就形成有规律的脉冲信号。

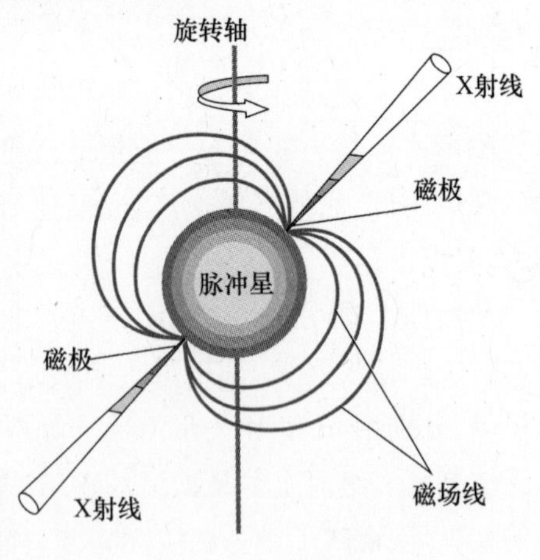

图1-10　脉冲星

脉冲星是20世纪60年代天文的四大发现之一,目前已发现的脉冲星约1620颗,覆盖射电、光学、红外、X射线、γ射线等不同波段。脉冲星的一般符号是PSR。例如,脉冲星PSR1919+21,1919表示其赤经为19h19",+21表示其赤纬为北纬21°。脉冲星靠消耗自转能弥补辐射出去的能量,因而自转速度会逐渐变慢。从脉冲星的周期就可以推测出其年龄的大小,周期越短的脉冲星越年轻,但它们的周期都非常稳定。这一特性导致脉冲星被称为宇宙中的天然

“时钟”,其精确度等于甚至优于现在作为计时基准的铯原子钟。由于脉冲星的这些性质,使得可以利用它来为人类服务,一些天文学家和物理学家提出了许多有意义的设想,包括将脉冲星作为宇宙中的时钟,应用脉冲星射电波和X射线为行星间星际航行导航、确定航天器的姿态等。

1.4.2　天体运动

1.地球的自转及天体周日视运动

在地球上观察星空,会发现所有的恒星都像太阳与月球一样,每天都有规律地东升西落,这种运动叫作天体的周日视运动。天体周日视运动是由地球自转引起的。地球每天绕自转轴自西向东旋转1周,地球上的观测者看到恒星及太阳就随天球相对于地球自东向西旋转1周。天体周日视运动的轨迹是与赤道平行的小圆,称为天体赤纬圈,各天体都沿着各自的赤纬圈做周日视运动。天体的周日视运动虽然周期相同,但视速度不一,赤纬0°处的天体视速度最大,随赤纬增高而减小。从不同的纬度看天体的周日视运动,有不同的运行状况。在北极看,天体以天顶为中心,做与地平面平行的圆周视运动,天体既不升,也不落,永远保持在一个高度,但南半天球的天体却完全看不到。在南极则与北极相反。在赤道与两极之间的地区,天体周日视运动的路线与地平面斜交。有些天体每日上升下落,有些天体永不上升或永不下落。在赤道上看,天体视运动的路线是沿着垂直于地平面的圆周做直上直下运动,这既可以看到北半天球的天体,也可以看到南半天球的天体。

2.地球的公转和太阳周年视运动

地球除自转外,每年(约365.2422日)还绕太阳自西向东公转1周,如图1－11所示,地球公转轨道为一椭圆,太阳位于椭圆的一个焦点上,因此太阳和地球之间的距离不断变化:在每年1月2日前后,地球到达近日点,距太阳最近,约147100000km;在每年7月4日前后,地球到达远日点,距太阳最远,约152100000 km。

人们感觉不到地球的公转,但是在公转的过程中能看到太阳在天球上沿过春分点、夏至点、秋分点、冬至点的大圆绕地球相对运动1周。这种相对运动现象就是太阳周年视运动,太阳周年视运动是地球绕太阳公转的反映,其运动轨迹称为黄道,如图1－11所示。

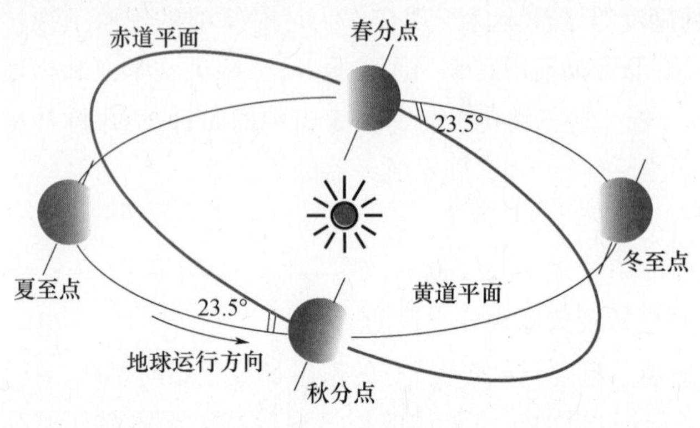

图1-11　黄道

3. 月球绕地球的运动和月球视运动

月球是地球的卫星,在地球引力作用下,沿着椭圆轨道自西向东绕地球每月公转1周。地球位于轨道的一个焦点上,月球轨道的近地点距离为356400km,远地点距离为406700km,平均距离约为384401km。

由于地月间距离不断变化,所以在地球上看月球视半径在14.7′~16.8′变化。月球本身并不发光,只反射太阳光。它的亮度随日月间角距和地月间距离的改变而变化。满月时亮度平均为-12.7^m。随着月球每天在星空中自西向东移动一大段距离,它的形状也在不断变化,这就是月球位相变化,叫作月相。

月球与某一恒星两次同时中天的时间间隔叫作恒星月,恒星月是月球绕地球运动的真正周期。中国早在西汉的《淮南子》一书中就已得出恒星月周期为27.32185日,达到了很高的精度。当月球与太阳的方位相同,月球的黑暗半球对着地球,这时作叫朔,正是农历每月的初一。当月球与太阳的方位相差180°,被照亮的月球对着地球,这时作叫望,一般在农历的每月十五或十六。月相变化的周期,也就是从朔到望,再由望到朔的时间,叫作朔望月。观测结果表明,朔望月的长度并不是固定的,有时长达29天19h,有时仅为29天6h,它的平均长度约为29天13h。

4. 行星的公转和行星视运动

行星视运动是指地球上的观测者所见到的行星在天球上的运动。由于行星绕日公转,地球也绕日公转,所以从地球上看,行星视运动相对于恒星的视运动要复杂得多。行星视运动的特点为:行星视运动的轨道总是在黄道附近;其周期各不相同;方向有顺行、逆行和留。

1.5 小结

本章首先介绍了天文导航的特点、历史和发展现状。由于航天器天文导航是在参考系中利用已知天体和测得的天体相对航天器的方位,获取航天器自身位置信息的一种自主导航方法,所以需要了解天体的运动规律、坐标系和时间系统。天体按其固有规律运动,了解天体及其运动规律是确定天体位置的基础。同时,为表示天体的位置需要建立天体坐标系以及精确的时间基准,进而确定天体在不同时刻、不同坐标系下的位置。为此,本章对天体及其运动规律、常用的天球坐标系和时间系统等天文导航的基础知识进行了简要介绍。

参考文献

[1] 房建成,宁晓琳. 深空探测器自主天文导航方法[M]. 西安:西北工业大学出版社,2010.

[2] 房建成,宁晓琳,田玉龙. 航天器自主天文导航原理与方法[M]. 北京:国防工业出版社,2006.

[3] Deutschmann J, Harman R, Bar-Itzhack I. An Innovative method for low cost, autonomous navigation for low earth orbit satellites[C]. Boston: AIAA Astrodynamics Specialist Conference, 1998.

[4] Deutschmann J, Bar-Itzhack I. Evaluation of attitude and orbit estimation using actual earth magnetic field data[J]. Journal of Guidance, Control, and Dynamics, 2001, 24 (3): 616 – 623.

[5] 吴伟仁,王大轶,宁晓琳. 深空探测器自主导航原理与技术[M]. 北京:中国宇航出版社,2011.

[6] 赵黎平,周军,周凤岐. 基于磁强计的卫星自主定轨[J]. 航天控制,2001,3:7 – 11.

[7] 王建琦,曹喜滨. 利用地磁场测量的小卫星自主导航设计[J]. 航天控制,2002,3:39 – 43.

[8] 赵敏华,石萌,曾雨莲,等. 基于磁强计的卫星自主定轨算法[J]. 系统工程与电子技术,2004,26(19):1236 – 1238.

[9] 左文辑,宋福香. 微小卫星磁测自主导航方法[J]. 宇航学报,2000,21(2):100 – 104.

[10] 韩潮,章仁为. 利用雷达测高仪的卫星自主定轨[J]. 宇航学报,1999,20(3):13 – 20.

[11] 刘军,韩潮. 基于 UKF 的雷达高度计自主定轨[J]. 北京航空航天大学学报,2006,32(8):889 – 893.

[12] 李勇,魏春岭. 卫星自主导航技术发展综述[J]. 航天控制,2002,20(2):70 - 74.

[13] Jackson R F. autonomous navigation of USAF spacecraft[D]. Austin:The University of Texas,1983 .

[14] Garcia H A,Owen W J. Design and analysis of a space sextant for high altitude navigation [J]. Journal of Spacecraft and Rockets,1976,13(12):705 - 711.

[15] White R L,Gounley R B. Satellite autonomous navigation with SHAD[R]. The Charles Stark Draper Laboratory,1987.

[16] Riant P. Analysis of a satellite navigation system by stellar refraction[C]. Sweden:36th Congress of the International Astronautical Federation Stockholm,1986.

[17] 潘科炎. 航天器的自主导航技术[J]. 航天控制,1994,2:18 - 27.

[18] 王安国. 导航战背景下的天文导航技术[J]. 天文学进展,2001,19(2):326 - 330.

[19] 周凤岐,赵黎平,周军. 基于星光大气折射的卫星自主轨道确定[J]. 宇航学报,2002,23(4):20 - 23.

[20] 荆武兴. 基于日地月方位信息的近地轨道卫星自主导航[J]. 宇航学报,2003,24(4):418 - 421.

[21] 郭建新,解永春. 基于姿态敏感器的地球同步轨道卫星自主导航研究[J]. 航天控制,2003,4:1 - 6.

[22] 李琳琳,孙辉先. 基于星敏感器的星光折射卫星自主导航方法研究[J]. 系统工程与电子技术,2004,26(3):353 - 357.

[23] 王国权,薛申芳,金声震,等. 卫星自主导航中卡尔曼滤波算法改进与计算机仿真[J]. 计算机仿真,2004,21(7):33 - 35.

[24] Lin Yurong,Deng Zhenglong. Star-sensor-based predictive Kalman filter for satellite attitude estimation[J]. Science in China,Ser. F,2002,45(3):189 - 195.

[25] Klump A R,et al. Autonomous guidance and navigation design concepts with applications to a Jupiter probe[R]. Californisa:Jet Propulsion Laboratory,California Institute of technology,Pasadena,1977.

[26] Lowrie J W. Autonomous navigation systems technology assessment[R]. AIAA No. 79 - 0056,1979.

[27] Bhaskaran S,Riedel E J,Synnott P S,et al. The deep space 1 autonomous navigation system: A Post - Flight Analysis [C]. Denver AIAA/AAS Astrodynamis Speialist Conference,2000.

[28] Chester T J,et al. Navigation Using X-ray Pulsars[R]. NASA Technical Reports N81 - 27129,1981.

[29] 帅平. 美国X射线脉冲星导航计划及其启示[J]. 国际太空,2006,7:7 - 10.

[30] 帅平,陈绍龙,吴一帆,等. X射线脉冲星导航技术及应用前景分析[J]. 中国航天,2006,10:27 - 32.

[31] 费保俊,孙维瑾,肖昱,等. X 射线脉冲星自主导航的基本测量原理[J]. 装甲兵工程学院学报,2006,20(3):59-63。

[32] Martin Harwit. Astrophysical Concepts(Fourth Edition)[M]. Springer Science and Business Media, LLC, 2006

[33] 刘劲. 基于 X 射线脉冲星的航天器自主导航方法研究[D]. 武汉:华中科技大学博士学位论文,2011.

[34] Duxbury T C, Born G H, Jerath N. Viewing phobos and deimos for navigating mariner 9[J]. Journal of Spacecraft and Rockets, 1974, 11(4):215-222.

[35] Stanton R H, Ohtakay H, Miller J A, et al. Demonstration of optical navigation measurements on mariner 10[C]. Proceedings of the AIAA the 13th Aerospace Sciences Meeting, 1975.

[36] Rourke K H, Acton C H, Breckenridge W G, et al. The Determination of the interplanetary orbits of vikings 1 and 2[C]. Proceedings of the AIAA Aerospace Sciences Meeting, 1977.

[37] Synnott S P, Donegan A J, Riedel J E, et al. Interplanetary optical navigation: voyager uranus Encounter[C]. Proceedings of AIAA Astrodynamics Conference, 1986.

[38] Riedel J E, Owen W, Stuve J, et al. Optical navigation during the voyager neptune encounter [C]. Procoeedings of AAS/AIAA Astrodynamics Conference, 1990.

[39] Mancuso S. Vision based GNC systems for planetary exploration[C]. Proceedings of 6th Conference on Dynamics and Control of Systems and Structures in Space, 2004.

[40] Polle B, Frapard B, Gil-Femandez F, et al. Autonomous navigation for interplanetary missions performance achievements based on real and images[C]. ESA Proceedings of the 6th International ESA Conference on Guidance, Navigation and Control System, 2010.

[41] Frapard B, Polle B, Griseri G. Vision based navigation for planetary exploration-opportunity for AURORA[C]. Proceedings of 54th International Astronautical Congress of the International Astronautical Federation, 2003.

[42] Kechichian J A, Kenyon P R, Moultrie B. Orbit determination accuracy assessment for an asteroid flyby: a galileo case study[C]. Proceedings of the AIAA 25th aerospace sciences meeting, 1987.

[43] Miller L J, Miller J K, Kirhofer W. E. Navigation of the Galileo Mission[C]. Proceedings of AIAA the 21st Aerospace Sciences Meeting, 1983.

[44] Kallemeyn P H, Haw R J, Pollmeier V M, et al. Galileo orbit determination for the gaspra asteroid encounter [C]. Proceedings of the AIAA/AAS Astrodynamics Conference. AIAA, 1992.

[45] Uesugi K. Results of the MUSES-A "HITEN" Mission[J]. Advanced Space Research, 1996, 18(11):69-72.

[46] Hawkins S E. Overview of the multi-spcetral imager on the NEAR spacecraft[J]. Acta As-

tronautica,1997,39(1-4):265-271.

[47] Marini A E,Racca G D,Foing B. H. SMART-1 technology preparation for future planetary missions[J]. Advances Space Research,2002,30(8):1895-1900.

[48] Foing B H,Racca G D,Marini A,et al. SMART-1 mission to the moon:status,first results and goals[J]. Advances Space Research,2006. 37:6-13.

[49] Hawkins S E,Boldt J D,Darlington E H,et al. The mercury dual imaging system on the MESSENGER spacecraft[J]. Space Science Review,2007,131(1-4) :247-338.

[50] Holdridge M E,Calloway A B. Launch and early operation of the MESSENGER mission[J]. Space Science Review,2007,131(1-4) :573-600.

[51] Vaughan R M,Leary J C,Conde R F. Return to mercury:the MESSENGER spacecraft and mission[C]. Washington:Proceedings of 2006 IEEE Aerospace Conference,2006.

[52] McNutt R L,Solomon S C,Grant D G. The Messenger mission to mercury:status after the Venus flybys[J]. Acta Astronautica,2008,63(1-4):68-73.

[53] Da D V,Naletto G,Nicolosi G,et al. Optical performances of the wide angle camera for the rosetta mission:preliminary rresults[C]. Proceedings of International Symposium on Optical Science and Technology,2001.

[54] Lauer M,Herfort U,Hocken D,et al. Optical measurements for the flyby navigation of rosetta at asteroid steins[C]. Proceedings 21st International Symposium on Space Flight Dynamics,2009,1-15.

[55] Hechler M. Rosetta mission design[J]. Advances Space Research,1997,19(1):127-136.

[56] Weaver H A,Gibson W C,Tapley M B,et al. Overview of the new horizons science payload. New Horizons[M]. New York:Springer-Verlag,2009:75-91.

[57] Dennis C,Alan Stern R S,Scherrer J,et al. Ralph:a visible/infrared imager for the new horizons pluto/kuiper belt mission[M]. NewYork:Springer-Verlag,2009.

[58] Russell C T,Coradini A,Christensen U,et al. Dawn:a journey in space and time[J]. Plantary and Space Science,2004,52:465-489.

[59] Sierks H,Keller H U,Jaumann R,et al. The dawn framing camera[J]. Space science reviews,2011,163(1-4):263-327.

[60] Mastrodemos N,Rush B,Vaughan D,et al. Optical navigation for Dawn at vesta[C]. Proceedings of 21st AAS/AIAA Space Flight Mechanics Meetings. AIAA,2011.

[61] Konopliv A S,Asmar S W,Bills B G. The dawn gravity investigation at vesta and ceres[J]. Space Science Reviews,2011,163:461-486.

[62] Downs G S. Interplanetary navigation using pulsation radio sources[R]. NASA Technical Report 32-1594,1974.

[63] Downs G S,Reichley P E. Techniques for measuring arrival times of pulsar signals 1:DSN observations from 1968 to 1980[J]. NASA STI/Recon Technical Report N, 1980,

80:33317.

[64] Wood K S. Navigation studies utilizing the NRL – 801 experiment and the ARGOS satellite [C]. Proceedings of International Society of Optical Engineering (SPIE). SPIE,1993:105 – 116.

[65] Sheikh S I,Pines D J. Recursive Estimation of spacecraft position using X – ray pulsar time of arrival measurements[C]. Proceedings of ION the 61st Annual Meeting,2005:464 – 475.

[66] Sheikh S I. The use of variable celestial X – ray sources for spacecraft navigation[D]. Maryland:the University of Maryland,College Park,2005.

[67] Emadzadeh A,Speyer J L. X – Ray pulsar – based relative navigation using epoch folding [J]. IEEE Transactions on Aerospace and Electronic Systems,2011,47(4):2317 – 2328.

[68] 帅平,李明,陈绍龙,等. X射线脉冲星导航系统原理与方法[M]. 北京:宇航出版社,2009.

[69] Xiong K,Wei C L,Liu L D. The use of X – ray pulsars for aiding navigation of satellites in constellations [J]. Acta Astronautica,2009,64(4):427 – 36.

[70] 褚永辉,王大轶,熊凯,等. X射线脉冲星导航测量延时补偿方法研究[J]. 宇航学报,2012,33(11):1617 – 1622.

[71] 宁晓琳,马辛,张学亮,等. 基于ASUKF的火星探测器脉冲星自主导航方法[J]. 北京航空航天大学学报,2012,38(1):22 – 27.

[72] Wu J,Yang Z,Yang N. The Accuracy analysis of the spacecraft autonomous navigation system based on X – ray pulsars[J]. Proceedings of the Institution of Mechanical Engineers, Part I:Journal of Systems and Control Engineering,2012:0959651812455896.

[73] 吴伟仁,马辛,宁晓琳. 火星探测器转移轨道的自主导航方法[J]. 中国科学:信息科学,2012,42(8):936 – 948.

[74] 刘劲,房建成,宁晓琳,等. 基于脉冲星和火星观测的深空探测器自主导航[J]. 仪器仪表学报,2014,35(2):247 – 252.

[75] Liu J,Fang J,Yang Z,et al. X – ray pulsar/doppler difference integrated navigation for deep space exploration with unstable solar spectrum[J]. Aerospace Science and Technology,2015,41:144 – 150.

[76] 孙守明,郑伟,汤国建,等. 考虑钟差修正的X射线脉冲星导航算法研究[J]. 宇航学报,2010,31(3):734 – 738.

[77] 郑伟,孙守明,汤国建. 基于X射线脉冲星的深空探测自主导航方法[J]. 中国空间科学技术,2008,(5):1 – 6.

[78] Liu J,Kang Z W,White P,et al. Doppler/XNAV – integrated navigation system using small – area X – ray Sensor[J]. IET Radar,Sonar & Navigation,2011,5(9):1010 – 1017.

[79] 刘劲,马杰,田金文. 利用X射线脉冲星和多普勒频移的组合导航[J]. 宇航学报,2010,31(6):1553 – 1557.

[80] Zhang H,Xu L P. An improved phase measurement method of integrated pulse profile for Pulsar[C]. Science China:Technological Sciences,2011,54(9):2273 - 2270.

[81] Zhang H,Xu L P,Xie Q. Modeling and doppler measurement of X - ray pulsar[J]. Science China:Physics,Mechanics & Astronomy,2011,54(6):1068 - 1076.

[82] Franklin R G,Birx D L. A study of natural electromagnetic phenomena for space navigation [J]. Proceedings of the IRE,1960,48(4):532 - 541.

[83] Guo Y. Self - contain autonomous navigation system for deep space missions[C]. Proceedings of 1999 AAS/AIAA Space Flight Mechanics Meeting. 1999:1099 - 1113.

[84] Guo Y,Strikwerda T. Performance simulation of autonomous solar navigation [C]. NASA Conference Publication. NASA,1999:155 - 166.

[85] Guo Y. Method and apparatus for autonomous solar navigation[P]. U. S. Patent 6,622,970,2003 - 9 - 23.

[86] Yim J R,Crassidis J L,Junkins J L. Autonomous orbit navigation of interplanetary spacecraft[C]. Proceedings of 2000 AIAA/AAS Astrodynamics Specialist Conference. AIAA, 2000:53 - 61.

[87] Henderson T A,Pollock T C,Sinclair A J,et al. Hardware development and measurements of solar doppler shift for spacecraft orbit determination[J]. Advances in the Astronautical Sciences,2004,116:1 - 14.

[88] 张伟,陈晓,尤伟,等. 光谱红移自主导航新方法[J]. 上海航天,2013 (2):32 - 33.

[89] 方宝东,吴美平,张伟. 火星引力捕获动力学与动态误差分析[J]. 力学学报,2014,47 (1):15 - 23.

[90] Liu J ,Fang J C,Ma X,et al. X - ray pulsar/starlight doppler integrated navigation for formation flight with ephemerides errors[J]. IEEE Aerospace and Electronic Systems Magazine,2015,30(3):30 - 39.

[91] Liu J,Fang J C,Yang Z H,et al. State prediction model using starlight doppler for orbital maneuver and Its application in XNAV [J]. Journal of Aerospace Engineering, 2015:04015043.

[92] Cui P,Chang X,Cui H. Autonomous orbit determination of deep space probe based on the sun line - of - sight vector[A]. Proceedings of IEEE 2010 3rd International Symposium on Systems and Control in Aeronautics and Astronautics (ISSCAA)[C]. IEEE,2010:540 - 544.

[93] 常晓华,崔平远,崔祜涛. 基于太阳观测的深空巡航段自主导航方法研究[J]. 宇航学报,2010,31(4):1017 - 1023.

[94] Wang Y,Zheng W,Sun S. X - ray pulsar - based navigation system/sun measurement integrated navigation method for deep space explorer[J]. Proceedings of the Institution of Mechanical Engineers,Part G:Journal of Aerospace Engineering,2014:0954410014561705.

第 2 章 天文导航的天体敏感器

2.1 引言

航天器天文导航是利用天体敏感器测得的天体(月球、地球、太阳、其他行星和恒星)方位信息进行航天器位置计算的一种定位导航方法。天文导航系统由天体测量部分和导航解算部分组成。天体测量部分一般由天体敏感器和相应的接口电路组成。根据不同的任务和飞行区域,可以采用的天体敏感器有太阳敏感器、地球敏感器、恒星敏感器、天文望远镜、行星照相仪、X 射线敏感器和光谱摄制仪等。天体敏感器可敏感天体发出或反射的电磁辐射,从而获取被观测天体相对于航天器的角度、相对速度等信息,从而为导航解算提供观测信息。

2.2 天体敏感器分类

按不同的分类规则,天体敏感器可分为以下几种类型。

(1) 按敏感天体的不同可分为地球敏感器、太阳敏感器、恒星敏感器、月球敏感器和行星敏感器等。

(2) 按所敏感光谱的不同可分为可见光敏感器、红外敏感器、紫外敏感器和X射线敏感器。其中X射线敏感器是近年发展起来的一种新型敏感器,它可获取脉冲星辐射的绝大部分能量,抗干扰能力强。

(3) 按光电敏感器件的不同可分为CCD(Charge Coupled Device)天体敏感器和CMOS APS(Complementary Metal - Oxide - Semiconductor Active Pixel Sensor)天体敏感器。光电敏感器件是天体敏感器的核心。其中CMOS敏感器与CCD敏感器相比具有抗辐射能力强、动态范围大、便于和外围电路以及信号处理电路大规模集成、低功耗和低成本等优点,是光电敏感器的发展方向之一。

2.3 恒星敏感器

2.3.1 恒星敏感器简介

恒星敏感器(简称星敏感器)是当前广泛应用的天体敏感器,它是天文导航系统中一个很重要的组成部分。它以恒星作为姿态测量的参考源,可输出恒星在星敏感器坐标下的矢量方向,为航天器的姿态控制和天文导航系统提供高精度测量数据。

恒星敏感器最早在20世纪50年代初研制成功,主要应用于飞机、导弹的制导。20世纪70年代初CCD的出现,促进了像质好、精度高的CCD星敏感器的研制。随着科技的发展,20世纪90年代初,出现了采用CMOS工艺的动态像元星敏感器APS,又称为CMOS APS星敏感器,其优点是:APS具有CMOS器件的优点,抗辐射能力强,集成度高;APS电源电压单一化,可极大降低体积、质量和功耗等;APS读出信号噪声低,不需要电荷转换,动态范围大。

20世纪70年代,美国最早将星敏感器应用于航天器上。1989年,苏联就将其用在和平号空间站上。联邦德国、法国和日本也先后使用星敏感器测量航天器姿态。20世纪80年代,我国开始星跟踪器的研制,目前技术已基本成熟,现已采用星跟踪器确定航天器的姿态。

随着科学技术的发展,为适应航天器定姿及导航精度的要求,对恒星敏感器的性能要求也越来越高,通常对新型星敏感器的要求如下。

(1) 能够敏感微弱星光。恒星敏感器测量对象是恒星,天空中大部分的恒星星光都比较微弱,为了满足星体识别和导航精度的要求,恒星敏感器应能够敏感弱光信息。

（2）高精度。恒星敏感器通常作为一种高精度的姿态确定设备，应用于飞机、导弹等高精度制导武器的天文导航系统中。目前，国外的定姿精度已达到 1″(1σ)以内。

（3）实时性强。为实现航天器的姿态确定，需对敏感到的恒星进行实时的星体识别。自主星图匹配识别算法作为恒星敏感器的核心，不但要能实现姿态的快速获取，当由于某种原因造成姿态丢失时，还能实现快速重建。因此，识别的实时性问题就成为衡量恒星敏感器的关键指标。

（4）抗干扰、抗空间辐射能力强。恒星敏感器敏感微弱星光信息，杂散光的干扰不但对成像质量影响很大，甚至会使星敏感器不能正常工作，因此必须采用遮光罩来抑制杂散光，增强抗干扰能力。通常，面向空间应用的仪器必须具有抗辐射能力，恒星敏感器也不例外。

（5）体积小、质量小、功耗低。为了实时、准确地获取航天器的姿态信息，常在航天器上安装两个或两个以上的恒星敏感器，因而低成本、小体积和低功耗就显得尤为重要。

2.3.2　恒星敏感器分类

星敏感器按其发展阶段可分为星扫描器、框架式星跟踪器和固定敏感头星敏感器三种类型。

（1）星扫描器又称星图仪。它带有一狭缝视场，适用于自转卫星。其原理是卫星自转时，敏感器扫描天区，狭缝视场敏感恒星，处理电路检测恒星扫过的时间和敏感的星光能量，并根据先验知识、匹配识别等，可测出卫星的姿态。它没有旋动部件，可靠性较高，但由于系统信噪比低，在工程实用中受到严重的限制，现已基本淘汰。

（2）框架式星跟踪器。其原理是导航星通过光学成像系统在敏感面上成像，处理电路检测出星像在视场中的位置及大小，根据检测结果驱动伺服机构使机械框架转动，将导航星的图像尽可能保持在视场中心。最后根据识别星的信息和框架转角情况，来确定航天器的姿态。此种类型的星敏感器结构复杂，可靠性较差。

（3）固定敏感头星敏感器。它类似星扫描器，不过没有成像装置。其原理是通过光学系统由光电转换器件敏感恒星处理电路扫描搜索视场来获取、识别导航星,进而确定航天器的姿态。这种类型的星敏感器视场呈锥形,易于确定星像的方位,且没有机械可动部件,因而可靠性高,具有广泛的应用前景,目前,固定敏感头的 CCD 星敏感器因其像质好、分辨率高、技术发展比较成熟等已在工程上得到了广泛的应用。新型固定敏感头的 CMOS APS 星敏感器,由于具有集成度高、不需电荷转换、动态范围大等特点,是星敏感器发展的方向。

2.3.3 恒星敏感器设计

图的星敏感器基本结构框架发展经历了如下三个阶段。

图 2-1 为 20 世纪 50 年代初研制的早期星敏感器的基本框图,主要由电子箱、光电跟踪管和光学镜头组成。

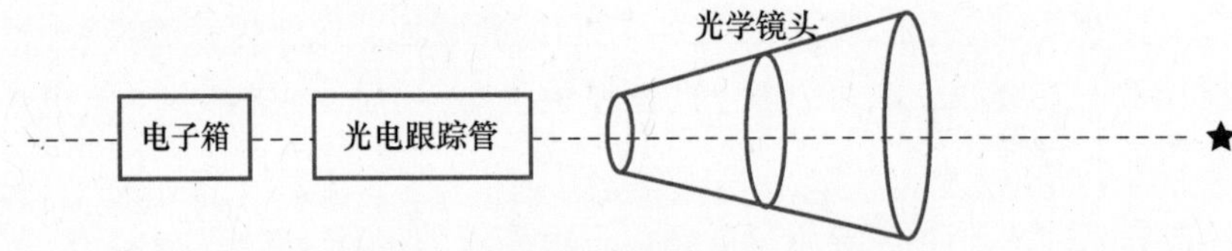

图 2-1 早期星敏感器基本框架结构

20 世纪 70 年代初 CCD 的出现以及集成电路的发展,促进了像质好、精度高的 CCD 星敏感器的研制。该星敏感器主要由图 2-2 所示的 CCD 器件、外围采样电路、信号处理电路和光学镜头四部分组成。

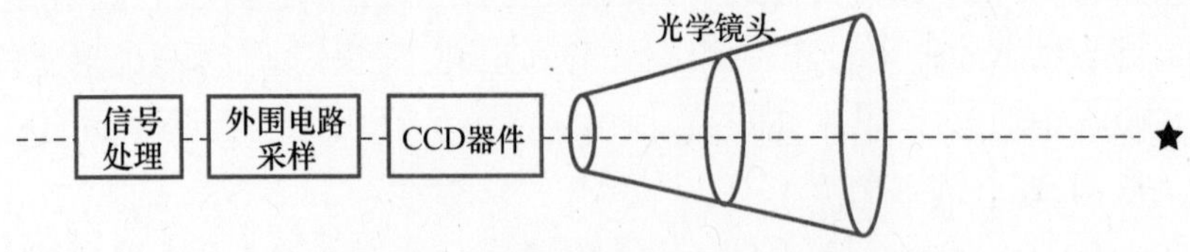

图 2-2 CCD 星敏感器基本框架结构

20 世纪 90 年代初,随着大规模集成电路技术和 CMOS 加工工艺技术的日趋成熟,出现了采用 CMOS 工艺的动态像元星敏感器 APS。这类基于 CMOS APS 光电敏感器的新一代星敏感器主要由 CMOS APS 器件、外围电路、信号处理电路、导航计算机和光学镜头组成,如图 2-3 所示。

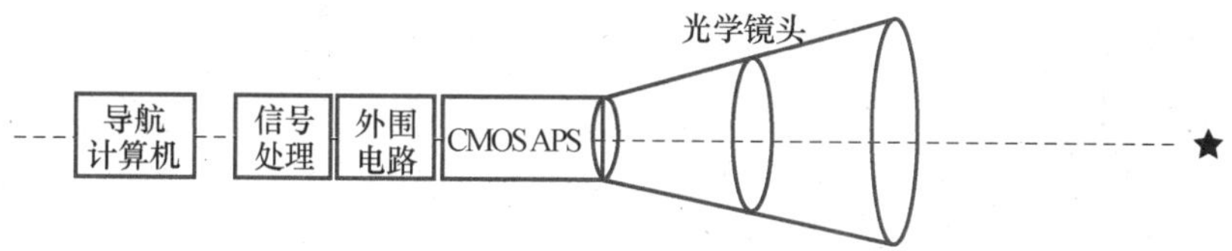

图2－3　CMOS星敏感器基本框架结构

目前,CCD星敏感器技术发展较为成熟,在工程上已得到了广泛的应用。下面几幅为CCD星敏感器的实物图,图2－4为德国Jena ASTRO－5型CCD星敏感器,图2－5为法国SODERN SED16型CCD星敏感器,图2－6为中国科学院北京天文台设计的CCD星敏感器。

图2－4　Jena ASTRO－5型CCD星敏感器探测器
(质量:1.0kg;星等:6.5;视场:15°×15°;精度:1″(1σ))

图2－5　SODERN SED16型CCD星敏感器探测器
(质量:2.7kg;精度:15″(1σ))

图2－6　北京天文台设计的CCD星敏感器探测器
(质量:2.4kg(不包括遮光罩);视场:8.9°×6.6°;星等:6.5;精度:9.4″(1σ))

下面以 CCD 星敏感器为例对恒星敏感器的设计进行简要介绍。

1. 总体设计

恒星敏感器的基本结构包括遮光罩、光学系统、光电转换电路(CCD 组件、时序电路、驱动电路、采集和放大电路)、控制电路(制冷器控制、工作参数采集)、二次电源、数据处理模块(星图预处理、星体质心提取、星图识别和定姿)以及对外接口。其基本的结构如图 2-7 所示。

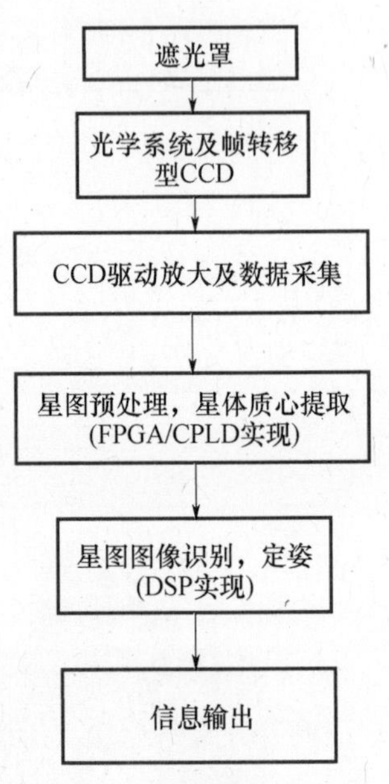

图 2-7　CCD 恒星敏感器的基本结构

2. 硬件部分设计与实现

1) CCD 探测器的选择与设计

电荷耦合器件(CCD)是 20 世纪 70 年代初发展起来的新型半导体集成光电器件。构成 CCD 的基本单元是 MOS(金属-氧化物-半导体)电容器,或者称为 MOS 结构。其最突出的特点在于它是以电荷作为信号,而不同于其他大多数器件是以电流或者电压作为信号。

CCD 探测器需要用光学成像系统将星像成像在 CCD 的敏感面上。敏感面将照在每一像敏单元上的图像照度信号转变为少数载流子密度信号,并存储于像敏单元(MOS 电容)中。然后再转移到 CCD 的移位寄存器中,在驱动脉冲的作用下顺序地从器件中移出,成为图像信号。

按 CCD 像素的排列,可分为线阵 CCD 敏感器、面阵 CCD 敏感器和蜂巢状 CCD 敏感器三种。考虑到实际应用,以下仅讨论面阵 CCD。

面阵 CCD 敏感器的基本特性参数如下。

(1) 光电转移特性。它用光电转移因子 γ 来衡量。在 CCD 中电荷包由入射光子被硅衬底吸收产生的少数载流子形成,因此它具有良好的光电转移特性,其 γ 值可达 99.75%。

(2) 光谱响应。对不同波长电磁辐射的响应程度(反应灵敏度)称为光谱响应度或光谱灵敏度。CCD 接受光的方式有正面光照和背面光照两种。后者比前者的光谱响应要好得多。

（3）动态范围。动态范围由势阱中可容纳的最大信号电荷量和噪声决定的最小电荷量之比决定。其中,势阱中最大信号电荷量取决于 CCD 的电极面积、器件结构、时钟驱动方式及驱动脉冲电压的幅度等因素。噪声源主要包括:由电荷注入器件引起的噪声;电荷转移过程中,电荷量变化引起的噪声;检测时产生的噪声。

（4）分辨率。分辨率是 CCD 敏感器的重要特性,常用调制传递函数来评价。对于面阵 CCD,只评价它的水平分辨率。水平分辨率与水平方向上 CCD 像元数量有关,像元数量越多,分辨率越高。

选择不同类型的探测器,对整个星敏感器的速度、精度和恒星识别率有决定性的影响。选择面阵 CCD 主要考虑以下几方面。

（1）灵敏度。灵敏度是 CCD 敏感器的重要参数。其物理意义为单位光功率所产生的信号电流（mA/W）。恒星光为弱光,在同样条件下,灵敏度越高,则数据更新率、敏感星等和信噪比越高,进而定位精度就越高。

（2）高亮度特性。CCD 器件上有高亮度点时会产生垂直拖道。

（3）拖影现象。在 CCD 中,由光敏区向存储区转移电荷时,光敏区在场逆程期间将光积分电荷带到下一场,或硅片深处的光生载流子向邻近势阱扩散,致使图像模糊,这种现象称为拖影。拖影会使对比度下降。

（4）暗电流。暗电流由热运动所产生的少数载流子形成,它会限制积分时间的加长,也会限制器件的可用动态范围。暗电流与温度有关:温度越高,热激发产生的少数载流子越多,暗电流就越大。据计算,温度每降低 10℃,暗电流可降低 1/2,因而,降低 CCD 的工作温度是降低暗电流噪声的有效途径。

2）遮光罩设计

星敏感器为弱光信号成像系统,杂散光的干扰对成像质量的影响很大,影响星敏感器观测的杂光源大致有太阳光和月球、地球、航天器本体及空间垃圾反照光等。它们不但影响星像的信噪比,甚至会使星敏感器不能正常工作。因此,必须设计遮光罩来抑制杂散光。在设计遮光罩时,应尽可能使光线无法散射到像面上。

遮光罩设计的基本原则如下。

（1）避免非成像光线直接到达光学系统像面。

（2）到达像面的杂散光至少经过两次以上散射或折射,以对其能量进行有效的衰减。

(3) 反射表面或散射表面应具有低反射率。

(4) 以太阳等强外部杂散光源与系统光轴的最小夹角为关键遮拦角,以光学系统第一表面为两次散射控制面,使大于关键遮拦角的入射光线不能直接到达光学系统第一表面,即遮光罩的最外端不能被光学系统所"看见"。

根据以上原则,遮光罩设计有不同的模式,通常主要是通过二级外遮光罩和内部遮挡环的多次反射,使到达成像面的杂散光能量衰减到可允许的程度。

遮光罩主要以挡光环来对杂散光进行吸收消除,如图2-8所示。在遮光筒内设计一系列的挡光环,进入遮光罩的杂散光线在这些挡光环之间来回反射而被吸收。挡光环的边缘会对入射光发生散射,影响CCD敏感器的成像质量,所以,边缘设计时应留一定倾角。

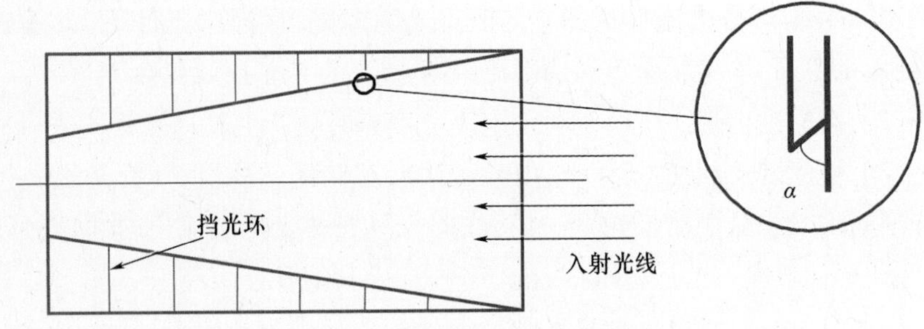

图2-8 典型遮光罩示意图

这种设计的挡光环数目较多,光线的散射方向不确定,且挡光环和遮光筒的内壁都会使得散射光线直接到达出射方向像面,以致消光效果不理想。因而,由这种方案设计出的遮光罩尺寸都较大,不适应星敏感器小型化的需要。

图2-9显示了二级遮光罩示意图。该遮光罩主要有三个结构角度:遮光罩内段锥角 φ,即光学部分半视场角;遮光罩外段锥角 α,它为遮光罩外段内轮廓线与系统光轴的交角,遮光罩内端口在其延长线上;太阳入射角(或其他杂光源的入射角) θ。

入射光线按其入射角度 β 的大小分为四种情况:

(1) $\beta>\theta$,入射光线全部落在遮光罩外段上;

(2) $\alpha<\beta<\theta$,入射光线全部落在遮光罩外端上;

(3) $\varphi<\beta<\alpha$,入射光线部分落在遮光罩内段上,部分落在光学系统第一

表面上；

（4）$\varphi > \beta$，入射光线即为成像光线。

对第二种情况的入射光线，为了让它们在达到光学系统第一表面前有两次以上反射，可在遮光罩内壁上设立挡光环和高吸收涂层。

第三种情况中落在遮光罩内段的入射光线，可通过挡光环和表面涂层对落在内段的部分进行衰减；直接落在光学系统第一表面上的光线，可通过在系统后部采取相应的措施对其进行衰减。

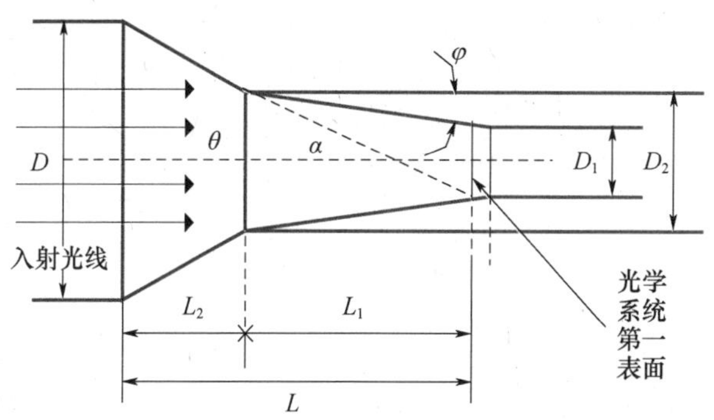

图2－9　二级遮光罩示意图

图2－9中D表示外遮光罩大小；D_1表示光学孔径；D_2表示内遮光罩大小；L表示总遮光罩长度；L_1表示内遮光罩长度；L_2表示外遮光罩长度；α表示外遮光罩圆锥角；φ表示内遮光罩圆锥角；θ表示太阳入射角。

3）光学系统设计

光学系统的参数首先取决于对星敏感器的使用要求，如质量、体积、功耗、寿命、测角精度、机动性和CCD特性参数等，根据主要技术指标，光学系统的设计要求主要包括弥散斑特征、复消色差指标、满足可靠性及精度要求的镜头结构和材料选择范围等。

假定CCD光敏区的尺寸为$A \times B$，光学系统焦距为f，视场为$\mathrm{FOV}_x \times \mathrm{FOV}_y$，则有

$$\mathrm{FOV}_x = \frac{A}{f_1} \times \frac{180°}{\pi}, \mathrm{FOV}_y = \frac{B}{f_2} \times \frac{180°}{\pi}$$

焦距f应取f_1和f_2中的较小者，才能保证满足视场要求。

CCD星敏感器光学系统的工作光谱范围根据所需要敏感的恒星光谱及

CCD器件的光谱响应确定。据星表统计,全天球亮于$+6.5^{m}$的色温峰值波长分布如图2-10所示。参照CCD光谱响应曲线,可确定光学系统光谱范围及中心设计波长。

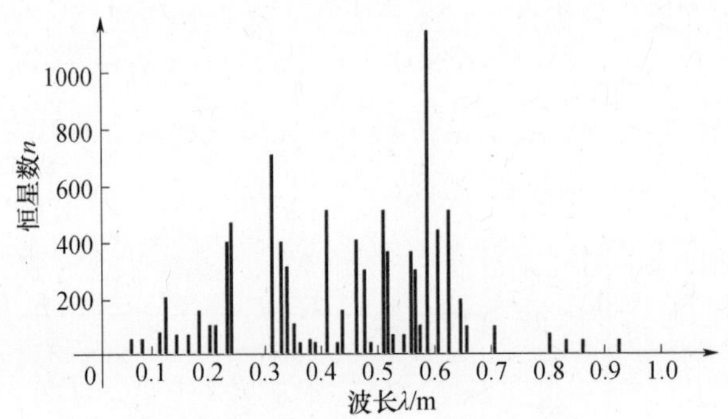

图2-10 恒星峰值波长统计直线图

从图2-10可看出,全天球亮于$+6.5^{m}$(包括$+6.5^{m}$)的恒星中,95%以上恒星光谱的峰值波长小于0.7μm。

4)星敏感器系统设计

星敏感器硬件系统包括光电转换电路、数据处理模块、二次电源、控制电路和接口电路。光电转换电路由CCD组件、时序电路、驱动电路、视频处理电路构成。时序电路生成CCD工作的时序信号,由驱动电路驱动CCD工作。由视频处理电路对视频信号进行采样和放大,并完成模数转换。数据处理模块包括数字图像采集与存储电路、程序存储器、数据存储器等外围电路,是软件运行的硬件环境。二次电源采用DC/DC功率模块,提供各单元工作所需的电源。由控制电路对致冷器进行控制,确保CCD在预设温度下工作。控制电路同时完成星敏感器内部遥测量的采集与输出。接口模块包括星上通信接口、地面测试数据接口与图像输出接口。图2-11、图2-12为星敏感器电路设计的总体框图和板级框图。

3. 软件部分设计与实现

星敏感器软件主要包括星图的预处理、星体的质心提取、星图的匹配识别和姿态确定等。

(1)星图的预处理。主要是对获取星图的去噪和畸变校正处理。

(2)星体的质心提取。即是对星像中心的计算。

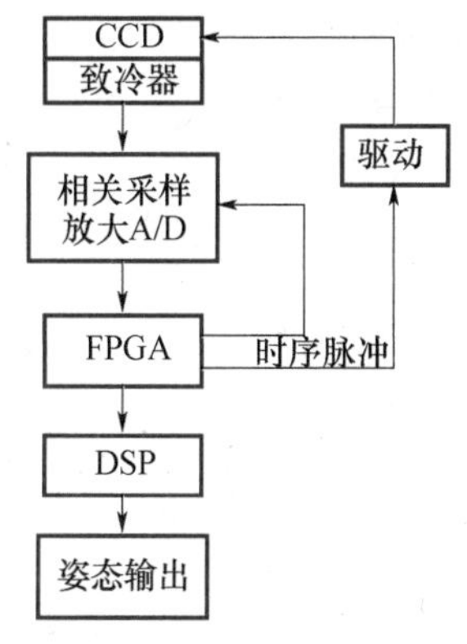

图2-11 星敏感器电路设计总体框图

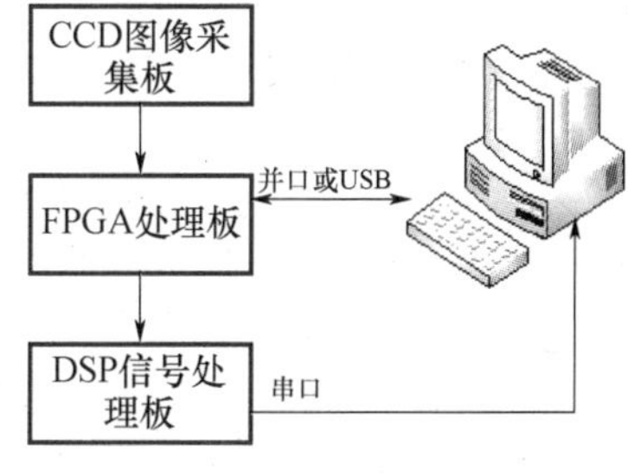

图2-12 星敏感器的板级框图

(3) 星等的计算。通过计算星像中心及周围像素点的能量值来体现。

(4) 星图的匹配识别。主要是确定观测星对应于天球中的哪颗恒星。

(5) 姿态确定。根据识别出的恒星信息,结合地心惯性坐标系、航天器本体坐标系和星敏感器坐标系的关系,求解航天器在地心惯性系中的姿态。

本书的最后两章中有关于该部分内容的详细介绍,这里就不再赘述。

2.3.4 恒星敏感器误差分析与标定

恒星敏感器在研制时主要考虑以下几个方面的误差源:光学系统误差、机械结构误差、CCD及电子线路误差、标定误差、处理器截断误差、软件算法的处理精度等。

利用恒星敏感器进行导航,要求尽可能提高定姿的精度,这样必须要针对以上的误差源,进行尽可能准确精细的试验、加工、测试和标定。精密加工的部件主要涉及加工技术、工艺的问题,这里不再赘述。

星敏感器的标定主要是对星象定位精度的标定,包括静态定位的标定和动态定位的标定。目前,主要的试验和标定仪器有CCD特性分析仪、星光星图模拟器、精密(双轴)转台、振动台、离心机、热真空系统、PC终端和测控系统等。

在进行精密的加工、设计和标定后,系统仍然存在误差,因此后续工作中的误差补偿是必要的。一般主要采用软件来补偿误差,其关键是建立误差补偿的数学模型。对于标定的详细信息,可参看本书第10章的相关内容。

2.4 太阳敏感器

2.4.1 太阳敏感器简介

太阳敏感器通过对太阳辐射的敏感来测量太阳光线同航天器某一预定体轴或坐标面之间的夹角,以获得航天器相对于太阳的方位,是最早用于姿态测量的光学敏感器。由于太阳是一个非常明亮的光源,辐射强、易于敏感和识别,这给敏感器的设计和姿态确定算法带来了极大的方便,因此太阳敏感器成为航天器首选的姿态敏感器,它应用最为普遍,几乎任一航天器都将其作为有效载荷。太阳敏感器的视场可达128°×128°。目前,大视场阵列式数字太阳敏感器的分辨率可达角秒级。

太阳敏感器具有结构简单、工作可靠、功耗低、质量小、视场范围大等特点。太阳敏感器还可用来保护高灵敏度的仪器(如星敏感器)和对太阳帆板翼定位。太阳敏感器通常包括光学系统、探测器和信号处理电路三个部分。一般把光学系统和光电转换器件的组合称为光学敏感头。

太阳敏感器的发展趋势主要有以下几个方面。

(1) 功能模块化,易于安装、维护,并适合大批量生产。

(2) 小型一体化,质量小、体积小、功耗低、成本相对较低。

(3) 高度集成化,将探测器、驱动电路、处理电路及转换器等集成到单个处理板上,可大大缩小体积、功耗,同时还可提高可靠性和稳定性。

(4) 性能高,即高精度、高分辨率和高处理速度,可实时准确地确定航天器的姿态。

2.4.2 太阳敏感器分类

目前,太阳敏感器的种类比较繁多,主要分为模拟式、数字式和太阳出现式敏感器三种类型。前两种的主要区别是输出信号的方式不同,一个是模拟信号,另一个是离散数字信号,可以互相转化。第三种太阳出现式敏感器,又称为太阳指示器,它提供一个恒定的输出信号,这个信号反映太阳是否在敏感器的视场内。

模拟式太阳敏感器有几种不同的结构形式，大体上可分为三种类型：余弦式、差动式和狭缝式太阳敏感器。每一种都有其特定的用途，如自旋稳定卫星广泛使用 V 形狭缝式太阳敏感器。它具有两条窄缝，其中一条缝与卫星自旋轴平行，另一条缝倾斜一个角度，构成 V 形。每条缝的后面装有硅光电池。卫星自旋时，这两条缝扫过太阳，产生两个脉冲信号。两个脉冲之间的时间间隔是太阳方位角的连续函数。通过测量脉冲间隔时间可确定太阳方位角。这种敏感器结构简单，工作可靠，测量范围大，精度可达 0.05°。

数字式太阳敏感器主要分为两大类：编码式太阳敏感器和阵列式太阳敏感器。编码式太阳敏感器码盘的角度分辨率受太阳张角（约 0.53°）的限制，因此它的精度低于 0.5°。提高精度的措施是在信号处理电路中采用数字编码细分技术，也就是将码盘最低位输出的模拟信号用模数转换电路进行细分，提高敏感器分辨率。根据这个原理制成的太阳敏感器在大视场范围内（如 128° ×128°）精度可达 0.025°。阵列式太阳敏感器的探测器采用阵列器件。它常用线列阵（多个敏感元排成一条直线），太阳像落在线阵上的位置代表太阳方位角。由于阵列器件中敏感元集成度很高，加上线路对信号的内插细分，阵列式敏感器的精度可达到角秒级。

太阳出现式敏感器工作原理简单，当太阳出现在敏感器视场内，并且信号超过门限值时，表示敏感到太阳，输出为 1；当信号低于门限值时，输出为 0，表示没有敏感到太阳。它一般用作保护器，如用来保护红外地平仪免受太阳光的影响。

2.4.3　太阳敏感器设计

1. 基本设计需求

目前，太阳敏感器的研制已经相当成熟，在设计前主要考虑以下几个方面的内容：航天器及其飞行环境对太阳敏感器各方面的技术指标要求，如航天器的稳定方式、飞行方式、视场、精度、体积、质量、功耗、寿命与失效率、接口关系、储存和工作条件等；太阳本身的辐射特性、光照强度等；敏感器本身研制所需器材、工艺设备等以及调试和标定设备。

图2-13为太阳敏感器的基本结构框图，包括光学器件、敏感面、噪声滤波器、畸变校正处理器、核心处理器和输出设备。

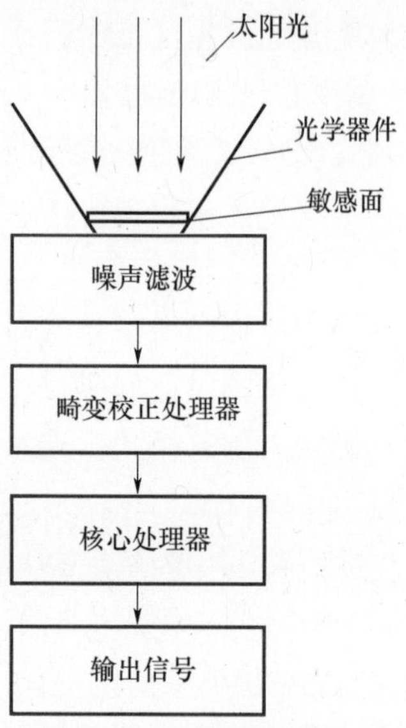

图2-13　太阳敏感器的基本结构框图

图2-14是中国空间技术研究院研制的DSS2数字太阳敏感器实物图。其主要指标是：视场范围为±64°×±60°；角度分辨率为28″；输出为16位数字信号；光学敏感头质量为0.35kg；敏感头尺寸为86mm×50mm×30mm；系统功耗为0.5W；工作环境温度为-20～+50℃。图2-15是Jena-Optronik GmbH研制的Fine太阳敏感器实物图。其主要指标是：视场范围为(±64°)×(±64°)；角度分辨率小于0.18°(3σ)；输出为16位数字信号；光学敏感头质量小于0.62kg；系统功耗小于0.2W。

图2-14　DSS2数字太阳敏感器

图2-15　Fine太阳敏感器

2. 主要功能模块

太阳敏感器的功能模块如图2-16所示。它由光谱滤波器、几何滤波器、敏感器件、噪声滤波器、畸变校正处理器及核心处理器组成。其工作原理是先通过光学器件，利用光谱滤波器(透镜、滤光片或增透膜片)，滤掉太阳光之外的杂散光。几何滤波器确定敏感器内外的几何关系，在一定视场范围表现被测太阳光的矢量方向。辐射敏感器件将通过光谱滤波器和几何滤波器后具有矢量属性的辐射能转变为电能，之后根据需求进行必要的噪声滤波和畸变校正处理，使之成为更高质量的信号，最后输出给核心处理电路进行处理，形成航天器所需的物理量。

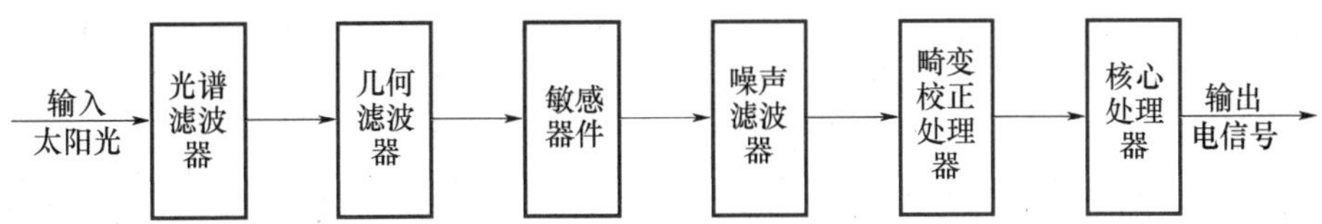

图 2－16　太阳敏感器的功能模块

3. 探测器的选择与设计

探测器的主要功能即是将太阳光的光能转换为电能，实质上是一种光电转换器，是敏感头的主要组成部分。它的选择直接影响太阳敏感器的结构和性能，在太阳敏感器的设计中占有重要地位。选择探测器一般考虑以下几个方面。

（1）光电转换器的组成，目前普遍采用硅太阳电池、硅光电二极管阵列或者 CCD。

（2）敏感尺寸、精度和分辨率。

（3）光谱响应的波段，一般为 400～1100 nm。

（4）体积、结构和工艺。

（5）可靠性、稳定性和工作寿命。

（6）空间环境，诸如真空度、光辐射、高低温环境等。

敏感头的主要作用是获得航天器相对于太阳的姿态信息，并将它转换成电信号提供给核心处理器，敏感头设计应主要满足下列要求。

（1）能够达到敏感头预定的测角范围和精度。

（2）达到尺寸、质量和功耗的设计指标。

（3）在加工工艺和装校等方面可行，并且敏感头在安装后能简便地进行功能检测。

（4）工作寿命、可靠性以及各种环境条件。

（5）总体对敏感头的接口、安装定位及光学基准零位等的要求。

4. 太阳敏感器的电路设计

一般而言，太阳敏感器的电路主要是将敏感头所敏感到的太阳光，通过光电转换器转换成系统所要求的信号，并将其输入到核心处理器中，完成姿态的确定。由于太阳敏感器的种类比较多,有的电路简单,有的却很复杂,但在设计时大都需注意以下几个方面。

(1) 尽量排除伪信号的干扰,所谓伪信号,主要由空间电磁场及射频的干扰而引起。一般太阳敏感器安装在星体外部,而电路在仪器舱中,为了进行通信以及尽可能避免其干扰,应尽量用短的屏蔽电缆和尽可能低的输入阻抗。

(2) 电路设计时,尽量避免电磁之间的相互干扰。

(3) 各部分的衔接尽量采用光耦合,以保证各模块独立、可靠地运行。

(4) 敏感器与外部接口要尽可能防止过载或短路。

(5) 在保证正常运行的条件下,尽可能简化电路,缩小体积、质量和功耗。

2.4.4 太阳敏感器试验与标定

任何仪器设备在使用之前,必须对它的各项功能及指标进行试验和验证,太阳敏感器也不例外。太阳敏感器在试验时要对所有重要参数同时进行模拟,模拟的参数主要有太阳光辐射、振动范围、温度变化、姿态变动速率以及航天器相对于太阳的运动情况等。相应的模拟试验设备如下。

(1) 模拟光源设备。一般常用反射镜或者太阳模拟器来模拟太阳光源。前者是一种将太阳光反射到特定方向的光学设备,后者是一种模拟地球绕着太阳旋转时,太阳光辐射到地球表面状况的模拟设备。

(2) 高精度的双轴转台。航天器相对于太阳的运动主要由双轴转台来模拟,其精度要求比被测设备的精度高一个至两个数量级。

(3) 半物理仿真系统平台。它主要是处理器和相应的接口,用来对光源和转台的数据进行采集、处理并对其进行控制。

早期研制太阳敏感器时,一般对其标定都在室外进行,利用自然的太阳光测试敏感器。但随着敏感器在航天器上的广泛应用,试验方法也在不断改进。利用太阳塔,塔内安装反射镜,把太阳光定向地引入实验室,进行试验,标定敏感器的精度可达到20″左右,但这种方法成本高,且受气象条件的限制。随着技术的不断进步,太阳模拟器的成功研制为室内试验提供了可能。这样即可在室内利用太阳模拟器模拟太阳光辐射,用高精度的双轴转台模拟航天器相对太阳的运动,用振动台模拟航天器的振臂效应,用温度试验设备模拟温度变化情况等,完成一系列的试验。

对于太阳敏感器的测试与标定主要包括以下内容。

(1) 光学系统的标定。主要包括镜头畸变的标定、镜头焦距的测试和标定。

(2) 太阳敏感器敏感头的测试与标定。主要包括敏感头分辨率及精度标定、视场及测量角度标定。

(3) 硬件性能的测试。硬件各部分性能的测试及各参数的标定。

(4) 太阳敏感器整体性能的测试与标定。给定标准输入,根据输出测定整体的标定系数。

2.5　地球敏感器

2.5.1　地球敏感器简介

地球敏感器是一种借助于光学手段获取航天器相对于地球姿态信息的光学姿态敏感器,在天文导航系统中得到广泛的应用。它主要确定航天器与地球球心连线的矢量方向。目前,主要有地平扫描敏感方式和地平热辐射平衡敏感方式两种。

地球敏感器在发展初期,由于其在工作原理和光学波段方面的不同,呈现出了多样化的状况。一直到 20 世纪 70 年代初,因地平跟踪式的局限性,使光学波段统一到了 14 ~ 16μm 范围内。从科学研究的实际情况考虑,以地球作为面参考源限制了地球敏感器的测量精度。随后,在地球敏感器的研究工作中,有较大部分集中于完善地球的红外辐射模型,力图使更多源于参考源非几何点的误差成为可预知的系统误差,并且可被补偿掉,这些研究工作已经取得了较大的进展。

目前,地球敏感器的发展方向主要有以下几个方面。

(1) 多敏感元(阵列式)红外探测器。

(2) 信号处理的数字化。

(3) 紫外地球敏感器,它是一种基于硅成像阵列的三轴姿态敏感器,代表新一代地球敏感器的发展方向。

(4) 偏航地球敏感器,它利用地球球体辐射的能量分布获取偏航姿态信息。

2.5.2 地球敏感器分类

整个地球都被大气层所包围,地球辐射主要由大气层和地球表面所引起,分为反射辐射和自身辐射。其中反射辐射大都是可见光部分的辐射,自身辐射大部分是红外辐射。因而,地球敏感器按其敏感光谱波段的不同,主要分为地球反照敏感器和红外地球敏感器两类。

地球反照敏感器是一种敏感地球反射的太阳光来获得航天器相对于地球姿态信息的光学敏感器。它敏感的光谱波段主要为可见光。这种类型的敏感器结构简单,但由于反照信息会随时间变化,因而其性能的提高受到了很大的限制。另外,地球边缘的不确定性是制约地球敏感器测量精度的主要原因。在可见光波段,受日照条件影响,测量精度常随时间变化,这给地平的确定带来了困难。相反,地球辐射的红外波段由于具有辐亮度变化比可见光小得多的特点,因而,地球大气系统在红外波段确定的地平圈比较稳定。

地球的红外辐射由地球表面辐射和大气层辐射综合作用而形成,对地平辐射的波动影响最大的因素是温度的变化和云层。其中温度是影响红外辐射的最重要因素,由于温度的变化量对比较长的波长来说,辐射的起伏要小一些。所以应尽可能选长波波段。大气中主要的吸收气体是水蒸气和二氧化碳,即应选择 15μm 的吸收带。

红外地球敏感器以敏感地球的红外辐射来获取航天器相对于地球的姿态信息,常称为红外地平仪。常用工作波段为 14～16μm,可较为稳定地确定地球轮廓和辐射强度,且红外地球敏感器对航天器本身反射的太阳光不敏感,可全天候正常工作,在实际工程中应用非常广泛。

一般来说,红外地球敏感器(以下简称地平仪)由光学系统、探测器和处理电路组成。目前,它主要分为动态地平仪和静态地平仪。

1. 动态地平仪

动态地平仪的主要原理是利用运动机械部件带动一个或少量几个探测器的瞬时视场扫过地平圈,从而将空间分布的辐射图像变换为时间分布的波形。然后,通过信号处理的手段检测地球的宽度或相位,计算出地平圈的位置,从而确定两轴姿态。

动态地平仪根据其扫描方式分圆锥扫描和摆动扫描。较早出现的是圆锥扫描红外地平仪,主要优点是扫描的视场范围大、易于敏感到地球且响应速度快,适用于三轴稳定的卫星。其原理是:以安装在本体上扫描装置的扫描轴为中心轴,视轴与此中心轴有一定的夹角,在敏感过程中,电机驱动视轴绕中心轴形成一锥面对地平圈进行扫描,将扫过地平圈的信息,进行采集、处理以确定地平的矢量信息。其工作原理图如图 2-17 所示。

摆动扫描红外地平仪一般适用于长寿命的同步卫星。其工作原理类同圆锥扫描地平仪,不同的是,它将扫描装置改为摆动装置,通过视轴在一定角度范围内摆动来实现对地平的扫描。它对地平圈上的同一点进行方向相反的两次扫描,根据这两次扫描所获取的信息完成对地平的量测。

2. 静态地平仪

静态地平仪的工作方式类似于人的眼睛,它利用典型的焦平面技术,将多个探测器放在光学系统的焦平面上,通过探测器对投影在焦平面上地球红外图像的响应来计算地球的方位。静态地平仪具有体积小、质量小、功耗低、寿命长和抗震动等优点,适合用作新一代小型卫星姿态敏感器。这里主要介绍一种辐射热平衡式红外地平仪。

辐射热平衡式红外地平仪,一般有多个视场,且都等间隔对称分布。图 2-18为八个视场的辐射热平衡式红外地平仪。在这些视场中,每个视场只接收来自地球特定区域的红外辐射,在工作时,对每个视场所接收的辐射能量进行分析处理,进而完成对航天器姿态的量测。它不需要扫描和摆动装置,体积小、功耗低。

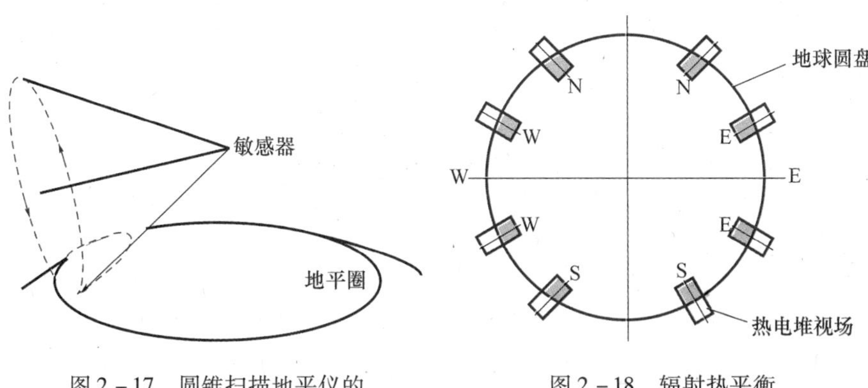

图 2-17　圆锥扫描地平仪的工作原理示意图

图 2-18　辐射热平衡式红外地平仪

2.5.3 地球敏感器设计

1. 总体设计

总体设计是地球敏感器研制过程的第一步。一般地球敏感器的组成框图如图2-19所示。其中扫描或摆动机构只存在于动态地平仪中。处理模块接收来自探测器的信息,进行分析处理,完成所需信息的输出。

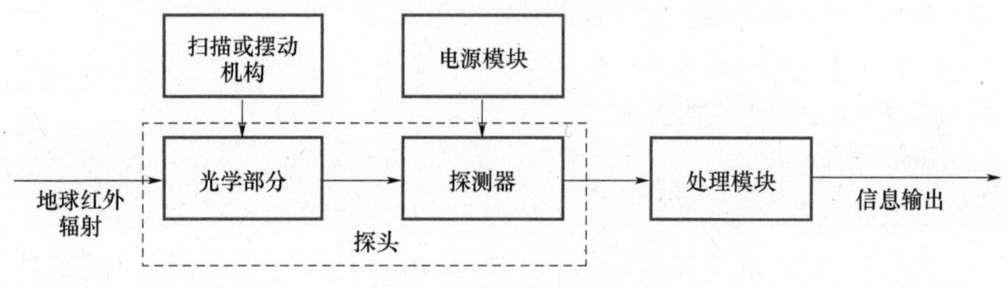

图2-19 地球敏感器框图

在地球敏感器总体设计时,主要考虑轨道高度范围、捕获范围、精度、抗太阳和月球干扰能力、抗电磁干扰能力、工作和储存环境条件、电路及机械接口、外形尺寸、质量、功耗和可靠性等因素。在研制地球敏感器前应根据需求确定其类型、工作波段、探测器的种类、处理电路方案、扫描角传感器方案(对主动扫描式)、地球辐射不均匀误差补偿方案(对辐射热平衡式)、太阳干扰抑制方案和月球干扰抑制方案等问题。

2. 部件设计

地球敏感器的部件设计主要包括光学设计、角度传感器及基准信号装置设计、结构设计、主要功能电路设计、电磁兼容性设计和可靠性设计。

(1) 光学设计。它包括红外探测光学系统和视线扫描光学系统。

(2) 角度传感器及基准信号装置设计。角度传感器根据敏感器类型的不同而不同,它主要以提高精度为前提;基准信号装置给出同航天器本体坐标系有固定关系的基准信号,它一般给出地球敏感器的零位。

(3) 结构设计。原则上尽可能减小体积和质量,降低功耗和成本,以提高竞争力。它主要包括精度设计、刚度设计和结构热设计。

(4) 主要功能电路设计。它包括放大电路、模数转换电路、数据处理电路设计等。

（5）电磁兼容性设计。避免电磁兼容性问题的有效方法是减弱或消除干扰来源、提高抗干扰能力和破坏干扰传输途径。

（6）可靠性设计。它主要包括探测器的可靠性设计、光学薄膜镀层牢固度设计和光栅可靠性设计。

2.5.4　地球敏感器试验与标定

在地球敏感器的研制过程中，试验和标定必不可少。所谓试验，即是验证地球敏感器是否实现所要求的全部功能以及是否达到所预定的全部技术指标，在设备的验收中，具有重要的作用。标定即是给定标准输入，使其通过系统，经系统的敏感、分析和处理，将得到的输出结果同预期值比较，根据比较结果调整敏感器相关参数，直到满足设计要求。

对于地球敏感器的试验与标定，所采用的设备主要有地球模拟器、高精度转台、震动台及温控室等。

2.6　其他天体敏感器

上述几节分别论述了恒星敏感器、太阳敏感器和地球敏感器三种天文导航中常用的天体敏感器，除了这几种敏感器外，还有用于深空探测的行星敏感器、X 射线脉冲星敏感器等。

1. 微小型集成成像相机及光谱仪

“深空”1 号进行了多种新技术试验和验证，其中自主天文导航技术是最引人注目的新技术之一。该基于小行星观测的自主天文导航系统所使用的测量仪器称为“微小型集成成像相机及光谱仪（Miniature Integrated Camera Spectrometer，MICAS）”，如图 2－20 所示。该仪器由四个敏感器（紫外敏感器、APS 敏感器、CCD 敏感器和红外敏感器）组成，四个敏感器共用同一个光圈直径为 10cm 的光学镜头，利用光反射折射原理分别为各个敏感器提供光源，有效提高了观测能力，可以对目标天体进行高分辨成像，性能参数如表 2－1 所列。MICAS 预存了 250 颗小行星的轨道数据和 25 万颗恒星的位置数据，“深空”1 号在轨飞行期间通过 MICAS 观测背景恒星确定了敏感器的惯性指向，并观测两颗以上小行星实现对探测器的导航定位。

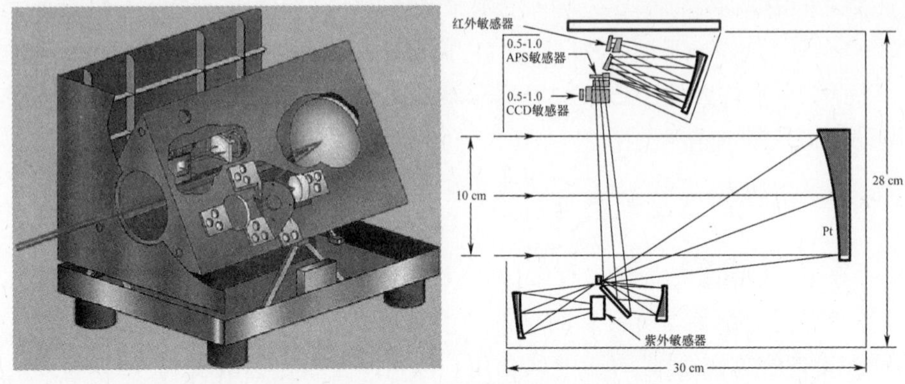

图 2-20　Micas 相机剖面图及光路图

表 2-1　Micas 相机各敏感器性能参数

	紫外敏感器	APS 敏感器	CCD 敏感器	红外敏感器
敏感器类型	1024×2048 FT CCD	JPL APS256^2	1024×2048 FT CCD	Rockwell PICNIC
测量波长 /nm	80～185	500～1000	500～1000	1200～2400
有效焦距 /cm	17.1	67.7	67.7	75.2
孔径直径/mm	100	100	100	100
面阵大小/像素	35×164	256×256	1024×1024	256×256
像元大小/μm	54.0	12.0	9.0	40
视场/(°)	0.63×0.03	0.26×0.26	0.69×0.78	0.7×0.003
瞬时视场/(mrad·像素$^{-1}$)	316	17.9	13.4	54
光谱采样间隔	0.64	NA	NA	6.6
平均光谱分辨率	2.1	NA	NA	12

2. 深度撞击的天体敏感器

深度撞击探测器是美国航空航天局发现计划的第 8 个任务，由波音 DeltaⅡ运载火箭在 2005 年 1 月 12 日发射进入太空。2005 年 7 月 4 日，探测器成功撞击"坦普尔"1 号(Tempel-1)彗星。从发射到撞击，深度撞击探测器历时 172 天，飞行距离为 430000000km。深度撞击探测器主要由交会运载器(Flyby Spacecraft)和撞击器(Impactor)两部分组成，其上装备的天体敏感器包括高分辨率相机(HRI)、中分辨率相机(MRI)、星跟踪器和撞击器目标相机(ITS)，在整个过程中起导航、获取数据和选择撞击点的作用，如图2－21所示。各天体敏感器的性能参数见表2－2。其中MRI和HRI分别在不同距离条件下观测彗星，实现对深度撞击探测器的导航；星敏感器观测恒星为探测器提供姿态信息；ITS用于观测彗星表面的地貌信息，并选择、跟踪合适的撞击点，完成撞击彗星任务。

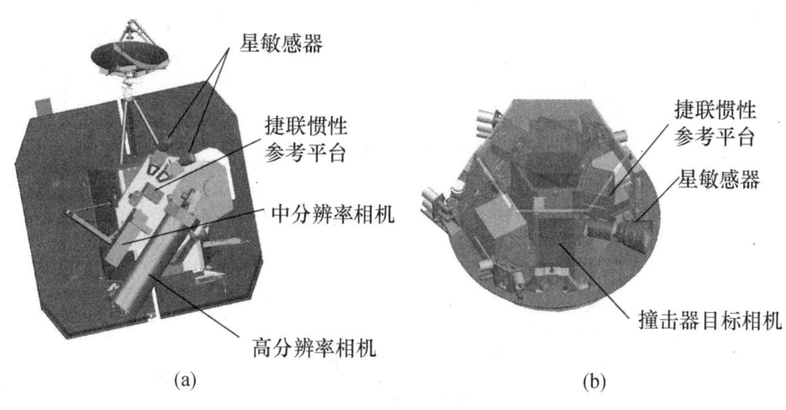

图2－21 深度撞击的天文导航仪器
(a)交会运载器；(b)撞击器。

表2－2 深度撞击探测器天体敏感器性能参数

	ITS	MRI	HRI(可见光)	HRI(红外)
分辨率/μrad	10	10	4	10
焦距/cm	2.1	2.1	10.5	10.5
像素大小/μm	21	21	21	36
敏感面阵/像素	1024×1024	1024×1024	1024×1024	512×256
视场/mrad	10×10	10×10	2×2	2.5×0.01
曝光时间/ms	10~100	10~100	10~100	10~100

3. 天文光学导航相机(ONC)

用于火星勘测轨道器的天文导航敏感器经历了6年多的设计周期，吸收了"深空"1号自主导航的经验，是更先进的天文光学导航相机(Optical Navigation Camera，ONC)。该敏感器可拍摄明亮天体附近的暗淡目标，如恒星、遥远的小行星和轨道器等,具有很强的动态响应能力及低噪声的特性。图2-22为该敏感器的实物图,表2-3给出了该敏感器的性能参数。在火星勘测轨道器被火星捕获前,探测器调整至天文导航模式,利用ONC的高动态响应能力,同时观测火星卫星和背景恒星,实现火星勘测轨道器的自主天文导航,为火星勘测轨道器的高精度入轨提供了保证。

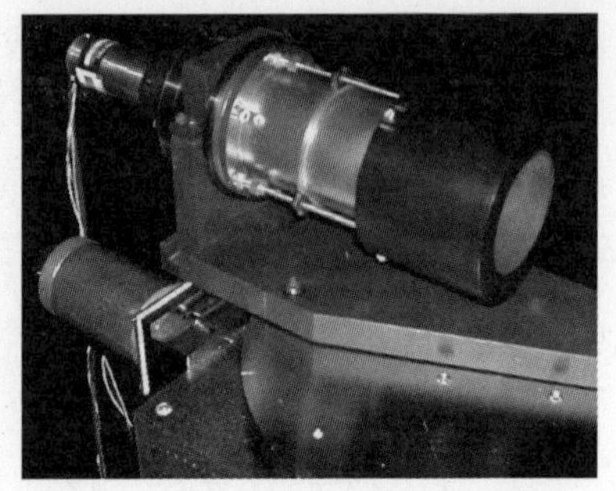

图2-22 MRO的ONC实物图

表2-3 MRO的ONC性能参数

参数	指标
像素分辨率/μrad	50
成像检测阵	1024×1024 CCD面阵
孔径/cm	6
焦距/cm	50
视场/(°)	1.4
质量/kg	2.7
功耗/W	4

2.7 空间六分仪自主天文定位系统

1. 空间六分仪定位导航的原理

空间六分仪的定位导航原理不仅简单,而且完全自主。它通过精确测量亮星(星等 $<3^{m}$)与地球边缘或月球明亮边缘之间的夹角,进而确定航天器与地球或月球质心间的连线,并结合航天器的精确轨道动力学模型,实现自主导航。其基本原理是通过测量一颗无限远处的恒星和地球之间的夹角来建立一个顶点位于地球的航天器的位置锥,通过测量另一颗恒星与地球的夹角可建立第二个位置锥,两锥的交线即为航天器到地球的位置线(详见3.5.2节)。通过观测恒星与月球之间的夹角同样可获得航天器的位置信息。由于月球、

地球和航天器之间相对位置的变化，继续观测还可得到新的位置线，在此基础上，结合航天器轨道动力学方程，利用导航计算机便可确定出航天器的三维位置坐标。利用地球的测量信息可快速改善初始导航的估计精度，月球测量信息和地球测量信息相结合可获得更高的航天器导航精度。

2. 空间六分仪的精确测角原理

空间六分仪具有两个跟踪望远镜和一个角度测量装置，该测角装置能够精确地测量两个望远镜光轴之间的夹角。其基本测量原理如图 2－23 所示，假定每个跟踪望远镜分别锁定跟踪目标，转轮以恒定的角速度旋转，当计时标志器经过跟踪器 A 的光轴时，计时器 A 将接收到一个脉冲（T_1时刻），当计时标志器继续转动并经过跟踪器 B 的光轴时，计时器 B 也接收到一个计时脉冲（T_2时刻），这时可求得两个望远镜光轴之间的夹角是 $\theta_1 = \omega(T_2 - T_1)$。当转轮继续旋转、计时标志器再次通过计时器 A 时，计时器再次接收到计时脉冲（T_3时刻），因此 $\theta_2 = \omega(T_3 - T_2)$，$\theta_2$ 是 θ_1 的补角，可根据 θ_2 得到 θ_1 的第二次测量值。

计时脉冲用来启动和停止计时器计数脉冲个数，二进制计数器累计的脉冲个数对应待测夹角的度数。转轮的转速为 8r/s，这样每秒钟可得到 16 次夹角测量结果。两个光学望远镜是完全相同的，都可用来跟踪一颗恒星或者月球、地球的明亮边缘。

空间六分仪跟踪望远镜的伺服系统使其自动瞄准月球和地球的边缘，为了最终测得恒星与月球质心或地球质心间的夹角，还要根据已知月球和地球的半径及表面地形的变化对测量的夹角进行修正。月球的位置坐标的精确估计可由六分仪的处理器计算得到。但是月球表面的高原和峡谷会使月球边缘相对月球理想圆盘造成几个角秒的误差，如图 2－24 所示。月球明亮边缘在空间六分仪望远镜视场中的张角约 11°，月球边缘相对圆盘边缘的变化均以列表形式存入空间六分仪的处理器内，用于修正测得的恒星和月球边缘的夹角，修正后的精度可达 ±0.1″。为了最终得到恒星与月球质心的夹角，在测得恒星与月球实际边缘之间的夹角后，还要加上或减去月球实际半径相对航天器的张角。月球的实际半径包括两部分：平均光学边缘对应的恒定半径；需要补偿的实际月球表面不平带来相对月球平均光学边缘的变化量。

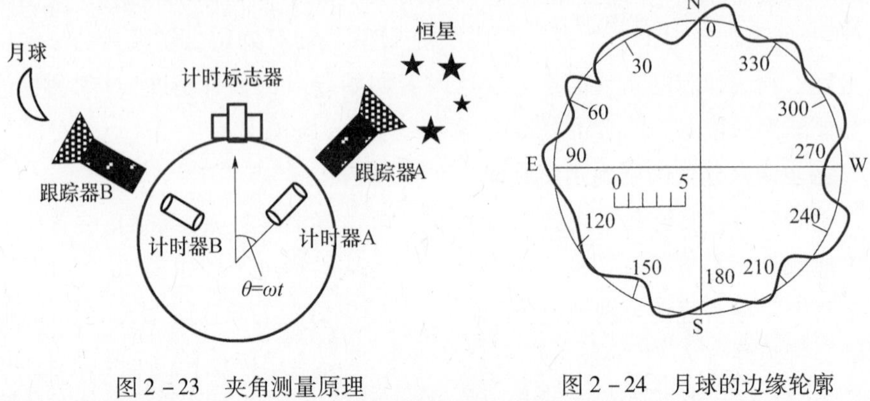

图 2-23　夹角测量原理　　　　图 2-24　月球的边缘轮廓

2.8　MANS 自主天文导航系统

美国 Microcosm 公司研制了麦氏自主导航系统(Microcosm Autonomous Navigation System)MANS。MANS 利用专用的麦氏自主导航敏感器对地球、太阳和月球的在轨测量数据实时确定航天器的轨道,同时确定航天器的三轴姿态,是完全意义上的自主导航系统。MANS 的导航敏感器在 EDO 公司巴恩斯工程部研制的双锥扫描地平仪的基础上,增加了一对扇形扫描式日、月敏感器,由对地球的红外辐射圆盘的角半径以及地心、日、月方向矢量的量测值确定航天器的轨道和三轴姿态。

1994 年 3 月,美国空军在范登堡空军基地发射"空间试验平台－零号"航天器,其有效载荷为"自主运行生存技术"飞行实验设备自主运行生存技术(Technology for Autonomous Operational Survivability, TAOS)通过飞行试验对 MANS 天文导航系统及其关键技术进行了检验,验证结果公布的导航精度是:位置精度 100m(3σ),速度精度 0.1m/s(3σ)。

下面就 MANS 自主导航系统做具体介绍。

2.8.1　MANS 自主导航系统原理

如图 2-25 所示,利用 MANS 自主导航敏感器扫描一圈可以得到七个独立的观测量:太阳方向矢量(两个分量)、月球方向矢量(两个分量)、地球的地心方向矢量(两个分量)以及航天器到地心的距离。由此可以确定航天器的轨道和姿态。

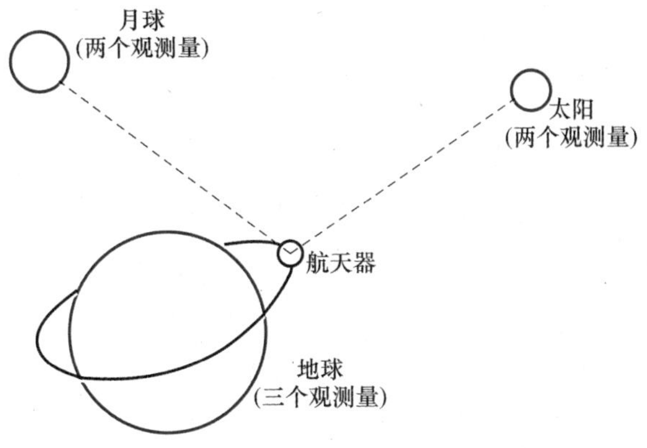

图 2-25　MANS 自主导航系统的测量原理

系统导航的基本原理可以简述如下。基于太阳、月球的星历数据可以给出太阳方向矢量和月球方向矢量在地心赤道惯性坐标系中的坐标，由导航敏感器对于太阳、月球的测量值分别给出了太阳方向矢量和月球方向矢量在导航敏感器测量坐标系中的坐标，由双矢量姿态确定方法可以得到导航敏感器测量坐标系相对于地心赤道惯性坐标系的方向余弦矩阵 $\boldsymbol{C}_{\mathrm{si}}$。由导航敏感器对于地球的测量值给出了从航天器指向地心的方向矢量在导航敏感器测量坐标系中的坐标 $\boldsymbol{r}_{\mathrm{e}}$ 以及航天器到地心的距离 $\boldsymbol{r}$，那么，从地心指向航天器的矢量 $\boldsymbol{r}$ 在地心赤道惯性坐标系中的坐标 $\boldsymbol{r}_{\mathrm{i}}$ 表示为

$$\boldsymbol{r}_{\mathrm{i}} = -\boldsymbol{r} \cdot \boldsymbol{C}_{\mathrm{si}}^{\mathrm{t}} \boldsymbol{r}_{\mathrm{e}}$$

这样由导航敏感器扫描一圈给出的测量值可得到航天器的瞬时位置矢量在地心赤道惯性坐标系中的坐标，于是，根据导航敏感器在一个时间序列上给出的测量值便可以确定航天器的轨道。

Microcosm 公司利用地面仿真器对于 MANS 自主导航系统的性能进行了分析。预测的系统性能对应于系统滤波器收敛之后的最差情况，如轨道阴影末期和新月末期。在正常运行条件下，轨道机动 60s 之后，MANS 自主导航系统的精度(3σ)可达：位置 100m，速度 0.1m/s，姿态 0.03°，姿态角速率 0.005 (°)/s。

2.8.2　MANS 自主导航系统硬件

MANS 自主导航敏感器的原型是 EDO 公司 Barens 工程部研制的双圆锥

扫描式红外地球敏感器,由于增加了两个可见光敏感器,因而,可以同时获得地球、太阳和月球的测量信息。MANS 自主导航敏感器及其电子线路总质量4.5kg,功耗14W。相对于单圆锥扫描式红外地球敏感器而言,双圆锥扫描式红外地球敏感器具有单一的光学扫描头部,扫描转速为240r/min。利用反射镜结构得到两个直径为2.5°的红外视场,扫描后红外视场的轨迹是两个共轴的圆锥,半锥角分别为38°和73°。光学头部扫描一圈,热电检测器最多可以检测到四个地平穿越信号,由信号出现的时刻可以确定地心方向矢量相对于航天器的方位,并可求得航天器到地心的距离。在双圆锥扫描式红外地球敏感器的基础上增加了两个可见光敏感器,其视场为72°×2.5°的狭缝,相对于扫描转轴倾斜16°。在光学头部的扫描过程中,视场扫过的空间为与扫描转轴夹角在23°~87°的球带区域,如图2-26所示。利用硅光二极管检测器可以敏感太阳和月球信息,根据太阳、月球在视场中出现的时刻可以求得其方向矢量相对于航天器的方位。检测器具有多个光强阈值,可以辨识太阳和月球信号,并且可以剔除地球信号。

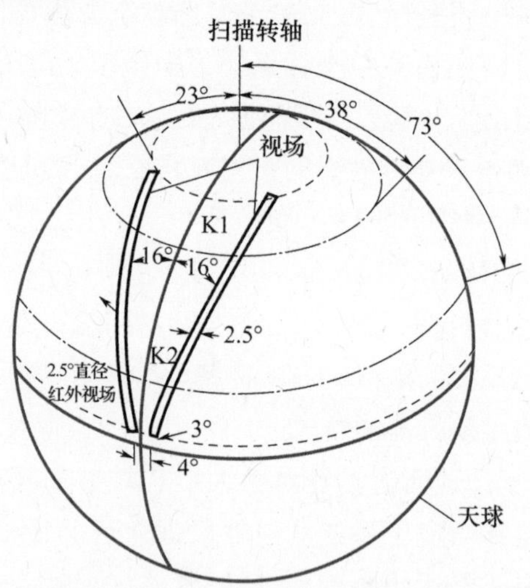

图2-26 双圆锥扫描式红外地球敏感器和可见光敏感器视场的几何关系

2.8.3 MANS 自主导航系统软件

MANS 自主导航软件由 Ada 语言编制而成,包括35000多条语句。

星载软件的计算流程包括下面五个主要步骤。

(1) 系统接收导航敏感器和其他敏感器的测量数据,并且进行数据修正和格式化,包括地球扁率及辐射特性的补偿、敏感器偏差和安装位置的校正等。

(2) 在对数据的相容性进行检验之后,计算太阳、月球、地心矢量和航天器到地心的距离,以此作为卡尔曼滤波器的预处理值。

(3) 由太阳、月球、地心矢量和惯性测量单元数据确定姿态;由太阳、月球、地心矢量、轨道法向矢量、惯性测量单元数据、GPS 接收机数据确定位置、速度和大气阻力。位置确定精度为 1 ~ 3km。依据确定性方法得到的上述结果是在没有卡尔曼滤波值的情形下给出的高可靠性、低精度的轨道参数估计值,可以用作卡尔曼滤波器的初值,也可用于监视卡尔曼滤波的结果。

(4) 计算太阳、月球、地心矢量之间的夹角并将其输入到卡尔曼滤波器,给出位置和速度的估计值。系统通过一定的误差统计分析算法评估确定性估计值和卡尔曼滤波值,从中选取最优的状态值。

(5) 进行与特定的飞行任务相关的转换计算,如确定星下点、计算给定目标的视线方向矢量以及星载敏感器视场在地球表面的位置等。

2.8.4 MANS 自主导航系统特点

MANS 自主导航系统具有如下的特点。

(1) 基于一个导航敏感器的测量值即可以完成自主导航和三轴姿态确定的任务,可以应用于中低轨道卫星和同步轨道卫星。

(2) 导航敏感器由通常的单圆锥扫描式红外地球敏感器经过改进而成,质量小、功耗低、成本低廉。

(3) 具有中等导航精度。

(4) 采用了轨道动力学,敏感器设计加工标定技术、地球环境特性研究、信息处理等领域当时最新的技术成果。

2.9 X 射线敏感器

1970 年 12 月,世界上第一个 X 射线天文卫星 Uhuru 卫星发射成功。它上面安装了两个铍窗正比计数器。X 射线探测器的观测能区为 2 ~ 10keV,每个探测器的有效面积为 $840cm^2$,视场分别为 0.5°×0.5°和 5°×5°。1995 年 12 月 30 日,美国宇航局发射了一颗观测天文 X 射线源时间结构的卫星——罗西 X 射线计时探测器(Rossi X-ray Timing Explorer,RXTE),目的在于探测 X 射线源的快速光变。虽然它不能成像,但是时间分辨率较高、有效面积较大、探测波段较宽。RXTE 有三个装置:全天空监视器(All-Sky Monitor,ASM)、正比计数器阵列(Proportional Counter Array,PCA)和高能 X 射线计时试验(The High Energy X-ray Timing Experiment,HEXTE)。ASM 的主要设计者为 Alan M. Levine 博士。设备具体参数如下:它由三个广角相机组成,每一个都具有 6°×90°的视场(Field of View,FOV);广角相机装备了氙正比计数器,其对位置敏感;ASM 的探测器总面积为 $90cm^2$;敏感度为 30mCrab;能区为 2~10keV;空间分辨率为 3′×15′。PCA 的主要设计者是 Jean H. Swank 博士,它是一个正比计数器的阵列。设备具体参数如下:它由 5 个正比计数器组成,其总的探测面积为 $6500cm^2$;能区为 2~60keV;时间分辨率为 1μs;敏感度为 0.1mCrab;背景噪声为 2mCrab。HEXTE 包括两组探测设备,每一组设备包括四个 NaI/CsI 闪烁探测器。每组探测设备都能在互为垂直的方向摆动。通过安装在每个探测设备视场上的 241Am 放射源来实现自动增益控制。其主要设计者为 Richard E. Rothschild 博士。HEXTE 的基本参数如下:能区为 15~250keV;时间分辨率为 8μs;探测器面积为 $2\times800cm^2$;敏感度为 1Crab=360 个/s;背景噪声为 50 个/s。

在 1999 年 2 月,美国空军将"先进技术研究与全球观测卫星(Advanced Research and Global Observation Satellite,ARGOS)"发射进入太阳同步轨道。该卫星搭载了非常规恒星特征(Unconventional Stellar Aspect,USA)试验设备。USA 试验采用了两个双轴平台式准直型气体正比计数器,它的主要参数:探测能段为 1~15keV,视场为 1.2°×1.2°,有效面积为 $1000cm^2$。进入预定轨道后的一年半时间之内,ARGOS 上的 X 射线探测器采集了大量的 X 射线脉冲星观测数据。它收集到的这些数据主要用于验证定姿的基本原理。在 1999 年 7 月 23 日,美国宇航局的"哥伦比亚"号航天飞机将 Chandra 卫星送入地球轨道。该卫星上装备有高分辨率镜面组件、光具座、电荷耦合装置成像光谱仪、相机以及透射光栅等。它的主要探测设备为高分辨率照相机。该相机的能量范围为 0.08~10.0keV,时间分辨率为 16μs。

我国的X射线探测器研制起步相对较晚。直到1994年,中国科学院高能物理研究所李惕碚院士才提出设计一颗名为“硬X射线调制望远镜”(Hard X－ray Modulation Telescope,HXMT)的卫星(图2－27)。它的主要科学目的是进行硬X射线巡天观测和定点观测。在2000年,我国开始论证HXMT的可行性,随后5年时间内克服了硬件设计的主要难点。2005年10月,项目进入了全面设计阶段,并于2007年9月通过了技术可行性论证。HXMT携带了三个仪器:高能X射线望远镜(High Energy X－ray Telescope,HE)、中能X射线望远镜(Medium Energy X－ray Telescope,ME)以及低能X射线望远镜(Low Energy X－ray Telescope,LE)。HE采用Si－PIN探测器,有效面积为952cm^2,观测能区为5~30keV,时间分辨率为25μs,视场为5.7°×1.1°,角分辨率为5′,背景噪声为200个/s,数据输出速率为300kb/s。ME包括三个探测器组件。它采用NaI/CsI闪烁探测器,有效面积为5000cm^2,观测能区为20~250keV,时间分辨率为20μs,视场为4°×1°,角分辨率为5′,背景噪声为14个/s,数据输出速率为3Mb/s。LE由一个电控箱和三个探测器组件构成。它采用扫式电荷探测器(Swept Charge Device,SCD)加准直器的技术方案。其有效面积为384cm^2,观测能区为1~15keV,时间分辨率为1ms,视场为5.7°×1.1°,角分辨率为5′,背景噪声为1个/s,总质量为60kg,总功耗为120W,数据输出速率为3Mb/s。低能X射线望远镜的基本功能包括以下两个方面:一方面,可在软X射线(1.0－15keV)能段探索实现X射线脉冲星自主导航的原理与技术;另一方面,可与硬X射线望远镜配合,并进行巡天和定点观测,以便于增加HXMT卫星的科学成果。

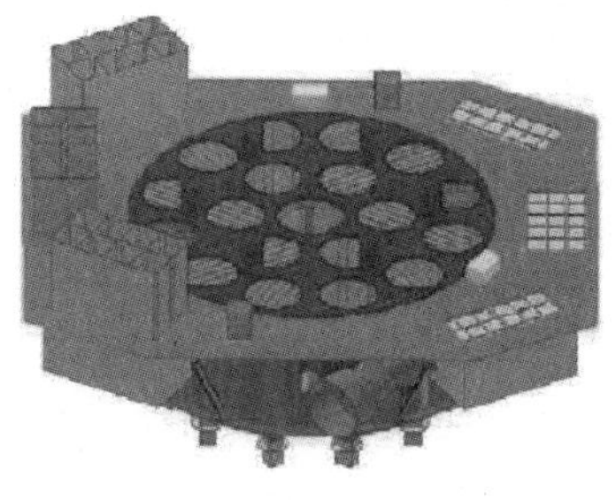

图2－27　硬X射线调制望远镜

对于航天器自主定位(定速、定时),X 射线探测器的两个重要指标是有效面积和时间分辨率。探测器有效面积与信号信噪比有关,面积越大,信噪比越高。增大探测器有效面积在技术上并无太多难点,但较大的面积会增加航天器的负荷。因此,选用合理的有效面积即可。时间分辨率直接影响 TOA 精度。一般而言,分辨率越高,TOA 精度也就越高。要提高时间分辨率,则存在较多技术难点。在 20 世纪 90 年代,美国就已经能将 X 射线探测器做到 1μs 的精度(对应的定位精度为 300m)。对于航天器自主定姿,角分辨率则是关键参数。

2.10 光谱摄制仪

绝大多数天文设备探测电磁辐射通过两个一般技术中的一个:成像和光谱。成像,顾名思义,利用一种对光敏感的电子设备记录下一个物体的"图像"。光谱则在理论和实际应用上都更加复杂。

天体在一个波段范围内发射电磁辐射。光谱摄制仪是一种接收辐射并记录其波长成分。最有效的方法是利用色散原理来指出光的不同方向。该方向是一个关于波长的函数。然后,色散的光被收集进一个探测器,产生了光谱(不同波长下的可量测密度)。

1. 色散原理

产生色散光采用两个通常的办法:棱镜和衍射光栅。光栅是一个衍射元件阵,它修改了输入电磁波的相位和幅度。衍射光栅通常更合适,因为它有更高的分辨率。但是,棱镜更加有效。在研制光谱摄制仪时,常选择衍射光栅。

2. 衍射基本原理

当波阵面遇到一些障碍物时,波阵面的幅度或相位发生改变,这就是衍射现象。举一个例子,波阵面遇到长方形的空或者缺口。原始波阵面的不同成分在这个障碍物外继续传播,在不同方向上前进。这些成分相互干扰。当这些不同的光束最终收集起来并成像时,它们的相互干扰和它们的光强之和将会改变,这种改变依赖于复合射线在特定点的相位差。

虽然,衍射会在任何形状的障碍物前发生,切口是在实际中最常采用的例子,特别是对于天文学者来说。通过分析,可以将这种情况称为 Fraunhofei 或

者远距离衍射:光源和观测点都远离障碍物,这意味着输入和输出波的路径是平面的。单色光和单个切口造成的衍射导致的光线强度为

$$I(\theta) = I(0)\left(\frac{\sin\gamma}{\gamma}\right)^2 \tag{2-1}$$

式中:$I(0)$为衍射模型下照度的最大值。γ 可表示为

$$\gamma \equiv \left(\frac{kD}{2}\right)\sin\theta \tag{2-2}$$

式中:θ 为两条线之间的夹角,通过空的主要光线、孔中心到指定成像点之间的连线;D 为孔长;k 为常数,即

$$k = \frac{2\pi}{\lambda} \tag{2-3}$$

3. 衍射光栅

当波阵面遇到一些障碍物之后,波阵面的幅度或相位发生改变,这样就出现了衍射现象。波阵面如何发生改变依赖于衍射光栅。例如,最简单的多切口案例,假设在一个不透明的物质上产生一些切口,引起了波阵面幅度的变化。这种光栅称为变幅度光栅。另一种光栅是透明物质,并被刻上了并行的线或者在平面上刻槽。当波阵面通过这些不光滑的透明物体时,波阵面的不同成分将穿过不同的光学路径,并且相位将会被修改,这称为变相位光栅。同样地,相位的改变也可通过在反射面上刻槽来实现,称为反射相位光栅。

哈勃空间望远镜卫星搭载了空间望远镜成像光谱摄制仪(Space Telescope Imaging Spectrograph)。

STIS 是一个安装在 HST 上面的光谱摄像仪,工作于 1997 至 2004 年。它做过许多重要的观测,其中包括第一次的太阳系外行星 Osiris 的光谱观测。

STIS 是在 1997 年的第二次 SERⅥCING MISSION 中由 Mark Lee 和 Steven Smith 安装到 HST 上去的,用来取代 High Resolution Spectrograph and the Faint Object Spectrograph(高分辨率光谱成像仪和暗天体光谱成像仪)。它的设计使用年限是 5 年。在 2004 年的 8 月 3 日,一个电子器件的故障致使 STIS 彻底损坏,这是在超过它的设计使用年限 2 年之后,在 2009 年被修复的。下面以该光谱仪为例进行介绍。

空间望远镜成像光谱摄制仪 (Space Telescope Imaging Spectrograph, STIS)是一个安装在哈勃空间望远镜(Hubble Space Telescope, HST)上面的光谱摄像

仪,它可以提供高角分辨率(约0.05″)的光谱数据又可以获得天体图像,其观测波长范围覆盖了紫外波段、光学波段到近红外波段。因为其工作于地球大气以外,所以它有其他地面设备无法比拟的优势。首先,因为没有大气层消光的影响,它的观测范围覆盖了紫外波段,可以提供更多的天体信息;其次没有地球大气层的影响,使STIS获得了很好的分辨率,这也为更深入的研究活动星系核与其寄主星系的关系提供了可能。

(1) 一级光栅(中低分辨率的光栅)包括G140L、G140M、G230L、G230LB、G430L、G430M、G750L、G750M等。可以获得长缝空间光谱,其波长范围覆盖了设备所能观测的从紫外到近红外所有波段区间,但是为了使尽可能广的光谱波段能够一次观测到,STIS长缝光谱的谱分辨率比较低。

(2) 阶梯光栅(E140M、E140H、E230M、E230H),可以得到较高谱分辨率的光谱,其谱分辨率为30000~110000,但光栅所覆盖的波长范围比较小,主要在紫外波段(1150-3100A)。这一光栅主要用来观测单一的点状源。

STIS成像设备有三种,都是采用的二维点阵模式,都为1024×1024像素。SITe-CCD又称STIS/CCD,它观测区间为51″×51″,其角分辨率为每像素点0.05″,其感光波段覆盖了STIS的从远紫外到近红外的波段2000~10300 A。所以SITe-CCD用于G430L、G430M、G750L、G750M等,覆盖波长范围广,角分辨率较低的光栅成像。我们工作中使用的M51的光谱数据来自STIS的G430L和G750L这两条光栅,因为其角分辨率达到了每像素点0.05″,而M51红移很小(z=0.0015[3g])所以通过STIS得到的M51的光谱的空间分辨率非常高,达到了2.07PC。这是一般的地面设备所达不到的。CS2Te MAMA探测器,又称作STIS/NUV-MAMA,它的观测区间为25″×25″,因为观测区间是STIS/CCD的1/4,所以其角分辨率提高了1倍,达到了每像素点0.024″。MAMA对紫外波段敏感,它覆盖的波段为近紫外Near Ultraviolet,(NUV)1650-3100Å。又因其分辨率高,其用在高谱分辨率阶梯光栅(E230M、E230H)Csl MAMA又称STIS/FUV-MAMA,同CS2Te MAMA探测器一样其观测区间为25″×25″,角分辨率为每像素点0.024″。它的探测波段在远紫外(Far Ultraviolet,FUV)1150~1700Å,用于在高谱分辨率阶梯光栅(E140M、E140H)以及一级光栅(G140L、G140M)近紫外波段的光谱成像。

2.11　小结

天文导航系统的实现必须依赖天体的量测信息，其定位精度在很大程度上取决于天体信息的量测精度，即天体敏感器的精度。本章主要介绍了为航天器自主天文导航系统提供天体量测信息的恒星敏感器、太阳敏感器、地球敏感器和其他天体敏感器，概要叙述了上述几种天体敏感器的分类、设计及试验与标定。对测距所需的 X 射线敏感器，测速所需的光谱摄制仪也进行了介绍。此外，还介绍了空间六分仪和 MANS 自主天文导航系统。对今后学习有关天文导航系统的相关知识有很重要的参考价值。

参考文献

[1] 房建成，宁晓琳，田玉龙．航天器自主天文导航原理与方法[M]．北京：国防工业出版社，2006.

[2] 黄欣．一体化小型星敏感器[J]．航天控制，2002(2)：12－17.

[3] 孙才红．轻小型星敏感器研制方法和研制技术[D]．北京：中国科学院，2002.

[4] 王广君．星敏感器及其星图处理技术研究[R]．北京：北京航空航天大学，2005.

[5] 卢欣．CCD 星敏感器光学系统设计[J]．中国空间科学技术，1994，8（4）：49－53.

[6] 屠善澄．卫星姿态动力学与控制[M]．北京：宇航出版社，2003.

[7] 周军．航天器控制原理[M]．西安：西北工业大学出版社，2001.

[8] Bernard Kaufman，Richard Campion，et al. An Overview of the astrodynamics for the deep space program science experiment mission[J]. Spaceflight Dynamics，1993，84(1)：141－155.

[9] Lu F J. The hard X－ray modulation telescope（HXMT）mission[J]. AAPPS Bulletin，2009，19(2)：36－8.

[10] 李勇，魏春岭．卫星自主导航技术发展综述[J]．航天控制，2002(2)：70－74.

[11] 李捷，陈义庆．航天器自主导航技术的新进展[J]．航天控制，1997(2)：76－81.

[12] 白杉，杨秉新．航天侦察相机的发展和贡献[J]．影像技术，2003(4)：42－45.

[13] Richard Volp. Mars rover navigation results using sun sensor heading determination[C]. Proceedings of the 1999 IEEE/RSJ International Conference on Intelligent Robots and Systerns，1999.

[14] Lin，Yurong Deng，Zhenglong Shao，et al. Nonlinear predictive filter for satellite attitude estimation using star sensors[C]. Hefei：Proceedings of the 3rd World Congress on Intelligent Control and Automation. 2000.

[15] Ashitey Trebi - Ollennu, Terry Huntsberger, Yang Cheng; et al . Design and analysis of a sun sensor for planetary rover absolute heading detection[J]. IEEE Transactions on Robotics and Automation, 2001, 17(6):939 - 947.

[16] Van Herwaarden A W. Low - cost satellite attitude control sensors based on integrated infrared detector arrays[J]. IEEE Transactions on Robotics and Automation, 2001, 50(6):1524 - 1529.

[17] Li Baohua, Zhang Yingchun, Li Huayi, et al. An autonomous star pattern recognition algorithm using bit match[C]. Guangzhou, Proceedings of the Fourth International Conference on Machine Learning and Cybernetics, 2005.

[18] Gerald Falbel. A low weight/power/cost infrared earth sensor[C]. IEEE Aerospace Conference Proceedings, 2004.

[19] Bill Jackson, Bryce Carpenter. Optimal placement of spacecraft sun sensors using stochastic optimization[C]. 2004 IEEE Aerospace Conference Proceedings, 3917 - 3923.

[20] Sheng Zheng, Jinwen Tian, Jian Liu. Fast support value - based star acquisition method[C]. Reno, Nevada: 43rd AIAA Aerospace Sciences Meeting, 2005.

[21] Lloyd Steven A, Humm David C, Jeng - Hwa Yee, et al. STARS: the stellar absorption and refraction sensor[C]. San Diego, California: Space 2004 Conference, 2004.

[22] Srinivasa Rao J, Pullaiah D, Padmasree S, et al, Star tracker alignment determination for resourcesat - I[C]. Providence Rhode Island: AIAA/AAS Astrodynamics Specialist Conference, 2004.

[23] Vandana Singh, Pullaiah D, Sreenivasa Rao J, et al. Generation and validation of on - board star catalog for resourcesat - I star tracker[C]. Bhode Island: AIAA/AAS Astrodynamics Specialist Conference, Providence, 2004.

[24] Cole Craig L, Crassidis John L. Fast star pattern recognition using spherical triangles[C]. Rhode Island, AIAA/AAS Astrodynamics Specialist Conference, Providence, 2004.

[25] Scott Miller, Jae Son. On - orbit resolution of radiation induced loss - of - track anomalies for the CT601 star tracker[C]. Albuquerque NM: AIAA Space 2001 - Conference and Exposition, 2001.

[26] Pandiyan R, Solaiappan A, Malik N K: A one step batch filter for estimating gyroscope calibration parameters using star vectors[C]. Rhode Island: AIAA/AAS Astrodynamics Specialist Conference, Providence, 2004.

[27] Wood K S , Kowalski M, Lovellette M N, et al The unconventional stellar aspect (USA) Experiment on argos[C]. AIAA Space 2001 Conference, 2001.

[28] Van Bezooijen Roelof W H, Anderson Kevin A, Ward David K. Performance of the AST - 201 star tracker for the microwave anisotropy Probe[C]. Monterey, California: AIAA Guidance, Navigation, and Control Conference, 2002.

[29] Arun Prakash, Andy Wu, Liu John Y, et al. Performance based evaluation of star catalog

generation methods[C]. Monterey, California: AIAA Guidance, Navigation, and Control Conference, , 2002.

[30] 吴伟仁,王大轶,宁晓琳. 深空探测器自主导航原理与技术[M]. 北京:宇航出版社,2011.

[31] Oberst J, Brinkmann B, GIESE B. Geometric calibration of the micas CCD sensor on the DS1 (Deep Space One) spacecraft: laboratory vs. In – flight Data Analysis[J]. International Archives of Photogrammetry and Remote Sensing, Sensing. 2000, XXXIII, Part B1. Amsterdam, 2000.

[32] Soderblom L A, Beauchamp P M, ChenGun – Shing. Miniature integrated camera spectrometer (MICAS) [C]. Proceedings of Deep Space 1Technology Validation Symposium, 2000:1 – 4.

[33] Hughes M P, Schira C N. Deep impact attitude estimator design and flight performance [C]. American Astronautical Society, Proceedings of 2006 G&C Conference, Breckenridge, Colorado, February 4 – 8, 2006:1 – 30.

[34] Hamption D L, Baer J W, Huisjen M A, et al. An overview of the instrument suite for the deep impact mission[J]. Space Science Reviews, 2005, 117:43 – 93.

[35] Stauder J L, Lowman A E, Thiessen D, et al. Off – axis scatter measurement of the mars reconnaissance orbiter (MRO) optical navigation camera (ONC) [C]. Proceedings of SPIE. 2005, 5874:5874L1 – 5874L12.

[36] Lowman Andrew E, Stauder John L. Stray light lessons learned from the mars reconnaissance orbiter's optical navigation camera[C]. Proceedings of SPIE Stray Light in Optical Systems: Analysis, Measurement, and Suppression, 2004, 5526B:240 – 248.

[37] 房立岭. 赛弗特 2 型星系 M51 核区 50pc 内的星族组成[D]. 南京:南京师范大学,2013.

第3章 航天器轨道姿态动力学方程

3.1 引言

自主天文导航系统的状态方程通常由航天器的轨道和姿态动力学方程建立,因此航天器的轨道和姿态动力学是研究天文导航必不可少的重要基础知识。轨道动力学主要是研究航天器在无控运动下的重力场和其他摄动力作用下的质点动力学问题,包括二体问题、多体问题和轨道摄动等内容。航天器的姿态运动是航天器绕自身质心的转动运动,航天器的姿态动力学是描述和分析航天器姿态运动的特性和规律。

3.2 航天器二体轨道方程和轨道要素

航天器轨道分析时常假定航天器在地球中心引力场中运动,忽略其他各种摄动力的因素,如地球非球形、密度分布不均匀以及太阳、月球引力引起的摄动力等。这种航天器无摄轨道运动,即仅考虑航天器质点在地球中心引力下的轨道运动,称为二体问题,代表航天器轨道运动的最主要特性。

3.2.1 二体问题

令二体的质量分别为 m_1、m_2,两者的质点相对空间惯性参考点 O 的距离

矢量分别为 $\boldsymbol{r}_1$、$\boldsymbol{r}_2$，如图3－1所示，两者之间的相对距离矢量为 $\boldsymbol{r}$，由 m_1 指向 m_2，两者之间的相互引力为 $\boldsymbol{F}_1$，$\boldsymbol{F}_2$，有

$$\boldsymbol{F}_1 = \frac{Gm_1m_2}{r^2} \cdot \frac{\boldsymbol{r}}{\boldsymbol{r}} \tag{3-1}$$

$$\boldsymbol{F}_2 = -\boldsymbol{F}_1 \tag{3-2}$$

式中：G 为万有引力常数。两者相对惯性空间的运动方程为

$$m_1 \frac{\mathrm{d}^2\boldsymbol{r}_1}{\mathrm{d}t^2} = Gm_1m_2 \frac{\boldsymbol{r}}{r^3} \tag{3-3}$$

$$m_2 \frac{\mathrm{d}^2\boldsymbol{r}_2}{\mathrm{d}t^2} = -Gm_1m_2 \frac{\boldsymbol{r}}{r^3} \tag{3-4}$$

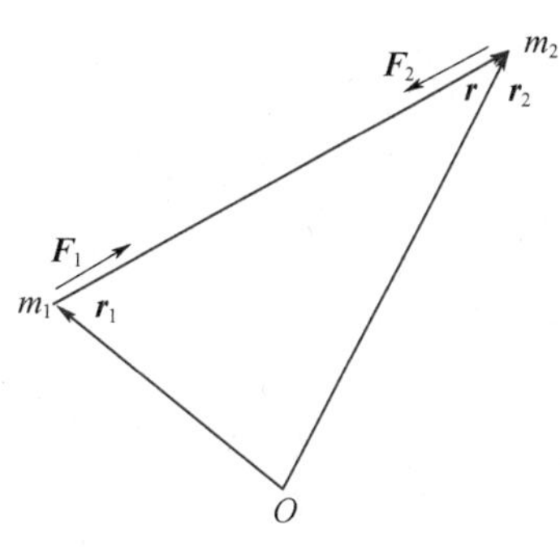

图3－1　二体问题

式(3－4)与式(3－3)相减，并引用几何关系 $\boldsymbol{r}_1 + \boldsymbol{r} = \boldsymbol{r}_2$，可得相对运动方程为

$$\frac{\mathrm{d}^2\boldsymbol{r}}{\mathrm{d}t^2} = \frac{\mathrm{d}^2\boldsymbol{r}_2}{\mathrm{d}t^2} - \frac{\mathrm{d}^2\boldsymbol{r}_1}{\mathrm{d}t^2} = -G(m_1 + m_2)\frac{\boldsymbol{r}}{r^3}$$

令 m_1 为地球质量，有 $m_1 = m_e \gg m_2$，则描述航天器 m_2 相对地球的二体问题基本方程为

$$\frac{\mathrm{d}^2\boldsymbol{r}}{\mathrm{d}t^2} = -\frac{\mu}{r^2} \cdot \frac{\boldsymbol{r}}{r} \tag{3-5}$$

式中：μ 是地心引力常数，$\mu = 398600.44\mathrm{km}^3/\mathrm{s}^2$。作用在航天器上的地球中心引力仅与航天器的质量成正比，与航天器的地心距的平方成反比；由引力产生的加速度幅值($-\mu/r^2$)与航天器质量无关，引力加速度的方向与地心距单位矢量($\boldsymbol{r}/r$)的方向相反。二体运动方程式(3－1)的形式简单，但其精确求解较复杂。

值得一提的是，德国天文学家开普勒(1571—1630)，他从第谷·布拉赫对行星运动的观察结果中推导出太阳系中行星运动的三大定律。

(1) 每个行星在椭圆轨道上环绕太阳运动，而太阳在一个焦点上。

(2) 太阳和行星的矢径在相等的时间间隔中扫过相等的面积。

(3) 行星的轨道周期的平方与它的轨道的长轴的三次方成正比。

二体运动方程的解与此三大定律完全符合，因此二体轨道又称为开普勒轨道。

3.2.2 6个积分和轨道要素

为描述航天器在空间的位置,定义赤道惯性坐标系 $OXYZ$。坐标原点 O 在地球中心;X 轴沿地球赤道面和黄道面的交线,指向春分点 Υ;Z 轴指向北极;Y 轴在赤道平面上垂直于 X 轴,如图3-2所示。在此坐标系中航天器的运动方程式(3-1)可以分解为

$$\begin{cases} \ddot{x} = -\dfrac{\mu x}{r^3} \\ \ddot{y} = -\dfrac{\mu y}{r^3} \\ \ddot{z} = -\dfrac{\mu z}{r^3} \end{cases} \tag{3-6}$$

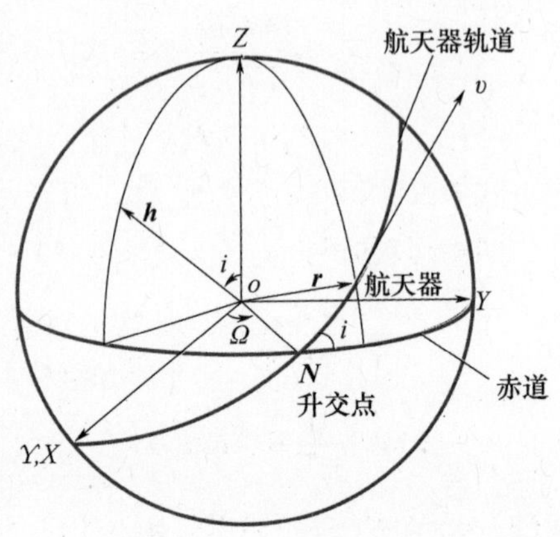

图3-2 航天器轨道要素

式中:$r=(x^2+y^2+z^2)^{1/2}$。这是一个6阶的非线性微分方程,如给定了6个初始条件——t_0 时刻航天器的位置 $x(t_0)$、$y(t_0)$、$z(t_0)$ 和速度 $\dot{x}(t_0)$、$\dot{y}(t_0)$、$\dot{z}(t_0)$,则此方程组完全可解。这些初始条件确定6个积分常数,每个积分常数都描述航天器轨道的一种特性。它们就是轨道要素,用于说明航天器的轨道、位置和姿态以及航天器通过特征点的公转时间。

将方程组(3-6)中的第二个方程乘以 z 减去第三个方程乘以 y,可得

$$y\ddot{z} - z\ddot{y} = 0 \tag{3-7}$$

将上式积分得

$$y\dot{z} - z\dot{y} = A \tag{3-8}$$

同理可得

$$z\dot{x} - x\dot{z} = B \tag{3-9}$$

$$x\dot{y} - y\dot{x} = C \tag{3-10}$$

A、B、C 是3个积分常数,再将以上各式顺序乘以 x、y、z,然后相加,得

$$Ax + By + Cz = 0 \tag{3-11}$$

该式为航天器运动的轨道平面方程,它说明在二体问题中航天器绕地球

运转的轨道总是在一个平面上，积分常数 A、B、C 确定了航天器轨道平面在空间坐标系中的位置。

航天器相对于地心的动量矩 $\boldsymbol{h}$ 等于航天器的位置矢量和速度矢量的矢积，即

$$\boldsymbol{h}=\boldsymbol{r}\times\dot{\boldsymbol{r}}$$

由式(3-11)可知，A、B、C 为 $\boldsymbol{h}$ 在三个坐标轴上的分量。由图3-2可知

$$\begin{cases}A=h\sin i\sin\Omega\\B=-h\sin i\cos\Omega\\C=h\cos i\end{cases}$$

可得

$$\begin{cases}\Omega=\arctan(-A/B)\\i=\arctan(\sqrt{A^2+B^2}/C)\\h=(A^2+B^2+C^2)^{1/2}\end{cases}\tag{3-12}$$

即三个积分常数 A、B、C 可用 Ω、i、h 代替。i 定义为 $\boldsymbol{h}$ 和 Z 轴的夹角，也即轨道平面和赤道平面的夹角，称为轨道倾角；ON 为航天器轨道面与赤道面的交线；Ω 为 ON 与 X 轴的夹角，称为升交点赤经。i、Ω 确定了轨道平面在空间坐标中的方位，$\boldsymbol{h}$ 决定轨道的周期。

由于 i、Ω 确定了轨道平面，因此可直接在轨道平面内建立航天器运动方程，求解轨道积分和航天器运动与时间的函数关系。描述航天器在轨道平面内的运动只需用二维坐标。令此坐标为(ξ,η)，航天器的运动方程可写成

$$\ddot{\xi}+\frac{\mu}{r^3}\xi=0\tag{3-13}$$

$$\ddot{\eta}+\frac{\mu}{r^3}\eta=0\tag{3-14}$$

式中：$r=(\xi^2+\eta^2)^{1/2}$。作极坐标变换，令 $\xi=r\cos\theta$，$\eta=r\sin\theta$，有

$$\ddot{r}-r\dot{\theta}^2=-\frac{\mu}{r^2}\tag{3-15}$$

$$r\ddot{\theta}+2\dot{r}\dot{\theta}=0\tag{3-16}$$

式(3-16)的积分为

$$r^2\dot{\theta}=h\tag{3-17}$$

显然,这个积分常数 h 就是航天器相对于地心的动量矩。令 $u=\frac{1}{r}$,由式(3-17)得

$$\dot{r}=-h\frac{\mathrm{d}u}{\mathrm{d}\theta} \tag{3-18}$$

$$\ddot{r}=-h^2u^2\frac{\mathrm{d}^2u}{\mathrm{d}\theta^2} \tag{3-19}$$

将式(3-17)、式(3-19)代入式(3-15),有

$$\frac{\mathrm{d}^2u}{\mathrm{d}\theta^2}+u=\frac{\mu}{h^2} \tag{3-20}$$

式(3-20)的一般解为

$$r=\frac{1}{u}=\frac{h^2/\mu}{1+e\cos(\theta-\omega)} \tag{3-21}$$

e、ω 是两个积分常数,此方程又可改写成标准的极坐标形式,即

$$r=\frac{p}{1+e\cos(\theta-\omega)} \tag{3-22}$$

式中:$p=\frac{h^2}{\mu}$。这就是航天器的轨道方程,它说明航天器沿圆锥曲线运动,圆锥曲线的焦点位于极坐标的原点,也就是地心。对于地球卫星,此圆锥曲线是椭圆,而地球位于此椭圆的一个焦点上,这就是开普勒第一定律。由解析几何得知,e 是椭圆的偏心率,$e<l$;p 是椭圆的半通径,是在半个椭圆内通过焦点 F 的垂线(垂直于椭圆的长轴)的长度。如图3-3所示,半通径 p 和偏心率 e 与椭圆半长轴 a、半短轴 b 的关系为

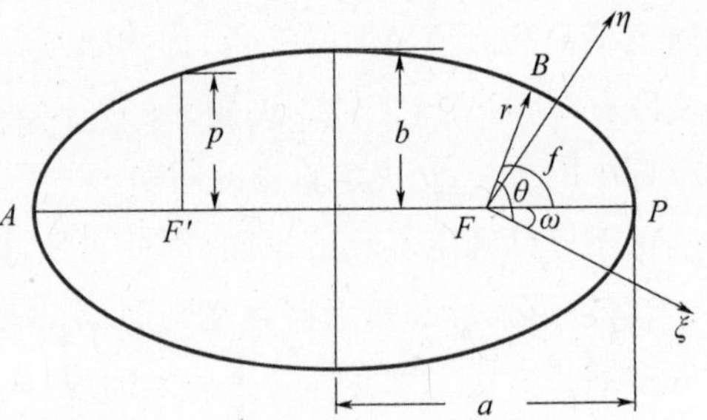

图3-3　椭圆半长轴 a、半短轴 b 的关系

$$p=a(1-e^2)=b\sqrt{1-e^2} \tag{3-23}$$

$$e=\sqrt{1-\left(\frac{b}{a}\right)^2} \tag{3-24}$$

由于 $p=\frac{h^2}{\mu}$,半长轴 a 与积分常数 h 的关系为

$$a=\frac{h^2}{\mu(1-e^2)} \tag{3-25}$$

因为积分常数 e 是独立的，所以半长轴 a 与动量矩的幅值 h 是对应的。

在式(3-22)中，另一个积分常数是 ω。当 $\theta-\omega=0$ 时，航天器的地心距 r 为最小，该点称为近地点 P；当 $\theta-\omega=180°$时，地心距 r 为最大，该点称为远地点 A。显然，A、P 点必定在椭圆的长轴上，而极角 ω 决定了此椭圆长轴在轨道平面上的方向，称 ω 为近地点幅角；航天器相对于椭圆长轴的极角称为真近点角 f，$f=\theta-\omega$，随着航天器的运转，真近点角不断地增大。

令航天器绕地球一圈的周期为 T，在这段时间内航天器向径扫过的面积等于椭圆的面积 πab。根据式(3-17)，有

$$\frac{\pi ab}{T}=\frac{1}{2}h \tag{3-26}$$

再利用式(3-23)、式(3-25)可求得航天器轨道的周期为

$$T=2\pi\sqrt{\frac{a^3}{\mu}} \tag{3-27}$$

式(3-27)表明，航天器轨道周期的平方和椭圆轨道的半长轴的三次方成正比，这就是开普勒第二定律。令航天器沿椭圆轨道运行的平均速率(即真近点角的角速率平均值)为 n，则

$$n=\frac{2\pi}{T}=\sqrt{\frac{\mu}{a^3}} \tag{3-28}$$

至此，已经得到了五个积分常数：i、Ω、a、e、ω，其中，i、Ω 决定了航天器轨道平面的位置，a、e 确定了轨道椭圆的大小和形状，ω 确定了椭圆在轨道平面内的方向，因此积分常数又称为轨道要素或轨道根数。

为得出在任何时刻航天器的位置还需确定第六个要素。从

$$r^2\dot{\theta}=h=\sqrt{\mu p}=\sqrt{\mu a(1-e^2)} \tag{3-29}$$

$$v^2=\dot{r}^2+r^2\dot{\theta}^2=\mu\left(\frac{2}{r}-\frac{1}{a}\right) \tag{3-30}$$

两式消去 $\dot{\theta}$，得

$$\dot{r}^2=\frac{\mu}{r^2 a}\left[a^2e^2-(a-r)^2\right] \tag{3-31}$$

下面引入辅助量偏近点角 E。如图3-4所示，航天器的椭圆轨道有一个半径为 b 的内接圆和一个半径为 a 的外接圆，如果将航天器所在点 B 分别按垂直

和水平方向投影到外圆和内圆上得 Q、R 两点,它们相对于椭圆中心的中心角是 E,称为航天器的偏近点角。

从几何图形可求得偏近点角 E 与真近点角 f 的关系为

$$a\cos E = ae + r\cos f \quad (3-32)$$

由式(3-22)和式(3-32)可得

$$r = a(1 - e\cos E) \quad (3-33)$$

令 $n=\sqrt{\frac{\mu}{a^3}}$,同时,将式(3-33)代入式(3-31),可得

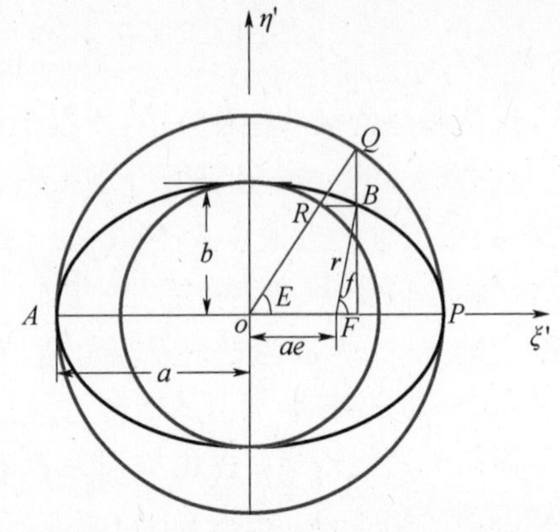

图3-4　偏近点角 E 与真近点角 f

$$n\mathrm{d}t = (1 - e\cos E)\,\mathrm{d}E \quad (3-34)$$

积分可得

$$n(t-\tau) = E - e\sin E \quad (3-35)$$

该方程又称为开普勒方程,式中 τ 为第六个积分常数。当 $t=\tau$ 时,$E=0$,$r=a(1-e)$最小,所以 τ 是航天器过近地点的时刻。

定义 $M=n(t-\tau)$为航天器的平近点角,它表示航天器从近地点开始按匀速 n 转过的角度,或者说航天器在一个假想的面积等于轨道椭圆面积的圆上以匀速 n 运动,它转过的中心角就是平近点角 M。在给定的时刻 t,三种近点角 M、E、f 都是一一对应的,它们随时间变化,故也称为时间根数。

至此,给出了航天器运动方程的六个积分以及六个轨道要素 i、Ω、a、e、ω、τ。其中,τ 往往被 M,E、f 之一所替代,通常用 M 表示第六个要素。

3.3　航天器轨道摄动

3.3.1　航天器轨道摄动方程

在二体问题中,只考虑地球质心引力的作用,航天器轨道是一个固定的椭圆,其六个轨道根数是常数。用此初始根数可按二体问题的公式推算出任意时刻的航天器位置和速度。但由于航天器除受到地球的质心引力作用外,还受到各种摄动力的影响,因此航天器实际运行轨道偏离由二体动力学理论上所确定的椭圆轨道。引起摄动的原因很复杂,有些是长期性的,有些是短期性的,对航

天器影响最大的是长期摄动,它与时间成正比。引起轨道摄动的主要原因如下。

(1) 中心体(如地球)并非球体,且质量分布不均匀,因此对航天器的引力与将其等效为质量集中在质心上的引力有差异,其实际轨道也就与依据开普勒定律所得出的椭圆轨道存在一定误差。

(2) 其他天体,如日月对航天器的引力。

(3) 大气阻力,当航天器离中心体较近时,空气对航天器的阻力不可忽视,阻力与大气层密度、航天器速度等因素有关。

(4) 太阳辐射产生的光压,按量子力学理论,光为光子流,光子流射到航天器表面时,一部分被吸收,一部分反射,使航天器的动量发生变化,相当于航天器受到来自太阳方向的压力,当航天器运动到太阳阴影区域时,此压力消失,这种压力对质量小的航天器影响较大。

另外,潮汐、磁场等也有影响。摄动的存在使轨道设计变得十分复杂。摄动的后果是使航天器偏离原设计轨道,为保持轨道的精度,则需要设计轨道控制系统来克服摄动的影响。有时某些摄动也可以利用,如利用大气阻力使航天器返回地面等。

1. 直角坐标表示的摄动运动方程

研究航天器的运动时,通常选取历元(J2000.0)地心赤道惯性坐标系,航天器的摄动运动方程为

$$\ddot{\boldsymbol{r}} = (F_0 + F_1)/m \tag{3-36}$$

式中:$F_0 = -\frac{GMm}{r^3}\boldsymbol{r}$ 为中心引力加速度;$F_1 = \boldsymbol{f}_E + \boldsymbol{f}_N + \boldsymbol{f}_D + \boldsymbol{f}_A + \boldsymbol{f}_T$ 为各种摄动加速度,包括地球非球形引力摄动加速度 $\boldsymbol{f}_E$、日月对航天器的引力摄动加速度 $\boldsymbol{f}_N$、大气阻力摄动加速度 $\boldsymbol{f}_D$、太阳光压摄动加速度 $\boldsymbol{f}_A$ 和潮汐摄动加速度 $\boldsymbol{f}_T$。

写成分量形式为

$$\begin{cases} \ddot{x} = (F_{x0} + F_{x1})/m \\ \ddot{y} = (F_{y0} + F_{y1})/m \\ \ddot{z} = (F_{z0} + F_{z1})/m \end{cases} \tag{3-37}$$

这种形式的微分方程不适合用解析方法求解,但可以用数值方法求解。

2. 拉格朗日行星摄动运动方程

如果作用于航天器的作用力是保守力,如地球引力、日月引力、潮汐摄动力等,则存在势函数,又称为位函数,使得

$$F_1 = \mathrm{grad}R \tag{3-38}$$

这里的 R 即为位函数,位函数的特性之一是其对三个坐标轴的导数分别等于单位质量的质点沿该坐标轴方向所受的力,或者说,该导数等于单位质量沿三个坐标轴方向的加速度。一般而言,位函数是位置的函数。例如,质心引力的位函数为

$$V_0 = \frac{\mu}{r} = \frac{\mu}{\sqrt{x^2 + y^2 + z^2}} \tag{3-39}$$

其沿 X 方向的导数为

$$\frac{\partial V_0}{\partial x} = -\frac{\mu}{r^3}x \tag{3-40}$$

式中:负号表示力的方向与 X 轴方向相反,即

$$\begin{cases} \ddot{x} = -\dfrac{\mu}{r^3}x + \dfrac{\partial R}{\partial x} \\ \ddot{y} = -\dfrac{\mu}{r^3}y + \dfrac{\partial R}{\partial y} \\ \ddot{z} = -\dfrac{\mu}{r^3}z + \dfrac{\partial R}{\partial z} \end{cases} \tag{3-41}$$

式(3-41)就是用位函数表示的航天器受摄运动微分方程。

拉格朗日在研究行星运动时,用参数变易法解式(3-41),得出了以二体问题轨道根数为变量的受摄运动方程,称为拉格朗日摄动运动方程,即

$$\begin{cases} \dfrac{\mathrm{d}a}{\mathrm{d}t} = \dfrac{2}{na}\dfrac{\partial R}{\partial M} \\ \dfrac{\mathrm{d}e}{\mathrm{d}t} = \dfrac{1-e^2}{na^2 e}\dfrac{\partial R}{\partial M} - \dfrac{\sqrt{1-e^2}}{na^2 e}\dfrac{\partial R}{\partial \omega} \\ \dfrac{\mathrm{d}i}{\mathrm{d}t} = \dfrac{\cot i}{na^2\sqrt{1-e^2}}\dfrac{\partial R}{\partial \omega} - \dfrac{1}{na^2\sqrt{1-e^2}\sin i}\dfrac{\partial R}{\partial \Omega} \\ \dfrac{\mathrm{d}\Omega}{\mathrm{d}t} = \dfrac{1}{na^2\sqrt{1-e^2}\sin i}\dfrac{\partial R}{\partial i} \\ \dfrac{\mathrm{d}w}{\mathrm{d}t} = \dfrac{\sqrt{1-e^2}}{na^2 e}\dfrac{\partial R}{\partial e} - \dfrac{\cot i}{na^2\sqrt{1-e^2}}\dfrac{\partial R}{\partial i} \\ \dfrac{\mathrm{d}M}{\mathrm{d}t} = n - \dfrac{2}{na}\dfrac{\partial R}{\partial a} - \dfrac{1-e^2}{na^2 e}\dfrac{\partial R}{\partial e} \end{cases} \tag{3-42}$$

拉格朗日摄动运动方程将三个二阶微分方程转化成六个一阶微分方程。只要知道摄动函数的具体表达式,就可对该方程精确求解,但它仅能适用于摄

动力为保守力的情况。

3.高斯型摄动运动方程

有些摄动力并非保守力，因此通常将摄动加速度 F_1 分解成径向、横向和轨道面法向的三个分量 S、T、W，其中 S 为沿矢量 $\boldsymbol{r}$ 方向的摄动力；T 为在轨道面内垂直于 $\boldsymbol{r}$，指向航天器运动方向的摄动力；W 为沿轨道面法线方向，并与 S、T 构成右手系取向的摄动力。用上述摄动加速度分量按常数变易法导出的方程，即为高斯型摄动运动方程，也称为牛顿受摄运动方程，即

$$
\begin{cases}
\dfrac{\mathrm{d}a}{\mathrm{d}t}=\dfrac{2}{n\sqrt{1-e^2}}[e(S\sin f+T\cos f)+T] \\
\dfrac{\mathrm{d}e}{\mathrm{d}t}=\dfrac{\sqrt{1-e^2}}{na}[S\sin f+T\cos f+T\cos E] \\
\dfrac{\mathrm{d}i}{\mathrm{d}t}=\dfrac{r\cos(w+f)}{na^2\sqrt{1-e^2}}W \\
\dfrac{\mathrm{d}\Omega}{\mathrm{d}t}=\dfrac{r\sin(w+f)}{na^2\sqrt{1-e^2}\sin i}W \\
\dfrac{\mathrm{d}w}{\mathrm{d}t}=\dfrac{\sqrt{1-e^2}}{nae}\left[-\cos f\cdot S+\left(1+\dfrac{r}{p}\right)\sin f\cdot T\right]-\cos i\dfrac{\mathrm{d}\Omega}{\mathrm{d}t} \\
\dfrac{\mathrm{d}M}{\mathrm{d}t}=n-\dfrac{1-e^2}{nae}\left[-\left(\cos f-2e\dfrac{r}{p}\right)\cdot S+\left(1+\dfrac{r}{p}\right)\sin f\cdot T\right]
\end{cases}
\tag{3-43}
$$

式中：$p=a(1-e^2)$。为了使用方便，常将摄动力三个分量 S、T、W 转化成 U、N、W，此时的受摄运动方程变为

$$
\begin{cases}
\dfrac{\mathrm{d}a}{\mathrm{d}t}=\dfrac{2}{n\sqrt{1-e^2}}(1+2e\cos f+e^2)^{1/2}U \\
\dfrac{\mathrm{d}e}{\mathrm{d}t}=\dfrac{\sqrt{1-e^2}}{na}(1+2e\cos f+e^2)^{-1/2}[2(\cos f+e)U-\sqrt{1-e^2}\sin E\cdot N] \\
\dfrac{\mathrm{d}i}{\mathrm{d}t}=\dfrac{r\cos(w+f)}{na^2\sqrt{1-e^2}}W \\
\dfrac{\mathrm{d}\Omega}{\mathrm{d}t}=\dfrac{r\sin(w+f)}{na^2\sqrt{1-e^2\sin i}}W \\
\dfrac{\mathrm{d}w}{\mathrm{d}t}=\dfrac{\sqrt{1-e^2}}{nae}(1+2e\cos f+e^2)^{-1/2}[2\sin f\cdot U+(\cos E+e)N]-\cos i\dfrac{\mathrm{d}\Omega}{\mathrm{d}t} \\
\dfrac{\mathrm{d}M}{\mathrm{d}t}=n-\dfrac{1-e^2}{nae}\left[(1+2e\cos f+e^2)^{-1/2}\left(2\sin f+\dfrac{2e^2}{\sqrt{1-e^2}}\sin E\right)U+(\cos E-e)N\right]
\end{cases}
\tag{3-44}
$$

式中:U 为沿航天器运动轨道切线方向的摄动力,指向运动速度方向为正;N 为沿轨道主法线方向的摄动力,以内法向方向为正;W 与式(3-24)中的 W 相同。

以上给出了三种形式的航天器受摄运动方程,下面将详细介绍各摄动函数的精确表达式。

3.3.2 地球非球形引力摄动

当认为地球是均匀球体时,地球对航天器的径向引力只与地心距的平方成反比,与航天器的经、纬度无关。在此假定下,航天器在地球中心引力场中运行,其运动特性由开普勒定律描述。事实上,地球的质量分布不均匀,其形状不是球体,且相当不规则。由上述地球形状的非球形和内部质量分布的不均匀引起的摄动统称为地球非球形引力摄动。

地球引力位函数的一般形式为

$$U = \frac{\mu}{r}\left\{1 - \sum_{n=2}^{\infty}\left(\frac{R_e}{r}\right)^n\left[\mathrm{J}_n\mathrm{P}_n(\sin\varphi) - \sum_{m=1}^{n}\mathrm{J}_{nm}\mathrm{P}_{nm}(\sin\varphi)\times\cos m(\lambda-\lambda_{nm})\right]\right\} \tag{3-45}$$

式中:$\mu = Gm_e$;r、λ、φ 分别为地心距及地心经、纬度,表示航天器在球坐标上的位置;R_e 为地球的平均赤道半径;P_n、P_{nm} 为勒让德多项式;n 、m 为正整数,称为引力位阶数。

由于地球形状不规则,密度不均匀,所以展开式各项的收敛程度不同。现有的各种地球引力场模型中,归一化系数除了 J_2 项为 10^{-3} 量级外,其余谐系数几乎都是 10^{-6} 量级左右。任何一个地球引力场模型都是真实地球的一种近似,相应的位函数展开式总是有限形式,即对 n 和 m 求到某一位截断,这时展开式是对真实模型的一种逼近,因此决定了具体的模型有相应的精度。在此前提下,如果定轨精度要求与模型精度一致,则应取相应模型的全部展开。事实上,有些具体问题要求的精度可能会低于模型精度,为提高计算效率,会考虑将 n 和 m 的值取到一定数量级为止。

3.3.3 日、月摄动

日、月和大行星引力作用对绕地飞行的航天器的影响,是天体力学中一种典型的第三体摄动问题。虽然这类摄动力也是一种保守力，但由于日、月与航天器相距较近，对航天器的引力作用不可忽略。

如果第三体与地球都看成质点，讨论航天器绕地运动问题时，根据非惯性坐标系中航天器受力分析，相应的摄动加速度为

$$\boldsymbol{f}_{\mathrm{N}} = -Gm'\left(\frac{\boldsymbol{\Delta}}{\Delta^3}+\frac{\boldsymbol{r}^1}{r'^3}\right) \tag{3-46}$$

式中：m'是第三体的质量，其他各量的意义如图 3-5 所示。对于绕地飞行的航天器，$r < < (\Delta, r')$，近似地有 $\Delta^3 = r'^3$，于是，第三体摄动加速度可写成

$$\boldsymbol{f}_{\mathrm{N}} = -Gm'\frac{r}{\Delta^3}\left(\frac{\boldsymbol{r}}{r}\right) \tag{3-47}$$

与地球中心引力加速度之比即为第三体摄动量级，记作 ε，有

$$\varepsilon = \frac{m'}{M}\left(\frac{r}{\Delta}\right) \tag{3-48}$$

式中：M 是地球质量。

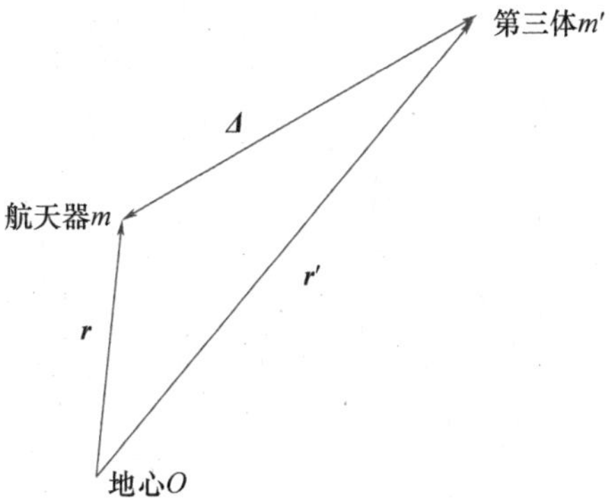

图 3-5　地球、航天器和第三体的位置关系

对于近地航天器（$r \leqslant 1.3R_{\mathrm{e}}$），有

$$\varepsilon = \begin{cases} 0.6\times10^{-7}, & \text{太阳摄动} \\ 1.2\times10^{-7}, & \text{月球摄动} \end{cases}$$

对于近地航天器，木星摄动量级 $\varepsilon = 10^{-13}$，而其他大行星的摄动量级 $\varepsilon < 10^{-13}$。由上述估算，对于近地飞行的航天器，第三体摄动主要是指日月引力，且由于其相对较小，一般看成二阶小量。

3.3.4　大气阻力摄动

在近地轨道上，与地球表面相比大气相当稀薄，航天器在大气中长时间高速穿行，微小大气阻力的积累，导致轨道衰减。在大气层中飞行的航天器所承受的气动力（阻力和升力）随大气状态不同而异，但在 200km 高度以上的自由分子流中，可以将航天器所承受的气动力归结为大气阻力，相应的阻力加速度表示为

$$\begin{cases} \boldsymbol{D} = -\dfrac{1}{2}C_{\mathrm{D}}\left(\dfrac{A}{m}\right)\rho V\boldsymbol{V} \\ \boldsymbol{V} = \boldsymbol{v} - \boldsymbol{v}_{\mathrm{a}} \end{cases} \tag{3-49}$$

式中:C_{D} 为阻力系数,近似取 1;ρ 为航天器所在空间处的大气密度;$\boldsymbol{V}$ 为航天器相对大气的运动速度;v 和 v_{a} 分别为航天器和大气相对地心的运动速度,即

$$\frac{D}{F_{\mathrm{e}}} = \frac{\dfrac{1}{2}\left(\dfrac{C_{\mathrm{D}}A}{m}\right)\rho V^2}{\mu/r^2} = \frac{1}{\mu}\left(\frac{C_{\mathrm{D}}A}{m}\rho\right)\left(\frac{r^2V^2}{2}\right) \tag{3-50}$$

则有

$$\frac{D}{F_{\mathrm{e}}} \approx \left(\frac{C_{\mathrm{D}}A}{m}\rho\right)\left(\frac{r}{2}\right) \tag{3-51}$$

地球表面的大气密度与海拔高度近似地成指数关系,即

$$\rho = \rho_0 \exp\left(-\frac{h-h_0}{H}\right) \tag{3-52}$$

式中:ρ 为高度 h 处的密度;ρ_0 为高度 h_0 处的密度;H 为密度标尺高度,$h = 200 \sim 600\mathrm{km}$,可取

$$H = H(r) = H_0 + \frac{\mu_0}{2}(r - r_0) \tag{3-53}$$

相应的密度公式变为

$$\rho = \rho_0\left[1 + \frac{\mu_0}{2}\left(\frac{r-r_0}{H_0}\right)^2\right]\exp[-(r-r_0)/H_0] \tag{3-54}$$

在 $h = 200\mathrm{km}$ 处,有 $\rho_0 = 3.6\times10^{-10}\mathrm{kg/m^3}$,$H_0 = 37.4\mathrm{km}$,$\mu_0 = 0.1$,$D < 10^{-6}F_{\mathrm{e}}$,通常航天器轨道高度都在 200km 以上,上述比值不大于10^{-6}。

3.3.5 太阳光压摄动

航天器受到太阳光照射时,太阳辐射能量的一部分被吸收,另一部分被反射,这种能量转换使航天器受到力的作用,称为太阳辐射压力,简称光压。航天器表面对太阳光的反射比较复杂,有镜面反射和漫反射。在讨论太阳光压对航天器轨道的影响时,认为光压的方向与太阳光的入射方向一致,作用在单位航天器质量上的光压可以统一写成

$$\boldsymbol{F}_s = -F_s = -Kp\left(\frac{A}{m}\right)\boldsymbol{S} \tag{3-55}$$

式中:K 为与航天器表面材料、形状等性质有关的系数,如全吸收,则 $K=1$;A 为垂直于太阳光的航天器截面积;取太阳光单位面积的平均辐射功率为 $1.4\mathrm{W/m^2}$,得太阳光压强度 $p=4.65\times10^{-6}\mathrm{N/m^2}$;$\boldsymbol{S}$ 为地心指向太阳的单位矢量,由于航天器的地心距与太阳的地心距的比值很小(10^{-4}),可以直接用 $\boldsymbol{S}$ 代替航天器到太阳的方向。在近地轨道航天器受到的光压 $\boldsymbol{F}_s$与地球中心引力 $\boldsymbol{F}_e$之比为

$$\frac{\boldsymbol{F}_s}{\boldsymbol{F}_e} = \frac{Kp}{g}\left(\frac{A}{m}\right)\left(\frac{r_s}{R_e}\right)^2 \tag{3-56}$$

如航天器面质比$\frac{A}{m}=0.02\mathrm{m^2/kg}$,则对于近地轨道($r\leqslant1.3R_e$)$F_s=0.16\times10^{-7}F_e$,与日月摄动属同一量级。

3.3.6 潮汐摄动

在日、月引力影响下,地球的弹性形变表现为固体潮、海潮和大气潮。固体潮源于地球陆地部分发生的弹性形变,它可使地球外壳的起伏振幅达到20~30cm。海潮和大气潮在地球外表作为附加效应,与固体潮加在一起影响航天器的运动。

日月引力引起的潮汐形变对航天器产生的摄动项为

$$U_T = \frac{GM_S R_e^5}{r_S^3 \, r^3} K_2 P_2(\cos\psi_S) + \frac{GM_L R_e^5}{r_L^3 \, r^3} K_2 P_2(\cos\psi_L) \tag{3-57}$$

式中:K_2为二阶 *Love* 数,取 $K_2=0.3$;S、L 分别表示日、月;r_S、r_L分别表示日、月地心距;r 为航天器的地心距;R_e 为地球的平均赤道半径;$COS\psi_{S、L}=\boldsymbol{r}_{S、L}\cdot\boldsymbol{r}$,其中,$\boldsymbol{r}_{S、L}$、$\boldsymbol{r}$ 分别为引力体和航天器的单位矢量。

由于

$$P_2(\cos\psi_{S、L}) = \frac{1}{2}\left[3\left(r_{S、L}^{T} r\right)^2 - 1\right] \tag{3-58}$$

因此,航天器的潮汐摄动加速度为

$$\begin{aligned}\ddot{R}_T = \frac{\partial U_T}{\partial \boldsymbol{r}} &= \frac{GM_S R_e^5}{2r_S^3 \, r^4} K_2 \{[3-15(\boldsymbol{r}_S\cdot\boldsymbol{r})^2]\boldsymbol{r} + 6(\boldsymbol{r}_S\cdot\boldsymbol{r})^2\boldsymbol{r}_S\} \\ &+ \frac{GM_L R_e^5}{2r_L^3 \, r^4} K_2 \{[3-15(\boldsymbol{r}_L\cdot\boldsymbol{r})^2]\boldsymbol{r} + 6(\boldsymbol{r}_L\cdot\boldsymbol{r})^2\boldsymbol{r}_L\}\end{aligned} \tag{3-59}$$

3.4 深空探测器的轨道运动

行星际探测器从发射到最终目标轨道,基本上可分为三个飞行段,即近地停泊轨道、转移轨道(从停泊轨道经变轨后在地月系空间或行星际空间运行的轨道)和绕飞轨道(到达所要探测的目标天体附近经制动变轨后进入的最终轨道)。其中涉及两类力学模型,在近地停泊轨道和绕飞轨道上运行的航天器,对应的是一个受摄二体问题,即以一个天体引力为主,其他天体的引力为摄动力。例如,在地球附近运动的人造地球卫星,以地球引力为主,而把太阳引力、月球引力等当作摄动力。这些摄动力的处理方法在3.3节中已经介绍。而在转移轨道上运行的航天器,同时受到多个天体的引力作用,且任何一个天体的引力都不是小量,这时航天器对应的是一个多体(可视为限制性三体或四体)问题。

3.4.1 多体问题和限制性三体问题

1. 多体问题的运动方程

多体问题是研究 N 个可视为质点的天体在其万有引力相互作用下的运动规律。多体问题是一个十分复杂的理论问题。$N=2$ 时为二体问题,已完全解决。$N=3$ 为著名的三体问题,除一些特殊的限制性三体问题可以得出特解外,一般三体问题仍是悬而未决的难题。对于 $N>3$ 的 N 体问题,根本无法求出解析解。现在主要采用数值方法和定性方法进行研究。特别是随着电子计算机的发展,数值方法更成为研究 N 体问题的主要手段。通常 N 体问题的描述如下。

设在一惯性坐标系中,有 n 个质点($n\geqslant 3$),它们的质量为 $m_1,m_2,\cdots,m_n$,位置矢量为 $\boldsymbol{r}_1,\boldsymbol{r}_2,\cdots,\boldsymbol{r}_n$。任意一个质点,都受到其他 $n-1$ 个质点的引力作用,则这 n 个质点的运动方程可以写为

$$\ddot{\boldsymbol{r}}_i=-\sum_{1\leqslant j\leqslant n,j\neq i}Gm_j\frac{\boldsymbol{r}_j-\boldsymbol{r}_i}{|\boldsymbol{r}_j-\boldsymbol{r}_i|^3},i=1,2,\cdots,n;j\neq i \tag{3-60}$$

式中:G 为万有引力常数,求解该微分方程式,可得系统中任意一个质点的位置。

2. 圆形限制性三体问题

限制性三体问题是三体问题的一种特殊情况。若三个天体中,一个天体

的质量与另外两天体相比可视为无穷小，它对另两个天体的引力作用可以忽略，则该天体称为无限小质量天体，另外两个天体则为有限质量天体。研究无限小质量天体在两个有限质量天体的引力作用下的动力学问题称为限制性三体问题。它是一般三体问题的一个特例。在实际的天文问题中有不少天体系统可以近似看作限制性三体问题，例如，月球、地球和太阳组成的三体系统中，月球的质量远远小于地球和太阳的质量，在讨论月球运动时可采用限制性三体问题作为近似的力学模型。此外，在小行星运动理论、月球火箭运动理论和行星际飞行器运动理论中都采用限制性三体问题作为近似模型。在限制性三体问题中，由于两个有限质量体只受它们之间的万有引力作用，组成一个二体问题，每一个有限体都在以它们的质心为焦点的圆锥曲线轨道上运动。

按照不同类型的圆锥曲线轨道，可分为圆型、椭圆型、抛物线型和双曲线型四类不同的限制性三体问题。如果无限小质量天体保持在两个有限质量天体运动的轨道平面内运动，此时，这三个天体构成平面限制性三体问题。下面分别介绍圆形限制性三体问题中小天体在质心惯性坐标系和质心旋转坐标系中的运动方程。

1）小天体在质心惯性坐标系中的运动方程

设两个大天体为 p_1 和 p_2，质量分别为 m_1 和 m_2。两天体围绕它们的质心作圆周运动，其运动角速度为常数 ω_0。小天体 p 与 p_1、p_2 相比，其质量可以忽略。以 p_1、p_2 的公共质心 O 为原点，建立质心惯性坐标系 $Ox_0y_0z_0$，p、p_1、p_2 的坐标分别记为 $(x、y、z)$、$(x_1、y_1、0)$、$(x_2、y_2、0)$、xy 平面在 p_1、p_2 的运动平面内，如图 3－6所示。

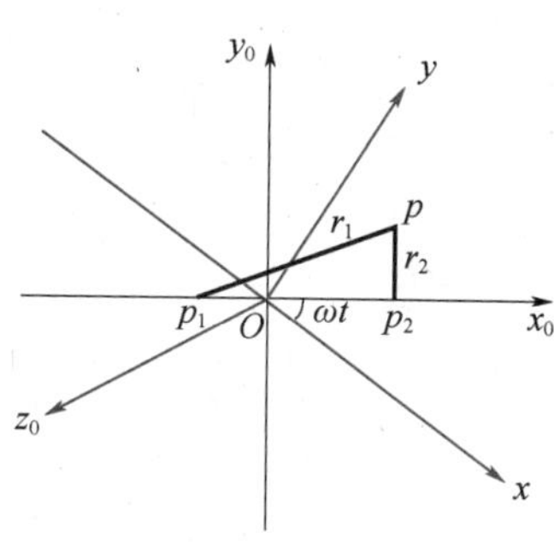

图 3－6　质心惯性坐标系

在这个坐标系中，p 点的运动方程为

$$\begin{cases} \ddot{x} = -Gm_1 \dfrac{x - x_1}{r_1^3} - Gm_2 \dfrac{x - x_2}{r_2^3} \\ \ddot{y} = -Gm_1 \dfrac{y - y_1}{r_1^3} - Gm_2 \dfrac{y - y_2}{r_2^3} \\ \ddot{z} = -Gm_1 \dfrac{z - z_1}{r_1^3} - Gm_2 \dfrac{z - z_2}{r_2^3} \end{cases} \tag{3-61}$$

式中:G 为万有引力常数;r_1、r_2 分别为 p 点到 p_1、p_2 的距离。

2)小天体在质心旋转坐标系中的运动方程

以 p_1、p_2 的公共质心为原点,建立质心旋转坐标系 $Ox'y'z'$。O 为质心,z' 和 z 重合,x'轴为 p_1Op_2 的连线。该坐标系与 p_1p_2 固连,并随其作圆周运动,角速率为 w。在这一坐标系中,p,p_1、p_2 的坐标分别为(x',y',z')、$(x'_1,0,0)$、$(x'_2,0,0)$。

p 在质心旋转坐标系 $Ox'y'z'$中的运动方程为

$$\begin{cases}\ddot{x}'-2\omega\dot{y}'-\omega^2x'=-Gm_1\dfrac{x'-x'_1}{r_1^3}+Gm_2\dfrac{x'-x'_2}{r_2^3}\\ \ddot{y}'+2\omega\dot{x}'-\omega^2y'=-Gm_1\dfrac{y'}{r_1^3}-Gm_2\dfrac{y'}{r_2^3}\\ \ddot{z}'=-Gm_1\dfrac{z'}{r_1^3}-Gm_2\dfrac{z'}{r_2^3}\end{cases} \tag{3-62}$$

航天器在地球、月球引力下或在太阳、地球引力下运行,都可以近似地看作是圆形限制性三体问题。下面具体介绍地月飞行的轨道运动,行星际飞行的轨道运动与此相似。

3.4.2 地月飞行的轨道动力学方程

精确计算地月飞行轨道十分复杂,需要考虑到地球、月球、太阳的引力,地球和月球扁率以及其他行星的影响。此外,天文常数的不精确也会带来误差。目前研究月球探测器轨道运动的方法主要有解析法和数值法两种。通常用解析法研究月球探测器轨道运动的一般规律和特性,主要采用双二体模型(地球-探测器或月球-探测器)。在考虑各种摄动情况下,数值法能计算不同精度的月球探测器运动轨道,除双二体模型外,还可采用限制性三体模型(地球-月球-探测器)、限制性四体模型(地球-月球-太阳-探测器)、完整模型和有限精度模型。

1. 双二体模型

基于双二体模型的轨道设计方法也称为拼接圆锥曲线法。在从地球飞向月球的过程中,探测器在靠近地球的某一范围内,地球引力的影响是主要的,月球引力的影响相对较小;在靠近月球的某一范围内,月球引力的影响是主要的,地球引力的影响相对较小。因此,需要根据地月引力场的分布情况,尽量准确地规定一个影响范围，并在不同的范围内建立相应的二体模型。引入月球引力影响球的概念定量描述这一影响范围。精确的月球引力影响球是一以月心为圆心、半径为66200km的球形区域。双二体模型所作的简化和假设有：

（1）当探测器在月球引力影响球之外运动时，只受地球中心引力的作用，不考虑月球引力和其他摄动的影响。

（2）当探测器在月球引力影响球之内运动时，只受月球中心引力的作用，不考虑地球引力和其他摄动的影响。

（3）月球以地月平均距离为半径绕地心作匀速圆周运动。

（4）当探测器轨道在月球影响球边界点时，将相对于地心的位置和速度换算为相对于月心的位置与速度，地心段和月心段的两条圆锥可以拼接成完整的运动轨迹。

2. 圆型限制性三体模型

探测器在地月空间运动，只考虑地球中心引力和月球中心引力的作用，忽略其他摄动的影响。由于探测器相对于地球和月球质量非常小，可以不计它对地月运动的影响。另外，假定月球绕地心作匀速圆周运动（半径为地月平均距离 r_{em}）。月球探测器在惯性坐标系中的运动方程为

$$\ddot{r}_{pe} = -\mu_e \frac{r_{pe}}{r_{pe}^3} - \mu_m \left[\frac{r_{pm}}{r_{pm}^3} - \frac{r_{em}}{r_{em}^3} \right] \tag{3-63}$$

式中：r_{pe}为地心到探测器的矢径；r_{pm}为月心到探测器的矢径。

月球探测器在以地月系质心为坐标原点、以地月连线为 x 轴的旋转坐标系中的运动方程为

$$\begin{cases} \ddot{x} - 2\omega_m \dot{y} = \dfrac{\partial U}{\partial x} \\ \ddot{y} + 2\omega_m \dot{x} = \dfrac{\partial U}{\partial y} \\ \ddot{z} = \dfrac{\partial U}{\partial z} \end{cases} \tag{3-64}$$

其中

$$U = \omega_m^2 (x^2 + y^2)/2 + (\mu_e / r_{pe}) + (\mu_m / r_{pm})$$

3. 圆型限制性四体模型

圆型限制性四体模型需要考虑探测器、地球中心引力、月球中心引力和太

阳中心引力间的相互作用,其他摄动的影响则不考虑,并且不计探测器对日地月运动的影响。另外,假定月球绕地心作匀速圆周运动,半径为地月平均距离 r_{em};地月质心绕日心作匀速圆周运动,半径为一个天文长度单位 A。一般限制性四体模型中,月球探测器运动方程一般可表示为

$$\ddot{\boldsymbol{r}}_{pe} = -\mu_e \frac{\boldsymbol{r}_{pe}}{r_{pe}^3} - \mu_m\left[\frac{\boldsymbol{r}_{pm}}{r_{pm}^3} - \frac{\boldsymbol{r}_{em}}{r_{em}^3}\right] - \mu_s\left[\frac{\boldsymbol{r}_{ps}}{r_{ps}^3} - \frac{\boldsymbol{r}_{es}}{r_{es}^3}\right] \tag{3-65}$$

式中:$\boldsymbol{r}_{ps}$为日心到探测器的矢径;$\boldsymbol{r}_{es}$为日心到地心的矢径。

4.完整模型

完整的轨道模型需要考虑地球和月球引力(包括非球形摄动力)、太阳引力和辐射压力、大气阻力、轨道机动过程中的火箭推力以及高精度的月球/行星历表等因素。矢量形式计算公式为

$$\ddot{\boldsymbol{r}}_{pe} = -\mu_e \frac{\boldsymbol{r}_{pe}}{r_{pe}^3} - \mu_m\left[\frac{\boldsymbol{r}_{pm}}{r_{pm}^3} - \frac{\boldsymbol{r}_{em}}{r_{em}^3}\right] - \mu_s\left[\frac{\boldsymbol{r}_{ps}}{r_{ps}^3} - \frac{\boldsymbol{r}_{es}}{r_{es}^3}\right] + \boldsymbol{a}_p + \boldsymbol{a}_a + \boldsymbol{a}_s + \boldsymbol{a}_e + \boldsymbol{a}_m \tag{3-66}$$

式中:$\boldsymbol{a}_p$为火箭推力加速度,$\boldsymbol{a}_p = \boldsymbol{F}/m$($\boldsymbol{F}$ 为推力,m 为探测器质量);$\boldsymbol{a}_a$为大气阻力加速度,$\boldsymbol{a}_a = -C_D(A_D/m)\rho v/2$($C_D$为探测器阻力系数;$A_D$为探测器在垂直于速度方向上的横截面积;$\rho$ 为大气密度;v 为探测器的速度);$\boldsymbol{a}_s$为太阳辐射压力加速度,$\boldsymbol{a}_s = kp_{st}A^2C_r(A_R/m)\boldsymbol{r}_{ps}/r_{ps}^3$($k$ 为阴影因子,p_{st}为距离太阳一个天文单位处黑体上的光压,C_r为探测器的表面反射系数,A_R为探测器在垂直于太阳光方向上的横截面积);$\boldsymbol{a}_e$和 $\boldsymbol{a}_m$分别为地球和月球的非球形摄动加速度。

5.有限精度模型

有限精度模型可根据不同的计算精度,选取适当阶次的地球和月球引力场模型并取舍其他摄动力项,其计算公式仍可采用完整模型中的形式,但摄动项的使用可根据需要选取。给出的力学模型考虑的因素有以下几方面。

(1) 地球中心引力和月球中心引力。

(2) 地球形状摄动,当探测器地心距小于10倍地球赤道半径时,完整考虑50×50阶的GEM2T3引力场模型;当大于10倍地球赤道半径时,只考虑地球动力学形状因子 $J_{2,e}$项的影响。

(3) 月球形状摄动,只考虑月球动力学形状因子 $J_{2,m}$项的影响。

(4) 大气阻力摄动,采用CIRA290模型计算大气密度。

(5) 太阳引力摄动和辐射压摄动。

(6) 采用 DE403/ L E403 提供的太阳和月球位置以及月球的天平动模型。

3.4.3 行星际飞行的轨道动力学方程

1. 火星探测器的多体轨道动力学方程

火星探测器的轨道动力学模型可考虑为圆型限制性四体模型。圆型限制性四体模型需要考虑太阳中心引力、火星中心引力和地球中心引力对探测器的作用,其他摄动的影响则不考虑。另外,假定火星绕太阳作匀速圆周运动,半径为日火平均距离 r_{sm};地球绕太阳作匀速圆周运动,半径为一个天文单位 AU,则火星探测器的运动方程可表示为

$$\ddot{\boldsymbol{r}}_{ps} = -\mu_s \frac{\boldsymbol{r}_{ps}}{r_{ps}^3} - \mu_m\left[\frac{\boldsymbol{r}_{pm}}{r_{pm}^3} - \frac{\boldsymbol{r}_{sm}}{r_{sm}^3}\right] - \mu_e\left[\frac{\boldsymbol{r}_{pe}}{r_{pe}^3} - \frac{\boldsymbol{r}_{se}}{r_{se}^3}\right] \tag{3-67}$$

式中:μ_s、μ_m 和 μ_e 分别为日心、火心和地心引力常数;$\boldsymbol{r}_{ps}$ 为日心到探测器的矢量;$\boldsymbol{r}_{pm}$ 为火星到探测器的矢量;$\boldsymbol{r}_{sm}$ 为火心到日心的矢量;$\boldsymbol{r}_{pe}$ 为地球到探测器的矢量;$\boldsymbol{r}_{se}$ 为地心到日心的矢量。

实际计算中,把矢量形式转化成分量形式,选取日心黄道惯性坐标系,则可得火星探测器的状态模型为

$$\begin{cases} \dot{x} = v_x \\ \dot{y} = v_y \\ \dot{z} = v_z \\ \dot{v}_x = -\mu_s \dfrac{x}{r_{ps}^3} - \mu_m\left[\dfrac{x - x_1}{r_{pm}^3} + \dfrac{x_1}{r_{sm}^3}\right] - \mu_e\left[\dfrac{x - x_2}{r_{pe}^3} + \dfrac{x_2}{r_{se}^3}\right] + w_x \\ \dot{v}_y = -\mu_s \dfrac{y}{r_{ps}^3} - \mu_m\left[\dfrac{y - y_1}{r_{pm}^3} + \dfrac{y_1}{r_{sm}^3}\right] - \mu_e\left[\dfrac{y - y_2}{r_{pe}^3} + \dfrac{y_2}{r_{se}^3}\right] + w_y \\ \dot{v}_z = -\mu_s \dfrac{z}{r_{ps}^3} - \mu_m\left[\dfrac{z - z_1}{r_{pm}^3} + \dfrac{z_1}{r_{sm}^3}\right] - \mu_e\left[\dfrac{z - z_2}{r_{pe}^3} + \dfrac{z_2}{r_{se}^3}\right] + w_z \end{cases} \tag{3-68}$$

式中:(x_1, y_1, z_1)、(x_2, y_2, z_2) 和 (x, y, z) 分别为火星、地球和火星探测器坐标,其中火星和地球的坐标可根据时间由行星星历表获得。

2. 其他行星探测器的轨道动力学方程

其他行星如金星、木星等探测器的轨道动力学模型与火星的轨道动力学

模型相似,只是涉及的天体各不相同。表3-1给出了太阳系各主要天体的有关数据,可供建模时参考。

表3-1 太阳系天体的有关数据

天体	引力常数 /($km^3 \cdot s^{-2}$)	轨道半长轴 /km	轨道偏心率	赤道半径 /km	影响球半径 /km	轨道速度 /($km^3 \cdot s^{-1}$)
太阳	1.327×10^{11}	—	—	6.69×10^{5}	1×10^{10}	—
月球	4.903×10^{3}	3.845×10^{5}	0.0549	1.738×10^{3}	6.619×10^{4}	1.02
水星	2.203×10^{4}	5.791×10^{7}	0.20563	2.44×10^{3}	1.124×10^{5}	47.83
金星	3.249×10^{5}	1.082×10^{8}	0.00679	6.052×10^{3}	6.163×10^{5}	34.99
地球	3.986×10^{5}	1.496×10^{8}	0.01672	6.378×10^{3}	9.246×10^{5}	29.76
火星	4.283×10^{4}	2.28×10^{8}	0.09338	3.398×10^{3}	5.773×10^{5}	24.11
木星	1.267×10^{8}	7.784×10^{8}	0.4845	7.14×10^{4}	4.821×10^{7}	13.05
土星	3.794×10^{7}	1.429×10^{9}	0.05569	6.033×10^{4}	5.456×10^{7}	9.64
天王星	5.78×10^{6}	2.87×10^{9}	0.4724	2.54×10^{4}	5.169×10^{7}	6.8
海王星	6.871×10^{6}	4.497×10^{9}	0.00858	2.43×10^{4}	8.681×10^{7}	5.43
冥王星	1.021×10^{3}	5.9×10^{9}	0.25344	2.5×10^{3}	3.352×10^{6}	4.8

3.5 航天器的姿态运动

航天器的姿态运动是航天器绕自身质心的转动运动,航天器的姿态动力学用来描述和分析航天器姿态运动的特性和规律。

3.5.1 方向余弦、欧拉角和四元数

航天器的姿态通常用与航天器本体固连的坐标系来描述。航天器的姿态可认为就是坐标系的转换,从一个特定的参考坐标系转换到航天器的本体坐标系。姿态的表示方法有方向余弦矩阵、欧拉角和四元数。

1. 方向余弦矩阵

基本的三轴姿态转换是基于方向余弦矩阵的。任何的空间姿态转换实际上都是这种形式的转变。在图3-7中,参考惯性坐标系的坐标轴为X、Y、Z。航天器本体坐标系的坐标轴为$\boldsymbol{u}$、$\boldsymbol{v}$、$\boldsymbol{w}$。

由图3-7可定义矩阵 $\boldsymbol{A}$ 为

$$\boldsymbol{A}=\begin{bmatrix} u_1 & u_2 & u_3 \\ v_1 & v_2 & v_3 \\ w_1 & w_2 & w_3 \end{bmatrix} \tag{3-69}$$

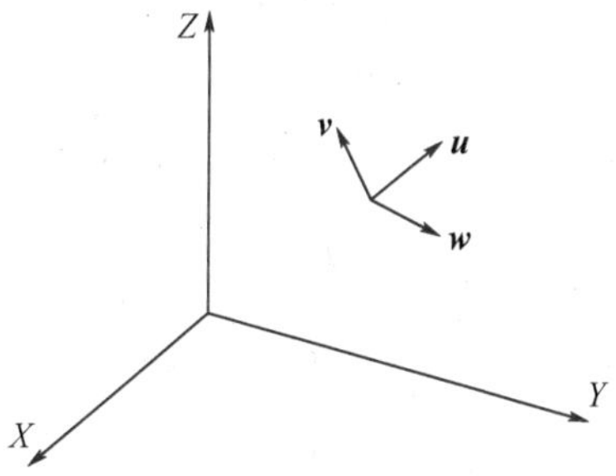

图3-7 航天器本体系 u、v、w 在参考系 X、Y、Z 中的方位

式中：u_1、u_2、u_3 是单位矢量 $\boldsymbol{u}$ 在参考惯性坐标系中的坐标；v_1、v_2、v_3 和 w_1、w_2、w_3 分别为单位矢量 $\boldsymbol{v}$、$\boldsymbol{w}$ 在参考惯性坐标系中的坐标。方向余弦矩阵 $\boldsymbol{A}$ 也被称为姿态矩阵，它可以把矢量从参考坐标系映射到本体坐标系。设矢量 $\boldsymbol{a}$ 在惯性坐标系中的坐标为 $\boldsymbol{a}_{\mathrm{I}}=[a_1 \quad a_2 \quad a_3]^{\mathrm{T}}$，则有

$$\boldsymbol{A}\cdot\boldsymbol{a}_{\mathrm{I}}=\begin{bmatrix} u_1 & u_2 & u_3 \\ v_1 & v_2 & v_3 \\ w_1 & w_2 & w_3 \end{bmatrix}\begin{bmatrix} a_1 \\ a_2 \\ a_3 \end{bmatrix}=\begin{bmatrix} \boldsymbol{u}\cdot\boldsymbol{a} \\ \boldsymbol{v}\cdot\boldsymbol{a} \\ \boldsymbol{w}\cdot\boldsymbol{a} \end{bmatrix}=\begin{bmatrix} a_u \\ a_v \\ a_w \end{bmatrix}=\boldsymbol{a}_{\mathrm{B}} \tag{3-70}$$

式中：$\boldsymbol{a}_{\mathrm{B}}$ 为矢量 $\boldsymbol{a}$ 在本体坐标系中的坐标。

方向余弦矩阵 $\boldsymbol{A}$ 的基本性质如下。

（1）它的每一个元素都是本体系的一个坐标轴单位矢量和参考坐标系的一个坐标轴单位矢量之间夹角的余弦，这也是其被称为方向余弦矩阵的原因。

（2）由于矢量 $\boldsymbol{u}$、$\boldsymbol{v}$、$\boldsymbol{w}$ 都是单位矢量，因此有

$$\sum_{i=1}^{3} u_i^2=1,\ \sum_{i=1}^{3} v_i^2=1,\ \sum_{i=1}^{3} w_i^2=1$$

（3）单位矢量 $\boldsymbol{u}$、$\boldsymbol{v}$、$\boldsymbol{w}$ 互相正交，因此有

$$\sum_{i=1}^{3} u_i v_i=0,\ \sum_{i=1}^{3} u_i w_i=0,\ \sum_{i=1}^{3} w_i v_i=0$$

（4）由（2）和（3）可以推出 $\boldsymbol{A}\cdot\boldsymbol{A}^{\mathrm{T}}=1$，也即 $\boldsymbol{A}^{\mathrm{T}}=\boldsymbol{A}^{-1}$。

（5）因为 $\boldsymbol{u}$、$\boldsymbol{v}$、$\boldsymbol{w}$ 是相互正交的矢量组，$\det(\boldsymbol{A})=\boldsymbol{u}\cdot(\boldsymbol{v}\times\boldsymbol{w})=1$，所以有

$$\boldsymbol{a}_{\mathrm{I}}=\boldsymbol{A}^{\mathrm{T}}\cdot\boldsymbol{a}_{\mathrm{B}} \tag{3-71}$$

综上所述，$\boldsymbol{A}$ 是一个严格的实正交矩阵，这样一个变换矩阵既保持了矢量的长度，同时也保持了矢量之间的夹角，从而描述出一个旋转过程。两个严格实正交矩阵的乘积 $\boldsymbol{A}=\boldsymbol{A}_2\cdot\boldsymbol{A}_1$ 可表示两次连续的旋转，首先按 $\boldsymbol{A}_1$ 旋转，然后按 $\boldsymbol{A}_2$ 旋转。姿态变换往往是一系列连续旋转的叠加。

2. 欧拉角

欧拉角旋转定义为绕正交坐标系三个轴的连续角旋转。假设航天器本体

坐标系的三个坐标轴为 x、y、z,参考坐标系的三个坐标轴为 X、Y、Z。本体坐标系到参考坐标系的转换可通过不同的旋转顺序实现。旋转的次序可以是 x、y、z,也可以是 y、x、z 等,这些旋转顺序通常可分为如下两类。

(1) 分别以 x、y、z 为轴做连续旋转。这类旋转一共有六种可能的顺序:1-2-3、1-3-2、2-1-3、2-3-1、3-1-2 和 3-2-1。

(2) 第一次和第三次的旋转轴相同,第二次的旋转轴在剩余两个中任选其一。这类旋转同样也有六种顺序:1-2-1、1-3-1、2-1-2、2-3-2、3-1-3 和 3-2-3。

第二种类型的旋转在一些特殊情况下非常有用,因为有时用这种方式可以解决用三个不同轴依次旋转时引起奇异的问题。究竟采用哪一种旋转方式可根据具体情况而定。

通常定义绕 X 轴旋转的欧拉角为横滚角 ϕ,绕 Y 轴旋转的欧拉角为俯仰角 θ,而绕 Z 轴旋转的欧拉角为航向角 ψ,但其他的定义方式也是可以的。

假设依次绕 Z、Y、X 轴分别旋转 $\psi \to \theta \to \phi$。首先,本体绕 Z 轴做一次 ψ 角度的旋转,如图 3-8 所示。

将一次旋转后本体系的坐标轴记为 x_1、y_1、z_1,则该旋转可写成矩阵形式为

$$\begin{bmatrix} x_1 \\ y_1 \\ z_1 \end{bmatrix} = \begin{bmatrix} \cos\psi & \sin\psi & 0 \\ -\sin\psi & \cos\psi & 0 \\ 0 & 0 & 1 \end{bmatrix} \begin{bmatrix} X \\ Y \\ Z \end{bmatrix} = \boldsymbol{A}_\psi \cdot \begin{bmatrix} X \\ Y \\ Z \end{bmatrix} \tag{3-72}$$

式中:$\boldsymbol{A}_\psi$ 是本体系绕 z 轴的欧拉角旋转矩阵。接下来将以 y_1 为轴旋转角度 θ。在旋转时必需要注意旋转的方向以保证旋转的右手螺旋性质(图 3-9)。

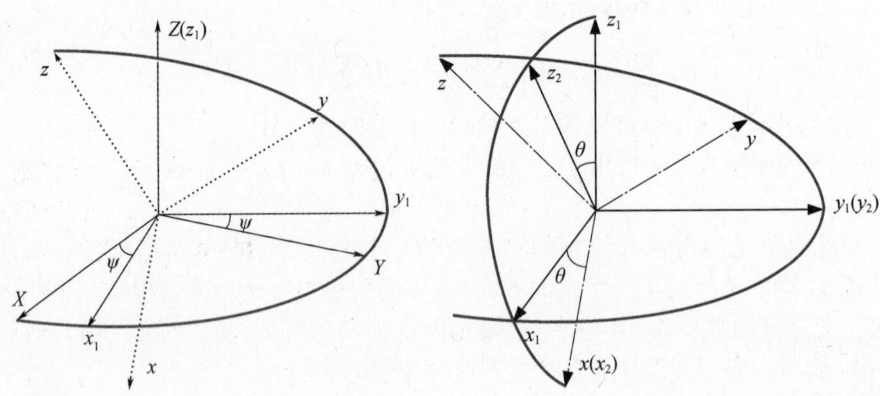

图 3-8 以 Z 为轴进行第一次旋转　　图 3-9 以 y_1 为轴进行第二次旋转

下面将 cos 简写成 c、sin 简写成 s，则第二次旋转的欧拉角转换可以写成

$$\begin{bmatrix} x_2 \\ y_2 \\ z_2 \end{bmatrix} = \begin{bmatrix} c\theta & 0 & -s\theta \\ 0 & 1 & 0 \\ s\theta & 0 & c\theta \end{bmatrix} \begin{bmatrix} x_1 \\ y_1 \\ z_1 \end{bmatrix} = \boldsymbol{A}_\theta \cdot \begin{bmatrix} x_1 \\ y_1 \\ z_1 \end{bmatrix} \tag{3-73}$$

最后以 x_2 为轴旋转角度 ϕ，如图 3-10 所示。

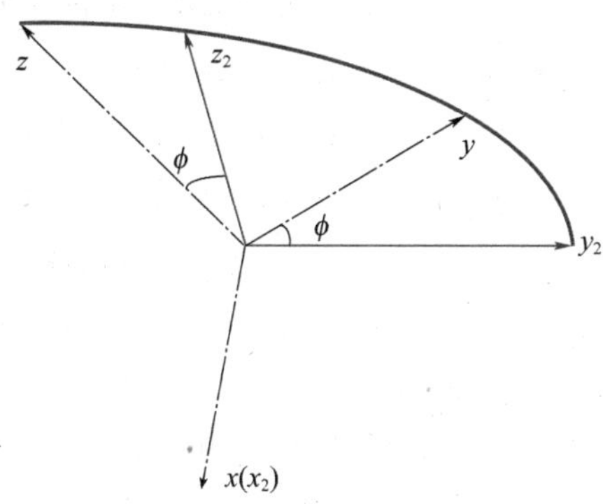

图 3-10　以 x_2 为轴进行第三次旋转

$$\begin{bmatrix} x_3 \\ y_3 \\ z_3 \end{bmatrix} = \begin{bmatrix} 1 & 0 & 0 \\ 0 & c\phi & s\phi \\ 0 & -s\phi & c\phi \end{bmatrix} \begin{bmatrix} x_2 \\ y_2 \\ z_2 \end{bmatrix} = \boldsymbol{A}_\phi \cdot \begin{bmatrix} x_2 \\ y_2 \\ z_2 \end{bmatrix} \tag{3-74}$$

最终有

$$\begin{bmatrix} x \\ y \\ z \end{bmatrix} = \boldsymbol{A}_\phi \cdot \boldsymbol{A}_\theta \cdot \boldsymbol{A}_\psi \cdot \begin{bmatrix} X \\ Y \\ Z \end{bmatrix} = \boldsymbol{A}_{\psi\theta\phi} \cdot \begin{bmatrix} X \\ Y \\ Z \end{bmatrix} \tag{3-75}$$

其中

$$\boldsymbol{A}_{321} = \boldsymbol{A}_{\psi\theta\phi} = \begin{bmatrix} c\theta c\psi & c\theta s\psi & -s\theta \\ -c\phi s\psi + s\phi s\theta c\psi & c\phi c\psi + s\phi s\theta s\psi & s\phi c\theta \\ s\phi s\psi + c\phi s\theta c\psi & -s\phi c\psi + c\phi s\theta s\psi & c\phi c\theta \end{bmatrix} \tag{3-76}$$

第一类旋转中的另外五种姿态转换矩阵分别为

$$\boldsymbol{A}_{231} = \boldsymbol{A}_{\theta\psi\phi} = \begin{bmatrix} c\psi c\theta & c\theta s\psi & -c\psi s\theta \\ -c\phi s\psi c\theta + s\phi s\theta & c\phi c\psi & c\phi s\psi s\theta + s\phi c\theta \\ s\phi s\psi c\theta + c\phi s\theta & -s\phi c\psi & -s\phi s\psi s\theta + c\phi c\theta \end{bmatrix} \tag{3-77}$$

$$\boldsymbol{A}_{213}=\boldsymbol{A}_{\theta\phi\psi}=\begin{bmatrix} c\psi c\theta+s\psi s\phi s\theta & s\psi c\phi & -c\psi s\theta+s\psi s\phi c\theta \\ -s\psi c\theta+c\psi s\phi s\theta & c\psi c\phi & s\psi s\theta+c\psi s\phi c\theta \\ c\phi s\theta & -s\phi & c\phi c\theta \end{bmatrix} \tag{3-78}$$

$$\boldsymbol{A}_{132}=\boldsymbol{A}_{\phi\psi\theta}=\begin{bmatrix} c\psi c\theta & c\theta s\psi c\phi+s\theta s\phi & c\theta s\psi c\phi-s\theta c\phi \\ s\psi & c\psi c\phi & c\psi s\phi \\ s\theta c\psi & s\theta s\psi c\phi-c\theta s\phi & s\theta s\psi s\phi+c\theta c\phi \end{bmatrix} \tag{3-79}$$

$$\boldsymbol{A}_{123}=\boldsymbol{A}_{\phi\theta\psi}=\begin{bmatrix} c\psi c\theta & c\psi s\theta c\phi+s\theta s\phi & -c\psi s\theta c\phi+s\psi s\theta \\ -s\psi c\theta & -s\psi s\theta s\phi+c\psi c\theta & s\psi s\theta c\phi+c\psi s\phi \\ s\theta & -c\theta s\phi & c\theta c\phi \end{bmatrix} \tag{3-80}$$

$$\boldsymbol{A}_{312}=\boldsymbol{A}_{\psi\phi\theta}=\begin{bmatrix} c\theta c\psi-s\theta s\phi s\psi & c\theta s\psi+s\theta s\phi c\psi & -s\theta c\phi \\ -c\phi s\psi & c\phi c\psi & s\phi \\ s\theta c\psi+c\theta s\phi s\psi & s\phi s\psi-c\theta s\phi c\psi & c\theta c\phi \end{bmatrix} \tag{3-81}$$

所有的矩阵 $\boldsymbol{A}$ 都是方向余弦矩阵,因此均满足恒等式$\boldsymbol{A}^{-1}=\boldsymbol{A}^{\mathrm{T}}$。同时,需要指出的是,对于较小的欧拉角来说,所有的六种姿态转换矩阵(式3.76~式3.81)具有相似形式。对于小角度 ψ,有 $\sin\psi\approx\psi$、$\cos\psi=1$,另两个欧拉角 θ 和 ϕ 也类似处理,可得近似的转换矩阵为

$$\boldsymbol{A}_{\alpha\beta\gamma}=\begin{bmatrix} 1 & \psi & -\theta \\ -\psi & 1 & \phi \\ \theta & -\phi & 1 \end{bmatrix} \tag{3-82}$$

基于欧拉角的姿态旋转必须要处理含有九个元素的方向余弦矩阵,而且每一个元素还包含多个三角函数。四元数法可以等效地实现姿态转换,但更加简单,下面介绍四元数法。

3. 四元数法

由线性代数可知一个实正交 3×3 矩阵至少有一个特征值为1的特征矢量,也就是说,存在特征矢量 $\boldsymbol{e}_1$,使得

$$\boldsymbol{A}\cdot\boldsymbol{e}_1=\boldsymbol{e}_1 \tag{3-83}$$

即特征矢量 $\boldsymbol{e}_1$ 在本体坐标系和参考坐标系中具有相同的元素。欧拉旋转定理阐明刚体绕某一固定点的位移可通过刚体绕一过该点的轴的转动实现。特征矢量 $\boldsymbol{e}_1$ 的存在是上述欧拉旋转定理的证明,即在这种情况下,旋转轴即为特征矢量 $\boldsymbol{e}_1$。这说明任何沿坐标系三个坐标轴的连续旋转均可通过绕

特征矢量 $\boldsymbol{e}_1$ 进行的单一旋转实现。

设任一旋转轴为 $\boldsymbol{r}=[x,y,z]^{\mathrm{T}}$，绕该轴的旋转角度为 ω，则该旋转的四元数表示为

$$q=[x_1,y_1,z_1,\theta] \tag{3-84}$$

式中：$x_1=x\sin(w/2)$；$y_1=y\sin(w/2)$；$z_1=z\sin(w/2)$；$\theta=\cos(w/2)$。

四元数通常可表示为

$$\boldsymbol{q}=q_1\boldsymbol{i}+q_2\boldsymbol{j}+q_3\boldsymbol{k}+q_4 \tag{3-85}$$

q_4 为四元数的标量部分，$\bar{q}=q_1\boldsymbol{i}+q_2\boldsymbol{j}+q_3\boldsymbol{k}$ 为四元数的矢量部分，四元数也可简记为

$$\boldsymbol{q}=(\bar{\boldsymbol{q}},q_4) \tag{3-86}$$

单位矢量 $\boldsymbol{i}$、$\boldsymbol{j}$、$\boldsymbol{k}$ 满足下面的等式，即

$$\begin{aligned}&\boldsymbol{i}^2=\boldsymbol{j}^2=\boldsymbol{k}^2=-1\\&\boldsymbol{ij}=-\boldsymbol{ji}=\boldsymbol{k}\\&\boldsymbol{jk}=-\boldsymbol{kj}=\boldsymbol{i}\\&\boldsymbol{ki}=-\boldsymbol{ik}=\boldsymbol{j}\end{aligned} \tag{3-87}$$

3.5.2　方向余弦、欧拉角和四元数之间的转换关系

1. 欧拉旋转定理和方向余弦矩阵

从式(3-72)~式(3-74)可以看出

$$\mathrm{tr}(A_\alpha)=1+2\cos\alpha \tag{3-88}$$

前面所述的连续旋转都是绕本体坐标系的坐标轴进行的。一般来说，本体可绕任意方向旋转。将特征值为 1 的特征矢量称为主特征矢量，其对应的轴称为欧拉轴，表示为 $\boldsymbol{e}=[e_1,e_2,e_3]^{\mathrm{T}}$，则方向余弦矩阵可以用矢量 $\boldsymbol{e}$ 和转角 α 表示为

$$\boldsymbol{A}_\alpha=\cos\alpha\cdot\boldsymbol{l}+[1-\cos\alpha]\cdot\boldsymbol{e}\cdot\boldsymbol{e}^{\mathrm{T}}-\sin\alpha\cdot\boldsymbol{E} \tag{3-89}$$

式中：$\boldsymbol{l}$ 为单位矩阵；$\boldsymbol{E}$ 可表示为

$$\boldsymbol{E}=\begin{bmatrix}0&-e_3&e_2\\e_3&0&-e_1\\-e_2&e_1&0\end{bmatrix} \tag{3-90}$$

式(3-89)的展开式为

$$
\boldsymbol{A}_\alpha=\begin{bmatrix} c\alpha+e_1^2(1-c\alpha) & e_1e_2(1-c\alpha)+e_3s\alpha & e_1e_3(1-c\alpha)-e_2s\alpha \\ e_1e_2(1-c\alpha)-e_3s\alpha & c\alpha+e_2^2(1-c\alpha) & e_2e_3(1-c\alpha)+e_1s\alpha \\ e_1e_3(1-c\alpha)+e_2s\alpha & e_2e_3(1-c\alpha)-e_1s\alpha & c\alpha+e_3^2(1-c\alpha) \end{bmatrix} \tag{3-91}
$$

矩阵$\boldsymbol{A}_\alpha$是一个方向余弦矩阵,其元素为a_{ij},对于任意非零α,旋转特征矢量可表示为

$$
\begin{cases} e_1=\dfrac{a_{23}-a_{32}}{2\sin\alpha} \\ e_2=\dfrac{a_{31}-a_{13}}{2\sin\alpha} \\ e_3=\dfrac{a_{12}-a_{21}}{2\sin\alpha} \end{cases} \tag{3-92}
$$

2. 四元数和方向余弦矩阵

四元数的各个元素有时候也称为欧拉对称参数,可以用主特征矢量$\boldsymbol{e}$的形式表达为

$$
\begin{cases} q_1=e_1\sin(\alpha/2) \\ q_2=e_2\sin(\alpha/2) \\ q_3=e_3\sin(\alpha/2) \\ q_4=\cos(\alpha/2) \end{cases} \tag{3-93}
$$

显然,有

$$
q_1^2+q_2^2+q_3^2+q_4^2=1,\ |\boldsymbol{q}|=1 \tag{3-94}
$$

由式(3-91)和式(3-93),方向余弦矩阵可以表示为下面的四元数形式,即

$$
\boldsymbol{A}(\boldsymbol{q})=(q_4^2-\boldsymbol{q}^2)\cdot\boldsymbol{I}+2\boldsymbol{q}\cdot\boldsymbol{q}^{\mathrm{T}}-2q_4\cdot\boldsymbol{Q} \tag{3-95}
$$

其中

$$
\boldsymbol{Q}=\begin{bmatrix} 0 & -q_3 & q_2 \\ q_3 & 0 & -q_1 \\ -q_2 & q_1 & 0 \end{bmatrix} \tag{3-96}
$$

$$A(q)=\begin{bmatrix} q_1^2-q_2^2-q_3^2+q_4^2 & 2(q_1q_2+q_3q_4) & 2(q_1q_3-q_2q_4) \\ 2(q_1q_2-q_3q_4) & -q_1^2+q_2^2-q_3^2+q_4^2 & 2(q_2q_3+q_1q_4) \\ 2(q_1q_3+q_2q_4) & 2(q_2q_3-q_1q_4) & -q_1^2-q_2^2+q_3^2+q_4^2 \end{bmatrix} \tag{3-97}$$

反之,如果已知方向余弦矩阵,则可由式(3-97)得到四元数。例如,首先将对角线元素 a_{11}、a_{12}和 a_{13}相加可得 q_4,然后通过分别计算 $a_{23}-a_{32}$、$a_{31}-a_{13}$和 $a_{12}-a_{21}$得到 q_1、q_2 和 q_3,该组解可表示为

$$\begin{cases} q_1=0.25(a_{23}-a_{32})/q_4 \\ q_2=0.25(a_{31}-a_{13})/q_4 \\ q_3=0.25(a_{12}-a_{21})/q_4 \\ q_4=\pm 0.5\sqrt{1+a_{11}+a_{22}+a_{33}} \end{cases} \tag{3-98}$$

当 q_4 的值非常小时,如果利用式(3-98)计算四元数的其他三个量就会产生较大误差,此时,可使用不同形式的四元数解法,下面给出三种选择,即

$$\begin{cases} q_1=\pm 0.5\sqrt{1+a_{11}-a_{22}-a_{33}} \\ q_2=0.25(a_{12}+a_{21})/q_1 \\ q_3=0.25(a_{13}+a_{31})/q_1 \\ q_4=0.25(a_{23}+a_{32})/q_1 \end{cases} \tag{3-99}$$

$$\begin{cases} q_2=\pm 0.5\sqrt{1-a_{11}+a_{22}-a_{33}} \\ q_1=0.25(a_{12}+a_{21})/q_2 \\ q_3=0.25(a_{23}+a_{32})/q_2 \\ q_4=0.25(a_{31}-a_{13})/q_2 \end{cases} \tag{3-100}$$

$$\begin{cases} q_3=\pm 0.5\sqrt{1-a_{11}-a_{22}+a_{33}} \\ q_1=0.25(a_{13}+a_{31})/q_3 \\ q_2=0.25(a_{23}+a_{32})/q_3 \\ q_4=0.25(a_{12}-a_{21})/q_3 \end{cases} \tag{3-101}$$

式(3-98)~式(3-101)虽然表达形式不同,但在数学上都是等价的,结果也完全相同。在实际使用中,可选择被除数最大的一组以减小计算误差。

3. 四元数的姿态转换

使用方向余弦矩阵表示本体在参考系中的姿态需要知道矩阵的九个参数

a_{ij},而使用四元数法只需要四个参数 q_i(实际上,方向余弦矩阵中仅仅存在六个独立的参数,四元数中仅仅存在三个独立的参数)。此外,方向余弦矩阵和四元数相比,它的参数是三角函数,计算较为复杂。

当用方向余弦矩阵进行姿态转换时,可通过两次独立旋转的方向余弦矩阵相乘实现,这两次旋转的方向余弦矩阵可用四元数表示为 $\boldsymbol{A}(\boldsymbol{q})$ 和 $\boldsymbol{A}(\boldsymbol{q}')$,姿态转换过程可表示为

$$\boldsymbol{A}(\boldsymbol{q}'') = \boldsymbol{A}(\boldsymbol{q}')\boldsymbol{A}(\boldsymbol{q}) \tag{3-102}$$

式中,$\boldsymbol{q}''$ 可以由 $\boldsymbol{A}(\boldsymbol{q}'')$ 中求出。

事实上,直接进行四元数乘法计算要简单得多。由式(3-85)和式(3-86)可得

$$\begin{aligned}\boldsymbol{q}'' = \boldsymbol{q}\,\boldsymbol{q}' = &(-q_1q'_1 - q_2q'_2 - q_3q'_3 + q_4q'_4)\\ &+\boldsymbol{i}(q_1q'_4 + q_2q'_3 - q_3q'_2 + q_4q'_1)\\ &+\boldsymbol{j}(-q_1q'_3 + q_2q'_4 + q_3q'_1 + q_4q'_2)\\ &+\boldsymbol{k}(q_1q'_2 - q_2q'_1 + q_3q'_4 + q_4q'_3)\end{aligned} \tag{3-103}$$

式(3-103)也可以写成四元数矩阵相乘的形式,即

$$\begin{bmatrix} q''_1 \\ q''_2 \\ q''_3 \\ q''_4 \end{bmatrix} = \begin{bmatrix} q'_4 & q'_3 & -q'_2 & q'_1 \\ -q'_3 & q'_4 & q'_1 & q'_2 \\ q'_2 & -q'_1 & q'_4 & q'_3 \\ -q'_1 & -q'_2 & -q'_3 & q'_4 \end{bmatrix} \begin{bmatrix} q_1 \\ q_2 \\ q_3 \\ q_4 \end{bmatrix} \tag{3-104}$$

换句话说,如果已知两次连续旋转的四元数,则可由式(3-104)得到最终的姿态四元数。

3.5.3 姿态运动学方程

姿态运动学方程就是描述姿态参数在姿态机动过程中变化的方程。假设本体相对参考坐标系的转速是 ω,转轴为 $\boldsymbol{e}$,即 $\boldsymbol{\omega} = \omega\boldsymbol{e}$。若 t 时刻的姿态矩阵为 $\boldsymbol{A}(t)$,在 $t+\Delta t$ 时刻的姿态矩阵为 $\boldsymbol{A}(t+\Delta t)$,则有

$$\boldsymbol{A}(t+\Delta t) = \boldsymbol{A}'\boldsymbol{A}(t)$$

$\boldsymbol{A}'$ 为绕 $\boldsymbol{e}$ 轴旋转过 $\Delta\varphi = \omega\Delta t$ 角度的转动矩阵,按照式(3-89),这个转动矩阵可以写为

$$\boldsymbol{A}' = \cos\Delta\varphi\boldsymbol{I} + (1-\cos\Delta\varphi)\boldsymbol{e}\,\boldsymbol{e}^{\mathrm{T}} - \sin\Delta\varphi\boldsymbol{E}$$

当 $\Delta\varphi \ll 1$ 时，$\sin\Delta\varphi = \omega \cdot \Delta t$，则有

$$A' = I - \tilde{\omega}\Delta t$$

其中

$$\tilde{\omega} = \begin{bmatrix} 0 & -\omega_3 & \omega_2 \\ \omega_3 & 0 & -\omega_1 \\ -\omega_2 & \omega_1 & 0 \end{bmatrix} \tag{3-105}$$

因此，$t+\Delta t$ 时刻的姿态矩阵为

$$A(t+\Delta t) = A(t) - \tilde{\omega}A(t) \cdot \Delta t \tag{3-106}$$

以姿态矩阵表示的姿态运动方程为

$$\frac{\mathrm{d}A}{\mathrm{d}t} = \lim_{\Delta t \to 0}\frac{A(t+\Delta t) - A(t)}{\Delta t} = -\tilde{\omega}A \tag{3-107}$$

利用姿态四元数与方向余弦矩阵的关系，可得姿态四元数的变化方程。以 q_4 为例，由式(3-98)求微分得

$$\dot{q}_4 = \frac{1}{8q_4}(\dot{A}_{11} + \dot{A}_{22} + \dot{A}_{33}) \tag{3-108}$$

由式(3-107)可知，姿态矩阵元素的导数可以写为

$$\begin{aligned} \dot{A}_{11} &= \omega_3 A_{21} - \omega_2 A_{31} \\ \dot{A}_{22} &= -\omega_3 A_{12} + \omega_1 A_{32} \\ \dot{A}_{33} &= \omega_2 A_{13} - \omega_1 A_{23} \end{aligned} \tag{3-109}$$

将式(3-109)代入式(3-108)，并由式(3-98)可得

$$\dot{q}_4 = -\frac{1}{2}(q_1\omega_1 + q_2\omega_2 + q_3\omega_3) \tag{3-110}$$

同样，可得到另外三个参数的微分为

$$\begin{bmatrix} \dot{q}_1 \\ \dot{q}_2 \\ \dot{q}_3 \\ \dot{q}_4 \end{bmatrix} = \frac{1}{2}\begin{bmatrix} 0 & \omega_3 & -\omega_2 & \omega_1 \\ -\omega_3 & 0 & \omega_1 & \omega_2 \\ \omega_2 & -\omega_1 & 0 & \omega_3 \\ -\omega_1 & -\omega_2 & -\omega_3 & 0 \end{bmatrix}\begin{bmatrix} q_1 \\ q_2 \\ q_3 \\ q_4 \end{bmatrix}$$

$$= \frac{1}{2}\begin{bmatrix} q_4 & -q_3 & q_2 & q_1 \\ q_3 & q_4 & -q_1 & q_2 \\ -q_2 & q_1 & q_4 & q_3 \\ -q_1 & -q_2 & -q_3 & q_4 \end{bmatrix}\begin{bmatrix} \omega_1 \\ \omega_2 \\ \omega_3 \\ 0 \end{bmatrix} \tag{3-111}$$

式(3－111)即为以姿态四元数表示的运动方程,简写为

$$\dot{\boldsymbol{q}}=\frac{1}{2}\boldsymbol{\Omega}(\boldsymbol{\omega})\boldsymbol{q} \tag{3-112}$$

这是一个线性微分方程,不含三角函数,不存在奇点问题。

四元数的模为 $\|\boldsymbol{q}\|=\boldsymbol{q}^{\mathrm{T}}\boldsymbol{q}$,其微分为

$$\frac{\mathrm{d}}{\mathrm{d}t}\|\boldsymbol{q}\|=\dot{\boldsymbol{q}}^{\mathrm{T}}\boldsymbol{q}+\boldsymbol{q}^{\mathrm{T}}\dot{\boldsymbol{q}}=\boldsymbol{q}^{\mathrm{T}}[\boldsymbol{\Omega}^{\mathrm{T}}+\boldsymbol{\Omega}]\boldsymbol{q} \tag{3-113}$$

由于 $\boldsymbol{\Omega}^{\mathrm{T}}=-\boldsymbol{\Omega}$,式(3－113)解的模恒为常数。

本体姿态相对于参考坐标系的旋转在本体坐标系中可表示为

$$\boldsymbol{\omega}=\omega_1\boldsymbol{x}_b+\omega_2\boldsymbol{y}_b+\omega_3\boldsymbol{z}_b \tag{3-114}$$

这个转速也可以看成三个欧拉转速的合成。以3－1－3和3－1－2的旋转顺序为例,有

$$\boldsymbol{\omega}_{313}=\boldsymbol{A}_3(\varphi)[\dot{\varphi}z+\boldsymbol{A}_1(\theta)(\dot{\theta}\boldsymbol{x}+\boldsymbol{A}_3(\psi)\dot{\psi}z)]$$

$$\begin{bmatrix}\omega_1\\\omega_2\\\omega_3\end{bmatrix}_{313}=\begin{bmatrix}\dot{\psi}s\theta s\varphi+\dot{\theta}c\varphi\\\dot{\psi}s\theta c\varphi-\dot{\theta}s\varphi\\\dot{\psi}c\theta+\dot{\varphi}\end{bmatrix} \tag{3-115}$$

$$\boldsymbol{\omega}_{312}=\boldsymbol{A}_2(\theta)[\dot{\theta}\boldsymbol{y}+\boldsymbol{A}_1(\varphi)(\dot{\varphi}\boldsymbol{x}+\boldsymbol{A}_3(\psi)\dot{\psi}z)]$$

$$\begin{bmatrix}\omega_1\\\omega_2\\\omega_3\end{bmatrix}_{312}=\begin{bmatrix}-\dot{\psi}s\theta c\varphi+\dot{\varphi}c\theta\\\dot{\psi}s\varphi+\dot{\theta}\\\dot{\psi}c\theta c\varphi+\dot{\varphi}s\theta\end{bmatrix} \tag{3-116}$$

如已知姿态角速率,则以姿态角表示的运动学方程为

$$\begin{bmatrix}\dot{\psi}\\\dot{\theta}\\\dot{\varphi}\end{bmatrix}_{313}=\frac{1}{s\theta}\begin{bmatrix}\omega_1 s\varphi+\omega_2 c\varphi\\\omega_1 c\varphi s\theta-\omega_2 s\varphi s\theta\\-\omega_1 s\varphi c\theta-\omega_2 c\varphi c\theta+\omega_3 s\theta\end{bmatrix} \tag{3-117}$$

$$\begin{bmatrix}\dot{\psi}\\\dot{\varphi}\\\dot{\theta}\end{bmatrix}_{312}=\frac{1}{c\varphi}\begin{bmatrix}-\omega_1 s\theta+\omega_3 c\theta\\\omega_1 c\theta c\varphi+\omega_3 s\theta c\varphi\\\omega_1 s\theta s\varphi+\omega_2 c\varphi-\omega_3 c\theta s\varphi\end{bmatrix} \tag{3-118}$$

式(3－117)和式(3－118)均为非线性方程,各有一个奇点,分别是 $\theta=0°$ 和 $\varphi=90°$。与该姿态角表示的运动学方程相比,四元数表示的运动学方程显得更优越一些。

3.5.4　姿态动力学方程

假设卫星为一刚体，根据刚体的角动量定理可得

$$\frac{\mathrm{d}\boldsymbol{H}}{\mathrm{d}t}=\boldsymbol{M} \tag{3-119}$$

式中：$\boldsymbol{H}$ 为刚体的角动量；$\boldsymbol{M}$ 为作用在刚体上的外力矩。$\boldsymbol{H}$ 是刚体内所有质元的动量矩之和，记为

$$\boldsymbol{H}=\int\boldsymbol{\rho}\times\dot{\boldsymbol{\rho}}\mathrm{d}m \tag{3-120}$$

式中：$\boldsymbol{\rho}$ 和 $\dot{\boldsymbol{\rho}}$ 分别为质元 dm 在惯性坐标系中的位置和速度。$\dot{\boldsymbol{\rho}}$ 可表示为星体相对质心的转动，即

$$\dot{\boldsymbol{\rho}}=\boldsymbol{\omega}\times\boldsymbol{\rho} \tag{3-121}$$

式中：$\boldsymbol{\omega}$ 为星体在质心惯性坐标系的转速矢量，代入式(3-98)，得

$$\boldsymbol{H}=\int\boldsymbol{\rho}\times(\boldsymbol{\omega}\times\boldsymbol{\rho})\mathrm{d}m \tag{3-122}$$

设质元在惯性坐标系中的位置坐标为(x,y,z)，转速 $\boldsymbol{\omega}$ 可表示为$(\omega_x,\omega_y,\omega_z)$，由双重叉积公式得

$$\begin{aligned}\boldsymbol{\rho}\times(\boldsymbol{\omega}\times\boldsymbol{\rho})=&[\omega_x(y^2+z^2)-\omega_y(xy)-\omega_z(xz)]\boldsymbol{e}_x\\&+[-\omega_x(xy)+\omega_y(x^2+z^2)-\omega_z(yz)]\boldsymbol{e}_y\\&+[-\omega_x(xz)-\omega_y(yz)+\omega_z(x^2+y^2)]\boldsymbol{e}_z\end{aligned} \tag{3-123}$$

式中：$(\boldsymbol{e}_x,\boldsymbol{e}_y,\boldsymbol{e}_z)$为坐标轴的单位矢量，代入角动量式(3-122)，得

$$\boldsymbol{H}=\boldsymbol{J\omega} \tag{3-124}$$

式(3-124)中 $\boldsymbol{J}$ 为星体的转动惯量矩阵，其表达式为

$$\boldsymbol{J}=\begin{bmatrix}I_x&-I_{xy}&-I_{xz}\\-I_{xy}&I_y&-I_{yz}\\-I_{xz}&-I_{yz}&I_z\end{bmatrix} \tag{3-125}$$

式(3-125)中矩阵 $\boldsymbol{J}$ 对角线元素为星体绕坐标轴(x,y,z)的转动惯量，其他元素为惯量积

$$\begin{cases}I_x=\int(y^2+z^2)\mathrm{d}m\\I_y=\int(x^2+z^2)\mathrm{d}m\\I_z=\int(y^2+x^2)\mathrm{d}m\end{cases} \tag{3-126}$$

$$\begin{cases} I_{xy} = \int (xy)\mathrm{d}m \\ I_{yz} = \int (yz)\mathrm{d}m \\ I_{xz} = \int (xz)\mathrm{d}m \end{cases} \tag{3-127}$$

$\boldsymbol{J}$ 的一般形式可以写为

$$\boldsymbol{J} = \int (\boldsymbol{\rho}^{\mathrm{T}}\boldsymbol{\rho}\boldsymbol{E} - \boldsymbol{\rho}\boldsymbol{\rho}^{\mathrm{T}})\mathrm{d}m = \int (-\tilde{\boldsymbol{\rho}}\tilde{\boldsymbol{\rho}}^{\mathrm{T}})\mathrm{d}m \tag{3-128}$$

式中:$\boldsymbol{E}$ 为单位矩阵;$\tilde{\boldsymbol{\rho}}$ 为矢量 $\boldsymbol{\rho}$ 的斜对称矩阵,即

$$\tilde{\boldsymbol{\rho}} = \begin{bmatrix} 0 & -z & y \\ z & 0 & -x \\ -y & x & 0 \end{bmatrix} \tag{3-129}$$

由于上述的质心惯性坐标系与星体不固连,在星体转动过程中,$\boldsymbol{J}$ 为非常值矩阵,不便于动力学分析。为此,选取与星体固连的本体坐标系 $ox_by_bz_b$,以获得常值惯量阵;同时在本体坐标系描述星体相对空间的角动量及角动量定理,即在动坐标系中描述矢量相对固定参考坐标的变化。因为矢量相对于参考坐标系的变化率等于其在动坐标系的变化率和动坐标系相对于参考坐标系的转速与该矢量的叉积之和。因此,将角动量定理式(3-119)转入星体坐标(略去下标 o),可得到卫星的姿态动力学方程为

$$\dot{\boldsymbol{H}} + \boldsymbol{\omega} \times \boldsymbol{H} = \boldsymbol{M} \tag{3-130}$$

或

$$\dot{\boldsymbol{H}} + \tilde{\boldsymbol{\omega}}\boldsymbol{H} = \boldsymbol{M} \tag{3-131}$$

式中:$\tilde{\boldsymbol{\omega}}$ 为斜对称矩阵,与式(3-129)相似,式(3-131)的展开式为

$$\begin{cases} \dot{H}_x + \omega_y H_z - \omega_z H_y = M_x \\ \dot{H}_y + \omega_z H_x - \omega_x H_z = M_y \\ \dot{H}_z + \omega_x H_y - \omega_y H_x = M_z \end{cases} \tag{3-132}$$

式中:角动量分量 H_x、H_y、H_z 由式(3-124)定义,即

$$\begin{cases} H_x = I_x\omega_x - I_{xy}\omega_y - I_{xz}\omega_z \\ H_y = -I_{xy}\omega_x + I_y\omega_y - I_{zy}\omega_z \\ H_z = -I_{xz}\omega_x - I_{yz}\omega_y + I_z\omega_z \end{cases} \tag{3-124}$$

3.6　小结

本章主要介绍了航天器轨道动力和姿态动力学方程，包括航天器的二体动力学方程和轨道摄动、深空探测器的多体轨道动力学方程等基础理论，这些轨道动力学方程是航天器天文定位系统中非常重要的状态模型。在本章的最后，还简要介绍了航天器的姿态运动方程，这是航天器姿态确定的状态模型。

参考文献

[1] 章仁为．卫星轨道姿态动力学与控制[M]．北京：北京航空航天大学出版社，1998.

[2] 杨嘉墀．航天器轨道动力学与控制(上)[M]．北京：宇航出版社，1995.

[3] 张守信．GPS卫星测量定位理论与应用[M]．长沙：国防科技大学出版社，1996.

[4] 刘林．航天器轨道理论[M]．北京：国防工业出版社，2000.

[5] 荀巍，乔书波，易维勇．中低轨卫星定轨精度分析[N]．解放军测绘学院学报，1999，16(2)：93－97.

[6] 汤锡生，陈贻迎，朱民才．载人飞船轨道确定和返回控制[M]．北京：国防工业出版社，2002.

[7] 林胜勇，李珠基，康志宇．月球探测技术——轨道设计和计算[J]．上海航天，2003(2)：57－61.

[8] 胡小平．自主导航理论与应用[M]．长沙：国防科技大学出版社，2002.

[9] Battin R H. An introduction to the mathematics and methods of astrodynamics[M]. New York：American Institute of Aeronautics and Astronautics，1999.

[10] Luquette Richard J，Sanner Robert M. Linear state－space representation of the dynamics of relative motion，based on restricted three body dynamics[J]. AIAA Guidance，Navigation，and Control Conference and Exhibit 16－19 August 2004，Providence，Rhode Island.

[11] Sidi M J. Spacecraft dynamics and control：a practical engineering approach[M]. England，UK：Cambridge University Press，Cambridge，1997.

[12] 章仁为．卫星轨道姿态动力学与控制[M]．北京：北京航空航天大学出版社，2006.

[13] 房建成，宁晓琳，田玉龙．航天器自主天文导航原理与方法[M]．北京：国防工业出版社，2006.

[14] 吴伟仁，王大轶，宁晓琳．深空探测器自主导航原理与技术[M]．北京：宇航出版社，2011.

第 4 章
航天器天文导航系统的量测模型和滤波方法

4.1 引言

航天器天文导航所使用的天体量测信息目前主要包括三类:角度、速度和距离,其中角度是指航天器上观测到的多个天体之间的夹角,速度主要是指航天器相对于天体的径向运动速度,距离是指航天器相对天体的距离。由于这些测量信息里通常存在误差,因此通常会利用先进的滤波方法,结合航天器的轨道动力学方程对这些误差进行处理。本章首先简要介绍天文测角、测速和测距导航的基本原理。其次,介绍几种基本的最优估计方法,在此基础上针对天文导航这一非线性系统,介绍扩展卡尔曼滤波和由其派生的其他非线性滤波方法,如 Unscented 卡尔曼滤波方法。最后,针对噪声非高斯分布的系统,介绍先进的非线性粒子滤波方法。

4.2 天文测角定位导航方法

由于天体在惯性空间中任意时刻的位置是可以确定的,因此通过航天器观测得到的天体方位信息,就可以确定航天器在该时刻姿态信息。例如,通过对三颗或三颗以上恒星的观测数据就可确定航天器在惯性空间中的姿态。但是要确定航天器在空间中的位置，则还需要位置已知的近天体的观测数据。举例来说，在航天器上观测到的两颗恒星之间的夹角不会随航天器位置的改变而变化，而一颗恒星和一颗行星中心之间的夹角则会随航天器位置的改变而改变，该角度的变化才能够表示位置的变化。利用角度信息进行天文定位的方法是目前使用最广泛的天文导航方式。

4.2.1　天文测角导航的观测量及量测方程

天文测角导航中可利用的角度信息非常多，包括行星的视角、恒星的仰角、掩星观测等，本节将介绍几种主要的天文角度观测量及其相应的量测方程。

1. 行星的视角

如图 4－1 所示，D 是一个行星的直径，行星的视角 A 为行星中心矢量与其视边缘之间的夹角，其量测方程可表示为

$$r\sin\frac{A}{2}=\frac{D}{2} \tag{4-1}$$

式中：r 为探测器到行星的距离。

可见，探测器必位于以 P_0 为球心、r 为半径的球面上。该观测量适用于探测器离近天体较近时。

2. 恒星仰角

恒星仰角是指从探测器上观测到的一颗恒星与一颗行星的视边缘之间的夹角。此观测量是天文导航中常用的观测量之一，如图 4－2 所示。

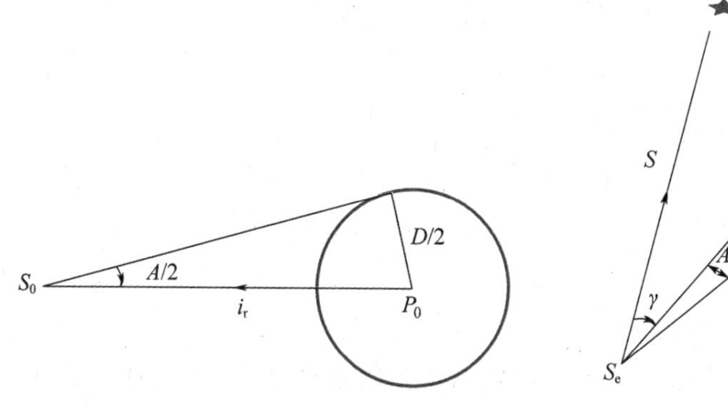

图 4－1　行星的视角

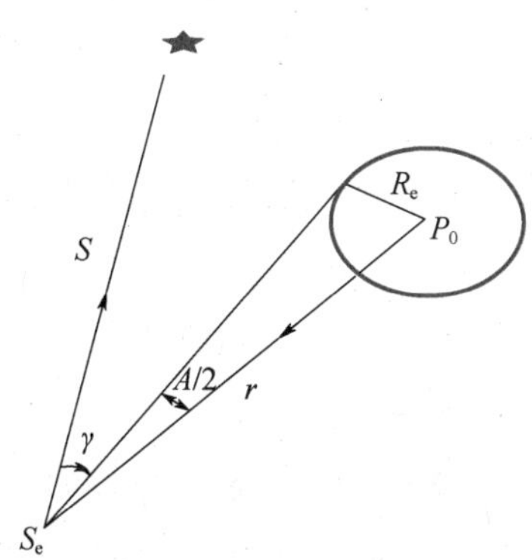

图 4－2　恒星仰角

其中,γ 为恒星仰角;A 为行星视角,从它们之间的几何关系可得到如下的量测方程,即

$$\boldsymbol{i}_r \cdot \boldsymbol{i}_s = -\cos\left(\frac{A}{2}+\gamma\right) \tag{4-2}$$

式中:$\boldsymbol{i}_s$、$\boldsymbol{i}_r$ 分别为探测器指向恒星和行星中心的位置矢量。

3. 掩星观测

当从探测器上观测到某颗恒星被行星遮挡住时,这个从看得见到看不见的瞬间即可确定一个位置面。这一位置面为一圆柱面,圆柱面的轴线与探测器到恒星的视线方向平行,并通过行星的中心,圆柱面的直径等于行星的直径,如图4-3所示。

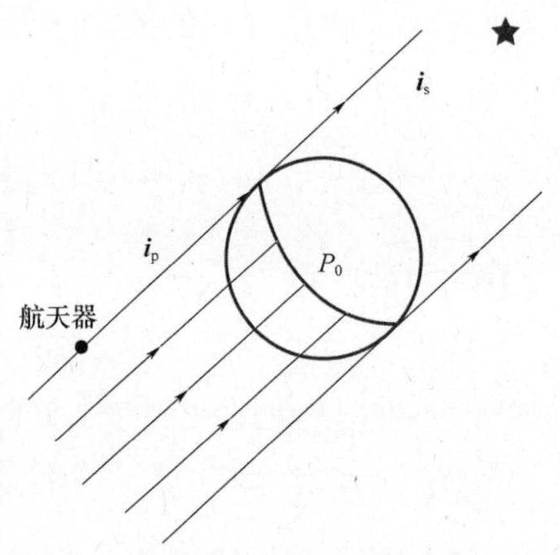

图4-3 掩星观测

图中,$\boldsymbol{i}_p$ 为从探测器指向行星遮挡住恒星边缘的矢量,$\boldsymbol{i}_s$ 为被遮挡住恒星星光的单位矢量,从它们之间的几何关系可得到如下量测方程,即

$$\boldsymbol{i}_p = \boldsymbol{i}_s \tag{4-3}$$

4. 一个近天体和一个远天体之间的夹角

在纯天文自主定位解算中,应用最为广泛的观测量就是一个近天体(行星、太阳)和一个远天体(恒星)之间的夹角。如图4-4所示,一个近天体和一个远天体之间的夹角 A 指探测器到近天体中心的矢量方向与远天体(恒星)星光的矢量方向之间的夹角。P_0 为近天体中心,$\boldsymbol{i}_r$ 为从探测器指向近天体中心的矢量,$\boldsymbol{i}_s$ 为远天体(恒星)星光的矢量。该量测方程为

$$\boldsymbol{i}_r \cdot \boldsymbol{i}_s = -\cos A \tag{4-4}$$

从几何上来说,该观测量确定了一个如图4-5所示的圆锥面,探测器必位于该面上。

5. 两个近天体之间的夹角

两个近天体之间的夹角 A,就是从探测器上观测到的两个近天体的视线方向之间的夹角,以地球和太阳为例,如图4-6所示,$\boldsymbol{r}$ 为太阳指向探测器的矢量,

$\boldsymbol{r}_e$ 为太阳指向地球的矢量，$\boldsymbol{z}$ 为探测器指向地球的矢量，可以看出，$\boldsymbol{z}=\boldsymbol{r}_e-\boldsymbol{r}$。

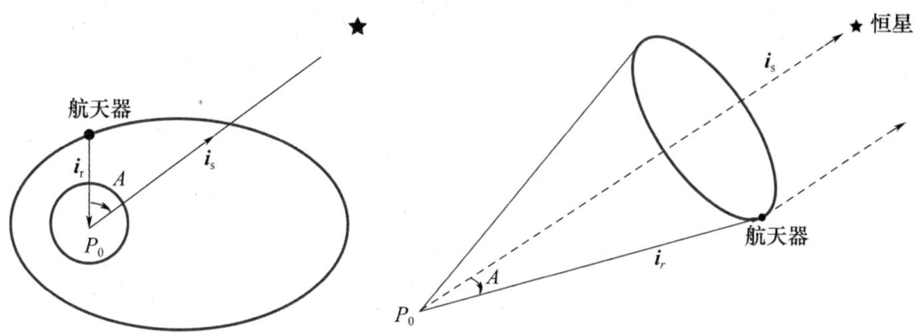

图4-4　一个近天体和一个远天体之间的夹角

图4-5　一个近天体和一个远天体之间的夹角确定的位置面

由图示的几何关系可得到如下的量测方程，即

$$\boldsymbol{r}\cdot(\boldsymbol{r}_e-\boldsymbol{r})=-\cos A \tag{4-5}$$

从几何上来说，该观测量确定了一个如图4-7所示的超环面，探测器必位于该面上。

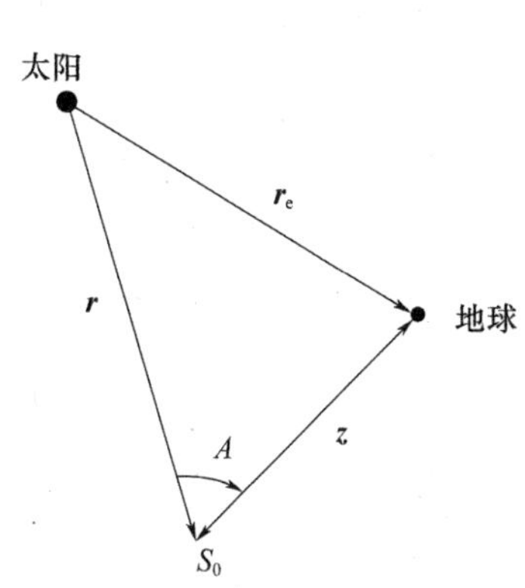

图4-6　两个近天体的夹角

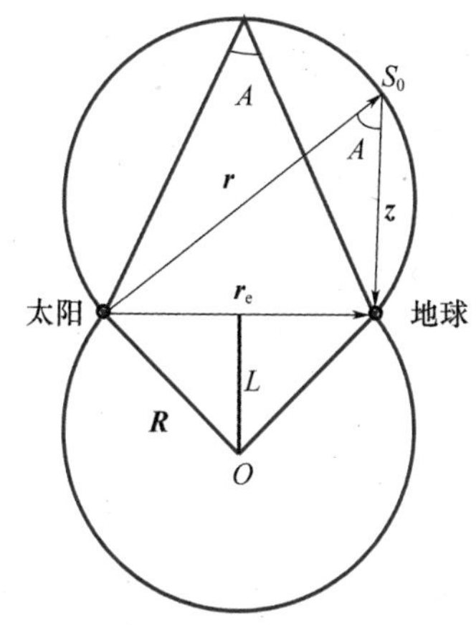

图4-7　两个近天体夹角确定的位置面

该超环面由一段圆弧绕着以这两个近天体的连线构成的轴线旋转而成，这段圆弧的中心 O 在这两个近天体连线的垂直平分线上，圆弧半径 R 与这两个近天体之间的距离 r_e 以及 A 之间的关系为

$$R=\frac{r_e}{2\sin A} \tag{4-6}$$

4.2.2 天文测角导航的几何解析法

由于上述量测方程多为非线性方程,直接求解比较困难,但在某些情况下也可求得几何解析解,下面介绍几种比较常用的组合方式。

1. 利用两个近天体和恒星之间的星光角距进行纯天文自主定位的几何解析法

利用两个近天体和恒星之间的星光角距作为观测量,可进行纯天文自主定位。图4-8只表示了一个近天体与三颗恒星之间的位置关系,另一个近天体与恒星的位置关系类似,而且三颗恒星可以是同一组的三颗恒星,由于篇幅限制在图中没有标出。

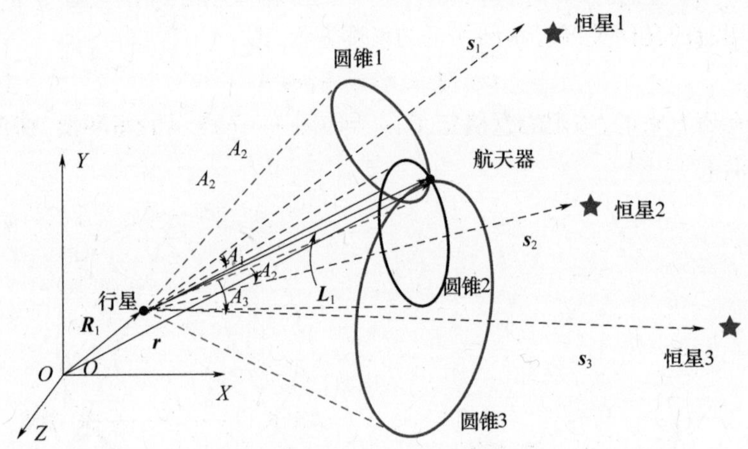

图4-8　一个近天体和三颗恒星之间的夹角确定的位置线

利用一个近天体和三颗恒星之间的夹角可以完全确定一条从该近天体到探测器所在位置的位置线单位矢量 $\boldsymbol{L}_1$,其数学表达式可通过求解线性方程组(4-7)得到

$$\begin{cases}\boldsymbol{L}_1\cdot\boldsymbol{s}_1=\cos A_1\\ \boldsymbol{L}_1\cdot\boldsymbol{s}_2=\cos A_2\\ \boldsymbol{L}_1\cdot\boldsymbol{s}_3=\cos A_3\end{cases}\tag{4-7}$$

同样,利用另一个近天体的观测值可以确定的另一条位置线单位矢量 $\boldsymbol{L}_2$,如果观测无误差,则这两条位置线必相交于探测器所在的位置。但由于量测

误差的存在，为了计算坐标，则需要给出

$$\boldsymbol{r}=\boldsymbol{R}_1+\rho_1\boldsymbol{L}_1=\boldsymbol{R}_2+\rho_2\boldsymbol{L}_2 \tag{4-8}$$

式中：$\boldsymbol{r}$ 为探测器的位置矢量；$\boldsymbol{R}_1$ 和 $\boldsymbol{R}_2$ 分别为这两个近天体的位置矢量；ρ_1 和 ρ_2 分别为近天体到恒星 1 和恒星 2 的位置矢量的模；$\boldsymbol{L}_1$ 和 $\boldsymbol{L}_2$ 为单位矢量，可见

$$\rho_1\boldsymbol{L}_1-\rho_2\boldsymbol{L}_2=\boldsymbol{R}_2-\boldsymbol{R}_1 \tag{4-9}$$

即

$$\begin{bmatrix} L_{1x} & -L_{2x} \\ L_{1y} & -L_{2y} \\ L_{1z} & -L_{2z} \end{bmatrix}\begin{bmatrix}\rho_1 \\ \rho_2\end{bmatrix}=\begin{bmatrix} x_2-x_1 \\ y_2-y_1 \\ z_2-z_1 \end{bmatrix} \tag{4-10}$$

如果观测无误差，通过消元可用式(4-10)的任何两个分量来决定 ρ_1 和 ρ_2。但由于 $\boldsymbol{L}_1$ 和 $\boldsymbol{L}_2$ 的测量值有误差，所以在这种情况下可以用最小二乘法确定 ρ_1 和 ρ_2，即得到

$$\begin{bmatrix}\rho_1 \\ \rho_2\end{bmatrix}=([\boldsymbol{A}_{\mathrm{c}}^{\mathrm{T}}][\boldsymbol{A}_{\mathrm{c}}])^{-1}[\boldsymbol{A}_{\mathrm{c}}^{\mathrm{T}}]\begin{bmatrix} x_2-x_1 \\ y_2-y_1 \\ z_2-z_1 \end{bmatrix} \tag{4-11}$$

其中

$[\boldsymbol{A}_{\mathrm{c}}]=[$列矩阵$(\boldsymbol{L}_1)$，列矩阵$(-\boldsymbol{L}_2)]=[\boldsymbol{L}_1,-\boldsymbol{L}_2]$

根据 $\boldsymbol{L}_1$ 和 $\boldsymbol{L}_2$ 化简式(4-11)得

$$[\boldsymbol{A}_{\mathrm{c}}^{\mathrm{T}}][\boldsymbol{A}_{\mathrm{c}}]=\begin{bmatrix} 1 & -\cos\Phi^* \\ -\cos\Phi^* & 1 \end{bmatrix} \tag{4-12}$$

其中

$$\cos\Phi^*=\boldsymbol{L}_1\cdot\boldsymbol{L}_2$$

由此可得

$$\begin{bmatrix}\rho_1 \\ \rho_2\end{bmatrix}=\frac{1}{\sin^2\Phi^*}\begin{bmatrix} 1 & \cos\Phi^* \\ \cos\Phi^* & 1 \end{bmatrix}\begin{bmatrix} \boldsymbol{L}_1^{\mathrm{T}} \\ -\boldsymbol{L}_2^{\mathrm{T}} \end{bmatrix}(\boldsymbol{R}_2-\boldsymbol{R}_1) \tag{4-13}$$

解出 ρ_1 和 ρ_2，探测器的天文坐标就可以从式(4-8)算出。

下面研究对两个相同的近天体，观测到多于三个恒星时，则可推广式(4-11)的结果。在一般情况下，式(4-11)中的矩阵$[\boldsymbol{A}_{\mathrm{c}}]$可以表示成

$$[\boldsymbol{A}_{\mathrm{c}}]=\begin{bmatrix}\boldsymbol{L}_1^1 & -\boldsymbol{L}_2^1\\ \boldsymbol{L}_1^2 & -\boldsymbol{L}_2^2\\ \vdots & \vdots\\ \boldsymbol{L}_1^N & -\boldsymbol{L}_2^N\end{bmatrix} \tag{4-14}$$

式中:每一组 L_1^i、$-L_2^i$ 都表示取不同恒星组时对两颗近天体的瞄准线矩阵。最小二乘法解的结果,可以表示为

$$\begin{bmatrix}\rho_1\\ \rho_2\end{bmatrix}=\frac{1}{\nabla([\boldsymbol{A}_c^{\mathrm{T}}][\boldsymbol{A}_c])}\begin{bmatrix} N & \sum_{i=1}^{N}\cos\boldsymbol{\Phi}_i^{*i}\\ \sum_{i=1}^{N}\cos\boldsymbol{\Phi}_i^{*i} & N\end{bmatrix}\cdot\begin{bmatrix}(\sum_{i=1}^{N}\boldsymbol{L}_1^i)^{\mathrm{T}}\\ (-\sum_{i=1}^{N}\boldsymbol{L}_2^i)^{\mathrm{T}}\end{bmatrix}(\boldsymbol{R}_2-\boldsymbol{R}_1) \tag{4-15}$$

$$\nabla([\boldsymbol{A}_{\mathrm{c}}^{\mathrm{T}}][\boldsymbol{A}_{\mathrm{c}}]) = N^2-(\sum_{i=1}^{N}\cos\boldsymbol{\Phi}_i^{*i})^2 \tag{4-16}$$

$$\cos\boldsymbol{\Phi}_i^{*}=L_1^i\cdot L_2^i \tag{4-17}$$

以上所述的假设条件是一系列重复观测结果可在 $\boldsymbol{\rho}_1$ 和 $\boldsymbol{\rho}_2$ 没有测量变化的时间间隔内得到。也就是说,假设探测器相对所跟踪的天体没有相对运动。

事实上,当观测到的恒星少于三颗时,仅利用两颗行星和两颗恒星,也可以确定探测器的位置,利用两颗恒星和两颗行星进行纯天文自主定位的几何解法原理如图4-9所示,在惯性坐标系 I_x、I_y、I_z 中相对应于近天体1的一组两个空间圆锥的夹角为 $\boldsymbol{\Phi}_1$、$\boldsymbol{\Phi}_2$,矢量 $\boldsymbol{r}$ 是惯性坐标系中心到探测器的位置矢量。$\boldsymbol{R}_1$ 是近天体1(查星历表)相对惯性系中心的已知位置矢量,$\boldsymbol{\rho}_1$ 是近天体1到探测器的位置矢量,$\boldsymbol{L}_1$ 为单位矢量。现在要对天体1测定 $\boldsymbol{r}$,可由下式表示,即

$$\boldsymbol{r}=\boldsymbol{R}_1+\boldsymbol{\rho}_1=\boldsymbol{R}_1+\rho_1\boldsymbol{L}_1 \tag{4-18}$$

在这个方程式中,未知数是单位矢量 $\boldsymbol{L}_1$ 的各个分量和 ρ_1 的大小。与圆锥有关的两个夹角 $\boldsymbol{\Phi}_1$ 和 $\boldsymbol{\Phi}_2$ 分别表示从探测器上观测到的行星分别与恒星1和恒星2之间的夹角,可以得到下列的矢量关系,即

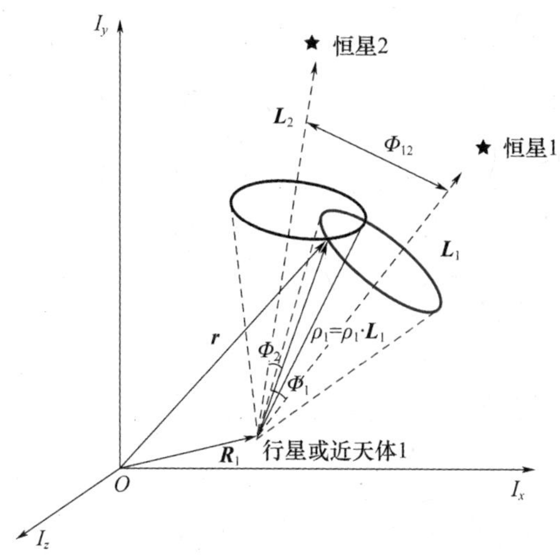

图4-9　相对惯性坐标系的夹角圆锥

$$\begin{cases} \boldsymbol{L}_1 \cdot \boldsymbol{L}_1 = 1 \\ \boldsymbol{L}_1 \cdot \boldsymbol{L}_1^* = \cos\boldsymbol{\Phi}_1 \\ \boldsymbol{L}_1 \cdot \boldsymbol{L}_2^* = \cos\boldsymbol{\Phi}_2 \\ \boldsymbol{L}_1^* \cdot \boldsymbol{L}_2^* = \cos\boldsymbol{\Phi}_{12} \\ |\boldsymbol{L}_1^* \times \boldsymbol{L}_2^*| = \sin\boldsymbol{\Phi}_{12} \\ \boldsymbol{L}_1 = \dfrac{\boldsymbol{\rho}_1}{\rho_1} \end{cases} \tag{4-19}$$

这样，$\boldsymbol{L}_1$ 的各分量可以用下面的方法确定。首先，定义一组不共面的基础矢量 $\boldsymbol{L}_1^*$、$\boldsymbol{L}_2^*$ 和 $\boldsymbol{L}_1^* \times \boldsymbol{L}_2^*$，其中 $\boldsymbol{L}_1^*$、$\boldsymbol{L}_2^*$ 分别表示行星到恒星1和恒星2的方向矢量，于是，任意一个矢量可以表示为这些基础矢量的线性组合。$\boldsymbol{L}_1$ 可以表示为

$$\boldsymbol{L}_1 = \alpha_1 \boldsymbol{L}_1^* + \beta_1 \boldsymbol{L}_2^* + \gamma_1 (\boldsymbol{L}_1^* \times \boldsymbol{L}_2^*) \tag{4-20}$$

将式(4-20)代入式(4-19)中，解 α_1、β_1、γ_1 得下列方程

$$\begin{cases} \alpha_1 = \dfrac{\cos\boldsymbol{\Phi}_1 - \cos\boldsymbol{\Phi}_2(\cos\boldsymbol{\Phi}_{12})}{\sin^2\boldsymbol{\Phi}_{12}} \\ \beta_1 = \dfrac{\cos\boldsymbol{\Phi}_2 - \cos\boldsymbol{\Phi}_1(\cos\boldsymbol{\Phi}_{12})}{\sin^2\boldsymbol{\Phi}_{12}} \\ \gamma_1 = \pm\sqrt{1 - (\alpha_1^2 + \beta_1^2 + 2\alpha_1\beta_1\cos\boldsymbol{\Phi}_{12})} / \sin\boldsymbol{\Phi}_{12} \end{cases} \tag{4-21}$$

将式(4-21)前两式代入第三式,γ_1 可以表示为

$$\gamma_1 = \frac{\pm\sqrt{\sin^2\Phi_{12} - (\cos^2\Phi_1 + \cos^2\Phi_2 - 2\cos\Phi_1\cos\Phi_2\cos\Phi_{12})}}{\sin\Phi_{12}} \tag{4-22}$$

用 α_1、β_1 和 γ_1 可以确定出 $\boldsymbol{L}_1$ 的各分量,但 γ_1 具有符号模糊度。

同样,如果用基础矢量 $\boldsymbol{L}_3^*$、$\boldsymbol{L}_4^*$ 定义的第二对恒星线(恒星3 和恒星4)来观测第二颗近天体,那么,探测器至第二颗近天体的方向 $\boldsymbol{L}_2$ 可以表示为

$$\boldsymbol{L}_2 = \alpha_2\boldsymbol{L}_3^* + \beta_2\boldsymbol{L}_4^* + \gamma_2(\boldsymbol{L}_3^* \times \boldsymbol{L}_4^*) \tag{4-23}$$

根据式(4-23)解出 α_2、β_2 和 γ_2,便可得与式(4-21)相似的一组解。再根据天文坐标系中探测器相对于所观测的近天体的几何关系求得 γ_1 和 γ_2。各矢量的位置关系如图4-10所示。因为 γ_1 和 γ_2 具有符号模糊度,所以 $\boldsymbol{L}_1$ 和 $\boldsymbol{L}_2$ 各有两个方向。但是,在 $\boldsymbol{L}_1$ 和 $\boldsymbol{L}_2$ 的四个可能的组合中,只有一组组合使 $\rho_1\boldsymbol{L}_1$ 和 $\rho_2\boldsymbol{L}_2$ 在确定探测器位置的那一点上相交。相交的条件是 $\boldsymbol{L}_1$、$\boldsymbol{L}_2$ 和 $\boldsymbol{R}_1 - \boldsymbol{R}_2$ 是共面的(图4-10)。这相当于

$$(\boldsymbol{R}_1 - \boldsymbol{R}_2)\cdot(\boldsymbol{L}_1 \times \boldsymbol{L}_2) = 0 \tag{4-24}$$

在这种计算中,需要详细研究 γ_1 和 γ_2 的四组可能性。由式(4-24)为零的那一组可以得到 γ_1 和 γ_2 的正确结果。

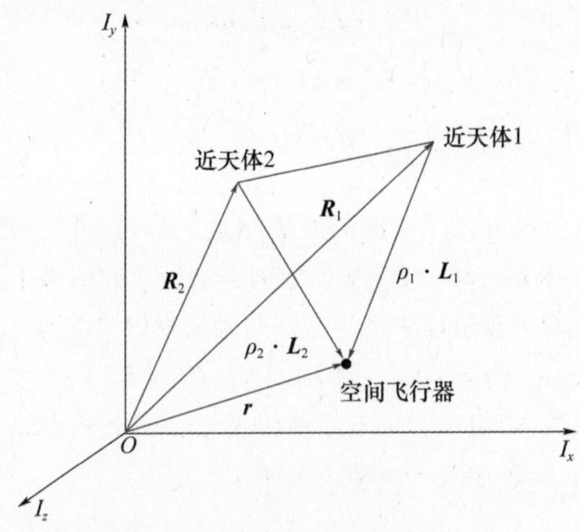

图4-10 探测器相对近天体的几何关系

为了计算方便,式(4-24)可以表示为行列式,即

$$\begin{vmatrix} x_1 - x_2 & y_1 - y_2 & z_1 - z_2 \\ L_{1x} & L_{1y} & L_{1z} \\ L_{2x} & L_{2y} & L_{2z} \end{vmatrix} = 0 \tag{4-25}$$

通过这一计算便可确定出 $\boldsymbol{L}_1$ 和 $\boldsymbol{L}_2$ 对近天体的方向。余下的计算与上面的相同。

2. 利用一个行星和恒星之间的星光角距以及该行星的行星视角进行纯天文自主定位的几何解法

首先利用一个行星和三颗或以上恒星之间的星光角距,得到探测器相对于该行星的方位信息,然后通过该行星的视角计算得到探测器到该行星的距离,这两个信息就完全确定了探测器的位置。具体方法如下。

如图 4－8 所示,利用一个近天体和三个远天体之间的夹角通过下式可确定探测器相对于该行星的方位角 α 和 β,即

$$\begin{cases} \cos\alpha \cdot \cos\beta = \cos A_1 \\ \sin\alpha \cdot \cos\beta = \cos A_2 \\ \sin\beta = \cos A_3 \end{cases} \tag{4-26}$$

利用行星视角可计算得到探测器到该行星的距离 r,如已知行星的直径为 D,则

$$r = \frac{D/2}{\sin(A/2)} \tag{4-27}$$

于是,探测器相对于该行星的位置矢量为

$$\boldsymbol{r} = [r\cos\alpha\cos\beta \quad r\sin\alpha\cos\beta \quad r\sin\beta]^{\mathrm{T}}$$

上述纯天文几何解析方法的缺点是不能直接获得探测器的速度信息,且位置信息的精度随量测噪声的变化起伏较大。仿真结果表明,结合轨道动力学方程,通过滤波方法对该结果进行再处理,可提高导航定位的精度。

4.3　天文多普勒测速定位导航方法

光学多普勒(Doppler)效应是指导航光源在远离(或接近)深空探测器的过程中,光的频率增加(或减小)的现象。光频率的变化反映了探测器与导航光源之间的相对运动。通过测量光频率的偏移,可以得到探测器与导航光源

之间的径向速度。

4.3.1 天文多普勒测速导航的观测量及量测方程

假设探测器正在以相对速度 v 远离导航光源(若探测器正在接近导航光源,则 v 的符号为负),探测器上的光谱仪先接收到光源 A 的波峰,则下一波峰位于距离探测器 $\lambda=\dfrac{c}{f_s}$ 处,其中 λ 为光源的波长,f_s 为光源发射的光频率,c 为光速。由于波峰以速度 c 向探测器运动,而探测器以速度 v 远离,则波峰到达探测器的时间为

$$t=\frac{\lambda}{c-v}=\frac{c}{(c-v)f_s}=\frac{1}{(1-\beta)f_s} \tag{4-28}$$

式中:探测器与光速的相对速度 $\beta=v/c$。

由于相对论时间膨胀效应,探测器测量得到的波峰到达探测器的时间为

$$t_0=t/\gamma \tag{4-29}$$

式中:洛伦兹因子 $\gamma=\dfrac{1}{\sqrt{1-\beta^2}}$,则对应的光频率为

$$f_r=\frac{1}{t_0}=\gamma(1-\beta)f_s=\sqrt{\frac{1-\beta}{1+\beta}}f_s \tag{4-30}$$

则接收频率与发射频率的比率为

$$\frac{f_s}{f_r}=\sqrt{\frac{1+\beta}{1-\beta}} \tag{4-31}$$

当 $v \ll c$ 时,可得 $\dfrac{f_s}{f_r}=\dfrac{1}{1+\beta}$,因此光谱偏移量为 $\Delta f=f_r-f_s=f_s\beta$。

根据相对多普勒效应,探测器接收的光谱频率 f' 与光源频率 f_0 的关系可以表示为

$$\frac{f'}{f_0}=\frac{\sqrt{1-\beta^2}}{1-\beta\cos\theta} \tag{4-32}$$

式中:$\beta=\dfrac{v}{c}$,v 为探测器与河外射电光源的相对运动速度,c 为光速;θ 为探测器与河外射电光源连线与射电源运动的角度。

当 $\theta=90°$时,多普勒效应称为横向多普勒(Doppler)效应,即

$$\frac{f'}{f_0} = \sqrt{1-\beta^2} \tag{4-33}$$

当 $\theta = 0°$或 $\theta = 180°$时,多普勒效应称为纵向 Doppler 效应,即

$$\frac{f'}{f_0} = \sqrt{\frac{1+\beta}{1-\beta}} \text{或} \frac{f'}{f_0} = \sqrt{\frac{1-\beta}{1+\beta}} \tag{4-34}$$

通常,横向 Doppler 效应远小于纵向 Doppler 效应,因此一般只考虑纵向 Doppler 效应,且当 $v \ll c$ 时,可得$\frac{f'}{f_0} = 1 \pm \beta$,因此 Doppler 频移的光谱偏移量为 $\Delta f = f' - f_0 = \pm f_0 \beta$。

选择三个以上测速导航光源,可以直接结算探测器的速度矢量。选择量测量为频率偏移量 Δf,则量测方程可以表示为

$$\begin{aligned} \boldsymbol{Z} = \begin{bmatrix} \Delta f_1 \\ \Delta f_2 \\ \Delta f_3 \end{bmatrix} &= \begin{bmatrix} f_1 \dfrac{v_1}{c} \\ f_2 \dfrac{v_2}{c} \\ f_3 \dfrac{v_3}{c} \end{bmatrix} + \boldsymbol{V} \\ &= \begin{bmatrix} f_1 \dfrac{|v_{s1} - v|}{c} \\ f_2 \dfrac{|v_{s2} - v|}{c} \\ f_3 \dfrac{|v_{s3} - v|}{c} \end{bmatrix} + \boldsymbol{V} \end{aligned} \tag{4-35}$$

式中:Δf_1、Δf_2、Δf_3 分别为光谱仪测量得到的三个导航光源的频率偏移量;f_1、f_2、f_3 分别为三个光源的频率;$\boldsymbol{v}_{s1}$、$\boldsymbol{v}_{s2}$、$\boldsymbol{v}_{s3}$ 分别为三个导航光源在日心惯性坐标系中的运动速度(由导航星历表查);$\boldsymbol{v}$ 为探测器的在日心惯性坐标系中的运动速度,可简写为

$$\boldsymbol{Z} = h(\boldsymbol{X}) + \boldsymbol{V} \tag{4-36}$$

4.3.2　天文多普勒测速的直接解算方法

在实际的深空探测轨道运动中,探测器的速度是三维矢量,如图 4-11 所示,而一个光源仅能测量确定探测器到光源方向的径向速度 v_{r1},需要三个光源

才可确定速度矢量 v_p，即

$$\begin{cases}\Delta f_1 = f_1 \dfrac{\boldsymbol{v}_p \cdot \boldsymbol{l}_1}{c} \\ \Delta f_2 = f_2 \dfrac{\boldsymbol{v}_p \cdot \boldsymbol{l}_2}{c} \\ \Delta f_3 = f_3 \dfrac{\boldsymbol{v}_p \cdot \boldsymbol{l}_3}{c}\end{cases} \tag{4-37}$$

式中：Δf_1、Δf_2、Δf_3 为探测器测量得到的三个频率偏移；f_1、f_2、f_3 为三个导航光源的频率；$\boldsymbol{l}_1$、$\boldsymbol{l}_2$、$\boldsymbol{l}_3$ 为探测器到三个导航光源的单位矢量。

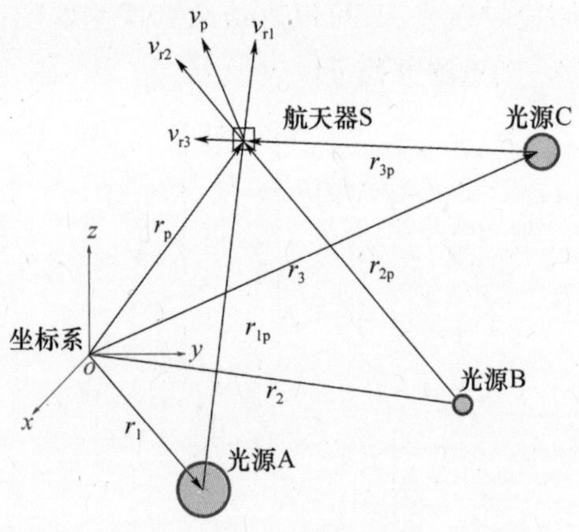

图 4-11　天文光学测速导航方法示意图

4.4　天文测距定位导航方法

天文测距的定位导航方法主要是指基于脉冲星观测的导航方法。1974 年，Downs 首先提出了将射电脉冲星用于行星际导航的思想。1980 年，Downs 和 Reichley 提出了脉冲星脉冲到达时间的测量方法。1981 年，Chester 和 Butman 建议使用脉冲星的 X 射线波段改进导航方法。1993 年，Wood 对基于 X 射线源的授时、定轨和定姿方法进行了深入研究。21 世纪，X 射线脉冲星导航研究成为航天器自主导航领域的一个热点。

4.4.1　X 射线脉冲星天文测距导航的观测量及量测方程

基于 X 射线脉冲星的深空探测器自主位置确定的基本原理如图 4-12 所

示。在太阳系质心惯性系中，脉冲到达太阳系质心(Solar System Barycenter, SSB)的时间 t_{SSB} 和深空探测器上测量到的脉冲到达时间 t_{SC} 之差与光速的乘积等于位置矢量 $\boldsymbol{r}_{SSB}$ 在脉冲星视线矢量方向 $\boldsymbol{n}$ 上投影的大小，即

$$c\cdot\Delta t=c\cdot(t_{SSB}-t_{SC})=\boldsymbol{n}\cdot\boldsymbol{r}_{SSB} \tag{4-38}$$

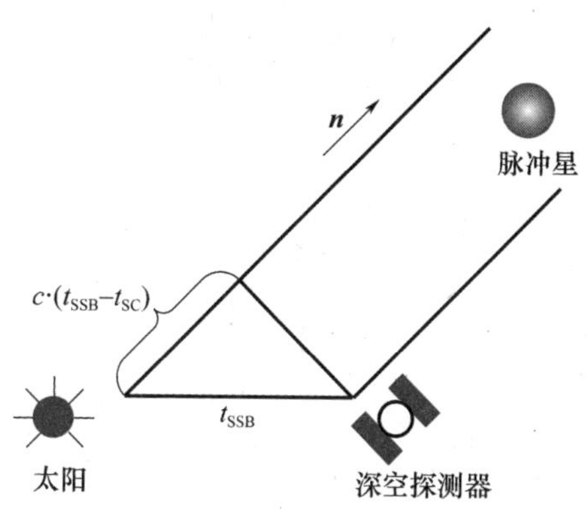

图4-12　脉冲星定位的基本原理

t_{SC} 可由深空探测器上的脉冲探测器测量得到，t_{SSB} 可根据脉冲相位模型精确预测得到。当有多于三颗脉冲星的测量信息时，就可计算得到深空探测器的三维位置。该方法对系统的时间测量精度有很高的要求，若保证深空探测器导航精度在300m以内，则系统的时间精度就必须达到1μm。

式(4-38)中的时间要求必须是在统一的坐标系下，而只有当深空探测器上的时钟相对于SSB是静止的，且在相同的重力势能处时，由其提供的时间才能符合要求。但是由于深空探测器是运动的，因此为了导航解算的需要，由探测器上运动的时钟测得的时间(固有时)必须进行坐标转换，统一转换到太阳系质心坐标系中(坐标时)。固有时 τ 与坐标时 t 的关系为

$$\mathrm{d}t=\left[1+\frac{U}{c^2}+\frac{1}{2}\left(\frac{v}{c}\right)^2\right]\mathrm{d}\tau \tag{4-39}$$

式中：U 为作用在深空探测器时钟上的总重力场，包括太阳系中所有星体的重力势能，主要是太阳重力场的作用；v 为深空探测器在太阳系中的速度。对式(4-39)进行积分，可得

$$\begin{aligned}\int_{t_0}^{t}\mathrm{d}t &= (t-t_0) = \int_{\tau_0}^{\tau}\left[1+\frac{U}{c^2}+\frac{1}{2}\left(\frac{v}{c}\right)^2\right]\mathrm{d}\tau \\ &= (\tau-\tau_0)+\int_{\tau_0}^{\tau}\left[\frac{U}{c^2}+\frac{1}{2}\left(\frac{v}{c}\right)^2\right]\mathrm{d}\tau\end{aligned} \tag{4-40}$$

对于以太阳为中心天体的深空探测器,可表示为

$$\begin{aligned}\int_{t_0}^{t}\mathrm{d}t &= (t-t_0) \\ &= \int_{\tau_0}^{\tau}\left[1+\frac{U}{c^2}+\frac{1}{2}\left(\frac{v}{c}\right)^2\right]\mathrm{d}\tau \\ &= (\tau-\tau_0)+\int_{\tau_0}^{\tau}\left[\frac{U}{c^2}+\frac{1}{2}\left(\frac{v}{c}\right)^2\right]\mathrm{d}\tau \\ &= (\tau-\tau_0)+\frac{1}{c^2}\int_{\tau_0}^{\tau}\left[\frac{1}{2}v^2-\left(\frac{\mu_s}{r}\right)\right]\mathrm{d}\tau+\frac{2}{c^2}\int_{\tau_0}^{\tau}\frac{\mu_s}{r}\mathrm{d}\tau \\ &= (\tau-\tau_0)\left(1-\frac{\mu_s}{2ac^2}\right)+\frac{2}{c^2}\int_{\tau_0}^{\tau}\frac{\mu_s}{r}\mathrm{d}\tau \\ &= (\tau-\tau_0)\left(1-\frac{\mu_s}{2ac^2}\right)+\frac{2}{c^2}\sqrt{a\mu_s}(E-E_0)\end{aligned} \tag{4-41}$$

式中:$U=\mu_s/r$,μ_s 为太阳引力常数;a 为深空探测器轨道的半长轴;E 为深空探测器轨道的偏近点角。式(4-41)的另一种简化形式为

$$(t-t_0)=(\tau-\tau_0)\left[1+\frac{3\mu_s}{2c^2a}\right]+\frac{2}{c^2}(\boldsymbol{r}\cdot\boldsymbol{v}-\boldsymbol{r}_0\cdot\boldsymbol{v}_0) \tag{4-42}$$

事实上,式(4-42)是仅考虑了一阶变换的简化式,根据广义相对论,脉冲到达 SSB 和到达深空探测器的时间间隔的高阶表达式为

$$\begin{aligned}(t_{\mathrm{SSB}}-t_{\mathrm{SC}}) &= \frac{1}{c}\hat{\boldsymbol{n}}_{\mathrm{SSB}}\cdot(\boldsymbol{D}-\boldsymbol{b})-\frac{1}{c}\hat{\boldsymbol{n}}_{\mathrm{SC}}(\boldsymbol{D}-\boldsymbol{p}) \\ &\quad -\sum_{k=1}^{PB_{\mathrm{SS}}}\frac{2GM_k}{c^3}\ln\left|\frac{\hat{\boldsymbol{n}}_{\mathrm{SSB}}\cdot\boldsymbol{b}_k+b_k}{\hat{\boldsymbol{n}}_{\mathrm{SSB}}\cdot\boldsymbol{D}_k+D_k}\right|+\sum_{k=1}^{PB_{\mathrm{SS}}}\frac{2GM_k}{c^3}\ln\left|\frac{\hat{\boldsymbol{n}}_{\mathrm{SC}}\cdot\boldsymbol{p}_k+p_k}{\hat{\boldsymbol{n}}_{\mathrm{SC}}\cdot\boldsymbol{D}_k+D_k}\right| \\ &\quad +\frac{2\mu_{\mathrm{S}}^2}{c^5D_{y\mathrm{SSB}}^2}\left\{\begin{aligned}&\hat{\boldsymbol{n}}_{\mathrm{SSB}}\cdot(\boldsymbol{D}-\boldsymbol{b})\left[\left(\frac{(\hat{\boldsymbol{n}}_{\mathrm{SSB}}\cdot\boldsymbol{D})}{D}\right)^2+1\right]+2(\hat{\boldsymbol{n}}_{\mathrm{SSB}}\cdot\boldsymbol{D})\left[\frac{b}{D}-1\right] \\ &+D_{y\mathrm{SSB}}\left[\arctan\left(\frac{b_x}{D_{y\mathrm{SSB}}}\right)-\arctan\left(\frac{D_{x\mathrm{SSB}}}{D_{y\mathrm{SSB}}}\right)\right]\end{aligned}\right\}\end{aligned}$$

$$-\frac{2\mu_S^2}{c^5 D_y^2}\left\{\begin{aligned}&\hat{\boldsymbol{n}}_{SC}\cdot(\boldsymbol{D}-\boldsymbol{p})\left[\left(\frac{(\hat{\boldsymbol{n}}_{SC}\cdot\boldsymbol{D})}{D}\right)^2+1\right]+2(\hat{\boldsymbol{n}}_{SC}\cdot\boldsymbol{D})\left[\frac{p}{D}-1\right]\\&+D_y\left[\arctan\left(\frac{p_x}{D_y}\right)-\arctan\left(\frac{D_x}{D_y}\right)\right]\end{aligned}\right\}$$

(4-43)

式中：$\hat{\boldsymbol{n}}_{SSB}$、$\hat{\boldsymbol{n}}_{SC}$分别为脉冲星相对 SSB 和深空探测器的视线矢量方向；PB_{SS}为太阳系中所有行星的综合，其他各变量的几何意义如图图 4-13 所示。

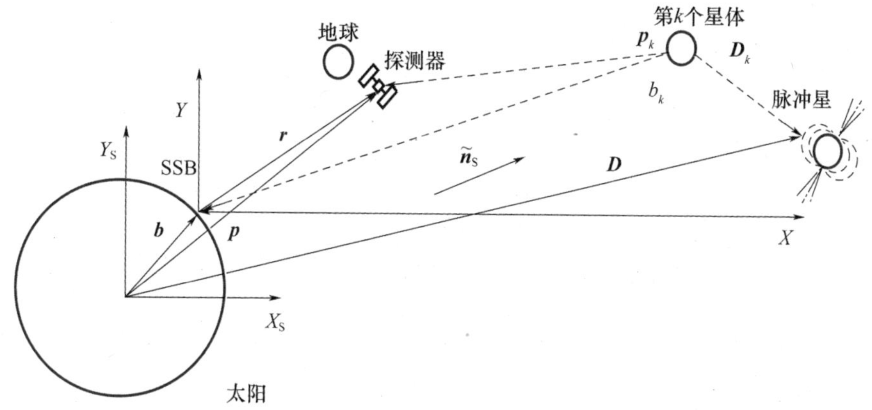

图 4-13 脉冲星、深空探测器、太阳及 SSB 的相互位置关系

式(4-43)虽然精确，但过于复杂，实际中很难使用，忽略所有高于 $O(1/D_0^2)$ 的高阶小量，其简化的表达式为

$$(t_{SSB}-t_{SC})=\frac{1}{c}\left[\hat{\boldsymbol{n}}\cdot\boldsymbol{r}-\frac{r^2}{2D_0}+\frac{(\hat{\boldsymbol{n}}\cdot\boldsymbol{r})^2}{2D_0}+\frac{\boldsymbol{r}\cdot\boldsymbol{V}\Delta t_N}{D_0}-\frac{(\hat{\boldsymbol{n}}\cdot\boldsymbol{V}\Delta t_N)(\hat{\boldsymbol{n}}\cdot\boldsymbol{r})}{D_0}\right]+\sum_{k=1}^{PB_{SS}}\frac{2GM_k}{c^3}\ln\left|\frac{\hat{\boldsymbol{n}}\cdot\boldsymbol{r}_k+r_k}{\hat{\boldsymbol{n}}\cdot\boldsymbol{b}_k+b_k}+1\right| \tag{4-44}$$

由于脉冲星进动速度 $\boldsymbol{V}$ 的值非常小，通常$\boldsymbol{D}_0 \gg \boldsymbol{V}\Delta t_N$，式(4-44)可进一步简化为

$$(t_{SSB}-t_{SC})=\frac{\hat{\boldsymbol{n}}\cdot\boldsymbol{r}}{c}+\frac{1}{2cD_0}[(\hat{\boldsymbol{n}}\cdot\boldsymbol{r})^2-r^2+2(\hat{\boldsymbol{n}}\cdot\boldsymbol{b})(\hat{\boldsymbol{n}}\cdot\boldsymbol{r})-2(\boldsymbol{b}\cdot\boldsymbol{r})]+\frac{2\mu_S}{c^3}\ln\left|\frac{\hat{\boldsymbol{n}}\cdot\boldsymbol{r}+r}{\hat{\boldsymbol{n}}\cdot\boldsymbol{b}+b}+1\right| \tag{4-45}$$

4.4.2 X射线脉冲星天文测距导航基本原理

由于脉冲星离我们非常遥远,具有相同到达时间的位置点可视为一个平面。通过测量一颗脉冲星方向上的到达时间即可确定航天器所在平面,如图4-14所示。依次类推,利用两颗脉冲星则可确定航天器所在直线,利用三颗脉冲星则可确定航天器所在位置。

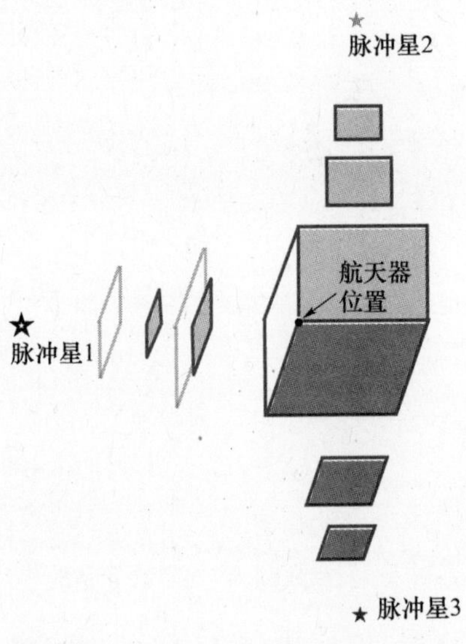

图4-14　目标中呈导航的基本原理

4.5 最优估计方法

4.5.1 估计和最优估计方法

估计就是指从带有随机噪声的观测数据中,提取有用信息。估计问题可叙述为:如果假设被估计量 $\boldsymbol{X}(t)$ 是一个 n 维矢量函数,它由观测方法决定;$\boldsymbol{V}(t)$ 是观测误差矢量,它通常是一个随机过程。那么,所谓估计问题,就是在时间区间 $[t_0,t]$ 内对 $\boldsymbol{X}(t)$ 进行观测,从而在得到观测数据 $Z=\{Z(\tau),t_0\leqslant\tau\leqslant t\}$ 的情况下,要求构造一个观测数据的函数 $\hat{X}(Z)$ 去估计 $\boldsymbol{X}(t)$ 的问题,并称 $\hat{X}(Z)$ 是 $\boldsymbol{X}(t)$ 的一个估计量,或称 $\boldsymbol{X}(t)$ 的估计为 $\hat{\boldsymbol{X}}(Z)$。

如上所述，所谓估计问题，就是要构造一个观测数据 Z 的函数 $\hat{X}(Z)$ 来作为被估计量 $\boldsymbol{X}(t)$ 的一个估计值。希望估计出来的参数或状态变量越接近实际值越好。为了衡量估计的好坏，必须要有一个衡量的标准，这个标准就是估计准则，常以“使估计的性能指标达到极值”作为标准。估计准则可以是多种多样的。常用的估计准则包括最小方差准则、极大似然准则、极大验后准则、线性最小方差准则、最小二乘准则。所谓最优估计，是指在某一确定的估计准则条件下，按照某种统计意义，使估计达到最优。因此，最优估计是针对某一估计准则而言的。某一估计对某一估计准则为最优估计，但换一个估计准则，这一估计就不一定是最优的了。这就是说，最优估计准则不是唯一的。

选取不同的估计准则，就有不同的估计方法，估计方法与估计准则是紧密相关的。根据对观测 Z 与被估计值 X 的统计特性的掌握程度，可有下列一些估计方法。

1. 最小方差估计

最小方差估计是以估计误差的方差阵达到最小为估计准则的。按照这种准则求得的最小估计叫做最小方差估计。为了进行最小方差估计，需要知道被估计值 X 和观测值 Z 的条件概率密度值 $P(X|Z)$（也叫验后概率密度函数）或 $P(Z)$ 以及它们的联合概率分布密度 $P(X,Z)$。

2. 极大似然估计

极大似然估计准则是使条件概率分布密度 $P(Z|X)$ 达到极大的那个 X 值作为估值的。按这种估计准则求得的 X 的最优估计称为极大似然估计。为了求出极大似然估计，需要知道条件概率分布密度 $P(Z|X)$。

3. 极大验后估计

极大验后准则是使验后概率分布密度 $P(X|Z)$ 达到极大的那个 X 值作为估值的。按这种估计准则求得的 X 的最优估计值称为极大验后估计。为了求出极大验后估计，需要知道验后概率分布密度 $P(X|Z)$。

4. 线性最小方差估计

如上所述，为了进行最小方差估计和极大验后估计，需要知道条件概率分布密度 $P(X|Z)$；为了进行极大似然估计，需要知道 $P(Z|X)$。如果放松对概率密度知识的要求，只要知道观测值和被估计值一、二阶矩，即 $E[X]$、$E[Z]$、$\mathrm{Var}X$、$\mathrm{Var}Z$、$\mathrm{Cov}[X,Z]$ 和 $\mathrm{Cov}[Z,X]$。在这种情况下，为了得到有用的结果，必

须对估计量的函数形式加以限制。若限定所求的估计量是观测值的线性函数,并以估计误差的方差阵达到最小作为最优估计准则,则按这种方式求得的最优估计值称为线性最小方差估计。

5.最小二乘估计

当不知道 X 和 Z 的概率分布密度,也不知道它们的一、二阶矩时,就只能采取高斯提出的最小二乘法进行估计。最小二乘估计是以残差的平方和为最小作为估计准则的。

4.5.2 最小方差估计

设被估计量 $\boldsymbol{X}$ 是一个 n 维随机矢量,观测值 $\boldsymbol{Z}$ 为 m 维矢量,$\boldsymbol{X}$ 和 $\boldsymbol{Z}$ 没有明确的函数关系,只有概率上的联系。$\boldsymbol{X}$ 和 $\boldsymbol{Z}$ 的概率分布密度分别为 $P_1(\boldsymbol{X})$ 和 $P_2(\boldsymbol{Z})$,其联合密度分布函数为 $P(\boldsymbol{X},\boldsymbol{Z})$。选择估计误差 $\tilde{X}=\boldsymbol{X}-\hat{X}(\boldsymbol{Z})$ 的二次型函数为代价函数,即

$$f[\boldsymbol{X}-\hat{\boldsymbol{X}}(\boldsymbol{Z})]=[\boldsymbol{X}-\hat{\boldsymbol{X}}(\boldsymbol{Z})]^{\mathrm{T}}\boldsymbol{S}[\boldsymbol{X}-\hat{\boldsymbol{X}}(\boldsymbol{Z})] \tag{4-46}$$

式中:$\boldsymbol{S}$ 为 $n\times n$ 维对称非负定加权矩阵。

若有估计量 $\boldsymbol{X}_{\mathrm{MV}}(\boldsymbol{Z})$,使得贝叶斯风险最小,即

$$B[\hat{\boldsymbol{X}}(\boldsymbol{Z})]\Big|_{\hat{\boldsymbol{X}}(\boldsymbol{Z})=\hat{\boldsymbol{X}}_{\mathrm{MV}}(\boldsymbol{Z})}=E\{[\boldsymbol{X}-\hat{\boldsymbol{X}}(\boldsymbol{Z})]^{\mathrm{T}}\boldsymbol{S}[\boldsymbol{X}-\hat{\boldsymbol{X}}(\boldsymbol{Z})]\}\Big|_{\hat{\boldsymbol{X}}(\boldsymbol{Z})=\hat{\boldsymbol{X}}_{\mathrm{MV}}(\boldsymbol{Z})}=\min \tag{4-47}$$

则称 $\hat{\boldsymbol{X}}_{\mathrm{MV}}(\boldsymbol{Z})$ 为最小方差估计。

由此可见,随机矢量 $\boldsymbol{X}$ 的最小方差估计 $\hat{\boldsymbol{X}}_{\mathrm{MV}}(\boldsymbol{Z})$ 是在观测矢量 $\boldsymbol{Z}$ 的条件下 $\boldsymbol{X}$ 的条件数学期望 $E\{\boldsymbol{X}|\boldsymbol{Z}\}$。因此,有时又称最小方差估计为条件期望估计。

为了加深对最小方差估计的理解,再作以下几点说明。

(1) 最小方差估计量 $\hat{\boldsymbol{X}}_{\mathrm{MV}}(\boldsymbol{Z})$ 是无偏估计。

(2) 最小方差估计量 $\hat{\boldsymbol{X}}_{\mathrm{MV}}(\boldsymbol{Z})=E\{\boldsymbol{X}|\boldsymbol{Z}\}$ 这个结果,只要求加权阵 $\boldsymbol{S}$ 是非负定的,而与其具体形式无关。

(3) 由于 $\hat{\boldsymbol{X}}_{\mathrm{MV}}(\boldsymbol{Z})$ 是 $\boldsymbol{X}$ 的无偏估计,因此,估计的均方误差阵

$$E\{\hat{\boldsymbol{X}}_{\mathrm{MV}}\hat{\boldsymbol{X}}_{\mathrm{MV}}^{\mathrm{T}}\}=E\{[\boldsymbol{X}-\hat{\boldsymbol{X}}_{\mathrm{MV}}(\boldsymbol{Z})][\boldsymbol{X}-\hat{\boldsymbol{X}}_{\mathrm{MV}}(\boldsymbol{Z})]^{\mathrm{T}}\} \tag{4-48}$$

就是估计误差的方差阵 $\mathrm{Var}\{\hat{\boldsymbol{X}}_{\mathrm{MV}}\}$。

(4) 任何其他估计的均方误差阵或任何其他无偏估计的方差阵都将大于最小方差无偏估计的误差方阵，亦即最优估计 $\hat{\boldsymbol{X}}_{MV}(\boldsymbol{Z})=E\{\boldsymbol{X}|\boldsymbol{Z}\}$具有最小的估计误差方阵。

4.5.3　极大似然估计

极大似然估计是以观测值出现的概率最大作为准则的，这是一种很普通的参数估计方法。1906年，费希尔(R. A. Fisher)首先使用这种方法，它是以似然函数为基础的。

极大验后估计$\hat{X}_{MA}$是在 $Z=z$ 条件下，使被估计量 X 的统一条件概率密度 $p(x|z)$ 达到最大的 x 值，而极大似然估计则是使 Z 的条件概率 $p(z|x)$ 在量测值 $Z=z$ 处达到最大的 x 值。

设 X 是被估计量，Z 是 X 的量测值，$p(z|x)$ 是 $X=x$ 的条件下，量测量 Z 的条件概率密度，$p(z|x)$ 称为 X 的似然函数。如果由获得的量测量 $Z=z$ 解算的估计值$\hat{X}_{ML}(Z)$使

$$p(z|x)\Big|_{x=\hat{X}_{ML}(Z)}=\max \tag{4-49}$$

则$\hat{X}_{ML}(Z)$称为 X 的极大似然估计。

与极大验后估计的定义式一样，式(4-49)可以改写为

$$\ln p(z|x)\Big|_{x=\hat{X}_{ML}(Z)}=\max \tag{4-50}$$

式中：$\hat{X}_{ML}$应满足方程

$$\frac{\partial \ln p(z/x)}{\partial x}\Big|_{x=\hat{X}_{ML}}=0 \tag{4-51}$$

式(4-51)称为似然方程。

对极大似然估计需注意以下几点。

(1) 采用极大似然估计的条件是：要求知道似然函数 $L=p(Z|X)$ 或对数似然函数 $\ln L=\ln p(Z|X)$。

(2) 在极大似然函数中，被估计量可以是随机量，也可以是非随机的参数，适用范围较广。

(3) 可以证明，当观测次数 k 趋于无限时，极大似然估计量$\hat{X}_{ML}(Z)$也是一种无偏估计量，即它是一种渐进无偏估计量。

4.5.4 极大验后估计

如果给出 X 的条件概率密度 $p(X|Z)$,并把"使验后概率密度函数$p(X|Z)$达到极大"作为估计准则,就可得到另一种最优估计——极大验后估计。

设 X 为被估计量,Z 为 X 的观测值,$p(X|Z)$为 $Z=z$ 条件下 X 的条件概率密度(X 的验后概率密度),如果估计值 $\hat{X}(Z)$在一切 X 值中,有

$$P(X|Z)\Big|_{X=\hat{X}(Z)}=\max \tag{4-52}$$

则称$\hat{X}(Z)$为 X 的极大验后估计,并记为$\hat{X}_{\mathrm{MA}}(Z)$。

由于验后概率密度函数 $p(X|Z)$表示了在 $Z=z$ 条件下随机矢量 $\boldsymbol{X}$ 的条件密度,因此,极大验后估计的物理意义是:在 $Z=z$ 的情况下,被估计量 X 出现可能性最大的值,即随机矢量 X 落在$\hat{X}_{\mathrm{MA}}(Z)$的邻域内的概率将比其落在其他任何值的相同邻域内的概率要大。显然,极大验后估计应满足如下方程,即

$$\frac{\partial}{\partial X}P(X|Z)\Big|_{X=\hat{X}_{\mathrm{MA}}(Z)}=0 \tag{4-53}$$

或

$$\frac{\partial}{\partial X}\ln P(X|Z)\Big|_{X=\hat{X}_{\mathrm{MA}}(Z)}=0 \tag{4-54}$$

式(4-54)称为验后方程。解方程式(4-53)或式(4-54)就可以得到极大验后估计$\hat{X}_{\mathrm{MA}}(Z)$。

对极大验后估计作如下几点说明。

(1) 因为

$$P(X,Z)=P(Z|X)P(X)=P(X|Z)P(Z) \tag{4-55}$$

所以有

$$P(X|Z)=\frac{P(X,Z)}{P(Z)}=\frac{P(Z|X)P(X)}{P(Z)} \tag{4-56}$$

$$\ln P(X|Z)=\ln P(Z|X)+\ln P(X)-\ln P(Z) \tag{4-57}$$

由于 $P(Z)$与 X 无关,故方程式(4-54)又可改写成

$$\left[\frac{\partial}{\partial X}\ln P(Z|X)+\frac{\partial}{\partial X}\ln P(X)\right]\Big|_{X=\hat{X}_{\mathrm{MA}}(Z)}=0 \tag{4-58}$$

或

$$\left[\frac{\partial}{\partial X}P(Z,X)\right]\bigg|_{X=\hat{X}_{MA}(Z)}=0 \tag{4-59}$$

(2) 在对 X 没有任何验前统计知识的情况下，极大验后估计就退化为极大似然估计 $\hat{X}_{ML}$。因此，可以说，极大似然估计是一种特殊的极大验后估计，或者说是一种特殊的贝叶斯估计。但在一般情况下，由于极大验后估计考虑了 X 的验前统计知识，即已知了 $P(X)$，因此，它将优于极大似然估计。

(3) 由于被估计量 X 有可能是未知的非随机矢量，一般情况下，也并不知道其验前概率密度 $P(X)$，并且确定验后概率密度函数 $P(X|Z)$（或联合概率密度函数 $P(X,Z)$）要比确定似然函数 $L=P(Z|X)$ 困难，因此，虽然极大验后估计与极大似然估计相比具有更好的估计效果，但在工程实践中，极大似然估计仍然得到广泛的应用。由于求得似然函数 $L=P(Z|X)$ 并不十分困难，因此它在历史上出现的比较早。

4.5.5　贝叶斯估计

前面介绍的最小方差估计和极大验后估计，实质上都是贝叶斯估计的特殊形式，因此有必要对贝叶斯估计作介绍。

设 X 为被估计量，Z 是 X 的量测量，$\hat{X}(Z)$ 是根据 Z 给出的对 X 的估计，$\tilde{X}=X-\hat{X}(Z)$ 为估计误差，如果标量函数

$$L[\tilde{X}]=L[X-\hat{X}(Z)] \tag{4-60}$$

具有性质：当 $\|\tilde{X}_2\| \geqslant \|\tilde{X}_1\|$ 时，$L(\tilde{X}_2)\geqslant L(\tilde{X}_1)\geqslant 0$；当 $\|\tilde{X}\|=0$ 时，$L(\tilde{X})=0$；$L(\tilde{X})=L(-\tilde{X})$，则称 $L(\tilde{X})$ 为 $\hat{X}(Z)$ 对被估计量 X 的损失函数，也称代价函数，并称其期望值

$$B(\hat{X})=E[L(\tilde{X})] \tag{4-61}$$

为 $\hat{X}(Z)$ 的贝叶斯风险，其中 $\|\tilde{X}\|$ 为 $\tilde{X}$ 的范数。

将式(4-61)中的数学期望写成积分形式为

$$\begin{aligned}B(\hat{X})&=\int_{-\infty}^{\infty}\int_{-\infty}^{\infty}L[x-\hat{X}(Z)]p(x,z)\,\mathrm{d}x\mathrm{d}z\\&=\int_{-\infty}^{\infty}\left\{\int_{-\infty}^{\infty}L[x-\hat{X}(Z)]p(x/z)\,\mathrm{d}x\right\}p_z(Z)\,\mathrm{d}z\end{aligned} \tag{4-62}$$

如果被估计量 $\hat{X}_B(Z)$ 使贝叶斯风险

$$B(\hat{X}_B)=E\{L[X-\hat{X}(Z)]\}_{\hat{X}=\hat{X}_B(Z)}=\min \tag{4-63}$$

则称 $\hat{X}_B(Z)$ 为 X 的贝叶斯估计。

显然,当 $\boldsymbol{L}(\tilde{X})=\tilde{\boldsymbol{X}}^{\mathrm{T}}\tilde{\boldsymbol{X}}$ 时,$\hat{X}_B(Z)$ 就是 X 的最小方差估计 $\hat{X}_{MV}(Z)$。

下面再分析贝叶斯估计与极大验后估计的关系。取估计量 $\hat{X}$ 的损失函数为

$$L(X-\hat{X})=\begin{cases}0, & \|X-\hat{X}\|<\dfrac{\varepsilon}{2}\\ \dfrac{1}{\varepsilon}, & \|X-\hat{X}\|\geqslant\dfrac{\varepsilon}{2}\end{cases}\tag{4-64}$$

此时,$\hat{X}_B$ 又是 X 的极大验后估计 $\hat{X}_{MA}$。因此,当损失函数为式(4-64),且 ε 足够小时,X 的贝叶斯估计就是 X 的极大验后估计。

4.5.6 线性最小方差估计

所谓线性最小方差估计,就是估计量 $\hat{X}$ 是观测值 Z 的线性函数,估计误差的方差为最小。下面就来讨论被估计量 $\boldsymbol{X}$ 是一个随机矢量,并且只知道 $\boldsymbol{X}$ 和观测矢量 $\boldsymbol{Z}$ 的一、二阶矩,即已知 $E[\boldsymbol{X}]$、$\mathrm{Var}\boldsymbol{X}$、$E[\boldsymbol{Z}]$、$\mathrm{Var}\boldsymbol{Z}$ 和 $\mathrm{Cov}\{\mathrm{X},\mathrm{Z}\}$、$\mathrm{Cov}\{\boldsymbol{Z},\boldsymbol{X}\}$ 情况下的线性最小方差估计。

设 $\boldsymbol{X}$ 是 n 维被估计随机矢量,$\boldsymbol{Z}$ 是 $\boldsymbol{X}$ 的 m 维观测矢量,如果限定估计量 $\hat{\boldsymbol{X}}$ 是观测量 $\boldsymbol{Z}$ 的线性函数,即

$$\hat{\boldsymbol{X}}=\boldsymbol{a}+\boldsymbol{B}\boldsymbol{Z}\tag{4-65}$$

式中:$\boldsymbol{a}$ 为与 X 同维的非随机矢量;$\boldsymbol{B}$ 为 $n\times m$ 维非随机矩阵。希望选择矢量 $\boldsymbol{a}$ 和矩阵 $\boldsymbol{B}$,使得下列二次型性能指标

$$\begin{aligned}\bar{J}(\tilde{\boldsymbol{X}})&=\mathrm{trace}E\{\tilde{\boldsymbol{X}}\tilde{\boldsymbol{X}}^{\mathrm{T}}\}=\mathrm{trace}E\{(\boldsymbol{X}-\boldsymbol{a}-\boldsymbol{B}\boldsymbol{Z})(\boldsymbol{X}-\boldsymbol{a}-\boldsymbol{B}\boldsymbol{Z})^{\mathrm{T}}\}\\&=E\{(\boldsymbol{X}-\boldsymbol{a}-\boldsymbol{B}\boldsymbol{Z})^{\mathrm{T}}(\boldsymbol{X}-\boldsymbol{a}-\boldsymbol{B}\boldsymbol{Z})\}\end{aligned}\tag{4-66}$$

达到最小,那么,这时所得到的 $\boldsymbol{X}$ 的最优估计,就称为线性最小方差估计,并记为 $\hat{\boldsymbol{X}}_{LMV}(\boldsymbol{Z})$。

如果将 $\bar{J}(\tilde{\boldsymbol{X}})$ 达到极小的 $\boldsymbol{a}$ 和 $\boldsymbol{B}$ 记为 $\boldsymbol{a}_L$ 和 $\boldsymbol{B}_L$,则线性最小方差估计为

$$\hat{\boldsymbol{X}}_{LMV}(\boldsymbol{Z})=\boldsymbol{a}_L+\boldsymbol{B}_L\boldsymbol{Z}\tag{4-67}$$

因此,只要求得 $\boldsymbol{a}_L$ 和 $\boldsymbol{B}_L$,就可按式(4-67)求得 $\hat{\boldsymbol{X}}_{LMV}(\boldsymbol{Z})$。将 $\bar{J}(\tilde{\boldsymbol{X}})$ 分别对 $\boldsymbol{a}$ 和 $\boldsymbol{B}$ 求导,并分别令其所得的结果为零,就可以解得 $\boldsymbol{a}_L$ 和 $\boldsymbol{B}_L$,即

$$\boldsymbol{a}_L=E\{\boldsymbol{X}\}-\boldsymbol{B}_L E\{\boldsymbol{Z}\}\tag{4-68}$$

结合式(4-68)和对 $\boldsymbol{B}$ 求导为零的式子,可得

$$\boldsymbol{B}_{\mathrm{L}} = \mathrm{Cov}\{\boldsymbol{X},\boldsymbol{Z}\}(\mathrm{Var}\{\boldsymbol{Z}\})^{-1} \tag{4-69}$$

从而有

$$\begin{aligned}\hat{\boldsymbol{X}}_{\mathrm{LMV}}(\boldsymbol{Z}) &= E(\boldsymbol{X}) - \boldsymbol{B}_{\mathrm{L}}E\{\boldsymbol{Z}\} + \mathrm{Cov}\{\boldsymbol{X},\boldsymbol{Z}\}(\mathrm{Var}\{\boldsymbol{Z}\})^{-1}\boldsymbol{Z}\\ &= E\{\boldsymbol{X}\} + \mathrm{Cov}\{\boldsymbol{X},\boldsymbol{Z}\}(\mathrm{Var}\{\boldsymbol{Z}\})^{-1}[\boldsymbol{Z} - E\{\boldsymbol{Z}\}]\end{aligned} \tag{4-70}$$

式(4-70)就是由观测 $\boldsymbol{Z}$ 求 $\boldsymbol{X}$ 的线性最小方差估计的表达式。

对上述线性最小方差估计,作以下几点说明。

(1) 线性最小方差估计 $\hat{\boldsymbol{X}}_{\mathrm{LMV}}(\boldsymbol{Z})$ 是无偏估计。这是因为

$$E\{\hat{\boldsymbol{X}}_{\mathrm{LMV}}(\boldsymbol{Z})\} = E\{\boldsymbol{X}\} + \mathrm{Cov}\{\boldsymbol{X},\boldsymbol{Z}\}(\mathrm{Var}\{\boldsymbol{Z}\})^{-1}E\{\boldsymbol{Z} - E\{\boldsymbol{Z}\}\} = E(\boldsymbol{X}) \tag{4-71}$$

(2) 估计误差的方差阵为

$$\mathrm{Var}\{\hat{\boldsymbol{X}}_{\mathrm{LMV}}(\boldsymbol{Z})\} = \mathrm{Var}\{\boldsymbol{X}\} - \mathrm{Cov}\{\boldsymbol{X},\boldsymbol{Z}\}(\mathrm{Var}\{\boldsymbol{Z}\})^{-1}\mathrm{Cov}\{\boldsymbol{Z},\boldsymbol{X}\} \tag{4-72}$$

(3) 任何一种其他线性估计的均方误差阵都将大于线性最小方差估计的误差方差阵,所以把 $\hat{\boldsymbol{X}}_{\mathrm{LMV}}(\boldsymbol{Z})$ 称为线性最小方差估计。

(4) 由于 $E\{(\boldsymbol{X} - \hat{\boldsymbol{X}}_{\mathrm{LMV}}(\boldsymbol{Z}))\boldsymbol{Z}^{\mathrm{T}}\} = 0$ 可知矢量$(\boldsymbol{X} - \hat{\boldsymbol{X}}_{\mathrm{LMV}}(\boldsymbol{Z}))$与 $\boldsymbol{Z}$ 不相关,即从几何角度来看,$(\boldsymbol{X} - \hat{\boldsymbol{X}}_{\mathrm{LMV}}(\boldsymbol{Z}))$与 $\boldsymbol{Z}$ 正交。所以对于任意一个随机矢量 $\boldsymbol{X}$,$\hat{\boldsymbol{X}}_{\mathrm{LMV}}(\boldsymbol{Z})$就是 $\boldsymbol{X}$ 在 $\boldsymbol{Z}$ 上的正交投影。从几何角度将最小方差估计 $\hat{\boldsymbol{X}}_{\mathrm{LMV}}(\boldsymbol{Z})$ 看作是被估计矢量 $\boldsymbol{X}$ 在观测矢量(空间)上的正交投影在讨论滤波问题时是很有用的。

(5) 在线性观测时,即观测方程为

$$\boldsymbol{Z} = \boldsymbol{H}\boldsymbol{X} + \boldsymbol{V} \tag{4-73}$$

式中:$\boldsymbol{Z}$ 为 km 维观测矢量;$\boldsymbol{H}$ 为 $km \times n$ 矩阵;$\boldsymbol{X}$ 为 n 维矢量;$\boldsymbol{V}$ 为 km 维观测误差矢量。如果已知

$$\begin{cases}E\{\boldsymbol{X}\} = \boldsymbol{\mu}_X, \mathrm{Var}\{\boldsymbol{X}\} = \boldsymbol{P}_X\\ E\{\boldsymbol{V}\} = 0, \mathrm{Var}\{\boldsymbol{V}\} = \boldsymbol{R}\\ E\{\boldsymbol{X}\boldsymbol{V}^{\mathrm{T}}\} = 0\end{cases} \tag{4-74}$$

则可算出

$$\hat{\boldsymbol{X}}_{\mathrm{LMV}}(\boldsymbol{Z}) = \boldsymbol{\mu}_X + \boldsymbol{P}_X\boldsymbol{H}^{\mathrm{T}}[(\boldsymbol{H}\boldsymbol{P}_X\boldsymbol{H}^{\mathrm{T}} + \boldsymbol{R})^{-1}(\boldsymbol{Z} - \boldsymbol{H}\boldsymbol{\mu}_X)] \tag{4-75}$$

$$\mathrm{Var}\{\tilde{\boldsymbol{X}}_{\mathrm{LMV}}(\boldsymbol{Z})\} = \boldsymbol{P}_X - \boldsymbol{P}_X\boldsymbol{H}^{\mathrm{T}}(\boldsymbol{H}\boldsymbol{P}_X\boldsymbol{H}^{\mathrm{T}} + \boldsymbol{R})^{-1}\boldsymbol{H}\boldsymbol{P}_X \tag{4-76}$$

利用矩阵求逆引理公式,式(4-75)和式(4-76)又可以改写为

$$\begin{aligned}\hat{X}_{\mathrm{LMV}}(Z) &= (P_X^{-1}+H^{\mathrm{T}}R^{-1}H)^{-1}H^{\mathrm{T}}R^{-1}(Z-H\mu_X)+\mu_X \\ &= (P_X^{-1}+H^{\mathrm{T}}R^{-1}H)^{-1}(H^{\mathrm{T}}R^{-1}Z+P_X^{-1}\mu_X)\end{aligned} \tag{4-77}$$

$$\mathrm{Var}\{\tilde{X}_{\mathrm{LMV}}(Z)\} = (P_X^{-1}+H^{\mathrm{T}}R^{-1}H)^{-1} \tag{4-78}$$

如果 $P_X^{-1}=0$,即 $P_X=\infty I$,那么,可得

$$\hat{X}_{\mathrm{LMV}}(Z) = (H^{\mathrm{T}}R^{-1}H)^{-1}H^{\mathrm{T}}R^{-1}Z \tag{4-79}$$

$$\mathrm{Var}\{\tilde{X}_{\mathrm{LMV}}(Z)\} = (H^{\mathrm{T}}R^{-1}H)^{-1} \tag{4-80}$$

这时的线性最小方差估计 $\hat{X}_{\mathrm{LMV}}(Z)$ 与加权阵为 $W=R^{-1}$ 时的加权最小二乘估计 $\hat{X}_{\mathrm{LSR}}(Z)$ 相等。

4.5.7 最小二乘估计

最小二乘估计是高斯(Karl Gauss)在1795年为测定行星轨道而提出的参数估计算法。这种估计的特点是算法简单,不必知道与被估计量及量测量有关的任何统计信息。

设被估计量 X 是 n 维随机矢量,为了得到其估计,如果对它进行 k 次线性观测,得到

$$Z_i = H_iX+V_i,\ i=1,2,\cdots,k \tag{4-81}$$

式中:Z_i 为 m 维观测矢量;H_i 为 $m\times n$ 观测矩阵;V_i 为均值是零的 m 维观测误差矢量。式(4-81)可写成如下形式,即

$$Z = HX+V \tag{4-82}$$

其中

$$Z=\begin{bmatrix}Z_1\\Z_2\\\vdots\\Z_k\end{bmatrix},H=\begin{bmatrix}H_1\\H_2\\\vdots\\H_k\end{bmatrix},V=\begin{bmatrix}V_1\\V_2\\\vdots\\V_k\end{bmatrix}$$

显然,Z 是一个 km 维矢量,H 是 $km\times n$ 矩阵,V 是 km 维矢量。

当 $km\geqslant n$ 时,由于方程的数目多于未知数的数目,因此,就可以根据 Z 来估计 X。如果要求选择 X 的一个估计 $\hat{X}$,使下列性能指标

$$J(\hat{X}) = L(\hat{X}) = (Z-H\hat{X})^{\mathrm{T}}(Z-H\hat{X}) \tag{4-83}$$

或更一般形式的二次型性能指标

$$J_W(\hat{X}) = L(\hat{X}) = (Z-H\hat{X})^{\mathrm{T}}W(Z-H\hat{X}) \tag{4-84}$$

达到极小,那么,就称这个估计 $\hat{X}$ 为 X 的最小二乘估计或加权最小二乘估计,

并记为 $\hat{\boldsymbol{X}}_{\mathrm{LS}}(\boldsymbol{Z})$ 或 $\hat{\boldsymbol{X}}_{\mathrm{LSW}}(\boldsymbol{Z})$。其中 $\boldsymbol{W}$ 是 $km \times km$ 对称正定加权矩阵。

上述问题中的 k 次观测没有次序限制。也就是说,它们可以顺次取得,也可以在同一时刻取得等。由于 $J(\hat{\boldsymbol{X}})$ 或 $J_{\mathrm{W}}(\hat{\boldsymbol{X}})$ 是一个标量函数,并且上述最小二乘估计只是一个确定性的求极小值的问题。因此,可以通过使 $J(\hat{\boldsymbol{X}})$ 或 $J_{\mathrm{W}}(\hat{\boldsymbol{X}})$ 对 $\hat{\boldsymbol{X}}$ 的梯度为零的方法来求 $\hat{\boldsymbol{X}}_{\mathrm{LS}}(\boldsymbol{Z})$ 或 $\hat{\boldsymbol{X}}_{\mathrm{LSW}}(\boldsymbol{Z})$。

由梯度公式,可得

$$\frac{\partial}{\partial \hat{\boldsymbol{X}}} J(\hat{\boldsymbol{X}}) = -2\boldsymbol{H}^{\mathrm{T}}(\boldsymbol{Z} - \boldsymbol{H}\hat{\boldsymbol{X}}) \tag{4-85}$$

或

$$\frac{\partial}{\partial \hat{\boldsymbol{X}}} J_{\mathrm{W}}(\hat{\boldsymbol{X}}) = -2\boldsymbol{H}^{\mathrm{T}}\boldsymbol{W}(\boldsymbol{Z} - \boldsymbol{H}\hat{\boldsymbol{X}}) \tag{4-86}$$

令式(4-85)和式(4-86)等于零,则当 $\boldsymbol{H}^{\mathrm{T}}\boldsymbol{H}$ 或 $\boldsymbol{H}^{\mathrm{T}}\boldsymbol{W}\boldsymbol{H}$ 为非奇异阵时,可得

$$\hat{\boldsymbol{X}}_{\mathrm{LS}}(\boldsymbol{Z}) = (\boldsymbol{H}^{\mathrm{T}}\boldsymbol{H})^{-1}\boldsymbol{H}^{\mathrm{T}}\boldsymbol{Z} \tag{4-87}$$

或

$$\hat{\boldsymbol{X}}_{\mathrm{LSW}}(\boldsymbol{Z}) = (\boldsymbol{H}^{\mathrm{T}}\boldsymbol{W}\boldsymbol{H})^{-1}\boldsymbol{H}^{\mathrm{T}}\boldsymbol{W}\boldsymbol{Z} \tag{4-88}$$

使性能指标式(4-85)和式(4-86)为极小的充分条件为

$$\left.\frac{\partial^2}{\partial \hat{\boldsymbol{X}} \partial \hat{\boldsymbol{X}}^{\mathrm{T}}} J(\hat{\boldsymbol{X}})\right|_{\hat{X} = \hat{X}_{\mathrm{LS}(2)}} = 2\boldsymbol{H}^{\mathrm{T}}\boldsymbol{H} > 0 \tag{4-89}$$

或

$$\left.\frac{\partial^2}{\partial \hat{\boldsymbol{X}} \partial \hat{\boldsymbol{X}}^{\mathrm{T}}} J_{\mathrm{W}}(\hat{\boldsymbol{X}})\right|_{\hat{X} = \hat{X}_{\mathrm{LSW}(2)}} = 2\boldsymbol{H}^{\mathrm{T}}\boldsymbol{W}\boldsymbol{H} > 0 \tag{4-90}$$

即 $\boldsymbol{H}^{\mathrm{T}}\boldsymbol{H}$ 或 $\boldsymbol{H}^{\mathrm{T}}\boldsymbol{W}\boldsymbol{H}$ 为正定阵。

式(4-87)或式(4-88)就是由观测数据 $\boldsymbol{Z}$ 求 $\boldsymbol{X}$ 的最小二乘估计或加权最小二乘估计的表达式。显然,$\hat{\boldsymbol{X}}_{\mathrm{LS}}(\boldsymbol{Z})$ 或 $\hat{\boldsymbol{X}}_{\mathrm{LSW}}(\boldsymbol{Z})$ 是观测数据 $\boldsymbol{Z}$ 的线性函数,即这时的最小二乘估计或加权最小二乘估计是线性估计。要注意:上述结果是在线性观测,以误差的二次型为性能指标时求得的。

对上述最小二乘估计,作如下说明。

(1) 因为 $\hat{\boldsymbol{X}}_{\mathrm{LS}}(\boldsymbol{Z}) = (\boldsymbol{H}^{\mathrm{T}}\boldsymbol{H})^{-1}\boldsymbol{H}^{\mathrm{T}}\boldsymbol{Z}$ 或 $\hat{\boldsymbol{X}}_{\mathrm{LSW}}(\boldsymbol{Z}) = (\boldsymbol{H}^{\mathrm{T}}\boldsymbol{W}\boldsymbol{H})^{-1}\boldsymbol{H}^{\mathrm{T}}\boldsymbol{W}\boldsymbol{Z}$,而 $\boldsymbol{Z}$ 是所有观测数据的全体,因此,这种估计方法是把所有的观测数据作统一处理,这将对实时计算带来困难。但是由于这种方法只要求线性观测,而不需要知道任何验前统计信息,因此应用仍比较广泛。

(2) 当 V_i 的均值为零时,由于

$$E\{\hat{X}_{LS}(Z)\}=(H^TH)^{-1}H^TE\{Z\}=(H^TH)^{-1}(H^TH)E\{X\}=E\{X\} \quad (4-91)$$

或

$$E\{\hat{X}_{LSW}(Z)\}=(H^TWH)^{-1}H^TWE\{Z\}=(H^TWH)^{-1}(H^TWH)E\{X\}=E\{X\} \quad (4-92)$$

因此,最小二乘估计或加权最小二乘估计都是无偏估计,也即 $\hat{X}_{LS}(Z)$ 或 $\hat{X}_{LSW}(Z)$ 都是 X 的一种无偏估计量。

(3) 方差可表示为

$$\mathrm{Var}\{\tilde{X}_{LS}\}=(H^TH)^{-1}H^TRH\,(H^TH)^{-1} \quad (4-93)$$

或

$$\mathrm{Var}\{\tilde{X}_{LSW}\}=(H^TWH)^{-1}H^TWRWH\,(H^TWH)^{-1} \quad (4-94)$$

式中:$R=\mathrm{Var}\{V\}=E\{V^TV\}$为对称正定阵,$E\{V\}=0$。

(4) 当 $W=R^{-1}$时,由式(4-94)可得加权最小二乘法的方差阵为

$$\mathrm{Var}\{\tilde{X}_{LSW}\}=(H^TR^{-1}H)^{-1} \quad (4-95)$$

(5) 当选择加权估计矩阵 $W=R^{-1}$时,能使加权最小二乘估计的方差阵达到最小。也就是说,当有观测误差的一些统计知识,即已知 $E\{V\}=0,R=\mathrm{Var}\{V\}=E\{VV^T\}$,则采用加权最小二乘估计时,如果选择加权矩阵 $W=R^{-1}$,就能使估计误差的方差阵 $\mathrm{Var}\{\tilde{X}_{LSW}\}\Big|_{W=R^{-1}}$ 达到最小。这时的估计称为马尔可夫估计,即

$$\hat{X}_{LSR^{-1}}(Z)=(H^TR^{-1}H)^{-1}H^TR^{-1}Z \quad (4-96)$$

显然,要求得马尔可夫估计 $\hat{X}_{LSR^{-1}}(Z)$,必须求一个阶数随观测次数 k 增加而增大的矩阵 R 的逆 R^{-1}。这一结论的意义在于它为如何选择最佳加权矩阵 W 提供了一个理论方向。

4.5.8 几种最优估计方法的比较及其关系

由于各种估计满足的最优指标不一样,利用的信息不一样,所以适用的对象、达到的精度和计算的复杂性也不一样。

最小二乘估计法适用于对常值矢量或随机矢量的估计。由于使用的最优指标是使量测估计的精度达到最佳,估计中不必使用与被估计量有关的动态信息和统计信息,甚至连量测误差的统计信息也可不必使用,所以估计精度不高。这种方法的最大优点是算法简单,在对被估计量和量测误差缺乏了解的

情况下仍能适用，所以至今仍被大量使用。

最小方差估计是所有估计中估计的均方误差为最小的估计，是所有估计中的最佳者。但这种最优估计只确定出了估计值是被估计量在量测空间上的条件均值这一抽象关系。一般情况下，条件均值需通过条件概率密度求得，而条件概率密度的获得本身就非易事，所以按条件均值的一般方法求得最小方差估计是困难的。

线性最小方差估计是所有线性估计中的最优者，只有当被估计量和量测量都服从正态分布时，线性最小方差估计才与最小方差估计等同，即在所有估计中也是最优的。线性最小方差估计可适用于随机过程的估计，估计过程中只需知道被估计量和量测量的一阶和二阶矩。对于平稳过程，这些一阶和二阶矩都为常值，但非平稳过程，一阶和二阶矩随时间而变，必须确切知道每一估计时刻的一、二阶矩才能求出估计值，这种要求是十分苛刻的。所以线性最小方差估计适用于平稳过程而难以适用于非平稳过程。在估计过程中不同时刻的量测量使用的越多，估计精度越高，但矩阵求逆的阶数也越高，计算量也越大。

极大验后估计、贝叶斯估计、极大似然估计都与条件概率密度有关，除了一些特殊的分布外，如正态分布情况，计算都十分困难。这些估计常用于故障检测和识别算法中。

几种最优估计方法的关系如图4－15所示。

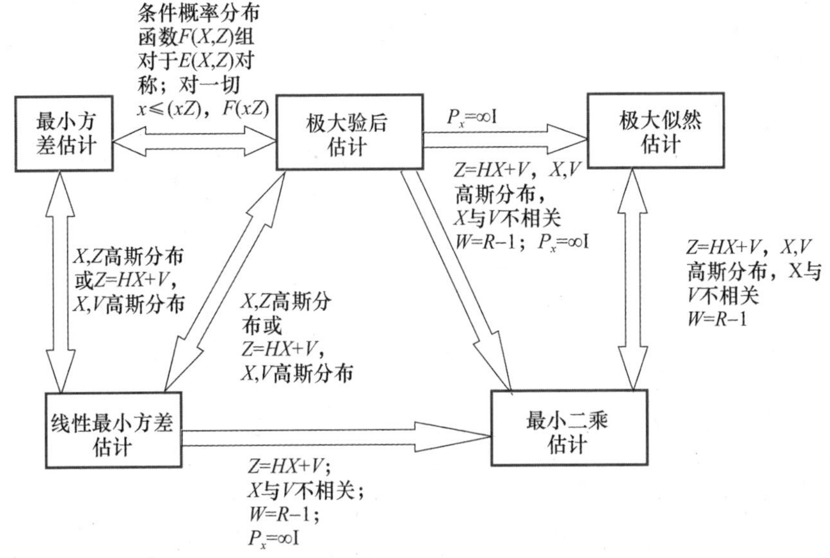

图4－15　几种最优估计方法的相互关系

4.6 线性和非线性系统的卡尔曼滤波方法

4.6.1 卡尔曼滤波

1960年,卡尔曼(Kalman)首次提出的卡尔曼滤波是一种线性最小方差估计,相对4.5节介绍的几种最优估计,卡尔曼滤波具有如下特点。

(1) 算法是递推的,且使用状态空间法在时域内设计滤波器,所以卡尔曼滤波适用于对多维随机过程的计算。

(2) 采用动力学方程即状态方程描述被估计量的动态变化规律,被估计量的动态统计信息由激励白噪声的统计信息和动力学方程确定。由于激励白噪声是平稳过程,动力学方程已知,所以被估计量既可以是平稳的,也可以是非平稳的,即卡尔曼滤波也适用于非平稳过程。

(3) 卡尔曼滤波具有连续型和离散型两类算法,离散型算法可直接在数字计算机上实现。

正是由于上述特点,卡尔曼滤波理论一经提出立即受到了工程应用的重视,阿波罗登月飞行和C-5A飞机导航系统的设计是早期应用中的最成功者。目前,卡尔曼滤波理论作为一种最重要的最优估计理论被广泛应用于各种领域。

1. 离散型卡尔曼滤波的基本方程

设t_k时刻的被估计状态$\boldsymbol{X}_k$受系统噪声序列$\boldsymbol{W}_{k-1}$驱动,驱动机理由下述状态方程描述,即

$$\boldsymbol{X}_k=\boldsymbol{\Phi}_{k,k-1}\boldsymbol{X}_{k-1}+\boldsymbol{\Gamma}_{k-1}\boldsymbol{W}_{k-1} \tag{4-97}$$

对$\boldsymbol{X}_k$的量测满足线性关系,量测方程为

$$\boldsymbol{Z}_k=\boldsymbol{H}_k\boldsymbol{X}_k+\boldsymbol{V}_k \tag{4-98}$$

式中:$\boldsymbol{\Phi}_{k,k-1}$为$t_{k-1}$时刻到$t_k$时刻的一步转移矩阵;$\boldsymbol{\Gamma}_{k-1}$为系统噪声驱动阵;$\boldsymbol{W}_k$为系统噪声序列;$\boldsymbol{H}_k$为量测矩阵;$\boldsymbol{V}_k$为量测噪声序列。同时,$\boldsymbol{W}_k$和$\boldsymbol{V}_k$满足

$$\begin{cases}E[\boldsymbol{W}_k]=0,\mathrm{Cov}[\boldsymbol{W}_k,\boldsymbol{W}_j]=E[\boldsymbol{W}_k\boldsymbol{W}_j^{\mathrm{T}}]=\boldsymbol{Q}_k\boldsymbol{\delta}_{kj}\\E[\boldsymbol{V}_k]=0,\mathrm{Cov}[\boldsymbol{V}_k,\boldsymbol{V}_j]=E[\boldsymbol{V}_k\boldsymbol{V}_j^{\mathrm{T}}]=\boldsymbol{R}_k\boldsymbol{\delta}_{kj}\\\mathrm{Cov}[\boldsymbol{W}_k,\boldsymbol{V}_j]=E[\boldsymbol{W}_k\boldsymbol{V}_j^{\mathrm{T}}]=0\end{cases} \tag{4-99}$$

式中:$\boldsymbol{Q}_k$ 为系统噪声序列的方差阵,假设为非负定阵;$\boldsymbol{R}_k$ 为量测噪声序列的方差阵,假设为正定阵。

如果被估计量 $\boldsymbol{X}_k$ 满足式(4-97),对 $\boldsymbol{X}_k$ 的量测量 $\boldsymbol{Z}_k$ 满足式(4-98),系统噪声 $\boldsymbol{W}_k$ 和量测噪声 $\boldsymbol{V}_k$ 满足式(4-99),系统噪声方差阵 $\boldsymbol{Q}_k$ 非负定,量测噪声序列的方差阵 $\boldsymbol{R}_k$ 正定,k 时刻的量测为 $\boldsymbol{Z}_k$,则 $\boldsymbol{X}_k$ 的估计 $\hat{\boldsymbol{X}}_k$ 按下述方程求解。

状态一步预测为

$$\hat{\boldsymbol{X}}_{k/k-1}=\boldsymbol{\Phi}_{k,k-1}\hat{\boldsymbol{X}}_{k-1} \tag{4-100}$$

状态估计为

$$\hat{\boldsymbol{X}}_k=\boldsymbol{X}_{k/k-1}+\boldsymbol{K}_k(\boldsymbol{Z}_k-\boldsymbol{H}_k\hat{\boldsymbol{X}}_{k/k-1}) \tag{4-101}$$

滤波增益为

$$\boldsymbol{K}_k=\boldsymbol{P}_{k/k-1}\boldsymbol{H}_k^{\mathrm{T}}(\boldsymbol{H}_k\boldsymbol{P}_{k/k-1}\boldsymbol{H}_k^{\mathrm{T}}+\boldsymbol{R}_k)^{-1} \tag{4-102}$$

或

$$\boldsymbol{K}_k=\boldsymbol{P}_{k/k-1}\boldsymbol{H}_k^{\mathrm{T}}\boldsymbol{R}_k^{-1} \tag{4-103}$$

一步预测均方误差为

$$\boldsymbol{P}_{k/k-1}=\boldsymbol{\Phi}_{k,k-1}\boldsymbol{P}_{k-1}\boldsymbol{\Phi}_{k,k-1}^{\mathrm{T}}+\boldsymbol{\Gamma}_{k-1}\boldsymbol{Q}_k\boldsymbol{\Gamma}_{k-1}^{\mathrm{T}} \tag{4-104}$$

估计均方误差为

$$\boldsymbol{P}_k=(\boldsymbol{I}-\boldsymbol{K}_k\boldsymbol{H}_k)\boldsymbol{P}_{k/k-1}(\boldsymbol{I}-\boldsymbol{K}_k\boldsymbol{H}_k)^{\mathrm{T}}+\boldsymbol{K}_k\boldsymbol{R}_k\boldsymbol{K}_k^{\mathrm{T}} \tag{4-105}$$

或

$$\boldsymbol{P}_k=(\boldsymbol{I}-\boldsymbol{K}_k\boldsymbol{H}_k)\boldsymbol{P}_{k/k-1} \tag{4-106}$$

或

$$\boldsymbol{P}_k^{-1}=\boldsymbol{P}_{k/k-1}^{-1}+\boldsymbol{H}_k^{\mathrm{T}}\boldsymbol{R}_k^{-1}\boldsymbol{H}_k \tag{4-107}$$

式(4-100)~式(4-107)即为离散型卡尔曼滤波基本方程。只要给定初值 $\hat{\boldsymbol{X}}_0$ 和 $\boldsymbol{P}_0$,根据 k 时刻的量测 $\boldsymbol{Z}_k$,就可递推计算得 k 时刻的状态估计$\hat{\boldsymbol{X}}_k(k=1,2,\cdots)$。

从式(4-100)~式(4-107)所示算法可看出卡尔曼滤波具有两个计算回路:增益计算回路和滤波计算回路。其中增益计算回路是独立计算回路,而滤波计算回路依赖于增益计算回路。

在一个滤波周期内,从卡尔曼滤波在使用系统信息和量测信息的先后次序来看,卡尔曼滤波具有两个明显的信息更新过程:时间更新过程和量测更新过程。式(4-100)说明了根据 $k-1$ 时刻的状态估计预测 k 时刻状态估计的方法,式(4-104)对这种预测质量的优劣作了定量描述。这两式的计算中仅使用了与系统动态特性有关的信息,如一步转移阵、噪声驱动阵、驱动噪声的方差阵。从时间的推移过程来看,该两式将时间从 $k-1$ 时刻推进到 k 时刻。所以该两式描述了卡尔曼滤波的时间更新过程。其余诸式用来计算对时间更新值的修正量,该修正量由时间更新的质量优劣($\boldsymbol{P}_{k/k-1}$)、量测信息的质量优劣($\boldsymbol{R}_k$)、量测与状态的关系($\boldsymbol{H}_k$)以及具体的量测值 $\boldsymbol{Z}_k$ 所确定,所有这些方程围绕一个目的,即正确合理地利用量测 $\boldsymbol{Z}_k$,所以这一过程描述了卡尔曼滤波的量测更新过程。

2. 连续型卡尔曼滤波的基本方程

线性连续系统的卡尔曼最优滤波问题,主要是用连续的观测矢量随机过程 $\boldsymbol{Z}(t)$,按线性最小方差的估计方法来估计状态矢量随机过程 $\boldsymbol{X}(t)$,以获得连续的滤波估计值 $\hat{\boldsymbol{X}}(t|t)$。由于它是连续型的,滤波所依据的系统状态方程是线性矢量微分方程,所以计算方法不具有递推性,一般适宜用模拟计算。

连续型卡尔曼滤波,首先需要建立 $\boldsymbol{X}(t)$ 的滤波值 $\hat{\boldsymbol{X}}(t|t)$ 的微分方程,其次是求解该微分方程,从而得到 $\boldsymbol{X}(t)$ 的滤波值 $\hat{\boldsymbol{X}}(t|t)$。

如果线性连续随机系统模型为

$$\begin{cases}\dot{\boldsymbol{X}}(t)=\boldsymbol{A}(t)\boldsymbol{X}(t)+\boldsymbol{F}(t)\boldsymbol{W}(t)\\ \boldsymbol{Z}(t)=\boldsymbol{H}(t)\boldsymbol{X}(t)+\boldsymbol{V}(t)\end{cases}\tag{4-108}$$

式中:$\boldsymbol{X}(t)$ 为 n 维状态矢量;$\boldsymbol{U}(t)$ 为 r 维控制矢量;$\boldsymbol{W}(t)$ 为 p 维随机干扰矢量;$\boldsymbol{Z}(t)$ 为 m 维观测矢量;$\boldsymbol{V}(t)$ 为 m 维观测噪声矢量;$\boldsymbol{A}(t)$、$\boldsymbol{F}(t)$、$\boldsymbol{H}(t)$ 分别为 $n\times n$、$n\times p$、$m\times n$ 维系数矩阵。那么,所谓连续型卡尔曼滤波问题,就是在假设:

(1) $\{\boldsymbol{W}(t);t\geqslant t_0\}$,$\{\boldsymbol{V}(t);t\geqslant t_0\}$是零均值白噪声或高斯白噪声,即有

$$E\{\boldsymbol{W}(t)\}=0,\mathrm{Cov}\{\boldsymbol{W}(t),\boldsymbol{W}(\tau)\}=\boldsymbol{Q}(t)\delta(t-\tau)$$

$$E\{\boldsymbol{V}(t)\}=0,\mathrm{Cov}\{\boldsymbol{V}(t),\boldsymbol{V}(\tau)\}=\boldsymbol{R}(t)\delta(t-\tau)$$

式中:$\boldsymbol{Q}(t)$ 为随时间变化的 $p\times p$ 对称非负定矩阵,是 $\boldsymbol{W}(t)$ 的协方差强度阵;$\boldsymbol{R}(t)$ 为随时间变化的 $m\times m$ 对称正定阵,是 $\boldsymbol{V}(t)$ 的协方差强度阵;$\delta(t-\tau)$ 是 $Dirac-\delta$ 函数。

(2) $\{\boldsymbol{W}(t);t\geqslant t_0\}$与$\{\boldsymbol{V}(t);t\geqslant t_0\}$互不相关,即有

$$\mathrm{Cov}\{\boldsymbol{W}(t),\boldsymbol{V}(\tau)\}=0$$

（3）初始状态 $\boldsymbol{X}(t_0)$ 是具有某一已知概率分布的随机矢量，并且其均值和方差阵分别为

$$E\{\boldsymbol{X}(t_0)\}=\boldsymbol{\mu}_X(t_0)$$

$$\mathrm{Var}\{\boldsymbol{X}(t_0)\}=\boldsymbol{P}_X(t_0)$$

（4）$\{\boldsymbol{W}(t);t\geqslant t_0\}$ 和 $\{\boldsymbol{V}(t);t\geqslant t_0\}$ 均与初始状态 $\boldsymbol{X}(t_0)$ 独立，即有

$$\mathrm{Cov}\{\boldsymbol{W}(t),\boldsymbol{X}(t_0)\}=0$$

$$\mathrm{Cov}\{\boldsymbol{V}(t),\boldsymbol{X}(t_0)\}=0$$

在此条件下，由式（4－108）中的观测方程式在时间区间 $[t_0,t]$ 内提供的观测数据 $\boldsymbol{Z}^{\mathrm{T}}=\{\boldsymbol{Z}(\tau);t_0\leqslant\tau\leqslant t\}$，求系统状态矢量 $\boldsymbol{X}(t)$ 在 t 时刻的最优估计问题。

连续型卡尔曼滤波基本方程的推导方法很多，在这里采用卡尔曼在1962年提出的一种方法，即在离散性卡尔曼滤波基本方程的基础上，令采样周期 $\Delta t\to0$，取与连续系统等效的离散系统的卡尔曼滤波基本方程的极限，得到连续性卡尔曼滤波的基本方程。整个过程分三步进行。

（1）将连续系统模型离散化为等效的离散系统模型。

（2）写出等效离散系统的离散型卡尔曼滤波基本方程。

（3）令采样周期 $\Delta t\to0$，求离散型卡尔曼滤基本方程的极限，即得连续系统的连续型卡尔曼滤波基本方程。

从而可得一套完整的连续系统卡尔曼滤波基本方程为

$$\dot{\hat{\boldsymbol{X}}}(t|t)=\boldsymbol{A}(t)\hat{\boldsymbol{X}}(t|t)+\boldsymbol{K}(t)[\boldsymbol{Z}(t)-\boldsymbol{H}(t)\hat{\boldsymbol{X}}(t|t)] \tag{4-109}$$

$$\boldsymbol{K}(t)=\boldsymbol{P}(t|t)\boldsymbol{H}^{\mathrm{T}}(t)\boldsymbol{R}^{-1}(t) \tag{4-110}$$

$$\begin{aligned}\dot{\boldsymbol{P}}(t|t)=&\boldsymbol{A}(t)\boldsymbol{P}(t|t)+\boldsymbol{P}(t|t)\boldsymbol{A}^{\mathrm{T}}(t)-\boldsymbol{P}(t|t)\boldsymbol{H}^{\mathrm{T}}(t)\boldsymbol{R}^{-1}(t)\boldsymbol{H}(t)\boldsymbol{P}(t|t)\\&+\boldsymbol{F}(t)\boldsymbol{Q}(t)\boldsymbol{F}^{\mathrm{T}}(t)\end{aligned} \tag{4-111}$$

上述方程的初始条件为

$$\hat{\boldsymbol{X}}(t_0|t_0)=E\{\boldsymbol{X}(t_0)\}=\boldsymbol{\mu}_X(t_0)$$

$$\hat{\boldsymbol{P}}(t_0|t_0)=\mathrm{Var}\{\boldsymbol{X}(t_0)\}=\boldsymbol{P}_X(t_0)$$

4.6.2 扩展卡尔曼滤波

前面所讨论的最优状态估计问题，都认为系统的数学模型是线性的。但是在工程实践中所遇到的具体问题，系统的数学模型往往是非线性的。例如，

火箭的制导和控制系统,飞机和舰船的惯性导航系统,通信系统及许多工业系统等,一般多是非线性系统。因此,有必要研究非线性最优状态估计问题。本节简单介绍的扩展卡尔曼非线性滤波问题。

1. 随机非线性系统得数学描述

一般情况下,随机非线性系统可用如下非线性微分方程或非线性差分方程来描述。对于连续随机非线性系统,有

$$\begin{cases}\dot{\boldsymbol{X}}(t)=\boldsymbol{\varphi}[\boldsymbol{X}(t),\boldsymbol{W}(t),t]\\ \boldsymbol{Z}(t)=\boldsymbol{h}[\boldsymbol{X}(t),\boldsymbol{V}(t),t]\end{cases}\tag{4-112}$$

对于离散随机非线性系统,有

$$\begin{cases}\boldsymbol{X}(k+1)=\boldsymbol{\varphi}[\boldsymbol{X}(k),\boldsymbol{W}(k),k]\\ \boldsymbol{Z}(k+1)=\boldsymbol{h}[\boldsymbol{X}(k+1),\boldsymbol{V}(k+1),k+1]\end{cases}\tag{4-113}$$

式中:$\boldsymbol{\varphi}[\cdot]$为 n 维矢量非线性函数;$\boldsymbol{h}[\cdot]$为 m 维矢量非线性函数;$\{\boldsymbol{W}(t);t\geqslant t_0\}$或$\{\boldsymbol{W}(k);k\geqslant 0\}$为 p 维系统干扰噪声矢量;$\{\boldsymbol{V}(t);t\geqslant t_0\}$或$\{\boldsymbol{V}(k);k\geqslant 0\}$为 m 维观测噪声矢量;$\boldsymbol{X}(t_0)$或$\boldsymbol{X}(0)$为任意的 n 维随机或非随机矢量。

如果噪声$\{\boldsymbol{W}(t);t\geqslant t_0\}$或$\{\boldsymbol{W}(k);k\geqslant 0\}$和$\{\boldsymbol{V}(t);t\geqslant t_0\}$或$\{\boldsymbol{V}(k);k\geqslant 0\}$的概率分布是任意的,那么,式(4-112)或式(4-113)描述了相当广泛一类随机非线性系统。这样广泛的系统,很难对其最优状态估计问题求解,因此,为了使估计问题得到可行的解答,常常对上述模型给予适当的限制,对噪声统计特性给予一些既符合实际又便于数学处理的假设。也就是说,下面所要讨论的非线性最优状态估计问题,是以如下一类随机非线性模型为基础的,即

$$\begin{cases}\boldsymbol{X}(k+1)=\boldsymbol{\varphi}[\boldsymbol{X}(k),k]+\boldsymbol{\Gamma}[\boldsymbol{X}(k),k]\boldsymbol{W}(k)\\ \boldsymbol{Z}(k+1)=\boldsymbol{h}[\boldsymbol{X}(k+1),k+1]+\boldsymbol{V}(k+1)\end{cases}\tag{4-114}$$

或

$$\begin{cases}\dot{\boldsymbol{X}}(t)=\boldsymbol{\varphi}[\boldsymbol{X}(t),t]+\boldsymbol{F}[\boldsymbol{X}(t),t]\boldsymbol{W}(t)\\ \boldsymbol{Z}(t)=\boldsymbol{h}[\boldsymbol{X}(t);t]+\boldsymbol{V}(t)\end{cases}\tag{4-115}$$

式中:$\{\boldsymbol{W}(t);t\geqslant t_0\}$或$\{\boldsymbol{W}(k);k\geqslant 0\}$和$\{\boldsymbol{V}(t);t\geqslant t_0\}$或$\{\boldsymbol{V}(k);k\geqslant 0\}$均是彼此不相关的零均值高斯白噪声过程或序列,并且它们与$\boldsymbol{X}(t_0)$或$\boldsymbol{X}(0)$不相关。亦即对于 $t\geqslant t_0$ 或 $k\geqslant 0$,有

$$E\{\boldsymbol{W}(t)\}=0,E\{\boldsymbol{W}(t)\boldsymbol{W}^{\mathrm{T}}(\tau)\}=\boldsymbol{Q}(t)\delta(t-\tau)$$

$$E\{\boldsymbol{V}(t)\}=0,E\{\boldsymbol{V}(t)\boldsymbol{V}^{\mathrm{T}}(\tau)\}=\boldsymbol{R}(t)\delta(t-\tau)$$

$$E\{\boldsymbol{W}(t)\boldsymbol{V}^{\mathrm{T}}(\tau)\}=0,E\{\boldsymbol{X}(t_0)\boldsymbol{W}^{\mathrm{T}}(t)\}=E\{\boldsymbol{X}(t_0)\boldsymbol{V}^{\mathrm{T}}(t)\}=0$$

或

$$E\{\boldsymbol{W}(k)\}=0,E\{\boldsymbol{W}(k)\boldsymbol{W}^{\mathrm{T}}(j)\}=\boldsymbol{Q}_k\boldsymbol{\delta}_{kj}$$

$$E\{\boldsymbol{V}(k)\}=0,E\{\boldsymbol{V}(k)\boldsymbol{V}^{\mathrm{T}}(j)\}=\boldsymbol{R}_k\boldsymbol{\delta}_{kj}$$

$$E\{\boldsymbol{W}(k)\boldsymbol{V}^{\mathrm{T}}(j)\}=0,E\{\boldsymbol{X}(0)\boldsymbol{W}^{\mathrm{T}}(k)\}=E\{\boldsymbol{X}(0)\boldsymbol{V}^{\mathrm{T}}(k)\}=0$$

而初始状态为具有如下均值和方差阵的高斯分布随机矢量,即

$$E\{\boldsymbol{X}(t_0)\}=\boldsymbol{\mu}_x(t_0),\mathrm{Var}\{\boldsymbol{X}(t_0)\}=\boldsymbol{P}_x(t_0)$$

或

$$E\{\boldsymbol{X}(0)\}=\boldsymbol{\mu}_x(0),\mathrm{Var}\{\boldsymbol{X}(0)\}=\boldsymbol{P}_x(0)$$

$\boldsymbol{X}(t)$或$\boldsymbol{X}(k)$为 n 维状态矢量;$\boldsymbol{\varphi}[\cdot]$为 n 维非线性矢量函数;$\boldsymbol{h}[\cdot]$为 m 维非线性矢量函数;$\boldsymbol{F}[\cdot]$或$\boldsymbol{\Gamma}[\cdot]$为 $n\times p$ 维矩阵函数。

2. 离散型扩展卡尔曼滤波

推广的卡尔曼滤波是先将随机非线性系统模型中的非线性矢量函数$\boldsymbol{\varphi}[\cdot]$和$\boldsymbol{h}[\cdot]$围绕滤波值线性化,得到系统线性化模型,然后应用卡尔曼滤波基本方程,解决非线性滤波问题的。

将离散随机非线性系统式(4-114)的状态方程式中的非线性矢量函数$\boldsymbol{\varphi}[\cdot]$和$\boldsymbol{h}[\cdot]$围绕滤波值$\hat{\boldsymbol{X}}(k|k)$展开成泰勒级数,并略去二次以上项,得

$$\boldsymbol{X}(k+1)=\varphi[\hat{\boldsymbol{X}}(k|k),k]+\left.\frac{\partial\varphi[\boldsymbol{X}(k),k]}{\partial\boldsymbol{X}(k)}\right|_{\boldsymbol{X}(k)=\hat{\boldsymbol{X}}(k|k)}[\boldsymbol{X}(k)-\hat{\boldsymbol{X}}(k|k)]+\boldsymbol{\Gamma}[\boldsymbol{X}(k),k]\boldsymbol{W}(k) \tag{4-116}$$

将式(4-114)的观测方程中的非线性矢量函数$\boldsymbol{h}[\cdot]$围绕预测估值$\hat{\boldsymbol{X}}(k+1|k)$展开成泰勒级数,并略去二次以上项,得

$$\boldsymbol{Z}(k+1)=\boldsymbol{h}[\hat{\boldsymbol{X}}(k+1|k),k+1]+\left.\frac{\partial\boldsymbol{h}[\hat{\boldsymbol{X}}(k+1),k+1]}{\partial\boldsymbol{X}(k+1)}\right|_{\boldsymbol{X}(k)=\hat{\boldsymbol{X}}(k+1|k)}[\boldsymbol{X}(k+1)-\hat{\boldsymbol{X}}(k+1|k)]+\boldsymbol{V}(k+1) \tag{4-117}$$

若令

$$\left.\frac{\partial\varphi}{\partial\boldsymbol{X}}\right|_{\boldsymbol{X}(k)=\hat{\boldsymbol{X}}(k|k)}=\boldsymbol{\Phi}[k+1,k]$$

$$\boldsymbol{\Phi}[\hat{\boldsymbol{X}}(k|k),k]-\left.\frac{\partial\varphi}{\partial\boldsymbol{X}}\right|_{\boldsymbol{X}(k)=\hat{\boldsymbol{X}}(k|k)}\hat{\boldsymbol{X}}(k|k)=\boldsymbol{U}(k)$$

$$\boldsymbol{\Gamma}[\boldsymbol{X}(k),k]=\boldsymbol{\Gamma}[\hat{\boldsymbol{X}}(k|k),k]$$

$$\left.\frac{\partial \boldsymbol{h}}{\partial \boldsymbol{X}}\right|_{\boldsymbol{X}(k+1)=\hat{\boldsymbol{X}}(k+1|k)}=\boldsymbol{H}(k+1)$$

$$\boldsymbol{h}[\hat{\boldsymbol{X}}(k+1|k),k+1]-\left.\frac{\partial \boldsymbol{h}}{\partial \boldsymbol{X}}\right|_{\boldsymbol{X}(k+1)=\hat{\boldsymbol{X}}(k|k)}\hat{\boldsymbol{X}}(k+1|k)=\boldsymbol{Y}(k+1)$$

则式(4-116)、式(4-117)可写成

$$\begin{cases}\boldsymbol{X}(k+1)=\boldsymbol{\Phi}[k+1,k]\boldsymbol{X}(k)+\boldsymbol{U}(k)+\boldsymbol{\Gamma}[\hat{\boldsymbol{X}}(k|k),k]\boldsymbol{W}(k)\\ \boldsymbol{Z}(k+1)=\boldsymbol{H}[k+1]\boldsymbol{X}(k)+\boldsymbol{Y}(k+1)+\boldsymbol{V}(k+1)\end{cases}\tag{4-118}$$

显然,这是属于具有非随机外作用 $U(k)$ 和非随机观测误差项 $Y(k+1)$ 的情况。根据离散型卡尔曼滤波的相应方程,可得如下离散型推广卡尔曼滤波的方程为

$$\hat{\boldsymbol{X}}(k+1|k+1)=\boldsymbol{\varphi}[\hat{\boldsymbol{X}}(k+1|k),k]+\boldsymbol{K}(k+1)\{\boldsymbol{Z}(k+1)-\boldsymbol{h}[\hat{\boldsymbol{X}}(k+1|k),k+1]\}\tag{4-119}$$

$$\boldsymbol{K}(k+1)=\boldsymbol{P}(k+1|k)\boldsymbol{H}^{\mathrm{T}}(k+1)[\boldsymbol{H}(k+1)\boldsymbol{P}(k+1|k)\boldsymbol{H}^{\mathrm{T}}(k+1)+\boldsymbol{R}_{k+1}]^{-1}\tag{4-120}$$

$$\boldsymbol{P}(k+1|k)=\boldsymbol{\Phi}[k+1,k]\boldsymbol{P}(k|k)\boldsymbol{\Phi}^{\mathrm{T}}[k+1,k]+\boldsymbol{\Gamma}[\hat{\boldsymbol{X}}(k|k),k]\boldsymbol{Q}_k\boldsymbol{\Gamma}^{\mathrm{T}}[\hat{\boldsymbol{X}}(k|k),k]\tag{4-121}$$

$$\boldsymbol{P}(k+1|k+1)=[\boldsymbol{I}-\boldsymbol{K}(k+1)\boldsymbol{H}(k+1)]\boldsymbol{P}(k+1|k)\tag{4-122}$$

初始值为

$$\hat{\boldsymbol{X}}(0|0)=E\{\boldsymbol{X}(0)\}=\boldsymbol{\mu}_x(0)$$

$$\boldsymbol{P}(0|0)=\mathrm{Var}\{\boldsymbol{X}(0)\}=\boldsymbol{P}_x(0)$$

其中

$$\boldsymbol{\Phi}[k+1,k]=\left.\frac{\partial \boldsymbol{\varphi}[\boldsymbol{X}(k),k]}{\partial \boldsymbol{X}(k)}\right|_{\boldsymbol{X}(k)=\hat{\boldsymbol{X}}(k|k)}$$

$$\boldsymbol{H}(k+1)=\left.\frac{\partial \boldsymbol{h}[\boldsymbol{X}(k+1),k+1]}{\partial \boldsymbol{X}(k+1)}\right|_{\boldsymbol{X}(k)=\hat{\boldsymbol{X}}(k+1|k)}$$

最后,应当指出,上述离散型卡尔曼滤波方程只有在滤波误差 $\tilde{\boldsymbol{X}}(k|k)=\boldsymbol{X}(k)-\hat{\boldsymbol{X}}(k|k)$ 和一步预测误差 $\tilde{\boldsymbol{X}}(k+1|k)=\boldsymbol{X}(k+1)-\hat{\boldsymbol{X}}(k+1|k)$ 都较小时,才能应用。

3. 连续型扩展卡尔曼滤波

如果假定在 t 时刻系统式(4-115)的状态矢量 $\boldsymbol{X}(t)$ 的滤波值 $\hat{\boldsymbol{X}}(t|t)$ 已

知,那么,就可以将系统模型式(4－115)中的非线性矢量函数 $\boldsymbol{\varphi}[\cdot]$ 和 $\boldsymbol{h}[\cdot]$ 在 $\boldsymbol{X}(t)=\hat{\boldsymbol{X}}(t|t)$ 周围展开成泰勒级数,并取其一次项,得

$$\begin{cases}\dot{\boldsymbol{X}}(t)=\boldsymbol{\varphi}[\hat{\boldsymbol{X}}(t|t),t]+\left.\dfrac{\partial\boldsymbol{\varphi}[\boldsymbol{X}(t),t]}{\partial\boldsymbol{X}(t)}\right|_{\boldsymbol{X}(t)=\hat{\boldsymbol{X}}(t|t)}[\boldsymbol{X}(t)-\hat{\boldsymbol{X}}(t|t)]+\boldsymbol{F}[\boldsymbol{X}(t),t]\boldsymbol{W}(t)\\ \boldsymbol{Z}(t)=\boldsymbol{h}[\boldsymbol{X}(t),t]+\left.\dfrac{\partial\boldsymbol{\varphi}[\boldsymbol{X}(t),t]}{\partial\boldsymbol{X}(t)}\right|_{\boldsymbol{X}(t)=\hat{\boldsymbol{X}}(t|t)}[\boldsymbol{X}(t)-\hat{\boldsymbol{X}}(t|t)]+\boldsymbol{V}(t)\end{cases}$$

若令

$$\left.\frac{\partial\varphi[\boldsymbol{X}(t),t]}{\partial\boldsymbol{X}(t)}\right|_{\boldsymbol{X}(t)=\hat{\boldsymbol{X}}(t|t)}=\boldsymbol{A}(t)$$

$$\boldsymbol{\varphi}[\hat{\boldsymbol{X}}(t|t),t]-\boldsymbol{A}(t)\hat{\boldsymbol{X}}(t|t)=\boldsymbol{U}(t)$$

$$\left.\frac{\partial\boldsymbol{h}[\boldsymbol{X}(t),t]}{\partial\boldsymbol{X}(t)}\right|_{\boldsymbol{X}(t)=\hat{\boldsymbol{X}}(t|t)}=\boldsymbol{H}(t)$$

$$\boldsymbol{h}[\boldsymbol{X}(t|t),t]-\boldsymbol{H}(t)\hat{\boldsymbol{X}}(t|t)=\boldsymbol{Y}(t)$$

并将 $\boldsymbol{F}[\boldsymbol{X}(t),t]$ 写为 $\boldsymbol{F}[\hat{\boldsymbol{X}}(t|t),t]\triangleq\boldsymbol{F}(t)$,则有

$$\begin{cases}\dot{\boldsymbol{X}}(t)=\boldsymbol{A}(t)\boldsymbol{X}(t)+\boldsymbol{U}(t)+\boldsymbol{F}(t)\boldsymbol{W}(t)\\ \boldsymbol{Z}(t)=\boldsymbol{H}(t)\boldsymbol{X}(t)+\boldsymbol{Y}(t)+\boldsymbol{V}(t)\end{cases}\tag{4-123}$$

式(4－123)就是系统模型式(4－115)在滤波值附近的线性化模型。这里状态方程中具有非随机外作用 $\boldsymbol{U}(t)$,观测方程中有非随机观测误差 $\boldsymbol{Y}(t)$,参考之前连续卡尔曼滤波的相应方程,可得连续型推广卡尔曼滤波的方程

$$\dot{\hat{\boldsymbol{X}}}(t|t)=\boldsymbol{A}(t)\hat{\boldsymbol{X}}(t|t)+\boldsymbol{K}(t)[\boldsymbol{Z}(t)-\boldsymbol{Y}(t)-\boldsymbol{H}(t)\hat{\boldsymbol{X}}(t|t)]+\boldsymbol{U}(t)$$

将 $\boldsymbol{Y}(t)$ 和 $\boldsymbol{U}(t)$ 的表达式带入上式,可得

$$\dot{\hat{\boldsymbol{X}}}(t|t)=\boldsymbol{\varphi}[\hat{\boldsymbol{X}}(t|t),t]+\boldsymbol{K}(t)\{\boldsymbol{Z}(t)-\boldsymbol{h}[\hat{\boldsymbol{X}}(t|t),t]\}\tag{4-124}$$

连续型推广的卡尔曼滤波方程组为

$$\dot{\hat{\boldsymbol{X}}}(t|t)=\boldsymbol{\varphi}[\hat{\boldsymbol{X}}(t|t),t]+\boldsymbol{K}(t)\{\boldsymbol{Z}(t)-\boldsymbol{h}[\hat{\boldsymbol{X}}(t|t),t]\}\tag{4-125}$$

$$\boldsymbol{K}(t)=\boldsymbol{P}(t|t)\boldsymbol{H}^{\mathrm{T}}(t)\boldsymbol{R}^{-1}(t)\tag{4-126}$$

$$\begin{aligned}\dot{\boldsymbol{P}}(t|t)=&\boldsymbol{A}(t)\boldsymbol{P}(t|t)+\boldsymbol{P}(t|t)\boldsymbol{A}^{\mathrm{T}}(t)-\boldsymbol{P}(t|t)\boldsymbol{H}^{\mathrm{T}}(t)\boldsymbol{R}^{-1}(t)\boldsymbol{H}(t)\boldsymbol{P}(t|t)\\&+\boldsymbol{F}(t)\boldsymbol{Q}(t)\boldsymbol{F}^{\mathrm{T}}(t)\end{aligned}\tag{4-127}$$

初始值为

$$\hat{\boldsymbol{X}}(t_0|t_0)=E\{\boldsymbol{X}(t_0)\}=\boldsymbol{\mu}_x(t_0)$$

$$\boldsymbol{P}(t_0|t_0)=\mathrm{Var}\{\boldsymbol{X}(t_0)\}=\boldsymbol{P}_x(t_0)$$

其中

$$\begin{cases} \boldsymbol{A}(t)=\dfrac{\partial\boldsymbol{\varphi}[\boldsymbol{X}(t),t]}{\partial\boldsymbol{X}(t)}\Bigg|_{\boldsymbol{X}(t)=\hat{\boldsymbol{X}}(t|t)} \\ \boldsymbol{H}(t)=\dfrac{\partial\boldsymbol{h}[\boldsymbol{X}(t),t]}{\partial\boldsymbol{X}(t)}\Bigg|_{\boldsymbol{X}(t)=\hat{\boldsymbol{X}}(t|t)} \\ \boldsymbol{F}(t)=\boldsymbol{F}[\boldsymbol{X}(t),t]\Big|_{\boldsymbol{X}(t)=\hat{\boldsymbol{X}}(t|t)}=\boldsymbol{F}[\hat{\boldsymbol{X}}(t|t),t] \end{cases}$$

4.6.3 Unscented 卡尔曼滤波

S. J. Juliear 和 J. K. Uhlman 在 1997 年提出了 Unscented 卡尔曼(Unscented Kalman Filter, UKF)滤波方法,该方法的优点是不需要对非线性方程进行线性化,而是选取一些特殊的样本点,使其均值和方差等于采样时刻的状态方差和均值,这些采样点通过该非线性系统,产生相应的变换采样点,对这些变换采样点进行计算,便可得到预测的均值和协方差。对于非线性比较严重的系统,由于 UKF 不需要计算雅可比矩阵,不需要对状态方程和量测方程线性化,因此也就没有对高阶项的截断误差,与 EKF 相比可以获得更高的精度。

标准的 UKF 算法在 $\hat{\boldsymbol{X}}(k|k)$ 附近选取一系列样本点,这些样本点的均值和协方差分别为 $\hat{\boldsymbol{X}}(k|k)$ 和 $\boldsymbol{P}(k|k)$。设状态变量为 $n\times1$ 维,那么,$2n+1$ 个样本点及其权重分别为

$$\chi_{0,k}=\hat{x}_k,\boldsymbol{W}_0=\tau/(n+\tau)$$

$$\chi_{i,k}=\hat{x}_k+\sqrt{n+\tau}\left(\sqrt{\boldsymbol{P}(k|k)}\right)_i,\boldsymbol{W}_i=1/[2(n+\tau)]$$

$$\chi_{i+n,k}=\hat{x}_k-\sqrt{n+\tau}\left(\sqrt{\boldsymbol{P}(k|k)}\right)_i,\ \boldsymbol{W}_{i+n}=1/[2(n+\tau)]$$

式中:$\tau\in\boldsymbol{R}$;当 $\boldsymbol{P}(k|k)=\boldsymbol{A}^{\mathrm{T}}\boldsymbol{A}$ 时,$\left(\sqrt{\boldsymbol{P}(k|k)}\right)_i$ 取 $\boldsymbol{A}$ 的第 i 行,当 $\boldsymbol{P}(k|k)=\boldsymbol{A}\boldsymbol{A}^{\mathrm{T}}$ 时,$\left(\sqrt{\boldsymbol{P}(k|k)}\right)_i$ 取 $\boldsymbol{A}$ 的第 i 列。标准的 UKF 算法如下。

(1) 初始化。

$$\hat{\boldsymbol{x}}_0=E[\boldsymbol{x}_0],\boldsymbol{P}_0=E[(\boldsymbol{x}_0-\hat{\boldsymbol{x}}_0)(\boldsymbol{x}_0-\hat{\boldsymbol{x}}_0)^{\mathrm{T}}] \tag{4-128}$$

(2) 计算采样点。

$$\chi_{k-1}=\left[\hat{\boldsymbol{x}}_{k-1}\quad \hat{\boldsymbol{x}}_{k-1}+\sqrt{n+\tau}\left(\sqrt{\boldsymbol{P}_{k-1}}\right)_i\quad \hat{\boldsymbol{x}}_{k-1}-\sqrt{n+\tau}\left(\sqrt{\boldsymbol{P}_{k-1}}\right)_i\right],i=1,2,\cdots,n \tag{4-129}$$

(3) 时间更新。

$$\chi_{k|k-1}=f(\chi_{k-1},k-1) \quad (4-130)$$

$$\hat{\boldsymbol{x}}_k^- = \sum_{i=0}^{2n} \boldsymbol{W}_i \chi_{i,k|k-1} \quad (4-131)$$

$$\boldsymbol{P}_k^- = \sum_{i=0}^{2n} \boldsymbol{W}_i [\chi_{i,k|k-1} - \hat{\boldsymbol{x}}_k^-][\chi_{i,k|k-1} - \hat{\boldsymbol{x}}_k^-]^{\mathrm{T}} + \boldsymbol{Q}_k \quad (4-132)$$

$$\boldsymbol{Z}_{k|k-1}=\boldsymbol{h}(\chi_{k|k-1},k) \quad (4-133)$$

$$\hat{\boldsymbol{z}}_k^- = \sum_{i=0}^{2n} \boldsymbol{W}_i \boldsymbol{Z}_{i,k|k-1} \quad (4-134)$$

（4）量测更新。

$$\boldsymbol{P}_{\hat{z}_k\hat{z}_k} = \sum_{i=0}^{2n} \boldsymbol{W}_i [\boldsymbol{Z}_{i,k|k-1} - \hat{\boldsymbol{z}}_k^-][\boldsymbol{Z}_{i,k|k-1} - \hat{\boldsymbol{z}}_k^-]^{\mathrm{T}} + \boldsymbol{R}_k \quad (4-135)$$

$$\boldsymbol{P}_{\hat{x}_k\hat{z}_k} = \sum_{i=0}^{2n} \boldsymbol{W}_i [\boldsymbol{\chi}_{i,k|k-1} - \hat{\boldsymbol{x}}_k^-][\boldsymbol{Z}_{i,k|k-1} - \hat{\boldsymbol{z}}_k^-]^{\mathrm{T}} \quad (4-136)$$

$$\boldsymbol{K}_k=\boldsymbol{P}_{\hat{x}_k\hat{z}_k}\boldsymbol{P}_{\hat{z}_k\hat{z}_k}^{-1} \quad (4-137)$$

$$\hat{\boldsymbol{x}}_k=\hat{\boldsymbol{x}}_k^- +\boldsymbol{K}_k(\boldsymbol{Z}_k-\hat{\boldsymbol{z}}_k^-) \quad (4-138)$$

$$\boldsymbol{P}_k=\boldsymbol{P}_k^- -\boldsymbol{K}_k \boldsymbol{P}_{\hat{z}_k\hat{z}_k}\boldsymbol{K}_k^{\mathrm{T}} \quad (4-139)$$

式中：$\boldsymbol{Q}_k$ 和 $\boldsymbol{R}_k$ 分别为系统和量测噪声协方差。当 $x(k)$ 假定为高斯分布时，通常选取 $n+\tau=3$。

UKF 虽然可以有效地解决系统的非线性问题，但其不足之处是不适于噪声非高斯分布的系统。对于噪声非高斯分布的系统，可采用粒子滤波的方法。

4.6.4　Cubture 卡尔曼滤波

2009 年，Lenkaran Arasaratnam 和 Simon Haykin 提出了基于 Cubature 变换的 CKF 算法。CKF 使用 Cubature 变换进行概率推演：首先，根据 Cubature 准则选取 Cubature 点集（$2n$ 个点，$2n$ 个点的权值均为 $1/2n$）对概率分布的均值和方差进行参数化；其次，将非线性变换应用于所有的 Cubature 点；最后，根据变换后的 Cubature 点计算出推演后的近似高斯分布的参数。CKF 滤波过程与 UKF 类似，都是通过一组具有权重的点集经过非线性系统方程的转换计算这组转换后的点集来给出下一时刻系统状态的预测，都避免了对非线性模型的线性化处理，不依赖于具体系统模型的非线性方程，算法相对独立，适用于任何形式的非线性模型，但 CKF 是根据贝叶斯理论以及 Spherical – Radial Cubature 规则并经过严格的数学推导得出。在实际应用中,由于 CKF 在递推过程中存在数值不稳定和计算量大等问题,又发展出了平方根容积卡尔曼滤波(Square - root Cubature Kalman Filter,SCKF),该滤波方法直接以协方差阵的平方根形式进行递推更新,不仅有效避免协方差阵的非负定性,而且可以降低计算复杂度,提高滤波的收敛速度和数值稳定性。

考虑如下离散时间非线性动态系统,即

$$\begin{cases}\boldsymbol{x}_k=\boldsymbol{f}(\boldsymbol{x}_{k-1},k-1)+\boldsymbol{w}_{k-1}\\ \boldsymbol{z}_k=\boldsymbol{h}(\boldsymbol{x}_k,k)+\boldsymbol{v}_k\end{cases} \tag{4-140}$$

式中:$\boldsymbol{x}_k$ 为系统状态矢量;z_k 为量测值。假定过程噪声$\boldsymbol{w}_{k-1}$和量测噪声$\boldsymbol{v}_k$ 相互独立,且$\boldsymbol{w}_{k-1}:N(0,Q_{k-1})$,$\boldsymbol{v}_k:N(0,R_k)$。容积卡尔曼滤波算法首先计算加权函数为标准正态分布密度的积分的基本容积点和对应的权值,即

$$\xi_j=\sqrt{\frac{m}{2}}[1]_j,\omega_j=\frac{1}{m} \tag{4-141}$$

式中:m 表示容积点总数。使用三阶容积原则,容积点总数是状态维数的 2 倍,即 $m=2n$,n 为系统的状态维数。基本容积点按照下列方式产生,记 $\boldsymbol{n}$ 维单位矢量为 $\boldsymbol{e}=[1\quad 0\quad \cdots\quad 0]^{\mathrm{T}}$,用[1]表示对 $\boldsymbol{e}$ 的元素进行全排列和改变元素符号产生的点集,称为完整全对称点集,$[1]_j$ 表示点集中[1]的第 j 个点。若 $k-1$ 时刻的后验概率为 $p(x_{k-1}|z_{1:k-1})\sim N(x_{k-1};\hat{x}_{k-1},P_{k-1})$,且$S_{k-1}=\mathrm{chol}\{P_{k-1}\}$,chol{ }表示矩阵的乔列斯基分解。容积卡尔曼滤波算法如下:

1. 时间更新

(1) 计算容积点

$$\boldsymbol{x}_{j,k-1|k-1}=\boldsymbol{S}_{k-1|k-1}\xi_j+\hat{\boldsymbol{x}}_{k-1|k-1} \tag{4-142}$$

(2) 计算通过非线性状态方程传播的容积点

$$\boldsymbol{x}^*_{j,k-1|k-1}=\boldsymbol{f}(\boldsymbol{x}_{j,k-1|k-1}) \tag{4-143}$$

(3) 计算状态和方差预测

$$\begin{aligned}\hat{\boldsymbol{x}}_{k|k-1}&=\sum_{j=1}^{m}\omega_j\,\boldsymbol{x}^*_{j,k-1|k-1}\\ \boldsymbol{P}_{k|k-1}&=\sum_{j=1}^{m}\omega_j\,\boldsymbol{x}^*_{j,k-1|k-1}\,\boldsymbol{x}^{*\mathrm{T}}_{j,k-1|k-1}-\hat{\boldsymbol{x}}_{k|k-1}\,\hat{\boldsymbol{x}}^{\mathrm{T}}_{k|k-1}{}^{\mathrm{T}}+Q_{k-1}\end{aligned} \tag{4-144}$$

2. 量测更新

(1) 分解因式

$$S_{k|k-1} = \text{chol}(P_{k|k-1}) \tag{4-145}$$

(2) 计算容积点

$$\boldsymbol{x}_{j,k|k-1} = \boldsymbol{S}_{k|k-1}\xi_j + \hat{\boldsymbol{x}}_{k|k-1} \tag{4-146}$$

(3) 计算通过非线性量测方程传播的容积点

$$\boldsymbol{z}_{j,k|k-1} = \boldsymbol{h}(\boldsymbol{x}_{j,k|k-1}) \tag{4-147}$$

(4) 计算量测预测、新息方差和协方差估计

$$\begin{aligned}
\hat{\boldsymbol{z}}_{k|k-1} &= \sum_{j=1}^{m} \omega_j \boldsymbol{z}_{j,k|k-1} \\
\boldsymbol{P}_{zz,k|k-1} &= \sum_{j=1}^{m} \omega_j \boldsymbol{z}_{j,k|k-1} \boldsymbol{z}_{j,k|k-1}^{\mathrm{T}} - \hat{\boldsymbol{z}}_{k|k-1} \hat{\boldsymbol{z}}_{k|k-1}^{\mathrm{T}} + \boldsymbol{R}_k \\
\boldsymbol{P}_{xz,k|k-1} &= \sum_{j=1}^{m} \omega_j \boldsymbol{x}_{j,k|k-1} \boldsymbol{z}_{j,k|k-1}^{\mathrm{T}} - \hat{\boldsymbol{x}}_{k|k-1} \hat{\boldsymbol{z}}_{k|k-1}^{\mathrm{T}}
\end{aligned} \tag{4-148}$$

(5) 计算增益、状态和协方差估计

$$\begin{aligned}
\boldsymbol{W}_k &= \boldsymbol{P}_{xz,k|k-1}\boldsymbol{P}_{zz,k|k-1}^{-1} \\
\hat{\boldsymbol{x}}_{k|k} &= \hat{\boldsymbol{x}}_{k|k-1} + \boldsymbol{W}_k(\boldsymbol{z}_k - \hat{\boldsymbol{z}}_{k|k-1}) \\
\boldsymbol{P}_{k|k} &= \boldsymbol{P}_{k|k-1} - \boldsymbol{W}_k \boldsymbol{P}_{zz,k|k-1} \boldsymbol{W}_k^{\mathrm{T}}
\end{aligned} \tag{4-149}$$

4.7　有色噪声条件下的粒子滤波方法

粒子滤波(Particle Filter, PF)是一种利用一些随机样本(粒子)来表示系统状态变量的后验概率分布的滤波方法。随着计算机性能的提高,PF由于其在处理非线性、非高斯系统方面的优势得到日益广泛的应用,序贯重要采样法(Sequential Importance Sampling Algorithm,SIS)是目前应用最广泛也是最基本的一种粒子滤波方法,其基本原理是通过蒙特卡罗模拟实现递推贝叶斯滤波,当样本点数增至无穷大,蒙特卡罗特性与后验概率密度的函数表示等价,SIS滤波器接近于最优贝叶斯估计,但是该方法的缺点是存在退化现象,即滤波一段时间后,粒子之间的权值两极分化,仅具有较大权值的少数粒子对结果起主导作用,而其他粒子则对结果几乎没有影响。消除退化主要依赖于两个关键技术:适当选取重要密度函数和进行再采样。对于前者的改进方法包括扩展

卡尔学粒子滤波(Extended Kalman Particle Filter,EKPF)、Unscent 粒子滤波(Unscented Particle Filter,UPF)、辅助粒子滤波(Auxiliary Particle Filter,APF)等,而对后者来说,当前的重采样方法主要有剩余采样(Residual Resampling,RR)、系统采样(Systematic Resampling,SR)等。以上方法从不同程度、不同角度改进了 SIS 方法,但是重采样技术带来了粒子枯竭的问题,即具有较大权值的粒子被多次选取,使得采样结果中包含了许多重复点,从而损失了粒子的多样性,使其不能有效地反映状态变量的概率分布,甚至导致滤波发散。马尔可夫链蒙特卡罗方法(Markov Chain Monte Carlo, MCMC)是当前解决粒子枯竭问题的主要方法,通过在每个粒子上增加一个其稳定分布为后验概率密度的马尔可夫链蒙特卡罗移动步骤,可以有效地增加粒子的多样性。下面介绍三种具有代表性的粒子算法。

4.7.1 粒子滤波的采样方法

所有的粒子滤波方法都存在采样环节,其目的在于生成一个尽可能符合真实后验分布的随机样本。因此,如何根据后验分布 $p(\boldsymbol{\theta}_k|D_k)$ 不断连续生成粒子,是粒子滤波的关键所在。目前,主要存在三种主要的采样方法:样本重要性采样法(Sampling Importance Resampling, SIR)、拒绝采样法(Rejection Sampling,RS)和马尔可夫链蒙特卡罗方法。

1. 样本重要性采样法(SIR)

样本重要性采样法首先由 Rubin 在 1987 年提出。具体方法是选定一个易于采样的分布 $p(\cdot)$,使之满足 $\pi(\boldsymbol{\theta})>0 \Rightarrow p(\boldsymbol{\theta})>0$。首先采集符合分布 $p(\cdot)$ 的 M 个样本,记为 $\{\boldsymbol{\theta}^i\}_{i=1,2\cdots,M}$。然后根据下式计算各样本的权值

$$q_i = \frac{r(\boldsymbol{\theta}^i)}{\sum_{j=1}^{M} r(\boldsymbol{\theta}^j)} \tag{4-150}$$

式中,$r(\boldsymbol{\theta})=\pi(\boldsymbol{\theta})/p(\boldsymbol{\theta})$,可以看出,$q_i$ 并不依赖于未知的归一化常数 π。最后,重新采集 N 个样本,使得在新样本中 $p(\boldsymbol{\theta}=\boldsymbol{\theta}^i)=q_i$。

如果 M 取得相当大,通过该方法得到的 N 个新样本近似服从分布$\pi(\cdot)$。但该方法的精度并不仅仅取决于 M 的大小,还取决于 $p(\cdot)$ 和 $\pi(\cdot)$ 的相似程度。如果 $p(\cdot)$ 和 $\pi(\cdot)$ 存在较大差异,则权值 q_i 的方差就会很大,即只有少数粒子具有不可忽略的权值,这意味着,为了得到足够的粒子,就必须增大

M 和 N 的比率。凭经验估计，Rubin(1987)认为当 $M = 10N$ 时，通常样本重要性采样法会得到较好的效果。

2. 拒绝采样法(RS)

拒绝采样法(Hammersley and Handscomb,1964)与样本重要性采样法是相关的。但是，与样本重要性采样法只能得到近似服从 $\pi(\cdot)$ 的样本不同，拒绝采样法可以得到完全服从 $\pi(\cdot)$ 的独立同分布的样本。

该方法同样需要选定一个易于采样的分布 $p(\cdot)$，并使之满足 $\pi(\boldsymbol{\theta}) > 0 \Rightarrow p(\boldsymbol{\theta}) > 0$。同时还需要附加条件 $r(\boldsymbol{\theta}) = \pi(\boldsymbol{\theta})/p(\boldsymbol{\theta}) \leqslant c$，其中 c 为已知常数。具体步骤如下。

(1) 生成符合分布 $p(\cdot)$ 的一个样本，记为 $\boldsymbol{\theta}^*$。

(2) 生成一个在区间[0,1]上服从正态分布的随机变量，记为 $\boldsymbol{u}$。

(3) 计算接受概率 $r(\boldsymbol{\theta}^*)/c$。

(4) 如果 $u < r(\boldsymbol{\theta}^*)/c$，那么接受 $\boldsymbol{\theta}^*$，否则拒绝。

重复上述步骤，直至生成 N 个新样本。

4.7.2　标准粒子滤波算法

PF 的基本思想是用一批有相应权重的离散随机采样点来近似状态变量的后验概率密度函数，这批采样点被称为粒子，根据这些粒子以及它们的权重可以计算出状态的估计值。当粒子数很多时，这种滤波方法可以接近最优贝叶斯估计。假设能够从后验概率密度 $p(x_{0:k} \mid z_{1:k})$ 中采样得到 N 个粒子 $\{x_{0:k}^{(i)}\}$，则可以用如下经验概率分布来近似估计后验概率密度，即

$$p(x_{0:k} \mid z_{1:k}) = \frac{1}{N} \sum_{i=1}^{N} \delta_{x_{0:k}^{(i)}}(x_{0:k} - x_{0:k}^{i}) \tag{4-151}$$

式中：δ 是 Dirac 函数，当 N 足够大时，依据大数定理，后验估计依概率收敛于后验密度。可以采用易抽样的重要性采样密度函数 q 来得到一组带权粒子，并用这组带权粒子来近似待估计分布的样本 p，因此选择重要性采样密度函数是设计粒子滤波最重要的步骤之一，最优重要性采样密度函数的计算公式为

$$q(x_k^i \mid x_{0:k-1}^i, z_{1:k}) = p(x_k^i \mid x_{0:k-1}^i, z_{1:k}) \tag{4-152}$$

但实际上，很难得到最优采样分布。目前，应用较广泛的方法是 SIR 方法和 RS 方法，这两种方法采用先验概率密度 $p(x_k \mid x_{k-1})$ 作为重要性采样函数，

具有简单、易于实现的特点，在测量精度不高的情况下，该方法可以取得较好的效果，但估计精度不高。

完整的 SIR 滤波算法如下，除初始化外，其他步骤以$[t_k, t_{k+1}]$测量采样周期为例。

(1) 初始化。

$T=0$ 时，对$p(x_0)$进行采样，生成 N 个服从$p(x_0)$分布的粒子$x_0^i, i=1,2,\cdots,N$。

(2) $T=k$ 时，步骤如下。

第一步：序列重要性采样。

① 生成 N 个服从$p(x_k \mid x_{0:k-1}^i, z_{1:k})$分布的随机样本$\{\hat{x}_k^i, i=1,2,\cdots,N\}$。

② 计算权重并归一化权重

$$\tilde{w}_k^i = w_{k-1}^i \cdot p(z_k \mid \hat{x}_k^i) \tag{4-153}$$

$$w_k^i = \tilde{w}_k^i / \sum_{j=1}^{N} \tilde{w}_k^i \tag{4-154}$$

③ 计算有效粒子的尺寸，即

$$N_{\mathrm{eff}} = \frac{1}{\sum_{i=1}^{N} (w_k^i)^2} \tag{4-155}$$

如果N_{eff}小于门限值，进行重采样，一般门限值取 $2N/3$。

第二步：重采样。

从离散分布的$\{\hat{x}_k^i, w_k^i\}, i=1,2,\cdots,N$ 中进行 N 次重采样，得到一组新的粒子$\{x_k^i, 1/N\}$，为$p(x_k \mid z_{0:k})$的近似表示。

第三步：输出。

按照最小方差准则，最优估计就是条件分布的均值，即

$$\hat{\boldsymbol{x}}_k = \sum_{i=1}^{N} \boldsymbol{w}_k^i \boldsymbol{x}_k^i \tag{4-156}$$

$$\boldsymbol{p}_k = \sum_{i=1}^{N} \boldsymbol{w}_k^i (\boldsymbol{x}_k^i - \hat{\boldsymbol{x}}_k)(\boldsymbol{x}_k^i - \hat{\boldsymbol{x}}_k)^{\mathrm{T}} \tag{4-157}$$

由于 SIR 和 RS 的重要性采样密度函数中没有考虑最新量测信息，因而，从中抽取的粒子样本与真实的后验概率密度产生的样本存在较大的偏差，特别是当似然函数位于系统状态先验概率密度函数的尾部或者观测模型具有很高的精度时，这种偏差尤为明显，很多样本由于归一化权重很小而成为无效样

本,这就产生了粒子枯竭的问题。

4.7.3 RJMCMC 粒子滤波

RJMCMC 粒子滤波算法主要是在 SIR 的基础上增加一个可逆跳转马尔可夫链蒙特卡罗移动步骤,以解决粒子枯竭问题。RJMCMC 粒子滤波具体步骤如下。

已知 $x_k = f(x_{k-1}, \overline{W}_{k-1}) \leftrightarrow p(x_k \mid x_{k-1})$, $z_k = h(x_k, V_k) \leftrightarrow p(z_k \mid x_k)$。

(1) 初始化。

$T=0$ 时,生成服从先验分布 $q(x_0)$ 的 N 个样本 $\{x_0^1, x_0^2, \cdots, x_0^n\}$,并将每个样本的初始权值 w_0^i 均设为 $1/N, i=1,2,\cdots N$。在初始先验分布 $q(x_0)$ 未知的情况下,通常取为以初始状态量 X_0 为中心的均匀分布或高斯分布,通常初始分布的选取对结果的影响较小。

(2) $T=k$ 时的滤波过程。

第一步:Importance Sampling step(重要采样)。

① 采集一个新样本 $\widehat{x}_k^i$,使得 $\widehat{x}_k^i \sim q(x_k^i \mid x_{k-1}^i, z_k)$,其中 $q(x_k^i \mid x_{k-1}^i, z_k)$ 取为 $p(x_k^i \mid x_{k-1}^i)$ 或者 $p(x_k^i \mid x_{k-1}^i, z_k)$,前者计算简单,后者理论上为最优。

② 根据样本的相似程度,更新权值,使得 $\widetilde{w}_k^i = w_{k-1}^i \dfrac{p(z_k \mid \widehat{x}_k^i) p(\widehat{x}_k^i \mid x_{k-1}^i)}{q(\widehat{x}_k^i \mid x_{k-1}^i, z_{k-1})}$,从计算公式可以看出,样本的权值包括了后验概率和先验概率两部分。这样就得到了一个服从先验分布的样本集 $[\widehat{x}_k^i]$, $i=1,2,\cdots,N$。

③ 权值归一化

$$w_k^i = \widetilde{w}_k^i \sum_{j=1}^{N} \widetilde{w}_k^i \tag{4-158}$$

④ 计算有效粒子的尺寸 N_{eff}。

$N_{\text{eff}} = \dfrac{1}{\sum_{i=1}^{N} (w_k^i)^2}$,如果 N_{eff} 小于门限值 N_{th},则转入第二步重采样程序,否则,令 $k = k+1$,转第四步。

第二步:Systematic Resampling Step(重采样)。

重采样的目的在于消除权值较小的粒子,增加权值较大的粒子,使重采样后的样本集 $[\tilde{x}_k^i]$, $i=1,2,\cdots,N$ 的分布符合后验密度 $p(x_k \mid z_k)$。

由于重采样是独立同分布的,每个样本的权值 w_k^i 被重新设置为 $1/N$。

第三步:RJMCMC Move Step(可逆跳转马尔可夫链蒙特卡罗移动)。

RJMCMC 方法本来用于不确定参数的系统辨识,在此将传统的 RJMCMC 方法修改后用于增加粒子的多样性,提高收敛速度和对粒子个数进行自适应调整。具体步骤如下。

① 计算移动方向参数 b_k、d_k、u_k,即

$$b_k = c\min(1, dp(z_k \mid \widehat{x}_k^i)p(z_k \mid \tilde{x}_k^i)) \tag{4-159}$$

$$d_k = c\min\left(1, d\frac{1}{p(z_k \mid \widehat{x}_k^i)p(z_k \mid \tilde{x}_k^i)}\right) \tag{4-160}$$

$$u_k = 1 - b_k - d_k \tag{4-161}$$

② 生成一个随机数 u,使得 $u \sim U_{[0,1]}$。

③ 根据移动方向参数作不同的移动:

如果 $u \leqslant b_k$,那么,进行"birth"移动,即在马尔可夫链 $[\tilde{x}_k^i]$, $i=1,2,\cdots,N$ 中增加一个新粒子 $x_b = (\widehat{x}_k^i + \tilde{x}_k^i)/2$;

如果 $u \leqslant b_k + d_k$,那么,进行"death" 移动,即在马尔可夫链 $[\tilde{x}_k^i]$, $i=1,2,\cdots,N$ 中删除粒子 $\tilde{x}_k^i$;

否则,进行"update" 移动,即利用 MH(Metropolis - Hastings)法则,生成更符合后验密度的样本集。MH 的操作方法是生成一个随机数 v,使得 $v \sim U_{[0,1]}$;如果 $v \leqslant \min\left(1, \frac{p(z_k \mid \widehat{x}_k^i)}{p(z_k \mid \tilde{x}_k^i)}\right)$,那么,在马尔可夫链 $[\tilde{x}_k^i]$, $i=1,2,\cdots,N$ 中将粒子 $\tilde{x}_k^i$ 替换为 $\widehat{x}_k^i$。

可以看出,RJMCMC 方法主要是在先验密度和后验密度都较大的区域增加点,在先验密度和后验密度都较小的区域减少点,在其它区域进行通常的 MCMC 移动。通过调节常数 c 和 d,可以动态调整系统的性能和控制粒子数目的增减。经过上述移动后的新生成的马尔可夫链,即新的样本集记为 $[x_k^i]$, $i=1,2,\cdots,N$。

第四步:结果输出。

状态估计值 $\boldsymbol{x}_k = \sum\limits_{i}^{N} \boldsymbol{w}_k^i \boldsymbol{x}_k^i$,状态估计误差阵 $\boldsymbol{p}_k = \sum\limits_{i=1}^{N} \boldsymbol{w}_k^i \boldsymbol{p}_k^i = \sum\limits_{i=1}^{N} w_k^i (\boldsymbol{x}_k^i - \hat{\boldsymbol{x}}_k^i)(\boldsymbol{x}_k^i - \hat{\boldsymbol{x}}_k^i)^{\mathrm{T}}$。

经过上述操作,一方面,通过 SIR 保留了权值较大的粒子,淘汰了权值较

小的粒子,提高粒子的质量;另一方面,通过 RJMCMC 方法,避免了粒子枯竭问题,增加了粒子的多样性,提高了系统的性能。

4.7.4 Unscented 粒子滤波算法

克服标准粒子滤波的不足的另一个途径是选择好的重要密度函数,为解决该问题 Eric Wan 等人于 2000 年提出了 UPF 滤波方法,该方法利用 UKF 来得到粒子滤波的重要性采样密度,也就是利用 UKF 来生成下一个预测粒子,每一个粒子的采样密度可由下式得到,即

$$q(x_k \mid x_{0:k-1}^i, z_{1:k}) = N(\bar{x}_k^i, P_k^i), i=1,2,\cdots,N \tag{4-162}$$

式中:$\bar{x}_k^i$ 和 P_k^i 是 UKF 计算得到的均值和协方差。尽管后验概率密度可能不是高斯分布,但是用高斯分布来近似每一个粒子的分布是可行的。将 UKF 的步骤和公式代入标准的粒子滤波算法,就得到了完整的 UPF 算法。

(1) 初始化。

$T=0$ 时,对 $p(x_0)$ 进行采样,生成 N 个服从 $p(x_0)$ 分布的粒子 $x_0^i, i=1,2,\cdots,N$,其均值和方差满足

$$\begin{cases}\bar{\boldsymbol{x}}_0^i = E[\boldsymbol{x}_0^i] \\ \boldsymbol{P}_0^i = E[(\boldsymbol{x}_0^i - \bar{\boldsymbol{x}}_0^i)(\boldsymbol{x}_0^i - \bar{\boldsymbol{x}}_0^i)^{\mathrm{T}}]\end{cases} \tag{4-163}$$

(2) $T=k$ 时。

第一步:采样。

用 UKF 更新粒子 $\{x_{k-1}^i, P_{k-1}^i\}$ 得到 $\{\bar{x}_k^i, P_k^{(i)}\}$,采样 $\hat{x}_k^i \sim q(x_k^i \mid x_{k-1}^i, z_k) = N(\bar{x}_k^i, P_k^i)$

第二步:计算并归一化权重,即

$$\tilde{w}_k^i = w_{k-1}^i \frac{p(z_k \mid \hat{x}_k^i) p(\hat{x}_k^i \mid x_{k-1}^i)}{q(\hat{x}_k^i \mid x_{k-1}^i, z_{k-1})} \tag{4-164}$$

$$w_k^i = \tilde{w}_k^i \sum_{j=1}^{N} \tilde{w}_k^i \tag{4-165}$$

第三步:重采样。

从离散分布的 $\{\hat{x}_k^i, w_k^i\}$ $i=1,2,\cdots,N$ 中进行 N 次重采样,得到一组新的粒子 $\{x_k^i, 1/N\}$,仍为 $p(x_k \mid z_{0:k})$ 的近似表示。由于经过重采样后,有可能粒子的多样性会减少,为解决这个问题,用 MCMC 方法对粒子进行崎岖化。

第四步:输出,即

$$\hat{\boldsymbol{x}}_k = \sum_{i=1}^{N} \boldsymbol{w}_k^i \boldsymbol{x}_k^i \tag{4-166}$$

$$\boldsymbol{p}_k = \sum_{i=1}^{N} \boldsymbol{w}_k^i (\boldsymbol{x}_k^i - \hat{\boldsymbol{x}}_k)(\boldsymbol{x}_k^i - \hat{\boldsymbol{x}}_k)^{\mathrm{T}} \tag{4-167}$$

含有 MCMC 步骤的 UPF 方法易于实现,估计精度高,非常适于航天器自主天文导航这一非线性、非高斯系统,是本文研究中通常采用的一种滤波方法。

参考文献

[1] 房建成,宁晓琳. 深空探测器自主天文导航方法[M]. 西安:西北工业大学出版社,2010.

[2] 房建成,宁晓琳,田玉龙. 航天器自主天文导航原理与方法[M]. 北京:国防工业出版社,2006.

[3] Downs G S. Interplanetary navigation using pulsation radio sources[R]. NASA Technical Report 32 – 1594,1974.

[4] Wood K S,Hulburt E O. Navigation studies utilizing the NRL – 801 experiment and the ARGOS satellite. Small Satellite Technology and Applications III,SPIE Proceedings:Vol. 1940 Orlando FL,USA. SPIE,1993.

[5] Hanson J E. Principles of X – ray navigation. Doctoral Dissertation[M]. Stanford CA:Stanford University,1996.

[6] Sheikh S I,Pines D J. Spacecraft navigation using X – Ray Pulsars[C]. Journal of Guidance,Control,and Dynamics. 2006,29(1):49 – 63.

[7] 杨廷高,南仁东,金乘进,等. 脉冲星自主导航概述[C]. 2005 年全国时间频率学术交流会,2005.

[8] 费保俊,孙维瑾,肖昱,等. X 射线脉冲星自主导航的基本测量原理[J]. 装甲兵工程学院学报,2006,20(3):59 – 63.

[9] 李黎,郑伟. 基于脉冲星的航天器自主导航研究进展[C]. 全国第十二届空间及运动体控制技术学术会议,2006.

[10] 帅平,李明,陈绍龙,等. X 射线脉冲星导航系统原理与方法[M]. 北京:宇航出版社,2009.

[11] 熊凯,魏春岭,刘良栋. 基于脉冲星的空间飞行器自主导航技术研究[J]. 航天控制,2007,25(4):36 – 45.

[12] 吴伟仁,王大轶,宁晓琳. 深空探测器自主导航原理与技术[M]. 北京:宇航出版社,2011.

[13] Julier S J, Uhlmann J K. A new extension of the kalman filter to nonlinear systems[C]. Orlando FL, USA: The Proceedings of The 11th International Symposium on Aerospace/Defense Sensing, Simulation and Controls, SPIE, 1997.

[14] Julier S J, Uhlmann J K. Reduced Sigma Point Filters for the Propagation of Means and Covariances Through Nonlinear Transformations[C]. AK: Proceedings of the American Control Conference Anchorage, 2002.

[15] Merwe R, Wan E. The Square - root Unscented Kalman Filter for State and Parameter - estimation[C]. Salt Lake City, USA: Proceedings of the IEEE Conference on Acoustics, Speech, and Signal Processing, 2001, 1:3461 - 3464.

[16] 张瑜,房建成. 基于 Unscented 卡尔曼滤波器的卫星自主天文导航研究[J]. 宇航学报,2003,24(6):646 - 650.

[17] Julier S J, Uhlmann J K. Unscented filtering and nonlinear estimation[C]. Proceedings of The IEEE, 2004, 92(3):401 - 422.

[18] Wan E A, van der Merwe R. The unscented kalman filter for nonlinear estimation[C]. Alberta, Canada: Proceedings of the IEEE Symposium on Adaptive Systems for Signal Processing, Communications, and Control, Lake Louise, 2000.

[19] Arasaratnam I, Haykin S. Cubature Kalman filters[C]. IEEE Trans. Automatic Control, 2009, 54(6):1254 - 1269.

[20] Arasaratnam I, Haykin S, Hurd T R. Cubature Kalman filtering for continuous - discrete systems: theory and simulations[C]. IEEE Trans. on Signal Processing, 2010, 58(10):4977 - 4993.

[21] Merwe R, Doucet A, Freitas N, Wan E. The unscented particle filter[R]. Cambridge University Engineering Department: Technical Report CUED/F - INFENG/TR 380, 2000.

[22] Pitt M, Shephard N. Filtering via simulation: Auxiliary particle filters[J]. Journal of American Statistics Association, 1999, 94(446):590 - 599.

[23] Miodrag Bolic, Petar. Miodrag Bolic, Petar. New resamping algorithms for particle filters[C]. 2003 IEEE International Conference on Acoustics, Speech, and Signal Processing (ICASSP03), 6 - 10 April, 2003, 2:589 - 592.

[24] Chopin N. Central limit theorem for sequential monte carlo methods and its application to Bayesian inference[J]. The Annals of Statistics, Annals of Statistics, 2004, 32(6):2385 - 2411.

[25] Arulampalam S M, Simon Maskell, Neil Gordon, et al. A tutorial on particle filter for online nonlinear/non - gaussian bayesian tracking[J]. IEEE Transaction on Signal Processing, 2002, 50(2):1 - 15.

[26] Paul Fearnhead. Sequential monte Carlo methods in filter theory[D]. PhD thesis, University of Oxford, 1998.

[27] Gordon N, Salmond D, Smith A F M. Novel approach to nonlinear and non - gaussian Bayesian state estimation[C]. IEE Proc. F, 1993, 140:107 - 113.

[28] Ning Xiaolin, Fang Jiancheng. Autonomous celestial orbit determination using Bayesian bootstrap filtering and EKF[C]. Fifth International Symposium on Instrumentation and Control Technology, 2003: 216 - 222.

[29] 宁晓琳,房建成. RJMCMC 粒子滤波方法在月球探测器自主天文导航中的应用[J]. 宇航学报, 2005, 26(增刊): 39 - 43.

[30] Logothetis, A Doucet. Markov chain monte Carlo methods for tracking a maneuvering target in clutter[J]. 1998 Proceedings of the 37th IEEE Conference on Decision and Control, 1998, 1: 754 - 759.

[31] Elena Punskaya, Christophe Andrieu, Arnaud Doucet, et al. Fitzgerald. Bayesian curve fitting using MCMC with applications to signal Segmentation[J]. IEEE Transactions on Signal Processing, 2002, 50(3): 747 - 758.

[32] Green P J. Reversible jump markov chain monte Carlo computation and Bayesian model determination[J]. Biometrika, 1995, 82: 711 - 32.

[33] Brooks S, Giudici P, Roberts G. Efficient construction of reversible jump MCMC proposal distributions[M]. England: University of Cambridge, 2001.

[34] Van der Merwe R, Doucet A, de Freitas N et al. The unscented particle filter[C]. Advances in Neural Information Processing Systems (NIPS13), MIT Press, 2000: 584 - 590.

第 5 章
地球卫星直接敏感地平的自主天文导航方法及其性能分析

5.1 引言

本章主要介绍地球卫星直接敏感地平自主天文导航方法的原理、数学模型、滤波方法以及相应的系统可观测性分析。由于滤波方法是除系统硬件外影响导航精度和实时性的最重要因素,因此如何选择最恰当的滤波方法是天文导航方法工程应用中极具价值的研究课题。本章通过计算机仿真,分析比较了基于 EKF、UKF 和 UPF 三种不同滤波方法的航天器自主天文导航系统的性能,其中基于 UPF 的自主天文导航系统具有最高的导航精度。随后对基于 UPF 的航天器自主天文导航系统中各种滤波参数选择和优化原则进行了研究。

在实际航天工程中,天体敏感器安装方位会影响观测量与卫星位置矢量之间的几何关系,从而影响系统的导航精度。针对该问题,本章利用一种新的基于 PWCS 和混合条件数的可观测度分析方法,分析了星敏感器安装方位角对系统可观测性能和导航精度的影响,提出了可使导航精度最高的星敏感器的最佳安装方案。

5.2 航天器自主天文导航的基本原理

航天器自主天文导航方法主要可分为两大类:纯天文几何解析法和基于轨

道动力学方程的滤波方法。前者是利用天文量测信息,根据航天器与天体间的几何关系,通过几何解算直接得到航天器的导航信息。后者则是利用天文量测信息结合轨道动力学方程,通过最优估计的方法得到航天器的导航信息。

5.2.1 航天器天文定位原理

由于在特定时刻天体在惯性空间的位置是可以确定的,因此通过航天器观测得到的天体方位信息,就可以确定航天器在该时刻的姿态信息,例如,通过对三颗或三颗以上天体的观测数据就可确定航天器在惯性空间中的姿态。但是要确定航天器在空间中的位置,则还需要位置已知的近天体的观测数据。举例来说,在航天器上观测到的两颗恒星之间的夹角不会随航天器位置的改变而发生变化,而一颗恒星和一颗行星质心之间的夹角则会随航天器位置的改变而改变,该角度的变化能够反映位置的变化。

通过天体敏感器测量得到的一颗恒星和一颗近天体(如地球、太阳和行星)质心之间的夹角,可确定航天器的一个位置圆锥面。该圆锥面的顶点位于近天体的质心,轴线指向恒星,锥心角等于观测得到的恒星和近天体质心之间的夹角,航天器必位于该圆锥面上。通过观测该近天体和第二颗恒星之间的夹角,可得到顶点也位于近天体质心的第二个位置圆锥面,如图5-1所示。这两个圆锥相交便确定了两条位置线,航天器必位于两条位置线之一,模糊度可以通过观测第三颗恒星来消除。如果已知航天器的大概位置,则航天器的实际位置线通常不需要第三颗恒星就可确定。通过第三个观测信息,如该近天体与另一个近天体之间的视角,就可以确定航天器在该位置线上的位置。

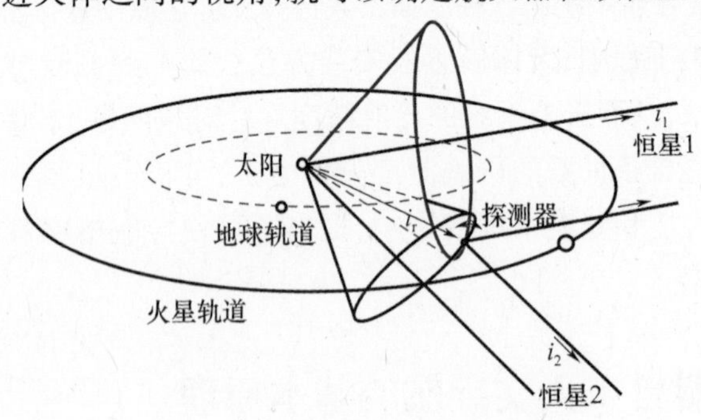

图5-1 纯天文导航的基本原理

设某一时刻，得到三个量测信息：太阳 - 恒星 1 之间的夹角 α_1；太阳 - 恒星 2 之间的夹角 α_2；太阳 - 地球之间的夹角 α_3。前两个量测值确定了两个以太阳为顶点的圆锥面。第三个量测值确定了一个以太阳与地球的连线为轴线的超环面。上述信息可用以下三个非线性方程来描述，即

$$\begin{cases} \boldsymbol{i}_r \cdot \boldsymbol{i}_1 = -\cos\alpha_1 \\ \boldsymbol{i}_r \cdot \boldsymbol{i}_2 = -\cos\alpha_2 \\ \boldsymbol{i}_r \cdot \boldsymbol{r}_p = \boldsymbol{r} - |\boldsymbol{r}_p - \boldsymbol{r}|\cos\alpha_3 \end{cases} \tag{5-1}$$

式中：$\boldsymbol{i}_1$、$\boldsymbol{i}_2$ 为恒星 1 和恒星 2 相对太阳的单位位置矢量；$\boldsymbol{r}$ 为航天器相对太阳的位置矢量；$\boldsymbol{i}_r$ 为其单位矢量；$\boldsymbol{r}_p$ 为地球相对太阳的位置矢量。航天器的位置可通过求解该方程组得到，但该方程的解不唯一。从几何上可以看出，这是由于两个圆锥面的交线有两条，而这两条交线与超环面的交点不止一个。该模糊度可通过航天器位置的预估值或增加观测量来消除。

5.2.2　基于轨道动力学的航天器自主天文导航滤波方法

航天器的自主天文导航系统主要由敏感器、数据采集和处理单元以及导航计算机组成。敏感器通常由各种天体敏感器和惯性敏感器组成，以获取周围天体和航天器自身的原始观测信息。数据采集和处理单元则对敏感器获得的原始数据进行处理，最终获取导航所需的量测信息并提供给导航计算机。导航计算机将量测信息与航天器的轨道姿态运动模型相结合，通过滤波算法确定航天器的位置、速度和姿态，如图 5 - 2 所示。

5.2.3　地球卫星的自主天文导航方法

地平方向是地球卫星天文导航的重要观测信息，地平测量精度是影响天文导航精度的主要因素，根据地平敏感方式的不同，地球卫星的自主天文导航方法主要可分为两种：直接敏感地平的自主天文导航方法和利用大气星光折射间接敏感地平的自主天文导航方法。这两种方法的基本原理都是在地球卫星轨道动力学方程和天体量测信息的基础上，利用滤波技术精确估计地球卫星的位置和速度，区别在于由于地平敏感方式不同，因此所利用的天体量测信息和相应的量测方程也不同。

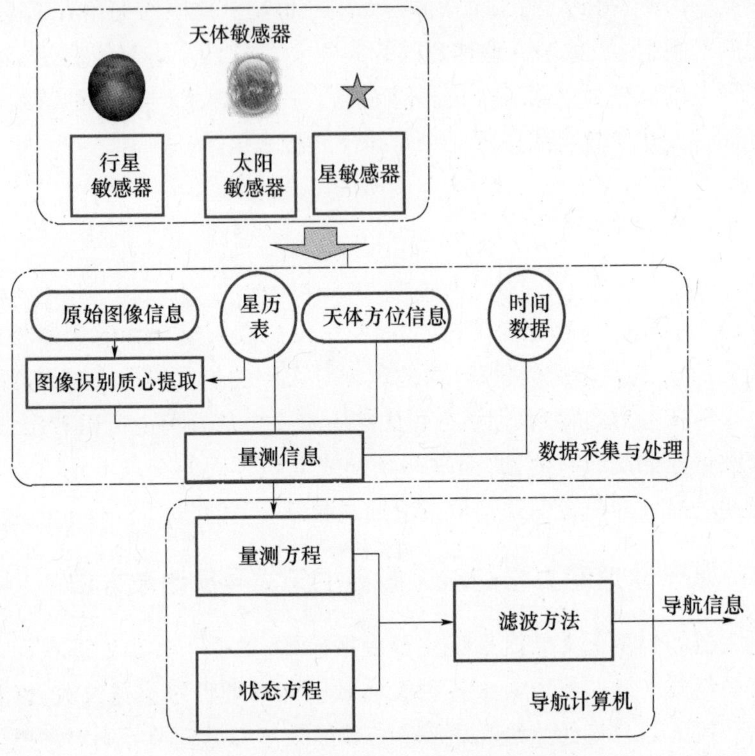

图5-2　航天器自主导航系统组成

1. 直接敏感地平自主天文导航方法的基本原理

地球卫星直接敏感地平的自主天文导航方法简单、可靠、易于实现。其基本原理如图5-3所示,即利用星敏感器观测导航恒星得到星光在星敏感器测量坐标系中的方向,通过星敏感器安装矩阵的转换,可算得星光在卫星本体坐标系中的方向。利用红外地球敏感器或空间六分仪测量地心方向或地平方向,算得地心矢量在卫星本体坐标系中的方向。根据卫星、所观测的导航星和地球之间的几何关系,结合轨道动力学方程和先进的滤波方法即可实现地球卫星的自主导航,获得位置、速度等导航信息。

2. 利用星光折射间接敏感地平自主天文导航方法的基本原理

星光折射间接敏感地平方法利用了大气的光学特性。在地球卫星上看,当星光通过地球大气时,由于大气密度不均匀,光线会发生折射弯向地心方向

(图 5－4),从而使恒星的视位置比实际位置上移。如果测量得到一颗接近地平方向的已知恒星的折射角,就可计算得到折射光线相对于地球的视高度,该视高度恰好是卫星位置的函数,通过一系列观测数据并结合轨道动力学方程进行滤波即可获得卫星的位置、速度等导航信息。当把星光折射概念用于地球卫星导航时,不仅需要一套完整的星图,还需要准确的大气折射模型。最终的导航精度将取决于量测误差、折射星光的数目与方向以及航天器轨道的类型等。由于星敏感器的精度远高于地平仪的精度,因此,利用星光折射法可以得到更为精确的卫星位置信息。

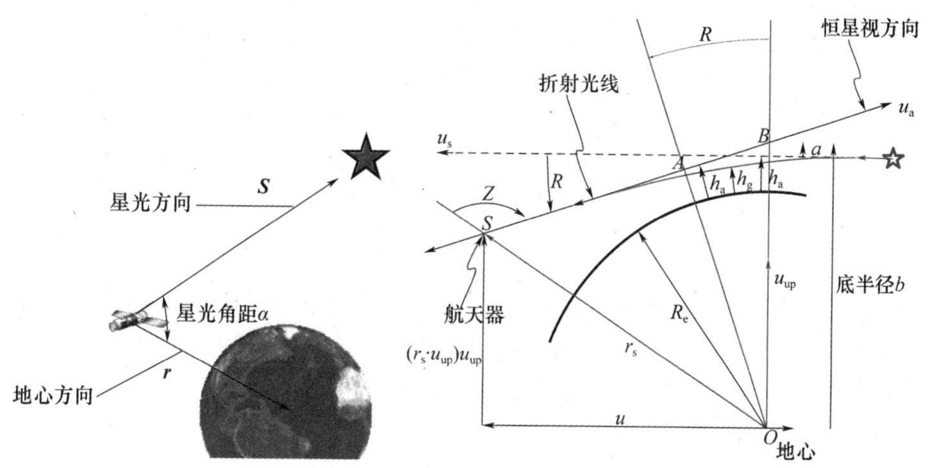

图 5－3 直接敏感地平的观测模型　　图 5－4 利用星光折射敏感地平的观测模型

5.3 地球卫星直接敏感地平的自主天文导航方法

5.3.1 系统的状态方程

自主天文导航系统的状态模型即卫星轨道动力学方程,有多种表达形式。其中在天文导航系统中最常用的是直角坐标表示的摄动运动方程和牛顿受摄运动方程。

1. 基于直角坐标系的卫星轨道运动学方程

在研究地球卫星的运动时,选取历元(J2000.0)地心赤道坐标系。此时,通常选用的卫星导航系统状态模型(轨道动力学模型)为

$$
\begin{cases}
\dfrac{\mathrm{d}x}{\mathrm{d}t}=v_x \\
\dfrac{\mathrm{d}y}{\mathrm{d}t}=v_y \\
\dfrac{\mathrm{d}z}{\mathrm{d}t}=v_z \\
\dfrac{\mathrm{d}v_x}{\mathrm{d}t}=-\mu\dfrac{x}{\boldsymbol{r}^3}\left[1-J_2\left(\dfrac{R_e}{\boldsymbol{r}}\right)\left(7.5\dfrac{z^2}{\boldsymbol{r}^2}-1.5\right)\right]+\Delta F_x \\
\dfrac{\mathrm{d}v_y}{\mathrm{d}t}=-\mu\dfrac{y}{\boldsymbol{r}^3}\left[1-J_2\left(\dfrac{R_e}{\boldsymbol{r}}\right)\left(7.5\dfrac{z^2}{\boldsymbol{r}^2}-1.5\right)\right]+\Delta F_y \\
\dfrac{\mathrm{d}v_z}{\mathrm{d}t}=-\mu\dfrac{z}{\boldsymbol{r}^3}\left[1-J_2\left(\dfrac{R_e}{\boldsymbol{r}}\right)\left(7.5\dfrac{z^2}{\boldsymbol{r}^2}-4.5\right)\right]+\Delta F_z
\end{cases}
\tag{5-2}
$$

$$
\boldsymbol{r}=\sqrt{x^2+y^2+z^2}
$$

简写为

$$
\dot{\boldsymbol{X}}(t)=\boldsymbol{f}(\boldsymbol{X},t)+\boldsymbol{w}(t) \tag{5-3}
$$

式中:状态矢量 $\boldsymbol{X}=[x\quad y\quad z\quad v_x\quad v_y\quad v_z]^{\mathrm{T}}$,$x$、$y$、$z$、$v_x$、$v_y$、$v_z$ 分别为卫星在 X、Y、Z 三个方向的位置和速度;μ 是地心引力常数;$\boldsymbol{r}$ 是卫星位置参数矢量;J_2 为地球引力系数;ΔF_x、ΔF_y、ΔF_z 为地球非球形摄动的高阶摄动项和日、月摄动以及太阳光压摄动和大气摄动等摄动力的影响。

2. 牛顿受摄运动方程

牛顿受摄运动方程为

$$
\begin{cases}
\dfrac{\mathrm{d}a}{\mathrm{d}t}=\dfrac{2}{n\sqrt{1-e^2}}[e(S\sin f+T\cos f)+T] \\
\dfrac{\mathrm{d}e}{\mathrm{d}t}=\dfrac{\sqrt{1-e^2}}{na}[(S\sin f+T\cos f)+T\cos E] \\
\dfrac{\mathrm{d}i}{\mathrm{d}t}=\dfrac{\boldsymbol{r}\cos(w+f)}{na^2\sqrt{1-e^2}}W \\
\dfrac{\mathrm{d}\Omega}{\mathrm{d}t}=\dfrac{\boldsymbol{r}\sin(w+f)}{na^2\sqrt{1-e^2}\sin i}W \\
\dfrac{\mathrm{d}w}{\mathrm{d}t}=\dfrac{\sqrt{1-e^2}}{nae}\left[-\cos f\cdot S+\left(1+\dfrac{\boldsymbol{r}}{p}\right)\sin f\cdot T\right]-\cos i\dfrac{\mathrm{d}\Omega}{\mathrm{d}t} \\
\dfrac{\mathrm{d}M}{\mathrm{d}t}=n-\dfrac{1-e^2}{nae}\left[-\left(\cos f-2e\dfrac{\boldsymbol{r}}{p}\right)S+\left(1+\dfrac{\boldsymbol{r}}{p}\right)\sin f\cdot T\right]
\end{cases}
\tag{5-4}
$$

式中：$p=a(1-e^2)$；S 为沿矢量 $\boldsymbol{r}$ 方向的摄动力；T 为在轨道面内垂直于 $\boldsymbol{r}$、指向卫星运动方向的摄动力；W 为沿轨道面法线方向并与 S、T 构成右手系取向的摄动力。

为了方便使用，常将摄动力三个分量 S、T、W 转化成 U、N、W，此时的受摄运动方程变为

$$
\begin{cases}
\dfrac{\mathrm{d}a}{\mathrm{d}t}=\dfrac{2}{n\sqrt{1-e^2}}(1+2e\cos f+e^2)^{1/2}U \\[2ex]
\dfrac{\mathrm{d}e}{\mathrm{d}t}=\dfrac{\sqrt{1-e^2}}{na}(1+2e\cos f+e^2)^{1/2}[2(\cos f+e)U-\sqrt{1-e^2}\sin E\cdot N] \\[2ex]
\dfrac{\mathrm{d}i}{\mathrm{d}t}=\dfrac{\boldsymbol{r}\cos(w+f)}{na^2\sqrt{1-e^2}}W \\[2ex]
\dfrac{\mathrm{d}\Omega}{\mathrm{d}t}=\dfrac{\boldsymbol{r}\sin(w+f)}{na^2\sqrt{1-e^2}\sin i}W \\[2ex]
\dfrac{\mathrm{d}w}{\mathrm{d}t}=\dfrac{\sqrt{1-e^2}}{nae}(1+2e\cos f+e^2)^{1/2}[2\sin f\cdot U+(\cos E+e)N]-\cos i\dfrac{\mathrm{d}\Omega}{\mathrm{d}t} \\[2ex]
\dfrac{\mathrm{d}M}{\mathrm{d}t}=n-\dfrac{1-e^2}{nae}\left[(1+2e\cos f+e^2)^{1/2}\left(2\sin f+\dfrac{2e^2}{\sqrt{1-e^2}}\sin E\right)U+(\cos E-e)N\right]
\end{cases}
\tag{5-5}
$$

式中：U 为沿卫星运动轨道切线方向的摄动力，指向运动速度方向为正；N 为沿轨道主法线方向的摄动力，以内法向方向为正。W 等其他符号定义与式(5-4)相同。

5.3.2　系统的量测方程

下面介绍地球卫星直接敏感地平的天文导航中通常使用的几种观测量和相应的量测模型。

1. 星光角距

星光角距是天文导航中常用的一种观测量，是指从卫星上观测到的导航恒星的星光矢量方向与地心矢量方向之间的夹角。

由图5-3中所示的几何关系，可得到星光角距 α 的表达式和相应的量测方程分别为

$$\alpha=\arccos\left(-\frac{\boldsymbol{r}\cdot\boldsymbol{s}}{r}\right)$$

$$Z = \alpha + v_\alpha = \arccos\left(-\frac{\boldsymbol{r}\cdot\boldsymbol{s}}{r}\right) + v_\alpha \tag{5-6}$$

式中：$\boldsymbol{r}$ 为卫星在地心惯性坐标系中的位置矢量；$\boldsymbol{s}$ 为导航星星光方向的单位矢量。

2. 星光仰角

星光仰角是指从卫星上观测到的导航恒星与地球边缘的切线方向之间的夹角，由图5-5所示的几何关系，可得星光仰角 γ 的表达式和相应的量测方程分别为

$$\begin{aligned} \gamma &= \arccos\left(-\frac{\boldsymbol{s}\cdot\boldsymbol{r}}{r}\right) - \arcsin\left(\frac{R_e}{r}\right) \\ Z &= \gamma + v_\gamma = \arccos\left(-\frac{\boldsymbol{s}\cdot\boldsymbol{r}}{r}\right) - \arcsin\left(\frac{R_e}{r}\right) + v_\gamma \end{aligned} \tag{5-7}$$

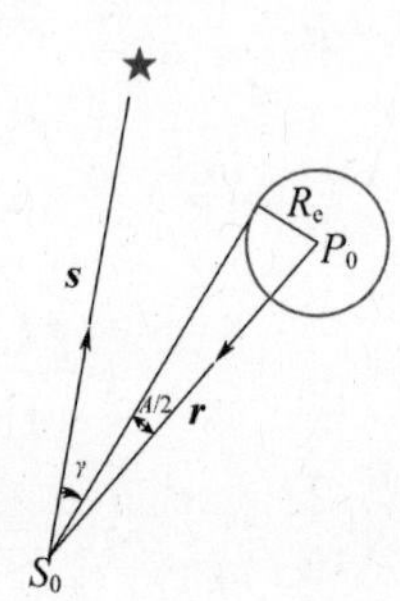

图5-5 星光仰角

式中：$\boldsymbol{r}$ 为卫星在地心惯性球坐标系中的位置矢量；$\boldsymbol{s}$ 为导航星星光方向的单位矢量；R_e 是地球半径。

3. 地心距和地心方向

(1) 地心方向观测(3维观测矢量)

$$\boldsymbol{Z}_{vr} = \frac{\boldsymbol{r}}{r} + v_{vr} \tag{5-8}$$

(2) 地心距观测(1维观测矢量)

$$\boldsymbol{Z}_r = r + v_r \tag{5-9}$$

式中：$\boldsymbol{r}$ 为卫星在地心惯性坐标系中的位置矢量。

4. 其他天体信息

(1) 太阳方向

$$\boldsymbol{Z}_{rcs} = \frac{\boldsymbol{r}_{cs}}{r_{cs}} = \frac{\boldsymbol{r}_{es} - \boldsymbol{r}}{|\boldsymbol{r}_{es} - \boldsymbol{r}|} \tag{5-10}$$

(2) 月球方向

$$\boldsymbol{Z}_{rcm} = \frac{\boldsymbol{r}_{cm}}{r_{cm}} = \frac{\boldsymbol{r}_{em} - \boldsymbol{r}}{|\boldsymbol{r}_{em} - \boldsymbol{r}|} \tag{5-11}$$

(3) 月-地夹角

$$\boldsymbol{Z}_{\alpha 1} = \alpha_1 = \arccos\left(-\frac{\boldsymbol{r}_{cm}\cdot\boldsymbol{r}}{\boldsymbol{r}_{cm}\boldsymbol{r}}\right) \tag{5-12}$$

(4) 月 - 日夹角

$$Z_{\alpha 2} = \alpha_2 = \arccos\left(-\frac{\boldsymbol{r}_{\mathrm{cm}} \cdot \boldsymbol{r}_{\mathrm{cs}}}{\boldsymbol{r}_{\mathrm{cm}} \cdot \boldsymbol{r}_{\mathrm{cs}}}\right) \tag{5-13}$$

(5) 日 - 地夹角

$$Z_{\alpha 3} = \alpha_3 = \arccos\left(-\frac{\boldsymbol{r}_{\mathrm{cs}} \cdot \boldsymbol{r}}{\boldsymbol{r}_{\mathrm{cs}} \cdot \boldsymbol{r}}\right) \tag{5-14}$$

式中各物理量的几何意义如图 5 - 6 所示。

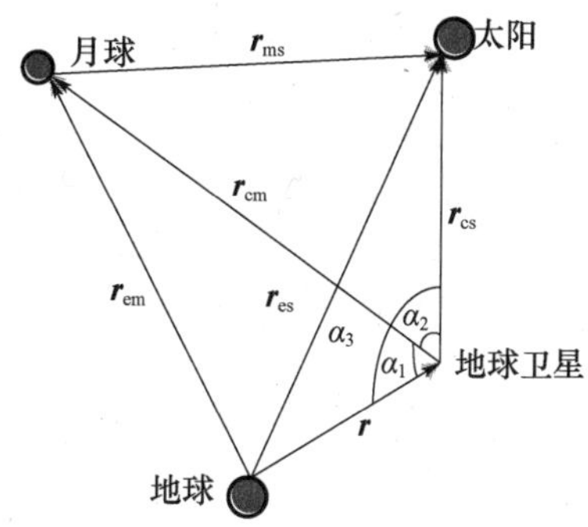

图 5 - 6　卫星与日、地、月的几何关系

5.3.3　计算机仿真

1. 以星光角距为观测量的计算机仿真

卫星导航系统的状态方程为式(5 - 2),量测方程为式(5 - 6),对其进行定轨的仿真条件和仿真结果如下(图 5 - 7)。

(1) 坐标系:J2000.0 地心赤道惯性坐标系。

(2) 标称轨道参数。

半长轴:$a = 7136.635\text{km}$　　偏心率:$e = 1.809 \times 10^{-3}$

轨道倾角:$i = 65°$　　升交点赤经:$\Omega = 30.00°$

近升角距:$\omega = 30.00°$

(3) 测量仪器的精度。

星敏感器的视场:25° × 25°　　星敏感器的精度:3″(1σ)

红外地平仪的精度:0.05°(1σ)

(4) 导航星使用分布于天球上的 50 颗最亮的恒星(星等≤2^{m})。

(5) 测量类型:星光角距。

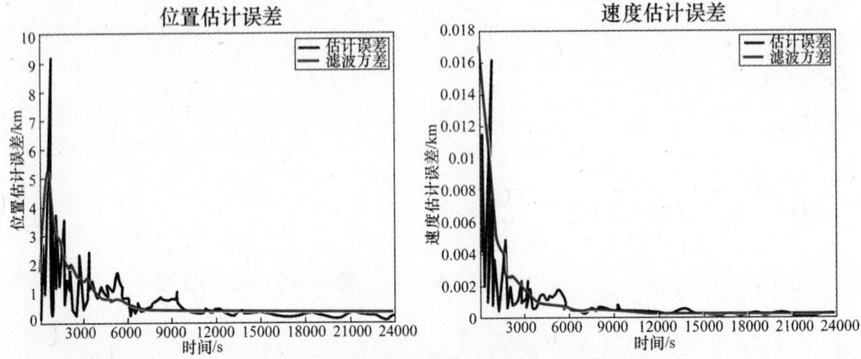

图5-7 星光角距为观测量时的滤波结果

根据以上仿真条件,利用扩展卡尔曼滤波方法,仿真结果为位置估计误差0.2851km(1σ),速度估计误差0.28997m/s(1σ)。

2. 以星光仰角为观测量的计算机仿真

卫星导航系统的状态方程为式(5-2),量测方程为式(5-7),对其进行定轨的仿真条件和仿真结果如下(图5-8)。

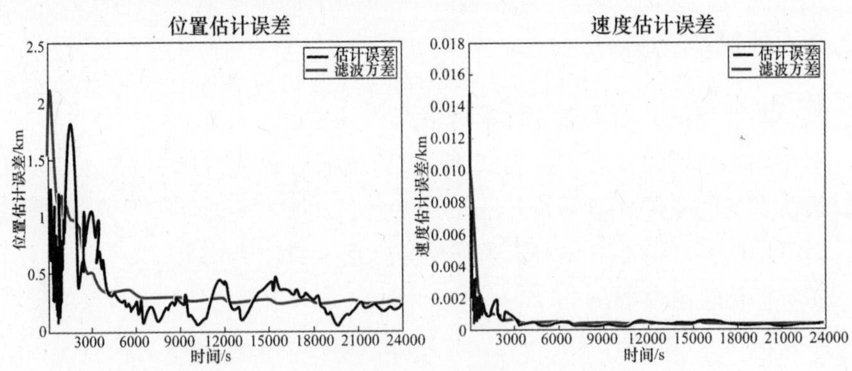

图5-8 星光仰角为观测量时的滤波结果

(1) 坐标系:J2000.0 地心赤道惯性坐标系。

(2) 标称轨道参数。

半长轴:$a=7136.635\text{km}$　　偏心率:$e=1.809\times10^{-3}$

轨道倾角:$i=65°$　　升交点赤经:$\Omega=30.00°$

近升角距：$\omega = 30.00°$

（3）测量仪器的精度。

星敏感器的视场：$25° \times 25°$　　　　星敏感器精度：$3''(1\sigma)$

红外地平仪的精度：$0.05°(1\sigma)$

（4）导航星使用分布于天球上的50颗最亮的恒星（星等$\leqslant 2^{m}$）。

（5）观测量：星光仰角。

根据以上仿真条件，利用扩展卡尔曼滤波方法，仿真结果为位置估计误差0.2465km(1σ)，速度估计误差0.24797m/s(1σ)。

5.4　滤波方法的选择及优化

不同滤波方法在滤波周期、噪声分布等精度影响因素下的精度和实时性各不同，如何选择最恰当的滤波方法是地球卫星天文导航方法工程应用中极具价值研究课题。本小节对基于EKF、UKF和UPF的导航系统在这些相同因素影响下的性能进行了分析比较。

仿真中使用的状态模型为

$$\begin{cases} \dfrac{\mathrm{d}x}{\mathrm{d}t} = v_x \\ \dfrac{\mathrm{d}y}{\mathrm{d}t} = v_y \\ \dfrac{\mathrm{d}z}{\mathrm{d}t} = v_z \\ \dfrac{\mathrm{d}v_x}{\mathrm{d}t} = -\mu \dfrac{x}{r^3}\left[1 - J_2\left(\dfrac{R_e}{r}\right)\left(7.5\dfrac{z^2}{r^2} - 1.5\right)\right] + \Delta F_X \\ \dfrac{\mathrm{d}v_y}{\mathrm{d}t} = -\mu \dfrac{y}{r^3}\left[1 - J_2\left(\dfrac{R_e}{r}\right)\left(7.5\dfrac{z^2}{r^2} - 1.5\right)\right] + \Delta F_y \\ \dfrac{\mathrm{d}v_z}{\mathrm{d}t} = -\mu \dfrac{z}{r^3}\left[1 - J_2\left(\dfrac{R_e}{r}\right)\left(7.5\dfrac{z^2}{r^2} - 4.5\right)\right] + \Delta F_z \end{cases} \tag{5-15}$$

$$r = \sqrt{x^2 + y^2 + z^2}$$

仿真中使用的观测量为星光角距，相应的量测模型为

$$Z(k) = \alpha + v_\alpha = \arccos\left(-\frac{\boldsymbol{r} \cdot \boldsymbol{s}}{r}\right) + v_\alpha \tag{5-16}$$

仿真中使用的轨道数据为由 STK 生成的一颗低轨地球卫星的轨道和姿态数据,具体的数据生成方法可参考第 11 章。在计算地球卫星轨道时,考虑如下摄动因素:地球非球形引力,地球模型采用 JGM－3(Joint Gravity Model),地球非球形摄动考虑前 21×21 阶带谐项与田谐项;太阳引力;月球引力;太阳光压,其中 $C_r = 1$,面质比 $0.02000\text{m}^2/\text{kg}$;大气阻力,其中 $C_d = 2$,面质比 $0.02000\text{m}^2/\text{kg}$,大气密度模型采用 Harris－Priester 模型。坐标系为地心赤道惯性坐标系(J2000.0)。轨道半长轴 $a = 7136.635\text{km}$,偏心率 $e = 1.809 \times 10^{-3}$,轨道倾角 $i = 65°$,升交点赤经 $\Omega = 30°$,近升角距 $\omega = 30°$。星敏感器的视场为 10°×10°,星敏感器精度 3″(1σ),红外地平仪的精度 0.02°(1σ),导航星表使用第谷星表。

5.4.1 三种方法在不同滤波周期下的导航性能比较

滤波周期是影响导航系统滤波精度的重要因素之一。下面给出滤波周期分别为 3s、30s 和 60s 时,在 600min(6 个轨道周期)内基于 EKF、UKF 和 UPF 的天文导航系统的精度比较结果(图 5－9 和表 5－1)。

表 5－1 滤波周期对导航精度的影响

滤波周期		滤波收敛后的平均误差		滤波收敛后的最大误差	
		位置/m	速度/(m/s)	位置/m	速度/(m/s)
$T=3\text{s}$	EKF	252.4393	0.2446	528.5326	0.5105
	UKF	209.3940	0.2112	473.3581	0.4758
	UPF	175.4438	0.1632	334.8506	0.3728
$T=30\text{s}$	EKF	575.6475	0.6340	999.2564	1.0543
	UKF	292.2321	0.2811	614.2206	0.5446
	UPF	237.5596	0.2363	460.4181	0.4695
$T=60\text{s}$	EKF	726.2078	0.6980	2205.6	2.0372
	UKF	435.5368	0.4118	948.9772	0.8348
	UPF	334.1866	0.3218	748.1854	0.6079

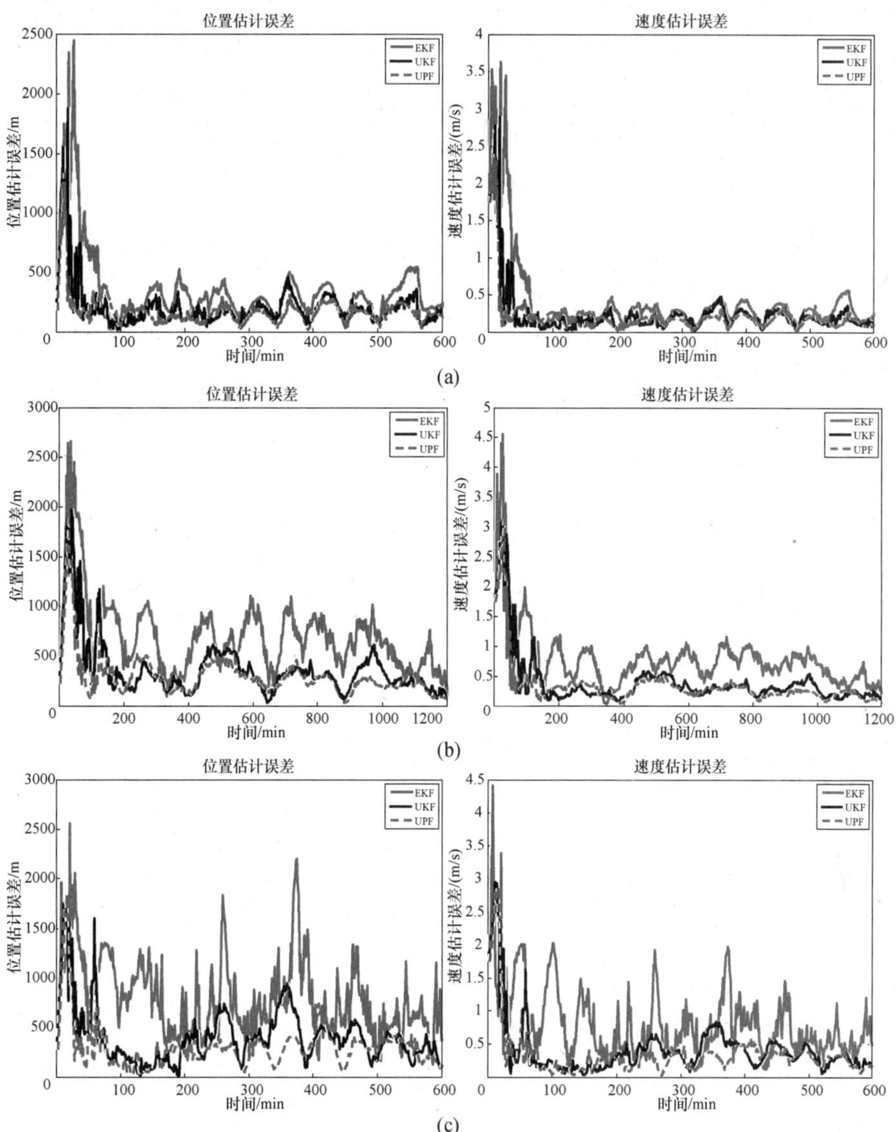

图 5－9　滤波周期对导航性能的影响

(a) $T=3\mathrm{s}$ 时的三种滤波方法的导航精度比较；

(b) $T=30\mathrm{s}$ 时的三种滤波方法的导航精度比较；

(c) $T=60\mathrm{s}$ 时的三种滤波方法的导航精度比较。

从图5－9和表5－1可以看出,随着滤波周期的延长,基于EKF、UKF和UPF三种滤波方法的自主天文导航系统的精度都会降低。但滤波周期对EKF导航系统的影响最为显著,这主要是由于非线性误差随滤波周期的延长迅速增大,而EKF对此最为敏感。滤波周期对UKF和UPF也有影响,但相比EKF要小。

5.4.2 三种方法在不同噪声分布下的导航性能比较

噪声及其分布特性也是影响导航系统的滤波估计精度的重要因素之一。下面给出当量测噪声分别为正态分布、t分布和均匀分布,滤波周期为15s时,在600min(6个轨道周期)内基于EKF、UKF和UPF的天文导航系统的精度比较结果(图5－10和表5－2)。

从图5－10和表5－2可以看出,量测噪声的分布特性不同,滤波结果也不一样,但总体说来,不论量测噪声的分布特性怎样,基于EKF的导航系统精度最差,而基于UPF的导航系统精度最高。

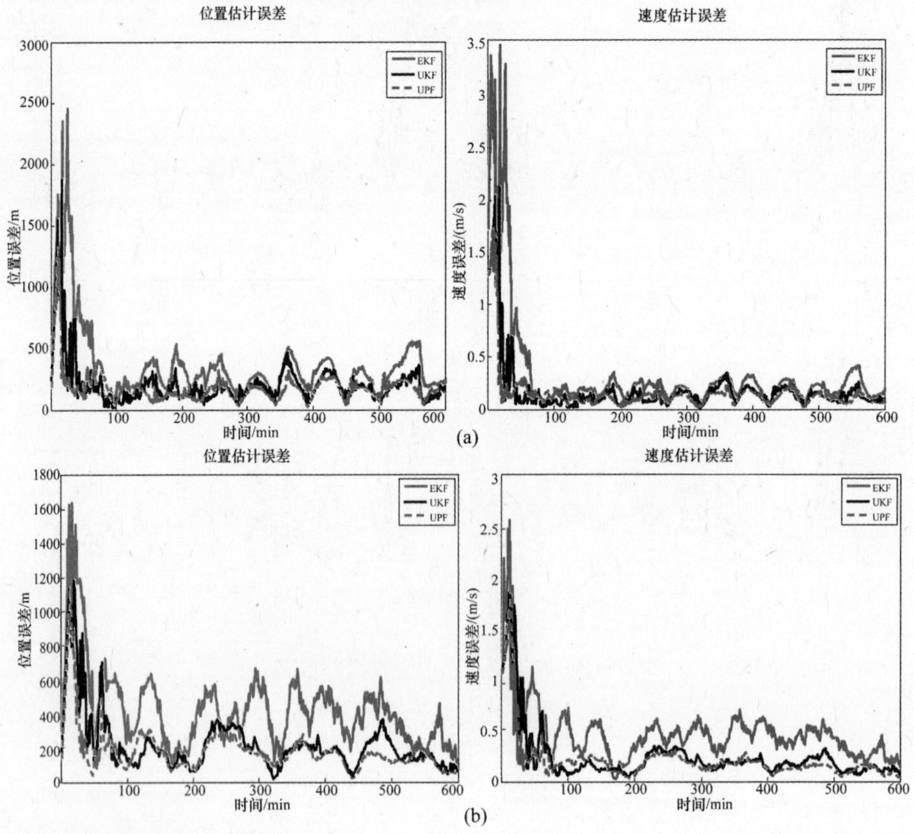

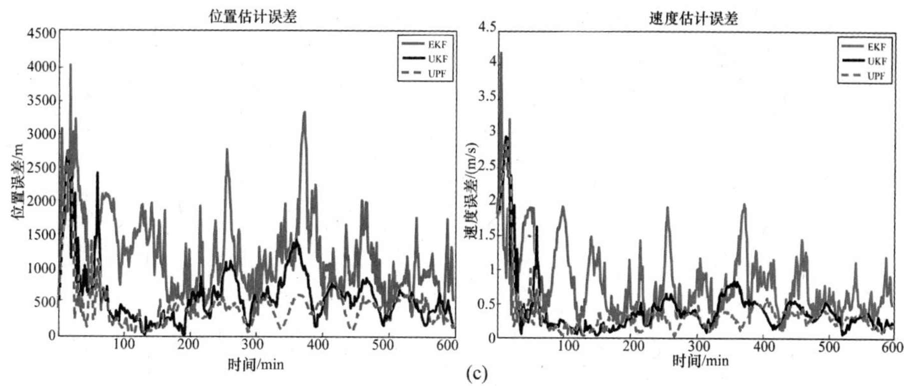

图 5－10　量测噪声的分布特性对导航性能的影响

（a）量测噪声为正态分布时的比较结果；

（b）量测噪声为 t 分布的比较结果；

（c）量测噪声为均匀分布的比较结果。

表 5－2　量测噪声的分布特性对导航精度的影响

量测噪声分布特性		滤波收敛后的平均误差		滤波收敛后的最大误差	
		位置/m	速度/(m/s)	位置/m	速度/(m/s)
正态分布	EKF	374.3222	0.3331	1235.8	1.1195
	UKF	217.3204	0.2089	540.5632	0.4631
	UPF	198.7682	0.2015	534.8064	0.4598
t 分布	EKF	223.1578	0.2362	533.4111	0.5328
	UKF	194.2001	0.1849	528.8101	0.4195
	UPF	187.3548	0.1846	519.1896	0.4133
均匀分布	EKF	294.0916	0.2881	629.9934	0.7346
	UKF	205.4600	0.2007	527.5990	0.4219
	UPF	197.3377	0.1919	501.2496	0.4146

5.4.3　三种方法的计算量比较

从 5.4.1 节和 5.4.2 节的仿真结果可以看出，在相同的仿真条件下，基于 UPF 的自主天文导航系统精度最高，基于 UKF 的自主天文导航系统次之，基于 EKF 的自主天文导航系统精度最低。相应地，三种滤波方法的计算量也不同。表5-3给出了三种滤波方法的计算复杂度和在上述仿真条件下的每轨道实际仿真计算时间。

表5-3　三种滤波方法的计算量比较

滤波方法	计算复杂度		每轨道实际仿真计算时间/s
	F 为满阵	**F** 为对角矩阵	
EKF	$C_{\mathrm{EKF}}=3n^3+3n^2+4n$	$C'_{\mathrm{EKF}}=6n^2+4n$	1.5
UKF	$C_{\mathrm{UKF}}=2n^3+12n^2+14n+5$	$C'_{\mathrm{UKF}}=2n^3+12n^2+14n+5$	3.5
UPF(samplenum=20)	$C_{\mathrm{UPF}}=\mathrm{samplenum}\cdot C_{\mathrm{UKF}}$	$C'_{\mathrm{UPF}}=\mathrm{samplenum}\cdot C'_{\mathrm{UKF}}$	60

其中$\boldsymbol{F}$为状态转移矩阵,n为状态转移矩阵的阶数。对地球卫星自主天文导航系统而言,$\boldsymbol{F}$接近对角阵($n=6$),因此UKF的计算复杂度约为EKF的4倍,而UPF的计算复杂度约为粒子个数与UKF的计算复杂度的乘积,从实际仿真结果看也基本与此相接近。虽然UPF的计算量较大,但每轨道实际仿真计算时间也仅有60s,而实际地球卫星每轨道运行时间为1h,因此基于UPF的地球卫星自主天文导航系统也可满足实时性的要求。

综上所述,由于天文导航系统的状态模型和量测模型均为严重的非线性,并且状态模型中省略的摄动项也无法等效为高斯噪声,因此可有效解决上述问题的UPF滤波方法具有最高的导航精度,且满足系统实时性的要求,是目前最适于地球卫星天文导航的一种滤波方法。因此,下面将针对基于UPF的地球卫星自主天文导航系统,研究其各种参数的选择和优化方法。

5.5　UPF中UKF参数的选择及优化方法

UPF方法需利用UKF来得到粒子滤波的重要性采样密度,也就是利用UKF来生成下一代预测粒子,因此UKF的参数会对UPF的精度产生影响。本节通过对UKF中的几个重要参数τ、Q、R对导航精度的影响进行分析,给出了UKF的参数选择和优化原则。

具体仿真条件与5.4节相同,滤波周期为3s,仿真时间为600min(6个轨道周期)。

5.5.1　参数τ的选择

根据4.3节给出的UKF采样点的计算方法,有

$$\boldsymbol{\chi}_{0,k}=\hat{\boldsymbol{x}}_k,\boldsymbol{W}_0=\tau/(n+\tau)$$

$$\boldsymbol{\chi}_{i,k}=\hat{\boldsymbol{x}}_k+\sqrt{n+\tau}(\sqrt{\boldsymbol{P}(k|k)})_i,\boldsymbol{W}_i=1/[2(n+\tau)]$$

$$\boldsymbol{\chi}_{i+n,k}=\hat{\boldsymbol{x}}_k-\sqrt{n+\tau}(\sqrt{\boldsymbol{P}(k|k)})_i,\boldsymbol{W}_{i+n}=1/[2(n+\tau)]$$

UKF 中的参数 τ 会对各采样点的分布和相应权重产生影响，采样点分布在以 $\sqrt{n+\tau}(\sqrt{\boldsymbol{P}(k|k)})_i$ 为半径的域内，因此 τ 越接近 $-n$，$(n+\tau)$ 越小，采样点分布的范围越小；反之，τ 越大，$(n+\tau)$ 越大，采样点分布的范围越大。但各采样点权重的分布略有不同，τ 的绝对值越接近 0，各采样点的权重越大；反之，τ 的绝对值越接近 $+\infty$，各采样点的权重越小。图 5－11 给出了当 τ 取不同值时的计算机仿真结果，表 5－4 给出了详细的仿真数据。

表 5－4　τ 的不同取值对导航精度的影响

τ 的取值	滤波收敛平均误差		滤波收敛最大误差	
	位置/m	速度/(m/s)	位置/m	速度/(m/s)
−5.99999	1586.2	1.9427	3599.6	4.1741
−5.99	147.2242	0.1454	488.0128	0.4905
−5	147.2246	0.1454	488.0108	0.4905
−3	147.2246	0.1454	488.0108	0.4905
0	147.2245	0.1454	488.0108	0.4905
10	147.2245	0.1454	488.0108	0.4905
1000	147.2242	0.1454	488.0114	0.4905
1000000	147.1235	0.1454	488.2874	0.4914
$>10^9$	发散	发散	发散	发散

从图 5－11 及表 5－4 中可以看出，τ 的取值除了在极端情况下会影响滤波性能外，在很大范围内对天文导航系统的导航精度影响不大。这主要是由于采样点的范围和权重基本成反比，因此二者的乘积变化较小，而在 UKF 的时间更新和量测更新的公式中二者都是以乘积的形式出现。但该结论仅限于地球卫星的天文导航系统，其他系统还需另行分析。

5.5.2　参数 Q 的选择

根据 4.3 节给出的 UKF 时间更新算法，计算一步预测估计误差协方差阵时，会用到状态模型噪声的协方差矩阵 $\boldsymbol{Q}$。

$$\boldsymbol{P}_k^-=\sum_{i=0}^{2n}W_i[\boldsymbol{\chi}_{i,k|k-1}-\hat{\boldsymbol{x}}_k^-][\boldsymbol{\chi}_{i,k|k-1}-\hat{\boldsymbol{x}}_k^-]^{\mathrm{T}}+\boldsymbol{Q}_k \tag{5-17}$$

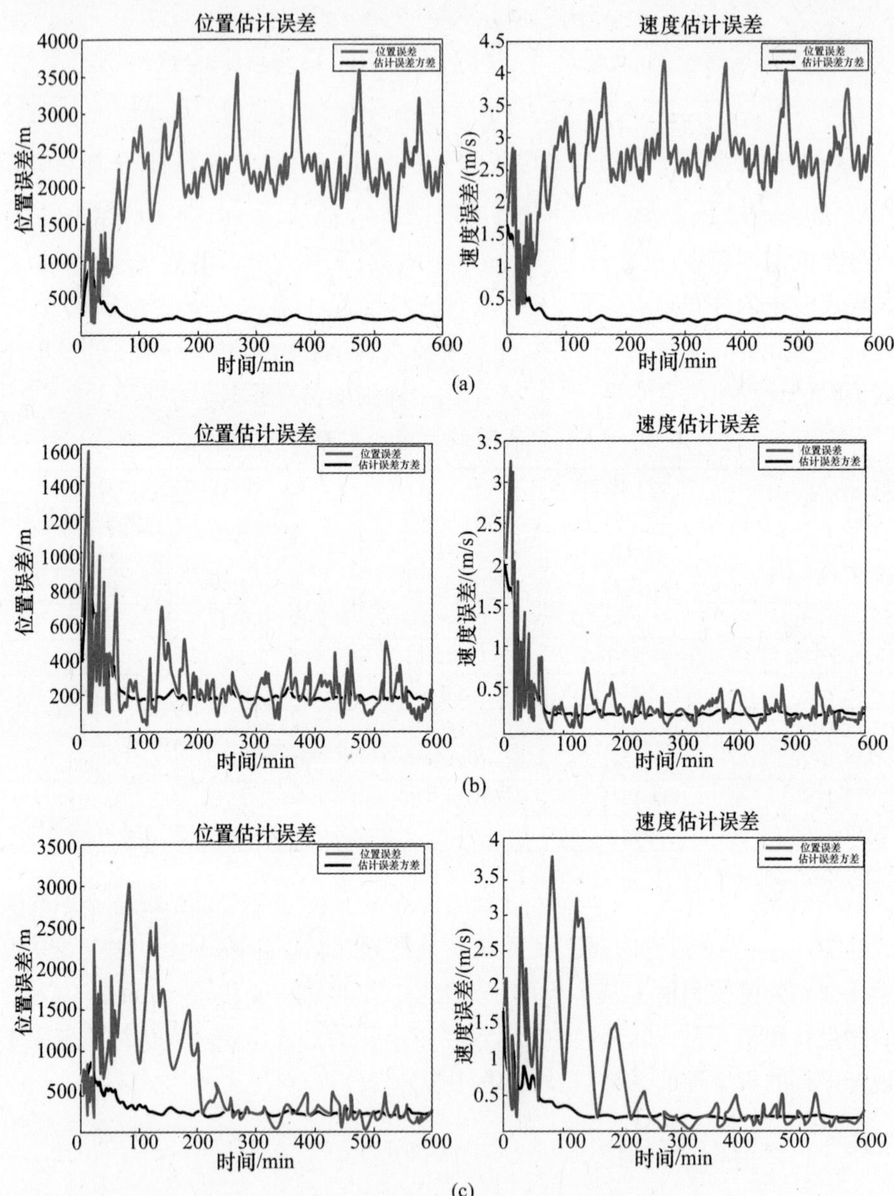

图 5-11　参数 τ 对导航性能的影响

(a) $\tau = -5.9999999$ 时的滤波结果;(b) $\tau = -3$ 时的滤波结果;

(c) $\tau = 10^8$ 时的滤波结果。

因此,$\boldsymbol{Q}$ 会影响一步预测估计误差协方差阵的大小,从而影响最终的估计误差协方差阵的大小,而最终的估计误差协方差阵决定了采样点分布范围的半径。为研究 $\boldsymbol{Q}$ 对导航系统精度的影响,取

$$\boldsymbol{Q}=\begin{bmatrix} q & 0 & 0 & 0 & 0 & 0 \\ 0 & q & 0 & 0 & 0 & 0 \\ 0 & 0 & q & 0 & 0 & 0 \\ 0 & 0 & 0 & q\times10^{-3} & 0 & 0 \\ 0 & 0 & 0 & 0 & q\times10^{-3} & 0 \\ 0 & 0 & 0 & 0 & 0 & q\times10^{-3} \end{bmatrix} \tag{5-18}$$

从图5-12及表5-5中可以看出,q 的取值对导航精度的影响很大,q 值取得太大,系统就不能有效地利用状态模型对测量噪声进行修正,因此导航精度就较低;反之,q 值取得太小,系统就会过分地依赖状态模型的精度,以致量测信息无法对状态进行有效修正,因此导致滤波发散;只有当 q 的取值恰好与所使用的状态模型的精度相吻合时,才能使状态模型和量测信息都能有效地发挥作用,互相补充,得到最高的导航精度。上述结论从仿真结果中也可以明显看出,如图5-12(a)、(b)所示,由于 q 值取得太大,使得估计误差协方差高于实际的估计误差;图5-12(d)中,由于 q 值取得太小,使得估计误差协方差低于实际的估计误差;只有 q 的取值恰好与所使用的状态模型的精度相吻合时,如图5-12(c)所示,此时,估计误差协方差与实际估计误差基本吻合。

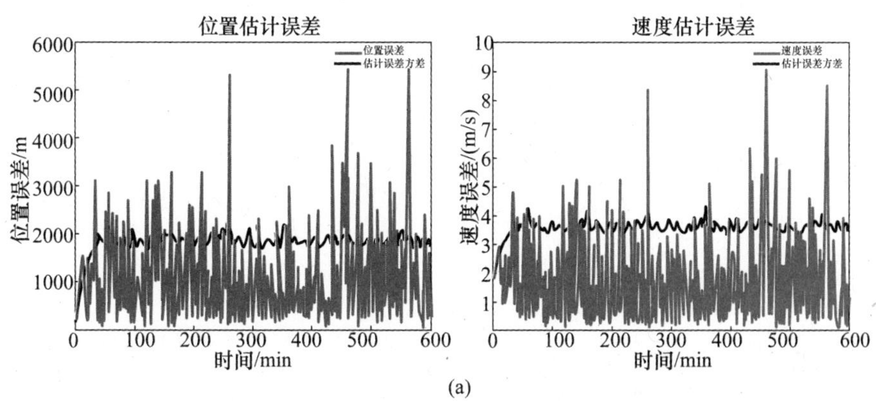

(a)

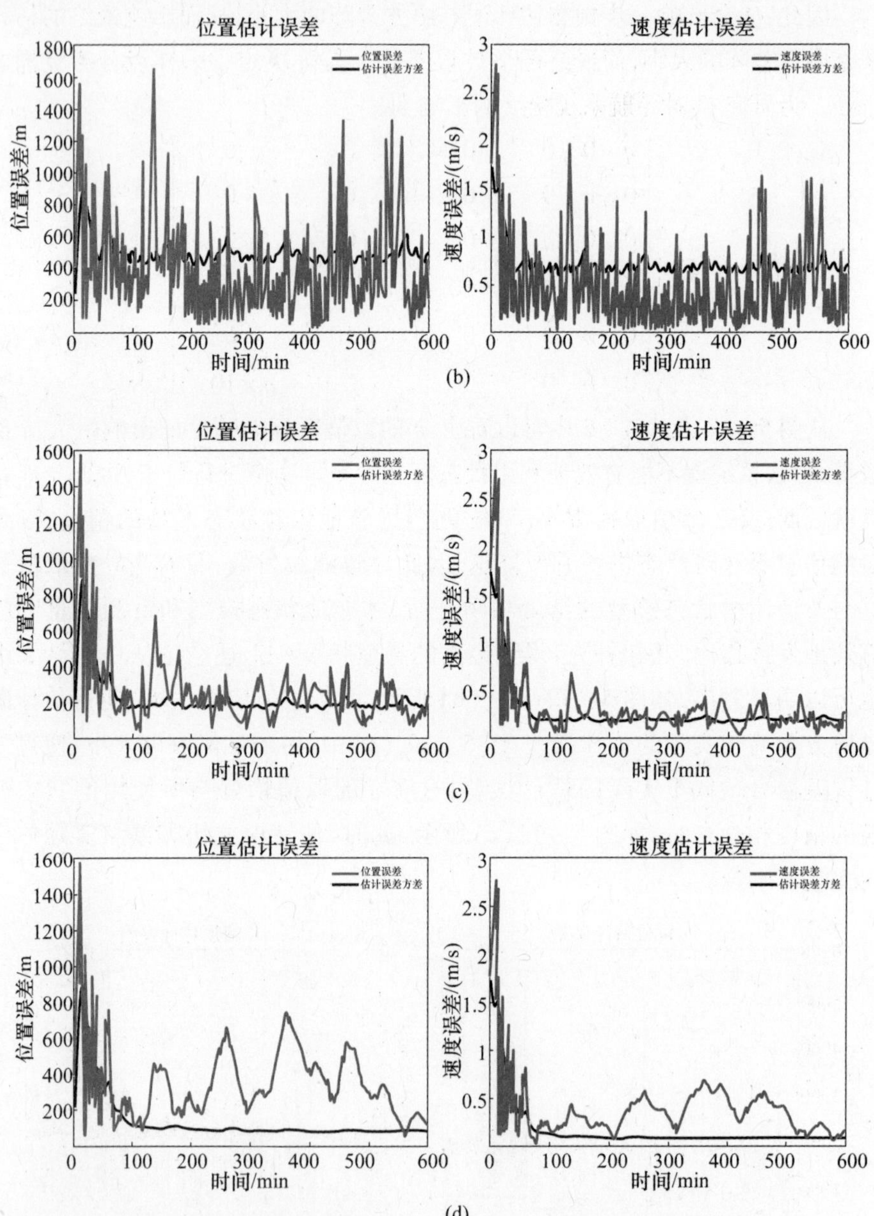

图 5-12　参数 $\boldsymbol{Q}$ 对导航性能的影响

(a) $q=10$ 时的仿真结果;(b) $q=0.1$ 时的仿真结果;

(c) $q=0.001$ 时的仿真结果;(d) $q=0.00001$ 时的仿真结果。

表5－5　Q的不同取值对导航精度的影响

q的取值	滤波收敛平均误差		滤波收敛最大误差	
	位置/m	速度/(m/s)	位置/m	速度/(m/s)
100	1684.9	2.966	15001	24.5883
10	812.8844	1.2845	5959.6	9.3274
1	470.1843	0.6464	2151.2	3.0175
0.1	280.7522	0.3424	1323.0	1.6161
0.01	168.2890	0.1836	790.2195	0.8624
0.001	147.2246	0.1454	488.0108	0.4905
0.0001	186.9619	0.1831	541.1914	0.4952
0.00001	273.3425	0.2719	749.5976	0.6843
0.000001	486.4011	0.5003	1083.5	1.0495
更小	发散	发散	发散	发散

5.5.3　参数R的选择

根据4.3节给出的UKF测量更新算法，计算一步预测测量误差协方差阵时，会用到量测模型噪声的协方差矩阵$\boldsymbol{R}$，即

$$\boldsymbol{P}_{\hat{z}_k\hat{z}_k} = \sum_{i=0}^{2n} W_i[\boldsymbol{Z}_{i,k|k-1} - \hat{z}_k^-][\boldsymbol{Z}_{i,k|k-1} - \hat{z}_k^-]^{\mathrm{T}} + \boldsymbol{R}_k \tag{5-19}$$

因此，$\boldsymbol{R}$会影响一步预测测量误差协方差阵的大小，从而也会影响最终的估计误差协方差阵的大小，而最终的估计误差协方差阵决定了采样点的分布范围的半径。为研究$\boldsymbol{R}$对导航系统精度的影响，当观测的导航星个数为3时，$\boldsymbol{R}$可表示为

$$\boldsymbol{R} = \begin{bmatrix} r & 0 & 0 \\ 0 & r & 0 \\ 0 & 0 & r \end{bmatrix} \tag{5-20}$$

图5－13和表5－6给出当上式中的r取不同值时的计算机仿真结果。

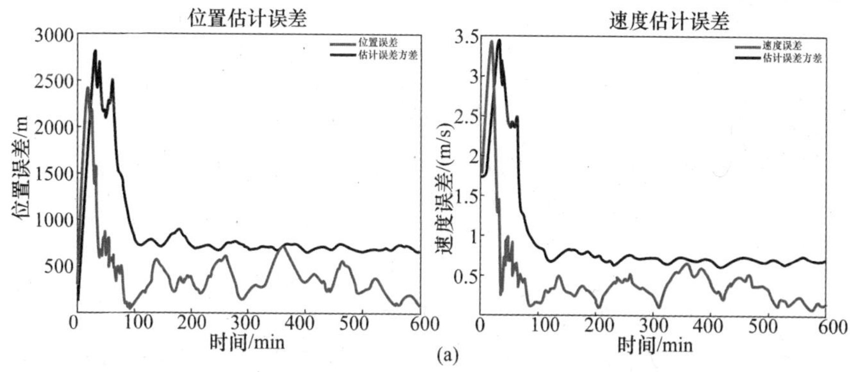

(a)

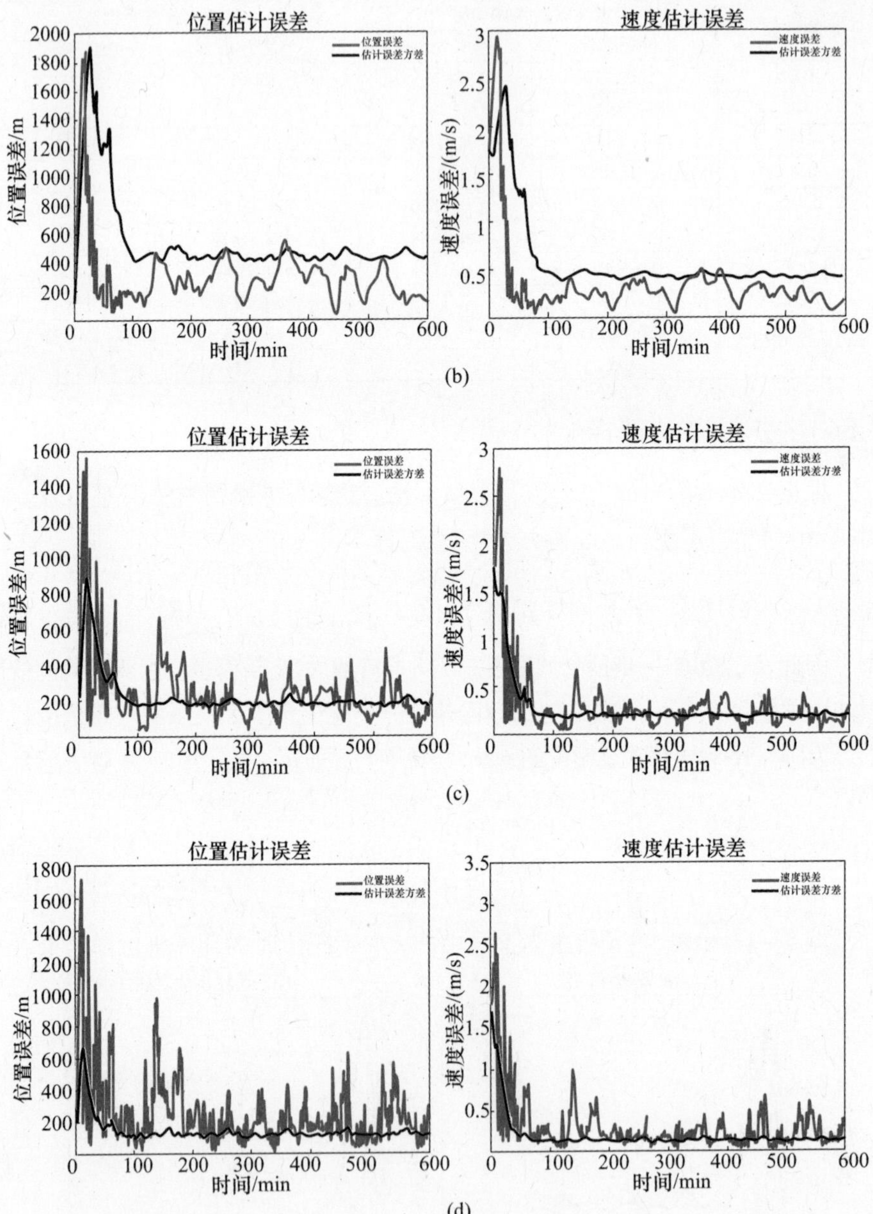
位置估计误差
位置误差
估计误差方差
位置误差/m
时间/min
速度估计误差
速度误差
估计误差方差
速度误差/(m/s)
时间/min
(b)
位置估计误差
位置误差
估计误差方差
位置误差/m
时间/min
速度估计误差
速度误差
估计误差方差
速度误差/(m/s)
时间/min
(c)
位置估计误差
位置误差
估计误差方差
位置误差/m
时间/min
速度估计误差
速度误差
估计误差方差
速度误差/(m/s)
时间/min
(d)

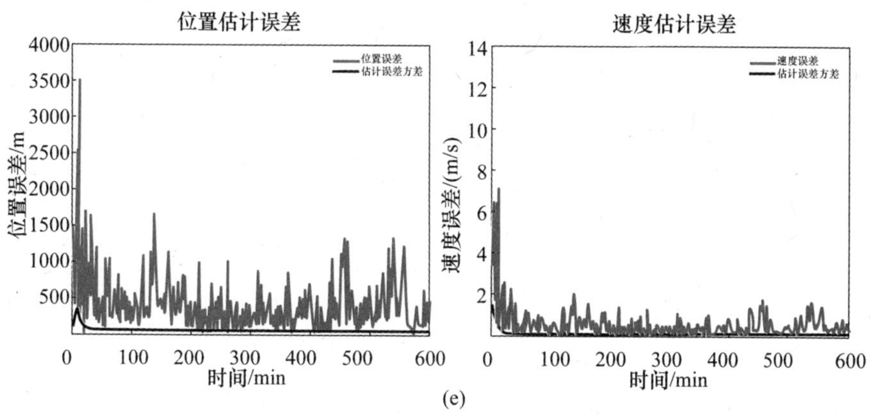

图 5－13　参数 $\boldsymbol{R}$ 对导航性能的影响

(a) $r=0.16$ 时的仿真结果；(b) $r=0.08$ 时的仿真结果；
(c) $r=0.02$ 时的仿真结果；(d) $r=0.01$ 时的仿真结果；
(e) $r=0.002$ 时的仿真结果。

从图 5－13 及表 5－6 中可以看出，r 的取值对导航精度的影响与 q 类似，r 值取得太大，系统就不能有效地利用量测信息对状态进行修正，因此导航精度就较低；反之，r 值取得太小，系统就会过分地依赖量测信息，无法利用状态模型有效地去除有害的量测噪声，同样降低了导航的精度；只有当 r 的取值恰好与所使用的量测模型的精度相吻合时，才能使状态模型和量测信息都能有效地发挥作用，互相补充，得到最高的导航精度。上述结论从仿真结果中也可以明显看出，如图 5－13(a)、(b) 所示，由于 r 值取得太大，使得估计误差协方差高于实际的估计误差；图 5－13(d)、(e) 中，由于 r 值取得太小，使得估计误差协方差低于实际的估计误差；只有 r 的取值恰好与所使用的量测模型的精度相吻合时，如图 5－13(c) 所示，此时估计误差协方差与实际的估计误差基本吻合。

表 5－6　$\boldsymbol{R}$ 的不同取值对导航精度的影响

r 的取值	滤波收敛后的平均误差		滤波收敛后的最大误差	
	位置/m	速度/(m/s)	位置/m	速度/(m/s)
0.4	428.2805	0.4016	1050.7	0.8989
0.16	253.7641	0.2486	737.5827	0.6413
0.08	200.0449	0.1954	586.3676	0.5187
0.02	147.2246	0.1454	488.0108	0.4905

(续)

r 的取值	滤波收敛后的平均误差		滤波收敛后的最大误差	
	位置/m	速度/(m/s)	位置/m	速度/(m/s)
0.01	147.6835	0.1531	622.6894	0.6698
0.005	184.6525	0.2066	884.8712	0.9765
0.002	280.7539	0.3424	1323.0	1.6162

本小节通过计算机仿真分析了 UKF 的三个重要的参数 τ、$\boldsymbol{Q}$、$\boldsymbol{R}$ 的不同取值对导航精度的影响，给出了可使导航精度最高的参数取值方法。5.6 节将研究粒子个数和重采样方法的选择及优化。

5.6 粒子数和重采样方法的选择及优化方法

粒子滤波方法是一种利用随机样本(粒子)来表示系统状态变量的后验概率分布的递推贝叶斯滤波方法，其基本原理是：通过蒙特卡罗模拟实现递推贝叶斯滤波，当样本点数增至无穷大，滤波器接近于最优贝叶斯估计，但是该方法的缺点是存在退化现象。消除退化主要依赖于两个关键技术：适当选取重要密度函数和进行再采样。UPF 就是对于前者的改进方法。在 UPF 中粒子数和再采样方法均是影响 UPF 导航精度的重要因素。本小节通过研究 UPF 中粒子个数和再采样方法对导航精度的影响，给出了粒子个数和再采样方法的选择及优化原则。

仿真条件与 5.4 节相同，采样周期为 15s，仿真时间为 600min(6 个轨道周期)。

5.6.1 粒子个数的选择

UPF 是利用随机样本(粒子)来表示系统状态变量的后验概率分布。因此，粒子数目的多少是影响导航系统的精度的重要因素。下面给出采用不同粒子个数 n 的 UPF 滤波器的计算机仿真结果。

从图 5-14 和表 5-7 中可以看出，粒子数的多少对导航精度的影响很大，粒子数太少，就无法精确地表示系统状态变量的后验概率分布，相应的导航精度就较低，但粒子个数太多，也会造成巨大的计算负担。从图中可以看出，当粒子数从 10 增加到 100 时，导航精度随粒子个数的增多，迅速提高；但当粒子个数从 100 增加到 200 时，随着粒子个数的增多，虽然导航精度也有提高，但增加的幅度明显降低，当粒子数超过200以后，导航精度不再有明显的提高。这是由于粒子数太多，就会产生类似过拟合的问题，同样无法精确地表示系统状态变量的后验概率分布，影响导航精度的提高。

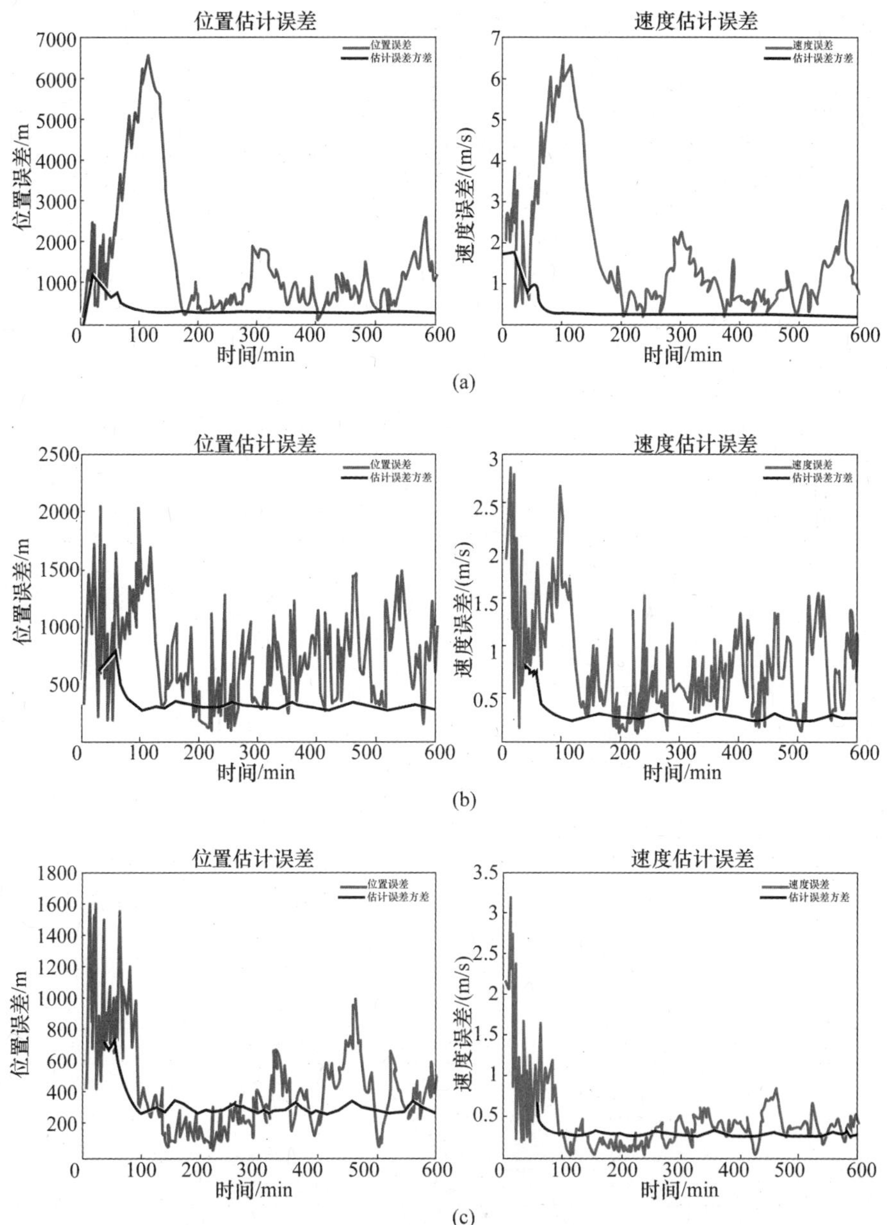

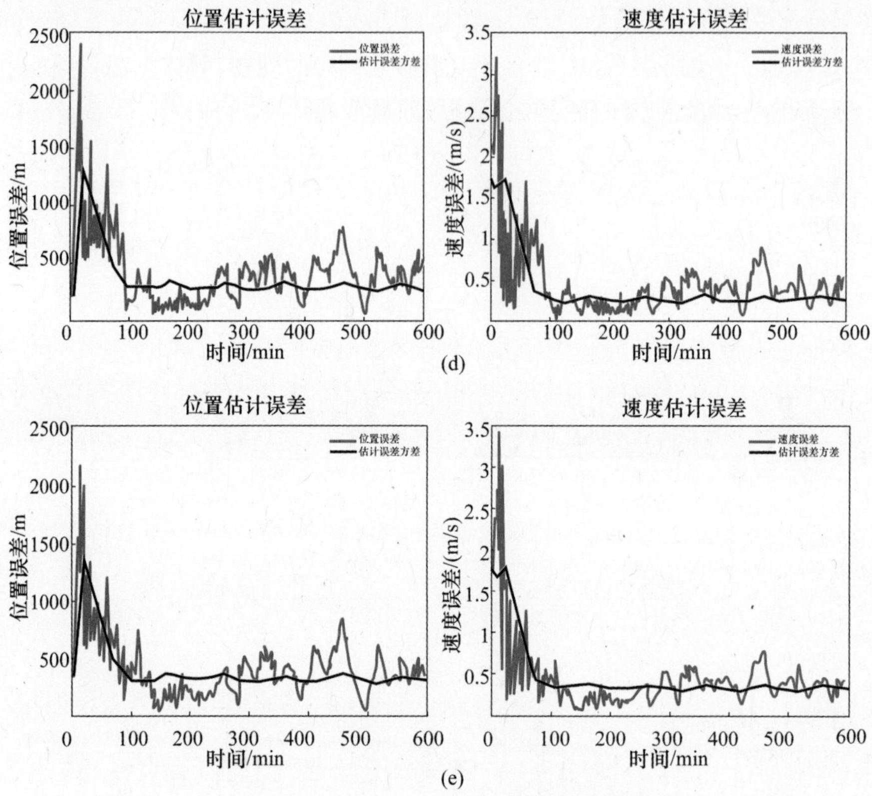

图5-14 粒子数对导航性能的影响

(a) $n=10$ 时的仿真结果;(b) $n=50$ 时的仿真结果;(c) $n=100$ 时的仿真结果;(d) $n=150$ 时的仿真结果;(e) $n=200$ 时的仿真结果。

表5-7 粒子数对导航精度的影响

粒子个数 n	滤波收敛平均误差		滤波收敛最大误差	
	位置/m	速度/(m/s)	位置/m	速度/(m/s)
10	727.3517	0.7819	2560.2	3.0568
20	629.6772	0.6860	1787.5	2.0602
30	608.9544	0.6512	2732.1	3.0053
50	528.0787	0.5359	1490.8	1.5458
100	310.2290	0.2932	992.8901	0.8876
150	288.4898	0.2789	799.1858	0.7677
200	272.7273	0.2649	805.4545	0.7525
250	268.1124	0.2702	801.578	0.7598

5.6.2 重采样方法的选择

所有的粒子滤波方法都存在采样环节,其目的在于生成一个尽可能符合真实的后验分布的随机样本。因此,如何根据后验分布 $p(x_k \mid z_{1:k})$ 不断连续生成新粒子,是粒子滤波的关键。目前,主要存在三种再采样方法:样本重要性采样法(Sampling Importance Resampling, SIR)、拒绝采样法(Rejection Sampling, RS)和马尔可夫链蒙特卡罗方法(Markov Chain Monte Carlo, MCMC)。

1. 样本重要性采样法

样本重要性采样法首先由 Rubin 在1987年提出。设状态的真实密度函数为 $\pi(\cdot)$,则 SIR 的具体方法是选定一个易于采样的分布 $p(\cdot)$,并使之满足 $\pi(x)>0 \Rightarrow p(x)>0$。

首先采集符合分布 $p(\cdot)$ 的 M 个样本,记为 $\{x^i\}_{i=1,2,\cdots,M}$。然后根据下式计算各样本的权值,即

$$q_i = \frac{r(x^i)}{\sum_{j=1}^{M} r(x^j)} \tag{5-21}$$

式中:$r(x)=\pi(x)/p(x)$,重新采集 N 个样本,使得在新样本中 $p(x=x^i)=q_i$。

如果 M 取得相当大,通过该方法得到的 N 个新样本近似服从分布 $\pi(\cdot)$。但该方法的精度并不仅仅取决于 M 的大小,还取决于 $p(\cdot)$ 和 $\pi(\cdot)$ 的相似程度。如果 $p(\cdot)$ 和 $\pi(\cdot)$ 存在较大差异,则权值 q_i 的方差就会很大,即只有少数粒子具有不可忽略的权值,这意味着为了得到足够的粒子,就必须增大 M 和 N 的比率。凭经验估计,Rubin(1987)认为当 $M=10N$ 时,通常样本重要性采样法会得到较好的效果。

2. 拒绝采样法

拒绝采样法是由 Hammersley 和 Handscomb 在1964年提出的,RS 与 SIR 是相关的。但是,与样本重要性采样法只能得到近似服从 $\pi(\cdot)$ 的样本不同,拒绝采样法可以得到完全服从 $\pi(\cdot)$ 的独立同分布的样本。

该方法同样需要选定一个易于采样的分布 $p(\cdot)$,并使之满足 $\pi(x)>0 \Rightarrow p(x)>0$。同时,还需要附加条件 $r(x)=\pi(x)/p(x) \leqslant c$,其中 c 为已知常数。具体步骤如下。

(1) 生成符合分布 $p(\cdot)$ 的一个样本,记为 x^*。

(2) 生成一个在区间[0,1]上服从正态分布的随机变量,记为 u。

(3) 计算接受概率 $r(x^*)/c$。

(4) 如果 $u<r(x^*)/c$,那么接受 x^*,否则拒绝。

重复上述步骤,直至生成 N 个新样本。

3. 马尔可夫链蒙特卡罗方法

另一种生成服从分布 $\pi(\cdot)$ 的样本的方法是构造一个其稳定分布为 $\pi(\cdot)$ 的马尔可夫链。设 X_k 就是一个这样的离散马尔可夫链,且该链是不可约和非周期性的,那么,对所有 x、y,当 $k\to\infty$时,有

$$P(X_k=y\mid X_0=x)\to\pi(y) \tag{5-22}$$

并且对于任意函数 $\boldsymbol{\Gamma}(\cdot)$,$E_\pi(\boldsymbol{\Gamma}(\cdot))<\infty$,当 $N\to\infty$时,有

$$\frac{\sum_{k-1}^{N}\Gamma(X_k)}{N}\to E_\pi(\boldsymbol{\Gamma}(\cdot)) \tag{5-23}$$

在构造适当的马尔可夫链的方法中,大多数具有时间互换性。一个离散的、不可约和非周期性的马尔可夫链 X_k,其转移概率 $P(X_k=y\mid X_0=x)=p_{yx}$。如果是时间可互换的,则必存在密度函数 $\pi(x)$,使得对所有的 x、y 满足

$$\pi(x)p_{xy}=\pi(y)p_{yx} \tag{5-24}$$

且 $\pi(\cdot)$为该链的稳定分布,式(5-24)称为详细平衡方程。

Metropolis-Hastings 法则是最常用的一种构造马尔可夫链的方法,它是由 Metropolis 等在 1953 年提出,Hastings 在 1970 年改进的一种方法。

设$(X_i)_{i=1,2,\cdots}$为马尔可夫链。对任意具有固定值的 x,函数 $K(x,y)$ 定义为随机变量 y 的密度函数。$K(x,y)$ 可以任意选取,但必须满足由 $p(x_k\mid x_{k-1})=K(x_{k-1},x_k)$定义的马尔可夫链是不可约的。如果 $X_{k-1}=x$,则在 k 时刻马尔可夫链的状态的可能值可根据 $K(x,y)$ 采样得到,其接受概率为

$$w=\min\left(1,\frac{K(y,x)\pi(y)}{K(x,y)\pi(x)}\right) \tag{5-25}$$

也就是说,在马尔可夫链中,新状态 X_k 等于 y 的概率为 w,等于 x 的概率为 $1-w$。马尔可夫链的初始值可以任意选取。

下面给出采用不同再采样方法的 UPF 滤波器计算机仿真结果(图 5-15 和表 5-8)。

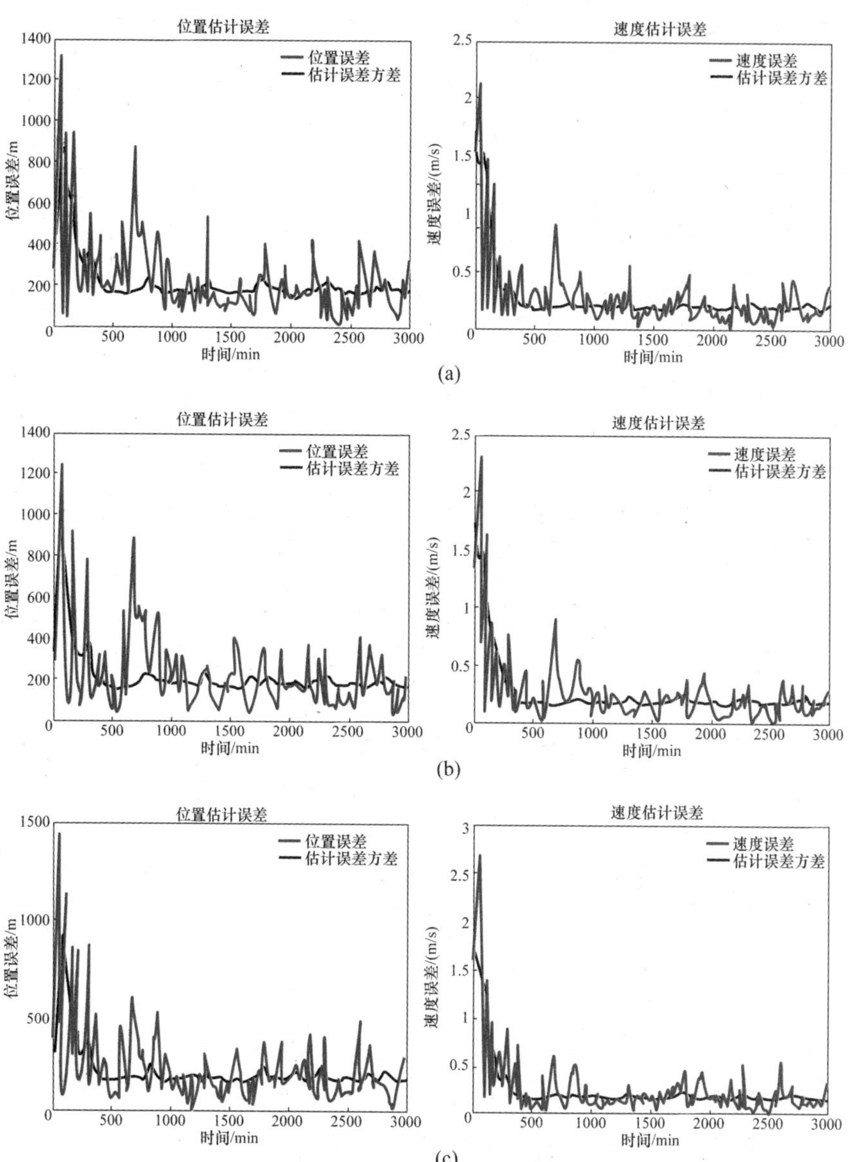

图5-15　重采样方法对导航性能的影响
(a) SIR的仿真结果;(b) RS的仿真结果;(c) MCMC的仿真结果。

表5-8　不同采样方法对导航精度的影响

再采样方法	滤波收敛后的平均误差		滤波收敛后的最大误差	
	位置/m	速度/(m/s)	位置/m	速度/(m/s)
SIR	135.7285	0.1432	489.9312	0.5287
RS	140.7429	0.1362	463.7786	0.4814
MCMC	134.5695	0.1355	437.8312	0.4806

从图5-15和表5-8中可以看出,基于SIR和RS两种重采样方法的UPF方法在上述仿真条件下的导航精度基本一样,MCMC重采样方法,由于可以更好地克服由重采样带来的粒子枯竭问题,提高粒子的多样性,因而具有相对较高的导航精度。

5.7　星敏感器最佳安装方位的确定及可观测分析

星敏感器的安装方位也是影响航天器自主天文导航精度的一个重要因素。地球卫星自主天文导航中常用星敏感器和地平仪测量的天体角度信息作为观测量去估计卫星的位置矢量,星敏感器安装方位不同,观测量与地球卫星位置矢量之间的几何关系就不同,因此星敏感器的安装方位会影响系统的可观测性能,从而影响系统的导航精度。本节针对以星光角距作为观测量的天文导航系统,提出了基于PWCS和混合条件数的自主天文导航可观测度分析方法,分析了星敏感器的安装方位对系统可观测度以及导航性能的影响,确定了星敏感器的最佳安装方位。该方法可作为工程应用中系统和参数设计的有效分析工具。

5.7.1　基于PWCS和混合条件数的自主天文导航可观测度分析方法

可观测性的概念最初是由Kalman为了解决确定线性系统的问题而引入的。如果系统的状态能被过去的观测唯一确定,则该系统为可观测的。对于一个导航系统,系统的可观测性直接决定了该导航系统是否可以有效地完成位置、速度和姿态确定等导航任务。系统的可观测性分析可分为可观测性与可观测度分析。其中可观测性决定该系统是否能对地球卫星进行定位,而可观测度则决定了系统对不同导航信息的有效确定程度,也即定位性能“好”与

“坏”的问题。

线性定常系统的可观测性分析是比较简单的，对于线性时变系统，其可观测性可通过求解可观测性矩阵（格莱姆矩阵）进行分析，但对于像地球卫星天文导航系统这样的非线性时变系统，其可观测性分析则相当复杂，并且现有的大多数理论分析方法都很难用于实际应用。目前工程上常用的分析方法是PWCS（Piece – Wise Constant System）方法，即将非线性时变系统近似为分段定常系统进行分析。它采用条带化可观测性矩阵（Stripped Observability Matrix，SOM）代替系统总的可观测性矩阵（Total Observability Matrix，TOM）来分析系统的可观测性，从而使问题得到简化。在一个足够小的时间区间内，如果时变系统的系数矩阵变化量可以忽略不计，那么在该时间区间内就可以把时变系统当作定常系统处理，这样的系统称为分段定常系统。

一个离散的PWCS可用如下模型表示，即

$$\begin{aligned}\boldsymbol{X}(k+1) &= \boldsymbol{F}_j X(k) + \boldsymbol{B}_j \boldsymbol{U}(k) + \boldsymbol{\Gamma}_j \boldsymbol{W}(k) \\ \boldsymbol{Z}_j(k) &= \boldsymbol{H}_j \boldsymbol{X}(k)\end{aligned} \tag{5-26}$$

式中：$\boldsymbol{X}(k) \in \boldsymbol{R}^n$；$\boldsymbol{F}_j \in \boldsymbol{R}^{n\times n}$；$\boldsymbol{B}_j \in \boldsymbol{R}^{n\times s}$；$\boldsymbol{U}(k) \in \boldsymbol{R}^s$；$\boldsymbol{W}(k) \in \boldsymbol{R}^l$；$\boldsymbol{\Gamma}_j \in \boldsymbol{R}^{n\times l}$；$\boldsymbol{Z}_j(k) \in \boldsymbol{R}^m$；$\boldsymbol{H}_j \in \boldsymbol{R}^{m\times n}$；$j=1,2,\cdots,r$ 表示系统分段间隔序号。对每个时间段 j，矩阵 $\boldsymbol{F}_j$、$\boldsymbol{B}_j$ 和 $\boldsymbol{H}_j$ 都恒定，但对不同的时间段，每个矩阵可以不同。系统总的可观测性矩阵 $\boldsymbol{A}$ 和条带化可观测性矩阵 $\boldsymbol{A}_s$ 分别表示为

$$\boldsymbol{A} = \begin{bmatrix} \boldsymbol{A}_1 \\ \boldsymbol{A}_2 \boldsymbol{F}_1^{n-1} \\ \vdots \\ \boldsymbol{A}_r \boldsymbol{F}_{r-1}^{n-1} \boldsymbol{F}_{r-2}^{n-1} \cdots \boldsymbol{F}_1^{n-1} \end{bmatrix} \tag{5-27}$$

$$\boldsymbol{A}_s = \begin{bmatrix} \boldsymbol{A}_1 \\ \boldsymbol{A}_2 \\ \vdots \\ \boldsymbol{A}_r \end{bmatrix} \tag{5-28}$$

其中对应每一时间段 j 的可观测矩阵定义为

$$\boldsymbol{A}_j = [\,(\boldsymbol{H}_j)^{\mathrm{T}} \quad (\boldsymbol{H}_j \boldsymbol{F}_j)^{\mathrm{T}} \quad \cdots \quad (\boldsymbol{H}_j \boldsymbol{F}_j^{n-1})^{\mathrm{T}}\,] \tag{5-29}$$

若矩阵 $\boldsymbol{A}$ 的秩等于 n，表明系统状态完全可观测。显然，直接利用矩阵 $\boldsymbol{A}$

研究离散 PWCS 系统的可观测性计算量相当大,而采用 SOM 代替 TOM 分析系统的可观测性可以使问题得到简化。采用 SOM 矩阵代替 TOM 矩阵,随着时间段的增加,可观测性矩阵的维数仍然很高,一种改进策略是将可观测性矩阵的定义时间区间限制在分段间隔内,用某个时间段的可观测性矩阵 $\boldsymbol{A}_j$ 代替 SOM 矩阵进行分析,简化了计算。

利用上述可观测性的分析方法可以知道系统是否可观测,但无法知道每个可观测状态量的可观测程度即可观测度。常用的可观测度分析方法如特征值方法和奇异值方法可以给出在某个时间区间内状态矢量的每个分量的可观测度比较,即哪个状态变量可观测及可观测度的大小等,但不能给出整个状态矢量在不同时间区间内的可观测水平。在工程实践中常常有一些时变系统,它们的可观测性会随着时间或外界的影响而改变,如地形匹配导航系统,当飞行器在一些地形特征比较明显的地区飞行时,系统的可观测性较好,对飞行器状态估计性能较好;在地形特征不明显的地区飞行时,系统的可观测性就会变的很差,对飞行器状态估计性能较差。为了分析系统在各个时段的可观测性能,使用上述可观测分析方法是无能为力的。基于条件数的系统可观测矩阵分析方法,可以定量分析时变系统在任意时间段内的可观测性能。对于地球卫星自主天文导航系统,由于随着卫星的轨道运动,在不同的时间区间内,系统的可观测度也不同,利用基于可观测性矩阵条件数的可观测度分析方法可分析在整个导航过程中其整体的可观测水平及变化情况,因此该方法是非常适于地球卫星自主天文导航系统的一种可观测度分析方法。

条件数在数值计算中用来描述算法的稳定性,矩阵 $\boldsymbol{A}$ 的条件数定义为其最大奇异值和最小奇异值的比值,即

$$\operatorname{cond}(\boldsymbol{A}) = \frac{\max \sigma_A}{\min \sigma_A} \tag{5-30}$$

可以看出,条件数是一个大于或等于 1 的正数,条件数小的矩阵称为“良性”矩阵,反之称为“病态”矩阵。对于方程 $\boldsymbol{AX}=\boldsymbol{B}$,如果 $\boldsymbol{A}$ 为病态矩阵,则 $\boldsymbol{B}$ 的微小误差也会对解 $\boldsymbol{X}$ 的精度产生很大影响。对于连续系统的状态估计,实际也是利用多个观测量,对状态量的求解过程,因此其可观测矩阵的条件数可以反映系统的可观测程度。系统可观测矩阵的条件数越大,系统的可观测程度越差;如果系统可观测矩阵的条件数是无穷大,则系统不可观测;系统可观测矩阵的条件数等于 1,系统可观测性最好。

由于天文导航系统是非线性系统，系统线性化得到的状态转移矩阵 $\boldsymbol{F}(k)$ 和测量矩阵 $\boldsymbol{H}(k)$ 通常仅利用了泰勒展开的一阶项，因此线性化得到的可观测性矩阵 $\widetilde{\boldsymbol{A}}(k)$ 与系统真正的可观测性矩阵 $\boldsymbol{A}(k)$ 并不相等。如果用该近似可观测性矩阵的条件数 $\|\widetilde{\boldsymbol{A}}^{-1}\| \cdot \|\widetilde{\boldsymbol{A}}\|$ 代替系统真正可观测性矩阵的条件数 $\|\boldsymbol{A}^{-1}\| \cdot \|\boldsymbol{A}\|$ 进行分析，其分析结果可能不准确。

设 $\Delta\boldsymbol{A}$ 为由线性化和其他误差因素引入的 $\boldsymbol{A}$ 的误差矩阵，$\Delta\boldsymbol{Y}$ 为由测量噪声产生的量测误差，$\Delta\boldsymbol{X}$ 为由上述 $\Delta\boldsymbol{A}$ 和 $\Delta\boldsymbol{Y}$ 造成的状态误差，则有 $\widetilde{\boldsymbol{A}} = \boldsymbol{A} + \Delta\boldsymbol{A}$，$\widetilde{\boldsymbol{X}} = \boldsymbol{X} + \Delta\boldsymbol{X}$，$\widetilde{\boldsymbol{Y}} = \boldsymbol{Y} + \Delta\boldsymbol{Y}$，其相互关系可表示为

$$\widetilde{\boldsymbol{A}} \cdot \widetilde{\boldsymbol{X}} = \widetilde{\boldsymbol{Y}} \tag{5-31}$$

$$\boldsymbol{A} \cdot \boldsymbol{X} + \Delta\boldsymbol{A} \cdot \boldsymbol{X} + \widetilde{\boldsymbol{A}} \cdot \Delta\boldsymbol{X} = \boldsymbol{Y} + \Delta\boldsymbol{Y} \tag{5-32}$$

$$\widetilde{\boldsymbol{A}} \cdot \Delta\boldsymbol{X} = \Delta\boldsymbol{Y} - \Delta\boldsymbol{A} \cdot \boldsymbol{X} \tag{5-33}$$

$$\Delta\boldsymbol{X} = \widetilde{\boldsymbol{A}}^{-1} \cdot \Delta\boldsymbol{Y} - \widetilde{\boldsymbol{A}}^{-1} \cdot \Delta\boldsymbol{A} \cdot \boldsymbol{X} \tag{5-34}$$

式(5－34)取范数，得

$$\|\Delta\boldsymbol{X}\| \leqslant \|\widetilde{\boldsymbol{A}}^{-1}\| \cdot \|\Delta\boldsymbol{Y}\| + \|\widetilde{\boldsymbol{A}}^{-1}\| \cdot \|\Delta\boldsymbol{A}\| \cdot \|\boldsymbol{X}\| \tag{5-35}$$

式(5－35)两边同除以 $\|\boldsymbol{X}\|$，得

$$\frac{\|\Delta\boldsymbol{X}\|}{\|\boldsymbol{X}\|} \leqslant \frac{\|\widetilde{\boldsymbol{A}}^{-1}\| \cdot \|\Delta\boldsymbol{Y}\|}{\|\boldsymbol{X}\|} + \|\widetilde{\boldsymbol{A}}^{-1}\| \cdot \|\Delta\boldsymbol{A}\| = \|\widetilde{\boldsymbol{A}}^{-1}\| \cdot \|\boldsymbol{A}\| \cdot \left(\frac{\|\Delta\boldsymbol{Y}\|}{\|\boldsymbol{A}\| \cdot \|\boldsymbol{X}\|} + \frac{\|\Delta\boldsymbol{A}\|}{\|\boldsymbol{A}\|}\right) \leqslant \|\widetilde{\boldsymbol{A}}^{-1}\| \cdot \|\boldsymbol{A}\| \cdot \left(\frac{\|\Delta\boldsymbol{Y}\|}{\|\boldsymbol{Y}\|} + \frac{\|\Delta\boldsymbol{A}\|}{\|\boldsymbol{A}\|}\right) \tag{5-36}$$

式(5－36)说明混合条件数 $\|\widetilde{\boldsymbol{A}}^{-1}\| \cdot \|\boldsymbol{A}\|$ 可作为非线性系统可观测度的指标。如果 $\boldsymbol{A}$ 是非奇异的，则它有 n 个线性不相关的特征矢量。对 $\boldsymbol{A}$ 进行特征值分解，得

$$\boldsymbol{A} = \boldsymbol{T}\boldsymbol{D}\boldsymbol{T}^{-1} \tag{5-37}$$

式中：$\boldsymbol{D} = \mathrm{diag}(\lambda_1, \lambda_2, \cdots, \lambda_n)$ 和 $\boldsymbol{T} = [x_1, x_2, \cdots, x_n]$ 分别为 $\boldsymbol{A}$ 的特征值和特征矢量。相似地，如果 $\widetilde{\boldsymbol{A}}$ 是非奇异的，$\widetilde{\boldsymbol{A}}$ 可表示为

$$\widetilde{\boldsymbol{A}} = \widetilde{\boldsymbol{T}}\widetilde{\boldsymbol{D}}\widetilde{\boldsymbol{T}}^{-1} \tag{5-38}$$

式中：$\widetilde{\boldsymbol{D}} = \mathrm{diag}(\tilde{\lambda}_1, \tilde{\lambda}_2, \cdots, \tilde{\lambda}_n)$ 和 $\widetilde{\boldsymbol{T}} = [\tilde{x}_1, \tilde{x}_2, \cdots, \tilde{x}_n]$ 分别为 $\widetilde{\boldsymbol{A}}$ 的特征值和特征矢量。因此，$\|\widetilde{\boldsymbol{A}}^{-1}\| \cdot \|\boldsymbol{A}\|$ 的值就等于 $\|\widetilde{\boldsymbol{D}}^{-1}\| \cdot \|\boldsymbol{D}\| = \max(\lambda_i)/\min(\tilde{\lambda}_i)$，也就是说，$\|\widetilde{\boldsymbol{A}}^{-1}\| \cdot \|\boldsymbol{A}\|$ 可由矩阵 $\boldsymbol{A}$ 和 $\widetilde{\boldsymbol{A}}$ 的特征值计算得到。但由于在非线性系统中，$\boldsymbol{A}$ 无法得到，仅能用 $\widetilde{\boldsymbol{A}}$ 近似，因此还必须研究 $\boldsymbol{A}$ 和 $\widetilde{\boldsymbol{A}}$ 的差

别对其特征值的影响。矩阵特征值和特征矢量对误差扰动的敏感程度可由其特征值条件数来衡量。

设 λ 为 $\boldsymbol{A}$ 特征值,$\tilde{\lambda}$ 为 $\tilde{\boldsymbol{A}}$ 的特征值,如果令 $\tilde{\lambda}=\lambda+\Delta\lambda$,则有

$$(\boldsymbol{A}+\Delta\boldsymbol{A})\cdot(\boldsymbol{e}_{\mathrm{r}}+\Delta\boldsymbol{e}_{\mathrm{r}})=(\lambda+\Delta\lambda)\cdot(\boldsymbol{e}_{\mathrm{r}}+\Delta\boldsymbol{e}_{\mathrm{r}}) \tag{5-39}$$

式中:$\boldsymbol{e}_r$ 为 $\boldsymbol{A}$ 的右单位特征矢量,由于 $\boldsymbol{A}\cdot\boldsymbol{e}_{\mathrm{r}}=\lambda\cdot\boldsymbol{e}_{\mathrm{r}}$,忽略高阶小量,有

$$\boldsymbol{A}\cdot\Delta\boldsymbol{e}_{\mathrm{r}}+\Delta\boldsymbol{A}\cdot\boldsymbol{e}_{\mathrm{r}}\approx\Delta\lambda\cdot\boldsymbol{e}_{\mathrm{r}}+\lambda\cdot\Delta\boldsymbol{e}_{\mathrm{r}} \tag{5-40}$$

将式(5-40)两边同乘以左单位特征矢量 $\boldsymbol{e}_{\mathrm{l}}$,可得

$$\boldsymbol{e}_{\mathrm{l}}\cdot\boldsymbol{A}\cdot\Delta\boldsymbol{e}_{\mathrm{r}}+\boldsymbol{e}_{\mathrm{l}}\cdot\Delta\boldsymbol{A}\cdot\boldsymbol{e}_{\mathrm{r}}\approx\boldsymbol{e}_{\mathrm{l}}\cdot\Delta\lambda\cdot\boldsymbol{e}_{\mathrm{r}}+\boldsymbol{e}_{\mathrm{l}}\cdot\lambda\cdot\Delta\boldsymbol{e}_{\mathrm{r}} \tag{5-41}$$

$$\boldsymbol{e}_{\mathrm{l}}\cdot\Delta\boldsymbol{A}\cdot\boldsymbol{e}_{\mathrm{r}}\approx\Delta\lambda\cdot\boldsymbol{e}_{\mathrm{l}}\cdot\boldsymbol{e}_{\mathrm{r}} \tag{5-42}$$

$$\Delta\lambda\approx\frac{\boldsymbol{e}_{\mathrm{l}}\cdot\Delta\boldsymbol{A}\cdot\boldsymbol{e}_{\mathrm{r}}}{\boldsymbol{e}_{\mathrm{l}}\cdot\boldsymbol{e}_{\mathrm{r}}} \tag{5-43}$$

式(5-43)取范数,得

$$|\Delta\lambda|\leqslant\frac{\|\Delta\boldsymbol{A}\|}{|\boldsymbol{e}_{\mathrm{l}}\cdot\boldsymbol{e}_{\mathrm{r}}|} \tag{5-44}$$

因此,$\boldsymbol{A}$ 的特征值条件数可用 $1/|\boldsymbol{e}_{\mathrm{l}}\cdot\boldsymbol{e}_{\mathrm{r}}|$ 表示,同样,$\tilde{\boldsymbol{A}}$ 的特征值条件数可用 $1/|\tilde{\boldsymbol{e}}_{\mathrm{l}}\cdot\tilde{\boldsymbol{e}}_{\mathrm{r}}|$ 表示。换句话说,特征值条件数与左右特征矢量的乘积成反比。

综上,非线性系统的可观测度可用可观测矩阵的混合条件数 $\|\tilde{\boldsymbol{A}}^{-1}\|\cdot\|\boldsymbol{A}\|$ 作为衡量的标准,而该混合条件数与可观测矩阵 $\tilde{\boldsymbol{A}}$ 的条件数 $\mathrm{cond}(\tilde{\boldsymbol{A}})$ 和特征值条件数 $\mathrm{cond}(\tilde{\boldsymbol{A}})=|\tilde{\boldsymbol{e}}_{\mathrm{lmin}}\cdot\tilde{\boldsymbol{e}}_{\mathrm{rmin}}|/|\tilde{\boldsymbol{e}}_{\mathrm{lmax}}\cdot\tilde{\boldsymbol{e}}_{\mathrm{rmax}}|$ 的乘积成正比,其中 $\tilde{\boldsymbol{e}}_{\mathrm{lmin}}$、$\tilde{\boldsymbol{e}}_{\mathrm{rmin}}$ 为最小特征值的左右特征矢量、$\tilde{\boldsymbol{e}}_{\mathrm{lmax}}$、$\tilde{\boldsymbol{e}}_{\mathrm{rmax}}$ 为最大特征值的左右特征矢量。由于天文导航系统为非线性系统,真实的可观测矩阵无法得到,因此该混合条件数 $\|\tilde{\boldsymbol{A}}^{-1}\|\cdot\|\boldsymbol{A}\|$ 比近似条件数 $\|\tilde{\boldsymbol{A}}^{-1}\|\cdot\|\tilde{\boldsymbol{A}}\|$ 更接近系统的真实条件数 $\|\boldsymbol{A}^{-1}\|\cdot\|\boldsymbol{A}\|$。混合条件数越大,可观测度越差,相应的导航精度也应该较低。

5.7.2 星敏感器安装坐标系的建立

为考察星敏感器的安装方位对导航精度的影响,建立星敏感器安装坐标系如图 5-16 所示,$\boldsymbol{r}$ 表示地球卫星位置矢量方向;$\boldsymbol{h}$ 表示地平方向,在轨道平面内与 $\boldsymbol{r}$ 相互垂直,方向与地球卫星速度 $\boldsymbol{v}$ 一致;$\boldsymbol{g}$ 表示轨道平面法线的方向,与 $\boldsymbol{h}$、$\boldsymbol{r}$ 构成右手坐标系。$\boldsymbol{S}$ 表示星敏感器光轴方向,$\boldsymbol{L}$ 表示 $\boldsymbol{S}$ 在轨道平面内的投影,星敏感器的安装方位角 α 为 $\boldsymbol{L}$ 与 $\boldsymbol{h}$ 之间的夹角,安装高度角 δ 为 $\boldsymbol{L}$ 与 $\boldsymbol{r}$ 之间的夹角。

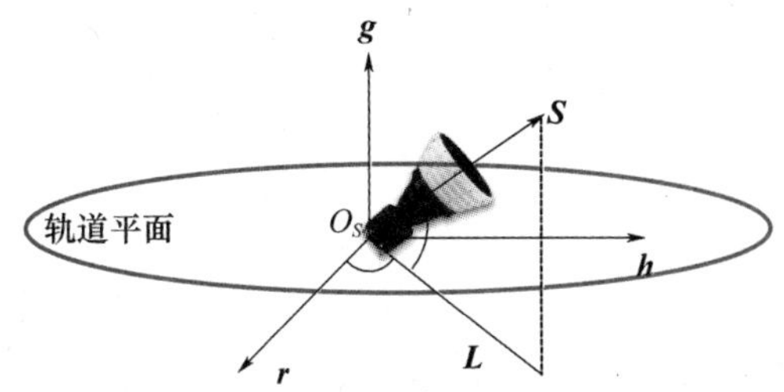

图 5-16　星敏感器安装坐标系

5.7.3　星敏感器的最佳安装方位

下面给出当星敏感器的安装方位变化时，系统可观测度和导航精度的计算机仿真结果。仿真中使用的地球卫星轨道数据为由 STK 生成的一颗低轨卫星数据，轨道半长轴 $a = 7136.635$ km，偏心率 $e = 1.809 \times 10^{-3}$，轨道倾角 $i = 65°$，升交点赤经 $\Omega = 30°$，近升角距 $\omega = 30°$。星敏感器的视场为 $10° \times 10°$，星敏感器精度 $3''(1\sigma)$，红外地平仪的精度 $0.02°(1\sigma)$，导航星表使用第谷星表。

图 5-17、图 5-18 分别给出了当滤波周期为 15s，仿真时间为 400min（四个轨道周期），星敏感器光轴的方位角 α 和高度角 δ 在 0°到 180°之间变化时，基于 EKF 和 UKF 的导航系统的仿真结果图。从图中可以看出：当 $\delta = 0°$（或 180°），$\alpha = 0°$（或 180°）时，导航精度最高；δ 越接近 90°，即星敏感器的光轴与轨道平面之间夹角越大，导航精度越低，当 $\delta = 90°$时，星敏感器的光轴与轨道平面垂直，导航精度最低。

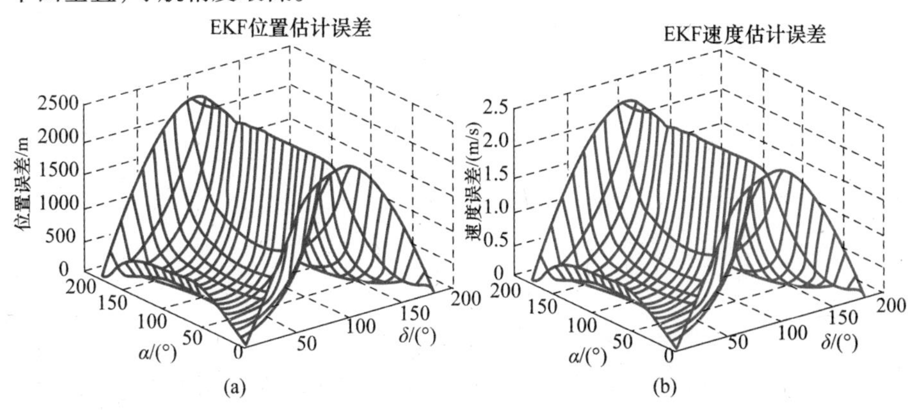

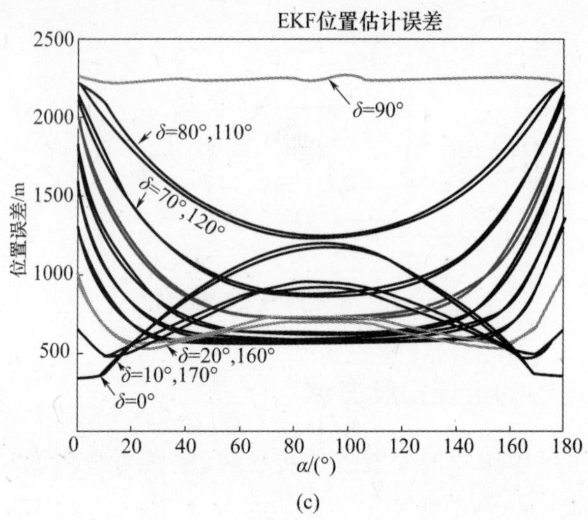

(c)

图 5-17　EKF 的自主天文导航系统精度与安装方位角 α 和高度角 δ 的关系

图 5-19 给出了在上述相同仿真条件下,混合条件数随方位角 α 和高度角 δ 的变化结果,由于该混合条件数在一个轨道周期内不是常数,图中给出的是混合条件数在四个轨道周期内的均值。从图中可以看出,当 $\delta=0°(180°)$,$\alpha=0°(180°)$时,混合条件数最小,此时系统可观测度最高。随着 δ 的增大,混合条件数变大,此时系统可观测度随之降低,当 $\delta=90°$时,意味着星敏感器的光轴与轨道平面垂直,此时 α 无意义,恒星视方向随地球卫星的轨道运动变化很小,因此混合条件数最大,系统可观测度也最差。

从图 5-18 和图 5-19 可以看出,系统地混合条件数的变化曲线与导航估计误差的变化曲线相一致。混合条件数小,可观测度高,导航误差也小;反之,混合条件数大,可观测度差,导航误差也大。上述仿真结果表明,用混合条件数作为系统可观测度的衡量指标是可行的。

为了比较混合条件数与近似条件数的性能,图 5-20 给出了在相同仿真条件下,近似条件数随方位角 α 和高度角 δ 的变化结果。从图中可以看出,虽然该近似条件数在 $\delta=0°(180°)$,$\alpha=0°(180°)$时具有最小值,可以指示出星敏感器的最佳安装方位,但在其他位置上则无法区分,也无法指示系统可观测度的变化情况。这主要是由于该近似条件数在某些情况下与系统地真实条件数之间存在较大误差,使得其无法精确地反映系统的可观测性能,而混合条件

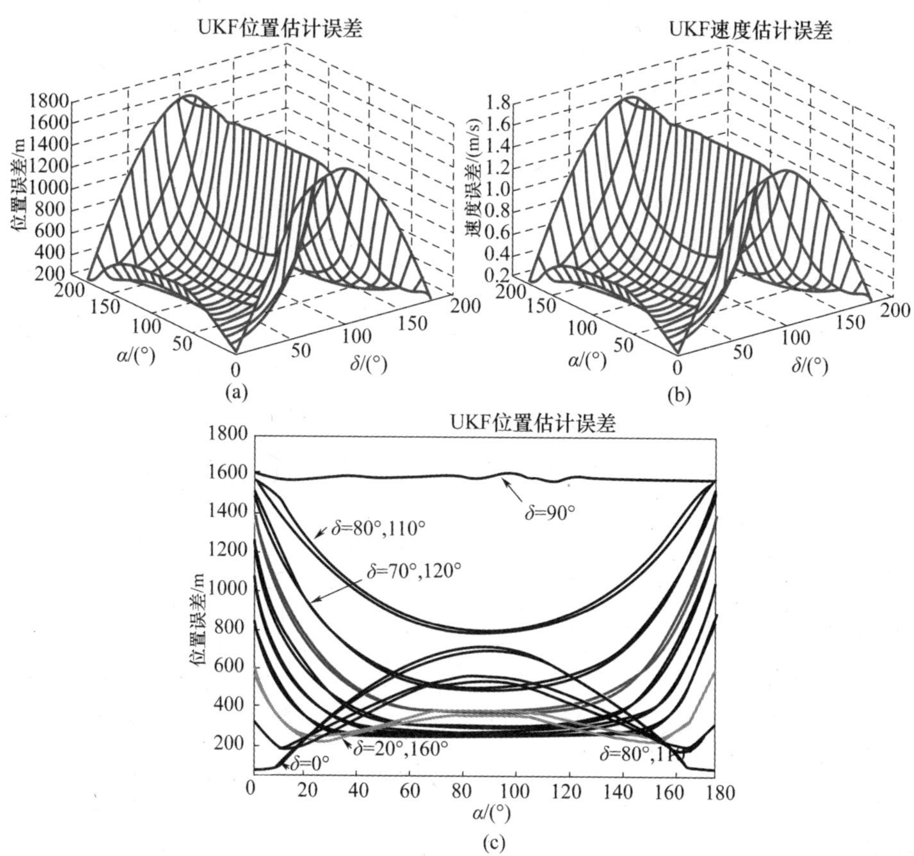

图5－18　UKF的自主天文导航系统精度与安装方位角 α 和高度角 δ 的关系

数由于考虑了系统线性化过程中的高阶误差，因此具有更高的精度，可更有效地反映系统的可观测性能。仿真结果表明，该种基于PWCS及混合条件数的自主天文导航可观测性和可观测度的分析方法得到的分析结果与仿真结果一致，可作为工程应用中系统和参数设计的有效分析工具。

本小节针对以星光角距为观测量的直接敏感地平方法，全面分析了地球卫星自主天文导航系统中星敏感器安装方位与系统可观测性能和导航精度之间的关系，以下结论可作为星敏感器安装的参考。该结论对其他不同轨道上利用“星光＋地平”的自主天文导航系统也适用。

（1）星敏感器光轴沿轨道平面安装时（$\delta=0°$或$180°$），在$\alpha=0°$（或$180°$）时，导航精度最高，$\alpha=90°$时导航精度最低，星敏感器的最佳安装方位为沿地球卫星位置矢量方向或其反方向。

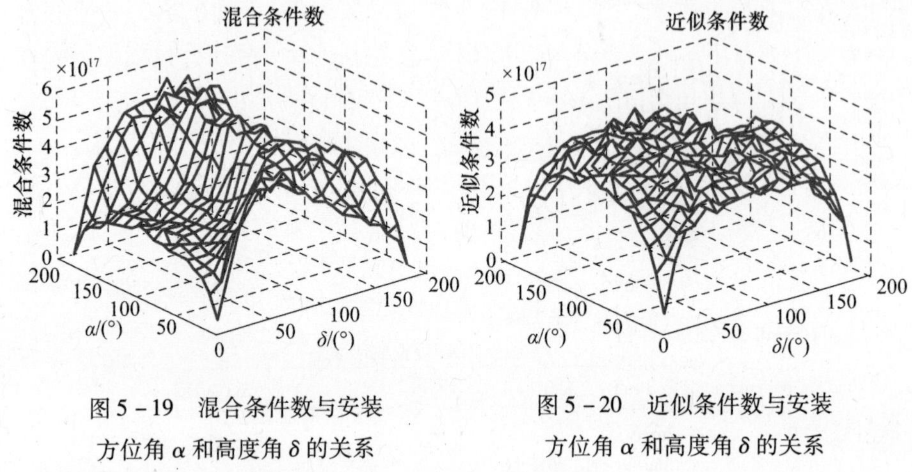

图 5-19 混合条件数与安装方位角 α 和高度角 δ 的关系

图 5-20 近似条件数与安装方位角 α 和高度角 δ 的关系

(2) 星敏感器光轴与轨道平面有夹角安装时,高度角 δ 越大,导航精度越低,因此应避免星敏感器的光轴与轨道平面相垂直。

(3) 星敏感器光轴与轨道平面有夹角安装时,δ 不同,导航精度随 α 的变化规律也不同。因此,当 δ 一定时,可参考图 4-11 选择对应的星敏感器最佳安装方位。

5.8 小结

本章系统地阐述了地球卫星直接敏感地平自主天文导航方法的原理、数学模型和滤波方法。针对系统模型非线性提出了基于 UKF 的卫星直接敏感地平的自主天文导航方法,该方法定位精度较高,实时性较好。为解决系统噪声为非高斯分布的问题,研究了 PF 方法,但此方法在滤波过程中存在粒子退化现象,因而,提出了基于 MCMC 移动步骤的 UPF 滤波方法,利用 MCMC 解决再采样过程中产生的粒子枯竭问题,并利用 UPF 选取重要密度函数,提高了地球卫星自主天文导航的精度。本章还对不同轨道动力学方程、星敏感器安装方位等相关因素对导航精度的影响进行了全面系统的计算机仿真分析,结果表明,星敏感器安装方位角是决定导航精度的重要因素,并给出了星敏感器的最佳安装方位角。

此外，在上述计算机仿真研究的基础上，本章提出了一种以可观测矩阵的条件数作为系统可观测性和可观测度依据的分析方法，为确定滤波器的效果以及系统的设计和实现提供了参考依据。利用该方法对与状态方程和量测方程相关的影响因素进行了可观测性分析，其结果与计算机仿真结果一致。

直接敏感地平的自主天文导航系统结构简单、成本低廉、运行可靠、技术成熟且易于实现，但其精度受红外地平仪精度的限制，尤其对于低轨卫星不能达到很高的精度，借助高精度星敏感器，利用星光折射间接敏感地平，可以大大提高地平敏感精度，从而提高天文导航系统的定位精度，该方法将在下一章详细介绍。

参考文献

[1] 林来兴. 空间控制技术[M]. 北京:宇航出版社,1992.

[2] Long A,Leung D,Folta D,et al. Autonomous navigation of high - earth satellites using celestial objects and doppler measurements[C]. AIAA/AAS Astrodynamis Speialist Conferene,2000.

[3] Rubin D. ANoniterative sampling/importance resampling alternative to the data augmentation algorithm for creating a few imputations when fractions of missing information are modest:the SIR algorithm[J]. Journal of American Statistics Association,1987,82:543 - 546.

[4] Hammersley J M,Handscomb D C. Monte Carlo methods[M]. London:Springer,1964.

[5] Metropolis N,Rosenbluth A W,MN Rosenbluth,et al. Equation of state calculation by fast computing machines[J]. Journal of Chemical Physics,1953,21:1087 - 1092.

[6] Hastings W. Monte Carlo sampling methods using markov chains and their applications[J]. biometrika,1970,57:97 - 109.

[7] Ning Xiaolin,Ma Xin,Peng Cong,et al. Analysis of filtering methods for satellite autonomous orbit determination using celestial and geomagnetic measurement[J]. Mathematical Problems in Engineering,2012,2012:267875(SCI).

[8] 宁晓琳,房建成,马辛. UPF 滤波参数对航天器天文导航性能的影响[J]. 中国空间科学技术,2010,30(3):1 - 11.

[9] 房建成,宁晓琳,田玉龙. 航天器自主天文导航原理与方法[M]. 北京:国防工业出版社,2006.

[10] 房建成,宁晓琳. 深空探测器自主天文导航方法[M]. 西安:西北工业大学出版社,2010.

[11] Fang Jiancheng,Ning Xiaolin. Analysis of the pointing direction of the star sensor in the celestial navigation of spacecraft[J]. IEEE Transactions on Instrumentation And Measure-

ment,2009,58(10):3576－3582.

[12] 张春青. 偏差自校准及其在卫星自主导航中的应用[D]. 北京:中国空间技术研究院北京控制工程研究所,2005.

[13] 程鹏. 现代控制理论(第一册)[M]. 北京:北京航空航天大学出版社,1987.

[14] Konrad Reif,Stefan Gunther. Stochastic stability of the discerte－time extended Kalman filter[J]. IEEE Transactions on Automatic Control,1999,44(4):714－728.

[15] 万德钧,房建成. 惯性导航初始对准[M]. 南京:东南大学出版社,1998.

[16] Goshen－Meskin D,Bar－Itzhack I Y. Observability analysis of piece－wise constant system,Part I:Theory[J]. IEEE Transactions on Aerospace and Electronic Systems,1992,28(4):1056－1067.

[17] Goshen－Meskin D,Bar－ltzhack I Y. Observability analysis of piece－wise constant system,Part Ⅱ:application to inertial navigation in－flight alignment[J]. IEEE Transactions on Aerospace and Electronic Systems,1992,28(4):1068－1075.

[18] Ham F,Embrown T G. Observability,eigenvalues,and Kalman filtering[J]. IEEE Transactions on Aerospace and Electronic Systems,1983,19(2):269－273.

[19] 程向红,万德钧,仲巡. 捷联惯导系统的可观测性和可观测度研究[J]. 东南大学学报,1997,27(16):6－11.

[20] Fang J C ,Wang D J. A fast Initial alignment method for strapdown inertial navigation system on stationary base[J]. IEEE Transactions on Aerospace and Electronic Systems,1996,32(4):1501－1505.

[21] Zhe Chen. Local observability and its application to multiple measurement estimation[J]. IEEE Transactions on Industrial Electronics,1991,38(6):491－496.

[22] 刘准,陈哲. 条件数在系统可观测性分析中的应用研究[J]. 系统仿真学报,2004,16(7):1552－1555.

[23] Michael T H. Scientific computing: an introductory survey (Second Edition)[M] New York. The McGraw－Hill Companies,Inc,2002.

第 6 章 地球卫星间接敏感地平的自主天文导航方法及其性能分析

6.1 引言

星光折射间接敏感地平是利用高精度的星敏感器敏感折射星光，并通过大气对星光折射的数学模型及误差补偿方法来精确敏感地平，实现地球卫星的高精度定位导航。在航天器上看，当星光通过地球大气时，由于大气密度不均匀，光线会发生折射弯向地心方向，从而使恒星的视位置比实际位置上移。折射角取决于星光频率和大气密度。如果测量得到一颗接近地平方向的已知恒星的折射角，就能得到地球地平在地心惯性坐标系中的方向，建立折射光线相对于地球的视高度与折射角之间的量测方程，进而解算出航天器的位置、速度信息。

6.2 星光折射间接敏感地平天文导航原理

基于星光折射间接敏感地坪的航天器导航方法，不仅需要一套完整的星图，还需要准确建立大气折射模型。

6.2.1 星光大气折射原理

星光折射自主导航利用了大气的光学特性，当恒星星光穿过地球边缘的大气层时会发生折射,如图6-1所示,从卫星上观测到的折射光线相对地球表面的高度称为视高度 h_a,而实际折射光线距离地球表面为大气高度 h_g 略小于 h_a,从卫星上观测到的折射光线与该恒星星光进入大气层之前的未折射星光方向之差称为星光折射角 $\boldsymbol{R}$。

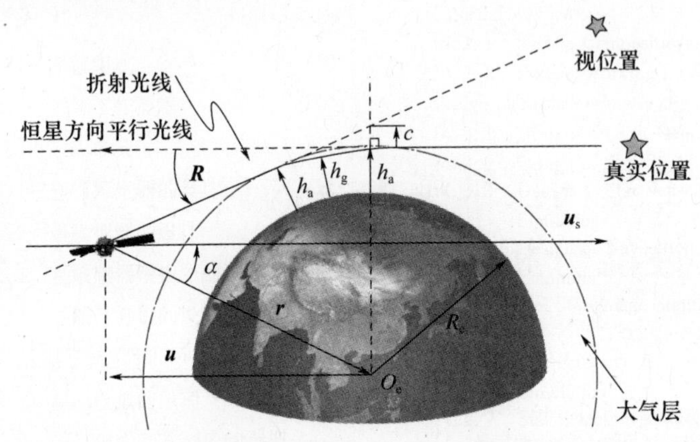

图6-1 星光折射几何关系

星光距离地球表面越近折射越强烈,一束星光在经过球状分层的大气时,由于大气密度的变化,光线将会发生偏折。地球表面的大气密度与海拔高度近似地成指数关系,即

$$\rho=\rho_0\exp\left(-\frac{h-h_0}{H}\right) \tag{6-1}$$

式中:ρ 为高度 h 处的密度;ρ_0 为高度 h_0 处的密度;H 为密度标尺高度,按照下式定义为

$$H=\frac{R_g T_m}{M_0 g+R_g\left(\frac{\mathrm{d}T_m}{\mathrm{d}h}\right)} \tag{6-2}$$

式中:R_g 为普适气体常数;T_m 为分子标尺温度;M_0 为海平面处的大气分子量;g 为重力加速度。

对于理想大气,由于重力加速度和分子标尺温度 T_m 随高度变化,H 也相应地随高度变化。然而,在一个有限的高度范围内,H 的变化非常小。如果高度 h_g 处的 H 值在更高的高度处都保持不变,那么,星光折射角的一个近似值可表示为

$$R \approx (\mu_g - 1)\left[\frac{2\pi(R_e + h_g)}{H_g}\right]^{1/2} \tag{6-3}$$

式中：R 为折射角（rad），是航天器上观测的折射光线和未折射前星光方向间的夹角；h_g为折射光线的切向高度（m）；R_e 为地球半径；μ_g为高度 h_g处的折射指数；H_g为高度 h_g处的密度标尺高度。根据 Gladstone – Dale 定律，折射指数与大气密度的关系为

$$\mu - 1 = k(\lambda)\rho \tag{6-4}$$

式中：$k(\lambda)$为散射参数，它仅与光波波长 λ 有关。因此，折射角可用大气密度和散射系数表示为

$$R \approx k(\lambda)\rho_g\left[\frac{2\pi(R_e + h_g)}{H_g}\right]^{1/2} \tag{6-5}$$

根据 Edlen 理论，标准温度与压力下的大气折射指数与光波波长有如下关系，即

$$10^8(\mu_g - 1) = 64328 + \frac{2949810}{146 - 1/\lambda^2} + \frac{25540}{41 - 1/\lambda^2} \tag{6-6}$$

式中：λ 为光波波长（μm）。标准温度与压力下的大气密度为 1225.0g/m^3。将以上大气密度和折射指数代入式（6 – 4）并求出 $k(\lambda)$为

$$k(\lambda) = 10^{-8}\left(52.513 + \frac{2408}{146 - 1/\lambda^2} + \frac{20.849}{41 - 1/\lambda^2}\right) \tag{6-7}$$

根据 1976 美国标准大气就可以求出特定波长光波在任一折射高度处的折射角。星光折射间接敏感地平的精度依赖于平流层大气密度模型的准确程度。平流层大气密度的变化取决于纬度和季节等诸多因素。气象火箭和气球对平流层的观测结果表明，在热带地区，25km 高度处大气密度随季节的变化在 1% 左右。对于夏半球，当纬度从赤道变化到极点时，大气密度的变化可能会增加 2～3 倍。然而，对于冬半球，特别是北半球，大气密度随季节变化可能达到 10%。

全球范围内更准确的平流层大气密度模型能够揭示平流层的系统性变化，但是由于已知观测数据的限制，这个模型目前还不能建立。当准确地知道航天器的位置时，通过量测得到的星光大气折射，能够获得折射高度处大气密度的知识。1980 年，美国 Draper 实验室曾用这种方法在 HEAO – 2（High Energy Astronomy Observatory）号卫星上作过试验，获得 700 个折射区在 ±45°纬度

之间的数据。在对热带上空的140个观测数据作了详细分析后,人们发现热带上空的平流层大气密度变化在1%以内。HEAO－2号卫星获得的数据的准确程度主要取决于航天器定轨的准确程度。

1976美国标准大气是目前各种大气模式的基础,但是该模式的时间分辨率和空间分辨率都非常低。国际参考大气(CIRA)1986是目前能够公开获得的最新国际标准大气模式,其数据包括南北两个半球的温度、大气压的年平均和逐月数据,以及这些数据的波动变化系数。上述数据按地球纬度划分,精度为5°。通过研究,可以将平流层大气密度随纬度和季节变化的部分进行修正,有可能使平流层大气密度的估计误差小于1%。具体的大气密度分布特性及星光折射特性分析见6.2.3节。

当星光靠近地平方向时,根据其在大气中的折射量就能确定当地地平方向,然后就能估计卫星在地心惯性坐标系中的位置。卫星、地球和折射星光的几何关系如图5－4所示。星光的折射高度为h_g,视高度为h_a,底边长b可由h_a表示为

$$b=(R_e+h_a)/\cos(R)=R_e+h_a+a \tag{6-8}$$

式中:a为一个非常小的量。由式(6－8)可解出

$$a=\left(\frac{1}{\cos R}\right)(R_e+h_a) \tag{6-9}$$

对于一个典型情况,$h_a=25\text{km}$,折射角$R=150''$,$a=1.69\text{m}$,故a项通常可被忽略。

如果在折射发生的区域大气是球状分层,那么,根据Snell定律,在光路上的任何一点,都有

$$\mu r\sin(Z)=\text{常数} \tag{6-10}$$

式中:μ为给定的折射指数;r为该点距地心的径向距离;Z为该点的径向与光线方向的夹角。对于光线距地球表面的最近点G处,有$Z=90°$,$r=R_e+h_g$,$\mu=\mu_g$,有

$$\text{常数}=\mu_g(R_e+h_g) \tag{6-11}$$

假设在S点处$\mu_s=1$,将以上常值代入式(6－10),得

$$\sin(Z_s)=\mu_g(R_e+h_g)/r_s \tag{6-12}$$

在直角ΔSAO中,有

$$\sin(Z_s)=(R_e+h_a)/r_s \tag{6-13}$$

$$h_a = R_e(\mu_g - 1) + \mu_g h_g \tag{6-14}$$

可以看出，h_a和h_g之间的关系仅取决于h_g处的折射指数μ_g，而且这种相对简单的关系可以应用于任何球状分层的大气，而不论这种大气密度是否按指数规律变化。又由于μ_g可以表示成ρ_g和$k(\lambda)$的函数，故式(6-14)可以写成

$$h_a = k(\lambda)\rho_g(R_e + h_g) + h_g \tag{6-15}$$

6.2.2 星光折射高度与折射角、大气密度之间的关系

量测星光折射角的目的是因为其中包括了与航天器位置有关的信息，而折射角R和星光折射高度h_g与航天器位置没有直接的几何关系，只有视高度h_a才能起到将折射角R与航天器位置联系起来的桥梁作用。下面推导h_a与R之间的数学关系。

假设大气密度完全按照指数规律变化，即

$$\rho = \rho_0 \exp\left(-\frac{h - h_0}{H}\right) \tag{6-16}$$

此时，折射角可以近似表示为

$$R = k(\lambda)\rho_g\left[\frac{2\pi(R_e + h_g)}{H}\right]^{1/2} \tag{6-17}$$

由于R_e远大于h_g，故式(6-17)可简化为

$$R = k(\lambda)\rho_g\left[\frac{2\pi R_e}{H}\right]^{1/2} \tag{6-18}$$

由式(6-16)可得

$$\rho_g = \rho_0 \exp\left(-\frac{h_g - h_0}{H}\right) \tag{6-19}$$

将式(6-19)代入式(6-17)，可得

$$R = k(\lambda)\rho_0\left(\frac{2\pi R_e}{H}\right)^{1/2}\exp\left(-\frac{h_g - h_0}{H}\right) \tag{6-20}$$

将式(6-20)进行变形，有

$$h_g = h_0 - H\ln R + H\ln\left[k(\lambda)\rho_0\left(\frac{2\pi R_e}{H}\right)^{1/2}\right] \tag{6-21}$$

根据式(6-15)，h_a和h_g之间有如下关系，即

$$h_a = [1 + k(\lambda)\rho_g]h_g + k(\lambda)\rho_g R_e \tag{6-22}$$

对于高度在20km以上的大气,$k(\lambda)\rho_g < 2\times10^{-3}$,故此项常可被忽略,即

$$h_a \approx h_g + k(\lambda)\rho_g R_e \tag{6-23}$$

从式(6-18)可解出

$$k(\lambda)\rho_g = R\left(\frac{H}{2\pi R_e}\right)^{1/2} \tag{6-24}$$

将式(6-21)和式(6-24)代入式(6-23),可得

$$h_a(R,\rho) = h_0 - H\ln R + H\ln\left[k(\lambda)\rho_0\left(\frac{2\pi R_e}{H}\right)^{1/2}\right] + R\left(\frac{HR_e}{2\pi}\right)^{1/2} \tag{6-25}$$

式(6-25)揭示了视高度 h_a 与折射角 R、大气密度 ρ 之间的关系。

另外,从图6-1还可看出

$$h_a = \sqrt{r_s^2 - u^2} + u\tan R - R_e - a \tag{6-26}$$

式中:$u = |\boldsymbol{r}_s \cdot \boldsymbol{u}_s|$,$\boldsymbol{r}_s$ 为航天器的位置矢量,$\boldsymbol{u}_s$ 为未折射前星光的方向矢量。

式(6-26)建立了折射量测与航天器位置之间的关系,这是将星光折射应用于航天器自主天文导航的关键。

以25km高度处的大气折射为例,假定此处的大气密度符合1976美国标准大气,考察此处的折射量测与大气密度模型误差对航天器位置更新产生的影响,将式(6-26)中的 $\tan R \approx R$,忽略小量 a,并将式(6-25)代入式(6-26),可得

$$\sqrt{r_s^2 - u^2} = h_0 - H\ln R + H\ln\left[k(\lambda)\rho_0\left(\frac{2\pi R_e}{H}\right)^{1/2}\right] + R\left(\frac{HR_e}{2\pi}\right)^{1/2} - uR + R_e \tag{6-27}$$

对式(6-27)两边微分,可得

$$\mathrm{d}\sqrt{r_s^2 - u^2} = H\frac{\mathrm{d}\rho_0}{\rho_0} - H\frac{\mathrm{d}R}{R} - u\cdot\mathrm{d}R + \left(\frac{HR_e}{2\pi}\right)^{1/2}\mathrm{d}R \tag{6-28}$$

式中:u 可以近似表示成

$$u \approx \sqrt{r_s^2 - R_e^2} \tag{6-29}$$

式(6-28)相对简单地表示出了航天器位置误差($\mathrm{d}\sqrt{r_s^2 - u^2}$)、折射量测误差($\mathrm{d}R$)与密度误差($\mathrm{d}\rho_0$)之间的关系。

在 $h_g = 25$km 高度处,由美国标准大气可得

$$H = 6.366\text{km}$$

$$\rho_0 = 40.084\text{g/m}^3$$

$$R = 148.1''(0.000718\text{rad})$$

假定25km处的密度百分比误差为1%（1σ），这将导致63.7m(1σ)的航天器位置误差，同理，1″的折射量测误差将会引起1000km高处的航天器位置误差为61.4m(1σ)。这两项合起来造成的航天器位置误差为88.5m(1σ)。

同理，可以得到

$$\mathrm{d}h_\mathrm{a} = H\frac{\mathrm{d}\rho_0}{\rho_0} - H\frac{\mathrm{d}R}{R} + \left(\frac{HR_\mathrm{e}}{2\pi}\right)^{1/2}\mathrm{d}R \tag{6-30}$$

由1%（1σ）的密度误差和1″(1σ)的折射量测误差引起的视高度h_a的误差为76m(1σ)。

若假定地球大气层是对称球形，则星光折射角R仅取决于星光在大气层距地表面的高度，即星光折射高度h_g。根据大气密度模型，可表示为

$$R = 2.21\times10^{-2}\mathrm{e}^{-0.14h_\mathrm{g}}$$

但是上述模型是与简单的大气密度模型有关的一个经验公式，使用时需要形式及单位的转换，且适用的高度范围不明确。下面给出两个常用的经验公式。

星光折射高度h_g在20～50km范围内星光折射角随高度变化的经验公式为

$$R = 6965.4793\mathrm{e}^{-0.15180263h_\mathrm{g}}$$

$$h_\mathrm{g} = 58.29096 - 6.587501\ln R$$

星光折射高度h_g在25～60km范围内星光折射角随高度变化的经验公式为

$$R = 3885.1012\mathrm{e}^{-0.1369559h_\mathrm{g}}$$

6.2.3　大气密度分布特性及星光折射特性建模

大气密度模型的准确性是决定星光折射间接敏感地平天文导航方法精度的重要因素，因此需要对大气密度分布特性及星光折射特性进行分析研究。

1. 国际标准大气模式资料的获取及大气密度数据库的初步建立

大气模式是对大气的气压、温度、密度、温度变化率等物理量的三维空间

和时间分布特性的平均值模型。有基本的物理模型和基于真实观测数据的模型,后者又称为大气参考模式。

20世纪50年代,人们对地球大气圈层结构的认识开始系统化,对大气的成分以及圈层分布积累了许多观测数据和模型,标准大气模式就是这种认识的总结和概括。1962年,美国提出了美国标准大气模式1962,1966年对此进行了增补,1976年美国推出了新的版本,美国标准大气1976使用方便,得到国际承认和广泛应用,代表了北半球中纬度中等太阳活动下的大气平均状态。1986年,国际空间研究委员会(COSPAR)在国际合作研究的基础上推出国际参考大气(CIRA)1986模式,该模式分热层大气模式(90~2000km)、中层大气模式(0~120km)和微量成分模式三部分,CIRA1986模式比该组织早先推出的CIRA1972模式有明显改进,内容丰富,权威性高,得到广泛承认。除了上述模式外,美国NASA和军方也发展了一些大气模式,如Jacchia70模式、空军的GRAM模式、Marshall空间飞行中心的MET模式、Goddard飞行中心的MSIS模式、军方11个靶场都有专有大气模式。随着我国航空航天的需要,国家也颁布了一系列各种用途的标准大气模式,这些模式大都是等同采用美国标准大气模式1976或国际标准化组织的模式(ISO 5878—1982),我国三个靶场也分别有自己的专有大气模式,中低空有基于国内观测数据的军用气候极值。

美国标准大气1976是目前各种模式的基础,但是该模式的时间分辨率和空间分辨率都较低。CIRA1986是目前能够公开获取的最新国际标准大气模式,但是其形式多以图表为主。考虑到天文导航中主要是研究星光在对流层以上的折射现象,因此我们主要是获取CIRA1986的中层大气模式(0~120km)。目前已经收集到了该模式的数据,并且完成了数据库的建库工作和初步分析。数据库以Microsoft Excel文件形式存放。数据包括南北两个半球的温度、大气压的年平均和逐月数据,以及这些数据的波动变化系数。上述数据按地球纬度划分,目前的纬度精度是5°。

1) 各种大气模式简介

真实的标准大气模式都是基于实际观测数据,利用各种大气理论模式建立的。所以首先介绍一下几种理论大气模式,然后再着重介绍美国标准大气模式系列和国际标准大气CIRA系列。

(1) 大气的圈层结构。如图 6-2 所示,图中曲线表示温度(℃)随海拔高度(km)的变化。目前对大气一般分为四层,下面分别介绍这四层。

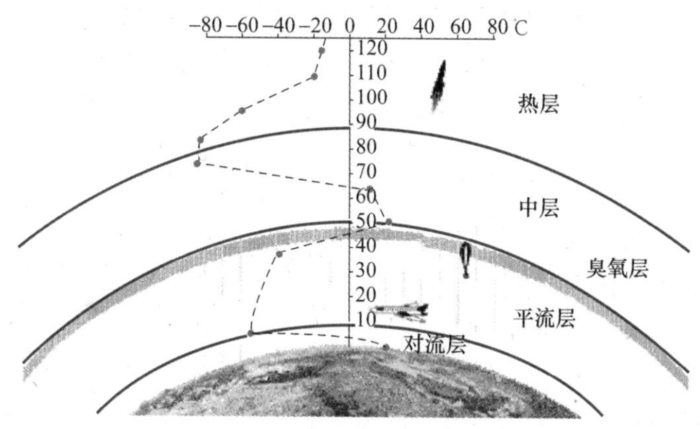

图 6-2　大气的圈层结构及温度变化

① 对流层。大气的最低层,厚度最小,但集中了整个大气中 75% 的质量和 90% 以上的水气,各种天气现象都发生在这一层。该层的温度随高度增加而降低,有强烈的对流活动。层顶高度随季节和纬度变化,在热带达 18km,温带达 12km,而极地只有 8~9km,夏季的层顶高度大于冬季。

② 平流层。从对流层顶到 55km 左右,在平流层下部(占大部分厚度),温度随高度变化缓慢;在平流层上部由于臭氧吸收太阳辐射,温度随高度增加上升较快。平流层中一般没有强烈对流,水气和尘埃都很少。

③ 中层。从 55km 到 86km 是中层,温度随高度增加而迅速下降,有强烈的对流,但是空气非常稀薄,中层顶的气压(密度)仅是海平面的 10^{-5}。

④ 热层。自中层顶至 800km,温度随高度增加而上升,一般认为到达大气层边界处温度可达到 727℃,在 300km 上属于电离层,在这里各种成分极度稀薄。

天文导航中研究的是平流层以上的大气星光折射问题,这样就避开了复杂多变的对流层。

(2) 等密度模式。该模式的要点是假设密度不随高度变化,即均质大气。这种情况只在高度范围很小时近似成立,即

$$P_Z = P_0 - \rho_0 g Z \tag{6-31}$$

式中:P_0 为基准面大气压;P_Z 为相对高度 Z 处的大气压;g 为重力加速度;Z 为相对高度;ρ_0 为大气密度。

如果把整个大气层看作均质大气,反算出的等效高度近似等于 8km。显然,这种大气模式实际不存在,只是其他大气模式的解析基础。

应用气体方程,可得到对应的气体温度变化率为

$$\gamma = -\frac{\mathrm{d}T}{\mathrm{d}Z} = \frac{g}{R} = 342℃/\mathrm{m} \tag{6-32}$$

式中:γ 为自动对流递减率;R 为普适气体常数,$R = 2.8706 \times 10^2 \mathrm{J/(kg \cdot K)}$。真实的温度 T 变化率为 65℃/m。显然,二者相差很大。高度 Z 处的温度为 T_Z,$T_Z = T_0 - Z\gamma$,T_0 为基准面的温度。这个变化规律可适用于各种模式,只需采用不同的温度变化率。

(3)等温模式。该模式的要点是设温度变化率为 0,平流层的中低层与此模式符合较好,即

$$\begin{cases} -\mathrm{d}P = \dfrac{P}{RT}g\mathrm{d}Z \\ P_Z = P_0\exp\left(-\dfrac{gZ}{RT}\right) = P_0\exp\left(-\dfrac{Z}{H}\right) \\ \rho_Z = \rho_0\exp\left(-\dfrac{gZ}{RT}\right) = \rho_0\exp\left(-\dfrac{Z}{H}\right) \\ N_Z = N_0\exp\left(-\dfrac{gZ}{RT}\right) = N_0\exp\left(-\dfrac{Z}{H}\right) \\ H = \dfrac{RT}{g} = \dfrac{\kappa T}{mg} \end{cases} \tag{6-33}$$

式中:N_0 为基准面的分子数密度;N_Z 为高度 Z 处的分子数密度;H 为特征高度(压强标高);ρ_Z 为高度 Z 处的大气密度;κ 为玻耳兹曼常数(1.38×10^{-23} J/K);m 为干空气平均分子量(28.964)。

(4)等温度变化率模式(多元模式)。该模式的要点是设温度变化率为常数。从温度变化的角度看,上面两个模式都是该模式的特例。等温模式采用的是温度变化率为 0,等密度模式则采用了一个由重力加速度与普适气体常数之比确定的恒定值。在多元模式中,可以选择不同的温度变化率数值对真实大气进行分段模拟。该模式适用性广,是标准大气参考模式的主要基础,即

$$\begin{cases}\dfrac{\mathrm{d}P}{P}=\dfrac{g}{R\gamma}\dfrac{\mathrm{d}T}{T}\\ P_Z=P_0\left(\dfrac{T_Z}{T_0}\right)^{g/R\gamma}=P_0\left(1-\dfrac{Z\gamma}{T_0}\right)^{g/R\gamma}\\ \rho_Z=\rho_0\left(\dfrac{T_Z}{T_0}\right)^{g/R\gamma-1}=\rho_0\left(1-\dfrac{Z\gamma}{T_0}\right)^{g/R\gamma-1}\\ Z=\dfrac{T_0}{\gamma}\left[1-\left(\dfrac{P_z}{P_0}\right)^{R\gamma/g}\right]\\ Z_{top}=\dfrac{T_0}{\gamma}\quad(P_Z=0,T_Z=0,\rho_Z=0)\end{cases}\tag{6-34}$$

式中：T_0 为该层基准面的温度；T_Z 为高度 Z 处的温度；Z_{top} 为该层顶的高度，其边界条件为：在层顶，温度为 0，气压为 0，密度为 0。

在多元模式中，标高分为压力标高 H_{p} 和密度标高 H_{ρ} 两种。压力标高与等温模式一样定义，由温度决定，由于温度是高度的函数，所以压力标高也是高度的函数。密度标高与压力标高有如下关系：$H_{\rho}=H_{\mathrm{p}}/(1-R\gamma/g)$。

（5）美国标准大气 1962 及 1966 增补模式。最早的标准大气模式是由美国国家航空咨询委员会（NACA，NASA 的前身）在 1925 年制定的。这个早期标准模式是从地面到 11km（对流层顶）取 0.65（℃/100m）的温度递减率，从 11km 到 20km 为等温区。随着航空航天活动的发展，人们对高层大气的了解逐渐增多，同时对标准大气模式的需求也不断增加。从 1956 年开始，美国空军研究发展司令部（ARDC）开始建立 ARDC 标准大气模式。1962 年，美国空军、国家天气局和 NASA 联合建立了美国标准大气。美国标准大气先后有 1962 版本（USSA—1962），1966 增补版和 1976 版。

下面简要介绍美国标准大气 1962 及 1966 增补（USSAS—1966），该模式以实测数据为基础，范围从海平面到 700km（适用于中纬度地区）。这里主要介绍该模式的低层部分（从海平面到 90km），采用分段拟合的方式，具体包括五个多元模式区域和三个等温模式区域。表 6－1 是该模式的低层部分所用主要参数。

表6-1　美国标准大气1962和1966增补模式低层部分的主要参数

高度/km	温度/K	温度递减率/(K/km)	气压/mbar	密度/(kg/m³)
0	288.15		1013.25	1.225
11	216.65	-6.5	227.00	3.648×10^{-1}
20	216.65	0.0	55.29	8.891×10^{-2}
32	228.65	1.0	8.89	1.365×10^{-2}
47	270.65	2.8	1.16	1.497×10^{-3}
52	270.65	0.0	6.22×10^{-1}	8.01×10^{-4}
61	252.65	-2.0	1.97×10^{-1}	2.703×10^{-4}
79	180.65	-4.0	1.24×10^{-2}	2.349×10^{-5}
88.74	180.65	0.0	2.07×10^{-3}	4.0×10^{-6}

实际应用中多是按照前面的理论模式并依据上述分段参数计算出相应的表格。为了把纬度和季节变化反映出来,1966年进行了增补(USSAS-1966),包括了北纬30°、45°、60°和75°的夏季和冬季的资料。该模式下,压力标高为8.44km,密度标高为10.4km。

(6)美国标准大气1976模式。与美国标准大气1962和1966增补模式相比,美国标准大气1976模式的显著发展是范围拓展到了1000km,考虑了纬度变化和时间变化,对太阳活动的影响也有考虑。从20世纪60年代开始的人类太空探索活动对大气模式提出了更高的要求,而这些探索活动本身也积累了大量关于大气的数据和知识,尤其是对外太空的认识有了量和质的飞跃。

同美国标准大气模式1962和1966增补一样,美国标准大气模式1976也是一个包括不同纬度和季节的模式。其基本模式是北半球中纬度的中等太阳活动条件下,以一组分段拟合的模式表示。其他时间和纬度的模式主要以表格形式给出。下面简要介绍美国标准大气模式1976的基本内容。

① 海平面基准值。温度288.15K,气压1013.25mbar,密度1.225 kg/m^3,重力加速度9.80665m/s^2,平均分子量28.9644kg/kmol。

② 温度随高度的分段模式。温度是大气模式中最重要且变化最复杂的参数。86km以下,由几个线性温度-高度模式组成。具体32km以下,温度分布与国际民航组织1964年修订的ICAO标准大气手册相同;80km以下与国际标准组织的ISO标准大气相同。86km以上分为四段,最上面的一段是用指数

函数，上边界（外层）大气温度值取1000K。各段间温度与高度的一阶导数连续。

③ 平均分子量的变化。在80km以下，空气是均匀混合的，平均分子量和空气成分比是不变的。从80km到86km，平均分子量平滑地减小为28.9522kg/kmol。从86km往上，平均分子量需要用能处理垂直扩散的流体力学方程计算。

④ 气压的计算。假定空气是干燥的，对86km以下的充分混合的均匀气体，满足理想气体定律和流体静力平衡，有

$$P = \frac{\rho R^* T}{M} \tag{6-35}$$

$$\mathrm{d}P = -g(Z)\rho(Z)\mathrm{d}Z$$

式中：M 为分子量；R^* 为普适气体常数。上面两式联立消去密度 ρ，得到适用于86km以下的气压与高度的关系为

$$\mathrm{dln}P = -\frac{g(Z)M}{R^* T(Z)}\mathrm{d}Z \tag{6-36}$$

对于86km以上的算法，由于气体成分随高度有变化，必须考虑垂直扩散平衡方程，这里略去。

⑤ 其他参数的计算。重力加速度随高度的变化表示为

$$g(Z) = g_0\left(\frac{R}{R+Z}\right)^2 \tag{6-37}$$

式中：R 为地球有效半径（取6356.766km）；g_0 为海平面的重力加速度。

位势高度 H 的计算式为

$$H = \frac{1}{g_0{}'}\int_0^Z g(Z)\mathrm{d}Z \tag{6-38}$$

式中：H 的单位是米（m），一般叫位势米（m′）；$g_0{}'$ 是单位位势，等于 $9.80665\mathrm{m}^2/(\mathrm{s}^2 \cdot \mathrm{m}')$。

应用位势的好处是消除由于地面海拔高度和纬度变化带来的重力加速度不同的影响，使测量得到的温度和气压可以在统一的坐标系中比较。由于重力加速度随高度和地理坐标有变化，所以一般 H 和 Z 不同。但在近地面，这两种变化都较小，所以二者又近似相等。随高度增大，重力加速度减小，H 也减小。

⑥ 模式表格内容。除了理论模式和计算式外,美国标准大气模式1976还以表格形式提供各种数据。这些表格分月份、纬度等。具体内容包括:米制单位位势高度与几何高度上的温度、气压和密度;米制单位位势高度与几何高度上的重力加速度、压力标高、数密度、平均分子量等;英制单位位势高度与几何高度上的温度、气压和密度;英制单位位势高度与几何高度上的重力加速度、压力标高、数密度、平均分子量等;米制单位位势高度与几何高度上的各大气成分的数密度,包括氮、原子氧、分子氧、氩、氦和原子氢;微量气体成分平均状况的垂直分布,包括臭氧、水气和气溶胶等。

⑦ 国际参考大气模式CIRA1986。国际空间委员会(Committee On SPAce Research,COSPAR,该组织是在1958年通过国际科学联盟议会ICSU为促进国际空间探索和研究的合作与交流设立的)从20世纪60年代就开始了国际参考大气模式的研究。国际参考大气模式CIRA1986(COSPAR International Reference Atmosphere)是COSPAR从1986年开始提出的。CIRA1986是COSPAR提出的第四个参考大气模式,最早的国际参考大气模式是在1961年提出的,与其他成果主要关注于中低层大气不同,CIRA1961包含了国际上第一个热层大气模式,由于热层大气参考模式主要是宇航界使用,因此早期的国际参考大气模式相对于同期的美国标准大气模式,其影响要小得多,只有CIRA1972模式(COSPAR的第三个参考大气模式)公开出版,影响较大。

CIRA1986模式内容丰富,权威性高,是目前国际上广泛承认的参考大气模式。它由三部分组成:热层参考大气、中层参考大气和微量成分参考大气。热层参考大气于1988年正式出版,中层参考大气于1990出版。

CIRA1986的热层大气模式与CIRA1972有明显的不同,其主体部分是从90km到2000km的经验模式,比CIRA1972更多地利用了新的观测资料。采用了MSIS-86模式的成果,而CIRA1972则是Jacchina70模式。

微量成分参考模式是CIRA1986模式新增加的,包括了臭氧、水气、甲烷、NO、硝酸、NO_2、CO_2、卤素、平流层气溶胶和极区平流层云、热层NO、原子氧等成分的参考模式。

与间接敏感地平天文导航系统关系密切的是CIRA1986中层大气模式,它覆盖了0~120km的范围。显然,与CIRA1986的热层大气模式有部分重叠,但是二者的形式和数据都不同,在应用中取哪种模式根据具体的研究内容确定。一般研究的范围在 100km 以上,应考虑使用热层大气模式,如果范围在 120km 以下,应使用中层参考大气模式。

CIRA1986 参考大气模式的中层大气模式除了有季节和纬度变化外,还包括年际变化、准两年变化、半年变化、行星波(波 1、波 2)、重力波、潮汐波和大气湍流等内容,时间以月为单位,纬度以 5°为单位,从南纬 80°到北纬 80°。如果需要更精确的数据,可以采用插值法内插。

2) CIRA1986 中层参考大气模式数据库获取与分析

考虑到光在大气层中的折射,在 120km 以上,空气极度稀薄,气压低达 10^{-5}mbar,因此可以不考虑热层参考大气模式,仅利用 CIRA1986 中层参考大气模式即可。

CIRA1986 中层大气参考模式数据库由 13 个数据文件组成,其中 11 个是以标高(气压对数)为基准变量,一个是以高度为基准变量。另外有一个说明文件。数据库具体内容如下。

(1) 北半球年均温度,包括各种频率的谐波,以标高(气压对数)为自变量,分辨率为 0.25,纬度间隔是 5°。

(2) 南半球年均温度,包括各种频率的谐波,以标高(气压对数)为自变量,分辨率为 0.25,纬度间隔是 5°。

(3) 北半球年均风,包括各种频率的谐波,以标高(气压对数)为自变量,分辨率为 0.25,纬度间隔是 5°。

(4) 南半球年均风,包括各种频率的谐波,以标高(气压对数)为自变量,分辨率为 0.25,纬度间隔是 5°。

(5) 北半球年均地势高,包括各种频率的谐波,以标高(气压对数)为自变量(实际上是气压随地势高的变化),分辨率为 0.25,纬度间隔是 5°(该数据文件没有对应的南半球部分)。

(6) 北半球逐月平均温度,以标高(气压对数)为自变量,分辨率为 0.25,纬度间隔是 5°。

(7) 南半球逐月平均温度,以标高(气压对数)为自变量,分辨率为 0.25,纬度间隔是 5°。

(8) 北半球逐月平均风,以标高(气压对数)为自变量,分辨率为 0.25,纬度间隔是 5°。

(9) 南半球逐月平均风,以标高(气压对数)为自变量,分辨率为0.25,纬度间隔是5°。

(10) 北半球逐月平均地势高,以标高(气压对数)为自变量,分辨率为0.25,纬度间隔是5°。

(11) 南半球逐月平均地势高,以标高(气压对数)为自变量,分辨率为0.25,纬度间隔是5°。

(12) 逐月平均的温度、气压和风,以高度为自变量,分辨率为5km,从80S到80N,纬度分辨率是10°。

从温度和气压随高度和纬度的变化规律可以看出,温度高频振荡幅度比低频振荡幅度小,极地的振荡幅度比赤道和中纬度大;气压与位势高的关系总体上变化非常小。

模式还包括其他一些数据表格,以Excel电子表格的形式存储,可以进行类似分析,这里不再冗述。下面分析大气模式与星光折射的关系。

2. 三维大气模式下的星光折射模型的理论研究

1) 电磁波折射率模型

电磁波在大气中传播的折射率模型为

$$n=1+77.6\times10^{-6}(1+7.52\times10^{-3}\lambda^{-2})\frac{p}{T} \tag{6-39}$$

式中:温度 T 单位是开(K);气压 P 单位是百帕hP(或毫巴mbar);波长 λ 单位是微米(μm)。

在地面折射率 n 为1.00026~1.00046,在9km处 n 约为1.000105。一般垂直方向的梯度比水平方向梯度大1~3个数量级。显然,n 与真空中的数值相差很小,因此在光学文献中常用折射模数 N 来表示,N 的定义为

$$N=(n-1)\times10^{6} \tag{6-40}$$

因此前面的折射率模型用 N 可改写为

$$N=77.6\times(1+7.52\times10^{-3}\lambda^{-2})\frac{p}{T} \tag{6-41}$$

上述模型主要适用于高层干燥大气和光波。如果是波长在2~10cm的电波,必须考虑水气的影响,即

$$N=(n-1)\times10^{6}=77.6\times\left(1+\frac{7.52\times10^{-3}}{\lambda^{2}}\right)\times\left(\frac{P}{T}+\frac{4810e}{T^{2}}\right) \tag{6-42}$$

式中：e 为水气分压，单位是毫巴（mbar）。

通常，大气模型中的折射率用 N 表示，地面的 N 在 300 左右，变化幅度一般小于 100。由于影响 N 变化的主要因素是气压（或空气密度），许多近似分析采用 N 与高度的指数模型。

2）光波在大气中的折射

由于大气是不均匀的，光线在大气中传播时必然会出现折射弯曲。弯曲的方向和曲率主要受折射模数的梯度控制，与光线的入射角也有关系。

显然，在对流层中，由于温度随高度和地域变化的复杂性以及水气和气溶胶的复杂多变，大气光学折射模数变化梯度也比较复杂，因此电波或光波在对流层经常会出现各种复杂的折射现象。

处理光线折射的一个常用简单模型就是采用简化球面分层大气模型（即假设折射率只随高度变化），在此模型下利用 Snell 折射定律可得到大气光路方程为

$$nr\sin\theta = C \tag{6-43}$$

式中：n 为各层折射率；r 为该层距地心的距离；θ 为光线相对于该点地心射线方向的入射角；C 为常数，由初始入射角决定。该模型被广泛地用于对精度要求不高或涉及地域范围较小的场合。

上述模型的主要问题是没有考虑真实大气分布，对于高精度的应用或者涉及较大的地域，在折射模数水平梯度的影响不能忽略的时候，该模型就不能满足要求。

有的研究者对电波在大气中的折射进行精密的模型修正，但这些工作是为无线电导航或测量服务，主要工作在低层大气，考虑的范围不同。

3）三维大气模式下的直角坐标射线方程

假定在三维直角坐标系(x,y,z)下，三维大气折射率分布为 $n(x,y,z)$，光线传播路径为 $R(x,y,z)$，按照费马原理和变分法，有

$$\delta t = \delta\left(\frac{1}{c}\int_R n(x,y,z)\mathrm{d}R\right) = 0 \tag{6-44}$$

式中：c 为光速；t 为光传播的时间。通过变分可求得实际光线折射路径。

考虑折射路径 $R(x,y,z)$ 的微分

$$\mathrm{d}R = \sqrt{\mathrm{d}x^2 + \mathrm{d}y^2 + \mathrm{d}z^2} = \sqrt{1 + y'^2 + z'^2}\,\mathrm{d}x \tag{6-45}$$

其中

$$y' = \frac{\mathrm{d}y}{\mathrm{d}x}, z' = \frac{\mathrm{d}z}{\mathrm{d}x}$$

上述变分可化为

$$\delta \int_R n(x,y,z)\sqrt{1 + y'^2 + z'^2}\,\mathrm{d}x = 0 \tag{6-46}$$

令 $F(x,y,z,y',z') = n(x,y,z)\sqrt{1+y'^2+z'^2}$,由变分法求解条件可得 Euler 方程组为

$$\begin{cases} \dfrac{\partial F}{\partial y} - \dfrac{\mathrm{d}}{\mathrm{d}x}\dfrac{\partial F}{\partial y'} = 0 \\ \dfrac{\partial F}{\partial z} - \dfrac{\mathrm{d}}{\mathrm{d}x}\dfrac{\partial F}{\partial z'} = 0 \end{cases} \tag{6-47}$$

把有关 F 的偏微分求出来,得到

$$\begin{cases} \dfrac{\partial F}{\partial y} = \sqrt{1+y'^2+z'^2}\dfrac{\partial n}{\partial y} \\ \dfrac{\partial F}{\partial z} = \sqrt{1+y'^2+z'^2}\dfrac{\partial n}{\partial z} \\ \dfrac{\mathrm{d}}{\mathrm{d}x}\dfrac{\partial F}{\partial y'} = \dfrac{ny'' + y'\dfrac{\mathrm{d}n}{\mathrm{d}x}}{\sqrt{1+y'^2+z'^2}} - \dfrac{ny'(y'y''+z'z'')}{\left(\sqrt{1+y'^2+z'^2}\right)^3} \\ \dfrac{\mathrm{d}}{\mathrm{d}x}\dfrac{\partial F}{\partial z'} = \dfrac{nz'' + z'\dfrac{\mathrm{d}n}{\mathrm{d}x}}{\sqrt{1+y'^2+z'^2}} - \dfrac{nz'(y'y''+z'z'')}{\left(\sqrt{1+y'^2+z'^2}\right)^3} \end{cases} \tag{6-48}$$

上述 Euler - Lagrange 方程组经化简可得

$$\begin{cases} (1+y'^2+z'^2)\dfrac{\partial n}{\partial y} - (1+y'^2+z'^2)\left(ny'' + \dfrac{\mathrm{d}n}{\mathrm{d}x}y'\right) + ny'(y'y''+z'z'') = 0 \\ (1+y'^2+z'^2)\dfrac{\partial n}{\partial z} - (1+y'^2+z'^2)\left(ny'' + \dfrac{\mathrm{d}n}{\mathrm{d}x}y'\right) + nz'(y'y''+z'z'') = 0 \end{cases} \tag{6-49}$$

注意:$n(x,y,z)$ 对 x 的微分包含对 y、z 的偏微分,即

$$\frac{\mathrm{d}n(x,y,z)}{\mathrm{d}x} = \frac{\partial n}{\partial x} + \frac{\partial n}{\partial y}y' + \frac{\partial n}{\partial z}z' \tag{6-50}$$

将这关系代入,联立求解 y'' 和 z'',得

$$\begin{cases} y'' = \dfrac{(1+y'^2+z'^2)}{n}\left(-y'\dfrac{\partial n}{\partial x}+\dfrac{\partial n}{\partial y}\right) \\ z'' = \dfrac{(1+y'^2+z'^2)}{n}\left(-z'\dfrac{\partial n}{\partial x}+\dfrac{\partial n}{\partial z}\right) \end{cases} \tag{6-51}$$

一般在下列边界条件下求解

$$\begin{cases} y(x)\Big|_{x=x_0} = y_0 \\ z(x)\Big|_{x=x_0} = z_0 \\ y'(x)\Big|_{x=x_0} = \tan\theta_0 \\ z'(x)\Big|_{x=x_0} = 0 \\ R(x,y,z) = \displaystyle\int_0^R n(x,y,z)\mathrm{d}R \end{cases} \tag{6-52}$$

该边界条件是在观测点(x_0,y_0,z_0)求解固定观测方向上观测到的光线轨迹。这里不失一般性对观测方向做了简化,假设是在XY平面。这样求解比较方便,但对折射率$n(x,y,z)$的要求增加了,如果没有这个假设则要对观测方向进行分解。这里略去。

4）三维大气模式下的球坐标射线方程

上述直角坐标下得到的射线方程虽然形式简洁,但无法适应大气参考模式。目前,大气模式数据一般是以高度和纬度为坐标表示,基本上可看作是球坐标系。把球坐标系转换成直角坐标系,需要内插,由于对中高层大气,内插困难,精度没有保证,因此仿照上述直角坐标系的方法,研究球坐标下的射线方程。

本节采用的球坐标是ECR坐标系,如图6-3所示,矢径$\boldsymbol{r}$从地心起算,纬度θ从赤道面起算,分北纬和南纬,南纬记作负的,经度ϕ以格林尼治零度经线起算,分东经和西经,西经记作负的。采用球坐标除了可以有效地利用大气模式数据外,还可以方便地把航天器轨道参数方程、星光折射的观测方程统一起来在一个统一的坐标系下处理。

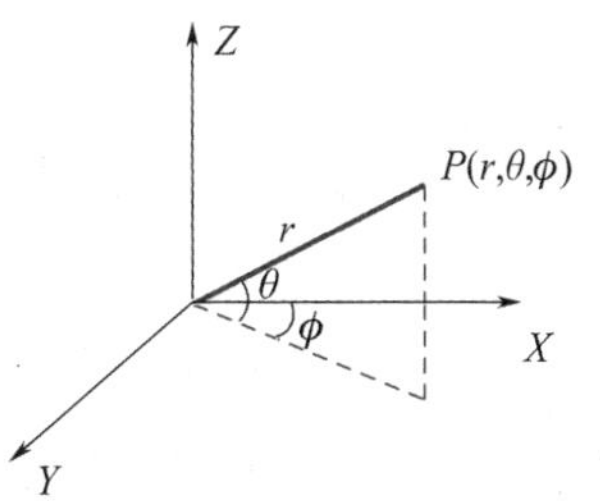

图6-3 球坐标射线方程示意图

我们的研究主要基于 CIRA1986 中层大气模式(0 ~ 120km),应用的范围主要在 15km 以上,因此大气模式随经度的变化就不考虑:目前搜集到的资料没有随经度变化的数据;在对流层以上大气随经度变化不显著。下面具体介绍三维星光折射模型。

应用 FERMAT 原理,采用变分法,在三维大气模式下,建立三维射线常微分方程。应用常微分方程数值解法,求解射线的精密轨迹,再进行星光折射分析。设在球坐标下三维大气折射率模式为 $n(r,\theta,\phi)$,r 为从地心到空间大气中某点的半径,θ 是该点的纬度,ϕ 是经度。实际上,目前,对于对流层以上的高层大气模式,缺乏有关随经度变化的资料,所以无法准确计算折射率在经度方向的变化。根据有关文献,实验测得的大气折射率水平方向的梯度比垂直方向小两个以上的量级(一般是三个数量级),因此大气折射率简化为二维的 $n(r,\theta)$。大气模式是随时间变化的,但时间变化率较小,在考虑光学折射时,单个观测可以看作是实时的,因此对折射率是每隔一定时间进行更新,在单次观测时段里视为常数。

在二维大气的简化模式下,设其轨迹方程为泛函 $R(r,\theta,\phi)=0$,显函数形式是 $r(\theta,\phi)=0$。按照 FERMAT 原理,变分取极值是确定轨迹泛函的必要条件,即

$$\delta t = \delta\left(\frac{1}{c}\int_R n(r,\theta)\mathrm{d}R\right) = 0 \tag{6-53}$$

光路曲线的微分长 $\mathrm{d}R$ 为

$$\mathrm{d}R = \sqrt{\mathrm{d}^2 r + r^2\mathrm{d}^2\theta + r^2\cos^2\theta\mathrm{d}^2\phi} = \sqrt{1 + r^2\dot{\theta}^2 + r^2\cos^2\theta\dot{\phi}^2}\,\mathrm{d}r$$

$$\dot{\theta} = \frac{\mathrm{d}\theta}{\mathrm{d}r} \tag{6-54}$$

$$\dot{\phi} = \frac{\mathrm{d}\phi}{\mathrm{d}r}$$

定义

$$F(r,\theta,\dot{\theta},\phi,\dot{\phi}) = n(r,\theta)\sqrt{1 + r^2\dot{\theta}^2 + r^2\cos^2\theta\dot{\phi}^2} \tag{6-55}$$

式(6-53)的变分可写为

$$\delta\int_{R(r,\theta,\phi)} F(r,\theta,\dot{\theta},\phi,\dot{\phi})\mathrm{d}r = 0 \tag{6-56}$$

根据变分的 Eular - Lagrange 方程,有

$$\begin{cases}\dfrac{\partial F(r,\theta,\dot{\theta},\phi,\dot{\phi})}{\partial\theta}-\dfrac{\mathrm{d}}{\mathrm{d}r}\left(\dfrac{\partial F(r,\theta,\dot{\theta},\phi,\dot{\phi})}{\partial\dot{\theta}}\right)=0\\ \dfrac{\partial F(r,\theta,\dot{\theta},\phi,\dot{\phi})}{\partial\phi}-\dfrac{\mathrm{d}}{\mathrm{d}r}\left(\dfrac{\partial F(r,\theta,\dot{\theta},\phi,\dot{\phi})}{\partial\dot{\phi}}\right)=0\end{cases}\tag{6-57}$$

令

$$Q=\sqrt{1+r^2\dot{\theta}^2+r^2\cos^2\theta\dot{\phi}^2}\tag{6-58}$$

式(6－57)两个方程的第一项为

$$\begin{cases}\dfrac{\partial F}{\partial\theta}=Q\dfrac{\partial n}{\partial\theta}-\dfrac{nr^2\cos\theta\sin\theta\dot{\phi}^2}{Q}\\ \dfrac{\partial F}{\partial\phi}=0\end{cases}\tag{6-59}$$

显然,式(6－59)中第二个方程为0,可以直接求解。按照式(6－57)的第二个方程,有

$$\begin{cases}\dfrac{\mathrm{d}}{\mathrm{d}r}\left(\dfrac{\partial F}{\partial\dot{\phi}}\right)=0\\ \dfrac{\partial F}{\partial\dot{\phi}}=C'\\ F=C'\dot{\phi}+F_0\\ (C'\dot{\phi}+F_0)=F=n(r,\theta)\sqrt{1+r^2\dot{\theta}^2+r^2\cos^2\theta\dot{\phi}^2}\\ (C'\dot{\phi}+F_0)^2=n^2(r,\theta)(1+r^2\dot{\theta}^2+r^2\cos^2\theta\dot{\phi}^2)\end{cases}\tag{6-60}$$

式中:F_0、C'为常数,由初值决定,后面要论述。

式(6－57)第一个方程第二项中括号内的偏微分为

$$\frac{\partial F}{\partial\dot{\theta}}=\frac{nr^2\dot{\theta}}{Q}\tag{6-61}$$

式(6－57)第一个方程第二项为

$$\begin{aligned}\frac{\mathrm{d}}{\mathrm{d}r}\left(\frac{\partial F}{\partial\dot{\theta}}\right)&=\frac{n}{Q}(2r\dot{\theta}+r^2\ddot{\theta})+\frac{r^2\dot{\theta}}{Q}\left(\frac{\partial n}{\partial r}+\frac{\partial n}{\partial\theta}\dot{\theta}\right)\\&\quad-\frac{nr^2\dot{\theta}}{Q^3}(r\dot{\theta}^2+r^2\dot{\theta}\ddot{\theta}+r\cos^2\theta\dot{\phi}^2-r^2\cos\theta\sin\theta\dot{\theta}\dot{\phi}^2+r^2\cos^2\theta\dot{\phi}\ddot{\phi})\\&=\frac{r^2\dot{\theta}}{Q}\left(\frac{\partial n}{\partial r}+\frac{\partial n}{\partial\theta}\dot{\theta}\right)+\frac{nr}{Q^3}(2\dot{\theta}+r\ddot{\theta}+r^2\dot{\theta}^3+r^2\cos^2\theta\dot{\theta}\dot{\phi}^2\\&\quad+r^3\cos^2\theta\ddot{\theta}\dot{\phi}^2+r^3\cos\theta\sin\theta\dot{\theta}^2\dot{\phi}^2-r^3\cos^2\theta\dot{\theta}\dot{\phi}\ddot{\phi})\end{aligned}\tag{6-62}$$

把式(6－59)和式(6－62)代入式(6－57)化简为

$$Q\frac{\partial n}{\partial\theta}-\frac{nr^2\cos\theta\sin\theta\dot{\phi}^2}{Q}-\left\{\frac{r^2\dot{\theta}}{Q}\left(\frac{\partial n}{\partial r}+\frac{\partial n}{\partial\theta}\dot{\theta}\right)+\frac{nr}{Q^3}(2\dot{\theta}+r\ddot{\theta}+r^2\dot{\theta}^3\right.$$
$$\left.+r^2\cos^2\theta\dot{\theta}\dot{\phi}^2+r^3\cos^2\theta\ddot{\theta}\dot{\phi}^2+r^3\cos\theta\sin\theta\dot{\theta}^2\dot{\phi}^2-r^3\cos^2\theta\dot{\theta}\dot{\phi}\ddot{\phi})\right\}=0 \tag{6-63}$$

方程式(6－57)化简得

$$Q^4\frac{\partial n}{\partial\theta}-Q^2nr^2\cos\theta\sin\theta\dot{\phi}^2-Q^2r^2\dot{\theta}\left(\frac{\partial n}{\partial r}+\frac{\partial n}{\partial\theta}\dot{\theta}\right)-nr(2\dot{\theta}+r\ddot{\theta}+r^2\dot{\theta}^3$$
$$+r^2\cos^2\theta\dot{\theta}\dot{\phi}^2+r^3\cos^2\theta\ddot{\theta}\dot{\phi}^2+r^3\cos\theta\sin\theta\dot{\theta}^2\dot{\phi}^2-r^3\cos^2\theta\dot{\theta}\dot{\phi}\ddot{\phi})=0$$
$$Q^2\left\{(1+r^2\cos^2\theta\dot{\phi}^2)\frac{\partial n}{\partial\theta}-r^2\dot{\theta}\frac{\partial n}{\partial r}\right\}-nr(Q^2r\cos\theta\sin\theta\dot{\phi}^2+2\dot{\theta}+r\ddot{\theta}+r^2\dot{\theta}^3$$
$$+r^2\cos^2\theta\dot{\theta}\dot{\phi}^2+r^3\cos^2\theta\ddot{\theta}\dot{\phi}^2+r^3\cos\theta\sin\theta\dot{\theta}^2\dot{\phi}^2-r^3\cos^2\theta\dot{\theta}\dot{\phi}\ddot{\phi})=0 \tag{6-64}$$

式(6－60)和式(6－64)构成本问题的两个方程。对式(6－60)进行微分得

$$\begin{aligned}C'(C'\phi+F_0)\ddot{\phi}=&n^2r(\dot{\theta}^2+r\dot{\theta}\ddot{\theta}+\cos^2\theta\dot{\phi}^2\\&-r\cos\theta\sin\theta\dot{\theta}\dot{\phi}^2+r\cos^2\theta\dot{\phi}\ddot{\phi})+nQ^2\left(\frac{\partial n}{\partial r}+\frac{\partial n}{\partial\theta}\dot{\theta}\right)\end{aligned} \tag{6-65}$$

式(6－64)、式(6－65)和式(6－60)构成二阶高次常微分方程组,自变量是纬度 θ 和经度 ϕ,因变量是光路轨迹的自地心起算的半径 r。

从观测点逆光路方向求解光路轨迹,初始条件由航天器的几何位置和观测方向决定。观测点位置即飞行器位置是时间的参数方程,在时刻 t 可得到观测点的球坐标为

$$\begin{cases}r=r(t)\\\theta=\theta(t)\\\phi=\phi(t)\end{cases} \tag{6-66}$$

观测方向(θ_r,ϕ_r)即在观测点接收的入射光线切线方向,可得

$$\sin\theta_r=\frac{1}{Q}\frac{\mathrm{d}z}{\mathrm{d}r}=\frac{1}{Q}(\sin\theta+r\dot{\theta}\cos\theta)\bigg|_{\substack{r=r_s\\\theta=\theta_s\\\phi=\phi_s}} \tag{6-67}$$

$$\tan\varphi_r=\frac{\mathrm{d}y}{\mathrm{d}x}=\frac{\frac{\mathrm{d}y}{\mathrm{d}r}}{\frac{\mathrm{d}x}{\mathrm{d}r}}=\left.\frac{\cos\theta\sin\phi-r\sin\theta\sin\phi\dot{\theta}+r\cos\theta\cos\phi\dot{\phi}}{\cos\theta\cos\phi-r\sin\theta\cos\phi\dot{\theta}-r\cos\theta\sin\phi\dot{\phi}}\right|_{\substack{r=r_s\\ \theta=\theta_s\\ \phi=\phi_s}}$$

式中，利用了关系

$$\begin{cases}x=r\cos\theta\cos\phi\\ y=r\cos\theta\sin\phi\\ z=r\sin\theta\end{cases}\tag{6-68}$$

目前，完成了光线满足的微分方程组推导，方程的形式比较复杂（这里略去），需要进一步化简，并且要结合 *CIRA*1986 大气模式的情况研究其数值解法。

3. 大气模式与星光折射的初步分析

显然，大气折射程度主要取决于大气压和温度梯度，因此初步估计了折射率随高度与纬度的变化梯度为

$$\begin{cases}\dfrac{\partial n(P,T)}{\partial r}=\dfrac{\partial n}{\partial P}\dfrac{\partial P}{\partial r}+\dfrac{\partial n}{\partial T}\dfrac{\partial T}{\partial r}\\ =\dfrac{77.6\times10^{-6}(1+7.52\times10^{-3}\lambda^{-2})}{T}\dfrac{\partial P}{\partial r}-\dfrac{77.6\times10^{-6}(1+7.52\times10^{-3}\lambda^{-2})P}{T^2}\dfrac{\partial T}{\partial r}\\ \dfrac{\partial n(P,T)}{\partial\phi}=\dfrac{\partial n}{\partial P}\dfrac{\partial P}{\partial\phi}+\dfrac{\partial n}{\partial T}\dfrac{\partial T}{\partial\phi}\\ =\dfrac{77.6\times10^{-6}(1+7.52\times10^{-3}\lambda^{-2})}{T}\dfrac{\partial P}{\partial\phi}-\dfrac{77.6\times10^{-6}(1+7.52\times10^{-3}\lambda^{-2})P}{T^2}\dfrac{\partial T}{\partial\phi}\end{cases}\tag{6-69}$$

如果取波长为 0.5μm，上述表达式化简为

$$\begin{cases}\dfrac{\partial n(P,T)}{\partial r}=\dfrac{\partial n}{\partial P}\dfrac{\partial P}{\partial r}+\dfrac{\partial n}{\partial T}\dfrac{\partial T}{\partial r}=\dfrac{79.934208\times10^{-6}}{T}\left(\dfrac{\partial P}{\partial r}-\dfrac{P}{T}\dfrac{\partial T}{\partial r}\right)\\ \dfrac{\partial n(P,T)}{\partial\phi}=\dfrac{\partial n}{\partial P}\dfrac{\partial P}{\partial\phi}+\dfrac{\partial n}{\partial T}\dfrac{\partial T}{\partial\phi}=\dfrac{79.934208\times10^{-6}}{T}\left(\dfrac{\partial P}{\partial\phi}-\dfrac{P}{T}\dfrac{\partial T}{\partial\phi}\right)\end{cases}\tag{6-70}$$

表 6-2 是在波长为 0.5μm 时，其他参数按 CIRA1986 中层参考大气模式粗略取值进行估计。

表6-2 平流层大气模式随高度和纬度的梯度变化

R /km	P /hPa	T /K	$\frac{\partial T}{\partial r}$ /(K/km)	$\frac{\partial T}{\partial \phi}$ /(K/(°))	$\frac{\partial P}{\partial r}$ /(hPa/km)	$\frac{\partial P}{\partial \phi}$ /(hPa/(°))	$\frac{\partial n}{\partial r}$ /km^{-1}	$\frac{\partial n}{\partial \varphi}$ /(°)$^{-1}$
10	282	240	-6.5	-0.04	-40	1	-1×10^{-5}	3×10^{-9}
20	55	210	0	0.1	-9.5	-0.08	-3.6×10^{-6}	-4×10^{-8}
30	12	230	0	0	-1.8	-0.02	-6×10^{-7}	-6×10^{-9}
50	0.85	265	2.8	-0.1	-0.1	1×10^{-4}	-3×10^{-8}	1×10^{-9}
100	3.1×10^{-4}	187	0	-0.04	-6×10^{-5}	5×10^{-7}	-3×10^{-14}	2×10^{-13}

从表6-2可以看出,在100km的高度,高度和纬度方向的折射率梯度已非常小,其值已没有意义,属于误差允许范围。从表6-2还可以看出,大气光学折射率随纬度的变化一般远小于随高度的变化。由于在100km的高度,折射率梯度已非常小,因此在利用光线追踪法计算分析星光折射路径时,大气模式的高度上限取100km即可。在折射率梯度较大的地方,采用较小的步长,在折射率梯度小的地方,采用较大的步长。

在星光折射自主天文的导航研究中,折射角和折射路径高度的估计误差来自于大气密度(与大气压和温度之比成正比)的估计误差。大气密度的估计误差在不同的高度和纬度是不同的,下面针对两种大气模式,分析大气密度误差的影响因素。

大气密度误差估计采用多元模式,大气密度 ρ_Z 的变化主要取决于温度 T_Z 的变化,温度 T_Z 与高度 Z 呈线性关系,温度变化率为 γ 时,大气密度 ρ_Z 表示为

$$
\begin{aligned}
&\rho_Z=\rho_0\left(\frac{T_Z}{T_0}\right)^{g/R\gamma-1}\\
&\delta\rho_Z=\rho_0\left(\frac{g}{R\gamma}-1\right)\left(\frac{T_Z}{T_0}\right)^{g/R\gamma-2}\frac{\delta T_Z}{T_0}+\rho_0\left(\frac{T_Z}{T_0}\right)^{g/R\gamma-1}\log\left(\frac{T_Z}{T_0}\right)\left(\frac{g}{R\gamma}\frac{d\gamma}{\gamma}\right)\\
&\qquad=\left(\frac{g}{R\gamma}-1\right)\rho_Z\left(\frac{T_Z}{T_0}\right)^{-1}\frac{\delta T_Z}{T_0}+\rho_Z\log\left(\frac{T_Z}{T_0}\right)\left(\frac{g}{R\gamma}\frac{d\gamma}{\gamma}\right)\\
&\frac{\delta\rho_Z}{\rho_Z}=\sqrt{\left(\left(\frac{g}{R\gamma}-1\right)\frac{\delta T_Z}{T_Z}\right)^2+\left(\log\left(\frac{T_Z}{T_0}\right)\left(\frac{g}{R\gamma}\frac{\delta\gamma}{\gamma}\right)\right)^2}
\end{aligned}
\tag{6-71}
$$

从上式分析，大气密度的相对变化率主要取决于温度的相对变化率。对温度变化率不为0的区域（$\gamma\neq0$），温度变化率最小的地方，大气密度估计误差也最小；另外，温度变化率γ的误差对大气密度估计误差也有影响。

按等温度变化率模式，从20km到32km，温度变化率取1℃（即高度每上升1km温度增加1℃）。当高度误差小于50m时，温度估计随高度的误差小于0.05℃，假设温度变化率的误差小于10^{-4}，密度估计误差约为0.7%。当高度误差100m时，温度估计误差约为0.1℃，温度变化率为10^{-3}，密度估计误差为2.7%。实际上，温度误差和温度变化率误差二者之间的作用是相反的，变分互相抵消。

对于温度变化率为0的区域（$\gamma=0$），运用等温模式分析，大气密度ρ_Z为

$$\begin{cases}\rho_Z=\rho_0\exp\left(-\dfrac{gZ}{RT}\right)\\ \mathrm{d}\rho_Z=\left(-\dfrac{g}{RT}\right)\rho_0\exp\left(-\dfrac{gZ}{RT}\right)\mathrm{d}Z=\left(-\dfrac{g}{RT}\right)\rho_Z\mathrm{d}Z\\ \dfrac{\delta\rho_Z}{\rho_Z}=\left(\dfrac{g}{RT}\right)\delta Z\end{cases}\tag{6-72}$$

在等温模式下，大气密度估计误差主要来自于高度估计误差，但温度起较大作用。温度T随时间的变化应用调和分析可表示为

$$T=T_0+T_1\cos(2\pi f_1(m-m_1))+T_2\cos(2\pi f_2(m-m_2))+T_3\cos(2\pi f_3(m-m_3))\tag{6-73}$$

式中：T_0为年均值；T_1、T_2、T_3分别为年周期、半年周期和1/3年周期的变化幅度；f_1、f_2、f_3分别为年周期、半年周期和1/3年周期的频率，以月$^{-1}$为单位，分别等于1/12、1/6、1/4；m_1、m_2、m_3分别为相应的初始位相（以月为单位）；m为以月为单位的时间自变量。调和分析是针对时间变化进行的，上述各周期的变化幅度、初始位相都随高度、纬度变化。

可以认为，调和分析的剩余误差小于T_3。由大气模式数据分析知道，T_3一般在25km左右小于1K，T约为220K，在等温模式下，高度估计误差与气压估计误差是等价的，一般高度误差在50m以内，密度的相对误差按前式估计在0.8%以内；高度估计误差如果为100m，密度估计误差为1.6%。

综上所述，星光折射高度选取平流层效果较好。在平流层中下层，温度变化缓慢，空间密度适中，大气折射角足够大，没有水气、气溶胶等随机性较大的

成分的影响,星光折射估计的相对误差最小。因此,选择通过高度在25km处平流层的折射星光进行导航精度最高。但今后还需进一步探索和研究在CIRA1986模式的基础上,计算分析星光的准确折射路径,准确计算折射角、折射高度和纬度的关系,最终形成一个反映纬度、时间、高度三因素变化的数据库,并为自主天文导航服务。

6.3 星光折射自主导航实现方案

本章介绍了星光折射自主导航的基本原理及实现流程。分析了大气折射条件下星图识别存在的特殊问题,提出一种基于双星敏感器的折射星识别和折射角获取方法,并给出了系统的状态方程和适用于地球卫星星光折射自主导航系统的导航滤波方法。

6.3.1 星光折射自主导航的实现方案

导航实现方案总体设计如图6-4所示,主要分为折射角R的获取和导航滤波解算两部分。折射角R获取的具体流程是:首先,保证星敏感器观测折射星;其次,利用星图匹配和识别方法识别出折射星并获取折射角。导航滤波解算时,要确定好状态模型、量测模型和对应的滤波方法,一般以卫星轨道动力学模型作为状态方程,以选取的观测量与卫星位置之间的关系建立量测模型,由于卫星自主天文导航的系统模型均为非线性,滤波方法采用Uscented卡尔曼滤波方法进行解算从而估计得到卫星的位置、速度等导航信息。

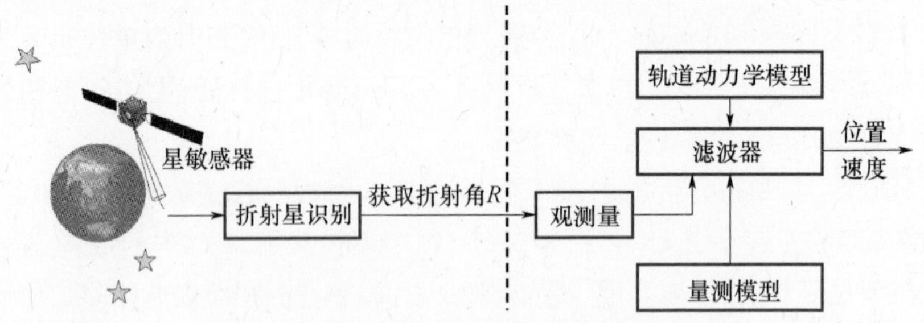

图6-4 星光折射自主导航实现方案总体设计

下面具体介绍星光折射角R的获取方法、系统模型和导航滤波方法。

6.3.2 星敏感器安装方案

从图 6－5 可知，星光折射自主导航方法的直接量测信息是由星敏感器测量得到的星光折射角 R，而测量 R 的首要前提是星敏感器观测到折射星，其次要准确识别出折射星，下面先介绍星敏感器的安装方案。

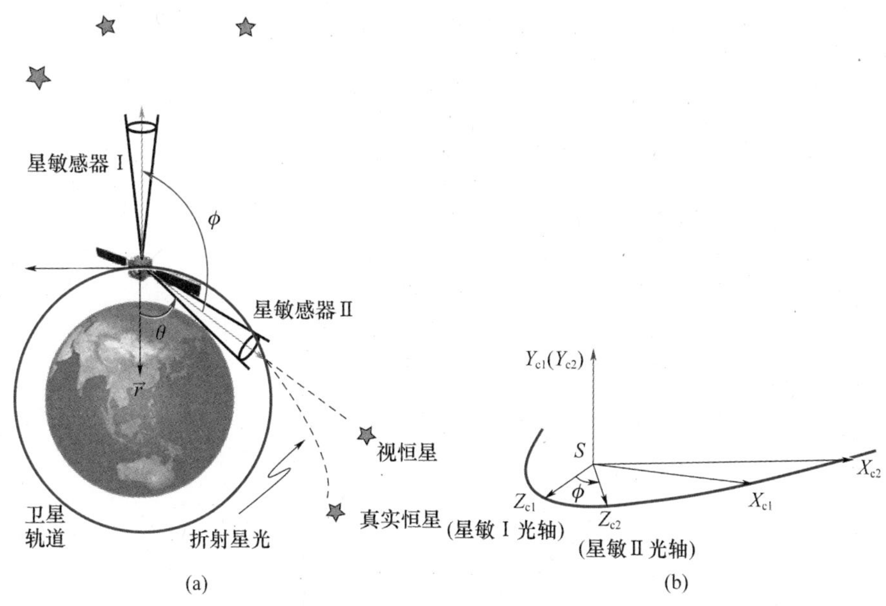

图 6－5　星敏感器安装方案

本方案在卫星上设置两个星敏感器，如图 6－5(a)所示。星敏感器 Ⅰ 光轴指向天顶方向，即地心反方向，用来观测天区中星光垂直进入大气层不发生折射的恒星；星敏感器 Ⅱ 指向地球边缘，用来观测天区中星光穿越地球大气层发生折射的恒星，如图 6－5(a)所示。

此外，本方案中令两个星敏感器坐标系之间具有确定的转移矩阵。如图 6－5(b)所示，$S-X_{c1}Y_{c1}Z_{c1}$ 为星敏感器 Ⅰ 坐标系，$S-X_{c2}Y_{c2}Z_{c2}$ 为星敏感器 Ⅱ 坐标系，它是由星敏感器 Ⅰ 坐标系绕其 Y 轴旋转得到的，即星敏感器 Ⅰ、Ⅱ 坐标系的 Y 轴重合，X、Z 轴在同一平面内，且 Z_{c2}（或 X_{c2}）轴与 Z_{c1}（或 X_{c1}）轴之间夹角为 ϕ。因此，两个星敏感器坐标系之间的转移矩阵 $\boldsymbol{M}_{c1}^{c2}$ 可表示为

$$M_{c1}^{c2}=\begin{bmatrix}\cos\phi & 0 & -\sin\phi\\ 0 & 1 & 0\\ \sin\phi & 0 & \cos\phi\end{bmatrix} \tag{6-74}$$

其中星敏感Ⅱ的光轴与地心矢量之间夹角 θ 的设置直接决定了星敏能够看见折射星,通过仿真发现夹角 θ 与卫星轨道高度 h 以及星敏视场 FOV 有关,下面以 h 为 786km、FOV 为 10°×10°为例,介绍夹角 θ 的确定方法,步骤如下。

(1) 轨道高度与地球遮挡。

对于轨道高度为 786km 的卫星,考虑到地球边缘的遮挡,只有星光角距 α 满足 $\alpha \geqslant \arcsin(R_e/(R_e+h))$,即 $\alpha \geqslant 62.9093°$的恒星才能被卫星上的星敏Ⅱ观测得到,则夹角 θ 应满足 $\theta \geqslant \alpha + \mathrm{FOV}/2$,即 $\theta \geqslant 67.9093°$。

(2) 星敏视场与折射星观测范围。

对大气折射模型的分析可知,星光折射角 R 随折射高度 h_g 的增大而减小,且 $h_g>50$km 时,大气密度稀薄,折射效果很弱,星敏不易捕获到折射星;但 h_g 也不能太低,如果过低,星光会穿过大气对流层,对流层会产生各种剧烈的气象现象,同样不利于星敏捕获折射信息,因此,在星光折射自主导航方案中,一般令 20km $<h_g<$ 50km,对应折射角 R 范围是 $3.0021''<R<316.3140''$。对于 786km 的轨道,折射角在 3.0021″~316.3140″范围内的恒星的星光角距 α 范围为 63.154°~64.088°,则夹角 θ 应满足 $(\alpha-\mathrm{FOV}/2)\leqslant\theta\leqslant(\alpha+\mathrm{FOV}/2)$,即 $58.154°\leqslant\theta\leqslant 69.088°$。

(3) 夹角 θ 的确定。

综上所述,可以将夹角 θ 设置为 67.9093°,考虑到折射星光都是来自地平方向,为了尽可能多地观测到折射星,可以容许星敏视场适当被地球边缘遮挡,本书将 θ 设置为 67.5°,则星敏Ⅱ视场内观测恒星的星光角距 α 在 62.5°~72.5°范围内,确保了视场内既可观测到非折射星,又可观测到折射星,这也是折射星识别的基础。

仿真结果表明,当星敏视场保持 10°×10°不变,轨道分别为 586km、786km、986km 和 1186km 时,对应的夹角 θ 应分别设置为 71.0°、67.5°、65.0°和 62.0°。当轨道为 786km 固定不变,星敏视场分别为 5°×5°、8°×8°、10°×10°时,对应的夹角 θ 应分别设置为 65.0°、66.5°、67.5°。

6.3.3 折射星的识别和折射角的获取

星敏感器观测到折射星,还需准确识别出折射星,才可以获取其星光折射

角 R,进而应用于星光折射自主导航。但是由于星光在大气中发生折射,星敏感器的拍摄星图中星像点的位置会发生偏移,星像点之间构成的几何形状也会发生扭曲形变,而传统星图识别方法就是基于这些星像点之间的几何形状与标准导航星表进行匹配来识别星。因此,在星光折射自主导航中,折射星的识别和折射角的获取是个特殊问题,这是本书重点讨论问题之一。针对大气折射给星图识别带来的特殊问题,本节提出一种基于双星敏感器的折射星识别方法。

利用上述两个星敏感器实现折射星识别和折射角获取的具体流程如图6-6所示,其基本思想是利用星敏感器Ⅱ视场内的模拟直射星图代替标准导航星表对星敏感器Ⅱ的拍摄星图进行星图匹配来识别折射星。首先根据星敏感器拍摄星图通过质心提取和星图识别技术可以确定从星敏感器Ⅰ坐标系到惯性坐标系的坐标转换矩阵 $\boldsymbol{M}_{c1}^{i}$,然后根据两个星敏感器坐标系之间的坐标转换矩阵 $\boldsymbol{M}_{c1}^{c2}$ 和 $\boldsymbol{M}_{c1}^{i}$ 确定从星敏感器Ⅱ坐标系到惯性坐标系的坐标转换矩阵 $\boldsymbol{M}_{c2}^{i}$,并确定星敏感器Ⅱ的光轴指向 $\boldsymbol{L}$,进而根据星敏感器的视场和标准导航星表生成星敏感器Ⅱ视场内的模拟直射星图;最后利用上述生成的模拟直射星图对星敏感器Ⅱ的拍摄星图进行星图匹配,从而识别出折射星,进而可以计算出对应的折射角。

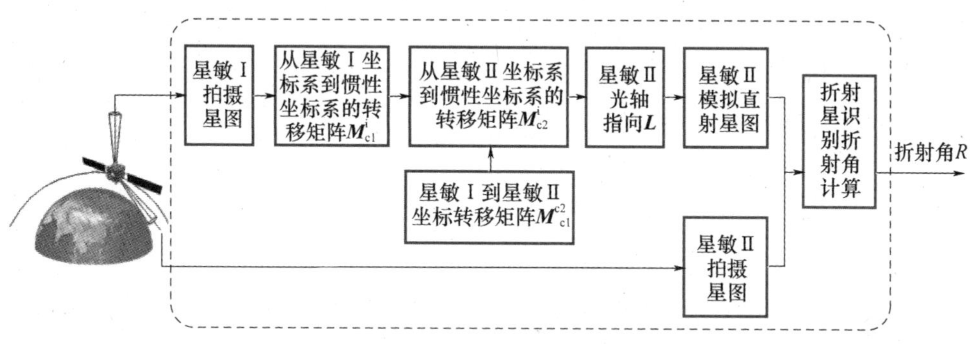

图6-6　折射星识别和折射角获取的实现流程

具体实现流程如下。

(1) 确定从星敏感器Ⅰ坐标系到惯性系的坐标变换矩阵 $\boldsymbol{M}_{c1}^{i}$。

本书假定星敏感器的视场为10°×10°,分辨率为1024×1024。

在某一时刻 t_0,星敏感器Ⅰ拍摄星图如图6-7(a)所示,视场内总共11颗星,由于星敏感器Ⅰ光轴对准天顶,进入其视场的星光近似垂直进入大气层,因此这11颗星的形状与真实恒星在天区中的分布形状是一致的,可以利用传统星图识别方法得到这11颗星在惯性空间中的位置,本书只选取其中三颗星(图6-7(a)中圆圈标注),通过质心提取技术得到这三颗星在星敏感器Ⅰ坐标系中的位置$(X_{si}^{c1},Y_{si}^{c1},Z_{si}^{c1})$ $(i=1,2,3)$分别为(0.0151,0.0389,0.9991)、(0.0234,0.0001,0.9997)、(0.0357,0.0478,0.9982)。根据星图识别方法得到这三颗星在惯性空间中的位置$(X_{si}^{i},Y_{si}^{i},Z_{si}^{i})$ $(i=1,2,3)$分别为(-0.1100,0.5308,0.8402)、(-0.1018,0.4981,0.8611)、(-0.0893,0.5393,0.8373)。记星敏感器Ⅰ坐标系的X_{c1}、Y_{c1}、Z_{c1}三轴在惯性空间中的指向分别为$(X_{xc1}^{i},Y_{xc1}^{i},Z_{xc1}^{i})$、$(X_{yc1}^{i},Y_{yc1}^{i},Z_{yc1}^{i})$、$(X_{zc1}^{i},Y_{zc1}^{i},Z_{zc1}^{i})$,可得

$$\begin{bmatrix} X_{s1}^{c1} & Y_{s1}^{c1} & Z_{s1}^{c1} \\ X_{s2}^{c1} & Y_{s2}^{c1} & Z_{s2}^{c1} \\ X_{s3}^{c1} & Y_{s3}^{c1} & Z_{s3}^{c1} \end{bmatrix} = \begin{bmatrix} X_{s1}^{i} & Y_{s1}^{i} & Z_{s1}^{i} \\ X_{s2}^{i} & Y_{s2}^{i} & Z_{s2}^{i} \\ X_{s3}^{i} & Y_{s3}^{i} & Z_{s3}^{i} \end{bmatrix} \cdot \begin{bmatrix} X_{xc1}^{i} & X_{yc1}^{i} & X_{zc1}^{i} \\ Y_{xc1}^{i} & Y_{yc1}^{i} & Y_{zc1}^{i} \\ Z_{xc1}^{i} & Z_{yc1}^{i} & Z_{zc1}^{i} \end{bmatrix} \tag{6-75}$$

通过求解式(6-75)可以得到从星敏感器Ⅰ坐标系到惯性系的坐标变换矩阵$\boldsymbol{M}_{c1}^{i}$为

$$\boldsymbol{M}_{c1}^{i} = \begin{bmatrix} X_{xc1}^{i} & X_{yc1}^{i} & X_{zc1}^{i}\text{为} \\ Y_{xc1}^{i} & Y_{yc1}^{i} & Y_{zc1}^{i} \\ Z_{xc1}^{i} & Z_{yc1}^{i} & Z_{zc1}^{i} \end{bmatrix} = \begin{bmatrix} X_{s1}^{i} & Y_{s1}^{i} & Z_{s1}^{i} \\ X_{s2}^{i} & Y_{s2}^{i} & Z_{s2}^{i} \\ X_{s3}^{i} & Y_{s3}^{i} & Z_{s3}^{i} \end{bmatrix}^{-1} \cdot \begin{bmatrix} X_{s1}^{c1} & Y_{s1}^{c1} & Z_{s1}^{c1} \\ X_{s2}^{c1} & Y_{s2}^{c1} & Z_{s2}^{c1} \\ X_{s3}^{c1} & Y_{s3}^{c1} & Z_{s3}^{c1} \end{bmatrix} \tag{6-76}$$

$$= \begin{bmatrix} 0.9921 & 0.0008 & -0.1251 \\ 0.0618 & 0.8657 & 0.4966 \\ 0.1087 & -0.5004 & 0.8588 \end{bmatrix}$$

(2)模拟星敏感器Ⅱ视场内的直射星图。

本书将星敏感器Ⅰ、Ⅱ光轴之间夹角设为120°,则由式(6-74)可知,从星敏感器Ⅰ坐标系到星敏感器Ⅱ坐标系的坐标变换矩阵$\boldsymbol{M}_{c1}^{c2}$为

$$\boldsymbol{M}_{c1}^{c2} = \begin{bmatrix} \cos\phi & 0 & -\sin\phi \\ 0 & 1 & 0 \\ \sin\phi & 0 & \cos\phi \end{bmatrix} = \begin{bmatrix} -0.5000 & 0 & -0.8660 \\ 0 & 1 & 0 \\ 0.8660 & 0 & -0.5000 \end{bmatrix} \tag{6-77}$$

根据坐标变换矩阵$\boldsymbol{M}_{c1}^{c2}$和$\boldsymbol{M}_{c1}^{i}$可以得到从星敏感器Ⅱ坐标系到惯性系的坐标变换矩阵$\boldsymbol{M}_{c2}^{i}$为

$$\boldsymbol{M}_{c2}^{i}=\boldsymbol{M}_{c1}^{i}\cdot(\boldsymbol{M}_{c1}^{c2})^{\mathrm{T}}=\begin{bmatrix}-0.3877 & 0.0008 & 0.9217\\-0.4610 & 0.8657 & -0.1947\\-0.7981 & -0.5004 & -0.3352\end{bmatrix}\tag{6-78}$$

矩阵 $\boldsymbol{M}_{c2}^{i}$ 中的三列矢量分别代表星敏感器 II 坐标系的三轴 X_{c2}、Y_{c2}、Z_{c2} 在惯性空间中的坐标，星敏光轴指向 $\boldsymbol{L}$ 与星敏坐标系的 Z_{c2} 轴指向一致，因此由坐标变换矩阵 $\boldsymbol{M}_{c2}^{i}$ 可得星敏感器 II 的光轴 $\boldsymbol{L}$ 在惯性空间中的指向为

$$\boldsymbol{L}=[0.9217\quad -0.1947\quad -0.3352]^{\mathrm{T}}$$

利用星敏感器 II 的光轴指向 $\boldsymbol{L}$ 和 FOV，根据标准导航星表（本书采用 Tycho2恒星星表），可以模拟成星敏感器 II 视场内的直射星图，如图 6－7(b) 所示。

(3) 折射星的识别。

通过比较 t_0 时刻星敏感器 II 的拍摄星图与其模拟星图可以看出，拍摄星图与模拟星图中有些星像点是重合的，说明星敏感器 II 的拍摄星图中包含非折射星，这些非折射星的存在为折射星的识别提供了便利，如图 6－7(c) 所示。逐个计算拍摄星图中每颗星与非折射模拟星图中全部星的欧式距离，若距离的最小值大于一定阈值（根据模拟星图的位置精度和折射星的识别精度来设定），认为该星是折射星；反之，认为该星是非折射星。识别结果如图6－7(c) 方框标注所示，这两个星像点即为该折射星星光在折射前后的拍摄星像点。本例中在 t_0 时刻识别出的折射星未折射前在惯性坐标系中的赤经、赤纬分别为 6.0505rad、－0.4144rad，星等为 4.49，即该星在惯性空间中的位置为

$$\boldsymbol{S}_i=[\cos R_{\mathrm{A}}\cos\delta\quad \sin R_{\mathrm{A}}\cos\delta\quad \sin\delta]^{\mathrm{T}}=[0.8907\quad -0.2110\quad -0.4026]^{\mathrm{T}}\tag{6-79}$$

(4) 折射角的计算。

图 6－7(d) 为图 6－7(c) 方框内星图的放大星图，折射前、后的星光在星敏感器面阵上的坐标 (P_{x1},P_{y1})、(P_{x2},P_{y2}) 分别为 (430.2219, 114.9524)、(422.1148, 115.0232)。根据 (P_{x1},P_{y1})、(P_{x2},P_{y2})，利用星敏感器成像原理可以得到折射前、后的星光在星敏坐标系下的单位矢量 $\boldsymbol{S}_{c1}$、$\boldsymbol{S}_{c2}$，如式(6－79)所示，即

$$\boldsymbol{S}_{ci}=\frac{1}{\sqrt{P_{xi}^2+P_{yi}^2+f^2}}\begin{bmatrix}-P_{xi}\\-P_{yi}\\f\end{bmatrix},i=1,2\tag{6-80}$$

两个单位矢量的夹角即为该恒星星光在当前时刻发生折射的折射角 R，如式(6-80)所示，本例中，t_0 时刻该星的折射角 R 为 295.7597″，即

$$R = \arccos(\boldsymbol{S}_{c1} \cdot \boldsymbol{S}_{c2}) \tag{6-81}$$

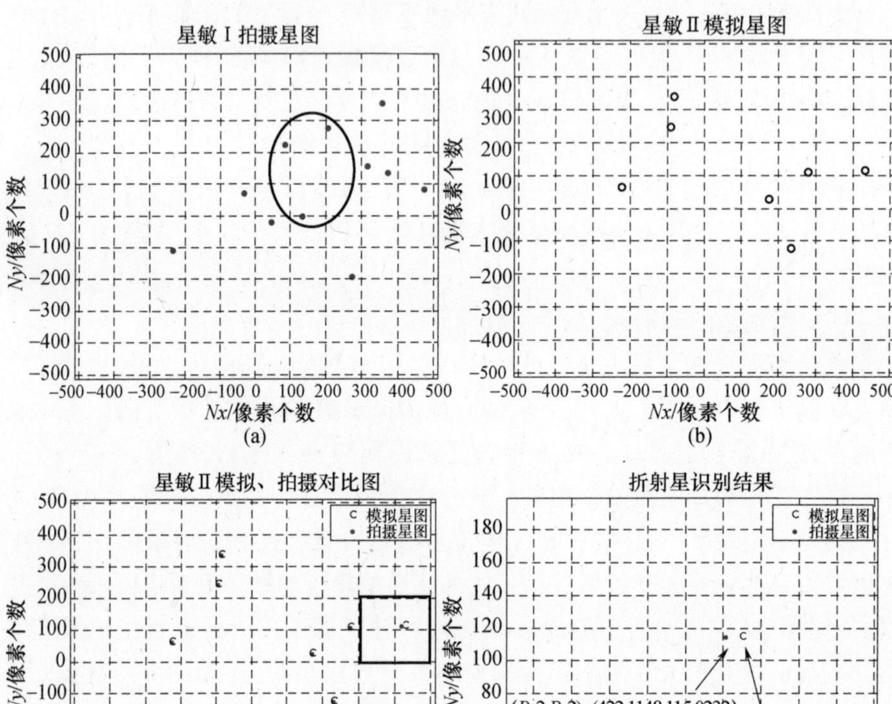

图6-7　星图

6.4　以视高度作为观测量的星光折射自主导航方法

本节介绍以视高度作为星光折射自主导航的观测量时视高度的获取方法及其量测模型，并详细分析了视高度的量测误差特性。

6.4.1　系统的状态方程

在研究地球卫星的运动时,假定卫星所受地球质心引力为 1,则引力场摄动二阶带谐项为 10^{-3}量级,其他摄动因素为 10^{-5}量级。在建立系统状态方程时,卫星所受引力可以只考虑地球质心引力和引力场摄动二阶带谐项,而将其他摄动因素等效为高斯白噪声。历元(J2000.0)地心赤道坐标系下的卫星导航系统状态模型(轨道动力学模型)为

$$
\begin{cases}
\dfrac{\mathrm{d}x}{\mathrm{d}t} = v_x \\
\dfrac{\mathrm{d}y}{\mathrm{d}t} = v_y \\
\dfrac{\mathrm{d}z}{\mathrm{d}t} = v_z \\
\dfrac{\mathrm{d}v_x}{\mathrm{d}t} = -\mu \dfrac{x}{r^3}\left[1 - J_2\left(\dfrac{R_e}{r}\right)\left(7.5\dfrac{z^2}{r^2} - 1.5\right)\right] + \Delta F_x \\
\dfrac{\mathrm{d}v_y}{\mathrm{d}t} = -\mu \dfrac{y}{r^3}\left[1 - J_2\left(\dfrac{R_e}{r}\right)\left(7.5\dfrac{z^2}{r^2} - 1.5\right)\right] + \Delta F_y \\
\dfrac{\mathrm{d}v_z}{\mathrm{d}t} = -\mu \dfrac{z}{r^3}\left[1 - J_2\left(\dfrac{R_e}{r}\right)\left(7.5\dfrac{z^2}{r^2} - 4.5\right)\right] + \Delta F_z
\end{cases}
\tag{6-82}
$$

$$
r = \sqrt{x^2 + y^2 + z^2}
$$

式(6-82)简写为

$$
\dot{\boldsymbol{X}}(t) = \boldsymbol{f}(\boldsymbol{X}, t) + \boldsymbol{w}(t) \tag{6-83}
$$

式中:状态矢量 $\boldsymbol{X} = [x \quad y \quad z \quad v_x \quad v_y \quad v_z]^{\mathrm{T}}$,$x$、$y$、$z$、$v_x$、$v_y$、$v_z$ 分别为卫星在 X、Y、Z 三个方向的位置和速度;μ 是地心引力常数;$\boldsymbol{r}$ 是卫星位置参数矢量;J_2 为地球引力系数;ΔF_x、ΔF_y、ΔF_z 为地球非球形摄动的高阶摄动项和日、月摄动以及太阳光压摄动和大气摄动等摄动力的影响。

6.4.2　视高度的获取及其量测模型

星光折射自主导航系统观测量的选取需要满足两个条件:一是可以由星敏感器直接测量得到或者间接计算得到;二是该观测量必须与导航系统状态量即卫星位置存在函数关系。在星光折射自主导航中,视高度通常作为观测

量,它的获取方法和量测模型的研究均比较成熟,如下所示。

1. 视高度的获取

由6.2节推导可知,星光折射角 R 和星光在大气中的折射轨迹取决于大气密度的分布,而大气密度与大气高度有较为精确的函数关系,根据 Gladstone - Dale 光学定律,星光折射角 R 与大气密度 ρ_g、大气高度 h_g 之间的近似关系为

$$R = k(\lambda)\rho_g\left[\frac{2\pi(R_e + h_g)}{H_g}\right]^{1/2} \tag{6-84}$$

式中:$k(\lambda)$ 为散射参数,只由光波波长 λ 决定,当 $\lambda = 0.7$ 时,$k(\lambda) = 2.25 \times 10^{-7}$;$\rho_g$ 为 h_g 处的大气密度;R_e 为地球平均半径;H_g 为 h_g 处的密度标尺高度。由式(6-84)可知,星光折射角 R 为大气高度 h_g 的函数。根据大气折射数据,建立大气高度 h_g 从20km到50km范围内的大气密度模型和大气折射模型,并给出二者的经验公式,即

$$\rho_g = 1762.162 \cdot \exp(-0.1522204h_g) \tag{6-85}$$

$$R = 0.0342 \cdot \exp(-0.155248h_g) \tag{6-86}$$

式中:ρ_g 单位为 g/m^3;R 单位为 rad;h_g 单位为 km。根据式(6-86)可得

$$h_g = -21.74089877 - 6.441326\ln R \tag{6-87}$$

折射视高度 h_a 与大气高度 h_g 之间有如下近似关系

$$h_a = k(\lambda)\rho_g R_e + h_g \tag{6-88}$$

将式(6-85)和式(6-87)代入式(6-88)可得

$$h_a = -21.74089877 - 6.441326\ln R + 69.21177057R^{0.9805} \tag{6-89}$$

2. 视高度的量测模型

图6-1所示的几何关系表明,h_a 与卫星位置存在以下几何关系,即

$$h_a = \sqrt{r^2 - u^2} + u\tan R - R_e - c \tag{6-90}$$

式中:$u = |\boldsymbol{r} \cdot \boldsymbol{u}_s|$,$\boldsymbol{r}$ 为卫星位置矢量,$\boldsymbol{u}_s$ 为恒星星光进入大气层之前的单位矢量;c 为非常小的量,通常可以被忽略。式(6-90)体现了 h_a 与卫星位置的关系,通常被作为星光折射自主导航的量测模型。

6.4.3 视高度量测误差特性分析

式(6-90)表明,视高度 h_a 不是直接观测量,它是由星光折射角 R 和大气折射模型间接计算得到,且该计算模型是非线性的,因此 h_a 的获取误差不仅取

决于 R 测量误差和模型计算误差，还与折射角 R 本身（或者说大气折射高度 h_g）有关，因此在不同的星光折射高度 h_g 处，视高度 h_a 的误差特性是不同的，所以非常有必要分析视高度的测量误差特性。

1. 基于经验公式的分析

对式(6－90)两边求微分可得

$$\mathrm{d}h_a=\left(\frac{67.862141}{R^{0.0195}}-\frac{6.441326}{R}\right)\mathrm{d}R \tag{6-91}$$

式(6－91)表明，视高度的误差 Δh_a 不仅依赖于折射角的误差 ΔR，而且还依赖于折射角本身 R。图6－8 给出了在星光折射高度 h_g 为20～50km，即折射角 R 范围为3.002″～316.314″时，R 的测量误差 ΔR 分别为1″、2″、3″时引起的 h_a 误差 Δh_a 的变化曲线。表6－3 给出了详细的数据（ΔR 分别为0.1″、0.5″、1″、2″、3″）。

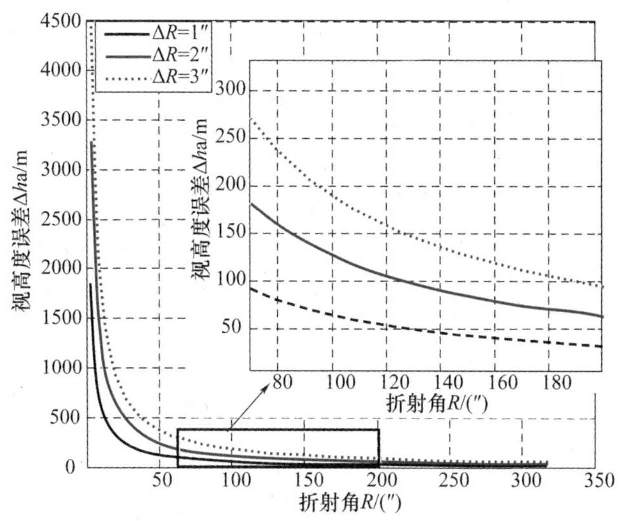

图6－8　相同误差条件下折射角与视高度误差的对应关系

从图6－8 和表6－3 可以看出，相同 ΔR 条件下，Δh_a 随 R 的变化而变化，且随着 R 减小，h_g 增大，Δh_a 急剧增大，在 $R=3.002''$ 时，0.5″的 ΔR 将引起990.927m 的视高度误差（Δh_a）。为了避免 h_a 误差 Δh_a 过大，应该观测较大折射角，即观测折射高度 h_g 保持在较低范围内的折射星，这就是大多数文献仿真中将折射高度固定在25km 处的原因。

此外,观测量的误差特性决定了卡尔曼滤波算法中量测噪声序列方差阵 $\boldsymbol{R}_k$,参数 R_k 是滤波器的重要参数,第5章研究表明,参数 R_k 取得太大,系统就不能有效地利用量测信息对状态进行修正,因此导航精度就较低;参数 R_k 值取得太小,系统就会过分的依赖量测信息,无法利用状态模型有效地去除有害的量测噪声,同样降低了导航的精度;只有当参数 R_k 的取值恰好与量测噪声的误差特性相吻合时,才能使状态模型和量测信息都能有效地发挥作用,互相补充,得到最优的导航精度。因此,要尽量保证参数 R_k 体现量 h_a 的量测误差特性。

由于 h_a 是由 R 间接计算得到,则 h_a 计算误差 Δh_a 体现了 h_a 的量测误差特性,即参数需要体现 Δh_a 的统计特性。由上面分析可知,在大气高度为 20 ~ 50km,相同折射角误差条件下,不同的 R 对应不同的 Δh_a,且随着 R 的减小 Δh_a 急剧增大。这种情况下,视高度量测误差已经不是高斯白噪声,很难估计它的误差均方差,因此很难确定滤波参数 R_k 的值,势必导致导航定位精度下降。因此,当以视高度 h_a 作为系统观测量时,应该限制观测 R 在一个很小的范围波动,即限制星光折射高度 h_g 在一个小范围波动,以保证能较准确的估计其量测误差均方方差阵 R_k。

2. 基于原理公式的分析

式(6 - 89)的推导建立在现有大气折射模型的基础上,但是实际使用的大气折射模型可能与实际大气特性不相符,因此基于式(6 - 89)分析视高度 h_a 的误差特性不是很合理。针对这个问题,本节基于视高度 h_a 的原理公式进行了分析。

视高度 h_a 与折射角 R 的原理关系式为

$$h_a(R,\rho) = h_0 - H\ln R + H\ln\left[k(\lambda)\rho_0\left(\frac{2\pi R_e}{H}\right)^{1/2}\right] + R_e\left(\frac{HR_e}{2\pi}\right)^{1/2} \tag{6-92}$$

式中:h_0 为参考高度;ρ_0 为 h_0 处的大气密度。对式(6 - 92)两端求导可得

$$\mathrm{d}h_a = H\frac{\mathrm{d}\rho_0}{\rho_0} - H\frac{\mathrm{d}R}{R} + \left[\frac{HR_e}{2\pi}\right]^{1/2}\mathrm{d}R \tag{6-93}$$

式(6 - 93)表明,视高度 h_a 的误差取决于大气密度相对误差 $\frac{\mathrm{d}\rho_0}{\rho_0}$、折射角相对误差 $\frac{\mathrm{d}R}{R}$ 以及折射角误差 $\mathrm{d}R$。

图 6 - 9 给出了在 $\mathrm{d}R$ 为 1″的条件下,分别利用式(6 - 91)和式(6 - 93)计算视高度误差 $\mathrm{d}h_a$ 的对比,从中可知,在折射高度 h_g 为 20 ~ 50km(对应 R 为

3.002″~316.314″)，利用原理公式求导式(6-93)计算得到的 dh_a 的总体趋势与式(6-91)的计算结果基本一致，不同的是，在当 R 较小时，式(6-93)计算的 dh_a 略高于式(6-91)的结果，此外，结合表6-3、表6-4可知，利用视高度 h_a 的原理式(6-92)对高度 h_a 的误差分析结果同样是：h_a 的获取误差不仅取决于 R 测量误差和模型计算误差，还与折射角 R 本身(或者说大气折射高度 h_g)有关，因此在不同的星光折射高度 h_g 处，视高度 h_a 的误差特性是不同的。

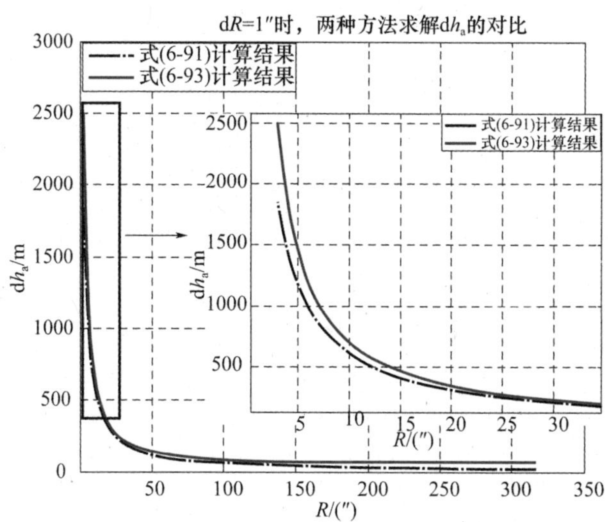

图6-9　分别利用式(6-91)和式(6-93)计算视高度误差 dh_a 的结果对比

综上所述，当以 h_a 作为系统观测量时，对折射角 R 的观测和获取有很高的要求，为了避免较大 h_a 误差，需要保证观测到的 R 尽量大，且在一个很小范围内波动，即要求星光折射高度 h_g 保持在一较低范围内，这就是大多文献将 h_g 限制在25km处的原因，这在工程实际操作中是很难实现的。

表6-3　视高度量测误差1

h_g/km	R/(″)	h_a/km	$\Delta h_a(\Delta R)$/m				
			$\Delta R=0.1''$	$\Delta R=0.5''$	$\Delta R=1''$	$\Delta R=2''$	$\Delta R=3''$
20	316.3	20.1208	1.9669	9.9448	19.9590	39.7711	59.5759
21	271.1	21.1037	2.3092	11.6501	23.3066	46.5545	69.7162
22	232.1	22.0891	2.7088	13.6411	27.2798	54.4685	81.5397
23	198.7	23.0765	3.1754	15.9658	31.9173	63.6995	95.3220

(续)

h_g/km	$R/('')$	h_a/km	$\Delta h_a(\Delta R)$/m				
			$\Delta R=0.1''$	$\Delta R=0.5''$	$\Delta R=1''$	$\Delta R=2''$	$\Delta R=3''$
24	170.2	24.0657	3.7201	18.6797	37.3294	74.4644	111.3822
25	145.7	25.0564	4.3562	21.8479	43.6448	87.0147	130.0895
26	124.7	26.0485	5.0989	25.5462	51.0130	101.642	151.8705
27	106.8	27.0416	5.9660	29.8628	59.6081	118.684	177.2171
28	91.47	28.0357	6.9785	34.9007	69.6322	138.532	206.6953
29	78.31	29.0307	8.1607	40.7796	81.3202	161.636	240.9547
30	67.05	30.0264	9.5410	47.6390	94.9443	188.517	280.7390
31	57.41	31.0226	11.1526	55.6412	110.8203	219.770	326.8964
32	49.15	32.0194	13.0342	64.9746	129.3132	256.082	380.3908
33	42.08	33.0167	15.2309	75.8584	150.8450	298.235	442.3124
34	36.03	34.0143	17.7955	88.5468	175.9022	347.122	513.8884
35	30.85	30.8150	20.7894	103.3346	205.0449	403.752	596.4912
36	26.41	36.0106	24.2842	120.5629	238.9159	469.270	691.6449
37	22.61	37.0091	28.3633	140.6265	278.2514	544.958	801.0290
38	19.36	38.0078	33.1241	163.9808	323.8911	632.245	926.4760
39	16.58	39.0067	38.6799	191.1506	376.7898	732.718	1069.964
40	14.18	40.0057	45.1625	222.7390	438.0276	848.114	1233.602
41	12.15	41.0049	52.7255	259.4375	508.8208	980.324	1419.604
42	10.40	42.0042	61.5473	302.0362	590.5305	1131.38	1630.256
43	8.911	43.0036	71.8352	351.4352	684.6691	1303.43	1867.870
44	7.629	44.0031	83.8301	408.6550	792.9041	1498.73	2134.730
45	6.524	45.0026	97.8110	474.8475	917.0565	1719.58	2433.025
46	5.593	46.0023	114.1016	551.3053	1059.0940	1968.28	2764.782
47	4.788	47.0019	133.0760	639.4699	1221.115	2247.09	3131.792
48	4.100	48.0017	155.1664	740.9366	1405.329	2558.15	3535.534
49	3.510	49.0014	180.8712	857.4555	1614.016	2903.40	3977.122
50	3.002	50.0012	210.7635	990.9275	1849.488	3284.52	4457.245

表6-4 视高度量测误差2

h_g/km	$R/('')$	h_a/km	$dh_a=f(d\rho/\rho, dR/R, R)$/m				
			$\Delta R=0.1''$	$\Delta R=0.5''$	$\Delta R=1''$	$\Delta R=2''$	$\Delta R=3''$
20	316.314	20.121	62.349	63.063	65.244	73.322	85.098
21	270.829	21.104	62.459	63.438	66.404	77.137	92.291
22	231.885	22.089	62.596	63.937	67.955	82.085	101.349
23	198.540	23.077	62.762	64.595	70.014	88.429	112.616
24	169.991	24.066	62.959	65.460	72.726	96.461	126.482
25	145.546	25.057	63.189	66.597	76.271	106.515	143.384
26	124.617	26.049	63.458	68.087	80.863	118.959	163.824
27	106.698	27.042	63.769	70.038	86.756	134.209	188.381
28	91.355	28.036	64.131	72.585	94.237	152.737	217.736
29	78.218	29.031	64.554	75.898	103.632	175.089	252.687
30	66.971	30.027	65.051	80.181	115.307	201.898	294.179
31	57.341	31.023	65.642	85.678	129.673	233.907	343.329
32	49.095	32.020	66.352	92.670	147.195	271.993	401.460
33	42.035	33.017	67.216	101.479	168.406	317.193	470.137
34	35.991	34.014	68.281	112.468	193.928	370.734	551.214
35	30.815	35.012	69.607	126.044	224.484	434.070	646.881
36	26.384	36.011	71.278	142.667	260.928	508.921	759.734
37	22.590	37.009	73.399	162.864	304.268	597.325	892.838
38	19.342	38.008	76.107	187.244	355.701	701.693	1049.821
39	16.561	39.007	79.573	216.515	416.639	824.879	1234.971
40	14.179	40.006	84.009	251.512	488.760	970.256	1453.357
41	12.140	41.005	89.668	293.220	574.049	1141.818	1710.977
42	10.395	42.004	96.848	342.803	674.858	1344.287	2014.920
43	8.900	43.004	105.893	401.642	793.970	1583.249	2373.569
44	7.620	44.003	117.191	471.375	934.683	1865.311	2796.839
45	6.524	45.003	131.184	553.939	1100.896	2198.287	3296.456
46	5.586	46.002	148.370	651.635	1297.227	2591.423	3886.292
47	4.783	47.002	169.319	767.183	1529.138	3055.655	4582.754
48	4.095	48.002	194.686	903.809	1803.094	3603.922	5405.253
49	3.506	49.002	225.235	1065.330	2126.746	4251.532	6376.753
50	3.002	50.001	261.863	1256.268	2509.148	5016.600	7524.429

6.4.4 以视高度作为观测量的导航方法仿真与分析

1. 仿真条件

(1) 仿真使用的标称轨道数据由 STK 仿真软件产生,参数设置如下。

① 坐标系:J2000.0 地心赤道惯性坐标系。

② 轨道参数设置为

长半轴 $a=7164.14\text{km}$,偏心率 $e=0$,轨道倾角 $i=60°$,升交点赤经 $\Omega=0°$,近升角距 $\omega=0°$

③ 轨道预报模型设置。

高精度轨道预报模型(High Precision Orbit Propagator,HPOP),地球非球形引力,地球模型采用 JGM-3(Joint Gravity Model),地球非球形摄动考虑钱 21×21 阶带谐项与田谐项;此外,还考虑了太阳光压摄动等其他摄动。

④ 姿态参数设置。

卫星本体系的 Z 轴指向地心方向,X 轴在轨道平面内与卫星速度方向一致,Y 轴在轨道面的法线方向,与 Z、X 轴成右手系。

(2) 星敏感器的性能参数。

视场大小为 10°×10°,采用 Tycho2 星表中亮于 6.95^{m} 的星(14581 颗)为完备基本星表,星敏感器精度为 $1''(1\sigma)$。

(3) 滤波参数。

状态的真实初始值为

$$\boldsymbol{X}(0)=[7164137\text{ m}\quad 0\text{ m}\quad 0\text{ m}\quad 0\text{ m/s}\quad 3729.5544\text{ m/s}\quad 6459.7777\text{ m/s}]^{\text{T}}$$

滤波器的滤波初值取

$$\hat{\boldsymbol{X}}(0)=\boldsymbol{X}(0)+[200\quad 200\quad 200\quad 2\quad 2\quad 2]^{\text{T}}$$

初始系统噪声协方差阵为

$$\boldsymbol{P}(0|0)=\text{diag}((200)^2,(200)^2,(200)^2,(2)^2,(2)^2,(2)^2)$$

系统噪声方差阵为

$$\boldsymbol{Q}=\text{diag}(q_1^2,q_1^2,q_1^2,q_2^2,q_2^2,q_2^2)$$

其中

$$q_1=5\times10^{-3}\text{m},q_2=5\times10^{-6}\text{m/s}$$

量测噪声方差阵为

$\boldsymbol{R}_k = \text{diag}((4.8481\times10^{-6}\text{rad})^2,\cdots,(4.8481\times10^{-6}\text{rad})^2)$

$\boldsymbol{R}_k$ 的大小与维数取决于星敏感器的精度和折射星的个数。

(4) 其他条件。

滤波周期为3s,滤波时间为四个轨道周期(4×101s),约404s。

2. 观测折射星的模拟

由于条件所限,无法进行飞行试验获取星敏实时拍摄星图,因此设计计算机仿真算法模拟产生导航折射星数据。即根据给定的卫星预定轨道、星敏感器光轴指向、标准导航星表模拟产生卫星沿途可能观测到的折射星。

下面以轨道高度 h 为786km 的地球卫星为例,说明模拟导航折射星数据的方法,具体步骤如下:

(1) 确定星敏的安装。

根据前面所述,星敏感器 II 光轴 L 设置在卫星轨道平面内,根据卫星轨道高度 h 设置星敏光轴 L 与当前时刻地心矢量 $-\boldsymbol{r}$ 夹角 θ 为67.5°。卫星在轨道运行过程中,星敏感器光轴指向如图6-10所示。

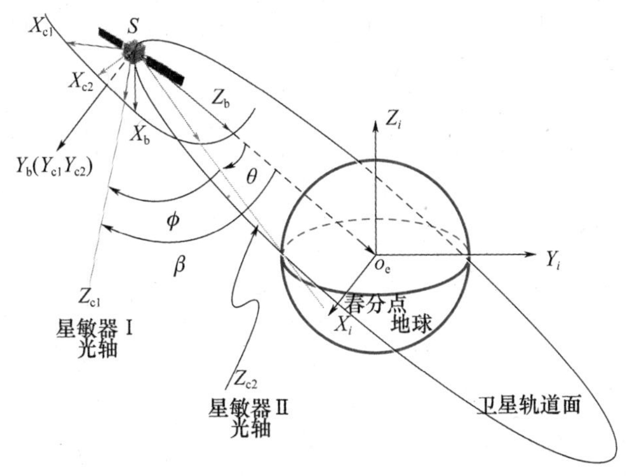

图6-10　不同坐标系之间的关系

(2) 筛选视场11°×11°内的恒星 $\boldsymbol{S}_1$。

考虑到有些星光在未折射前不在星敏视场内,但星光发生折射后可能进入视场,为了获取更多的折射星,首先将视场适当变大为11°×11°(记为FOV1)。

根据星敏光轴指向 L 及其视场 FOV1 从 Tycho2 星库中筛选出当前时刻落入 FOV1 内的恒星，记为 $\boldsymbol{S}_1$。

(3) 判断 FOV1 内发生折射的恒星 $\boldsymbol{S}_2$。

在某一时刻 T，计算恒星 $\boldsymbol{S}_1$ 的星光角距 α，结合当前时刻卫星位置矢量 $\boldsymbol{r}$，利用式(6-100)可解出恒星 $\boldsymbol{S}_1$ 的折射角 R，当 R 满足 $3.0021'' \leqslant R \leqslant 316.3140''$ 时，将该恒星视为折射星，记为 $\boldsymbol{S}_2$，并保存其在惯性系下未发生折射的星光单位矢量为 $\boldsymbol{u}_{\mathrm{s}}$。

(4) 模拟恒星 $\boldsymbol{S}_2$ 的折射星光 $\boldsymbol{u}_{\mathrm{ss}}$

根据第(3)部所得恒星 S_2 的折射角 R，将其未折射的星光单位矢量 $\boldsymbol{u}_{\mathrm{s}}$ 在当前折射发生平面内旋转角度 R，可得恒星 $\boldsymbol{S}_2$ 的折射星光单位矢量 $\boldsymbol{u}_{\mathrm{ss}}$，具体实现方法如下。

某一时刻 T，星光发生折射的平面由该恒星单位矢量 $\boldsymbol{u}_{\mathrm{s}}$ 与当前时刻卫星位置矢量 $\boldsymbol{r}$ 共同决定，该平面法线单位矢量为

$$\boldsymbol{n} = \boldsymbol{u}_{\mathrm{s}} \times \frac{\boldsymbol{r}}{r} \tag{6-94}$$

利用四元素来实现星光矢量 $\boldsymbol{u}_{\mathrm{s}}$ 的偏转，以折射平面法线 $\boldsymbol{n}$ 作为瞬时转轴的单位矢量，折射角 R 作为旋转角，则四元素构成为

$$\begin{aligned}
q_0 &= \cos(R/2) \\
q_1 &= n(1) \cdot \sin(R/2) \\
q_2 &= n(2) \cdot \sin(R/2) \\
q_3 &= n(3) \cdot \sin(R/2) \\
\boldsymbol{q} &= [\,q_0 \quad q_1 \quad q_2 \quad q_3\,]^{\mathrm{T}}
\end{aligned} \tag{6-95}$$

根据四元素 $\boldsymbol{q}$ 与方向余弦矩阵之间的转换关系，可得转换矩阵 $\boldsymbol{C}$ 为

$$\boldsymbol{C} = \begin{bmatrix} q_0^2 + q_1^2 - q_2^2 - q_3^2 & 2(q_1q_2 + q_0q_3) & 2(q_1q_3 - q_0q_2) \\ 2(q_1q_2 - q_0q_3) & q_0^2 - q_1^2 + q_2^2 - q_3^2 & 2(q_2q_3 + q_0q_1) \\ 2(q_1q_3 + q_0q_2) & 2(q_2q_3 - q_0q_1) & q_0^2 - q_1^2 - q_2^2 + q_3^2 \end{bmatrix}$$

则恒星 $\boldsymbol{S}_2$ 的折射星光单位矢量 $\boldsymbol{u}_{\mathrm{ss}}$ 表示为

$$\boldsymbol{u}_{\mathrm{ss}} = \boldsymbol{C}\boldsymbol{u}_{\mathrm{s}} \tag{6-96}$$

根据上述方法模拟折射星光的原理如图 6-11 所示。

(5) 筛选视场 $10° \times 10°$ 内发生折射的恒星 S_3。

将星敏视场重新设置为 $10° \times 10°$(即 FOV)，根据恒星 $\boldsymbol{S}_2$ 的折射星光单位矢量 $\boldsymbol{u}_{\mathrm{ss}}$，计算其是否在当前时刻星敏视场内。即某一时刻 T，若星敏光轴 L 与

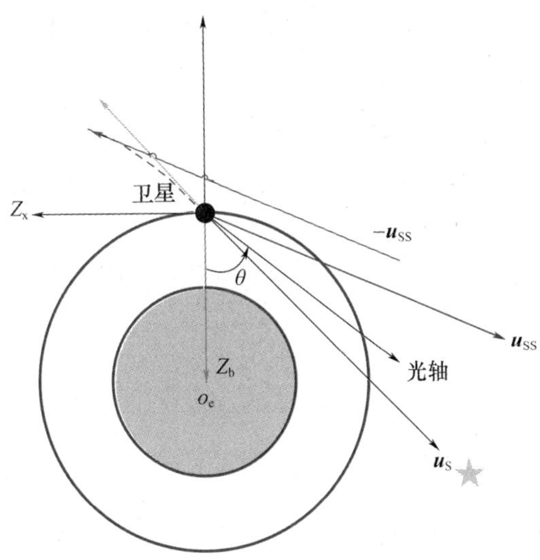

图 6－11　模拟折射星光的原理图

折射星光单位矢量 u_{ss} 之间夹角 angle 满足 angle≤（FOV/2）＝5°，则可认为该恒星 S_2 的星光发生折射后，能被当前时刻的星敏观测得到。将视场 10°×10°内发生折射的恒星记为 S_3。

3. 仿真结果

根据前面的步骤，将采样周期设置为 3s，假设星敏感器能观测到 6.95^m 以上发生折射的恒星，这时一个轨道周期内（约 101min）导航折射星的模拟选星结果如图 6－12 所示。

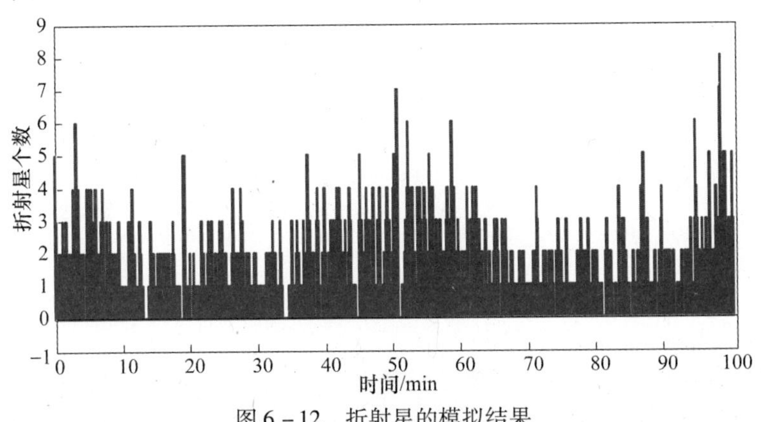

图 6－12　折射星的模拟结果

在前面的仿真条件下,令折射角测量误差为1″,当取大气高度 h_g 的范围为20~50km时,以视高度 h_a 作为观测量的仿真结果如图6-13所示。从中可以看出,滤波收敛后,位置平均估计误差为562.9m,最大误差达1063.7m,速度平均估计误差为0.6121m/s,最大误差为1.1571m/s。图6-14给出了取大气高度 h_g 为20~25km时,以视高度 h_a 作为观测量的仿真结果,从中可以看出,滤波收敛后,位置平均估计误差为147.24m,最大误差达342.62m,速度平均估计误差为0.1694m/s,最大误差为0.3397m/s。

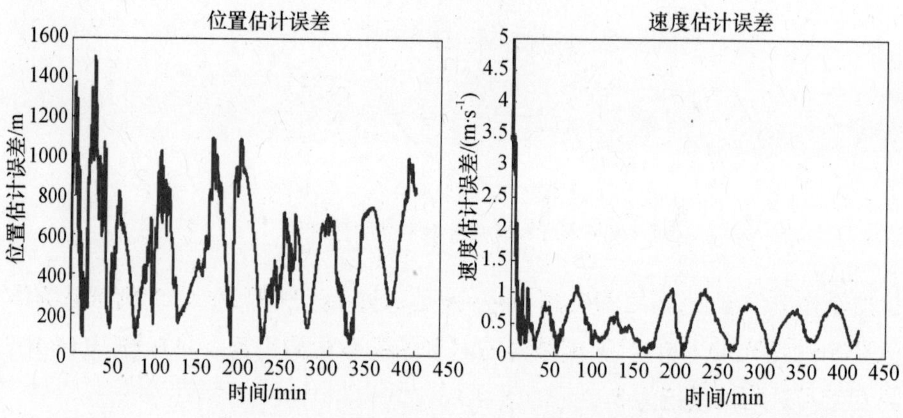

图6-13 在大气高度20~50km范围内的仿真结果

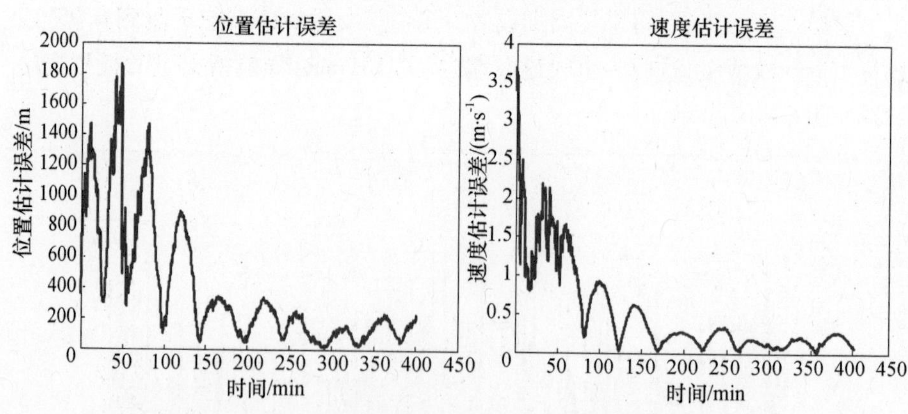

图6-14 在大气高度20~25km范围内的仿真结果

该结果验证了6.4.3节的理论分析结果,当以视高度 h_a 作为观测量时,对大气高度的选取有很大的限制,尽量保证较低大气高度,且保持在很小的高度范围内。目前,大部分文献都将大气高度简单固定在 25km 处,因此它的仿真结果优于 100m,但实际情况中很难实现,因此非常有必要探索另外一种可行的折射观测量,以降低对星光折射大气高度的限制,从而更有利于星光折射自主导航的工程应用。

6.5　以折射角作为观测量的星光折射自主导航方法

6.5.1　基于星光折射角的量测模型建立

基于折射角的量测模型建立实质是构造折射角与卫星位置之间的函数关系。

6.4.2 节的式(6-89)表明,视高度 h_a 可以表示成折射角 R 的函数为

$$h_a = -21.74089877 - 6.441326\ln R + 69.21177057R^{0.9805} \tag{6-97}$$

从图 6-1 中几何关系可得 h_a 与卫星位置的几何关系为

$$h_a = \sqrt{r^2 - u^2} + u\tan R - R_e - c \tag{6-98}$$

式中:$u = |\boldsymbol{r} \cdot \boldsymbol{u}_s|$,$\boldsymbol{r}$ 为卫星在惯性系下的位置矢量,$\boldsymbol{u}_s$ 为未折射的星光在惯性系下的单位矢量;c 为非常小的量,通常可被忽略。若令 $\alpha = (-\boldsymbol{r}) \cdot \boldsymbol{u}_s$,则 $u = r\cos\alpha$,式(6-98)可变形为

$$h_a = \sqrt{r^2 - (r\cos\alpha)^2} + r\cos\alpha\tan R - R_e \tag{6-99}$$

联合式(6-97)和式(6-99)可得

$$\sqrt{r^2 - (r\cos\alpha)^2} + r\cos\alpha\tan R - R_e = -21.740899 - 6.44133\ln R + 69.21177R^{0.9805} \tag{6-100}$$

分别以轨道高度为 586km、786km、986km、1186km 的卫星为例,通过求解非线性方程式(6-100),可得到 R、r、α 三者之间的关系如图 6-15 所示。

式(6-100)和图 6-15 表明折射角 R 与卫星位置的大小 r、星光角距 α 存在确定的函数关系,而角度 α 暗含了卫星位置矢量与星光矢量之间的方向关系,因此可以认为星光折射角 R 与卫星位置矢量 $\boldsymbol{r}$ 存在函数关系,可以作为系统的观测量用于导航定位解算,根据式(6-100)其量测模型可以表示为

$$R = h(\boldsymbol{r}, \alpha) + v \tag{6-101}$$

式中:v 折射角获取误差,包括测量误差和式(6-100)暗含的模型计算误差。

实际解算过程中,非线性方程式(6-100)的求解非常慢,影响导航解算的实时性,因此,本书采用曲面插值的方法根据卫星位置大小 r 和星光角距 α 求折射角。具体方法是:首先通过求解非线性方程式(6-100),得到折射角 R、卫星位置的大小 r 和星光角距 α 三者之间的映射((r_i, α_i, R_j), $i=1,2,\cdots,51$; $j=1,2,\cdots,51\times51$);然后根据给定的 r 和 α 在映射(r_i, α_i, R_j)中求得折射角 R。

此外,从图6-15可以看出,对于不同的轨道高度,对应的星光角距 α 的范围不同,该仿真结果验证了前面星敏感器 II 安装夹角 θ 的确定方法的有效性,即星敏感器 II 的光轴与地心矢量之间的夹角 θ 应随轨道高度的变化而变化。

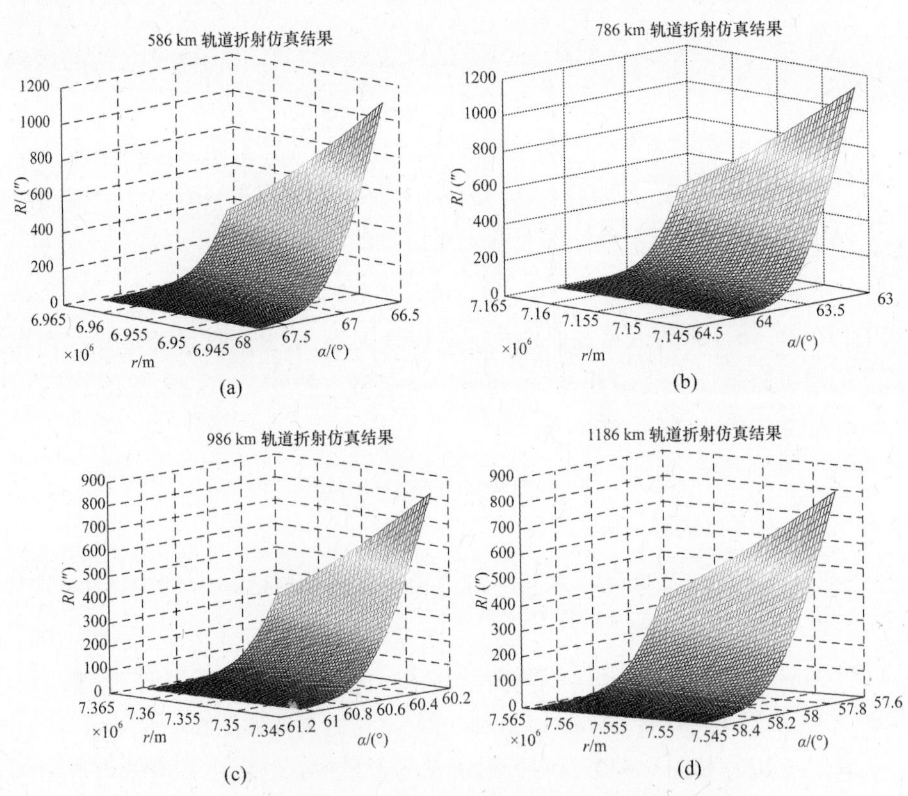

图6-15 折射角 R 与卫星位置矢量模长 r、星光角距 α 之间的关系

6.5.2 折射角作为观测量的导航方法计算机仿真

在前面仿真条件下,令折射角测量误差为1″,当取大气高度 h_g 的范围为20

~50km 时,以折射角 R 作为观测量的仿真结果如图 6-16 所示。从图 6-16 中可以看出,滤波收敛后,位置平均估计误差为 93.78m,最大误差达 166.78m,速度平均估计误差为 0.0911m/s,最大误差为 0.1730m/s。图 6-17 给出了取大气高度 h_g 为 20~25km 时,以折射角 R 作为观测量的仿真结果,从中可以看出,滤波收敛后,位置平均估计误差为 120.98m,最大误差达 272.82m,速度平均估计误差为 0.1441m/s,最大误差为 0.2808m/s。

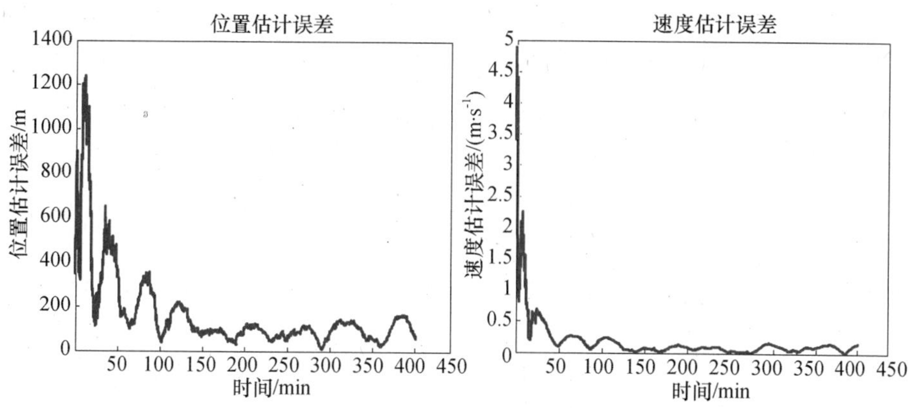

图 6-16 在大气高度 20~50km 范围内的仿真结果

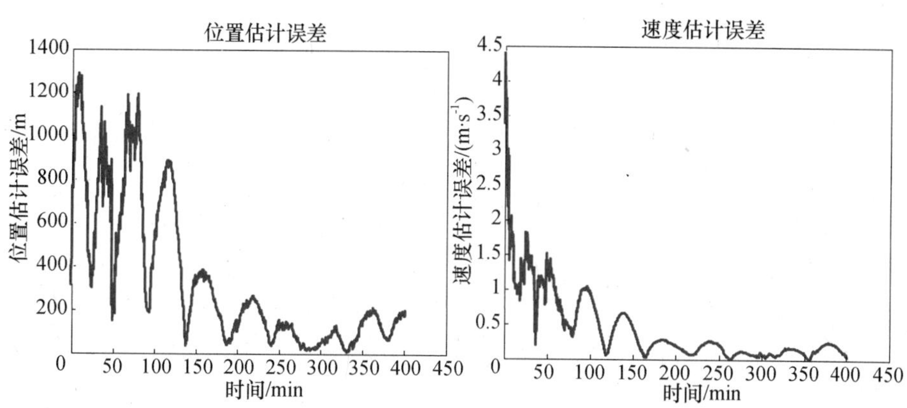

图 6-17 在大气高度 20~25km 范围内的仿真结果

对比 6.4.4 节的仿真结果可知,在相同仿真条件下,以折射角作为观测量的导航精度优于以视高度作为观测量的导航精度,且以折射角作为观测量的导航方法对大气折射高度没有特殊的限制,因此,在星光折射自主导航中,以折射角作为观测量是非常可行的。

6.6 星光折射导航精度影响因素分析

地球卫星星光折射自主导航方法就是在系统状态模型和量测模型的基础上,利用滤波方法(UKF),通过获得观测折射信息不断对地球卫星的位置、速度等状态进行最优估计。因此估计精度主要受两方面因素的影响,即折射观测量和导航滤波解算,如图6-18所示,其中与折射观测量相关的影响因素主要有卫星轨道类型和星敏感器的性能和安装方式,与导航解算相关的影响因素主要有状态模型(卫星轨道动力学方程)和量测模型以及滤波方法。

为了全面分析以星光折射角作为观测量的地球卫星星光折射自主天文导航方法在不同情况下的导航性能,本节分别选择不同的仿真条件,对该导航系统进行导航精度影响因素分析。与折射观测量相关的因素,本节重点分析卫星轨道高度、星敏测量精度、探测星等(一个轨道周期内折射星的观测次数)、安装方式和量测模型对导航精度的影响。分析这些因素对导航精度的影响对提高卫星自主导航精度具有重要的参考价值。

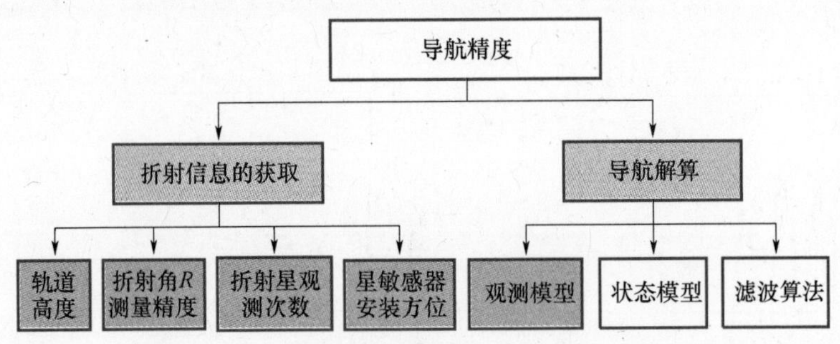

图6-18　折射角测量中影响导航定位精度的因素

6.6.1 与折射观测量相关的影响因素分析

本书采用滤波技术实现卫星自主导航,即在系统状态模型和量测模型的基础上利用UKF滤波方法,通过获得星光折射角信息不断对地球卫星的位置、速度等状态进行最优估计。因此星光折射角对导航滤波精度有重要影响,不仅包括折射角的测量精度,还包括一个轨道周期内可以观测到的折射角的次数,此外,观测不同方位的折射星,折射星、卫星和地球之间的几何关系也不同,即系统观测度不同。

下面通过计算机仿真结果,分析轨道高度、星敏感器测量精度、星敏探测星等(一个轨道周期内折射星的观测次数)以及星敏安装方式对导航精度的影响。具体仿真条件如下。

(1)仿真使用的标称轨道数据由 STK 仿真软件产生,详细条件如下。

① 坐标系:J2000.0 地心赤道惯性坐标系。

② 轨道模型。

高精度轨道预报模型(High Precision Orbit Propagator,HPOP),地球非球形引力,地球模型采用 JGM-3(Joint Gravity Model),地球非球形摄动考虑钱 21×21 阶带谐项与田谐项;此外,还考虑了太阳光压摄动等其他摄动。

③ 轨道参数:

长半轴 $a=7164.14\text{km}$,偏心率 $e=0$,轨道倾角 $i=60°$,升交点赤经 $\Omega=0°$,近升角距 $\omega=0°$。

(2)星敏感器的性能参数:

星敏感器精度为 $1''(1\sigma)$,视场为 $10°\times10°$。

(3)采用 Tycho2 星表中亮于 6.95^{m} 的星(14581 颗)为完备基本星表。

(4)星光折射高度范围取 20~50km。

(5)取状态模型为式(6-83),量测模型为式(6-101),滤波方法为 UKF,滤波周期为3s,滤波时间为四个轨道周期(4×101s),约404s。

1.轨道高度对导航精度的影响

当卫星轨道高度分别为 586 km、786 km、986 km 和 1186 km 时,利用前面的方法仿真得到的一个轨道周期内折射星的观测次数分别为 1748、1430、1366、1343。在上述仿真条件下,图6-19和表6-5给出了仿真结果,从中可以看出,随着轨道高度的增加,导航精度逐渐降低。可能的原因是:随着轨道增高一个轨道内折射星的可观测次数有所减少,则滤波解算时可利用的折射角信息相应也较少,量测更新的减少势必导致滤波性能的下降;当轨道高度增加时,轨道周期也增加,相邻两次折射观测的时间间隔增大,导致导航精度下降。本节仿真结果表明,星光折射自主导航方法更适用于低轨卫星。

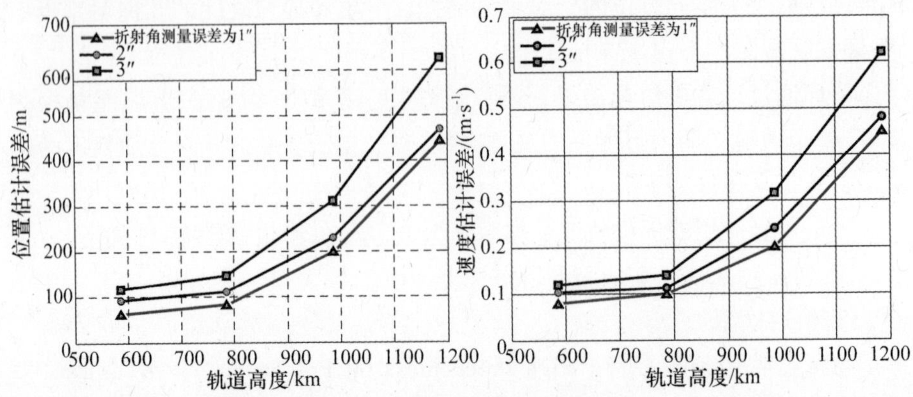

图6-19　不同轨道高度的仿真结果

表6-5　不同轨道高度的导航仿真结果

轨道高度/km	滤波收敛后估计误差平均值		滤波收敛后估计误差最大值		一个轨道周期内折射星的观测次数
	位置误差/m	速度误差/(m·s^{-1})	位置误差/m	速度误差/(m·s^{-1})	
586	61.7	0.0769	202.6	0.2064	1748
786	93.78	0.0911	166.78	0.1730	1430
986	199.3	0.2001	432.8	0.4385	1366
1186	442.8	0.4502	870.1	0.8806	1343

2. 星敏感器测量精度的影响分析

星敏感器测量精度是影响折射角测量精度的最主要因素，本节假定折射角测量精度仅取决于星敏感器测量精度，图6-20和图6-21分别给出星敏精度分别为5″和1″时位置估计误差曲线，图6-22给出星敏测量精度为1″~5″时卫星位置、速度的估计误差，表6-6给出部分详细的仿真结果。

表6-6　折射角获取精度对导航精度的影响

折射角获取精度/(″)	滤波收敛后估计误差平均值		滤波收敛后估计误差最大值	
	位置/m	速度/(m·s^{-1})	位置/m	速度/(m·s^{-1})
0	17.70	0.0411	48.5491	0.1059
1	93.78	0.0911	166.78	0.1730
2	152.57	0.1473	267.04	0.2992

（续）

折射角获取精度/(″)	滤波收敛后估计误差平均值		滤波收敛后估计误差最大值	
	位置/m	速度/(m·s⁻¹)	位置/m	速度/(m·s⁻¹)
3	217.86	0.2133	398.63	0.4512
4	262.33	0.2608	489.67	0.5611
5	295.70	0.2968	561.85	0.6481

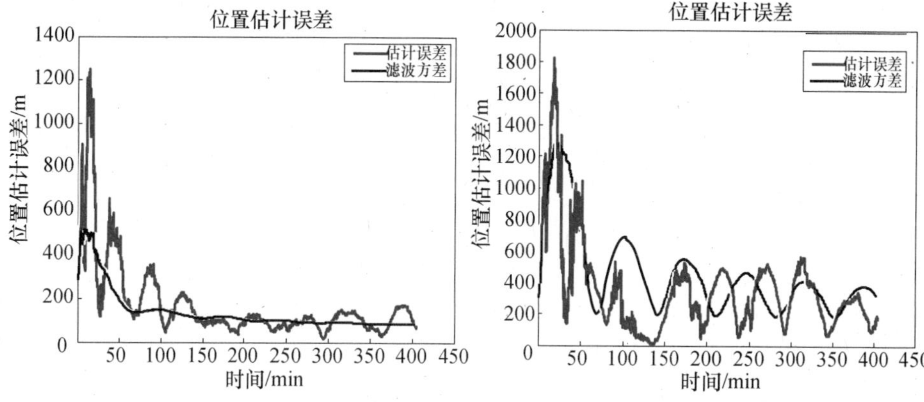

图6-20 星敏精度为5″时位置估计误差　　图6-21 星敏精度为1″时位置估计误差

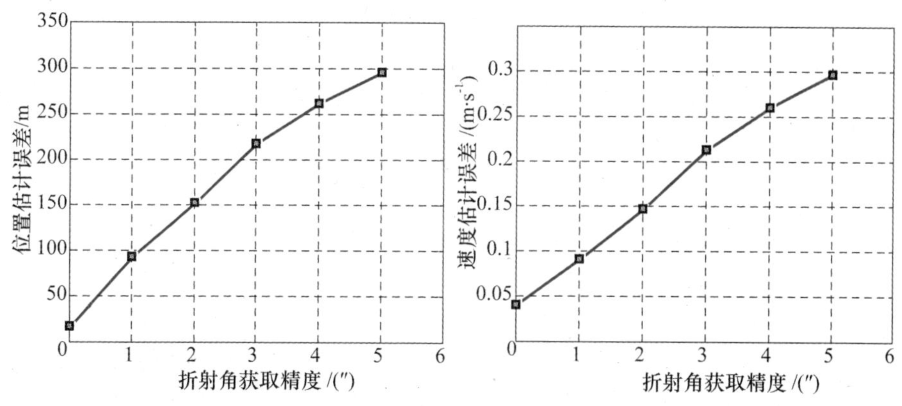

图6-22 导航精度与折射角获取精度的关系

通过图6-20和图6-21可以看出，星敏精度为5″的导航精度远远低于星敏精度为1″的导航精度，从图6-22中对比结果可知，星敏感器精度对系统导航定位精度的影响非常显著,二者近似成线性关系。可见,实际工程应用中要采用高精度星敏感器。

此外,从图6-22还可看出,假定折射角获取没有误差时,位置、速度估计误差也不为0,这是因为仿真中的状态模型即卫星轨道动力学模型只考虑了地球中心引力和非球形摄动,将其他摄动如大气阻力摄动、日月引力摄动、太阳光压摄动等视为过程噪声,而用来检验滤波结果的卫星标称轨道是由STK生成的,它的轨道模型采用高精度轨道预报模型(HPOP),除了地球非球形引力还考虑了太阳光压摄动等其他摄动,也就是说,表6-6中约20m的位置位差是由系统模型误差引起的,该结果也反映了系统模型误差对导航精度的影响作用,在星光折射自主导航的工程实现中非常有必要建立精确的系统模型,6.6.2节将讨论分析系统量测模型对导航精度的影响。

3. 一个轨道周期内折射星观测次数的影响分析

卫星在围绕地球运行过程中观测到的星空范围由轨道倾角、轨道高度、星敏感器的视场大小、探测星等以及安装方位等因素决定,即在每个轨道周期内的折射观测次数也受上述因素的影响。本节以星敏探测星等为例分析一个轨道周期内折射星的观测次数对导航精度的影响。

以Tycho2星表为例,6.95m以上的恒星有14581颗,这些星在天球上近似均匀分布,对于星敏感器而言,希望能观测的恒星亮度尽可能高,假定星敏感器视场为10°×10°,当星敏感器的探测星等分别为6.95^m、6.5^m、6^m、5.5^m、5^m时,一个轨道周期内折射星的观测次数分别为1430、1048、863、414、229,图6-23给出了在上述不同观测次数条件下星光折射自主导航精度与每周期观测到的折射星个数之间的关系,表6-7列出了详细仿真结果。从中可以看出,一个轨道周期内折射星的观测次数对导航定位精度影响非常显著,折射观测次数越少,导航精度越差。

表6-7 观测折射星次数对导航精度的影响

探测星等/m	一个轨道周期内折射星的观测次数	滤波收敛后估计误差平均值		滤波收敛后估计误差最大值	
		位置/m	速度/$(m \cdot s^{-1})$	位置/m	速度/$(m \cdot s^{-1})$
6.95	1430	93.78	0.0911	166.78	0.1730
6.5	1048	153	0.1432	306.4	0.3061
6	863	170.2	0.1467	354.0	0.3290

（续）

探测星等/m	一个轨道周期内折射星的观测次数	滤波收敛后估计误差平均值		滤波收敛后估计误差最大值	
		位置/m	速度/(m·s⁻¹)	位置/m	速度/(m·s⁻¹)
5.5	414	393.26	0.4079	877.2	0.9134
5	229	493.01	0.5269	1070.3	0.9420

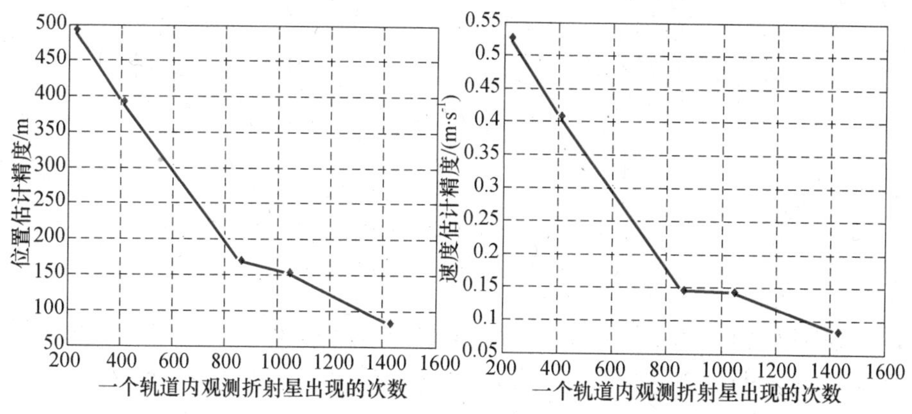

图 6－23　导航精度与折射观测次数的关系

4. 星敏感器安装方位对导航精度的影响

星敏感器的安装方位也是影响星光折射自主导航精度的一个重要因素，在本方案中星敏感器Ⅱ专门用来观测折射星，则其安装方式直接影响能否观测到折射星，此外，星敏安装方位还影响着系统的可观测度及导航性能。因此，非常有必要分析星敏Ⅱ安装方位对导航精度的影响。本节通过大量计算机仿真，较为全面地考察了星敏感器Ⅱ安装方位与导航精度精度之间的关系，给出关系曲线以及分析结果。

下面首先介绍星敏Ⅱ安装方位的定义。

由于只有穿越大气层的星光才会发生折射，因此卫星上用来导航折射星的星敏Ⅱ的光轴应该指向地球边缘。星敏Ⅱ安装方位的定义如图 6－24(a)所示，θ 为星敏光轴 L 与地心矢量 $-\boldsymbol{r}$ 之间的夹角，φ 为星敏光轴 L 在轨道法平面内的投影与卫星速度方向的夹角。θ 确定了星敏光轴在锥角为 θ、锥线为当前地心矢量的圆锥面上，它保证了星敏Ⅱ的光轴始终指向地球边缘，如图 6－24(b)所示。

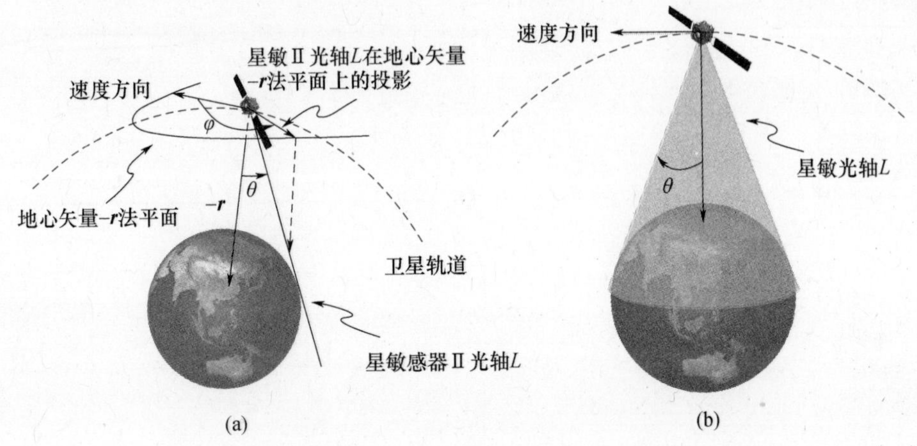

图6-24 星敏Ⅱ安装方位的定义

(a)星敏安装角 θ、φ 的定义;(b) 星敏光轴安装范围。

本节以轨道高度为786km的卫星为例,根据前面的仿真结果将夹角 θ 设置为67.5°,图6-25给出当 φ 分别为0°~360°时卫星位置、速度的估计误差曲线,表6-8给出了详细的数据。从中可以看出,当 $\varphi=0°$ 或 $\varphi=180°$(即星敏光轴在轨道平面内)时卫星位置、速度的估计误差相对较小;当 $\varphi=90°$ 或 $\varphi=270°$(即星敏光轴偏离轨道面的夹角最大)时卫星位置、速度估计误差较大。即星敏光轴安装在轨道平面内导航精度较高;星敏光轴与轨道平面有夹角时定位精度较低,且夹角越大,导航精度越低。

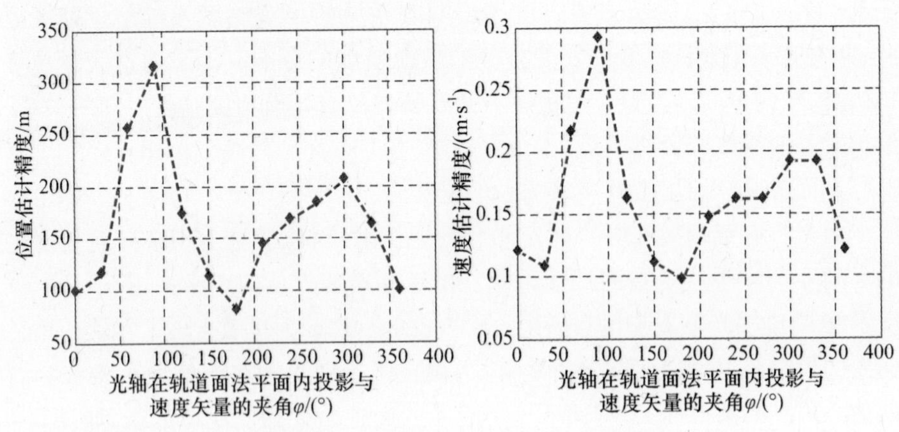

图6-25 导航精度与星敏方位角的关系

第5章针对基于星光角距的直接敏感地平自主天文导航方法，利用基于混合条件数的可观测度分析方法，分析了星敏感器的安装方位对系统可观测度以及导航性能的影响。研究表明，星敏安装在轨道平面内，系统的可观测度高，导航精度高；相反，随着星敏光轴与轨道平面之间角的变大，系统可观测度降低，导航精度也降低。从图6－25和表6－8给出的仿真结果可知，上述研究结果同样适用于以折射角作为观测量的星光折射间接敏感地平卫星自主导航方法。

表6－8 星敏安装方位对导航精度的影响

方位角 φ/(°)	滤波收敛后估计误差平均值		滤波收敛后估计误差最大值	
	位置/m	速度/($m \cdot s^{-1}$)	位置/m	速度/($m \cdot s^{-1}$)
0	100.3	0.1213	298.0	0.2911
30	118.0	0.1086	245.4	0.2341
60	257.0	0.2172	468.0	0.3887
90	316.4	0.2926	611.2	0.5869
120	174.7	0.1633	304.1	0.4043
150	114.4	0.1118	239.4	0.2738
180	93.78	0.0911	166.78	0.1730
210	145.1	0.1479	304.4	0.3560
240	169.3	0.1625	447.1	0.4785
270	185.3	0.1629	448.8	0.3737
300	207.8	0.1927	359.6	0.3367
330	164.8	0.1929	471.5	0.5404

6.6.2 量测模型对导航精度的影响分析

应用卡尔曼滤波思想实现星光折射自主导航，量测模型对滤波精度有重要的影响作用，同样影响着导航定位精度。本文6.5.1节建立的折射角的量测模型是建立在现有大气折射模型（式(6－87)）基础上，由于现有大气折射模型（式(6－87)）是基于1976年美国基本大气基础上，工程应用中有待于实际大气观测数据的检验，也就是说，现有大气折射模型存在不确定性，相应地，由它建立的系统量测模型式(6－101)也存在不确定性，为了星光折射自主导航更好地应用于工程实践，非常有必要分析量测模型对导航精度的影响。

在4.1节仿真条件下,令量测模型误差分别为0.1%、0.5%、1%、1.5%、2%,图6-26和图6-27分别给出0.1%和1%模型误差下的位置估计误差曲线,图6-28和表6-9给出上述不同模型误差情况下的仿真结果。

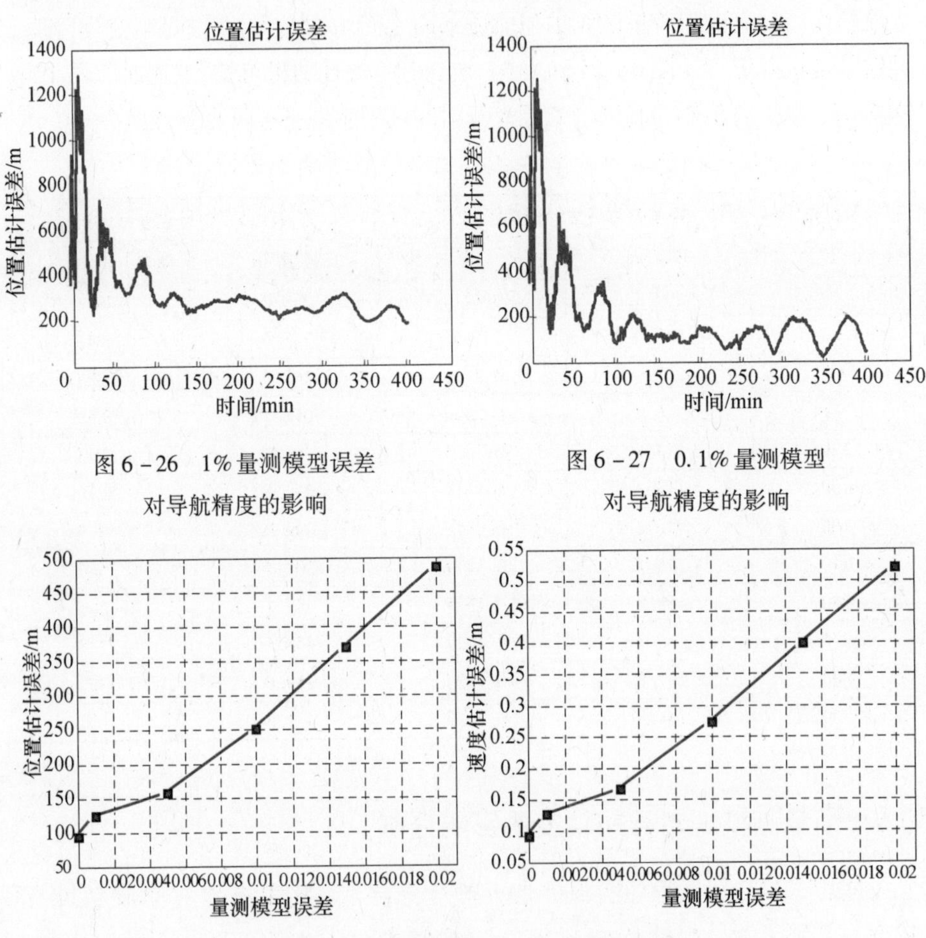

图6-26　1%量测模型误差对导航精度的影响

图6-27　0.1%量测模型对导航精度的影响

图6-28　量测模型误差对导航性能的影响

表6-9　量测模型误差对导航性能的影响

大气折射模型误差/%	滤波收敛后估计误差平均值		滤波收敛后估计误差最大值	
	位置/m	速度/$(m \cdot s^{-1})$	位置/m	速度/$(m \cdot s^{-1})$
0	93.78	0.0911	166.78	0.1730
0.1	124.51	0.1271	278.46	0.2678

（续）

大气折射模型误差/%	滤波收敛后估计误差平均值		滤波收敛后估计误差最大值	
	位置/m	速度/(m·s^{-1})	位置/m	速度/(m·s^{-1})
0.5	156.87	0.1657	305.39	0.3053
1	249.61	0.2732	359.25	0.4140
1.5	368.57	0.3994	503.86	0.5914
2	485.96	0.5204	644.79	0.7285

本章重点分析了以折射角作为观测量的星光折射自主导航实现中，与折射观测量相关的一些因素对导航精度的影响，包括轨道高度、星敏感器测量精度，一个轨道周期内折射星的观测次数、星敏感器Ⅱ的安装方位和折射角量测模型的影响。结果表明：导航精度随着轨道高度的增加逐渐降低，星光折射自主导航更适合于低轨地球卫星；导航精度随星敏感器测量精度的降低近似成线性下降，星光折射自主导航定位精度很大程度上依赖于星敏感器的测量精度；每个轨道周期内折射观测量的数目对导航精度有很显著的影响，观测次数越少，导航精度越低，反之亦然，因此在星光折射自主导航实现中应详尽的分析星光大气折射原理，并合理设置星敏感器的安装方式，尤其是用来观测折射星的星敏感器，最终目标就是尽可能多的观测到折射星，进而更充分地利用星光折射信息实现卫星自主导航；使星敏感器光轴位于轨道平面内，可获得较高的导航精度；折射角量测模型误差对导航精度影响很显著，1%的模型误差将引起249.61m的导航误差，实际应用中应该根据折射观测数据修正量测模型，以降低模型误差对导航精度的影响。上述研究成果可为星光折射自主导航的工程应用提供参考。

6.7 基于信息融合的直接敏感地平和间接敏感地平相结合的自主天文导航方法

星光折射间接敏感地平的自主天文导航方法可以达到较高的导航精度，但该方法必须由折射星提供地平信息，而折射星的个数有限，与直接敏感地平的方法相比不能提供连续的观测信息。直接敏感地平的自主天文导航方法虽然精度较低，但系统稳定，技术成熟。将直接敏感地平和间接敏感地平相结合进行信息融合得到的组合导航系统精度较高,可靠性较强,是一种很有应用价值的探测器自主天文导航方法。

6.7.1 系统模型的建立

系统模型的建立,即

$$\begin{cases} \mathrm{d}x/\mathrm{d}t = v_x + w_x \\ \mathrm{d}y/\mathrm{d}t = v_y + w_y \\ \mathrm{d}z/\mathrm{d}t = v_z + w_z \\ \mathrm{d}v_x/\mathrm{d}t = -\mu x/r^3 \cdot [1 - J_2(R_e/r)(7.5z^2/r^2 - 1.5)] + a_x + w_{v_x} \\ \mathrm{d}v_y/\mathrm{d}t = -\mu y/r^3 \cdot [1 - J_2(R_e/r)(7.5z^2/r^2 - 1.5)] + a_y + w_{v_y} \\ \mathrm{d}v_z/\mathrm{d}t = -\mu z/r^3 \cdot [1 - J_2(R_e/r)(7.5z^2/r^2 - 1.5)] + a_z + w_{vz} \\ \mathrm{d}a_x/\mathrm{d}t = -\alpha_x a_x + w_{a_x} \\ \mathrm{d}a_y/\mathrm{d}t = -\alpha_y a_y + w_{a_y} \\ \mathrm{d}a_z/\mathrm{d}t = -\alpha_z a_z + w_{a_z} \end{cases} \tag{6-102}$$

$$r = \sqrt{x^2 + y^2 + z^2}$$

式(6-102)可简写为

$$\dot{\boldsymbol{X}}(t) = \boldsymbol{f}(\boldsymbol{X}, t) + \boldsymbol{w}(t) \tag{6-103}$$

式中:状态矢量 $\boldsymbol{X} = [x, y, z, v_x, v_y, v_z]^{\mathrm{T}}$ 分别为探测器在 X、Y、Z 三个方向的位置和速度;μ 是地心引力常数;$\boldsymbol{r}$ 是探测器位置矢径;J_2 为地球引力系数;a_x、a_y、a_z 为地球非球形摄动的高阶摄动项,日、月摄动,太阳光压摄动和大气摄动等摄动力的影响。

组合导航系统中,间接敏感地平导航子系统的观测量为由星敏感器间接测量得到的星光折射视高度 $\boldsymbol{h}_{\mathrm{a}}$,直接敏感地平导航子系统的观测量为由星敏感器和红外地平仪测量得到的星光角距 α,其量测方程分别为

$$Z_1 = h_{\mathrm{a}} = \sqrt{r^2 - u^2} + u\tan R - R_{\mathrm{e}} - a + \nu_1 \tag{6-104}$$

$$Z_2 = \alpha = arc\cos\left(-\frac{\boldsymbol{r} \cdot \boldsymbol{s}}{r}\right) + \nu_2 \tag{6-105}$$

6.7.2　基于信息融合的UPF滤波方法

利用量测方程式(6－104)、式(6－105)和系统模型式(6－103)就可以构建基于信息融合的直接敏感地平和间接敏感地平相结合的天文导航系统的UPF联邦滤波器。用式(6－103)和式(6－104)可构成间接敏感地平子滤波器,式(6－103)和式(6－105)可构成直接敏感地平子滤波器。当没有折射星出现时,仅第一个子滤波器工作,并输出导航信息,当观测到折射星时,两个子滤波器同时工作,并得到两个局部状态估值 $X_i(k)(i=1,2)$,随后这两个局部状态值在主滤波器中进行融合,得到全局状态估值。

传统的直接敏感地平和间接敏感地平的自主天文导航方法通常采用EKF滤波方法,但EKF的缺点是仅用一阶泰勒展开来对非线性系统进行线性化,因此会造成很大的线性化误差,甚至导致系统发散。UKF用系统的非线性模型和一组利用Unscented变换产生的采样点来获取状态方差和均值。UKF的性能已被证明在多种情况下的非线性系统中优于EKF。UKF虽然可以有效地解决系统的非线性问题,但其不足之处是不适于噪声非高斯分布的系统。对于噪声非高斯分布的系统,可采用粒子滤波(PF)的方法。

由于上述天文导航系统的状态模型和量测模型均为严重的非线性,并且状态模型中省略的摄动项也无法等效为高斯噪声,因此结合了UKF和PF两者优点的UPF是更适用于该组合导航系统的一种滤波方法。本节滤波方法为UPF,并且采用了部分摄动力的一阶Singer模型作为系统状态模型,在仿真方面采用更能有效模拟实际情况的半物理仿真,结果表明该方法的导航精度有了显著提高。UPF算法的详细步骤详见4.7.3节。

$\boldsymbol{X}_1(k)$、$\boldsymbol{P}_1(k)$和$\boldsymbol{X}_2(k)$、$\boldsymbol{P}_2(k)$分别为两个子滤波器的状态估计值和估计误差协方差阵,则全局最优状态估计值和估计误差协方差阵可由下式得到,即

$$\boldsymbol{X}_g(k)=[\boldsymbol{P}_1^{-1}(k)+\boldsymbol{P}_2^{-1}(k)]^{-1}\cdot[\boldsymbol{P}_1^{-1}(k)\boldsymbol{X}_1(k)+P_2^{-1}(k)\boldsymbol{X}_2(k)] \tag{6-106}$$

$$\boldsymbol{P}_g(k)=[\boldsymbol{P}_1^{-1}(k)+\boldsymbol{P}_2^{-1}(k)]^{-1} \tag{6-107}$$

最后,将全局最优状态估计值反馈回各子滤波器,即

$$\boldsymbol{X}_i(k)=\boldsymbol{X}_g(k) \tag{6-108}$$

该方法的具体结构如图6－29所示。

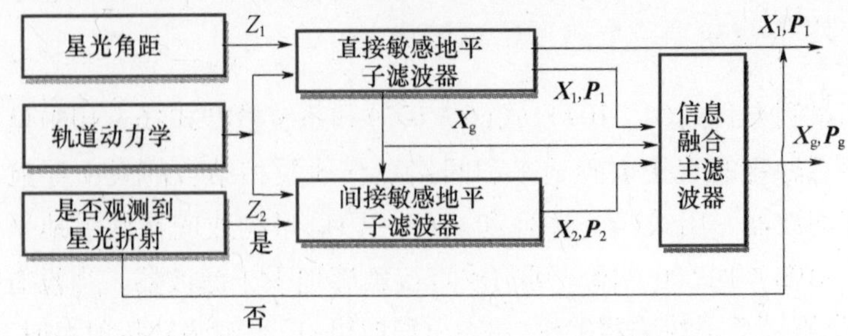

图 6－29　直接敏感地平和间接敏感地平相结合的天文导航方法

在此,为了保持系统的稳定性,估计误差协方差阵不做反馈。

6.7.3　仿真结果与分析

仿真数据由天文导航半物理仿真系统生成,仿真中使用的探测器轨道数据由 STK 生成,初始轨道参数为长半轴 $a = 7136.635\text{km}$,偏心率 $e = 1.809 \times 10^{-3}$,轨道倾角 $i = 65.00°$,升交点赤经 $\Omega = 30.00°$,近升角距 $\omega = 30.00°$。大气密度模型精度 1%(1σ),星敏感器精度 3″(1σ),红外地平仪精度 0.02°(1σ)星历数据来自第谷星表。

图 6－30 给出了当采样周期为 3s 时,400min(四个轨道周期)内的直接敏感地平、间接敏感地平与两者相结合的导航系统的仿真结果。在该仿真中,每轨道共观测到 269 个星光折射视高度。在滤波收敛后,直接敏感地平和间接敏感地平导航子系统的位置估计误差分别为 204m 和 93m(RMS),两者的速度估计误差分别为 0.19m/s 和 0.15m/s(RMS)。信息融合后的位置和速度估计误差则分别为 45m 和 0.08m/s(RMS),相对上述两个子系统分别提高了 78% 和 52% 。

图 6－31 给出了基于 EKF、UKF 和 UPF 的组合导航系统的仿真结果比较。其中基于 EKF 的导航系统的位置和速度估计误差约为 143m 和 0.14m/s(RMS),基于 UKF 的导航系统的位置和速度估计误差约为 45m 和 0.08m/s(RMS),基于 UPF 的导航系统的位置和速度估计误差约为 38m 和 0.06m/s(RMS)。表 6－10 中给出了分别采用 EKF、UKF 和 UPF 三种滤波方法的直接敏感地平、间接敏感地平与两者相结合的组合导航系统的详细仿真数据。从上述仿真结果可以看出,通过信息融合将直接敏感地平和间接敏感地平相结合可获得比二者更高的导航精度。在观测量相同的情况下,基于 UPF 的导航

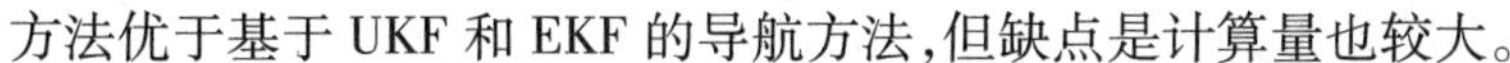
方法优于基于 UKF 和 EKF 的导航方法，但缺点是计算量也较大。

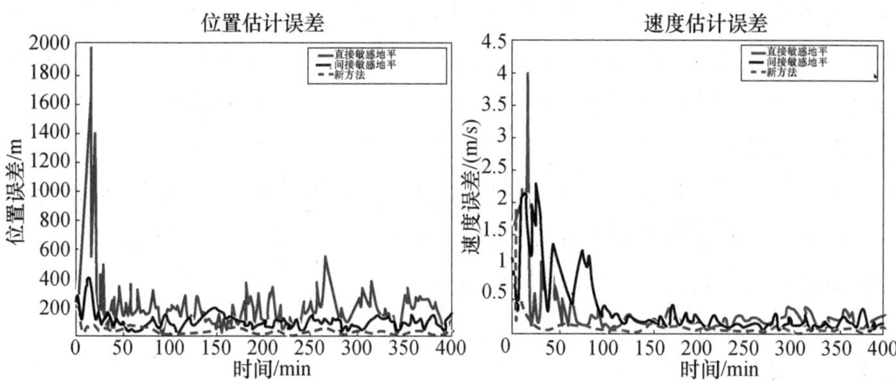

图 6－30　直接敏感地平、间接敏感地平与两者相结合的导航系统的仿真结果比较

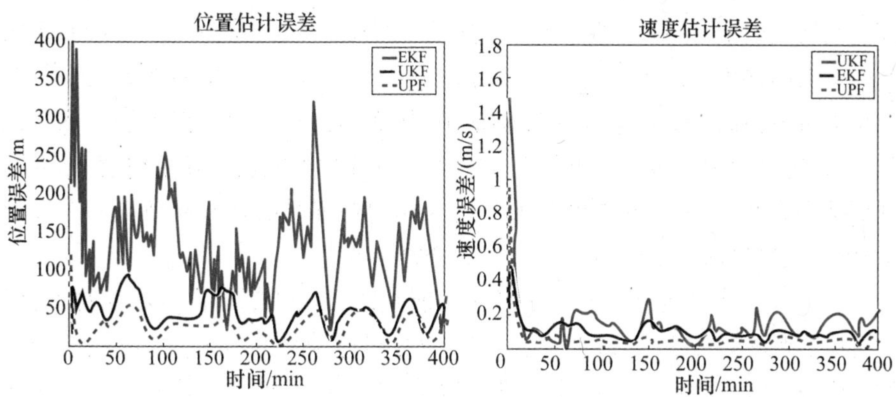

图 6－31　基于 EKF、UKF 和 UPF 的组合导航系统的仿真结果比较

表 6－10　基于 EKF 和 UKF 的不同自主天文导航系统的仿真结果比较

导航方法	位置估计误差/m			速度估计误差/(m/s)		
	EKF	UKF	UPF	EKF	UKF	UPF
直接敏感地平	220～270	180～220	160～210	0.23～0.28	0.19～0.23	0.18～0.22
间接敏感地平	180～300	70～110	60～100	0.21～0.33	0.14～0.19	0.13～0.18
组合导航	110～150	40～70	35～65	0.10～0.15	0.07～0.10	0.06～0.09

星光折射间接敏感地平的自主天文导航方法是利用星光在大气中的折射角与折射视高度的关系间接敏感地平，进而达到提高导航精度的目的。高精

度的星敏感器和准确的大气密度模型是决定间接敏感地平精度的关键因素。直接敏感地平的自主天文导航系统虽然精度较低,但系统简单可靠,易于实现。本小节提出的这种基于信息融合的自主天文导航新方法,通过将两者相结合,优势互补后,提高了系统的导航精度和可靠性,是一种很有潜力的探测器自主天文导航方法。

天文导航主要是利用天体之间的角度观测信息,这一观测信息的缺点是无法直接获得精确的距离和速度信息,寻找与之互补的观测量和导航方法,进行组合导航,可显著提高系统的导航精度。

6.8 小结

地平敏感精度是决定地球卫星自主天文导航精度的重要因素,利用星光折射间接敏感地平可以获得高精度的地平信息,为此,本章提出了一种新颖的星光折射间接敏感地平的自主天文导航方法,该方法利用星光在大气中的折射角与折射视高度的关系间接敏感地平,从而达到提高导航精度的目的。此外,还系统全面地分析了量测信息和轨道参数等相关因素对导航精度的影响,分析结果表明,星敏感器精度和大气密度模型精度是决定导航精度的关键因素,此结论对导航系统的参数选择有重要的指导意义。

星光折射间接敏感地平自主天文导航系统可以达到较高的导航精度,但可利用的观测量较少,系统容错能力差;直接敏感地平的自主天文导航系统虽然精度较低,但系统稳定,技术成熟。因此,提出了一种将直接敏感地平和间接敏感地平相融合的天文导航方法。该方法既有较高的精度,又有一定容错性能,是一种综合性能较优的卫星自主天文导航方法。

参考文献

[1] Chory M A, Hoffman D P, Lemay J L. Satellite Autonomous Navigation – Status and History [J]. IEEE Trans. on Position, Location and Navigation Symposium, 1986: 110 – 121.

[2] Savely R T, Cockrell B F, Pines S. Apollo Experience Report – Onboard Navigational and Alignment Software[R]. NASA TND – 6741.

[3] White R L, Gounley R B. Satellite Autonomous navigation with SHAD[R]. The Charles Stark Draper Laboratory, 1987.

[4] Ferguson J R. Autonomous Navigation of USAF Spacecraft[D]. Austin:The University of Texas,1983.

[5] 杨博,房建成,伍小洁. 星光折射航天器自主定轨方案比较[J]. 航天控制,2001,19(1):12-16.

[6] 张瑜,房建成. 基于Unscented卡尔曼滤波器的卫星自主天文导航研究[J]. 宇航学报,2003,24(6):646-650.

[7] 周凤岐,赵黎平,周军. 基于星光大气折射的卫星自主轨道确定[J]. 宇航学报,2002,23(4):20-23.

[8] 章仁为. 卫星轨道姿态动力学与控制[M]. 北京:北京航空航天大学出版社,1998.

[9] 王国权,宁书年,金声震,等. 卫星自主导航种星光大气折射模型的研究方法[J]. 中国矿业大学学报,2004,33(6):616-620.

[10] 王国权,金声震,孙才红,等. 卫星自主导航中25-60公里星光大气折射模型研究[J]. 科技通报,2005,21(1):106-109.

[11] 房建成,曾琪明. 自主天文导航方法及地球大气密度分布特性及星光折射特性建模方法研究[R]. 北京:国家高技术研究发展计划863-701课题研究总结报告,2003.

[12] 张瑜. 航天器自主天文导航方法及计算机仿真研究[D]. 北京:北京航空航天大学,2004.

[13] 李琳琳,孙辉先. 基于星敏感器的星光折射卫星自主导航方法研究[J]. 系统工程与电子技术,2004,26(3):353-357.

[14] 王国权,金声震,孙才红,等. 组合大视场星敏感器星光折射卫星自主导航方法及仿真[J]. 系统仿真学报,2005,17(3):529-532.

[15] 宁晓琳,房建成. 一种基于信息融合的卫星自主天文导航新方法[J]. 宇航学报,2003,24(6):579-583.

[16] Fang Jiancheng,Zhang Yu. A new method applying the double star sensors for the spacecraft autonomous celestial navigation[C]. Proceedings of the Sixth International Conference on Electronic Measurement& Instruments,2003.

[17] 张瑜,房建成. 航天器天文导航模糊自适应卡尔曼滤波研究[J]. 北京航空航天大学学报,2004,30(8):735-738.

[18] 张瑜,房建成. 基于摄动轨道的卫星自主天文导航仿真研究[J]. 中国空间科学技术,2003(5):57-63.

[19] 杨博,伍小洁,房建成. 一种用星敏感器自主定位方法的精度分析[J]. 航天控制,2001(1):11-16.

[20] Jackson RobertFerguson. Autonomous navigation of USAF spacecraft[D]. Austin:The University of Texas,1983.

[21] Riant P. Analysis of a satellite navigation system by stellar refraction[C]. Sweden:36th Congress of the International Astronautical Federation Stockholm,1985.

[22] Robert Gounley,Robert White,Eliezer Gait. Autonomous satellite navigation by stellar refrac-

tion[C]. Gatlinburg,TN:Guidance and Control Conference,1983.

[23] Markley F L. Autonomous navigation using landmark and inter – satellite data[C]. Seattle, WA:American Institute of Aeronautics and Astronautics and American Astronautical Society,Astrodynamics Conference,1984.

[24] Julie Deytschmann,Rick Harman,Itzhack Bar – Itzhack. A low cost approach to simultaneous orbit,attitude,and rate estimation using an extended Kalman filter[C]. Greenbelt Maryland:Advances in Astronautical Sciences. Proceedings of the AAS/GSFC International Symposium on Space Flight Dynamics. 1998.

[25] Laneve G,Curti F. An orbit determination approach for small satellite[C]. Germang:12th International Symposium on 'Space Flight Dynamics',1997.

[26] Schierman John D,Ward David G,Hull Jason R,et al. Intelligent guidance and trajectory command systems for autonomous space vehicles[C]. Chicago,Illinois:AIAA 1st Intelligent Systems Technical Conference,2004.

[27] Justus C G,Duvall Aleta L. Atmospheric Models for Aerocapture[C]. Florida:40th AIAA/ ASME/SAE/ASEE Joint Propulsion Conference and Exhibit,2004.

[28] Crane P,Tolls Y. Study of high performance coronagraphic techniques[R]. NASA Goddard Space Flight Center,2004.

[29] Oliversen R,Kurucz R L. Research on spectroscopy,opacity,and atmospheres[R]. NASA Goddard Space Flight Center,NASA Goddard Space Flight Center,2004.

[30] Hicks Kerry D,Wiesel Jr William E. Autonomous orbit determination system for earth satellites[J]. Journal of Guidance Control and Dynamic. 1992,15(3):54 – 60.

[31] Reif K,Gunther S,Yaz E,et al. Stochastic stability of the continuous – time extended Kalman filter[J]. IEEE Proc. – Control Theory,2000,147(1):45 – 52.

[32] Reif K,Gunther S,Yaz E. Stochastic stability of the discrete – time extended Kalman filter [J]. IEEE Transactions on Automatic Control,1999,44(4):714 – 728.

[33] Diop S. The algebraic theory of nonlinear observability revisited[C]. Florida:Proceedings of the 40th IEEE Conference on Decision and Control,2001.

[34] Dafis Chris J,Nwankpa C O. A nonlinear observability formulation for power systems incorporating generator and load dynamics[C]. Las Vegas,Nevada USA:Proceedings of the 41th IEEE Conference on Decision and Control,2002.

[35] Robert Hermann, Krener Arthur J. Nonlinear controllability and observability[J]. IEEE Transactions on Automatic Control,1977,AC – 22(5):728 – 740.

[36] Ivashkin V V. An analysis of characteristics of the satellite autonomous optical navigation system[C]. Budapest,Hungary:International Astronautical Federation 34th Congress,1983.

[37] Rounds Stephen F, George Marmar. Stellar – inertial guidance capabilities for advanced ICBM[C]. Gatlinburg,TN:Guidance and Control Conference,1983.

[38] Renault H. ,Maute P,et al. Autonomous low earth orbit navigation[C]. Malaga,Spain:40th

Congress of the International Astronautical Federation,1989,12:1 -5.

[39] Ivashkin V V,Zadykhina L I. Autonomous optical satellite navigation at sighting the stars and unknown planetary landmarks[C]. Stockholm,Sweden:International Astronautical Federation 36th Congress. 1985.

[40] White R L,Thurman S W,Barnes F A. Autonomous satellite navigation using observation of starlight atmospheric refraction[C]. Gatlinburg,TN:Guidance and Control Conference,August 15 ~ 17,1983.

[41] Matthias Wiegand. Autonomous satellite navigation via Kalman filtering of magnetometer Data[C]. Oslo,Norway:46th International Astronautical Congress,1995.

[42] Fang Jiancheng,Zhang Yu. An information fusion method based on unscented Kalman filter for satellite autonomous celestial navigation[C]. 16th IFAC Symposium on Automation Control in Aerospace,2003.

[43] Ning Xiaolin,Fang Jiancheng. An autonomous celestial navigation method for geosychronous satellite[C]. 16th IFAC Symposium on Automation Control in Aerospace,2003.

[44] Ning X L,Fang J C. An autonomous celestial navigation method for LEO satellite based on unscented Kalman filter and information fusion[J]. Aerospace Science And Technology, 2007,11(2 -3):222 -228.

[45] 宁晓琳,房建成. 一种基于信息融合的卫星自主天文导航新方法[J]. 宇航学报, 2003,24(6):579 -583.

[46] Ning X L,Fang J C. An autonomous celestial navigation method for LEO satellite based on unscented Kalman filter and information fusion[J]. Aerospace Science and Technology, 2007,11(2):222 -228.

[47] Ali J,Fang Jiancheng. SINS/ANS integration for augmented performance navigation solution using unscented Kalman filtering[J]. Aerospace Science and Technology,2006,10:233 -238.

[48] 张瑜,房建成. 基于 Unscented 卡尔曼滤波器的卫星自主天文导航研究[J]. 宇航学报,2003,24(6):646 -650.

[49] Vershinin Y A,West M J. A new data fusion algorithm based on the continuous - time decentralized Kalman filter, target tracking: algorithms and applications [J] . IEE Ref. No. 2001/174,2001,1:66/1 -66/6.

[50] 房建成,宁晓琳. 深空探测器自主天文导航方法[M]. 西安:西北工业大学出版社,2010.

[51] 房建成,宁晓琳,田玉龙. 航天器自主天文导航原理与方法[M]. 北京:国防工业出版社,2006.

[52] Ning Xiaolin,Wang Longhua,Bai Xinbei,et al. Autonomous satellite navigation using starlight refraction angle measurements[J]. Advances in Space Research,2013,51(9):1761 -1772.

[53] 宁晓琳,王龙华,白鑫贝,等. 一种星光折射卫星自主导航系统方案设计[J]. 宇航学报,2012,30(11):1601 -1610.

第 7 章
深空探测器天文测角自主导航原理与方法

7.1 引言

随着深空探测的发展,深空探测器的自主导航已经成为一项亟待解决的关键技术,其中天文导航是一种较适合深空探测器的自主导航技术。为此,本章将研究深空探测器天文测角自主天文导航技术。

7.1.1 深空探测器转移段天文导航的发展

20 世纪七八十年代,太阳系中各大行星所处的位置使得利用当时有限的推进系统对太阳系多颗行星进行探测成为可能,这样难得的机会大概每 171 年才会出现一次。但是这样的任务要求探测器进行多次精确的轨道修正,才能确保探测器能与多颗行星相遇。由于距离遥远,地面无线电导航的局限性使得迫切需要一种完全自主的导航方法。天文导航是一种最适于深空探测的自主导航方法,并且与地面测控具有互补性。20 世纪 70 年代,为了满足美国 NASA 深空探测的任务要求,JPL 实验室的 C. D. Thomas 最先研究了利用深空探测器上自身携带的量测设备观测天体进行天文导航的方法,该方法在此后的多颗深空探测器如“水星”9 号(Mariner -9)、“旅行者”号(Voyager)以及近期的“深空”1 号(Deep Space 1)和深度撞击(Deep Impact)得到了应用,并不断发展和完善。

1.“阿波罗”登月任务的自主天文导航

早在20世纪60年代,美国“阿波罗”登月计划中就已使用了半自主形式的导航方法,如图7-1和图7-2所示。1982年,美国喷气推进实验室(JPL)研制的自主制导和导航(AGN)系统在用于飞行任务时,也是利用星体跟踪器和CCD敏感器测得的行星和恒星之间的夹角进行深空探测器的天文导航和姿态确定。近年来,随着深空探测任务的增多,该方法也随着测量仪器和滤波方法的改进,得到越来越多的关注。该方法的优点是计算简单、易于实现,缺点是导航精度随探测器与太阳、行星之间距离的增加而降低。

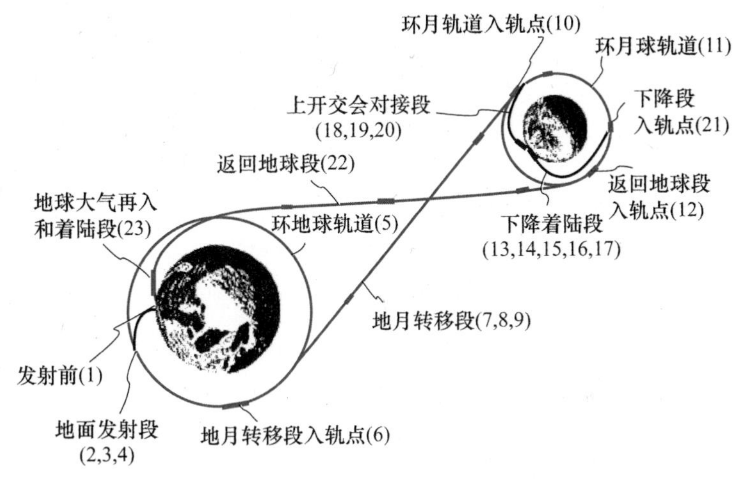

图7-1　Apoll 轨道示意图

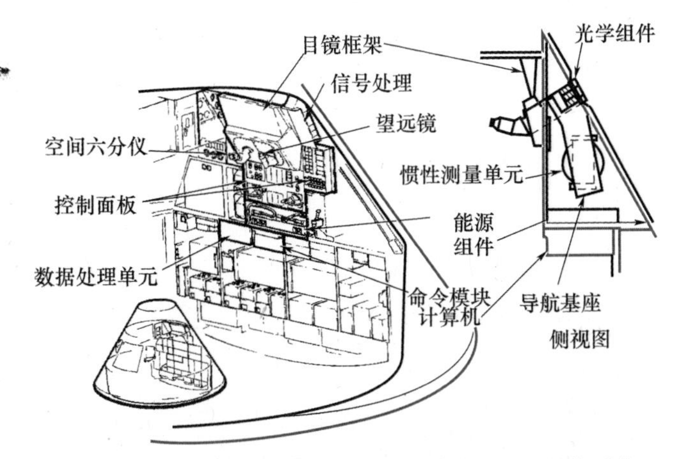

图7-2　Apollo 的制导与导航系统及其自主天文导航系统

2.“深空”1号(Deep Space 1,DS1)探测器的自主天文导航

1998年10月24日发射的“深空”1号是NASA新千年计划中的第一个任务,在发射之后的9个月内,“深空”1号就成功地测试了全部12项的新技术,还进行了小行星Braille的近点飞行,在1999年末主要任务完成后,它的恒星跟踪器出现故障,2000年初专家在3亿km之外成功地重新装配探测器,修复了故障,并大胆地提出了Borrelly彗星的探测任务。2001年9月,“深空”1号飞近Borrelly彗星冰冷的彗核,相距只有2171km,拍下有史以来最高分辨率的彗星图像。

“深空”1号同时也是第一颗真正实现了自主天文导航的探测器(图7-3),它完全不依赖地面测控仅利用拍摄的小行星和恒星影像,并通过先进的Kalman滤波技术实现了探测器自主导航和轨道修正。该天文自主导航系统(AutoNav)包括了图像获取、姿态控制和轨道控制等一系列软件,其主要子系统和功能包括:NavRT,为姿态控制等子系统提供星历信息;NavExec,规划和执行各种与导航相关命令,如图像的获取和处理、离子推进系统点火和轨道机动等;图像处理单元,负责图像处理;轨道确定单元,进行轨道确定;轨道机动单元,负责与离子推进系统相关的轨道机动计算。图7-4给出了该自主导航系统的结构及其与其他系统的关系。

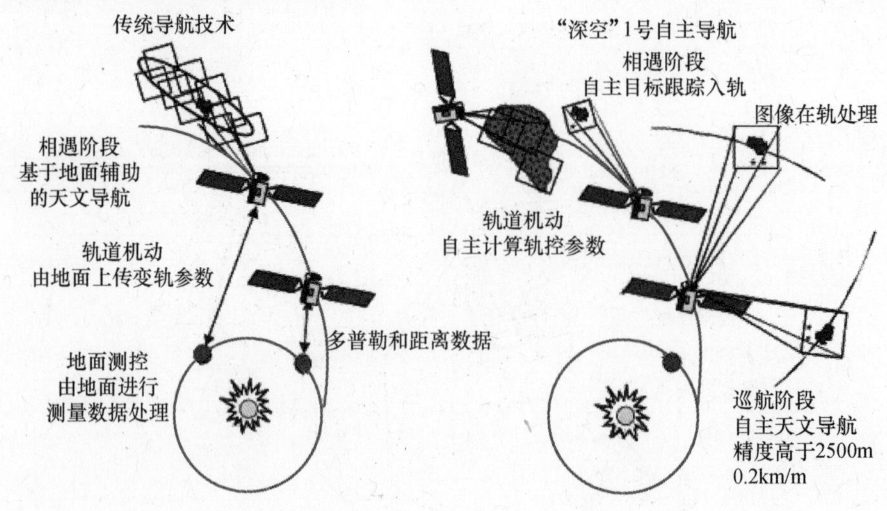

图7-3 “深空”1号的天文自主导航系统与以往导航系统的区别

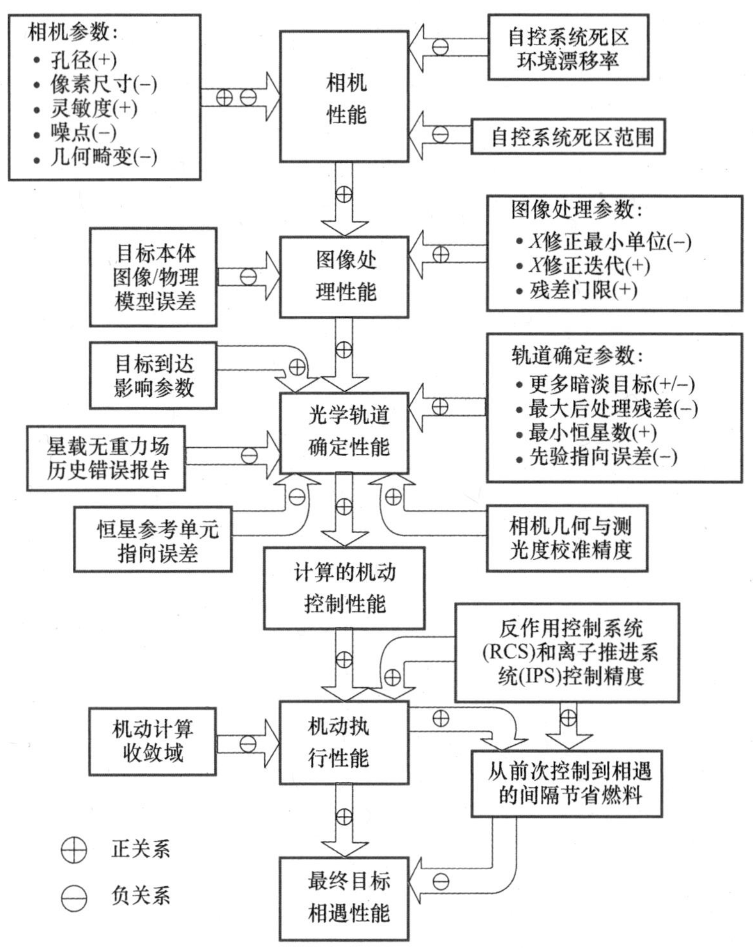

图 7－4　“深空”1 号天文自主导航系统的结构及其与其他系统的关系

“深空”1 号自主导航系统的运行并不顺利，1998 年 10 月发射后不久就遇到了一系列严重的挑战，首先是成像系统出现了严重的漏光问题，由于相机的灵敏度不够，导致可获得的清晰小行星图像非常有限，同时，漏光问题还降低了图像处理单元的数据压缩能力，此外，发射后相机的几何失真也远高于发射前实验室的测试结果。所有这些因素使得探测器的初始位置和速度误差分别为 10000km 和 7m/s。虽然这样的结果基本也能满足深空探测任务在巡航阶段的导航要求，但是工作人员立即努力对上述问题进行了补救。1999 年 2 月和 6 月分别对星上软件进行了更新，导航精度也随之提高到了 250km 和

0.2m/s,基本接近发射前预估的性能指标并已大大优于任务要求。在与小行星 Braille 相遇的过程中,自主导航系统顺利完成了轨道确定和机动任务,达到了预定的入轨精度。图7-5给出了"深空"1号自主天文导航系统在1999年4月5日、5月31日和7月21日的导航结果。

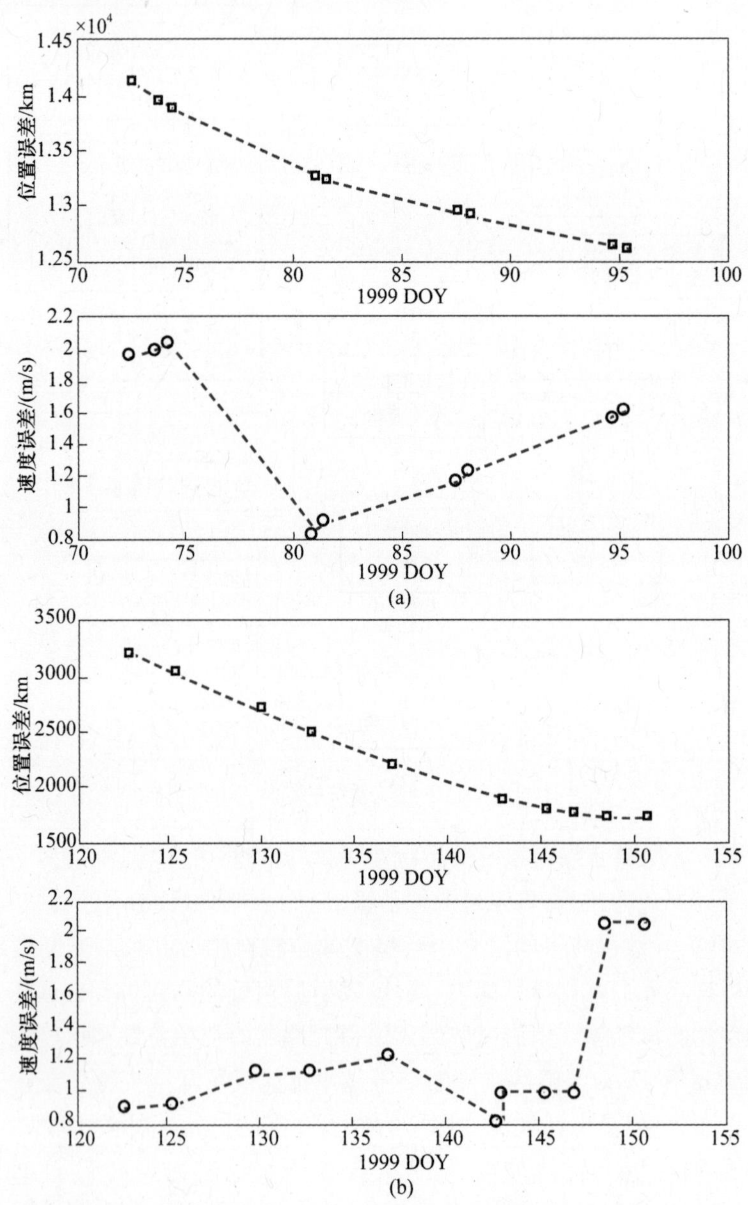

(a)
(b)

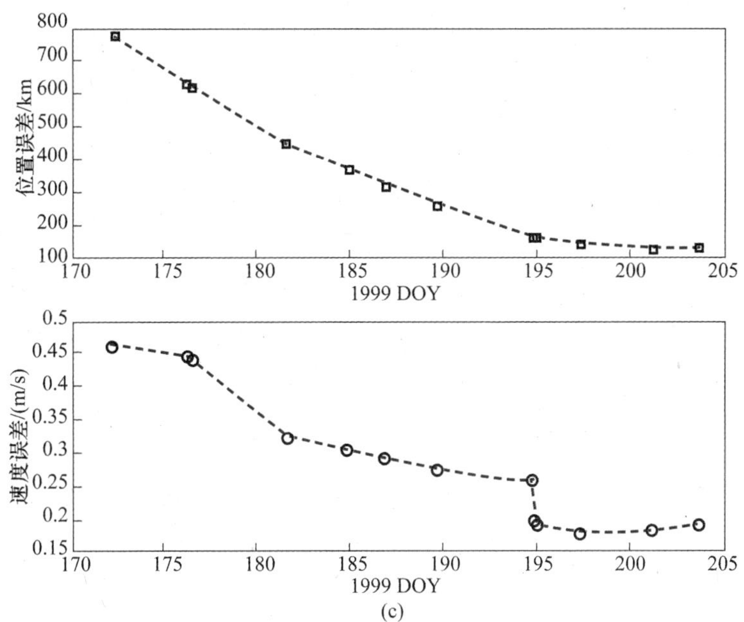

(c)

图7-5　"深空"1号自主天文导航系统的导航结果

(a) 1999年4月5日的导航结果;(b) 1999年5月31日的导航结果;

(c) 1999年7月21日的导航结果。

7.1.2　深空探测器捕获段天文导航的发展

捕获段自主导航方法和技术已成为国际性的研究热点。美国是最先实现捕获段自主导航的国家,如"水手"号(Mariner)、"海盗"号(Viking)、"旅行者"号(Voyage)等。早期的捕获段自主导航任务都是将敏感器获取的导航信息发送回地基导航系统进行处理后,再上传回深空探测器。从"深空"1号开始,美国国家航空航天局开始尝试在轨验证捕获段的完全自主导航技术,在火星勘测轨道器、深空撞击任务中真正实现了完全自主的基于目标天体或基于目标天体及其卫星的捕获段自主导航。同时,欧洲航天局也在积极研究捕获段自主导航技术,并实现了地面验证。

1. 海盗号

美国分别于1975年8月20日和1975年9月9日发射了"海盗"1号和"海盗"2号火星探测器,首先探测器进入环火轨道,之后在火星表面着陆。在该探测器被火星捕获的过程中,探测器采用了地面无线电测控和星上自主光学导航相结合的导航方法,使两个“海盗”号探测器的导航精度大幅提高。

“海盗”号地面无线电测控导航采用了两种量测数据,分别为无线电多普勒频移和无线电测距信息;星上自主光学导航采用的量测数据为火星和火卫二光学图像的像元与像线。采用的滤波方法为最小方差滤波器(平方根信息滤波器),这种滤波器可在批处理(加权最小二乘)模式和序列滤波模式两种模式下工作。最终“海盗”1号和“海盗”2号的导航精度分别达到6km和2km。

2. 深度撞击

2005年1月,美国发射的深度撞击探测器。在2005年7月,撞击探测器通过抛出撞击器,实现了与彗星“坦普尔”一号(Tempel-1)的成功撞击,并对这一撞击过程进行了实时记录。在接近和撞击彗星的过程中,撞击器自主完成了导航与控制任务,这是自主导航技术在深空探测中的又一次成功应用。在撞击前2h至撞击结束这一时间段内,通过处理光学敏感器对彗星拍摄的图像及姿态信息,撞击器的自主导航系统实时计算与“坦普尔”一号之间的相对位置,在途中经过三次自主轨道修正,最终完成了对“坦普尔”一号的撞击任务。

深度撞击号探测器主要由交会运载器和撞击器两部分组成(图7-6),星上光学成像仪器包括高分辨率相机(High-Resolution Imager,HRI)、中分辨率相机(Medium Resolution Imager,MRI)、星跟踪器和撞击器目标相机(Impactor Targeting Sensor,ITS),进行导航、获取数据和选择撞击点。

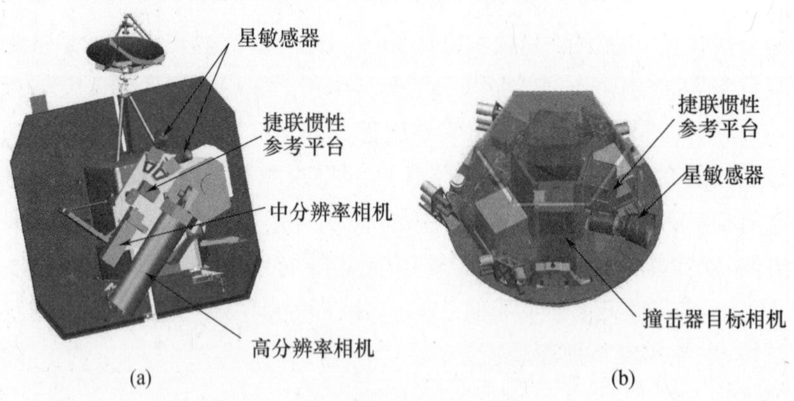

图7-6 深度撞击的天文导航仪器

(a)交会运载器;(b)撞击器。

自主导航、制导和控制系统是深度撞击探测器成功的重要保证，该系统主要的组成部分包括：撞击器目标相机；高可靠轻型星上计算机；高精度星敏感器；自主天文光学导航软件（由“深空”1 号开发，经剪裁后采用）；四个横向肼推力器，用于撞击器飞行航向控制；姿态确定与控制系统，保证撞击器高精度姿态稳定，消除撞击器分离后的姿态偏差（速率阻尼）。

3. “卡西尼 - 惠更斯”号

1997 年 10 月 6 日，NASA 和 ESA 联合发射了“卡西尼 - 惠更斯”号（Cassini - Huygens）深空探测器，经过两次对金星借力、一次对地球借力、一次对木星借力，探测器实现了对土星及其卫星的探测。“卡西尼 - 惠更斯”号深空探测器的导航方案如图 7 - 7 所示。

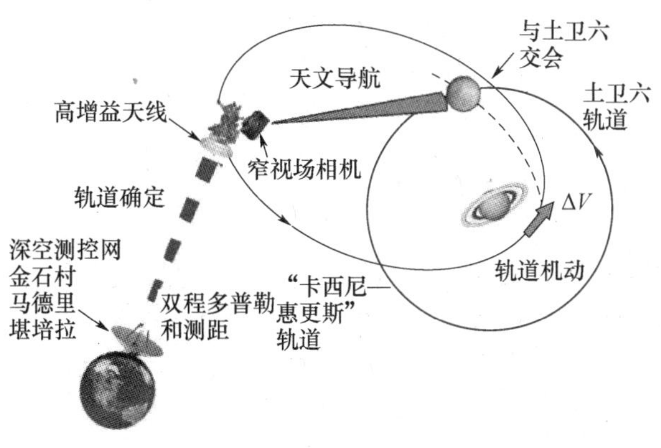

图 7 - 7　“卡西尼 - 惠更斯”号导航方案

在“卡西尼 - 惠更斯”号的导航方案中，一方面，地面深空网（Deep Space Network，DSN）的三个地面站与“卡西尼 - 惠更斯”号进行无线电通信，利用双程多普勒测速/测距技术进行导航，精确估计探测器相对地球的位置和速度；另一方面，在探测土星过程中，探测器利用成像科学子系统（Imaging Science Subsystem，ISS）中的窄视场相机（Narrow Angle Camera，NAC），观测土星的卫星，估计探测器相对于土星卫星的位置和速度。其中观测模型建立时使用喷气推进实验室（Jet Propulsion Laboratory，JPL）的行星星历 DE410，滤波方法采用最小二乘估计方法，最终导航系统不仅估计了“卡西尼 - 惠更斯”号的位置和速度信息，还估计了星载时间、土星星历、土星及土卫六的质量、土星的磁极、土星的 J2 和 J4 引力摄动、轨道机动参数等。除此之外，由于惠更斯着陆器在土卫六着陆期间，卡西尼轨道器在距离土卫六较低轨道高度上进行了飞越探测，所以在此期间导航系统还对土卫六的大气模型进行了估计。由于轨道机动过程存在模型误差,因此“卡西尼”号的导航系统利用多批次的加速度信息对模型误差进行估计。整个探测过程实现了天文/双程多普勒/测距组合导航,导航精度达到10km,为惠更斯着陆器的精确入轨和卡西尼轨道器的成功飞越提供了保证。

4.火星勘测轨道器

2005 年 8 月 12 日,美国发射了火星勘测轨道器,在漫长的地火转移轨道后,探测器于 2006 年 3 月 10 日进入了火星轨道,并于 3 月 23 日发回了首批火星照片,是当今世界上最先进、最大的人造火星卫星。火星勘测轨道器的天文导航敏感器为天文光学导航相机(Optical Navigation Camera,ONC),吸收了“深空”1号自主导航的经验(图 7-8),具有很强的动态响应能力及低噪声的特性,可以同时拍摄明亮天体附近的暗淡目标,如恒星、遥远的小行星和轨道器等。在火星勘测轨道器火星捕获段,利用 ONC 的高动态响应能力,探测器对火星卫星和背景恒星进行同时观测,实现了自主天文导航,为其高精度入轨提供了保证。

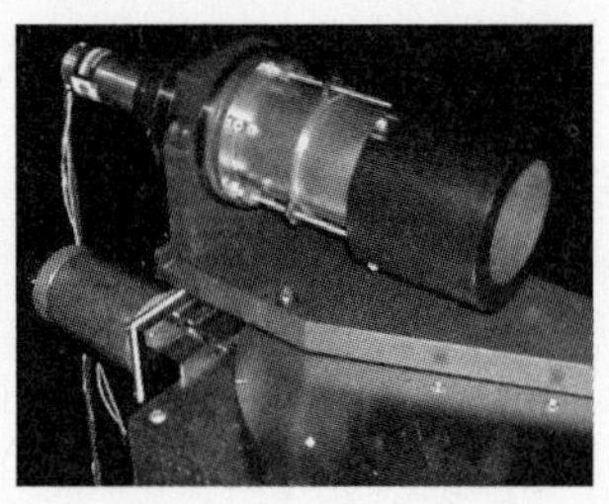

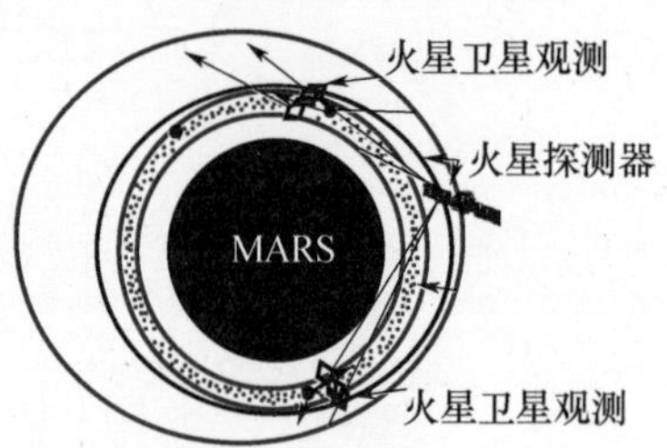

图 7-8 火星勘测轨道器的天文导航敏感器实物图和自主导航方案

7.2 深空探测器天文测角自主导航系统模型

7.2.1 深空探测器天文测角自主导航原理

1.基于目标行星和行星卫星视线方向的测角导航原理

天文测角信息是利用捕获段可观测的目标行星和行星的卫星进行自主导航。由于行星和行星卫星在任意时刻的位置可根据星历表获得,而从探测器上观测到的行星之间的夹角、行星和恒星之间的夹角与行星视线方向等信息是探测器位置的函数,通过这些观测量利用几何解析的方法或结合轨道动力学滤波即可获得探测器的位置、速度等导航参数。

自主导航敏感器可得惯性坐标系下的第一个导航天体方向单位矢量和第二个导航天体(如目标行星卫星)的单位矢量(图7-9),即 $\boldsymbol{l}_0=[m_0\quad n_0\quad p_0]^{\mathrm{T}}$ 和 $\boldsymbol{l}_1=[m_1\quad n_1\quad p_1]^{\mathrm{T}}$,第一个导航天体在惯性坐标系中的位置坐标为$(x_0,y_0,z_0)$,第二个导航天体在惯性坐标系中的位置坐标为$(x_1,y_1,z_1)$,探测器在惯性坐标系中的位置坐标为$(x,y,z)$,探测器所在的位置在过第一个导航天体位置坐标点T且方向矢量为 $\boldsymbol{l}_0$ 的直线上,同时也在过第二个导航天体的位置坐标点 T_1 且方向矢量为 $\boldsymbol{l}_1$ 的直线上,即

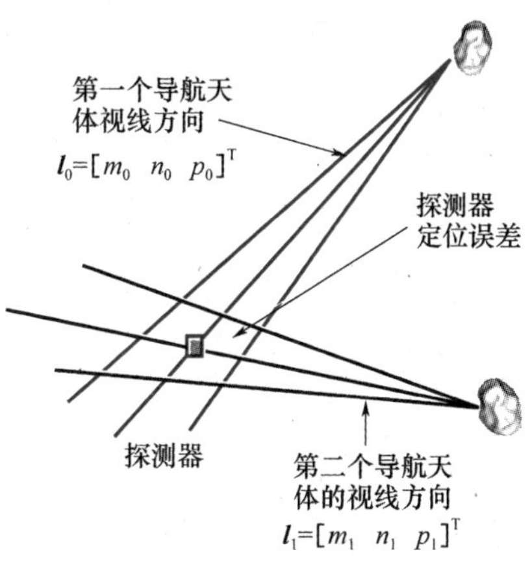

图7-9　深空天文测角导航原理图

$$\begin{cases}\dfrac{x-x_0}{m_0}=\dfrac{y-y_0}{n_0}=\dfrac{z-z_0}{p_0}=t_0\\[2ex]\dfrac{x-x_1}{m_1}=\dfrac{y-y_1}{n_1}=\dfrac{z-z_1}{p_1}=t_1\end{cases}\tag{7-1}$$

式中:由于第一个导航天体方向、第二个导航天体方向和第一个导航天体至第二个导航天体的方向共面,三个矢量的混合积满足如下约束条件,即

$$\begin{vmatrix}x_1-x_0 & y_1-y_0 & z_1-z_0\\ m_0 & n_0 & p_0\\ m_1 & n_1 & p_1\end{vmatrix}=0\tag{7-2}$$

由此可得探测器位置的解析表达式为

$$\begin{cases}x=x_0+m_0t_0\\ y=y_0+n_0t_0\\ z=z_0+p_0t_0\\ t_0=\dfrac{z_1-z_0}{p_0}+\dfrac{p_1}{p_0}\cdot t_1=\dfrac{y_1-y_0}{n_0}+\dfrac{n_1}{n_0}\cdot t_1=\dfrac{x_1-x_0}{m_0}+\dfrac{m_1}{m_0}\cdot t_1\\ t_1=\dfrac{p_0(y_1-y_0)-n_0(z_1-z_0)}{n_0p_1-n_1p_0}=\dfrac{m_0(z_1-z_0)-p_0(x_1-x_0)}{p_0m_1-p_1m_0}\\ \quad=\dfrac{n_0(x_1-x_0)-m_0(y_1-y_0)}{m_0n_1-m_1n_0}\end{cases}\tag{7-3}$$

2. 基于目标行星的测角导航原理

天文测角信息是还可利用捕获段可观测的目标行星的视角进行自主导航。首先利用一个行星和三颗或以上恒星之间的星光角距,得到探测器相对于该行星的方位信息,然后通过该行星的视角计算得到探测器到该行星的距离,这两个信息就完全确定了探测器的位置。

通过测量一个近天体和三个远天体(恒星)间的夹角,即星光角矩,如图7-10所示,可确定探测器相对于该行星的方位角 α 和 β,即

$$\begin{cases} \cos\alpha \cdot \cos\beta = \cos A_1 \\ \sin\alpha \cdot \cos\beta = \cos A_2 \\ \sin\beta = \cos A_3 \end{cases} \tag{7-4}$$

利用行星视角可计算得到探测器到该行星的距离 r,已知行星的直径为 D,则

$$r = \frac{\dfrac{D}{2}}{\sin\dfrac{A}{2}} \tag{7-5}$$

探测器相对于该行星的位置矢量为 $\boldsymbol{r} = [\,r\cos\alpha\cos\beta \quad r\sin\alpha\cos\beta \quad r\sin\beta\,]^{\mathrm{T}}$。

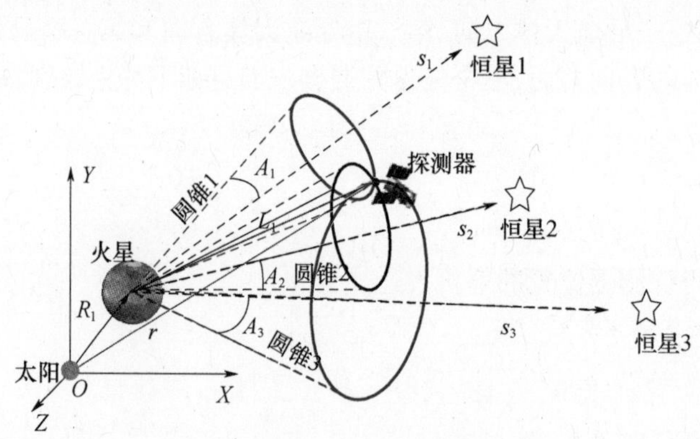

图7-10 深空天文测角导航原理图

7.2.2 深空探测器天文测角自主导航系统轨道动力学模型

1. 深空探测器行星捕获段的二体轨道动力学模型

探测器在行星捕获段,已经进入行星引力影响球,此时,目标行星引力为

中心引力。如忽略其他各种摄动力因素,则探测器在行星捕获段的轨道动力学模型为

$$\begin{cases}\dot{\boldsymbol{r}} = \boldsymbol{v} \\ \dot{\boldsymbol{v}} = -\mu_{\mathrm{t}} \dfrac{\boldsymbol{r}}{r^3}\end{cases} \tag{7-6}$$

式中:$\boldsymbol{r}$ 为深空探测器在目标天体质心为中心的惯性坐标系中的位置矢量,$\boldsymbol{r} = [x,y,z]^{\mathrm{T}}$,$x$、$y$、$z$ 为深空探测器位置在目标天体质心为中心的惯性坐标系中的坐标;$\boldsymbol{v}$ 为探测器在目标天体质心为中心的惯性坐标系中的速度矢量,$\boldsymbol{v} = [v_x,v_y,v_z]^{\mathrm{T}}$,$v_x$、$v_y$、$v_z$ 为深空探测器速度在目标天体质心为中心的惯性坐标系中的坐标;μ_t 为目标行星的引力常数。

对于处于捕获段的火星探测器,探测器距离火星的距离 r 约为 $R_m < r \leqslant 600000\mathrm{km}$,火星中心引力加速度为 $1.1897 \times 10^{-4} < r \leqslant 3.4962\mathrm{m/s^2}$,图 7-11 给出了火星中心引力加速度大小与探测器与火星距离的关系图。

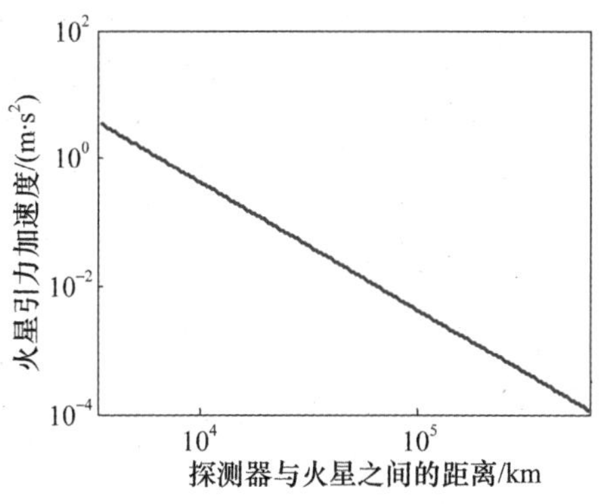

图 7-11　火星中心引力加速度

2. 深空探测器行星捕获段的目标天体非球形摄动模型

目标天体质量分布不均匀,其形状不是球体且不规则。由目标天体形状的非球形和内部质量分布的不均匀引起的摄动统称为目标天体非球形摄动。

以火星为例,给出火星非球形引力摄动球谐函数的一般形式为

$$U = \frac{\mu_m}{r} \sum_{n=2}^{N\max} \left(\frac{R_m}{r}\right)^n \sum_{m=0}^{n} (C_{nm}\cos m\lambda + S_{nm}\sin m\lambda) P_{nm}(\cos\phi) \tag{7-7}$$

式中:R_m 为火星参考椭球的平均赤道半径,取为 3397km;r、ϕ、λ 为火星球坐标

系中的坐标分量,r 为火星质心到探测器的距离,ϕ 为探测器在火星大地坐标系中的余纬,λ 为探测器在火星大地坐标系中的经度;C_{nm} 和 S_{nm} 为正交引力位系数;P_{nm} 为正交连带勒让德系数。

根据多次深空探测任务,建立了多种火星引力场模型,如 GMM - 1、GMM - 2B、MARS50C、MGS75D、MGS95J、MRO110B 等。每种火星引力场模型都是真实火星的近似,相应的重力场位系数阶次都是有限的,是对真实模型的近似,模型的阶数决定了具体模型相应的精度。其中 GMM - 2B 是 80×80 阶次的球谐函数模型,由戈达德太空飞行中心(Goddard Space Flight Center,GSFC)解算得到的;MGS75D、MGS95J、MRO110B 分别是 75×75、95×95、110×110 阶次的球谐函数模型,由 JPL 解算得到的。表 7 - 1 给出了 GMM - 2B 模型的部分系数。

引力场模型都是真实火星的一种近似,相应的位函数展开式总是有限的,即对 n 和 m 求到某一位截断,这时展开式是对真实模型的一种逼近,模型的阶数决定了具体模型相应的精度。因此,由表 7 - 1 可以计算得,对于捕获段火星探测器,4×4 阶次各非球形摄动加速度量级如图 7 - 12 所示,其中 J_2 量级约为10^{-3},$J_{2,2}$量级约为10^{-3},3 阶各次非球形摄动加速度量级为$10^{-10} \sim 10^{-6}$,4 阶各次非球形摄动加速度量级为$10^{-18} \sim 10^{-9}$。

表 7 - 1　火星引力场模型部分系数

n	m	$C_{n,m}$	$S_{n,m}$
2	0	$-8.745054708 \times 10^{-4}$	0
3	0	$-1.188691065 \times 10^{-5}$	0
4	0	$5.125798718 \times 10^{-6}$	0
5	0	$-1.724206851 \times 10^{-6}$	0
2	2	$-8.417751981 \times 10^{-5}$	$4.960534884 \times 10^{-5}$
3	1	$-3.905344232 \times 10^{-6}$	$2.513932404 \times 10^{-5}$
3	2	$-1.586341103 \times 10^{-5}$	$8.485798716 \times 10^{-6}$
3	3	$3.533854114 \times 10^{-5}$	$2.511398426 \times 10^{-6}$
4	1	$4.227157505 \times 10^{-6}$	$3.741321503 \times 10^{-6}$
4	2	$-1.025388411 \times 10^{-6}$	$-8.962295163 \times 10^{-6}$
4	3	$6.446128873 \times 10^{-6}$	$-2.729779031 \times 10^{-7}$
4	4	$9.638433482 \times 10^{-8}$	$-1.286136169 \times 10^{-5}$

注:表中系数的非球形天体信息火星半径 3397km;引力常数 42828.371901284001km^3/s^2;引力常数误差 $7.3999999999999996 \times 10^{-5}$ km^3/s^2

3. 第三引力体摄动模型

探测器在行星捕获段除了受到中心引力体的作用外，还受到其他天体的摄动力影响，如太阳、其他行星、目标天体的卫星等。这类摄动力属于保守力，但由于太阳、目标天体卫星等天体与探测器距离近，其摄动力影响不能完全忽略，其摄动加速度模型为

$$a_{\mathrm{N}} = -\mu_i\left[\frac{\boldsymbol{r}_{\mathrm{p}i}}{r_{\mathrm{p}i}^3} - \frac{\boldsymbol{r}_{\mathrm{t}i}}{r_{\mathrm{t}i}^3}\right] \tag{7-8}$$

式中：μ_i 为其他天体引力常数；$\boldsymbol{r}_{\mathrm{p}i}$ 为其他天体到探测器的位置矢量；$\boldsymbol{r}_{\mathrm{t}i}$ 为其他天体到目标天体的位置矢量。对于捕获段探测器，$r \ll (r_{\mathrm{t}i}, r_{\mathrm{p}i})$，$r_{\mathrm{p}i}^3 \approx r_{\mathrm{t}i}^3$，则式(7-8)可以近似为

$$a_{\mathrm{N}} = -\mu_{\mathrm{i}}\frac{r}{r_{\mathrm{pi}}^3}\left(\frac{\boldsymbol{r}}{r}\right) \tag{7-9}$$

a_{N} 与目标天体中心引力加速度之比为第三体摄动量级，记作 ε，则有

$$\varepsilon = \frac{m}{M}\left(\frac{r}{r_{\mathrm{pi}}}\right) \tag{7-10}$$

式中：M 为目标天体的质量；m 为其他天体的质量。

图7-13给出各天体的第三体摄动量级，从图中可以看出，各天体可按照第三引力体摄动量级大小排序为太阳、木星、地球、金星、土星、水星、天王星、海王星、冥王星。火卫一和火卫二在探测器进入火星系统后 2.3×10^4 km，其量级超过其他天体。

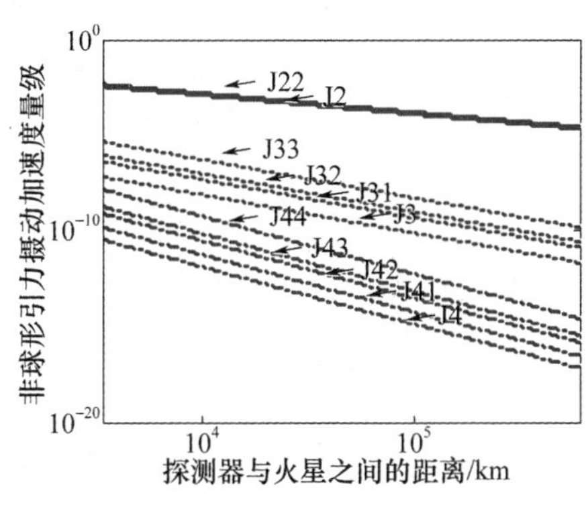

图7-12　火星非球形摄动量级

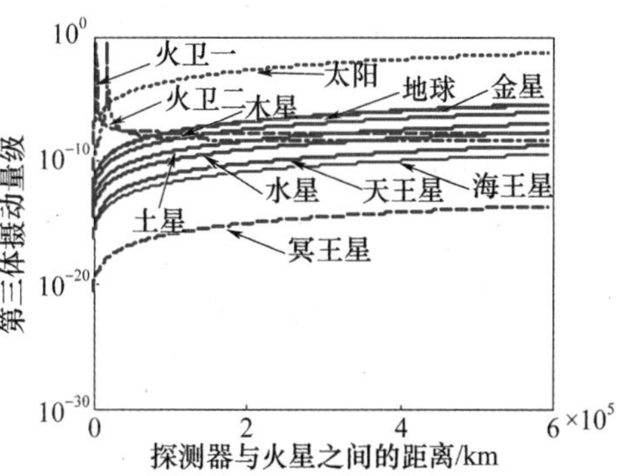

图7-13　第三引力体摄动量级比较

4. 太阳光压摄动模型

探测器受到太阳光照射时,太阳辐射能量的一部分被吸收,另一部分被反射,这种能量转换使探测器受到力的作用,称为太阳辐射压力,简称光压。探测器表面对太阳光的反射比较复杂,有镜面反射和漫反射。在讨论太阳光压对探测器轨道的影响时,认为光压的方向与太阳光的入射方向一致,作用在单位探测器质量上的光压可以统一写成

$$\boldsymbol{a}_{\mathrm{s}} = -c_{\mathrm{R}} p_{\mathrm{SR}} \left(\frac{A}{m}\right) \frac{\boldsymbol{r}_{\mathrm{sat}\odot}}{\left|\boldsymbol{r}_{\mathrm{sat}\odot}\right|} \tag{7-11}$$

式中:c_{R} 为反射系数,与探测器表面材料、形状等性质有关,如全吸收,则 $c_{\mathrm{R}}=1$;如全反射,则 $c_{\mathrm{R}}=2$;如对辐射能量半透明,则 $c_{\mathrm{R}}=0$;A 是垂直于太阳光的探测器截面积;p_{SR} 为太阳光压强度;$\boldsymbol{r}_{\mathrm{sat}\odot}$ 是探测器到太阳的矢量方向。

在捕获段探测器受到的太阳光压摄动加速度 $\boldsymbol{a}_{\mathrm{s}}$ 与行星中心引力加速度 $\boldsymbol{a}_0$ 之比为

$$\varepsilon_{\mathrm{s}} = \frac{\boldsymbol{a}_{\mathrm{s}}}{\boldsymbol{a}_0} = \frac{c_{\mathrm{R}} p_{\mathrm{SR}}}{\mu_0}\left(\frac{A}{m}\right) r^2 \tag{7-12}$$

式中:如探测器面质比 $A/m = 0.02\mathrm{m}^2/\mathrm{kg}$,取太阳光单位面积的平均辐射功率为 $1.4\mathrm{W/m}^2$,得太阳光压强度 $p_{\mathrm{SR}} = 4.65\times10^{-6}\mathrm{N/m}^2$,则对于火星捕获段探测器($R_{\mathrm{m}} < r \leqslant 600000\mathrm{km}$),$2.66\times10^{-8} < \varepsilon_{\mathrm{s}} < 7.82\times10^{-4}$,与第三体摄动中的太阳、火卫一和火卫二属同一量级。图7-14给出了太阳光压摄动量级随探测器与火星之间距离的变化。

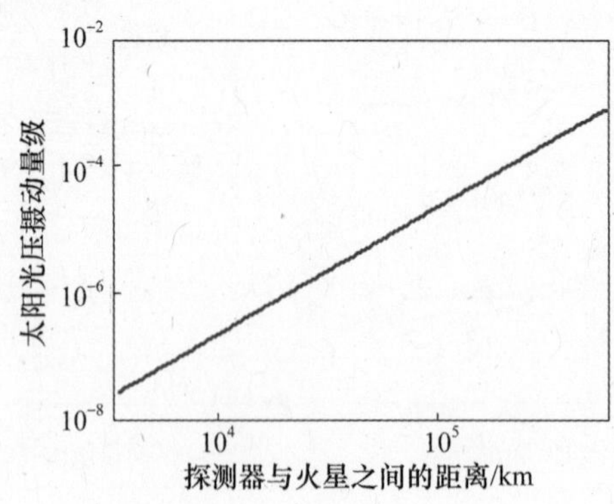

图7-14　太阳光压摄动量级

5. 大气摄动模型

在太阳系中，表面被大气包围的行星或天体包括火星、金星、天王星、土卫六等。轨道高度越高大气越稀薄，但探测器长时间在大气中高速运行，所积累的大气阻力仍将引起探测器轨道高度的降低。同时，可以利用大气阻力实现探测器的制动捕获。例如，在探测器进入火星大气后，火星大气对探测器形成阻力，降低探测器的速度，实现探测器的降轨和制动，但火星大气密度和风向不确定，而且气动减速的时间较长，探测器受大气制动的面积因太阳帆板的朝向而不同。因此，需要分析建立这一阶段的大气摄动模型为

$$\boldsymbol{a}_{\mathrm{D}} = -\frac{1}{2}\frac{C_{\mathrm{D}}A_{\mathrm{D}}\rho v_{\mathrm{D}}^{2}}{m}\frac{\boldsymbol{v}_{\mathrm{D}}}{\boldsymbol{v}_{\mathrm{D}}} \tag{7-13}$$

式中：C_{D} 为探测器阻力系数；A_{D} 为探测器在垂直于速度方向上的横截面积；ρ 为探测器所在位置处的大气密度；$\boldsymbol{v}_{\mathrm{D}}$ 为探测器相对于大气的运动速度，$\boldsymbol{v}_{\mathrm{D}} = \boldsymbol{v} - \boldsymbol{v}_{\mathrm{A}}$，$\boldsymbol{v}$ 为探测器速度，$\boldsymbol{v}_{\mathrm{A}}$ 为大气运动速度。

在捕获段探测器受到的大气阻力摄动加速度 $\boldsymbol{a}_{\mathrm{D}}$ 与行星中心引力加速度 $\boldsymbol{a}_{0}$ 之比为

$$\varepsilon_{\mathrm{D}} = \frac{a_{\mathrm{D}}}{a_{0}} = \frac{1}{\mu}\frac{C_{\mathrm{D}}A_{\mathrm{D}}\rho r^{2}v_{\mathrm{D}}^{2}}{m\quad 2} \tag{7-14}$$

则有

$$\varepsilon_{\mathrm{D}} \approx \frac{C_{\mathrm{D}}A_{\mathrm{D}}\rho}{m}\left(\frac{r}{2}\right) \tag{7-15}$$

以火星探测为例，目前可选的火星大气模型为 Mars GRAM 2010、Mars GRAM 2005、Mars GRAM 2000 等，火星大气密度虽然比地球大气密度小，但是二者的大气运动模型具有相似之处，一般简单大气指数密度模型可以表示为

$$\rho(h) = \rho_{0}\exp\left(-\frac{h-h_{0}}{H_{0}}\right) \tag{7-16}$$

式中：ρ_0 为在参考高度 h_0 处的大气密度；h 为探测器所在高度；H_0 为密度标尺高度，当 $H_0 = 10\mathrm{km}$，在 $h_0 = 110\mathrm{km}$ 处，$\rho_0 = 2\times10^{8}\mathrm{kg\cdot m^{-3}}$。图7－15 给出了大气密度与距离火星地表高度的变化图（指数模型）。

由图 7－15 可以看出，不同轨道高度所对应的火星大气密度不同，轨道越高，大气密度越小，大气越稀薄，对探测器轨道的影响越小。火星表面 100km 高度处的火星大气密度约为 $5.4\times10^{-8}\mathrm{kg/m^3}$，火星表面 2000km 高度处的火

星大气密度约为2.5×10^{-12}kg/m^3。

因此,根据式(7-15),在$h=200$km处,$\rho=2.5\times10^{-12}$kg/m^3,阻力系数C_D近似为1,探测器面质比$A/m=0.02$m^2/kg,则对于火星捕获段探测器($R_m<r\leqslant600000$km),$\varepsilon_s<8.9\times10^{-8}$。图7-16给出了200~500km高度内的大气摄动量级。

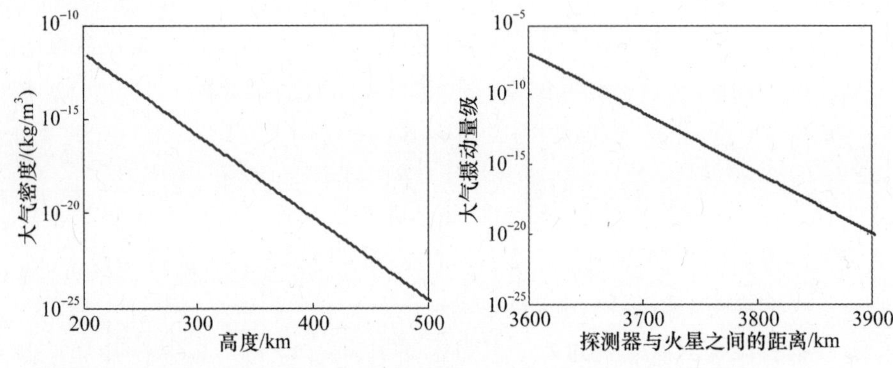

图7-15 指数模型大气密度与高度关系图　　图7-16 大气摄动量级

6. 深空探测器行星捕获段的多体轨道动力学完整模型

考虑到深空探测器在深空中受到多个天体引力的作用,因此深空探测器的轨道运动属于N体问题,其中太阳是深空探测器的主要引力体,其他天体的引力考虑为摄动力。因此,根据摄动力来源不同,如太阳、火星、地球及其他天体对火星探测器的引力、辐射压力、轨道机动过程中的火箭推力以及高精度的火星历表等,可建立以目标天体质心为中心、位置速度直角坐标为基本变量的轨道动力学完整模型。

$$\begin{cases}\dot{\boldsymbol{r}}=\boldsymbol{v}\\ \dot{\boldsymbol{v}}=-\mu_t\dfrac{\boldsymbol{r}}{r^3}-\mu_s\left[\dfrac{\boldsymbol{r}_{ps}}{\boldsymbol{r}_{ps}^3}-\dfrac{\boldsymbol{r}_{ts}}{r_{ts}^3}\right]-\displaystyle\sum_{i}^{N\neq i_t}\mu_i\left[\dfrac{\boldsymbol{r}_{pi}}{r_{pi}^3}-\dfrac{\boldsymbol{r}_{ti}}{r_{ti}^3}\right]+\boldsymbol{a}_s+\boldsymbol{a}_a+\boldsymbol{a}_p+\boldsymbol{a}_o\end{cases} \tag{7-17}$$

式中:μ_t为目标行星引力常数;$\boldsymbol{r}_{ps}$为日心到探测器的位置矢量;μ_i为第i颗行星的引力常数;$\boldsymbol{r}_{pi}$为第i颗行星到探测器的位置矢量;$\boldsymbol{r}_{si}$为第i颗行星到日心的矢量;$\boldsymbol{a}_a$为大气摄动加速度;$\boldsymbol{a}_p$为火箭推力加速度;$\boldsymbol{a}_s$为太阳辐射压力加速度;$\boldsymbol{a}_o$为其他未建模的摄动加速度。

在实际计算中，把式(7－17)的矢量形式转化为分量形式，则分量形式的轨道动力学模型为

$$\begin{cases}\dot{x} = v_x \\ \dot{y} = v_y \\ \dot{z} = v_z \\ \dot{v}_x = -\mu_t \dfrac{x}{r_{pt}^3} - \mu_s\left[\dfrac{x - x_s}{r_{ps}^3} + \dfrac{x_s}{r_{ts}^3}\right] - \sum\limits_{i}^{N(i\neq 4)} \mu_i\left[\dfrac{x - x_i}{r_{pi}^3} + \dfrac{x_i}{r_{mi}^3}\right] + w_{v_x} \\ \dot{v}_y = -\mu_t \dfrac{y}{r_{pt}^3} - \mu_s\left[\dfrac{y - y_s}{r_{ps}^3} + \dfrac{y_s}{r'^3_{ts}}\right] - \sum\limits_{i}^{N(i\neq 4)} \mu_i\left[\dfrac{y - y_i}{r_{pi}^3} + \dfrac{y_i}{r_{mi}^3}\right] + w_{v_y} \\ \dot{v}_z = -\mu_t \dfrac{z}{r_{pt}^3} - \mu_s\left[\dfrac{z - z}{r_{ps}^3} + \dfrac{z_s}{r_{ts}^3}\right] - \sum\limits_{i}^{N(i\neq 4)} \mu_i\left[\dfrac{z - z_i}{r_{pi}^3} + \dfrac{z_i}{r_{mi}^3}\right] + w_{v_z}\end{cases} \tag{7-18}$$

式中：$(x \quad y \quad z)$、$(x_s \quad y_s \quad z_s)$和$(x_i \quad y_i \quad z_i)$分别为深空探测器、太阳和第 i 个行星在目标天体质心为中心的惯性坐标系中的坐标。

7.2.3　深空探测器天文测角自主导航系统量测模型

1. 天体图像质心像元、像线的量测模型

在天体敏感器像元像线坐标系 $O_{pl}X_{pl}Y_{pl}$ 中的天体坐标可以表示为(图 7－17)

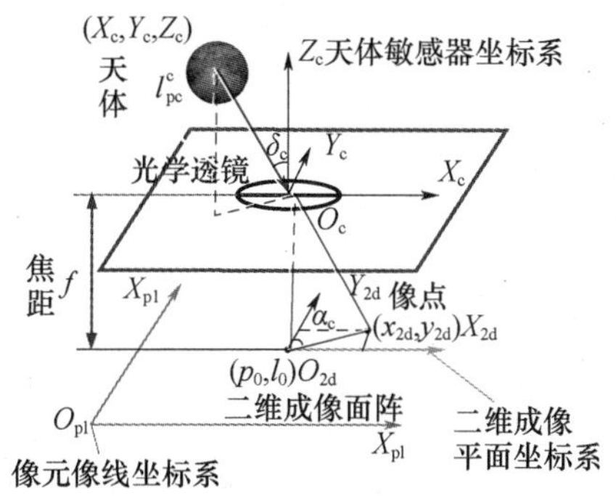

图 7－17　探测器获得的天体图像坐标信息

$$\begin{bmatrix} p \\ l \end{bmatrix} = \boldsymbol{K}\begin{bmatrix} x_{2d} \\ y_{2d} \end{bmatrix} + \begin{bmatrix} p_0 \\ l_0 \end{bmatrix} \tag{7-19}$$

式中：p 和 l 分别为天体在天体敏感器二维成像平面的像元和像线；$\boldsymbol{K}$ 为由毫

米转为像素的相机尺度转换矩阵;(x_{2d},y_{2d})为天体在天体敏感器二维成像平面坐标系 $O_{2d}X_{2d}Y_{2d}$ 中的坐标,p_0 和 l_0 分别为天体敏感器中心的像元和像线。其中天体在天体敏感器二维成像平面坐标系中的坐标(x_{2d},y_{2d})为

$$\begin{bmatrix} x_{2d} \\ y_{2d} \end{bmatrix} = \frac{f}{z_c}\begin{bmatrix} -x_c \\ -y_c \end{bmatrix} \tag{7-20}$$

式中:(x_c,y_c,z_c)为天体在敏感器测量坐标系 $O_cX_cY_cZ_c$ 的坐标;f 为天体敏感器的焦距。其中天体在敏感器测量坐标系中的坐标(x_c,y_c,z_c)为

$$\begin{bmatrix} x_c \\ y_c \\ z_c \end{bmatrix} = \boldsymbol{A}_{cb}\begin{bmatrix} x_b \\ y_b \\ z_b \end{bmatrix} = \boldsymbol{A}_{cb}\boldsymbol{A}_{bi}\begin{bmatrix} x_i \\ y_i \\ z_i \end{bmatrix} \tag{7-21}$$

式中:(x_i,y_i,z_i)为天体在惯性坐标系中的坐标,可由星历表获取;(x_b,y_b,z_b)为天体在探测器本体坐标系中的坐标;$\boldsymbol{A}_{cb}$为探测器本体系到探测器测量坐标系的坐标转换阵,由天体敏感器在探测器上的安装方位确定。$\boldsymbol{A}_{bi}$为惯性坐标系到探测器本体系的坐标转换阵,即姿态矩阵。给出了天体坐标从日心惯性坐标系至探测器本体系,再由探测器本体系至天体敏感器测量坐标系的转换关系。

设 $\boldsymbol{Z}_{pl}$ 为系统观测量,$\boldsymbol{X}$ 为系统状态量,则可建立像元、像线的量测方程的表达式为

$$\boldsymbol{Z}_{pl} = \begin{bmatrix} p \\ l \end{bmatrix} + \begin{bmatrix} v_p \\ v_l \end{bmatrix} = \boldsymbol{K}\frac{f}{z_c}\begin{bmatrix} -x_c \\ -y_c \end{bmatrix} + \begin{bmatrix} v_p \\ v_l \end{bmatrix} = H_{pl}(X) + v_{pl} \tag{7-22}$$

式中:$H_{pl}(\cdot)$为观测量 $\boldsymbol{Z}_{pl}$ 的量测方程;$\boldsymbol{v}_{pl} = [v_p \quad v_l]^T$ 表示像元像线方向的观测误差。

利用天体敏感器观测两个火星的卫星,通过天体敏感器获取火星卫星图像,对火星卫星进行成像所得的量测方程为

$$\begin{bmatrix} p_1 \\ l_1 \end{bmatrix} = \boldsymbol{K}_1\begin{bmatrix} x_1^{2d} \\ y_1^{2d} \end{bmatrix} + \begin{bmatrix} p_{01} \\ v_{01} \end{bmatrix} = \boldsymbol{K}_1\frac{f_1}{z_1^c}\begin{bmatrix} x_1^c \\ y_1^c \end{bmatrix} + \begin{bmatrix} p_{01} \\ v_{01} \end{bmatrix} \tag{7-23}$$

$$\begin{bmatrix} p_2 \\ l_2 \end{bmatrix} = \boldsymbol{K}_2\begin{bmatrix} x_2^{2d} \\ y_2^{2d} \end{bmatrix} + \begin{bmatrix} p_{02} \\ v_{02} \end{bmatrix} = \boldsymbol{K}_2\frac{f_2}{z_2^c}\begin{bmatrix} x_2^c \\ y_2^c \end{bmatrix} + \begin{bmatrix} p_{02} \\ v_{02} \end{bmatrix} \tag{7-24}$$

式中:(p_1,l_1)、(p_2,l_2)分别为火卫一和火卫二的像元像线;$\boldsymbol{K}_1$、$\boldsymbol{K}_2$ 分别为火卫

一敏感器、火卫二敏感器由毫米转为像素的相机尺度转换矩阵；(x_1^{2d}, y_1^{2d})、(x_2^{2d}, y_2^{2d})为火卫一、火卫二在敏感器二维成像平面的坐标；f_1、f_2 分别为火卫一敏感器、火卫二敏感器的焦距；(p_{01}, l_{01})、(p_{02}, l_{02})分别为火卫一敏感器、火卫二敏感器的像元和像线；(x_1^c, y_1^c, z_1^c)、(x_2^c, y_2^c, z_2^c)分别为火卫一、火卫二在敏感器坐标系 $O_cX_cY_cZ_c$ 中的坐标，可以统一表示为

$$\boldsymbol{X}^c = \boldsymbol{A}_{cb}\boldsymbol{X}^b = \boldsymbol{A}_{cb}\boldsymbol{A}_{bi}\boldsymbol{X}^i \tag{7-25}$$

式中：$\boldsymbol{X}^c$、$\boldsymbol{X}^b$ 和 $\boldsymbol{X}^i$ 分别表示天体（火卫一/火卫二）在天体敏感器坐标系 $O_cX_cY_cZ_c$、探测器本体坐标系 $O_bX_bY_bZ_b$ 和惯性坐标系 $O_iX_iY_iZ_i$ 中的三维坐标；$\boldsymbol{A}_{cb}$ 为天体（火卫一/火卫二）敏感器到探测器本体系的安装矩阵；$\boldsymbol{A}_{bi}$ 为探测器本体系相对于日心惯性坐标系的坐标转换矩阵。

设 $\boldsymbol{Z}_1 = [p_1, l_1, p_2, l_2]^T$、量测噪声 $\boldsymbol{V}_1 = [v_{p_1}, v_{l_1}, v_{p_2}, v_{p_2}]^T$ 分别为火卫一和火卫二观测误差，则以火卫一和火卫二图像信息作为观测量的量测模型可分别表示为

$$\boldsymbol{Z}_1(t) = H_1[\boldsymbol{X}(t), t] + \boldsymbol{V}_1(t) \tag{7-26}$$

2. 矢量方向的量测模型

天体方向是天体相对探测器的单位方向矢量（图 7-18），在探测器敏感器测量坐标系中天体敏感器测得的天体方向与探测器位置矢量关系可表示为

$$l_{pc}^C = \boldsymbol{A}_{sb}\boldsymbol{A}_{bi} \cdot \boldsymbol{l}_{pc}^I \qquad \left(\boldsymbol{l}_{pc}^I = \frac{\boldsymbol{r}_{ps}^I - \boldsymbol{r}_{sc}^I}{|\boldsymbol{r}_{ps}^I - \boldsymbol{r}_{sc}^I|}\right) \tag{7-27}$$

式中：$\boldsymbol{l}_{pc}^I$ 为在日心惯性坐标系中天体方向；$\boldsymbol{r}_{ps}^I$ 为探测器的位置矢量；$\boldsymbol{r}_{sc}^I$ 为天体到日心的位置矢量；$\boldsymbol{A}_{sb}$ 为从本体坐标系到探测器敏感器测量坐标系的转移矩阵；$\boldsymbol{A}_{bi}$ 为从惯性坐标系到探测器本体坐标系的姿态转移矩阵。

天体方向测量量的获取可以由天体敏感器获得的天体像元像线坐标，经过计算得到。设天体敏感器固连在探测器本体上，由天体敏感器测得的在探测器本体坐标系中的天体方向，可表示为

$$l_{pc}^B = l_{pc}^c = \frac{1}{\sqrt{x_{2d}^2 + y_{2d}^2 + f}}\begin{bmatrix} x_{2d} \\ y_{2d} \\ -f \end{bmatrix} \tag{7-28}$$

式中：$\boldsymbol{l}$ 的下标 p 表示探测器，下标 c 表示天体，上标 B 表示本体坐标系，上标 c 表示天体敏感器测量坐标系；(x_{2d}, y_{2d}) 可以由像元像线转换得出，具体表达

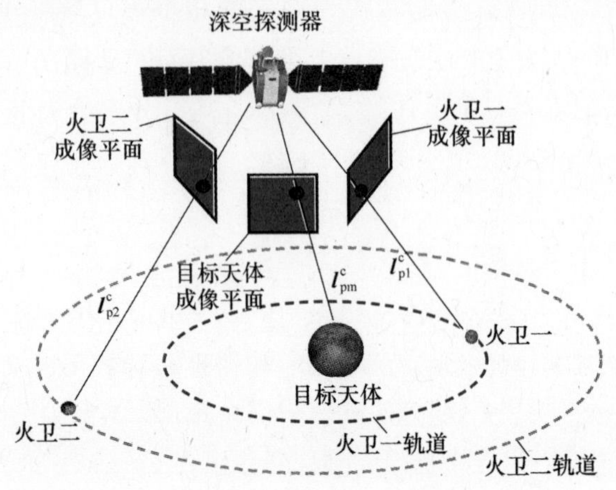

图 7-18　观测量为矢量方向的方案示意图

式为

$$\begin{bmatrix} x_{2d} \\ y_{2d} \end{bmatrix} = \boldsymbol{K}^{-1}\left(\begin{bmatrix} p \\ l \end{bmatrix} - \begin{bmatrix} p_0 \\ l_0 \end{bmatrix}\right) \tag{7-29}$$

令 $\boldsymbol{Z}_2 = [\boldsymbol{l}_1, \boldsymbol{l}_2]^{\mathrm{T}}$，量测噪声 $\boldsymbol{V}_2 = [\boldsymbol{v}_{l_1}, \boldsymbol{v}_{l_2}]^{\mathrm{T}}$，$\boldsymbol{v}_{l_1}$、$\boldsymbol{v}_{l_2}$ 分别为 $\boldsymbol{l}_1$，$\boldsymbol{l}_2$ 的观测误差，则分别以两颗小行星矢量作为观测量的量测模型可表示为

$$\boldsymbol{Z}_2(t) = H_2[\boldsymbol{X}(t), t] + \boldsymbol{V}_2(t) \tag{7-30}$$

3. 星光角距的量测模型

利用天体敏感器观测火星卫星及背景恒星（或火星、火星卫星及背景恒星），可以获得火星、火星卫星和背景恒星的像元像线，由像元像线信息可以得出火星、火星卫星与恒星之间的星光角距信息，如图 7-19 所示，火卫一、火卫二、火星的星光角距量测信息表达式为

$$\begin{cases} \theta_1 = \arccos(-\boldsymbol{l}_{p1} \cdot \boldsymbol{s}_1) \\ \theta_2 = \arccos(-\boldsymbol{l}_{p2} \cdot s_2) \\ \theta_3 = \arccos(-\boldsymbol{l}_{p3} \cdot s_3) \end{cases} \tag{7-31}$$

式中：$\boldsymbol{s}_1$、$\boldsymbol{s}_2$ 和 $\boldsymbol{s}_3$ 分别为三颗背景恒星星光方向矢量；$\boldsymbol{l}_{p1}$、$\boldsymbol{l}_{p2}$ 和 $\boldsymbol{l}_{p3}$ 分别为火卫一、火卫二和火星的方向矢量，可由星历数据获得。令 $\boldsymbol{Z}_3 = [\theta_1, \theta_2, \theta_3]^{\mathrm{T}}$，量测噪声 $\boldsymbol{V}_3 = [v_{\theta_1}, v_{\theta_2}, v_{\theta_3}]^{\mathrm{T}}$，$v_{\theta_1}$、$v_{\theta_2}$、$v_{\theta_3}$ 分别为 θ_1、θ_2、θ_3 的观测误差，则以星光角距作为观测量的量测模型可表示为

$$\boldsymbol{Z}_3(t) = H_3[\boldsymbol{X}(t), t] + \boldsymbol{V}_3(t) \tag{7-32}$$

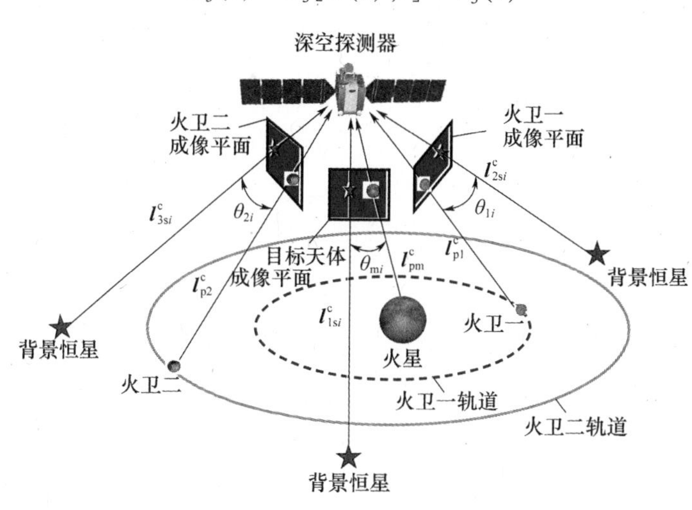

图7－19　星光角距示意图

7.3　深空探测器天文测角自主导航误差分析与建模

7.3.1　深空探测器天文测角轨道动力学模型误差分析与建模

由深空探测器的轨道动力学模型可以看出，轨道动力学模型主要的引力摄动项包括中心天体引力、中心天体非球形引力摄动、第三体引力摄动、太阳光压摄动、大气摄动。

图7－20给出了各主要引力摄动项所涉及的误差源，由此可以看出，影响轨道动力学模型的因素主要包括引力常数误差、火星半径误差、行星星历误差、未建模第三体引力摄动误差、未建模太阳光压摄动误差、未建模大气摄动误差、其他未建模摄动误差等。本节将针对以上因素对导航性能的影响进行分析。

1. 轨道动力学模型误差源误差特性分析及建模

1）天体星历

行星星历的精度是影响深空探测器轨道动力学模型导航精度的重要因素。应用最为广泛的是JPL的DE系列星历。DE405星历可以获得1997年以前高精度的星历数据，但如利用DE405星历计算2008年的火星地球星历数

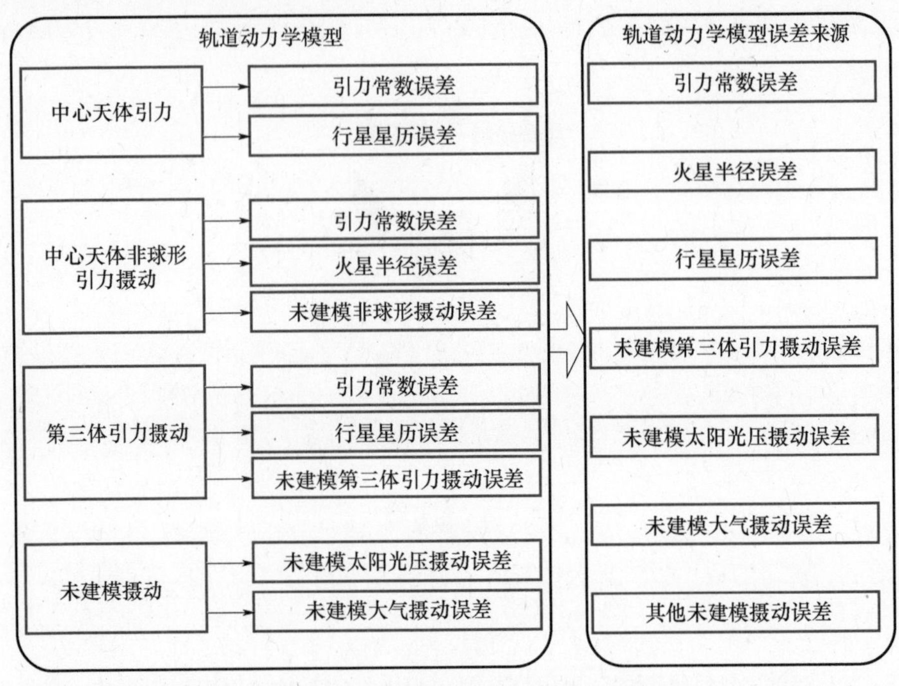

图7－20　轨道动力学模型误差来源图

据,星历误差将达2km。DE421是在DE405的基础上,加入了1997年以后最新的行星观测数据,是目前可用的最高精度的行星星历数据。DE421星历提供的太阳系主要行星星历的精度如表7－2所列。

表7－2　2008年DE421星历表行星星历精度

行星	星历精度
水星	数千米
金星	200m
地球	300m
火星	300m
木星	数十千米
土星	数十千米

由于行星星历是以不同时间对天体进行的观测作为参考基准,进行轨道拟合形成的高精度行星星历,因此短期的行星预报星历较为准确,误差较小,其中DE405和DE421中地球和火星的短期星历预报误差只有0.1km;随着预

报时间的增加，若没有新的观测数据进行修正，星历误差将逐渐增大，地球和火星的长期星历预报误差可达10km，对于其他行星的星历误差将更大。对于未来的深空任务来说，星历误差的影响不可忽视，需要对星历误差的特性及其对导航精度的影响进行分析。

（1）天体星历误差特性分析。

DE408、DE414 和 DE421 等 JPL 所提供的行星星历是加入观测信息拟合而成的当时最高精度的行星星历。其中，DE405 星历于 1998 年公布，加入了多年的天文观测、雷达测距、航天器观测、VLBI 观测等信息。DE421 星历于 2008 年公布，加入了火星探测器的测距信息和 VLBI 测量信息、金星快车探测器的新的测距和 VLBI 信息、最新的行星质量估计、月球激光测距信息，以及为其两个多月的冥王星 CCD 观测数据。DE421 星历由于加入新的测量数据，因此相比 DE405 在 2008 以后具有更高精度的星历数据。因此，根据 DE421 与 DE405 之间星历数据的差来近似星历误差，从而根据近似的星历误差分析星历误差的特性。

图 7－21 给出了 2019 年全年和其中 36h 近似的火星星历误差（DE421－DE405），图 7－22 给出了同一时间段内木星星历误差（DE421－DE405）。长期的近似星历误差具有三轴方向慢变、类似正弦波波动的特性，而短期（36h）近似星历误差其慢变特性表现极为明显，因此可以将短期的近似星历误差考虑为常值偏移。

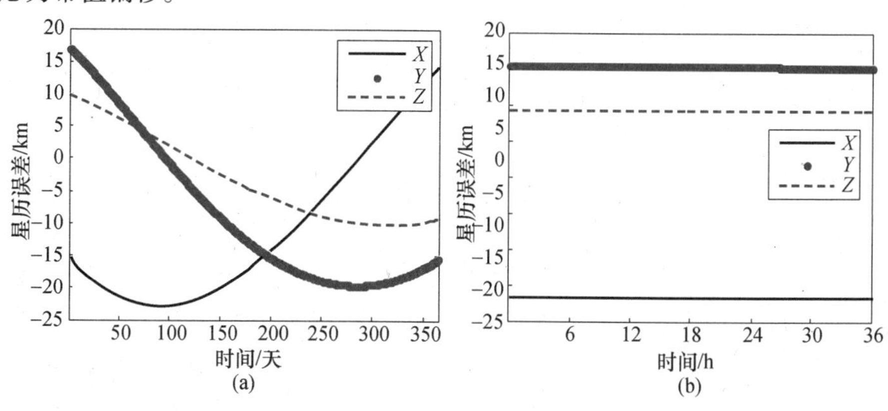

图 7－21 火星近似星历误差

（a）2019 年全年；（b）36h。

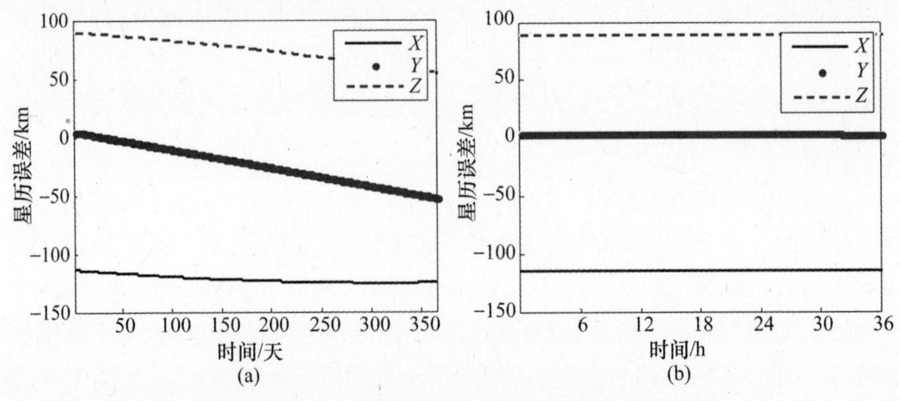

图7-22　木星近似星历误差

(a) 2019年全年;(b) 36h。

(2) 天体星历误差建模。

虽然行星星历可以通过多次深空任务和地面天文观测进一步提高精度,但在导航系统中所使用的行星星历仍存在行星星历误差,其误差特性可以参考近似星历误差所体现的慢变误差特性。

根据目标行星的近似星历误差特性分析,可以看出长期的星历误差随时间以正弦方式变化缓慢,而短期近似星历误差由于随时间变化极为缓慢,可以考虑为常值偏差进行建模。因此目标行星星历误差模型可以建立为

$$\dot{\boldsymbol{B}} = \boldsymbol{w}_B \tag{7-33}$$

式中:$\boldsymbol{B}$ 为行星星历误差常值偏差矢量;$\boldsymbol{w}_B$ 为误差模型的噪声。

(3) 天体星历误差传递模型。

对于行星捕获段深空探测器,各行星星历误差都对状态模型精度有所影响,为了分析行星星历误差对探测器位置精度的影响,需要建立星历误差传播模型,从而积分获得由状态模型中星历误差引起的探测器位置误差 $\delta\boldsymbol{r}$。本节建立目标行星星历误差传播模型和其他行星星历误差传播模型。

① 目标行星星历误差传播模型。

目标行星星历误差传播模型可以根据由目标天体位置的变化(反映到目标天体为中心的惯性坐标系中,即为探测器位置矢量变化 $\mathrm{d}\boldsymbol{r}_t$)引起的探测器

加速度变化获得

$$\mathrm{d}\dot{\boldsymbol{v}} = g_{\mathrm{t}}'(\boldsymbol{r}_{\mathrm{t}})\mathrm{d}\boldsymbol{r}_{\mathrm{t}} \tag{7-34}$$

式中：$g_{\mathrm{t}}(\boldsymbol{r}_{\mathrm{t}}) = -\mu_{\mathrm{t}}\dfrac{\boldsymbol{r}}{r_{\mathrm{t}}^3}$，$\mathrm{d}\dot{\boldsymbol{v}} = \delta\ddot{r}$，且 $\mathrm{d}\boldsymbol{r}_{\mathrm{t}} = \delta\boldsymbol{r}_{\mathrm{t}}$，因此式(7－34)可以展开为

$$\delta\ddot{\boldsymbol{r}} = -\mu_{\mathrm{t}}\left[\frac{\delta\boldsymbol{r}_{\mathrm{t}}}{r_{\mathrm{t}}^3} - 3\frac{\boldsymbol{r}_{\mathrm{t}}(\boldsymbol{r}_{\mathrm{t}}\cdot\delta\boldsymbol{r}_{\mathrm{t}})}{r_{\mathrm{t}}^5}\right] \tag{7-35}$$

式中：$\delta\ddot{\boldsymbol{r}}_{\mathrm{t}}$ 为由目标行星星历误差引起的加速度误差；$\delta\boldsymbol{r}_{\mathrm{t}}$ 为目标天体的位置星历误差；r_{t} 为探测器到目标天体的距离；$\boldsymbol{r}_{\mathrm{t}}$ 为探测器相对于目标天体的位置矢量。

② 其他行星星历误差传播模型。

与目标行星星历误差传播模型类似，其他行星星历误差传播模型可以根据由摄动天体位置的变化 $\mathrm{d}\boldsymbol{r}_i$ 引起的探测器加速度变化获得，即

$$\mathrm{d}\dot{\boldsymbol{v}} = g_i'(\boldsymbol{r}_i)\mathrm{d}\boldsymbol{r}_i \tag{7-36}$$

式中：$g_i(\boldsymbol{r}_i) = -\mu_i\left[\dfrac{\boldsymbol{r}-\boldsymbol{r}_i}{r_{\mathrm{p}i}^3} + \dfrac{\boldsymbol{r}_i}{r_i^3}\right]$，$\mathrm{d}\dot{\boldsymbol{v}} = \delta\ddot{\boldsymbol{r}}$，且 $\mathrm{d}\boldsymbol{r}_{\mathrm{t}} = \delta\boldsymbol{r}_{\mathrm{t}}$，因此由式(7－36)可得

$$\delta\ddot{\boldsymbol{r}} = \mu_i\left[\left(\frac{\delta\boldsymbol{r}_i}{r_{\mathrm{p}i}^3} - \frac{3\boldsymbol{r}_{\mathrm{p}i}(r_{\mathrm{p}i}\cdot\delta\boldsymbol{r}_i)}{r_{\mathrm{p}i}^5}\right) - \left(\frac{\delta\boldsymbol{r}_i}{r_i^3} - \frac{3\boldsymbol{r}_i(\boldsymbol{r}_i\cdot\delta\boldsymbol{r}_i)}{r_i^5}\right)\right] \tag{7-37}$$

式中：$\boldsymbol{r}_{\mathrm{p}i} = \boldsymbol{r} - \boldsymbol{r}_i$ 为探测器相对于第 i 颗行星的位置矢量；$\delta\boldsymbol{r}_i$ 为第 i 颗行星的位置星历误差矢量。

其他行星星历误差传播模型还可以根据由摄动天体位置增量 $\delta\boldsymbol{r}_i$ 引起的加速度增量的差分 $g_i(\boldsymbol{r}_i + \delta\boldsymbol{r}_i) - g_i(\boldsymbol{r}_i)$ 获得，即

$$\delta\ddot{\boldsymbol{r}} = \mu_i\left[\left(\frac{\boldsymbol{r}_{\mathrm{p}i}}{r_{\mathrm{p}i}^3} - \frac{\boldsymbol{r}_{\mathrm{p}i} - \delta\boldsymbol{r}_i}{\|\boldsymbol{r}_{\mathrm{p}i} - \delta\boldsymbol{r}_i\|^3}\right) - \left(\frac{\boldsymbol{r}_i + \delta\boldsymbol{r}_i}{\|\boldsymbol{r}_i + \delta\boldsymbol{r}\|^3} - \frac{\boldsymbol{r}_i}{r_i^3}\right)\right] \tag{7-38}$$

依据目前 DE421 行星星历的精度，假设水星、金星、火星星历误差为 10km，地球星历误差为 1km，木星、土星和天王星星历误差为 100km，海王星、冥王星星历误差为 1000 km。

为了更为直观地比较各行星引力对状态模型误差的影响，根据各行星星历误差大小，表 7－3 给出了火星探测器 600000km 处的由行星星历误差引起的行星引力摄动加速度变化。

表 7-3 由行星星历误差引起的火星探测器行星引力摄动加速度变化(600000km)

行星	星历误差/km	行星引力摄动加速度变化/$(m \cdot s^{-2})$	行星引力摄动加速度/$(m \cdot s^{-2})$
地球	1	1.7960×10^{-16}	1.8561×10^{-8}
水星	10	2.0660×10^{-15}	4.2675×10^{-9}
金星	10	4.9349×10^{-15}	2.5432×10^{-8}
火星	10	4.1822×10^{-10}	1.6711×10^{-4}
木星	100	1.2102×10^{-13}	7.4712×10^{-8}
土星	100	5.1344×10^{-15}	3.1961×10^{-9}
天王星	100	1.5654×10^{-16}	1.0466×10^{-10}
海王星	1000	3.1702×10^{-16}	2.1743×10^{-11}
冥王星	1000	2.0430×10^{-16}	2.1168×10^{-15}

从表 7-3 可以看出,目标行星星历误差对状态模型的影响较大(如火星星历误差对火星探测器状态模型),其他行星星历误差引起的引力摄动加速度变化可以忽略不计。

2) 行星引力常数误差

(1) 行星引力常数误差特性分析。

由轨道动力学模型可以看出,状态模型中的行星引力常数 GM 的精度也对轨道模型的精度有影响。行星引力常数 GM 是引力常数 G 与行星质量 M 的乘积,GM 整体精度要比单独考虑 G 和 M 的精度要高。因此,本小节直接以 GM 作为误差影响因素进行分析。在短时间内,引力常数误差可视为常值误差,不同天体的引力常数误差不同。表 7-4 给出了太阳及各行星引力常数及引力常数的误差范围。

表 7-4 各天体的引力常数及引力常数误差

天体	引力常数 GM/(km^3/s^2)	误差范围(1σ)/(km^3/s^2)
太阳	$1.32712440017987030 \times 10^{11}$	±8
水星	$2.2032080486417923 \times 10^{4}$	±0.91
金星	$3.2485859882645978 \times 10^{4}$	±0.04
地球	$3.9860043289693934 \times 10^{5}$	±0.0008
火星	$4.282831425806127 \times 10^{4}$	±0.1
木星	$1.26712767857796 \times 10^{8}$	±100
土星	$3.7940626061137289 \times 10^{7}$	±98
天王星	$5.7945490070718741 \times 10^{6}$	±23
海王星	$6.8365340638792599 \times 10^{6}$	±15

(2) 行星引力常数误差误差传递模型。

行星引力常数误差传递模型可以根据由行星引力常数误差的变化 $\delta\mu_t$ 引起的探测器加速度变化获得

$$\delta\ddot{\boldsymbol{r}} = (\boldsymbol{r}/r^3)\delta\mu_t \tag{7-39}$$

对于捕获段火星探测器,火星的行星引力常数误差为 $\pm 0.1\text{km}^3/\text{s}^2$,由行星引力常数误差引起的探测器加速度变化 $10^{-10} \sim 10^{-5}$,由此可见其量级非常小,可以忽略。虽然行星引力常数误差还对非球形引力摄动和第三体引力摄动都有影响,但根据第 2 章各引力摄动量级的分析,其影响引起的探测器加速度变化一定小于 10^{-10}m/s^2,因此可以忽略行星引力常数误差对非球形引力摄动和第三体引力摄动的影响。

2. 轨道动力学摄动误差项特性分析及建模

(1) 行星摄动误差。

太阳系内对火星探测器的主要引力体有太阳、八大行星、冥王星、火星卫星。轨道动力学模型忽略的第三体摄动误差对导航精度具有影响,因此给出第三体摄动误差的特性分析和模型以及对导航精度的影响。

① 第三体摄动误差特性分析及建模。

第三体摄动误差主要是由于忽略的其他影响探测器运动的天体而产生的,因此其误差特性主要体现为常值偏差。根据式(7-8),第三体摄动误差模型为

$$\delta\boldsymbol{a}_N = -\eta\sum_{i=1}^{N}\mu_i\left[\frac{\boldsymbol{r}_{pi}}{r_{pi}^3} - \frac{\boldsymbol{r}_{ti}}{r_{ti}^3}\right] + \Delta B_{a_N} \tag{7-40}$$

式中:η 为动力学是否已建模的标志项,若未建模,则 $\eta=1$,若已建模,则 $\eta=0$;ΔB_{a_N} 为其他未建模天体的引力摄动加速度,可根据天体星历误差和天体引力常数误差对第三体摄动加速度的影响,ΔB_{a_N} 与天体星历误差、天体引力常数误差之间的关系为

$$\Delta B_{a_N} = \delta\ddot{\boldsymbol{r}} = \mu_i\left[\left(\frac{\delta\boldsymbol{r}_i}{r_{pi}^3} - \frac{3\boldsymbol{r}_{pi}(\boldsymbol{r}_{pi}\cdot\delta\boldsymbol{r}_i)}{r_{pi}^5}\right) - \left(\frac{\delta\boldsymbol{r}_i}{r_i^3} - \frac{3\boldsymbol{r}_i(\boldsymbol{r}_i\cdot\delta\boldsymbol{r}_i)}{r_i^5}\right)\right] - \left[\frac{\boldsymbol{r}_{pi}}{r_{pi}^3} - \frac{\boldsymbol{r}_{ti}}{r_{ti}^3}\right]\delta\mu_i \tag{7-41}$$

(2) 第三体摄动误差传递模型。

为分析第三体摄动加速度误差对导航精度的影响,给出第三体摄动误差

传递模型为

$$\begin{cases}\delta\dot{\boldsymbol{r}} = \delta\boldsymbol{v} \\ \delta\boldsymbol{v} = \int_{t_1}^{t_2}\delta\boldsymbol{a}_N \mathrm{d}t\end{cases} \tag{7-42}$$

式中:考虑到捕获段状态模型忽略的摄动行星引力加速度量级约为 $10^{-12}\mathrm{m/s^2}$,捕获段50min引起的速度误差约为 $3\times10^{-9}\mathrm{m/s}$,位置误差约为 $9\times10^{-6}\mathrm{m}$。若在探测器行星系统后未考虑火星卫星摄动加速度,则根据摄动行星卫星引力加速度量级最大时约为 $10^{-1}\mathrm{m/s^2}$,仅在捕获制动10min就引起速度误差约为60m/s,位置误差约为36km。

(2) 非球形摄动误差。

非球形摄动误差主要是由于位函数展开至某一位的截断误差而引起的,因此其误差特性主要体现为常值偏差。因此,非球形摄动误差模型可以表示为

$$\delta\boldsymbol{a}_J = -\eta\nabla\frac{\mu_{\mathrm{m}}}{r}\sum_{n=i}^{N_{\max}}\left(\frac{R_{\mathrm{m}}}{r}\right)^n\sum_{m=0}^{n}(C_{nm}\cos m\lambda + S_{nm}\sin m\lambda)P_{nm}(\cos\phi) + \Delta B_{a_J} + \Delta B_{a_{J\mu_{\mathrm{m}}}} \tag{7-43}$$

式中:ΔB_{a_J} 为非球形摄动加速度截断误差;$\Delta B_{a_{J\mu_{\mathrm{m}}}}$ 为引力常数误差引起的非球形摄动加速度偏差;$\Delta B_{a_{J\mu_{\mathrm{m}}}}$ 与天体引力常数误差之间的关系为

$$\Delta B_{a_{J\mu_{\mathrm{m}}}}(\delta\mu_{\mathrm{m}}) = -\nabla\frac{1}{r}\sum_{n=i}^{N_{\max}}\left(\frac{R_{\mathrm{m}}}{r}\right)^n\sum_{m=0}^{n}(C_{nm}\cos m\lambda + S_{nm}\sin m\lambda)P_{nm}(\cos\phi)\delta\mu_{\mathrm{m}} \tag{7-44}$$

大气摄动误差传递模型可以表示为

$$\begin{cases}\delta\dot{\boldsymbol{r}} = \delta\boldsymbol{v} \\ \delta\boldsymbol{v} = \int_{t_1}^{t_2}\delta\boldsymbol{a}_J \mathrm{d}t\end{cases} \tag{7-45}$$

式中:时间间隔 $[t_1, t_2]$ 为计算步长。考虑到捕获段状态模型忽略的非球形引力加速度量级约为 $10^{-5}\mathrm{m/s^2}$,捕获段50min引起的速度误差约为0.03m/s,位置误差约为90m。

(3) 太阳光压摄动误差。

太阳光压摄动误差分为常值偏差和随机误差两部分,其中常值偏差主要是由于垂直于太阳的截面积和太阳光压强度的偏差引起的,其偏差量级约太

阳光压摄动量级的10%；随机误差主要受到太阳光压强度、垂直于太阳光的探测器截面积变化等因素的影响，随机误差为指数相关的随机噪声，由于其相关时间约为2天，而捕获段持续时间约为50min，因此捕获段太阳光压摄动的随机误差主要为高斯随机白噪声。

太阳光压摄动误差可以建立为

$$\delta \boldsymbol{a}_{\mathrm{s}} = -\eta c_{\mathrm{R}} p_{\mathrm{SR}} \left(\frac{A}{m}\right) \frac{\boldsymbol{r}}{|\boldsymbol{r}|} + \Delta \boldsymbol{B}_{a_{\mathrm{s}}} + \boldsymbol{w}_{a_{\mathrm{s}}} \tag{7-46}$$

式中：$\Delta \boldsymbol{B}_{a_{\mathrm{s}}}$是太阳光压摄动的常值偏差矢量；$\boldsymbol{w}_{a_{\mathrm{s}}}$为误差模型的噪声。$\Delta \boldsymbol{B}_{a_{\mathrm{s}}}$与垂直于太阳的截面积、太阳光压强度变化偏差 ΔA 和 Δp_{SR}的关系为

$$\Delta \boldsymbol{B}_{a_{\mathrm{s}}}(\Delta p_{\mathrm{SR}}, \Delta A) = -c_{\mathrm{R}} p_{\mathrm{SR}} \left(\frac{\Delta A}{m}\right) \frac{\boldsymbol{r}}{|\boldsymbol{r}|} - c_{\mathrm{R}} \Delta p_{\mathrm{SR}} \left(\frac{A}{m}\right) \frac{\boldsymbol{r}}{|\boldsymbol{r}|} \tag{7-47}$$

太阳光压摄动误差传递模型可以表示为

$$\begin{cases} \delta \dot{\boldsymbol{r}} = \delta \boldsymbol{v} \\ \delta \boldsymbol{v} = \int_{t_1}^{t_2} \delta \boldsymbol{a}_{\mathrm{s}} \mathrm{d}t \end{cases} \tag{7-48}$$

（4）大气摄动误差。

未建模的大气摄动误差分为常值偏差和随机误差两部分，其中常值偏差主要是由于阻力系数偏差引起的，其偏差量级约为阻力系数的10%；随机误差主要受到大气密度误差、探测器与大气相对运动误差等因素的影响，其数量级约为大气摄动加速度的3%，随机误差主要为高斯随机白噪声，但在大气制动阶段，由于所受到的大气密度变化剧烈，其随机误差特性也变为有色噪声。

因此，未建模的大气摄动误差可以建立为

$$\delta \boldsymbol{a}_{\mathrm{D}} = -\frac{1}{2}\eta \frac{C_{\mathrm{D}} A_{\mathrm{D}} \rho v_{\mathrm{D}}^2}{m} \frac{\boldsymbol{v}_{\mathrm{D}}}{v_{\mathrm{D}}} + \Delta \boldsymbol{B}_{a_{\mathrm{s}}} + \boldsymbol{w}_{a_{\mathrm{s}}} \tag{7-49}$$

式中：$\Delta \boldsymbol{B}_{a_{\mathrm{s}}}$为太阳光压摄动的常值偏差矢量；$\boldsymbol{w}_{a_{\mathrm{s}}}$为误差模型的随机噪声矢量。

大气摄动误差传递模型可以表示为

$$\begin{cases} \delta \dot{\boldsymbol{r}} = \delta \boldsymbol{v} \\ \delta \boldsymbol{v} = \int_{t_1}^{t_2} \delta \boldsymbol{a}_{\mathrm{D}} \mathrm{d}t \end{cases} \tag{7-50}$$

考虑到捕获段后期大气摄动加速度约为$10^{-6}\mathrm{m/s^2}$，10%太阳光压摄动加速度误差约10^{-7}，捕获段50min引起的速度误差约为0.003m/s，位置误差约为9m。如轨道高度继续降低，大气摄动加速度迅速增加至$10^{-5}\mathrm{m/s^2}$，引起的速度

和位置误差都增大10倍。

(5) 轨道动力学模型积分误差。

无论采用何种数值积分方法,都是对原轨道动力学微分方程的的近似解,其数值积分过程都产生计算误差。由于其计算过程可以等效为对不同步长两数值间斜率的加权平均与步长所代表的时间间隔的乘积,由于斜率的加权平均会产生较大的近似误差(即非线性微分方程的截断误差),积分步长越小,其近似误差越小。因此,积分误差主要受到数值积分步长的直接影响,则数值积分方法引起的摄动加速度误差 $\delta a(t)$ 可以表示为

$$\delta \boldsymbol{a}_I(t) = \sum_{i=p}^{\infty} \frac{H_{\text{step}}^p}{p!} \frac{\mathrm{d}^p}{\mathrm{d}t^p} f(t, \boldsymbol{a}(t)) \tag{7-51}$$

式中:$f(t,\boldsymbol{a}(t))$ 为探测器轨道动力学模型;p 为数值积分方法的阶数;H_{step} 为积分步长。

轨道动力学模型积分误差传递模型可以表示为

$$\begin{cases} \delta \dot{\boldsymbol{r}} = \delta \boldsymbol{v} \\ \delta \boldsymbol{v} = \int_{t_1}^{t_2} \delta \boldsymbol{a}_I \mathrm{d}t \end{cases} \tag{7-52}$$

在捕获段后期,四阶积分方法的误差为

$$\delta \boldsymbol{a}_I(t) = \frac{H_{\text{step}}^5}{5!} \frac{\mathrm{d}^5}{\mathrm{d}t^5} f(t, \boldsymbol{a}(t)) \tag{7-53}$$

式中:以中心天体引力加速度模型为例,给出了 $\frac{\mathrm{d}^5}{\mathrm{d}t^5} f(t,\boldsymbol{a}(t))$ 的表达式为

$$\begin{aligned} \frac{\mathrm{d}^5}{\mathrm{d}t^5} f(t, \boldsymbol{a}(t)) = & \frac{720\mu r^{(5)}}{r^7} + \frac{1200\mu r'^3 r''}{r^6} - \frac{360\mu r' r^{2''}}{r^5} - \frac{1200\mu r'^3 r''}{r^6} \\ & + \frac{60\mu r''^2 r^{(3)}}{r^4} + \frac{30\mu r' r^{(4)}}{r^4} - \frac{2\mu r^{(5)}}{r^3} \end{aligned} \tag{7-54}$$

式中:r 的各阶导数为 $r' = v = \sqrt{\frac{2\mu}{r}}$, $r'' = a = \frac{\mu}{r^2}$, $r^{(3)} = -2\mu \frac{v}{r^3}$, $r^{(4)} = 6\mu \frac{v^2}{r^4} - 2\mu \frac{a}{r^3}$, $r^{(5)} = -24\mu \frac{v^3}{r^5} + 18\mu \frac{v^3 a}{r^4} - 2\mu \frac{r^{(3)}}{r^3}$。

7.3.2 深空探测器行星捕获段量测模型误差分析

在分析第2章天文定位定速导航原理时,是将天文导航系统看作为一个

理想的系统。但天文导航系统安装、测量等实现的各个环节都不可避免的存在误差。这些误差因素都为天文导航系统量测模型误差源，具体可分为导航天体星历误差、敏感器安装误差、姿态确定误差、质心识别误差、敏感器参数误差等，本节主要针对天文测角量测模型，首先对各误差源的特性进行分析和建模，在此基础上建立误差源的传递模型，进一步分析其对导航精度的影响。

1. 量测模型误差源特性分析及建模

1）导航天体星历误差

深空探测器行星捕获段量测模型中包含导航天体的矢量方向，矢量方向信息由导航天体星历提供，导航天体星历包括了导航天体的角位置、距离、自转周期及其各阶导数等参数。这些参数通过地面长期天文观测获得，但由于观测技术水平的限制，导航天体星历存在误差。捕获段主要利用的导航天体包括目标天体和目标天体的卫星，其中各大行星星历的特性和建模分析已在前面给出，本节主要介绍导航卫星的星历误差特性和建模分析。

文献[26]给出了基于火星卫星轨道和探测器光学观测数据和地面天文观测数据拟合的火卫一和火卫二的星历，并给出了在1989年火卫一和火卫二的星历误差，其中，火卫一轨道径向星历误差为3km，轨道面星历误差为15km，垂直于轨道平面的星历误差为7km；火卫二轨道径向星历误差为3km，轨道面星历误差为12km，垂直于轨道平面的星历误差为16km。文献[27]所得的火星卫星星历是目前JPL Horizon系统所采用的火星卫星星历数据，在火星卫星轨道动力学模型中加入地球、月球、木星、土星和太阳摄动、火星火卫一潮汐摄动、火星8阶非球形摄动，并加入了MRO、MOLA、火星快车等任务的光学观测数据等，利用加权最小二乘方式对火卫一和火卫二的星历进行拟合，火卫一轨道径向星历误差为2km，轨道面星历误差为5km，垂直于轨道平面的星历误差为2km；火卫二轨道径向星历误差为3km，轨道面星历误差为10km，垂直于轨道平面的星历误差为3km，并给出了没有进行星历更新时，到2023年，火卫一星历误差将增大至23km，火卫二星历误差将增大至接近100km。后续文献[28,29]进一步通过加入新的观测数据和修正后的轨道动力学模型进一步提高了火星卫星的星历精度。由文献[26]中不同火星卫星星历误差比较可以看出，火卫一和火卫二的星历误差呈正弦波动特性，其周期为火卫一和火卫二环绕火星的公转周期。

根据火星卫星星历误差特性,建立火星卫星星历误差的模型为

$$\delta \boldsymbol{X}_{\text{moon}}(t) = \boldsymbol{B}_{\text{mt}} \sin(\omega t + \phi_0) + \boldsymbol{B}_{\text{moon}} \tag{7-55}$$

式中:$\boldsymbol{B}_{\text{mt}}$为火星卫星星历误差矢量正弦波动峰值;$T=2\pi/\omega$ 为火星卫星公转周期,火卫一公转周期为7h39.2min,火卫二公转周期为30.312h;ϕ_0 为初始时刻火星卫星星历误差正弦波分量的初始相位;$\boldsymbol{B}_{\text{moon}}$为火星卫星星历误差的常值分量。

2)质心识别误差

质心识别误差是指在敏感器获取天体图像后图像处理算法提取天体质心与实际天体质心坐标之间的误差。目前,现有的图像处理算法对天体图像的质心识别精度已达亚像素级别。该误差一般为随机误差,符合高斯正态分布,即

$$E(\sigma_{\text{pl}}) = 0, \text{var}(\sigma_{\text{pl}}) = \sigma_{\text{pl}}^2 \tag{7-56}$$

式中:$\delta\sigma_{\text{pl}}$为导航天体质心识别精度,一般为0.1像素。

当探测器逐步接近导航天体时,导航天体在成像平面所成的图像从点目标变为面目标,当导航天体图像为不规则形状时,如火卫一和火卫二,图像处理算法只能得到图像的光心,并不是导航天体的质心,因此质心识别误差最大可达导航天体半径所对应的像素值,即

$$\sigma_{\text{pl}} = \frac{\arctan(R/\rho)}{\text{FOV}} \tag{7-57}$$

3)姿态估计误差

姿态误差是指在探测器姿态确定系统所估计的探测器姿态与深空探测器实际姿态之间的误差。深空探测器的姿态确定过程与普通卫星姿态确定过程类似,一般采用星敏感器和陀螺仪两种测量仪器,星敏感器不能提供连续的姿态输出信息,而陀螺仪存在随时间积累的随机漂移,因此姿态确定过程采用非线性滤波方法对深空探测器的姿态进行估计。因此,姿态估计误差的量级与星敏感器的误差量级相当,约为1″,误差特性为随机误差,即

$$E(\delta\boldsymbol{\theta}) = 0, \text{var}(\delta\boldsymbol{\theta}) = \sigma_{\text{starsensor}}^2 \tag{7-58}$$

式中:$\delta\boldsymbol{\phi} = [\delta\phi_x, \delta\phi_y, \delta\phi_z]^{\text{T}}$ 为敏感器安装误差角。

4)安装误差

安装角误差是指敏感器安装所确定的安装角与敏感器实际真实安装角之

间的误差，该误差一般由系统误差和随机误差共同组成。安装误差相对敏感器本身的测量精度要大得多，约为测量精度的 10 ~ 100 倍，其误差特性为常值偏差，可以通过将敏感器安装误差等效为陀螺漂移引起的姿态估计误差，也可以根据敏感器测量滤波估计得出。

根据敏感器安装误差特性，建立导航敏感器安装误差的模型为

$$\delta\dot{\boldsymbol{\phi}} = 0 \tag{7-59}$$

式中：$\delta\boldsymbol{\phi} = [\delta\phi_x, \delta\phi_y, \delta\phi_z]^{\mathrm{T}}$ 为敏感器安装误差角。

5）敏感器参数误差

影响敏感器成像的因素包括敏感器焦距、光轴偏移量、镜头尺度因子、CCD 传感器噪声和灵敏度等参数。这些参数都将影响目标天体在敏感器成像平面的位置，最终影响由此量测量计算得出的天体矢量方向。一般敏感器参数可在探测器发射前进行实验室标定、天顶观测等地面标定方法，发射后还可利用外部姿态信息和天体星间角距不变两类方法进行在轨标定，标定结果敏感器矢量测量精度为 1″~10″，在轨标定后的敏感器参数误差主要为小量常值误差和随机误差的组合。

2. 量测模型误差传递的分析

量测模型误差源主要可根据误差对测量量的影响分为导航天体位置坐标的误差和导航天体矢量方向的误差两类。影响导航天体位置坐标的误差有导航天体星历误差；影响导航天体矢量方向的误差包括质心识别误差、姿态估计误差、安装误差、敏感器参数误差等。根据 7.2.1 节天文导航原理，可以建立导航天体位置误差传递模型和导航天体矢量方向误差传递模型，进而分析得出这两类误差对导航精度的影响

1）导航天体位置误差传递模型

根据天文测角定位导航原理，即式(7－3)，可得导航天体位置误差的传递模型为

$$\begin{cases} \delta x = \dfrac{m_1(m_0\delta y_0 - n_0\delta x_0)}{m_0 n_1 - m_1 n_0} \\ \delta y = \dfrac{n_1(n_0\delta z_0 - p_0\delta y_0)}{n_0 p_1 - n_1 p_0} \\ \delta z = \dfrac{p_1(p_0\delta x_0 - m_0\delta z_0)}{p_0 m_1 - p_1 m_0} \end{cases} \tag{7-60}$$

式中:δx、δy、δz 为探测器导航位置误差。由此可以看出,导航天体位置误差对探测器定位误差的影响相互耦合。

当第一个导航天体位置误差 δx_0、δy_0、δz_0 满足条件

$$\frac{\delta x_0}{m_0}=\frac{\delta y_0}{n_0}=\frac{\delta z_0}{p_0} \tag{7-61}$$

即导航天体位置误差为在导航天体矢量方向上的位置误差时,定位误差为0,即在导航天体矢量方向上的位置误差不影响导航定位结果。因此,影响探测器定位精度的是垂直于导航天体矢量方向上的位置误差。

2) 导航天体矢量方向误差传递模型

(1) 质心识别误差。

根据天文导航测量过程建模,可得出质心识别误差对导航天体矢量方向误差的传递模型,具体过程如下:质心识别误差 $\delta\boldsymbol{X}_{\mathrm{pl}}=[\delta p,\delta l]^{\mathrm{T}}$ 可以表示导航天体图像质心像素坐标的偏移,由质心识别误差 $\delta\boldsymbol{X}_{\mathrm{pl}}$ 引起的二维平面坐标系坐标的偏移 $\delta\boldsymbol{X}_{2\mathrm{d}}=[\delta x_{2\mathrm{d}},\delta y_{2\mathrm{d}}]^{\mathrm{T}}$ 可以表示为

$$\delta\boldsymbol{X}_{2\mathrm{d}}=\boldsymbol{K}^{-1}\delta\boldsymbol{X}_{\mathrm{pl}} \tag{7-62}$$

由质心识别误差 $\delta\boldsymbol{X}_{\mathrm{pl}}$ 引起的敏感器坐标系矢量方向的偏移 $\delta\boldsymbol{X}_{\mathrm{c}}=[\delta x_{\mathrm{c}},\delta y_{\mathrm{c}},\delta z_{\mathrm{c}}]^{\mathrm{T}}$ 可以表示为

$$\delta\boldsymbol{X}_{\mathrm{c}}=\boldsymbol{A}_{\delta\mathrm{c}}\delta\boldsymbol{X}_{2\mathrm{d}} \tag{7-63}$$

式中:$\boldsymbol{A}_{\delta\mathrm{c}}=\begin{bmatrix}\frac{1}{r_{2\mathrm{d}}}-\frac{x_{2\mathrm{d}}}{r_{2\mathrm{d}}^3} & -\frac{y_{2\mathrm{d}}}{r_{2\mathrm{d}}^3} & -\frac{f}{r_{2\mathrm{d}}^3}\\ -\frac{x_{2\mathrm{d}}}{r_{2\mathrm{d}}^3} & \frac{1}{r_{2\mathrm{d}}}-\frac{y_{2\mathrm{d}}}{r_{2\mathrm{d}}^3} & -\frac{f}{r_{2\mathrm{d}}^3}\end{bmatrix}$,$r_{2\mathrm{d}}=\sqrt{x_{2\mathrm{d}}^2+y_{2\mathrm{d}}^2+f^2}$,由质心识别误差 $\delta\boldsymbol{X}_{\mathrm{pl}}$ 引起的惯性坐标系矢量方向的偏移 $\delta\boldsymbol{X}_i=[\delta x_i,\delta y_i,\delta z_i]^{\mathrm{T}}$ 可以表示为

$$\delta\boldsymbol{X}_i(\delta\boldsymbol{X}_{\mathrm{pl}})=\boldsymbol{A}_{ib}\boldsymbol{A}_{\mathrm{bc}}\delta\boldsymbol{X}_{\mathrm{c}}=\boldsymbol{A}_{ib}\boldsymbol{A}_{\mathrm{bc}}\boldsymbol{A}_{\delta\mathrm{c}}\delta\boldsymbol{X}_{2\mathrm{d}}=\boldsymbol{A}_{ib}\boldsymbol{A}_{\mathrm{bc}}\boldsymbol{A}_{\delta\mathrm{c}}\boldsymbol{K}^{-1}\delta\boldsymbol{X}_{\mathrm{pl}} \tag{7-64}$$

(2) 姿态估计误差。

为分析姿态估计误差的影响,引入计算惯性系这一新的坐标系,计算惯性系与真实惯性系存在三个欧拉误差角 $\delta\theta_x$、$\delta\theta_y$、$\delta\theta_z$,由于 $\delta\theta_x$、$\delta\theta_y$、$\delta\theta_z$ 为小角度,可略去二阶小量,得到姿态误差矩阵为

$$\boldsymbol{A}_{i'i}=\begin{bmatrix}1 & \delta\theta_z & -\delta\theta_y\\ -\delta\theta_z & 1 & \delta\theta_x\\ \delta\theta_y & -\delta\theta_x & 1\end{bmatrix} \tag{7-65}$$

因此,由姿态误差角 $\delta\theta_x$、$\delta\theta_y$、$\delta\theta_z$ 引起的惯性坐标系矢量方向的偏移 $\delta\boldsymbol{X}_i=[\delta x_i,\delta y_i,\delta z_i]^{\mathrm{T}}$ 可以表示为

$$\delta\boldsymbol{X}_i(\boldsymbol{A}_{i'i})=\boldsymbol{A}_{i'i}\boldsymbol{A}_{\mathrm{ib}}\boldsymbol{A}_{\mathrm{bc}}\delta\boldsymbol{X}_{\mathrm{c}}=\boldsymbol{A}_{i'i}\boldsymbol{A}_{\mathrm{ib}}\boldsymbol{A}_{\mathrm{bc}}\boldsymbol{X}_{\mathrm{c}} \tag{7-66}$$

(3) 安装误差。

计算所用的敏感器坐标系与真实敏感器坐标系存在三个欧拉误差角 $\delta\phi_x$、$\delta\phi_y$、$\delta\phi_z$,与姿态误差角类似,由于 $\delta\phi_x$、$\delta\phi_y$、$\delta\phi_z$ 为小角度,可略去二阶小量,得到安装误差矩阵为

$$\boldsymbol{A}_{\mathrm{cc}'}=\begin{bmatrix}1 & \delta\phi_z & -\delta\phi_y\\ -\delta\phi_z & 1 & \delta\phi_x\\ \delta\phi_y & -\delta\phi_x & 1\end{bmatrix} \tag{7-67}$$

因此,由姿态误差角 $\delta\phi_x$、$\delta\phi_y$、$\delta\phi_z$ 引起的惯性坐标系矢量方向的偏移 $\delta\boldsymbol{X}_i=[\delta x_i,\delta y_i,\delta z_i]^{\mathrm{T}}$ 可以表示为

$$\delta\boldsymbol{X}_i(\boldsymbol{A}_{\mathrm{cc}'})=\boldsymbol{A}_{\mathrm{ib}}\boldsymbol{A}_{\mathrm{bc}}\boldsymbol{A}_{\mathrm{cc}'}\delta\boldsymbol{X}_{\mathrm{c}}=\boldsymbol{A}_{\mathrm{ib}}\boldsymbol{A}_{\mathrm{bc}}\boldsymbol{A}_{\mathrm{cc}'}\boldsymbol{X}_{\mathrm{c}} \tag{7-68}$$

(4) 敏感器参数误差。

① 尺度因子误差。

尺度因子 $\boldsymbol{K}$ 包括水平尺度因子 K_x 和 K_y,其误差 δK_x 和 δK_y 直接影响了天体质心在二维成像平面的位置,由尺度因子误差引起的二维平面坐标系坐标的偏移 $\delta\boldsymbol{X}_{2\mathrm{d}}(\delta K_x,\delta K_y)=[\delta x_{2\mathrm{d}},\delta y_{2\mathrm{d}}]^{\mathrm{T}}$ 可以表示为

$$\delta\boldsymbol{X}_{2\mathrm{d}}(\delta K_x,\delta K_y)=\delta\boldsymbol{K}^{-1}\boldsymbol{X}_{\mathrm{pl}} \tag{7-69}$$

式中:$\delta\boldsymbol{K}=\begin{bmatrix}\delta K_x & 0\\ 0 & \delta K_y\end{bmatrix}$,由尺度因子误差引起的敏感器坐标系矢量方向的偏移 $\delta\boldsymbol{X}_{\mathrm{c}}=[\delta x_{\mathrm{c}},\delta y_{\mathrm{c}},\delta z_{\mathrm{c}}]^{\mathrm{T}}$ 可以表示为

$$\delta\boldsymbol{X}_{\mathrm{c}}=\boldsymbol{A}_{\delta\mathrm{c}}\delta\boldsymbol{X}_{2\mathrm{d}} \tag{7-70}$$

② 焦距误差。

由焦距误差 δf 引起的敏感器坐标系矢量方向的偏移 $\delta\boldsymbol{X}_{\mathrm{c}}=[\delta x_{\mathrm{c}},\delta y_{\mathrm{c}},\delta z_{\mathrm{c}}]^{\mathrm{T}}$ 可以表示为

$$\delta\boldsymbol{X}_{\mathrm{c}}=\boldsymbol{A}_f\delta f \tag{7-71}$$

式中:$\boldsymbol{A}_{\delta f}=\left[-\dfrac{f}{r_{2\mathrm{d}}^3},-\dfrac{f}{r_{2\mathrm{d}}^3},\dfrac{1}{r_{2\mathrm{d}}}-\dfrac{f}{r_{2\mathrm{d}}^3}\right]^{\mathrm{T}}$,$r_{2\mathrm{d}}=\sqrt{x_{2\mathrm{d}}^2+y_{2\mathrm{d}}^2+f^2}$,由焦距误差 δf 引起的惯性坐标系矢量方向的偏移 $\delta\boldsymbol{X}_i=[\delta x_i,\delta y_i,\delta z_i]^{\mathrm{T}}$ 可以表示为

$$\delta \boldsymbol{X}_i(\delta f) = \boldsymbol{A}_{ib}\boldsymbol{A}_{bc}\delta \boldsymbol{X}_c = \boldsymbol{A}_{ib}\boldsymbol{A}_{bc}\boldsymbol{A}_{\delta f}\delta f \tag{7-72}$$

根据天文测角定位导航原理,即式(7-3),可得导航天体矢量方向误差的传递模型为

$$\begin{cases} \delta x = \dfrac{m_1(m_0\delta n_0 - n_0\delta m_0)[n_1(x_1 - x_0) - m_1(y_1 - y_0)]}{(m_0 n_1 - m_1 n_0)[(m_0 + \delta m_0)n_1 - m_1(n_0 + \delta n_0)]} \\ \delta y = \dfrac{n_1(n_0\delta p_0 - p_0\delta n_0)[p_1(y_1 - y_0) - n_1(z_1 - z_0)]}{(n_0 p_1 - n_1 p_0)[(n_0 + \delta n_0)p_1 - n_1(p_0 + \delta p_0)]} \\ \delta y = \dfrac{p_1(p_0\delta m_0 - m_0\delta p_0)[m_1(z_1 - z_0) - p_1(x_1 - x_0)]}{(p_0 m_1 - p_1 m_0)[(p_0 + \delta p_0)m_1 - p_1(m_0 + \delta m_0)]} \end{cases} \tag{7-73}$$

由此可以看出,导航天体各矢量方向误差对探测器定位误差的影响相互耦合。

当第一个导航天体矢量方向误差 δm_0、δn_0、δp_0 满足条件

$$\frac{\delta m_0}{m_0} = \frac{\delta n_0}{n_0} = \frac{\delta p_0}{p_0} \tag{7-74}$$

即导航天体矢量方向误差矢量与导航天体矢量方向平行时,由天体矢量方向引起的定位误差为0。因此,导航天体矢量方向的变化直接影响探测器定位精度。

根据深空探测器行星捕获段自主导航原理和系统组成,从轨道动力学模型和量测模型两方面,分析了自主导航误差因素主要来源于天体矢量方向误差、天体星历误差、轨道积分误差等,并分别对各误差源建立了自主天文导航误差传递方程,为后续的研究提供了理论支撑。

7.3.3 深空探测器天文测角系统误差仿真分析

由深空探测器的轨道动力学模型可以看出,影响轨道动力学模型的因素可以大致分为两类:一类为模型参数,如行星摄动、行星星历误差、天体引力常数误差;另一类为与数值计算相关的影响因素,如轨道积分方法、积分步长。本节从轨道递推和导航滤波的角度分析了影响轨道动力学模型精度的主要因素,比较分析了这些因素借力飞行探测器轨道外推和导航滤波精度的影响。

1. 轨道动力学模型误差

1) 摄动行星

深空探测器的轨道运动可以分为以下三段:借力前以太阳为中心的大椭圆轨道;向行星借力时的双曲线轨道;借力后以太阳为中心的大椭圆轨道。由

此可见,当探测器飞越某一行星时,探测器受到太阳和行星引力的共同作用,行星的引力场将大幅改变探测器所处的日心轨道。由此可见深空探测器过程的轨道动力学模型不能简单考虑为太阳－探测器的二体问题,需要对其他行星的引力进行建模。太阳系内的主要引力体有太阳、九大行星(包含冥王星)。轨道动力学模型是否需要考虑所有引力体、如何选择主要的引力体进行建模等问题都会影响导航精度和导航的实时性。

2) 行星星历

影响深空探测器导航精度的另一项主要因素就是行星星历的精度。目前,应用于深空导航任务的星历主要有 DE 系列星历、EPM 系列星历和 INPOP 系列星历等。应用最为广泛的是 JPL 的 DE 系列星历。DE405 星历可以获得 1997 年以前高精度的星历数据,但如利用 DE405 星历计算 2008 年的火星地球星历数据,星历误差将达 2km。DE421 是在 DE405 的基础上,加入了 1997 年以后最新的行星观测数据,是目前可用的最高精度的行星星历数据。

由于行星星历是以不同时间对天体进行的观测作为参考基准,进行轨道拟合形成的高精度行星星历,因此短期的行星预报星历较为准确,误差较小,其中 DE405 和 DE421 中地球和火星的短期星历预报误差只有 0.1km;随着预报时间的增加,若没有新的量测值进行修正,星历误差将逐渐增大,地球和火星的长期星历预报误差可达 10km。对于未来的深空任务来说,星历误差的影响不可忽视,需要加以分析以便于进一步处理减小这些误差对导航精度的影响。

3) 行星引力常数

由轨道动力学模型式(7－17)可以看出,状态模型中的行星引力常数 GM 的精度也对轨道模型的精度有影响。行星引力常数 GM 是引力常数 G 与行星质量 M 的乘积,GM 整体精度要比单独考虑 G 和 M 的精度要高。因此,本小节直接以 GM 作为误差影响因素进行分析。在短时间内,引力常数误差可视为常值误差,不同天体的引力常数误差不同。表 7－4 给出了太阳及各行星引力常数及引力常数的误差范围。

4) 数值积分方法

轨道动力学模型式(7－17)是典型的微分方程,解微分方程的许多数值方法已经广泛应用,如龙格库塔法、Gauss - Jackson 方法、Bulirshch - Stoer 方法等。这些方法可以为两类:一类为单步法;另一类为多步法。理论上多步法可以获得比单步法精度更高的积分结果,但由于龙格库塔法需要更小的存储空间、更简便的编程计算,因此更易于使用,且更为稳定。

常用的龙格库塔法有 4 阶龙格库塔法(RK4th)、7 - 8 阶龙格库塔法(RKF7th8th)、8 - 9 阶龙格库塔法(RKV8th9th)。这些龙格库塔法的精度并不相等,已有研究表明更高阶的龙格库塔法可以提供更高精度的积分结果。RKF7th8th 和 RK4th 是两种导航系统常用的单步积分方法。RK4th 主要应用于探测器的导航系统中,RKF7th8th 常用于探测器长期轨道预报。RK4th 因其只需利用在一个积分步长内开始时刻、中间时刻和结束时刻的数值,所以更适用微分方程是等间隔时间变量的函数。RKF7th8th 是对积分步长进行自适应控制的积分方法,相比相同阶数固定步长的龙格库塔法而言效率更高。但从实现难易程度而言,RK4th 积分方法因其所需较少的计算时间,可以作为导航系统积分方法的最优选择。

每种积分方法都有其优缺点,因此在导航系统选择积分方法时需要综合平衡精度和计算复杂度之间的关系,选择更适于导航系统的积分方法。

5) 积分步长

无论采用何种数值积分方法,都需要设置积分步长。因此,积分步长也是影响轨道模型精度的另一重要因素。积分步长可以设置为固定的,也可以设置为变化的步长。对于固定步长的数值积分方法,每次积分的步长大小不变。对于变步长的数值积分方法,每次积分的步长由积分的精度确定,即如果使用某一步长所获得的积分精度比设定的精度高,则使用此积分步长;反之,积分步长减小,以获得更高精度的积分结果。

本小节采用固定步长对步长对轨道模型精度的影响进行分析。理论上较大的积分步长所得到的积分精度较差;反之,积分步长越小,积分精度越高。从计算复杂度的角度而言,较大的积分步长可以获得更好的实时性,较小的积分步长需要更长的计算时间。因此,为轨道模型选取合适的积分步长也是另一个需要研究的问题。

2. 性能比较与分析

本节从轨道递推结果和导航滤波结果两个方面对影响轨道模型精度的各

因素进行比较和分析。

1）仿真条件

仿真中使用由STK(Satellite Tools Kits)生成深空探测任务的轨道数据，初始轨道参数为在历元1997年3月1日00:00:00.000 UTGC时，半长轴为193216365.381km，升交点赤径为0.258°，偏心率为0.236386，近升角距为71.347°，轨道倾角为23.455°，真近点角为85.152°。仿真时间为1997年7月1日00:00:00.000 UTGC ~1997年7月8日00:00:00.000 UTGC。参考轨道由RKV8th9th以1s的积分步长生成。7月4日探测器距离火星最近，图7-23给出了在仿真时间内探测器相对于火星的位置和速度。行星星历选择DE405行星星历，恒星星历选择第谷恒星星历（图7-24）。导航滤波仿真中所用到的量测量为火卫一和火卫二的图像信息，火卫一、火卫二和恒星敏感器的精度为0.1像素，火卫一和火卫二敏感器的其他参数如表7-5所列。

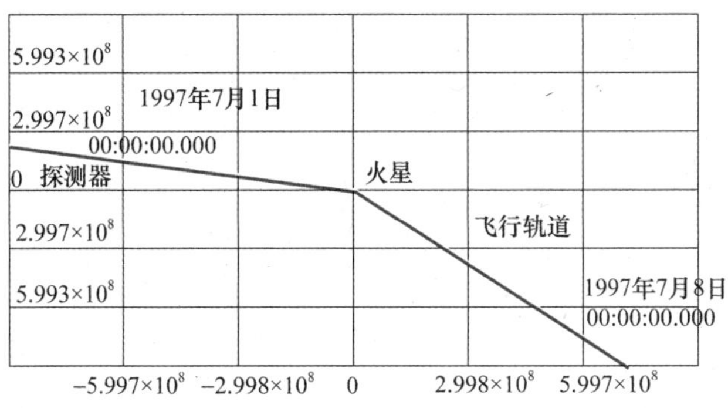

图7-23　深空探测器轨道

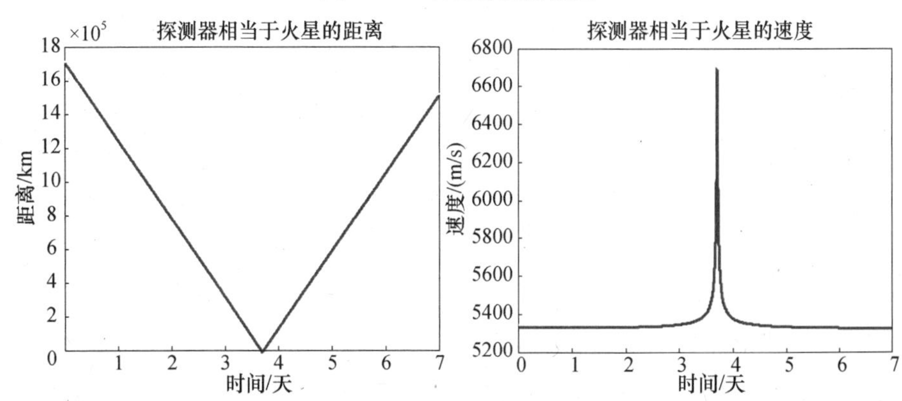

图7-24　探测器相对于火星的位置和速度

表7-5 火卫一和火卫二敏感器参数表

参数	指标
焦距/mm	2013.4
视场/mrad	10×10
分辨率/(μrad/像素)	10
CCD面阵大小/像素	1024×1024
像素大小/μm	21

2)行星摄动

各天体对探测器的引力加速度量级如图7-25所示。

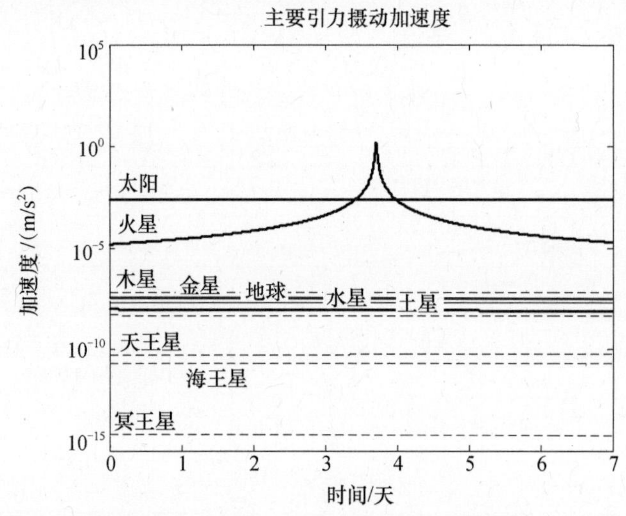

图7-25 各天体对探测器的引力加速度

由图可以看出,在接近火星段,探测器受到的主要引力加速度来自于火星和太阳,在对火星借力阶段,火星和太阳的引力加速度大小都超过10^{-2} m/s^2。木星、金星、地球、水星和土星的引力加速度大小都接近10^{-6}m/s^2。海王星、天王星和冥王星的引力加速度都较小,分别为10^{-10}、10^{-10}和10^{-14} m/s^2。

为了更为直观地比较各行星对探测器轨道模型的影响,图7-26(a)和表7-6给出了10种情况的轨道递推结果与参考轨道的比较结果,图7-26(b)和表7-6给出了Case1、Case2和Case9的自主天文导航滤波结果。其中由于图7-26(a)采用对数视图,因此误差为0的时刻没有显示,表中给出的位置误差和速度误差都为探测器与火星距离最近时的数值。

表7-6　不同行星摄动的轨道递推精度和计算时间比较

Case	引力摄动	位置误差/m	速度误差/(m·s⁻¹)	计算时间/s
0	太阳	1.087272e+007	2.453782×10^{3}	45.413223
1	Case 0 +火星	5.155304e+003	9.104742×10^{-1}	50.655603
2	Case 1 +木星	2.606430e+003	6.692231×10^{-1}	57.862132
3	Case 2 +金星	7.972034e+002	1.588130×10^{-1}	68.083901
4	Case 3 +地球	4.005402e+002	1.464112×10^{-1}	80.957755
5	Case 4 +水星	3.246273e+002	9.340365×10^{-2}	90.700999
6	Case 5 +土星	4.796804e+000	1.207218×10^{-3}	102.047860
7	Case 6 +海王星	3.440335e+000	8.134789×10^{-4}	109.072123
8	Case 7 +天王星	9.918213e-005	5.145998×10^{-8}	119.293732
9	Case 8 +冥王星	—	—	124.049010

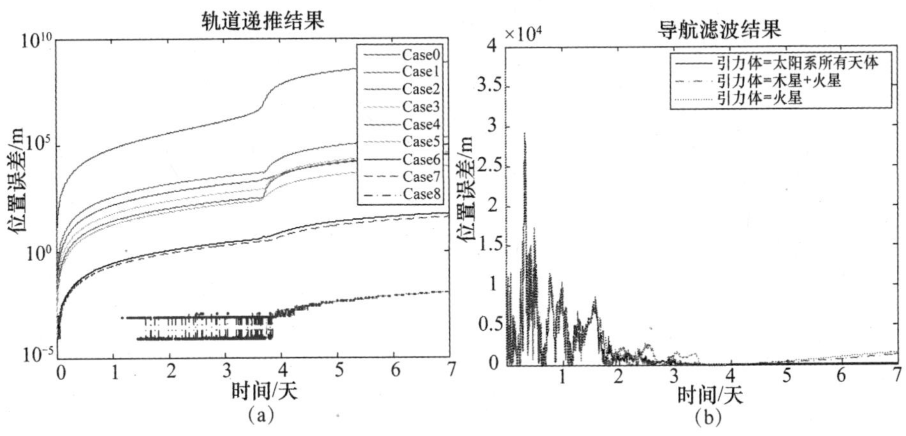

图7-26　不同行星摄动的轨道递推结果和导航滤波结果

(a)轨道递推比较结果;(b)导航滤波比较结果。

由图7-26(a)和表7-6可以看出,如果只考虑太阳引力(Case 0),不考虑第三引力体摄动,轨道递推精度最差,计算用时最少。随着各行星引力摄动的加入,所获得的轨道递推精度不断提高,所对应的计算时间也逐渐增加。这是由于计算各行星的引力摄动需要从行星星历表中获取各行星的位置信息,再进行轨道模型的计算,计算量随着轨道模型所考虑行星摄动的增加而增大。

图7－26(b)和表7－7给出了考虑不同行星摄动的自主天文导航结果。从图7－26中可以看出,考虑所有行星摄动所获得的导航精度最高,导航精度随探测器与火星之间距离的减小而提高,当探测器飞越火星后,导航精度随探测器与火星之间距离的增加而降低。由表7－7也可看出,考虑所有行星摄动耗时最多,这是因为需要获取所有行星的星历数据而增加了计算量;同时由表7－7也可看出,考虑不同行星摄动所对应的计算时间相差不多。由此可知,在时间消耗相差不多的条件下,考虑所有行星引力摄动的情况可获得最高的导航精度。因此导航滤波中的轨道模型考虑所有行星摄动较为合适。

表7－7　不同行星摄动的导航滤波精度和计算时间比较

第三引力体	位置误差/m	速度误差/$(m\cdot s^{-1})$	计算时间/s
火星	662.442192	0.005273	97.771312
火星和木星	401.796761	0.004500	97.801558
所有行星	20.539535	0.000464	98.736314

3) 行星引力常数误差

根据不同行星引力常数的误差进行轨道递推和导航滤波,结果如图7－27所示。本节在轨道递推时只对火星、太阳和木星的引力常数误差进行分析比较,在导航滤波时只对火星引力常数误差进行分析,其他天体的比较结果可以类似推出。

由图7－27(a)可以看出,无论是哪个天体引力常数误差造成的轨道递推误差都随着仿真时间的增加而累积。特别是当探测器向火星借力时(如图7－27的第3天～第4天),轨道递推误差的急速增加,借力后误差增加逐渐平稳。另外,火星引力常数导致的轨道递推误差最大,太阳和木星引力常数导致的轨道递推误差均较小。由表7－4中其他天体的引力常数误差及天体与探测器之间距离可知,其他天体的引力常数误差导致的轨道递推误差不会超过木星引力常数误差的影响。

图7－27(b)和表7－8给出了考虑火星引力常数误差的自主天文导航结果,其中火星引力常数误差为$0.1km^3/s^2$。由图7－27(b)和表7－8可以看出,火星引力常数存在误差和不存在火星引力常数误差的导航结果相差不大。

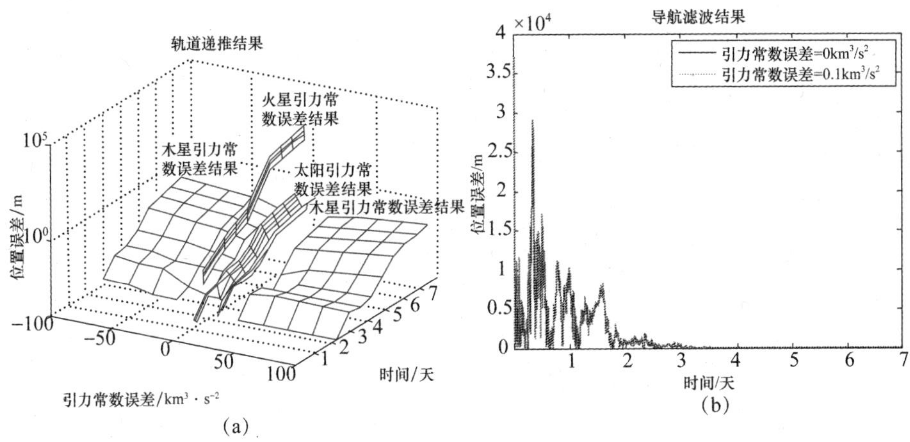

图7-27 引力常数误差的轨道递推结果和导航滤波结果

(a)轨道递推结果;(b)导航滤波结果。

表7-8 考虑火星引力常数误差的自主天文导航结果

火星引力常数误差/($km^3 \cdot s^{-2}$)	位置误差/m	速度误差/($m \cdot s^{-1}$)
0	20.539535	0.000464
0.1	26.308359	0.000669

由表7-8可知,火星引力常数误差将引起导航精度的微小下降。由于其他行星引力常数误差影响都小于火星引力常数误差的影响,因此在自主天文导航系统中,行星引力常数误差的影响可以忽略不计。

4) 行星星历误差

本小节以火星轨道半长轴存在10km星历误差为例,对行星星历误差对轨道模型的影响进行分析。图7-28给出了当火星轨道半长轴星历误差为10km的轨道递推仿真结果。图7-29给出了火星星历误差为10km和火星星历误差为0km的自主天文导航滤波结果。表7-9具体给出了自主天文导航的结果。

表7-9 考虑火星星历误差的自主天文导航结果

火星星历误差/km	位置误差/m	速度误差/($m \cdot s^{-1}$)
0	20.539535	0.000464
10	28894.384843	4.826895

由图7-28可以看出,由星历误差导致的轨道递推误差随时间逐渐增大,距离火星最近时误差增加速度最快,当仿真结束时,所对应的位置误差达到最大值10^6m。其他轨道参数星历误差的影响与半长轴星历误差的影响类似。

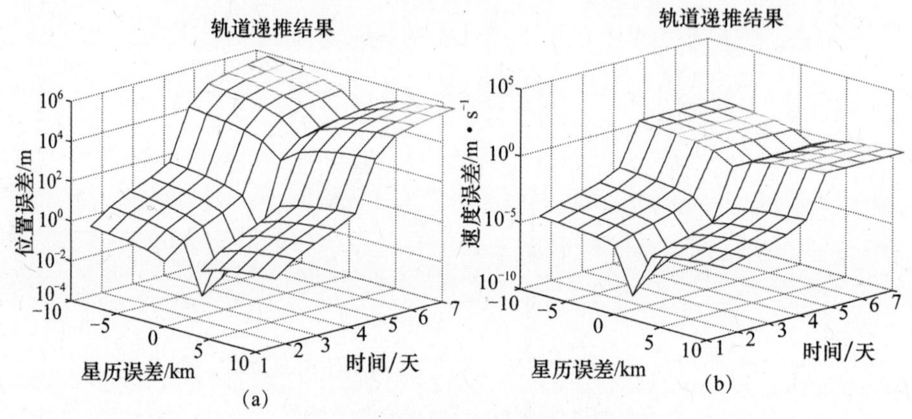

图7-28 行星星历误差的轨道递推结果
(a)位置误差;(b)速度误差。

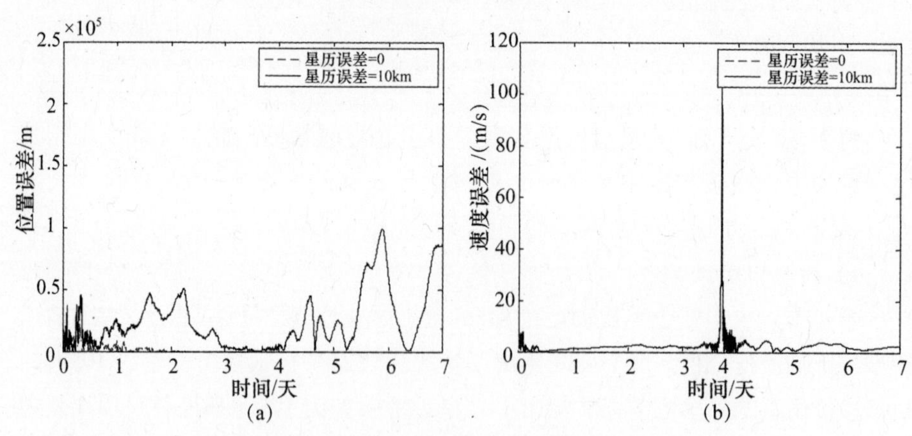

图7-29 星历误差对导航性能的影响

由图7-29和表7-9可以看出,由火星星历误差引起的导航速度误差在探测器向火星借力时急速增加,且火卫一和火卫二的量测信息无法对这一误差进行修正,导航精度很差。

由图可见,火星星历对探测器行星接近段影响较大,因此如果深空任务采用 JPL DE 系列星历数据，一方面需要采取合理的方法减小星历误差对导航精度的影响，如可以以行星本身作为量测量，并对行星星历进行建模，对行星星历进行估计；另一方面需要星上系统及时更新星历，尤其在接近段，由星历误差导致的导航误差应控制在合理范围。

5）数值积分方法

图 7－30 给出了 RK4th 和 RKF7th8th 积分方法轨道递推的结果与参考轨道的比较结果。RK4th 和 RKF7th8th 的积分步长都固定为 60 s。

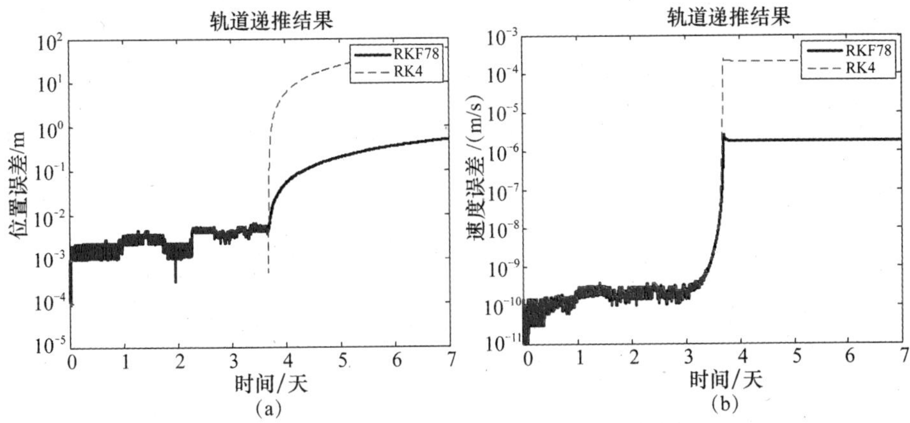

图 7－30　不同轨道积分方法的轨道递推结果

(a)位置误差；(b)速度误差。

由图 7－30 可以看出，在探测器向火星借力以前，RK4th 和 RKF7th8th 两种方法精度相当。当探测器与火星交会；向火星借力时，RK4th 和 RKF7th8th 方法的轨道递推结果与参考轨道相比误差都急速增加，RK4th 方法相比 RKF7th8th 方法误差更大；此后误差增加速度逐渐平稳。RK4th 方法在仿真结束时位置误差为 10^2m，速度误差为 10^{-3}m/s。RKF7th8th 在仿真结束时位置误差为 10^{-1}m，速度误差为 10^{-6}。由此可知，RKF7th8th 轨道递推精度相比 RK4th 精度更高。

表 7－10 给出了两种方法轨道递推精度和计算时间的比较结果，从表中可以看出，RK4th 方法在向火星借力时，轨道递推位置误差为 0.128726m，速度误差为 2.549317m/s；RKF7th8th 方法在向火星借力时，轨道递推位置误差为 0.003601m，速度误差为 1.089446×10^{-6}m/s；同时可以看出，RK4th 方法相比 RKF7th8th 轨道递推耗时更少。RKF7th8th 需要计算更多时刻的星历数据，更

复杂的编程过程,而 RK4 方法精度在可接受范围内,且导航实时性好。因此,RK4 可以作为导航系统合理的积分方法。

表 7-10　RK4th 和 RKF7th8th 积分方法轨道递推精度和计算时间比较

积分方法	位置误差 /m	速度误差/($m \cdot s^{-1}$)	计算时间/s
RK4th	0.128726	2.549317×10^{-4}	5.369047
RKF7th8th	0.003601	1.089446×10^{-6}	7.474397

6) 数值积分步长

图 7-31 和表 7-11 给出不同数值积分步长的轨道递推结果。图 7-32 给出了积分步长为 6s、60s 和 600s 时的自主天文导航性能比较。仿真中的滤波周期与积分步长相同。表 7-12 具体给出了自主天文导航系统的导航精度和所用时间。

表 7-11　不同积分步长轨道递推精度和计算时间的比较

积分步长/s	位置误差/m	速度误差 /($m \cdot s^{-1}$)	计算时间 /s
1	9.155273e-005	2.292306e-010	41.334434
4	7.220524e-003	2.297261e-006	13.275956
7	7.237381e-003	2.439863e-006	10.809971
10	7.825081e-003	2.737353e-006	8.964385
40	2.817732e-002	5.216840e-005	6.673532
70	2.342405e-001	4.720455e-004	6.326010
100	9.025345e-001	1.991898e-003	6.183436
200	1.637068e+001	5.962142e-002	6.025875
300	1.449502e+002	7.398184e-001	5.973296
400	6.707980e+002	3.453840e+000	5.914943
500	2.143705e+003	1.013625e+001	5.900985
600	4.584270e+003	2.130379e+001	5.897731
700	9.548769e+003	3.791259e+001	5.884355
800	1.651782e+004	5.956914e+001	5.880836
1000	3.686749e+004	1.152234e+002	5.880262

由图 7-31 和表 7-11 还可以看出,积分步长越大,轨道递推误差越大,所需的轨道递推计算时间越少。由此可知,积分步长是影响轨道模型精度的重要因素。在整个仿真时间的前三天和后三天,轨道递推误差变化较小,这是由于各天体的引力加速度在此阶段都保持稳定。当探测器在第 3 天至第 4 天向火星借力时,由轨道积分步长引起的轨道递推误差显著增加。积分步长越大,所对应的轨道递推误差越大。这是由于在一个积分步长内,引力加速度当

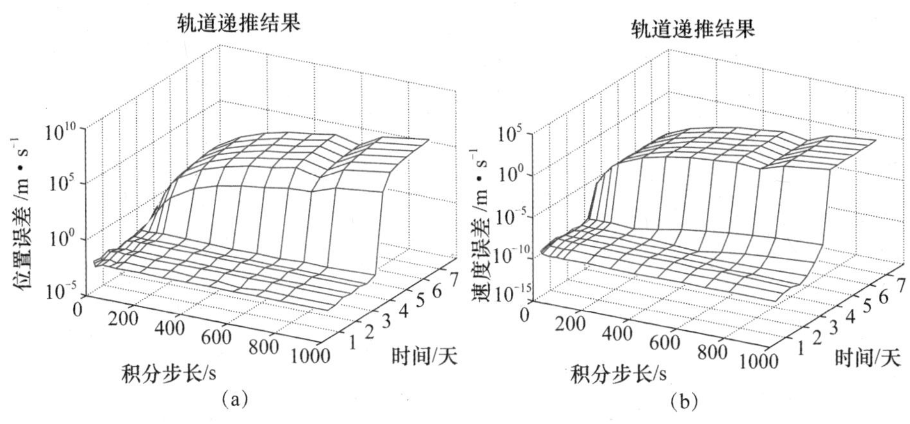

图7－31　不同积分步长的轨道递推结果

(a)位置误差；(b)速度误差。

做一个常值进行两次积分，从而获得探测器的位置和速度。实际在一个积分步长内，引力加速度随探测器距离火星的位置而变化，并不是一个常值。每个积分步长都存在引力加速度的近似误差，这一误差积分后产生了探测器的轨道递推位置误差和速度误差。

由图7－32可以看出，当积分步长过大时(600s)，导航系统在行星接近后难以获得准确的导航结果，滤波发散。由表7－12可知，积分步长越小，导航精度越高，所需要的计算时间也越长。图7－32中速度误差的突然增加是由于在火星借力阶段火星引力加速度快速变化，较大的积分步长所引入了引力加速度近似误差。

表7－12　不同积分步长所对应的导航精度和计算时间的比较

积分步长/s	位置误差/m	速度误差/(m·s^{-1})	计算时间/s
6	10.895993	0.000198	1055.923627
60	20.539535	0.000464	254.426976
600	—	—	177.911183

虽然较小的积分步长可以满足轨道递推精度的要求，但实际应用中，需要考虑导航实时性的需求，因此需合理选取积分步长。因此，为了提高火星借力阶段的导航精度，可以采用较小的积分步长，而其他阶段采用较大的积分步长。这样不仅保证了借力阶段的导航精度，还提高了导航系统的效率。

针对深空探测任务对自主导航系统精度和实时性的要求，本小节对影响

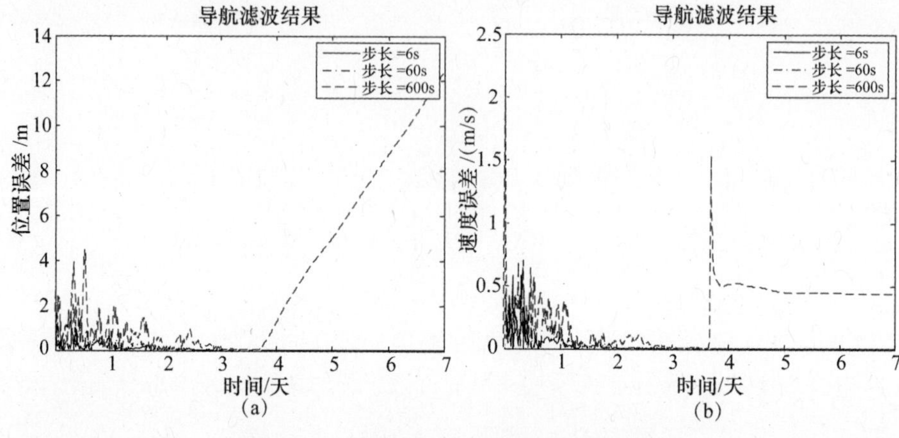

图7-32　不同积分步长对导航性能的影响

轨道动力学模型的各因素从轨道递推结果和导航滤波结果两方面进行了分析,得出以下结论。

(1) 行星摄动、行星星历、轨道积分方法和轨道积分步长是探测器模型精度的主要影响因素,行星引力常数误差对轨道动力学模型影响较小,可以忽略。

(2) 轨道动力学建模时应考虑所有行星的引力摄动。

(3) 在深空探测任务全段可以以不同积分步长的四阶龙格库塔法进行轨道积分。

(4) 行星星历是影响导航滤波的主要因素,需要其他方法减小星历误差的影响。

本小节的研究结果可为未来深空探测器、飞越行星探测器的自主天文导航系统设计和轨道动力学建模提供参考。

7.4　基于几何平面约束和容积卡尔曼滤波的深空探测器天文测角导航方法

7.4.1　天文测角导航系统模型

1. 状态模型

考虑捕获段探测器与火星距离的关系,在火心惯性坐标系建立探测器轨

道动力学模型

$$\begin{cases}\dot{\boldsymbol{r}}=\boldsymbol{v}\\ \dot{\boldsymbol{v}}=-\mu_{\mathrm{m}}\dfrac{\boldsymbol{r}}{r^{3}}-\mu_{s}\left[\dfrac{\boldsymbol{r}_{\mathrm{ps}}}{r_{\mathrm{ps}}^{3}}-\dfrac{\boldsymbol{r}_{\mathrm{ts}}}{r_{\mathrm{ts}}^{3}}\right]+\boldsymbol{a}_{J}+\boldsymbol{a}_{\mathrm{s}}+\boldsymbol{a}_{\mathrm{o}}\end{cases} \tag{7-75}$$

式中：$\boldsymbol{r}=[x,y,z]^{\mathrm{T}}$为探测器在火心惯性坐标系中的位置矢量；$\boldsymbol{v}=[v_x,v_y,v_z]^{\mathrm{T}}$为探测器在火心惯性坐标系中的速度矢量；$\mu_{\mathrm{m}}$为火星引力常数。

可简写为

$$\dot{\boldsymbol{X}}(t)=f(\boldsymbol{X}(t),t)+\boldsymbol{w}(t) \tag{7-76}$$

式中：$\boldsymbol{X}=[x,y,z,v_x,v_y,v_z]^{\mathrm{T}}$为天文测角导航系统的状态矢量；$f(\cdot)$为天文测角导航系统的非线性连续状态转移函数；$\boldsymbol{w}=[w_1,w_2,w_3,w_4,w_5,w_6]^{\mathrm{T}}$为天文测角导航系统的状态模型误差。

2. 量测模型

本章以火卫一和火卫二的天体矢量方向作为天文测角导航系统的量测量，可以由天体敏感器获得的天体像元像线坐标，经过计算得到。则火卫一、火卫二天体矢量方向的量测模型可以表示为

$$\begin{cases}\boldsymbol{L}_{\mathrm{phobos}}=\dfrac{\boldsymbol{r}-\boldsymbol{r}_{\mathrm{phobos}}}{\|\boldsymbol{r}-\boldsymbol{r}_{\mathrm{phobos}}\|}\\ \boldsymbol{L}_{\mathrm{deimos}}=\dfrac{\boldsymbol{r}-\boldsymbol{r}_{\mathrm{deimos}}}{\|\boldsymbol{r}-\boldsymbol{r}_{\mathrm{deimos}}\|}\end{cases} \tag{7-77}$$

式中：$\boldsymbol{L}_{\mathrm{phobos}}$和$\boldsymbol{L}_{\mathrm{deimos}}$分别为火卫一和火卫二天体矢量方向；$\boldsymbol{r}_{\mathrm{phobos}}$和$\boldsymbol{r}_{\mathrm{deimos}}$分别为火卫一和火卫二在火心惯性坐标系中的位置矢量；$\|\boldsymbol{r}-\boldsymbol{r}_{\mathrm{phobos}}\|$为探测器与火卫一和火卫二之间的距离。

令$\boldsymbol{Z}=[\boldsymbol{L}_{\mathrm{phobos}}^{\mathrm{T}},\boldsymbol{L}_{\mathrm{deimos}}^{\mathrm{T}}]^{\mathrm{T}}$，量测噪声$\boldsymbol{V}=[\boldsymbol{v}_{l_{\mathrm{phobos}}}^{\mathrm{T}},\boldsymbol{v}_{l_{\mathrm{deimos}}}^{\mathrm{T}}]^{\mathrm{T}}$，$\boldsymbol{v}_{l_1}$、$\boldsymbol{v}_{l_2}$分别为$\boldsymbol{L}_{\mathrm{phobos}}$、$\boldsymbol{L}_{\mathrm{deimos}}$的观测误差，则分别以火卫一和火卫二的天体矢量方向作为观测量的量测模型可表示为

$$\boldsymbol{Z}(t)=H[\boldsymbol{X}(t),t]+\boldsymbol{V}(t) \tag{7-78}$$

7.4.2 天文测角导航系统的几何平面约束及其最优化

1. 天文测角导航的平面约束

假设1：在同一测量时刻，所测量得到的两个导航天体到探测器的矢量方

向 $\boldsymbol{L}_0=[m_0,n_0,p_0]^{\mathrm{T}}$ 和 $\boldsymbol{L}_1=[m_1,n_1,p_1]^{\mathrm{T}}$ 不共线(图 7-33),即

$$\frac{m_0}{m_1}\neq\frac{n_0}{n_1}\neq\frac{p_0}{p_1} \tag{7-79}$$

式中:m_0、n_0、p_0、m_1、n_1、p_1 为第一个和第二个导航天体到探测器的矢量方向。

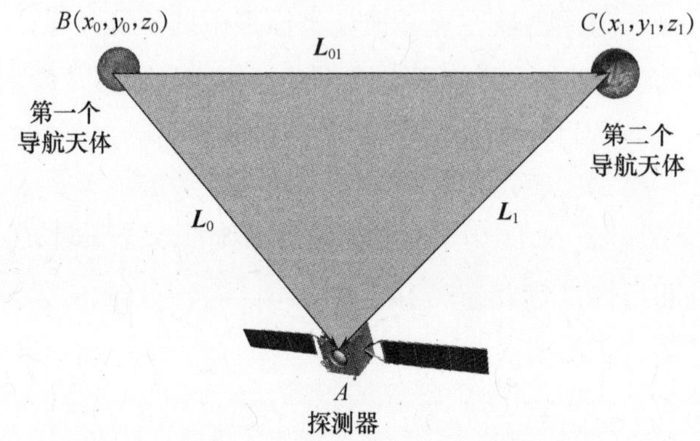

图 7-33　几何平面约束示意图

对于天文测角自主导航系统,根据第 i 个导航天体到探测器真实的矢量方向与其测量误差的关系,测量所得的导航天体到探测器的矢量方向可定义为

$$\hat{\boldsymbol{L}}_i=\boldsymbol{L}_i+\boldsymbol{e}_i \tag{7-80}$$

式中:$\hat{\boldsymbol{L}}_i=[\hat{m}_i,\hat{n}_i,\hat{p}_i]^{\mathrm{T}}$ 为实际测量所得的第 i 个导航天体到探测器的矢量方向;$\boldsymbol{e}_i=[e_{m_i},e_{n_i},e_{p_i}]^{\mathrm{T}}$ 为第 i 个导航天体到探测器的矢量方向测量误差,$i=0,1$。

定理 1:当已知两个导航天体的位置矢量 $[x_i,y_i,z_i]^{\mathrm{T}}$,$i=0,1$,同时假设 1 成立,且可得测量所得的两个导航天体视线矢量方向 $\hat{\boldsymbol{L}}_i$,则对于已知量 $\hat{\boldsymbol{L}}_i$,未知的测量误差 $\boldsymbol{e}_i$ 满足如下几何约束

$$\begin{vmatrix} x_1-x_0 & y_1-y_0 & z_1-z_0 \\ \hat{m}_0-e_{m_0} & \hat{n}_0-e_{n_0} & \hat{p}_0-e_{p_0} \\ \hat{m}_1-e_{m_1} & \hat{n}_1-e_{n_1} & \hat{p}_1-e_{p_1} \end{vmatrix}=0 \tag{7-81}$$

式中:$\boldsymbol{e}_i=[e_{m_i},e_{n_i},e_{p_i}]^{\mathrm{T}}$, $\forall i\in\{0,1\}$为导航天体到探测器的矢量方向的测量误差。

证明:由于两个导航天体到探测器真实的矢量方向 $\boldsymbol{L}_i$ 满足假设 1,即两个

矢量方向所确定的直线相交于探测器所在位置点 A，因此两个矢量方向所确定的直线可以构成一平面 P，即 $\boldsymbol{L}_0$ 和 $\boldsymbol{L}_1$ 在同一平面内。

由于已知两个导航天体的位置矢量$[x_i, y_i, z_i]^{\mathrm{T}}$，可确定第一个导航天体到第二个导航天体之间的矢量方向 $\boldsymbol{L}_{01} = [x_1 - x_0 \quad y_1 - y_0 \quad z_1 - z_0]^{\mathrm{T}}$，与两个导航天体到探测器的矢量方向 $\boldsymbol{L}_i$ 分别相交于两个点 B 和 C，即两个导航天体的位置，因此 $\boldsymbol{L}_{01}$ 和 $\boldsymbol{L}_0$ 在同一平面内，且 $\boldsymbol{L}_{01}$ 和 $\boldsymbol{L}_1$ 也在同一平面内。

由于 $\boldsymbol{L}_0$ 和 $\boldsymbol{L}_1$ 在同一平面内，$\boldsymbol{L}_{01}$ 和 $\boldsymbol{L}_0$ 在同一平面内，且 $\boldsymbol{L}_{01}$ 和 $\boldsymbol{L}_1$ 也在同一平面内，因此可以确定三个矢量方向在同一平面内，如图 7－30 所示，因此可得

$$[\boldsymbol{L}_0 \boldsymbol{L}_1 \boldsymbol{L}_{01}] = (\boldsymbol{L}_0 \times \boldsymbol{L}_1) \cdot \boldsymbol{L}_{01} = 0 \tag{7-82}$$

根据测量所得的导航天体到探测器的矢量方向的定义，可得

$$\boldsymbol{L}_i = \hat{\boldsymbol{L}}_i - \boldsymbol{e}_i = [\hat{m}_i - e_{m_i} \quad \hat{n}_i - e_{n_i} \quad \hat{p}_i - e_{p_i}]^{\mathrm{T}} \tag{7-83}$$

则可表示为

$$\begin{vmatrix} x_1 - x_0 & y_1 - y_0 & z_1 - z_0 \\ \hat{m}_0 - e_{m_0} & \hat{n}_0 - e_{n_0} & \hat{p}_0 - e_{p_0} \\ \hat{m}_1 - e_{m_1} & \hat{n}_1 - e_{n_1} & \hat{p}_1 - e_{p_1} \end{vmatrix} = 0 \tag{7-84}$$

2. 基于拉格朗日乘子法的几何平面约束测量误差非线性最优化

天文测角导航测量误差的平面约束，可以采用基于约束最优问题的最优化方法对测量误差进行进一步限制，从而减小测量误差对导航精度的影响。本书采用天文测角视线单位矢量方向误差平方和作为目标函数，以视线单位矢量方向共面作为约束条件，建立最优化模型

$$\min f(e_{m_0}, e_{n_0}, e_{p_0}, \cdots) = e_{m_0}^2 + e_{n_0}^2 + e_{p_0}^2 + e_{m_1}^2 + e_{n_1}^2 + e_{p_1}^2$$

$$\text{s.t. } \boldsymbol{h}(e_{m_0}, e_{n_0}, e_{p_0}, \cdots) = \begin{vmatrix} x_1 - x_0 & y_1 - y_0 & z_1 - z_0 \\ \hat{m}_0 - e_{m_0} & \hat{n}_0 - e_{n_0} & \hat{p}_0 - e_{p_0} \\ \hat{m}_1 - e_{m_1} & \hat{n}_1 - e_{n_1} & \hat{p}_1 - e_{p_1} \end{vmatrix} = 0 \tag{7-85}$$

$$g_i(e_{m_0}, e_{n_0}, e_{p_0}, \cdots) = \begin{cases} e_{m_j} < \sigma_j, i = 1,2 \\ e_{n_j} < \sigma_j, i = 3,4, j = 1,2 \\ e_{p_j} < \sigma_j, i = 5,6 \end{cases}$$

式中:e_{m_0}、e_{n_0}、e_{p_0}、e_{m_1}、e_{n_1}、e_{p_1}为测量量天体视线矢量方向 m_0、n_0、p_0、m_1、n_1、p_1 的测量误差;σ_i 为第 i 个导航天体的测量误差标准差。

从式(7-85)可以看出,基于几何平面约束的测量误差最优化问题是一个非线性规划问题,其约束条件包含一个等式约束和一个不等式约束。因为 $f(e_{m_0},e_{n_0},e_{p_0},\cdots)$、$g(e_{m_0},e_{n_0},e_{p_0},\cdots)$和 $h(e_{m_0},e_{n_0},e_{p_0},\cdots)$都可微,且$\nabla g(e_{m_0},e_{n_0},e_{p_0},\cdots)$和$\nabla h(e_{m_0},e_{n_0},e_{p_0},\cdots)$线性无关,所以对于此类非线性规划问题,一定存在相应的拉格朗日乘子 $\boldsymbol{\lambda}^*$ 和 $\boldsymbol{\mu}^*$,使得

$$\nabla_e L(e^*,\lambda^*,\mu^*) = \nabla f(e^*) - \sum_{i=1}^{3}\lambda_i^* g_i(e^*) - \mu^* h(e^*) = 0 \quad (7-86)$$

$$\lambda^* g(e_{m_0}^*,e_{n_0}^*,e_{p_0}^*,\cdots) = 0 \quad (7-87)$$

$$\lambda^* \geqslant 0 \quad (7-88)$$

满足上述 Kunn-Tucher 条件和约束条件的解即为最优解,所对应的$f(e_{m_0},e_{n_0},e_{p_0},\cdots)$为最优值。

7.4.3 求积分卡尔曼和容积卡尔曼非线性滤波方法

根据7.3节误差分析的结果可以看出,天文测角自主导航系统主要受到的随机误差有轨道动力学模型中的未建模误差、导航天体矢量方向误差,具体包括质心识别误差、姿态估计误差等,且这些误差多为零均值的高斯白噪声。捕获段天文测角自主导航系统模型为非线性模型,因此需要采用非线性卡尔曼滤波方法可以减小随机噪声对自主导航性能的影响。常用的非线性卡尔曼滤波方法包括扩展卡尔曼滤波、Unscented 卡尔曼滤波、求积分卡尔曼滤波、求容积卡尔曼滤波以及粒子滤波。

1. 求积分卡尔曼滤波方法

求积分卡尔曼滤波方法是利用 Gauss-Hermite 求积分规则,采用带权值的积分点对状态随机变量的统计特性进行估计。

1) Gauss-Hermite 积分规则

考虑如下求积分问题

$$I(g) = \int_a^b W(x)g(x)\,\mathrm{d}x \quad (7-89)$$

式中:$W(x)$为权值函数,几乎处处为正,仅在个别点处为0,因此具有 m 个数值积分点的近似积分值为

$$I(g) = \sum_{l=1}^{m} w_l g(\xi_l) \tag{7-90}$$

式中：ξ_l 为积分点；w_l 为 ξ_l 所对应的权值。假设 m 个数值积分点，权值 w_l 可通过计算其 i 阶矩得出，即

$$M_i = \int_a^b x^i W(x)\mathrm{d}x, i = 0,1,2,\cdots,m-1 \tag{7-91}$$

解如下矩方程

$$\begin{pmatrix} 1 & 1 & \cdots & 1 \\ \xi_1 & \xi_2 & \cdots & \xi_m \\ \vdots & \vdots & \ddots & \vdots \\ \xi_1^{m-1} & \xi_2^{m-1} & \cdots & \xi_m^{m-1} \end{pmatrix}\begin{pmatrix} w_1 \\ w_2 \\ \vdots \\ w_m \end{pmatrix} = \begin{pmatrix} M_0 \\ M_1 \\ \vdots \\ M_{m-1} \end{pmatrix} \tag{7-92}$$

在 Gauss－Hermite 求积分规则下，权值函数取为零均值正态分布，即 $x \sim N(0,1)$，因此 $g(x)$ 的均值可近似为

$$E(g(x)) = \int_R g(x)N(0,1)\mathrm{d}x \approx \sum_{l=1}^{m} w_l g(\xi_l) \tag{7-93}$$

考虑 n_x 维随机矢量 $\boldsymbol{x}$，符合正态分布 $\boldsymbol{x} \sim N(0,1;I_{n_x})$，则 n_x 维 Gauss－Hermite 求积分规则为

$$E(g(\boldsymbol{x})) = \int_R g(\boldsymbol{x})N(0,I_{nx})\mathrm{d}x \approx \sum_{l_{n_x}=1}^{m} w_{l_{n_x}} \cdots \sum_{l_1=1}^{m} w_{l_1} g(\xi_l \cdots \xi_{l_{n_x}}) = \sum_{l=1}^{m^{n_x}} w_l g(\boldsymbol{\xi}_l) \tag{7-94}$$

式中：积分点为 $\boldsymbol{\xi}_l = [\xi_{l_1} \cdots \xi_{l_{n_x}}]^{\mathrm{T}}$，权值为 $w_l = \prod_{j=1}^{n_x} w_{l_j}$。

进一步考虑随机矢量 $\boldsymbol{x} \sim N(\boldsymbol{x},\boldsymbol{P})$，假设方差矩阵 $\boldsymbol{P} = \boldsymbol{S}\boldsymbol{S}^{\mathrm{T}}$，$\boldsymbol{y} = \boldsymbol{S}^{-1}(\boldsymbol{x} - \hat{\boldsymbol{x}})$，可得

$$\begin{aligned} E(g(\boldsymbol{x})) &= \int g(\boldsymbol{x})N(\hat{\boldsymbol{x}},\boldsymbol{P})\mathrm{d}\boldsymbol{x} = \int g(\boldsymbol{S}\boldsymbol{y} + \hat{\boldsymbol{x}})N(\boldsymbol{y};0,\boldsymbol{I}_{n_x})\mathrm{d}\boldsymbol{y} \\ &\approx \sum_{j_{n_x}=1}^{m} w_{j_{n_x}} \cdots \sum_{j_1=1}^{m} w_{j_1} g(\boldsymbol{S}[\xi_{j_1} \cdots \xi_{j_{n_x}}]^{\mathrm{T}} + \hat{\boldsymbol{x}}) = \sum_{j=1}^{m^{n_x}} w_j g(\boldsymbol{S}\boldsymbol{\xi}_j + \hat{\boldsymbol{x}}) \end{aligned} \tag{7-95}$$

2）求积分点的选取

利用正交多项式和三对角对称矩阵之间的关系，构造三对角对称矩阵 $\boldsymbol{J}$，即

$$\boldsymbol{J} = \begin{cases} J_{i,i} = 0 \\ J_{i,i+1} = \sqrt{i/2} \end{cases}, i = 1,2,\cdots,m-1 \tag{7-96}$$

求积分点和权值

$$\begin{cases}\xi_j = \sqrt{2}\varepsilon_j \\ w_j = (v_j)_1^2\end{cases} \tag{7-97}$$

式中:ε_j 为三对角对称矩阵 $\boldsymbol{J}$ 的第 j 个特征值;$(\boldsymbol{v}_j)_1$ 为第 j 个归一化特征矢量的第一个元素。

3) QKF 时间更新

(1) 设已知 k 时刻后验概率密度函数为 $p(\boldsymbol{x}_{k-1}|z_{1:k-1}) = N(\hat{\boldsymbol{x}}_{k-1|k-1}, \boldsymbol{P}_{k-1|k-1})$,其中 $z_{1:k-1} = \{z_1, z_2, \cdots, z_{k-1}\}$,$\boldsymbol{P}_{k-1|k-1}$ 可因式分解为

$$\boldsymbol{P}_{k-1|k-1} = \boldsymbol{S}_{k-1|k-1}\boldsymbol{S}_{k-1|k-1}^{\mathrm{T}} \tag{7-98}$$

(2) 计算求积分点,即

$$\boldsymbol{X}_{l,k-1|k-1} = \boldsymbol{S}_{k-1|k-1}\xi_l + \hat{\boldsymbol{x}}_{k-1|k-1}, l = 1, 2, \cdots, m \tag{7-99}$$

(3) 计算求积分点一步预测,即

$$\boldsymbol{X}_{l,k-1|k-1}^{*} = f(\boldsymbol{X}_{l,k-1|k-1}, k-1), l = 1, 2, \cdots, m \tag{7-100}$$

(4) 状态一步预测,即

$$\hat{\boldsymbol{x}}_{k|k-1} = \sum_{l=1}^{m} w_l \boldsymbol{X}_{l,k-1|k-1}^{*} \tag{7-101}$$

(5) 状态估计方差一步预测,即

$$\boldsymbol{P}_{k|k-1} = \sum_{l=1}^{m} w_l \boldsymbol{X}_{l,k-1|k-1}^{*}\boldsymbol{X}_{l,k-1|k-1}^{*\mathrm{T}} - \hat{\boldsymbol{x}}_{k|k-1}\hat{\boldsymbol{x}}_{k|k-1}^{\mathrm{T}} + \boldsymbol{Q}_k \tag{7-102}$$

4) QKF 量测更新

(1) 一步预测状态估计方差因式分解,即

$$\boldsymbol{P}_{k|k-1} = \boldsymbol{S}_{k|k-1}\boldsymbol{S}_{k|k-1}^{\mathrm{T}} \tag{7-103}$$

(2) 计算求积分点,即

$$\boldsymbol{X}_{l,k|k-1} = \boldsymbol{S}_{k|k-1}\xi_l + \hat{x}_{k|k-1}, l = 1, 2, \cdots, m \tag{7-104}$$

(3) 计算求积分点量测更新,即

$$\boldsymbol{Z}_{l,k|k-1} = h(\boldsymbol{X}_{l,k|k-1}, k) \quad l = 1, 2, \cdots, m \tag{7-105}$$

(4) 量测预测,即

$$\hat{z}_{k|k-1} = \sum_{l=1}^{m} w_l \boldsymbol{Z}_{l,k-1|k-1} \tag{7-106}$$

（5）量测更新方差，即

$$P_{zz,k|k-1}=R_k+\sum_{l=1}^{m}w_l Z_{l,k|k-1}Z_{l,k|k-1}^{\mathrm{T}}-\hat{z}_{k|k-1}\hat{z}_{k|k-1}^{\mathrm{T}} \tag{7-107}$$

（6）状态量测更新方差，即

$$P_{xz,k|k-1}=R_k+\sum_{l=1}^{m}w_l X_{l,k|k-1}Z_{l,k|k-1}^{\mathrm{T}}-\hat{x}_{k|k-1}\hat{z}_{k|k-1}^{\mathrm{T}} \tag{7-108}$$

（7）卡尔曼增益，即

$$K=P_{xz,k|k-1}P_{zz,k|k-1}^{-1} \tag{7-109}$$

（8）状态更新，即

$$\hat{x}_{k|k}=\hat{x}_{k|k-1}+K(z_k-\hat{z}_{k|k-1}) \tag{7-110}$$

（9）状态误差方差更新，即

$$P_{k|k}=P_{k|k-1}-KP_{zz,k|k-1}K^{\mathrm{T}} \tag{7-111}$$

2. 求容积卡尔曼滤波方法

求容积卡尔曼滤波与求积分卡尔曼滤波类似，采用求容积点代替求积卡尔曼滤波中的求积分点。CKF 是根据贝叶斯理论和 Spherical - Radial Cubature 准则严格的数学推导得出的滤波方法。

（1）求容积点规则。

考虑如下求积分问题，即

$$I(f)=\int_{\mathbb{R}^n}f(x)\exp(-x^{\mathrm{T}}x)\,\mathrm{d}x \tag{7-112}$$

变换为 Spherical - Radial 求容积形式，利用 3 度 Spherical - Radial 求容积规则求解。

设 $\boldsymbol{x}=r\boldsymbol{y}$，$\boldsymbol{y}^{\mathrm{T}}\boldsymbol{y}=1$，可得 $\boldsymbol{x}^{\mathrm{T}}\boldsymbol{x}=r^2$，则式(7-112)可以表示为

$$I(f)=\int_0^{\infty}\int_{U_n}f(r\boldsymbol{y})r^{n-1}\exp(-r^2)\,\mathrm{d}(\sigma\boldsymbol{y})\,\mathrm{d}r \tag{7-113}$$

式中：U_n 为半径为 1 的球表面，$U_n=\{y\in\mathbb{R}_n|\boldsymbol{y}^{\mathrm{T}}\boldsymbol{y}=1\}$；$\sigma(\cdot)$ 为单位面元。式(7-113)可化简为

$$I(f)=\int_0^{\infty}S(r)r^{n-1}\exp(-r^2)\,\mathrm{d}r \tag{7-114}$$

其中

$$S(r) = \int_{U_n} f(r\boldsymbol{y})\mathrm{d}(\sigma\boldsymbol{y}) \tag{7-115}$$

分别采用 m_r 点 Gauss - Hermite 求积分规则和 m_s 点 Spherical 规则,可得 Spherical - Radial 求容积规则

$$\int_0^{\infty} S(r)r^{n-1}\exp(-r^2)\mathrm{d}r = \sum_{i=1}^{m_r} a_i S(r_i)$$

$$\int_{U_n} f(ry)\mathrm{d}(\sigma\boldsymbol{y}) = \sum_{j=1}^{m_s} b_j f(r\boldsymbol{y}_j) \tag{7-116}$$

$$I(f) = \int_{\mathbb{R}^n} f(\boldsymbol{x})\exp(-\boldsymbol{x}^{\mathrm{T}}\boldsymbol{x})\mathrm{d}\boldsymbol{x} \approx \sum_{j=1}^{m_s}\sum_{i=1}^{m_r} a_i b_j f(r\boldsymbol{y}_j)S(r_i)$$

当 $m_r=1$ 和 $m_s=2n$ 时,式(7-116)即为 3 度 Spherical - Radial 求容积规则。

根据上述规则,n 维标准正态分布与非线性函数积的积分可表示为

$$I(f) = \int_R f(x)N(0,I_{n_x})\mathrm{d}x \approx \sum_{i=1}^{m} w_i f(\xi_i) \tag{7-117}$$

(2) 求容积点和权值,即

$$\begin{cases} \xi_i = \sqrt{\dfrac{m}{2}}(\boldsymbol{I})_i \\ w_i = \dfrac{1}{m} \end{cases}, i=1,2,\cdots,m \tag{7-118}$$

式中:$m=2n$,$[\boldsymbol{I}]\in\mathbb{R}_n$。

$$[\boldsymbol{I}]_i \in \left\{\begin{pmatrix}1\\0\\\vdots\\0\end{pmatrix},\begin{pmatrix}0\\1\\\vdots\\0\end{pmatrix},\cdots,\begin{pmatrix}0\\0\\\vdots\\1\end{pmatrix},\begin{pmatrix}-1\\0\\\vdots\\0\end{pmatrix},\begin{pmatrix}0\\-1\\\vdots\\0\end{pmatrix},\cdots,\begin{pmatrix}0\\0\\\vdots\\-1\end{pmatrix}\right\} \tag{7-119}$$

7.4.4 计算机仿真

1. 仿真条件

本节采用 2018 年火星探测任务,探测器轨道由 Satellite Tool Kit Astrogator 产生,此次任务在 J2000 日心平黄道坐标系中的初始轨道参数和滤波参数如表 7-13 所列。图 7-34 给出了仿真所采用的火星探测器轨道。

表 7 – 13　仿真初始参数

初始参数	参数值
发射时间	20 May 2018
抵达时间	14 Jan 2019
轨道历元时间	23 May 2018 08:23:24.009 UTCG
X 轴位置分量	–70597583.471308 km
Y 轴位置分量	–134137866.280822 km
Z 轴位置分量	23192.415638 km
X 轴速度分量	28.251309 km/s
Y 轴速度分量	–15.795096 km/s
Z 轴速度分量	0.055146 km/s
仿真时间	12 Jan 2019 18:04:36.650 UTCG to 14 Jan 2019 10:25:29.737 UTCG
接近火星时间	14 Jan 2019 10:25:29.737 UCTG
近地点高度	600 km
远地点高度	80000 km
轨道积分方法及步长	RKF89/ 1s
初始位置和速度误差	$[1000\text{km},1000\text{km},1000\text{km},1\text{m/s},1\text{m/s},1\text{m/s}]^{\mathrm{T}}$
火卫一矢量方向测量误差	6″
火卫二矢量方向测量误差	3″

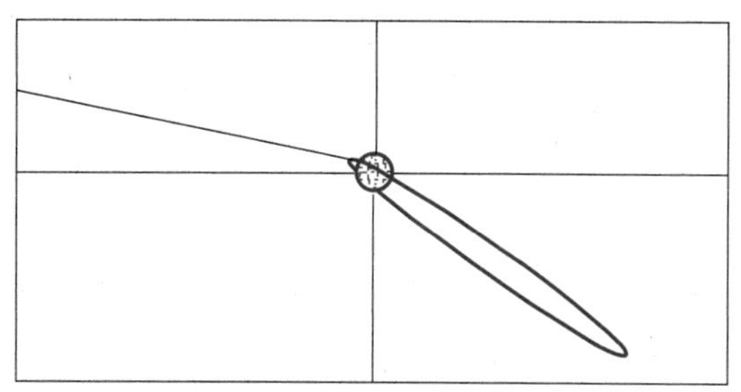

图 7 – 34　2018 年火星探测器轨道

2. 基于几何平面约束的仿真结果

图 7 – 35 和表 7 – 14 给出了几何平面约束最优化后测量误差的仿真结果，并与无约束条件下的测量误差进行了比较。由图 7 – 35 和表 7 – 14 可以看出，火卫一测量误差经过平面约束优化后，从 6.0179″减小至 3.2476″，火卫二测量误

差经过平面约束优化后,从2.9813″减小至2.8117″。由此可以看出,几何平面约束最优化方法可以通过约束测量量的方式,减小测量量的测量误差。

图7-36和表7-15给出了基于几何平面约束的CKF天文测角自主导航方法的仿真结果,并与无约束条件下的CKF天文测角自主导航结果进行了比较。由图7-36和表7-15可以看出,滤波收敛后无几何平面约束的CKF天文测角自主导航方法的平均位置误差为8.1469 km(RMS),最大位置误差为18.5527 km,平均速度误差为0.2083 m/s(RMS),最大速度误差为0.5552 m/s;基于几何平面约束的CKF天文测角自主导航方法的平均位置误差3.7202 km(RMS),最大位置误差为11.8181km,平均速度误差为0.1211m/s(RMS),最大速度误差为0.3754m/s。由此可以看出,几何平面约束可以减小矢量测量方向的测量误差,提高天文测角自主导航的精度。

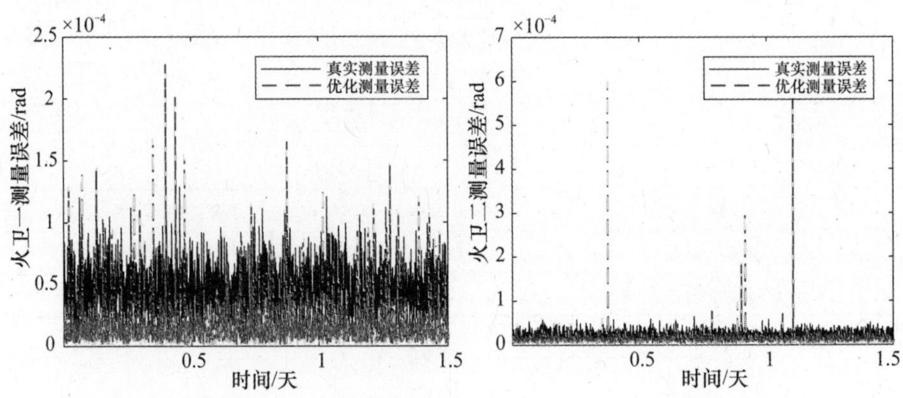

图7-35 基于几何平面约束最优化后的测量误差

表7-14 基于几何平面约束的自主导航系统仿真结果比较

约束条件	火卫一测量误差/(″)	火卫二测量误差/(″)
无约束	6.0179	2.9813
几何平面约束	3.2476	2.8117

表7-15 基于几何平面约束的自主导航系统仿真结果比较

约束条件	位置估计误差/km		速度估计误差/(m·s^{-1})	
	RMS	MAX	RMS	MAX
无约束	8.1469	18.5527	0.2083	0.5552
平面约束	3.7202	11.8181	0.1211	0.3754

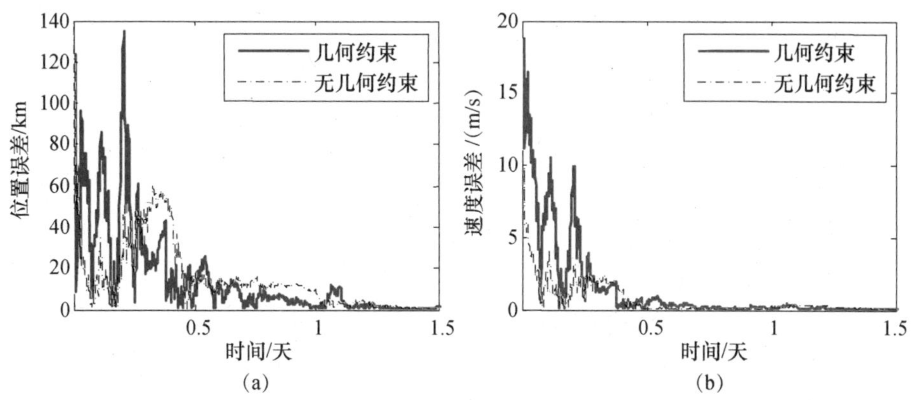

图 7-36　基于几何平面约束的自主导航系统仿真结果

(a)位置误差;(b)速度误差。

3. 不同滤波方法的仿真结果

图 7-37 和表 7-16 给出了三种滤波方法所对应天文测角自主导航方法的仿真结果,其中 QKF 采用两个求积分点。由图 7-37 和表 7-16 可以看出,滤波收敛后基于 CKF 滤波的几何平面约束天文测角自主导航方法的导航误差最小,平均位置误差为 3.7202 km (RMS),最大位置误差为 11.8181 km,平均速度误差为 0.1211 m/s(RMS),最大速度误差为 0.3754 m/s。滤波收敛后基于 UKF 滤波的几何平面约束天文测角自主导航方法的导航误差最大,平均位置误差为 3.9444 km (RMS),最大位置误差为 12.5101km,平均速度误差为 0.1369 m/s(RMS),最大速度误差为 0.3908m/s。

表 7-16　基于不同滤波方法的自主导航系统仿真结果比较

滤波方法	位置估计误差/km		速度估计误差/($m \cdot s^{-1}$)		计算用时/s
	RMS	MAX	RMS	MAX	
UKF	3.9444	12.5101	0.1369	0.3908	132.2472
QKF(2)	3.7913	12.0581	0.1302	0.3875	143.8865
CKF	3.7202	11.8181	0.1211	0.3754	132.1999

本节首次提出了天文测角需保证的几何共面约束条件,将此约束条件约束天体矢量方向的测量误差,提高天文测角自主导航的精度;并针对天文测角自主导航的量测模型和状态模型的非线性问题,提出了基于几何平面约束的 QKF 和 CKF 天文测角自主导航方法,引入了求积分卡尔曼滤波和容积卡尔曼滤波方法进行天文测角自主导航,以减小测量随机误差对导航精度的影响。

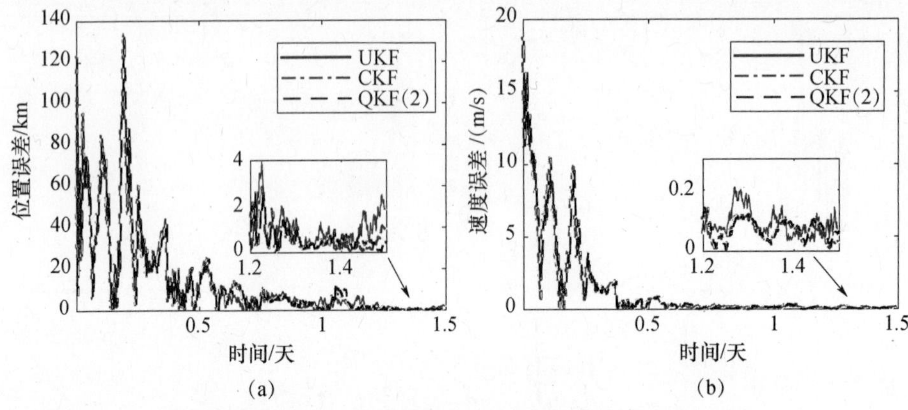

图7-37 基于不同滤波方法的自主导航系统仿真结果
(a)位置误差;(b)速度误差。

7.5 基于图像信息和天文/测控信息的深空探测器天文测角自主导航方法

深空探测器自主天文导航系统轨道动力学模型和量测模型中不仅存在随机误差,还存在一些特性明确、可用非统计函数描述的已定系统误差,要获得高精度的状态估计,需要对已定系统误差进行估计和修正,最终减小这类误差对自主导航系统的影响。

对于已定系统误差,一般可采用估计修正方法有基于最小二乘和极大似然估计的离线估计方法和基于卡尔曼滤波的序贯估计方法。基于最小二乘和极大似然估计方法一般假设系统误差为常值误差,这种方法需要存储所有的量测数据进行解算,因此只能进行离线估计。“深空”1号、“卡西尼”探测器都是采用了最小二乘方法分别对轨道动力学模型中的推力刻度因子、土星卫星位置、土星卫星引力常数、太阳光压模型误差进行了估计,但并不是在线实时估计修正。基于卡尔曼滤波等方法的序贯估计方法不仅可以估计并修正系统常值偏差,还可估计和修正其他可建模的误差,可以实现误差的实时在线估计。基于卡尔曼滤波等方法的序贯估计方法已应用于火星着陆段的系统可建模误差的估计和X射线脉冲星导航的常值误差估计。

在深空探测器捕获段天文测角自主导航系统中，星历误差是影响导航精度的主要因素，目标天体的星历误差直接影响了轨道动力学模型的精度；导航天体星历误差直接影响了量测模型的精度。文献[35]给出了 DE421 星历数据各行星星历在 1950 – 2030 年的星历误差。文献[36]比较了不同版本 JPL 的 DE 系列星历，并给出了金星、火星、地球在 2013 年至 2033 年的误差特性。

目前，深空任务中对星历误差的修正都是离线星历修正，采用将一段时间测量得到的星载观测数据与其他数据进行拟合，得到高精度的天体星历。这种方法由于不仅利用了星载天体观测数据，还利用了长期天文观测数据和测控数据，因此所得到的目标天体星历精度高。但是由于需要大量的观测数据，数据量庞大，拟合过程计算也十分复杂，因此这种方法的实时性较差，适用于事后处理。在实时在线估计天体星历误差方面，文献[37]给出了木星星历误差的传递模型并根据木星星历误差慢变特性，建立了木星星历常值模型，采用 Unscented 卡尔曼滤波对木星星历误差进行估计，修正了木星星历对脉冲星测量信息的影响。

本节针对深空探测器捕获段天文测角自主导航中的已定系统星历误差，建立火星的星历误差模型，并根据星历误差对目标天体图像信息、天文/测控量测信息的影响，建立两种星历误差解析量测模型，分别根据两种解析量测模型提出一种基于图像信息星历误差扩维状态估计的自主导航方法和一种基于天文/测控信息星历修正的深空探测器信息融合方法，实现火星星历误差的实时在线估计，并将星历误差反馈修正至系统模型中，最终实现同时提供高精度的相对目标天体（相对导航）和相对地球导航信息（绝对导航）的能力，其中所获得的高精度相对导航精度是制约捕获段高精度入轨和后续任务成功的保证，而绝对导航不仅可为自主姿态控制系统提供更高精度的地球指向，保证数据传输天线更精准的指向地球，提高传输效率，还可为作为导航系统故障诊断的重要信息，保证系统的稳定运行。

7.5.1　星历误差建模及影响分析

1. 星历误差状态模型

根据第 3 章天体星历误差的误差特性及分析，由于目标行星的轨道平面和行星运动的轨道周期等轨道参数较为精确，且考虑到目标天体星历误差在

每个滤波周期内变化较为缓慢,因此建立火星星历误差的状态模型可表示为

$$\dot{\boldsymbol{B}} = \boldsymbol{w}_{\mathrm{err}} \tag{7-120}$$

式中:$\dot{\boldsymbol{B}} = [\dot{b}_x \quad \dot{b}_y \quad \dot{b}_z]^{\mathrm{T}}$,$(b_x, b_y, b_z)$为目标天体在日心惯性坐标系中的位置矢量;$\boldsymbol{w}_{\mathrm{err}}$为目标天体星历误差状态模型的模型误差。

2.星历误差影响分析

1)星历误差对目标天体图像的影响

在深空探测器接近目标行星前,导航系统首先制定并规划天文测量图像的拍摄计划,使导航敏感器可以准确指向并拍摄到目标行星。此时导航敏感器的指向(方位角和高度角)是根据行星星历中行星在日心惯性坐标系中的位置确定的。

在实际深空任务中,首先通过深空探测器姿态机动或者敏感器转动框架转动至拍摄计划所计算的导航敏感器指向,进行初始图像的获取与验证。由于目标行星星历误差的存在,实际获取的天文测量图像与规划的天文测量图像并不一致,并不在图像的中心,如图7-38所示。因此,在初步图像获取和验证后,导航敏感器缓慢转动调整至目标天体图像位于敏感器视场的中心,然后实现跟踪拍摄模式。

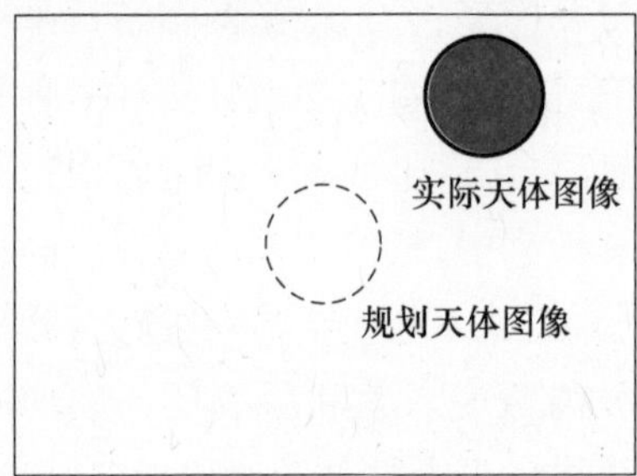

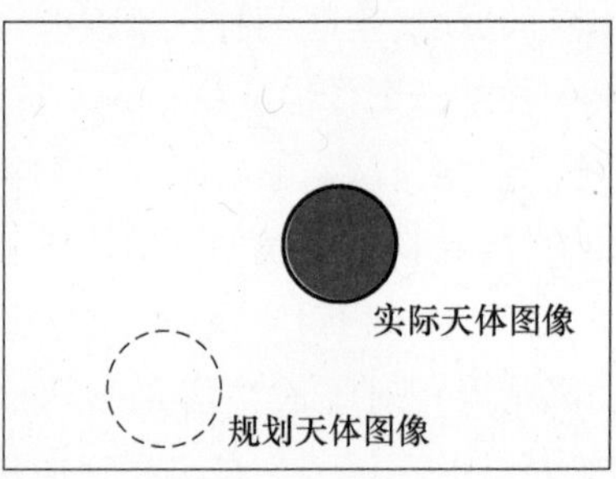

图7-38 规划天文测量图像和实际天文测量图像

因此,可以根据导航敏感器成像原理,在真实行星质心惯性坐标,建立实际天文测量图像的量测模型和规划天文测量图像的预测模型,进而分析行星星历误差对天文测量信息的影响。

(1)实际天文测量图像的模型。

以火星为例,建立天文测量图像的模型,模型建立在真实火星质心惯性坐标系,模型中所使用的火星位置坐标为[0 0 0]。根据导航敏感器成像原

理，真实火星图像中火星质心的像素坐标为

$$\begin{bmatrix} p \\ l \end{bmatrix} = \boldsymbol{K}\begin{bmatrix} x_{2d} \\ y_{2d} \end{bmatrix} + \begin{bmatrix} p_0 \\ l_0 \end{bmatrix} \tag{7-121}$$

式中：火星质心在二维成像坐标系中的坐标为(x_{2d}, y_{2d})，可以表示为

$$\begin{bmatrix} x_{2d} \\ y_{2d} \end{bmatrix} = \frac{f}{z_c}\begin{bmatrix} x_c \\ y_c \end{bmatrix} \tag{7-122}$$

式中：(x_c, y_c, z_c)为火星导航敏感器坐标系中的火星位置单位矢量，可以根据火星位置矢量在惯性坐标系中的坐标转换至火星导航敏感器坐标系中得到

$$\boldsymbol{l}_{pc}^{c} = [x_c \quad y_c \quad z_c]^{\mathrm{T}} = \boldsymbol{A}_{sb}\boldsymbol{A}_{bi}\frac{\boldsymbol{r} - \boldsymbol{r}_{mars}}{\| \boldsymbol{r} - \boldsymbol{r}_{mars} \|} = \boldsymbol{A}_{sb}\boldsymbol{A}_{bi}\frac{\boldsymbol{r}}{r} \tag{7-123}$$

式中：$\boldsymbol{A}_{sb}$为探测器本体系到敏感器测量坐标系的坐标转换矩阵；$\boldsymbol{A}_{bi}$为惯性系到本体系的坐标转换矩阵；$\boldsymbol{r}$ 为探测器的位置矢量；$\boldsymbol{r}_{mars}$为火星的位置坐标。

（2）规划天文测量图像模型。

以火星为例，建立天文测量图像的模型，模型建立在真实火星质心惯性坐标系，模型中所使用的火星位置坐标为$[b_x \quad b_y \quad b_z]^{\mathrm{T}} = \boldsymbol{B}$，表示由火星星历计算得到火星在真实火星惯性坐标系中的位置。

与实际天文测量图像的模型类似，火星的像素坐标(p, l)如式(7-121)和式(7-122)所示，其中规划天文测量图像中火星的位置是由敏感器坐标系中火星单位位置矢量获得(x_c, y_c, z_c)，即

$$\boldsymbol{l}_{pc}^{c} = [x_c \quad y_c \quad z_c]^{\mathrm{T}} = \boldsymbol{A}_{sb}\boldsymbol{A}_{bi}\frac{\boldsymbol{r} - \boldsymbol{r}_{mars}}{\| \boldsymbol{r} - \boldsymbol{r}_{mars} \|} \tag{7-124}$$

式中：$\boldsymbol{r}_{mars} = \boldsymbol{B}$ 为火星星历中的火星在真实火星惯性坐标系中的位置矢量。由此可以看出，火星星历误差对规划天文测量图像的位置具有直接影响。

2）行星星历误差对规划天文测量图像的影响

规划天文测量图像与真实天文测量图像之间存在一个坐标偏差，这一偏差反映了目标行星星历误差的大小。以火星为例，图7-39给出了模拟的规划目标天体图像和实际观测目标天体图像。由图7-39可以看出，目标天体星历的存在使得规划目标天体图像质心与实际观测目标天体图像质心之间存在偏差。为了定量描述星历误差对规划目标天体图像质心位置的影响，星历误差在规划火星测量图像中的误差传播模型可以表示为

$$\begin{bmatrix}\delta p\\ \delta l\end{bmatrix}=\frac{f\delta z_{2d}}{z_c^2+z_c\delta z_{2d}}\boldsymbol{K}\begin{bmatrix}\delta x_{2d}\\ \delta y_{2d}\end{bmatrix} \tag{7-125}$$

假设导航敏感器为ONC,敏感器一直指向并跟踪火星,图7-40和表7-17给出了星历误差对规划火星测量图像质心坐标的影响。如式(7-125)和表7-17所列,规划天体图像与实际测量天体图像质心之间的偏差与目标天体星历误差成正比,目标天体星历误差越大,规划天体图像偏离实际测量天体图像越远。此外,现规划天体图像与实际测量天体图像质心之间的偏差与目标天体与探测器之间的距离成正比,探测器距离目标天体越近,偏差越大。

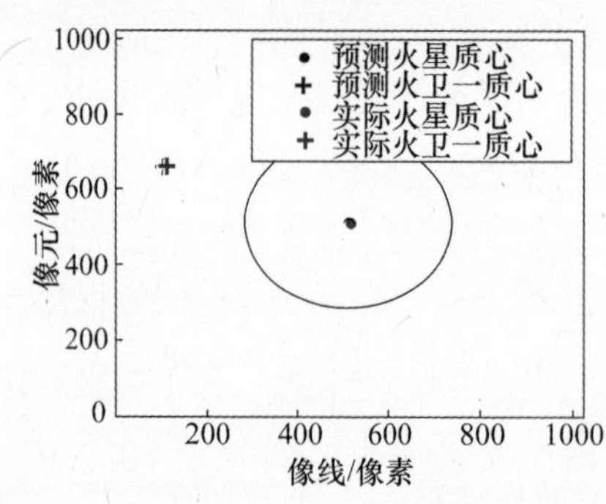

图7-39　规划目标天体图像与实际测量目标天体图像的模拟

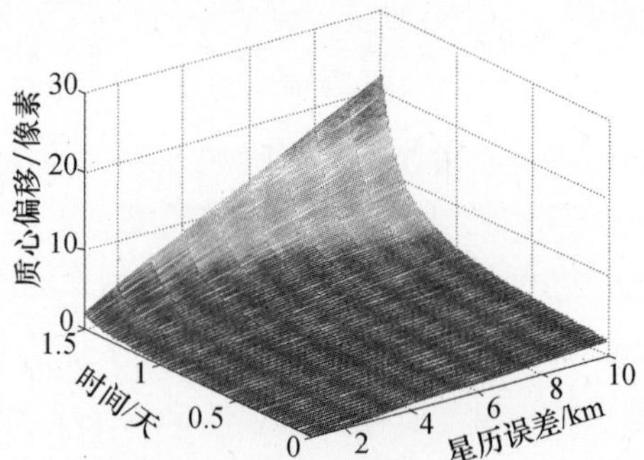

图7-40　行星星历误差对规划目标天体图像质心的影响

表7-17　目标天体星历误差与质心偏差之间的关系

星历误差/km	质心偏差/像素(500000km)	质心偏差/像素(60000km)
1	0.1932	2.1607
2	0.3864	4.3213
3	0.5796	6.4819
4	0.7729	8.6425
5	0.9661	10.8030
6	1.1593	12.9635
7	1.3525	15.1239
8	1.5457	17.2842
9	1.7389	19.4446
10	1.9321	21.6048

注:图像质心偏差 = $\sqrt{\delta p^2+\delta l^2}$

3. 星历误差对天文/测控导航系统的影响

图7-41给出了测控导航和天文导航的测量原理，无线电测控导航和自主天文导航是捕获段深空探测器采用的两种主要导航手段。无线电测控导航是通过测量无线电信号的时间传输延迟和多普勒频率变化测量探测器与测控站之间的距离和速度；自主天文导航是利用探测器的运动规律，结合敏感器获得的天体信息，采用最优估计的方法，获取探测器位置和姿态信息。这两种导航方式各有其特点：无线电测控导航测量精度高，可获得高精度的相对地球的导航信息，而由于目标天体星历误差的存在，其相对于目标天体的导航精度较低；相比无线电测控导航，由于天文导航系统测量得到的是相对目标天体的导航信息，因此可以获得更高的相对目标天体导航精度，但天文导航系统所得的相对地球导航精度仍受目标行星星历影响。

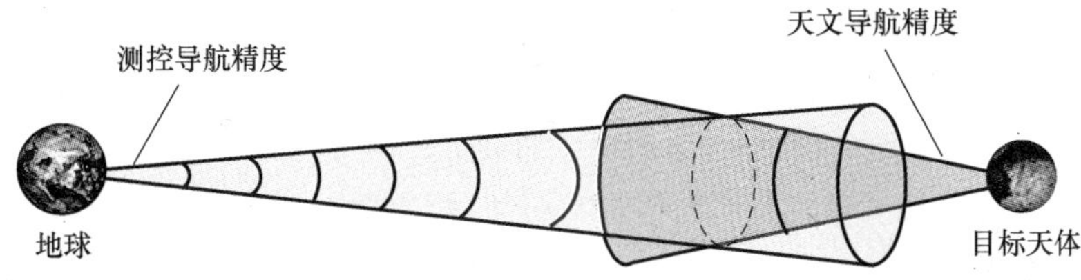

图7-41　无线电测控导航与天文导航测量原理

1）天文/测控导航结果分析

天文导航相对于目标天体导航状态估计 $\hat{\boldsymbol{x}}_{\mathrm{cel}}^{\mathrm{target}}$ 为

$$\hat{\boldsymbol{x}}_{\mathrm{cel}}^{\mathrm{target}}=\boldsymbol{x}_{\mathrm{cel}} \tag{7-126}$$

式中：$\boldsymbol{x}_{\mathrm{cel}}$ 为天文导航系统直接输出的导航信息，即相对于目标天体的导航信息。

天文导航相对于太阳导航状态估计 $\hat{\boldsymbol{x}}_{\mathrm{cel}}^{\mathrm{helio}}$ 为

$$\hat{\boldsymbol{x}}_{\mathrm{cel}}^{\mathrm{helio}}=\hat{\boldsymbol{x}}_{\mathrm{cel}}^{\mathrm{target}}+\hat{\boldsymbol{x}}_{\mathrm{target}}^{\mathrm{helio}}=\hat{\boldsymbol{x}}_{\mathrm{cel}}^{\mathrm{target}}+\boldsymbol{x}_{\mathrm{target}}^{\mathrm{helio}}+\delta\boldsymbol{x}_{\mathrm{target}}^{\mathrm{helio}} \tag{7-127}$$

式中：$\hat{\boldsymbol{x}}_{\mathrm{target}}^{\mathrm{helio}}$ 为星历数据中目标天体相对于日心的位置和速度，$\hat{\boldsymbol{x}}_{\mathrm{target}}^{\mathrm{helio}}=\boldsymbol{x}_{\mathrm{target}}^{\mathrm{helio}}+\delta\boldsymbol{x}_{\mathrm{target}}^{\mathrm{helio}}$；$\delta\boldsymbol{x}_{\mathrm{target}}^{\mathrm{helio}}$ 为目标天体相对于日心的星历误差，具体包括星历位置误差和星历速度误差。

测控导航相对于太阳导航状态估计 $\hat{\boldsymbol{x}}_{\mathrm{radio}}^{\mathrm{helio}}$ 为

$$\hat{\boldsymbol{x}}_{\mathrm{radio}}^{\mathrm{helio}}=\boldsymbol{x}_{\mathrm{radio}} \tag{7-128}$$

式中：$\boldsymbol{x}_{\mathrm{radio}}$ 为测控导航系统直接输出的导航信息，即相对于太阳的导航信息。

测控导航相对于目标天体导航状态估计 $\hat{\boldsymbol{x}}_{\text{radio}}^{\text{target}}$ 为

$$\hat{\boldsymbol{x}}_{\text{radio}}^{\text{target}} = \hat{\boldsymbol{x}}_{\text{radio}}^{\text{helio}} - \hat{\boldsymbol{x}}_{\text{target}}^{\text{helio}} = \hat{\boldsymbol{x}}_{\text{radio}}^{\text{helio}} - \boldsymbol{x}_{\text{target}}^{\text{helio}} - \delta \boldsymbol{x}_{\text{target}}^{\text{helio}} \tag{7-129}$$

2）星历误差对天文/测控导航结果的影响

由式(7－126)～式(7－129)可以看出,星历误差对天文导航相对于目标天体导航的导航精度以及测控导航相对于太阳的导航精度没有影响,而直接影响了天文导航相对于太阳的导航精度以及测控导航相对于目标天体的导航精度。

7.5.2 基于火星和天文/测控信息的直接解析星历误差方法

1. 基于目标天体图像的直接解析星历误差方法

根据规划天体图像和实际测量天体图像的质心偏移可以解析获得天体星历误差 $\boldsymbol{B}$,即

$$\boldsymbol{B} = \boldsymbol{A}_{ib}\boldsymbol{A}_{\text{bs}}\delta \boldsymbol{r}_{\text{t}}^{\text{s}} = \boldsymbol{A}_{ib}\boldsymbol{A}_{\text{bs}}(r_{\text{t}}^{\text{p}}\boldsymbol{l}_{\text{t}}^{\text{p}} - r_{\text{t}}^{\text{a}}\boldsymbol{l}_{\text{t}}^{\text{a}}) \tag{7-130}$$

式中:$\boldsymbol{A}_{\text{ib}}$ 为探测器本体系到惯性系的坐标转换矩阵;$\boldsymbol{A}_{\text{bs}}$ 为敏感器测量坐标系至探测器本体坐标系的坐标转换矩阵;$\delta \boldsymbol{r}_{\text{t}}^{\text{s}}$ 为星历误差在敏感器坐标系中的误差矢量;$\boldsymbol{l}_{\text{t}}^{\text{p}}$ 为规划天体图像质心所对应的目标天体位置单位矢量(如式(7－124)所示,含目标天体星历误差),$\boldsymbol{l}_{\text{t}}^{\text{a}}$ 为实际天体图像质心所对应的目标天体位置单位矢量;r_{t}^{a} 和 r_{t}^{p} 分别为探测器到实际目标天体的距离、探测器到由行星星历所得目标天体位置的距离,r_{t}^{a} 和 r_{t}^{p} 具体可由规划天体图像和实际测量图像获得,即

$$\begin{cases} r_{\text{t}}^{\text{a}} = l_{pm}^{\text{a2d}} R_{\text{target}} / R_{\text{image}}^{\text{a}} \\ r_{\text{t}}^{\text{p}} = l_{\text{pm}}^{\text{p2d}} R_{\text{target}} / R_{\text{image}}^{\text{p}} \end{cases} \tag{7-131}$$

式中:R_{target} 为目标行星的半径;$R_{\text{image}}^{\text{a}}$ 为实际测量行星图像在二维成像平面坐标系所成图像的半径;$R_{\text{image}}^{\text{p}}$ 为规划行星图像在二维成像平面坐标系所成图像的半径;$l_{\text{pm}}^{\text{a2d}}$ 和 $l_{\text{pm}}^{\text{p2d}}$ 分别为 $\boldsymbol{l}_{\text{pm}}^{\text{a2d}}$ 和 $\boldsymbol{l}_{\text{pm}}^{\text{p2d}}$ 的矢量大小,且

$$\begin{cases} \boldsymbol{l}_{\text{pm}}^{\text{a2d}} = [x_{\text{2d}}^{\text{a}} \quad y_{\text{2d}}^{\text{a}} \quad -f]^{\text{T}} \\ \boldsymbol{l}_{\text{pm}}^{\text{p2d}} = [x_{\text{2d}}^{\text{p}} \quad y_{\text{2d}}^{\text{p}} \quad -f]^{\text{T}} \end{cases} \tag{7-132}$$

式中:f 为导航敏感器焦距;$(x_{\text{2d}}^{\text{a}}, y_{\text{2d}}^{\text{a}})$ 和 $(x_{\text{2d}}^{\text{p}}, y_{\text{2d}}^{\text{p}})$ 分别为实际测量行星图像的质心和规划行星图像的质心在二维成像坐标系中的坐标。

2. 基于天文/测控信息的直接解析星历误差方法

目标天体星历误差量测值 $\boldsymbol{B}$ 可以由测控导航子系统和天文导航子系统的

状态估计 $\hat{\boldsymbol{x}}_{\text{cel}}^{\text{target}}$ 和 $\hat{\boldsymbol{x}}_{\text{radio}}^{\text{helio}}$ 获得,即

$$\boldsymbol{B}=\hat{\boldsymbol{x}}_{\text{radio}}^{\text{helio}}-\hat{\boldsymbol{x}}_{\text{cel}}^{\text{target}}-\hat{\boldsymbol{x}}_{\text{target}}^{\text{helio}} \tag{7-133}$$

式中:$\hat{\boldsymbol{x}}_{\text{target}}^{\text{helio}}$ 是行星星历数据库中目标天体在日心惯性坐标系中的位置矢量。

3. 星历误差状态估计

1)状态模型

为了消除目标行星星历误差对导航精度的影响,可以单独估计星历误差,也可与探测器位置和速度联合估计星历误差。依据星历误差的估计形式,独立的星历误差状态估计的状态模型如式(7-120)所示;与系统位置、速度状态变量联合估计的扩维状态模型为

$$\begin{bmatrix}\dot{\boldsymbol{r}}\\ \dot{\boldsymbol{v}}\\ \dot{\boldsymbol{B}}\end{bmatrix}=\begin{bmatrix}\boldsymbol{v}\\ \boldsymbol{a}\\ \boldsymbol{0}\end{bmatrix}+\begin{bmatrix}\boldsymbol{w}_{\text{r}}\\ \boldsymbol{w}_{\text{v}}\\ \boldsymbol{w}_{\text{B}}\end{bmatrix} \tag{7-134}$$

式中:$\boldsymbol{X}^{\text{a}}=[\boldsymbol{r}^{\text{T}},\boldsymbol{v}^{\text{T}},\boldsymbol{B}^{\text{T}}]^{\text{T}}$ 为扩维状态变量;$\boldsymbol{W}^{\text{a}}=[\boldsymbol{w}_{\text{r}}\quad \boldsymbol{w}_{\text{v}}\quad \boldsymbol{w}_{\text{B}}]^{\text{T}}$ 为扩维状态模型噪声。

2)量测模型

基于目标天体图像质心偏差的星历误差量测模型为

$$\boldsymbol{Z}_{\text{image}}=\boldsymbol{B}+\boldsymbol{v}_{\text{image}} \tag{7-135}$$

式中:$\boldsymbol{Z}_{\text{image}}$ 为采用基于目标天体图像的直接解析方法所确定的目标天体星历误差;$\boldsymbol{v}_{\text{image}}$ 为量测模型的误差。

基于天文/测控信息的星历误差量测模型为

$$\boldsymbol{Z}_{\text{c/r}}=\boldsymbol{B}+\boldsymbol{v}_{\text{c/r}} \tag{7-136}$$

式中:$\boldsymbol{Z}_{\text{c/r}}$ 为采用基于目标天体图像的直接解析方法所确定的目标天体星历误差;$\boldsymbol{v}_{\text{c/r}}$ 为量测模型的误差。

如果星历误差与系统位置、速度状态变量联合估计,则对应的星光角距 $[\boldsymbol{\theta}_{1i},\boldsymbol{\theta}_{2i},\boldsymbol{\theta}_{3i}]^{\text{T}}$ 和星历误差扩维量测模型可以表示为

$$\begin{cases}\boldsymbol{\theta}_{1i}=\arccos(-\boldsymbol{l}_{\text{p1}}\cdot\boldsymbol{s}_{1i})+\boldsymbol{v}_1\\ \boldsymbol{\theta}_{2i}=\arccos(-\boldsymbol{l}_{\text{p2}}\cdot\boldsymbol{s}_{2i})+\boldsymbol{v}_2\\ \boldsymbol{\theta}_{3i}=\arccos(-\boldsymbol{l}_{\text{p3}}\cdot\boldsymbol{s}_{3i})+\boldsymbol{v}_3\\ \boldsymbol{B}_z=\boldsymbol{B}+\boldsymbol{v}_{\text{B}}\end{cases} \tag{7-137}$$

式中:扩维量测量 $\boldsymbol{Z}^{\mathrm{a}}=[\boldsymbol{\theta}_{1i}^{\mathrm{T}},\boldsymbol{\theta}_{2i}^{\mathrm{T}},\boldsymbol{\theta}_{3i}^{\mathrm{T}},\boldsymbol{B}^{\mathrm{T}}]^{\mathrm{T}}$,扩维量测量所对应的测量噪声为 $\boldsymbol{V}^{\mathrm{a}}=[\boldsymbol{v}_1^{\mathrm{T}},\boldsymbol{v}_2^{\mathrm{T}},\boldsymbol{v}_3^{\mathrm{T}},\boldsymbol{v}_{\mathrm{B}}^{\mathrm{T}}]^{\mathrm{T}}$,则扩维量测模型可以简写为

$$\boldsymbol{Z}^{\mathrm{a}}=h^{\mathrm{a}}(\boldsymbol{X}^{\mathrm{a}})+\boldsymbol{V}^{\mathrm{a}} \tag{7-138}$$

式中:$h^{\mathrm{a}}(\cdot)$为扩维量测模型。

3)可观测性分析

为了分析扩维状态变量是否可估,本节给出了扩维状态导航系统的可观测性。式(7-134)的 Jacobian 矩阵可以表示为

$$\boldsymbol{F}=\left.\frac{\partial f(\boldsymbol{X})}{\partial \boldsymbol{X}}\right|_{X=X_k}=\begin{bmatrix}\boldsymbol{0}_{3\times3} & \boldsymbol{I}_{3\times3} & \boldsymbol{0}_{3\times3}\\ \boldsymbol{S}_{3\times3} & \boldsymbol{0}_{3\times3} & \boldsymbol{0}_{3\times3}\\ \boldsymbol{0}_{3\times3} & \boldsymbol{0}_{3\times3} & \boldsymbol{0}_{3\times3}\end{bmatrix} \tag{7-139}$$

其中

$$\boldsymbol{S}_{3\times3}=\begin{bmatrix}3\mu_{\mathrm{t}}\frac{x^2}{r_{\mathrm{pt}}^5}-\mu_{\mathrm{t}}\frac{1}{r_{\mathrm{pt}}^3}-\mu_{\mathrm{s}}\frac{1}{r_{\mathrm{ps}}^3}-\sum_{i}^{N(i\neq n_{\mathrm{t}})}\mu_i\frac{1}{r_{\mathrm{p}i}^3} & 3\mu_{\mathrm{t}}\frac{xy}{r_{\mathrm{pt}}^5} & 3\mu_{\mathrm{t}}\frac{xz}{r_{\mathrm{pt}}^5}\\ 3\mu_{\mathrm{t}}\frac{xy}{r_{\mathrm{pt}}^5} & 3\mu_{\mathrm{t}}\frac{y^2}{r_{\mathrm{pt}}^5}-\mu_{\mathrm{t}}\frac{1}{r_{\mathrm{pt}}^3}-\mu_{\mathrm{s}}\frac{1}{r_{\mathrm{ps}}^3}-\sum_{i}^{N(i\neq n_{\mathrm{t}})}\mu_i\frac{1}{r_{\mathrm{p}i}^3} & 3\mu_{\mathrm{t}}\frac{yz}{r_{\mathrm{pt}}^5}\\ 3\mu_{\mathrm{t}}\frac{xz}{r_{\mathrm{pt}}^5} & 3\mu_{\mathrm{t}}\frac{yz}{r_{\mathrm{pt}}^5} & 3\mu_{\mathrm{t}}\frac{z^2}{r_{\mathrm{pt}}^5}-\mu_{\mathrm{t}}\frac{1}{r_{\mathrm{pt}}^3}-\mu_{\mathrm{s}}\frac{1}{r_{\mathrm{ps}}^3}-\sum_{i}^{N(i\neq n_{\mathrm{t}})}\mu_i\frac{1}{r_{\mathrm{p}i}^3}\end{bmatrix} \tag{7-140}$$

因此,状态转移矩阵 $\boldsymbol{\Phi}$ 可以表示为

$$\boldsymbol{\Phi}=\boldsymbol{I}_{9\times9}+T\cdot\boldsymbol{F}=\begin{bmatrix}\boldsymbol{\Gamma}_{6\times6} & \boldsymbol{0}_{3\times3}\\ \boldsymbol{0}_{3\times6} & \boldsymbol{I}_{3\times3}\end{bmatrix} \tag{7-141}$$

其中

$$\boldsymbol{\Gamma}_{1_{6\times3}}=\begin{bmatrix}\boldsymbol{I}_{3\times3} & T\cdot\boldsymbol{I}_{3\times3}\\ T\cdot\boldsymbol{S}_{3\times3} & \boldsymbol{I}_{3\times3}\end{bmatrix} \tag{7-142}$$

量测矩阵 $\boldsymbol{H}$ 可以表示为

$$\boldsymbol{H}=\begin{bmatrix}\boldsymbol{A}_{1_{3\times3}} & \boldsymbol{0}_{3\times3} & \boldsymbol{0}_{3\times3}\\ \boldsymbol{A}_{2_{3\times3}} & \boldsymbol{0}_{3\times3} & \boldsymbol{0}_{3\times3}\\ \boldsymbol{A}_{3_{3\times3}} & \boldsymbol{0}_{3\times3} & \boldsymbol{0}_{3\times3}\\ \boldsymbol{0}_{3\times3} & \boldsymbol{0}_{3\times3} & \mathbf{I}_{3\times3}\end{bmatrix}_{12\times9} \tag{7-143}$$

其中

$$A_{1_{3\times3}}=\begin{bmatrix}D_{1_{1\times3}}\\D_{2_{1\times3}}\\D_{3_{1\times3}}\end{bmatrix}=\begin{bmatrix}D_{1_{1\times3}}^{\mathrm{T}} & D_{2_{1\times3}}^{\mathrm{T}} & D_{3_{1\times3}}^{\mathrm{T}}\end{bmatrix}^{\mathrm{T}} \tag{7-144}$$

且

$$D_{j_{1\times3}}=\frac{1}{\left(1-\left(\frac{q}{r_{\mathrm{ap}}}\right)^2\right)^{\frac{1}{2}}}\begin{bmatrix}\frac{s_{jx}}{r_{\mathrm{ap}}}-\frac{q(x_{\mathrm{a}}-x)}{r_{\mathrm{ap}}^3} & \frac{s_{jx}}{r_{\mathrm{ap}}}-\frac{q(y_{\mathrm{a}}-y)}{r_{\mathrm{ap}}^3} & \frac{s_{jx}}{r_{\mathrm{ap}}}-\frac{q(z_{\mathrm{a}}-z)}{r_{\mathrm{ap}}^3}\end{bmatrix} \tag{7-145}$$

式中：$q=\boldsymbol{l}_{\mathrm{s}j}^{\mathrm{I}}\cdot(-\boldsymbol{l}_{\mathrm{pc}}^{\mathrm{I}})=s_{jx}(x_{\mathrm{a}}-x)+s_{jy}(y_{\mathrm{a}}-y)+s_{jz}(z_{\mathrm{a}}-z)$，$\boldsymbol{l}_{\mathrm{s}j}^{\mathrm{I}}=[s_{jx}\quad s_{jy}\quad s_{jz}]^{\mathrm{T}}$ 为第 j 颗背景恒星在惯性坐标系中的单位矢量；$(x_{\mathrm{a}},y_{\mathrm{a}},z_{\mathrm{a}})$ 为近天体（目标天体及目标天体的卫星）的位置矢量在惯性坐标系中的坐标；$r_{\mathrm{ap}}=((x_{\mathrm{a}}-x)^2+(y_{\mathrm{a}}-y)^2+(z_{\mathrm{a}}-x)^2)^{1/2}$ 为探测器距离近天体的距离。对于火星探测器，$\boldsymbol{A}_1$ 中的近天体为火星，$\boldsymbol{A}_2$ 中的近天体为火卫一，$\boldsymbol{A}_3$ 中的近天体为火卫二。

扩维状态变量的自主导航系统可观测矩阵可以表示为

$$M_{\mathrm{obs}}=\begin{bmatrix}H\\H\Phi\\\vdots\\H\Phi^{n-1}\end{bmatrix}=\begin{bmatrix}B_{1_{9\times6}} & 0_{3\times3}\\0_{3\times6} & I_{3\times3}\\B_{2_{9\times6}} & 0_{3\times3}\\0_{3\times6} & I_{3\times3}\\\vdots & \vdots\\B_{n_{9\times6}} & 0_{3\times3}\\0_{3\times6} & I_{3\times3}\end{bmatrix}=\begin{bmatrix}A_{1_{3\times3}} & 0_{3\times3} & 0_{3\times3}\\A_{2_{3\times3}} & 0_{3\times3} & 0_{3\times3}\\A_{3_{3\times3}} & 0_{3\times3} & 0_{3\times3}\\0_{3\times3} & 0_{3\times3} & I_{3\times3}\\A_{1_{3\times3}} & TA_{1_{3\times3}} & 0_{3\times3}\\A_{1_{3\times3}} & TA_{1_{3\times3}} & 0_{3\times3}\\A_{1_{3\times3}} & TA_{1_{3\times3}} & 0_{3\times3}\\0_{3\times3} & 0_{3\times3} & I_{3\times3}\\\vdots & \vdots & \vdots\\A_{1_{3\times3}}U_1 & A_{1_{3\times3}}U_2 & 0_{3\times3}\\A_{2_{3\times3}}U_1 & A_{2_{3\times3}}U_2 & 0_{3\times3}\\A_{3_{3\times3}}U_1 & A_{3_{3\times3}}U_2 & 0_{3\times3}\\0_{3\times3} & 0_{3\times3} & I_{3\times3}\end{bmatrix} \tag{7-146}$$

其中

$$\boldsymbol{B}_{1_{9\times6}}=\begin{bmatrix}\boldsymbol{A}_{1_{3\times3}} & \mathbf{0}_{3\times3}\\ \boldsymbol{A}_{2_{3\times3}} & \mathbf{0}_{3\times3}\\ \boldsymbol{A}_{3_{3\times3}} & \mathbf{0}_{3\times3}\end{bmatrix},\boldsymbol{B}_{2_{9\times6}}=\begin{bmatrix}\boldsymbol{A}_{1_{3\times3}} & T\cdot\boldsymbol{A}_{1_{3\times3}}\\ \boldsymbol{A}_{2_{3\times3}} & T\cdot\boldsymbol{A}_{2_{3\times3}}\\ \boldsymbol{A}_{3_{3\times3}} & T\cdot\boldsymbol{A}_{3_{3\times3}}\end{bmatrix},\cdots,\boldsymbol{B}_{n_{9\times6}}=\boldsymbol{B}_{1_{9\times6}}\boldsymbol{\Gamma}_{6\times6}^{n-1} \tag{7-147}$$

$$\boldsymbol{U}_1=\mathbf{I}+C_{n-1}^2T^2\boldsymbol{S}+C_{n-1}^4T^4\boldsymbol{S}^2+\cdots+C_{n-1}^{n-1}T^{n-1}\boldsymbol{S}^{\frac{n-1}{2}} \tag{7-148}$$

$$\boldsymbol{U}_2=\mathbf{I}+C_{n-1}^1T+C_{n-1}^3T^3\boldsymbol{S}+\cdots+C_{n-1}^{n-2}T^{n-2}\boldsymbol{S}^{\frac{n-1}{2}-1} \tag{7-149}$$

式中:$\boldsymbol{A}_{1_{3\times3}}$、$\boldsymbol{A}_{2_{3\times3}}$和$\boldsymbol{A}_{3_{3\times3}}$的各列矢量分别表示量测量火星、火卫一、火卫二星光角距在相互正交的三轴方向的量测模型,因此各列矢量互不相关,且如式(7-146)所示,可观测矩阵$\boldsymbol{M}_{\text{obs}}$的九个列矢量线性无关,因此可观测矩阵$\boldsymbol{M}_{\text{obs}}$为列满秩矩阵,即

$$\text{rank}(\boldsymbol{M}_{\text{obs}})=9 \tag{7-150}$$

因此,星历误差扩维的天文导航系统完全随机可观测,所有的状态都可估。

7.5.3 基于目标天体图像星历误差估计修正的自主导航方法

本节针对深空探测器捕获段天文测角自主导航中的星历误差,建立扩维火星星历误差模型,并根据星历误差对目标天体图像信息的影响,建立基于火星图像信息的星历误差解析量测模型,提出一种基于图像信息星历误差扩维状态估计的自主导航方法,实现火星星历误差的实时在线估计,并将星历误差反馈修正至系统模型中,最终获得了高精度的相对目标天体(相对导航)和相对地球导航信息(绝对导航)。

1. 基于目标天体图像星历的星历误差估计和反馈修正

基于扩维状态估计的自主导航系统框图如图7-42所示,依据7.6.1节建立的扩维星历误差状态模型和量测模型,即式(7-134)和式(7-138),估计星历误差矢量$\boldsymbol{B}$,之后,反馈校正星历误差所影响的行星星历、状态模型等,从而减小目标天体星历误差对导航精度的影响,具体反馈修正环节如下。

由于状态模型建立在以目标天体质心为中心的惯性坐标系中,因此无论目标天体星历是否有星历误差,状态模型中的目标天体位置坐标都为$[0,0,0]^{\text{T}}$,而其他行星以及太阳在目标天体质心为中心的惯性坐标系中的坐标由于坐标系转

换而受到目标天体星历误差的影响，以太阳为例，在日心惯性坐标系中，其位置坐标为$[0,0,0]^{\mathrm{T}}$，而在火星质心惯性坐标系中，其位置矢量可以表示为

$$\boldsymbol{r}^{\text{target}} = \boldsymbol{r}^{\text{helio}} - \boldsymbol{r}_{\text{target}}^{\text{helio}} - \delta\boldsymbol{r}_{\text{target}}^{\text{helio}} \tag{7-151}$$

式中：$\boldsymbol{r}^{\text{helio}} = [0,0,0]^{\mathrm{T}}$；$\boldsymbol{r}_{\text{target}}^{\text{helio}} + \delta\boldsymbol{r}_{\text{target}}^{\text{helio}}$为目标天体行星星历。因此，可以看出，状态模型中所使用的其他行星星历和太阳星历都受到目标行星星历误差$\delta\boldsymbol{r}_{\text{target}}^{\text{helio}}$的影响，因此所估计的目标行星星历误差可以有效地修正状态模型中的其他行星星历和太阳星历为

$$\boldsymbol{r}^{\text{target}} = \boldsymbol{r}^{\text{helio}} - \boldsymbol{r}_{\text{target}}^{\text{helio}} - \delta\boldsymbol{r}_{\text{target}}^{\text{helio}} + \delta\hat{\boldsymbol{r}}_{\text{target}}^{\text{helio}} \tag{7-152}$$

式中：$\delta\hat{\boldsymbol{r}}_{\text{target}}^{\text{helio}}$为估计所得的目标天体星历误差。

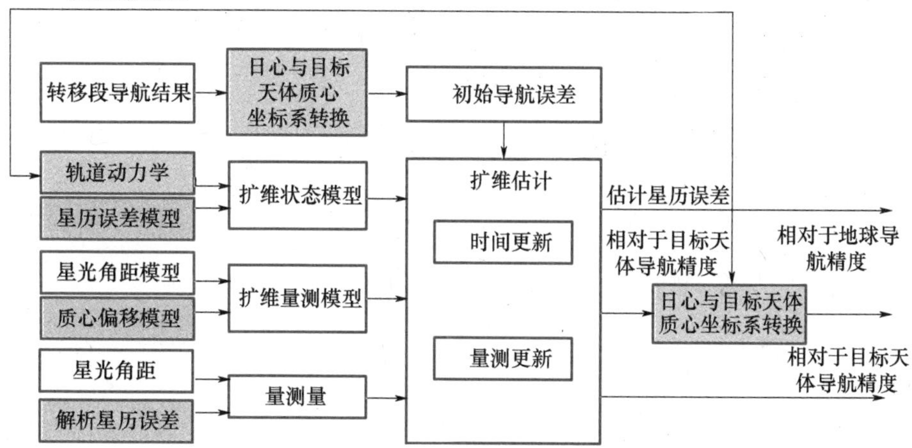

图 7-42　基于扩维状态估计的自主导航系统框图

2. 计算机仿真

1）仿真条件

本节采用与第 4 章相同的 2018 年火星探测任务，探测器轨道由 STK Astrogator 产生。仿真中使用 JPL DE421 行星星历，火卫一和火卫二的星历为 SPICE 星历，所使用的恒星星历为 Tycho-2 恒星星历。火星、火卫一、火卫二和恒星敏感器的测量误差为 0.1 像素，火星、火卫一、火卫二敏感器为 MRO 任务的 ONC 导航敏感器，火星星历误差为[10km，10km，10km]。

2）仿真结果与分析

（1）基于直接解析方法所得的星历误差。

图7-43给出了直接解析方法计算所得的星历误差,由图7-43可以看出,计算所得的星历误差接近真实星历误差10km,但直接解析方法受到敏感器测量误差的影响。

(2) 基于扩维状态估计方法所得的星历误差。

图7-44给出了基于扩维状态估计方法所得的星历误差。由图7-44可以看出,所估计的星历误差快速收敛至误差真值10km。与直接解析方法计算的星历误差相比,估计所得的星历误差更为准确,这是由于基于扩维的状态估计方法可以减小随机误差在直接解析过程中的影响。

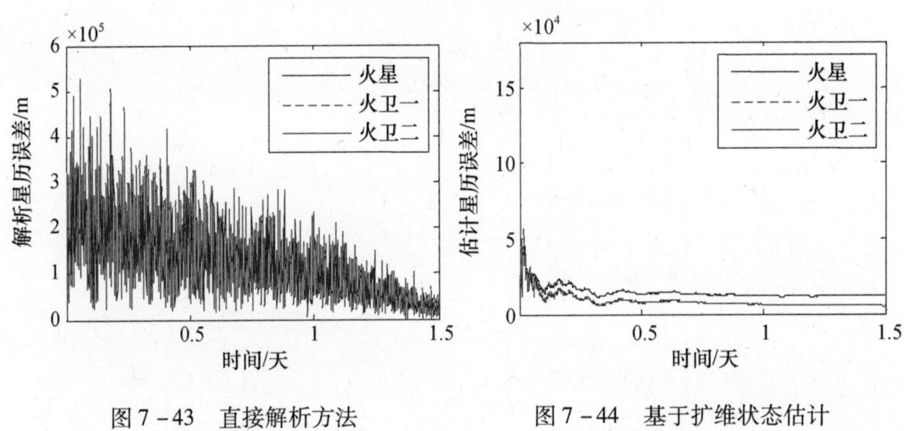

图7-43 直接解析方法所得的星历误差

图7-44 基于扩维状态估计方法所得的星历误差

(3) 两种方法的比较。

图7-43和表7-18给出了基于直接解析星历误差修正和基于扩维星历误差状态估计修正的自主导航结果比较和仿真结果比较。图7-45给出了相对于火星的自主导航结果。图中两种方法所得的相对于火星的自主导航结果精度相当,这也说明了天文导航在获取相对于目标天体导航过程中,导航精度受目标天体星历误差影响很小。从图7-42和表7-18可以看出,本节所提方法可提供更高精度的相对于地球导航信息。

从表7-18可以看出,与直接解析星历修正方法相比,本节所提方法显著提高了相对于地球的自主导航精度。这是由于虽然两种方法都可以获得目标天体星历误差,但扩维星历误差状态估计可以得到更高精度的星历误差,因此基于扩维星历误差状态估计修正的自主导航精度更高。

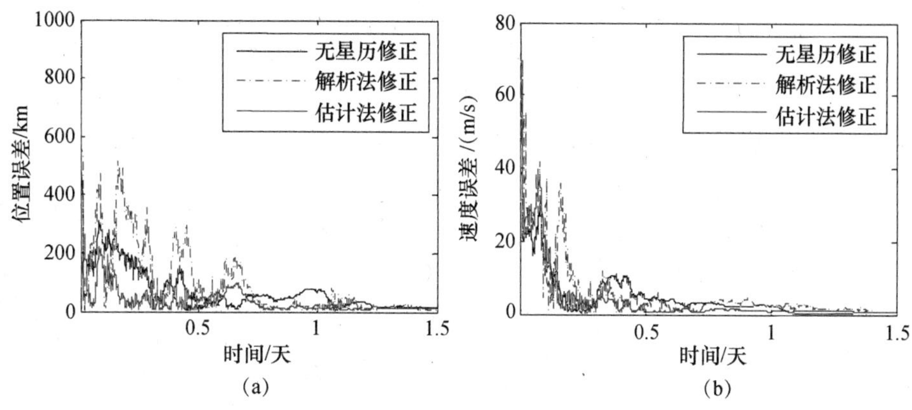

图 7-45　自主导航精度比较

(a)位置误差;(b)速度误差。

表 7-18　仿真结果比较

方法	估计位置误差/km	估计速度误差/(m/s)	计算用时/s
无星历误差修正	40.4144	1.5273	46.1751
解析星历误差修正	18.6975	2.0912	46.9760
估计星历误差修正	10.1739	0.6931	50.9722

值得特别注意的是,表 7-18 所得仿真结果是基于以下假设所得的仿真结果。

(1) 导航时间为几十天以内,这样可以保证星历误差特性可以近似为常值偏移。

(2) 导航中的探测器姿态确定误差和敏感器安装误差可以忽略,这是由于这两种误差都将会对所测量的天体图像质心产生影响,进而影响星历误差的计算精度。

(3) 仿真中采用的滤波方法要求状态模型噪声和量测噪声均为零均值、不相关的高斯白噪声,才可保证自主导航系统所估计结果的准确性。

7.5.4　基于天文/测控导航信息星历误差估计修正的导航方法

本节针对深空探测器导航精度受行星星历影响这一问题,提出了一种基于天文\测控导航信息星历修正的深空探测器导航方法,该方法将无线电测控导航信息和天文导航信息进行信息融合。一方面,通过对目标行星的星历误差进行估计和反馈,避免了提升相对地球导航精度时损失相对目标天体导航精度的;另一方面,由于目标天体星历的反馈,也提高了两个导航子系统轨道动力学的模型精度,进一步提升了信息融合后的导航性能。

1. 天文/测控导航系统模型

1) 天文导航子系统模型

考虑太阳和火星对探测器的引力作用,选取火心惯性坐标系,可得深空探测器在火心惯性坐标系中的状态模型。为了避免姿态确定误差对轨道确定误差的影响,本书选择导航天体与背景恒星间夹角(星光角距)作为量测量,其对应的量测模型如式(7-31)所示。

2) 无线电测控导航子系统模型

与天文导航子系统的轨道动力学模型类似,但坐标系选取日心惯性坐标系,可得深空探测器在日心惯性坐标系的状态模型。无线电测控导航子系统的量测量选取无线电测控测距和测速信息,其量测模型为

$$\rho = \sqrt{(x-x_f)^2+(y-y_f)^2+(z-z_f)^2} \tag{7-153}$$

$$\dot{\rho} = \frac{\dot{\boldsymbol{\rho}}\cdot\boldsymbol{\rho}}{\rho} = \frac{(x-x_f)(\dot{x}-\dot{x}_f)+(y-y_f)(\dot{y}-\dot{y}_f)+(z-z_f)(\dot{z}-\dot{z}_f)}{\rho} \tag{7-154}$$

式中:ρ 是测控站与深空探测器之间的距离;$\dot{\rho}$ 是测控站与深空探测器之间的相对速度;(x_f,y_f,z_f) 是测控站在日心惯性坐标系的位置矢量。其中深空探测器与测控站之间的距离变化率可以通过信号多普勒频移测量得出,即

$$\dot{\rho} = c\left(1-\frac{f'_{\mathrm{rec}}-\delta f_{\mathrm{atm}}-\delta f_0}{f_0}\right) \tag{7-155}$$

式中:c 是真空中光速;f_0 是地面测控站发射信号的频率;$f_{\mathrm{rec}}{}'$ 是地面测控站接收的信号频率;δf_{atm} 是由大气层延迟引起的频率偏差;δf_0 是由于时钟的不稳定引起的频率变化。深空探测器与测控站之间的距离 R 可以由地面测控站发射到深空探测器的信号延迟进行测量,可以表示为

$$\rho = c\tau + c\delta t_{\mathrm{R}} - c\delta t_T + \delta\rho_{\mathrm{atm}} + \delta\rho_{\mathrm{trop}} + \delta\rho_{\mathrm{ion}} + \varepsilon \tag{7-156}$$

式中:τ 为信号发射时间;δt_{R} 为接收机的时钟偏差;δt_{T} 为发射信号时钟偏差;$\delta\rho_{\mathrm{atm}}$ 为大气对无线电的时延;$\delta\rho_{\mathrm{trop}}$ 为无线电对流层延迟;$\delta\rho_{\mathrm{ion}}$ 为无线电电离层

延迟；ε 为其他误差，如仪器噪声等。

2. 基于星历修正的信息融合方法

图7－46给出了基于星历修正的信息融合方法流程图，图中给出了天文导航子系统、测控导航子系统、星历估计和修正子系统的关系图。该信息融合方法的核心为星历估计和修正部分，估计后的星历误差 $\hat{\boldsymbol{X}}_{\mathrm{err},k}$ 和估计误差方差 $\boldsymbol{P}_{\mathrm{err},k}$ 反馈回信息融合主滤波器输出，得到相对于目标行星和相对于地球的高精度导航信息；同时，反馈回无线电测控导航子系统和天文导航子系统的状态模型，修正状态模型中的天体星历，减小两个导航子系统的状态模型误差，提高了导航系统的整体导航精度。

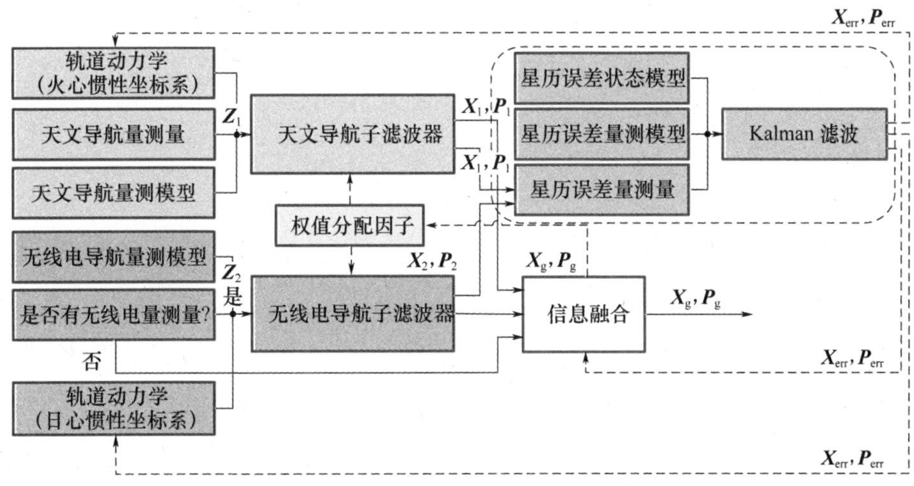

图7－46　基于星历修正的信息融合方法示意图

1）滤波方法

深空探测器导航系统状态模型是非线性模型，EKF由于截断误差的影响，精度较低；UPF计算量大，实时性差。因此，本书选择UKF作为信息融合的滤波方法。

2）信息融合方法

$\boldsymbol{X}_1(k)$、$\boldsymbol{P}_1(k)$ 和 $\boldsymbol{X}_2(k)$、$\boldsymbol{P}_2(k)$ 分别为无线电测控导航子系统与自主天文导航子系统的状态估计值及状态估计方差。主滤波器的全局最优估计 $\hat{\boldsymbol{X}}_{\mathrm{g}}(k)$ 和全局最优估计均方差阵 $\boldsymbol{P}_{\mathrm{g}}(k)$ 可由下式获得，即

$$\hat{\boldsymbol{X}}_{\mathrm{g}}(k)=\boldsymbol{P}_{\mathrm{g}}(k)[\boldsymbol{P}_1^{-1}(k)\boldsymbol{X}_1(k)+\boldsymbol{P}_2^{-1}(k)\boldsymbol{X}_2(k)] \tag{7-157}$$

$$\boldsymbol{P}_g(k)=[\boldsymbol{P}_1^{-1}(k)+\boldsymbol{P}_2^{-1}(k)]^{-1} \tag{7-158}$$

$$\hat{\boldsymbol{X}}_1(k)=\hat{\boldsymbol{X}}_g(k) \tag{7-159}$$

$$\boldsymbol{P}_i(k)=\beta_i\cdot\boldsymbol{P}_g^{-1}(k) \tag{7-160}$$

$$\beta_1+\beta_2=1 \tag{7-161}$$

式中:β_i 是信息融合的权值分配因子,为估计误差方差迹的倒数。由于 UKF 的稳定性不及 EKF,因此仅反馈状态变量。图 7-46 给出了基于星历修正的 UKF 信息融合方法流程图,信息融合后,系统直接提供相对于目标天体的导航结果,相对于地球的导航结果可以由更新的星历信息经过坐标系转换得到。

3) 星历误差的估计和修正

由于星历误差状态模型和量测模型都为线性模型,本书采用 Kalman 滤波方法对星历误差 $\hat{\boldsymbol{X}}_{\mathrm{err},k}$ 及其方差 $\boldsymbol{P}_{\mathrm{err},k}$ 进行估计。估计后的星历误差 $\hat{\boldsymbol{X}}_{\mathrm{err},k}$ 和估计误差方差 $\boldsymbol{P}_{\mathrm{err},k}$ 一方面反馈回无线电测控导航子系统与天文导航子系统的输出,得到相对于目标行星和相对于地球的高精度导航信息;另一方面反馈回无线电测控导航子系统和天文导航子系统的状态模型,修正状态模型中的天体星历,减小两个导航子系统的状态模型误差。

(1) 天文导航子系统状态模型的修正。

在天文导航子系统中,所有天体的坐标都表示在目标天体质心惯性坐标系中,因此目标天体的星历误差对目标天体质心坐标系的原点没有影响,真实目标天体的质心可以表示为$[0,0,0]^{\mathrm{T}}$,但其他天体的坐标都由于坐标转换包含了目标天体的星历误差。例如,在日心惯性坐标系中,第 i 个天体在目标天体质心坐标系中的坐标可以表示为

$$\boldsymbol{X}_i^{\mathrm{target}}=\boldsymbol{X}_i^{\mathrm{helio}}-\boldsymbol{X}_{\mathrm{target}}^{\mathrm{helio}}-\boldsymbol{X}_{\mathrm{err}} \tag{7-162}$$

式中:$\boldsymbol{X}_i^{\mathrm{hello}}$ 为第 i 个天体在日心惯性坐标系中的坐标;$\boldsymbol{X}_{\mathrm{target}}^{\mathrm{helio}}$ 为真实目标天体在日心惯性坐标系中的星历;$\boldsymbol{X}_{\mathrm{err}}$ 为目标天体星历误差,且 $\tilde{\boldsymbol{X}}_{\mathrm{target}}^{\mathrm{helio}}=\boldsymbol{X}_{\mathrm{target}}^{\mathrm{helio}}+\boldsymbol{X}_{\mathrm{err}}$。因此,状态模型中其他天体的星历受目标天体星历误差 $\boldsymbol{X}_{\mathrm{err}}$ 的影响,所估计的目标天体星历误差可用于修正状态模型中其他天体的星历,因此其他天体的星历可以表示为

$$\boldsymbol{X}_i^{\mathrm{target}}=\boldsymbol{X}_i^{\mathrm{helio}}-\boldsymbol{X}_{\mathrm{target}}^{\mathrm{helio}}-\boldsymbol{X}_{\mathrm{err}}+\hat{\boldsymbol{X}}_{\mathrm{err}}=\boldsymbol{X}_i^{\mathrm{helio}}-\tilde{\boldsymbol{X}}_{\mathrm{target}}^{\mathrm{helio}}+\hat{\boldsymbol{X}}_{\mathrm{err}} \tag{7-163}$$

式中:$\hat{\boldsymbol{X}}_{\mathrm{err}}$ 为估计目标天体星历误差。

(2) 无线电测控导航子系统状态模型的修正。

对于无线电测控导航子系统,所有天体的坐标都表示在日心惯性坐标系中,因此,目标天体星历误差只影响目标天体的星历,其修正后的目标天体星历可以表示为

$$\hat{\boldsymbol{X}}_{\text{target}}^{\text{helio}} = \boldsymbol{X}_{\text{target}} - \boldsymbol{X}_{\text{err}} + \hat{\boldsymbol{X}}_{\text{err}} = \widetilde{\boldsymbol{X}}_{\text{target}}^{\text{helio}} + \hat{\boldsymbol{X}}_{\text{err}} \tag{7-164}$$

式中:$\hat{\boldsymbol{X}}_{\text{target}}^{\text{helio}}$为修正后的目标天体星历。

4) 导航结果修正判断准则

(1) 相对于目标天体的导航结果。

不仅信息融合后的组合导航系统可以提供相对于目标天体的导航结果,自主导航子系统也可提供,因此最终信息融合后输出的相对于目标天体的估计状态变量 $\boldsymbol{X}_{\text{g}}^{\text{target}}$ 和 $\boldsymbol{P}_{\text{g}}^{\text{target}}$ 为

$$\begin{cases} \boldsymbol{P}_{\text{g}}^{\text{target}} = \boldsymbol{P}_{\text{g}}, \boldsymbol{X}_{\text{g}}^{\text{target}} = \boldsymbol{X}_{\text{g}}, \boldsymbol{P}_{\text{g}} < \boldsymbol{P}_1 \\ \boldsymbol{P}_{\text{g}}^{\text{target}} = \boldsymbol{P}_1, \boldsymbol{X}_{\text{g}}^{\text{target}} = \boldsymbol{X}_1, \boldsymbol{P}_1 < \boldsymbol{P}_{\text{g}} \end{cases} \tag{7-165}$$

(2) 相对于地球的导航结果。

同时,不仅信息融合后的组合导航系统可以提供相对于地球的导航结果,无线电测控导航子系统也可提供,因此最终信息融合后输出的相对于地球的估计状态变量 $\boldsymbol{X}_{\text{g}}^{\text{earth}}$ 和 $\boldsymbol{P}_{\text{g}}^{\text{earth}}$ 为

$$\begin{cases} \boldsymbol{P}_{\text{g}}^{\text{earth}} = \boldsymbol{P}_{\text{g}}', \boldsymbol{X}_{\text{g}}^{\text{earth}} = \boldsymbol{X}_{\text{g}}', \boldsymbol{P}_{\text{g}}' < \boldsymbol{P}_2 \\ \boldsymbol{P}_{\text{g}}^{\text{earth}} = \boldsymbol{P}_2, \boldsymbol{X}_{\text{g}}^{\text{earth}} = \boldsymbol{X}_2, \boldsymbol{P}_2 < \boldsymbol{P}_{\text{g}}' \end{cases} \tag{7-166}$$

式中:$\boldsymbol{X}_{\text{g}}'$和 $\boldsymbol{P}_{\text{g}}'$为信息融合系统所得的在地心惯性坐标系的估计状态矢量和估计误差方差,$\boldsymbol{X}_{\text{g}}' = \boldsymbol{X}_{\text{g}} - \boldsymbol{X}_{\text{target}}^{\text{helio}} - \delta\boldsymbol{X}_{\text{target}}^{\text{helio}} + \boldsymbol{X}_{\text{earth}}^{\text{helio}} + \delta\boldsymbol{X}_{\text{earth}}^{\text{helio}}, \boldsymbol{P}_{\text{g}}' = \boldsymbol{P}_{\text{g}} + \boldsymbol{P}_{\text{target}}^{\text{helio}}$。

3. 计算机仿真

1) 仿真条件

本书以火星探测器为例对所提方法进行仿真验证,以 2013 年火星探测任务为例,选取国际上大多火星探测器采用的直接转移(由地球出发直接飞向火星)轨道作为仿真轨道,仿真中所用的火星探测器由 STK 软件 Astrogator 模块生成,火星探测器初始轨道参数和滤波参数如表 7-19 所列。

表 7－19 仿真初始轨道参数和滤波参数

初始参数	参数值
发射时间	13 Nov 2013
抵达时间	10 Sept 2014
发射能量	13.0753 km^2/s^2
RA	190.4091°
Dec	17.3471°
仿真时间	1 Aug. 2014 at (MOI－40d) to 1 Sep. 2014 at (MOI－10d)
接近火星时间	10 Sep 2014 00:00:00.000
近地点高度	264 km
远地点高度	80000 km
轨道积分方法及步长	RKF89/ 1s
初始位置和速度误差	$[1000km,1000km,1000km,1m/s,1m/s,1m/s]^T$
火星质心识别测量误差	0.1 像素
火卫一质心识别测量误差	0.1 像素
火卫二质心识别测量误差	0.1 像素

仿真中所使用的行星星历采用 JPL DE421 星历，火星卫星星历采用 SPICE 星历，恒星星历采用 Tycho－2 恒星星历。仿真中所采用的导航天体敏感器参数如表 7－20 所列，仿真中无线电测控导航子系统所采用的三个深空站，其中仿真中至少保证有一个深空站可以获得无线电观测数据，如图 7－47 所示。仿真中目标天体的星历误差设为 $[10000m,10000m,10000m]^T$。

表 7－20 天文导航敏感器参数

敏感器参数	值
焦距/mm	2013.4
视场/mrad	10×10
分辨率/(μrad/像素)	10
CCD 大小/像素	1024×1024
像素大小/μm	21

2）仿真结果

为了评价所提方法的有效性，首先，分别给出了无线电测控导航子系统和天文导航子系统的导航结果；其次，通过比较不同星历误差条件下信息融合的结果，分析了星历误差对信息融合的影响；最后，给出了分别采用直接解析方

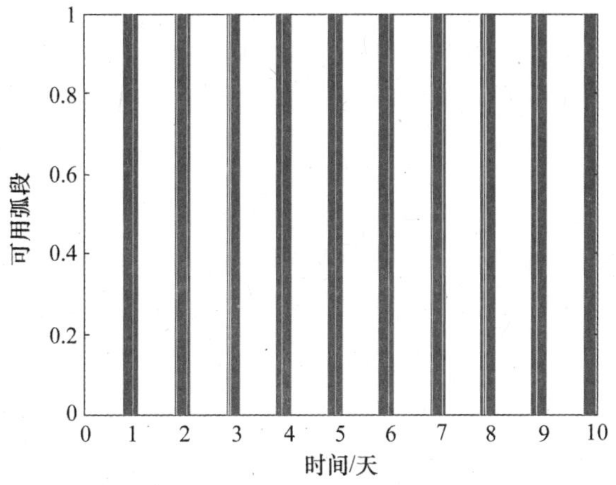

图 7－47　无线电测控可用弧段

法和状态估计方法进行修正的信息融合结果，证明了星历修正的重要性和所提方法的有效性。

(1) 两个子系统的导航结果。

图 7－48 和表 7－21 给出了无线电测控导航子系统的相对于地球和相对于火星的导航结果，由图 7－48 可以看出，无线电测控导航子系统可以提供相对于地球高精度的导航性能，位置估计精度为 1.4993m，速度估计精度为 7.9599×10^{-6}m/s。这是由于无线电测控导航子系统直接测量相对于地球的观测量，如到地球测控站的距离、速度等。但由于系统受到火星星历误差影响，无线电测控导航子系统无法提供高精度的相对于火星的导航精度。因此，无线电测控导航通常用于为深空探测任务提供相对于地球的导航结果。

图 7－48 和表 7－21 同时给出天文导航子系统相对于地球和相对于火星的导航结果，与无线电测控导航子系统不同，天文导航子系统直接测量相对于火星的观测量，如火星的图像等，而且其相对于火星的导航结果几乎不受火星星历误差的影响。无论火星星历误差如何变化，天文导航子系统相对于火星的导航结果基本保持不变。然而，由于火星星历误差的存在，天文导航子系统不能提供高精度的相对于地球的导航结果，其位置估计误差为 2.0316×10^4m，速度估计误差为 0.0356m/s。因此，天文导航子系统一般为深空探测任务提供相对于目标天体的导航结果。

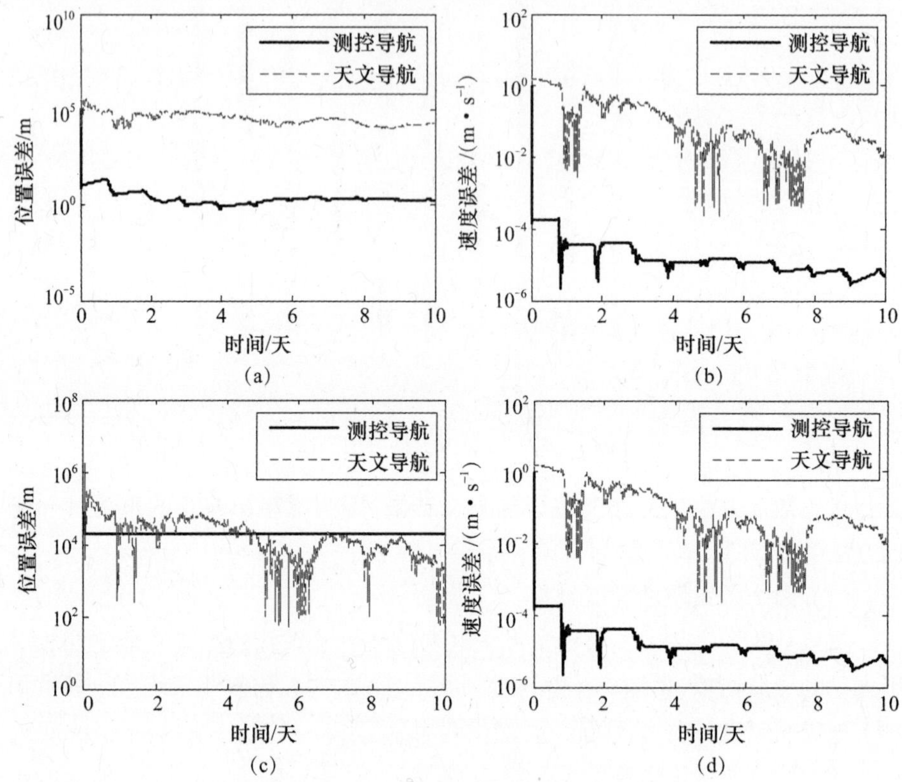

图 7-48　两个子系统导航结果性能比较

(a)位置误差(相对于地球);(b)速度误差(相对于地球);

(c)位置误差(相对于火星);(d)速度误差(相对于火星)。

表 7-21　两个子系统导航结果

方法	位置估计误差		速度估计误差	
	相对于地球/m	相对于火星/m	相对于地球/(m/s)	相对于火星/(m/s)
无线电测控导航子系统	1.4993	1.7322×10^4	7.9599×10^{-6}	7.9599×10^{-6}
天文导航子系统	2.0316×10^4	8.6747×10^3	0.0356	0.0356

(2) 直接信息融合的导航结果(含星历误差)。

图 7-49 和表 7-22 给出了没有星历误差和包含星历误差的信息融合结果,由图 7-49 和表 7-22 可以看出,信息融合的精度直接受到火星星历误差

的影响。此外,图中还给出了信息融合后导航结果修正后的导航结果,从图中可以看出,火星星历误差直接影响了无线电测控导航子系统相对于火星的状态估计矢量,因此不经导航结果修正直接融合方法所提供的相对于地球的导航精度低于无线电测控导航子系统。

经过导航结果修正,系统信息融合后可以提供相对于地球以及相对于火星高精度的导航结果。这是由于导航结果修正时,融合了各子系统更精确的导航结果。但是与没有星历误差的信息融合导航结果相比,火星星历误差仍然传播到组合导航系统中,并影响了信息融合的结果,因此星历误差的影响仍然不可忽略。

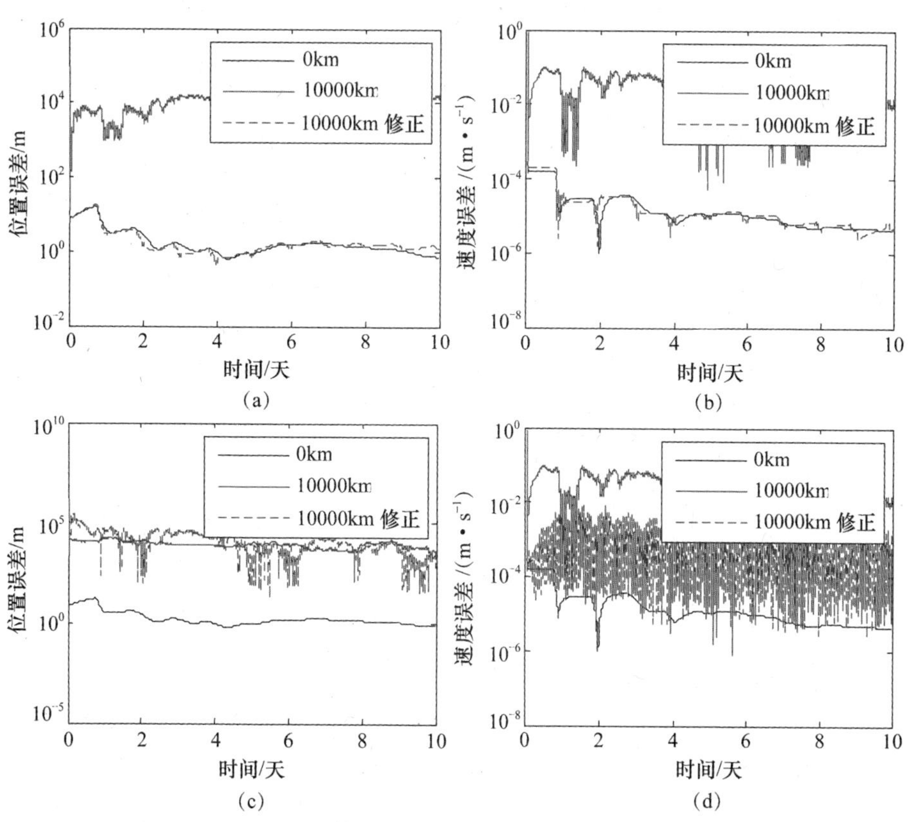

图7－49　直接信息融合的导航结果

(a)位置误差(相对于地球);(b)速度误差(相对于地球);
(c)位置误差(相对于火星);(d)速度误差(相对于火星)

表 7－22　直接信息融合的导航结果比较

方法	位置估计误差		速度估计误差	
	相对于地球/m	相对于火星/m	相对于地球/(m/s)	相对于火星/(m/s)
没有星历误差	1.3345	1.3345	0.0075	0.0075
包含星历误差	1.1818×10^4	8.2224×10^3	0.0217	0.0217
修正后导航结果	1.4963	7.8062×10^3	7.8873×10^{-6}	0.0034

(3) 星历修正信息融合的导航结果。

图 7－50 和表 7－23 给出了三种星历修正方法后信息融合的导航结果，包括没有星历修正、直接解析星历修正和状态估计星历修正。图 7－50 给出了直接解析星历修正和状态估计星历修正计算或估计的星历误差。

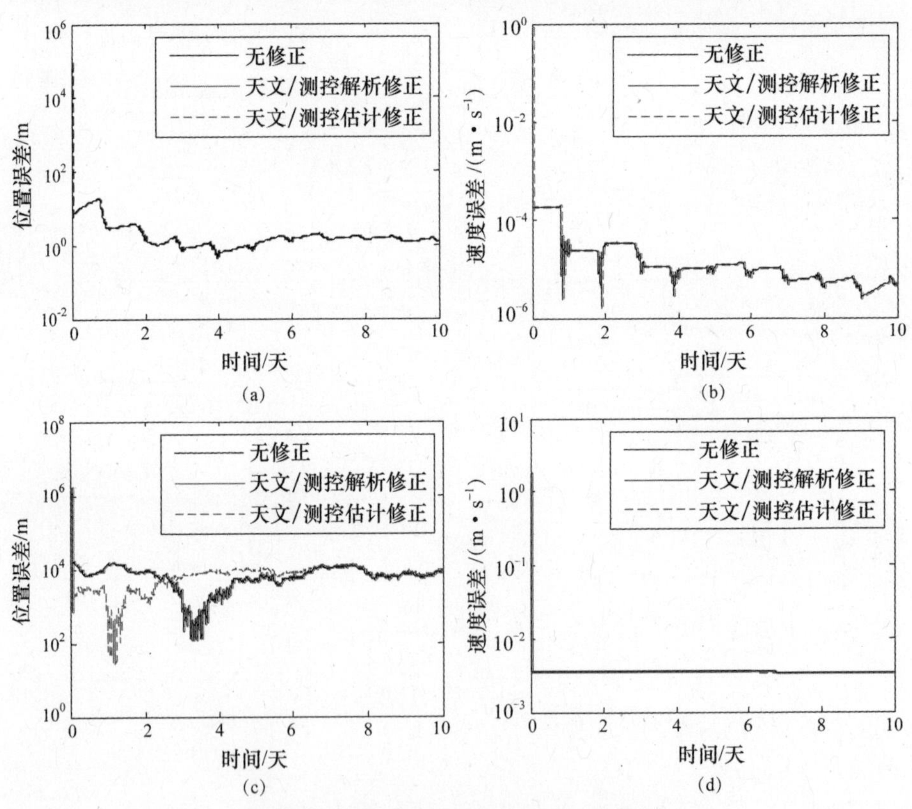

图 7－50　星历修正信息融合的导航结果

(a)位置误差(相对于地球)；(b)速度误差(相对于地球)；

(c)位置误差(相对于火星)；(d)速度误差(相对于火星)。

由图7－50和表7－23可以看出，直接解析星历修正信息融合后相对于地球的导航结果得到一定的改进，同时相对于火星的导航精度也有所提高。与天文导航子系统相比，解析星历修正后信息融合相对于火星的导航结果精度更高，采用该方法所计算的星历误差估计精度为7.8075 km（图7－50）。因此，虽然精度提高并不明显，但精度的小范围提高也是归因于直接解析方法为系统提供了所需修正的星历误差。

表7－23　星历修正信息融合的导航结果比较

方法	位置估计误差		速度估计误差	
	相对于地球/m	相对于火星/m	相对于地球/(m/s)	相对于火星/(m/s)
没有星历修正	1.4963	7.8062×10^3	7.8873×10^{-6}	0.0034
直接解析星历修正	1.4962	7.8061×10^3	7.8870×10^{-6}	0.0034
星历估计修正	1.4961	4.4704×10^3	7.8867×10^{-6}	0.0034

采用星历估计信息融合方法，组合导航系统可提供最高的导航精度，其中相对于地球的位置估计精度提高至1.4961 m，相对于火星的位置估计精度提高至4.4704km。火星星历误差的估计精度为4.4707km（图7－51所示）。正是因为修正了系统的状态模型中的星历误差，所以相对于火星和相对于地球的导航精度都不同程度的有所提高。由此也可以看出，火星星历误差估计精度的提高是由于滤波估计方法减小了火星星历误差模型误差和测量误差中的随机特性部分，最终获得相比直接解析方法更为精确的火星星历误差。因此，采用星历修正信息融合可以提高导航精度，准确估计星历误差，并修正系统状态模型中的星历误差，减小星历误差对导航精度的影响。

3）星历误差估计精度的影响因素分析

星历误差的估计精度受到滤波过程中各参数的影响，如初始星历误差和初始星历误差方差、系统状态模型误差方差、量测模型误差方差等。本节分析其中的各影响因素对星历误差估计精度的影响。

（1）初始星历误差和初始星历误差方差。

初始星历误差 $\boldsymbol{X}_{\mathrm{err}}(0)$ 是导航初始时刻对星历误差的先验知识，初始星历误差方差可以表示为 $\boldsymbol{P}_{\mathrm{err}}(0)=\boldsymbol{E}(\boldsymbol{X}_{\mathrm{err}}(0)\boldsymbol{X}_{\mathrm{err}}(0)^{\mathrm{T}})$。初始星历误差和初始星历误差方差对最后的导航估计具有一定的影响。图7－52和表7－24给出了

不同初始星历误差条件下所估计得到的星历误差。从图7－52和表7－24可以看出,星历误差的估计精度随着初始星历误差的增大而降低,即初始星历误差越大,星历误差的估计精度越差。

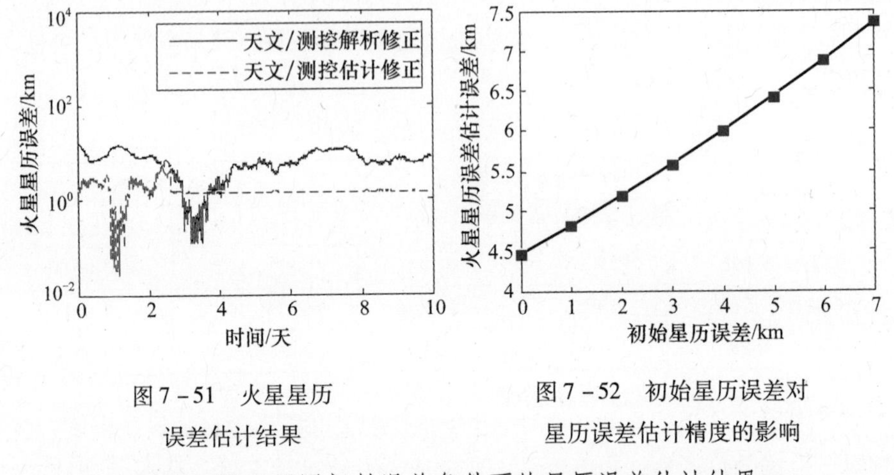

图7－51　火星星历误差估计结果

图7－52　初始星历误差对星历误差估计精度的影响

表7－24　不同初始误差条件下的星历误差估计结果

初始星历误差	0	1	2	3	4	5	6	7
星历估计误差/km	4.4707	4.8165	5.1865	5.5803	5.9978	6.4371	6.8938	7.3632

(2) 状态模型误差方差。

状态模型误差方差阵可以表示为 $\boldsymbol{Q}_{\text{err}}=\boldsymbol{E}[(\boldsymbol{W}_{\text{err}})(\boldsymbol{W}_{\text{err}})^{\text{T}}]$,但是本仿真条件下,状态模型误差方差阵不确知,因此状态模型误差方差可以假设为

$$\boldsymbol{Q}_{\text{err}}=q_0\begin{bmatrix}1&0&0\\0&1&0\\0&0&1\end{bmatrix}$$

图7－53和表7－25给出了不同状态模型误差方差阵条件下所估计的星历误差。仿真中,q_0的变化范围为$10^{-5}\sim10^{12}$。可以从图中看出,当$q_0=10^2$时,星历误差估计精度最高,即如果设置的$\boldsymbol{Q}_{\text{err}}$符合真实的星历误差状态模型误差协方差矩阵,星历误差估计精度最高。因此,为了获得高精度的星历误差估计,星历误差状态模型误差协方差矩阵需要准确设置。

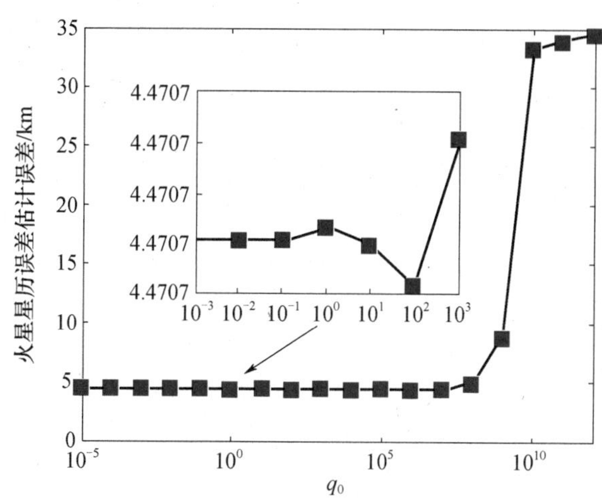

图 7 – 53　状态模型误差方差对星历误差估计精度的影响

表 7 – 25　不同状态模型误差方差条件下的星历误差估计结果

q_0	估计误差 /km	q_0	估计误差 /km
10^{-5}	4. 4707	10^4	4. 4707
10^{-4}	4. 4707	10^5	4. 4711
10^{-3}	4. 4707	10^6	4. 4742
10^{-2}	4. 4707	10^7	4. 5059
10^{-1}	4. 4707	10^8	4. 8333
10^{-0}	4. 4707	10^9	8. 7871
10^1	4. 4707	10^{10}	33. 1153
10^2	4. 4707	10^{11}	33. 8097
10^3	4. 4707	10^{12}	34. 4143

（3）量测模型误差方差。

量测模型误差协方差矩阵可以表示为 $\boldsymbol{R}_{\mathrm{err}}=\boldsymbol{E}[(\boldsymbol{V}_{\mathrm{err}})(\boldsymbol{V}_{\mathrm{err}})^{\mathrm{T}}]$，在本方法仿真过程中，真实量测模型误差协方差矩阵为 $\widetilde{\boldsymbol{R}}_{\mathrm{err}}=\boldsymbol{E}[(\boldsymbol{Z}_{\mathrm{err}}-\widetilde{\boldsymbol{X}}_{\mathrm{err}})\cdot(\boldsymbol{Z}_{\mathrm{err}}-\widetilde{\boldsymbol{X}}_{\mathrm{err}})^{\mathrm{T}}]$，$\widetilde{\boldsymbol{X}}_{\mathrm{err}}$为真实的火星星历误差。但是实际中，真实的火星星历误差 $\widetilde{\boldsymbol{X}}_{\mathrm{err}}$不确知，因此，本仿真过程中采用上一时刻的火星星历误差替代真实的火星星历误差，则近似的量测模型误差协方差矩阵可以表示为 $\boldsymbol{R}_{\mathrm{err}}(k)=\boldsymbol{E}[(\boldsymbol{Z}_{\mathrm{err}}(k)-\boldsymbol{X}_{\mathrm{err}}(k-1))(\boldsymbol{Z}_{\mathrm{err}}(k)-\boldsymbol{X}_{\mathrm{err}}(k-1))^{\mathrm{T}}]$。

图7-54和表7-26给出了不同量测模型误差方差阵条件下所估计的星历误差。从图7-54和表7-26可以看出,当量测模型误差方差阵设置为理想值$\tilde{\boldsymbol{R}}_{err}$时,星历误差估计精度最高,但由于仿真中量测模型误差方差的统计特性并不确知,只能以近似值$\boldsymbol{R}_{err}$替代,因此最终的星历误差估计精度受到限制。

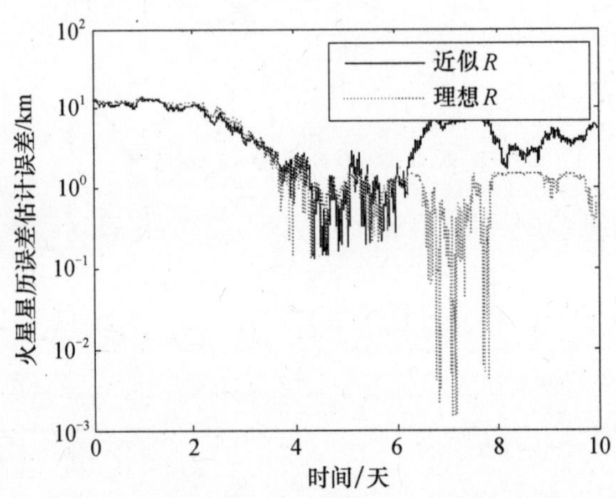

图7-54 量测模型误差方差对星历误差估计精度的影响

表7-26 不同量测模型误差方差条件下的星历误差估计结果

量测模型误差协方差阵	估计误差 /km
真实$\boldsymbol{R}_{err}$	4.4707
近似$\boldsymbol{R}_{err}$	1.1426

本节建立了火星星历误差状态模型,分析了星历误差对目标天体图像信息、天文/测控量测信息的影响,提出了一种基于扩维星历误差状态估计的深空探测器行星捕获段自主导航方法和一种基于星历修正的深空探测器天文/测控信息融合方法。两种方法分别以实际测量行星图像与规划行星图像、无线电测控导航子系统和天文导航子系统状态估计解析得到目标天体星历误差作为量测量,对星历误差进行扩维状态估计,并将估计结果反馈修正行星星历、状态模型,同时提供高精度的相对于目标天体和相对于地球的导航信息,为深空探测器捕获段克服星历误差的影响提供了一种解决途径。

7.6 基于变尺度自适应滤波的深空探测器自主导航方法

根据轨道动力学模型和量测模型误差分析，除随机误差、已定系统误差外，深空探测器自主天文导航系统中还存在不定系统误差，如探测器捕获段轨道动力学模型积分误差。在火星影响球外，轨道动力学模型为多体轨道动力学，其摄动天体包括太阳、八大行星、太阳光压等摄动影响，进入火星影响球后，轨道动力学为二体轨道动力学，主要的摄动力为火星引力、火星非球形摄动、火星卫星摄动、其他未建模摄动。在捕获段飞行过程中，两个模型的切换并非瞬间完成的，而是一个缓慢变化的过程。在捕获段火星交会前，火星引力加速度急剧增大，轨道积分后捕获段模型误差也迅速增大，状态估计后的导航误差也急剧增大，最终导航结果发散。这是由于滤波器模型误差方差阵的设置是建立在已知误差统计特性的基础上。在不确定误差存在的条件下，滤波器的模型误差方差阵无法跟踪上述确定误差的变化，也无法反映真实误差方差。如果滤波器的模型误差方差阵设计不合理会导致滤波发散。因此，要获得高精度的状态估计，需要采用自适应滤波估计方法自适应调节滤波器关键参数，提高自主导航系统的精度和可靠性，防止滤波发散。

在自适应参数估计领域众多研究学者进行了相关研究，如参数自适应估计方法、多模型自适应方法和智能方法辅助的状态估计方法等。滤波参数在线估计方法是基于贝叶斯自适应估计理论，利用系统状态矢量的残差和更新的状态矢量后验协方差矩阵，对模型误差协方差阵进行在线估计，计算简单。多模型方法是处理模型参数变化的一种有效方法，该方法是通过建立多个状态模型再进行状态估计，对各模型的状态估计结果加权后，获得最终的估计结果。由于多模型方法最终的导航结果与选取的模型数目成正比，模型建立的越多，所获得的状态估计结果越精确，为了获得更高精度的导航结果，需要建立多个状态模型及其对应的滤波器，计算复杂。基于智能方法辅助的状态估计方法是利用神经网络等智能算法不断逼近真实的系统模型，减小系统模型不定系统误差，进而实现自适应状态估计。针对深空探测器自主导航系统的不确定误差，多级分层混合专家的自适应滤波、多模型自适应滤波和参数自适应估计方法已应用于深空探测器各阶段的自主导航系统。

本节针对深空探测器行星捕获段系统模型中主要的具有复杂规律的不定系统误差,提出了一种多尺度自适应 UKF 滤波方法,以轨道模型微分方程的高阶局部截断误差为步长选择依据,随模型误差方差的变化自适应变化滤波步长,并基于贝叶斯自适应估计理论,实时自适应估计模型误差协方差矩阵,抑制具有复杂规律的不定系统误差,最终使自主导航系统在行星捕获段获得更优的导航精度。

7.6.1 行星捕获段的轨道积分不定系统误差

根据对轨道积分误差的分析可以得出,轨道积分误差可以表示为

$$\delta \boldsymbol{a}_{\mathrm{I}}(t)=\sum_{i=p}^{\infty}\frac{H_{step}^{p}}{p!}\frac{\mathrm{d}^{p}}{\mathrm{d}t^{p}}f(t,\boldsymbol{a}(t)) \tag{7-167}$$

式中:$f(t,a(t))$为探测器轨道动力学模型;p为数值积分方法的阶数;H_{step}为积分步长。虽然可以用该误差模型描述轨道积分误差,但该误差不仅难以用统计规律描述,而且探测器轨道动力学模型随时间的高阶变化量$\frac{\mathrm{d}^{p}}{\mathrm{d}t^{p}}f(t,\boldsymbol{a}(t))$难以精确表示。因此,轨道动力学积分误差可以视为具有复杂规律的不确知系统误差,该误差在轨道动力学模型中两次积分,直接影响了探测器的导航精度。

7.6.2 变尺度自适应 UKF 滤波方法

针对深空探测器行星捕获段系统模型中的轨道积分误差,本节提出了一种基于时间尺度自适应变化,模型误差参数自适应变化的滤波方法,以减小轨道积分误差这一类不定系统误差对导航精度的影响。

考虑非线性离散系统

$$\boldsymbol{x}_{k+1}=f(\boldsymbol{x}_k,k)+\boldsymbol{w}_k \tag{7-168}$$

$$\boldsymbol{y}_k=h(\boldsymbol{x}_k,k)+\boldsymbol{v}_k \tag{7-169}$$

式中:$\boldsymbol{x}_k$为系统第k步时的状态矢量;$\boldsymbol{z}_k$为第k步时的系统量测量;$\boldsymbol{w}_k$为第k步时的系统误差;$\boldsymbol{v}_k$为第k步时的量测误差;非线性函数f和非线性函数g分别表示系统的状态转移函数和量测函数。其中系统误差和量测误差互不相关,且

$$E[\boldsymbol{w}_k\boldsymbol{w}_j^{\mathrm{T}}]=\delta_{kj}\boldsymbol{Q}_k,E[\boldsymbol{v}_k\boldsymbol{v}_j^{\mathrm{T}}]=\delta_{kj}\boldsymbol{R}_k,E[\boldsymbol{v}_k\boldsymbol{w}_j^{\mathrm{T}}]=0,\forall k,j \tag{7-170}$$

式中：$\boldsymbol{Q}_k$ 为第 k 步时的系统误差协方差阵；$\boldsymbol{R}_k$ 为第 k 步时的量测误差协方差阵。

1. 自适应步长控制

一般常用的滤波方法常采用固定步长积分方法求解状态微分方程，且滤波周期和量测采样周期通常等于积分步长。然而，对于状态模型随时间变化非常快的情况，如果采用较大的积分步长，固定步长积分方法的积分结果误差较大；如果采用较小的积分步长，所需的计算时间较长，系统的实时性将受到影响。积分步长对滤波方法的性能有较大的影响。如果采用变步长积分方法来自适应变化滤波周期，可以控制随天体摄动快速变化的状态模型误差。一阶微分方程可以通过变步长积分方法得出以下解。

第 p 阶微分方程的解为

$$\tilde{x}_{n+1} = x_n + H\sum_{j=1}^{s}\tilde{b}_j k_j \tag{7-171}$$

第 q 阶微分方程的解为

$$x_{n+1} = x_n + H\sum_{j=1}^{s} b_j k_j \tag{7-172}$$

则可以利用上述两个解估计局部截断误差，即

$$\delta = \|\tilde{x}_{n+1} - x_{n+1}\|_\infty = \max(|\tilde{x}_{n+1} - x_{n+1}|) \tag{7-173}$$

将局部截断误差与阈值比较

$$\varepsilon = \max(|x_n|)\varepsilon_\mathrm{r} + \varepsilon_\mathrm{a} \tag{7-174}$$

式中：ε_r 为相对阈值；ε_a 为绝对阈值。本章中选取 $\varepsilon_\mathrm{a}=0$，对于七级八阶积分方法，$\varepsilon_\mathrm{r}=10^{-15}$。

如果局部截断误差小于阈值，则积分结果有效；当局部截断误差大于阈值，选择更小的步长作为新的步长 H_new 重新进行计算，即

$$H_\mathrm{new} = H_\mathrm{old} m_\mathrm{factor}\left(\frac{\varepsilon}{\delta}\right)^{1/k+1}, k = \min(p,q) \tag{7-175}$$

式中：m_factor 为边界因子（一般选为 0.8 ~ 0.9），避免采用的新步长仍然难以满足阈值条件。如果采用的新步长进行积分的结果满足阈值条件，则该补偿将用于下一时刻的积分。

2. 自适应参数估计

滤波参数是影响滤波性能的因素之一，如果没有准确的滤波参数，所估计

的状态矢量将不准确,含有较大的估计误差。其中,量测误差协方差阵和模型误差协方差阵是对滤波性能影响最大的两个参数。相比量测误差,模型误差更难准确获得,因此有必要自适应调节模型误差协方差阵。假设模型误差和量测误差都为加性噪声,因此基于贝叶斯自适应估计理论,模型误差协方差阵的估计可以表示为

$$\boldsymbol{Q}^{*}=\Delta\boldsymbol{x}_{k}\Delta\boldsymbol{x}_{k}^{\mathrm{T}}-[\boldsymbol{P}_{k}^{+}-(\boldsymbol{P}_{k}^{-}-\hat{\boldsymbol{Q}}_{k}^{-})] \tag{7-176}$$

式中:$\Delta\boldsymbol{x}_k$ 为系统状态矢量的残差 $\Delta\boldsymbol{x}_k\equiv\hat{\boldsymbol{x}}_k^{+}-\hat{\boldsymbol{x}}_k^{-}=\boldsymbol{q}_{s,k}$;$\hat{\boldsymbol{x}}_k^{+}$ 为量测更新后的状态矢量;$\hat{\boldsymbol{x}}_k^{-}$ 为量测更新前的状态矢量;$[\boldsymbol{P}_{k}^{+}-(\boldsymbol{P}_{k}^{-}-\hat{\boldsymbol{Q}}_{k}^{-})]$为连续两步状态更新的状态矢量误差后验协方差阵,所以更新的模型误差协方差阵可以表示为

$$\hat{\boldsymbol{Q}}_{k}^{+}=\hat{\boldsymbol{Q}}_{k}^{-}+1/\gamma(\boldsymbol{Q}^{*}-\hat{\boldsymbol{Q}}_{k}^{-}) \tag{7-177}$$

可以将 $\hat{\boldsymbol{Q}}_{k}^{+}$ 表示为

$$\hat{\boldsymbol{Q}}_{k}^{+}=\begin{bmatrix}\boldsymbol{Q}_{xx} & \boldsymbol{Q}_{x\dot{x}}\\ \boldsymbol{Q}_{\dot{x}x} & \boldsymbol{Q}_{\dot{x}\dot{x}}\end{bmatrix} \tag{7-178}$$

则将速度分量部分的模型误差协方差阵对角化得到

$$\boldsymbol{q}_{\dot{x}\dot{x}}=\mathrm{diag}(\boldsymbol{Q}_{\dot{x}\dot{x}})\frac{1}{\Delta t} \tag{7-179}$$

从而得到第 k 步到第 $k+1$ 步所估计的更新修正协方差阵 $\hat{\boldsymbol{Q}}$ 为

$$\hat{\boldsymbol{Q}}=\begin{bmatrix}0 & 0\\ 0 & \boldsymbol{q}_{\dot{x}\dot{x}}\end{bmatrix} \tag{7-180}$$

由此可见,自适应参数调节过程对权值因子 γ 非常敏感,该因子可以由下降单纯形数值方法得到,其指标函数可以表示为

$$J_{k}(\gamma)=\left[\frac{1}{N_{m}}\sum_{i=1}^{N}\{v_{1,i}^{2}+v_{2,i}^{2}+\cdots+v_{m,i}^{2}\}\right]^{1/2} \tag{7-181}$$

式中:m 为量测量的维度。

7.6.3 基于变尺度自适应滤波的自主导航系统模型

图7-55给出了基于变尺度自适应滤波自主导航系统的系统框图。基于变尺度自适应滤波的自主导航系统主要包括状态模型、量测模型、量测量的获取和变尺度自适应 UKF 滤波方法。状态模型经过轨道一步递推,计算得出高阶解截断误差,将高阶解截断误差与阈值比较,选择合适的步长,进行时间尺

度的更新；此后，状态模型完成时间更新和量测更新后，对模型误差协方差矩阵进行时间更新和量测更新，并根据量测误差计算权值因子，得出估计的模型误差协方差矩阵，并反馈至下一步自主导航状态估计中，最终由变尺度自适应滤波方法输出的导航结果转换至 B 平面坐标系中。

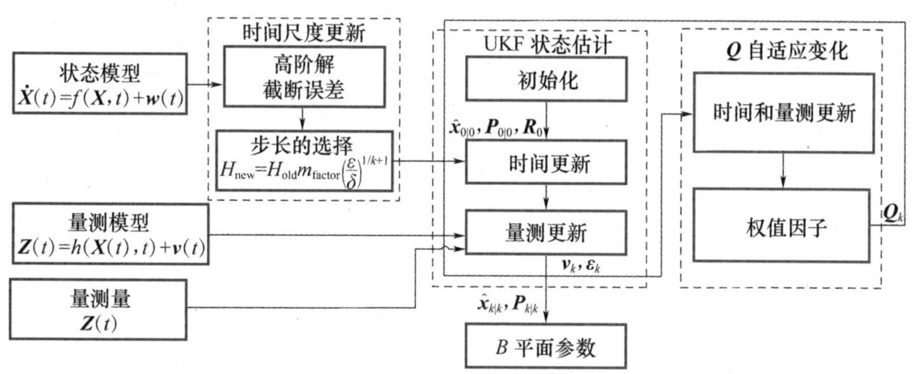

图7－55　基于变尺度自适应滤波的自主导航系统框图

1. 轨道动力学模型

考虑到深空探测器在深空中受到多个天体引力的作用，因此深空探测器的轨道运动属于N体问题，其中太阳是深空探测器的主要引力体，其他天体的引力考虑为摄动力。因此，根据摄动力来源不同，如太阳、火星、地球以及其他天体对火星探测器的引力、辐射压力、轨道机动过程中的火箭推力以及高精度的火星历表等，可建立以探测器在火心惯性坐标系中的位置速度直角坐标为基本变量的轨道动力学完整模型，即

$$\begin{cases}\dot{\boldsymbol{r}}=\boldsymbol{v}\\ \dot{\boldsymbol{v}}=-\mu_{\mathrm{m}}\dfrac{\boldsymbol{r}}{r^3}-\mu_s\left[\dfrac{\boldsymbol{r}_{\mathrm{ps}}}{r_{\mathrm{ps}}^3}-\dfrac{\boldsymbol{r}_{\mathrm{ts}}}{r_{\mathrm{ts}}^3}\right]+\boldsymbol{a}_{\mathrm{J}}+\boldsymbol{a}_{\mathrm{s}}+\boldsymbol{a}_{\mathrm{o}}\end{cases}\tag{7－182}$$

式中：$\boldsymbol{r}=[x\quad y\quad z]^{\mathrm{T}}$ 为火星探测器在火星质心惯性坐标系中的位置矢量；$\boldsymbol{v}=[v_x\quad v_y\quad v_z]^{\mathrm{T}}$ 为火星探测器在火星质心惯性坐标系中的速度矢量；μ_{m} 为火星引力常数；μ_{s} 为太阳引力常数；$\boldsymbol{a}_{\mathrm{J}}$ 为火星非球形引力加速度；$\boldsymbol{a}_{\mathrm{s}}$ 为太阳光压摄动加速度；$\boldsymbol{a}_{\mathrm{o}}$ 为其他未建模轨道摄动加速度。

设 $\boldsymbol{X}=[x,y,z,v_x,v_y,v_z]^{\mathrm{T}}$，式(7－182)可以简写为

$$\dot{\boldsymbol{X}}(t)=f(\boldsymbol{X}(t),t)+\boldsymbol{w}(t)\tag{7－183}$$

该模型适用于采用数值积分方法求解,即直接对微分方程进行数值积分计算,在探测器轨道初值给定的情况下,根据轨道动力学模型外推积分计算任意时刻的探测器的位置和速度。

2. 量测模型

自主天文导航的常用的量测量包括两个近天体之间的夹角、天体的视半径、天体到探测器的矢量方向和星光角距等。本书自主导航系统所采用的量测量是火星、火卫一和火卫二的星光角距,如图7-56所示,因此探测器自主导航系统量测模型可以表示为

$$\begin{cases}\boldsymbol{\theta}_{\mathrm{m}}=\arccos(-\boldsymbol{l}_{\mathrm{pm}}^{\mathrm{i}}\cdot\boldsymbol{s}_{\mathrm{m}i}^{\mathrm{i}})+\boldsymbol{v}_{\mathrm{m}}\\ \boldsymbol{\theta}_{\mathrm{p}}=\arccos(-\boldsymbol{l}_{\mathrm{pp}}^{\mathrm{i}}\cdot\boldsymbol{s}_{\mathrm{p}i}^{\mathrm{i}})+\boldsymbol{v}_{\mathrm{p}}\\ \boldsymbol{\theta}_{\mathrm{d}}=\arccos(-\boldsymbol{l}_{\mathrm{pd}}^{\mathrm{i}}\cdot\boldsymbol{s}_{\mathrm{d}i}^{\mathrm{i}})+\boldsymbol{v}_{\mathrm{d}}\end{cases}\tag{7-184}$$

式中:$\boldsymbol{l}_{\mathrm{pm}}^{\mathrm{i}}$为在惯性坐标系中火星的矢量方向;$\boldsymbol{s}_{\mathrm{m}i}^{\mathrm{i}}$为火星图像中第$i$个背景恒星在惯性坐标系中的矢量方向;$\boldsymbol{l}_{\mathrm{pp}}^{\mathrm{i}}$为在惯性坐标系中火卫一的矢量方向;$\boldsymbol{s}_{\mathrm{p}i}^{\mathrm{i}}$为火卫一图像中第$i$个背景恒星在惯性坐标系中的矢量方向;$\boldsymbol{l}_{\mathrm{pd}}^{\mathrm{i}}$为在惯性坐标系中火卫二的矢量方向;$\boldsymbol{s}_{\mathrm{d}i}^{\mathrm{i}}$为火卫二图像中第$i$个背景恒星在惯性坐标系中的矢量方向;$\boldsymbol{v}_{\mathrm{m}}$、$\boldsymbol{v}_{\mathrm{p}}$和$\boldsymbol{v}_{\mathrm{d}}$分别为火星、火卫一和火卫二星光角距的量测误差。

设$\boldsymbol{Z}=[\boldsymbol{\theta}_{\mathrm{m}},\boldsymbol{\theta}_{\mathrm{p}},\boldsymbol{\theta}_{\mathrm{d}}]^{\mathrm{T}}$,$\boldsymbol{V}=[\boldsymbol{v}_{m},\boldsymbol{v}_{\mathrm{p}},\boldsymbol{v}_{\mathrm{d}}]^{\mathrm{T}}$,则式(7-184)可以简写为

$$\boldsymbol{Z}(t)=h(\boldsymbol{X}(t),t)+\boldsymbol{V}(t)\tag{7-185}$$

式中:$h(\cdot)$为星光角矩量测模型的非线性函数。

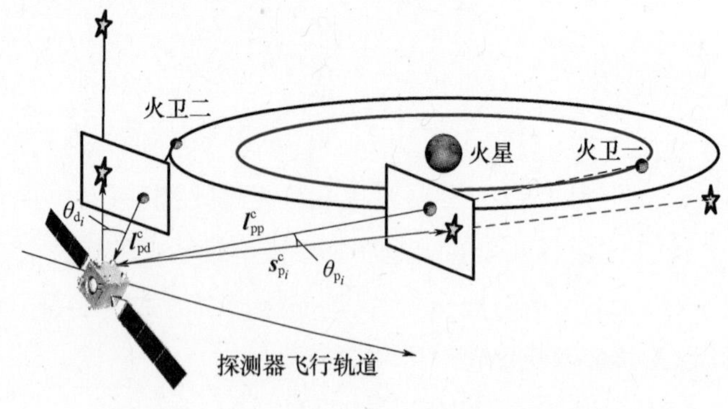

图7-56 自主天文导航系统量测信息示意图

7.6.4　计算机仿真

1. 仿真条件

图7－57给出了仿真系统示意图，仿真系统由MATLAB和STK（Satellite Tools Kits）软件联合仿真，系统共分为三个模块：任务仿真模块，由STK提供探测器真实轨道、姿态等数据、行星轨道数据和敏感器数据；自主导航模块，包括轨道动力学模型、量测模型和所设计的自适应滤波器；性能评估模块，分析自主导航模块的导航结果，分别在笛卡儿坐标系和B平面坐标系进行分析。

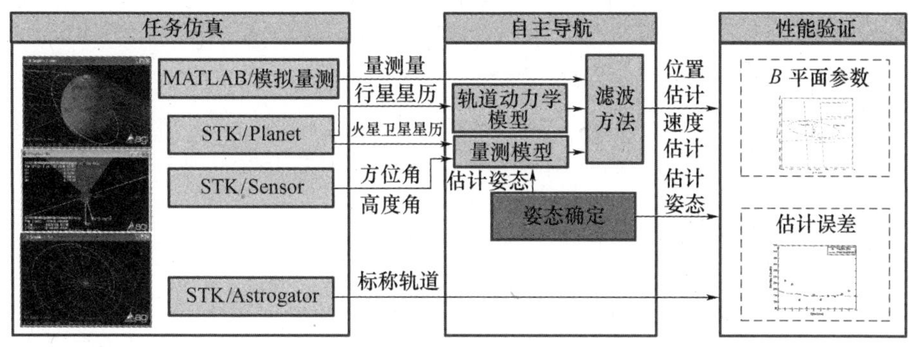

图7－57　仿真系统框图

使用由STK生成借力飞行探测任务的轨道数据，初始轨道参数为在历元1997年3月1日00:00:00.000 UTGC时，半长轴为193216365.381km，升交点赤径为0.258°，偏心率为0.236386，近升角距为71.347°，轨道倾角为23.455°，真近点角为85.152°。仿真时间为1997年7月1日00:00:00.000UTGC至1997年7月8日00:00:00.000 UTGC。参考轨道由RKV8th9th以1s的积分步长生成。探测器达到近火点时间为1997年7月4日17:03:13.000 UTGC。图7－58给出了探测器火星交会轨道。

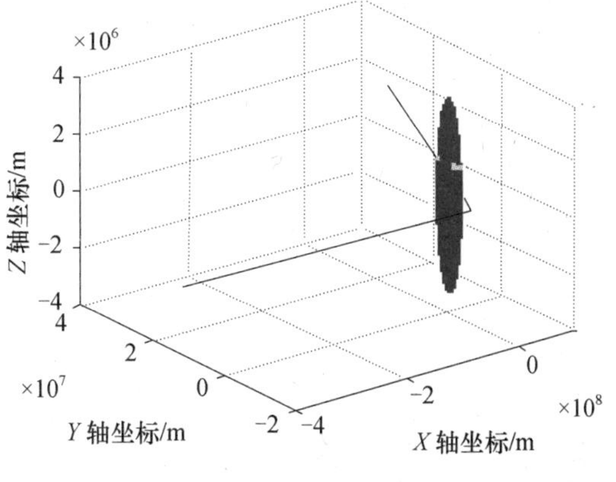

图7－58　探测器火星交会轨道

行星星历选择 DE405 行星星历,恒星星历选择第谷恒星星历。火星、火卫一、火卫二和恒星敏感器的精度为 0.1 像素,敏感器参数如表 7-27 所列。

表 7-27　天文导航敏感器参数

导航敏感器参数	指标
焦距/mm	2013.4
视场/mrad	10 × 10
分辨率/(μrad/像素)	10
成像平面/像素	1024 × 1024
像素大小/μm	21

在上述仿真条件下,太阳和火星是影响探测器运动的最主要引力体。图 7-59给出了仿真时间内作用于探测器的各天体引力加速度。在与火星交会过程中,火星和太阳的引力加速度大于,木星、金星、地球、水星和土星的引力加速度接近于10^{-6} m/s^2,而天王星、海王星、冥王星的引力加速度分别为10^{-10} m/s^2、10^{-10} m/s^2 和10^{-14} m/s^2。从图中可以看出,在探测器与火星交会过程中,火星的引力变化非常大,为10^{-2} m/s^2。由此可以推断出,采用轨道递推所产生的速度误差和位置误差也随之快速增大。

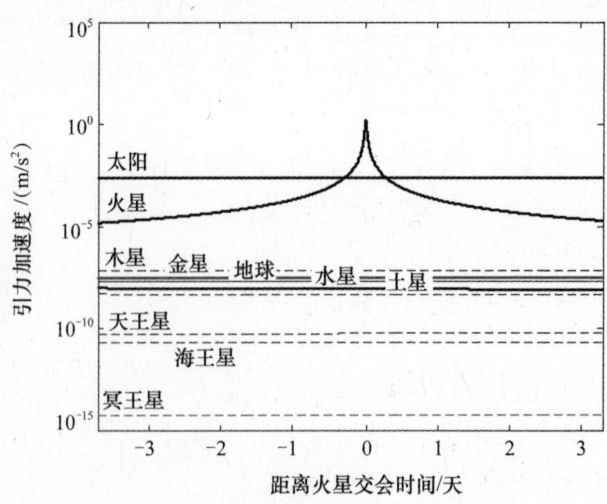

图 7-59　各天体对探测器的引力加速度

2. 仿真结果与分析

本节给出了采用不同方法的轨道递推结果和导航滤波结果。为了比较模型误差,将固定步长积分轨道递推结果和变步长积分轨道递推结果进行了比较;此外,还比较了采用 MM 滤波、UKF 固定步长滤波(FUKF)、自适应 UKF 滤波、变步长自适应 UKF 滤波(VSSAUKF)在直角坐标系和 B 平面坐标系中的导航性能。

1)固定步长积分轨道递推结果

图 7-60 给出了采用不同积分步长的固定步长轨道递推方法的位置误差和速度误差,从图中可以看出,位置误差和速度误差随时间逐步增大,并随探测器与火星距离的减小,位置误差和速度误差在与火星交会附近突然增大,并且随着积分步长的增大,轨道积分误差也增大。由此可见,轨道积分步长是影响导航精度的一个重要因素,固定步长积分在探测器行星交会阶段将突然产生较大的积分误差,在整个仿真时间内难以保持积分误差的稳定。

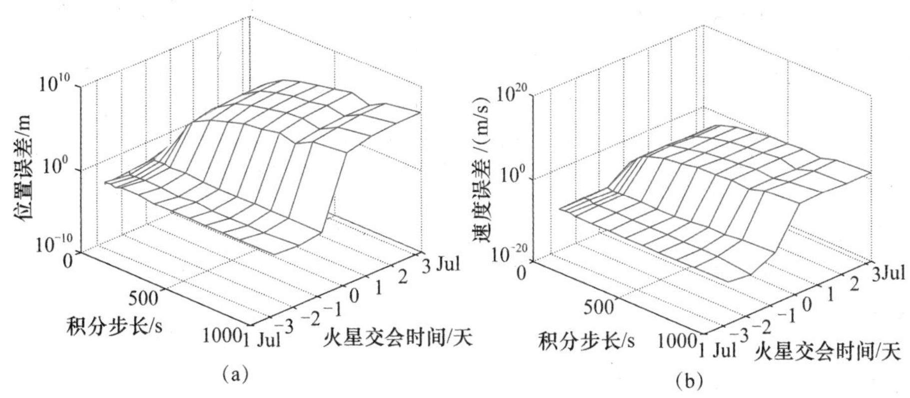

图 7-60 固定步长积分轨道递推的位置和速度误差

(a)位置误差;(b)速度误差。

2)变步长轨道积分结果

表 7-28 给出了变步长轨道积分方法在仿真时间内所采用的积分步长。最小和最大的积分步长分别为 171s 和 86400s,如果将变步长轨道积分方法的局部截断误差阈值设置的更小,则可获得更小的轨道积分步长。在没有初始位置误差和速度误差情况下,采用变步长积分方法的轨道递推结果如图 7-61 所示。可以从图中看出,随着积分步长的减小,轨道积分误差也逐步减小。但是由于轨道动力学模型误差的存在,轨道积分的位置误差和速度误差仍然随时间增大。

表7-28 变步长积分轨道递推所采用的积分步长

滤波次数	1	2	3	4	5	6	7	8	9	10
积分步长/s	86400	86400	50310	31772	19969	13166	8840	6102	4302	3096
滤波次数	11	12	13	14	15	16	17	18	19	20
积分步长/s	2270	1692	1283	988	774	618	618	375	375	231
滤波次数	21	22	23	24	25	26	27	28	29	30
积分步长/s	231	171	171	171	171	171	171	171	171	171
滤波次数	31	32	33	34	35	36	37	38	39	40
积分步长/s	171	284	284	284	284	468	468	821	821	1311
滤波次数	41	42	43	44	45	46	47	48	49	50
积分步长/s	1311	2197	2197	3880	3880	7293	7293	14778	14778	32897
滤波次数	51	52	53							
积分步长/s	55620	86400	45544							

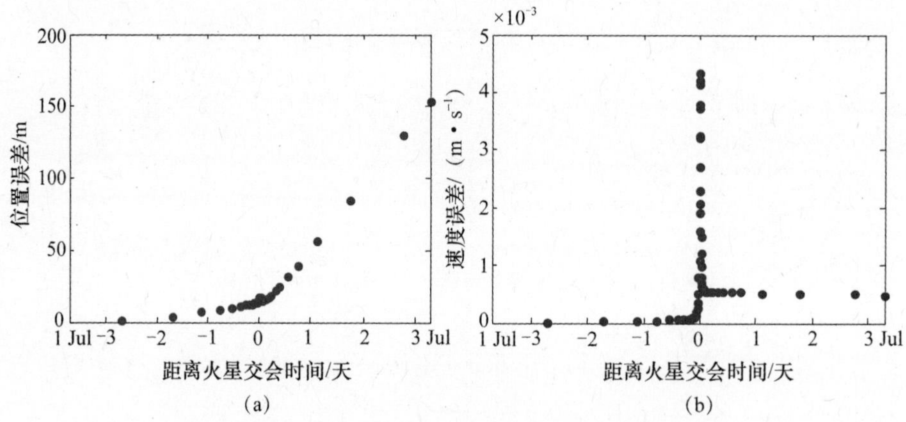

图7-61 变步长积分轨道递推的位置误差和速度误差

(a)位置误差;(b)速度误差。

为了分析不同积分步长对模型误差的影响,模型误差协方差阵可以表示为 $\boldsymbol{Q}=\mathrm{diag}[Q_x,Q_y,Q_z,Q_{v_x},Q_{v_y},Q_{v_z}]$,$\boldsymbol{Q}_\mathrm{r}=\sqrt{{Q_x}^2+{Q_y}^2+{Q_z}^2}$,$\boldsymbol{Q}_v=\sqrt{{Q_{v_x}}^2+{Q_{v_y}}^2+{Q_{v_z}}^2}$。图7-62给出了仿真时间内的采用不同积分步长所对应的模型误差。从图中可以看出,当采用变步长积分方法时,可以在探测器与火星交会时采用较小的积分步长,从而将模型误差在整个仿真时间内保持在一定稳定范围内。因此,对于火星交会的深空探测器在轨道积分和导航滤波时应随着引力体摄动加速度的变化采用变化的步长进行积分或滤波。

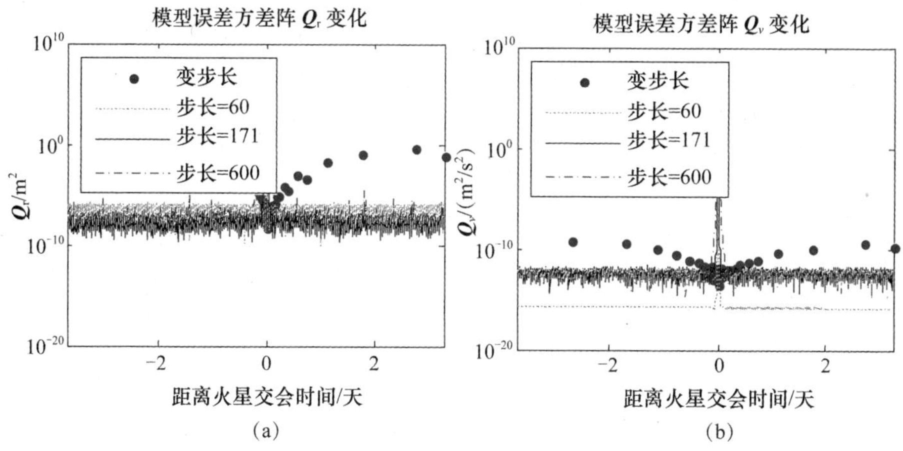

图 7 - 62 不同积分步长所对应的模型误差
(a) Q_r;(b) Q_v。

3) 变步长导航滤波结果

图 7 - 63 给出了采用 MMUKF、FUKF、AFUKF 和 VSSAUKF 在直角坐标系的导航结果。除了 VSSAUKF,其他几种导航方法均采用 600s 的滤波周期。表 7 - 29给出了四种滤波方法具体的导航结果,包括位置误差、速度误差、σ_R 和 σ_T,其中表 7 - 29 中的位置误差和速度误差均为从仿真开始时间至近火点时刻的 RMS 统计值,σ_R 和 σ_T 表示了在 B 平面坐标系中的导航精度,且表中结果都基于滤波周期与量测周期相等的前提下。从图 7 - 63 和图 7 - 64 中可以看出,随着滤波周期的增加,固定步长滤波难以跟踪快速变化的模型误差。当 T = 600s 时,在与火星交会附近将产生较大的导航误差。此外,从图 7 - 60 和图 7 - 61 中还可以看出,在同样的仿真条件下,MMUKF 和 FUKF 的导航精度相近,MMUKF 在火星影响球附近(包括探测器捕获段)与 FUKF 相比具有较大的导航误差,这是由于忽略了其他行星引力摄动,其模型误差相比 FUKF 更大。在探测器与火星交会后与交汇点时相比,随着探测器与火星距离的增加,MMUKF 和 FUKF 的导航精度略有下降。与 MMUKF 和 FUKF 相比,AUKF 通过估计模型误差协方差阵,在捕获前和捕获后两段时间可以提供最高的导

航精度,但在与火星交会段,AFUKF 因为所估计的模型误差协方差阵不能跟踪实际模型误差的变化,因此具有较大的导航误差,由于火星交会段的导航精度是整个探测过程的关键指标之一,因此该段的导航精度对后续任务具有重要意义。B 平面参数是描述行星交会导航精度的重要参数。图 7-65 给出了 MMUKF、FUKF、AUKF 和 VSSAUKF 四种滤波方法在 B 平面坐标系中的导航精度比较。可以从图 7-65 明显看出,VSSAUFK 在与火星交会段具有最高的导航精度、MMUKF 和 FUKF 导航精度相近,而 AFUKF 导航精度最差。

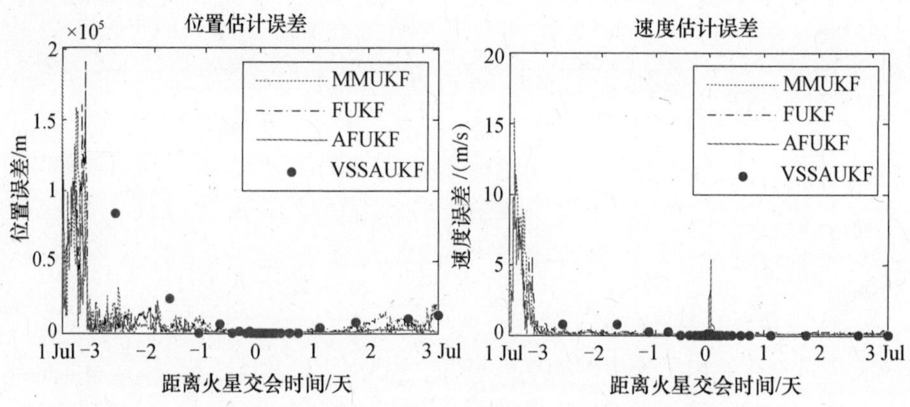

图 7-63　各滤波方法的导航结果比较(T=600s)

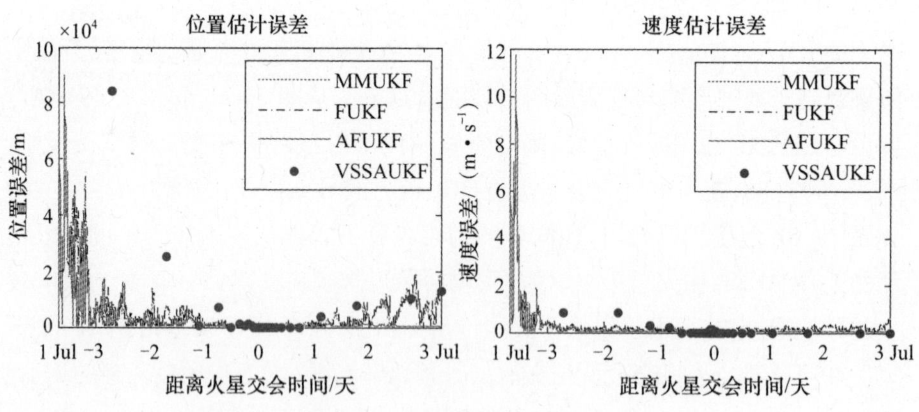

图 7-64　各滤波方法的导航结果比较(T=171s)

表7-29　四种导航方法的导航精度比较

	MMUKF	FUKF	AUKF	VSSAUKF
位置误差/km	10.8628	10.8629	8.9339	1.5096
速度误差/(m/s)	0.8670	0.8671	0.8464	0.0245
σ_R/km	0.1919	0.1919	0.5657	0.0410
σ_T/km	0.1885	0.1885	0.2511	0.0195

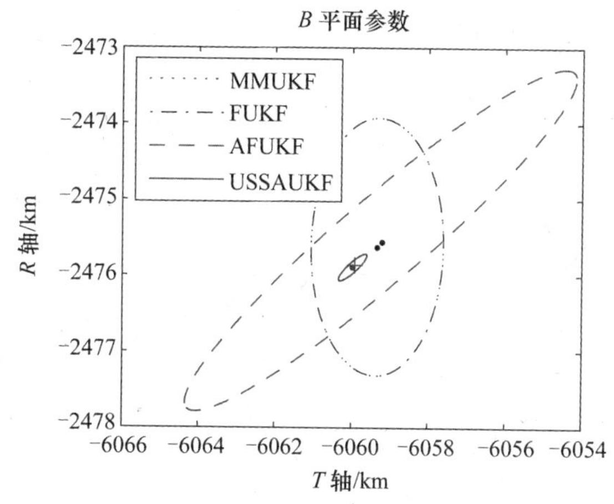

图7-65　B平面导航精度比较

本节提出了一种变步长自适应非线性滤波方法，可以自适应控制滤波周期，并实时估计导航模型误差方差阵，以实现跟踪模型噪声的快速变化，获得更为精确的导航结果。将该变步长自适应非线性滤波方法应用于火星交会探测器自主导航系统中，与MMUKF、FUKF、AUKF三种滤波方法进行了比较，仿真结果证明了相比其他三种导航滤波方法，本书所提VSSAUKF方法可以得到最高的导航精度。

7.7　基于自适应调节状态模型噪声方差阵的深空探测器天文测角自主导航方法

本书主要是解决捕获段探测器逐渐接近目标天体过程中，模型噪声难以精确确定并且时变的特性导致天文导航精度下降的问题。解决该问题的主要思想是在前面介绍的自适应卡尔曼滤波在线调整噪声统计特性的基础上,通过观测新息序列和状态残差序列判断滤波的稳定性,再根据滤波估计的变化趋势引入调节因子自适应的调节状态模型噪声统计特性。

7.7.1 AQSCKF 算法

当探测器逐渐接近目标天体时,探测器受到的扰动发生变化即状态模型噪声发生变化,SCKF 由于在滤波过程中一直保持初始噪声统计特性不变,无法跟踪噪声的变化往往会造成导航滤波精度的下降甚至发散。为提高常用非线性滤波算法的精度和稳定性,并适应状态模型噪声统计特性时变的特性,本书采用 AQSCKF,根据新息和残差的信息引入调节因子对状态模型噪声统计特性进行调整。该算法的具体流程,如图 7-66 所示。

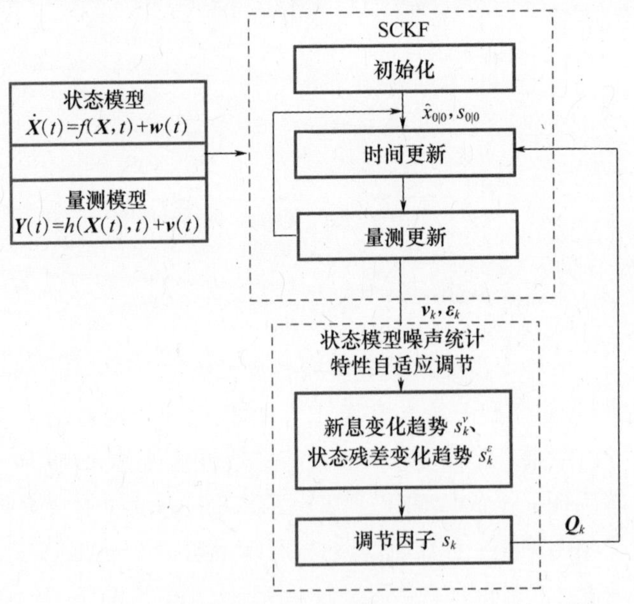

图 7-66 AQSCKF 算法

该算法和 SCKF 算法的区别主要是在状态模型噪声统计特性 Q 中引入调节因子 S_k,即

$$\boldsymbol{Q}_k = S_k \boldsymbol{Q}_{k-1} \tag{7-186}$$

AQSCKF 算法仅在滤波收敛时对 R 进行调节,因为在滤波收敛时,新息序列的变化趋势应该和状态残差序列的变化趋势一致,即根据新息序列和残差

序列的变化趋势来判断是否进行 R 的调节。然后,根据残差序列提供的信息对 R 进行调节,具体调节过程如下。

首先,引入两个表示新息序列和残差序列的变化趋势的因子 S_k^v 与 S_k^ε,即

$$S_k^v = \frac{\sum_{i=0}^{M-1} \boldsymbol{v}_{k-i}^{\mathrm{T}} \boldsymbol{v}_{k-i}}{\sum_{i=0}^{M-1} \boldsymbol{v}_{k-M-i}^{\mathrm{T}} \boldsymbol{v}_{k-M-i}} \tag{7-187}$$

$$S_k^\varepsilon = \frac{\sum_{i=0}^{M-1} \boldsymbol{\varepsilon}_{k-i}^{\mathrm{T}} \boldsymbol{\varepsilon}_{k-i}}{\sum_{i=0}^{M-1} \boldsymbol{\varepsilon}_{k-M-i}^{\mathrm{T}} \boldsymbol{\varepsilon}_{k-M-i}} \tag{7-188}$$

式中:$\boldsymbol{\varepsilon}_{k-i}$为状态残差序列即$\hat{\boldsymbol{x}}_{k|k} - \hat{\boldsymbol{x}}_{k|k-1}$;$M$ 为估计窗口大小。当 $S_k^v > 1$ 时,表示新息序列是增长的趋势;相反,则表示其下降的趋势。同样,当 $S_k^\varepsilon > 1$ 时,表示状态残差序列是增长的趋势;相反,则表示下降的趋势。当二者同时大于 1 或同时小于 1,则表示滤波处于稳定状态,此时,当二者同时大于 1 表示状态模型的精度下降,应该增大 Q,相反,应该减小 Q。调节 Q 大小的具体计算公式如下。

当 $S_k^v > 1, S_k^\varepsilon > 1$ 时,S_k 为

$$S_k = a^{S_k^\varepsilon} \tag{7-189}$$

式中:a 是调节常数,且 $a > 1$。

当 $S_k^v < 1, S_k^\varepsilon < 1$ 时,S_k 为

$$S_k = (1/a)^{S_k^\varepsilon} \tag{7-190}$$

其他情况下,$S_k = 1$,表示当滤波处于不稳定时,不对模型噪声方差阵进行调节。

7.7.2　计算机仿真

1. 仿真条件

以 1997 年美国 NASA"Pathfinder"火星任务为例,对在接近轨道上基于火星及其卫星观测信息的火星探测器进行仿真,仿真中所用的火星探测器数据由 STK 生成,仿真时间为 1997 年 7 月 1 日至 1997 年 7 月 4 日,坐标系采用 J2000.0 日心黄道惯性坐标系。轨道长半轴 $a = 193216365.381\mathrm{km}$,偏心率 $e =$

0.236386,轨道倾角 $i=23.455°$,升交点赤经 $\Omega=0.258°$,近升角距 $w=71.347°$,姿态保持对日定向三轴稳定。

2. 仿真结果和分析

首先给出 $\boldsymbol{Q}$ 在 SCKF 中对导航系统精度的影响,取 $\boldsymbol{Q}=q\cdot\mathrm{diag}[10^3\quad 10^3\quad 10^3\quad 1\quad 1\quad 1]$,即

$$q=0.05$$

图 7-67 给出了当 q 取不同值时,基于 SCKF 的航天器自主天文导航系统的计算机仿真结果。表 7-30 给出了详细的仿真数据。

表 7-30　$\boldsymbol{Q}$ 的不同取值对 SCKF 导航精度的影响

q	平均位置误差/km	最大位置误差/km	平均速度误差/(m/s)	最大速度误差/(m/s)
50	20.122	119.461	16.395	65.837
5	15.024	90.722	7.060	25.968
1	12.359	74.121	4.159	12.596
0.5	11.498	66.315	3.544	10.107
0.05	11.167	48.495	3.654	9.292

从图 7-67 及表 7-30 可以看出,q 的取值对导航精度的影响很大:q 值取得太大,系统就不能有效地利用状态模型对测量噪声进行修正,因此导航精度就较低;反之,q 值取得太小,系统就会过分地依赖状态模型的精度,以致量测信息无法对状态进行有效地修正,因此导致滤波发散;只有当 q 的取值恰好与所使用的状态模型的精度相吻合时,才能使状态模型和量测信息都能有效地发挥作用,互相补充,得到最高的导航精度。

为和 SCKF 进行对比,下面给出 AQSCKF 在同样的仿真条件下的仿真结果。图 7-68 和表 7-31 给出了在不同 $\boldsymbol{Q}$ 取值下 AQSCKF 的导航精度,可以看出,AQSCKF 的仿真结果几乎没有变化。这主要是因为 AQSCKF 能自适应的调节 $\boldsymbol{Q}$ 值,当 $\boldsymbol{Q}$ 和状态模型噪声真实值不符时,通过观测新息和残差序列调节 $\boldsymbol{Q}$,直到它和真实值相符。图 7-69 给出了不同初始 $\boldsymbol{Q}$ 值下,$\boldsymbol{Q}$ 的调节的过程,可以看出,不同的初始值对应不同的调节过程,同时也看出了 $\boldsymbol{Q}$ 的自适应过程。

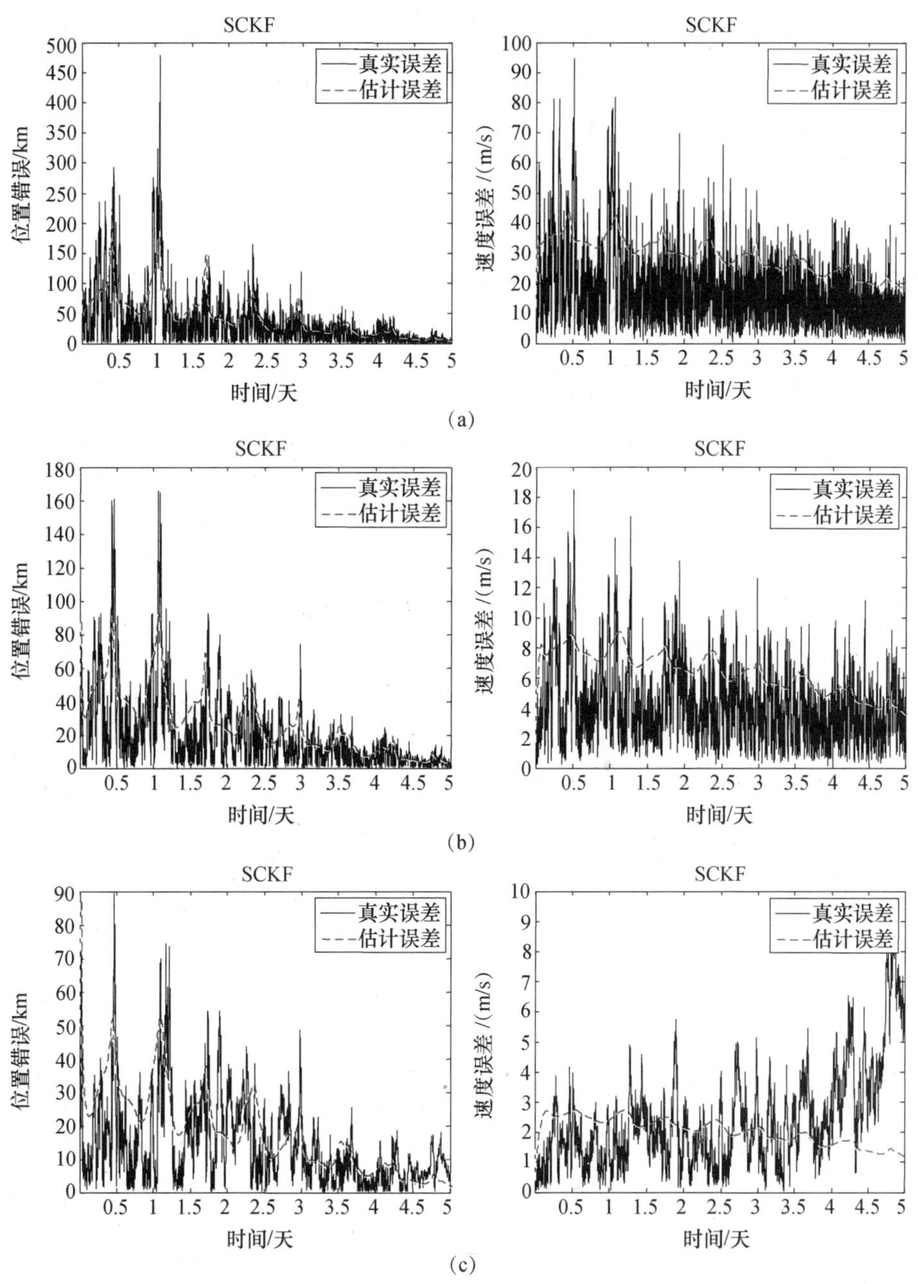

图 7-67　参数 $\boldsymbol{Q}$ 对为 SCKF 导航性能的影响

(a) $q=50$;(b) $q=1$;(c) $q=0.05$

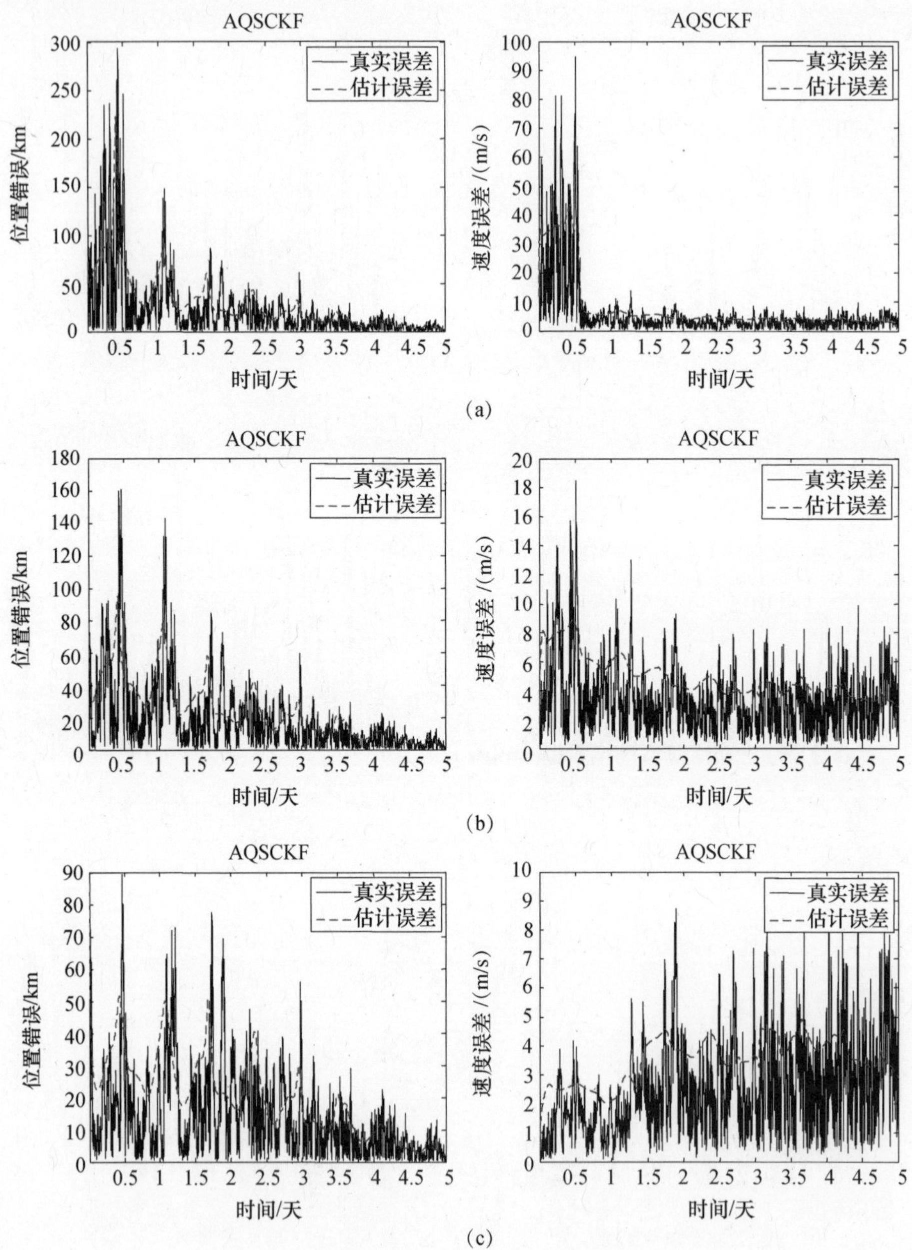

图 7-68　参数 $\boldsymbol{Q}$ 对 AQSCKF 导航性能的影响

(a) $q=50$;(b) $q=1$;(c) $q=0.05$。

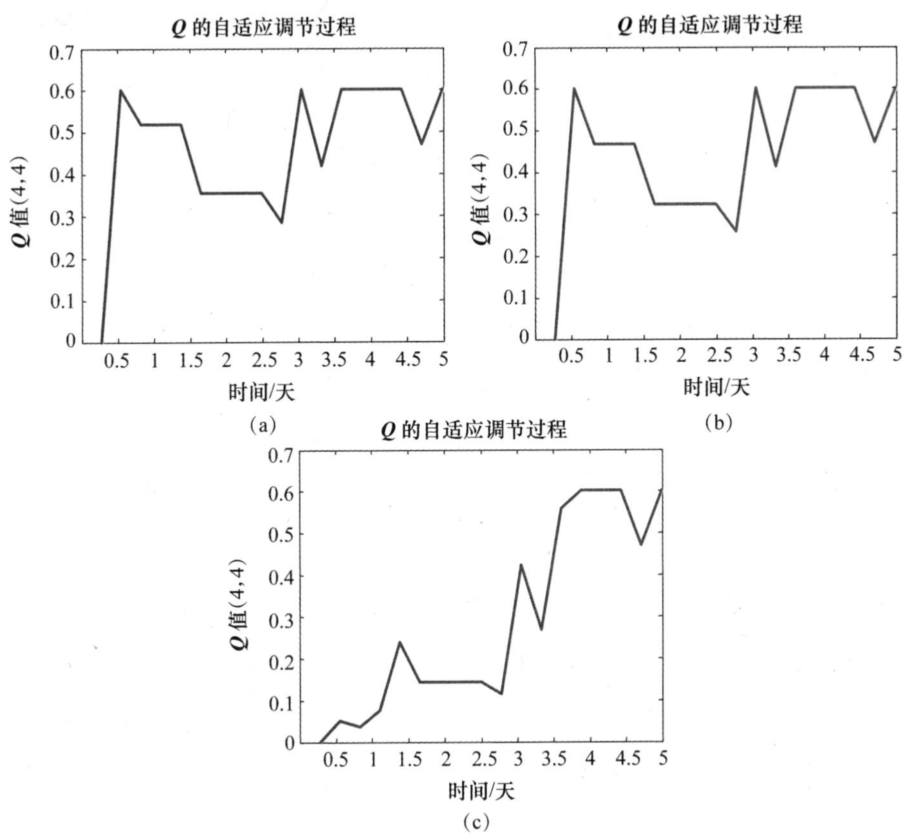

图 7-69 **Q** 的自适应调节过程

(a) $q=50$;(b) $q=1$;(c) $q=0.05$。

表 7-31 **Q** 不同取值对 SCKF 导航精度的影响

q	平均位置误差/km	最大位置误差/km	平均速度误差/(m/s)	最大速度误差/(m/s)
50	11.310	60.788	3.506	9.865
5	11.277	60.035	3.491	9.865
1	11.232	58.967	3.470	9.865
0.5	11.203	58.256	3.457	9.865
0.05	10.863	51.434	3.277	9.865

下面给出影响 AQSCKF 导航精度的因素分析,一个是估计窗口 M 的大小,另一个是调节常数 a。首先给出 M 的仿真分析,图 7-70 给出采用不同大小的导航仿真结果,表 7-32 给出了详细的仿真数据。

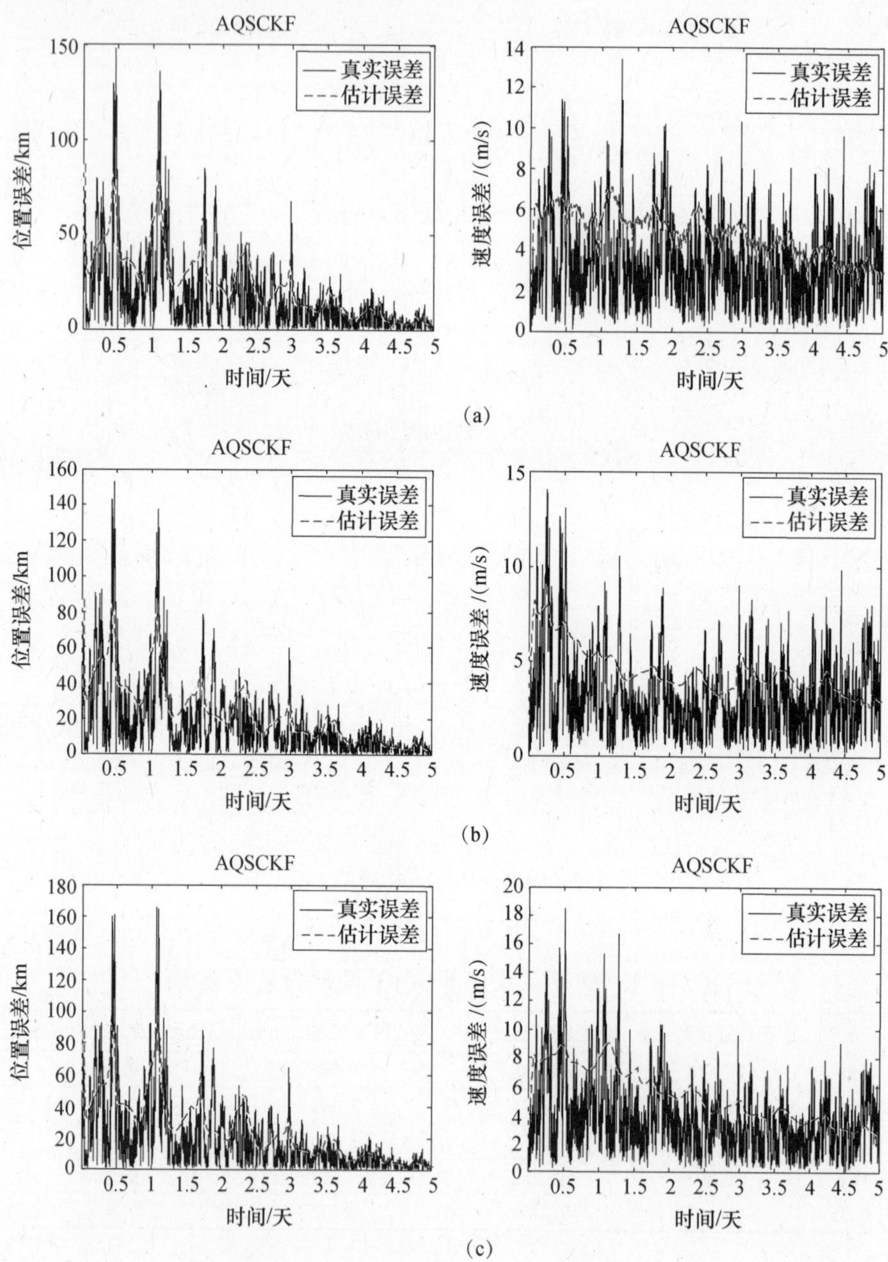

图 7-70　窗口大小对导航性能的影响

(a) $M=5$;(b) $M=200$;(c) $M=5000$。

表7-32　窗口大小对导航精度的影响

M	平均位置误差/km	最大位置误差/km	平均速度误差/(m/s)	最大速度误差/(m/s)
2	11.582	67.126	3.590	10.270
5	11.569	67.343	3.590	10.354
20	11.425	66.761	3.537	10.445
50	11.548	66.543	3.477	10.106
200	11.511	66.467	3.583	10.383
500	11.510	64.397	3.590	9.865
2000	11.807	68.612	3.78	10.749
5000	12.359	74.121	4.159	12.596

从仿真结果可以看出,估计窗口的大小对导航精度的影响很大,估计窗口太小会使得AQSCKF对滤波中新息的变化很敏感,往往会造成有偏估计甚至导致滤波发散;但估计窗口太大,AQSCKF又不能有效地敏感出外界的动态变化,此时,AQSCKF也就起不到自适应调节 $\boldsymbol{Q}$ 的作用。所以当选择窗口大小时,一般要大于状态变量的维数,同时 M 取值不能取得太大。

图7-71和表7-33给出了调节常数对基于AQSCKF的深空探测器捕获段天文导航精度的影响。

表7-33　调节常数对导航精度的影响

a	平均位置误差/km	最大位置误差/km	平均速度误差/(m/s)	最大速度误差/(m/s)
1.5	11.489	64.294	3.577	9.865
2	11.232	58.967	3.470	9.865
2.5	11.098	56.222	3.422	9.865
3	10.886	54.160	3.360	8.252
3.5	10.804	52.566	3.361	8.110
4	10.750	51.309	3.377	8.258

从仿真结果可以看出,随着调节常数的增大,仿真精度逐渐提高,但同时也造成了滤波的发散。这主要是因为调节常数太大,虽然在自适应调节 $\boldsymbol{Q}$ 时采用了指数调节的方法,但调节常数太大往往会使得调节过度,不能真实反映状态模型噪声的变化,所以在选择调节常数时不应太大。

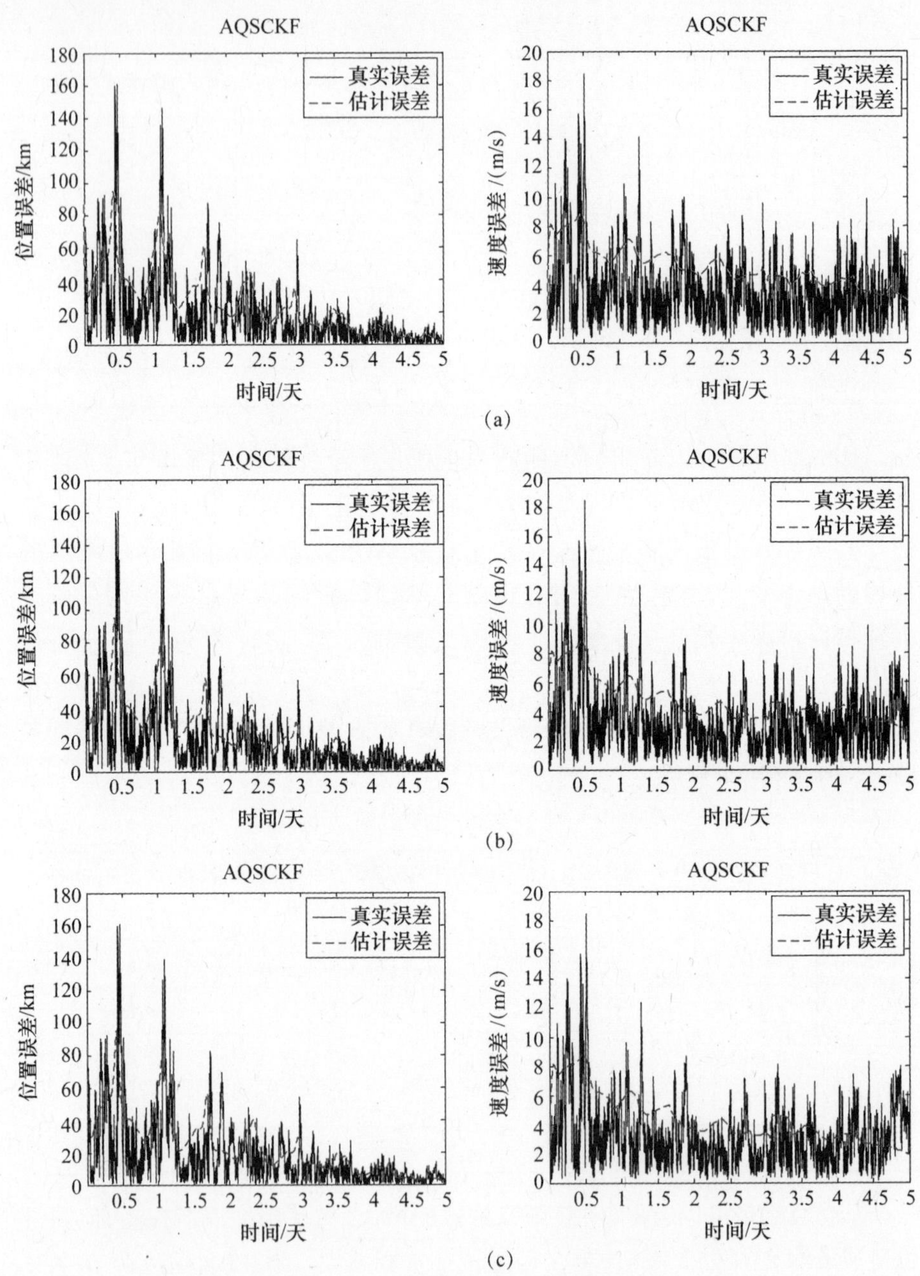

图 7－71 调节常数对导航性能的影响

(a) $a=1.5$;(b) $a=2.5$;(c) $a=3.5$。

7.8　小结

本章首先系统介绍了深空探测器天文测角自主天文导航原理，建立了天文测角自主导航系统的模型，并对天文测角自主导航系统的误差进行分析和建模，在此基础上针对不同的导航天体，提出了基于日地火观测、基于多颗小行星同时观测、基于多颗小行星序列观测、基于火星及其卫星观测的自主导航方法；针对天文测角自主导航中的随机误差，提出了天文测角需保证的几何共面约束条件，采用拉格朗日乘子法，对天体矢量方向的测量误差需满足的非线性几何共面约束进行优化，并针对天文测角自主导航的状态模型和量测模型的非线性问题，提出了基于几何平面约束和容积卡尔曼滤波的天文测角自主导航方法，使得系统模型实现三阶线性化近似，进一步减小非线性近似误差，减小了测量随机误差对导航精度的影响，提高自主导航系统的精度。针对深空探测器天文测角自主导航中主要的已定系统误差，即星历误差，建立火星星历误差模型，并根据星历误差对目标天体图像信息、天文/测控量测信息的影响，建立两种星历误差解析量测模型，分别根据两种解析量测模型提出一种基于图像信息星历误差估计与修正的自主导航方法和一种基于天文/测控信息星历估计与修正的信息融合方法，对火星星历误差进行实时在线估计，并将星历误差反馈修正至系统模型中，最终抑制自主导航系统中主要的已定系统误差星历误差对导航精度的影响，实现高精度自主导航。针对深空探测器天文测角自主导航轨道动力学模型和量测模型中主要的具有复杂规律的不定系统误差，提出一种多尺度自适应天文测角自主导航方法，采用多尺度自适应状态估计方法，以轨道模型微分方程的的高阶局部截断误差为步长优化依据，自适应调节状态估计步长，并基于贝叶斯自适应估计理论，实时估计模型误差协方差矩阵，从而抑制复杂规律不定系统误差，最终实现高精度自主导航；同时还提出一种基于 FMMUKF 纯天文几何解析法与滤波法相结合的新方法，克服了纯天文几何解析法和滤波法的不足，当状态模型相对较精确时，利用状态模型最大限度的消除量测噪声对导航精度的影响，当状态模型不精确时，则靠纯天文几何解析方法获得的位置约束滤波器，使之保持稳定，最终实现深空探测器的高精度天文测角自主导航。

参考文献

[1] Long J E. To the outer planets[J]. Astronautics and Aeronautics,1969,7(6):32 -47.

[2] Flanders J H,Fraser,D C,Lawson J R. Technology for guidance and navigation of unmanned deep space missions in the 1970's[M]. AIAA 5th Annual Meeting and Technical Display. Philadelphia,Pa. ,1968.

[3] Friedlander A L. Guidance analysis of the multiple outer planet (Grand Tour) mission[J]. Journal of spacecraft and rocket,1969,6(4):376 -382.

[4] Kingsland L. Trajectory analysis of a grand tour mission to the outer planets[C]. Philadelphia:AIAA 5th Annual Meeting and Technical Display,1968.

[5] Duxbury Thomas C. A spacecraft - based navigation instrument for outer planet missions[J]. Journal of Spacecraft and Rockets,Vol. 7,1970:928 -933.

[6] Klump A R,et al. Autonomous guidance and navigation design concepts with applications to a jupiter probe[R]. Pasadena, Californisa: Jet Propulsion Laboratory, California Institute of technology,1977.

[7] Riedel J E, Bhaskaran S, Desai S, et al. Autonomous Optical Navigation (AutoNav) DS1 Technology Validation Report[R]. Technical report,Jet Propulsion Laboratory,California Institute of Technology,2008.

[8] Bhaskaran S,Riedel J E,Synnott S P,et al.. The deep space 1 autonomous navigation system:A post - flight analysis[C]. Denver:American Institute of Aeronautics & Astronautics, Astrodynamics Specialist Conference,2000.

[9] Duxbury T C,Born G H,Jerath N. Viewing phobos and deimos for navigating mariner 9[J]. Journal of Spacecraft and Rockets,1974,11(4):215 -222.

[10] Stanton R H, Ohtakay H, Miller J A, et al. Demonstration of optical navigation measurements on mariner 10[C]. Proceedings of the AIAA the 13th Aerospace Sciences Meeting 1975:1 -11.

[11] Rourke K H,Acton C H,Breckenridge W G,et al. The determination of the interplanetary orbits of vikings 1 and 2[C]. Proceedings of the AIAA Aerospace Sciences Meeting,1977.

[12] Synnott S P,Donegan A J,Riedel J E,et al. Interplanetary optical navigation:voyager uranus encounter[C]. Proceedings of AIAA Astrodynamics Conference 1986:192 -206.

[13] Riedel J E,Owen W,Stuve J,et al. Optical navigation during the voyager neptune encounter [C]. Procoeedings of AAS/AIAA Astrodynamics Conference 1990:118 -128.

[14] Mancuso S. Vision based GNC systems for planetary exploration [C]. Proceedings of 6th Conference on Dynamics and Control of Systems and Structures in Space,2004.

[15] Polle B,Frapard B,Gil - Femandez F,et al. Autonomous navigation for interplanetary mis-

sions performance achievements based on real and images[C]. ESA: Proceedings of the 6th International ESA Conference on Guidance, Navigation and Control System, 2010.

[16] Frapard B, Polle B, Griseri G. Vision based navigation for planetary exploration – opportunity for AURORA[C]. Proceedings of 54th International Astronautical Congress of the International Astronautical Federation, 2003.

[17] Hughes M P, Schira C N. Deep impact attitude estimator design and flight performance [C]. AAS: Proceedings of American Astronautical Society 2006 G&C Conference 2006: 1 – 30.

[18] Hampton D L, Baer J W, Huisjen M A, et al. An overview of the instrument suite for the deep impact mission [J]. Space Science Reviews, 2005, 117(1 – 2): 43 – 93.

[19] Antreasian G, Ardalan S M, Beswick R M, et al. Orbit determination processes for the navigation of the cassini – huygens mission [C]. Proceedings of Space Ops 2008 Conference, 2008.

[20] Milsom D, Peterson G. Stray light design and analysis of JPL's optical navigation camera [R]. BRO Report, 2001: 4800.

[21] Stauder J L, Lowman A E, Thiessen D, et al. Off – axis scatter measurement of the mars reconnaissance Orbiter (MRO) Optical Navigation Camera (ONC)[C]. Proceedings of International Society for Optics and Photonics 2005 Optics & Photonics, 2005.

[22] Lowman A E, Stauder J L. Stray light lessons learned from the Mars reconnaissance orbiter's Optical Navigation Camera[C]. Proceedings of the SPIE 49th Annual Meeting on Optical Science and Technology, 2004.

[23] 何志洲，黄乘利，张冕．火星重力场模型发展回顾及对萤火一号的展望[J]．天文学进展，2012，30(2): 220 – 235.

[24] Standish E M, Fienga A. Accuracy limit of modern ephemerides imposed by the uncertainties in asteroid masses[J]. Astronomy & Astrophysics, 2002, 384(1): 322 – 328.

[25] Jacobson R A, Synnott S P, Campbell J K. The orbits of the satellites of Mars from spacecraft and earthbased observations [J]. Astronomy and Astrophysics, 1989, 225: 548 – 554.

[26] Jacobson R A. The orbits of the martian satellites[J]. Bulletin of the American Astronomical Society, 2008.

[27] Jacobson R A. The Orbits and masses of the martian satellites and the libration of phobos [J]. The Astronomical Journal, 2010, 139(2): 668 – 679.

[28] Jacobson R A, Lainey V. Martian satellite orbits and ephemerides [J]. Planetary and Space Science, 2014, 102: 35 – 44.

[29] Ma Xin, Ning Xiaolin, Fang Jiancheng. Analysis of orbital dynamic equation in navigation for a Mars gravity – assist mission[J]. Journal of Navigation, 2012, 65, 531 – 548.

[30] Standish E M. Present and future ephemerides requirements and limitations[C]. Petersburg, Russia: International Workshop CM – 202: Results and Prospects St. 2002.

[31] Kudryavtsev S M. Development of long – term numerical ephemerides of major planets to analytical series[R]. Journées 2010,l' Observatoire de Paris,2010,9:20 – 22.

[32] Jet Propulsion Lab. JPL horizon software,Ver 1.0. [CP] California,Jet Propulsion Lab,2010.

[33] Es – hagh M. Step variable numerical orbit integration of a low earth orbiting satellite[J]. Journal of the Earth and space Physics,2005,31(1):1 – 12.

[34] Folkner W M. Uncertainties in the JPL planetary ephemeris[R]. Technical Report of California Institute of Technology,2010.

[35] Deng X M,Fan M,Xie Y. Comparisons and evaluations of JPL ephemerides [J]. Chinese Astronomy and Astrophysics,2014,38(3):330 – 341.

[36] Wang Y D,Zheng W,Sun S M,et al. X – ray pulsar – based navigation system with the errors in the planetary ephemerides for earth – orbiting satellite[J]. Advances in Space Research,2013,51(12):2394 – 2404.

[37] Jordan J F,Madrid G A and Pease G E. Effects of major errors sources on planetary spacecraft navigation accuracies [J]. Journal of Spacecraft ,1972,9:196 – 204.

[38] Klumpp A R,Bon B B,D'Amario L A,et al. Automated Optical Navigation with Application to Galileo[C]. Proceedings of AIAA/AAS Astrodynamics Conference,1980.

[39] Folkner W M,Williams,J G,Boggs D H. The Planetary and Lunar ephemeris DE 421[R]. USA:Report for JPL Memorandum,2008.

[40] Acton C H. Ancillary Data Services of NASA's navigation and ancillary information facility [J]. Planet. Space Sci. ,1996,44(1):65 – 70.

[41] HΦg E,Fabricius C,Makarov V V,et al. The Tycho – 2 Catalogue on CD – ROM,including guide to tycho – 2[R]. Denmark:Copenhagen University Observatory,2000.

[42] Yaakov Bar – Shalom,Li X. Rong,Thiagalingam Kirubarajan. Estimation with applications to tracking and navigation[M] . New York:John Wiley & Sons,Inc,2001.

[43] Ning X L,Ma X,Peng C,et al. Analysis of filtering methods for satellite autonomous orbit determination using celestial and geomagnetic measurement[J]. Mathematical Problems in Engineering,2012:95 – 100.

[44] Ma X,Ning X,Fang J. Analysis of orbital dynamic equation in navigation for a Mars gravity – assist mission[J]. Journal of Navigation,2012,65(03):531 – 548.

[45] Vallado D A. Fundamentals of astrodynamics and applications[M]. USA:Springer,2001.

[46] Paluszek M A,Mueller J B,Littman M G. Optical Navigation System[C]. Atlanta,Georgia: AIAA Infotech,2010.

[47] Kallemeyn P,et al. The Mars pathfinder navigation system [C]. San Diego,CA:AIAA/AAS Astrodynamics Conference,1996.

第 8 章 深空探测器脉冲星测距导航原理与方法

8.1 引言

8.1.1 深空探测轨道器脉冲星导航的发展

1967 年,英国剑桥大学的 Hewish 教授及她的学生 Bell 在利用射电望远镜进行天文观测时,发现了来自宇宙空间的周期性脉冲辐射信号。该信号具有极其稳定的周期。根据这些信号,她们很快发现了一种新的天体——脉冲星。这一发现震惊了科学界。1974 年的诺贝尔物理学奖也因此授予了她们。

此后,脉冲星的理论和观测研究成为了一个研究热点。美国、英国、澳大利亚很快建造了许多大型射电望远镜,并制定各种巡天观测计划。目前,通过射电望远镜的天文观测,已知的脉冲星数目增加到了 1300 颗以上。中国科学院国家天文台正在建造世界上口径最大、最具威力的射电望远镜——贵州 500m 口径球面射电望远镜。自 1970 年以来,美国就将多颗 X 射线探测器升空,进行巡天观测,已获得了关于 X 射线脉冲星的大量宝贵数据。目前,我国的中国科学院高能物理研究所已经完成了硬 X 射线调制望远镜(图 8 -1)的研制。

X 射线脉冲星是一种高速旋转的,能对外辐射 X 射线脉冲周期信号的中子星。早在20世纪80年代初,美国的Chester和Butman就提出了利用X射线脉冲星进行深空探测器自主导航的构想。在此构想中,X射线源被当作灯塔,引导深空探测器飞行,如图8-2所示。

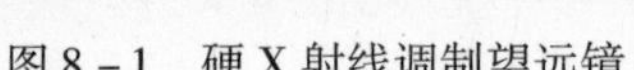

图8-1　硬X射线调制望远镜

图8-2　X射线脉冲星导航原理

在20世纪90年代,掀起了X射线源导航新方法研究的热潮。美国海军研究实验室的Wood博士设计了"非常规恒星特征试验",拟为深空探测器提供位置、姿态、时间等导航信息。随后,斯坦福大学的Hanson博士在X射线脉冲星定姿以及锁相环路设计方面做了不少工作。X射线脉冲到达时间测量是X射线脉冲星导航系统中的核心技术之一。Taylor提出了一种计算量小,适合工程实现的脉冲TOA估计算法。该方法被众多学者认可,成为经典方法。

2005年,美国Maryland大学的Sheikh博士构建了X射线脉冲星自主导航的基本框架。他提出了X射线脉冲星的品质因子,以其作为选星标准;推导出了脉冲到达时间测量模型;并利用EKF作为导航滤波器,为航天器提供高精度的位置信息。这一系列研究成果得到众多学者的认可。

X射线脉冲星导航也被用于编队飞行自主导航。美国空军技术学院的Woodfork硕士利用脉冲到达两颗卫星的时间差作为辅助测量,以提高卫星定位和授时精度。Emadzadeh提出了基于X射线脉冲星的编队飞行相对导航方法。

早在2004年初,各航天大国就开始制定脉冲星自主导航的研究计划。美国国防部国防预先研究项目局提出了"基于X射线源的自主导航定位验证"计划。同年8月,美国航空航天局和海军天文台等多家单位启动了基于X射线脉冲星的自主导航研究计划。同时,美国国防部长期发展战略规划纲要已经将其纳入。同年,欧洲空间局也开展了 X 射线脉冲星导航可行性的论证工作。

我国开展脉冲星导航研究工作的时间相对较晚,但是发展十分迅速。现有多家科研院所和大学从事这项研究工作。

自 2006 年起,中国空间技术研究院的帅平研究员就致力于 X 射线脉冲星导航的研究工作。帅平等人研究了 X 射线脉冲星导航的时间转换机理、基本原理以及实际工程意义。依据国内研究基础,认为中国有能力,且必须大力开展此项研究工作。

在 X 射线脉冲星导航滤波器设计方面,不少学者做了大量工作。为应对噪声和模型不确定性,北京控制研究所的熊凯等人提出了一种鲁棒扩展卡尔曼滤波器设计方法。针对 X 射线脉冲星观测周期长(约 500s)这一问题,西安电子科技大学的孙景荣博士等人提出了一种基于中心差分卡尔曼滤波器的 X 射线脉冲星导航。西安理工大学的李建勋博士设计了一种基于迭代法和最小二乘法的脉冲星自主导航方法。

针对 X 射线脉冲星星历误差,不少学者对此展开了研究。脉冲星星历误差会引起较大的定位误差。国防科技大学的孙守明博士利用精确卫星导航信息反演脉冲星星历误差,可建立高精度的 X 射线脉冲星星库。北京控制研究所的熊凯提出了基于鲁棒滤波技术的单个航天器自主导航方案和基于脉冲星观测量差分技术的编队飞行自主导航方案。本人也提出基于增广状态 Kalman 滤波器的脉冲星自主导航方法,该方法能有效估计出脉冲星星历误差引起的系统偏差。

脉冲到达时间和频偏联合估计是最近发展起来的一个课题。许多学者根据脉冲星轮廓及其畸变估计脉冲到达时间和频偏。自从 Golshan 博士提出这一问题来,该课题就成为了一个研究热点。他利用最大似然估计处理这一问题,该方法精度接近于 Cramer - Rao 下界。西安电子科技大学的张华博士给出了脉冲轮廓熵的概念,基于此估计脉冲轮廓频偏。费保俊教授将脉冲信号分为两个部分,以二者的相似度作为目标函数,通过最小化目标函数实现频偏估计。西安电子科技大学的谢强博士定义了脉冲轮廓特征函数,并利用搜索算法估计频偏。但是,这些方法都是根据轮廓畸变估计频偏,需反复迭代脉冲原始信号,计算量极大,无法实现。实际上,脉冲频偏可引起脉冲到达时间偏差。本人建立了二者的关系模型,并基于此设计闭环 Kalman 滤波器,消除了脉冲频偏的影响。

8.1.2 深空探测轨道器脉冲星导航方法概述

脉冲星导航系统一般由以下几个部分组成:探测器、星载时钟以及星表数据库。探测器用于探测到达航天器的脉冲光子,时钟用于给到达的脉冲光子计时,星表数据库提供脉冲星参数以及计时模型。一旦脉冲星被识别并且脉冲到达时间被确定,该信息可被用于更新或确定姿态、速度、时间和位置。

1.定姿

利用脉冲星观测数据来确定航天器姿态可通过以下几个方法完成。X 射线源可作为一个好的候选者,根据流量和图像它们可被识别。如果在观测时间窗口内脉冲星信号能被识别,脉冲星也是潜在的候选源。假设航天器上有一个固定的探测器,通过探测敏感器视场(Field of View,FOV)内的源并将其与 X 射线源特征数据库进行比较,可以确定航天器的姿态。一旦源被识别,它在探测器平面上成的像可确定探测器坐标系下的角度。在惯性坐标系下的源视线是已知的,这样可提供航天器姿态。一个探测器随机指向天空要么探测到可识别的源,要么是 X 射线背景太空。对于一个固定探测器,一个可探测源进入 FOV 将花费一些时间,这依赖于航天器旋转速率和 FOV 的尺寸。因为 X 射线的波长很短,衍射不是姿态确定的限制因素。能达到的精度依赖于探测器的面积,可接受的累积时间,探测器的角分辨率,探测器的遮光罩。似乎可行的系统可达到角秒的精度,这些依赖于特殊的设计。通过观测源成的像也可以确定姿态率。

作为另一个选择,装有方向接头的敏感器系统用于扫描天空中不同 X 射线源位置,以便于加快探测合适源的进程。但是,装有方向接头的敏感器系统需要一个高性能的驱动和控制系统来保持一个好的指向分辨率。

USA 试验用双轴系统来控制它的探测器获得源位置。在其任务期间,USA 试验用于探测 ARGOS 卫星旋转轴上的补偿,通过挥动探测器掠过一个已知的源。因为航天器的姿态信息是不准确的,源探测不能发生在期望的姿态上。通过调整 ARGOS 的滚转角和偏航角的值,USA 探测器重新定位,再次指向已知的源。这个过程一直持续,直到满意的源探测发生。这种迭代,或者反馈方法可用于姿态确定系统。

2.定速

某些任务需要知道航天器的速度,或者速率和方向。通过脉冲星信号的多普勒频移可确定速度,因为脉冲星发射的脉冲信号在本质上是周期信号,随着航天器朝向或背离该源,多普勒效应会在量测的脉冲信号中显现出来。二阶或高阶多普勒效应可能会比较明显,这依赖于脉冲星信号和航天器的移动。从一颗脉冲星上量测这些脉冲频率,并将其与期望的脉冲模型进行比较可确定多普勒效应。多普勒效应可被转化为视线方向上的速度。结合多颗脉冲星的量测可确定三维速度。

当采用下面的脉冲星定位方法时,一系列的位置估计差分也可确定速度。这种量测会增加噪声。

3.定时

对于航天器导航系统来说,一个精确的时钟是一个基本元素。星载时钟可提供航天器计时的一个参考,对于实时系统来说是至关重要的。原子钟提供高精度时钟参考,典型的精度可达到一天的稳定度为 $1/10^{15} \sim 1/10^{9}$。为了跟踪电磁波信号的运动在 10m 精度量级,需要纳秒精度量级的时钟。这需要时钟稳定度在几小时内为 $1/10^{13}$。

可能脉冲星最重要的作用就是提供精确的原子钟时间。航天器上的脉冲达到提供了周期信号,该信号可被用于稳定在线时钟以便于满足跟踪通信信号的时钟需要。根据天体确定脉冲不需要提供绝对时间量测;但是,稳定的脉冲可调整航天器的时钟漂移以保持准确的时间。

一种用锁相环修正时钟的方法可被应用于实际。在该反馈环中,调整本地时钟和来自于脉冲星的参考信号之间的差分,使之趋于零。当使用重复的脉冲观测时,连续不断地计算相位差分,这样本地时钟误差会被消除。

作为一种选择,脉冲 TOA 也可被用于修正时钟的时间。对于一个存在误差的航天器时钟,量测到达时间和预测到达时间之间的差分提供了时钟误差的量测。

4.定位

由于脉冲星具有唯一性、周期性等特征,基于 X 射线的航天器自主定位成为可能,可以在惯性坐标系下的确定航天器的位置。一般以 SSB(Solar System

Barycenter)为不动点(或坐标原点),估计航天器相对于 SSB 的位置。

X 射线脉冲星导航定位的基本原理(图 8-3)如下:脉冲星导航的基本量测量是脉冲到达航天器时间 t_{SC} 与到达 SSB 时间 t_b 之差。脉冲到达卫星时间需利用 X 射线探测器观测获得,而到达 SSB 时间则可通过脉冲星计时模型预报得到。c 为光速;$\boldsymbol{n}$ 为脉冲星的方向矢量;$\boldsymbol{r}_{SC}$ 为航天器相对于 SSB 的位置矢量,则航天器在脉冲星视线方向上的距离,$c\cdot(t_b-t_{SC})$ 可看作是 $\boldsymbol{r}_{SC}$ 在 $\boldsymbol{n}$ 上的投影,即

$$\boldsymbol{c}\cdot(t_b-t_{SC})=\boldsymbol{r}_{SC}\cdot\hat{\boldsymbol{n}} \tag{8-1}$$

考虑到广义相对论的影响,上式可修正为

$$\begin{aligned}\boldsymbol{c}\cdot(t_b-t_{SC})=&\boldsymbol{n}\cdot\boldsymbol{r}_{SC}+\frac{1}{2D_0}[-r_{SC}^2+(\boldsymbol{n}\cdot\boldsymbol{r}_{SC})^2-2\boldsymbol{b}\cdot\boldsymbol{r}_{SC}\\&+2(\boldsymbol{n}\cdot\boldsymbol{b})(\boldsymbol{n}\cdot\boldsymbol{r}_{SC})]+\frac{2\mu_{Sun}}{c^2}\ln\left|\frac{\boldsymbol{n}\cdot\boldsymbol{r}_{SC}+r_{SC}}{\boldsymbol{n}\cdot\boldsymbol{b}+b}+1\right|\end{aligned} \tag{8-2}$$

式中:D_0 为脉冲星到太阳系质心的距离;$\boldsymbol{b}$ 为 SSB 相对于太阳的位置矢量;$\boldsymbol{\mu}_{Sun}$ 为太阳引力常数。

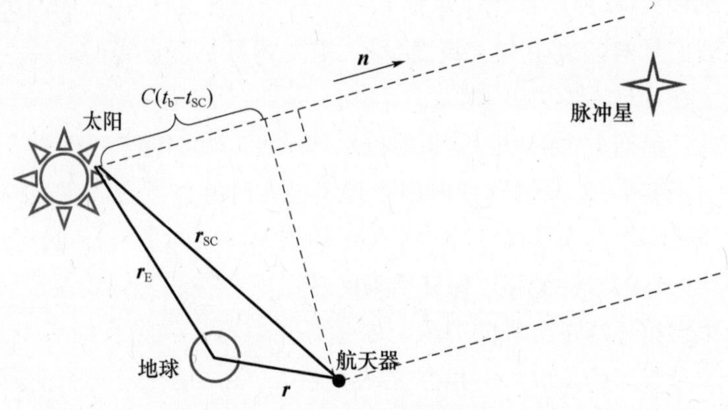

图 8-3 脉冲星导航

星际飞行器相对于 SSB 的位置估计可按该定位方法求出。但是,对于地球卫星来说,相对于地球的位置信息也是十分有用的。利用标准星历表提供的地球位置 $\boldsymbol{r}_E$,可将 $\boldsymbol{r}_{SC}$ 转化为卫星相对于地球的位置矢量,即

$$\boldsymbol{r}=\boldsymbol{r}_{SC}-\boldsymbol{r}_E \tag{8-3}$$

通过以上分析,可以发现,定姿精度依赖于探测器的角分辨率。航天器对

定姿精度要求较高,需达到角秒量级。因此,实现航天器自主定姿的先决条件就是 X 射线探测器的角分辨率是否能达到要求。航天器自主定速、定时和定位精度依赖于 X 射线探测器的时间分辨率和有效面积。对于不同的航天任务,对它们的精度要求也不尽相同,如对于深空探测,航天器定位精度只需达到数十千米即可。

8.2　基于 ASUKF 的火星探测器脉冲星自主导航方法

8.2.1　基于 ASUKF 的天文测距自主导航系统模型

由于脉冲到达时间的量测信息中不可避免地存在测量误差,因此在此采用 ASUKF 滤波方法,修正脉冲到达时间的常值测量误差,并降低随机测量误差的影响。本节选取火星探测器的位置、速度和脉冲到达时间的常值测量误差作为状态量,其中位置、速度的状态模型可由轨道动力学模型得到。

1.火星探测器的轨道动力学模型

在火星探测器从地球到火星的转移轨道段,圆形限制性四体模型与二体模型相比,模型精度更高,与完整模型相比,考虑了对探测器轨道影响最大的三大天体:太阳、地球和火星,计算简单而且精度损失较小,因此本节采用圆形限制性四体模型。

实际计算中,把矢量形式化成直角坐标形式,选取日心黄道惯性坐标系,可得火星探测器位置、速度的状态模型为

$$
\begin{cases}
\dot{x} = v_x + w_x \\
\dot{y} = v_y + w_y \\
\dot{z} = v_z + w_z \\
\dot{v}_x = -\mu_s \dfrac{x}{r_{ps}^3} - \mu_m \left[\dfrac{x - x_1}{r_{pm}^3} + \dfrac{x_1}{r_{sm}^3} \right] - \mu_e \left[\dfrac{x - x_2}{r_{pe}^3} + \dfrac{x_2}{r_{se}^3} \right] + w_{v_x} \\
\dot{v}_y = -\mu_s \dfrac{y}{r_{ps}^3} - \mu_m \left[\dfrac{y - y_1}{r_{pm}^3} + \dfrac{y_1}{r_{sm}^3} \right] - \mu_e \left[\dfrac{y - y_2}{r_{pe}^3} + \dfrac{y_2}{r_{se}^3} \right] + w_{v_y} \\
\dot{v}_z = -\mu_s \dfrac{z}{r_{ps}^3} - \mu_m \left[\dfrac{z - z_1}{r_{pm}^3} + \dfrac{z_1}{r_{sm}^3} \right] - \mu_e \left[\dfrac{z - z_2}{r_{pe}^3} + \dfrac{z_2}{r_{se}^3} \right] + w_{v_z}
\end{cases}
\tag{8-4}
$$

式中:(x,y,z)为火星探测器位置坐标;(x_1,y_1,z_1)为火星位置坐标;(x_2,y_2,z_2)为地球位置坐标,其中火星和地球坐标为时间函数,可以由星历表求得;(v_x,v_y,v_z)分别为火星探测器在坐标轴 X、Y、Z 方向的速度;$(w_x,w_y,w_z,w_{v_x},w_{v_y},w_{v_z})$为系统噪声。

2.扩维状态模型

火星探测器的导航精度主要受脉冲到达时间精度的影响,脉冲到达时间的测量误差根据误差来源可以分为:脉冲星接收装置误差、脉冲星特征参数误差、脉冲星计时模型误差、探测器系统误差和其他误差,详细信息如表 8-1 所列。

表 8-1　脉冲到达时间的测量误差

误差分类	误差名称
脉冲接收装置误差	接收装置本底噪声和背景噪声 接收装置读出噪声 接收装置效率 背景噪声反射效率
脉冲星特征参数误差	脉冲星辐射能量 脉冲星自旋周期 脉冲星背景扩散噪声
脉冲星计时模型误差	脉冲星相对太阳系的矢量方向 脉冲星距离太阳系质心的距离 脉冲星的自行
探测器系统误差	星载时钟
其他误差	太阳系质心的位置

在上述测量误差中,星载时钟误差、太阳系质心位置误差等为常值误差,脉冲接收装置的背景噪声、脉冲星背景扩散噪声等为随机误差,还有一些误差二者兼有,既包含常值分量也包含随机分量,因此根据误差特性大体上可将以上测量误差的分为两类:一类为常值测量误差;另一类为随机测量误差。其中随机误差可利用滤波方法降低其影响,而常值误差必须建模予以补偿。因此,本节将脉冲到达时间的常值测量误差作为增补的状态量,与位置、速度同步估计并补偿相应的扩维状态模型,即

$$
\begin{cases}
\dot{x} = v_x + w_x \\
\dot{y} = v_y + w_y \\
\dot{z} = v_z + w_z \\
\dot{v}_x = -\mu_s \dfrac{x}{r_{ps}^3} - \mu_m \left[\dfrac{x - x_1}{r_{pm}^3} + \dfrac{x_1}{r_{sm}^3} \right] - \mu_e \left[\dfrac{x - x_2}{r_{pe}^3} + \dfrac{x_2}{r_{se}^3} \right] + w_{v_x} \\
\dot{v}_y = -\mu_s \dfrac{y}{r_{ps}^3} - \mu_m \left[\dfrac{y - y_1}{r_{pm}^3} + \dfrac{y_1}{r_{sm}^3} \right] - \mu_e \left[\dfrac{y - y_2}{r_{pe}^3} + \dfrac{y_2}{r_{se}^3} \right] + w_{v_y} \\
\dot{v}_z = -\mu_s \dfrac{z}{r_{ps}^3} - \mu_m \left[\dfrac{z - z_1}{r_{pm}^3} + \dfrac{z_1}{r_{sm}^3} \right] - \mu_e \left[\dfrac{z - z_2}{r_{pe}^3} + \dfrac{z_2}{r_{se}^3} \right] + w_{v_z} \\
\Delta \dot{t} = 0
\end{cases}
\tag{8-5}
$$

式中：Δt 为脉冲到达时间的常值测量误差。

3. 量测模型

以脉冲到达时间作为观测量，考虑到测量误差有常值误差和随机误差，则量测模型为

$$
t_{SSB} - t_{SC} = \frac{\boldsymbol{n} \cdot \boldsymbol{r}}{c} + \frac{1}{2cD_0}[(\boldsymbol{n} \cdot \boldsymbol{r})^2 - r^2] + \frac{2\mu_s}{c^3}\ln\left|\frac{\boldsymbol{n} \cdot \boldsymbol{r} + r}{\boldsymbol{n} \cdot \boldsymbol{b} + b} + 1\right| + \Delta t + v_n
\tag{8-6}
$$

式中：Δt 为脉冲到达时间的常值测量误差；v_n 为脉冲到达时间的随机测量误差。

8.2.2 计算机仿真

仿真中使用由 STK 生成的“Pathfinder”火星任务的轨道数据，标称轨道参数为半长轴为 193216365.381km，升交点赤径为 0.258°，偏心率为 0.236386，近升角距为 71.347°，轨道倾角为 23.455°，真近点角为 85.152°。仿真时间为 1997 年 6 月 1 日至 1997 年 6 月 15 日。导航中使用的 X 射线脉冲星为 B1937+21、B1821－24、J1617－5055，脉冲到达时间的随机测量误差为均值为 0μs，方差为 0.5μs 的高斯白噪声，常值测量误差为 1μs。一般脉冲星信号累积 5～10min 可以得到较为稳定的波形，考虑到脉冲星信号波形脉冲轮廓提取、脉冲轮廓对比所需时间和星载计算机运算能力等方面的因素，将滤波周期适当延

长至1200s。滤波器状态初始误差为

$$\mathrm{d}\boldsymbol{X} = [10\mathrm{m} \quad 10\mathrm{m} \quad 10\mathrm{m} \quad 0.001\mathrm{m/s} \quad 0.001\mathrm{m/s} \quad 0.001\mathrm{m/s}]^{\mathrm{T}}$$

在以上仿真条件下,本节分别使用直接计算方法、UKF滤波方法和ASUKF滤波方法对导航参数进行估计。直接计算方法是利用三颗脉冲星进行几何定位,对测量噪声非常敏感,导航精度受测量误差的影响大;UKF滤波方法虽然可以有效地降低随机测量误差对导航精度的影响,却无法改善常值测量误差的影响;ASUKF滤波方法一方面可以降低随机误差的影响,另一方面通过把常值测量误差作为增补的状态量进行估计,可以修正常值误差对导航精度的影响,提高导航精度。

1. 直接计算方法仿真结果

图8-4给出了利用脉冲星定位直接计算方法的一次计算机仿真结果,其中速度误差是由位置误差的微分计算得出,从图中可以看出,位置误差约为2.4081km,速度误差约为2.8309m/s。

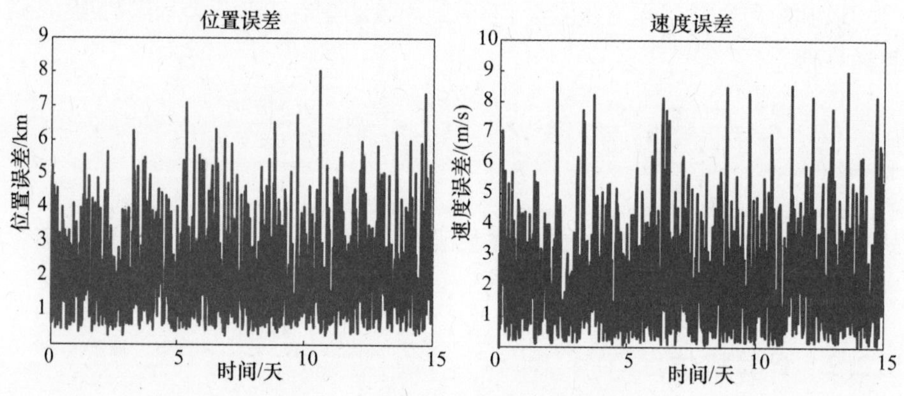

图8-4 直接计算方法的仿真结果

2. UKF方法仿真结果

图8-5给出了不对常值误差进行修正的条件下UKF滤波方法的计算机仿真结果。从图中可以看出,位置估计误差约为764.6008m,速度估计误差约0.005547m/s。

表8-2给出了不同常值误差对导航精度的影响,从表中可以看出,常值误差每增加1μs,定位误差增加约600m。

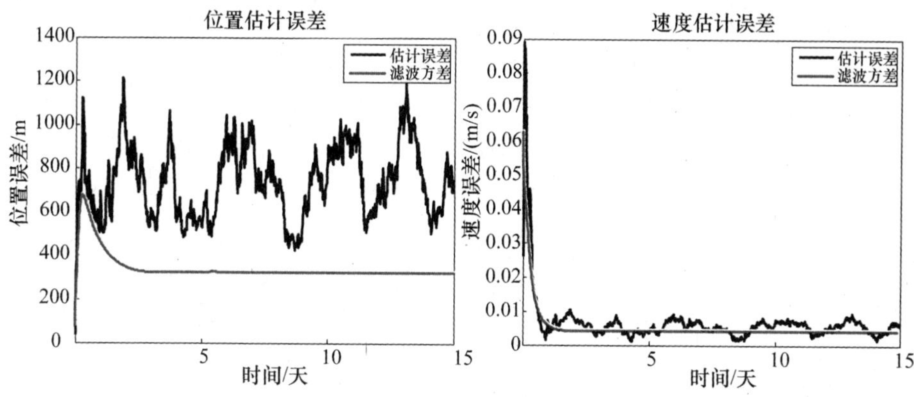

图8－5　UKF方法的仿真结果

表8－2　常值误差对导航精度的影响

Δ*t*/μs	位置误差/m
0	315.519740
1	764.600751
2	1322.112256
3	1894.638001
4	2471.766694
5	3050.887281

3. ASUKF方法仿真结果

图8－6给出了常值误差为1μs时ASUKF滤波方法的一次计算机仿真结果。从图中可见，该方法的位置估计误差约为314.7003m，速度估计误差约为0.005546m/s，与在理想情况下没有常值误差的仿真结果精度相当。图8－7给出了ASUKF滤波方法对常值误差的估计结果，从图中可见，常值误差估计值为1.00059035μs，与常值误差真实值基本相同。上述结果说明，该方法可以有效估计并修正常值误差对导航精度的影响。

4. 三种方法的比较

表8－3比较了利用直接计算方法、UKF方法和ASUKF方法Monte－Carle仿真30次的平均导航精度。从表中可以看出，在测量误差相同的条件下，与直接计算方法相比，UKF滤波方法可以有效抑制随机误差对导航精度的影响，

但由于常值误差的存在,导航精度仍较低;而 ASUKF 滤波方法,不仅具有 UKF 滤波方法的优点,可以减低随机误差的影响,而且还可以有效估计并修正常值误差,提高导航精度。

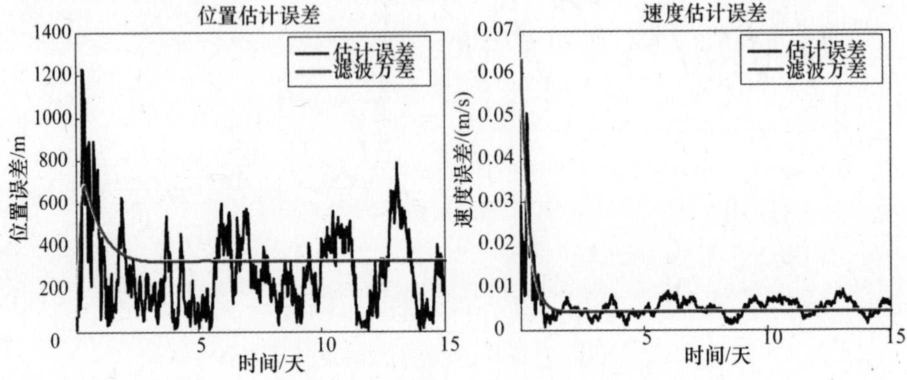

图 8-6　ASUKF 方法的仿真结果

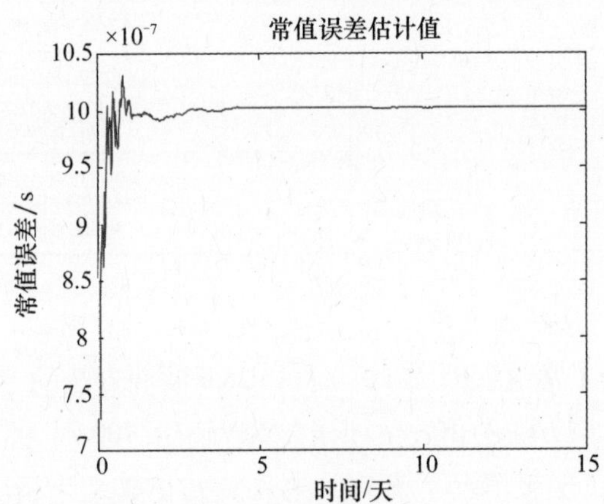

图 8-7　常值误差的估计结果

表 8-3　三种方法导航精度比较

导航方法	位置误差/m	速度误差/(m/s)
直接计算	2418.8125	2.7677
UKF	762.4229	0.005545
ASUKF	305.8676	0.005537

8.3　存在脉冲星方向误差的脉冲星导航方法

8.3.1　引言

X 射线脉冲星持续发射脉冲电磁辐射，这些辐射信号可被航天器上的 X 射线传感器探测到。通过处理这些脉冲信号，可获得航天器上的脉冲 TOA。SSB 处相应的 TOA 可由脉冲计时模型预测得到。可计算航天器上 TOA 与 SSB 处 TOA 之间的差值。这个差值可作为脉冲星导航量测。

X 射线脉冲星导航的量测误差来自于背景辐射、X 射线探测器的时间分辨率以及由脉冲星方向误差引起的系统偏差。并且他们明显影响了导航性能。利用 Taylor 方法来确定脉冲 TOA，这样 TOA 精度独立于时间分辨率的选择。由背景辐射引起的 TOA 误差是一种随机误差，可使用最优状态估计技术处理该误差，如 EKF 或 UKF。

在不考虑脉冲星方向误差的情况下，Sheikh 等用 EKF 并达到 200m 以下的精度，孙景荣等用中心差分 Kalman 滤波器达到 117m 的精度，中心差分 Kalman 滤波器的精度与 UKF 的精度较为相近。

但是，受到当前量测技术的影响，脉冲星方位信息中不可避免地存在误差。不幸的是，甚至一个很小的脉冲星方位误差都可引起较大的系统偏差。例如，0.001″的误差可能引起几百米的系统偏差。EKF 和 UKF 不能有效处理该系统偏差。结果，X 射线脉冲星导航性能大大地下降了。为了处理脉冲星方位误差，熊凯等在 2009 年提出了脉冲到达时间差分（Time Difference of Arrival，TDOA）技术。但是，这项技术需要同时获得多个航天器的 TOA 量测。因此，TDOA 技术只适合星座导航，而并不适合单个航天器。现实情况中，往往需要对单个航天器进行导航，如火星探测等。

为了在脉冲星方向误差存在的情况下达到 100m 的定位精度，提出了一种适合于单个航天器的脉冲星导航方法。在本节中，首先分析了脉冲星方位误差引起的系统偏差，发现该系统偏差的变化量很慢，即系统偏差是慢时变的。因此，本节采用增广状态法，增广状态法将系统偏差作为状态矢量的增广分量。此外，UKF 因其具有较好的非线性系统估计能力而被作为导航滤波器。

所以,本节将增广状态技术与 UKF 技术相结合,并设计了 ASUKF(Augmented State Unscented Kalman Filter)来减少系统偏差对导航系统的影响。

8.3.2 脉冲星方位误差引起的系统偏差

8.3.2.1 系统偏差

设 t_{SC}和 t_b分别表示航天器处的脉冲 TOA 和 SSB 处的相应时间。X 射线脉冲星导航量测 $t_b^i - t_{SC}^i$可表示为

$$t_b^i - t_{SC}^i = \frac{1}{c}\boldsymbol{n}^i \cdot r_{SC} + \frac{1}{2cD_0}[-r_{SC}^2 + (\boldsymbol{n}^i \cdot \boldsymbol{r}_{SC})^2 - 2\boldsymbol{b} \cdot \boldsymbol{r}_{SC} + 2(\boldsymbol{n}^i \cdot \boldsymbol{b})(\boldsymbol{n}^i \cdot \boldsymbol{r}_{SC})] + \frac{2\mu_{Sun}}{c^3}\ln\left|\frac{\boldsymbol{n}^i \cdot \boldsymbol{r}_{SC} + r_{SC}}{\boldsymbol{n}^i \cdot \boldsymbol{b} + b} + 1\right| \tag{8-7}$$

其中:c 为光速;D_0 为脉冲星到太阳系质心的距离;$\boldsymbol{b}$ 为 SSB 相对于太阳的位置矢量;μ_{Sun}为太阳引力常数;$\boldsymbol{n}^i$ 是第 i 颗脉冲星的方向矢量,上标 i 表示脉冲星的编号;$\boldsymbol{r}_{SC}$为卫星相对于 SSB 的位置矢量;$\boldsymbol{r}_E$ 为地球相对于 SSB 的位置矢量;$\boldsymbol{r}$ 为卫星相对于地球的位置矢量,利用标准星历表提供的地球位置$\boldsymbol{r}_E$,可将 $\boldsymbol{r}$ 转化为$\boldsymbol{r}_{SC}$,即

$$\boldsymbol{r}_{SC} = \boldsymbol{r} + \boldsymbol{r}_E \tag{8-8}$$

事实上,不可能获得第 i 颗脉冲星的真实方位矢量$\boldsymbol{n}^i$。只能得到一个量测值 $\hat{\boldsymbol{n}}^i$。通过图 8-8 可以看出,不准确的脉冲星方位对航天器位置的影响。虽

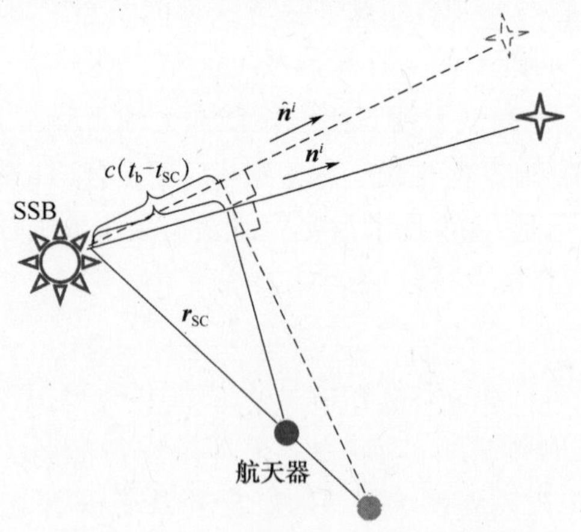

图 8-8 脉冲星方位误差引起的系统偏差

然航天器处于与脉冲星真实方位矢量 $\boldsymbol{n}^i$ 垂直的平面 $\boldsymbol{L}$ 上，假如计算时使用的是 $\hat{\boldsymbol{n}}^i$，估计的航天器位置将处于脉冲星真实方位矢量 $\hat{\boldsymbol{n}}^i$ 垂直的平面 $\hat{\boldsymbol{L}}$ 上。这明显会造成一个估计误差。

下面将推导出系统偏差的具体数学表达式。

用 $\hat{\boldsymbol{n}}^i$ 替换式(8－7)中的$\boldsymbol{n}^i$，式(8－7)可变为

$$t_{\mathrm{b}}^i - t_{\mathrm{SC}}^i = \frac{1}{c}\hat{\boldsymbol{n}}^i \cdot \boldsymbol{r}_{\mathrm{SC}} + \frac{1}{2cD_0}[-r_{\mathrm{SC}}^2 + (\hat{\boldsymbol{n}}^i \cdot \boldsymbol{r}_{\mathrm{SC}})^2 - 2\boldsymbol{b} \cdot \boldsymbol{r}_{\mathrm{SC}} + 2(\hat{\boldsymbol{n}}^i \cdot \boldsymbol{b})(\hat{\boldsymbol{n}}^i \cdot \boldsymbol{r}_{\mathrm{SC}})] + \frac{2\mu_{\mathrm{Sun}}}{c^3}\ln\left|\frac{\hat{\boldsymbol{n}}^i \cdot \boldsymbol{r}_{\mathrm{SC}} + r_{\mathrm{SC}}}{\hat{\boldsymbol{n}}^i \cdot \boldsymbol{b} + b} + 1\right| + \frac{1}{c}B^i \tag{8-9}$$

式中：B^i 是由第 i 颗脉冲星的方位误差引起的系统偏差。

根据式(8－7)和式(8－9)，B^i 可表示为

$$B^i = (\boldsymbol{n}^i - \hat{\boldsymbol{n}}^i) \cdot \boldsymbol{r}_{\mathrm{SC}} + \frac{1}{2D_0}[(\boldsymbol{n}^i \cdot \boldsymbol{r}_{\mathrm{SC}})^2 - (\hat{\boldsymbol{n}}^i \cdot \boldsymbol{r}_{\mathrm{SC}})^2 + 2(\boldsymbol{n}^i \cdot \boldsymbol{b})(\boldsymbol{n}^i \cdot \boldsymbol{r}_{\mathrm{SC}}) - 2(\hat{\boldsymbol{n}}^i \cdot \boldsymbol{b})(\hat{\boldsymbol{n}}^i \cdot \boldsymbol{r}_{\mathrm{SC}})] + \frac{2\mu_{\mathrm{Sun}}}{c^2}\left(\ln\left|\frac{\boldsymbol{n}^i \cdot \boldsymbol{r}_{\mathrm{SC}} + r_{\mathrm{SC}}}{\boldsymbol{n}^i \cdot \boldsymbol{b} + b} + 1\right| - \ln\left|\frac{\hat{\boldsymbol{n}}^i \cdot \boldsymbol{r}_{\mathrm{SC}} + r_{\mathrm{SC}}}{\hat{\boldsymbol{n}}^i \cdot \boldsymbol{b} + b} + 1\right|\right) \tag{8-10}$$

由于式(8－7)右边的第三项和第四项非常小，它们的变化量小于 3ns，可以被忽略不计。因此，B^i 可以被简化为

$$B^i = (\boldsymbol{n}^i - \hat{\boldsymbol{n}}^i) \cdot \boldsymbol{r}_{\mathrm{SC}} \tag{8-11}$$

式中：$\boldsymbol{n}^i - \hat{\boldsymbol{n}}^i$ 为脉冲星方位误差。

考虑到 $\boldsymbol{r} \ll \boldsymbol{r}_{\mathrm{E}}$，$B^i$ 可以被进一步简化为

$$B^i = (\boldsymbol{n}^i - \hat{\boldsymbol{n}}^i) \cdot (\boldsymbol{r} + \boldsymbol{r}_{\mathrm{E}}) \approx (\boldsymbol{n}^i - \hat{\boldsymbol{n}}^i) \cdot \boldsymbol{r}_{\mathrm{E}} \tag{8-12}$$

其中，真实的脉冲星方位矢量$\boldsymbol{n}^i$ 采用第 i 颗脉冲星真实的赤经 α^i 和赤纬 δ^i 计算得到，即

$$\boldsymbol{n}^i = \begin{bmatrix} \cos(\delta^i)\cos(\alpha^i) \\ \cos(\delta^i)\sin(\alpha^i) \\ \sin(\delta^i) \end{bmatrix}^{\mathrm{T}} \tag{8-13}$$

而人为量测的脉冲星方位矢量$\hat{\boldsymbol{n}}^i$ 采用第 i 颗脉冲星量测的赤经 $\hat{\alpha}^i$ 和赤纬 $\hat{\delta}^i$ 计算得到，即

$$\hat{\boldsymbol{n}}^i = \begin{bmatrix} \cos(\hat{\delta}^i)\cos(\hat{\alpha}^i) \\ \cos(\hat{\delta}^i)\sin(\hat{\alpha}^i) \\ \sin(\hat{\delta}^i) \end{bmatrix}^{\mathrm{T}} \tag{8-14}$$

为便于分析,引入赤经误差 $\Delta\alpha^i$ 和赤纬误差 $\Delta\delta^i$ 的概念。它们可分别按式(8-15)和式(8-16)进行计算。在本节中,二者可合称为角误差,即

$$\Delta\alpha^i = \alpha^i - \hat{\alpha}^i \tag{8-15}$$

$$\Delta\delta^i = \delta^i - \hat{\delta}^i \tag{8-16}$$

8.3.2.2 系统偏差分析

在这一节中,分析系统偏差。脉冲星方向误差受到量测技术和星行的影响。当前已经应用于实际的 VLBI(甚长基线干涉测量技术)的精度为 0.001 角秒。由于脉冲星的星行非常慢,约为 1 毫角秒/年量级,并且可被星历表预测。因此,脉冲星方向误差每天被更新一次即可。虽然脉冲星星行中有不可避免的误差信息,星行预测估计误差在 0.1 毫角秒量级。与 VLBI 相比,在几年内星行误差较小。因此,为了简化分析,脉冲星方向可作为一个常量,并且脉冲星方向误差主要由 VLBI 引起。在本节中,假设脉冲星方向误差为 0.001″。

(1) 系统偏差值。

系统偏差可表示为

$$B^i = (\boldsymbol{n}^i - \hat{\boldsymbol{n}}^i) \cdot \boldsymbol{r}_{\mathrm{E}} = |\boldsymbol{n}^i - \hat{\boldsymbol{n}}^i| \cdot |\boldsymbol{r}_{\mathrm{E}}| \cdot \cos\phi^i \tag{8-17}$$

式中:ϕ^i 是矢量 $\boldsymbol{n}^i - \hat{\boldsymbol{n}}^i$ 与航天器位置矢量$\boldsymbol{r}_{\mathrm{E}}$ 之间的夹角。显然,ϕ^i 随着地球的公转而不断变化,这导致了系统偏差的变化。即使角误差($\Delta\alpha^i$ 和 $\Delta\delta^i$)非常小,系统偏差的值也可能很大。以 Crab 脉冲星(PSR B0531+21)为例,当脉冲星角误差为 0.001″时,即 $\Delta\alpha^i$ 和 $\Delta\delta^i$ 均为 0.001″,一年内系统偏差的值如图 8-9所示。从图中可以清楚地看到,一年中的系统偏差值一直在变化,并且 332 天的值是大于 100m 的。即在一年中 90% 以上的时间里,系统偏差的值都是很大的。因此,消除系统偏差对导航系统的影响对于 X 射线脉冲星导航系统来说是至关重要的。

(2) 系统偏差的变化率。

系统偏差的导数可以反映变化率,可按下式计算,即

$$\frac{\mathrm{d}B^i}{\mathrm{d}t} = (\boldsymbol{n}^i - \hat{\boldsymbol{n}}^i) \cdot \frac{\mathrm{d}\,\boldsymbol{r}_{\mathrm{E}}}{\mathrm{d}t} \tag{8-18}$$

系统偏差导数的绝对值为

$$\left|\frac{\mathrm{d}B^i}{\mathrm{d}t}\right| = \left|(\boldsymbol{n}^i - \hat{\boldsymbol{n}}^i) \cdot \frac{\mathrm{d}\,\boldsymbol{r}_{\mathrm{E}}}{\mathrm{d}t}\right| \leqslant |\boldsymbol{n}^i - \hat{\boldsymbol{n}}^i| \cdot \left|\frac{\mathrm{d}\,\boldsymbol{r}_{\mathrm{E}}}{\mathrm{d}t}\right| \tag{8-19}$$

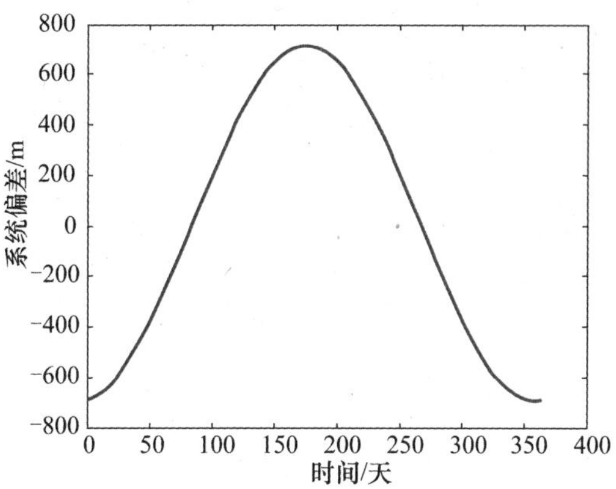

图 8-9　系统偏差值

式中：$\boldsymbol{n}^i-\hat{\boldsymbol{n}}^i$ 为脉冲星方位误差；$|\mathrm{d}\,\boldsymbol{r}_E/\mathrm{d}t|$ 为地球公转的速率。众所周知，地球公转速率的最大值为 30.3km/s。也就是说，$\max(|\mathrm{d}\,\boldsymbol{r}_E/\mathrm{d}t|)$ 等于 30.3km/s。

下面分析脉冲星方位误差$\boldsymbol{n}^i-\hat{\boldsymbol{n}}^i$。

根据式(8-8)、式(8-15)和式(8-16)，$\hat{\boldsymbol{n}}^i$ 可表示成

$$\hat{\boldsymbol{n}}^i=\begin{bmatrix}\cos(\delta^i+\Delta\delta^i)\cos(\alpha^i+\Delta\alpha^i)\\ \cos(\delta^i+\Delta\delta^i)\sin(\alpha^i+\Delta\alpha^i)\\ \sin(\delta^i+\Delta\delta^i)\end{bmatrix} \tag{8-20}$$

由于角误差($\Delta\alpha^i$ 和 $\Delta\delta^i$)很小，角误差的高阶项可以被忽略。这样，$\boldsymbol{n}^i-\hat{\boldsymbol{n}}^i$ 可以简化为

$$\begin{aligned}\boldsymbol{n}^i-\hat{\boldsymbol{n}}^i&=\begin{bmatrix}\cos(\delta^i)\cos(\alpha^i)\\ \cos(\delta^i)\sin(\alpha^i)\\ \sin(\delta^i)\end{bmatrix}-\begin{bmatrix}\cos(\delta^i+\Delta\delta^i)\cos(\alpha^i+\Delta\alpha^i)\\ \cos(\delta^i+\Delta\delta^i)\sin(\alpha^i+\Delta\alpha^i)\\ \sin(\delta^i+\Delta\delta^i)\end{bmatrix}\\&=\begin{bmatrix}\cos\delta^i\cdot\sin\alpha^i\cdot\Delta\alpha^i+\cos\alpha^i\cdot\sin\delta^i\cdot\Delta\delta^i\\ -\cos\delta^i\cdot\cos\alpha^i\cdot\Delta\alpha^i+\sin\alpha^i\cdot\sin\delta^i\cdot\Delta\delta^i\\ -\cos\delta^i\Delta\delta^i\end{bmatrix}\end{aligned} \tag{8-21}$$

因此，X 射线脉冲星方位误差$\boldsymbol{n}^i-\hat{\boldsymbol{n}}^i$ 的绝对值$|\boldsymbol{n}^i-\hat{\boldsymbol{n}}^i|$可表示为

$$|\boldsymbol{n}^i-\hat{\boldsymbol{n}}^i|=\sqrt{(\cos\delta^i)^2\cdot(\Delta\alpha^i)^2+(\Delta\delta^i)^2}\leqslant\sqrt{(\Delta\alpha^i)^2+(\Delta\delta^i)^2} \tag{8-22}$$

因此,根据式(8-19)和式(8-22),导数的绝对值为

$$\left|\frac{\mathrm{d}B^i}{\mathrm{d}t}\right| \leqslant |\boldsymbol{n}^i-\hat{\boldsymbol{n}}^i| \cdot \left|\frac{\mathrm{d}\boldsymbol{r}_{\mathrm{E}}}{\mathrm{d}t}\right| \leqslant \sqrt{(\Delta\alpha^i)^2+(\Delta\delta^i)^2} \cdot \max\left(\left|\frac{\mathrm{d}\boldsymbol{r}_{\mathrm{E}}}{\mathrm{d}t}\right|\right) \tag{8-23}$$

导数的绝对值是非常小的。例如,假设角误差为0.001″,导数小于2.0775 $\times10^{-4}$m/s。也就是说,在一天内的变化量小于18m。这样,系统偏差是慢时变的。偏差的变化率如图8-10所示,图8-10的仿真条件与图5-1一致。从图中可以看出,偏差变化很慢,其变化率小于13m/d。也就是说,5min(采样周期为5min)内的变化小于0.05m。

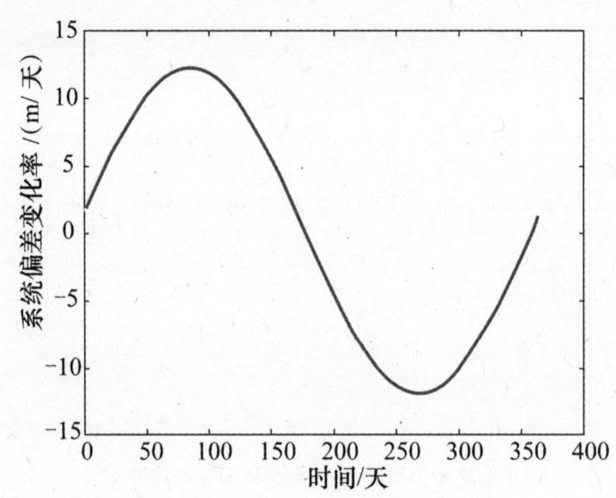

图8-10 系统偏差的变化率

8.3.3 导航滤波器设计

在本节中,采用ASUKF来估计航天器的位置和速度。ASUKF利用增广状态法来改进UKF,并且能有效处理系统偏差和非线性导航系统问题。原因如下:脉冲星方位误差引起的系统偏差是慢时变的,这样增广状态法可以很好地处理它;UKF具有很好地非线性估计能力。

图8-11给出了基于UKF和基于ASUKF的X射线脉冲星导航滤波流程。从图中可以看出,两种滤波流程都采用了UKF滤波器。它们之间不同的是量测模型和状态模型。ASUKF中的量测模型和状态模型中都是经过增广状态法处理的;UKF则采用通用的轨道动力学模型和X射线脉冲星导航量测模型。

增广状态方法将系统偏差增加为状态矢量，使状态模型和量测模型都包括系统偏差。但是，它没有改变滤波处理过程。在这一节中，设计了 ASUKF 的状态模型和量测模型。由于 UKF 的滤波过程与 ASUKF 的滤波过程一致，将不再介绍 ASUKF 的滤波过程，其具体滤波过程可参考本节所介绍的 UKF 的滤波过程。

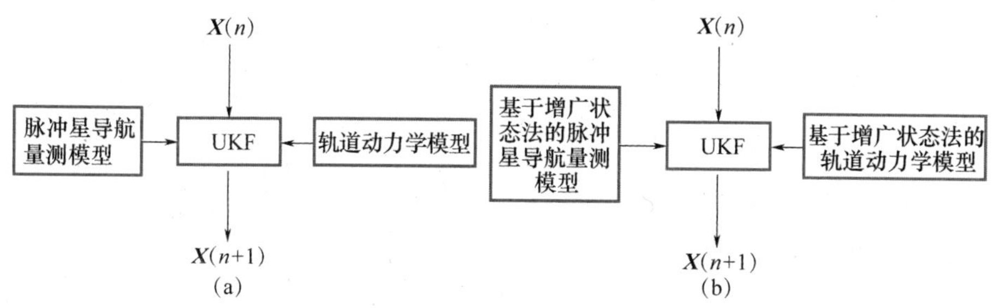

图 8－11　两种 X 射线脉冲星导航流程图

(a)基于 UKF 的脉冲星导航；(b)基于 ASUKF 的脉冲星导航。

8.3.3.1　量测模型

假设 X 射线导航系统量测 $\boldsymbol{Z}=[c\cdot(t_{\mathrm{b}}^{1}-t_{\mathrm{SC}}^{1});c\cdot(t_{\mathrm{b}}^{2}-t_{\mathrm{SC}}^{2});\cdots;c\cdot(t_{\mathrm{b}}^{m}-t_{\mathrm{SC}}^{m})]$，其对应的量测噪声 $\boldsymbol{V}=[v^{1};v^{2};\cdots;v^{m}]$，量测方程可表示为

$$\boldsymbol{Z}=h(\boldsymbol{X},t)+\boldsymbol{V} \tag{8-24}$$

其中 $h(\boldsymbol{X},t)=[h^{1}(\boldsymbol{X},t),h^{2}(\boldsymbol{X},t),\cdots,h^{m}(\boldsymbol{X},t)]^{\mathrm{T}}$，$m$ 为采用的脉冲星的数量。在本节中，X 射线脉冲星导航量测方程经过增广状态法处理。因此，$h^{i}(\boldsymbol{X},t)$ 需包含系统偏差项，即 $h^{i}(\boldsymbol{X},t)$ 为式(8－9)的右边，可表示为

$$\begin{aligned}h^{i}(\boldsymbol{X},t)=&\frac{1}{c}\hat{\boldsymbol{n}}^{i}\cdot\boldsymbol{r}_{\mathrm{SC}}+\frac{1}{2cD_{0}}[-r_{\mathrm{SC}}^{2}+(\hat{\boldsymbol{n}}^{i}\cdot\boldsymbol{r}_{\mathrm{SC}})^{2}\\&-2\boldsymbol{b}\cdot\boldsymbol{r}_{\mathrm{SC}}+2(\hat{\boldsymbol{n}}^{i}\cdot\boldsymbol{b})(\hat{\boldsymbol{n}}^{i}\cdot\boldsymbol{r}_{\mathrm{SC}})]+\frac{2\mu_{\mathrm{Sun}}}{c^{3}}\ln\left|\frac{\hat{\boldsymbol{n}}^{i}\cdot\boldsymbol{r}_{\mathrm{SC}}+r_{\mathrm{SC}}}{\hat{\boldsymbol{n}}^{i}\cdot\boldsymbol{b}+b}+1\right|+\frac{1}{c}B^{i}\end{aligned} \tag{8-25}$$

式中：$i=1,2,\cdots,m$。从式(8－25)中可以看出，系统偏差 B^{i} 是量测方程式中的一项。

8.3.3.2　状态模型

用系统偏差作为增广状态矢量的新增分量，航天器导航系统的状态模型为

$$\begin{cases}\dfrac{\mathrm{d}x}{\mathrm{d}t}=v_x+w_x\\ \dfrac{\mathrm{d}y}{\mathrm{d}t}=v_y+w_y\\ \dfrac{\mathrm{d}z}{\mathrm{d}t}=v_z+w_z\\ \dfrac{\mathrm{d}v_x}{\mathrm{d}t}=-\mu\dfrac{x}{r^3}\left[1-J_2\left(\dfrac{R_\mathrm{e}}{r}\right)^2\left(7.5\dfrac{z^2}{r^2}-1.5\right)\right]+\Delta F_x+w_{vx}\\ \dfrac{\mathrm{d}v_y}{\mathrm{d}t}=-\mu\dfrac{y}{r^3}\left[1-J_2\left(\dfrac{R_\mathrm{e}}{r}\right)^2\left(7.5\dfrac{z^2}{r^2}-1.5\right)\right]+\Delta F_y+w_{vy}\\ \dfrac{\mathrm{d}v_z}{\mathrm{d}t}=-\mu\dfrac{z}{r^3}\left[1-J_2\left(\dfrac{R_\mathrm{e}}{r}\right)^2\left(7.5\dfrac{z^2}{r^2}-4.5\right)\right]+\Delta F_z+w_{vz}\\ \dfrac{\mathrm{d}B^1}{\mathrm{d}t}=w_{B1}\\ \dfrac{\mathrm{d}B^2}{\mathrm{d}t}=w_{B2}\\ \vdots\\ \dfrac{\mathrm{d}B^m}{\mathrm{d}t}=w_{Bm}\end{cases}\tag{8-26}$$

式(8-26)可简化为一般状态模型即

$$\dot{\boldsymbol{X}}(t)=f(\boldsymbol{X},t)+\boldsymbol{w}(t)\tag{8-27}$$

式中:状态矢量 $\boldsymbol{X}=[x,y,z,v_x,v_y,v_z,B_1,B_2,\cdots,B_m]^\mathrm{T}$,$x$、$y$、$z$、$v_x$、$v_y$、$v_z$ 分别为航天器三轴的位置和速度;B^i 是第 i 颗脉冲星位置误差引起的系统偏差,$i=1,2\cdots,m$;ΔF_x、ΔF_y、ΔF_z 是地球非球形摄动的高阶摄动项,日、月摄动,以及太阳光压摄动和大气摄动等影响航天器位置的摄动力;R_e 为地球半径;μ 是地球引力常数;$\boldsymbol{r}=[x,y,z]^\mathrm{T}$ 为航天器相对于地球的位置矢量;J_2为二阶带谐项系数;$\boldsymbol{w}(t)=[w_x,w_y,w_z,w_{vx},w_{vy},w_{vz},w_{B1},w_{B2},\cdots,w_{Bm}]^\mathrm{T}$ 为状态处理噪声,可作为零均值白噪声,其协方差为 $\boldsymbol{Q}$。

8.3.4 可观测性分析

为方便分析,本节选择三颗导航脉冲星。采用四颗及以上导航系统的可观测性分析类似,本节不再阐述。本节只给出地球卫星导航的可观测性分析,太阳卫星的可观测性分析过程类似,本节也不再阐述。

8.3.4.1 采用系统偏差 B 的导航

首先介绍状态转移矩阵和 X 射线脉冲星导航量测阵。

当 $t=t_k$ 时，$f(\boldsymbol{X}(t),t)$ 对应的状态转移矩阵为 $\boldsymbol{F}(k)$，可按照下列公式进行计算，即

$$\boldsymbol{F}_{\mathrm{B}}(k)=\left.\frac{\partial f(\boldsymbol{X}(t),t)}{\partial \boldsymbol{X}(t)}\right|_{\boldsymbol{X}(t)=\hat{\boldsymbol{X}}(t_k)}=\begin{bmatrix}\boldsymbol{0}_{3\times3} & \boldsymbol{I}_{3\times3} & \boldsymbol{0}_{3\times3}\\ \boldsymbol{S}(k) & \boldsymbol{0}_{3\times3} & \boldsymbol{0}_{3\times3}\\ \boldsymbol{0}_{3\times3} & \boldsymbol{0}_{3\times3} & \boldsymbol{0}_{3\times3}\end{bmatrix} \tag{8-28}$$

式中：$\boldsymbol{0}_{3\times3}$ 和 $\boldsymbol{I}_{3\times3}$ 分别为 3×3 的零矩阵和单位矩阵，忽略地球非球形摄动以及其他摄动力的影响，$\boldsymbol{S}(k)$ 可近似地表示为

$$\boldsymbol{S}(k)\approx\begin{bmatrix}\dfrac{\mu(3x^2-r^2)}{r^5} & \dfrac{3\mu xy}{r^5} & \dfrac{3\mu xz}{r^5}\\ \dfrac{3\mu xy}{r^5} & \dfrac{\mu(3y^2-r^2)}{r^5} & \dfrac{3\mu yz}{r^5}\\ \dfrac{3\mu xz}{r^5} & \dfrac{3\mu yz}{r^5} & \dfrac{\mu(3z^2-r^2)}{r^5}\end{bmatrix} \tag{8-29}$$

X 射线脉冲星导航量测矩阵为

$$\boldsymbol{H}_{\mathrm{B}}(k)=\left.\frac{\partial h_2[\boldsymbol{X}(t),t]}{\partial \boldsymbol{X}(t)}\right|_{\boldsymbol{X}(t)=\hat{\boldsymbol{X}}(t_k)}=\begin{bmatrix}\boldsymbol{n}_1^{\mathrm{T}} & \boldsymbol{0}_{1\times3} & 1 & 0 & 0\\ \boldsymbol{n}_2^{\mathrm{T}} & \boldsymbol{0}_{1\times3} & 0 & 1 & 0\\ \boldsymbol{n}_3^{\mathrm{T}} & \boldsymbol{0}_{1\times3} & 0 & 0 & 1\end{bmatrix} \tag{8-30}$$

对多颗脉冲星导航系统的可观测性矩阵 $\boldsymbol{Q}_{\mathrm{P}}$ 进行分析。$\boldsymbol{Q}_{\mathrm{P}}$ 可表示为

$$\boldsymbol{Q}_{\mathrm{P}}=\begin{bmatrix}\boldsymbol{H}_2(k)\\ \boldsymbol{H}_2(k)\boldsymbol{F}(k)\\ \boldsymbol{H}_2(k)\boldsymbol{F}^2(k)\end{bmatrix} \tag{8-31}$$

$$\boldsymbol{Q}_{\mathrm{P}}=\begin{bmatrix}\boldsymbol{n}_1^{\mathrm{T}} & \boldsymbol{0}_{1\times3} & 1 & 0 & 0\\ \boldsymbol{n}_2^{\mathrm{T}} & \boldsymbol{0}_{1\times3} & 0 & 1 & 0\\ \boldsymbol{n}_3^{\mathrm{T}} & \boldsymbol{0}_{1\times3} & 0 & 0 & 1\\ \boldsymbol{0}_{1\times3} & \boldsymbol{n}_1^{\mathrm{T}} & 0 & 0 & 0\\ \boldsymbol{0}_{1\times3} & \boldsymbol{n}_2^{\mathrm{T}} & 0 & 0 & 0\\ \boldsymbol{0}_{1\times3} & \boldsymbol{n}_3^{\mathrm{T}} & 0 & 0 & 0\\ \boldsymbol{n}_1^{\mathrm{T}}\cdot\boldsymbol{S}(k) & \boldsymbol{0}_{1\times3} & 0 & 0 & 0\\ \boldsymbol{n}_2^{\mathrm{T}}\cdot\boldsymbol{S}(k) & \boldsymbol{0}_{1\times3} & 0 & 0 & 0\\ \boldsymbol{n}_3^{\mathrm{T}}\cdot\boldsymbol{S}(k) & \boldsymbol{0}_{1\times3} & 0 & 0 & 0\end{bmatrix} \tag{8-32}$$

显然,三个方向矢量$\boldsymbol{n}_1^{\mathrm{T}}$、$\boldsymbol{n}_2^{\mathrm{T}}$和$\boldsymbol{n}_3^{\mathrm{T}}$不可能共面,因此,$\mathrm{rank}(\boldsymbol{Q}_{\mathrm{P}})=9$。换句话说,$\boldsymbol{Q}_{\mathrm{P}}$是满秩矩阵。因此,该导航方案具有完全可观测性。

通过上式,还可以通过分析可观性矩阵的奇异性来考察导航系统的可观测度。$\boldsymbol{S}(k)$中每个元素在μ/r^3量级。对于地球卫星轨道而言,μ/r^3为10^{-6}量级;对于太阳卫星轨道而言,μ/r^3为10^{-14}量级。这说明,与地球卫星轨道相比,太阳卫星轨道的可观测性矩阵更加接近于奇异矩阵。也就是说,地球卫星轨道上的可观测度优于太阳卫星轨道上的可观测度。

8.3.4.2 直接采用脉冲星方向误差的导航系统

下面分析直接采用脉冲星方向误差的导航系统。将脉冲星的赤经和赤纬信息作为增广状态,状态模型可表示为

$$\begin{cases}\dfrac{\mathrm{d}x}{\mathrm{d}t}=v_x+w_x\\ \dfrac{\mathrm{d}y}{\mathrm{d}t}=v_y+w_y\\ \dfrac{\mathrm{d}z}{\mathrm{d}t}=v_z+w_z\\ \dfrac{\mathrm{d}v_x}{\mathrm{d}t}=-\mu\dfrac{x}{r^3}\left[1-J_2\left(\dfrac{R_{\mathrm{e}}}{r}\right)^2\left(7.5\dfrac{z^2}{r^2}-1.5\right)\right]+\Delta F_x+w_{vx}\\ \dfrac{\mathrm{d}v_y}{\mathrm{d}t}=-\mu\dfrac{y}{r^3}\left[1-J_2\left(\dfrac{R_{\mathrm{e}}}{r}\right)^2\left(7.5\dfrac{z^2}{r^2}-1.5\right)\right]+\Delta F_y+w_{vy}\\ \dfrac{\mathrm{d}v_z}{\mathrm{d}t}=-\mu\dfrac{z}{r^3}\left[1-J_2\left(\dfrac{R_{\mathrm{e}}}{r}\right)^2\left(7.5\dfrac{z^2}{r^2}-4.5\right)\right]+\Delta F_z+w_{vz}\\ \dfrac{\mathrm{d}\alpha^1}{\mathrm{d}t}=w_{\alpha 1}\\ \dfrac{\mathrm{d}\alpha^2}{\mathrm{d}t}=w_{\alpha 2}\\ \dfrac{\mathrm{d}\alpha^3}{\mathrm{d}t}=w_{\alpha 3}\\ \dfrac{\mathrm{d}\delta^1}{\mathrm{d}t}=w_{\delta 1}\\ \dfrac{\mathrm{d}\delta^2}{\mathrm{d}t}=w_{\delta 2}\\ \dfrac{\mathrm{d}\delta^3}{\mathrm{d}t}=w_{\delta 3}\end{cases}\tag{8-33}$$

式中：α^1、α^2、α^3 分别为三颗脉冲星的赤经误差；δ^1、δ^2、δ^3 分别为三颗脉冲星的赤纬误差，其他参数的定义与式(8-27)相同。

式(8-33)可写成一般的状态模型，即

$$\dot{\boldsymbol{X}}_{\mathrm{CA}}(t)=f_{\mathrm{CA}}(\boldsymbol{X}_{\mathrm{CA}},t)+\boldsymbol{w}_{\mathrm{CA}}(t) \tag{8-34}$$

式中：状态矢量为$\boldsymbol{X}_{\mathrm{CA}}=[\boldsymbol{r}^{\mathrm{T}},\boldsymbol{v}^{\mathrm{T}},\boldsymbol{\alpha}^{\mathrm{T}},\boldsymbol{\delta}^{\mathrm{T}}]^{\mathrm{T}}$。

式(8-34)的雅可比矩阵为

$$\boldsymbol{F}_{\mathrm{CA}}(k)=\left.\frac{\partial f_{\mathrm{CA}}(\boldsymbol{X}_{\mathrm{CA}}(t),t)}{\partial \boldsymbol{X}_{\mathrm{CA}}(t)}\right|_{\boldsymbol{X}(t)=\hat{\boldsymbol{X}}(t_k)}=\begin{bmatrix}\boldsymbol{0}_{3\times3} & \boldsymbol{I}_{3\times3} & \boldsymbol{0}_{3\times6}\\ \boldsymbol{S}(k) & \boldsymbol{0}_{3\times3} & \boldsymbol{0}_{3\times6}\\ \boldsymbol{0}_{3\times3} & \boldsymbol{0}_{3\times3} & \boldsymbol{0}_{3\times6}\end{bmatrix} \tag{8-35}$$

量测方程为

$$\begin{aligned}h_{\mathrm{CA}}^{i}(\boldsymbol{X},t)=&\hat{\boldsymbol{n}}^{i}\cdot\boldsymbol{r}_{\mathrm{SC}}+\frac{1}{2D_0}[-r_{\mathrm{SC}}^{2}+(\hat{\boldsymbol{n}}^{i}\cdot\boldsymbol{r}_{\mathrm{SC}})2-2\boldsymbol{b}\cdot\boldsymbol{r}_{\mathrm{SC}}+2(\hat{\boldsymbol{n}}^{i}\cdot\boldsymbol{b})(\hat{\boldsymbol{n}}^{i}\cdot\boldsymbol{r}_{\mathrm{SC}})]\\ &+\frac{2\mu_{\mathrm{Sun}}}{c^2}\ln\left|\frac{\hat{\boldsymbol{n}}^{i}\cdot\boldsymbol{r}_{\mathrm{SC}}+r_{\mathrm{SC}}}{\hat{\boldsymbol{n}}^{i}\cdot\boldsymbol{b}+b}+1\right|\\ &+\begin{bmatrix}\cos\delta^{i}\cdot\sin\alpha^{i}\cdot\Delta\alpha^{i}+\cos\alpha^{i}\cdot\sin\delta^{i}\cdot\Delta\delta^{i}\\ -\cos\delta^{i}\cdot\cos\alpha^{i}\cdot\Delta\alpha^{i}+\sin\alpha^{i}\cdot\sin\delta^{i}\cdot\Delta\delta^{i}\\ -\cos\delta^{i}\Delta\delta^{i}\end{bmatrix}\cdot\boldsymbol{r}_{\mathrm{E}}\end{aligned} \tag{8-36}$$

量测矩阵为

$$\boldsymbol{H}_{\mathrm{CA}}(k)=\left.\frac{\partial h_{\mathrm{CA}}[\boldsymbol{X}(t),t]}{\partial \boldsymbol{X}_{\mathrm{CA}}(t)}\right|_{\boldsymbol{X}(t)=\hat{\boldsymbol{X}}(t_k)}\approx\begin{bmatrix}\boldsymbol{n}_1^{\mathrm{T}} & \boldsymbol{0}_{1\times3} & P_1^1 & P_2^1 & 0 & 0 & 0 & 0\\ \boldsymbol{n}_2^{\mathrm{T}} & \boldsymbol{0}_{1\times3} & 0 & 0 & P_1^2 & P_2^2 & 0 & 0\\ \boldsymbol{n}_3^{\mathrm{T}} & \boldsymbol{0}_{1\times3} & 0 & 0 & 0 & 0 & P_1^3 & P_2^3\end{bmatrix} \tag{8-37}$$

其中

$$P_1^i=\begin{bmatrix}\cos\delta^{i}\cdot\sin\alpha^{i}\\ -\cos\delta^{i}\cdot\cos\alpha^{i}\\ 0\end{bmatrix}\cdot\boldsymbol{r}_{\mathrm{E}},P_2^i=\begin{bmatrix}\cos\alpha^{i}\cdot\sin\delta^{i}\\ \sin\alpha^{i}\cdot\sin\delta^{i}\\ -\cos\delta^{i}\end{bmatrix}\cdot\boldsymbol{r}_{\mathrm{E}}$$

对直接使用脉冲星量测矩阵 $\boldsymbol{Q}_{\mathrm{CA}}$进行分析，$\boldsymbol{Q}_{\mathrm{CA}}$为

$$
\boldsymbol{Q}_{\mathrm{CA}}=\begin{bmatrix}\boldsymbol{H}_{\mathrm{CA}}(k)\\ \boldsymbol{H}_{\mathrm{CA}}(k)\boldsymbol{F}_{\mathrm{CA}}(k)\\ \boldsymbol{H}_{\mathrm{CA}}(k)\boldsymbol{F}_{\mathrm{CA}}^{2}(k)\\ \boldsymbol{H}_{\mathrm{CA}}(k)\boldsymbol{F}_{\mathrm{CA}}^{3}(k)\end{bmatrix}=\begin{bmatrix}\boldsymbol{n}_1^{\mathrm{T}} & \boldsymbol{0}_{1\times3} & P_1^1 & P_2^1 & 0 & 0 & 0 & 0\\ \boldsymbol{n}_2^{\mathrm{T}} & \boldsymbol{0}_{1\times3} & 0 & 0 & P_1^2 & P_2^2 & 0 & 0\\ \boldsymbol{n}_3^{\mathrm{T}} & \boldsymbol{0}_{1\times3} & 0 & 0 & 0 & 0 & P_1^3 & P_2^3\\ \boldsymbol{0}_{1\times3} & \boldsymbol{n}_1^{\mathrm{T}} & 0 & 0 & 0 & 0 & 0 & 0\\ \boldsymbol{0}_{1\times3} & \boldsymbol{n}_2^{\mathrm{T}} & 0 & 0 & 0 & 0 & 0 & 0\\ \boldsymbol{0}_{1\times3} & \boldsymbol{n}_3^{\mathrm{T}} & 0 & 0 & 0 & 0 & 0 & 0\\ \boldsymbol{n}_1^{\mathrm{T}}\cdot\boldsymbol{S}(k) & \boldsymbol{0}_{1\times3} & 0 & 0 & 0 & 0 & 0 & 0\\ \boldsymbol{n}_2^{\mathrm{T}}\cdot\boldsymbol{S}(k) & \boldsymbol{0}_{1\times3} & 0 & 0 & 0 & 0 & 0 & 0\\ \boldsymbol{n}_3^{\mathrm{T}}\cdot\boldsymbol{S}(k) & \boldsymbol{0}_{1\times3} & 0 & 0 & 0 & 0 & 0 & 0\\ \boldsymbol{0}_{1\times3} & \boldsymbol{n}_1^{\mathrm{T}}\cdot\boldsymbol{S}(k) & 0 & 0 & 0 & 0 & 0 & 0\\ \boldsymbol{0}_{1\times3} & \boldsymbol{n}_2^{\mathrm{T}}\cdot\boldsymbol{S}(k) & 0 & 0 & 0 & 0 & 0 & 0\\ \boldsymbol{0}_{1\times3} & \boldsymbol{n}_3^{\mathrm{T}}\cdot\boldsymbol{S}(k) & 0 & 0 & 0 & 0 & 0 & 0\end{bmatrix}
\tag{8-38}
$$

显然,$\boldsymbol{Q}_{\mathrm{CA}}$的秩为9,该矩阵不是满秩矩阵。因此,直接利用脉冲星方向误差的导航系统不是完全可观测的。该导航系统不能用于长时间自主导航。

8.3.5 仿真结果

为了验证本节提出的X射线脉冲星导航方法的有效性和鲁棒性,将其与基于UKF的导航方法进行了比较。仿真条件如表8-4所列。

表8-4 仿真条件

地球卫星轨道1	半长轴:7136.635km 偏心率:1.809×10^{-3} 轨道倾角: 65°	 升交点赤经:30° 近地点幅角:30°
地球卫星轨道2	半长轴:7136.635km 偏心率:1.809×10^{-3} 轨道倾角: 65°	 升交点赤经:150° 近地点幅角:30°

（续）

地球卫星轨道 3	半长轴：7136.635km 偏心率：1.809×10^{-3} 轨道倾角：65°	 升交点赤经：270° 近地点幅角：30°
太阳卫星轨道	半长轴：1.5426×10^{8}km 偏心率：0.033 轨道倾角：1.92°	 升交点赤经：0° 近日点幅角：297.9°
探测器	有效面积：$A=1\text{m}^2$ 采样周期：300s 初始状态误差： $\delta\boldsymbol{X}(0)=[600\text{m},600\text{m},600\text{m},2\text{m/s},2\text{m/s},1.5\text{m/s},-698\text{m},686\text{m},-499\text{m}]$	
UKF	初始估计误差方差矩阵 $\boldsymbol{P}(0)$ 随机选择。 状态处理噪声方差阵： $\boldsymbol{Q}=\text{diag}[q_1^2,q_1^2,q_1^2,q_2^2,q_2^2,q_2^2,q_3^2,q_3^2,q_3^2]$ 其中，$q_1=10\text{m}$，$q_2=0.01\text{m/s}$，$q_3=1\text{m}$	

选取的导航脉冲星参数如表 8－5 所列，X 射线背景辐射噪声 B_X 设定为 0.005(ph/cm^2)/s。根据 B_X 以及表 8－5 中的脉冲星导航参数，可以根据第 1 章中的 Taylor 方法将脉冲星导航量测噪声标准差计算出来。

表 8－5　脉冲星参数

脉冲星	B0531＋21	B1821－24	B1937＋21
赤经/°	83.63	276.13	294.92
赤纬/°	22.01	－24.87	21.58
D_0/kpc	2.0	5.5	3.6
P/s	0.0334	0.00305	0.00156
W/s	1.7×10^{-3}	5.5×10^{-5}	2.1×10^{-5}
F_x((ph/cm^2)/s)	1.54	1.93×10^{-4}	4.99×10^{-5}
P_f/%	70	98	86
$\Delta\alpha$/(″)	0.001	0.001	－0.001
$\Delta\delta$/(″)	0.001	0.001	－0.001

表 8－6 给出了在三个卫星轨道上的 10 次 Montè－Carlo 仿真结果。从表 8－6 可以看出，这三个卫星轨道上的结果较为相似。也就是说，轨道对该

脉冲星导航系统性能影响较小。

由于这三个轨道上的结果较为相似。在以下的试验中,本节只给出轨道1的仿真结果。

表8-6 三颗航天器轨道下的估计误差均值

航天器轨道	ASUKF		UKF	
	位置误差/m	速度误差/(m/s)	位置误差/m	速度误差/(m/s)
1	77.807	0.073	780.567	0.543
2	81.188	0.076	833.508	0.657
3	80.736	0.081	815.692	0.646

图8-12给出了UKF和ASUKF方法的性能比较。从图8-12中可以看出,ASUKF方法可有效地收敛,而UKF方法则不能收敛,它的定位误差总是存在一定的偏差。显然,这个偏差是由系统偏差造成的。ASUKF和UKF的位置估计误差分别为75m和790m。也就是说,ASUKF是UKF的导航定位精度的10倍以上,极大地改善了导航系统性能。UKF定位精度低的原因是UKF没有消除系统偏差的影响,这导致了整个导航系统性能的极大下降。

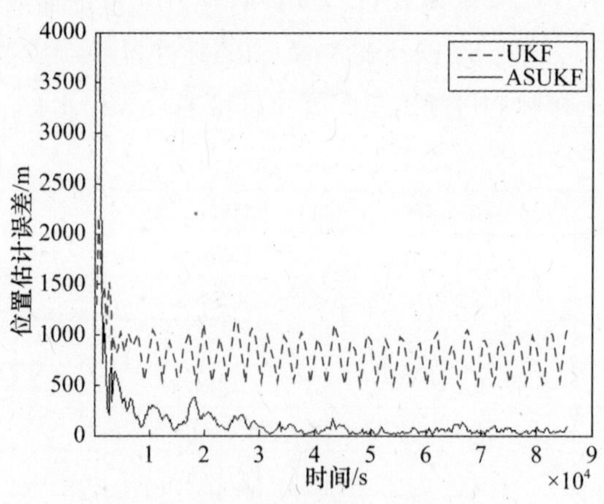

图8-12 两种滤波器的位置估计误差

图8-13给出了一年内的位置估计误差。从图中可以看出,UKF的滤波精度变化很快,在200~800m以正弦曲线方式振荡;但是,ASUKF的定位精度确保持不变,仅在100m附近上下波动,幅度较小。这是因为系统偏差在一年

内是剧烈变化的，UKF 方法对系统偏差很敏感，但是 ASUKF 对偏差具有很强的鲁棒性。也可以看出，基于 ASUKF 的导航方法一直比 UKF 方法的导航定位性能好。

最后，研究在不同脉冲星方位误差下的导航性能。首先，将表 8－6 中的每个脉冲星方位误差乘以系数 κ。例如，脉冲星 B0531＋21 的赤经误差处理后变为 $\kappa \cdot 0.001''$。这样，角误差会随着系数 κ 的变大而增加。图 8－14 给出了在不同 κ 下的两种滤波器的位置估计误差。从图 8－14 可以看出，系数 κ 变大时，基于 UKF 的导航方法的精度很快下降，但是基于 ASUKF 的方法几乎保持不变。当系数 $\kappa = 0.1$ 时，两种方法的位置估计误差均小于 100m，但是 ASUKF 的精度略高于 UKF 的精度。当系数 $\kappa = 10$ 时，UKF 方法的位置估计误差超过了 8000m，几乎接近 10000m 量级，而 ASUKF 仍远远小于 200m。此时的 UKF 方法的位置估计误差是 ASUKF 的 72 倍。这些都表明了基于 ASUKF 的脉冲星导航方法对脉冲星方位误差具有很强的鲁棒性。

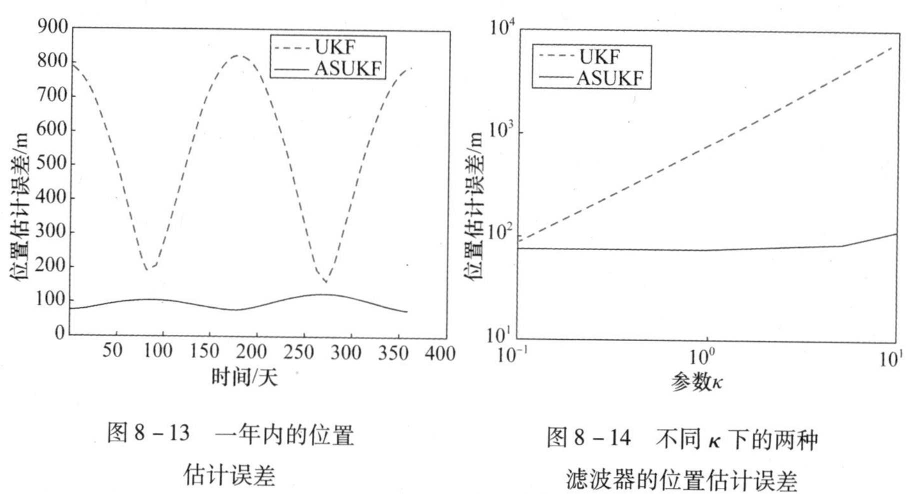

图 8－13　一年内的位置估计误差

图 8－14　不同 κ 下的两种滤波器的位置估计误差

最后，研究 X 射线脉冲星传感器的有效面积对导航性能的影响。量测噪声标准差 σ^i 与传感器的有效面积相关，面积越大，标准差越小。图 8－15 给出了 10 次 Montè－Carlo 试验的仿真结果。可以看出，ASUKF 的位置误差随有效面积的增大而减小，而 UKF 的估计误差在 800m 左右，下降量较小。这表明，增大探测器的有效面积可有效提高 ASUKF 的性能，而 UKF 由于受到系统偏差的影响，即使有效面积很大，也无法与 ASUKF 相比。

图8-16给出了太阳卫星轨道下的位置估计误差。从图中可以看出,本节提出的方法明显优于UKF方法。通过10次蒙特卡罗试验,本节方法和UKF方法的位置估计误差均值分别为1183m和3640m。UKF定位精度低的原因也是UKF没有消除系统偏差的影响,这导致了整个导航系统性能的下降。

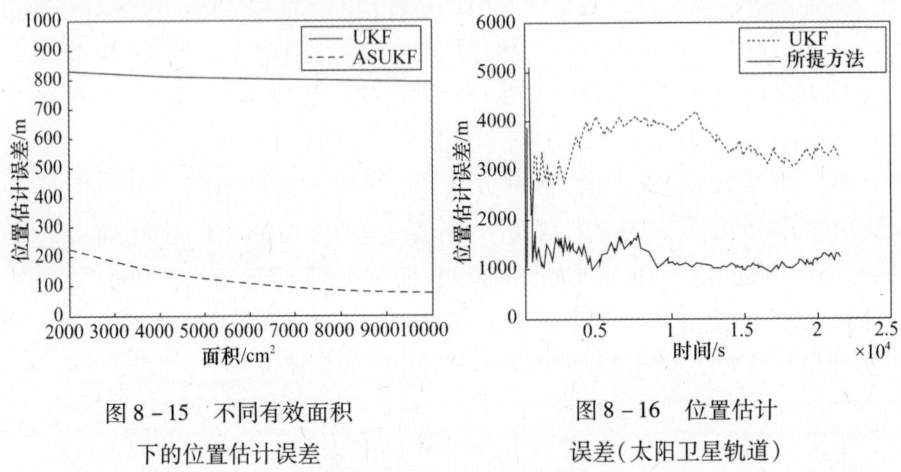

图8-15　不同有效面积下的位置估计误差

图8-16　位置估计误差(太阳卫星轨道)

最后,研究在不同κ下的导航性能。从图8-17可以看出,在不同系数κ下,基于UKF的导航方法的精度均低于基于ASUKF的方法。

最后,考察不同时间误差下的位置估计精度。从图8-18中可以发现,当时钟误差增大时,基于UKF的导航方法的精度急剧下降,而基于ASUKF的方法的精度则下降较小。这表明,ASUKF方法也可以改善时钟误差下的脉冲星导航精度。

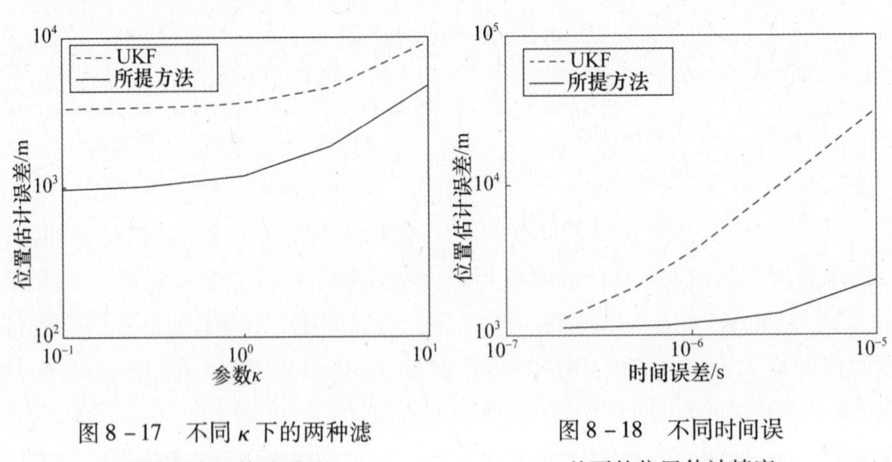

图8-17　不同κ下的两种滤波器的位置估计误差

图8-18　不同时间误差下的位置估计精度

通过以上试验，还发现了一个有趣的现象，地球卫星轨道上的脉冲星自主导航定位精度明显优于太阳卫星轨道上的定位精度。这是因为地球卫星轨道上的可观测度优于太阳卫星轨道上的可观测度。

8.4　基于 EKF – CMBSEE 的 X 射线脉冲星导航

8.4.1　引言

许多学者假设脉冲信号频率是已知的。但是，由航天器飞行引起的多普勒效应会引起脉冲累积轮廓的畸变。更糟糕的是，由于已知的航天器速度信息必然存在误差，多普勒效应无法用该速度完全消除，这会导致脉冲 TOA 精度急剧下降。脉冲 TOA 精度影响了定位精度。多普勒速度改变了脉冲累积轮廓，使其出现畸变。反过来，脉冲轮廓畸变反映了多普勒速度。因此，不少学者利用畸变的脉冲轮廓同时估计航天器位置和速度。Golshan 利用最大似然估计方法确定位置和速度，其精度达到了克拉美劳界（Cramer – Rao Lower Bound，CRLB）。张华给出了轮廓熵的概念，基于此，提出了位置速度联合估计方法。费保俊将脉冲信号划分为两部分，将二者相似度作为目标函数，通过最小化该目标函数估计多普勒速度。谢强定义了轮廓特征函数，用其测量累积脉冲轮廓畸变。根据函数值和多普勒速度的关系，通过搜索算法识别多普勒速度。这些方法的多普勒速度估计精度很高。考虑了多普勒效应的脉冲星导航流程一般如下：估计脉冲 TOA 和多普勒速度，再利用 Kalman 滤波器处理这些测量信息以获得高精度导航信息。

以上多普勒速度估计策略通过最小化脉冲轮廓的畸变来估计航天器速度的。在一个脉冲星观测周期内，脉冲星辐射光子的收集和基于脉冲周期的叠加是同时进行的。此时，由于历元叠加的运行时间短于脉冲星观测周期，脉冲星导航系统的实时性不会受影响。但是，脉冲星观测过程结束之后，必须快速获得导航信息。不幸的是，这些多普勒速度估计方法在脉冲星观测过程结束之后运行。更糟糕的是，计算量很大。究其原因，根据不同的脉冲周期，大量的脉冲星辐射光子（$10^6 \sim 10^7$ 量级）被多次折叠。可是，一次折叠的运行时间都是无法忍受的。从以上的分析可以看出，多普勒速度估计过程必须去除。此外，X 射线脉冲星导航系统的计算量必须满足两个限制：历元叠加的运行时间必须小于脉冲星观测周期;在脉冲星观测结束之后,导航信息必须快速获得。

在本节中,为满足以上两个限制条件,提出了一种抗多普勒效应的X射线脉冲星导航系统。该系统避免了多普勒速度估计过程。X射线脉冲星导航流程如下:在一个脉冲星信号观测期间,对多普勒效应进行补偿;在观测结束后,利用Kalman滤波器处理脉冲TOA。在脉冲信号观测周期内,利用先验信息补偿多普勒效应。但是,误差不可避免地在先验信息中,这会导致脉冲TOA偏差。研究发现脉冲星导航测量偏差与状态估计误差具有相关性。基于此,构建关于状态估计误差的测量偏差模型。利用这种模型改进EKF,提出一种测量偏差与状态估计误差相关的EKF(extended Kalman filter with correlated measurement bias and state estimation error,EKF-CMBSEE)。该滤波器对多普勒补偿引起的测量偏差具有鲁棒性。这种新的脉冲星导航流程如下:在脉冲星观测期间补偿多普勒效应,之后利用EKF-CMBSEE处理TOA偏差。

8.4.2 小计算量的脉冲星信号多普勒补偿方法

为了表述方便,定义单个脉冲的TOA为子脉冲,而脉冲累积轮廓TOA定义为脉冲TOA。以美国的火星"探路者"号为例,研究X射线脉冲星导航。

为了减少航天器飞行造成的多普勒效应,通过轨道动力学模型以及先验知识获得的位置、速度、加速度估计值被用于补偿单个光子TOA。但是,每个脉冲光子TOA都需要多普勒补偿,一次多普勒补偿计算需要计算四次轨道动力学模型。由于脉冲观测期间内光子数很多,需要多次计算轨道动力学模型。更糟糕的是,轨道动力学模型很复杂。因此,对于星载计算机而言,利用复杂的轨道动力学模型补偿是很难的。

本节为了减少计算量,分析并简化地火转移轨道的轨道动力学模型,给出了基于多普勒补偿的X射线脉冲星光子历元叠加过程。最后,给出多普勒补偿在脉冲TOA的影响,并建立关于速度估计误差的脉冲TOA测量偏差模型。

8.4.2.1 地火转移轨道动力学模型分析

地火转移轨道动力学模型为

$$
\begin{cases}
\dot{x}=v_x \\
\dot{y}=v_y \\
\dot{z}=v_z \\
\dot{v}_x=-\mu_s\dfrac{x}{r_{ps}^3}-\mu_m\left[\dfrac{x-x_1}{r_{pm}^3}+\dfrac{x_1}{r_{sm}^3}\right]-\mu_e\left[\dfrac{x-x_2}{r_{pe}^3}+\dfrac{x_2}{r_{se}^3}\right]-\mu_j\left[\dfrac{x-x_3}{r_{pj}^3}+\dfrac{x_3}{r_{sj}^3}\right]+\Delta F_x \\
\dot{v}_y=-\mu_s\dfrac{y}{r_{ps}^3}-\mu_m\left[\dfrac{y-y_1}{r_{pm}^3}+\dfrac{y_1}{r_{sm}^3}\right]-\mu_e\left[\dfrac{y-y_2}{r_{pe}^3}+\dfrac{y_2}{r_{se}^3}\right]-\mu_j\left[\dfrac{y-y_3}{r_{pj}^3}+\dfrac{y_3}{r_{sj}^3}\right]+\Delta F_y \\
\dot{v}_z=-\mu_s\dfrac{z}{r_{ps}^3}-\mu_m\left[\dfrac{z-z_1}{r_{pm}^3}+\dfrac{z_1}{r_{sm}^3}\right]-\mu_e\left[\dfrac{z-z_2}{r_{pe}^3}+\dfrac{z_2}{r_{se}^3}\right]-\mu_j\left[\dfrac{z-z_3}{r_{pj}^3}+\dfrac{z_3}{r_{sj}^3}\right]+\Delta F_z
\end{cases}
\tag{8-39}
$$

式(8－39)可表示为

$$
\dot{\boldsymbol{X}}(t)=f(\boldsymbol{X},t)+\boldsymbol{\omega}(t) \tag{8-40}
$$

式中:状态矢量 $\boldsymbol{X}=[x,y,z,v_x,v_y,v_z]^{\mathrm{T}}$;$\boldsymbol{r}=[x,y,z]$ 和 $\boldsymbol{v}=[v_x,v_y,v_z]$ 是航天器位置和速度矢量;$\dot{\boldsymbol{X}}(t)$ 是 $\boldsymbol{X}$ 的导数;$[x_1,y_1,z_1]$、$[x_2,y_2,z_2]$ 和 $[x_3,y_3,z_3]$ 分别是火星、地球和木星的位置矢量;μ_s、μ_m、μ_e、μ_j 分别是太阳、火星、地球和木星的重力加速度,其值分别为 $1.327\times10^{11}\mathrm{km^3/s^2}$、$3.986\times10^5\mathrm{km^3/s^2}$、$4.2828\times10^4\mathrm{km^3/s^2}$、$1.2671\times10^8\mathrm{km^3/s^2}$;$r_{ps}=\sqrt{x^2+y^2+z^2}$、$r_{pm}=\sqrt{(x-x_1)^2+(y-y_1)^2+(z-z_1)^2}$、$r_{pe}=\sqrt{(x-x_2)^2+(y-y_2)^2+(z-z_2)^2}$、$r_{pj}=\sqrt{(x-x_3)^2+(y-y_3)^2+(z-z_3)^2}$ 是航天器到日心、火心、地心、木心的距离;$r_{sm}=\sqrt{x_1^2+y_1^2+z_1^2}$、$r_{se}=\sqrt{x_2^2+y_2^2+z_2^2}$、$r_{sj}=\sqrt{x_3^2+y_3^2+z_3^2}$ 是日心与火心、地心、木心之间的距离。$\boldsymbol{\omega}=[0,0,0,\Delta F_x,\Delta F_y,\Delta F_z]^{\mathrm{T}}$,其中,$\Delta F_x$、$\Delta F_y$、$\Delta F_z$ 是考虑太阳光压和其他行星的摄动力。与太阳、火星、地球以及木星摄动力相比,ΔF_x、ΔF_y、ΔF_z 非常小,其在几天内的变化可以忽略。因此,这些值只需一天计算一次。

基于初始位置和速度信息,利用四阶龙格库塔法可以预测航天器的下一时刻位置和速度。显然,如果航天器速度已知,即可实现多普勒补偿。但是,四阶龙格库塔法和地火转移轨道的计算复杂度很高。因此,星载计算机很难完成这个任务。为了减小计算复杂度,式(8－39)必须简化。从式(8－39)可以看出,加速度计算量很高。因此,航天器加速度表达式必须简化。定义 a_x、a_y、a_z 为三轴加速度,即 a_x、a_y、a_z 等于 $\dot{v}_x$、$\dot{v}_y$、$\dot{v}_z$。

下面分析加速度,以 x 轴为例。

(1) 加速度值。

r_{sm}、r_{se} 和 r_{sj} 约为 2.2794×10^8 km、1.496×10^8 km 和 7.7831×10^8 km。由于航天器在地球轨道和火星轨道之间,r_{ps} 在间隔$[1.496\times10^8\text{ km},2.2794\times10^8\text{ km}]$内,$r_{pm}$ 和 r_{pe} 在 10^7 km 量级,$r_{pj}>5.5\times10^8$ km。根据以上分析,可以确定 $\mu_s x/r_{ps}^3$,$\mu_m[(x-x_1)/r_{pm}^3+x_1/r_{sm}^3]$,$\mu_e[(x-x_2)/r_{pe}^3+x_2/r_{se}^3]$ 和 $\mu_j[(x-x_3)/r_{pj}^3+x_3/r_{sj}^3]$分别为 10^{-6} km/s^2、10^{-11} km/s^2、10^{-10} km/s^2和 10^{-9} km/s^2量级。因此,x 轴加速度为 10^{-6} km/s^2量级。

同理,y 和 z 轴加速度也为 10^{-6} km/s^2量级。

(2) 加速度变化量。

考察一个脉冲信号观测周期 T 内的加速度变化量。脉冲星观测周期很长,持续 1000s,因此,航天器的位置变化很大,这会导致加速度出现变化。下面证明该变化量很小。x 轴加速度可表示为

$$a_x^{\text{Variation}}=\left|\mu_s\frac{v_x T}{r_{ps}^3}\right| \tag{8-41}$$

航天器速度 v_x 在 10km/s 量级,T 在 1000s 量级。因此,$a_x^{\text{Variation}}$ 在 10^{-9} km/s^2量级。同理,$a_y^{\text{Variation}}$ 和 $a_z^{\text{Variation}}$ 也在 10^{-9} km/s^2量级。

(3) 加速度误差。

下面分析位置估计误差对加速度估计值的影响。x 轴加速度估计误差可表示为

$$\Delta a_x=a_x-\hat{a}_x\approx-\mu_s\frac{\Delta x}{r_{ps}^3}-\mu_m\frac{\Delta x}{r_{pm}^3}-\mu_e\frac{\Delta x}{r_{pe}^3} \tag{8-42}$$

式中:$\Delta x=x-\hat{x}$ 是 x 轴的位置估计误差。即使 Δx 为 1000km,Δa_x 在 10^{-10} km/s^2量级。同理,Δa_y 和 Δa_z 在 10^{-10} km/s^2量级。

根据以上分析结果,在一个脉冲星观测周期内,加速度变化量和误差很小,且加速度几乎保持不变。

最后,考察当加速度仅计算一次时的预测位置和速度精度。

在一个脉冲星观测周期内,如果将加速度作为常量,$\boldsymbol{a}(t)\equiv\boldsymbol{a}_0$,式(8-39)可被线性化为

$$\begin{cases} \boldsymbol{r} = \boldsymbol{r}_0 + \boldsymbol{v}_0 \cdot t + \dfrac{1}{2}\boldsymbol{a}_0 \cdot t^2 \\ \boldsymbol{v} = \boldsymbol{v}_0 + \boldsymbol{a}_0 t \end{cases} \tag{8-43}$$

式中：$\boldsymbol{a}_0$、$\boldsymbol{v}_0$ 和 $\boldsymbol{r}_0$ 分别是观测周期起始时刻的加速度、速度和位置。显然，该模型是恒加速度模型。

可以看出，当 t 是 1000s 并且加速度估计误差在 10^{-9}km/s^2 量级时，位置和速度分别是 10^{-3}km 和 10^{-6}km/s 量级。因此，利用式（8-43）预测位置和速度。因此，加速度可仅计算一次，大计算量可以避免。

8.4.2.2　基于简化多普勒补偿的历元叠加方法

由于脉冲星信号十分微弱，EF 方法通常用于增强脉冲轮廓信噪比。其过程如下。

（1）X 射线敏感器记录每个 X 射线光子的到达时间。在整个观测周期内，N 个光子将被记录。

（2）这组光子按照脉冲计时模型预测的脉冲周期折叠。将脉冲相位划分为 M 个子间隔，并将每个光子放入相位间隔中，这样就构建了一个脉冲轮廓。

在 EF 之后，将时间转换为脉冲相位，TOA 由观测轮廓和高信噪比标准模版确定。

但是，由于航天器的运动，脉冲信号 TOA 受多普勒效应的影响，必须补偿多普勒效应。

为了减小计算量，以脉冲周期为单位对每个 X 射线光子的 TOA 进行补偿。为了便于表述，定义单个脉冲 TOA 作为子 TOA，而从脉冲累积轮廓获得的 TOA 定义为脉冲 TOA。

假设第 i 个脉冲周期为 P_i，一个脉冲星观测周期内的脉冲数为 N_p，$\boldsymbol{r}_\mathrm{end}$ 定义为观测周期末的航天器位置，$\boldsymbol{n}^j$ 为第 j 颗脉冲星的方位矢量。$\boldsymbol{p}_\mathrm{end}$ 定义为通过 $\boldsymbol{r}_\mathrm{end}$ 点且垂至于 $\boldsymbol{n}^j$ 的平面，第 i 个周期第 m 个脉冲光子到达 $\boldsymbol{p}_\mathrm{end}$ 和航天器的时间分别为 τ_m^i 和 λ_m^i。图 8-19 给出了脉冲星信号多普勒补偿的基本原理。在第 k 个脉冲周期内，航天器在 $\boldsymbol{n}^j$ 方向上运动了 $(\boldsymbol{n}^j)^\mathrm{T}\boldsymbol{v}_k P_k$，从第 i 个脉冲周期航天器位置到 $\boldsymbol{p}_\mathrm{end}$ 是 $\sum_{k=i+1}^{N_\mathrm{p}}((\boldsymbol{n}^j)^\mathrm{T}\boldsymbol{v}_k P_k)$。因此，$\tau_\mathrm{m}^i$ 和 λ_m^i 的关系式为

$$\tau_m^i = \lambda_m^i - \sum_{k=i+1}^{N_\mathrm{p}}\left(\frac{(\boldsymbol{n}^j)^\mathrm{T}\boldsymbol{v}_k P_k}{c}\right) \tag{8-44}$$

式中：v_i 是航天器在第 i 个脉冲周期的速度。

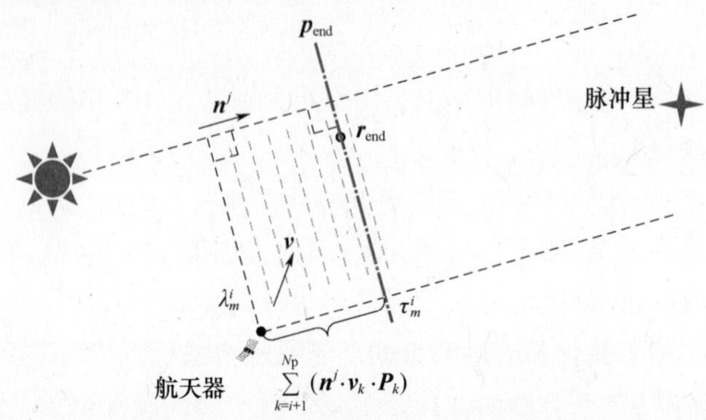

图 8-19　X 射线脉冲星信号多普勒补偿

假设第 i 个脉冲到达 $\boldsymbol{p}_{\mathrm{end}}$ 位置和航天器的到达时间分别为 T_i 和 t_i。二者的关系式为

$$T_i = t_i - \sum_{k=i+1}^{N_{\mathrm{P}}}\left(\frac{(\boldsymbol{n}^j)^{\mathrm{T}}\boldsymbol{v}_k P_k}{c}\right) \tag{8-45}$$

利用轨道动力学模型，脉冲星观测周期起始时刻的速度和位置估计值，可以预测第 i 个脉冲周期的速度 $\hat{\boldsymbol{v}}_i$，并用其补偿脉冲子到达时间。在位置 $\boldsymbol{p}_{\mathrm{end}}$，第 i 个脉冲周期第 m 个 X 射线光子的 TOA 补偿后的值为 $\hat{\tau}_m^i$，即

$$\hat{\tau}_m^i = \lambda_m^i - \sum_{k=i+1}^{N_{\mathrm{P}}}\left(\frac{(\boldsymbol{n}^j)^{\mathrm{T}}\hat{\boldsymbol{v}}_k P_k}{c}\right) \tag{8-46}$$

同理，在位置 $\boldsymbol{p}_{\mathrm{end}}$，第 i 个补偿后的子 TOA$\hat{T}_i$ 可表示为

$$\hat{T}_i = t_i - \sum_{k=i+1}^{N_{\mathrm{P}}}\left(\frac{(\boldsymbol{n}^j)^{\mathrm{T}}\hat{\boldsymbol{v}}_k P_k}{c}\right) \tag{8-47}$$

基于多普勒补偿的 EF 流程如下。

(1) 敏感器记录每个 X 射线光子的到达时间。

(2) 多普勒补偿过程如下：估计航天器速度$\hat{\boldsymbol{v}}_i$；利用$\hat{\boldsymbol{v}}_i$ 和式(8-46)补偿 X 射线光子到达时间。通常，估计的速度$\hat{\boldsymbol{v}}_i$ 可由四阶龙格库塔法和轨道动力学模型计算得到。为了减小计算量，$\hat{\boldsymbol{v}}_i$ 可通过式(8-43)所示的运动方程计算获得。

(3) 这组光子按照脉冲计时模型预测的脉冲周期折叠。将脉冲相位划分为 M 个子间隔，并将每个光子放入相位间隔中，这样就构建了一个脉冲轮廓。

8.4.2.3　TOA 偏差模型

在基于多普勒补偿的 EF 方法中，速度预测误差影响了子 TOA 精度。下面分析该影响。

假设在第 i 个脉冲周期内的速度误差 $\Delta \boldsymbol{v}_i$ 为

$$\Delta \boldsymbol{v}_i = \boldsymbol{v}_i - \hat{\boldsymbol{v}}_i \approx (\boldsymbol{v}_0 + \boldsymbol{a}t) - (\hat{\boldsymbol{v}}_0 + \hat{\boldsymbol{a}}t) = \boldsymbol{v}_0 - \hat{\boldsymbol{v}}_0 \tag{8-48}$$

因此，采用恒加速度模型，补偿速度误差 $\Delta \boldsymbol{v}_i \equiv \Delta \boldsymbol{v}$。

然后，脉冲子 TOA 补偿误差 $\Delta \hat{T}_i$ 为

$$\Delta \hat{T}_i = T_i - \hat{T}_i = -\sum_{k=i+1}^{N_p} \frac{(\boldsymbol{n}^j)^{\mathrm{T}} \Delta \boldsymbol{v}_k}{c} P_0 = -\frac{(\boldsymbol{n}^j)^{\mathrm{T}} \Delta \boldsymbol{v}}{c}(N_p - i) P_0 \tag{8-49}$$

将观测周期内所有脉冲整合可获得脉冲轮廓，脉冲 TOA 估计偏差等于所有子脉冲 TOA 补偿误差的均值。脉冲 TOA 偏差可表示为

$$\beta^j = \frac{1}{N_p}\sum_{i=1}^{N_p} \Delta \hat{T}_i = -\frac{1}{N_p}\sum_{i=1}^{N_p} \frac{(\boldsymbol{n}^j)^{\mathrm{T}} \Delta \boldsymbol{v}}{c}(N_p - i) P_0 \approx -\frac{T(\boldsymbol{n}^j)^{\mathrm{T}} \Delta \boldsymbol{v}}{2c} \tag{8-50}$$

式中：观测周期 $T = N_p P_0$。可以看出，该偏差与速度估计误差 $\Delta \boldsymbol{v}$ 相关。

因此，式(8-50)是关于状态估计误差的脉冲 TOA 测量偏差模型。

8.4.3　X 射线脉冲星导航测量模型

X 射线脉冲星导航测量是 X 射线探测器获得的脉冲 TOA 与脉冲计时模型预测的 TOA 之差。t^j 和 t_b^j 分别是第 j 颗脉冲星在航天器与太阳系质心的脉冲 TOA。$\boldsymbol{n}^j$ 是第 j 颗脉冲星方位矢量。$\boldsymbol{r}$ 是航天器位置矢量。c 为光速，$t_b^j - t^j$ 反映了 $\boldsymbol{r}$ 在 $\boldsymbol{n}^j$ 上的投影。其一阶量为

$$t_b^j - t^j = \frac{1}{c}(\boldsymbol{n}^j)^{\mathrm{T}} \boldsymbol{r} \tag{8-51}$$

考虑高阶量，可表示为

$$t_b^j - (t^j - \beta^j) = \frac{1}{c}(\boldsymbol{n}^j)^{\mathrm{T}} \boldsymbol{r} + \frac{1}{2cD_0^j}\left[-|\boldsymbol{r}|^2 + ((\boldsymbol{n}^j)^{\mathrm{T}} \boldsymbol{r})^2 - 2\boldsymbol{b}^{\mathrm{T}} \boldsymbol{r} + 2((\boldsymbol{n}^j)^{\mathrm{T}} \boldsymbol{b})((\boldsymbol{n}^j)^{\mathrm{T}} \boldsymbol{r})\right] + \frac{2\mu_{\mathrm{Sun}}}{c^3}\ln\left|\frac{(\boldsymbol{n}^j)^{\mathrm{T}} \boldsymbol{r} + |\boldsymbol{r}|}{(\boldsymbol{n}^j)^{\mathrm{T}} \boldsymbol{b} + |\boldsymbol{b}|} + 1\right| \tag{8-52}$$

若考虑 TOA 测量偏差,式(8-52)可表示为

$$c(t_{\mathrm{b}}^{j}-t^{j})=(\boldsymbol{n}^{j})^{\mathrm{T}}\boldsymbol{r}+\frac{1}{2D_{0}^{j}}[-|\boldsymbol{r}|^{2}+((\boldsymbol{n}^{j})^{\mathrm{T}}\boldsymbol{r})^{2}-2\boldsymbol{b}^{\mathrm{T}}\boldsymbol{r}+2((\boldsymbol{n}^{j})^{\mathrm{T}}\boldsymbol{b})((\boldsymbol{n}^{j})^{\mathrm{T}}\boldsymbol{r})]+\frac{2\mu_{\mathrm{Sun}}}{c^{2}}\ln\left|\frac{(\boldsymbol{n}^{j})^{\mathrm{T}}\boldsymbol{r}+|\boldsymbol{r}|}{(\boldsymbol{n}^{j})^{\mathrm{T}}\boldsymbol{b}+|\boldsymbol{b}|}+1\right|-c\beta^{j} \tag{8-53}$$

假设脉冲星导航测量 $\boldsymbol{Y}(t)=[c(t_{\mathrm{b}}^{1}-t^{1}),c(t_{\mathrm{b}}^{2}-t^{2}),\cdots,c(t_{\mathrm{b}}^{\mathrm{num}}-t^{\mathrm{num}})]$和测量噪声 $\boldsymbol{\xi}=[\zeta^{1},\zeta^{2},\cdots,\zeta^{\mathrm{num}}]^{\mathrm{T}}$,其中,$c(t_{\mathrm{b}}^{j}-t^{j})$ 和 ζ^{j} 分别是第 j 颗脉冲星的测量和噪声。num 是导航脉冲星数量。测量模型表示为

$$Y(t)=h(\boldsymbol{X},t)+\boldsymbol{B}+\boldsymbol{\xi} \tag{8-54}$$

式中:测量偏差矩阵 $\boldsymbol{B}$ 表示为

$$\boldsymbol{B}=[-c\beta^{1},-c\beta^{2},\cdots,-c\beta^{\mathrm{num}}] \tag{8-55}$$

$h(\boldsymbol{X},t)=[h^{1}(\boldsymbol{X},t),h^{2}(\boldsymbol{X},t),\cdots,h^{\mathrm{num}}(\boldsymbol{X},t)]^{\mathrm{T}}$,$h^{j}(\boldsymbol{X},t)$是第 j 颗脉冲星的测量方程,即

$$h^{j}(\boldsymbol{X},t)=(\boldsymbol{n}^{j})^{\mathrm{T}}\boldsymbol{r}+\frac{1}{2D_{0}^{j}}[-|\boldsymbol{r}|^{2}+((\boldsymbol{n}^{j})^{\mathrm{T}}\boldsymbol{r})^{2}-2\boldsymbol{b}^{\mathrm{T}}\boldsymbol{r}+2(\boldsymbol{b}^{\mathrm{T}}\boldsymbol{r})((\boldsymbol{n}^{j})^{\mathrm{T}}\boldsymbol{r})]+\frac{2\mu_{\mathrm{Sun}}}{c^{2}}\ln\left|\frac{(\boldsymbol{n}^{j})^{\mathrm{T}}\boldsymbol{r}+|\boldsymbol{r}|}{(\boldsymbol{n}^{j})^{\mathrm{T}}\boldsymbol{b}+|\boldsymbol{b}|}+1\right| \tag{8-56}$$

式中:$j=1,2,\cdots,\mathrm{num}$。

8.4.4 测量偏差与状态估计误差相关下的 EKF

传统 EKF 假设测量噪声与状态估计误差不相关。但是,在脉冲星导航系统中,在多普勒补偿之后,偏差存在于脉冲 TOA 测量中,且该偏差与状态估计误差相关。为了处理这一问题,推导了一种新的 EKF-CMBSEE。

系统如下,即

$$\dot{\boldsymbol{X}}_{k}=f(\boldsymbol{X}_{k-1},k-1)+\boldsymbol{\omega}_{k-1} \tag{8-57}$$

$$\boldsymbol{Y}_{k}=h(\boldsymbol{X}_{k},k)+\boldsymbol{\delta}_{k} \tag{8-58}$$

$$\boldsymbol{\delta}_{k}=\boldsymbol{\xi}_{k}+\boldsymbol{B}_{k} \tag{8-59}$$

式中:$\boldsymbol{X}$ 如式(8-40)所示。

为了便于分析脉冲 TOA 测量偏差$\boldsymbol{B}_{k}$,定义状态估计$\boldsymbol{X}_{k}$ 的两个形式$\hat{\boldsymbol{X}}_{k}^{+}$和$\hat{\boldsymbol{X}}_{k}^{-}$,分别为测量更新前和更新后的状态估计。定义相应的状态估计误差为

$$\boldsymbol{\varepsilon}_k^- = \boldsymbol{X}_k - \hat{\boldsymbol{X}}_k^- \tag{8-60}$$

$$\boldsymbol{\varepsilon}_k^+ = \boldsymbol{X}_k - \hat{\boldsymbol{X}}_k^+ \tag{8-61}$$

由于利用加速度和速度进行多普勒补偿，k 时刻第 j 颗脉冲星的脉冲 TOA 偏差 β_k^j 受 $k-1$ 时刻状态估计误差的影响，其表达式为

$$\beta_k^j = -\frac{T}{2c}(\boldsymbol{n}^j)^{\mathrm{T}}\Delta\boldsymbol{v} = -\frac{T}{2c}\hbar^j\,\boldsymbol{\varepsilon}_{k-1}^+ \tag{8-62}$$

其中

$$\hbar^j = [\boldsymbol{0}_{1\times 3}, (\boldsymbol{n}^j)^{\mathrm{T}}]$$

结合式(8－55)，$\boldsymbol{B}_k$ 可表示为

$$\boldsymbol{B}_k = \frac{T}{2}\hbar\boldsymbol{\varepsilon}_{k-1}^+ \tag{8-63}$$

其中

$$\hbar = [0_{\mathrm{num}\times 3}, \boldsymbol{n}^{\mathrm{T}}], \boldsymbol{n} = [\boldsymbol{n}^1, \boldsymbol{n}^2, \cdots, \boldsymbol{n}^{\mathrm{num}}]$$

线性化式(8－57)，即

$$\boldsymbol{X}_k = \boldsymbol{X}_{k-1} + f(\boldsymbol{X}_{k-1}, k-1)T + A(\boldsymbol{X}_k)f(\boldsymbol{X}_{k-1}, k-1)\frac{T^2}{2} + \boldsymbol{w}_{k-1} \tag{8-64}$$

其中

$$A(\boldsymbol{X}_k) = \left.\frac{\partial f(\boldsymbol{X})}{\partial \boldsymbol{X}}\right|_{\boldsymbol{X}=\boldsymbol{X}_k} \tag{8-65}$$

式中：$\boldsymbol{w}_k$ 为状态处理噪声，可视为零均值，协方差为 $\boldsymbol{Q}$ 的噪声。

测量矩阵$\boldsymbol{H}_k$、状态转移矩阵$\boldsymbol{\Phi}_k$ 和脉冲 TOA 测量噪声$\boldsymbol{\xi}_k$ 分别为

$$\boldsymbol{H}_k = \left.\frac{\partial h(\boldsymbol{X})}{\partial \boldsymbol{X}}\right|_{\boldsymbol{X}=\boldsymbol{X}_k} \tag{8-66}$$

$$\boldsymbol{\Phi}_k = I + A(\boldsymbol{X}_k)T \tag{8-67}$$

$$\boldsymbol{\xi}_k \sim (0, \boldsymbol{R}_k) \tag{8-68}$$

$$\boldsymbol{R}_k = \mathrm{diag}[(\sigma^1)^2, (\sigma^2)^2, \cdots, (\sigma^{\mathrm{num}})^2] \tag{8-69}$$

状态估计的预测和更新方程为

$$\hat{\boldsymbol{X}}_k^- = \hat{\boldsymbol{X}}_{k-1}^+ + f(\hat{\boldsymbol{X}}_{k-1}^+, k-1)T + A(\hat{\boldsymbol{X}}_{k-1}^+, k-1)f(\hat{\boldsymbol{X}}_{k-1}^+, k-1)\frac{T^2}{2} \tag{8-70}$$

$$\hat{\boldsymbol{X}}_k^+ = \hat{\boldsymbol{X}}_k^- + \boldsymbol{K}_k(\boldsymbol{Y}_k - h(\hat{\boldsymbol{X}}_k^-, k)) \tag{8-71}$$

式中：$\boldsymbol{K}$ 为 Kalman 滤波增益。

忽略高阶项，式(8－60)可表示为

$$\begin{aligned}\boldsymbol{\varepsilon}_k^- &= \boldsymbol{X}_k - \hat{\boldsymbol{X}}_k^- \\ &= \left\{\boldsymbol{X}_{k-1} + f(\boldsymbol{X}_{k-1}, k-1)T + A(\boldsymbol{X}_k)f(\boldsymbol{X}_{k-1}, k-1)\frac{T^2}{2} + \boldsymbol{w}_{k-1}\right\} \\ &\quad - \left\{\hat{\boldsymbol{X}}_{k-1}^+ + f(\hat{\boldsymbol{X}}_{k-1}^+, k-1)T + A(\hat{\boldsymbol{X}}_{k-1}^+)f(\hat{\boldsymbol{X}}_{k-1}^+, k-1)\frac{T^2}{2}\right\} \\ &= [I + A(\hat{\boldsymbol{X}}_{k-1}^+)T](\boldsymbol{X}_{k-1} - \hat{\boldsymbol{X}}_{k-1}^+) + \boldsymbol{w}_{k-1} \\ &= \boldsymbol{\Phi}_{k-1}(\boldsymbol{X}_{k-1} - \hat{\boldsymbol{X}}_{k-1}^+) + \boldsymbol{w}_{k-1}\end{aligned} \tag{8-72}$$

根据式(8-58)、式(8-60)、式(8-66)、式(8-71),式(8-61)可表示为

$$\begin{aligned}\boldsymbol{\varepsilon}_k^+ &= \boldsymbol{X}_k - \hat{\boldsymbol{X}}_k^+ \\ &= \boldsymbol{X}_k - [\hat{\boldsymbol{X}}_k^- + \boldsymbol{K}_k(\boldsymbol{Y}_k - h(\hat{\boldsymbol{X}}_k^-, k))] \\ &= (\boldsymbol{X}_k - \hat{\boldsymbol{X}}_k^-) - \boldsymbol{K}_k(h(\boldsymbol{X}_k, k) + \boldsymbol{\delta}_k - h(\hat{\boldsymbol{X}}_k^-, k)) \\ &= \boldsymbol{\varepsilon}_k^- - \boldsymbol{K}_k(\boldsymbol{H}_k(\boldsymbol{X}_k - \hat{\boldsymbol{X}}_k^-) + \boldsymbol{\delta}_k) \\ &= \boldsymbol{\varepsilon}_k^- - \boldsymbol{K}_k(\boldsymbol{H}_k\boldsymbol{\varepsilon}_k^- + \boldsymbol{\delta}_k)\end{aligned} \tag{8-73}$$

先验和后验状态估计协方差可表示为

$$\boldsymbol{P}_k^- = E[\boldsymbol{\varepsilon}_k^-(\boldsymbol{\varepsilon}_k^-)^{\mathrm{T}}] = \boldsymbol{\Phi}_{k-1}\boldsymbol{P}_{k-1}^+\boldsymbol{\Phi}_{k-1}^{\mathrm{T}} + \boldsymbol{Q}_{k-1} \tag{8-74}$$

$$\begin{aligned}\boldsymbol{P}_k^+ &= E[\boldsymbol{\varepsilon}_k^+(\boldsymbol{\varepsilon}_k^+)^{\mathrm{T}}] \\ &= E\{[\boldsymbol{\varepsilon}_k^- - \boldsymbol{K}_k(\boldsymbol{H}_k\boldsymbol{\varepsilon}_k^- + \boldsymbol{\delta}_k)][\boldsymbol{\varepsilon}_k^- - \boldsymbol{K}_k(\boldsymbol{H}_k\boldsymbol{\varepsilon}_k^- + \boldsymbol{\delta}_k)]^{\mathrm{T}}\} \\ &= \boldsymbol{P}_k^- - \boldsymbol{K}_k\boldsymbol{H}_k\boldsymbol{P}_k^- - \boldsymbol{K}_kE[\boldsymbol{\delta}_k(\boldsymbol{\varepsilon}_k^-)^{\mathrm{T}}] - \boldsymbol{P}_k^-\boldsymbol{H}_k^{\mathrm{T}}\boldsymbol{K}_k^{\mathrm{T}} + \boldsymbol{K}_k\boldsymbol{H}_k\boldsymbol{P}_k^-\boldsymbol{H}_k^{\mathrm{T}}\boldsymbol{K}_k^{\mathrm{T}} \\ &\quad + \boldsymbol{K}_kE[\boldsymbol{\delta}_k(\boldsymbol{\varepsilon}_k^-)^{\mathrm{T}}]\boldsymbol{H}_k^{\mathrm{T}}\boldsymbol{K}_k^{\mathrm{T}} - E[\boldsymbol{\varepsilon}_k^-\boldsymbol{\delta}_k^{\mathrm{T}}]\boldsymbol{K}_k^{\mathrm{T}} + \boldsymbol{K}_k\boldsymbol{H}_kE[\boldsymbol{\varepsilon}_k^-\boldsymbol{\delta}_k^{\mathrm{T}}]\boldsymbol{K}_k^{\mathrm{T}} \\ &\quad + \boldsymbol{K}_kE[\boldsymbol{\delta}_k\boldsymbol{\delta}_k^{\mathrm{T}}]\boldsymbol{K}_k^{\mathrm{T}}\end{aligned} \tag{8-75}$$

为了简化$\boldsymbol{P}_k^+$的表达式,必须给出$E[\boldsymbol{\varepsilon}_k^-\boldsymbol{\delta}_k^{\mathrm{T}}]$和$E[\boldsymbol{\delta}_k\boldsymbol{\delta}_k^{\mathrm{T}}]$的表达式。由于$\boldsymbol{\varepsilon}_{k-1}^+$、$\boldsymbol{w}_{k-1}$和$\boldsymbol{\xi}_k$相互独立,$E[\boldsymbol{\varepsilon}_k^-\boldsymbol{\delta}_k^{\mathrm{T}}]$可表示为

$$\begin{aligned}E(\boldsymbol{\varepsilon}_k^-\boldsymbol{\delta}_k^{\mathrm{T}}) &= E((\boldsymbol{x}_k - \hat{\boldsymbol{x}}_k^-)\boldsymbol{\delta}_k^{\mathrm{T}}) \\ &= E[(\boldsymbol{\Phi}_{k-1}\boldsymbol{\varepsilon}_{k-1}^+ + \boldsymbol{w}_{k-1})\boldsymbol{\delta}_k^{\mathrm{T}}] \\ &= E\left[(\boldsymbol{\Phi}_{k-1}\boldsymbol{\varepsilon}_{k-1}^+ + \boldsymbol{w}_{k-1})\left(\xi_k + \frac{T\hbar\boldsymbol{\varepsilon}_{k-1}^+}{2}\right)^{\mathrm{T}}\right] \\ &= E\left[\frac{T}{2}\boldsymbol{\Phi}_{k-1}\boldsymbol{\varepsilon}_{k-1}^+(\boldsymbol{\varepsilon}_{k-1}^+)^{\mathrm{T}}(\hbar_k)^{\mathrm{T}}\right] \\ &= \frac{T}{2}\boldsymbol{\Phi}_{k-1}P_{k-1}^+(\hbar_k)^{\mathrm{T}}\end{aligned} \tag{8-76}$$

为了简化 $E(\boldsymbol{\varepsilon}_k^- \boldsymbol{\delta}_k^{\mathrm{T}})$ 的表达式，定义 $\boldsymbol{M}_k$ 为 $\frac{T}{2}\boldsymbol{\Phi}_{k-1}\boldsymbol{P}_{k-1}^+(\hbar_k)^{\mathrm{T}}$。

$E[\boldsymbol{\delta}_k \boldsymbol{\delta}_k^{\mathrm{T}}]$ 可表示为

$$
\begin{aligned}
E[\boldsymbol{\delta}_k \boldsymbol{\delta}_k^{\mathrm{T}}] &= E[(\boldsymbol{\xi}_k + \boldsymbol{B}_k)(\boldsymbol{\xi}_k + \boldsymbol{B}_k)^{\mathrm{T}}] \\
&= \boldsymbol{R}_k + E\left[\left(\frac{T\hbar\boldsymbol{\varepsilon}_{k-1}^+}{2}\right)\left(\frac{T\hbar\boldsymbol{\varepsilon}_{k-1}^+}{2}\right)^{\mathrm{T}}\right] \\
&= \boldsymbol{R}_k + \frac{T^2}{4}\hbar P_{k-1}^+\hbar^{\mathrm{T}}
\end{aligned} \tag{8-77}
$$

为了简化 $E[\boldsymbol{\delta}_k \boldsymbol{\delta}_k^{\mathrm{T}}]$，定义 $\widetilde{\boldsymbol{R}}_k$ 为 $\boldsymbol{R}_k + \frac{T^2}{4}\hbar P_{k-1}^+\hbar^{\mathrm{T}}$。

$\boldsymbol{M}_k$ 和 $\widetilde{\boldsymbol{R}}_k$ 分别取代 $E(\boldsymbol{\varepsilon}_k^- \boldsymbol{\delta}_k^{\mathrm{T}})$ 和 $E[\boldsymbol{\delta}_k \boldsymbol{\delta}_k^{\mathrm{T}}]$。式(8-75)表示为

$$
\begin{aligned}
\boldsymbol{P}_k^+ &= \boldsymbol{P}_k^- - \boldsymbol{K}_k\boldsymbol{H}_k\boldsymbol{P}_k^- - \boldsymbol{K}_k M_k^{\mathrm{T}} - \boldsymbol{P}_k^-\boldsymbol{H}_k^{\mathrm{T}}\boldsymbol{K}_k^{\mathrm{T}} + \boldsymbol{K}_k\boldsymbol{H}_k\boldsymbol{P}_k^-\boldsymbol{H}_k^{\mathrm{T}}\boldsymbol{K}_k^{\mathrm{T}} + \boldsymbol{K}_k M_k^{\mathrm{T}}\boldsymbol{H}_k^{\mathrm{T}}\boldsymbol{K}_k^{\mathrm{T}} \\
&\quad - \boldsymbol{M}_k\boldsymbol{K}_k^{\mathrm{T}} + \boldsymbol{K}_k\boldsymbol{H}_k\boldsymbol{M}_k\boldsymbol{K}_k^{\mathrm{T}} + \boldsymbol{K}_k\widetilde{\boldsymbol{R}}_k\boldsymbol{K}_k^{\mathrm{T}} \\
&= (I - \boldsymbol{K}_k\boldsymbol{H}_k)\boldsymbol{P}_k^-(I - \boldsymbol{K}_k\boldsymbol{H}_k)^{\mathrm{T}} + \boldsymbol{K}_k\widetilde{\boldsymbol{R}}_k\boldsymbol{K}_k^{\mathrm{T}} + \boldsymbol{K}_k(\boldsymbol{H}_k\boldsymbol{M}_k + M_k^{\mathrm{T}}\boldsymbol{H}_k^{\mathrm{T}})\boldsymbol{K}_k^{\mathrm{T}} \\
&\quad - \boldsymbol{M}_k\boldsymbol{K}_k^{\mathrm{T}} - \boldsymbol{K}_k M_k^{\mathrm{T}}
\end{aligned} \tag{8-78}
$$

现在需求出使 $\mathrm{Tr}(\boldsymbol{P}_k^+)$ 最小的 $\boldsymbol{K}_k$，求导为

$$
\begin{aligned}
\frac{\partial \mathrm{Tr}(\boldsymbol{P}_k^+)}{\partial \boldsymbol{K}_k} &= -2(I - \boldsymbol{K}_k\boldsymbol{H}_k)\boldsymbol{P}_k^-\boldsymbol{H}_k^{\mathrm{T}} + 2\boldsymbol{K}_k\boldsymbol{R}_k + 2\boldsymbol{K}_k(\boldsymbol{H}_k\boldsymbol{M}_k + M_k^{\mathrm{T}}\boldsymbol{H}_k^{\mathrm{T}}) - 2\boldsymbol{M}_k \\
&= 2[\boldsymbol{K}_k(\boldsymbol{H}_k\boldsymbol{P}_k^-\boldsymbol{H}_k^{\mathrm{T}} + \boldsymbol{H}_k\boldsymbol{M}_k + M_k^{\mathrm{T}}\boldsymbol{H}_k^{\mathrm{T}} + \widetilde{\boldsymbol{R}}_k) - \boldsymbol{P}_k^-\boldsymbol{H}_k^{\mathrm{T}} - \boldsymbol{M}_k]
\end{aligned} \tag{8-79}
$$

为了使该导数为 0，$\boldsymbol{K}_k$ 为

$$
\boldsymbol{K}_k = (\boldsymbol{P}_k^-\boldsymbol{H}_k^{\mathrm{T}} + \boldsymbol{M}_k)(\boldsymbol{H}_k\boldsymbol{P}_k^-\boldsymbol{H}_k^{\mathrm{T}} + \boldsymbol{H}_k\boldsymbol{M}_k + \boldsymbol{M}_k^{\mathrm{T}}\boldsymbol{H}_k^{\mathrm{T}} + \widetilde{\boldsymbol{R}}_k)^{-1} \tag{8-80}
$$

这给出了最优 Kalman 增益矩阵。状态矩阵协方差表达式为

$$
\begin{aligned}
\boldsymbol{P}_k^+ &= (\boldsymbol{I} - \boldsymbol{K}_k\boldsymbol{H}_k)\boldsymbol{P}_k^-(\boldsymbol{I} - \boldsymbol{K}_k\boldsymbol{H}_k)^{\mathrm{T}} + \boldsymbol{K}_k\widetilde{\boldsymbol{R}}_k\boldsymbol{K}_k^{\mathrm{T}} + \boldsymbol{K}_k(\boldsymbol{H}_k\boldsymbol{M}_k + \boldsymbol{M}_k^{\mathrm{T}}\boldsymbol{H}_k^{\mathrm{T}})\boldsymbol{K}_k^{\mathrm{T}} \\
&\quad - \boldsymbol{M}_k\boldsymbol{K}_k^{\mathrm{T}} - \boldsymbol{K}_k\boldsymbol{M}_k^{\mathrm{T}} \\
&= \boldsymbol{P}_k^- - \boldsymbol{K}_k\boldsymbol{H}_k\boldsymbol{P}_k^- - \boldsymbol{P}_k^-\boldsymbol{H}_k^{\mathrm{T}}\boldsymbol{K}_k^{\mathrm{T}} + \boldsymbol{K}_k(\boldsymbol{H}_k\boldsymbol{P}_k^-\boldsymbol{H}_k^{\mathrm{T}} + \boldsymbol{H}_k\boldsymbol{M}_k + \boldsymbol{M}_k^{\mathrm{T}}\boldsymbol{H}_k^{\mathrm{T}} + \widetilde{\boldsymbol{R}}_k)\boldsymbol{K}_k^{\mathrm{T}} \\
&\quad - \boldsymbol{M}_k\boldsymbol{K}_k^{\mathrm{T}} - \boldsymbol{K}_k\boldsymbol{M}_k^{\mathrm{T}} \\
&= \boldsymbol{P}_k^- - \boldsymbol{K}_k\boldsymbol{H}_k\boldsymbol{P}_k^- - \boldsymbol{P}_k^-\boldsymbol{H}_k^{\mathrm{T}}\boldsymbol{K}_k^{\mathrm{T}} + (\boldsymbol{P}_k^-\boldsymbol{H}_k^{\mathrm{T}} + \boldsymbol{M}_k)\boldsymbol{K}_k^{\mathrm{T}} - \boldsymbol{M}_k\boldsymbol{K}_k^{\mathrm{T}} - \boldsymbol{K}_k\boldsymbol{M}_k^{\mathrm{T}} \\
&= \boldsymbol{P}_k^- - \boldsymbol{K}_k(\boldsymbol{H}_k\boldsymbol{P}_k^- + \boldsymbol{M}_k^{\mathrm{T}})
\end{aligned} \tag{8-81}
$$

EKF－CMBSEE 滤波方程为

$$
\boldsymbol{M}_k = \frac{T}{2}\boldsymbol{\Phi}_{k-1}\boldsymbol{P}_{k-1}^+(\hbar_k)^{\mathrm{T}} \tag{8-82}
$$

$$\boldsymbol{P}_k^- = \boldsymbol{\Phi}_{k-1}\boldsymbol{P}_{k-1}^+\boldsymbol{\Phi}_{k-1}^{\mathrm{T}} + \boldsymbol{Q}_{k-1} \tag{8-83}$$

$$\boldsymbol{K}_k = (\boldsymbol{P}_k^- \boldsymbol{H}_k^{\mathrm{T}} + \boldsymbol{M}_k)\left(\boldsymbol{H}_k \boldsymbol{P}_k^- \boldsymbol{H}_k^{\mathrm{T}} + \boldsymbol{H}_k \boldsymbol{M}_k + \boldsymbol{M}_k^{\mathrm{T}} \boldsymbol{H}_k^{\mathrm{T}} + \boldsymbol{R}_k + \frac{T^2}{4}\hbar P_{k-1}^+ \hbar^{\mathrm{T}}\right)^{-1} \tag{8-84}$$

$$\hat{\boldsymbol{X}}_k^- = \hat{\boldsymbol{X}}_{k-1}^+ + f(\hat{\boldsymbol{X}}_{k-1}^+, k-1)T + A(\hat{\boldsymbol{X}}_{k-1}^+, k-1)f(\hat{\boldsymbol{X}}_{k-1}^+, k-1)\frac{T^2}{2} \tag{8-85}$$

$$\hat{\boldsymbol{X}}_k^+ = \hat{\boldsymbol{X}}_k^- + \boldsymbol{K}_k(\boldsymbol{Y}_k - h(\hat{\boldsymbol{X}}_k^-, k)) \tag{8-86}$$

$$\boldsymbol{P}_k^+ = \boldsymbol{P}_k^- - \boldsymbol{K}_k(\boldsymbol{H}_k \boldsymbol{P}_k^- + \boldsymbol{M}_k^{\mathrm{T}}) \tag{8-87}$$

为了便于比较,给出传统的 *EKF* 滤波方程,即

$$\boldsymbol{P}_k^- = \boldsymbol{\Phi}_{k-1}\boldsymbol{P}_{k-1}^+\boldsymbol{\Phi}_{k-1}^{\mathrm{T}} + \boldsymbol{Q}_{k-1} \tag{8-88}$$

$$\boldsymbol{K}_k = (\boldsymbol{P}_k^- \boldsymbol{H}_k^{\mathrm{T}})(\boldsymbol{H}_k \boldsymbol{P}_k^- \boldsymbol{H}_k^{\mathrm{T}} + \boldsymbol{R}_k)^{-1} \tag{8-89}$$

$$\hat{\boldsymbol{X}}_k^- = \hat{\boldsymbol{X}}_{k-1}^+ + f(\hat{\boldsymbol{X}}_{k-1}^+, k-1)T + A(\hat{\boldsymbol{X}}_{k-1}^+, k-1)f(\hat{\boldsymbol{X}}_{k-1}^+, k-1)\frac{T^2}{2} \tag{8-90}$$

$$\hat{\boldsymbol{X}}_k^+ = \hat{\boldsymbol{X}}_k^- + \boldsymbol{K}_k(\boldsymbol{Y}_k - h(\hat{\boldsymbol{X}}_k^-, k)) \tag{8-91}$$

$$\boldsymbol{P}_k^+ = \boldsymbol{P}_k^- - \boldsymbol{K}_k \boldsymbol{H}_k \boldsymbol{P}_k^- \tag{8-92}$$

从以上方程可以看出,EKF - CMBSEE 计算量比 EKF 仅多六次矩阵乘法和五次矩阵加法。因此,增加的计算量可以忽略。EKF 计算量很小。因此,EKF - CMBSEE 计算量仍很小。

8.4.5 仿真结果

为了证明该方法的可行性和有效性,给出以下仿真结果。

仿真条件如下:轨道数据为美国火星"探路者"号转移段。其初始轨道参数如表 8 - 7 所列。仿真时间从 Mar 1st 1997 00:00:00.00 UT 到 Mar 11th 1997 00:00:00.00 UT。

表 8 - 7 美国火星探路者轨道初始值

轨道参数	值
半长轴	193216365.381km
偏心率	0.236386
轨道倾角	23.455°
升交点赤经	0.258°
近地点幅角	71.347°
真近点角	85.152°

三颗导航脉冲星的相关参数如表8-8所列。脉冲星 PSR B0531+21、B1821-24、B1937+21 的标准差分别为78m、202m和192m，观测周期为1000s。

表8-8 脉冲星参数

脉冲星	B0531+21	B1821-24	B1937+21
赤经/(°)	83.63	276.13	294.92
赤纬/(°)	22.01	-24.87	21.58
D_0/kpc	2.0	5.5	3.6
P/s	0.0334	0.00305	0.00156
W/s	1.7×10^{-3}	5.5×10^{-5}	2.1×10^{-5}
F_x/((ph/cm^2)/s)	1.54	1.93×10^{-4}	4.99×10^{-5}
P_f/%	70	98	86

滤波器其他参数如表8-9所列。X射线敏感器轮流观测三颗脉冲星。试验在 Acer TravelMate 8572TG 笔记本电脑上实现，CPU为2.4GHz，内存2GB。

表8-9 导航滤波器参数

参数	值
X射线敏感器数量	1
采样周期（观测周期）	1000s
初始状态误差	$\delta\boldsymbol{X}(0)=[6000\text{m},6000\text{m},6000\text{m},20\text{m/s},20\text{m/s},15\text{m/s}]$
初始估计误差协方差阵	$\boldsymbol{P}(0)$随机选择
状态处理噪声	$\boldsymbol{Q}=\text{diag}[q_1^2,q_1^2,q_1^2,q_2^2,q_2^2,q_2^2]$，其中，$q_1=4\text{m}$，$q_2=6\times10^{-4}\text{m/s}$

8.4.5.1 运动方程

本节已经证明美国火星“探路者”加速度在一个观测周期内为常数。即使先验知识存在较大误差，加速度也能精确估计。这些分析结果是在转移轨道动力学模型可以简化的假设条件下得到的。图8-20为加速度的仿真结果，仿真时间从 Mar 1st 1997 00:00:00.00 UT 到 Mar 2nd 1997 00:00:00.00 UT。图8-20(a)给出了三轴加速度。可以看出，这些值在10^{-6} km/s^{2}量级，并且几乎不变。图8-20(b)给出了1000s内的加速度变化量。可以看出，1000s内的加速度变化量小于10^{-9} km/s^2。图8-20(c)给出了不同位置预测误差下的加速度估计误差。从图8-20(c)可以看出,即使位置估计误差达到1000km,加速度估计误差小于10^{-10}km/s^2。因此,可以得到以下结论,即使先验知识存在较大误差,加速度估计精度也很高。

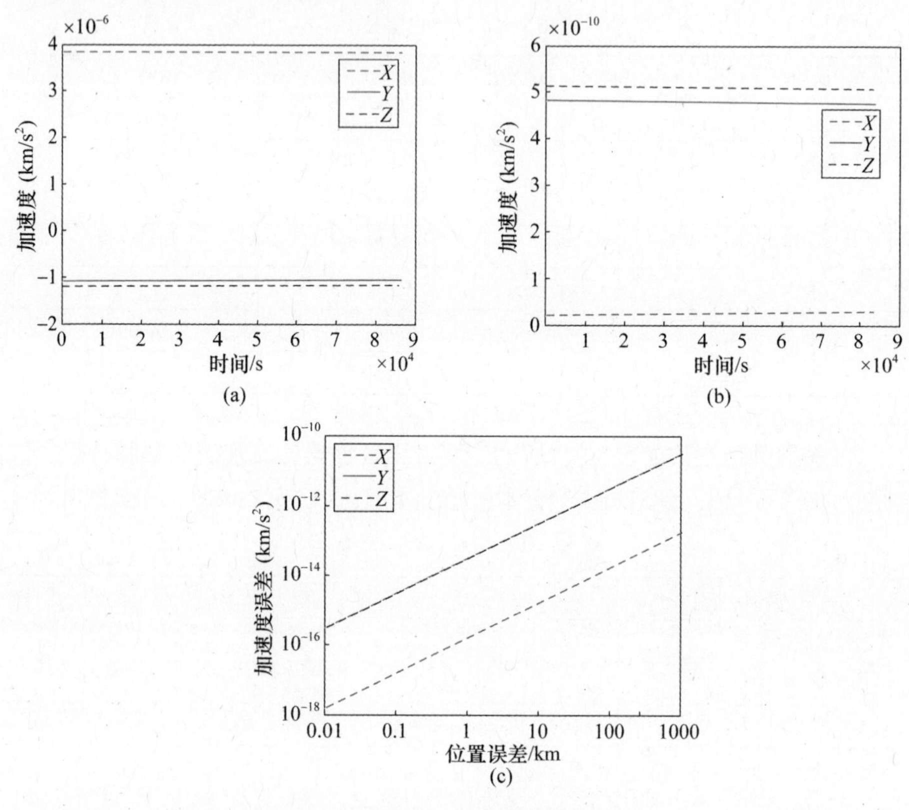

图8-20 加速度分析

(a)加速度值;(b)加速度变化量;(c)加速度误差。

下面考察四阶龙格库塔法和运动方程方法。四阶龙格库塔法通过解算式(8-39)来预测美国火星"探路者"的位置和速度,而运动方程方法利用式(8-43)。图8-21给出了四阶龙格库塔法和运动方程法的比较。从图8-21可以看出,随着时间的流逝,两种方法精度都有所下降,两种方法的1000s内预测误差分别小于0.01m和0.00001m/s。这些误差是可忽略的。值得注意的是,两种方法100s的预测误差是相同的。但是,运动方程方法的计算时间小于四阶龙格库塔法的1/10。四阶龙格库塔法计算时间长于滤波周期。即四阶龙格库塔法不是实时的,而运动方程法是实时的。究其原因,四阶龙格库塔法多次计算加速度,而运动方程方法只计算一次。因此,运动方程方法具有高精度和小计算量。

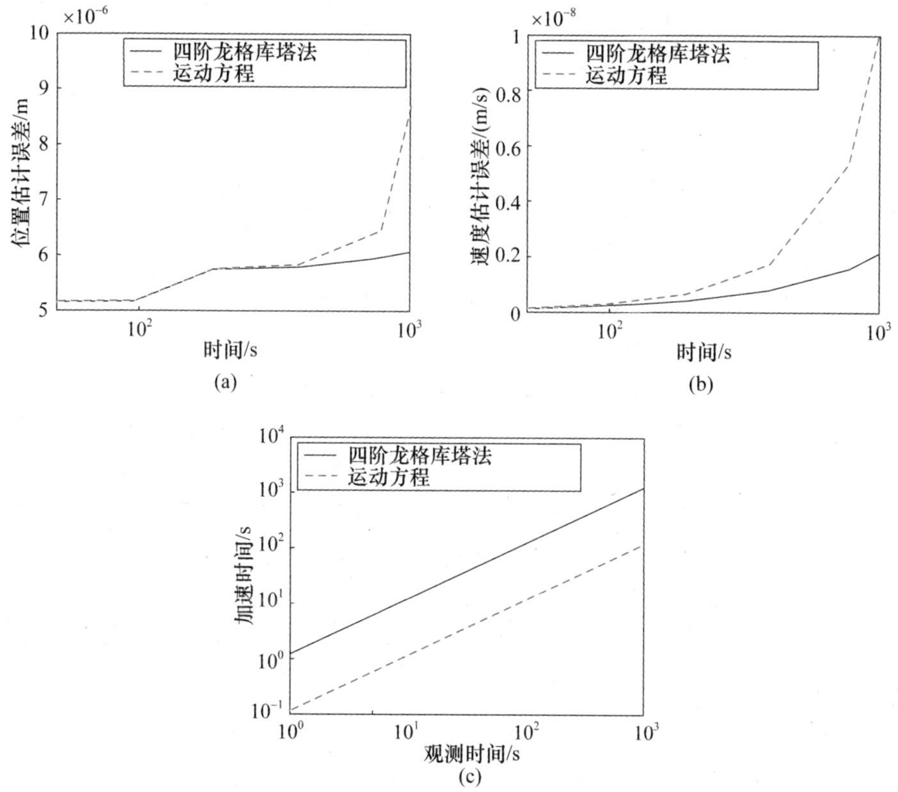

图8－21　四阶龙格库塔法与运动方程的比较

(a) 位置预测误差;(b) 速度预测误差;(c) 运行时间。

8.4.5.2　导航滤波器

考察 EKF－CMBSEE 和传统 EKF 性能。系统和测量模型分别是式(8－57)和式(8－58)。式(8－57)和式(8－58)是式(8－40)和式(8－54)离散形式。当选择 $\boldsymbol{Q}$ 作为 EKF 状态噪声协方差阵,EKF 不能很好地收敛。其原因是 EKF 性能受相关 TOA 测量噪声影响。因此,选择较大的 $\boldsymbol{Q}$。根据大量仿真结果,可以发现当采用 $25\boldsymbol{Q}$,EKF 能较好地收敛,估计精度较高。图8－22给出了两种导航方法的比较。可以看出,两种方法收敛很好,并且 EKF－

CMBSEE 在位置和速度上分别提高了35%和50%。表8-10给出了EKF和EKF-CMBSEE比较。可以看出,与EKF相比,EKF-CMBSEE的位置和速度分别提高了24%和51%。与EKF相比,EKF-CMBSEE计算时间增加了20% 对于一步滤波而言,EKF-CMBSEE计算时间仅仅增加了18μs。该值是可忽略的。这是因为EKF-CMBSEE能很好地处理相关的TOA测量噪声和状态估计误差,与EKF相比,EKF-CMBSEE计算量仅增加六次矩阵乘法和五次矩阵加法。从这些结果可以看出,EKF-CMBSEE极大地改善了导航性能。

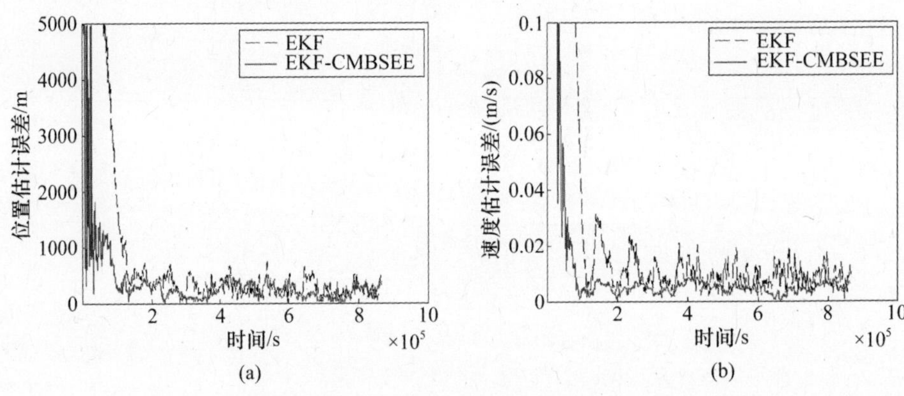

图8-22 两种滤波器的估计误差

(a) 位置估计误差;(b) 速度估计误差。

表8-10 传统EKF和EKF-CMBSEE之间的比较

滤波器	位置误差/m	速度误差/(m/s)	总耗时/s	每步耗时/μs
EKF	353	0.0105	0.0626	72.4
EKF-CMBSEE	270	0.0051	0.0781	90.4

下面,考察X射线敏感器面积对新的EKF-CMBSEE和传统EKF的影响。图8-23给出了不同面积下的仿真结果。从图中可以看出,随着X射线敏感器面积的增大,两种方法性能都提高了,并且新的EKF-CMBSEE方法始终优于传统EKF方法。值得注意的是,当两种方法达到相同精度时,EKF-CMBSEE导航方法所需面积远远小于EKF导航方法。

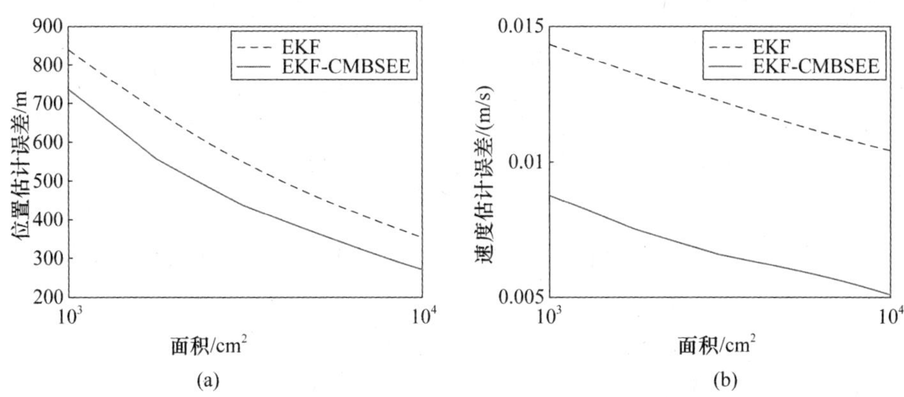

图 8－23　不同 X 射线敏感器面积下的估计误差
(a)位置估计误差;(b)速度估计误差。

最后,考察观测周期对 EKF－CMBSEE 和传统 EKF 的影响。图 8－24 给出了不同滤波周期下的仿真结果。从图中可以看出,随着观测周期的延长,传统的 EKF 滤波周期急剧下降,而 EKF－CMBSEE 则保持不变。在相同的观测周期下,EKF－CMBSEE 优于传统的方法。究其原因,随着观测周期的延长,TOA 偏差增大,传统的 EKF 无法处理该偏差,而 EKF－CMBSEE 则对 TOA 偏差具有很好的鲁棒性。

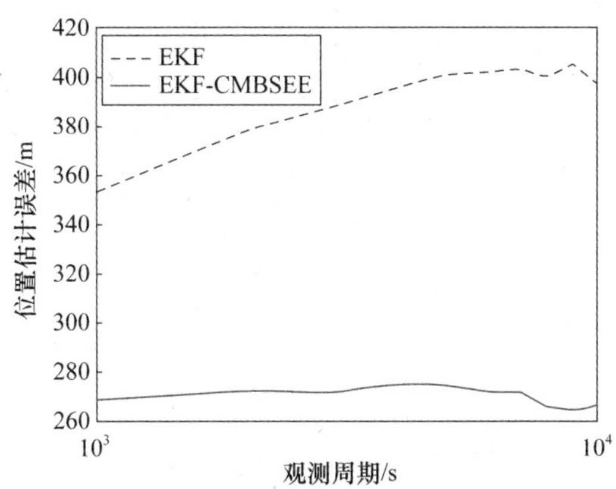

图 8－24　不同观测周期下的位置估计误差

当采用小面积的 X 射线敏感器时,单位时间内接收的 X 射线光子数量急剧减小。为了获得高信噪比脉冲轮廓,脉冲星观测周期必须延长。在这种条件下,EKF - CMBSEE 能很好地工作,而 EKF 则无法正常工作。简言之,EKF - CMBSEE 适合于小面积 X 射线敏感器。

8.5 基于闭环 EKF 的脉冲星自主导航

为了消除脉冲星多普勒效应的影响,还提出了一种基于闭环 Kalman 滤波器的脉冲星自主导航方法。

8.5.1 脉冲星多普勒效应基本原理

航天器的高速运动会造成接收的脉冲星信号出现多普勒效应。下面分析这种效应。

假设在第 i 个脉冲周期的速度估计误差 $\Delta \boldsymbol{v}_i$ 为

$$\Delta \boldsymbol{v}_i = \boldsymbol{v}_i - \hat{\boldsymbol{v}}_i \approx (\boldsymbol{v}_0 + \boldsymbol{a}t) - (\hat{\boldsymbol{v}}_0 + \hat{\boldsymbol{a}}t) = \boldsymbol{v}_0 - \hat{\boldsymbol{v}}_0 \tag{8-93}$$

在一个脉冲观测周期内,速度误差可认为保持不变,$\Delta \boldsymbol{v}_i \equiv \Delta \boldsymbol{v}$。

这样,第 i 个脉冲内 TOA 补偿误差 $\Delta \hat{T}_i$ 为

$$\Delta \hat{T}_i = T_i - \hat{T}_i = -\sum_{k=i+1}^{N_{\mathrm{p}}} \frac{(\boldsymbol{n}^j)^{\mathrm{T}} \Delta \boldsymbol{v}_k}{c} P_0 = -\frac{(\boldsymbol{n}^j)^{\mathrm{T}} \Delta \boldsymbol{v}}{c}(N_{\mathrm{p}} - i) P_0 \tag{8-94}$$

总的 TOA 补偿误差可视为所有脉冲 TOA 补偿的均值,即

$$\beta^j = \frac{1}{N_{\mathrm{p}}} \sum_{i=1}^{N_{\mathrm{p}}} \Delta \hat{T}_i = -\frac{1}{N_{\mathrm{p}}} \sum_{i=1}^{N_{\mathrm{p}}} \frac{(\boldsymbol{n}^j)^{\mathrm{T}} \Delta \boldsymbol{v}}{c}(N_{\mathrm{p}} - i) P_0 \approx -\frac{T(\boldsymbol{n}^j)^{\mathrm{T}} \Delta \boldsymbol{v}}{2c} \tag{8-95}$$

式中:观测时间 $T = N_{\mathrm{p}} P_0$。

考虑补偿误差,脉冲到达时间模型可表示为

$$\begin{aligned} c(t_{\mathrm{b}}^j - t^j) = {} & (\boldsymbol{n}^j)^{\mathrm{T}} r + \frac{1}{2D_0^j}\left[-|\boldsymbol{r}|^2 + ((\boldsymbol{n}^j)^{\mathrm{T}} \boldsymbol{r})^2 - 2\boldsymbol{b}^{\mathrm{T}} \boldsymbol{r} + 2(\boldsymbol{b}^{\mathrm{T}} \boldsymbol{r})((\boldsymbol{n}^j)^{\mathrm{T}} \boldsymbol{r}) \right] \\ & + \frac{2\mu_{\mathrm{Sun}}}{c^2} \ln \left| \frac{(\boldsymbol{n}^j)^{\mathrm{T}} \boldsymbol{r} + |\boldsymbol{r}|}{(\boldsymbol{n}^j)^{\mathrm{T}} \boldsymbol{b} + |\boldsymbol{b}|} + 1 \right| - c\beta^j \end{aligned} \tag{8-96}$$

假设 TOA 测量 $\boldsymbol{Y}_k = [c(t_{\mathrm{b}}^1 - t^1), c(t_{\mathrm{b}}^2 - t^2), \cdots, c(t_{\mathrm{b}}^{\mathrm{num}} - t^{\mathrm{num}})]$,测量噪声 $\xi = [\zeta^1, \zeta^2, \cdots, \zeta^{\mathrm{num}}]^{\mathrm{T}}$,测量模型可表示为

$$\boldsymbol{Y}_k = h(\boldsymbol{X}_k, k) + \boldsymbol{B}_k + \boldsymbol{\xi}_k \tag{8-97}$$

式中：$\boldsymbol{B}_k$ 可表示为

$$\begin{aligned}\boldsymbol{B}_k &= [-c\beta_k^1, -c\beta_k^2, \cdots, -c\beta_k^{\mathrm{num}}] = \boldsymbol{n}^{\mathrm{T}}\left[\frac{T^2}{3}\boldsymbol{S}_k, \frac{T}{2}I\right]\delta\boldsymbol{X}_{k-1} \\ &= \boldsymbol{n}^{\mathrm{T}}\left[\frac{5T^2}{6}\boldsymbol{S}_k, \frac{T}{2}I + \frac{T^3}{3}\boldsymbol{S}_k\right]\delta\boldsymbol{X}_{k-1}\end{aligned} \tag{8-98}$$

其中

$$\boldsymbol{n} = [\boldsymbol{n}^1, \boldsymbol{n}^2, \cdots, n^{\mathrm{num}}] \tag{8-99}$$

$h(\boldsymbol{X}_k, k) = [h^1(\boldsymbol{X}_k, k), h^2(\boldsymbol{X}_k, k), \cdots, h^{\mathrm{num}}(\boldsymbol{X}_k, k)]^{\mathrm{T}}$，$h^j(\boldsymbol{X}_k, k)$ 可表示为

$$\begin{aligned}h^j(\boldsymbol{X}_k, k) &= (\boldsymbol{n}^j)^{\mathrm{T}} r + \frac{1}{2D_0^j}[-|\boldsymbol{r}|^2 + ((\boldsymbol{n}^j)^{\mathrm{T}}\boldsymbol{r})^2 - 2\boldsymbol{b}^{\mathrm{T}}\boldsymbol{r} + 2(\boldsymbol{b}^{\mathrm{T}}\boldsymbol{r})((\boldsymbol{n}^j)^{\mathrm{T}}\boldsymbol{r})] \\ &+ \frac{2\mu_{\mathrm{Sun}}}{c^2}\ln\left|\frac{(\boldsymbol{n}^j)^{\mathrm{T}}\boldsymbol{r} + |\boldsymbol{r}|}{(\boldsymbol{n}^j)^{\mathrm{T}}\boldsymbol{b} + |\boldsymbol{b}|} + 1\right|\end{aligned} \tag{8-100}$$

式中：$j = 1, 2, \cdots, \mathrm{num}$。

8.5.2　闭环 EKF

考虑到 TOA 测量与状态误差相关，采用闭环 EKF。在这种滤波器中，状态预测误差被作为新的状态估计。

假设新系统为

$$\delta\boldsymbol{X}_k = \boldsymbol{\Phi}_k\delta\boldsymbol{X}_{k-1} + \boldsymbol{\omega}_{k-1} \tag{8-101}$$

$$\delta\boldsymbol{Y}_k = \boldsymbol{H}_k\delta\boldsymbol{X}_k + \boldsymbol{\delta}_k \tag{8-102}$$

测量误差 $\delta\boldsymbol{Y}_k$ 可表示为

$$\begin{aligned}\delta\boldsymbol{Y}_k &= \boldsymbol{Y}_k - h(\tilde{X}_k, k) \\ &= [\boldsymbol{n}, \boldsymbol{0}_{3\times3}]\delta\boldsymbol{X}_k + \boldsymbol{B} + \xi \\ &= \boldsymbol{n}^{\mathrm{T}}\left[\boldsymbol{I}_{3\times3} + \frac{5T^2}{6}S_{k-1}, \frac{T}{2}\boldsymbol{I}_{3\times3} + \frac{T^3}{3}\boldsymbol{S}_{k-1}\right]\delta\boldsymbol{X}_k + \xi \\ &= \boldsymbol{H}_k\delta\boldsymbol{X}_k + \xi\end{aligned} \tag{8-103}$$

其中

$$\boldsymbol{H}_k = n^{\mathrm{T}}\left[\boldsymbol{I}_{3\times3}, \frac{T}{2}\boldsymbol{I}_{3\times3}\right] \tag{8-104}$$

闭环 EKF 的原理如图 8－25 所示。闭环 EKF 的公式为

$$\boldsymbol{P}_k^- = \boldsymbol{\Phi}_{k-1}\boldsymbol{P}_{k-1}^+\boldsymbol{\Phi}_{k-1}^{\mathrm{T}} + \boldsymbol{Q}_{k-1} \tag{8-105}$$

$$\boldsymbol{K}_k = (\boldsymbol{P}_k^-\boldsymbol{H}_k^{\mathrm{T}})(\boldsymbol{H}_k\boldsymbol{P}_k^-\boldsymbol{H}_k^{\mathrm{T}} + \boldsymbol{R}_k)^{-1} \tag{8-106}$$

$$\delta X_k = K_k \delta Y_k \tag{8-107}$$

$$P_k^+ = P_k^- - K_k H_k P_k^- \tag{8-108}$$

$$X_k^+ = X_k^- + \delta X_k \tag{8-109}$$

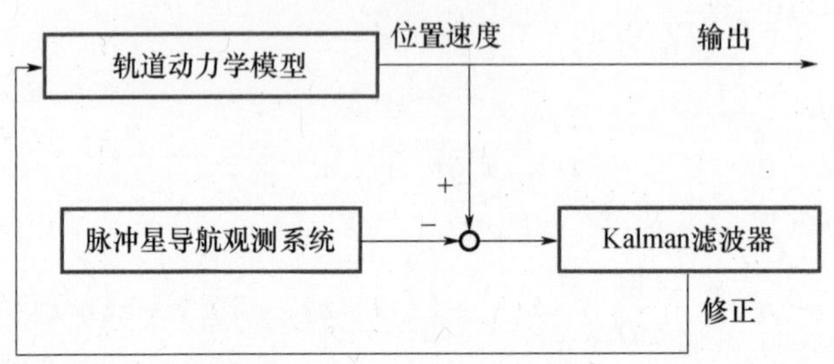

图 8-25　闭环修正原理

8.5.3　仿真试验

仿真条件如 8.5.2 节所示。

考察了传统闭环 EKF 和闭环 EKF-MMDE 的性能。当选择 Q 作为状态处理协方差矩阵的时候,传统闭环 EKF 不能很好地收敛。原因是传统闭环 EKF 易受 TOA 测量偏差的影响。为此,本节选择一个较大的 Q。从大量仿真试验得出,25 倍的 Q 是一个较好的值。图 8-26 给出了这两种方法的性能比较。两种方法都能较好地收敛,但是闭环 EKF-MMDE 效果更好。表 8-11

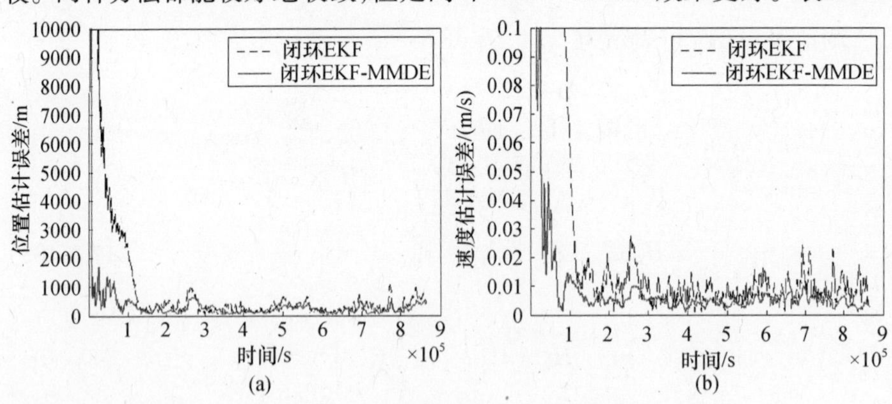

图 8-26　两种滤波器的估计误差

(a)位置估计误差;(b)速度估计误差。

给出了两种方法的比较。与闭环 EKF 相比,闭环 EKF－MMDE 提高了火星探测器 35% 和 50% 的位置和速度精度。闭环 EKF－MMDE 的计算时间与传统闭环 EKF 相同。原因是闭环 EKF－MMDE 通过改变测量模型即可处理 Doppler 效应的影响。

表 8－11　两种滤波器的性能比较

滤波器	位置误差/m	速度误差/(m/s)	总的时间/s	每步的时间/μs
闭环 EKF	359	0.0105	0.073	84.5
闭环 EKF－MMDE	269	0.0052	0.073	84.5

8.6　小结

X 射线脉冲星导航是极具发展潜力的自主导航方式。本章首先介绍了脉冲星导航的发展历程。在时钟误差和脉冲星方向误差存在的情况下,设计了不同的 ASUKF 滤波器,使导航滤波器免收干扰。在多普勒效应存在的情况下,给出了两种方法:一种是推导出一种 EKF－CMBSEE;另一种是改进脉冲星导航测量模型,利用闭环 EKF 滤波。结果表明两种方法都能取得良好的效果。

参考文献

[1] Hewish A, Bell S J, Pilkington J D H. Observation of a rapidly pulsating radio source [J]. Nature, 1968, 217: 709－713.

[2] Manchester R N, Lyne A G, Camilo F, et al. The Parkes multi－beam pulsar survey—I. Observing and data analysis systems, discovery and timing of 100 pulsars [J]. Monthly Notices of the Royal Astronomical Society, 2001, 328(1): 17－35.

[3] Lu F J. The Hard X－ray modulation telescope (HXMT) Mission [J]. AAPPS Bulletin, 2009, 19(2): 36－38.

[4] Wood K S. Navigation studies utilizing the NRL－801 experiment and theARGOS satellite [C]. in: Proceedings of International Society of Optical Engineering (SPIE), 1993, 1940: 105－116.

[5] Wood K S. The silicon X－ray imager (SIXI) on ISS express pallet [C]. The 42nd AIAA Aerospace Science Meeting and Exhibit. Reno, NV, United States: American Institute of Aeronautics and Astronautics Inc., 2004.

[6] Wood K S, Kowalski M, Lovellette M N, et al. The unconventional stellar aspect (USA) experiment on ARGOS [C]. Albuquerque: Proceedings of AIAA Space Conference and Exposition . 2001: 1 – 9.

[7] Hanson J E. Principles of X – ray navigation [D]. USA: Department of Aeronautics and Astronautics, Stanford University, 1996.

[8] Taylor J H. Pulsar timing and relativistic gravity [J]. Philosophical Transactions of the Royal Society of London, 1992, 341(1660): 117 – 34.

[9] Sheikh S I. The use of variable celestial X – ray sources for spacecraft navigation [D]. USA: University of Maryland, 2005.

[10] Sheikh S I, Pines D J, Ray P S, et al. The use of X – ray pulsars for spacecraft navigation [J]. Adavnces in the Astronautical Sciences, 2005, 119(Suppl.): 105 – 19.

[11] Sheikh S I, Pines D J, Ray P S, et al. Spacecraft navigation using X – ray pulsars [J]. Journal of Guidance, Control and Dynamics, 2006, 29(1): 49 – 63.

[12] Sheikh S I, Pines D J. Recursive estimation of spacecraft position using X – ray Pulsar Time of arrival measurements [C]. MA, United States: Proceedings of the ION 61st Annual Meeting. Cambridge, Institute of Navigation, 2005.

[13] Sheikh S I, Pines D J. Recursive estimation of spacecraft position and velocity using X – ray pulsar Time of arrival measurements [J]. Navigation, 2006, 53(3): 149 – 66.

[14] Ray P S, Sheikh S I, Graven P H, et al. Deep space navigation using celestial X – ray sources [C]. San Diego, CA, United States: proceedings of the Proceedings of the Institute of Navigation, 2008.

[15] Pines D J. XNAV Program: A new space navigation architecture (AAS 06 – 007) [J]. Advances in the Astronautical Sciences, 2007, 128: 1015 – 28.

[16] Graven P, Collins J, Sheikh S, et al. XNAV for deep space navigation [J]. Advances in the Astronautical Sciences, 2008, 131: 349 – 364.

[17] Woodfork D W. The use of X – ray pulsars for aiding GPS satellite orbit determination [D]. USA: Department of the Air Force, Air Force Institute of Technology, 2005.

[18] Woodfork D W, Raquet J F, Racca R A. Use of X – ray pulsars for aiding GPS satellite Orbit determination [C]. MA, United States: Proceedings of the Annual Meeting – Institute of Navigation, 2005.

[19] Emadzadeh A A, Lopes C G, Speyer J L. Online time delay estimation of pulsar signals for relative navigation using adaptive filters [C]. Piscataway, NJ, USA: 2008 IEEE/ION Position, Location and Navigation Symposium, 2008.

[20] Emadzadeh A A, Speyer J L. A study of pulsar signal modeling and its time delay estimation for relative navigation [C]. San Diego, CA, United States: Proceedings of the Institute of Navigation, National Technical Meeting. Institute of Navigation, 2008.

[21] Emadzadeh A A, Speyer J L, Hadaegh F Y. A parametric study of relative navigation using pulsars [C]. Cambridge, MA, United States: Proceedings of the Annual Meeting - Institute of Navigation. Institute of Navigation, 2007.

[22] 帅平,陈绍龙,吴一帆,等. X 射线脉冲星导航技术及应用前景分析[J]. 中国航天, 2006,(10):27 - 32.

[23] 帅平,陈绍龙,吴一帆,等. X 射线脉冲星导航原理[J]. 宇航学报,2007,28(6):1538 - 43.

[24] 帅平,陈绍龙,吴一帆,等. X 射线脉冲星导航技术研究进展[J]. 空间科学学报, 2007,27(2):169 - 76.

[25] 帅平,陈忠贵,曲广吉. 关于 X 射线脉冲星导航的轨道力学问题[J]. 中国科学(E 辑:技术科学),2009,39(3):556 - 61.

[26] Xiong K, Wei C L, Liu L D. The use of X - ray pulsars for aiding navigation of satellites in constellations [J]. Acta Astronautica, 2009, 64(4):427 - 36.

[27] 孙景荣,许录平,梁逸升,等. 中心差分 Kalman 滤波方法在 X 射线脉冲星导航中的应用[J]. 宇航学报,2008,29(6):1829 - 33.

[28] Li J X, Ke X Z. Study on autonomous navigation based on pulsar timing model [J]. Science in China Series G: Physics Mechanics and Astronomy, 2009, 52(2):303 - 9.

[29] 孙守明,郑伟,汤国建. X 射线脉冲星星表方位误差估计算法研究[J]. 飞行器测控学报,2010,29(2):57 - 60.

[30] 孙守明,郑伟,汤国建. 基于 CV 模型的 X 射线脉冲星位置误差估计[J]. 系统仿真学报,2010,22(11):2712 - 8.

[31] 熊凯,魏春岭,刘良栋. 鲁棒滤波技术在脉冲星导航中的应用[J]. 空间控制技术与应用,2008,34(6):8 - 17.

[32] Xiong K, Wei C L, Liu L D. The use of X - ray pulsars for aiding navigation of satellites in constellations [J]. Acta Astronautica, 2009, 64(4):427 - 36.

[33] Liu J, Ma J, Tian J W. X - ray pulsar navigation method for spacecraft with pulsar direction error [J]. Advances in Space Research, 2010, 46(11):1409 - 1417.

[34] Golshan R, Sheikh S. On pulse phase estimation and tracking of variable celestial X - ray sources [C]. San Diego, CA, United States: Proc. of the Institute of Navigation, 2008.

[35] Ashby N, Golshan R. Minimum uncertainties in position and velocity determination using X - ray photons from millisecond pulsars [C]. San Diego, CA, United States: Proc. of ION NTM 2008, 2008.

[36] Zhang H, Xu L P. An improved phase measurement method of integrated pulse profile for pulsar [J]. Technological Sciences, 2011, 54(9):2273 - 2270.

[37] Zhang H, Xu L P, Xie Q H. Modeling and doppler measurement of X - ray pulsar [J]. Physics, Mechanics & Astronomy, 2011, 54(6):1068 - 1076.

[38] 费保俊,姚国政,杜健,等. X 射线脉冲星自主导航的脉冲轮廓和联合观测方程[J].

中国科学:物理学,力学,天文学,2010 (5):644 - 650.

[39] 费保俊,潘高田,姚国政,等 . X 射线脉冲星导航中脉冲轮廓的频偏和时延算法[J]. 测绘学报,2011,40(增):126 - 132.

[40] Xie Q;Xu L P,Zhang H,et al. Doppler estimation of X - ray pulsar signals based on profile feature [J]. Journal of Astronautics,2012,33(9):1301 - 1307.

[41] Liu J,Fang J C,Ning X L,et al. Closed - loop EKF - based pulsar navigation for mars Explorer with doppler effects [J]. Journal of Navigation,2014,67(5):776 - 790.

[42] 宁晓琳,马辛,张学亮,等. 基于 ASUKF 的火星探测器脉冲星自主导航方法[J]. 北京航空航天大学学报,2012,38(1):22 - 27.

[43] Chmielewski Jr T A,Kalata P R. On the identification of stochastic biases in linear time invariant systems[C]. In:Proceedings of the American Control Conference,Seattle,Washington,USA:American Automatic Control Council,1995:4067 - 4071.

[44] Liu J,Ma J,Tian J W,et al. X - ray pulsar navigation method for spacecraft with pulsar direction error [J]. Advances in Space Research,2010,46(11):1409 - 1417.

[45] Golshan R,Sheikh S. On pulse phase estimation and tracking of variable celestial X - ray sources[C]. San Diego,CA,United States:Proceedings ofthe Institute of Navigation,Institute of Navigation,2008.

[46] Ashby N,Golshan R. Minimum uncertainties in position and velocity determination using X - ray photons from millisecond pulsars[C]. San Diego,CA,United States:Proceedings of ION NTM 2008,Institute of Navigation,2008.

[47] Zhang H,Xu L P. An improved phase measurement method of integrated pulse profile for pulsar [J]. ScienceChina:Technological Sciences,2011,54(9):2273 - 2270.

[48] Zhang H,Xu L P. An improved phase measurement method of integrated pulse profile for pulsar [J]. ScienceChina:Technological Sciences,2011,54(9):2273 - 2270.

[49] Zhang H,Xu L P,Xie Q. Modeling and doppler measurement of X - ray pulsar [J]. ScienceChina:Physics,Mechanics & Astronomy,2011,54(6):1068 - 1076.

[50] 费保俊,潘高田,姚国政,等 . X 射线脉冲星导航中脉冲轮廓的频偏和时延算法[J]. 测绘学报,2011,40:126 - 132.

[51] 谢强,许录平,张华,等. 基于轮廓特征的 X 射线脉冲星信号多普勒估计[J]. 宇航学报,2012,33(9):1301 - 1307.

[52] Liu J,Fang J C,Kang Z W,et al. Novel algorithm for X - ray pulsar navigation against doppler effects [J]. IEEE Transactions on Aerospace and Electronic Systems,2015,51(1):228 - 241.

[53] Liu J,Fang J C,Ning X L,et al. Closed - loop EKF - based pulsar navigation for mars explorer with doppler effects [J]. Journal of Navigation,2014,67(5):776 - 790.

第9章 深空探测器天文测角/测距/测速组合导航方法

9.1 引言

测角、测速、测距导航是深空探测器常用的天文自主导航方法。测角导航是最成熟的自主天文导航方法。测速导航方法利用多普勒频移可计算出深空探测器与某个位置的相对速度信息。测距导航即脉冲星导航可提供深空探测器与太阳系质心之间的距离。每种方法都有其各自的优缺点。例如,测速导航不具备完全可观测性,测距导航和测角导航无法直接提供速度信息等。组合导航将能提供高可靠性、高精度的导航信息,是未来深空探测自主导航的一个发展趋势。

本章给出了针对转移段和捕获段的测角/测距组合导航方法,针对多种特殊情况,如编队飞行任务、太阳光谱不稳定、机动飞行等,提出了不同的测距/测速组合导航方法,并给出了其选星策略。最后,对测角/测距/测速可观测性进行了分析。

9.2 基于天文测角和天文测距的自主导航方法

9.2.1 基于小行星和脉冲星观测的自主导航方法

针对转移轨道火星探测器对高精度自主导航的迫切需求,结合火星探测器在转移轨道的飞行特点及导航要求,在工程可实现的前提下,研究了一种基于小行星和X射线脉冲星信息融合的自主导航系统方案,该方案通过交互观测一颗小行星和一颗脉冲星,利用信息融合技术,为探测器提供高精度的轨道位置信息。该方案不仅可以满足深空探测对自主导航高精度高可靠性的要求,且工程上可行、易于实现。

1. 小行星观测信息的获取及观测模型建立

1) 小行星的选取原则

自主导航观测小行星的选取因素包括:小行星的相角(太阳 - 小行星 - 探测器)、视星等,太阳相角(小行星 - 探测器 - 太阳),小行星相对于探测器的视运动,三星概率和探测器到小行星的距离等。小行星的选取标准如表9-1所列。

表9-1 小行星选取标准

参数	选取标准
小行星相角	≤135°
小行星视星等	<12
太阳相角	>敏感器视场大小
小行星相对探测器视运动	<0.1μrad/s
视场内恒星数	≥3
小行星与探测器之间的距离	3×10^8 km

2) 小行星星光角距量测量的获取

目前基于小行星观测的量测量主要有三种:小行星的像元像线、小行星的矢量方向、小行星和背景恒星的星光角距。前两种量测量的导航精度不仅与敏感器精度有关,还受到探测器姿态估计误差的影响。因此,选取小行星和背景恒星的星光角距作为量测量。

从备选的小行星库中选取一颗小行星进行观测,敏感器通过探测器姿态机动或敏感器转动机构跟踪小行星运动,敏感器对小行星进行成像,经图像处理后,提取小行星及三颗背景恒星质心位置的像元像线,并分别计算小行星与三颗恒星之间的星光角距,如图9-1所示。

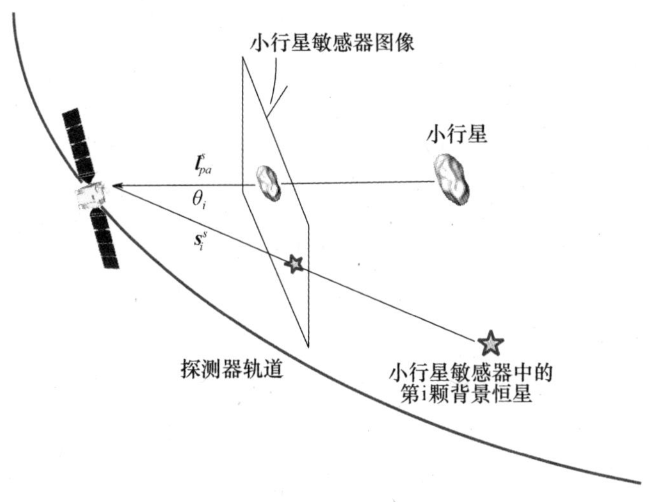

图9-1 小行星星光角距示意图

具体获取过程如下。

(1) 由像元像线获得二维像平面坐标,即

$$\begin{cases}\begin{bmatrix}x_{\mathrm{a}}^{2\mathrm{d}}\\ y_{\mathrm{a}}^{2\mathrm{d}}\end{bmatrix}=\boldsymbol{K}^{-1}\left(\begin{bmatrix}p_{\mathrm{a}}\\ l_{\mathrm{a}}\end{bmatrix}-\begin{bmatrix}p_0\\ l_0\end{bmatrix}\right)\\ \begin{bmatrix}x_{\mathrm{a}i}^{2\mathrm{d}}\\ y_{\mathrm{a}i}^{2\mathrm{d}}\end{bmatrix}=\boldsymbol{K}^{-1}\left(\begin{bmatrix}p_{\mathrm{a}i}\\ l_{\mathrm{a}i}\end{bmatrix}-\begin{bmatrix}p_0\\ l_0\end{bmatrix}\right)\end{cases}\quad(i=1,2,3)\tag{9-1}$$

式中:$(x_{\mathrm{a}}^{2\mathrm{d}},y_{\mathrm{a}}^{2\mathrm{d}})$为小行星在敏感器二维成像平面坐标系中的坐标;$(x_{\mathrm{a}i}^{2\mathrm{d}},y_{\mathrm{a}i}^{2\mathrm{d}})$为第$i$颗背景恒星在敏感器二维成像平面坐标系中的坐标;$(p_{\mathrm{a}},l_{\mathrm{a}})$为小行星敏感器图像经质心提取后获得的小行星像元像线;$(p_{\mathrm{a}i},l_{\mathrm{a}i})$为图像中的第$i$颗背景恒星的像元像线;$\boldsymbol{K}$为小行星敏感器由毫米转为像素的相机转换矩阵;$(p_0,l_0)$为小行星敏感器光轴所在的像元和像线。

(2) 由二维像平面坐标获得矢量方向,即

$$\begin{cases}\boldsymbol{l}_{\mathrm{pa}}^{\mathrm{s}}=\dfrac{1}{\sqrt{(x_{\mathrm{a}}^{2\mathrm{d}})^2+(y_{\mathrm{a}}^{2\mathrm{d}})^2+f^2}}\begin{bmatrix}x_{\mathrm{a}}^{2\mathrm{d}} & y_{\mathrm{a}}^{2\mathrm{d}} & -f\end{bmatrix}^{\mathrm{T}}\\ \boldsymbol{s}_i^{\mathrm{s}}=\dfrac{1}{\sqrt{(x_{\mathrm{a}i}^{2\mathrm{d}})^2+(y_{\mathrm{a}i}^{2\mathrm{d}})^2+f^2}}\begin{bmatrix}x_{\mathrm{a}i}^{2\mathrm{d}} & y_{\mathrm{a}i}^{2\mathrm{d}} & -f\end{bmatrix}^{\mathrm{T}}\end{cases}\tag{9-2}$$

式中:$i=1,2,3$;$\boldsymbol{l}_{\mathrm{pa}}^{\mathrm{s}}$为小行星在敏感器坐标系中的单位矢量方向;$\boldsymbol{s}_i^{\mathrm{s}}$为第$i$颗背

景恒星在敏感器坐标系中的单位矢量方向;f 为小行星敏感器的焦距。

(3) 由矢量方向坐标获得星光角距,即

$$\theta_i = \arccos(-\boldsymbol{l}_{\mathrm{pa}}^{\mathrm{s}} \cdot \boldsymbol{s}_i^{\mathrm{s}}) \tag{9-3}$$

式中:θ_i 为小行星与第 i 颗背景恒星之间的星光角距。

3) 小行星星光角距量测模型的建立

根据小行星和恒星的星历,可以建立小行星与背景恒星的星光角距量测模型,其表达式为

$$\begin{aligned}\theta_i &= \arccos(-\boldsymbol{l}_{\mathrm{pa}}^{\mathrm{s}} \cdot \boldsymbol{s}_i^{\mathrm{s}}) = \arccos\left(-\boldsymbol{A}_{\mathrm{sb}}\boldsymbol{A}_{\mathrm{b}i}\frac{\boldsymbol{r}-\boldsymbol{r}_{\mathrm{a}}}{|\boldsymbol{r}-\boldsymbol{r}_{\mathrm{a}}|} \cdot \boldsymbol{A}_{\mathrm{sb}}\boldsymbol{A}_{\mathrm{b}i}\boldsymbol{s}_i\right) \\ &= \arccos\left(-\frac{\boldsymbol{r}-\boldsymbol{r}_{\mathrm{a}}}{|\boldsymbol{r}-\boldsymbol{r}_{\mathrm{a}}|} \cdot \boldsymbol{s}_i\right)\end{aligned} \tag{9-4}$$

式中:$\boldsymbol{A}_{\mathrm{sb}}$ 为探测器本体系到探测器敏感器坐标系的转移矩阵:$\boldsymbol{A}_{\mathrm{b}i}$ 为探测器惯性系到探测器本体系的转移矩阵;$\boldsymbol{r}$ 为探测器在日心惯性坐标系中的位置矢量;$\boldsymbol{r}_{\mathrm{a}}$ 为小行星在日心惯性坐标系中的位置矢量;$\boldsymbol{s}_1$、$\boldsymbol{s}_2$、$\boldsymbol{s}_3$ 为 3 颗背景恒星星光方向在惯性坐标系中的单位矢量。

令量测量 $\boldsymbol{Z}_1 = [\theta_{11}, \theta_{12}, \theta_{13}]$,探测器的状态量 $\boldsymbol{X} = [\boldsymbol{r}, \boldsymbol{v}]^{\mathrm{T}}$,其中 $\boldsymbol{r} = (x, y, z)$, $v = (v_x, v_y, v_z)$,分别为探测器在日心惯性坐标系中三轴的位置矢量和速度矢量,则基于小行星观测的量测模型式(9-4)可简化为

$$\boldsymbol{Z}_1(t) = h_1(\boldsymbol{X}(t), t) + \boldsymbol{V}_1(t) \tag{9-5}$$

式中:$h_1(\cdot)$ 为状态量到量测量的非线性函数;$\boldsymbol{V}_1(t)$ 为 t 时刻的量测噪声。

2. 脉冲星观测信息的获取及观测模型建立

在对基于脉冲星的自主导航系统进行设计时,需要首先确定探测器转移轨道可以观测的脉冲星,依据脉冲星选取因素,在探测器系统中建立备选脉冲星的特征信息库;实现对脉冲信息的合理处理,获取所需量测信息;同时,依据脉冲星脉冲传播原理,建立脉冲星的观测模型。

1) 备选脉冲星确定

导航脉冲星选取时需考虑的因素有精确的脉冲星角位置、高信噪比的脉冲轮廓、高精度的脉冲计时模型、较高的 X 射线辐射能量、较短的脉冲周期、尖锐的脉冲形状以及长期稳定的脉冲周期等。因此,选取脉冲计时模型确定、脉冲周期小于 10000s、辐射的能量在接收器范围内(>0.01ph/cm²/s)的 25 颗脉冲星作为备选脉冲星星库。图 9-2 是备选脉冲星在天

球坐标系中的分布。

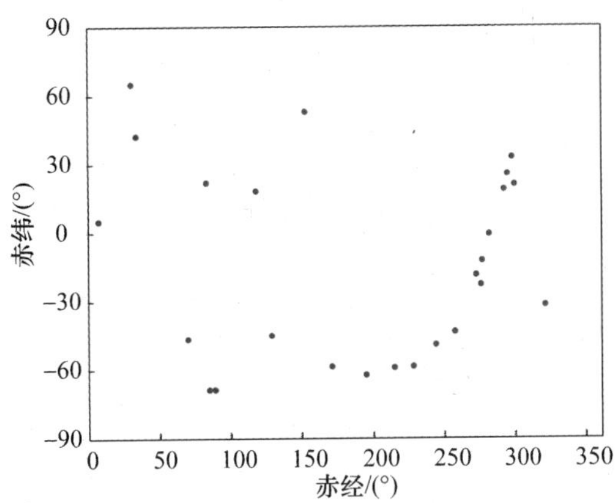

图 9－2　备选脉冲星在天球坐标系中的分布

由于探测器处于转移轨道，距离各天体都较远，天体的遮挡对探测器而言影响较小。此外，在选取脉冲星时需要避免选择探测器速度方向附近的脉冲星。这是由于在探测器速度方向，所接收的脉冲将受 Doppler 效应的影响，脉冲轮廓噪声大，所获取的脉冲到达时间不准确，定位误差大。

2）脉冲星脉冲到达时间的获取

当脉冲星辐射的 X 射线光子进入星载 X 射线探测器视场时，其光子计数器将记录 X 射线光子数量，能量和到达探测器的时间 t_{SC}，将测量的脉冲轮廓与太阳系质心 SSB 处的高信噪比的 X 射线脉冲星脉冲模板进行互相关比较，获得 X 射线脉冲星的脉冲到达时间 Δt。

3）脉冲星量测模型的建立

考虑探测器与太阳系质心之间的几何距离产生的时间 Doppler 延迟、X 射线平行到达太阳系引起的 Roemer 延迟和在太阳引力场作用下光线弯曲产生的 Shapiro 延迟，可得脉冲到达时间的量测方程为

$$\Delta t = t_{\mathrm{SSB}} - t_{\mathrm{SC}} = \frac{\boldsymbol{n} \cdot \boldsymbol{r}_{\mathrm{b}}}{c} + \frac{1}{2cD_0}[(\boldsymbol{n} \cdot \boldsymbol{r}_{\mathrm{b}})^2 - r_{\mathrm{b}}^2 + 2(\boldsymbol{n} \cdot \boldsymbol{b})(\boldsymbol{n} \cdot \boldsymbol{r}_{\mathrm{b}}) - 2(\boldsymbol{b} \cdot \boldsymbol{r}_{\mathrm{b}})]$$

$$+ \frac{2\mu_{\mathrm{s}}}{c^3}\ln\left|\frac{\boldsymbol{n} \cdot \boldsymbol{r}_{\mathrm{b}} + \boldsymbol{n} \cdot \boldsymbol{b} + \|\boldsymbol{r}_{\mathrm{b}} + \boldsymbol{b}\|}{\boldsymbol{n} \cdot \boldsymbol{b} + b}\right| + v_t \tag{9-6}$$

式中:c 为真空中光速;$\boldsymbol{n}$ 为在太阳质心坐标系 $O_s-X_sY_sZ_s$ 中脉冲星的方向矢量;$\boldsymbol{r}$ 为太阳质心惯性坐标系中探测器的位置矢量;$\boldsymbol{r}_b$ 为在太阳系质心惯性坐标系中探测器的位置矢量,且 $\boldsymbol{r}_b=\boldsymbol{r}-\boldsymbol{b}$;$\boldsymbol{b}$ 为太阳系质心在太阳质心坐标系 $O_s-X_sY_sZ_s$的位置矢量;D_0 为脉冲星在太阳质心坐标系 $O_s-X_sY_sZ_s$ 的位置矢量大小;b、r_b 分别表示矢量 $\boldsymbol{b}$、$\boldsymbol{r}_b$ 的大小;μ_s 为太阳引力常数;v_t 为脉冲到达时间的测量误差。

设 $\boldsymbol{Z}_2=[\Delta t_1]$为脉冲星的脉冲到达时间,则基于脉冲星观测的量测模型可简化为

$$\boldsymbol{Z}_2(t)=h_2(\boldsymbol{X}(t),t)+\boldsymbol{V}_2(t) \tag{9-7}$$

3. 基于小行星/脉冲星交互观测的信息融合方法

单独基于小行星和单独基于脉冲星观测的导航方法都需要频繁姿态机动和敏感器框架调整获取多个小行星和多个脉冲星的观测信息,不易于工程实现,本小节采用联邦滤波的信息融合方法,将二者有效结合。具体流程如图9-3所示,从图中可以看出,该信息融合系统主要包括小行星导航子系统、脉冲星导航子系统和主滤波器。

小行星导航子系统包括小行星敏感器、小行星图像处理部分和小行星滤波器。当需要观测小行星时,姿态规划及控制系统根据小行星星历,规划姿态机动过程,探测器利用姿态执行机构,从对日定向标称姿态转换至小行星观测所需姿态,使得小行星敏感器可以观测到备选小行星,观测后调整探测器姿态重新恢复至对日定向标称姿态。小行星敏感器所获得的小行星图像经背景恒星质心提取、小行星质心提取、计算星光角距等一系列图像处理过程后,将观测的星光角距信息经输入小行星子滤波器,结合探测器轨道运动的状态模型,输出小行星导航子系统的估计状态 $\boldsymbol{X}_1$ 和估计状态方差 $\boldsymbol{P}_1$。

脉冲星导航子系统包括脉冲星脉冲接收器、脉冲接收器指向机构、脉冲处理及比对部分和脉冲星滤波器。在探测器处于对日定向三轴稳定姿态时,通过调整脉冲星脉冲接收器的指向机构,实现对星空中脉冲星的捕获及跟踪,获得脉冲星在探测器处的脉冲到达时间,与太阳系质心处的标准脉冲轮廓进行比对,获得脉冲星的脉冲到达时间(TDOA),将脉冲到达时间输入脉冲星子滤波器,结合探测器轨道运动的状态模型,输出脉冲星导航子系统的估计状态 $\boldsymbol{X}_2$

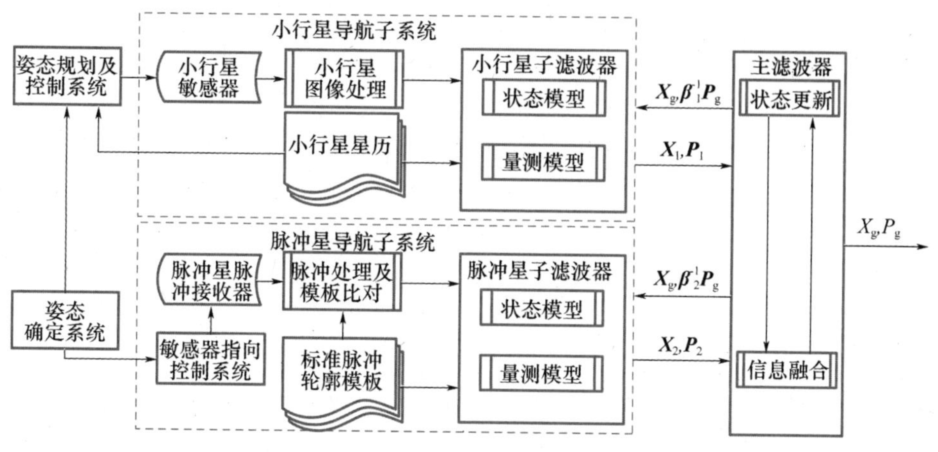

图 9－3 基于小行星/脉冲星的信息融合方法流程图

和估计状态方差 $\boldsymbol{P}_2$。

由于小行星敏感器需要在姿态机动至小行星观测模式后才能获取一次小行星量测信息;X 射线脉冲星接收器需要在对日定向标称姿态进行观测,观测一段时间后累计并处理 X 射线脉冲星光子后,输出一次量测信息,这段观测时间内需要探测器姿态保持不变。因两个子系统对探测器的姿态要求不同,所以二者无法同时工作,需要交互观测小行星和 X 射线脉冲星。因此各子滤波器的设计方案具体如下。

在一个滤波周期 T 内,从 t_0 时间开始,经姿态机动后,小行星敏感器在 t_1 时刻获得小行星量测量;经姿态机动后在 t_2 时刻恢复对日定向模式开始脉冲星观测,观测一段时间后,在 $t_2=t_0+T$ 时刻,小行星子滤波器经过量测模型的历元转换后,与脉冲星子滤波器进行组合滤波。此时,小行星子滤波器和脉冲星子滤波器得到两个局部最优估计值 $X_i(k)(i=1,2)$,这两个局部状态值在主滤波器中进行信息融合,得到全局最优估计值 $\boldsymbol{X}_g$、$\boldsymbol{P}_g$。

其中历元转换过程是:小行星敏感器量测量获取的时刻为 t_1,小行星和脉冲星子滤波器的滤波时刻为 $t_2=t_0+T$,因此需要在量测模型中进行历元转换,统一至同一历元时刻,即滤波时刻。具体实现方法为

$$Z_{t_1}=h_1(X(t_1),t_1),t_1)+V(t_1)=h_1(g(X(t_2),t_2),t_1)+V(t_1) \quad (9-8)$$

式中:Z_{t_1} 为 t_1 时刻获取的量测信息;$X(t_1)$ 为 t_1 时刻探测器的状态;$V(t_1)$ 为 t_1

时刻量测模型的误差;t_2 为小行星子滤波器滤波时刻;$X(t_2)$ 为 t_2 时刻探测器的状态;$g(\cdot)$ 为 t_2 时刻至 t_1 时刻的状态转换函数,可以根据状态方程进行龙格库塔反向递推得到。由于使用的量测量在滤波时刻以前就可以得到,因此可以实时估计滤波时刻的状态。

两个子滤波器中的状态模型为探测器在转移轨道的轨道动力学模型,表达式为

$$\begin{cases}\dot{\boldsymbol{r}} = v \\ \dot{\boldsymbol{v}} = -\mu_s \dfrac{\boldsymbol{r}_{ps}}{r_{ps}^3} - \sum_i^N \mu_i \left[\dfrac{\boldsymbol{r}_{pi}}{r_{pi}^3} - \dfrac{\boldsymbol{r}_{si}}{r_{si}^3}\right] + \boldsymbol{a}\end{cases} \tag{9-9}$$

式中:μ_s 为太阳的引力常数;μ_i 为第 i 个行星的引力常数;$\boldsymbol{r}_{ps}$ 为探测器的位置矢量;$\boldsymbol{r}_{si}$ 为第 i 个行星的位置矢量;$\boldsymbol{r}_{pi}$ 为第 i 个行星到探测器的位置矢量;$\boldsymbol{a}$ 为其他未建模的加速度影响。

令 $\boldsymbol{X} = [\boldsymbol{r}, \boldsymbol{v}]^T$,状态模型噪声 $\boldsymbol{w} = [w_r, w_v]^T$,则可简写为

$$\boldsymbol{X}(t) = f(\boldsymbol{X}, t) + \boldsymbol{w}(t) \tag{9-10}$$

可利用系统状态模型和量测模型构建基于信息融合的小行星/脉冲星组合导航系统信息融合主滤波器,式(9-5)和式(9-10)构成小行星子滤波器,式(9-7)和式(9-10)构成脉冲星子滤波器。

信息融合使用的 Unscented 卡尔曼滤波 (Unscented Kalman Filter,UKF)方法适用于非线性自主导航系统,且具有实现简单、精度高的优点。具体实现方法参见文献。

4.仿真分析

1) 仿真条件

本小节以 2013 年火星探测任务为例,选取国际上大多火星探测器采用的直接转移(由地球出发直接飞向火星)轨道作为仿真轨道,仿真中所用的火星探测器由 STK 软件生成,仿真时间为 2014 年 2 月 5 日(发射后 12 周,L+12w)至 2014 年 5 月 7 日(发射后 25 周,L+25w),坐标系采用 J2000.0 日心惯性坐标系。在火星探测器的一个滤波周期内,探测器先用接近 900s 时间实现姿态机动,探测器姿态由对日定向模式机动至指向小行星模式,保证敏感器光轴指向小行星,对小行星成像后,探测器转回对日定向三轴稳定姿态,保证正常的对地通信。这一过程也持续接近 900s。在探测器保持对日定向三轴稳定姿态

时，脉冲星接收器开始观测 X 射线脉冲星，并在 1800s 之后输出脉冲星的脉冲到达时间。滤波周期为 3600s。

仿真中使用的小行星成像敏感器焦距均为 2013.4mm，精度均为 0.1 像素，$K_x=47.619$，$K_y=47.619$，$K_{xy}=K_{yx}=0$，$(p_0, l_0)=(512, 512)$，分辨率均为 10μrad，导航恒星也由成像敏感器选取，小行星的获取周期为 3600s。

初始状态误差：

$\mathrm{d}\boldsymbol{X}=[10^4, 10^4, 10^4, 0.1, 0.1, 0.1]$

初始状态误差协方差矩阵：

$\boldsymbol{P}_0=\mathrm{diag}(10^{14}, 10^{14}, 10^{14}, 10^5, 10^5, 10^5)$

仿真中使用的 X 射线脉冲接收器参考美国 ARGOS 试验卫星的 USA（Unconventional Stellar Aspect）脉冲星敏感器，有效探测面积为 $1000\mathrm{cm}^2$，视场为 1.2°，并且敏感器安装在一个双轴转动平台上，以保证 X 射线敏感器可以指向观测天体。X 射线敏感器及其框架平台安装在探测器的速度方向，并向后观测，平台通过沿本体 y 轴转动捕获 X 射线脉冲源，之后，当探测器沿轨道运行时，X 射线敏感器沿本体 z 轴方向进行旋转跟踪目标 X 射线脉冲源，进行单星观测。X 射线接收器接收时间为 1800s，导航中脉冲到达时间的随机测量误差为均值 0μs、方差 0.5μs 的高斯白噪声。

选定的小行星星历使用 SPICE 星历，恒星星历为 Tycho－2 星历，选星规则为视场范围内星等小于 12 的 3 颗恒星。

2）量测信息获取的规划

（1）小行星的选取标准及结果。

依据 9.1 节小行星的选取原则，可从 Bowell 小行星库中选取出符合条件的小行星，图 9－4 给出了从发射开始之后 45 周内可观测时间最长的五颗小行星。从图中可以看出，在仿真时间段内（L＋12w ~ L＋25w），43 Ariadne、2 Pallas 和 4 Vesta 小行星一直可观测，其中 43 Ariadne 距离探测器最近，因此选择 43 Ariadne 为观测小行星。

图 9－5 给出了仿真时间内小行星敏感器可观测到的恒星数，从图中可以看出，这种导航方案可以保证小行星敏感器视场内可观测到三颗以上的恒星，在仿真中只选择其中的三颗恒星进行仿真，图 9－6 给出了 L＋25w 时 43 Ariadne 小行星的背景恒星信息。

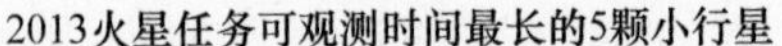

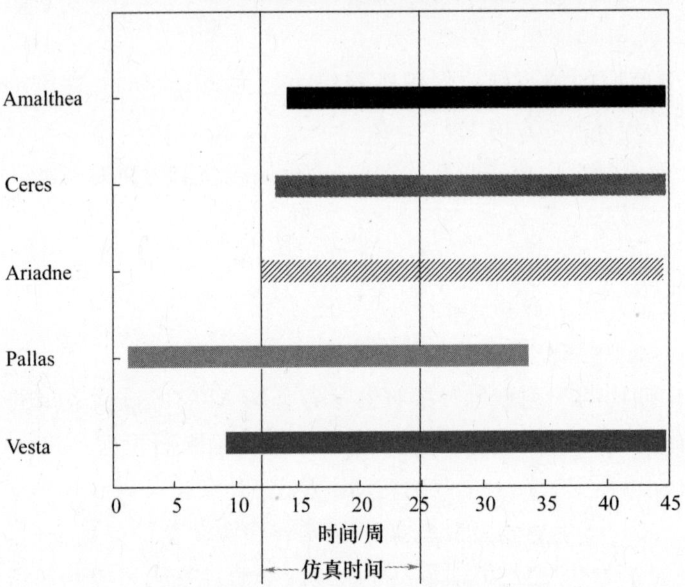

图9-4　备选的小行星可观测时间段

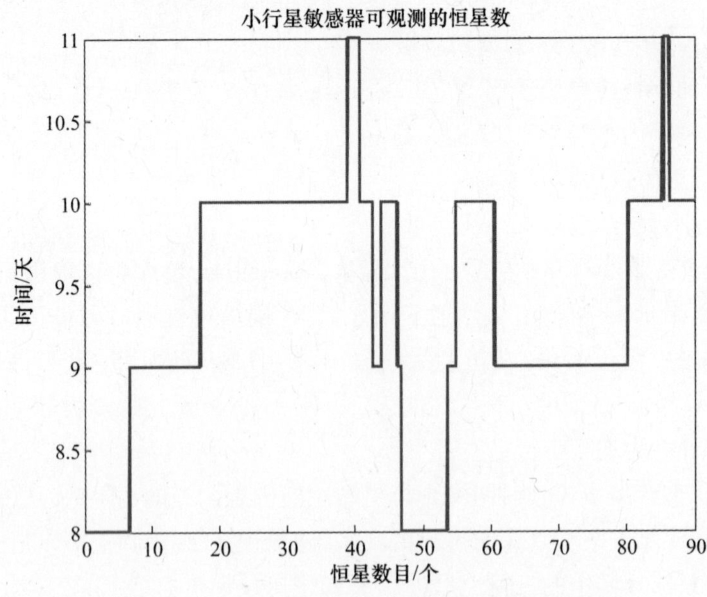

图9-5　仿真时间内小行星敏感器可观测的恒星数

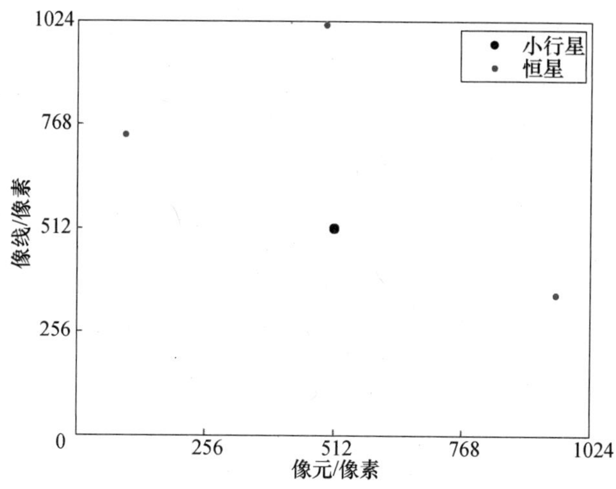

图9-6　L+25w 时小行星 43 Ariadne 与背景恒星图像

（2）脉冲星的选取标准及结果。

由于X射线脉冲星的选取受到探测器速度方向的约束，表9-2还给出了X射线脉冲星方向与探测器速度方向的夹角（PV）。由此可以看出，探测器所接收的X射线脉冲受Doppler效应影响较小。

在探测器姿态保持三轴稳定对日定向时，根据脉冲星选星标准，并结合脉冲星接收器的安装捕获和跟踪方式，选出可观测时间最长的脉冲星，在仿真时间段内，只可捕获并跟踪B1821-24脉冲星。

表9-2　探测器速度-脉冲星夹角

脉冲星	PV	脉冲星	PV
B0531+21	40.55~36.75	B1821-24	127.97~131.78
J1846-0258	119.23~122.68	J0537-6910	91.43~91.69
J1617-5055	140.17~142.64	B1951+32	91.94~94.16
B1509-58	136.24~137.72	B0540-69	90.49~90.82
J1930+1852	101.66~104.43	J1811-1926	130.74~134.52
B1259-63	128.78~129.02	J0205+6449	49.56~48.76
B1823-13	126.52~130.21	J1420-6048	134.69~135.56
J0218+4232	27.42~27.10	B1937+21	97.34~99.86
J0030+0451	34.68~38.48	B0833-45	99.47~97.76

(续)

脉冲星	PV	脉冲星	PV
J0437 -4715	68.04 ~68.00	B1706 -44	138.04 ~141.24
J0751 +1807	72.79 ~68.99	B1957 +20	94.56 ~97.37
J1124 -5916	123.29 ~122.64	J1012 +5307	89.98 ~86.93
J2124 -3358	90.72 ~94.38		

(3) 自主导航结果。

图9-7分别给出了单独基于小行星的自主导航系统、单独基于X射线脉冲星导航系统和基于小行星\脉冲星信息融合导航系统的位置与速度估计误差。

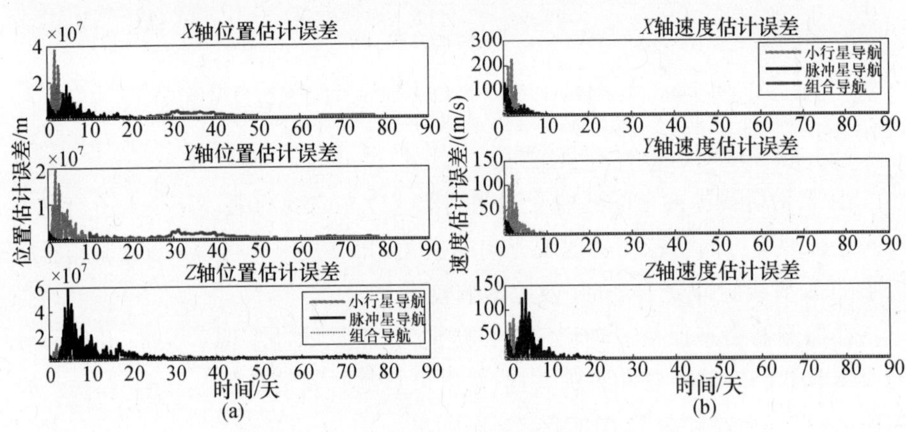

图9-7 三轴仿真结果

(a)三轴位置误差;(b)三轴速度误差。

将融合后的系统与两个子系统单独工作时的导航结果相比较,表9-3给出了这三个系统收敛后的位置和速度估计误差。

表9-3 基于小行星观测、脉冲星观测和小行星/脉冲星导航的仿真结果比较

导航方法	位置误差/km		速度误差/($m \cdot s^{-1}$)	
	RMS	MAX	RMS	MAX
小行星观测	601.1670	1413.1006	0.6318	1.5566
脉冲星观测	846.6778	2562.0345	0.1198	0.4359
小行星/脉冲星观测	30.8160	60.1831	0.0180	0.030989

计算机仿真结果表明,单独一颗小行星和单独一颗脉冲星的导航精度分别为 601.1670km 和 846.6778km,虽然都可观测,但由于其可观测矩阵接近奇异,导航精度较低,无法满足转移轨道高精度自主导航的要求,基于小行星/脉冲星交互观测的导航方法可以获得 30.8160km 的导航精度。

由此可见,基于交互观测的信息融合方法由于可利用多种导航系统的观测信息,因此可获得更高的导航精度,且仅需要观测一颗小行星和一颗脉冲星,减少了姿态调整次数,工程实现更为简单;但这种方法的导航精度依赖于两种导航系统的观测信息,一旦失去其中一个导航信息源,导航精度将大幅下降。因此在工程应用中,如果失去其中一个导航信息源,需调整姿态以观测多个同类型导航信号源,实现多小行星导航或多脉冲星导航。

本节针对处于转移轨道的火星探测器,在分别分析单独基于小行星和单独基于 X 射线脉冲星两种自主导航方法的基础上,提出了一种基于交互观测的小行星和 X 射线脉冲星信息融合方法,通过算例仿真分析,结果表明,与基于小行星和基于脉冲星的导航系统单独运行相比,本小节所提方法具有更高的导航精度,且易于工程实现,可为我国未来的火星转移轨道自主导航系统设计提供一种可行的导航方案,为自主导航系统敏感器的配置与安装提供参考。

X 射线脉冲星能够为深空乃至星际空间飞行的深空探测器提供包括位置、速度、姿态和时间在内的高精度导航信息,可使得探测器完全摆脱地面站的束缚,实现自主运行管理,且由于 X 射线脉冲信号来源于自然天体,难以被人为破坏和干扰,因此该导航方法具有很强的抗干扰性和隐蔽性,发展潜力很大,在航天领域有巨大的应用前景。

9.2.2　基于火星和脉冲星观测的自主导航方法

为了提高火星探测巡航段末端自主导航定位精度,本节将脉冲星观测信息和火星观测信息相结合,提出一种基于脉冲星和火星观测的自主导航方式。该方法利用脉冲星星历误差引起的系统偏差作为增广状态,利用扩展 Kalman 滤波器融合二者的导航信息。

9.2.2.1　轨道动力学模型

火星探测器在地火转移轨道上的动力学模型考虑为圆形限制性四体模

型。该模型主要考虑探测器、太阳引力、地球引力以及火星引力间的相互作用。将三颗脉冲星观测的系统偏差作为增广矢量,太阳质心 J2000 坐标系下的轨道动力学模型为

$$\begin{cases}\dot{x}=v_x\\ \dot{y}=v_y\\ \dot{z}=v_z\\ \dot{v}_x=-\mu_s\dfrac{x}{r_{ps}^3}-\mu_m\left[\dfrac{x-x_1}{r_{pm}^3}+\dfrac{x_1}{r_{sm}^3}\right]-\mu_e\left[\dfrac{x-x_2}{r_{pe}^3}+\dfrac{x_2}{r_{se}^3}\right]+\Delta F_x\\ \dot{v}_y=-\mu_s\dfrac{y}{r_{ps}^3}-\mu_m\left[\dfrac{y-y_1}{r_{pm}^3}+\dfrac{y_1}{r_{sm}^3}\right]-\mu_e\left[\dfrac{y-y_2}{r_{pe}^3}+\dfrac{y_2}{r_{se}^3}\right]+\Delta F_y\\ \dot{v}_z=-\mu_s\dfrac{z}{r_{ps}^3}-\mu_m\left[\dfrac{z-z_1}{r_{pm}^3}+\dfrac{z_1}{r_{sm}^3}\right]-\mu_e\left[\dfrac{z-z_2}{r_{pe}^3}+\dfrac{z_2}{r_{se}^3}\right]+\Delta F_z\\ B_1=w_1\\ B_2=w_2\\ B_3=w_3\end{cases} \tag{9-11}$$

该轨道动力学模型可简写为

$$\dot{\boldsymbol{X}}(t)=f(\boldsymbol{X},t)+\boldsymbol{\omega}(t) \tag{9-12}$$

式中:状态矢量 $\boldsymbol{X}=[x,y,z,v_x,v_y,v_z,B_1,B_2,B_3]$;$\boldsymbol{r}=[x,y,z]$、$\boldsymbol{v}=[v_x,v_y,v_z]$分别为火星探测器的位置和速度;$[x_1,y_1,z_1]$和$[x_2,y_2,z_2]$分别是火星和地球的位置;$\boldsymbol{\mu}_s$、$\boldsymbol{\mu}_m$、$\boldsymbol{\mu}_e$ 分别是太阳、火星和地球引力常数;r_{ps}、r_{pm}、r_{pe}分别为火星探测器到日心、火心和地心的距离;r_{sm}、r_{se}分别为日心到火心、地心的距离。$\boldsymbol{\omega}=[0,0,0,\Delta F_x,\Delta F_y,\Delta F_z,w_1,w_2,w_3]$,其中,$\Delta F_x$、$\Delta F_y$、$\Delta F_z$ 是太阳光压以及其他行星引起的摄动力。B_1、B_2、B_3 为三颗脉冲星星历误差引起的系统偏差,其表达式为

$$B_j=(\boldsymbol{n}^j-\hat{\boldsymbol{n}}^j)\boldsymbol{r} \tag{9-13}$$

式中:$\boldsymbol{n}^j$ 和$\hat{\boldsymbol{n}}^j$ 分别为真实的和测量的脉冲星方位矢量。

9.2.2.2 测量模型

X 射线脉冲星导航可适用于整个太空。在火星探测巡航段末端,太阳、小天体、地球等天体距离火星探测器很远,较难有效利用;火星及其两颗火卫的高精度方位信息较易获得。因此,本小节将利用脉冲星导航信息,以及火星(包括两颗火卫)观测信息作为导航观测量。

在火星探测巡航段末端,火星以及两颗火卫的观测信息均可获得。假设火卫一(Phobos)、火卫二(Deimos)和火星的位置分别为$\boldsymbol{r}_1(t)$、$\boldsymbol{r}_2(t)$、$\boldsymbol{r}_3(t)$。这些方位信息可通过火星及其背景恒星在星敏感器上的成像解算得到。基于火星观测的自主导航量测模型可表示为

$$\boldsymbol{Z}_2^i = \frac{\boldsymbol{r} - \boldsymbol{r}_i}{|\boldsymbol{r} - \boldsymbol{r}_i|} + \boldsymbol{V}_2^i(t) \tag{9-14}$$

式中:$i=1,2,3$ 分别对应火卫一、火卫二和火星;$\boldsymbol{V}_2^i$ 为火卫导航量测量对应的量测噪声。

基于火星观测的导航量测矩阵$\boldsymbol{H}_2^i(k)$可按下式计算:

$$\boldsymbol{H}_2^i(k) = \left.\frac{\partial h_2^i[\boldsymbol{X}(t),t]}{\partial \boldsymbol{X}(t)}\right|_{\boldsymbol{X}(t)=\hat{\boldsymbol{X}}(t_k)} \tag{9-15}$$

9.2.2.3　组合导航滤波器

考虑到导航系统的非线性以及器载计算机的计算能力,本小节采用 EKF(Extended Kalman Filter,扩展 Kalman 滤波器)作为导航滤波器。

图9-8给出了组合导航系统的流程图。

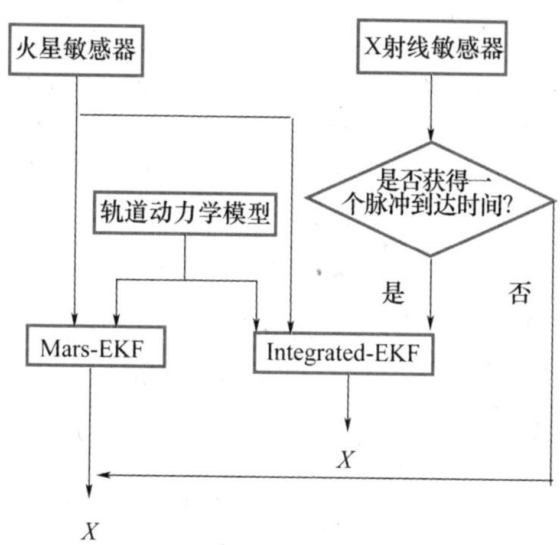

图9-8　组合导航滤波器

具体导航滤波过程如下。

(1) 在X射线脉冲星辐射信号观测期间,脉冲星导航系统无法提供脉冲TOA,此时,仅利用基于火星观测的自主导航提供的位置信息对火星探测器进

行定位,即 Mars - EKF 单独运行并输出导航定位信息。

(2) 经过一段时间的脉冲信号累积,获得了一个脉冲 TOA。将火星及火卫方位信息,X 射线脉冲 TOA 作为导航量测量,利用 Integrated - EKF 对火星探测器位置进行估计。

9.2.2.4 仿真试验

为了验证组合导航方法的可行性和有效性,本小节将其与脉冲星导航和基于火星观测的自主导航进行了比较。仿真条件如下。

(1) 美国"Mars Pathfinder"轨道:

半长轴:193216365.381km;

偏心率:0.236386;

轨道倾角:23.455°;

升交点赤经:0.258°;

近地点幅角:71.347°;

真近点角:85.152°。

(2) 仪器参数:

火星敏感器精度:10″;

X 射线探测器面积:$1m^2$。

(3) 采样周期:

脉冲星导航:300s;

火星自主导航:60s。

(4) 仿真时间:

1997 年 7 月 3 日 00:00:00.000 至 7 月 4 日 12:00:00.000。

(5) 导航脉冲星:

PSR B0531 +21;

PSR B1821 -24;

PSR B1937 +21。

(6) 噪声方差:

PSR B0531 +21、B1821 -24、B1937 +21 测量噪声标准差分别为 142m、369m、351m;

X 射线背景辐射噪声为 0.005 (ph/cm^2)/s, 脉冲星赤经、赤纬误差为0.001″；

火星方位精度：10″。

（7）初始误差：

初始位置误差为6000m，初始速度误差为2m/s；

初始误差协方差矩阵随机选择。

（8）状态转移协方差矩阵：

$\boldsymbol{Q}=\mathrm{diag}[q_1^2,q_1^2,q_1^2,q_2^2,q_2^2,q_2^2,q_3^2,q_3^2,q_3^2]$，其中，$q_1=40\mathrm{m}$，$q_2=0.006\mathrm{m/s}$，$q_3=60\mathrm{m}$。

图9-9给出了三种导航方法的比较。从图中可以看出，X射线脉冲星导航方法是三者中收敛速度最慢，估计误差最大的一个。即使收敛后，该导航误差仍在几十千米量级。这是由于火星探测器距离火星仍较远，脉冲星导航系统可观测度较差，系统偏差极难精确估计。基于火星观测的自主导航方法定位在10^5s之后较高，这是因为火星探测器与火星的之间距离逐渐变小。但即使在巡航段最末端，基于火星观测的自主导航方法误差仍较大，这是火卫敏感器精度较低，探测器与火星距离远等因素造成的。组合导航方法精度在整个过程中均高于二者。这说明组合导航方法有效融合了二者的导航信息，且有效消除了脉冲星星历误差的影响。

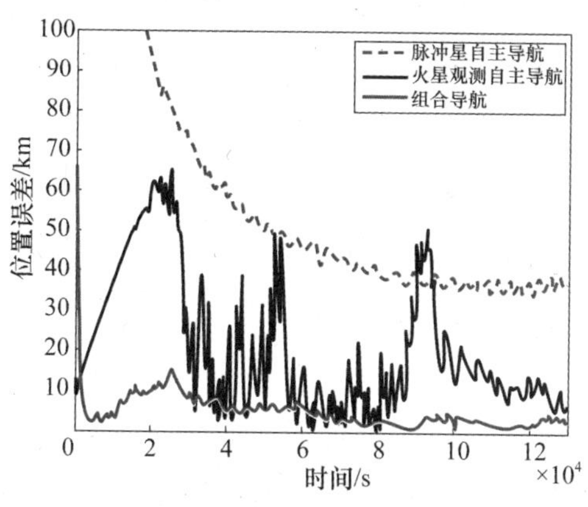

图9-9 位置估计误差

巡航段最末端的精度对捕获的成功与否起着决定作用。表9-4给出了100次蒙特卡罗法的仿真结束时刻的定位精度。从表9-4中可以看出，组合导航定位精度高于两种单独导航方式。与X射线脉冲星导航和基于火星观测的自主导航相比，该组合导航方法分别提高了49%和93%。

表9－4　导航精度比较

导航方法	位置误差/km	速度误差/(m/s)
脉冲星自主导航	35.691	1.751
火星观测自主导航	4.788	0.103
组合导航	2.465	0.051

图9－10给出了不同脉冲星方位误差下脉冲星导航与组合导航的比较。从图中可以看出,随着脉冲星方位误差的逐渐减小,两种导航方式的精度均得到了不同程度的改善,且组合导航的改善程度大于X射线脉冲星导航。这也说明脉冲星自主导航系统无法有效估计系统偏差,而组合导航系统则可有效估计系统偏差。

图9－11给出了不同火星敏感器精度下火星观测自主导航与组合导航的比较。从图9－11中可以看出,随着火星敏感器精度的提高,两种导航方式的精度均有所提高,并且基于火星观测的自主导航定位精度显然逊于组合导航方法。特别是当火星敏感器精度较低时,相比于火星自主导航,组合导航方法有较大程度的提高。

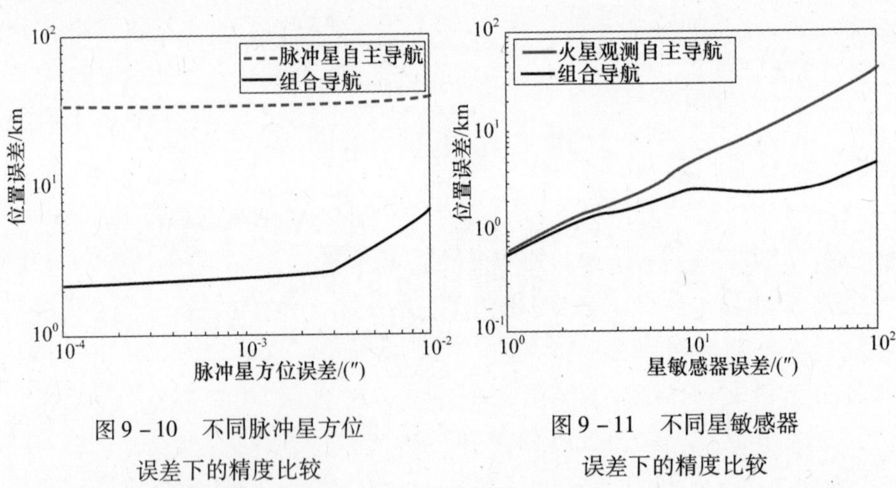

图9－10　不同脉冲星方位误差下的精度比较

图9－11　不同星敏感器误差下的精度比较

鉴于在火星探测巡航段末端,仅火星观测信息以及脉冲TOA可利用,本节提出了一种基于脉冲星和火星观测的深空探测器自主导航方法。在该方法中,为了消除脉冲星星历误差的影响,将脉冲星星历误差引起的系统偏差作为增广状态，设计了扩维 Kalman 滤波器并将两种导航方式的信息进行融合。该组合导航方法优于单独脉冲星自主导航方法和基于火星观测的自主导航方法，并且在脉冲星星历误差和火星敏感器误差较大的情况下，火星探测器自主导航定位误差仍能控制在 8km 以内。因此，该组合导航方法能满足火星探测的需求。

9.3　基于天文测速和天文测距的深空探测器组合导航方法

9.3.1　基于星光多普勒的脉冲星脉冲到达时间补偿

9.3.1.1　引言

目前，深空探测器自主导航技术受到世界各航天大国的普遍重视。传统的天文导航是一种常用的自主导航方法。其定位精度随航天器与近天体之间距离的增大而下降。在转移轨道段，深空探测器与天体之间距离非常远，导航精度很低。该方法不适合于深空探测器转移轨道。基于小行星的导航方式通过观测小行星获取导航信息，但当航天器与小行星距离较远时，该导航方式无法工作。因此，该方法无法在整个转移轨道段工作。

X 射线脉冲星导航是一种适合于深空探测的新兴导航技术。X 射线脉冲星是高速旋转的，能辐射 X 射线光子的中子星。这些 X 射线辐射光子可被航天器上安装的 X 射线探测器接收。经过一段时间的累积，利用历元叠加方法可获得稳定的 X 射线脉冲轮廓。将获得的脉冲波形与标准轮廓进行比较，即可获得脉冲到达时间。由于脉冲到达时间(Time - of - arrival，TOA)精度与航天器位置不相关，该导航方法能为整个转移轨道提供位置信息。

关于 X 射线脉冲星导航研究假设脉冲信号周期是已知的。但是，由航天器运动会引起脉冲轮廓的频偏。结果，脉冲 TOA 精度急剧下降。反之，累积脉冲轮廓的畸变反映了多普勒速度。因此，许多学者基于脉冲波形畸变估计航天器速度。Golshan 利用最大似然估计方法确定航天器位置和速度信息。该方法接近于克拉美劳下界。张华给出了轮廓熵的概念。基于此，提出了一种 X 射线脉冲星相位和频率联合估计方法。费保俊将脉冲信号分为两个部分，以二者相似性为目标函数，通过最大化该函数估计多普勒速度。谢强等定义了轮廓特征函数以测量脉冲轮廓的畸变。利用函数值与多普勒速度之间的关系,通过搜索算法估计多普勒速度。这些多普勒速度估计方法的精度较高。但是,这些估计方法需多次叠加脉冲星辐射光子信号,而这些信号的数量较大,这样,算法所需计算量十分巨大,无法实现在轨补偿。

为了减少计算量,实现在轨补偿,褚永辉等提出了两种方法:一种是利用天文导航信息补偿脉冲星导航测量,但是天文导航不适合于深空探测器转移段;另一种是利用轨道外推方法,该方法适合深空探测各个阶段,但是精度有限。

鉴于星光多普勒导航可提供高精度的速度信息,且适合于整个太空,本节提出了一种基于星光多普勒的脉冲星脉冲到达时间补偿方法。该方法利用星光多普勒提供的速度信息对脉冲光子到达时间进行补偿。

9.3.1.2 星光多普勒

通常,恒星星光可以利用分光计或者光谱仪成像。由于深空探测器是高速飞行的,深空探测器测得的恒星星光光谱会发生红移或者蓝移,这称为多普勒频移。由于光谱移动量与深空探测器速度的关系是已知的,所以可以利用多普勒频移反算深空探测器在恒星视线方向上的速度信息。

简言之,利用分光计或者光谱仪可以量测深空探测器相对于第 i 颗恒星的多普勒频移量,从而获得深空探测器在该恒星视线方向 $\boldsymbol{S}_i$ 上的速度 $\boldsymbol{v}_i$。

若利用三颗恒星,则可按下式解算出航天器的速度矢量 $\boldsymbol{v}$,即

$$\boldsymbol{v} = \begin{bmatrix} \boldsymbol{s}_1^{\mathrm{T}} \\ \boldsymbol{s}_2^{\mathrm{T}} \\ \boldsymbol{s}_3^{\mathrm{T}} \end{bmatrix}^{-1} \cdot \begin{bmatrix} \boldsymbol{v}_1 \\ \boldsymbol{v}_2 \\ \boldsymbol{v}_3 \end{bmatrix} \tag{9-16}$$

9.3.1.3 脉冲光子到达时间补偿方法

若要历元叠加法得到的脉冲累积轮廓无频偏,航天器必须在某一固定位置接收X射线脉冲信号。但是,航天器是高速运动的。为此,在历元叠加之前,需将X射线探测器接收到的脉冲光子到达时间转化为该脉冲光子到达某一固定脉冲平面的时间。

将脉冲观测时间 T 分为 N_{p} 个子观测时间段,则每个子观测时间段为 T/N_{p}。$\boldsymbol{r}_{\mathrm{end}}$ 定义为观测周期末航天器所在位置。$\boldsymbol{n}^j$ 为第 j 个脉冲星的视线方向矢量。$\boldsymbol{p}_{\mathrm{end}}$ 定义为通过 $\boldsymbol{r}_{\mathrm{end}}$ 且垂直于 $\boldsymbol{n}^j$ 的平面。假设第 i 个子观测段第 m 个X射

线光子到达$\boldsymbol{p}_{\text{end}}$和航天器的到达时间分别为 τ_m^i 和 λ_m^i。图 9－12 给出了脉冲星信号多普勒补偿的基本原理。在第 k 个子观测段，航天器在$\boldsymbol{n}^j$ 方向上移动了 $(\boldsymbol{n}^j)^{\mathrm{T}}\cdot\boldsymbol{v}_k\cdot T/N_{\mathrm{p}}$，其中，$\boldsymbol{v}_k$ 为航天器在第 k 个子观测时间段的速度。因此，航天器到$\boldsymbol{p}_{\text{end}}$的距离为 $\sum\limits_{k=i+1}^{N_{\mathrm{p}}}((\boldsymbol{n}^j)^{\mathrm{T}}\cdot\boldsymbol{v}_k\cdot T/N_{\mathrm{p}})$。因此，$\tau_m^i$ 与 λ_m^i 之间的关系可表示为

$$\tau_m^i=\lambda_m^i-\frac{T}{N_{\mathrm{P}}}\sum_{k=i+1}^{N_{\mathrm{p}}}\left(\frac{(\boldsymbol{n}^j)^{\mathrm{T}}\boldsymbol{v}_k}{c}\right)\tag{9-17}$$

在实际中，航天器只能获得估计的速度信息$\hat{\boldsymbol{v}}_k$。因此，航天器只能获得 τ_m^i 的估计值，即

$$\hat{\tau}_m^i=\lambda_m^i-\frac{T}{N_{\mathrm{P}}}\sum_{k=i+1}^{N_{\mathrm{p}}}\left(\frac{(\boldsymbol{n}^j)^{\mathrm{T}}\hat{\boldsymbol{v}}_k}{c}\right)\tag{9-18}$$

脉冲光子到达时间估计误差 Δt_m^i 为

$$\Delta t_m^i=\hat{\tau}_m^i-\tau_m^i=-\frac{T}{N_{\mathrm{P}}}\sum_{k=i+1}^{N_{\mathrm{p}}}\left(\frac{(\boldsymbol{n}^j)^{\mathrm{T}}\cdot\Delta\boldsymbol{v}_k}{c}\right)\tag{9-19}$$

式中：$\Delta\boldsymbol{v}_k=\hat{\boldsymbol{v}}_k-\boldsymbol{v}_k$ 是速度估计误差。

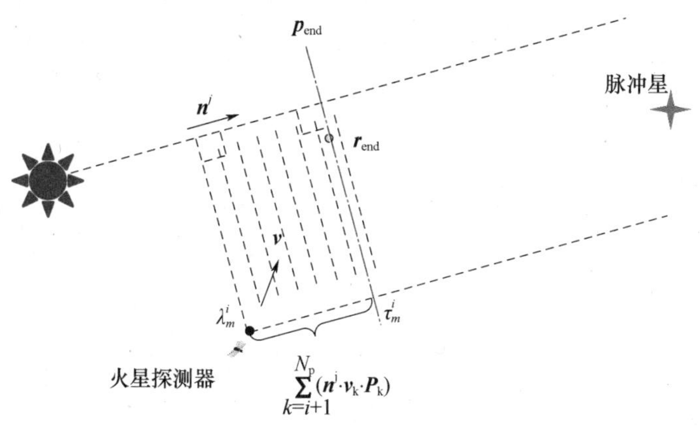

图 9－12　X 射线脉冲星信号多普勒补偿

由于脉冲星辐射信号十分微弱，历元叠加法可用于增强脉冲轮廓信噪比。历元叠加法如下。

（1）X 射线探测器记录脉冲光子到达时间。在整个观测周期内，N 个脉冲光子到达时间被记录。

(2) 将观测时间分为 N_p 个观测子周期。

(3) 估计在第 i 个观测子周期内航天器速度 $\hat{\boldsymbol{v}}_i$,利用其按照式(9-18)补偿脉冲光子到达时间。

(4) 基于已知的脉冲周期,叠加脉冲光子。将 N 个脉冲光子放入 M 个子间隔中。

通过历元叠加法获得稳定的脉冲轮廓,将其与标准脉冲轮廓进行比较,即可获得脉冲到达时间估计值。

9.3.1.4 补偿精度分析

为了便于说明本小节方法的补偿精度,将轨道外推方法与本节方法作比较。

轨道外推方法精度分析如下。

本节主要考虑转移轨道段的情况。在火星探测转移段,由于轨道半长轴在 10^{11} m 量级,在脉冲星观测时间内,加速度的变化量极小,航天器运动可被视为匀加速运动。并且通过轨道外推方法,加速度能被精确估计。但是,航天器速度无法被精确估计。

假设初始速度误差为 $\Delta\boldsymbol{v}$,其均方差矢量为 $\boldsymbol{\sigma}_o$。根据式(9-19),那么,$\boldsymbol{t}$ 时刻在第 j 颗脉冲星视线方向上的位置误差为 $-(\boldsymbol{n}^j)^{\mathrm{T}}\cdot\Delta\boldsymbol{v}\cdot(T-t)$。历元叠加法的本质是获取观测时间内所有脉冲到达时间的均值。因此,历元叠加法获得的脉冲到达时间误差是所有脉冲到达时间误差的均值。初始误差造成的脉冲到达时间误差 Δt_o 可按下式计算,即

$$\Delta t_o = -\frac{1}{c\cdot T}\int_{t=0}^{T}(\boldsymbol{n}^j)^{\mathrm{T}}\cdot\Delta v\cdot(T-t)\,\mathrm{d}t = -\frac{T(\boldsymbol{n}^j)^{\mathrm{T}}\cdot\Delta\boldsymbol{v}}{2c} \tag{9-20}$$

其对应的位置误差 Δs_o 为

$$\Delta s_o = c\Delta t_o = -T(\boldsymbol{n}^j)^{\mathrm{T}}\Delta\boldsymbol{v}/2 \tag{9-21}$$

轨道外推方法补偿误差的均方差 $\boldsymbol{\sigma}_{on}$ 为

$$\boldsymbol{\sigma}_{sn} = T(\boldsymbol{n}^j)^{\mathrm{T}}\cdot\boldsymbol{\sigma}_o/2 \tag{9-22}$$

星光多普勒补偿方法精度分析如下。

由于脉冲星历元叠加法是将所有脉冲光子到达时间叠加,经历元叠加法处理后总的累积误差 Δs_s 是所有子观测时间段误差的均值。由于在子观测时间较短,在一个子观测时间内的误差可视为常值,因此,星光多普勒补偿方法

误差 Δs_s 可按下式计算，即

$$\Delta s_s = \sum_{i=1}^{N_p} \Delta t^i = \frac{(\boldsymbol{n}^j)^T}{N_p} \sum_{i=1}^{N_p} \sum_{k=1}^{i} \Delta \boldsymbol{v}_k \cdot T/N_p = \frac{T(\boldsymbol{n}^j)^T}{N_p^2} \sum_{i=1}^{N_p} (N_p + 1 - i) \Delta \boldsymbol{v}_k \tag{9-23}$$

其均方差$\boldsymbol{\sigma}_{sn}$为

$$\boldsymbol{\sigma}_{sn} = \frac{T(\boldsymbol{n}^j)^T \cdot \boldsymbol{\sigma}_s}{N_p^2} \sqrt{\sum_{i=1}^{N_p} (N_p + 1 - i)^2} = T(\boldsymbol{n}^j)^T \boldsymbol{\sigma}_s \sqrt{\frac{(N_p + 1)(2N_p + 1)}{6N_p^3}} \tag{9-24}$$

式中：$\boldsymbol{\sigma}_s$ 为星光多普勒测速误差的均方差。

根据式(9-22)和式(9-24)，可以得出以下结论。

(1) 轨道外推补偿方法误差与初始速度误差成正比。

(2) 轨道外推补偿方法误差与观测周期成正比。

(3) 星光多普勒补偿方法误差与航天器初始速度和位置误差无关。

(4) 星光多普勒补偿方法误差与观测周期成正比。

(5) 星光多普勒补偿方法误差与多普勒测速误差成正比。

(6) 当 N_p 较大时，星光多普勒补偿方法误差与 $\sqrt{N_p}$ 成反比。

9.3.1.5 仿真结果

仿真条件如下。

采用美国“Mars Pathfinder”火星探测器的轨道作为仿真轨道，其具体参数如下：

半长轴：193216365.381km；

偏心率：0.236386；

轨道倾角：23.455°；

升交点赤经：0.258°；

近地点幅角：71.347°；

真近点角：85.152°；

导航脉冲星：Crab 脉冲星；

星光多普勒测速精度：0.01m/s；

星光多普勒测速采样周期：3s。

本节将星光多普勒补偿方法和轨道外推补偿方法进行比较，并给出了仿

真结果,具体如下。

图9-13给出了不同初始速度和位置误差下的多普勒补偿精度。从图中可以看出,轨道外推补偿方法受速度误差影响较大,其补偿误差与速度误差成正比关系;但是,它几乎不受位置误差的影响。这是由于在转移轨道,航天器运动可近似为直线匀加速度运动,航天器位置误差几乎不影响航天器速度。当速度误差为0.007m/s时,补偿误差最小,约为1m。星光多普勒补偿方法几乎不受初始速度和位置误差影响,其补偿精度保持不变,约为0.5m,明显高于轨道外推补偿方法。

在导航系统初始阶段,速度由导航系统中的惯导直接提供,精度很低。若用轨道外推补偿方法,补偿精度低,组合导航滤波器必定难以收敛。用星光多普勒补偿方法,补偿精度高,可以保证组合导航滤波器很快实现收敛。

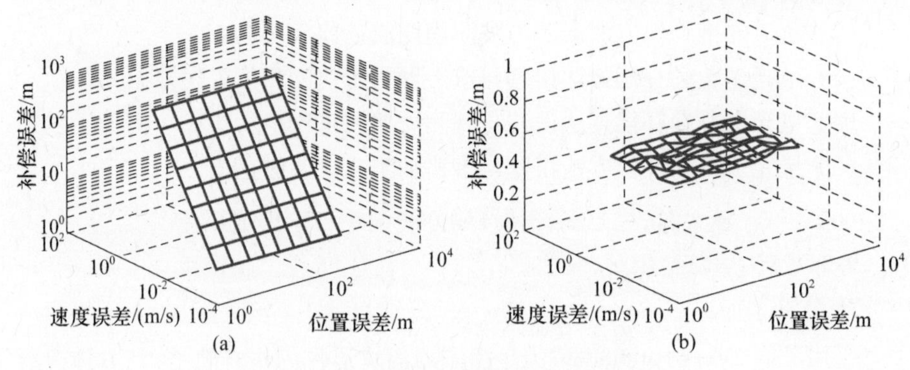

图9-13 不同初始误差下的补偿误差

(a)轨道外推补偿方法;(b)星光多普勒补偿方法。

图9-14给出了不同观测周期下的补偿误差。初始速度和位置误差分别为0.5m/s和1000m。星光多普勒测速周期为观测周期的1/10。从图中可以看出,两种补偿方法的精度都随脉冲星观测周期的增大而下降,且星光多普勒补偿精度明显优于轨道外推方法。轨道外推补偿方法的补偿精度在100m量级,而星光多普勒补偿方法补偿误差低于2m。这再次说明在初始误差较大的情况下,星光多普勒补偿方法将会优于轨道外推方法。

图9-15给出了不同星光多普勒测速误差情况下的补偿精度。从图中可以看出,随着测速误差的增大,补偿精度也不断增大,并且它的补偿精度几乎与测速误差成正比。因此,可以得到以下结论:选择高精度光谱仪可获得高精

度补偿。但是，在实际工程应用中，高精度光谱仪造价高，技术难度大。目前，国外光谱仪测速精度已经可以达到 0.01m/s，而国内还未能达到这一指标。因此，光谱仪的选择必须折衷考虑。此外，值得一提的是，导航恒星的光谱类型也会对测速精度产生影响。这不在本论文的讨论范围内。

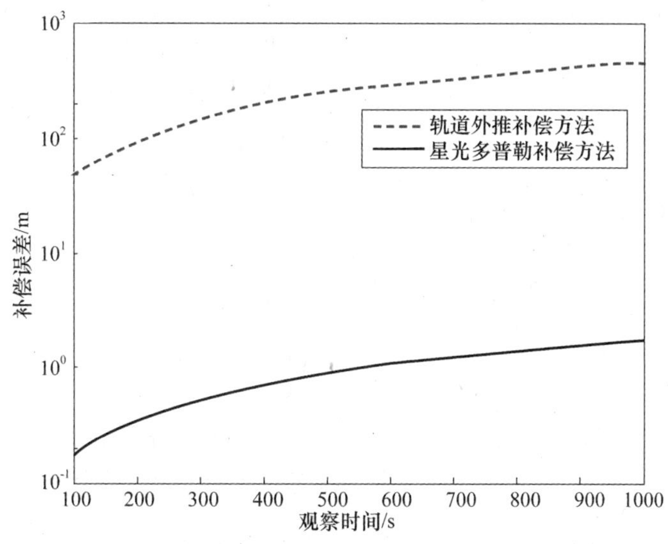

图 9－14　不同观测时间下的补偿误差

图 9－16 给出了不同采样周期下的补偿误差。从图中可以看出，采样周期越短，采样次数就越多，补偿误差也就越小。但是，采样周期越短，对光谱仪的性能也提出了更高要求。采样周期还会对接收到的恒星光子数量产生影响，进而影响多普勒速度测量精度。因此，在实际工程应用中，采样周期也并非越短越好，而是要折中考虑。

本节中的试验结果与理论分析结论吻合。六条结论如下。

（1）轨道外推补偿方法误差与初始速度误差成正比。

（2）轨道外推补偿方法误差与观测周期成正比。

（3）星光多普勒补偿方法误差与航天器初始速度和位置误差无关。

（4）星光多普勒补偿方法误差与观测周期成正比。

（5）星光多普勒补偿方法误差与多普勒测速误差成正比。

（6）当 N_p 较大时，星光多普勒补偿方法误差与 $\sqrt{N_p}$ 成反比。

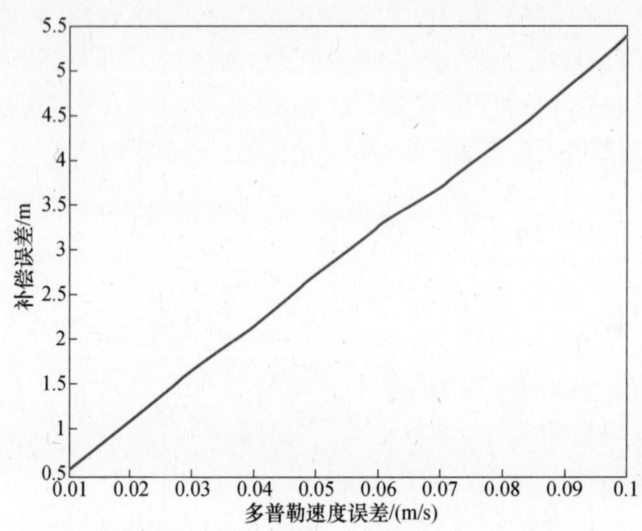

图 9-15　不同多普勒速度误差下的补偿误差

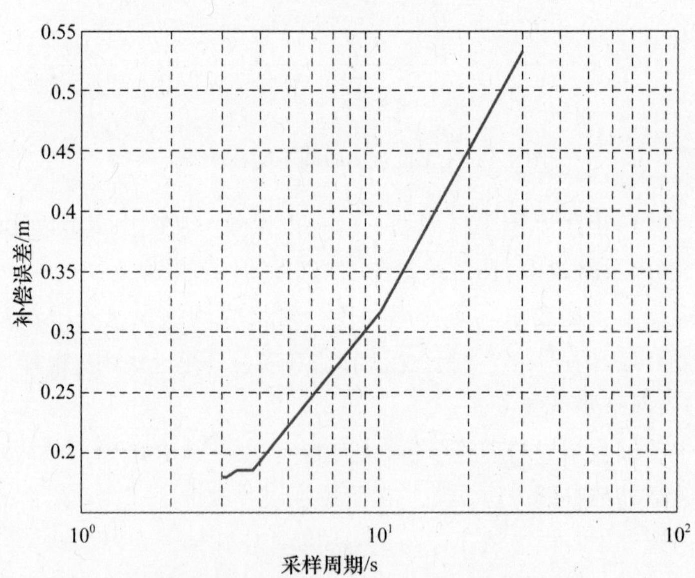

图 9-16　不同采样周期下的补偿误差

本文从理论和仿真上实现了对基于星光多普勒的脉冲星脉冲到达时间补偿方法的分析，证明了该方法的可行性与有效性。

9.3.1.6 小结

本节提出了一种基于星光多普勒的脉冲星脉冲到达时间补偿方法。该方法利用星光多普勒测速信息补偿脉冲光子到达时间,从而极大地减小了脉冲到达时间误差。

试验结果与理论分析结论是吻合的,二者均表明与轨道外推补偿方法相比,星光多普勒补偿方法具有更高的补偿精度,对初始速度和位置误差具有更强的鲁棒性。由于恒星在整个太空内均可观测到,因此,该方法可在整个太空内使用,特别适合于导航初始阶段。本小节方法适合于航天器自主导航和深空探测。

9.3.2 面向编队飞行的脉冲星/星光多普勒组合导航

9.3.2.1 引言

编队飞行是航天技术中的新领域。编队飞行可增加冗余备份,降低成本,提供多点平台。在深空探测编队飞行领域,绝对和相对导航精度都是十分重要的,特别是相对导航精度。

目前,在深空探测巡航段,有以下几种方法可用于自主导航。

(1) X射线脉冲星导航。X射线脉冲星导航可提供测距信息。两个航天器获得的测距信息之差即为相对导航信息。但该相对导航信息精度低。

(2) 星间链路。星间链路是一种成熟的、广泛采用的相对导航测量方法,可提供高精度的相对距离信息。由于不含方位信息,该方式不能提供高精度的相对位置信息,即无法单独工作。

(3) 视觉相对导航。视觉相对导航是一种常用的方法。根据探测器的反射光,它利用星敏感器观测火星探测器。因此,它是一种相对方位测量方法。采用星间链路和相对方位作为导航测量,导航系统能提供相对位置信息。但是,当两个航天器距离较远时,它无法正常工作。为了处理这个问题,熊凯提出了一种基于星敏感器和星间链路的相对导航方法。在该方法中,三颗相对位置较近的卫星构成了导航星座,可为其他卫星提供导航。显然,这种方法需要多颗卫星,这不适合于深空探测。

在传统的天文导航方法中,仅利用导航星的方位被用于测量。由探测器引起的星光多普勒频移没有开发。显然,若利用星光多普勒信息,可提供高精度相对速度信息。

本节提出了一种基于光学多普勒测速的相对导航测速方法,旨在为编队飞行导航系统提供更高精度的相对导航速度信息。在此基础上,本节将其与脉冲星导航、星间链路相结合。针对不同阶段的特点,提出了两种面向编队飞行任务的天文测速测距组合导航方法,旨在为编队飞行导航系统提供更高精度的绝对和相对导航信息。

9.3.2.2 基于星光多普勒的相对导航理论

在传统的天文导航方法中,仅恒星的方位信息作为导航测量信息。恒星方位信息能确定航天器的姿态,将其与近天体方位相结合,即可确定航天器位置。但是,受地球敏感器低精度的限制,该方法定位精度较低。

1. 相对速度测量

在本节中,提出了一种新的测量策略。其中,导航信息是星光多普勒频移而非恒星方位。基本原理如下:星光光谱的谱线可被光谱仪测得。光谱仪的测量精度可达到1cm/s。由于光源与运动物体的相对运动,光谱谱线会发生移动,这被成为多普勒频移。基于此原理,相对于恒星的速度可从星光多普勒频谱的频移中获得。

提出了一种基于星光多普勒频移的相对导航测量,其原理如图9-17所示。$\boldsymbol{v}_0$ 和 $\boldsymbol{v}_1$ 分别为火星探测器0和1的速度矢量。$\boldsymbol{s}$ 是导航星的方位。$\boldsymbol{s}\cdot\boldsymbol{v}_0$ 和 $\boldsymbol{s}\cdot\boldsymbol{v}_1$ 分别是火星探测器0和1在导航星视线方向上的速度。$\boldsymbol{v}_s$ 是导航恒星速度,那么,$\boldsymbol{s}\cdot\boldsymbol{v}_s$ 是导航恒星的径向速度。

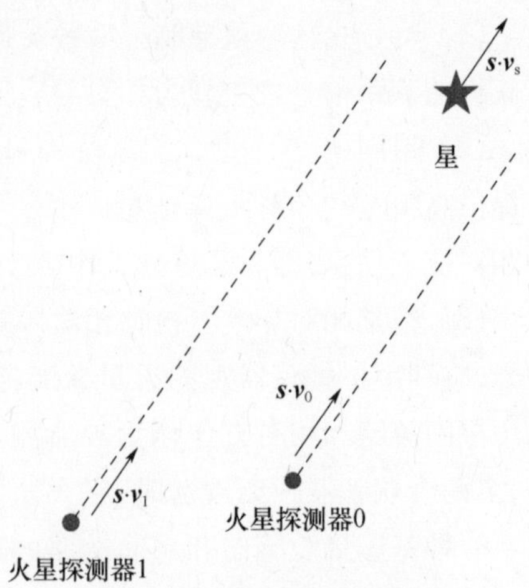

图9-17 基于星光多普勒频移的相对导航基本原理

我们可以获得两个航天器在导航星视线方向上的相对速度 v_s^r,其表达式为

$$\begin{aligned} v_s^r &= \boldsymbol{s}\cdot(\boldsymbol{v}_0-\boldsymbol{v}_s)-\boldsymbol{s}\cdot(\boldsymbol{v}_1-\boldsymbol{v}_s) \\ &= \boldsymbol{s}\cdot(\boldsymbol{v}_0-\boldsymbol{v}_1) \end{aligned} \tag{9-25}$$

式中:当导航星选定后,$\boldsymbol{S}$ 可认为是常

值,并具有很高的精度。但是,当太阳作为光源时,必须实时估计 $\boldsymbol{S}$,且精度较低。这就是我们不选择太阳作为光源的原因。

从式(9－25)可以看出,相对速度 $v_{\mathrm{s}}^{\mathrm{r}}$ 不包括恒星径向速度 $\boldsymbol{s}\cdot\boldsymbol{v}_{\mathrm{s}}$ 这一项。这说明,恒星径向速度对多普勒相对速度 $v_{\mathrm{s}}^{\mathrm{r}}$ 测量不会产生影响。目前,受到目前天文观测数据的限制,部分恒星径向速度难以确定。但是,恒星多普勒相对测速导航可很好地应用于编队飞行。

根据以上原理,我们建立了基于星光多普勒频移的相对速度测量模型。假设第 l 颗导航恒星的方位为$\boldsymbol{S}^{l}$。两个火星探测器的相对速度 $v_{\mathrm{s}l}^{\mathrm{r}}$可表示为

$$v_{\mathrm{s}l}^{\mathrm{r}}=\boldsymbol{s}^{l}\cdot(\boldsymbol{v}_0-\boldsymbol{v}_1)+\omega_{v0}^{l}-\omega_{v1}^{l} \tag{9-26}$$

式中:$l=1,2,\cdots,L$。L 是导航星的数量。ω_{v0}^{l}和 ω_{v1}^{l} 分别是火星探测器 0 和 1 上光谱仪的测量噪声。假设 ω_{v0}^{l}和 ω_{v1}^{l} 的测量方差均为 $\boldsymbol{R}_{v}$,且它们不相关。因此,$v_{\mathrm{s}l}^{\mathrm{r}}$的噪声方差为 $2\boldsymbol{R}_{v}$。

对于多颗导航星,相对速度测量模型可表示为

$$\boldsymbol{Y}^{\mathrm{s}}(t)=h^{\mathrm{s}}(\boldsymbol{X},t)+\boldsymbol{\omega}_{v0}-\boldsymbol{\omega}_{v1} \tag{9-27}$$

式中:测量值$\boldsymbol{Y}^{\mathrm{s}}$、测量方程 $\boldsymbol{h}^{\mathrm{s}}(\boldsymbol{X},t)$以及测量噪声$\boldsymbol{\omega}_{v0}$,$\boldsymbol{\omega}_{v1}$的表达式为

$$\boldsymbol{Y}^{\mathrm{s}}(t)=[v_{\mathrm{s}1}^{\mathrm{r}},v_{\mathrm{s}2}^{\mathrm{r}},\cdots,v_{\mathrm{s}l}^{\mathrm{r}}] \tag{9-28}$$

$$h^{\mathrm{s}}(\boldsymbol{X},t)=[h_1^{\mathrm{s}}(\boldsymbol{X},t),h_2^{\mathrm{s}}(\boldsymbol{X},t),\cdots,h_l^{\mathrm{s}}(\boldsymbol{X},t)]^{\mathrm{T}} \tag{9-29}$$

$$h_l^{\mathrm{s}}(\boldsymbol{X},t)=s^{l}\cdot(\boldsymbol{v}_0-\boldsymbol{v}_1) \tag{9-30}$$

$$\boldsymbol{\omega}_{v0}=[\omega_{v0}^{1},\omega_{v0}^{2},\cdots,\omega_{v0}^{l}] \tag{9-31}$$

$$\boldsymbol{\omega}_{v1}=[\omega_{v1}^{1},\omega_{v1}^{2},\cdots,\omega_{v1}^{l}] \tag{9-32}$$

基于星光多普勒频移的相对速度测量是一种测速方法。在测速方法中,位置估计误差会随时间累积。因此,该方法不能长时间单独工作,必须与其他导航方式组合。本小节将其与脉冲星相对导航和星间链路相结合。

2. 导航性能分析

在本节中,从三个方面分析基于星光多普勒的相对导航性能:导航系统可观测性分析;测量噪声;应用条件。

(1) 导航系统可观测性分析。导航系统可观测性分析是很重要的导航系统性能指标。下面构建可观测性矩阵并分析它。

在火星探测转移轨道中,$|\boldsymbol{r}^{(i)}|$在 10^{11} m 量级。$\partial\dot{\boldsymbol{v}}^{(i)}/\partial\boldsymbol{r}^{(i)}$ 在 $\mu_{\mathrm{s}}/|\boldsymbol{r}^{(i)}|^{3}$ 量级,其值在 10^{-13}量级,可被忽略。

转移矩阵$\boldsymbol{A}_k$ 可表示为

$$\boldsymbol{A}_k = \frac{\partial f(\boldsymbol{X},t)}{\partial \boldsymbol{X}}\bigg|_{X=\hat{X}_k} \approx \begin{bmatrix} \boldsymbol{0}_{3\times3}, \boldsymbol{I}_{3\times3}, \boldsymbol{0}_{3\times3}, \boldsymbol{0}_{3\times3} \\ \boldsymbol{0}_{3\times3}, \boldsymbol{0}_{3\times3}, \boldsymbol{0}_{3\times3}, \boldsymbol{0}_{3\times3} \\ \boldsymbol{0}_{3\times3}, \boldsymbol{0}_{3\times3}, \boldsymbol{0}_{3\times3}, \boldsymbol{I}_{3\times3} \\ \boldsymbol{0}_{3\times3}, \boldsymbol{0}_{3\times3}, \boldsymbol{0}_{3\times3}, \boldsymbol{0}_{3\times3} \end{bmatrix} \tag{9-33}$$

式中:$\partial f(\boldsymbol{X},t)$为轨道动力学模型。

相对速度测量矩阵$\boldsymbol{H}_k$ 可表示为

$$\boldsymbol{H}_k = \frac{\partial h(\boldsymbol{X},t)}{\partial \boldsymbol{X}}\bigg|_{X=\hat{X}_k} = [\boldsymbol{0}_{l\times3}, \boldsymbol{S}_{l\times3}, \boldsymbol{0}_{l\times3}, -\boldsymbol{S}_{l\times3}] \tag{9-34}$$

根据式(9-33)和式(9-34),可以构建可观测性矩阵 $\boldsymbol{O}$,其表达式为

$$\boldsymbol{O} = \begin{bmatrix} \boldsymbol{H}_k \\ \boldsymbol{H}_k \boldsymbol{A}_k \\ \vdots \\ \boldsymbol{H}_k (\boldsymbol{A}_k)^m \end{bmatrix} = \begin{bmatrix} \boldsymbol{0}_{l\times3}, \boldsymbol{S}_{l\times3}, \boldsymbol{0}_{l\times3}, -\boldsymbol{S}_{l\times3} \\ \boldsymbol{0}_{l\times3}, \boldsymbol{0}_{l\times3}, \boldsymbol{0}_{l\times3}, \boldsymbol{0}_{l\times3} \\ \vdots \\ \boldsymbol{0}_{l\times3}, \boldsymbol{0}_{l\times3}, \boldsymbol{0}_{l\times3}, \boldsymbol{0}_{l\times3} \end{bmatrix} \tag{9-35}$$

可观测性矩阵的阶数为

$$\mathrm{rank}(\boldsymbol{O}) = \begin{cases} l, l<3 \\ 3, l\geqslant3 \end{cases} \tag{9-36}$$

当可观测性矩阵是满秩矩阵时,导航系统是可观测的。显然,矩阵 $\boldsymbol{O}$ 不是满秩矩阵。因此,基于星光多普勒频移的导航系统是不可观测的。即该导航方法不能单独工作,只能被用作辅助导航方法。在本小节中,将其与完全可观的X射线脉冲星导航相结合。

(2) 测量噪声。假设 ω_{v0}^{l}和 ω_{v1}^{l}的方差是 R_v,ω_{v0}^{l}和 ω_{v1}^{l}是不相关的,即

$$E[(\omega_{v0}^{l})^2] = R_v \tag{9-37}$$

$$E[(\omega_{v1}^{l})^2] = R_v \tag{9-38}$$

$$E[\omega_{v0}^{l} \cdot \omega_{v1}^{l}] = 0 \tag{9-39}$$

由于 v_{sl}^{r}的噪声是 $\omega_{v0}^{l} - \omega_{v1}^{l}$,$v_{sl}^{r}$的噪声方差为

$$E[(\omega_{v0}^{l} - \omega_{v1}^{l})^2] = E[(\omega_{v0}^{l})^2] - 2E[\omega_{v0}^{l} \cdot \omega_{v1}^{l}] + E[(\omega_{v1}^{l})^2] = 2R_v \tag{3-40}$$

从以上式子可以看出,测量噪声增加了。但是,由光谱仪引起的测速噪声为1cm/s,增加的量极其小,不会引较大的导航质量的下降。

(3) 应用条件。由于在整个太空中都可获得星光,相对导航适合于整个太空。在基于视觉的相对导航中,如果航天器相对距离较远,航天器很难被观测到。与视觉相对导航不同的是,基于星光频移的相对导航无需观测航天器的反射光。基于星光的导航方法观测星光,它在两航天器相距遥远时也能正常工作。

此外,与星间链路类似,基于星光的相对测速导航方法可用于多个航天器。

9.3.2.3　星间链路

星间链路是一种面向编队飞行的、成熟的导航方式。该技术已被成功应用,如 GPS Block IIR 和 Block IIF 卫星装有星间链路转发器。本节中的编队飞行包括两个火星探测器。测量模型可表示为

$$\boldsymbol{Y}^{\mathrm{I}}(t)=h^{\mathrm{I}}(\boldsymbol{X},t)+\boldsymbol{\omega}_{\mathrm{I}} \tag{9-41}$$

式中:$\boldsymbol{Y}^{\mathrm{I}}$ 为星间链路测量值;$\boldsymbol{\omega}_{\mathrm{I}}$ 是测量噪声;$h^{\mathrm{I}}(\boldsymbol{X},t)$ 为测量方程,可表示为

$$h^{\mathrm{I}}(\boldsymbol{X},t)=\sqrt{(x^{(0)}-x^{(1)})^2+(y^{(0)}-y^{(1)})^2+(z^{(0)}-z^{(1)})^2} \tag{9-42}$$

式中:$x^{(0)}$、$y^{(0)}$、$z^{(0)}$ 为火星探测器 0 的三轴位置;$x^{(1)}$、$y^{(1)}$、$z^{(1)}$ 为火星探测器 1 的位置。

9.3.2.4　面向转移轨道的导航方法

在深空探测转移轨道,X 射线脉冲星导航可提供绝对位置信息。本节将 X 射线脉冲星导航与星光多普勒相对导航相结合,为航天器提供高精度的位置和速度信息。

1. 编队飞行的轨道动力学模型

选择日心惯性坐标系(J2000.0)。编队飞行系统的状态矢量为

$$\boldsymbol{X}=\begin{bmatrix}\boldsymbol{X}^{(0)}\\ \boldsymbol{X}^{(1)}\end{bmatrix} \tag{9-43}$$

$$\boldsymbol{X}^{(i)}=\begin{bmatrix}\boldsymbol{r}^{(i)}\\ \boldsymbol{v}^{(i)}\end{bmatrix} \tag{9-44}$$

式中:$i=0,1$ 为火星探测器的序号,$\boldsymbol{r}^{(i)}=[x^{(i)},y^{(i)},z^{(i)}]^{\mathrm{T}}$ 和 $\boldsymbol{v}^{(i)}=[v_x^{(i)},v_y^{(i)},v_z^{(i)}]^{\mathrm{T}}$ 分别为第 i 颗火星探测器的位置和速度矢量。

第 i 颗火星探测器的轨道动力学模型为

$$
\begin{cases}
\dot{x}^{(i)}=v_x^{(i)}\\
\dot{y}^{(i)}=v_y^{(i)}\\
\dot{z}^{(i)}=v_z^{(i)}\\
\dot{v}_x^{(i)}=-\mu_s\dfrac{x^{(i)}}{(r_{ps}^{(i)})^3}-\mu_m\left[\dfrac{x^{(i)}-x_1}{(r_{pm}^{(i)})^3}+\dfrac{x_1}{r_{sm}^3}\right]-\mu_e\left[\dfrac{x^{(i)}-x_2}{(r_{pe}^{(i)})^3}+\dfrac{x_2}{r_{se}^3}\right]+\Delta F_x\\
\dot{v}_y^{(i)}=-\mu_s\dfrac{y^{(i)}}{(r_{ps}^{(i)})^3}-\mu_m\left[\dfrac{y^{(i)}-y_1}{(r_{pm}^{(i)})^3}+\dfrac{y_1}{r_{sm}^3}\right]-\mu_e\left[\dfrac{y^{(i)}-y_2}{(r_{pe}^{(i)})^3}+\dfrac{y_2}{r_{se}^3}\right]+\Delta F_y\\
\dot{v}_z^{(i)}=-\mu_s\dfrac{z^{(i)}}{(r_{ps}^{(i)})^3}-\mu_m\left[\dfrac{z^{(i)}-z_1}{(r_{pm}^{(i)})^3}+\dfrac{z_1}{r_{sm}^3}\right]-\mu_e\left[\dfrac{z^{(i)}-z_2}{(r_{pe}^{(i)})^3}+\dfrac{z_2}{r_{se}^3}\right]+\Delta F_z
\end{cases}
\tag{9-45}
$$

式(9-45)可表示为状态方程的一般形式,即

$$\dot{\boldsymbol{X}}^{(i)}(t)=f(\boldsymbol{X}^{(i)},t)+\boldsymbol{\omega}^{(i)}(t) \tag{9-46}$$

式中:$\dot{\boldsymbol{X}}^{(i)}$为$\boldsymbol{X}^{(i)}$的导数;$[x_1,y_1,z_1]$和$[x_2,y_2,z_2]$为火星和地球的位置矢量;$\mu_s$、$\mu_m$、$\mu_e$分别为太阳、火星、地球的引力常数;$\boldsymbol{r}_{ps}^{(i)}$、$\boldsymbol{r}_{pm}^{(i)}$、$\boldsymbol{r}_{pe}^{(i)}$分别为第$i$颗火星探测器到日心、火心和地心之间的距离;$\boldsymbol{r}_{sm}$、$\boldsymbol{r}_{se}$分别是日心到火心、地心之间的距离。$\boldsymbol{\omega}^{(i)}=[0,0,0,\Delta F_x,\Delta F_y,\Delta F_z]^T$,其中,$\Delta F_x$、$\Delta F_y$和$\Delta F_z$是摄动干扰。

火星探测器编队飞行的系统模型为

$$\dot{\boldsymbol{X}}(t)=f(\boldsymbol{X},t)+\begin{bmatrix}\boldsymbol{\omega}^{(0)}(t)\\ \boldsymbol{\omega}^{(1)}(t)\end{bmatrix} \tag{9-47}$$

其中

$$f(\boldsymbol{X},t)=\begin{bmatrix}f(\boldsymbol{X}^{(0)},t)\\ f(\boldsymbol{X}^{(1)},t)\end{bmatrix} \tag{9-48}$$

2. X射线脉冲星导航基本原理

*X*射线脉冲星导航定位的基本原理(图9-18)如下:脉冲星导航的基本量测量是脉冲到达航天器时间t_{SC}与到达太阳系质心时间t_b之差。脉冲到达卫星时间需利用*X*射线探测器观测获得,而到达太阳系质心时间则可通过脉冲星计时模型预报得到。c为光速;$\boldsymbol{n}$为脉冲星的方向矢量;$\boldsymbol{r}_{SC}$为航天器相对于太阳系质心的位置矢量,航天器在脉冲星视线方向上的距离$c\cdot(t_b-t_{SC})$,可看作是$\boldsymbol{r}_{SC}$在$\boldsymbol{n}$上的投影,即

$$c \cdot (t_{\mathrm{b}} - t_{\mathrm{SC}}) = \boldsymbol{r}_{\mathrm{SC}} \cdot \hat{\boldsymbol{n}} \tag{9-49}$$

考虑到广义相对论的影响,式(9－49)可修正为

$$c \cdot (t_{\mathrm{b}} - t_{\mathrm{SC}}) = \boldsymbol{n} \cdot \boldsymbol{r}_{\mathrm{SC}} + \frac{1}{2D_0}\left[-r_{\mathrm{SC}}^2 + (\boldsymbol{n} \cdot \boldsymbol{r}_{\mathrm{SC}})^2 - 2\boldsymbol{b} \cdot \boldsymbol{r}_{\mathrm{SC}} + 2(\boldsymbol{n} \cdot \boldsymbol{b})(\boldsymbol{n} \cdot \boldsymbol{r}_{\mathrm{SC}}) \right] + \frac{2\mu_{\mathrm{Sun}}}{c^2}\ln\left| \frac{\boldsymbol{n} \cdot \boldsymbol{r}_{\mathrm{SC}} + r_{\mathrm{SC}}}{\boldsymbol{n} \cdot \boldsymbol{b} + b} + 1 \right| \tag{9-50}$$

式中:D_0 为脉冲星到太阳系质心的距离;$\boldsymbol{b}$ 为太阳系质心相对于太阳的位置矢量;μ_{Sum}为太阳引力常数;· 表示两矢量的内积。

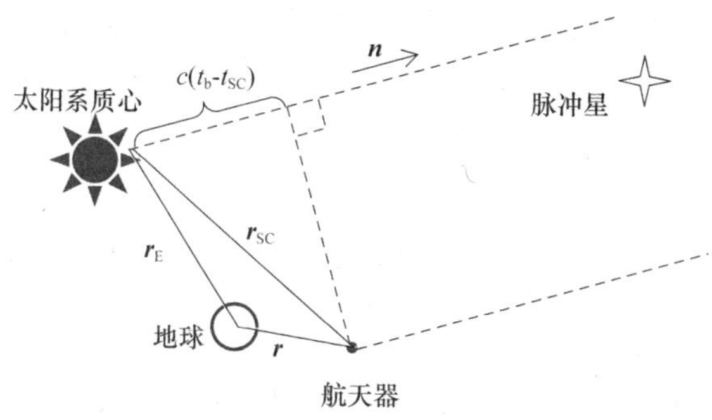

图 9－18　脉冲星导航原理示意图

3. 导航滤波器

考虑到 EKF 具有较好的非线性估计能力,导航滤波器采用 EKF 作为导航滤波器。EKF 滤波器中的状态模型采用轨道动力学模型。

由于脉冲星导航测量周期远大于星间链路和多普勒测速导航,因此在一个脉冲星导航测量周期内,可获得多个星间链路和多普勒测速测量值。分以下两种情况设计测量模型。

(1) 在脉冲星观测周期内,无法获得脉冲星导航测量,测量值只能是星光多普勒测速和星间链路信息。相应的测量模型和测量值为

$$h(\boldsymbol{X},t) = \begin{bmatrix} h^{\mathrm{s}}(\boldsymbol{X},t) \\ h^{\mathrm{I}}(\boldsymbol{X},t) \end{bmatrix} \tag{9-51}$$

$$\boldsymbol{Y} = [(\boldsymbol{Y}^{\mathrm{s}})^{\mathrm{T}}, (\boldsymbol{Y}^{\mathrm{I}})^{\mathrm{T}}]^{\mathrm{T}} \tag{9-52}$$

(2) 一旦获得脉冲到达时间,三种测量量都可利用。相应的测量模型和

测量值为

$$h(\boldsymbol{X},t)=\begin{bmatrix}h^{\mathrm{s}}(\boldsymbol{X},t)\\h^{\mathrm{I}}(\boldsymbol{X},t)\\h^{\mathrm{X}}(\boldsymbol{X},t)\end{bmatrix}\tag{9-53}$$

$$\boldsymbol{Y}=[(\boldsymbol{Y}^{\mathrm{s}})^{\mathrm{T}},(\boldsymbol{Y}^{\mathrm{I}})^{\mathrm{T}},(\boldsymbol{Y}^{\mathrm{X}})^{\mathrm{T}}]^{\mathrm{T}}\tag{9-54}$$

X 射线脉冲星/星光多普勒组合导航的流程图如图 9 - 19 所示。

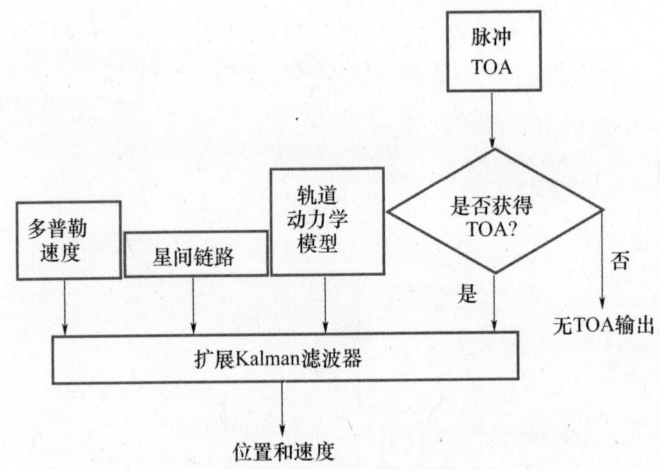

图 9 - 19　X 射线脉冲星/星光多普勒组合导航的流程图

4. 仿真结果

由于基于星光多普勒的相对速度导航系统是不可观测的,只能作为一种辅助导航手段,因此,很难评价纯测速导航性能。为了证明相对测速导航的可行性和有效性,将其与 X 射线脉冲星导航相结合。通过评价组合导航系统与纯脉冲星导航系统的性能,体现多普勒测速导航作为辅助导航的价值。在本节中,将其与 X 射线脉冲星导航相结合,并给出仿真结果。值得一提的是,本节中的脉冲星导航也利用了星间链路作为导航测量量。仿真条件如下。

本节参考美国“Mars Pathfinder”,给出了编队飞行的轨道参数,初始轨道参数如表 9 - 5 所列。仿真时间从 1 Mar 1997 00:00:00.00 UT 到 2 Mar 1997 00:00:00.00 UT。利用 STK 仿真火星探测器轨道数据。

表9-5 编队飞行轨道六要素

轨道要素	火星探测器0	火星探测器1
半长轴	193216365.381km	193216365.381km
偏心率	0.236386	0.236386
轨道倾角	23.455°	23.455°
升交点赤经	0.258°	0.258°
近地点幅角	71.347°	71.347°
真近点角	85.152°	85.153°

本节采用了三颗常用的X射线脉冲星(PSR B0531+21,B1821-24,B1937+21)。X射线脉冲到达时间的精度可由精度估计模型确定,其所需的参数如表9-6所列。此外,X射线背景流量为0.005(ph/cm^2)/s。

表9-6 脉冲星参数

Pulsar	B0531+21	B1821-24	B1937+21
赤经/(°)	83.63	276.13	294.92
赤纬/(°)	22.01	-24.87	21.58
D_0/kpc	2.0	5.5	3.6
P/s	0.0334	0.00305	0.00156
W/s	1.7×10^{-3}	5.5×10^{-5}	2.1×10^{-5}
F_x((ph/cm^2)/s)	1.54	1.93×10^{-4}	4.99×10^{-5}
P_f/%	70	98	86

考虑到恒星星等对多普勒测量精度影响较大,本节采用了两颗星等最低的恒星(天狼星,老人星)作为导航恒星,其方位参数如表9-7所列。

此外,导航滤波器设计所需的其他参数如表9-8所列。

表9-7 恒星参数

导航星	"天狼"星	"老人"星
赤经/(°)	101.29	95.99
赤纬/(°)	-16.72	-52.70

表9-8 导航滤波器参数

参数	数值
X射线敏感器数量	3
光谱仪数量	2
光谱仪测速误差	0.01m/s
星间链路误差	1m
脉冲星观测周期	1000s
X射线敏感器面积	$1m^2$
恒星观测周期	5s
星间链路观测周期	5s
初始状态误差	$\delta \boldsymbol{X}^0(0)=[5.2km,5.2km,5.2km,19m/s,19m/s,14m/s]$ $\delta \boldsymbol{X}^{(1)}(0)=[6km,6km,6km,20m/s,20m/s,15m/s]$
初始误差方差阵	$\boldsymbol{P}(0)$随机选择
状态处理噪声	$\boldsymbol{Q}=\text{diag}[q_1^2,q_1^2,q_1^2,q_2^2,q_2^2,q_2^2]$ $q_1=2m,q_2=3\times10^{-3}m/s$

下面分析脉冲星/星光多普勒组合导航与脉冲星导航系统的性能。图9-20给出了两种导航系统性能的比较。如图所示,两种导航方法都能较好地收敛。表9-9给出了脉冲星/星光多普勒组合导航与脉冲星导航的比较。从表9-9可以看出,在绝对位置和速度方面,组合导航提升了7.4%和17%;在相对位置和速度方面,提升了63.9%和85.1%。从以上结果可以发现,提出的组合导航明显改进了导航性能,特别是在相对导航性能方面。这是因为光学多普勒测速相对导航提供了高精度的相对导航速度信息。因此,可以得出以下结论:基于星光的相对测速导航方法是一种有效的辅助导航方法。

表9-9 两种方法的比较

导航方法	脉冲星导航	组合导航
绝对位置/m	359.85	333.23
绝对速度/(m/s)	0.0576	0.0478
相对位置/m	273.81	98.74
相对速度/(m/s)	0.0642	0.0096

下面分析X射线敏感器面积对组合导航和X射线脉冲星导航性能的影

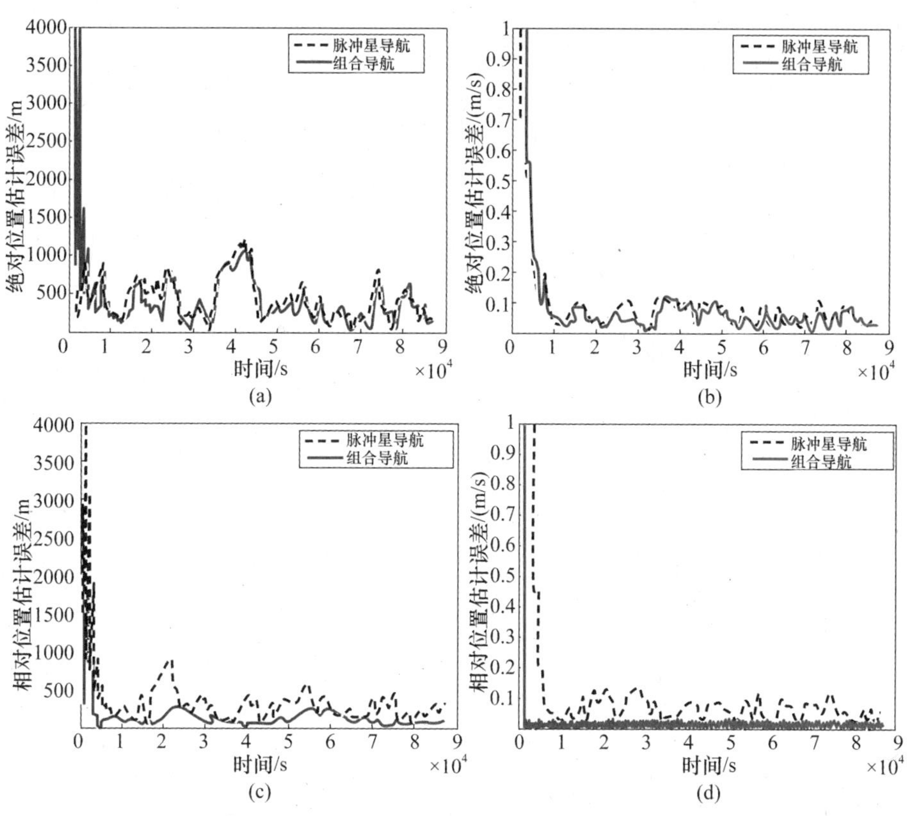

图9-20　两种方法的估计误差

(a) 绝对位置误差;(b) 绝对速度误差;(c) 相对位置误差;(d) 相对速度误差。

响。图9-21给出了不同X射线敏感器面积下的仿真结果。从图中可以看出,随着X射线敏感器面积的增加,两种导航方法的性能都得到了改善,并且组合导航方法优于X射线脉冲星导航,特别是相对导航性能。

最后分析星光频移测量精度对组合导航的影响。图9-22给出了不同测量精度下的仿真结果。从图中可以看出,随着星光多普勒测速精度的提高,绝对和相对导航精度也相应地提高。从图9-22和表9-9中还可以看出,不同测速误差下的组合导航精度始终高于X射线脉冲星导航的精度。

9.3.2.5　面向环火轨道的导航方法

受限于当前的测量技术和天文数据,火星星历不可避免地存在误差,且该误差值较大。显然,会极大地影响X射线脉冲星导航的定位精度。然而,在环

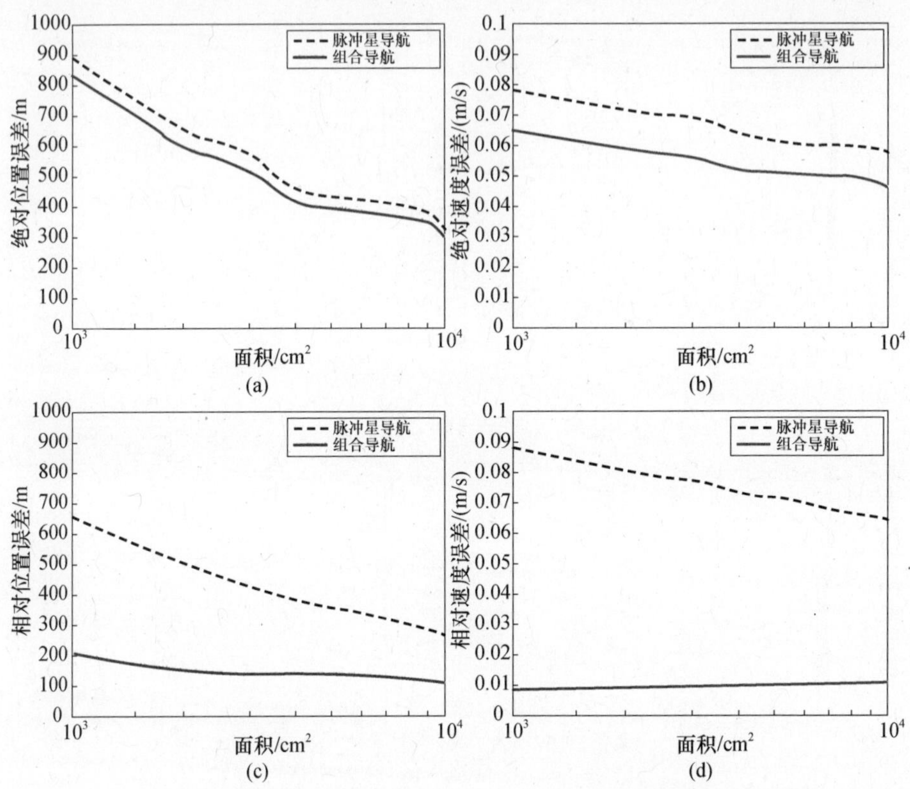

图 9-21　不同 X 射线敏感器面积下的导航性能

(a) 绝对位置误差;(b) 绝对速度误差;(c) 相对位置误差;(d) 相对速度误差。

火轨道,常以火星质心为原点,而非太阳质心。若以 X 射线脉冲 TOA 差分值为测量值,X 射线脉冲星导航则可不受火星星历误差的影响。关于这一点,本节将会在下面“X 射线脉冲 TOA 差分测量”中阐述。因此,本节以 X 射线脉冲 TOA 差分值、星光多普勒相对速度以及星间链路为测量量,结合轨道动力学模型,利用 EKF 滤波,即可提供火星探测编队飞行系统的绝对和相对导航信息。

1. X 射线脉冲 TOA 差分测量

X 射线脉冲星导航是一种新兴的深空探测器自主导航方法。脉冲星导航测量模型可表示为

$$c(t_b^j - t_i^j) = \boldsymbol{n}^j \cdot \boldsymbol{r}_{SC}^i + \frac{1}{2D_0^j}[-|\boldsymbol{r}_{SC}^i|^2 + (\boldsymbol{n}^j \cdot \boldsymbol{r}_{SC}^i)^2 - 2\boldsymbol{b} \cdot \boldsymbol{r}_{SC}^i + 2(\boldsymbol{b} \cdot \boldsymbol{r}_{SC}^i)(\boldsymbol{n}^j \cdot \boldsymbol{r}_{SC}^i)]$$

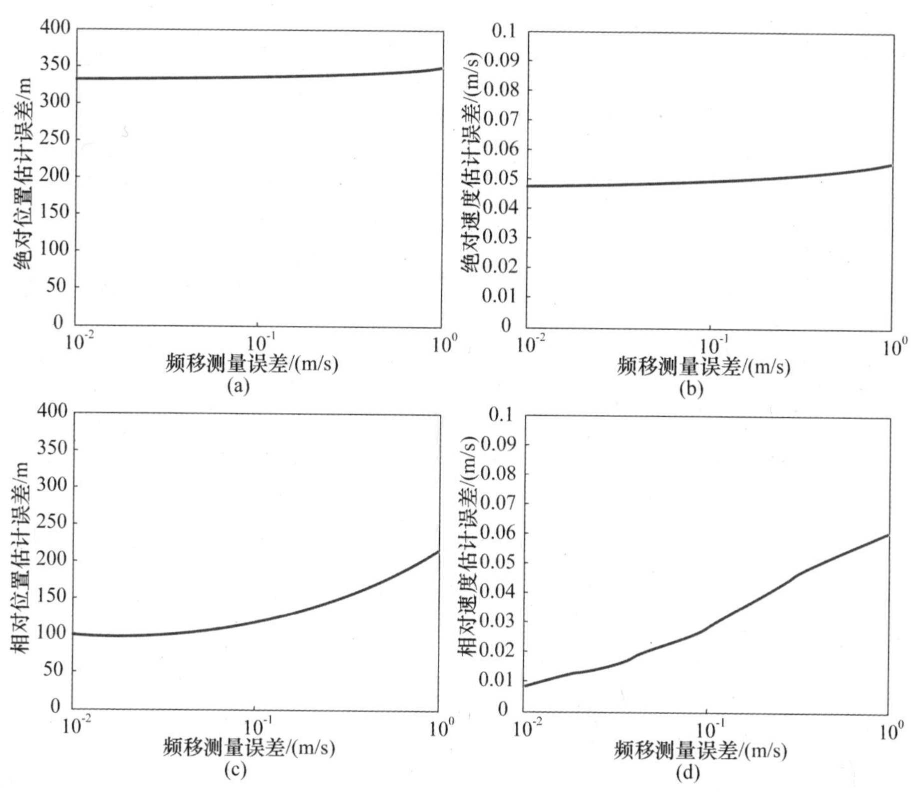

图 9-22　不同测速精度下的导航性能

(a) 绝对位置误差；(b) 绝对速度误差；(c) 相对位置误差；(d) 相对速度误差。

$$+\frac{2\mu_{\text{Sun}}}{c^2}\ln\left|\frac{\boldsymbol{n}^j\cdot\boldsymbol{r}_{\text{SC}}^i+|\boldsymbol{r}_{\text{SC}}^i|}{\boldsymbol{n}^j\cdot\boldsymbol{b}+|\boldsymbol{b}|}+1\right| \tag{9-55}$$

式中：t_i^j 和 t_b^j 分别是第 j 颗脉冲星在第 i 颗火星探测器和 SSB 上的到达时间；$\boldsymbol{n}^j$ 是第 j 颗脉冲星视线方向上的方位矢量；c 为光速；D_0^j 是第 j 颗脉冲星到 SSB 的距离；$\boldsymbol{b}$ 是 SSb 相对于太阳的位置矢量；μ_{Sun}是太阳引力常数；$\boldsymbol{r}_{\text{SC}}^i$是第 i 颗火星探测器相对于 SSB 的位置矢量，它可表示为

$$\boldsymbol{r}_{\text{SC}}^i=\boldsymbol{r}^i+\hat{\boldsymbol{r}}_{\text{M}}+\delta\boldsymbol{r}_{\text{M}} \tag{9-56}$$

式中：$\boldsymbol{r}^i$ 是第 i 颗火星探测器相对于火星质心的位置矢量；$\hat{\boldsymbol{r}}_{\text{M}}$ 是预测的火星位置矢量；$\delta\boldsymbol{r}_{\text{M}}$ 是相应的火星位置误差。事实上，相对于火星质心的火星探测器位置估计为$\boldsymbol{r}^i+\delta\boldsymbol{r}_{\text{M}}$，这导致了导航精度的下降。为了消除 $\delta\boldsymbol{r}_{\text{M}}$，本节用脉冲

星相对导航取代脉冲星绝对导航。

由于编队飞行中的两个航天器之间的距离为10~100km量级,在下式中,两个航天器的相对论效应引起的高阶项几乎相等。因此,TOA差分测量中的高阶项可被忽略,它可表示为

$$\begin{aligned} c(t_1^j - t_0^j) &= \boldsymbol{n}^j \cdot (\boldsymbol{r}_{\mathrm{SC}}^0 - \boldsymbol{r}_{\mathrm{SC}}^1) \\ &= \boldsymbol{n}^j \cdot [(\boldsymbol{r}^0 + \hat{\boldsymbol{r}}_{\mathrm{M}} + \delta \boldsymbol{r}_{\mathrm{M}}) - (\boldsymbol{r}^1 + \hat{\boldsymbol{r}}_{\mathrm{M}} + \delta \boldsymbol{r}_{\mathrm{M}})] \\ &= \boldsymbol{n}^j \cdot (\boldsymbol{r}^0 - \boldsymbol{r}^1) \end{aligned} \tag{9-57}$$

从式(9-57)可以看出,该模型不包括$\delta \boldsymbol{r}_{\mathrm{M}}$和$\hat{\boldsymbol{r}}_{\mathrm{M}}$。即该模型对火星位置不敏感。

TOA差分测量的基本原理如图9-23所示。实线和虚线分别表示了火星的真实和估计位置。从图中可以看出,$\boldsymbol{n} \cdot (\boldsymbol{r}^0 - \boldsymbol{r}^1)$不受火星位置预测误差的影响。

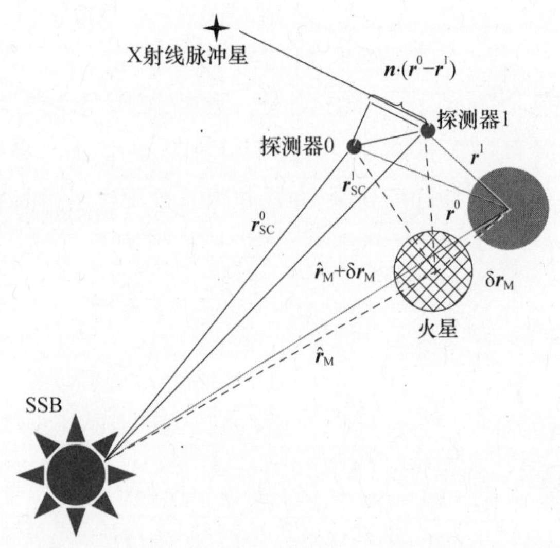

图9-23 TOA差分测量基本原理

下面建立多颗脉冲星的相对测量模型。假设TOA差分测量矢量为$\boldsymbol{Y}^{\mathrm{X}}(t) = [c(t_1^1 - t_0^1), c(t_1^2 - t_0^2), \cdots, c(t_1^{\mathrm{num}} - t_0^{\mathrm{num}})]$,并且测量噪声矢量$\boldsymbol{\xi} = [\zeta_0^1 - \zeta_1^1, \zeta_0^2 - \zeta_1^2, \cdots, \zeta_0^{\mathrm{num}} - \zeta_1^{\mathrm{num}}]^{\mathrm{T}}$,其中,$c(t_1^j - t_0^j)$和$\zeta_0^j - \zeta_1^j$分别是第$j$颗脉冲星的测量值和噪声,$j=1,2,\cdots,\mathrm{num}$,并且num是采用的脉冲星数量。TOA差分测量模型可表示为

$$\boldsymbol{Y}^{\mathrm{X}}(t) = h^{\mathrm{X}}(\boldsymbol{X}, t) + \xi \tag{9-58}$$

其中

$$h^{X}(\boldsymbol{X},t)=[h^{1}(\boldsymbol{X},t),h^{2}(\boldsymbol{X},t),\cdots,h^{num}(\boldsymbol{X},t)]^{T} \tag{9-59}$$

式中:$h^{j}(\boldsymbol{X},t)$是第 j 颗脉冲星的测量方程,并可表示为

$$h^{j}(\boldsymbol{X},t)=\boldsymbol{n}^{j}\cdot(\boldsymbol{r}^{0}-\boldsymbol{r}^{1}) \tag{9-60}$$

2. 仿真结果

在本节中,我们给出了星光多普勒相对导航(Starlight Doppler Relative Navigation,DRN)的概念。为了比较方便,列出了三种传统的导航方式:星光多普勒绝对导航(Starlight Doppler Absolute Navigation,DAN);X 射线脉冲星行对导航(X - ray Pulsar Relative Navigation,XRN);X 射线脉冲星绝对导航(X - ray Pulsar Absolute Navigation,XAN)。

为了证明 XRN/DRN 组合导航的可行性与有效性,将它与三种导航方式进行比较:XRN;XRN/DAN 组合导航;XAR/DRN 组合导航。值得一提的是,所有的组合导航方式都采用了星间链路作为量测值。仿真条件如下。

火星探测编队飞行轨道参数如表 9 - 10 所列。仿真时间从 1 Jul 2007 12:00:00. 00 UT 到 2 Jul 2007 12:00:00. 00 UT。X 射线脉冲星参数、导航恒星参数以及导航滤波器其他参数与前面一致,不再重复。值得注意的是,本节中火星星历误差为[3km,3km,3km]。

表 9 - 10 编队飞行轨道六要素

轨道要素	火星探测器 0	火星探测器 1
半长轴	6794km	6794km
偏心率	0. 1	0. 1
轨道倾角	45°	45°
升交点赤经	0°	0°
近地点幅角	0°	0°
真近点角	0°	30°

我们分析了 XRN、XAN/DRN 组合导航、XRN/DAN 组合导航以及 XRN/DRN 组合导航。图 9 - 24 给出了四种组合导航方法的比较。从图中可以看

出,XRN 和 XRN/DRN 组合导航都能收敛得很好,并且 XRN/DRN 组合导航收敛得更好;XAN/DRN 组合导航和 XRN/DAN 组合导航收敛得更好。

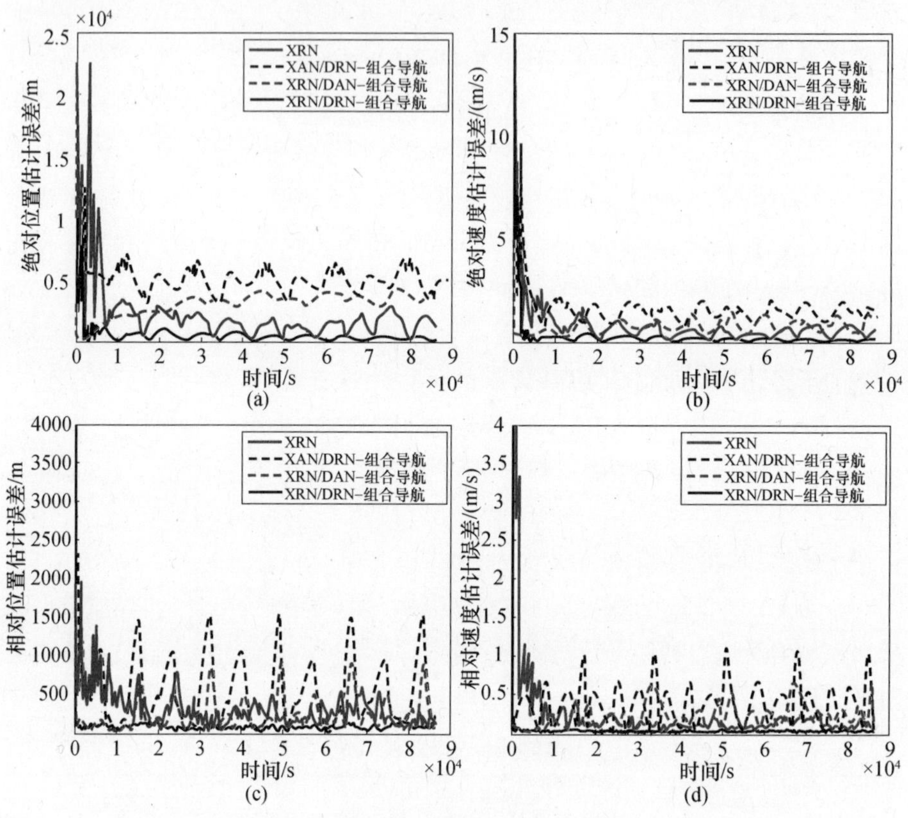

图9-24　四种导航方法的估计误差

(a)绝对位置误差;(b)绝对速度误差;(c)相对位置误差;(d)相对速度误差。

表9-11给出了四种导航方法的比较。与 XRN 相比,XRN/DRN 组合导航的绝对位置和速度精度分别提高了 84.53% 和 82.51%,相对位置和速度精度分别提高了 74.34% 和 88.74%。XAN/DRN 和 XRN/DAN 组合导航误差大于 XRN。从这些结果可以看出,XRN/DRN 组合导航明显改善了导航性能。究其原因,基于星光多普勒的相对导航方法可提供高精度的相对速度信息。与 XAN、DAN、XRN 和 DRN 不同的是,该方法对星历误差不敏感。

表9-11 四种导航方法的性能比较

导航方法	绝对位置	绝对速度	相对位置	相对速度
XRN	1046.13m	0.3699m/s	223.65m	0.1137m/s
XAN/DRN 组合导航	4723.62m	1.3237m/s	523.76m	0.4068m/s
XRN/DAN 组合导航	3504.35m	0.9916m/s	280.92m	0.2733m/s
XRN/DRN 组合导航	161.88m	0.0647m/s	57.39m	0.0182m/s

下面分析星光多普勒频移测量精度对 XRN/DRN 组合导航的影响。图9-25给出了不同多普勒测速精度下的仿真结果。从图中可以看出,随着星光多普勒频移的提高,绝对和相对导航性能也得到了提高,特别是绝对精度。从图9-25 和表9-11 可以看出,不同多普勒频移测量误差下的 XRN/DRN 组合导航始终优于 X 射线脉冲星相对导航。

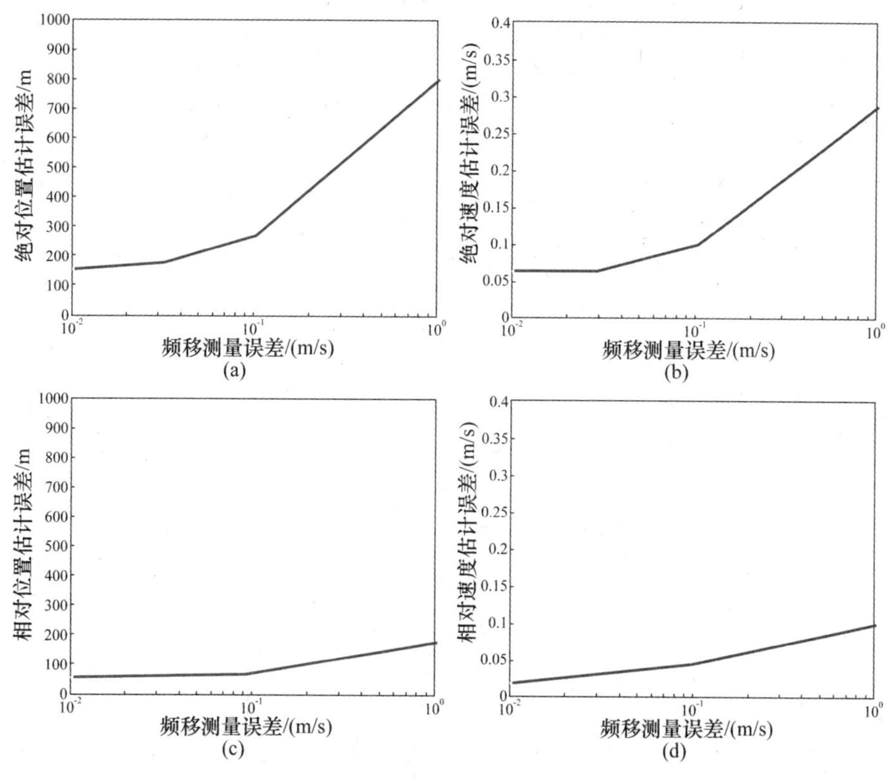

图9-25 不同测速精度下的导航性能

(a)绝对位置误差;(b)绝对速度误差;(c)相对位置误差;(d)相对速度误差。

最后考察导航星数量对XRN/DRN组合导航的影响。表9－12给出了四颗最低星等的方位信息。表9－13和表9－14给出了不同数目导航星条件下的仿真结果。从表中可以看出,随着导航星数量的增加,XRN/DRN组合导航的绝对和相对导航性能得到了明显改善。特别是当导航星数量小于等于2时,改善效果最为明显。但是,导航星数量的增加意味着光谱仪数量的增加,这显然会导致火星探测器载重和成本的大幅增加。在载重和性能之间作一个折中,选择两颗导航恒星是较为合适的。这就是选择两颗导航恒星的原因。

表9－12 导航星方位信息

导航星	"天狼"星	"老人"星	南门二	大角星
赤经/(°)	101.29	95.99	219.90	213.92
赤纬/(°)	－16.72	－52.70	－60.84	19.18

表9－13 不同导航恒星数量下的定位精度

导航恒星	绝对位置	相对位置
无	1046.13m	223.65m
"天狼"星	641.48m	153.02m
"天狼"星,"老人"星	161.88m	57.39m
"天狼"星,"老人"星,南门二	131.76m	44.55m
"天狼"星,"老人"星,南门二,大角星	117.81m	40.82m

表9－14 不同导航恒星数量下的定速精度

导航恒星	绝对速度	相对速度
无	0.3699m/s	0.1137m/s
"天狼"星	0.2303m/s	0.0702m/s
"天狼"星,"老人"星	0.0647m/s	0.0182m/s
"天狼"星,"老人"星,南门二	0.0511m/s	0.0125m/s
"天狼"星,"老人"星,南门二,大角星	0.0458m/s	0.0086m/s

9.3.2.6 小结

提出了一种基于星光多普勒的相对速度测量方法。该方法利用光谱仪作为敏感器,并得到火星探测器之间的相对速度。受系统不可观测这一限制,它只能作为一种辅助导航方法。

我们将其与X射线脉冲星导航相结合,并提出了两种面向编队飞行的星光多普勒测速/脉冲星组合导航方法。在面向转移轨道的组合导航方法中,星光多普勒相对速度,脉冲到达时间和星间链路被作为导航量测。在面向环火轨道的组合导航方法中,星光多普勒相对速度,脉冲到达时间差分和星间链路被作为导航量测。仿真结果表明,两种组合导航方法的绝对和相对导航精度均高于X射线脉冲星导航,特别是相对导航。因此,两种所提的组合导航方法均能解决各自面对的问题,能极大地改善定位和定速精度。

值得一提的是,受目前天文观测数据的限制,部分恒星的径向速度无法确定,且该值较大。若将这些恒星应用于单探测器组合导航系统,导航系统必然崩溃。但是,在编队飞行自主导航系统中,相对位置和速度是测量重点。从理论分析结果可知,恒星径向速度不会影响相对速度的测量。因此,在恒星径向速度测量这一问题没有完全解决的情况下,星光多普勒测速导航系统也能很好地应用于编队飞行。

9.3.3 太阳光谱不稳定下的多普勒/脉冲星组合导航

9.3.3.1 引言

对于深空探测器而言,天文自主导航技术是至关重要的。天文自主导航系统通过测量天文数据获得导航信息。天文导航测量方法包括测角、测距、测速三种方法。在深空探测转移轨道,深空探测器与近天体之间的距离很远,这将导致测角导航方法定位精度很低,无法满足深空探测任务定位高精度的要求。测距导航方法(即X射线脉冲星导航方法)的性能受X射线敏感器面积的限制,精度有限。测速导航方法则利用太阳光谱频移反演航天器速度,测速精度很高,可达到1cm/s量级。但该系统不具备完全可观性,无法长时间单独工作,只能作为辅助手段。作者于2011年提出了一种采用小面积X射线敏感器的多普勒/脉冲星组合导航方法。但是,该方法未考虑太阳光谱的稳定性,只能在稳定的太阳光源下提供高精度定位和定速信息。在实际中,太阳光谱并不稳定。这是因为太阳耀斑、日珥、黑子等干扰因素常常爆发,此时,太阳光谱会发生畸变。这将会导致在某些时段导航测速信息存在较大偏差,进而影响整个组合导航系统的性能。

为了抵制太阳光谱不稳定性引起的速度偏差,提出了一种新的日光多普勒速度差分测量方法。在该方法分别测量相对于太阳和火星的多普勒速度,二者的差分被作为导航量测。受累积位置误差的影响,新的多普勒差分导航方法无法长时间单独工作。因此,本节用其辅助可长时间工作的X射线脉冲星导航,并提出了在不稳定太阳光谱下的X射线脉冲星/多普勒差分组合导航方法。

9.3.3.2 不稳定太阳光谱下的多普勒差分测量方法

在传统的日光多普勒导航方法中,航天器利用光谱仪直接观测太阳光,并根据太阳光谱频移获得多普勒速度信息。但当太阳黑子、耀斑爆发时,太阳光谱会发生畸变。更糟糕的是,这些干扰往往持续几分钟。导致多普勒速度测量中存在一个大的长时间偏差。

为了处理这个问题,提出了一种多普勒差分测量方法。本节以火星探测为例子分析该方法。众所周知,火星的光是火星反射太阳的光,其光谱频移可用于估计航天器相对于火星的速度。这样,太阳光谱和火星光谱均受太阳黑子、耀斑等干扰因素的影响,如太阳耀斑会引起太阳光谱的非对称红移和蓝移。由于多普勒速度是通过比较测量的太阳光谱与标准太阳光谱获得的,由太阳耀斑引起的非对称红移或蓝移必会影响测量的多普勒速度。太阳耀斑爆发会持续几分钟时间。在此期间,它将会引起相对于太阳和火星的多普勒速度偏差。因此,这两个多普勒速度的差分不会包括多普勒速度偏差。即多普勒差分方法对这些干扰因素具有鲁棒性。

利用光谱仪1直接观测来自太阳的日光,并利用光谱仪2收集火星反射的日光。然后,从获得的光谱中得到两个方向上的多普勒速度。最后,两个多普勒速度的差分用作导航测量。

多普勒差分测量方法的基本原理如图9-26所示。假设两个太阳光子在t_0时刻离开太阳。一个光子沿路径1飞行,在t_1($t_1>t_0$)时刻$\boldsymbol{r}_1$处被捕获。另一个光子沿路径2飞行。在t_M($t_M>t_0$)时刻$\boldsymbol{r}_M$处被火星反射,并在t($t>t_1$)时刻$\boldsymbol{r}$处被采集。假设在t_0时刻航天器的位置和速度分别为$\boldsymbol{r}_0$和$\boldsymbol{v}_0$,火星在t_M时刻的速度为$\boldsymbol{v}_M$。因此,如果被光谱仪1在t_1时刻观测的太阳光谱被干扰,被光谱仪2在t时刻观测的火星光谱也将被干扰。如果能得到t_1和t这两个时刻的值，航天器将可以获得无偏差的多普勒速度差分。

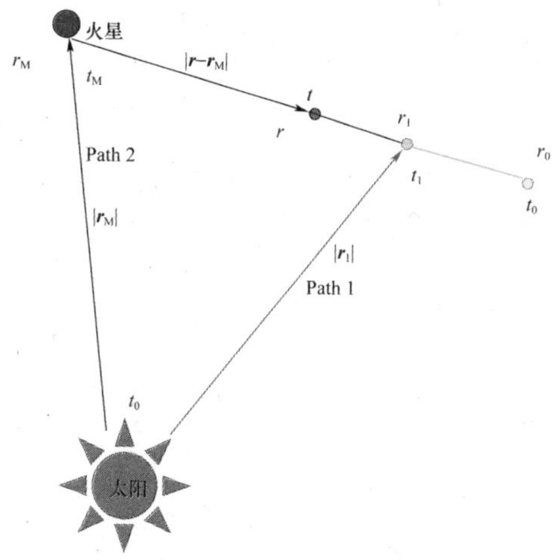

图 9－26　多普勒差分测量基本原理

下面计算 t_1 和 t，并设计多普勒差分测量模型。

在转移轨道中，$\boldsymbol{r}_0$ 和 $\boldsymbol{r}_1$ 的近似关系可表示为

$$\boldsymbol{r}_1 = \boldsymbol{r}_0 + \boldsymbol{v}_0(t_1 - t_0) + \frac{1}{2}\boldsymbol{a}\,(t_1 - t_0)^2 \tag{9-61}$$

式中：$\boldsymbol{a}$ 为航天器加速度矢量。

在时间间隔 $t_0 \sim t_1$ 内，太阳光子飞行距离为

$$c(t_1 - t_0) = |\boldsymbol{r}_1| = \left|\boldsymbol{r}_0 + \boldsymbol{v}_0(t_1 - t_0) + \frac{1}{2}\boldsymbol{a}\,(t_1 - t_0)^2\right| \tag{9-62}$$

式中：c 为光速。

解算式(9－62)即可得到 t_1。

同理，还可以给出以下两个式子，即

$$c(t_M - t_0) = |\boldsymbol{r}_M| \tag{9-63}$$

$$c(t - t_0) = |\boldsymbol{r}_M| + |\boldsymbol{r} - \boldsymbol{r}_M| = |\boldsymbol{r}_M| + \left|\boldsymbol{r}_0 + \boldsymbol{v}_0(t - t_0) + \frac{1}{2}\boldsymbol{a}\,(t - t_0)^2 - \boldsymbol{r}_M\right| \tag{9-64}$$

解算以上两个式子，可以得到 t_M 和 t。误差不可避免地存在于以上位置矢量中。值得注意的是，在多普勒差分方法中，以上获得的时间被用于确定采样瞬间，而非作为脉冲星导航中的测量值。因此，所要求的精度不高，位置误差

和相对论效应可被忽略。

因此,在 t_0 时刻,可确定光谱仪的运行时刻 t_1 和 t。下一步则是在 t_1 时刻直接获得太阳光谱,并将其与标准太阳光谱进行比较以估计 t_1 时刻相对于太阳的多普勒速度 v_{D1}。根据多普勒频移原理,利用火星速度预测 t_M 时刻火星光谱。在 t 时刻,接收火星光谱,并将其与预测的火星光谱进行比较以获得 t 时刻相对于火星的多普勒速度 v_{D2}。两个多普勒速度的表达式分别为

$$v_{D1}=\frac{\boldsymbol{r}_1\cdot\boldsymbol{v}_1}{|\boldsymbol{r}_1|}+\Delta v_0+\boldsymbol{\omega}_{v1} \tag{9-65}$$

$$v_{D2}=\frac{(\boldsymbol{r}-\boldsymbol{r}_M)\cdot(\boldsymbol{v}-\boldsymbol{v}_M)}{|\boldsymbol{r}-\boldsymbol{r}_M|}+\Delta v_0+\boldsymbol{\omega}_{v2} \tag{9-66}$$

式中:Δv_0 是在 t_0 时刻由太阳光谱不稳定引起的速度偏差;$\boldsymbol{\omega}_{v1}$ 和 $\boldsymbol{\omega}_{v2}$ 是多普勒速度测量噪声;$\boldsymbol{v}_1$ 和 $\boldsymbol{v}$ 分别是 t_1 和 t 时刻的航天器速度。从以上两个式子可以看出多普勒速度差分不包括干扰项 Δv_0。

基于这一分析结果,建立了如下多普勒差分测量模型,即

$$\boldsymbol{Y}^s(t)=h^s(\boldsymbol{X},t)+\boldsymbol{\omega}_{v2}-\boldsymbol{\omega}_{v1} \tag{9-67}$$

式中:$\boldsymbol{Y}^s$ 和 h^s 分别表示多普勒速度测量值和测量方程,其表达式为

$$\boldsymbol{Y}^s=v_{D2}-v_{D1} \tag{9-68}$$

$$h^s(\boldsymbol{X},t)=\frac{(\boldsymbol{r}-\boldsymbol{r}_M)\cdot(\boldsymbol{v}-\boldsymbol{v}_M)}{|\boldsymbol{r}-\boldsymbol{r}_M|}-\frac{\boldsymbol{r}_1\cdot\boldsymbol{v}_1}{|\boldsymbol{r}_1|} \tag{9-69}$$

相应的测量矩阵为

$$\boldsymbol{H}^s=\frac{\partial h^s(\boldsymbol{X},t)}{\partial \boldsymbol{X}}=\begin{bmatrix}\dfrac{\boldsymbol{v}-\boldsymbol{v}_M}{|\boldsymbol{r}-\boldsymbol{r}_M|}-\dfrac{(\boldsymbol{r}-\boldsymbol{r}_M)\cdot(\boldsymbol{v}-\boldsymbol{v}_M)}{|\boldsymbol{r}-\boldsymbol{r}_M|^3}(\boldsymbol{r}-\boldsymbol{r}_M)\\ \dfrac{\boldsymbol{r}-\boldsymbol{r}_M}{|\boldsymbol{r}-\boldsymbol{r}_M|}\end{bmatrix} \tag{9-70}$$

假设测量噪声 $\boldsymbol{\omega}_{v1}$ 和 $\boldsymbol{\omega}_{v2}$ 的方差是 $\boldsymbol{R}_v$,其值为 1cm/s 量级。因此,当二者相关时,$\boldsymbol{\omega}_{v2}-\boldsymbol{\omega}_{v1}$ 的方差小于 $2\boldsymbol{R}_v$;当二者不相关时,方差为 $2\boldsymbol{R}_v$。从以上分析结果可以看出,多普勒差分测量以略微增大测量噪声为代价,消除了多普勒速度偏差。

值得注意的是,除火星外,该多普勒差分测速方法也适合于太阳系内其他行星。

9.3.3.3　导航滤波器

导航滤波器的设计必须涉及到状态模型和测量模型。下面首先介绍深空探测轨道动力学模型。

地火转移轨道动力学模型为

$$
\begin{cases}
\dot{x} = v_x \\
\dot{y} = v_y \\
\dot{z} = v_z \\
\dot{v}_x = -\mu_s \dfrac{x}{r_{ps}^3} - \mu_m \left[\dfrac{x - x_1}{r_{pm}^3} + \dfrac{x_1}{r_{sm}^3}\right] - \mu_e \left[\dfrac{x - x_2}{r_{pe}^3} + \dfrac{x_2}{r_{se}^3}\right] - \mu_j \left[\dfrac{x - x_3}{r_{pj}^3} + \dfrac{x_3}{r_{sj}^3}\right] + \Delta F_x \\
\dot{v}_y = -\mu_s \dfrac{y}{r_{ps}^3} - \mu_m \left[\dfrac{y - y_1}{r_{pm}^3} + \dfrac{y_1}{r_{sm}^3}\right] - \mu_e \left[\dfrac{y - y_2}{r_{pe}^3} + \dfrac{y_2}{r_{se}^3}\right] - \mu_j \left[\dfrac{y - y_3}{r_{pj}^3} + \dfrac{y_3}{r_{sj}^3}\right] + \Delta F_y \\
\dot{v}_z = -\mu_s \dfrac{z}{r_{ps}^3} - \mu_m \left[\dfrac{z - z_1}{r_{pm}^3} + \dfrac{z_1}{r_{sm}^3}\right] - \mu_e \left[\dfrac{z - z_2}{r_{pe}^3} + \dfrac{z_2}{r_{se}^3}\right] - \mu_j \left[\dfrac{z - z_3}{r_{pj}^3} + \dfrac{z_3}{r_{sj}^3}\right] + \Delta F_z
\end{cases}
\tag{9-71}
$$

式(9－71)还可被写为状态模型的一般形式,即

$$
\dot{\boldsymbol{X}}(t) = f(\boldsymbol{X},t) + \boldsymbol{\omega}(t) \tag{9-72}
$$

式中:状态矢量为 $\boldsymbol{X} = [x,y,z,v_x,v_y,v_z]^{\mathrm{T}}$;$\boldsymbol{r} = [x,y,z]$ 和 $\boldsymbol{v} = [v_x,v_y,v_z]$ 分别为航天器的位置和速度矢量;$\dot{\boldsymbol{X}}(t)$ 是 $\boldsymbol{X}$ 的导数;$[x_1,y_1,z_1]$、$[x_2,y_2,z_2]$ 和 $[x_3,y_3,z_3]$ 分别是火星、地球和木星的位置矢量;μ_s、μ_m、μ_e、μ_j 分别是太阳、火星、地球和木星的引力常数,其值分别为 $1.327\times10^{11}\,\mathrm{km^3/s^2}$、$3.986\times10^{5}\,\mathrm{km^3/s^2}$、$4.2828\times10^{4}\,\mathrm{km^3/s^2}$、$1.2671\times10^{8}\,\mathrm{km^3/s^2}$;$r_{ps} = \sqrt{x^2+y^2+z^2}$、$r_{pm} = \sqrt{(x-x_1)^2+(y-y_1)^2+(z-z_1)^2}$、$r_{pe} = \sqrt{(x-x_2)^2+(y-y_2)^2+(z-z_2)^2}$、$r_{pj} = \sqrt{(x-x_3)^2+(y-y_3)^2+(z-z_3)^2}$ 分别是航天器到日心、火心、地心和木心之间的距离;$r_{sm} = \sqrt{x_1^2+y_1^2+z_1^2}$、$r_{se} = \sqrt{x_2^2+y_2^2+z_2^2}$、$r_{sj} = \sqrt{x_3^2+y_3^2+z_3^2}$ 分别是日心到火心、地心和木心之间的距离。$w = [0,0,0,\Delta F_x,\Delta F_y,\Delta F_z]^{\mathrm{T}}$,其中,$\Delta F_x$、$\Delta F_y$、$\Delta F_z$ 是干扰摄动力。

X 射线脉冲星/多普勒差分组合导航系统的流程图如图 9－27 所示。由于 X 射线脉冲星观测周期远远大于多普勒测速导航,分两种情况设计测量模型。

(1) 在 t_1 时刻利用光谱仪 1 测量相对于太阳的多普勒速度;在 t 时刻利用

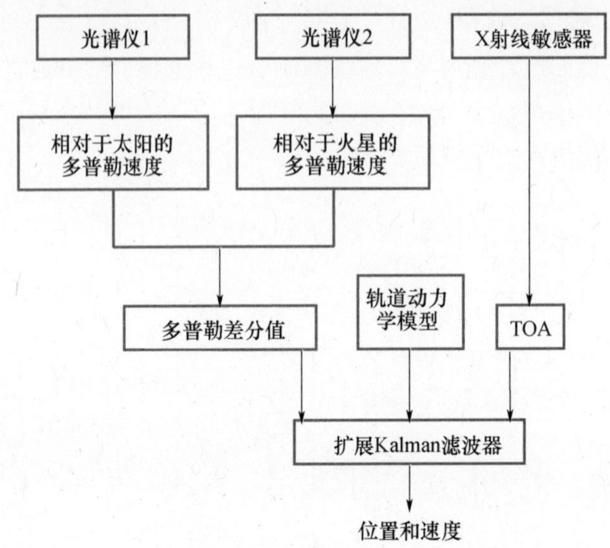

图 9－27　X 射线脉冲星/多普勒差分组合导航系统流程图

光谱仪 2 测量相对于火星的多普勒速度。两值相减可以产生太阳光多普勒差分测量值。在这种情况下,相应的测量模型和测量值为

$$h(\boldsymbol{X},t)=h^{\mathrm{s}}(\boldsymbol{X},t) \tag{9-73}$$

$$\boldsymbol{Y}=\boldsymbol{Y}^{\mathrm{s}} \tag{9-74}$$

式中:$\boldsymbol{Y}^{\mathrm{s}}$ 和 $h^{\mathrm{s}}(\boldsymbol{X},t)$ 分别为多普勒差分测量值和测量模型。

(2) X 射线脉冲星辐射信号可被 X 射线敏感器收集。通过处理这些信号,可获得脉冲 TOA。一旦获得了脉冲 TOA,它将被用于导航量测。相应的测量模型和测量值可表示为

$$h(\boldsymbol{X},t)=h^{\mathrm{X}}(\boldsymbol{X},t) \tag{9-75}$$

$$\boldsymbol{Y}=\boldsymbol{Y}^{\mathrm{X}} \tag{9-76}$$

式中:$\boldsymbol{Y}^{\mathrm{s}}$ 和 $h^{\mathrm{s}}(\boldsymbol{X},t)$ 分别为 X 射线脉冲星导航的测量值和模型。

多普勒差分导航和 X 射线脉冲星导航按照如下方式组合。在导航滤波器中,地火转移轨道动力学模型被用作状态转移模型,用于预测下一个状态。从图 9－27 中可以看出,多普勒差分速度和 X 射线脉冲 TOA 被用作测量。当多普勒差分速度获得后,它被用于更新 EKF 的状态(包括航天器位置和速度)。当 TOA 获得时,用 TOA 更新状态。通过这种方式,EKF 可提供高精度的导航信息。

9.3.3.4　仿真结果

为了证实 X 射线脉冲星/多普勒差分组合导航的可行性、有效性和鲁棒性，将其与以下两种导航方法进行比较：X 射线脉冲星导航；X 射线脉冲星/多普勒组合导航。

仿真条件具体如下。

火星探测器初始轨道参数如表 9－15 所列。火星探测器和行星轨道数据由 STK 提供。仿真时间从 30 Jun 1997 00:00:00.000 UTCG 到 1 Jul 1997 00:00:00.000 UTCG。选择 PSR B0531＋21、B1821－24、B1937＋21 作为导航脉冲星，其参数可参考前面，不再重复。

导航滤波器的其他参数如表 9－16 所列。

表 9－15　火星探测器初始轨道参数

轨道参数	数值
半长轴	193216365.381km
偏心率	0.236386
轨道倾角	23.455°
升交点赤经	0.258°
近地点幅角	71.347°
真近点角	85.152°

表 9－16　导航滤波器参数

参数	数值
X 射线敏感器数量	3
X 射线敏感器面积/m^2	1
光谱仪数量	2
光谱仪测量噪声/(m/s)	0.01
脉冲信号观测周期/s	300
多普勒测量周期/s	5
初始状态误差	$\delta \boldsymbol{X}(0)=[6\text{km},6\text{km},6\text{km},2\text{m/s},2\text{m/s},1.5\text{m/s}]$
多普勒速度常值偏差/(m/s)	－0.8m/s

(续)

参数	数值
初始状态协方差矩阵	$\boldsymbol{P}(0)$随机选择
状态处理噪声方差	$\boldsymbol{Q}=\mathrm{diag}[q_1^2,q_1^2,q_1^2,q_2^2,q_2^2,q_2^2]$ $q_1=2\mathrm{m},q_2=3\times10^{-3}\mathrm{m/s}$

本节分析不稳定太阳光谱下的X射线脉冲星导航,脉冲星/多普勒组合导航以及脉冲星/多普勒差分组合导航。太阳光谱在20000~20600s这一时间间隔内不稳定。即在此时间间隔内存在一个较大速度偏差。图9-28给出了这些导航方法的性能比较。从图9-28可以看出,X射线脉冲星导航和X射线脉冲星差分组合导航均能较好收敛。图9-28中本节方法的估计误差标准差也证明了这一点。但是,当太阳光谱不稳定时,X射线脉冲星/多普勒组合导航的速度估计精度增加到0.8m/s。更糟糕的是,在时间间隔20000~50000s,定位精度急剧下降。究其原因,差的速度测量误差引起了较大的定位误差,且多普勒速度测量周期小于TOA测量周期。因此,速度精度恢复正常后,定位精度还未能恢复。

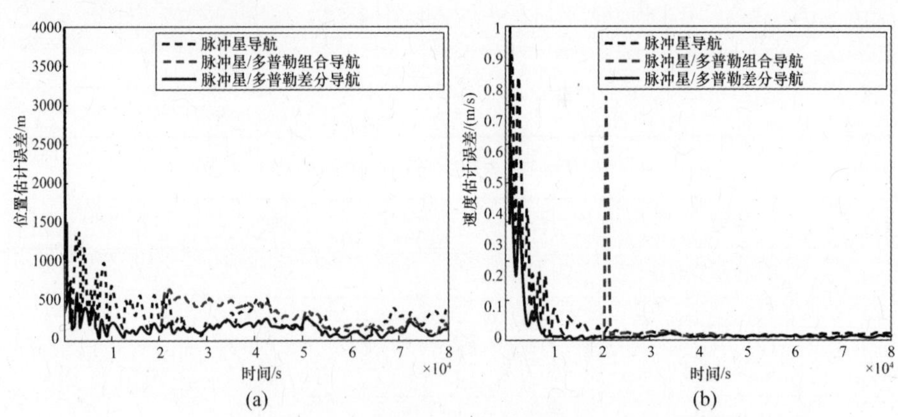

图9-28 不稳定太阳光谱下,三种导航方法的估计误差
(a)位置误差;(b) 速度误差。

表9-17给出了在时间间隔20000~50000s这三种导航方法的比较。从中可以看出,与X射线脉冲星导航相比,X射线脉冲星/多普勒差分组合导航的定位和定速精度分别提高了37.53%和58.75%。从以上结果可以看出,X

射线脉冲星/多普勒组合导航对太阳光谱不稳定较为敏感，而脉冲星/多普勒差分组合导航则不会。究其原因，多普勒速度差分测量不包括不稳定太阳光谱引起的速度偏差（图 9－29）。

表 9－17　三种导航方法的比较

导航方法	位置误差/m	速度误差/(m/s)
X 射线脉冲星导航	356. 32	0. 01942
脉冲星/多普勒组合导航	337. 15	0. 02818
脉冲星/多普勒差分组合导航	222. 61	0. 00801

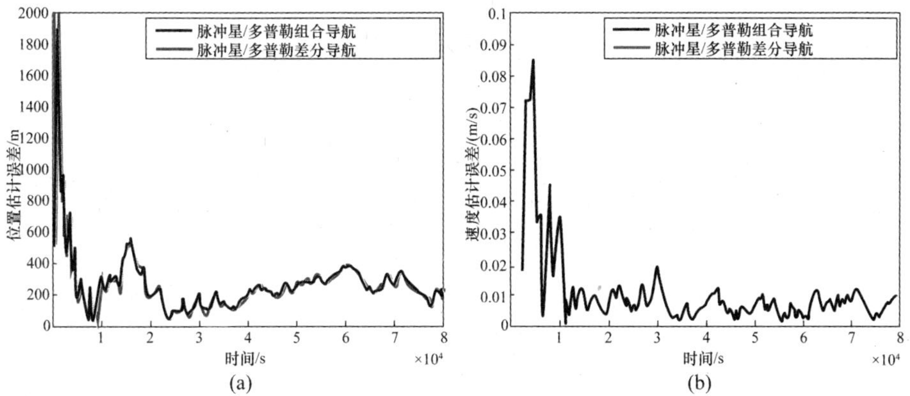

图 9－29　稳定太阳光谱下，两种导航方法的估计误差

（a）位置误差；（b）速度误差。

下面分析脉冲星/多普勒组合导航与脉冲星/多普勒差分组合导航在稳定太阳光谱下的导航性能。由于太阳光谱是否稳定对纯脉冲星导航并无影响，这组试验不考虑纯脉冲星导航方式。表 9－18 给出了脉冲星/多普勒组合导航与脉冲星/多普勒差分组合导航的性能比较。与脉冲星/多普勒组合导航方法相比，本节方法的定位和定速精度仅分别下降 0. 80% 和 1. 01%，即该组合导航方法在稳定光谱条件下可保持较好的性能。究其原因，多普勒差分测速的噪声略大于多普勒测量。由于多普勒测速噪声是非常小的，略微增大多普勒测速噪声不会导致组合导航系统性能大幅下降。

表 9-18 两种导航方法的比较

导航方法	位置误差/m	速度误差/(m/s)
脉冲星/多普勒组合导航	220.76	0.00793
脉冲星/多普勒差分组合导航	222.53	0.00801

最后,本节分析了X射线敏感器对传统X射线脉冲星/多普勒测速组合导航和X射线脉冲星/多普勒测速差分组合导航的影响。X射线敏感器的面积直接决定脉冲到达时间的精度,进而决定脉冲星导航系统的性能。图9-30给出了不同X射线敏感器面积下的仿真结果。值得注意的是,此次仿真考虑了不稳定太阳光谱。随着X射线敏感器面积的增大,两种导航方法性能均有效提高,并且在相同面积下,脉冲星/多普勒差分组合导航优于脉冲星/多普勒组合导航。

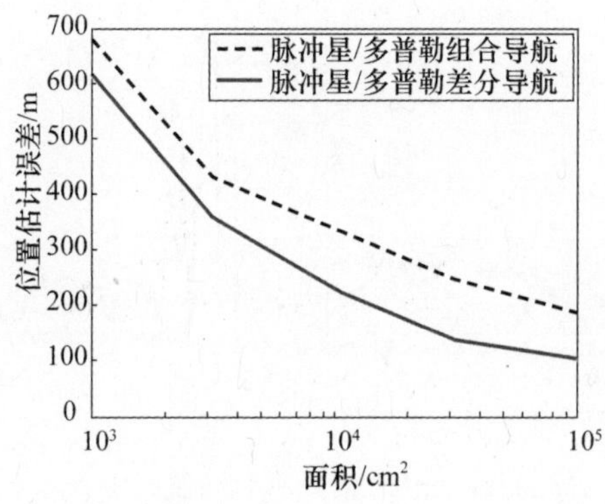

图 9-30 不同X射线面积下的位置估计误差

9.3.3.5 小结

提出了一种多普勒差分测量方法。该方法能抵制太阳光谱不稳定引起的多普勒测量速度偏差。它能提供高精度的速度信息,但不能长期单独工作。因此,多普勒差分导航只能作为一种辅助导航方法。基于此,利用其辅助X射线脉冲星导航方法,并提出一种太阳光谱不稳定下的X射线脉冲星/多普勒差分组合导航方法。

仿真结果表明,当太阳光谱稳定时,X射线脉冲星/多普勒差分组合导航方法的导航精度略低于传统的脉冲星/多普勒组合导航方法。但当太阳光谱不稳定时,该方法明显超过传统方法。即所提方法在稳定和不稳定太阳光谱均能提供稳定的、高精度的导航信息。该方法适合于转移段末期。

值得注意的是，除了X射线脉冲星导航方法外，多普勒差分导航方法也能用于辅助测角导航方法。

9.3.4 基于星光多普勒预测的脉冲星导航方法

9.3.4.1 引言

深空探测器自主导航系统设计主要包括三个部分：状态转移模型、测量模型以及导航滤波器。以上三者的性能直接决定自主导航系统的精度。在深空探测自主导航系统中，轨道动力学模型常被作为状态转移模型。轨道动力学模型的精确建立需要涉及天体引力、太阳光压以及发动机推力等。目前，人们已经能对深空探测器受到的太阳系中多个天体引力以及太阳光压精确建模。但是，在轨道机动时，由于深空探测器姿态不稳定，推进系统推力不平衡，推进系统推力很难精确建模。这将会导致轨道机动过程中状态转移模型存在较大误差，进而导航精度急剧下降。

为了解决这个问题，提出了一种基于星光多普勒预测的XNAV方法。在该方法中，星光多普勒测量值不再作为用于更新的测量值，而是取代了轨道动力学模型提供直接的航天器速度信息。根据匀加速模型和星光多普勒测量值，直接提供Kalman滤波器中的预测状态。XNAV用于更新状态，即航天器的位置和速度信息。

9.3.4.2 基于星光多普勒速度的预测模型

通常，恒星星光可以利用分光计或者光谱仪成像。由于深空探测器是高速飞行的，深空探测器测得的恒星星光光谱会发生红移或者蓝移，这称为多普勒频移。由于光谱移动量与深空探测器速度的关系是已知的，所以可以利用多普勒频移反算深空探测器在恒星视线方向上的速度信息。

简言之，利用分光计或者光谱仪可以量测深空探测器相对于第 i 颗恒星的多普勒频移量，从而获得深空探测器在该恒星视线方向 $\boldsymbol{s}_i$ 上的速度 v_i。它可表示为

$$v_i = \boldsymbol{s}_i^{\mathrm{T}} \boldsymbol{v} + \xi_i \tag{9-77}$$

式中：ξ_i 是多普勒速度测量噪声，其方差为 R_{D}；T表示矩阵的转置。

若利用三颗恒星，则可通过下式解算出航天器的速度矢量 $\boldsymbol{v}$，即

$$\boldsymbol{v}=\begin{bmatrix}\boldsymbol{s}_1^{\mathrm{T}}\\ \boldsymbol{s}_2^{\mathrm{T}}\\ \boldsymbol{s}_3^{\mathrm{T}}\end{bmatrix}^{-1}\cdot\begin{bmatrix}v_1\\ v_2\\ v_3\end{bmatrix} \tag{9-78}$$

相应的多普勒速度估计误差协方差矩阵$\boldsymbol{R}_v$ 可表示为

$$\boldsymbol{R}_v=\begin{bmatrix}\boldsymbol{s}_1^{\mathrm{T}}\\ \boldsymbol{s}_2^{\mathrm{T}}\\ \boldsymbol{s}_3^{\mathrm{T}}\end{bmatrix}^{-1}\cdot\mathrm{diag}[R_{\mathrm{D}},R_{\mathrm{D}},R_{\mathrm{D}}]\cdot[\boldsymbol{s}_1,\boldsymbol{s}_2,\boldsymbol{s}_3]^{-1} \tag{9-79}$$

由于多普勒测量周期非常短,通常只有几秒,可假设在一个多普勒测量周期内,发动机推力$\boldsymbol{F}_{\mathrm{T}}$ 是一个常数。在转移轨道,天体的重力在短期内也可视为常数。根据匀加速模型,预测的位置和速度可表示为

$$\hat{\boldsymbol{r}}_k=\hat{\boldsymbol{r}}_{k-1}+\hat{\boldsymbol{v}}_{k-1}\cdot T+\frac{1}{2}(\boldsymbol{a}_{\mathrm{S}}+\boldsymbol{a}_{\mathrm{E}}+\boldsymbol{a}_{\mathrm{M}}+\boldsymbol{a}_{\mathrm{J}}+\boldsymbol{F}_{\mathrm{T}})\cdot T^2 \tag{9-80}$$

$$\hat{\boldsymbol{v}}_k=\hat{\boldsymbol{v}}_{k-1}+(\boldsymbol{a}_{\mathrm{S}}+\boldsymbol{a}_{\mathrm{E}}+\boldsymbol{a}_{\mathrm{M}}+\boldsymbol{a}_{\mathrm{J}}+\boldsymbol{F}_{\mathrm{T}})\cdot T \tag{9-81}$$

但是,发动机推力$\boldsymbol{F}_{\mathrm{T}}$ 很难建模。从以上式子可以看出,$\boldsymbol{F}_{\mathrm{T}}$ 极大地影响了预测的位置和速度。事实上,速度$\hat{\boldsymbol{v}}_k$ 和$\hat{\boldsymbol{v}}_{k-1}$可直接通过多普勒频移测得,并且该测量值不被发动机推力干扰。消除式(9-80)和式(9-81)中加速度项,可得到

$$\boldsymbol{r}_{k+1}=\boldsymbol{r}_k+\frac{1}{2}(\boldsymbol{v}_k+\boldsymbol{v}_{k+1})T \tag{9-82}$$

式中:T 为多普勒导航滤波周期;$\boldsymbol{r}$ 为深空探测器的位置矢量。从上式可以看出,预测的位置不受发动机推力的影响。

下面给出状态预测协方差。假设$\boldsymbol{P}_r^{k-1}$ 和$\boldsymbol{P}_r^k$ 分别是$\hat{\boldsymbol{r}}_{k-1}$和$\hat{\boldsymbol{r}}_k$ 的估计误差协方差矩阵。根据式(9-82),$\boldsymbol{P}_{\mathrm{r}}^k$ 可表示为

$$\boldsymbol{P}_{\mathrm{r}}^k=\boldsymbol{P}_{\mathrm{r}}^{k-1}+\frac{T^2}{2}\boldsymbol{R}_v \tag{9-83}$$

$k+1$ 时刻的速度值由多普勒测速直接得到。因此,深空探测器的状态预测模型为

$$\boldsymbol{X}_{k+1}=\begin{bmatrix}\boldsymbol{r}_k+\frac{1}{2}(\boldsymbol{v}_k+\boldsymbol{v}_{k+1})T\\ \boldsymbol{v}_{k+1}\end{bmatrix} \tag{9-84}$$

$\hat{\boldsymbol{X}}_k^-$ 相应的预测误差协方差矩阵可表示为

$$\boldsymbol{P}_k^- = \begin{bmatrix} \boldsymbol{\Lambda} \boldsymbol{P}_{k-1}^+ \boldsymbol{\Lambda}^{\mathrm{T}} + \dfrac{T^2}{2}\boldsymbol{R}_v & \dfrac{T}{2}\boldsymbol{R}_v \\ \dfrac{T}{2}\boldsymbol{R}_v & \boldsymbol{R}_v \end{bmatrix} \tag{9-85}$$

其中

$$\boldsymbol{\Lambda} = [\boldsymbol{I}_{3\times3}, \boldsymbol{0}_{3\times3}] \tag{9-86}$$

9.3.4.3　导航滤波器

导航滤波器可被分为预测和测量模型、滤波方程。下面分别从两个方面改进滤波器。即改进滤波方程,但不改预测和测量模型;或者改进预测和测量模型,不改滤波方程。

EKF 具有较强的非线性滤波能力,本节选择 EKF 作为导航滤波器。分两种情况设计导航滤波器:非轨道机动时,按照常规的脉冲星/多普勒组合导航滤波进行处理;轨道机动过程中,用式(9-84)和式(9-85)取代 EKF 中的方程。具体如下。

首先,为便于比较,介绍传统的 EKF 滤波器。

假设状态预测和测量模型为

$$\dot{\boldsymbol{X}} = f(\boldsymbol{X}, t) + \boldsymbol{w} \tag{9-87}$$

$$\boldsymbol{Y}(t) = h(\boldsymbol{X}, t) + \boldsymbol{\omega} \tag{9-88}$$

则传统的 EKF 滤波方程为

$$\boldsymbol{P}_k^- = \boldsymbol{\Phi}_{k-1} \boldsymbol{P}_{k-1}^+ \boldsymbol{\Phi}_{k-1}^{\mathrm{T}} + \boldsymbol{Q}_{k-1} \tag{9-89}$$

$$\widehat{\boldsymbol{X}}_k^- = \widehat{\boldsymbol{X}}_{k-1}^+ + f(\widehat{\boldsymbol{X}}_{k-1}^+, k-1)T + A(\widehat{\boldsymbol{X}}_{k-1}^+, k-1) f(\widehat{\boldsymbol{X}}_{k-1}^+, k-1)\frac{T^2}{2} \tag{9-90}$$

$$\boldsymbol{K}_k = (\boldsymbol{P}_k^- \boldsymbol{H}_k^{\mathrm{T}})(\boldsymbol{H}_k \boldsymbol{P}_k^- \boldsymbol{H}_k^{\mathrm{T}} + \boldsymbol{R}_k)^{-1} \tag{9-91}$$

$$\widehat{\boldsymbol{X}}_k^+ = \widehat{\boldsymbol{X}}_k^- + \boldsymbol{K}_k(\boldsymbol{Y}_k - h(\widehat{\boldsymbol{X}}_k^-, k)) \tag{9-92}$$

$$\boldsymbol{P}_k^+ = \boldsymbol{P}_k^- - \boldsymbol{K}_k \boldsymbol{H}_k \boldsymbol{P}_k^- \tag{9-93}$$

式中,$\boldsymbol{P}$ 是估计状态协方差阵;$\boldsymbol{K}$ 是增益矩阵;T 是滤波周期;$\boldsymbol{\Phi}$ 和 $\boldsymbol{H}$ 分别是状态转移矩阵和测量矩阵。

在星光多普勒辅助的脉冲星导航方法中,利用基于星光多普勒速度的预测模型取代式(9-89)和式(9-90)。这样,EKF 的滤波过程变为

$$\boldsymbol{P}_k^- = \begin{bmatrix} \boldsymbol{\Lambda} \boldsymbol{P}_{k-1}^+ \boldsymbol{\Lambda}^{\mathrm{T}} + \frac{T^2}{2}\boldsymbol{R}_v & \frac{T}{2}\boldsymbol{R}_v \\ \frac{T}{2}\boldsymbol{R}_v & \boldsymbol{R}_v \end{bmatrix} \tag{9-94}$$

$$\boldsymbol{X}_{k+1} = \begin{bmatrix} \boldsymbol{r}_k + \frac{1}{2}(\boldsymbol{v}_k + \boldsymbol{v}_{k+1})T \\ \boldsymbol{v}_{k+1} \end{bmatrix} \tag{9-95}$$

$$\boldsymbol{K}_k = (\boldsymbol{P}_k^- \boldsymbol{H}_k^{\mathrm{T}})(\boldsymbol{H}_k \boldsymbol{P}_k^- \boldsymbol{H}_k^{\mathrm{T}} + \boldsymbol{R}_k)^{-1} \tag{9-96}$$

$$\hat{\boldsymbol{X}}_k^+ = \hat{\boldsymbol{X}}_k^- + \boldsymbol{K}_k(\boldsymbol{Y}_k - h(\hat{\boldsymbol{X}}_k^-, k)) \tag{9-97}$$

$$\boldsymbol{P}_k^+ = \boldsymbol{P}_k^- - \boldsymbol{K}_k \boldsymbol{H}_k \boldsymbol{P}_k^- \tag{9-98}$$

式中:$\boldsymbol{Y}$ 和 $h(\hat{\boldsymbol{X}}_k^-, k)$ 分别为 X 射线脉冲星导航的测量值和测量模型。测量矩阵 $\boldsymbol{H}$ 可表示为

$$\boldsymbol{H} = \frac{\partial h^{\mathrm{X}}(\boldsymbol{X}, t)}{\partial X} = [\boldsymbol{n}^{\mathrm{T}}, \boldsymbol{0}_{3\times 3}] \tag{9-99}$$

其中

$$\boldsymbol{n} = [\boldsymbol{n}_1, \boldsymbol{n}_2, \boldsymbol{n}_3] \tag{9-100}$$

以上的导航系统也可认为是一个具有控制输入的导航系统,其预测和测量模型为

$$\boldsymbol{X}_k = \boldsymbol{\Phi} \boldsymbol{X}_{k-1} + \boldsymbol{\Gamma} \boldsymbol{U}_{k-1} + \boldsymbol{w}_{k-1} \tag{9-101}$$

$$\boldsymbol{Y}(t) = h(\boldsymbol{X}, t) + \boldsymbol{\omega} \tag{9-102}$$

式中:$\boldsymbol{\Phi}$、$\boldsymbol{\Gamma}$、$\boldsymbol{U}$ 和 $\boldsymbol{\omega}$ 分别是预测矩阵、控制矩阵、控制输入以及状态预测噪声。它们可表示为

$$\boldsymbol{\Phi} = \begin{bmatrix} \boldsymbol{I}_{3\times 3} & \boldsymbol{0}_{3\times 3} \\ \boldsymbol{0}_{3\times 3} & \boldsymbol{0}_{3\times 3} \end{bmatrix} \tag{9-103}$$

$$\boldsymbol{\Gamma} = \begin{bmatrix} \frac{T}{2}\boldsymbol{I}_{3\times 3} & \frac{T}{2}\boldsymbol{I}_{3\times 3} \\ \boldsymbol{I}_{3\times 3} & \boldsymbol{0}_{3\times 3} \end{bmatrix} \tag{9-104}$$

$$\boldsymbol{U}_{k-1} = \begin{bmatrix} \boldsymbol{v}_k \\ \boldsymbol{v}_{k-1} \end{bmatrix} \tag{9-105}$$

$\boldsymbol{w}$ 的状态协方差矩阵是 $\boldsymbol{Q}$,可表示为

$$Q = \boldsymbol{\Gamma}\begin{bmatrix} \boldsymbol{R}_v & \boldsymbol{0}_{3\times 3} \\ \boldsymbol{0}_{3\times 3} & \boldsymbol{R}_v \end{bmatrix}\boldsymbol{\Gamma}^{\mathrm{T}} = \begin{bmatrix} \frac{T^2}{2}\boldsymbol{R}_v & \frac{T}{2}\boldsymbol{R}_v \\ \frac{T}{2}\boldsymbol{R}_v & \boldsymbol{R}_v \end{bmatrix} \tag{9-106}$$

$\boldsymbol{Y}$ 和 $h(\boldsymbol{X},t)$ 分别是脉冲星导航的测量值和测量模型。

也就是说,星光多普勒测量也可被认为是状态预测模型的控制输入。导航测量值仅为脉冲 TOA。当预测和测量模型为式(9-101)和式(9-102),可采用传统的 EKF。

总之,提出的导航系统有两种等价形式:预测和测量模型为式(9-87)和式(9-88),滤波方程为式(9-94)和式(9-98);预测和测量模型为式(9-101)和式(9-102),滤波方程为传统的 EKF。

9.3.4.4 仿真结果

为了验证星光多普勒辅助的脉冲星导航系统在轨道机动时的可行性、有效性和鲁棒性,本节将其与经典的脉冲星/星光多普勒组合导航进行比较。仿真条件如下。

火星探测器初始轨道参数参考火星“探路者”号。火星探测器和行星轨道数据由 STK 提供。仿真时间从 1 Mar 1997 00:00:00.00 UT 到 3 Mar 1997 00:00:00.00 UT,轨道机动时间为 2 Mar 1997 00:00:00.00 UT 到 2 Mar 1997 00:49:10.00 UT。选择 PSR B0531+21、B1821-24、B1937+21 作为导航脉冲星,“天狼”星、“老人”星和南门二星作为导航恒星,其参数可参考前面,不再重复。导航滤波器的参数也与前面类似,唯一不同的是,光谱仪的数量为 3。

我们考察轨道动力学模型和星光多普勒预测模型的预测性能。图 9-31 给出了两种预测模型在轨道机动条件下的性能比较。为便于比较,我们还给出了轨道动力学模型在滑行轨道下的性能。如图 9-31(b)所示,在滑行轨道和机动轨道下的轨道动力学模型预测速度误差均随时间累积,而状态预测模型的速度误差保持不变。这是因为在所提模型中,该速度是直接测量得到的。从图 9-31(a)可以看出,位置误差均随时间累积。在轨道机动时期内,星光多普勒预测模型优于轨道动力学模型。但是,在滑行轨道,轨道动力学的预测速度较高。因此,在滑行轨道期间,推荐采用轨道动力学的传统多普勒/脉冲星组合导航方法。

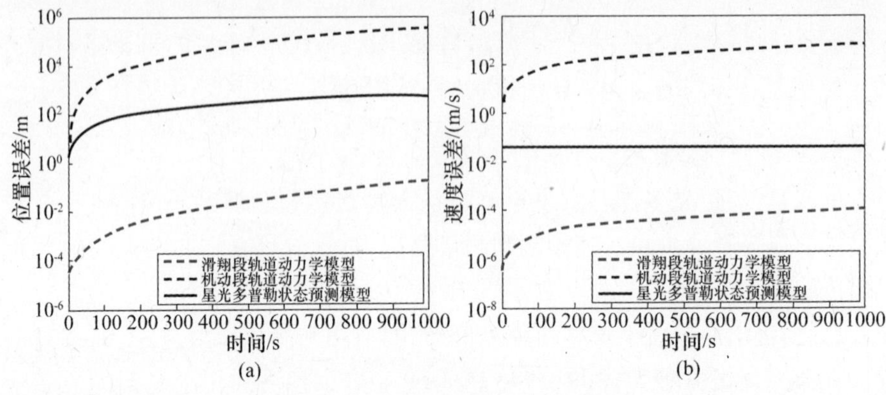

图9-31　两种模型的预测误差

(a)位置预测误差;(b)速度预测误差。

为了表明增大 $\boldsymbol{Q}$ 无助于使 Doppler/XNAV 组合导航对轨道机动鲁棒，图9-32给出了不同 $\boldsymbol{Q}$ 条件下的 Doppler/XNAV 组合导航性能。Doppler/XNAV 组合导航的状态预测协方差为 $K\boldsymbol{Q}$,其中,K 是一个系数。从图9-32可以看出,当 $K<1500$ 时,Doppler/XNAV 组合导航性能随着 K 的增大而改善。但是,Doppler/XNAV 组合导航性能在 $K>1500$ 时保持不变。这就是在轨道机动期间,组合导航 $\boldsymbol{Q}$ 的系数选为1600的原因。此外,在不同 $\boldsymbol{Q}$ 下的 Doppler/XNAV 组合导航位置误差均值均大于1000m,而基于星光多普勒预测的 XNAV 的定位精度约为200m。

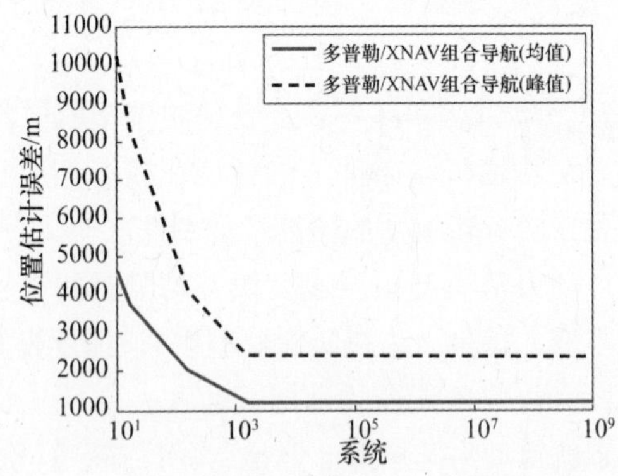

图9-32　不同系数 K 下的多普勒/XNAV 组合导航方法性能

图9-33给出了多普勒/XNAV组合导航方法和星光多普勒辅助的脉冲星导航方法的性能比较。从图中可以看出,未进行轨道机动时,两种导航方式的导航精度是相同的。但在轨道机动时,传统的多普勒/XNAV组合导航方法急剧下降,而星光多普勒辅助的脉冲星导航的精度略微下降。值得一提的是,本节为了降低传统方法的性能下降程度,增大了处理噪声协方差阵,图中给出的结果是较好的结果。若不这样处理,传统方法的情况会更加糟糕。表9-19和表9-20分别给出了轨道机动前和轨道机动中的导航精度。从表9-19中可以看出,轨道机动前两种导航方式精度是一致的。从表9-20中可以看出,与传统的多普勒/脉冲星组合导航方法相比,星光多普勒辅助的脉冲星导航方法的定位和定速平均精度分别提高了80.76%和99.59%,定位和定速的最高精度分别提高了80.11%和98.88%。将轨道机动前和机动过程中的数据进行比较可以发现,星光多普勒辅助的脉冲星导航方法的定位精度保持在200m量级,并没有大幅度下降。定速精度虽有所下降,但也在厘米量级。

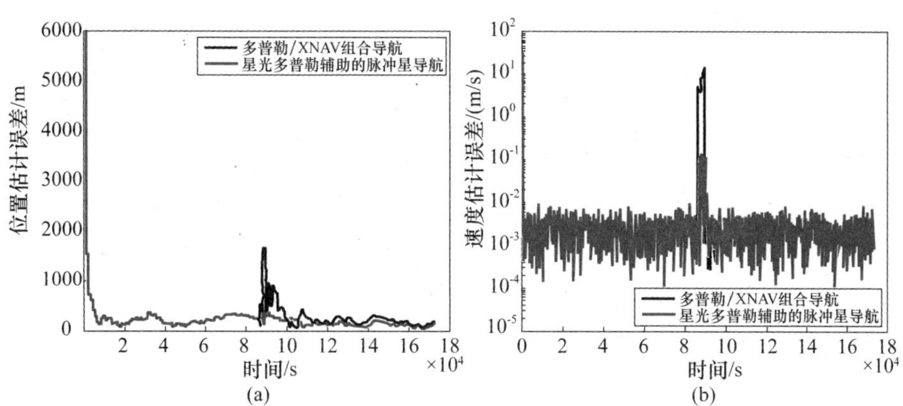

图9-33 两种导航方法的误差

(a)位置误差;(b)速度误差。

表9-19 轨道机动前,两种导航方法的比较

导航方法	位置误差/m	速度误差/(m/s)
多普勒/脉冲星组合导航	156.62	0.00275
星光多普勒辅助的脉冲星导航	156.62	0.00275

表9-20 轨道机动中,两种导航方法的比较

导航方法	位置误差/m		速度误差/(m/s)	
	均值	极值	均值	极值
多普勒/脉冲星组合导航	1159.53	2442.22	9.54134	13.84304
星光多普勒辅助的脉冲星导航	223.14	485.82	0.03953	0.15445

下面分析X射线敏感器不同面积下的两种导航方法的精度。图9-34给出了仿真结果。从图中可以看出,滑行轨道的定位精度都是最高的。在轨道机动时,无论是平均误差还是最大误差,星光多普勒辅助的脉冲星导航始终优于脉冲星/多普勒组合导航,且接近于滑行轨道。三者的定位精度随X射线敏感器面积的增大而提高。

下面分析光谱仪不同测量精度下的两种导航方法的精度。图9-35给出了仿真结果。从图中可以看出,滑行轨道的定位精度是最高的。在轨道机动时,无论是平均误差还是最大误差,星光多普勒辅助的脉冲星导航始终优于脉冲星/多普勒组合导航,且接近于滑行轨道。且二者的定位精度随光谱仪精度的提高而改善。

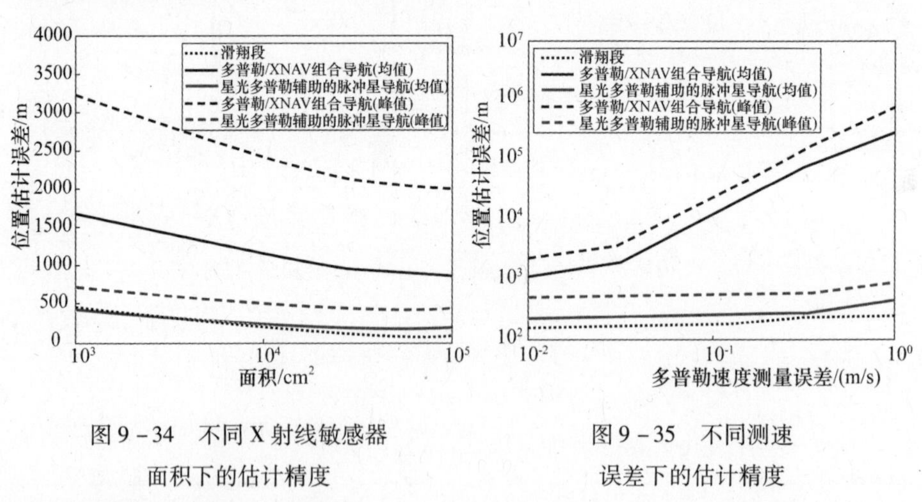

图9-34 不同X射线敏感器面积下的估计精度

图9-35 不同测速误差下的估计精度

9.3.4.5 小结

提出了一种适合于机动飞行的星光多普勒辅助的脉冲星导航方法。在该方法中,星光多普勒导航系统提供的测量速度信息,直接取代了轨道动力学模

型提供直接的航天器速度信息。根据匀加速模型和星光多普勒测量值,直接提供 Kalman 滤波器中的预测状态。XNAV 用于更新状态,即航天器的位置和速度信息。值得一提的是,该方法无需对发动机推力进行精确建模。

仿真结果表明,该方法对发动机推力具有较强的鲁棒性,在轨道机动时可保持较高的导航精度;而传统的多普勒/脉冲星组合导航则无法做到。此外,该方法也能用于辅助测角自主导航。

值得一提的是,该方法也可应用于编队飞行。在编队飞行过程中,为保持队形,航天器需进行轨道机动。该方法可实现轨道机动时的高精度自主导航。

9.3.5　冗余组合导航中的导航恒星选择策略

9.3.5.1　引言

由于测速和测距导航方法具有互补性,并且两种方法都适合于整个太空,作者在 2011 年提出了 X 射线脉冲星/多普勒组合导航方法。在此方法中,太阳是唯一光源。如果恒星作为光源,多普勒导航系统将会有更多选择。这样,X 射线脉冲星/星光多普勒组合导航系统可被构建。

X 射线脉冲星的数量较少,少于 150 颗。更糟糕的是,绝大多数 X 射线脉冲星是十分微弱的,很难用于自主导航。Sheikh 给出了品质因子(figures of merit,FOM)的概念用以评价 X 射线脉冲星。目前,仅有三颗 X 射线脉冲星(PSR B0531 +21,B1821 -24,B1937 +21)的品质因子大于 0.1,其他脉冲星品质因子小于 0.02。因此,PSR B0531 +21、B1821 -24 和 B1937 +21 这三颗脉冲星常被选作导航脉冲星。这一脉冲星选择策略已被许多学者采纳。

但是,本节研究发现,多普勒导航中的导航恒星选择对整个导航系统都有极大影响。因此,选择导航星极其重要。在导航恒星选择策略方面,房建成、宁晓琳针对测角导航,利用可观测性分析确定星敏感器的安装方位。可观测性分析方法利用奇异值最大值与最小值得比率评估导航性能。但是,导航星可能只影响冗余导航系统的奇异值中值。在这种条件下,可观测性分析无法选择最优的导航星。

考虑到 X 射线脉冲星/多普勒组合导航具有较好性能,且适合于深空探测,本节以这种导航方法为例进行分析和仿真。首先,通过可观测性分析,证明了这种组合导航系统是冗余的。为了选择冗余导航系统中的导航恒星,提出了一种冗余导航系统中的恒星选择策略。在该星选择策略中,恒星的方位和星等都作为影响因子。本节推导出了导航星方位与导航性能之间的耦合关系,并分析了导航精度的极值。

9.3.5.2 可观测性分析

根据可观测性分析结果,可判断导航系统是否能够正常工作。下面给出XNAV/星光多普勒组合导航的分析结果。首先,构建导航系统可观测性矩阵。

测量矩阵 $\boldsymbol{H}$ 和状态转移矩阵 $\boldsymbol{\Phi}$ 可被表示为

$$\boldsymbol{H}=\begin{bmatrix}\dfrac{\partial h^{\mathrm{X}}(\boldsymbol{X},t)}{\partial \boldsymbol{X}^{\mathrm{T}}}\\ \dfrac{\partial h^{\mathrm{s}}(\boldsymbol{X},t)}{\partial \boldsymbol{X}^{\mathrm{T}}}\end{bmatrix}=\begin{bmatrix}\boldsymbol{n}^{\mathrm{T}} & \boldsymbol{0}_{m\times 3}\\ \boldsymbol{0}_{1\times 3} & \boldsymbol{s}^{\mathrm{T}}\end{bmatrix} \tag{9-107}$$

其中

$$\boldsymbol{n}=[\boldsymbol{n}^{1},\boldsymbol{n}^{2},\cdots,\boldsymbol{n}^{m}]$$

$$\boldsymbol{\Phi}=\frac{\partial f(\boldsymbol{X}(t),t)}{\partial \boldsymbol{X}^{\mathrm{T}}}=\begin{bmatrix}\boldsymbol{0}_{3\times 3} & \boldsymbol{I}_{3\times 3}\\ \boldsymbol{S}_{0} & \boldsymbol{0}_{3\times 3}\end{bmatrix}\approx\begin{bmatrix}\boldsymbol{0}_{3\times 3} & \boldsymbol{I}_{3\times 3}\\ \boldsymbol{0}_{3\times 3} & \boldsymbol{0}_{3\times 3}\end{bmatrix} \tag{9-108}$$

式中:$f(\boldsymbol{X}(t),t)$ 是状态转移模型。深空探测器距离太阳非常遥远,$\boldsymbol{S}_0$ 是反比于该距离的三次方。因此,$\boldsymbol{S}_0$ 可被忽略,并假设为零矩阵。

可获得可观测性矩阵为

$$\boldsymbol{O}=\begin{bmatrix}\boldsymbol{H}\\ \boldsymbol{H\Phi}\\ \boldsymbol{H}\,\boldsymbol{\Phi}^{2}\end{bmatrix}=\begin{bmatrix}\boldsymbol{n}^{\mathrm{T}} & \boldsymbol{0}_{m\times 3}\\ \boldsymbol{0}_{1\times 3} & \boldsymbol{s}^{\mathrm{T}}\\ \boldsymbol{0}_{m\times 3} & \boldsymbol{n}^{\mathrm{T}}\\ \boldsymbol{0}_{1\times 3} & \boldsymbol{0}_{1\times 3}\\ \boldsymbol{0}_{m\times 3} & \boldsymbol{0}_{m\times 3}\\ \boldsymbol{0}_{1\times 3} & \boldsymbol{0}_{1\times 3}\end{bmatrix} \tag{9-109}$$

从以上方程可以看出,当脉冲星数量 $m\leqslant 2$ 时,即使采用多颗导航恒星,仍会有 $\mathrm{rank}(\boldsymbol{O})\leqslant 5$。状态矢量的维数为6。因此,可观测性矩阵是一个奇异矩阵。在这个情况下,导航系统不能正常工作。当 $m\geqslant 3$ 时,即使没有采用任何导航恒星,$\mathrm{rank}(\boldsymbol{O})=6$。在这个条件下,该导航系统能正常工作。显然,当采用一颗导航恒星作为星光多普勒测量源之后,组合导航系统是冗余的。即当组合导航正常工作时,它必为冗余。

9.3.5.3　导航星选择策略

当前,在导航系统性能分析领域中,许多学者关注可观测性分析。通过可观测性分析判断导航系统是否可以正常工作。极少学者研究冗余导航系统的可观测性分析。XNAV/星光多普勒组合导航系统是冗余的。考虑到星选择对导航系统性能的影响是极大的,提出了一种基于 Fisher 信息逆矩阵(Inverse Fisher Information Matrix,IFIM)的导航恒星选择策略。

1. 逆 Fisher 信息矩阵

在本节中,建立了 IFIM。首先,考察 FIM 信息矩阵。该矩阵可以表示为

$$\boldsymbol{W}=\sum_{i=0}^{k}(\boldsymbol{\Phi}^{i})^{\mathrm{T}}\boldsymbol{H}^{\mathrm{T}}\boldsymbol{R}^{-1}\boldsymbol{H}\boldsymbol{\Phi}^{i}=\begin{bmatrix}\boldsymbol{n}\boldsymbol{R}_{\mathrm{X}}^{-1}\boldsymbol{n}^{\mathrm{T}} & \boldsymbol{0}_{3\times3}\\ \boldsymbol{0}_{3\times3} & T^{2}\boldsymbol{n}\boldsymbol{R}_{\mathrm{X}}^{-1}\boldsymbol{n}^{\mathrm{T}}+\boldsymbol{s}R_{\mathrm{D}}^{-1}\boldsymbol{s}^{\mathrm{T}}\end{bmatrix}\tag{9-110}$$

其中,$\boldsymbol{\Phi}$ 是状态转移矩阵,它可反映滤波周期对状态矩阵的影响,可表示为

$$\boldsymbol{\Phi}=\begin{bmatrix}\boldsymbol{0}_{3\times3} & T\cdot\boldsymbol{I}_{3\times3}\\ \boldsymbol{0}_{3\times3} & \boldsymbol{0}_{3\times3}\end{bmatrix}\tag{9-111}$$

忽略状态处理噪声,Kalman 滤波器的状态本质上可由最小二乘法估计,并且状态协方差矩阵 $\boldsymbol{P}$ 可表示为

$$\boldsymbol{P}=\mathrm{Cov}(\boldsymbol{X}-\hat{\boldsymbol{X}})=\left(\sum_{i=0}^{k}(\boldsymbol{\Phi}^{i})^{\mathrm{T}}\boldsymbol{H}^{\mathrm{T}}\boldsymbol{R}^{-1}\boldsymbol{H}\boldsymbol{\Phi}^{i}\right)^{-1}=\boldsymbol{W}^{-1}\tag{9-112}$$

式中:$\boldsymbol{X}$ 和 $\hat{\boldsymbol{X}}$ 分别为真实的和估计的状态;$\boldsymbol{W}^{-1}$ 是 Fisher 信息矩阵 $\boldsymbol{W}$ 的逆矩阵。

$\mathrm{tr}(\boldsymbol{W}^{-1})$ 是 $\boldsymbol{W}^{-1}$ 的迹。它反映了状态估计误差的方差,可表示为

$$\mathrm{tr}(\boldsymbol{W}^{-1})=\mathrm{tr}([\boldsymbol{n}\boldsymbol{R}_{\mathrm{X}}^{-1}\boldsymbol{n}^{\mathrm{T}}]^{-1})+\mathrm{tr}([T^{2}\boldsymbol{n}\boldsymbol{R}_{\mathrm{X}}^{-1}\boldsymbol{n}^{\mathrm{T}}+\boldsymbol{s}R_{\mathrm{D}}^{-1}\boldsymbol{s}^{\mathrm{T}}]^{-1})\tag{9-113}$$

在本节中,由于 $\mathrm{tr}(\boldsymbol{W}^{-1})$ 可被用于估计导航性能,利用它作为选星准则。从式(9-113)可以看出,导航星仅仅影响 $\mathrm{tr}([T^{2}\boldsymbol{n}\boldsymbol{R}_{\mathrm{X}}^{-1}\boldsymbol{n}^{\mathrm{T}}+\boldsymbol{s}R_{\mathrm{D}}^{-1}\boldsymbol{s}^{\mathrm{T}}]^{-1})$ 的值,并且 $\mathrm{tr}([\boldsymbol{n}\boldsymbol{R}_{\mathrm{X}}^{-1}\boldsymbol{n}^{\mathrm{T}}]^{-1})$ 的值可被认为是常值。因此,仅利用 $\mathrm{tr}([T^{2}\boldsymbol{n}\boldsymbol{R}_{\mathrm{X}}^{-1}\boldsymbol{n}^{\mathrm{T}}+\boldsymbol{s}R_{\mathrm{D}}^{-1}\boldsymbol{s}^{\mathrm{T}}]^{-1})$ 作为选星准则。

2. Fisher 信息逆矩阵的极值

在本节中,给出并分析了矩阵 $\mathrm{tr}([T^{2}\boldsymbol{n}\boldsymbol{R}_{\mathrm{X}}^{-1}\boldsymbol{n}^{\mathrm{T}}+\boldsymbol{s}R_{\mathrm{D}}^{-1}\boldsymbol{s}^{\mathrm{T}}]^{-1})$ 的极值。矩

阵的迹等于特征值之和。因此,可以考察特征值而非对角元素。首先,给出了对称矩阵特征值扰动理论。

定理1:假设$\boldsymbol{A},\boldsymbol{E}\in\mathbb{R}^{n\times n}$为对称矩阵,$\boldsymbol{B}=\boldsymbol{A}+\boldsymbol{E}$。$\boldsymbol{A}$和$\boldsymbol{B}$的特征值分别为$\lambda_1\geqslant\lambda_2\geqslant\cdots\geqslant\lambda_n$和$\tilde{\lambda}_1\geqslant\tilde{\lambda}_2\geqslant\cdots\geqslant\tilde{\lambda}_n$。假设$\mu_1$和$\mu_n$分别为扰动矩阵$\boldsymbol{E}$的最大和最小特征值。可以得到$\lambda_i+\mu_n\leqslant\tilde{\lambda}_i\leqslant\lambda_i+\mu_1$。

证明:根据Courant - Fischer定理和Rayleigh - Ritz定理,可以得到

$$\begin{aligned}\tilde{\lambda}_i &= \min_{V\in S^n_{n-i+1}}\max_{x\in V,x\neq0}\frac{\boldsymbol{x}^{\mathrm{T}}\boldsymbol{B}\boldsymbol{x}}{\boldsymbol{x}^{\mathrm{T}}\boldsymbol{x}}\\ &= \min_{V\in S^n_{n-i+1}}\max_{x\in V,x\neq0}\left(\frac{\boldsymbol{x}^{\mathrm{T}}\boldsymbol{A}\boldsymbol{x}}{\boldsymbol{x}^{\mathrm{T}}\boldsymbol{x}}+\frac{\boldsymbol{x}^{\mathrm{T}}\boldsymbol{E}\boldsymbol{x}}{\boldsymbol{x}^{\mathrm{T}}\boldsymbol{x}}\right)\\ &\leqslant \min_{V\in S^n_{n-i+1}}\max_{x\in V,x\neq0}\left(\frac{\boldsymbol{x}^{\mathrm{T}}\boldsymbol{A}\boldsymbol{x}}{\boldsymbol{x}^{\mathrm{T}}\boldsymbol{x}}+\mu_1\right)\\ &= \min_{V\in S^n_{n-i+1}}\max_{x\in V,x\neq0}\frac{\boldsymbol{x}^{\mathrm{T}}\boldsymbol{A}\boldsymbol{x}}{\boldsymbol{x}^{\mathrm{T}}\boldsymbol{x}}+\mu_1\\ &=\lambda_i+\mu_1\end{aligned}\tag{9-114}$$

同理,可以得到

$$\tilde{\lambda}_i\geqslant\lambda_i+\mu_n\tag{9-115}$$

将式(9 - 114)与式(9 - 115)相结合,可以得到

$$\lambda_i+\mu_n\leqslant\tilde{\lambda}_i\leqslant\lambda_i+\mu_1\tag{9-116}$$

证毕。

下面本节分析增加一颗导航星之后,Fisher信息逆矩阵的迹$\mathrm{tr}([T^2\boldsymbol{n}\boldsymbol{R}_{\mathrm{X}}^{-1}\boldsymbol{n}^{\mathrm{T}}+\boldsymbol{s}R_{\mathrm{D}}^{-1}\boldsymbol{s}^{\mathrm{T}}]^{-1})$的值。

显然,$T^2\boldsymbol{n}\boldsymbol{R}_{\mathrm{X}}^{-1}\boldsymbol{n}^{\mathrm{T}}$和$\boldsymbol{s}R_{\mathrm{D}}^{-1}\boldsymbol{s}^{\mathrm{T}}$是对称矩阵。假设$T^2\boldsymbol{n}\boldsymbol{R}_{\mathrm{X}}^{-1}\boldsymbol{n}^{\mathrm{T}}$和$T^2\boldsymbol{n}^{\mathrm{T}}R_{\mathrm{X}}^{-1}\boldsymbol{n}+\boldsymbol{s}R_{\mathrm{D}}^{-1}\boldsymbol{s}^{\mathrm{T}}$的特征值分别是$\theta_1\geqslant\theta_2\geqslant\theta_3$和$\tilde{\theta}_1\geqslant\tilde{\theta}_2\geqslant\tilde{\theta}_3$。$\boldsymbol{s}R_{\mathrm{D}}^{-1}\boldsymbol{s}^{\mathrm{T}}$的特征值是$R_{\mathrm{D}}^{-1}$和零。

根据定理1,分别以$\boldsymbol{s}R_{\mathrm{D}}^{-1}\boldsymbol{s}^{\mathrm{T}}$和$T^2\boldsymbol{n}\boldsymbol{R}_{\mathrm{X}}^{-1}\boldsymbol{n}^{\mathrm{T}}$作为扰动矩阵,可以得到以下不等式,即

$$\theta_i\leqslant\tilde{\theta}_i\leqslant\theta_i+R_{\mathrm{D}}^{-1},i=1,2,3\tag{9-117}$$

$$\begin{cases}\theta_3\leqslant\tilde{\theta}_3\leqslant\theta_1\\ \theta_3\leqslant\tilde{\theta}_2\leqslant\theta_1\\ \theta_3+R_{\mathrm{D}}^{-1}\leqslant\tilde{\theta}_1\leqslant\theta_1+R_{\mathrm{D}}^{-1}\end{cases}\tag{9-118}$$

$T^2\boldsymbol{n}R_X^{-1}\boldsymbol{n}^T+\boldsymbol{s}R_D^{-1}\boldsymbol{s}^T$ 可表示为

$$\begin{aligned}T^2\boldsymbol{n}R_X^{-1}\boldsymbol{n}^T+\boldsymbol{s}R_D^{-1}\boldsymbol{s}^T&=[\boldsymbol{q}_1,\boldsymbol{q}_2,\boldsymbol{q}_3]\mathrm{diag}[\theta_1,\theta_2,\theta_3][\boldsymbol{q}_1,\boldsymbol{q}_2,\boldsymbol{q}_3]^T+\boldsymbol{s}R_D^{-1}\boldsymbol{s}^T\\&=[\boldsymbol{s},\boldsymbol{q}_1,\boldsymbol{0}_{3\times1}]\mathrm{diag}[R_D^{-1},\theta_1,0][\boldsymbol{s},\boldsymbol{q}_1,\boldsymbol{0}_{3\times1}]^T\\&\quad+[\boldsymbol{q}_2,\boldsymbol{q}_3,\boldsymbol{0}_{3\times1}]\mathrm{diag}[\theta_2,\theta_3,0][\boldsymbol{q}_2,\boldsymbol{q}_3,\boldsymbol{0}_{3\times1}]^T\end{aligned}\tag{9-119}$$

式中:$\boldsymbol{q}_1$、$\boldsymbol{q}_2$、$\boldsymbol{q}_3$ 分别是对应于 θ_1、θ_2、θ_3 的特征矢量。

假设 $\bar{\theta}_3$ 是$[\boldsymbol{s},\boldsymbol{q}_1,\boldsymbol{0}_{3\times1}]\mathrm{diag}[R_D^{-1},\theta_1,0][\boldsymbol{s},\boldsymbol{q}_1,\boldsymbol{0}_{3\times1}]^T$ 的最小特征值。由于该矩阵是亏秩矩阵,可以得到

$$\bar{\theta}_3\leqslant 0\tag{9-120}$$

由于 θ_2 是$[\boldsymbol{q}_2,\boldsymbol{q}_3,\boldsymbol{0}_{3\times1}]\mathrm{diag}[\theta_2,\theta_3,0][\boldsymbol{q}_2,\boldsymbol{q}_3,\boldsymbol{0}_{3\times1}]^T$ 的最大特征值,以该矩阵作为扰动矩阵, 根据定理1 和式(9-120),可得

$$\tilde{\theta}_3\leqslant\bar{\theta}_3+\theta_2\leqslant\theta_2\tag{9-121}$$

综合式(9-117)、式(9-118)、式(9-121),可以得到 Fisher 信息逆矩阵的特征值取值范围为

$$\begin{cases}\theta_3\leqslant\tilde{\theta}_3\leqslant\min(\theta_2,\theta_3+R_D^{-1})\\\theta_2\leqslant\tilde{\theta}_2\leqslant\min(\theta_1,\theta_2+R_D^{-1})\\\max(\theta_3+R_D^{-1},\theta_1)\leqslant\tilde{\theta}_1\leqslant\theta_1+R_D^{-1}\end{cases}\tag{9-122}$$

矩阵的迹等于特征值之和。因此,可以得到

$$\mathrm{tr}(T^2\boldsymbol{n}\boldsymbol{R}_X^{-1}\boldsymbol{n}^T)=\sum_{i=1}^{3}\theta_i\tag{9-123}$$

$$\mathrm{tr}(\boldsymbol{s}R_D^{-1}\boldsymbol{s}^T)=R_D^{-1}\tag{9-124}$$

$$\mathrm{tr}(T^2\boldsymbol{n}\boldsymbol{R}_X^{-1}\boldsymbol{n}^T+\boldsymbol{s}R_D^{-1}\boldsymbol{s}^T)=\sum_{i=1}^{3}\tilde{\theta}_i\tag{9-125}$$

根据式(9-123)~式(9-125),可以得到

$$\sum_{i=1}^{3}\theta_i+R_D^{-1}=\sum_{i=1}^{3}\tilde{\theta}_i\tag{9-126}$$

由于逆矩阵的特征值为 $\tilde{\theta}_1^{-1}\leqslant\tilde{\theta}_2^{-1}\leqslant\tilde{\theta}_3^{-1}$,可以得到

$$\mathrm{tr}([T^2\boldsymbol{n}\boldsymbol{R}_X^{-1}\boldsymbol{n}^T+\boldsymbol{s}R_D^{-1}\boldsymbol{s}^T]^{-1})=\sum_{i=1}^{3}\tilde{\theta}_i^{-1}\tag{9-127}$$

根据式(9-124)、式(9-126)、式(9-127),可以得到最大值为

$$\mathrm{tr}\left|\left[T^2\boldsymbol{n}\boldsymbol{R}_{\mathrm{X}}^{-1}\boldsymbol{n}^{\mathrm{T}}+\boldsymbol{s}R_{\mathrm{D}}^{-1}\boldsymbol{s}^{\mathrm{T}}\right]^{-1}\right|=(\theta_1+R_{\mathrm{D}}^{-1})^{-1}+\sum_{i=2}^{3}\theta_i^{-1}\tag{9-128}$$

当且仅当式(9-129)成立时,式(9-128)成立,即

$$\begin{cases}\tilde{\theta}_1=\theta_1+R_{\mathrm{D}}^{-1}\\ \tilde{\theta}_2=\theta_2\\ \tilde{\theta}_3=\theta_3\end{cases}\tag{9-129}$$

在此条件下,可以得到

$$\boldsymbol{s}=\pm\boldsymbol{q}_1\tag{9-130}$$

数学上,取得最小值的条件较为复杂。对于不同的 θ_1、θ_2、θ_3 和 $\boldsymbol{R}_{\mathrm{D}}$,获得最小值的条件是不同的。在本节中,Doppler 速度测量精度在 0.01m/s 量级,XNAV 的测速精度和周期分别在 200m 和 300s 量级。因此,$R_{\mathrm{D}}^{-1}\gg\theta_1$。在这种情况下,可得到最小值

$$\mathrm{tr}\left|\left[T^2\boldsymbol{n}\boldsymbol{R}_{\mathrm{X}}^{-1}\boldsymbol{n}^{\mathrm{T}}+\boldsymbol{s}R_{\mathrm{D}}^{-1}\boldsymbol{s}^{\mathrm{T}}\right]^{-1}\right|=(\theta_3+R_{\mathrm{D}}^{-1})^{-1}+\sum_{i=1}^{2}\theta_i^{-1}\tag{9-131}$$

当且仅当式(9-132)成立时,式(9-131)成立,即

$$\begin{cases}\tilde{\theta}_1=\theta_1\\ \tilde{\theta}_2=\theta_2\\ \tilde{\theta}_3=\theta_3+R_{\mathrm{D}}^{-1}\end{cases}\tag{9-132}$$

在此条件下,可以得到

$$\boldsymbol{s}=\pm\boldsymbol{q}_3\tag{9-133}$$

当选取不合适的导航星时,导航精度的提高是非常有限的。为了阐明这个观点,分析了最大值,可得

$$(\theta_1+R_{\mathrm{D}}^{-1})^{-1}+\sum_{i=2}^{3}\theta_i^{-1}\geqslant\sum_{i=2}^{3}\theta_i^{-1}\tag{9-134}$$

当且仅当 $\boldsymbol{R}_{\mathrm{D}}$ 等于零时,式(9-134)成立,即

$$(\theta_1+R_{\mathrm{D}}^{-1})^{-1}+\sum_{i=2}^{3}\theta_i^{-1}\leqslant\sum_{i=1}^{3}\theta_i^{-1}\tag{9-135}$$

当且仅当 $\boldsymbol{R}_{\mathrm{D}}$ 为无穷大时,式(9-135)成立。

可以得到

$$\sum_{i=2}^{3}\theta_i^{-1}\leqslant(\theta_1+R_{\mathrm{D}}^{-1})^{-1}+\sum_{i=2}^{3}\theta_i^{-1}\leqslant\sum_{i=1}^{3}\theta_i^{-1}\tag{9-136}$$

由于 $\boldsymbol{\theta}_1$ 是所有特征值中的最大值，可以得到

$$\frac{1}{3}\sum_{i=1}^{3}\theta_i^{-1} \leqslant \frac{1}{2}\sum_{i=2}^{3}\theta_i^{-1} \tag{9-137}$$

当且仅当 $\theta_1 = \theta_2 = \theta_3$，等号成立。

式(9-136)可表示为

$$\frac{2}{3}\sum_{i=1}^{3}\theta_i^{-1} \leqslant (\theta_1 + R_{\mathrm{D}}^{-1})^{-1} + \sum_{i=2}^{3}\theta_i^{-1} \leqslant \sum_{i=1}^{3}\theta_i^{-1} \tag{9-138}$$

从式(9-138)可以看出，$\mathrm{tr}([T^2\boldsymbol{n}\boldsymbol{R}_{\mathrm{X}}^{-1}\boldsymbol{n}^{\mathrm{T}} + \boldsymbol{s}R_{\mathrm{D}}^{-1}\boldsymbol{s}^{\mathrm{T}}]^{-1})$ 的最大值大于或等于 $\frac{2}{3}\sum_{i=1}^{3}\theta_i^{-1}$，该值在 $\sum_{i=1}^{3}\theta_i^{-1}$ 量级。在实际中，θ_1 分别比 θ_2 和 θ_3 大 1~2 个数量级。即 $\mathrm{tr}([T^2\boldsymbol{n}\boldsymbol{R}_{\mathrm{X}}^{-1}\boldsymbol{n}^{\mathrm{T}} + \boldsymbol{s}R_{\mathrm{D}}^{-1}\boldsymbol{s}^{\mathrm{T}}]^{-1})$ 最大值接近于 $\sum_{i=1}^{3}\theta_i^{-1}$，而最小值比 $\sum_{i=1}^{3}\theta_i^{-1}$ 小一个数量级。究其原因，由于 $R_{\mathrm{D}}^{-1} \gg \theta_1 > \theta_2 > \theta_3$，最小值接近 θ_2^{-1}。

此外，可以看出，$\mathrm{tr}([T^2\boldsymbol{n}\boldsymbol{R}_{\mathrm{X}}^{-1}\boldsymbol{n}^{\mathrm{T}} + \boldsymbol{s}R_{\mathrm{D}}^{-1}\boldsymbol{s}^{\mathrm{T}}]^{-1}) < \mathrm{tr}([T^2 n\boldsymbol{R}_{\mathrm{X}}^{-1}\boldsymbol{n}^{\mathrm{T}}]^{-1})$。因此，组合导航估计误差小于 XNAV 估计误差。

从以上结果可以得出以下结论：如果选择的导航星与导航脉冲星不匹配，测量精度的提高是非常小的。即对整个导航系统性能而言，导航星方位是十分重要的。因此，选星是非常必要的。

3. 基于 IFIM 的导航星选择策略

一等星的星光较易被光谱仪探测。全天一等星的数量为 21 颗，且分散于整个天球。因此，可利用这 21 颗星作为备选星库。

计算在不同导航恒星下的 Fisher 信息逆矩阵的迹 $\mathrm{tr}([T^2\boldsymbol{n}\boldsymbol{R}_{\mathrm{X}}^{-1}\boldsymbol{n}^{\mathrm{T}} + \boldsymbol{s}R_{\mathrm{D}}^{-1}\boldsymbol{s}^{\mathrm{T}}]^{-1})$。根据 $\mathrm{tr}([T^2\boldsymbol{n}\boldsymbol{R}_{\mathrm{X}}^{-1}\boldsymbol{n}^{\mathrm{T}} + \boldsymbol{s}R_{\mathrm{D}}^{-1}\boldsymbol{s}^{\mathrm{T}}]^{-1})$，以拥有最小迹的星作为导航星。

9.3.5.4 仿真结果

为了证明基于 IFIM 的导航星选择策略的可行性和有效性，将其与条件数方法和基于星等方法进行比较，给出仿真和分析结果。仿真条件如下。

火星探测器轨道参数如表 9-21 所列。火星探测轨道数据由 STK(Satellite Tool Kit)产生。仿真时间从 Mar 1st 1997 00:00:00.000 UTCG 到 Mar 6th 1997 00:00:00.000 UTCG。

表9-21 火星探测器初始轨道参数

轨道参数	数值
半长轴	193216365.381km
偏心率	0.236386
轨道倾角	23.455°
升交点赤经	0.258°
近地点幅角	71.347°
真近点角	85.152°

本节采用了三颗常用的脉冲星。它们的赤经和赤纬如表9-22所列。X射线背景噪声流量为0.005ph/cm^2/s。脉冲星测量噪声如表9-23所列。备选导航恒星是21颗一等星。按星等排序依次为"天狼"星、"老人"星、南门二、大角星、织女星、五车二、参宿七、南河三、水委一、参宿四、马腹一、牛郎星、十字架二、毕宿五、心宿二、角宿一、北河三、北落师门、十字架三、天津四、轩辕十四。

导航系统其他参数如表9-23所列。

表9-22 X射线脉冲星方位信息

脉冲星	B0531+21	B1821-24	B1937+21
赤经/(°)	83.63	276.13	294.92
赤纬/(°)	22.01	-24.87	21.58

表9-23 导航滤波器参数

参数	取值
X射线敏感器面积	1m^2
B0531+21测量噪声	149m
B1821-24测量噪声	369m
B1937+21测量噪声	351m
光谱仪数量	1
光谱仪测量噪声	0.01m/s
X射线脉冲星观测周期	300s
多普勒测量周期	5s
初始状态误差	$\delta\boldsymbol{X}(0)=[6\text{km},6\text{km},6\text{km},2\text{m/s},2\text{m/s},1.5\text{m/s}]$
过程噪声协方差	$\boldsymbol{Q}=\text{diag}[q_1^2,q_1^2,q_1^2,q_2^2,q_2^2,q_2^2]$ $q_1=2\text{m},q_2=3\times10^{-3}\text{m/s}$

下面分析导航星方位对导航性能的影响。为便于分析,假设在每个方位都有一颗虚拟导航星。X射线脉冲星导航系统与采用一颗虚拟恒星的星光多普勒导航系统组合。图9-36给出了XNAV/星光多普勒组合导航的300次Montè-Carlo的试验结果、条件数以及IFIM的迹。从图9-36可以看出,仿真结果的精度等高线图与条件数极大不同,但与IFIM迹极为相似。因此,IFIM迹可作为一种导航星选星方法,而条件数方法则不能。

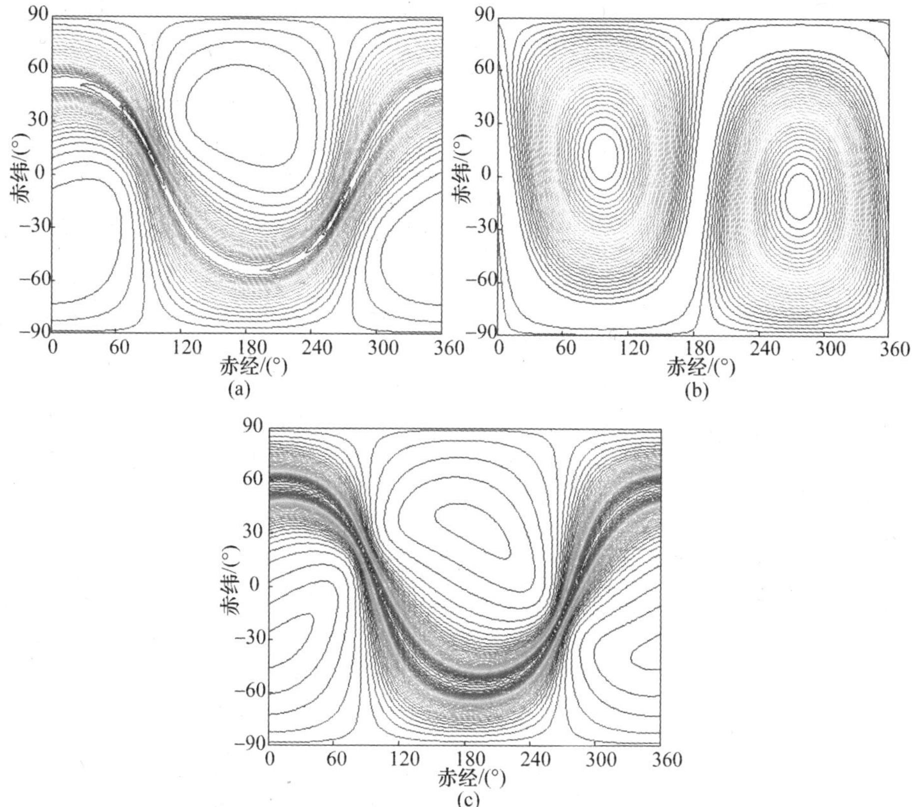

图9-36 不同虚拟导航星下的组合导航精度

(a)仿真结果;(b)条件数;(c)IFIM的迹。

采用IFIM迹作为准则,可以发现采用大角星的组合导航具有最高的精度,而十字架三具有最低精度。基于星等的选择方法选择“天狼”星,该星具有最低星等。表9-24给出了采用这些导航星的组合导航精度。为了便于比较,表9－25给出了仿真结果的最大值与最小值。从表9－24和表9－25可以看出,IFIM迹方法的最高和最低精度接近于仿真结果的最小和最大值。因此,IFIM迹方法可选择合适的导航星。此外,XNAV的精度是最低的。这表明,XNAV/星光多普勒方法优于,XNAV。

表9－24　不同导航星下的导航精度

导航星	位置/m	速度/(m/s)	排名	备注
大角星	208	0.044	4	最高精度
十字架三	425	0.055	19	最低精度
“天狼”星	386	0.053	1	最低星等
无	452	0.067	/	纯脉冲星导航

表9－25　虚拟导航星下的最高和最低精度

	位置误差/m	速度误差/(m/s)
最低精度	434	0.058
最高精度	204	0.042

在传统的多普勒导航中,太阳常被作为光源。为证明导航星的优势,将采用大角星的XNAV/星光多普勒组合导航与XNAV/日光多普勒组合导航进行比较。图9－37给出了从Feb. 28th 1997到Jun. 28th 1997的仿真结果。从图中可以看出,采用大角星的XNAV/星光多普勒组合导航优于XNAV/日光多普勒组合导航。XNAV/星光多普勒组合导航的精度几乎不变,而XNAV/日光多普勒组合导航精度不断下降。Pathfinder在Jul. 4th 1997着陆火星,Jun. 28^{th}的导航性能是至关重要的。不幸的是,在这关键时刻,XNAV/日光多普勒组合导航精度较低。

从IFIM迹可以发现,采用不同导航星的XNAV/星光多普勒组合导航系统具有不同的导航精度。图9－38给出了一等星在IFIM迹的等高线图中的位置。实星分别表示大角星、十字架三和“天狼”星。可以看出,采用大角星的组合导航精度最高,采用十字架三的组合导航精度最低,且“天狼”星接近于最低精度。由于太阳相对于航天器的方位不断变化,太阳在图中的方位构成了一条线。粗线表示从Feb. 28th 1997到Jun. 28th 1997太阳相对于航天的方位。太阳的方位从左上至右下。采用太阳的组合导航系统没有达到最高精度,并且不断下降。对于导航星而言,由于导航星方位静止,组合导航精度保持不变。从图9－37、图9－38和表9－24、表9－25,可以得出以下结论,仿真结果与导航星在 IFIM 迹等高线图中的位置相匹配。对于 XNAV/星光多普勒组合导航系统而言,IFIM 迹是一个很好的选星准则。

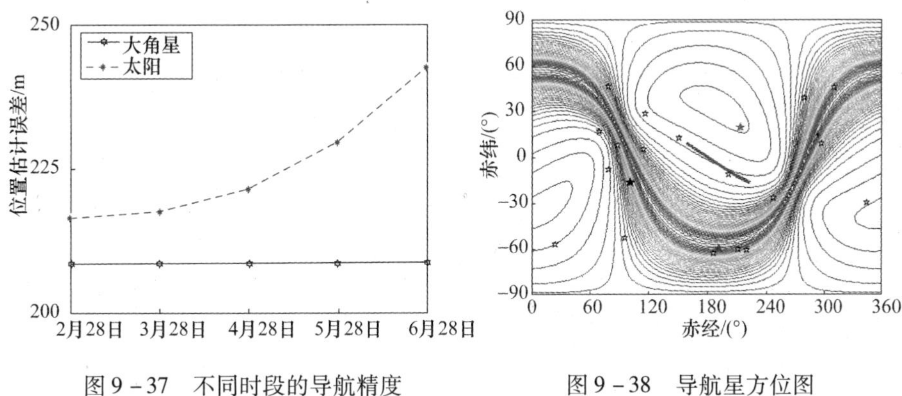

图 9-37 不同时段的导航精度　　图 9-38 导航星方位图

最后,分析不同星光多普勒速度测量精度和 X 射线敏感器面积下的导航估计误差。图 9-39 和图 9-40 分别给出了不同星光多普勒速度测量精度和 X 射线敏感器面积下的 XNAV/星光多普勒组合导航的精度。

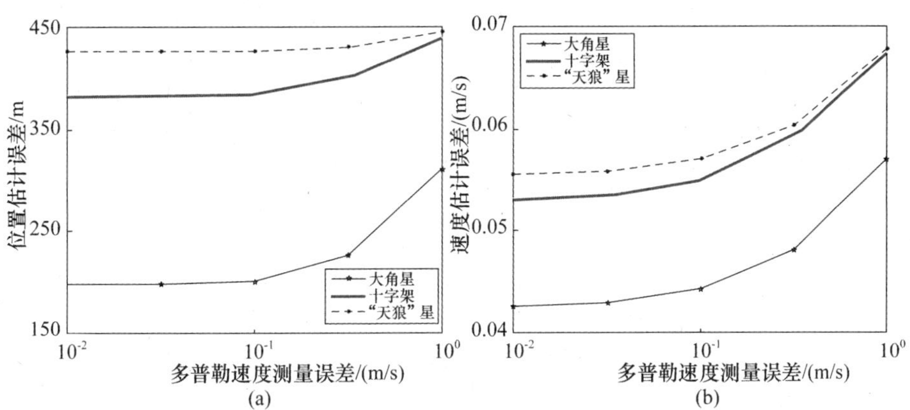

图 9-39 不同测速误差下的导航精度

(a)位置估计误差;(b)速度估计误差。

从图 9-39 可以看出,随着星光多普勒速度测量误差的增长,导航位置和速度估计误差也随之增长。在这三颗导航星中,采用大角星的组合导航精度是最高的。值得注意的是,采用 1cm/s 光谱仪和十字架三的组合导航定位精度小于1m/s光谱仪和大角星的组合导航定位精度。

在图9-40中,随着X射线敏感器面积的增加,估计误差位置和速度也增加。在这三颗导航星中,采用大角星的组合导航定位精度一直是最高的。值得注意的是,当达到相同精度时,基于大角星的组合导航系统采用的X射线敏感器面积约为十字架三的1/10。

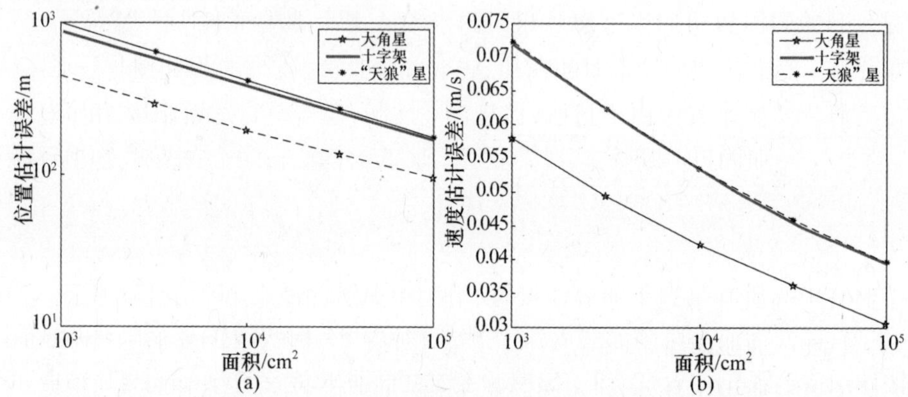

图9-40　不同X射线敏感器面积下的导航精度

(a)位置估计误差;(b)速度估计误差。

这些仿真结果表明,与增大X射线敏感器和提高光谱仪精度相比,导航恒星的选择更加重要。此外,增大X射线敏感器面积将增加深空探测器的载重,提高光谱仪精度必然增加技术难度,这两个问题显然不易解决。但是,这两个问题都不会存在于导航恒星选择方法中。因此,该选星方法可有效提高自主导航定位精度,但不会增加深空探测任务的成本。

9.3.5.5　小结

提出了一种冗余组合导航系统的导航星选择策略。通过导航系统可观测性分析理论,证明了采用星光多普勒测量的自主导航系统必为冗余的。XNAV/星光多普勒组合导航被用于分析和仿真。在该方法中,构建了IFIM,它能反映XNAV测量和星光多普勒测量的耦合关系。用IFIM的迹估计组合导航性能。基于此,导航星方位能被确定。结合导航星星等,可选择合适的导航星。该方法实现了脉冲星/星光多普勒组合导航系统的优化。

通过对称矩阵特征值扰动理论和仿真试验对组合导航系统进行了分析与验证。理论分析和仿真结果表明,XNAV/星光多普勒组合导航性能超过

XNAV。与X射线敏感器面积和光谱仪测量精度相比，导航星方位更加重要。当采用三颗常用的脉冲星（PSR B0531+21，B1821-24，B1937+21），采用大角星的XNAV/星光多普勒组合导航性能超过了具有最低星等的“天狼”星和太阳。

值得一提的是，该方法也可用于编队飞行。由于IFIM与系统模型（或状态转移矩阵）无关，只与测量量有关。该方法得出的结论甚至可以直接应用于编队飞行。

9.4　天文测角/测速/测距组合导航的可观测性分析方法

9.4.1　可观测分析方法

1. 线性定常系统的可观测性分析方法

考虑离散时间线性系统

$$\sum\nolimits_{\mathrm{LTI}}\begin{cases}\boldsymbol{x}(t_{k+1})=\boldsymbol{F}(t_{k+1})\boldsymbol{x}(t_k)+\boldsymbol{G}(t_k)\boldsymbol{u}(t_k),\boldsymbol{x}(t_{k0})=\boldsymbol{x}_0\\\boldsymbol{y}(t_k)=\boldsymbol{H}(t_k)\boldsymbol{x}(t_k),t_k\in[t_{k0},t_{kf}]\end{cases}\tag{9-139}$$

式中：$\boldsymbol{F}\in\mathbb{R}^{n\times n}$；$\boldsymbol{G}\in\mathbb{R}^{n\times r}$；$\boldsymbol{H}\in\mathbb{R}^{m\times n}$。利用Grammian矩阵/可观测矩阵来确定离散时间线性系统的可观测性，可观测矩阵可以表示为

$$\boldsymbol{O}_{\mathrm{LTI}}=\begin{bmatrix}H\\HF\\\vdots\\HF^{m-1}\end{bmatrix}\tag{9-140}$$

式中：m是状态变量的维数，如果$\mathrm{rank}(O_{\mathrm{LTI}})=m$，则离散时间线性系统可观测。

2. 非线性定常系统的可观测性分析方法

考虑非线性定常系统

$$\sum\nolimits_{\mathrm{NTI}}\begin{cases}\boldsymbol{x}(t)=\boldsymbol{f}[\boldsymbol{x}(t),\boldsymbol{u}(t)],\boldsymbol{x}(t_0)=\boldsymbol{x}_0\\\boldsymbol{y}(t)=h[\boldsymbol{x}(t_k)]\end{cases}\tag{9-141}$$

式中：$\boldsymbol{x}\in\mathbb{R}^n$为非线性定常系统的状态变量；$\boldsymbol{u}\in\mathbb{R}^r$为非线性定常系统控制输入量，$\boldsymbol{y}\in\mathbb{R}^m$为非线性定常系统的观测量，$\boldsymbol{x}_0$为初始状态。非线性系统可以描

述为可观测、局部可观测、局部弱可观测,利用微分几何 Lie 导数分析非线性系统的可观测性,用 Lie 导数表示的非线性系统可观测矩阵可表示为

$$\boldsymbol{O}_{\mathrm{NTI}}=\begin{bmatrix}\mathrm{d}\boldsymbol{h}(x)\\ \mathrm{d}L_f\boldsymbol{h}(x)\\ \vdots\\ \mathrm{d}L_f^{n-2}\boldsymbol{h}(x)\\ \mathrm{d}L_f^{n-1}\boldsymbol{h}(x)\end{bmatrix} \tag{9-142}$$

如果系统 $\sum_{\mathrm{NTI}}$ 满足可观测矩阵秩条件(可观测矩阵 $\boldsymbol{O}_{\mathrm{NTI}}$ 的秩为 n),则系统 $\sum_{\mathrm{NTI}}$ 在 x_0 处局部弱可观。

3. 分段线性定常系统的可观测性分析方法

时变非线性系统的可观测常利用分段线性定常的方法进行分析,考虑分段线性定常系统

$$\sum_{\mathrm{PWCS}}\begin{cases}\dot{\boldsymbol{x}}(t)=\boldsymbol{F}_j\boldsymbol{x}(t)\\ \boldsymbol{y}_j(t)=\boldsymbol{H}_j\boldsymbol{x}(t)\end{cases} \tag{9-143}$$

式中:$\boldsymbol{F}_j=\partial\boldsymbol{f}(\boldsymbol{x})/\partial\boldsymbol{x}|\boldsymbol{x}_j$;$\boldsymbol{H}_j=\partial\boldsymbol{h}(\boldsymbol{x})/\partial\boldsymbol{x}|\boldsymbol{x}_j$,第 j 段的可观测性分析结果可利用第 j 完全可观测矩阵(Total Observability Matrix,TOM)分析得出,第 j 段完全可观测矩阵可以表示为

$$\boldsymbol{Q}(j)=\begin{bmatrix}\boldsymbol{Q}_1\\ \boldsymbol{Q}_2\mathrm{e}^{\boldsymbol{F}_1\Delta_1}\\ \vdots\\ \boldsymbol{Q}_j\mathrm{e}^{\boldsymbol{F}_{j-1}\Delta_{j-1}}\cdots\mathrm{e}^{\boldsymbol{F}_1\Delta_1}\end{bmatrix} \tag{9-144}$$

其中

$$\boldsymbol{Q}_i^{\mathrm{T}}=[\boldsymbol{H}_i^{\mathrm{T}}|(\boldsymbol{H}_i\boldsymbol{F}_i)^{\mathrm{T}}|\cdots|(\boldsymbol{H}_i\boldsymbol{F}_i^{n-1})^{\mathrm{T}}],1\leqslant i\leqslant j \tag{9-145}$$

式中:Δ_i 为第 i 段的的时间间隔。

条带化可观测矩阵(Stripped Observability Matrix,SOM)$\boldsymbol{Q}_{\mathrm{s}}(j)$ 可以表示为

$$\boldsymbol{Q}_{\mathrm{s}}(j)=\begin{bmatrix}\boldsymbol{Q}_1\\ \boldsymbol{Q}_2\\ \vdots\\ \boldsymbol{Q}_j\end{bmatrix} \tag{9-146}$$

定理 1：如果满足

$$\mathrm{NULL}(\boldsymbol{Q}_j)\subset\mathrm{NULL}(\boldsymbol{F}_j)\ \forall j \tag{9-147}$$

则

$$\mathrm{NULL}(\boldsymbol{Q}(r))\subset\mathrm{NULL}(\boldsymbol{Q}_{\mathrm{s}}(r)) \tag{9-148}$$

$$\mathrm{RANK}(\boldsymbol{Q}(r))\subset\mathrm{RANK}(\boldsymbol{Q}_{\mathrm{s}}(r)) \tag{9-149}$$

当系统满足定理 1，则可用条带化可观测矩阵替代完全可观测矩阵判断分段线性定常系统的可观测性。

4. 基于 Fisher 信息阵的随机可观测性分析方法

从估计理论的角度，估计误差方差矩阵的下界可以由 Fisher 信息阵（FIM）的逆估计得出。Fisher 信息阵是定量描述在观测量中存在的系统随机变量的信息大小的矩阵。奇异的 Fisher 信息阵表示系统的 Cramér － Rao 下界不存在，这就表示观测量中的信息并不足够完成状态估计。这种方法被用于分析机器人 SLAM、着陆器自主导航、脉冲星自主导航等方向。

设 $p(z;\boldsymbol{x})$ 为观测量 z 在概率密度函数，观测量 z 为状态量 $\boldsymbol{x}$ 的函数，z 和 $\boldsymbol{x}$ 相互独立的随机变量，$\boldsymbol{x}$ 的极大似然函数可以定义为

$$p(z\mid\boldsymbol{x})=\prod_{t=1}^{n}\frac{1}{\sqrt{2\pi}\sigma_i}\exp\left(-\frac{1}{2}\sigma_i^{-2}\ \|z_i-h_i(\boldsymbol{x})\|^2\right) \tag{9-150}$$

代价函数可以定义为

$$J(x)=\frac{1}{2}\sum_{i}^{n}\sigma^{-2}\ \|z_i-h_i(\boldsymbol{x})\|^2 \tag{9-151}$$

假设 $p(z;\boldsymbol{x})$ 满足以下正则条件

$$E\left[\frac{\partial}{\partial x}\ln p(z;\boldsymbol{x})\right]=0 \tag{9-152}$$

式中：$\boldsymbol{x}$ 为未知状态随机变量，因此任意的状态无偏估计 $\hat{\boldsymbol{x}}$ 的方差矩阵都满足

$$\boldsymbol{P}=\mathrm{Cov}(\hat{\boldsymbol{x}})\geqslant\boldsymbol{F}^{-1}(\boldsymbol{x}) \tag{9-153}$$

式中：符号“≥”表示 $\mathrm{Cov}(\hat{\boldsymbol{x}})-\boldsymbol{F}^{-1}(\boldsymbol{x})$ 的结果是半正定矩阵；$\boldsymbol{F}(\boldsymbol{x})$ 为 Fisher 信息矩阵，可以表示为

$$\boldsymbol{F}(\boldsymbol{x})=E\left[\frac{\partial^2}{\partial x_i\partial x_j}\ln p(z;\boldsymbol{x})\right]=\sum_{i}^{n}\sigma_i^{-2}\frac{\partial h_i(\boldsymbol{x})}{\partial(\boldsymbol{x})}\frac{\partial h_i(\boldsymbol{x})}{\partial(\boldsymbol{x})}^{\mathrm{T}} \tag{9-154}$$

Fisher 信息矩阵的逆 $\boldsymbol{I}^{-1}(\boldsymbol{x})$ 也可称为 Cramér － Rao 下界。

根据估计误差方差和 Fisher 信息阵之间的关系，如式（9－153）所示，则估

计误差方差矩阵和 Fisher 信息阵迹的关系可以表示为

$$\mathrm{tr}(\boldsymbol{P}) \geqslant \mathrm{tr}(\boldsymbol{F}^{-1}) = \sum_{i=1}^{3}\frac{1}{\lambda_i} > \frac{3}{\sum_{i=1}^{3}\lambda_i} = \frac{3}{\mathrm{tr}(\boldsymbol{F})} \tag{9-155}$$

可以依此确定无偏估计的下界。

9.4.2 基于 FIM 的自主导航系统的可观测理论分析

9.4.2.1 单导航源 FIM 可观测分析

1. 天文测角导航单视线矢量方向 FIM 可观测分析

根据单视线矢量方矢量测方程,基于单视线矢量方向的 Fisher 信息矩阵可表示为

$$\boldsymbol{F}_{1\mathrm{LOS}} = \sigma_{1\mathrm{LOS}}^{-2}\frac{\partial L}{\partial r}\left(\frac{\partial L}{\partial r}\right)^{\mathrm{T}} = \frac{\sigma_{1\mathrm{LOS}}^{-2}}{R_{1\mathrm{LOS}}}(\boldsymbol{I}_{3\times3} - \boldsymbol{L}\boldsymbol{L}^{\mathrm{T}}) \equiv \sigma_{1\mathrm{LOS}}^{-2}\boldsymbol{N}_{1\mathrm{LOS}} \tag{9-156}$$

式中:$\sigma_{1\mathrm{LOS}}$为天文测角导航单视线矢量方向的测量标准差;$R_{1\mathrm{LOS}}$为探测器与导航源之间的距离;矩阵 $\boldsymbol{N}_{1\mathrm{LOS}}$的秩为 2,即单导航源的视线矢量方向可以提供两个方向的的位置信息;矩阵 $\boldsymbol{N}_{1\mathrm{LOS}}$的特征值可由下式得出,即

$$\det(\boldsymbol{N}_{1\mathrm{LOS}} - \lambda\boldsymbol{I}_{3\times3}) = 0 \tag{9-157}$$

则矩阵 $\boldsymbol{N}_{1\mathrm{LOS}}$的特征值为 $\lambda_1 = 0, \lambda_2 = \lambda_3 = 1/R_{1\mathrm{LOS}}^2$, Fisher 信息矩阵的特征值为 $\lambda_1 = 0, \lambda_2 = \lambda_3 = \sigma_{1\mathrm{LOS}}^{-2}/R_{1\mathrm{LOS}}^2$,则 λ_2 和 λ_3 对应的特征矢量为

$$\begin{cases}\boldsymbol{w}_2 = [-L_y, L_x, 0]^{\mathrm{T}} = \boldsymbol{L}\times(-\boldsymbol{k}) \\ \boldsymbol{w}_3 = [-L_z, 0, L_x]^{\mathrm{T}} = \boldsymbol{L}\times\boldsymbol{j}\end{cases} \tag{9-158}$$

式中:$\boldsymbol{k} = [0,0,1]^{\mathrm{T}}$ 为目标质心惯性坐标系 z 轴单位矢量;$\boldsymbol{j} = [0,1,0]^{\mathrm{T}}$ 为目标质心惯性坐标系 y 轴单位矢量。由式(9-158)可以看出,单导航源的视线矢量方向可以提供的位置信息位于 $\boldsymbol{L}\times(-\boldsymbol{k})$ 和 $\boldsymbol{L}\times\boldsymbol{j}$ 两个方向。由于 Fisher 信息矩阵的特征值为 $\lambda_1 = 0, \lambda_2 = \lambda_3 = \dfrac{\sigma_{1\mathrm{LOS}}^{-2}}{R_{1\mathrm{LOS}}^2}$,则 Fisher 信息矩阵的行列式为 0,天文测角导航单视线矢量方向不完全可观测,因此估计误差的下界为

$$\frac{3}{\mathrm{tr}(\boldsymbol{F}_{1\mathrm{LOS}})} = \frac{3\sigma_{1\mathrm{LOS}}^2 R_{1\mathrm{LOS}}}{2} \tag{9-159}$$

2. 天文测距导航单脉冲星脉冲到达时间 FIM 可观测分析

根据单脉冲星脉冲到达时间的量测方程,基于单脉冲星脉冲到达时间的

Fisher 信息矩阵可表示为

$$\boldsymbol{F}_{1\mathrm{TOA}}=\sigma_{1\mathrm{TOA}}^{-2}\frac{\partial T_{\mathrm{TOA}}}{\partial \boldsymbol{r}}\left(\frac{\partial T_{\mathrm{TOA}}}{\partial \boldsymbol{r}}\right)^{\mathrm{T}}=\frac{\sigma_{1\mathrm{TOA}}^{-2}}{c^{2}}\boldsymbol{n}_1\boldsymbol{n}_1^{\mathrm{T}}\equiv\sigma_{1\mathrm{TOA}}^{-2}\boldsymbol{N}_{1\mathrm{TOA}} \tag{9-160}$$

式中：$\sigma_{1\mathrm{TOA}}$为脉冲到达时间的测量标准差；T_{TOA}为脉冲到达时间；$\boldsymbol{n}_1$ 为脉冲星的单位矢量方向；c 为光速。矩阵 $\boldsymbol{N}_{1\mathrm{TOA}}$的秩为1，即单颗脉冲星的脉冲到达时间仅可提供一个方向的位置信息。矩阵 $\boldsymbol{N}_{1\mathrm{TOA}}$的特征值可由式(9-161)计算得出，即

$$\det(\boldsymbol{N}_{1\mathrm{TOA}}-\lambda\boldsymbol{I}_{3\times3})=0 \tag{9-161}$$

则矩阵 $\boldsymbol{N}_{1\mathrm{TOA}}$的特征值 $\lambda_1=\lambda_2=0,\lambda_3=(n_{1x}^2+n_{1y}^2+n_{1z}^2)/c^2=1/c^2$，因此矩阵 $\boldsymbol{F}_{1\mathrm{TOA}}$的特征值为 $\lambda_1=\lambda_2=0,\lambda_3=\sigma_{1\mathrm{TOA}}^{-2}/c^2$，$\lambda_3$ 对应的特征矢量为

$$\boldsymbol{w}_3=\frac{1}{n_{1z}}[n_{1x},n_{1y},n_{1z}]^{\mathrm{T}}=\frac{1}{n_{1z}}\boldsymbol{n}_1 \tag{9-162}$$

因此，天文测距导航单脉冲星的脉冲到达时间可以提供的位置信息与脉冲星矢量方向 $\boldsymbol{n}_1$ 平行。

由于矩阵 $\boldsymbol{F}_{1\mathrm{TOA}}$的特征值为 $\lambda_1=\lambda_2=0,\lambda_3=\sigma_{1\mathrm{TOA}}^{-2}/c^2$，因此矩阵 $\boldsymbol{F}_{1\mathrm{TOA}}$所对应的行列式为0，天文测距导航单脉冲星脉冲到达时间测量信息不完全可观测。估计误差的下界可以表示为

$$\frac{3}{\mathrm{tr}(\boldsymbol{F}_{1\mathrm{TOA}})}=3c^2\sigma_{1\mathrm{TOA}}^2 \tag{9-163}$$

3. 天文测速导航单恒星径向速度 FIM 可观测分析

1）单恒星多普勒径向速度

根据单恒星多普勒径向速度的量测方程，基于单恒星多普勒径向速度的 Fisher 信息矩阵可表示为

$$\boldsymbol{F}_{1\mathrm{star}}=\sigma_{1\mathrm{star}}^{-2}\frac{\partial V}{\partial \boldsymbol{v}}\left(\frac{\partial V}{\partial \boldsymbol{v}}\right)^{\mathrm{T}}=\sigma_{1\mathrm{star}}^{-2}\boldsymbol{s}_1\boldsymbol{s}_1^{\mathrm{T}}\equiv\sigma_{1\mathrm{star}}^{-2}\boldsymbol{N}_{1\mathrm{stard}} \tag{9-164}$$

式中：$\sigma_{1\mathrm{star}}$为单恒星多普勒径向速度的测量标准差；V 为测量所得的单恒星多普勒径向速度；$\boldsymbol{s}_1$ 为恒星的单位矢量方向。可以看出，基于单恒星多普勒径向速度的 Fisher 信息矩阵与基于单脉冲星脉冲到达时间的 Fisher 信息矩阵形式类似。因此，矩阵 $\boldsymbol{F}_{1\mathrm{star}}$的特征值为 $\lambda_1=\lambda_2=0,\lambda_3=\sigma_{1\mathrm{star}}^{-2}$，与 λ_3 对应的特征矢量为 $\boldsymbol{s}_1/s_{1z}$，即单恒星多普勒径向速度仅可提供与恒星单位矢量方向平行的速度分量信息。由于矩阵 $\boldsymbol{F}_{1\mathrm{star}}$的部分特征值为零，因此基于单恒星多普勒径向

速度的测量系统不完全可观测。速度估计误差的下界可以表示为

$$\frac{3}{\mathrm{tr}(\boldsymbol{F}_{1\mathrm{star}})}=3\sigma_{1\mathrm{star}}^{2} \tag{9-165}$$

2）太阳多普勒径向速度

根据太阳多普勒径向速度的量测方程,基于太阳多普勒径向速度的速度分量 Fisher 信息矩阵可表示为

$$\boldsymbol{F}_{1\mathrm{sun}}=\sigma_{1\mathrm{sun}}^{-2}\frac{\partial V}{\partial \boldsymbol{v}}\left(\frac{\partial V}{\partial \boldsymbol{v}}\right)^{\mathrm{T}}=\sigma_{1\mathrm{sun}}^{-2}\boldsymbol{s}_1\boldsymbol{s}_1^{\mathrm{T}}\equiv\sigma_{1\mathrm{sun}}^{-2}\boldsymbol{N}_{1\mathrm{sun}} \tag{9-166}$$

可以看出,基于太阳多普勒径向速度的速度分量 Fisher 信息矩阵与基于单恒星多普勒径向速度的 Fisher 信息矩阵形式相同,因此,可以推断出,太阳多普勒径向速度仅可以提供与太阳单位矢量平行的速度分量。

基于太阳多普勒径向速度的位置分量 Fisher 信息矩阵可表示为

$$\boldsymbol{F}_{1\mathrm{sunr}}=\sigma_{1\mathrm{sun}}^{-2}\frac{\partial V}{\partial \boldsymbol{r}}\left(\frac{\partial V}{\partial \boldsymbol{r}}\right)^{\mathrm{T}}=\sigma_{1\mathrm{sun}}^{-2}\left(\frac{\partial \boldsymbol{s}_1}{\partial \boldsymbol{r}}\cdot\boldsymbol{v}\right)\left(\frac{\partial \boldsymbol{s}_1}{\partial \boldsymbol{r}}\cdot\boldsymbol{v}\right)^{\mathrm{T}}\equiv\sigma_{1\mathrm{sun}}^{-2}\boldsymbol{N}_{1\mathrm{sunr}} \tag{9-167}$$

式中:$\boldsymbol{s}_1$ 为太阳单位矢量方向;$\boldsymbol{v}$ 为探测器速度矢量。矩阵 $\boldsymbol{N}_{1\mathrm{sunr}}$ 的秩为1,因此基于太阳多普勒径向速度仅可提供一个方向的位置信息。矩阵 $\boldsymbol{N}_{1\mathrm{sunr}}$ 的特征值为 $\lambda_1=\lambda_2=0,\lambda_3=\|\boldsymbol{v}\times\boldsymbol{s}_1\|^2\neq0$,与 λ_3 对应的特征矢量为

$$\boldsymbol{w}_3=\left[\frac{x_{\mathrm{sun}}}{\boldsymbol{r}_{\mathrm{sun}}}\boldsymbol{v}_{\mathrm{sun}}-v_x,\frac{y_{\mathrm{sun}}}{r_{\mathrm{sun}}}\boldsymbol{v}_{\mathrm{sun}}-v_y,\frac{z_{\mathrm{sun}}}{r_{\mathrm{sun}}}\boldsymbol{v}_{\mathrm{sun}}-v_z\right]^{\mathrm{T}}=[v_{\mathrm{xmars}},v_{\mathrm{ymars}},v_{\mathrm{zmars}}]^{\mathrm{T}}=\boldsymbol{v}_{\mathrm{mars}} \tag{9-168}$$

式中:$\boldsymbol{v}_{\mathrm{sun}}$ 为探测器相对于太阳的速度矢量方向,$\boldsymbol{v}_{\mathrm{mars}}$ 为火星的速度方向,因此,可以看出,基于太阳多普勒径向速度仅可提供一个火星速度方向的位置信息。矩阵 $\boldsymbol{F}_{1\mathrm{sun}}$ 和矩阵 $\boldsymbol{F}_{1\mathrm{sunr}}$ 的行列式都为零,因此基于太阳多普勒径向速度的测量系统不完全可观测,速度和位置误差的估计下界为

$$\frac{3}{\mathrm{tr}(\boldsymbol{F}_{1\mathrm{sun}})}=3\sigma_{1\mathrm{sun}}^{2} \tag{9-169}$$

和

$$\frac{3}{\mathrm{tr}(\boldsymbol{F}_{1\mathrm{sunr}})}=\frac{3\sigma_{1\mathrm{sun}}^{2}}{\|\boldsymbol{v}\|^{2}} \tag{9-170}$$

9.4.2.2 双导航源 FIM 可观测分析

1. 天文测角导航双视线矢量方向 FIM 可观测分析

根据视线矢量方矢量测方程,基于双视线矢量方向的 Fisher 信息矩阵可

表示为

$$F_{2LOS} = \sum_{i=1}^{2} \sigma_{iLOS}^{-2} \frac{\partial L_i}{\partial r} \left(\frac{\partial L_i}{\partial r} \right)^{T} = \sum_{i=1}^{2} \frac{\sigma_{iLOS}^{-2}}{R_{iLOS}} (I_{3\times3} - L_i L_i^{T}) \quad (9-171)$$

式中:L_i 为第 i 个导航源的视线矢量方向;σ_{iLOS}为天文测角导航第 i 个导航源视线矢量方向的测量标准差;R_{iLOS}为探测器与第 i 个导航源之间的距离。矩阵 F_{2LOS}的秩为 3,即天文测角导航双视线矢量方向测量系统完全可观测,则矩阵 F_{2LOS}的特征值为 $\lambda_1 = 1, \lambda_2 = -\lambda_3 \neq 0$,则 Fisher 信息矩阵所对应的行列式为

$$\det(F_{2LOS}) = \frac{2\sigma_{minLOS}^{-6}}{R_{minLOS}^{6}} (\| L_1 \times L_2 \|^2) \quad (9-172)$$

估计误差的下界为

$$\frac{3}{\mathrm{tr}(F_{2LOS})} = \frac{3\sigma_{minLOS}^{2} R_{minLOS}}{4} \quad (9-173)$$

2. 天文测距导航双脉冲星脉冲到达时间 FIM 可观测分析

根据脉冲星脉冲到达时间的量测方程,基于双脉冲星脉冲到达时间的 Fisher 信息矩阵可表示为

$$F_{2TOA} = \sum_{i=1}^{2} \sigma_{iTOA}^{-2} \frac{\partial T_{iTOA}}{\partial r} \left(\frac{\partial T_{i\ TOA}}{\partial r} \right)^{T} = \sum_{i=1}^{2} \sigma_{iTOA}^{-2} \frac{n_i n_i^{T}}{c^2} \quad (9-174)$$

式中:σ_{iTOA}为第 i 个脉冲星的脉冲到达时间的测量标准差;T_{iTOA}为第 i 个脉冲星的脉冲到达时间;n_i 为第 i 个脉冲星的单位矢量方向。矩阵 F_{2TOA}的秩为 2,即两颗脉冲星的脉冲到达时间仅可提供两个方向的位置信息,矩阵 F_{1TOA}的特征值为 $\lambda_1 = \lambda_2 \neq 0, \lambda_3 = 0, \lambda_3$ 对应的特征矢量为

$$w_3 = \begin{bmatrix} \dfrac{n_{1y}n_{2z} - n_{1z}n_{2y}}{n_{1x}n_{2y} - n_{1y}n_{2x}} & \dfrac{n_{1z}n_{2x} - n_{1x}n_{2z}}{n_{1x}n_{2y} - n_{1y}n_{2x}} & 1 \end{bmatrix}^{T} = \frac{1}{n_{1x}n_{2y} - n_{1y}n_{2x}} n_1 \times n_2 \quad (9-175)$$

因此,天文测距导航双脉冲星的脉冲到达时间不能提供与矢量方向 $n_1 \times n_2$ 平行的位置信息。矩阵 F_{1TOA}所对应的行列式为 0,天文测距导航双脉冲星脉冲到达时间测量信息不完全可观测,估计误差的下界可以表示为

$$\frac{3}{\mathrm{tr}(F_{2TOA})} = \frac{3}{\sum_{i=1}^{2} \sigma_{iTOA}^{-2} (n_{ix}^2 + n_{iy}^2 + n_{iz}^2)/c^2} = \frac{3}{\sum_{i=1}^{2} \sigma_{iTOA}^{-2}/c^2} \geqslant \frac{3\sigma_{iTOA}^{2} c^2}{2} \quad (9-176)$$

3. 天文测速导航双恒星径向速度 FIM 可观测分析

1) 双恒星多普勒径向速度

根据恒星多普勒径向速度的量测方程,基于双恒星多普勒径向速度的 Fisher 信息矩阵可表示为

$$F_{2\text{star}} = \sum_{i=1}^{2} \sigma_{i\text{star}}^{-2} \frac{\partial V_i}{\partial \boldsymbol{v}} \left(\frac{\partial V_i}{\partial \boldsymbol{v}}\right)^{\mathrm{T}} = \sum_{i=1}^{2} \sigma_{i\text{star}}^{-2} \boldsymbol{s}_i \boldsymbol{s}_i^{\mathrm{T}} \tag{9-177}$$

式中:$\sigma_{i\text{star}}$为第 i 个恒星多普勒径向速度的测量标准差;V_i 为测量所得的第 i 个恒星多普勒径向速度;$\boldsymbol{s}_i$ 为第 i 个恒星的单位矢量方向。矩阵 $\boldsymbol{F}_{2\text{star}}$的秩为 2,矩阵 $\boldsymbol{F}_{2\text{star}}$的特征值为 $\lambda_1=0,\lambda_2=\lambda_3\neq 0$,与 λ_1 对应的特征矢量为

$$\boldsymbol{w}_3 = \left[\frac{s_{1y}s_{2z}-s_{1z}s_{2y}}{s_{1x}s_{2y}-s_{1y}s_{2x}} \quad \frac{s_{1z}s_{2x}-s_{1x}s_{2z}}{s_{1x}s_{2y}-s_{1y}s_{2x}} \quad 1\right]^{\mathrm{T}} = \frac{1}{s_{1x}s_{2y}-s_{1y}s_{2x}} \boldsymbol{s}_1 \times \boldsymbol{s}_2 \tag{9-178}$$

即双恒星多普勒径向速度不能提供与矢量方向平行 $\boldsymbol{s}_1 \times \boldsymbol{s}_2$ 的速度分量信息。由于矩阵 $\boldsymbol{F}_{2\text{star}}$的部分特征值为零,因此基于双恒星多普勒径向速度的测量系统不完全可观测。速度估计误差的下界可以表示为

$$\frac{3}{\operatorname{tr}(\boldsymbol{F}_{2\text{star}})} = \frac{3}{\sum_{i=1}^{2} \sigma_{i\text{star}}^{-2}(s_{ix}^2 + s_{iy}^2 + s_{iz}^2)} \geqslant \frac{3}{2}\sigma_{\text{minstar}}^2 \tag{9-179}$$

式中:σ_{minstar}为双恒星多普勒径向速度测量量的最小标准差,由此也可以看出,速度估计误差的下界由于另一恒星多普勒径向速度的加入而减小。

2) 太阳/恒星多普勒径向速度

根据太阳和恒星多普勒径向速度的量测方程,基于太阳/恒星多普勒径向速度的速度分量 Fisher 信息矩阵可表示为

$$\boldsymbol{F}_{2\text{sun}} = \sum_{i=1}^{2} \sigma_{i\text{sun}}^{-2} \frac{\partial V_i}{\partial \boldsymbol{v}} \left(\frac{\partial V_i}{\partial \boldsymbol{v}}\right)^{\mathrm{T}} = \sum_{i=1}^{2} \sigma_{i\text{sun}}^{-2} \boldsymbol{s}_i \boldsymbol{s}_i^{\mathrm{T}} \tag{9-180}$$

可以看出,基于太阳/恒星多普勒径向速度的速度分量 Fisher 信息矩阵与基于双恒星多普勒径向速度的 Fisher 信息矩阵形式相同,因此,可以推断出,太阳/恒星多普勒径向速度不能提供与矢量方向平行 $\boldsymbol{s}_1 \times \boldsymbol{s}_2$ 的速度分量信息。

基于太阳/恒星多普勒径向速度的位置分量 Fisher 信息矩阵可表示为

$$\boldsymbol{F}_{2\text{sunr}} = \sum_{i=1}^{2} \sigma_{i\text{sun}}^{-2} \frac{\partial V_i}{\partial \boldsymbol{r}} \left(\frac{\partial V_i}{\partial \boldsymbol{r}}\right)^{\mathrm{T}} = \sigma_{1\text{sun}}^{-2} \left(\frac{\partial \boldsymbol{s}_1}{\partial \boldsymbol{r}} \cdot \boldsymbol{v}\right)\left(\frac{\partial \boldsymbol{s}_1}{\partial \boldsymbol{r}} \cdot \boldsymbol{v}\right)^{\mathrm{T}} \tag{9-181}$$

式中:$\boldsymbol{s}_1$ 为太阳单位矢量方向;$\boldsymbol{v}$ 为探测器速度矢量。基于太阳/恒星多普勒径

向速度的位置分量 Fisher 信息矩阵与基于太阳多普勒径向速度的位置分量 Fisher 信息矩阵形式相同，矩阵 $\boldsymbol{F}_{2\mathrm{sunr}}$ 的秩为 1，因此基于太阳/恒星多普勒径向速度仅可提供火星速度方向的位置信息。矩阵 $\boldsymbol{F}_{2\mathrm{sun}}$ 和矩阵 $\boldsymbol{F}_{2\mathrm{sunr}}$ 的行列式都为零，因此基于太阳多普勒径向速度的测量系统不完全可观测，速度和位置误差的估计下界为

$$\frac{3}{\mathrm{tr}(\boldsymbol{F}_{2\mathrm{sun}})} \geqslant \frac{3\sigma_{\mathrm{minsun}}^{2}}{2} \tag{9-182}$$

和

$$\frac{3}{\mathrm{tr}(\boldsymbol{F}_{2\mathrm{sunr}})} = \frac{3\sigma_{1\mathrm{sun}}^{2}}{\|\boldsymbol{v}\|^{2}} \tag{9-183}$$

9.4.2.3　三导航源 FIM 可观测分析

1. 天文测距导航三脉冲星脉冲到达时间 FIM 可观测分析

根据脉冲星脉冲到达时间的量测方程，基于三脉冲星脉冲到达时间的 Fisher 信息矩阵可表示为

$$\boldsymbol{F}_{3\mathrm{TOA}} = \sum_{i=1}^{3} \sigma_{i\mathrm{TOA}}^{-2} \frac{\partial T_{i\mathrm{TOA}}}{\partial \boldsymbol{r}} \left(\frac{\partial T_{i\mathrm{TOA}}}{\partial \boldsymbol{r}}\right)^{\mathrm{T}} = \sum_{i=1}^{3} \sigma_{i\mathrm{TOA}}^{-2} \frac{\boldsymbol{n}_i \boldsymbol{n}_i^{\mathrm{T}}}{c^2} \tag{9-184}$$

矩阵 $\boldsymbol{F}_{3\mathrm{TOA}}$ 的秩为 3，即基于三颗脉冲星的脉冲到达时间的导航系统完全可观测，可提供三个方向的位置信息，矩阵 $\boldsymbol{F}_{3\mathrm{TOA}}$ 所对应的行列式为

$$\det(\boldsymbol{F}_{3\mathrm{TOA}}) = \frac{\sigma_{1\mathrm{TOA}}^{-2}\sigma_{2\mathrm{TOA}}^{-2}\sigma_{3\mathrm{TOA}}^{-2}}{c^6}[\boldsymbol{n}_1 \cdot (\boldsymbol{n}_2 \times \boldsymbol{n}_3)]^2 \tag{9-185}$$

因此，如果三个脉冲星的矢量方向 $\boldsymbol{n}_1$、$\boldsymbol{n}_2$ 和 $\boldsymbol{n}_3$ 相互正交，则矩阵 $\boldsymbol{F}_{3\mathrm{TOA}}$ 所对应的行列式最大，三个方向的位置信息估计精度最高，即

$$\det(\boldsymbol{F}_{3\mathrm{TOA}})_{\max} = \frac{3c^6}{(3\sigma_{\mathrm{minTOA}}^{2})^3} \tag{9-186}$$

估计误差的下界可以表示为

$$\frac{3}{\mathrm{tr}(\boldsymbol{F}_{2\mathrm{TOA}})} = \sigma_{\mathrm{minTOA}}^{2} c^2 \tag{9-187}$$

2. 天文测速导航三恒星径向速度 FIM 可观测分析

1）三恒星多普勒径向速度

根据恒星多普勒径向速度的量测方程，基于三恒星多普勒径向速度的 Fisher 信息矩阵可表示为

$$\boldsymbol{F}_{3\text{star}} = \sum_{i=1}^{3} \sigma_{i\text{star}}^{-2} \frac{\partial V_i}{\partial \boldsymbol{v}} \left(\frac{\partial V_i}{\partial \boldsymbol{v}} \right)^{\mathrm{T}} = \sum_{i=1}^{3} \sigma_{i\text{star}}^{-2} \boldsymbol{s}_i \boldsymbol{s}_i^{\mathrm{T}} \tag{9-188}$$

矩阵 $\boldsymbol{F}_{3\text{star}}$ 的秩为 3,即基于三恒星多普勒径向速度的测量系统对于速度状态矢量完全可观测。矩阵 $\boldsymbol{F}_{3\text{star}}$ 所对应的行列式为

$$\mathbf{det}(\boldsymbol{F}_{3\text{TOA}}) = \sigma_{1\text{star}}^{-2}\sigma_{2\text{star}}^{-2}\sigma_{3\text{star}}^{-2}[\boldsymbol{s}_1 \cdot (\boldsymbol{s}_2 \times \boldsymbol{s}_3)]^2 \tag{9-189}$$

当三个导航恒星的矢量方向 $\boldsymbol{s}_1$、$\boldsymbol{s}_2$ 和 $\boldsymbol{s}_3$ 相互正交,则矩阵 $\boldsymbol{F}_{3\text{star}}$ 所对应的行列式最大,三个方向的位置信息估计精度最高,即

$$\mathbf{det}\,(\boldsymbol{F}_{3\text{TOA}})_{\max} = \frac{3}{(3\sigma_{\text{minstar}}^2)^3} \tag{9-190}$$

速度估计误差的下界可以表示为

$$\frac{3}{\mathrm{tr}(\boldsymbol{F}_{3\text{star}})} = \sigma_{\text{minstar}}^2 \tag{9-191}$$

2)太阳/双恒星多普勒径向速度

根据太阳和恒星多普勒径向速度的量测方程,基于太阳/双恒星多普勒径向速度的速度分量 Fisher 信息矩阵可表示为

$$\boldsymbol{F}_{3\text{sun}} = \sum_{i=1}^{3} \sigma_{is}^{-2} \frac{\partial V_i}{\partial \boldsymbol{v}} \left(\frac{\partial V_i}{\partial \boldsymbol{v}} \right)^{\mathrm{T}} = \sum_{i=1}^{2} \sigma_{is}^{-2} \boldsymbol{s}_i \boldsymbol{s}_i^{\mathrm{T}} \tag{9-192}$$

可以看出,基于太阳/双恒星多普勒径向速度的速度分量 Fisher 信息矩阵与基于三恒星多普勒径向速度的 Fisher 信息矩阵形式相同,矩阵 $\boldsymbol{F}_{3\text{sun}}$ 的秩为 3,即基于太阳/双恒星多普勒径向速度的测量系统对于速度状态矢量完全可观测。矩阵 $\boldsymbol{F}_{3\text{sun}}$ 所对应的行列式为

$$\det(\boldsymbol{F}_{3\text{sun}}) = \sigma_{1\text{s}}^{-2}\sigma_{2\text{s}}^{-2}\sigma_{3\text{s}}^{-2}[\boldsymbol{s}_1 \cdot (\boldsymbol{s}_2 \times \boldsymbol{s}_3)]^2 \tag{9-193}$$

当太阳和两个导航恒星的矢量方向 $\boldsymbol{s}_1$、$\boldsymbol{s}_2$ 和 $\boldsymbol{s}_3$ 相互正交,则矩阵 $\boldsymbol{F}_{3\text{sun}}$ 所对应的行列式最大,三个方向的位置信息估计精度最高,即

$$\det(\boldsymbol{F}_{3\text{sun}})_{\max} = \frac{3}{(3\sigma_{\text{mins}}^2)^3} \tag{9-194}$$

速度估计误差的下界可以表示为

$$\frac{3}{\mathrm{tr}(\boldsymbol{F}_{3\text{sun}})} = \sigma_{\text{mins}}^2 \tag{9-195}$$

基于太阳/双恒星多普勒径向速度的位置分量 Fisher 信息矩阵可表示为

$$F_{3\text{sunr}} = \sum_{i=1}^{3} \sigma_{is}^{-2} \frac{\partial V_i}{\partial \boldsymbol{r}} \left(\frac{\partial V_i}{\partial \boldsymbol{r}} \right)^{\mathrm{T}} = \sigma_{1\text{s}}^{-2} \left(\frac{\partial \boldsymbol{s}_1}{\partial \boldsymbol{r}} \cdot \boldsymbol{v} \right) \left(\frac{\partial \boldsymbol{s}_1}{\partial \boldsymbol{r}} \cdot \boldsymbol{v} \right)^{\mathrm{T}} \tag{9-196}$$

基于太阳/双恒星多普勒径向速度的位置分量 Fisher 信息矩阵与基于太阳多普勒径向速度的位置分量 Fisher 信息矩阵形式相同,矩阵 $\boldsymbol{F}_{2\mathrm{sunr}}$ 的秩为 1,因此基于太阳/恒星多普勒径向速度仅可提供火星速度方向的位置信息。矩阵 $\boldsymbol{F}_{3\mathrm{sunr}}$ 的行列式为零,因此基于太阳多普勒径向速度的测量系统对于位置状态矢量不完全可观测,位置误差的估计下界为

$$\frac{3}{\mathrm{tr}(\boldsymbol{F}_{3\mathrm{sunr}})}=\frac{3\sigma_{1\mathrm{sun}}^{2}}{\|\boldsymbol{v}\|^{2}} \tag{9-197}$$

9.5 小结

测角、测速、测距导航有各自的优缺点。组合导航系统能实现多种导航方式的互补。本章首先介绍了测角/测距组合导航,该组合导航系统大大提高了系统的稳健性。然后,针对编队飞行任务、太阳光谱不稳定、轨道机动飞行等多种情况下,给出了不同的测速/测距组合导航方法,并给出了测速/测距导航中的恒星选星方法。最后,对各种组合导航方法的性能进行了可观测性分析。

参考文献

[1] Long A C, Leung D, Folta D, et al. Autonomous Navigation of high - earth satellites using celestial objects and doppler measurements [C]. Denver: Proceedings of the AIAA/AAS Astrodynamics Specialist Conf. Denver, 2000.

[2] 张伟,陈晓,尤伟,等. 光谱红移自主导航新方法[J]. 上海航天,2013,30(2):32 - 38.

[3] 费保俊,孙维瑾,季诚响,等. 单脉冲星自主导航的可行性分析[J]. 装甲兵工程学院学报,2007,21(3):82 - 8.

[4] 郑广楼,刘建业,乔黎,等. 单脉冲星自主导航系统可观测性分析[J]. 应用科学学报,2008,26(5):506 - 10.

[5] Liu J, Ma J, Tian J W. CNS/pulsar integrated navigation using two - level filter [J]. Chinese Journal of Electronics, 2010, 19(2):265 - 269.

[6] Liu J, Ma J, Tian J W. Pulsar/CNS integrated navigation based on federated UKF [J]. Journal of Systems Engineering and Electronics, 2010, 21(4):675 - 681.

[7] Yim J R, Crassidis J L, Junkins J L. Autonomous orbit navigation of interplanetary spacecraft [C]. Denver: AIAA/AAS Astrodynamics Specialist Conference. , 2000.

[8] Liu J, Kang Z W, Paul W, et al. Doppler/XNAV - integrated navigation system using small - area X - ray sensor [J]. IET Radar, Sonar and Navigation, 2011, 5(9):1010 - 1017.

[9] 杨成伟,邓新坪,郑建华,等. 含钟差修正的脉冲星和太阳观测组合导航[J]. 北京航空航天大学学报,2012,38(11):1469 - 1473.

[10] 吴伟仁,马辛,宁晓琳. 火星探测器转移轨道的自主导航方法[J]. 中国科学:信息科学,2012,42(8):936 - 948.

[11] Emadzadeh A A,Lopes C G,Speyer J L. Online time delay estimation of pulsar signals for relative navigation using adaptive filters[C]. IEEE/ION Position,Location and Navigation Symposium,2008.

[12] Christian J,Lightsey Glenn E. Review of options for autonomous Cislunar Navigation[C]. Honolulu,Hawaii,Aug:AIAA Guidance,Navigation and Control Conference and Exhibit, 2008.

[13] Xiong K,Wei C L,Liu L D. Autonomous navigation for a group of satellites with star sensors and inter - satellite links [J]. Acta Astronautica,2013,86:10 - 23.

[14] 崔平远,常晓华,崔祜涛. 基于可观测性分析的深空自主导航方法研究[J]. 宇航学报,2011,32(10):2115 - 2114.

[15] Ning X L,Wang L H,Wu W R,et al. A celestial assisted INS initialization method for lunar Explorers [J]. Sensors,2011,11(7):6991 - 7003.

[16] 张晓文,王大轶,黄翔宇. 深空自主光学导航观测小行星选取方法研究[J]. 宇航学报,2009,30(3):947 - 952.

[17] 徐文明,崔祜涛,崔平远,等. 深空自主光学导航小行星筛选与规划方法研究[J]. 航空学报,2007,28(4):891 - 896.

[18] Emadzadeh A A,Speyer J L. X - ray pulsar - based relative navigation using epoch folding [J]. IEEE Transactions on Aerospace and Electronic Systems,2011,47(4):2317 - 2328.

[19] Liu J,Ma J,Tian J W,et al. Pulsar navigation for interplanetary missions using CV model and ASUKF [J]. Aerospace Science and Technology,2012,22(1):19 - 23.

[20] Li J X,Ke X Z. Maximum - likelihood TOA estimation of X - ray pulsar signals on the basis of poison model [J]. Chinese Astronomy and Astrophysic,2011,35(1):19 - 28.

[21] Emadzadeh A A,Speyer J L. Relative navigation between two spacecraft using X - ray pulsars [J]. IEEE Transactions on Control Systems Technology,2011,19(5):1021 - 1035.

[22] Rinauro S,Colonnese S,Scarano G. Fast near - maximum likelihood phase estimation of X - ray pulsars [J]. Signal Processing,2013,93(1):326 - 331.

[23] 褚永辉,王大轶,熊凯,等. X 射线脉冲星导航测量延时补偿方法研究[J]. 宇航学报,2012,33(11):1617 - 1622.

[24] 刘劲,曾宪武,房建成,等. 基于星光多普勒的脉冲星脉冲到达时间补偿. 华中科技大学学报(自然科学版),2014,42(1):129 - 132.

[25] 武瑾媛,房建成,杨照华. 基于扩维卡尔曼滤波的火星探测器脉冲星相对导航方法[J]. 仪器仪表学报,2013,34(8):1711 - 1716.

[26] Smith R S,Hadaegh F Y. Control of deep - space formation - flying spacecraft; relative sensing and switched information [J]. Journal of Guidance,Control,and Dynamics,2005,28(1):106 - 114.

[27] GurfilP, Idan M, Kasdin N J. Adaptive neural control of deep – space formation flying [J]. Journal of Guidance, Control, and Dynamics, 2003, 26(3): 491 – 501.

[28] Wang Y d, Zheng W, Sun S M, et al. X – ray pulsar – based navigation system with the errors in the planetary ephemerides for earth – orbiting satellite [J]. Advances in Space Research, 51(12): 2394 – 2404.

[29] 徐勇, 常青, 于志坚. GNSS 星间链路测量与通信新方法研究[J]. 中国科学: 技术科学, 2012, 42(2): 230 – 240.

[30] 刘勇, 徐鹏, 徐世杰. 航天器自主交会对接的视觉相对导航方法[J]. 中国空间科学技术, 2013, 33(6): 33 – 40.

[31] Fang J C, Ning X L. Installation direction analysis of star sensors by hybrid condition number [J]. IEEE Transactions of Instrumentation and Measurement, 2009, 58(10): 3576 – 3582.

[32] Ning X L, Ma X, Peng C, et al. Analysis of filtering methods for satellite autonomous orbit determination using celestial and geomagnetic measurement [J]. Mathematical Problems in Engineering, 2012: 267875.

[33] Liu J, Fang J C, Ma X, et al. X – ray pulsar/starlight doppler integrated navigation for formation flight with ephemerides errors [J]. IEEE Aerospace & Electronics Systems Magazine, 2015, 30(3): 30 – 39.

[34] Fang C, Hiei E, Okamoto T. Caii K line asymmetries in two well – observed solar flares of october 18, 1990 [J]. Solar Physics, 1991, 135(1): 89 – 97.

[35] Ichimoto K, Kurokawa H. Hα red asymmetry of solar flares [J]. Solar Physics, 1984, 93 (1): 105 – 121.

[36] Ding M D, Fang C. The propagation of chromospheric condensations and the asymmetry of spectral lines in solar flares [J]. Acta Astrophysica Sinica, 1994, 18(3): 355.

[37] Liu J, Fang J C, Yang Z H. X – ray pulsar/doppler Difference integrated navigation for deep space exploration with unstable solar spectrum [J]. Aerospace Science and Technology, 2015, 41(1): 144 – 150.

[38] Liu J, Fang J, Yang Z. State prediction model using starlight doppler for orbital maneuver and its application in XNAV Journal of Aerospace Engineering, 2015.

[39] Liu J, Fang J C, Yang Z H. Star selection Strategy using measurement coupling matrix in starlight doppler – based integrated navigation system. Journal of Aerospace Engineering, 2015, online.

[40] Goshen – Meshin D, Bar – Itzhack I Y. Observability analysis of piece – wise constant System, Part I: Theroy [J]. IEEE Transactions on Aerospace and Electronic Systems, 1992, 28 (4): 1056 – 1067.

[41] Goshen – Meshin D, Bar – Itzhack I Y. Observability analysis of piece – wise constant system, Part I: Theory [J]. IEEE Transactions on Aerospace and Electronic Systems, 1992, 28 (4): 1068 – 1075.

第 10 章 深空探测巡视器自主天文和组合导航原理与方法

10.1 引言

巡视段是指深空探测器降落到目标天体的表面进行探测的阶段，该阶段通常会利用巡视器（漫游车），本章重点介绍巡视器的自主天文和组合导航方法。

10.1.1 巡视段深空探测器自主导航的发展

美国喷气推进实验室（Jet Propulsion Laboratory，JPL）代表了深空探测巡视器研究领域的最高水平，对巡视器导航方面已开展了大量的理论和试验研究，其研制的巡视器有的已经成功地登上了行星表面，并传回了许多非常珍贵的科学数据。

JPL 研制的“Rocky7”巡视器上最早采用了惯性/天文/视觉组合导航系统，图 10－1 即为“Rocky7”巡视器及太阳敏感器。其导航方案是：当巡视器静止时，利用太阳敏感器提供航向信息，利用加速度计来提供俯仰和横滚姿态信息；当巡视器运动时，利用陀螺仪来进行姿态更新，利用车轮里程计更新位置；立体相机则用于障碍规避。“Rocky7”巡视器由于利用了太阳敏感器来提供航向信息并辅助里程计提高位置估计精度，因此与之前的行星巡视器导航系统相比,性能有了较大改善。

JPL研制的"勇气"号和"机遇"号火星车上配备了更为完善的导航传感器:相机、IMU、里程计和太阳敏感器,如图10-2所示。"勇气"号和"机遇"号火星巡视器的位置和姿态确定方案是:当巡视器静止时,利用加速度计提供水平姿态信息,利用太阳敏感器提供航向信息;当巡视器运动时,使用陀螺仪更新姿态,使用车轮里程计更新位置;必要时利用视觉里程计修正位置。

图10-1　"Rocky7"巡视器及其太阳敏感器

图10-2　NASA"勇气"号火星车

随着我国月球探测工程的实施及火星探测等深空探测任务的开展,我国在行星探测器的自主导航领域也在积极进行研究和探索。经过10年艰苦攻关,我国研制成功首个月球车,称为"玉兔"号,如图10-3所示。2013年12月

图10-3　"玉兔"号月球车

2日凌晨1时30分,“嫦娥”三号月球探测器从西昌卫星发射中心由“长征”三号乙增强型运载火箭发射,于12月14日21时12分成功软着陆于月球表面。12月15日凌晨4时35分,“玉兔”号月球车从“嫦娥”三号中走出,成为自1973年苏联lunar 2号以来首次踏上月球表面的月球车,开始了其月面巡视任务。

“玉兔”号月球车主要采用立体相机拍摄月球车当前位置周围的环境图像,通过对拍摄到的图像进行处理和分析,识别出月球车的周围环境。在获取月球车的周围环境、自身姿态、位置等信息后,通过车内装置来确定月球车的运行速度,规划安全的行走路径,以保证“玉兔”号安全到达目的地。

10.1.2 巡视段深空探测器自主导航概述

巡视器要在一个未知的环境中工作,有效的导航手段是其提高生存能力和成功完成预定科学探测任务的基本保障。巡视器通常借助地面站通过无线电测控进行导航,经常会处于地面站无法测控的区域内,且由于地球和探测天体之间距离遥远,通信有较大延迟,也会给控制造成极大不便。美国航空航天局(National Aeronautics and Space Administration,NASA)火星探测任务中一个导航控制指令的延迟通常为一个火星日(大约相当于1.0288地球日)。这种基于地面测控的导航方法在实时性、可靠性、精度等诸多方面受到限制,难于满足深空巡视器高精度实时导航的需求。

通常,地球上的地面车辆进行自主导航可采用地图匹配、陆标识别、无线电导航或全球定位系统(Global Positioning System,GPS)、物理场导航(重力导航,地磁导航)等,由于深空环境的特殊性,这些方法在用于深空巡视器时存在一定的局限性。要利用地图匹配方法或陆标识别方法就需要提前获取探测行星的详细地图和陆标数据库。由于GPS信号无法覆盖到月球表面,因此GPS在深空领域目前还无法应用。此外,由于月球上的磁场非常弱,因此在月球表面亦无法使用地磁导航。当前比较实用的巡视器的自主导航方法主要有视觉导航、惯性导航、天文导航和组合导航等。

1. 视觉导航

视觉导航利用相机采集图像,获取巡视器当前位置的环境信息,通过对拍摄到的图像进行处理和分析,识别出巡视器周围环境中的障碍物,规划出最合适的巡视器行走路径，并控制巡视器做出正确的反应。美国“勇气”号和“机遇”号火星车上均配置了多对视觉导航相机。

视觉导航具有可靠性高、抗干扰能力强、能够提供丰富的图像信息等优点，非常适用于短距离的障碍检测和路径规划。然而，受到精度和处理速度的限制，视觉导航目前还不能满足长时间实时导航需求。

2. 惯性导航

惯性导航系统利用陀螺仪和加速度计测量巡视器的转动角速度与运动加速度，经过二次积分获得巡视器的位置、速度和姿态，是一种相对导航方法。航位推算是一种简化的惯性导航方法，利用车轮里程计测得的巡视器移动的距离和航向仪测得的巡视器移动的方向来推算巡视器的位置，但是航位推算不能提供水平姿态角和高度信息。车轮里程计的定位精度一般为行驶距离的10%～20%，指出当巡视器行驶在陡峭斜坡或沙地地形中时，里程计的位置估计误差会等大。JPL研制的Rocky系列巡视器、“勇气”号和“机遇”号火星车均配置了惯性测量单元。

惯性导航的精度主要取决于陀螺和加速度计的精度，由于惯性器件（Inertial Measurement Unit，IMU）的误差，导航误差随时间积累，难以满足巡视器对长时间、长距离高精度自主导航的需求。虽然可以通过提高惯性器件精度来提高导航精度，但在技术方面存在很多限制，目前，高精度的惯性器件还在研制中。因此，以惯性导航为主与其他导航方式组合已成为当今深空探测自主导航技术的一个重要研究方向。

3. 天文导航

天文导航是一种通过天体敏感器观测天体来确定巡视器位置和姿态的自主式导航系统，是一种绝对导航方式。天文导航以其误差不随时间和距离影响、抗电磁干扰能力强、可靠性高的优点在深空探测领域具有无可替代的作用。天文导航已成功应用在“阿波罗”登月飞船和苏联和平号空间站等航天任务中。JPL研制的Rocky系列巡视器、“索杰纳”火星车、“勇气”号和“机遇”号火星车上均安装了太阳敏感器。

4. 组合导航

随着深空探测任务复杂性的提高，对巡视器自主导航系统性能的要求也将越来越高。巡视器要获得更多的探测数据，就必须具备长时间、长距离的高精度自主导航能力,任何一种自主导航方法都无法独立满足系统日益增加的高精度和高可靠性的需要,因此必须研究组合导航方法。考虑到惯性导航、视觉导航和天文导航在工作原理与信息来源上的互补特性,将两种导航方法进行组合,发挥两种导航方法之间的优势互补,可以最大限度地提高巡视器导航系统的精度和可靠性,也能有效提高系统的故障诊断能力。组合导航已成为当前深空巡视器自主导航技术研究的热点。

现有巡视器组合导航方法是根据巡视器的不同运动状态采用不同的组合模式。通常,在巡视器静止时,利用天文导航提供绝对位置或航向角,利用加速度计提供水平姿态。巡视器运动时利用陀螺仪进行姿态更新,利用航位推算或视觉里程计进行位置更新,利用视觉导航进行障碍检测、路径规划等。但是上述文献中均是采用比较简单的组合模式,并没用充分发挥各导航子系统的互补优势。利用惯性和天文互补的优势进行组合导航,不仅可以发挥惯性导航系统可同时输出位置、速度、加速度以及姿态等全部导航信息且短时定位精度高的优点,还可以发挥天文导航系统定位精度不受时间、距离长短影响的优点,并有效的克服惯性导航系统误差随时间积累和天文导航系统输出信息不连续的缺点,使总体性能远远优于各独立系统。

10.2 巡视段探测器的自主天文导航方法

10.2.1 巡视段探测器自主天文导航的基本原理

月面上没有大气利于天体观测,天文导航是适用于月面环境的有效导航方法。考虑到月球上同时观测到地球和太阳的机会较少,本文选用恒星敏感器(星敏感器)作为天体测量仪器。星敏感器在众多星敏感器中精度是最高的,且性能稳定。本节主要研究基于星敏感器的天文导航。

10.2.1.1 星敏感器的测姿原理

天文导航以恒星为基准,利用星敏感器捕获星图,并通过星图预处理、质心提取、星图匹配和识别等一系列处理,得到恒星星光的方向矢量信息和该星体的星历信息,进而可以确定出星敏感器光轴在惯性空间的瞬时指向,从而确定巡视器相对惯性空间的姿态。

图 10 - 4 所示为星敏感器测姿的原理框图,主要包含导航星库、星图预处

理、星图提取、星图匹配和惯性姿态解算五部分。导航星库包含了任意时间基准下宇宙中所有可观测到的星体的信息，星图预处理主要去除星敏感器捕获的星图的背景噪声。星图提取给出星敏感器的实时测量，即恒星星光方向矢量在星敏感器坐标系的指向$\boldsymbol{s}_s$。星图匹配和识别给出该星体的星历信息，即从导航星库中找到给恒星星光方向矢量在惯性坐标系的指向$\boldsymbol{s}_i$。利用这两方面的信息可以求得从星敏感器坐标系到惯性坐标系的转换矩阵。星敏感器安装在巡视器上，相应的安装矩阵$\boldsymbol{C}_b^s$是已知的。因此，可以通过坐标转换确定巡视器本体坐标系与惯性坐标系之间的转换矩阵。

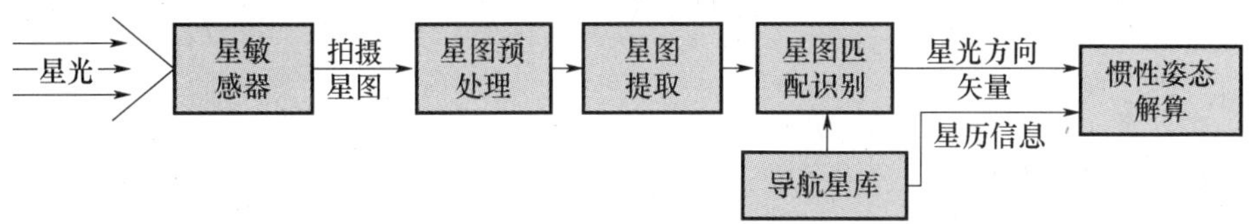

图 10－4　星敏感器测姿的原理框图

星敏感器的基本测量原理如图 10－5 所示。假设当前在象平面坐标系中有 $N(N\geqslant 3)$ 颗星的坐标已知，设第 k 颗星的坐标为$[x_{ck}, y_{ck}]$。于是，在星敏感器坐标系下该恒星的星光方向矢量$\boldsymbol{s}_{sk}$可由下式得到，即

$$\boldsymbol{s}_{sk}=\begin{bmatrix}x_{sk}\\ y_{sk}\\ z_{sk}\end{bmatrix}=\frac{1}{\sqrt{x_{ck}^2+y_{ck}^2+f^2}}\begin{bmatrix}-x_{ck}\\ f\\ -y_{ck}\end{bmatrix} \tag{10-1}$$

式中：f 为星敏感器光学透镜的焦距。

通过星图匹配和识别，可以得到对应恒星在惯性坐标系下的坐标，该恒星星光在惯性坐标系下的单位方向矢量$\boldsymbol{s}_{ik}$可以表示为

$$\boldsymbol{s}_{ik}=\begin{bmatrix}x_{ik}\\ y_{ik}\\ z_{ik}\end{bmatrix}=\begin{bmatrix}\cos\Delta\cos R_A\\ \cos\Delta\sin R_A\\ \sin\Delta\end{bmatrix} \tag{10-2}$$

式中：Δ、R_A 分别为拍摄时刻该恒星在惯性坐标系下的赤纬和赤经。

若星敏感器同时测量到三颗恒星，则有

$$[s_{s1}, s_{s2}, s_{s3}]=\boldsymbol{C}_i^s[s_{i1}, s_{i2}, s_{i3}] \tag{10-3}$$

于是，通过式(10－3)就可得到星敏感器坐标系与惯性坐标系之间的转换

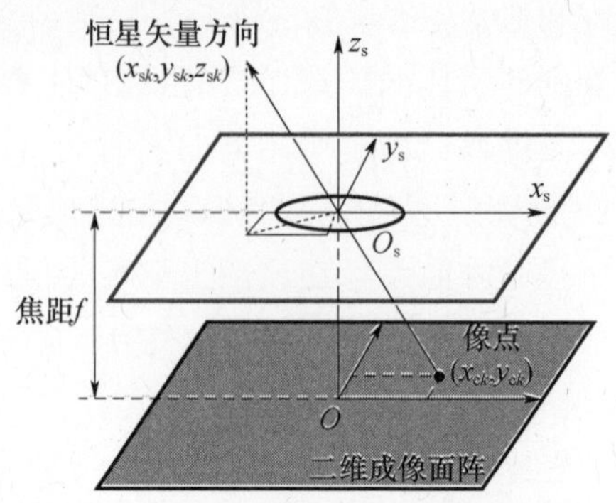

图 10-5　星敏感器的基本测量原理

矩阵$\boldsymbol{C}_i^{\mathrm{s}}$。

由于星敏感器安装在巡视器上,相应的安装矩阵$\boldsymbol{C}_{\mathrm{b}}^{\mathrm{s}}$ 是已知的。于是,巡视器本体坐标系与惯性坐标系之间的转换矩阵$\boldsymbol{C}_i^{\mathrm{b}}$ 可由式(10-4)得到,同时$\boldsymbol{C}_i^{\mathrm{b}}$ 包含了巡视器相对惯性空间的姿态,即

$$\boldsymbol{C}_i^{\mathrm{b}} = (\boldsymbol{C}_{\mathrm{b}}^{\mathrm{s}})^{-1}\boldsymbol{C}_i^{\mathrm{s}} \tag{10-4}$$

10.2.1.2　天文定位原理

如图 10-6(a)所示,天体高度定义为恒星星光方向与当地水平方向之间的夹角。在月面上,天体投影点(Geographic Position,GP)是指天体到月心的连线与月球表面的交点。一个天体的高度取决于巡视器的位置和天体投影点GP之间的距离,它们之间的关系为

$$\begin{cases}\sin L \cdot \sin\Delta + \cos L \cdot \cos\Delta \cdot \cos\mathrm{LHA} = \sin H \\ \mathrm{LHA} = \lambda + \mathrm{GHA}\end{cases} \tag{10-5}$$

式中:LHA 分别是观测天体的地方时角,可根据观测时间从星体星历表中查得;LHA 等于观测天体的格林时角 GHA 与巡视器经度 λ 的代数和。

测量一个天体的高度,可以获得一部分与巡视器位置有关的信息,并且巡视器必位于以该天体投影点 GP 为圆心,以天体顶距($90° - H$)为半径的位置圆上。通过观测另外两个天体,可以得到另外两个位置圆,如图 10-6(b)所示。理论上,这三个位置圆在月球表面上相交于一点,该点就是巡视器的位置所在。此外,也可以利用解析高度差法来确定巡视器的位置。

天体高度测量的具体方法是:利用星敏感器观测到一颗恒星,得到该恒星

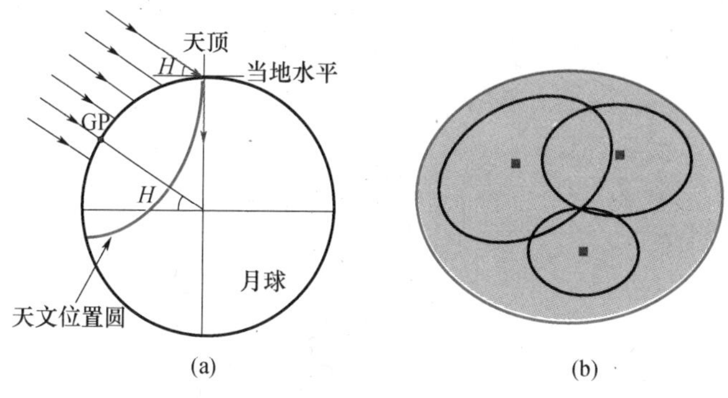

图 10-6　天文导航定位原理

(a) 天体高度;(b) 位置圆。

的星光方向矢量$\boldsymbol{s}_s$,通过星敏感器安装矩阵的转换,将该恒星的星光方向矢量从星敏感器本体坐标系下转换到巡视器本体坐标系下,即为$\boldsymbol{s}_b$;同时,利用加速度计等重力敏感器件测量巡视器当地的重力矢量方向,相当于间接获取了巡视器当地的水平基准。利用这两方面信息并利用式可以得到该恒星的高度,即

$$H = \arccos \frac{\boldsymbol{f}_b \boldsymbol{s}_b}{\|\boldsymbol{f}_b\|_2} \tag{10-6}$$

式中:$\boldsymbol{f}_b$ 为加速度计输出;($\|\cdot\|_2$)为矢量 $\boldsymbol{R}$ 的 2-范数。

10.2.1.3　导航坐标系下姿态确定算法

从 10.2.1.1 节可以看出,利用星敏感器可以直接获取巡视器本体坐标系相对于惯性坐标系下的转换矩阵,即得到了巡视器相对惯性空间的姿态。但是,巡视器相对于导航坐标系的姿态还无法确定。为此,本节研究了导航坐标系下巡视器的姿态确定算法。

当巡视器相对惯性空间的姿态和巡视器的位置确定以后,就可以确定导航坐标系下巡视器的姿态。基于星敏感器的天文导航定位定姿的原理框图如图 10-7 所示。

由于惯性导航系统一般都作为主导航系统装备安装在巡视器上,利用加速度计测量当地水平方向,相当于提供了巡视器当地的水平基准。利用 10.2.1.2 节所示的天体高度测量方法获取天体高度,并通过解析高度差等方法解算巡视器的位置,从而可以通过式(10-2)得到导航坐标系相对于月球固

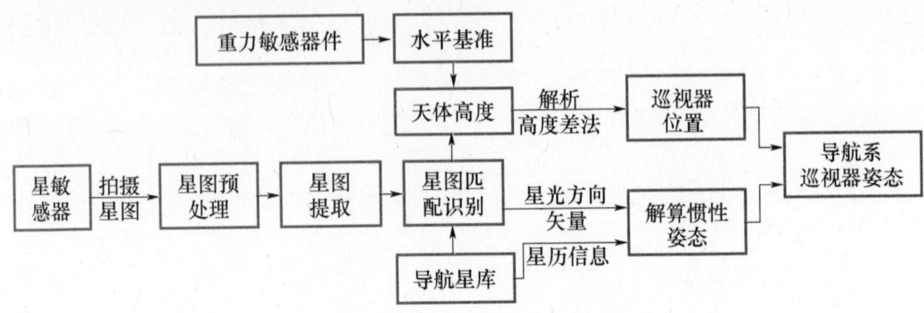

图 10-7　基于星敏感器的天文导航定位定姿的原理框图

连坐标系的转换矩阵$\boldsymbol{C}_m^n$。同时,根据观测时间通过式(10-3)即可获得月球固连坐标系相对于惯性坐标系的转换矩阵$\boldsymbol{C}_i^m$。

根据坐标系间的相互转换关系,巡视器本体坐标系与惯性坐标系下的转换矩阵可由下式表示,即

$$\boldsymbol{C}_i^{\mathrm{b}} = \boldsymbol{C}_n^{\mathrm{b}} \boldsymbol{C}_m^n \boldsymbol{C}_i^m \tag{10-7}$$

于是,根据式(10-8)即可确定巡视器本体坐标系与导航坐标系之间的转换矩阵$\boldsymbol{C}_n^{\mathrm{b}}$,进而可得到巡视器的三轴姿态角,即

$$\boldsymbol{C}_n^{\mathrm{b}} = \boldsymbol{C}_i^{\mathrm{b}} (\boldsymbol{C}_i^m)^{-1} (\boldsymbol{C}_m^n)^{-1} \tag{10-8}$$

10.2.2　基于 UPF 的月球车自主天文导航新方法

上述月球车自主天文导航的高度差方法虽然计算简单,但由于非线性方程组的求解精度直接取决于观测精度,因此定位精度受观测误差中随机误差的影响较大,总体定位精度较低。因此,本节提出了一种结合月球车运动模型的自主天文导航非线性滤波方法,仿真结果表明,该滤波方法可以有效地降低观测误差中随机误差的影响,大大提高导航定位的精度。

10.2.2.1　漫游车运动模型的建立

漫游车的运动模型主要包括常速(CV)模型、常加速(CA)模型、一阶时间相关(Singer)模型和“当前”统计模型。

1. 常速模型

当漫游车作匀速运动或静止时,可选择常速(CV)模型作为漫游车自主天文导航系统的状态模型,即

$$\begin{bmatrix} \dot{\lambda} \\ \dot{v}_\lambda \\ \dot{a}_\lambda \\ \dot{\varphi} \\ \dot{v}_\varphi \\ \dot{a}_\varphi \end{bmatrix} = \begin{bmatrix} 0 & 1 & 0 & 0 & 0 & 0 \\ 0 & 0 & 0 & 0 & 0 & 0 \\ 0 & 0 & 0 & 0 & 0 & 0 \\ 0 & 0 & 0 & 0 & 1 & 0 \\ 0 & 0 & 0 & 0 & 0 & 0 \\ 0 & 0 & 0 & 0 & 0 & 0 \end{bmatrix} \cdot \begin{bmatrix} \lambda \\ v_\lambda \\ a_\lambda \\ \varphi \\ v_\varphi \\ a_\varphi \end{bmatrix} + \begin{bmatrix} 0 \\ 0 \\ w_{a\lambda} \\ 0 \\ 0 \\ w_{a\varphi} \end{bmatrix} \tag{10-9}$$

式中:状态矢量 $\boldsymbol{X} = [\lambda, v_\lambda, a_\lambda, \varphi, v_\varphi, a_\varphi]^{\mathrm{T}}$ 为漫游车在东向和北向的位置(经纬度)、速度和加速度;$\boldsymbol{W} = [0, 0, w_{a\lambda}, 0, 0, w_{a\varphi}]^{\mathrm{T}}$ 为状态模型噪声。

2. 常加速模型

当漫游车作匀加速运动时,可选择常加速模型作为漫游车自主天文导航系统的状态模型,即

$$\begin{bmatrix} \dot{\lambda} \\ \dot{v}_\lambda \\ \dot{a}_\lambda \\ \dot{\varphi} \\ \dot{v}_\varphi \\ \dot{a}_\varphi \end{bmatrix} = \begin{bmatrix} 0 & 1 & 0 & 0 & 0 & 0 \\ 0 & 0 & 1 & 0 & 0 & 0 \\ 0 & 0 & 0 & 0 & 0 & 0 \\ 0 & 0 & 0 & 0 & 1 & 0 \\ 0 & 0 & 0 & 0 & 0 & 1 \\ 0 & 0 & 0 & 0 & 0 & 0 \end{bmatrix} \cdot \begin{bmatrix} \lambda \\ v_\lambda \\ a_\lambda \\ \varphi \\ v_\varphi \\ a_\varphi \end{bmatrix} + \begin{bmatrix} 0 \\ 0 \\ w_{a\lambda} \\ 0 \\ 0 \\ w_{a\varphi} \end{bmatrix} \tag{10-10}$$

式中:状态矢量 $\boldsymbol{X} = [\lambda, v_\lambda, a_\lambda, \varphi, v_\varphi, a_\varphi]^{\mathrm{T}}$ 为漫游车在东向和北向的位置(经纬度)、速度和加速度;$\boldsymbol{W} = [0, 0, w_{a\lambda}, 0, 0, w_{a\varphi}]^{\mathrm{T}}$ 为状态模型噪声。

3. 一阶时间相关模型

当漫游车的运动规律未知,但加速度变化较缓慢时,可选择一阶时间相关模型作为漫游车自主天文导航系统的状态模型,即

$$\begin{bmatrix} \dot{\lambda} \\ \dot{v}_\lambda \\ \dot{a}_\lambda \\ \dot{\varphi} \\ \dot{v}_\varphi \\ \dot{a}_\varphi \end{bmatrix} = \begin{bmatrix} 0 & 1 & 0 & 0 & 0 & 0 \\ 0 & 0 & 1 & 0 & 0 & 0 \\ 0 & 0 & -\alpha_\lambda & 0 & 0 & 0 \\ 0 & 0 & 0 & 0 & 1 & 0 \\ 0 & 0 & 0 & 0 & 0 & 1 \\ 0 & 0 & 0 & 0 & 0 & -\alpha_\varphi \end{bmatrix} \cdot \begin{bmatrix} \lambda \\ v_\lambda \\ a_\lambda \\ \varphi \\ v_\varphi \\ a_\varphi \end{bmatrix} + \begin{bmatrix} 0 \\ 0 \\ w_{a\lambda} \\ 0 \\ 0 \\ w_{a\varphi} \end{bmatrix} \tag{10-11}$$

式中:状态矢量 $\boldsymbol{X} = [\lambda, v_\lambda, a_\lambda, \varphi, v_\varphi, a_\varphi]^{\mathrm{T}}$ 为漫游车在东向和北向的位置(经纬

度)、速度和加速度;α_λ 和 α_φ 为东向和北向加速度的相关时间常数;$\boldsymbol{W}=[0,0,w_{a\lambda},0,0,w_{a\varphi}]^{\mathrm{T}}$ 为状态模型噪声。

4.“当前”统计模型

考虑到漫游车在运动过程中虽然速度较慢,但由于探测天体表面崎岖不平,自主运行时随机性较强,因此也可选择“当前”统计模型作为漫游车自主天文导航系统的状态模型,即

$$\begin{bmatrix}\dot{\lambda}\\ \dot{v}_\lambda\\ \dot{a}_\lambda\\ \dot{\varphi}\\ \dot{v}_\phi\\ \dot{a}_\phi\end{bmatrix}=\begin{bmatrix}0&1&0&0&0&0\\0&0&1&0&0&0\\0&0&-1/\tau_{a\lambda}&0&0&0\\0&0&0&0&1&0\\0&0&0&0&0&1\\0&0&0&0&0&-1/\tau_{a\varphi}\end{bmatrix}\cdot\begin{bmatrix}\lambda\\ v_\lambda\\ a_\lambda\\ \phi\\ v_\phi\\ a_\phi\end{bmatrix}+\begin{bmatrix}0\\0\\ \bar{a}_\lambda/\tau_{a\lambda}\\0\\0\\ \bar{a}_\varphi/\tau_{a\varphi}\end{bmatrix}+\begin{bmatrix}0\\0\\w_{a\lambda}\\0\\0\\w_{a\varphi}\end{bmatrix} \tag{10-12}$$

式中:状态矢量 $\boldsymbol{X}=[\lambda,v_\lambda,a_\lambda,\varphi,v_\varphi,a_\varphi]^{\mathrm{T}}$ 为漫游车在东向和北向的位置(经纬度)、速度和加速度;$\tau_{a\lambda}$ 和 $\tau_{a\phi}$ 为东向和北向机动加速度的相关时间常数;$\bar{a}_\lambda$ 和 $\bar{a}_\varphi$ 为“当前”东向和北向加速度分量的均值;$\boldsymbol{W}=[0,0,w_{a\lambda},0,0,w_{a\varphi}]^{\mathrm{T}}$ 为状态模型噪声。

10.2.2.2 导航系统的数学模型

考虑到月球车在运动过程中虽然速度较慢,但由于月面崎岖不平,自主运行时随机性较强,因此在此选取 J2000.0 月固坐标系下月球车自主导航系统的状态模型为式(10-12),使用天体高度作为观测量,则系统的量测方程可由式(10-5)得到。

由于上述系统的量测方程是非线性的,所以非线性的滤波方法是较适于这类系统的估计方法。UPF 方法是一种比 EKF、UKF 方法性能更好的非线性滤波方法,并且不仅适用于噪声为高斯分布的系统,而且适用于噪声为非高斯分布的系统。

10.2.2.3 计算机仿真

仿真中月球车的行进路径选用美国“勘探者”3 号探测器的着陆地点月球 2°56′N、336°40′E 作为起点,月球车以约 5km/h 的速度匀速运行 1h,到达 2°48′N、336°32′E。坐标系采用 J2000.0 月固坐标系,月球半径为 1738km。星敏感器精度为 10″(1σ),考虑到月球车体积小、功耗低的要求,在此采用由光

纤陀螺仪和 MEMS 微加速度计构成的微 IMU 测量重力方向，其中陀螺仪精度为 0.5(°)/h(1σ)，加速度计精度为 $3\times10^{-4}g_m(1\sigma)$，$g_m$ 为月球重力加速度，在月球车运动过程中通过捷联解算最终得到的水平方向测量精度约 0.02°(1σ)。导航星历采用 JPL405 恒星行星星历，仿真用星图由 Starry Night Backyard 软件提供。滤波周期为 20s，滤波器的初值 $\boldsymbol{X}_0=[-4.94°\quad 0\text{km/s}\quad 0\text{km/s}^2\quad 338.66°\quad 0\text{km/s}\quad 0\text{km/s}^2]^{\mathrm{T}}$，$\boldsymbol{P}_0=\text{diag}[(0.01°)^2,(1\times10^{-4}\text{km/s})^2,(1\times10^{-4}\text{km/s}^2)^2,(0.01°)^2,(1\times10^{-4}\text{km/s})^2,(1\times10^{-4}\text{km/s}^2)^2]$，$\tau_{a\lambda}$ 和 $\tau_{a\varphi}$ 取为 1，$\bar{a}_\lambda$、$\bar{a}_\phi$ 取为上一时刻的 a_λ、a_ϕ 估计值。

图 10-8 为在上述仿真条件下使用传统的迭代解析高度差法和本小节提出的 UPF 滤波新方法对月球车进行天文导航的定位结果。其中估计轨迹 1 为迭代解析高度差法的定位结果，估计轨迹 2 为 UPF 滤波法的定位结果。从仿真结果可以看出，在上述仿真条件下，使用 UPF 滤波后，月球车天文导航的平均定位精度从 500m 左右提高到了 100m 以内。

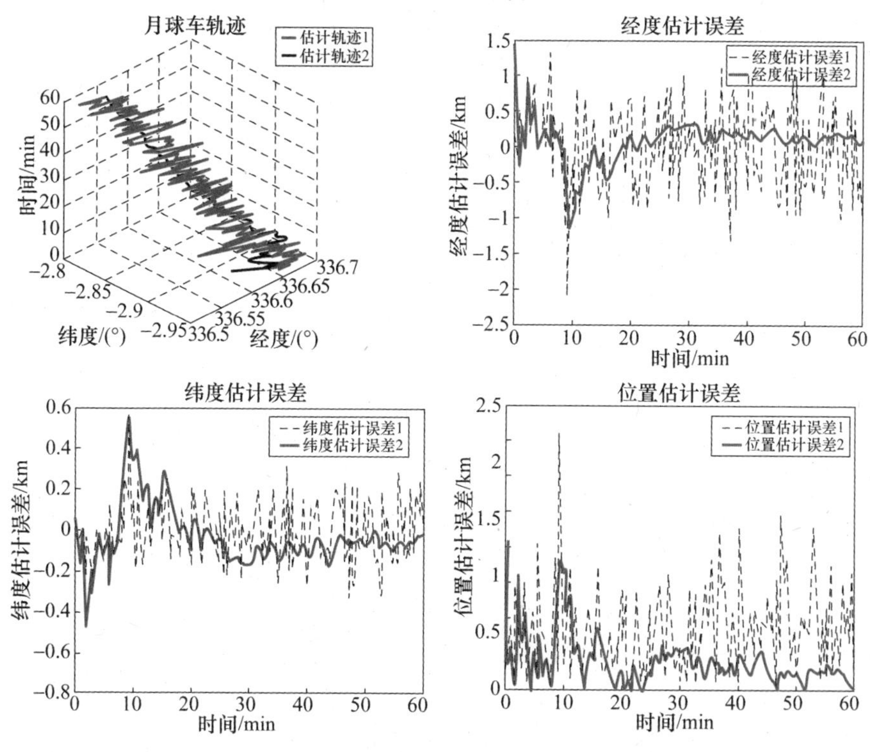

图 10-8　两种方法的天文导航定位结果

10.2.2.4 误差分析

从天文导航的原理分析,由于位置信息主要来自于观测到的天体高度信息,因此由式(10-5)可以看出,月球车天文导航的精度影响因素主要有以下两点:天体高度 H 的测量误差;天体投影点的位置误差。下面针对这两个主要影响因素进行仿真分析。

1. 天体高度的测量误差对导航精度的影响

天体高度的测量误差主要来源于星敏感器、IMU 或倾斜计等重力方向测量仪器的测量误差,其他因素如高度视差等对天体高度的测量也有影响,但可以通过建立相应的模型进行修正。

图 10-9 给出了使用传统的迭代解析高度差法和 UPF 滤波法其位置估计误差随测量误差的变化关系,可以看出,采用传统的迭代解析高度差法的天文导航系统(估计误差 1),两者基本成线性关系,位置估计误差随测量噪声方差的增大而增大,测量噪声方差每增加 0.02°,位置估计误差约增大 500m。而对于采用 UPF 滤波方法的天文导航系统(估计误差 2),虽然随着测量噪声方差的增大,位置估计误差也相应增大,但增幅较小,测量噪声方差每增加 0.02°,位置估计误差约增加 10m。

2. 天体投影点的位置误差对导航精度的影响

天体投影点的误差主要来源于星历本身的误差、从地心赤道坐标系到月固坐标系中的坐标转换误差和测量时间的误差等。

图 10-10 给出了传统的迭代解析高度差法和 UPF 滤波法其位置估计误差随天体投影点位置误差的变化关系。对采用迭代解析高度差法的天文导航系统(估计误差 1)而言,二者基本也成线性关系,且天体投影点的位置误差对导航精度的影响要比测量误差的影响大得多,天体投影点的位置误差每增加 2′,位置估计误差就会增加约 500m。同样,对于采用 UPF 滤波法的天文导航系统(估计误差 2),天体投影点的位置误差每增加 2′,位置估计误差约增加 10m。

从上述仿真结果可以看出,这种基于 UPF 滤波的月球车自主天文导航新方法与传统方法相比不仅导航定位的精度有了大幅提高,并且有效地减弱了各种随机误差对系统性能的影响,使系统具有更强的可靠性和适应性,但该方法无法有效降低系统的固有误差(常值误差)对导航性能的影响,为此,10.2.3 节研究了基于 ASUPF 的月球车天文定位方法。

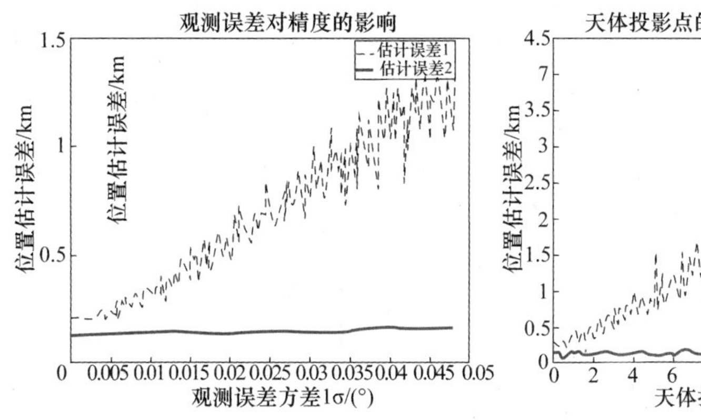

图 10－9　天体高度的测量误差对导航精度的影响

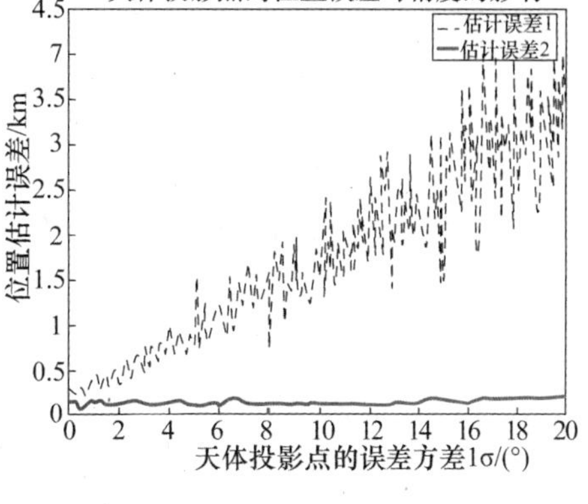

图 10－10　天体投影点的位置误差对导航精度的影响

10.2.3　基于ASUPF的月球车天文定位方法

安装误差、测量仪器的初始对准误差以及测量仪器自身的固有误差等所带来的误差是影响系统导航精度的重要因素。这些误差总的说来可分为两类：一类是系统误差；另一类是随机误差。其中系统误差通常为常值可以建模，而随机误差则无法建模。为减少这些误差对导航精度的影响，本节研究了一种基于扩展Unscented粒子滤波（ASUPF）的月球车天文导航方法，有效地降低了上述两种噪声对导航性能的影响。半物理仿真结果表明，该新方法的导航精度可达60m。

10.2.3.1　基于ASUPF的月球车天文定位方法的系统模型

考虑到月球车的运动特点，在此仍选择“当前”统计模型作为月球车自主天文导航系统的状态模型，其扩维模型为

$$\begin{bmatrix}\dot{\lambda}\\ \dot{v}_\lambda\\ \dot{a}_\lambda\\ \dot{\varphi}\\ \dot{v}_\varphi\\ \dot{a}_\varphi\\ \dot{b}\end{bmatrix}=\begin{bmatrix}0&1&0&0&0&0&0\\0&0&1&0&0&0&0\\0&0&0&0&0&0&0\\0&0&0&0&1&0&0\\0&0&0&0&0&1&0\\0&0&0&0&0&0&0\\0&0&0&0&0&0&0\end{bmatrix}\cdot\begin{bmatrix}\lambda\\ v_\lambda\\ a_\lambda\\ \varphi\\ v_\varphi\\ a_\varphi\\ b\end{bmatrix}+\begin{bmatrix}0\\0\\w_{a\lambda}\\0\\0\\w_{a\varphi}\\0\end{bmatrix}\tag{10-13}$$

式中：状态矢量 $\boldsymbol{X}=[\lambda,v_\lambda,a_\lambda,\varphi,v_\varphi,a_\varphi]^{\mathrm{T}}$ 为漫游车在东向和北向的位置（经纬

度)、速度和加速度;$\tau_{a\lambda}$ 和 $\tau_{a\varphi}$ 为东向和北向机动加速度的相关时间常数;$\bar{a}_{\lambda}$ 和 $\bar{a}_{\varphi}$ 为"当前"东向和北向加速度分量的均值;b 为系统噪声;$w = [0,0,w_{a\lambda},0,0,w_{a\varphi},0]^{\mathrm{T}}$ 为状态模型噪声。

使用天体高度作为观测量,则系统的量测方程可由式(10-5)得到。

10.2.3.2 计算机仿真

仿真中月球车的行进路径选用美国"勘探者"3号探测器的着陆地点月球2°56′N、336°40′E作为起点,月球车以约1km/h的速度匀速运行40min。坐标系采用J2000.0月固坐标系,月球半径为1738km。星敏感器精度为10″(1σ),考虑到月球车体积小、功耗低的要求,在此采用由三个单轴正交安装的MEMS微加速度计构成的倾角计测量重力方向,精度为10μg(1σ),频率200Hz。导航星历采用JPL405恒星行星星历,仿真用星图由Starry Night Backyard软件提供。图10-11给出了IMU的加速度和角速度测量误差,图10-12给出了星敏感器的测量误差。从图中可以看出,所有的测量噪声都含有常值和随机两部分噪声。此外,设敏感器的初始安装误差为0.02°。

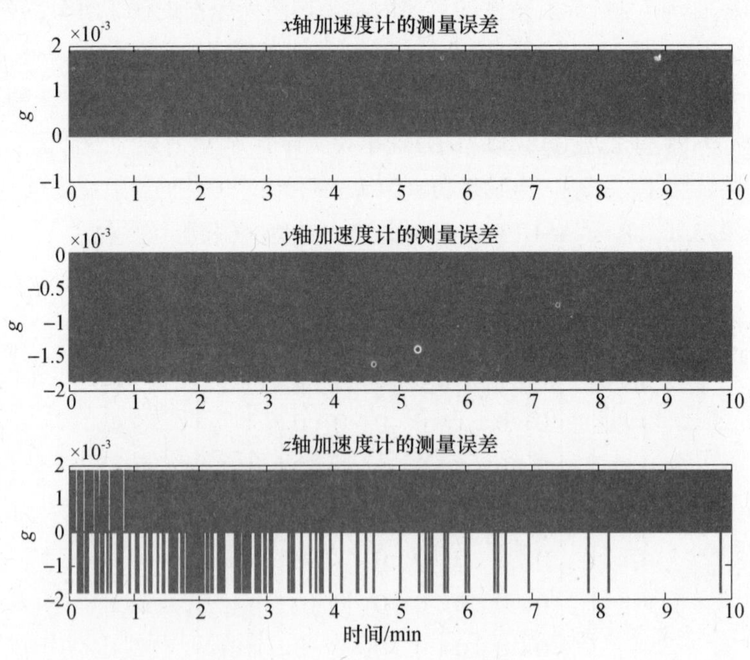

图10-11 加速度计的测量误差

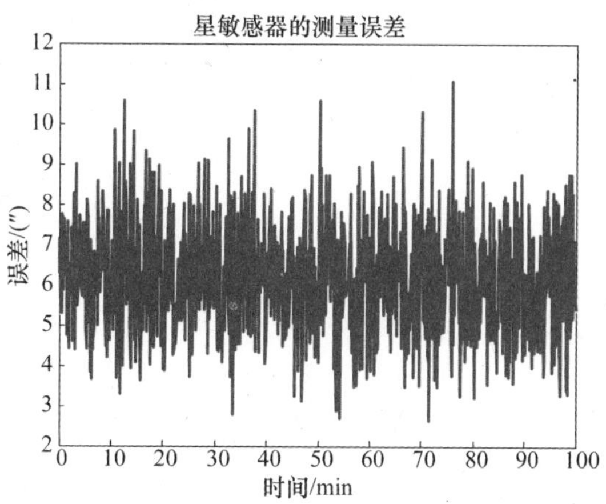

图 10－12　星敏感器的测量误差

图 10－13 给出了传统的高度差法、EKF 方法（没有考虑系统噪声）和

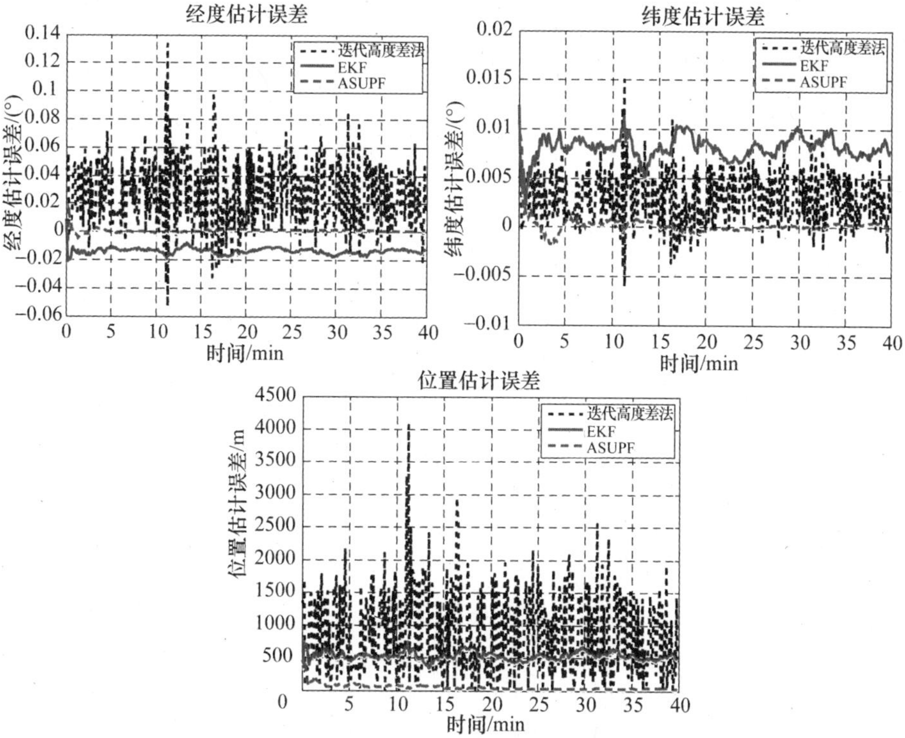

图 10－13　传统的高度差法、EKF 方法和新的 ASUPF 方法的导航性能比较

新的 ASUPF 方法的导航性能比较。滤波周期为 10s,仿真时间为 40min。粒子滤波的样本个数为 40。表 10－1 给出了更详细的仿真结果。从该仿真结果中可以看出,高度差法对量测噪声非常敏感。普通的 EKF 方法虽然可以有效地降低随机噪声的影响,却无法改善系统噪声的影响。这种 ASUPF 方法可同时有效地抑制系统噪声和随机噪声,因此极大地提高了导航精度。

本书还对基于 ASEKF、ASUKF 和 ASUPF 的月球车的自主天文导航方法进行了比较,仿真结果如图 10－14 所示,详细数据如表 10－1 所列。图 10－15则给出了这三种方法对系统误差的估计结果。从这些结果可以看出,三种方法均能有效地修正量测信息中的系统噪声,但 ASUPF 方法具有最强的适应性,且当月球车静止时也可获得类似的结果。

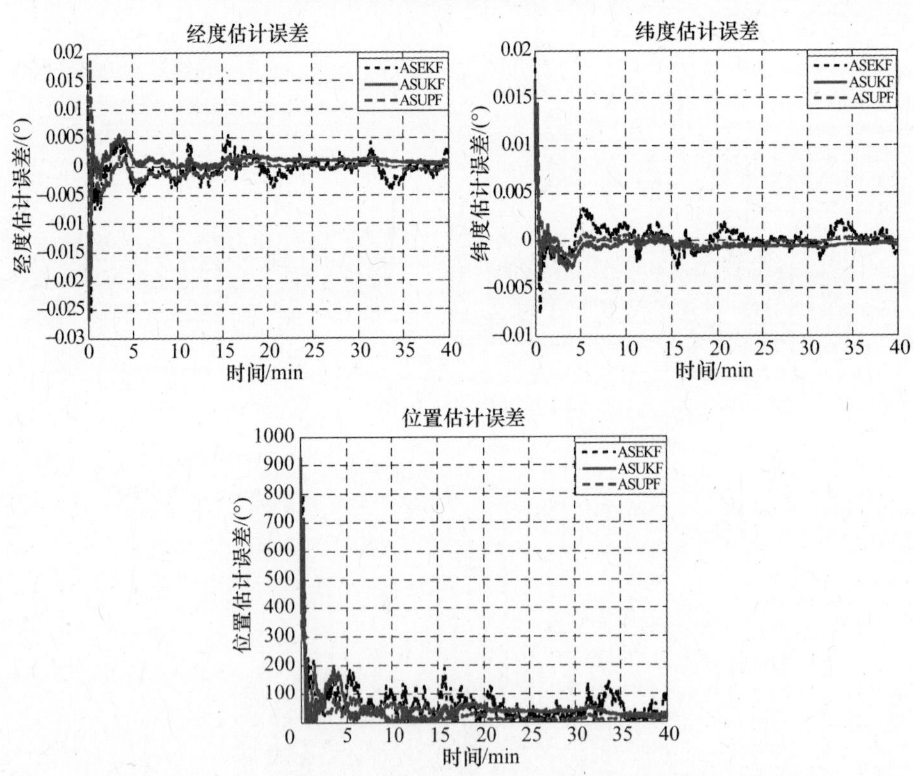

图 10－14　ASUPF 和 ASEKF、ASUKF 的自主天文导航方法性能比较

表 10－1　各种方法的仿真结果比较

方法	导航误差(RMS)		
	经度/(°)	纬度/(°)	位置/ m
解析迭代高度差法	0.0360	0.0041	1098.2
EKF	0.0151	0.0081	518.3
ASEKF	0.0025	0.0016	91.2
ASUKF	0.0021	0.0012	72.6
ASUPF	0.0015	0.0011	56.5

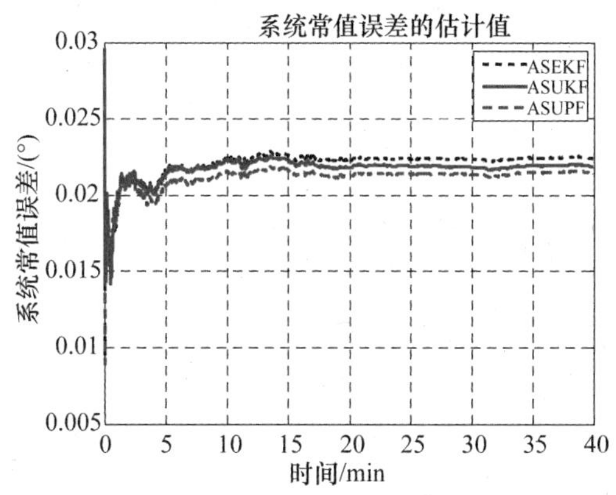

图 10－15　系统误差的估计结果

上述方法仅针对天体高度的测量误差考虑了其影响，关于天体投影点的位置误差也即星历误差的影响还有待深入研究。

10.3　静止条件下的巡视器惯性/天文初始化方法

巡视器在月面长时间工作后，其自身位置和姿态的累计误差较大，因此巡视器工作前必须确定其初始位置和姿态。巡视器携带的陀螺和加速度计误差会极大地影响到惯导系统的导航精度，因此，巡视器工作前必须尽可能估计出月面环境下惯性器件的误差，从而实现对惯性器件误差的补偿，提高后续导航精度。本文将确定巡视器初始位置、姿态和惯性器件误差的这一过程称为巡视器的初始化，初始化精度将会严重影响后续导航性能。

惯性导航系统在工作前需要进行初始对准,也就是获取初始姿态。考虑到月面上没有像地面发射场一样完善的辅助对准设施,只能利用月面巡视器自身携带的导航设备进行初始对准。传统、用于地面上的惯导初始对准方法是利用陀螺仪和加速度计敏感当地重力方向和地球自转角速度北向分量来实现的。这种方法的对准精度不仅取决于陀螺仪和加速度计的精度,而且还依赖于天体自身的重力加速度和自转角速度的量级。然而,月球重力加速度为1.618m/s^2,约为地球的1/6,月球自转角速度为0.55(°)/h,仅为地球的1/27,同时考虑到惯性器件精度的限制,传统的、用于地面上的惯导初始对准方法不再适用于月面环境。因此,必须借助其他信息辅助惯导系统实现初始对准。针对月面这一特殊环境下惯性导航初始对准的需求,本节首先研究了一种适用于月面巡视器的天文辅助惯性初始对准方法。

10.3.1 天文辅助惯性初始对准方法

本节针对月面环境下巡视器惯性初始对准方法展开研究。星敏感器获取的星光方向矢量信息包含了巡视器的姿态信息,可以利用该信息辅助惯导实现初始对准。图10-16所示为天文辅助惯性初始对准方法的原理框图。该方法直接将惯导解算的水平速度误差和星敏感器提供的星光方向矢量信息作为观测量送入卡尔曼滤波器进行滤波估计,并对惯导系统进行校正。

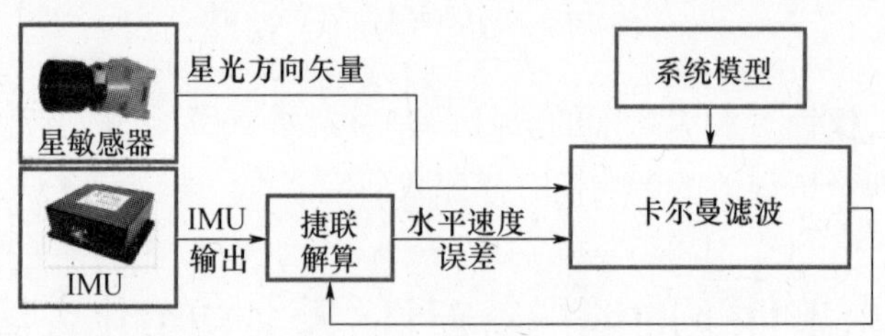

图10-16　天文辅助惯性初始对准方法的原理框图

10.3.1.1 系统模型

传统的、用于地面上的惯导初始对准方法通常采用惯导误差方程作为状态方程,选取惯导解算得到的两个水平速度误差作为观测量。这种对准方法可观测性较差,许多状态量不可观测。本文研究的天文辅助惯性初始对准方法仍然采用惯导误差方程作为状态方程,但量测信息中引入了星敏感器提供的星光方向矢量信息,使得引入的观测量大大增加,可以明显提高系统的可观测性。

1. 状态方程

考虑到月面自转角速度和重力加速度太小,以及惯性器件精度的限制,粗对准结束后会出现大方位失准角的情况。因此,当巡视器静止时,基于大方位失准角的惯导误差方程可以表示为

$$\begin{cases}\dot{\phi}_E = -\delta v_N/R_m + \phi_N\omega_{im}\sin L - \omega_{im}\cos L\sin\phi_U - \varepsilon_E \\ \dot{\phi}_N = \delta v_E/R_m - \phi_E\omega_{im}\sin L + (1-\cos\phi_U)\omega_{im}\cos L - \omega_{im}\sin L\delta L - \varepsilon_N \\ \dot{\phi}_U = \delta v_E\tan L/R_m - (\phi_N\sin\phi_U - \phi_E\cos\phi_U)\omega_{im}\cos L + \omega_{im}\cos L\delta L - \varepsilon_U \\ \delta\dot{v}_E = f_E(\cos\phi_U - 1) + f_N\sin\phi_U - f_U\phi_N + 2\omega_{im}\sin L\delta v_N + \nabla_E \\ \delta\dot{v}_N = -f_E\sin\phi_U + f_N(\cos\phi_U - 1) + f_U\phi_E - 2\omega_{im}\sin L\delta v_E + \nabla_N \\ \dot{\varepsilon}_E = 0 \\ \dot{\varepsilon}_N = 0 \\ \dot{\varepsilon}_U = 0 \\ \dot{\nabla}_E = 0 \\ \dot{\nabla}_N = 0\end{cases}$$

(10-14)

令状态量 $\boldsymbol{X}_1 = [\phi_E, \phi_N, \phi_U, \delta v_E, \delta v_N, \varepsilon_E, \varepsilon_N, \varepsilon_U, \nabla_E, \nabla_N]^T$,式(10-14)所示的状态方程可以简写为

$$\dot{\boldsymbol{X}}_1 = f(\boldsymbol{X}_1) + \boldsymbol{W}_1 \tag{10-15}$$

式中:$\boldsymbol{W}_1$ 为系统噪声。

2. 量测方程

天文辅助惯性初始对准方法的量测信息包含两个部分:惯导提供的水平速度误差和天文导航提供的星光方向矢量。

1) 水平速度误差

当巡视器静止时,惯导解算的水平速度即为速度误差 δv_E、δv_N,相应的量测方程可以表示为

$$\delta\boldsymbol{v} = [\delta v_E, \delta v_N]^T = \begin{bmatrix}0 & 0 & 0 & 1 & 0 & 0 & 0 & 0 & 0 & 0 & 0 & 0 \\ 0 & 0 & 0 & 0 & 1 & 0 & 0 & 0 & 0 & 0 & 0 & 0\end{bmatrix}\boldsymbol{X}_1$$

(10-16)

2）星光方向矢量

根据状态量的选取，巡视器本体坐标系下的星光方向矢量$\boldsymbol{s}_{\mathrm{b}}$可以表示为

$$\boldsymbol{s}_{\mathrm{b}}=\boldsymbol{C}_{n'}^{\mathrm{b}}\cdot\boldsymbol{C}_{n}^{n'}\cdot\boldsymbol{C}_{m}^{n}\cdot\boldsymbol{C}_{i}^{m}\cdot s_{i}\tag{10-17}$$

令观测量$\boldsymbol{Z}_1=[\delta\boldsymbol{v};\boldsymbol{s}_{\mathrm{b}}]$，式(10-16)和式(10-17)所示的量测方程可以简写为

$$\boldsymbol{Z}_1=h(\boldsymbol{X}_1)+\boldsymbol{V}_1\tag{10-18}$$

式中：$\boldsymbol{V}_1$为系统量测噪声。

10.3.1.2 计算机仿真

为了充分说明本文研究的天文辅助惯性初始对准方法的有效性，本节将该天文辅助惯性初始对准方法与传统的用于地面上的惯导初始对准方法进行了对比和分析。

1. 仿真条件

巡视器的位置选为美国"勘探者"3号巡视器的着陆地点(3°N,336.66°E)，初始俯仰角、横滚角和偏航角分别为0°、0°和20°。惯性器件由三个正交安装的光纤陀螺和三个正交安装的石英加速度计构成，并沿巡视器本体坐标系的三个坐标轴安装。陀螺的常值漂移为0.1(°)/h（1σ），加速度计的常值偏置为10μg（1σ），二者的采样频率均为100Hz。使用星敏感器作为天体敏感器，导航星库采用JPL405恒星行星星历，仿真星图由Starry Night Backyard生成。星敏感器的精度为3″(1σ)，更新频率为5Hz。仿真中假定星敏感器的安装坐标系与巡视器本体坐标系重合，光轴指向巡视器本体坐标系的z轴方向。

仿真中，巡视器静止，初始经度和纬度误差均为10m，初始俯仰角和横滚角误差均为1°，初始偏航角误差为10°。滤波周期为0.2s，总仿真时间为5min。

2. 仿真结果

在上述仿真条件下，当初始位置误差为10m时，仅以惯导水平速度误差为观测量的传统的用于地面上的惯导初始对准方法的估计结果如图10-17所示。从图10-17(a)和(b)中可以看出，俯仰角和横滚角能很快收敛到真值附近，收敛后的俯仰角和横滚角平均估计误差分别为11.9146″和-12.2323″，但是偏航角无法收敛至真实值，估计误差约为471.5256′。从图10-17(c)和(d)看出，陀螺漂移和水平加速度计偏置也均无法精确估计。上述仿真结果充

分说明了传统的、用于地面上的惯导初始对准方法不再适用于月面环境，必须针对月面环境研究合适的初始对准方法。

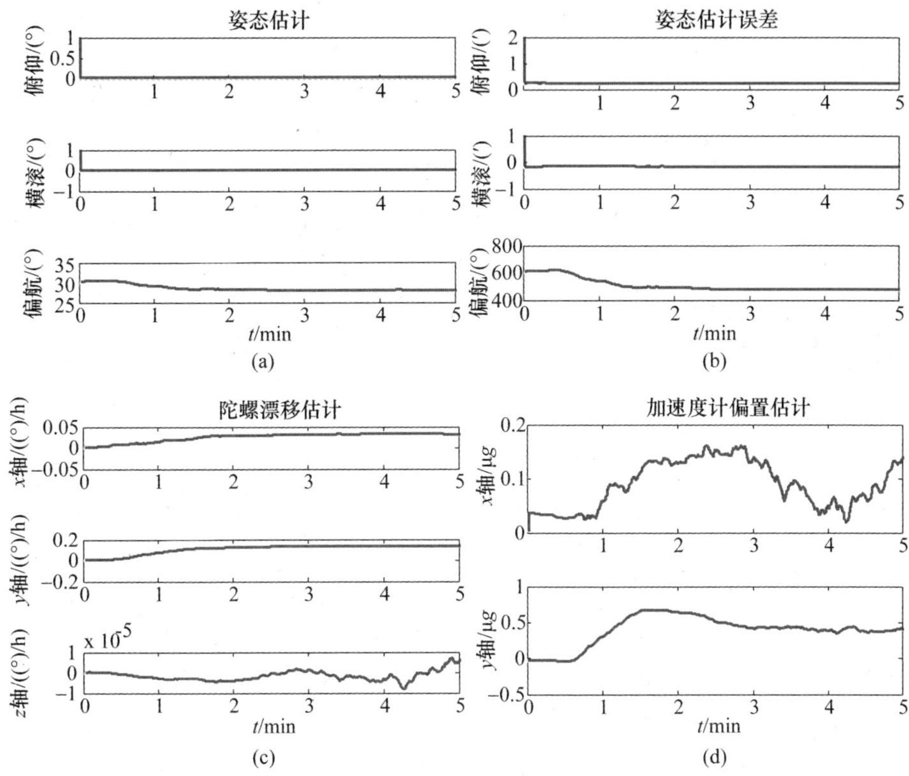

图 10－17　传统的用于地面上的惯导初始对准方法的估计结果

(a) 姿态估计；(b)姿态估计误差；(c)陀螺漂移估计；(d)加速度计偏置估计。

在相同仿真条件下，本书研究的天文辅助惯性初始对准方法的估计结果如图 10－18 所示。从图中可以看出，三个姿态角能很快收敛到 0°、0°和 20°附近，收敛后的俯仰角、横滚角和偏航角平均估计误差分别为 2.6821″、1.5399″和 0.0521′。此外，该方法还能快速估计出三轴陀螺漂移和水平加速度计偏置。仿真结果表明，通过引入天文量测信息，提高了系统的可观测性，改善了系统整体的对准精度，尤其是偏航角的对准精度。

对比以上两种方法的仿真结果可以看出，本书研究的天文辅助惯性初始对准方法的对准精度要明显优于传统的用于地面上的惯导初始对准方法的对

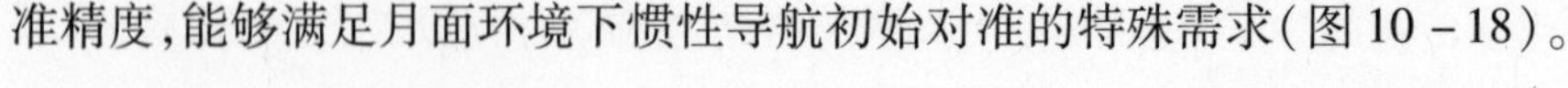
准精度,能够满足月面环境下惯性导航初始对准的特殊需求(图 10-18)。

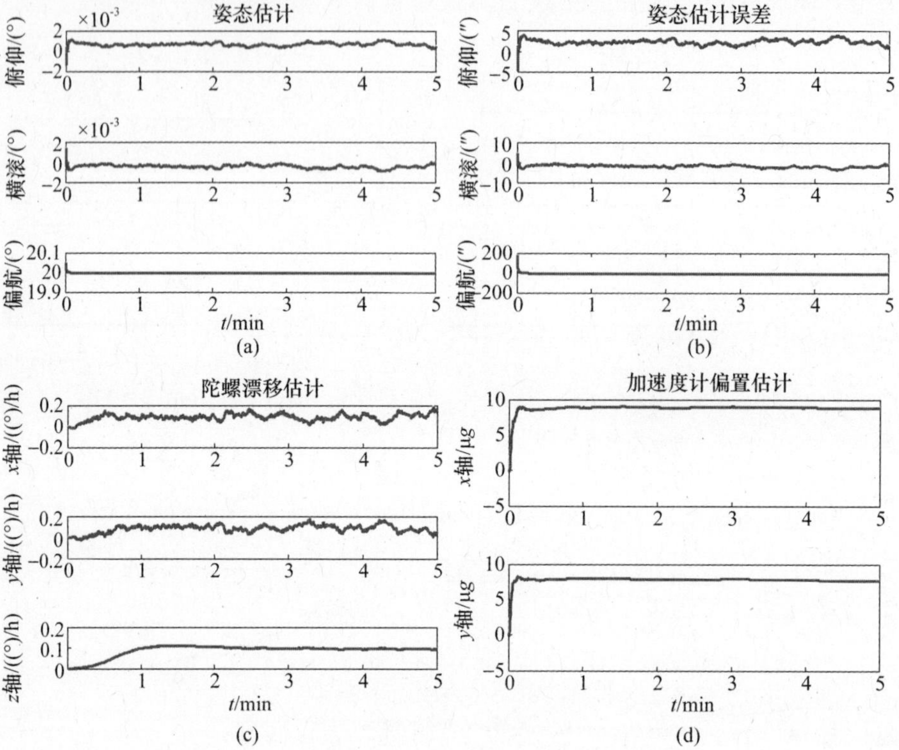

图 10-18　天文辅助惯性初始对准方法的估计结果

(a) 姿态估计;(b) 姿态估计误差;(c)陀螺漂移估计;(d)加速度计偏置估计。

10.2 节研究的天文导航导航坐标系下的姿态确定算法表明,天文导航对巡视器的姿态确定精度依赖于巡视器的定位精度。由于月面上没有 GPS,巡视器的位置无法精确获取,而依靠地面测控站获得的巡视器位置精度仅为千米级。为此,本节通过大量计算机仿真全面考察了巡视器初始位置误差对该天文辅助惯性初始对准方法对准精度的影响。图 10-19 和图 10-20 给出了当初始位置分别为 100m 和 1000m 时该天文辅助惯性初始对准方法的估计结果,表 10-2 给出了详细的仿真数据。

从表 10-2 可以看出,初始位置误差严重影响该天文辅助惯性初始对准方法的对准精度。整体来看,初始位置误差增大,对准精度下降。此外,从表 10-2 还可以发现,陀螺漂移的估计精度基本不受初始位置误差的影响,而水平加速度计偏置的估计精度随初始位置误差的增大而降低。以上仿真结果表明，初始位置误差对该天文辅助惯性初始对准方法的性能影响很大，要提高对准精度就必须提高巡视器的初始定位精度。

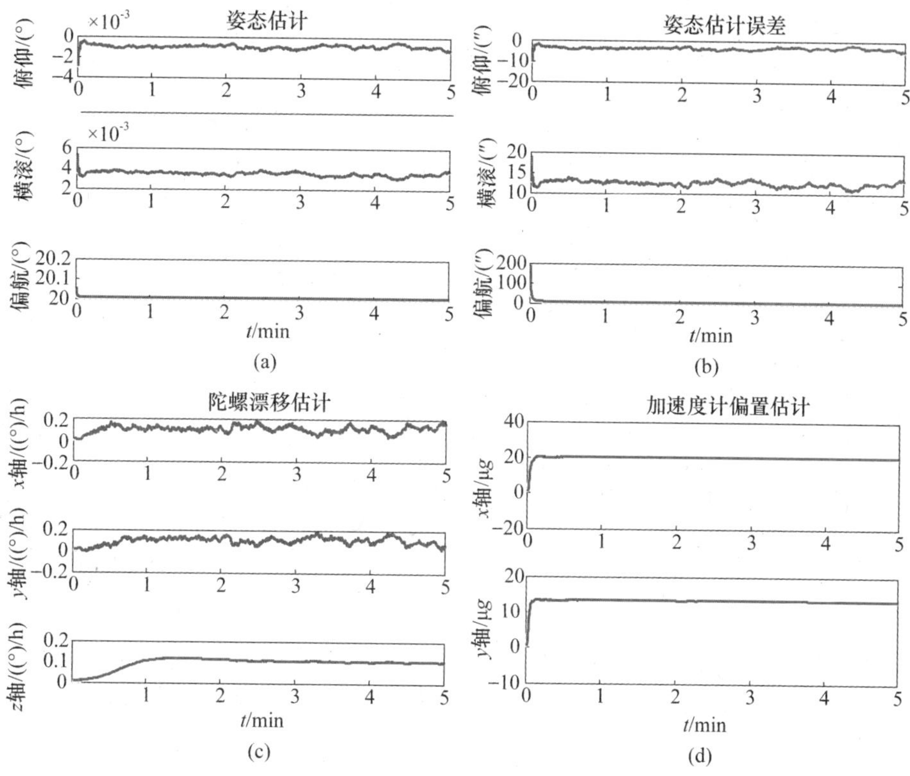

图 10－19　初始位置误差为 100m 时天文辅助惯性初始对准方法的估计结果

(a) 姿态估计；(b) 姿态估计误差；(c)陀螺漂移估计；(d)加速度计偏置估计。

表 10－2　不同初始位置误差时天文辅助惯性初始对准方法的仿真数据

初始位置误差/m	姿态估计误差/(″)			陀螺漂移估计误差/((°)/h)			加计偏置估计误差/μg	
	俯仰	横滚	偏航	x 轴	y 轴	z 轴	x 轴	y 轴
10	2.6821	－1.5399	－0.0521	－0.0009	－0.0004	0.0001	－0.9826	－2.0638
100	－3.7090	12.1413	0.5069	－0.0009	－0.0004	0.0001	9.9881	3.0610
1000	－67.6171	148.9553	6.0889	－0.0009	－0.0004	0.0001	119.6976	54.3072

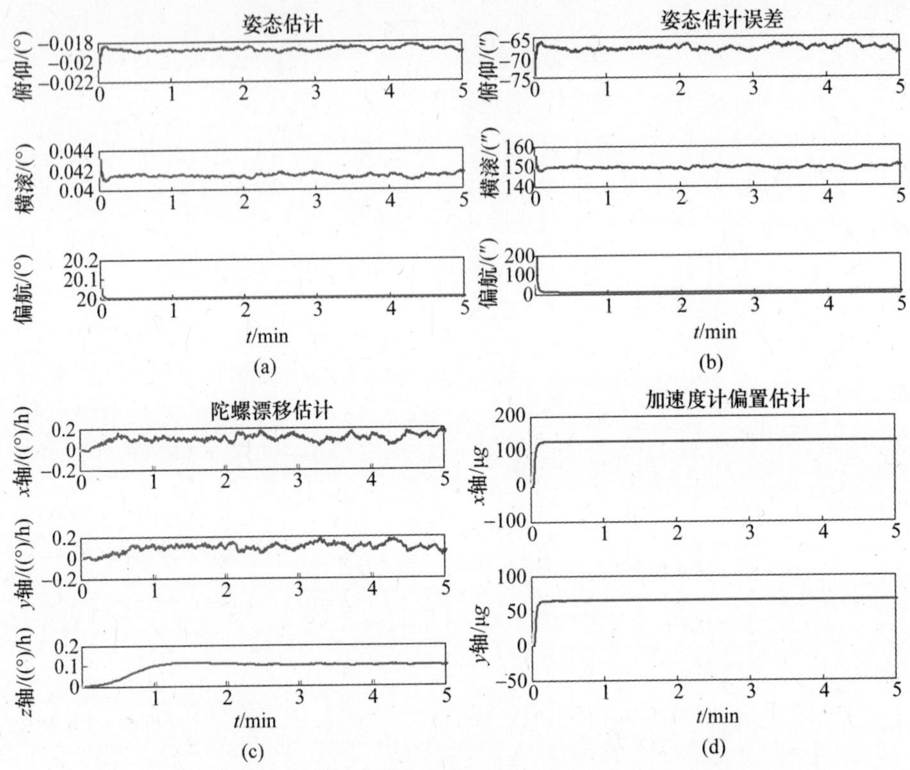

图 10-20　初始位置误差为 1000m 时天文辅助惯性初始对准方法的估计结果

(a) 姿态估计;(b)姿态估计误差;(c)陀螺漂移估计;(d)加速度计偏置估计。

10.3.2　基于惯性/天文组合的巡视器自主初始化方法

10.3.1 节研究的天文辅助初始对准方法的对准精度严重受巡视器初始定位精度的影响,要提高初始对准精度就必须提高巡视器的定位精度。但是月面上没有 GPS,依靠地面测控站获得的巡视器的位置精度很低。因此,还必须借助其他信息来估计巡视器的初始位置和姿态。

当巡视器静止时,天文导航利用星敏感器不仅可以提供星光方向矢量(包含了巡视器的姿态信息),借助加速度计提供的水平基准,天文导航还可以提供天体高度,包含了巡视器的位置信息。因此,可以同时利用天文导航提供的星光方向矢量和天体高度观测信息与惯导系统进行组合发挥两种导航方法的互补优势,估计出巡视器的初始位置和姿态,同时尽可能估计出惯性器件的误差。

图 10－21 所示为基于惯性/天文组合的巡视器自主初始化方法的原理框图。该初始化方法不仅将惯导捷联解算得到的水平速度误差和星敏感器提供的星光方向矢量信息作为观测量,还将天文导航提供的天体高度信息作为观测量送入卡尔曼滤波器进行滤波估计,可以同时估计出巡视器的初始位置、姿态和惯性器件误差。

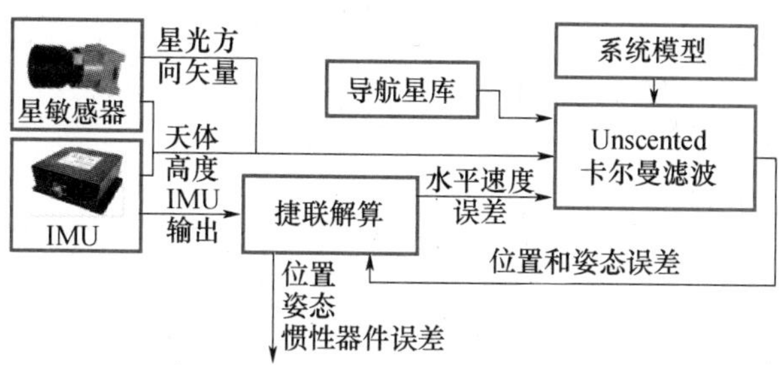

图 10－21　基于惯性/天文组合的巡视器自主初始化方法的原理框图

10.3.2.1　系统模型

1. 状态方程

当巡视器静止时,在大方位失准角的条件下,式(10－14)所示的惯导误差方程可以简化为

$$\begin{cases}\dot{\boldsymbol{\phi}} = (\boldsymbol{I} - \boldsymbol{C}_n^{n'})\boldsymbol{\omega}_{im}^n + \delta\boldsymbol{\omega}_{in}^n - \boldsymbol{C}_b^{n'}\boldsymbol{\varepsilon} \\ \delta\dot{\boldsymbol{v}}_n = (\boldsymbol{I} - (\boldsymbol{R}_n^{n'})^{\mathrm{T}})\boldsymbol{C}_b^{n'}\boldsymbol{f}_{ib}^b - 2\boldsymbol{\omega}_{im}^n \times \delta\boldsymbol{v}_n + \boldsymbol{C}_b^{n'}\nabla \\ \delta\dot{\boldsymbol{r}} = \boldsymbol{M}\delta\boldsymbol{v}_n \\ \dot{\boldsymbol{\varepsilon}} = 0 \\ \dot{\nabla} = 0 \end{cases} \tag{10-19}$$

选取状态量 $\boldsymbol{X}_2 = [\phi_E, \phi_N, \phi_U, \delta v_E, \delta v_N, \delta L, \delta\lambda, \varepsilon_x, \varepsilon_y, \varepsilon_z, \nabla_x, \nabla_y]^{\mathrm{T}}$,式(10－19)所示的状态方程可以简写为

$$\dot{\boldsymbol{X}}_2 = f(\boldsymbol{X}_2) + \boldsymbol{W}_2 \tag{10-20}$$

式中:$\boldsymbol{W}_2$ 为系统噪声矢量。

2. 量测方程

基于惯性/天文组合的巡视器自主初始化方法的量测量信息不仅包括惯

导提供的水平速度误差,还包括天文导航提供的星光方位矢量和天体高度信息。水平速度误差和星光方位矢量的量测方程见10.3.1节,这里只给出天体高度的量测方程。

对式(10-5)进行变换,天体高度可以表示为

$$H=\arcsin(\sin L\cdot\sin\Delta+\cos L\cdot\cos\Delta\cdot\cos\mathrm{LHA}) \tag{10-21}$$

令量测量$\boldsymbol{Z}_2=[\delta\boldsymbol{v},\boldsymbol{s}_{\mathrm{b}},H]$,则式(10-15)、式(10-17)和式(10-21)所示的量测方程可简写为

$$\boldsymbol{Z}_2=h(\boldsymbol{X}_2)+\boldsymbol{V}_2 \tag{10-22}$$

式中:$\boldsymbol{V}_2$为量测噪声。

10.3.2.2 计算机仿真

在与10.3.1节相同的仿真条件下,当初始位置误差为1000m时该基于惯性/天文组合的巡视器自主初始化方法的估计结果如图10-22所示。

从图中可以看出,该方法的经、纬度都很快收敛到336.66°和3.00°附近,姿态也都很快收敛到0°、0°和20°附近。收敛后的经纬度平均估计误差分别为0.3514′和0.2395′,相应的位置误差分别为177.5764m和121.0410m。收敛后的俯仰、横滚和偏航角平均估计误差分别为9.3690″、-27.6451″和-1.2143″。从图中还可以看出,该方法还可以快速估计出三轴陀螺漂移,但是水平加速度计偏置古今误差较大,可视为不可估计。

从以上仿真结果可以看出,增加天体高度量测信息后,巡视器的初始位置和姿态均能估计出来,且该方法不再受巡视器初始位置误差的影响。但是,受加速度计精度的影响,当地水平基准的测量精度不高,导致天体高度的测量精度受到影响,严重导航系统对巡视器位置的估计精度。同时,由式(10-8)可以看出,姿态矩阵$\boldsymbol{C}_{\mathrm{b}}^{n}$受位置矩阵$\boldsymbol{C}_{\mathrm{e}}^{n}$的影响,使得导航系统对巡视器的姿态估计精度也受到一定影响。

10.3.3 一种考虑加速度计误差修正的巡视器自主初始化方法

天文导航的定位精度严重受天体高度的测量精度的影响,而10.3.2节的导航坐标系下巡视器的姿态确定算法表明,导航坐标系下天文导航的定姿精度依赖于其定位精度。因此,天体高度的测量精度将严重影响天文导航的定位、定姿精度。

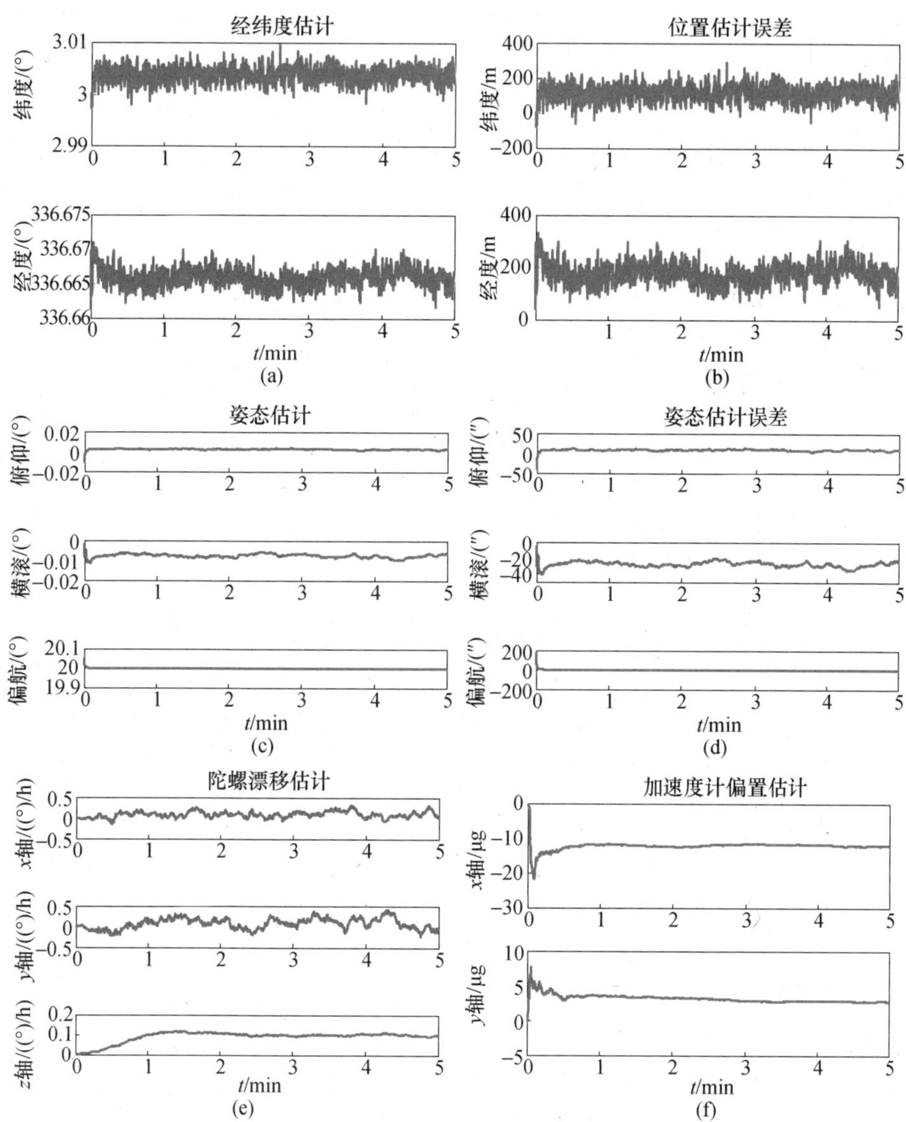

图 10－22　基于惯性/天文组合的巡视器自主初始化方法的估计结果

(a) 位置估计;(b)位置估计误差;(c)姿态估计;(d)姿态估计误差;

(e)陀螺漂移估计;(f)加速度计偏置估计。

天体高度是利用加速度计提供的水平基准和星敏感器提供的星光方位矢量来获取的。通常,星敏感器的精度很高,可以达到 1″。因此,天体高度的测量精度主要取决于加速度计的测量精度。如果由加速度计偏置引起的天体高度的测量误差可以修正,则天文导航的定位、定姿精度将会明显提高,同时惯性/天文组合导航系统的导航精度也将有所改善。针对这一思路,本节研究了一种改进的巡视器自主初始化方法,图 10-23 所示为该改进的巡视器自主初始化方法的原理框图。

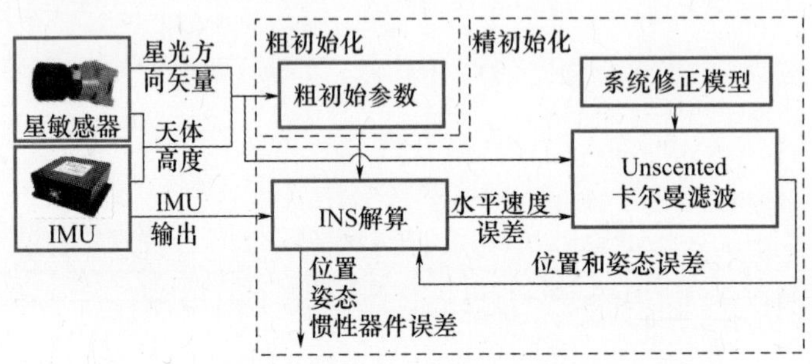

图 10-23 改进的巡视器自主初始化方法的原理框图

该方法分为两个阶段:粗初始化阶段和精初始化阶段。粗初始化阶段利用星光方向矢量和天体高度量测信息提供粗略的初始位置和姿态,这也是为后续精初始化阶段提供必须的初始参数。精初始化阶段则综合利用惯导解算得到的水平速度误差、天文导航提供的星光方向矢量和天体高度量测信息,结合系统修正模型,利用 UKF 精确估计出巡视器的初始位置和姿态,同时估计出惯性器件误差。

10.3.3.1 粗初始化系统模型

1. 状态方程

粗初始化的目的是为精初始化阶段的捷联惯导算法提供初始参数,因此,粗初始化直接选取巡视器的位置和姿态作为状态量。令 $\boldsymbol{X}_3=[\varphi,\theta,\psi,L,\lambda]^{\mathrm{T}}$,由于巡视器静止,其状态方程可以描述为

$$\dot{\boldsymbol{X}}_3=0 \tag{10-23}$$

2. 量测方程

根据状态量的选取,巡视器本体坐标系下的星光方向矢量$\boldsymbol{s}_{\mathrm{b}}$ 可以表示为

$$\boldsymbol{s}_{\mathrm{b}}=\boldsymbol{C}_n^{\mathrm{b}}\,\boldsymbol{C}_m^n\,\boldsymbol{C}_i^m\,\boldsymbol{s}_i \tag{10-24}$$

以测得的星光方向矢量$\boldsymbol{s}_{\mathrm{b}}$ 和天体高度 H 为观测量,令量测量$\boldsymbol{Z}_3=[\boldsymbol{s}_{\mathrm{b}},H]$,式(10-21)和式(10-24)所示的量测方程可简写为

$$\boldsymbol{Z}_3=h(\boldsymbol{X}_3)+\boldsymbol{V}_3 \tag{10-25}$$

式中：$\boldsymbol{V}_3$ 为量测噪声。

10.3.3.2　精初始化系统模型

1. 状态方程

精初始化阶段依旧使用式(10－19)所示的惯导误差方程作为状态方程，由于星敏感器可以提供高精度的姿态信息，粗初始化结束后，姿态误差稳定在小失准角范围内。因此，其状态方程采用基于小失准角的惯导误差方程，令状态量为 $\boldsymbol{X}_4=[\phi_{\mathrm{E}},\phi_{\mathrm{N}},\phi_{\mathrm{U}},\delta v_{\mathrm{E}},\delta v_{\mathrm{N}},\delta L,\delta\lambda,\varepsilon_x,\varepsilon_y,\varepsilon_z,\nabla_x,\nabla_y]^{\mathrm{T}}$，相应的状态方程可简写为

$$\dot{\boldsymbol{X}}_4=f(\boldsymbol{X}_4)+\boldsymbol{W}_4 \tag{10-26}$$

式中：$\boldsymbol{W}_4$ 为系统噪声矢量。

2. 量测方程

精初始化阶段的量测量信息包括惯导提供的水平速度误差、星光方位矢量和天体高度信息。水平速度误差和星光方位矢量的量测方程与10.3.1节相同，这里只推导天体高度的修正量测方程。

天体高度由加速度计提供的水平基准和星敏感器提供的星光方位矢量获取。目前，星敏感器的精度可以达到1″，因此天体高度的测量精度主要取决于加速度计的测量精度。当加速度计不存在测量误差时，天体高度 H 可以表示为

$$\sin H=\frac{-\boldsymbol{f}_{\mathrm{br}}\boldsymbol{s}_{\mathrm{b}}}{\|\boldsymbol{f}_{\mathrm{br}}\|_2} \tag{10-27}$$

式中：$\boldsymbol{f}_{\mathrm{br}}$为不存在测量误差时的加速度计输出。当加速度计存在测量误差时，有

$$\sin H_m=\frac{-\boldsymbol{f}_{\mathrm{b}}\boldsymbol{s}_{\mathrm{b}}}{\|-\boldsymbol{f}_{\mathrm{b}}\|_2}=\frac{-(\boldsymbol{f}_{\mathrm{br}}+\nabla)\boldsymbol{s}_{\mathrm{b}}}{\|\boldsymbol{f}_{\mathrm{b}}\|_2}=-\frac{\boldsymbol{f}_{\mathrm{br}}\boldsymbol{s}_{\mathrm{b}}}{\|\boldsymbol{f}_{\mathrm{b}}\|_2}-\frac{\nabla\boldsymbol{s}_{\mathrm{b}}}{\|\boldsymbol{f}_{\mathrm{b}}\|_2} \tag{10-28}$$

将式(10－27)代入式(10－28)，得到

$$\begin{aligned}\sin H_m&=\sin H\frac{\|\boldsymbol{f}_{\mathrm{br}}\|_2}{\|\boldsymbol{f}_{\mathrm{b}}\|_2}-\frac{\nabla\boldsymbol{s}_{\mathrm{b}}}{\|\boldsymbol{f}_{\mathrm{b}}\|_2}=\sin H\frac{\|\boldsymbol{C}_n^{\mathrm{b}}\boldsymbol{g}_m\|_2}{\|\boldsymbol{f}_{\mathrm{b}}\|_2}-\frac{\nabla\boldsymbol{s}_{\mathrm{b}}}{\|\boldsymbol{f}_{\mathrm{b}}\|_2}\\&=\sin H\frac{\|\boldsymbol{g}_m\|_2}{\|\boldsymbol{f}_{\mathrm{b}}\|_2}-\frac{\nabla\boldsymbol{s}_{\mathrm{b}}}{\|\boldsymbol{f}_{\mathrm{b}}\|_2}\end{aligned} \tag{10-29}$$

将式(10－5)代入式(10－29)，得到

$$\sin H_m = (\sin L \sin \Delta + \cos L \cos \Delta \cos \mathrm{LHA}) \frac{\| \boldsymbol{g}_m \|_2}{\| \boldsymbol{f}_\mathrm{b} \|_2} - \frac{\nabla s_\mathrm{b}}{\| \boldsymbol{f}_\mathrm{b} \|_2} \quad (10-30)$$

以 $\delta \boldsymbol{v}$、$\boldsymbol{s}_\mathrm{b}$ 和 $\sin H_m$ 作为观测量，令量测量 $\boldsymbol{Z}_4 = [\delta \boldsymbol{v}, \boldsymbol{s}_\mathrm{b}, \sin H_m]$，式(10-16)、式(10-17)和式(10-30)所示的量测方程可以简写为

$$\boldsymbol{Z}_4 = h(\boldsymbol{X}_4) + \boldsymbol{V}_4 \quad (10-31)$$

式中：$\boldsymbol{V}_4$ 为量测噪声。

10.3.3.3 计算机仿真

粗初始化阶段直接利用加速度计和星敏感器提供的星光方向矢量和天体高度信息直接估计出巡视器的初始位置和姿态，为精初始化阶段的捷联惯导解算提供初始条件。在3.2.1节仿真条件下，粗初始化阶段估计的巡视器的初始经纬度分别约为336.6655°和3.0035°，俯仰、横滚和偏航角分别约为0.0023°、-0.0071°和19.9997°。该过程不涉及捷联解算过程，算法简单，计算量较小，收敛速度快，但估计精度不高。

在粗初始化阶段提供的初始参数基础上，图10-24给出了精初始化阶段的估计结果。从图中可以看出，经、纬度很快收敛到336.66°和3.00°附近，姿态也很快收敛到0°、0°和20°附近。收敛后的经纬度平均估计误差分别为0.0178′和0.0503′，相应的位置误差分别为9.0161m和25.3848m。收敛后的俯仰、横滚和偏航角平均估计误差分别为5.5575″、-4.9982″和-0.1640″。此外，在精初始化阶段该改进的巡视器自主初始化方法还可以同时估计出陀螺漂移和水平加速度计偏置。

表10-3给出了该改进的巡视器自主初始化方法的详细仿真数据。对比表10-3中数据可以看出，在相同仿真条件下，与3.2.2节的初始化方法相比，改进初始化方法的初始化精度要明显提高。这是由于改进的巡视器自主初始化方法充分考虑了加速度计偏置对天体高度测量精度的影响，从而显著提高了巡视器初始位置和姿态的估计精度。

以上结果表明，改进的巡视器自主初始化方法的初始位置估计精度优于30m，姿态估计精度优于10″，是一种非常有效的月面巡视器高精度自主初始化方法。利用该方法提供的初始导航参数可以极大的提高后续惯性导航和天文导航系统的导航精度。

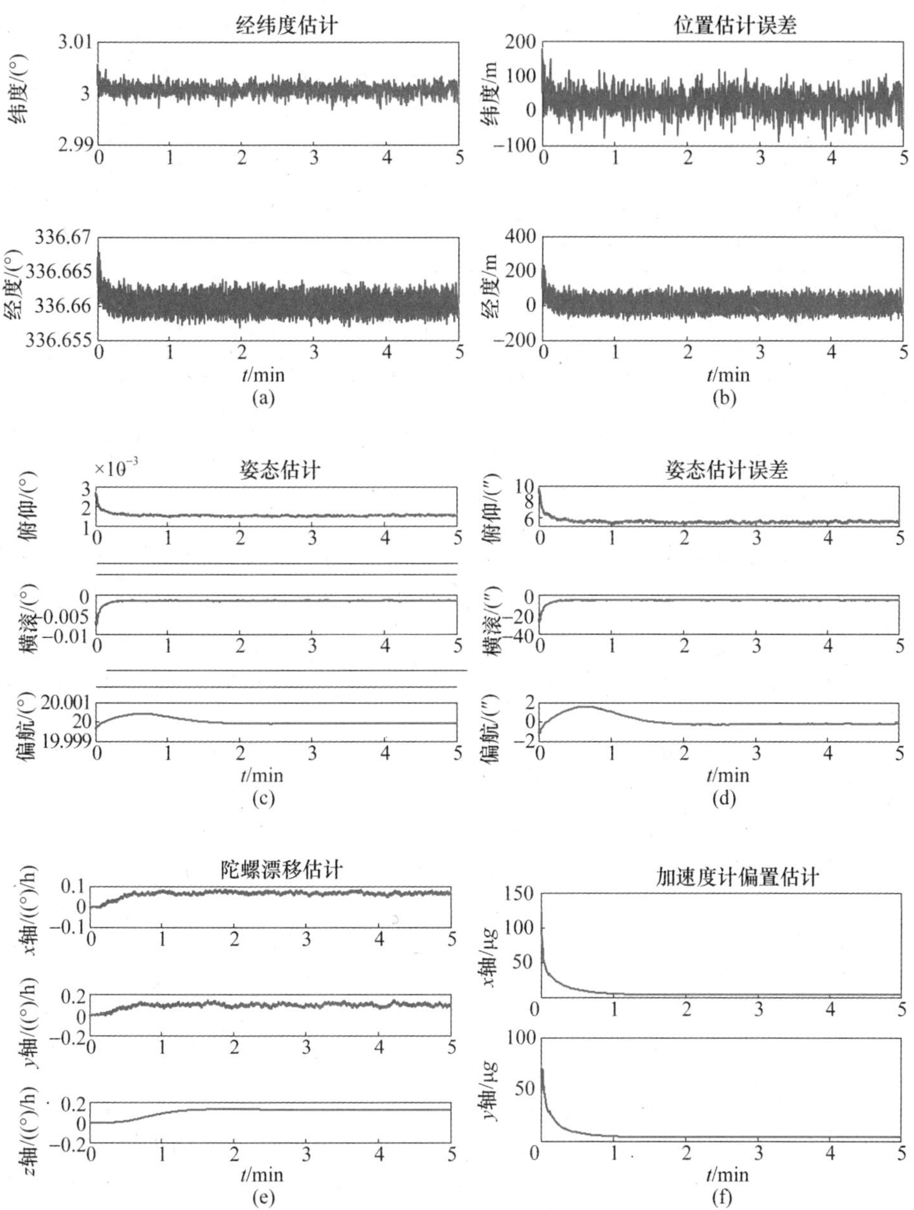

图 10－24　改进的巡视器自主初始化方法的估计结果

(a) 位置估计；(b)位置估计误差；(c)姿态估计；(d) 姿态估计误差；

(e)陀螺漂移估计；(f)加速度计偏置估计。

表 10-3　改进的巡视器自主初始化方法的仿真数据

方法	位置估计误差/m		姿态估计误差/(″)			陀螺漂移估计误差/((°)/h)			加计偏置估计误差/μg	
	经度	纬度	俯仰	横滚	偏航	x 轴	y 轴	z 轴	x 轴	y 轴
原方法	177.576	121.041	9.369	-27.645	-1.214	-0.001	0.006	0.0002	-21.863	-7.121
改进方法	9.0161	25.3848	5.556	-4.998	-0.164	-0.001	0.0001	0.0003	-3.686	-4.423

10.4　运动条件下的双模式惯性/天文组合导航方法

随着深空探测任务复杂性的提高,对巡视器自主导航系统性能的要求也将越来越高。在长时间和长距离条件下,任何一种自主导航方法均难以独立完成巡视器的高精度、高可靠性的导航任务。考虑到惯性导航和天文导航在工作原理和信息来源上的互补特性,将两种导航方法进行组合,发挥两种导航方法之间的优势互补,是当前巡视器自主导航技术研究的热点。本节针对月面巡视器的"走走停停"的运动模式,研究了一种适用于巡视器的双模式惯性/天文组合导航方法。

10.4.1　双模式惯性/天文组合导航方案

当巡视器静止时,天文导航不仅可以利用星敏感器提供星光方向矢量(包含了巡视器的姿态信息),借助加速度计提供的水平基准,天文导航还可以提供天体高度,包含了巡视器的位置信息。当巡视器运动时,由于受到水平加速度的影响,天文导航只能提供星光方向矢量。基于上述考虑,并针对月面巡视器的"走走停停"的运动模式,研究了一种适用于月面巡视器的双模式惯性/天文组合导航方法。

图 10-25 所示为该双模式惯性/天文组合导航方案的设计框图。当巡视器运动时,天文导航仅可以提供星光方向矢量,惯性/天文组合导航系统仅能对巡视器的姿态误差进行修正,这种修正模式称为松耦合模式。当巡视器静止时,利用加速度计提供的水平基准和天文导航提供的星光方向矢量可以获得天体高度,再结合惯导提供的水平速度误差,惯性/天文组合导航系统不仅可以修正巡视器的姿态误差,还可以修正其位置误差,这种修正模式称为紧耦

合模式。

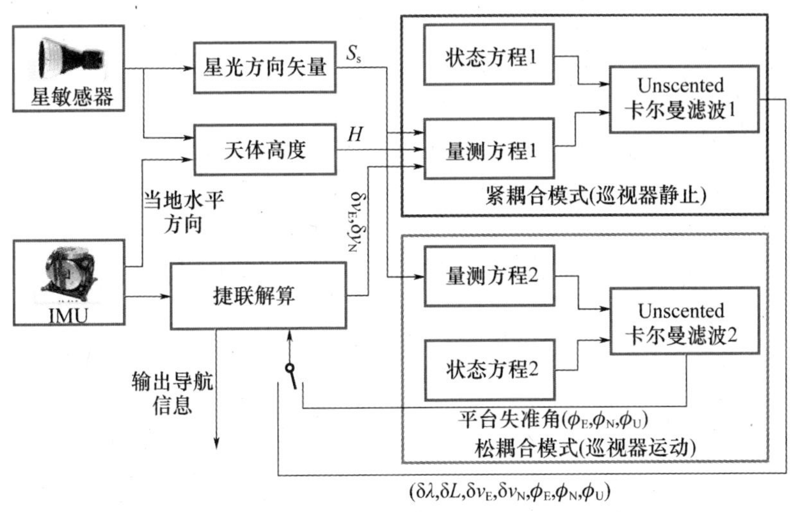

图 10－25　双模式惯性/天文组合导航设计框图

巡视器静止时导航系统工作在紧耦合模式，利用天文信息辅助惯导实现巡视器的自主初始化。巡视器运动时导航系统工作在松耦合模式，只利用天文导航提供的星光方向矢量修正惯导的姿态误差。当巡视器再次静止时，导航系统启动紧耦合模式并重新实现巡视器的自主初始化，所有的导航参数被重置，并作为巡视器运动时的初始导航参数。组合导航系统对这两种工作模式的转换依赖于巡视器的运动特点。

惯性/天文组合导航系统的量测模型是非线性的，因此，这两种模式均利用 UKF 滤波进行信息融合。利用 UKF 滤波进行信息融合必须建立相应的状态方程和量测方程。由于两种模式下巡视器的运动状态不同，所用的量测信息也不同。因此，相应的状态方程和量测方程也不一样。紧耦合模式即为前面提到的改进的巡视器自主初始化方法，下面主要介绍松耦合模式的系统模型。

10.4.2　松耦合模式的系统模型

当巡视器运动时，导航系统工作在松耦合模式，所示的惯导误差方程作为状态方程。选取状态量 $\boldsymbol{X}_5=[\phi_E,\phi_N,\phi_U,\delta v_E,\delta v_N,\delta L,\delta\lambda,\varepsilon_x,\varepsilon_y,\varepsilon_z,\nabla_x,\nabla_y]^T$，

相应的状态方程可以简写为

$$\dot{\boldsymbol{X}}_5 = f(\boldsymbol{X}_5) + \boldsymbol{W}_5 \tag{10-32}$$

松耦合模式仅将天文导航提供的星光方向矢量作为观测量,令量测量 $\boldsymbol{Z}_5 = [\boldsymbol{s}_b]$,其量测方程如式(10-17)所示,可简写为

$$\boldsymbol{Z}_5 = h(\boldsymbol{X}_5) + \boldsymbol{V}_5 \tag{10-33}$$

式中:$\boldsymbol{V}_5$ 为量测噪声。

10.4.3 地面测试系统仿真验证

本书采用自行研制的巡视器地面导航测试系统对该双模式惯性/天文组合导航方法进行仿真测试,所有的仿真数据都由图10-26所示的地面仿真测试系统产生。该系统由一个IMU、一个星图模拟系统和一个导航计算机组成。IMU沿巡视器本体坐标系的三个坐标轴安装。陀螺仪的常值漂移为0.1(°)/h(1σ),加速度计的常值偏置为10μg(1σ),二者的采样频率均为100Hz。将IMU提取的噪声数据与轨迹发生器提供的惯性器件的理想输出数据相加作为惯性器件的实际输出。

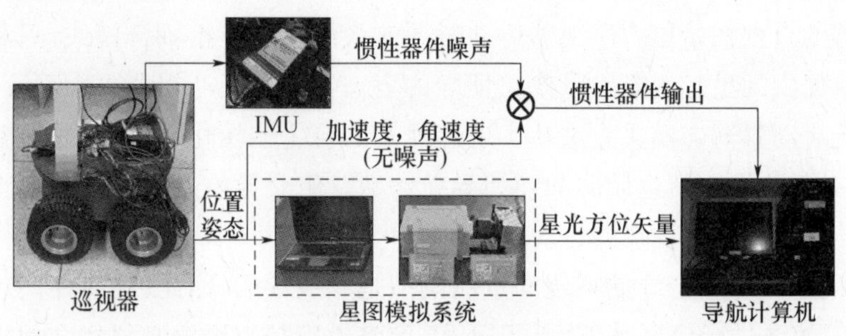

图10-26 地面测试系统

星图模拟系统由一个星图模拟器和一个星敏感器组成。星敏感器沿巡视器本体坐标系的三个坐标轴安装,其光轴指向巡视器本体坐标系的 z 轴方向。导航星库采用JPL405恒星行星星历,仿真星图由Starry Night Backyard生成。星敏感器的精度为3″,更新频率为5Hz。根据所选定的巡视器的位置和姿态及星敏感器光轴指向信息,通过星图预处理、质心提取、星图匹配识别等一系列处理获取恒星星光的方向矢量信息和该星体的星历信息。

1. 仿真条件

根据巡视器“走走停停”的运动模式，利用轨迹发生器生成如图 10－27 所示的 80min 运行轨迹，巡视器每行驶 10min，停止 5min。

在后面的仿真中，设定巡视器的初始经度和纬度误差均为 1000m，初始速度误差为 0。初始姿态可以通过 10.3.1 节研究的天文辅助惯性组合导航初始方法获取。在上述仿真条件下，利用该方法的俯仰角、横滚角和偏航角误差分别约为 1.5′、3′和 10″。

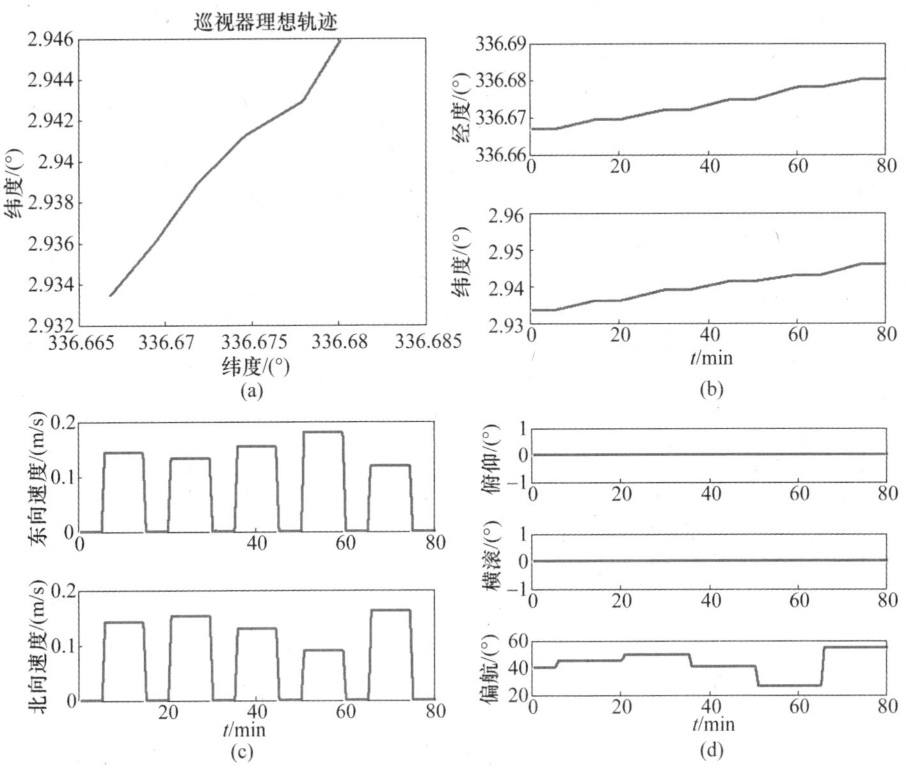

图 10－27　巡视器的理想运动轨迹

(a) 巡视器理想轨迹；(b) 理想位置；(c) 理想速度；(d) 理想姿态。

2. 双模式方法与单模式方法的对比结果

为了充分说明本书研究的巡视器双模式惯性/天文组合导航方法的有效性，本节将该双模式方法与巡视器工作在其他三种工作模式的导航性能进行对比。

在模式 1 中，巡视器导航系统全程仅使用惯性导航。在模式 2 中，无论巡视器处于运动状态还是静止状态,导航系统均工作在松耦合模式。在模式3中,无论巡视器运动还是静止,导航系统均工作在紧耦合模式。模式4为本文研究的双模式惯性/天文组合导航方法,根据巡视器的不同运动状态在两种模式之间切换:巡视器静止时,导航系统工作在紧耦合模式;巡视器运动时,导航系统工作在紧耦合模式。

1)模式1——纯惯导方法

图10-28所示为巡视器导航系统全程仅使用惯性导航的估计结果。从图中可以明显看出,惯导误差随时间积累。东向和北向位置的最大估计误差分别7099.19m和1774.32m,俯仰、横滚和偏航角的最大估计误差分别为197.59″、362.36″和404.99″。由于陀螺仪和加速度计存在测量误差,导致位

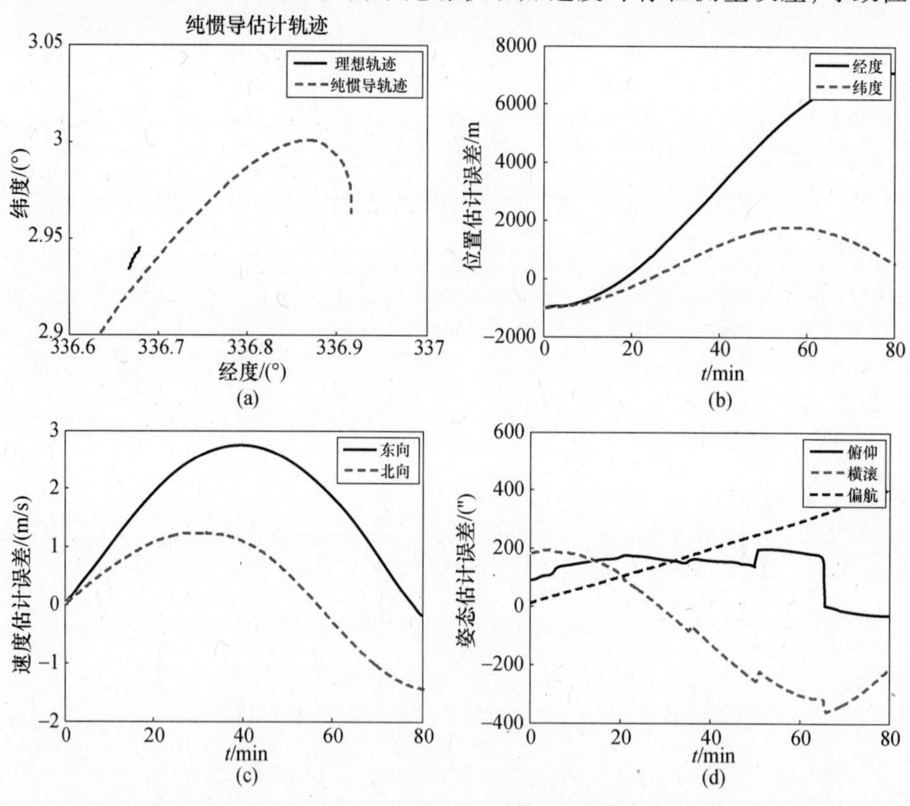

图10-28 纯惯导方法的估计结果

(a)纯惯导估计轨迹;(b)位置估计误差;(c)速度估计误差;(d)姿态估计误差。

置、速度和姿态误差随时间累积。仿真结果表明纯惯导方法不能满足长时间高精度自主导航。

2）模式 2——松耦合模式

图 10－29 所示为巡视器导航系统全程工作在松耦合模式时的估计结果。由于天文的星光方向矢量信息只能抑制惯导姿态误差的积累，位置和速度误差依旧随时间累积。从图中可以看出，东向和北向位置的最大估计误差分别 1013.92m 和 1210.69m，俯仰、横滚和偏航角的最大估计误差分别为 90.02″、180.02″和 7.52″。与模式 1 相比，当增加星光方向矢量量测信息后，巡视器的位置、速度和姿态都有了一定的改善，尤其是偏航角的估计精度明显提高。但是，天文的星光方向矢量信息只能抑制惯导姿态误差的积累，位置和速度误差依旧随时间累积。

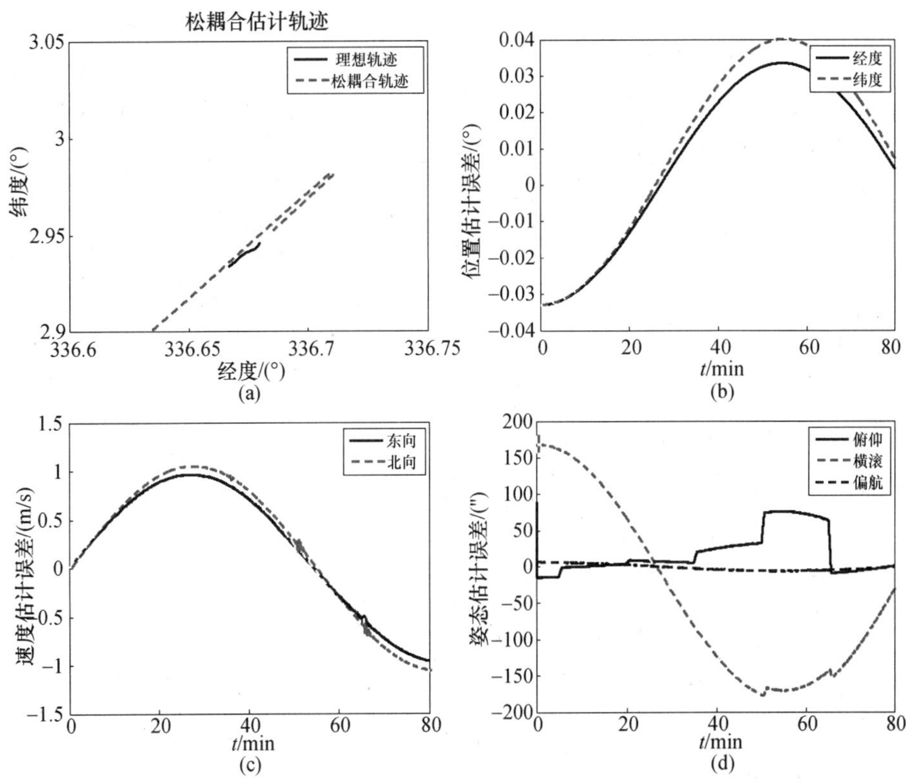

图 10－29　巡视器全程工作在松耦合模式的估计结果

（a）松耦合估计轨迹；（b）位置估计误差；（c）速度估计误差；（d）姿态估计误差。

3)模式3——紧耦合模式

图10-30所示为巡视器导航系统全程工作在紧耦合模式时的估计结果。当巡视器静止时,利用天文导航提供的星光方向矢量和天体高度能够很好的修正惯导系统的速度、位置和姿态误差。巡视器静止时,其位置和姿态是固定的。因此,在这段时间内我们使用静止时所有估计结果的均值作为巡视器位置和姿态的最终估计值。为了使图片清晰,在图10-30中我们用静止时估计的均值代替这短时间内所有的估计值。从图10-30可以看出,东向和北向位置的平均估计误差分别5.20m和22.35m,俯仰、横滚和偏航角的平均估计误差分别为5.31″、4.36″和0.16″。当巡视器运动时,巡视器的位置、速度和姿态估计也有了一定的改善。但是,巡视器运动时惯导提供的水平基准误差随时

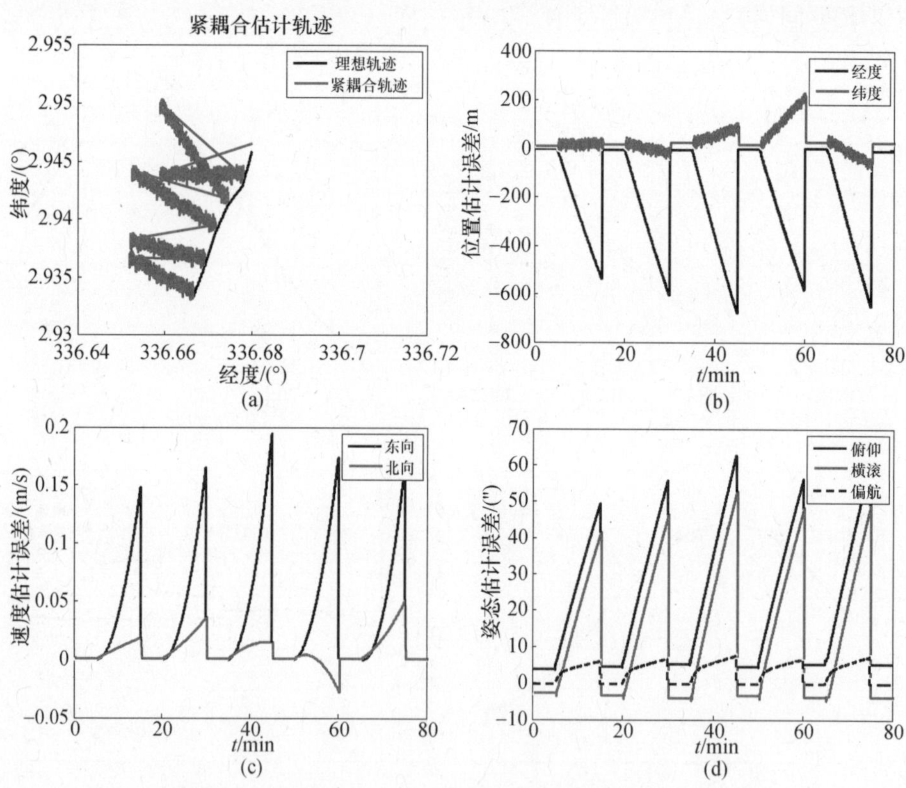

图10-30 巡视器全程工作在紧耦合模式的估计结果

(a)紧耦合估计轨迹;(b)位置估计误差;(c)速度估计误差;(d)姿态估计误差。

间累积，使得天体高度的测量精度受到限制，严重影响巡视器位置的估计精度。从图10－30(b)可以看出，巡视器运动时位置估计误差随时间累积，因此用估计误差的最大值作为评价它的导航性能。从图10－30可以看出，东向和北向位置的最大估计误差分别677.50m和224.74m。由式(10－8)可以看出，导航坐标系下天文导航提供的姿态矩阵$\boldsymbol{C}_{\mathrm{b}}^{n}$受位置矩阵$\boldsymbol{C}_{\mathrm{e}}^{n}$的影响，使得俯仰、横滚和偏航角的估计误差也随时间累积。从图10－30可以看出，俯仰、横滚和偏航角最大估计误差分别为62.61″、52.42″和7.50″。

4）模式4——双耦合模式

图10－31所示为本文研究的巡视器双模式惯性/天文组合导航方法的估计结果。当巡视静止时，模式3和模式4均工作在紧耦合模式，因此在这段时间内两种导航模式具有相同的导航性能。与前面提到的原因相同，为了使图片清晰，在图10－31中我们用静止时估计的均值代替这短时间内所有的估计值。当巡视器运动时，利用天文的星光方向矢量可以修正由陀螺漂移引起的姿态误差。但是，加速度计偏置引起的位置和速度误差依旧随时间累积。从图10－31中可以看出，东向和北向位置的最大估计误差分别5.21m和36.54m，俯仰、横滚和偏航角的最大估计误差分别为8.37″、6.83″和1.15″。从仿真结果可以看出，当巡视器运动时，巡视器工作在松耦合模式效果最好。因此，使用双模式组合导航方法不仅可以修正姿态误差，还可以在一定程度上抑制位置误差的累积，其导航性能明显优于模式3的导航性能。

巡视器在上述四种工作模式下的80min位置估计误差的详细结果见表10－4，姿态估计误差的详细结果见表10－5。当巡视器静止时，表10－4和表10－5分别给出了这段时间内的位置和姿态的平均估计误差，当巡视器运动时，表10－4和表10－5分别给出了这段时间内的位置和姿态的最大值估计误差。模式1的估计结果表明，纯惯导方法不能满足长时间高精度自主导航的要求。对比模式1和模式2，当增加星光方向矢量量测信息后，姿态的估计精度有了一定的改善。在模式3和模式4中，都增加了天体高度量测量，与模式2相比，位置和姿态的估计精度得到显著提高。此外，模式4的导航精度要明显优于其他三种模式，能够在一定程度上有效抑制惯性导航在运动过程中的累积误差。

3. 双模式方法与传统的巡视器导航方法的对比结果

美国和欧空局对巡视器自主导航方面已开展了大量的理论和试验研

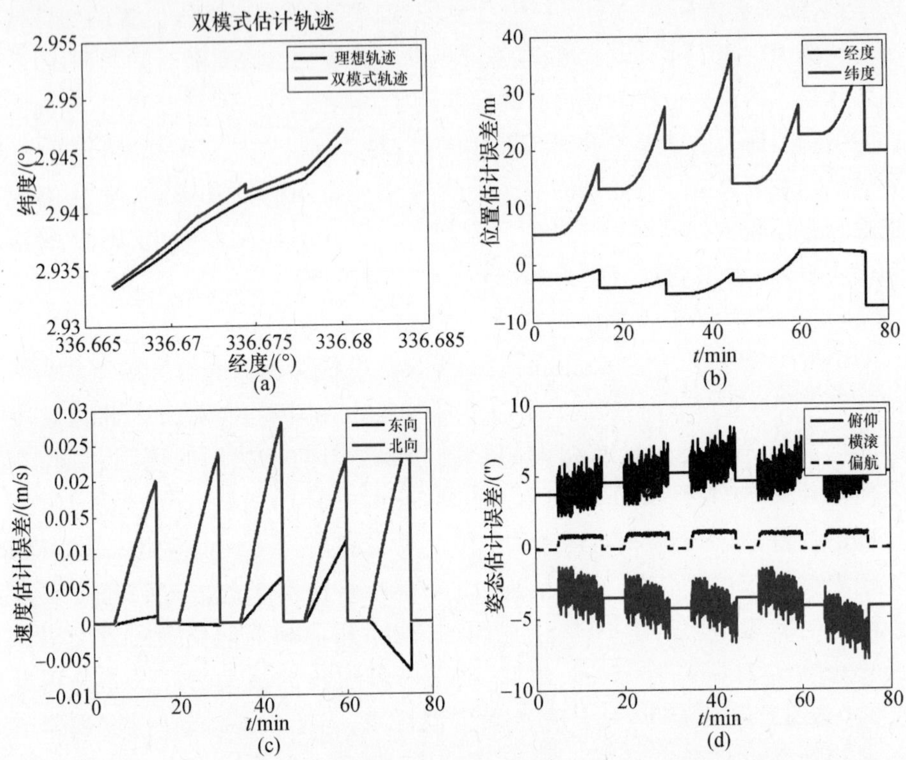

图 10-31　巡视器工作在双耦合模式的估计结果

(a)双模式估计轨迹;(b)位置估计误差;(c)速度估计误差;(d)姿态估计误差。

究。文献显示这些巡视器的导航方案也是根据巡视器不同运动状态采用不同的导航模式:当巡视器静止时,利用太阳敏感器和加速度计提供姿态;当巡视器运动时,利用陀螺仪进行姿态更新,利用车轮里程计进行位置更新。但是,这种组合模式比较简单,没用充分发挥惯性和天文的互补优势。

为了充分验证本文研究的巡视器双模式惯性/天文组合导航方法的可行性,将该双模式惯性/天文组合导航方法与传统的巡视器导航方法(也称为里程计方法)的性能进行了对比。仿真中,太阳敏感器的精度为 002°,车轮里程计的刻度因数误差为 0.1。

图 10-32(a)所示为巡视器理想轨迹、存在初始位置误差时双模式惯性/天文组合导航方法的估计轨迹和存在或不存在初始位置误差时传统里程计方

表 10-4　巡视器在四种工作模式下的位置估计误差

方法	位置误差/m	时间/min										
		0~5 (Mean)	5~15 (Max)	15~20 (Mean)	20~30 (Max)	30~35 (Mean)	35~45 (Max)	45~50 (Mean)	50~60 (Max)	60~65 (Mean)	65~75 (Max)	75~80 (Mean)
纯惯导模式	经度	975.41	927.76	147.01	1542.19	1935.54	3969.68	4363.94	6059.73	6317.69	7072.45	7092.45
	纬度	983.14	949.47	433.67	438.83	625.68	1456.57	1571.69	1774.32	1671.85	1582.69	733.08
松耦合模式	经度	984.63	956.47	524.01	396.83	310.30	870.51	932.66	1013.92	910.50	843.55	277.26
	纬度	984.76	954.19	482.16	343.40	431.73	1047.74	1117.24	1210.69	1092.33	1013.94	355.29
紧耦合模式	经度	2.52	536.18	4.05	604.69	5.20	677.50	2.95	583.918	2.14	648.49	7.56
	纬度	5.16	37.13	13.09	45.80	20.40	100.54	13.89	224.737	22.35	88.21	19.22
双模式	经度	2.52	2.52	4.03	4.03	5.21	5.21	2.95	2.95	2.19	2.18	7.51
	纬度	5.16	17.48	13.01	27.43	20.22	36.54	13.86	27.52	22.34	38.56	19.49

表 10-5　巡视器在四种工作模式下的姿态估计误差

方法	姿态误差/(″)	时间/min										
		0~5 (Mean)	5~15 (Max)	15~20 (Mean)	20~30 (Max)	30~35 (Mean)	35~45 (Max)	45~50 (Mean)	50~60 (Max)	60~65 (Mean)	65~75 (Max)	75~80 (Mean)
纯惯导模式	俯仰	101.70	158.17	163.24	175.60	155.82	160.54	146.89	197.60	181.56	170.47	29.76
	横滚	188.62	193.53	131.94	109.52	52.69	197.89	228.89	305.80	314.51	362.36	245.76
	偏航	21.84	77.98	90.08	147.74	160.43	222.94	234.12	291.29	304.75	375.00	389.96
松耦合模式	俯仰	14.35	13.52	2.92	8.90	5.66	28.98	30.44	75.92	68.52	61.90	1.71
	横滚	164.78	159.85	84.51	62.16	62.84	159.20	170.09	178.52	154.28	153.59	53.47
	偏航	6.03	6.16	3.20	2.66	1.87	5.57	5.72	7.06	5.54	5.39	1.69
紧耦合模式	俯仰	3.71	49.37	4.53	55.84	5.20	62.61	4.58	56.14	5.31	60.77	5.23
	横滚	3.02	41.11	3.63	46.10	4.36	52.42	3.66	47.91	4.25	48.94	4.20
	偏航	0.10	5.94	0.12	6.69	0.12	7.50	0.14	6.58	0.16	7.27	0.13
双模式	俯仰	3.71	6.48	4.53	7.35	5.19	8.37	4.58	7.70	5.31	7.53	5.24
	横滚	3.02	5.68	3.62	6.50	4.34	6.83	3.65	5.84	4.25	8.03	4.22
	偏航	0.1044	0.9019	0.1236	1.0151	0.1209	1.1491	0.1393	1.0376	0.16	1.07	0.13

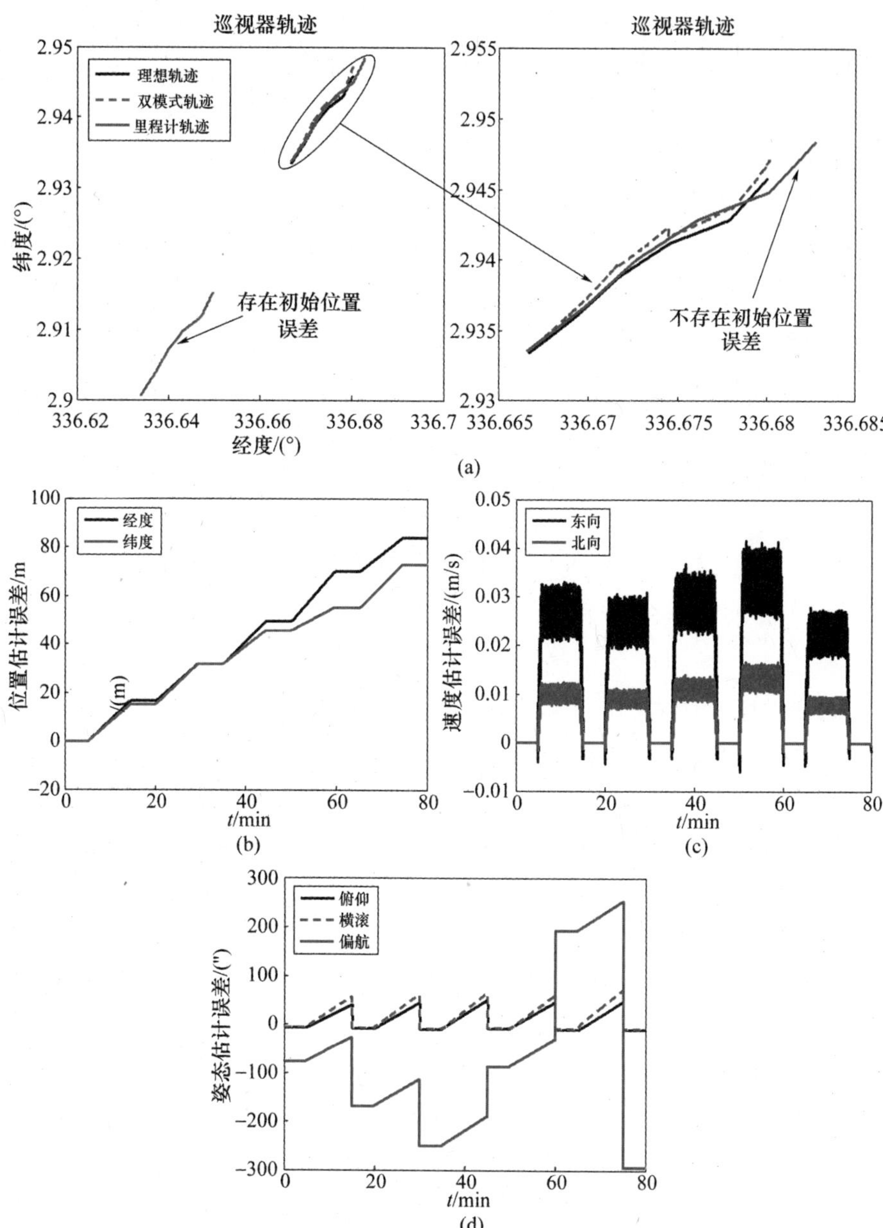

图 10－32 巡视器工作在双模式方法和传统里程计方法的估计结果

(a)巡视器估计轨迹;(b)位置估计误差;(c)速度估计误差;(d)姿态估计误差。

法的估计轨迹。图10－32(b)、(c)和(d)分别给出了不存在初始位置误差时里程计方法的位置、速度和姿态误差。从图10－32(a)可以看出,当存在初始位置误差时里程计方法的估计轨迹偏离理想轨迹。从图10－32(b)可以看出,即便是不存在初始位置误差时,里程计方法的位置估计误差依旧随时间累积。这是由于里程计也是一种航位推算方法,其误差随时间积累。我们研究的双模式惯性/天文组合导航方法在巡视器静止时可以修正其位置误差,可以在一定程度上抑制位置误差的累积。因此,该双模式方法的导航性能明显优于传统的巡视器导航方法。

上述仿真结果表明,该双模式惯性/天文组合导航方法不仅可以修正姿态误差,还可以在一定程度上抑制巡视器位置误差的累积,能够满足月面环境下巡视器长时间、长距离高精度自主导航的需求。

10.5 基于状态估值以相对运动参数误差为量测量的惯性/视觉导航方法

文献中常用的状态增广算法采用将上一时刻的全部或若干状态值增广到状态矢量中的方法来解决视觉量测信息依赖于两个时刻状态值的问题,且直接法中,状态方程和量测方程均为非线性。该方法的缺点是:一方面,将非线性运动学模型作为状态模型,在EKF滤波中会带来线性化误差,从而降低估计精度,且要求较高的数据更新频率;另一方面,状态维数的增加会导致计算量增大,巡视器上配备的导航计算机的计算能力难以承担。因此,本节提出了一种以惯导误差方程作为状态方程、以惯性导航和视觉运动估计获得的相对运动参数之差为量测量的简化量测模型方法,量测量仅与当前时刻的状态有关,系统方程均为线性,采用KF进行状态估计,有效地降低了计算量。

10.5.1 以相对运动参数误差为量测量的惯性/视觉导航原理

以导航参数误差为状态量、以相对运动参数误差为量测量的基于状态估计值的非增广惯性/视觉组合导航新方法的原理框图如图10－33所示。

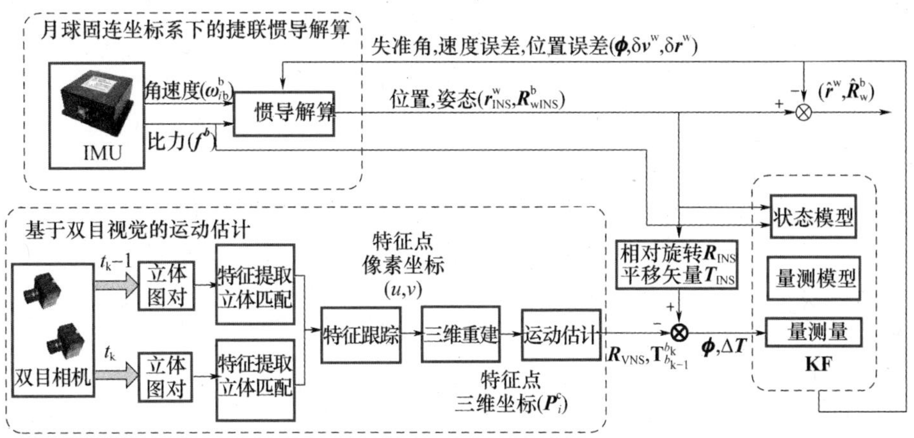

图 10－33　以相对运动参数误差为量测量的基于状态估计值的新方法原理框图

该惯性/视觉组合导航算法主要由三部分组成:世界坐标系下的捷联惯性导航解算(SINS)、基于双目视觉的运动估计和利用 KF 进行状态估计并输出导航参数。惯性导航系统主要由惯性测量单元(IMU)组成,包括三轴陀螺和三轴加速度计,根据测量得到的角速度和比力信息,采用世界坐标系下的 SINS 力学编排方程进行导航解算,获得位置、速度和姿态。双目相机对外部环境进行连续拍摄得到立体图像序列,通过图像处理算法得到匹配特征点的像素坐标,并在此基础上利用双目视觉系统的参数进行三维重建,根据得到的匹配特征点在相邻两个时刻摄像机坐标系下的三维坐标点集进行鲁棒的运动估计,根据惯性导航和视觉导航得到的相对运动的姿态角误差和平移矢量误差作为量测信息输入到量测模型中。最后,根据所建立的状态方程和量测方程采用 KF 进行状态估计,进一步修正得到组合导航的位置、速度和姿态信息。

10.5.2　状态模型

选取世界坐标系下的惯导误差方程作为状态方程,其表达式见下式,状态矢量为

$$\boldsymbol{X}_3=[\boldsymbol{\phi}^{\mathrm{T}}\quad(\delta\boldsymbol{v}^{w})^{\mathrm{T}}\quad(\delta\boldsymbol{r}^{w})^{\mathrm{T}}\quad\boldsymbol{\varepsilon}^{\mathrm{T}}\quad\nabla^{\mathrm{T}}]^{\mathrm{T}}$$

$$\dot{\boldsymbol{X}}_3=\boldsymbol{F}_3\boldsymbol{X}_3+\boldsymbol{G}_3\boldsymbol{W}_3$$

$$
\boldsymbol{F}_3=\begin{bmatrix}-\boldsymbol{\Omega}_{iw}^{w} & \boldsymbol{0} & \boldsymbol{0} & \boldsymbol{R}_b^w & \boldsymbol{0}\\ -\boldsymbol{F}^w & -2\boldsymbol{\Omega}_{iw}^{w} & \boldsymbol{0} & \boldsymbol{0} & \boldsymbol{R}_b^w\\ \boldsymbol{0} & \boldsymbol{I} & \boldsymbol{0} & \boldsymbol{0} & \boldsymbol{0}\\ \boldsymbol{0} & \boldsymbol{0} & \boldsymbol{0} & \boldsymbol{0} & \boldsymbol{0}\\ \boldsymbol{0} & \boldsymbol{0} & \boldsymbol{0} & \boldsymbol{0} & \boldsymbol{0}\end{bmatrix}
$$

$$
\boldsymbol{G}_3=\begin{bmatrix}\boldsymbol{R}_b^w & \boldsymbol{0}\\ \boldsymbol{0} & \boldsymbol{R}_b^w\\ \boldsymbol{0} & \boldsymbol{0}\\ \boldsymbol{0} & \boldsymbol{0}\\ \boldsymbol{0} & \boldsymbol{0}\end{bmatrix} \tag{10-34}
$$

10.5.3 量测模型

由于双目视觉系统提供的是相对运动信息,根据惯导输出的导航参数也可以计算相对运动参数,且运动估计得到相对运动参数误差不随时间积累。因此,本书提出以相对运动参数误差作为量测量,在量测模型推导中,以上一时刻状态的估计值代替真实值,建立了简化的量测方程。下面详细介绍量测信息的获取方法以及量测模型的推导过程。

1. 量测信息的获取

量测信息的获取方法如图10-33所示,相对运动误差矢量由惯导和视觉分别获得的两个时刻之间巡视器本体的相对旋转矩阵($\boldsymbol{R}_{\text{INS}}$,$\boldsymbol{R}_{\text{VNS}}$)和平移矢量($\boldsymbol{T}_{\text{INS}}$,$\boldsymbol{T}_{\text{VNS}}$)相减得到。

设$\boldsymbol{R}_{\text{wINS},k}^{b}$和$\boldsymbol{r}_{k,\text{INS}}^{w}$分别表示$t_k$时刻由惯导获得的巡视器姿态矩阵和在世界坐标系下的位置,则由惯导获得的从t_{k-1}时刻到t_k时刻的相对旋转矩阵$\boldsymbol{R}_{\text{INS}}$和表示在世界坐标系下的平移矢量$\boldsymbol{T}_{\text{INS}}$可表示为

$$
\begin{aligned}\boldsymbol{R}_{\text{INS}}&=\boldsymbol{R}_{\text{wINS},k}^{b}(\hat{\boldsymbol{R}}_{w,k-1}^{b})^{\text{T}}\\ \boldsymbol{T}_{\text{INS}}&=\hat{\boldsymbol{r}}_{k-1}^{w}-\boldsymbol{r}_{k,\text{INS}}^{w}\end{aligned} \tag{10-35}
$$

式中:$\hat{\boldsymbol{R}}_{w,k-1}^{b}$和$\hat{\boldsymbol{r}}_{k-1}^{w}$分别为$t_{k-1}$时刻组合导航滤波估计得到的巡视器姿态矩阵和在世界坐标系下的位置。

通过双目视觉运动估计算法可直接获得从t_{k-1}时刻到t_k时刻巡视器相对

运动的旋转矩阵 $\boldsymbol{R}_{b_{k-1},\mathrm{VNS}}^{b_k}$ 和平移矢量 $\boldsymbol{T}_{b_{k-1},\mathrm{VNS}}^{b_k}$，由于 $\boldsymbol{T}_{b_{k-1},\mathrm{VNS}}^{b_k}$ 是在 t_k 时刻巡视器本体坐标系中表示的，因此需要进行坐标变换将其转换到世界坐标系中。从 t_{k-1} 时刻到 t_k 时刻的相对旋转矩阵 $\boldsymbol{R}_{\mathrm{VNS}}$ 和表示在世界坐标系下的平移矢量 $\boldsymbol{T}_{\mathrm{VNS}}$ 的计算公式为

$$
\begin{aligned}
\boldsymbol{R}_{\mathrm{VNS}} &= \boldsymbol{R}_{b_{k-1},\mathrm{VNS}}^{b_k} \\
\boldsymbol{T}_{\mathrm{VNS}} &= \boldsymbol{R}_{b_k,\mathrm{VNS}}^{\mathrm{w}} \boldsymbol{T}_{b_{k-1},\mathrm{VNS}}^{b_k} = (\boldsymbol{R}_{\mathrm{VNS}} \hat{\boldsymbol{R}}_{\mathrm{w},k-1}^{\mathrm{b}})^{\mathrm{T}} \boldsymbol{T}_{b_{k-1},\mathrm{VNS}}^{b_k}
\end{aligned}
\tag{10-36}
$$

与传统方法不同的是，本文采用 $\boldsymbol{R}_{\mathrm{INS}}$ 和 $(\boldsymbol{R}_{\mathrm{VNS}})^{\mathrm{T}}$ 的乘积矩阵 $\tilde{\boldsymbol{R}}_{\mathrm{err}} = \boldsymbol{R}_{\mathrm{INS}}(\boldsymbol{R}_{\mathrm{VNS}})^{\mathrm{T}}$ 对应的欧拉角 $\boldsymbol{\alpha} = g(\tilde{R}_{\mathrm{err}})$，而不是传统的 $\boldsymbol{R}_{\mathrm{INS}}$ 和 $(\boldsymbol{R}_{\mathrm{VNS}})^{\mathrm{T}}$ 对应的相对旋转四元数或欧拉角之差作为量测信息，量测量 $\boldsymbol{\alpha}$ 和失准角之间是线性关系，可以简化量测方程，同时可以避免传统量测量对上一时刻状态量的依赖，令 $\boldsymbol{Z}_3$ 表示相对运动误差矢量，共有六维，则有

$$
\boldsymbol{Z}_3 = \begin{bmatrix} g(\boldsymbol{R}_{\mathrm{INS}}(\boldsymbol{R}_{\mathrm{VNS}})^{\mathrm{T}}) \\ \boldsymbol{T}_{\mathrm{INS}} - \boldsymbol{T}_{\mathrm{VNS}} \end{bmatrix} \tag{10-37}
$$

式中：$g(\cdot)$ 为从姿态矩阵到欧拉角的转换关系。

根据姿态矩阵中元素之间的关系即可求解欧拉角。

2. 量测模型的建立

令 $\boldsymbol{R}_{\mathrm{w},k}^{\mathrm{b}}$ 为 t_k 时刻巡视器姿态矩阵的真实值，$\boldsymbol{R}_{\mathrm{err}}$ 为 t_k 时刻惯导的姿态误差矩阵，其表达式为 $\boldsymbol{R}_{\mathrm{err}} = \boldsymbol{I} - [\boldsymbol{\phi}\times]$，$\boldsymbol{r}_k^{\mathrm{w}}$ 为 t_k 时刻巡视器在世界坐标系下的真实位置，则 t_k 时刻惯导输出的巡视器姿态矩阵和在世界坐标系下的位置可表示为

$$
\begin{aligned}
\boldsymbol{R}_{\mathrm{wINS},k}^{\mathrm{b}} &= \boldsymbol{R}_{\mathrm{err}} \boldsymbol{R}_{\mathrm{w},k}^{\mathrm{b}} \\
\boldsymbol{r}_{k,\mathrm{INS}}^{\mathrm{w}} &= \boldsymbol{r}_k^{\mathrm{w}} + \delta \boldsymbol{r}^{\mathrm{w}}
\end{aligned}
\tag{10-38}
$$

将式(10-38)代入式(10-35)可得，由惯导获得的从 t_{k-1} 时刻到 t_k 时刻的相对旋转矩阵 $\boldsymbol{R}_{\mathrm{INS}}$ 和平移矢量 $\boldsymbol{T}_{\mathrm{INS}}$ 可以表示为

$$
\begin{aligned}
\boldsymbol{R}_{\mathrm{INS}} &= \boldsymbol{R}_{\mathrm{wINS},k}^{\mathrm{b}} (\hat{\boldsymbol{R}}_{\mathrm{w},k-1}^{\mathrm{b}})^{\mathrm{T}} = \boldsymbol{R}_{\mathrm{err}} \boldsymbol{R}_{\mathrm{w},k}^{\mathrm{b}} (\hat{\boldsymbol{R}}_{\mathrm{w},k-1}^{\mathrm{b}})^{\mathrm{T}} = (\boldsymbol{I} - [\boldsymbol{\phi}\times]) \boldsymbol{R}_{\mathrm{w},k}^{\mathrm{b}} (\hat{\boldsymbol{R}}_{\mathrm{w},k-1}^{\mathrm{b}})^{\mathrm{T}} \\
\boldsymbol{T}_{\mathrm{INS}} &= \hat{\boldsymbol{r}}_{k-1}^{\mathrm{w}} - \boldsymbol{r}_{k,\mathrm{INS}}^{\mathrm{w}} = \hat{\boldsymbol{r}}_{k-1}^{\mathrm{w}} - (\boldsymbol{r}_k^{\mathrm{w}} + \delta \boldsymbol{r}^{w})
\end{aligned}
\tag{10-39}
$$

假设滤波修正后，导航参数的估计误差非常小，则有如下关系成立，即

$$
\begin{aligned}
\hat{\boldsymbol{R}}_{\mathrm{w},k-1}^{\mathrm{b}} &\approx \boldsymbol{R}_{\mathrm{w},k-1}^{\mathrm{b}} \\
\hat{\boldsymbol{r}}_{k-1}^{\mathrm{w}} &\approx \boldsymbol{r}_{k-1}^{\mathrm{w}}
\end{aligned}
\tag{10-40}
$$

式中：$\boldsymbol{R}_{\mathrm{w},k-1}^{\mathrm{b}}$ 为 t_{k-1} 时刻巡视器姿态矩阵的真实值；$\boldsymbol{r}_{k-1}^{\mathrm{w}}$ 为 t_{k-1} 时刻巡视器在世界坐标系下的位置真实值。

由式(10-39)和式(10-40)可得

$$\begin{aligned}\boldsymbol{R}_{\mathrm{INS}} &\approx (\boldsymbol{I}-[\boldsymbol{\phi}\times])\boldsymbol{R}_{\mathrm{w},k}^{\mathrm{b}}(\boldsymbol{R}_{\mathrm{w},k-1}^{\mathrm{b}})^{\mathrm{T}}\\ \boldsymbol{T}_{\mathrm{INS}} &\approx \boldsymbol{r}_{k-1}^{\mathrm{w}}-\boldsymbol{r}_{k}^{\mathrm{w}}-\delta\boldsymbol{r}^{\mathrm{w}}\end{aligned}\tag{10-41}$$

考虑到基于双目视觉的运动估计算法中存在的误差，其获得的相对旋转矩阵 $\boldsymbol{R}_{\mathrm{VNS}}$ 和平移矢量 $\boldsymbol{T}_{\mathrm{INS}}$ 可以表示为真实值和相应噪声的叠加，则有

$$\begin{aligned}\boldsymbol{R}_{\mathrm{VNS}} &= \boldsymbol{R}_{\mathrm{w},k}^{\mathrm{b}}(\boldsymbol{R}_{\mathrm{w},k-1}^{\mathrm{b}})^{\mathrm{T}}+\Delta\boldsymbol{R}_{\mathrm{VNS}}\\ \boldsymbol{T}_{\mathrm{VNS}} &= \boldsymbol{r}_{k-1}^{\mathrm{w}}-\boldsymbol{r}_{k}^{\mathrm{w}}-\Delta\boldsymbol{T}_{\mathrm{VNS}}\end{aligned}\tag{10-42}$$

式中：$\Delta\boldsymbol{R}_{\mathrm{VNS}}$ 表示由视觉导航获得的相对旋转矩阵的误差；$\Delta\boldsymbol{T}_{\mathrm{VNS}}$ 为视觉运动估计获得的平移矢量误差。

由式(10-41)和式(10-42)可得，量测量 $g(\boldsymbol{R}_{\mathrm{INS}}(\boldsymbol{R}_{\mathrm{VNS}})^{\mathrm{T}})$ 与状态量 $\boldsymbol{\phi}$ 之间的关系可以表示为

$$\begin{aligned}g(\boldsymbol{R}_{\mathrm{INS}}(\boldsymbol{R}_{\mathrm{VNS}})^{\mathrm{T}}) &\approx g((\boldsymbol{I}-[\boldsymbol{\phi}\times])\boldsymbol{R}_{\mathrm{w},k}^{\mathrm{b}}(\boldsymbol{R}_{\mathrm{w},k-1}^{\mathrm{b}})^{\mathrm{T}}(\boldsymbol{R}_{\mathrm{w},k-1}^{\mathrm{b}}(\boldsymbol{R}_{\mathrm{w},k-1}^{\mathrm{b}})^{\mathrm{T}}+\Delta\boldsymbol{R}_{\mathrm{VNS}})^{\mathrm{T}})\\ &= g((\boldsymbol{I}-[\boldsymbol{\phi}\times])\boldsymbol{R}_{\mathrm{w},k}^{\mathrm{b}}(\boldsymbol{R}_{\mathrm{w},k-1}^{\mathrm{b}})^{\mathrm{T}}(\boldsymbol{R}_{\mathrm{w},k-1}^{\mathrm{b}}(\boldsymbol{R}_{\mathrm{w},k-1}^{\mathrm{b}})^{\mathrm{T}})^{\mathrm{T}})+\Delta\boldsymbol{\varphi}_{\mathrm{VNS}}\\ &= g(\boldsymbol{I}-[\boldsymbol{\phi}\times])+\Delta\boldsymbol{\varphi}_{\mathrm{VNS}}\\ &= \boldsymbol{\phi}+\Delta\boldsymbol{\varphi}_{\mathrm{VNS}}\end{aligned}\tag{10-43}$$

式中：$\Delta\boldsymbol{\varphi}_{\mathrm{VNS}}$ 为由视觉导航获得的相对旋转姿态角误差。

同理可得，惯导和视觉获得的平移矢量之差可以表示为

$$\boldsymbol{T}_{\mathrm{INS}}-\boldsymbol{T}_{\mathrm{VNS}} \approx (\boldsymbol{r}_{k-1}^{\mathrm{w}}-\boldsymbol{r}_{k}^{\mathrm{w}}-\delta\boldsymbol{r}^{\mathrm{w}})-(\boldsymbol{r}_{k-1}^{\mathrm{w}}-\boldsymbol{r}_{k}^{\mathrm{w}}-\Delta\boldsymbol{T}_{\mathrm{VNS}}) = -\delta\boldsymbol{r}^{\mathrm{w}}+\Delta\boldsymbol{T}_{\mathrm{VNS}}\tag{10-44}$$

由式(10-43)和式(10-44)，以惯导和视觉获得的相对运动参数之差为量测量的量测方程可以表示为

$$\begin{gathered}\boldsymbol{Z}_4=\begin{bmatrix} g(\boldsymbol{R}_{\mathrm{INS}}(\boldsymbol{R}_{\mathrm{VNS}})^{\mathrm{T}})\\ \boldsymbol{T}_{\mathrm{INS}}-\boldsymbol{T}_{\mathrm{VNS}}\end{bmatrix}=\boldsymbol{H}_4\boldsymbol{X}_3+\boldsymbol{V}_4\\ \boldsymbol{H}_4=\begin{bmatrix}\boldsymbol{I}_{3\times3} & \boldsymbol{0} & \boldsymbol{0} & \boldsymbol{0} & \boldsymbol{0}\\ \boldsymbol{0} & \boldsymbol{0} & -\boldsymbol{I}_{3\times3} & \boldsymbol{0} & \boldsymbol{0}\end{bmatrix},\boldsymbol{V}_4=[(\Delta\boldsymbol{\varphi}_{\mathrm{VNS}})^{\mathrm{T}},(\Delta\mathrm{T}_{\mathrm{VNS}})^{\mathrm{T}}]^{\mathrm{T}}\end{gathered}\tag{10-45}$$

10.5.4 计算机仿真与实验

1. 仿真条件

巡视器的理想轨迹和 IMU 输出由轨迹发生器产生。IMU 数据采样频率为 100Hz,陀螺常值漂移为 0.1(°)/h,随机漂移为 0.05(°)/h;加速度计常值偏置为 10μg,随机偏置为 5μg。通过在巡视器行驶区域的三维空间随机产生一定密度均匀分布的特征点集来模拟视觉图像信息,然后利用巡视器的理想轨迹和设定的双目立体视觉系统的参数,根据针孔成像模型获得特征点的像素坐标,考虑到典型图像处理算法的特征点提取精度,在特征点像素坐标上叠加标准差为一个像素的高斯白噪声,视觉数据采样周期设为 0.1Hz。

2. 仿真结果

图 10-34 给出了非增广方法的导航参数误差估计曲线,表10-6给出了 SINS、VNS 和非增广方法得到的导航参数估计结果的详细数据。

表 10-6 60m 仿真中,SINS、VNS 和非增广方法的导航结果

方法	位置误差/m		姿态误差终点值/(″)		
	终点值	百分比/%	俯仰	横滚	偏航
SINS	1244.15	2073.58	199.83	199.50	200.06
VNS	0.6685	1.11	-2663.09	-1071.63	2886.63
非增广方法	0.08441	0.141	-0.1430	-0.02625	210.54

由图 10-34 和表 10-3 可以看出,采用非增广方法进行组合导航的终点位置误差为 0.08441m,仅占全程距离的 0.141%,俯仰角和横滚角能够迅速收敛,且其估计误差分别为 -0.1430″和 -0.02625″,航向角不收敛,且精度与纯惯导相当。可见,该方法综合利用了惯导高精度的姿态信息和视觉高精度的位置信息,其导航性能比纯惯性导航和视觉导航有显著提高。

3. 试验验证

本节利用 38m 室外直线运动实验数据对该方法的有效性进行验证,图 10-35给出了本节非增广方法的滤波估计曲线,表 10-7 给出了 SINS、VNS 和非增广方法导航参数误差的详细数据。

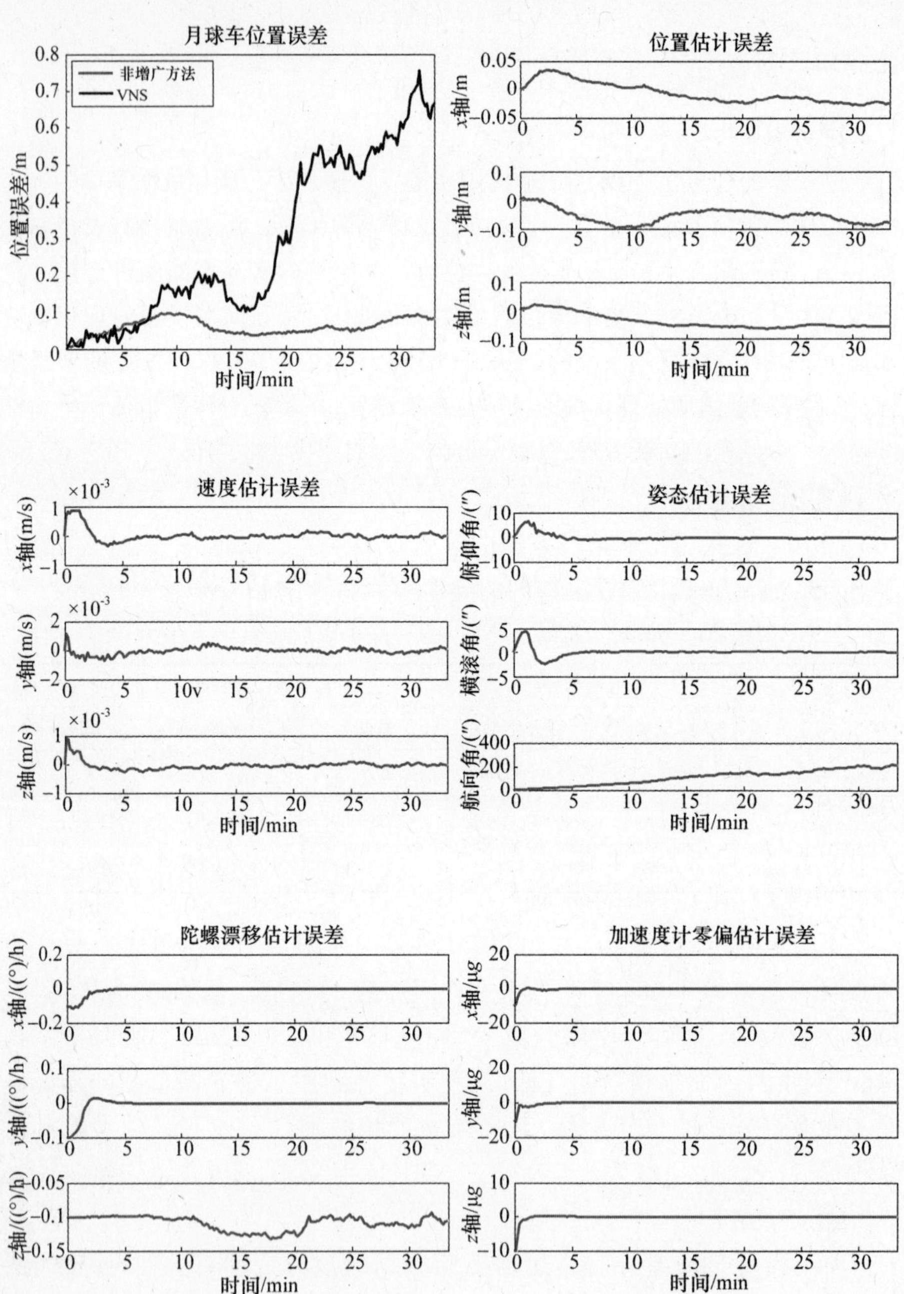

图 10-34　60m 仿真中,非增广方法 2 的组合导航误差估计曲线

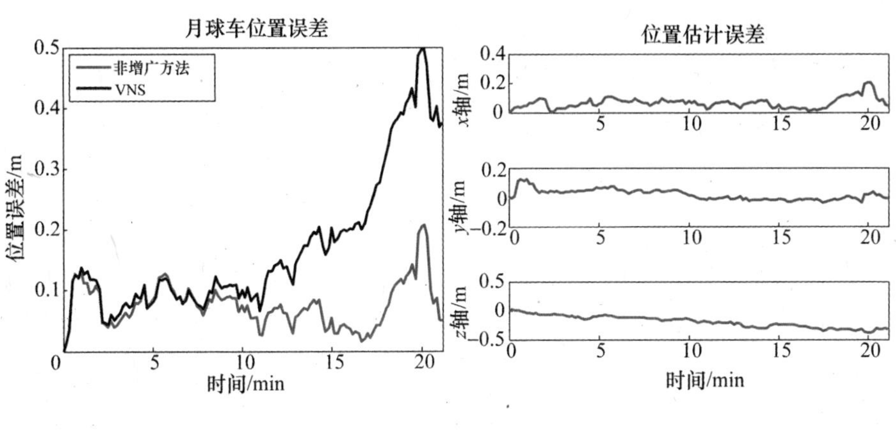

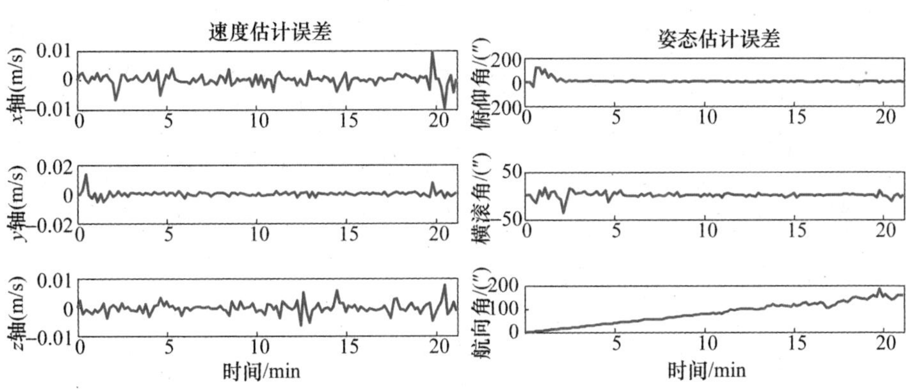

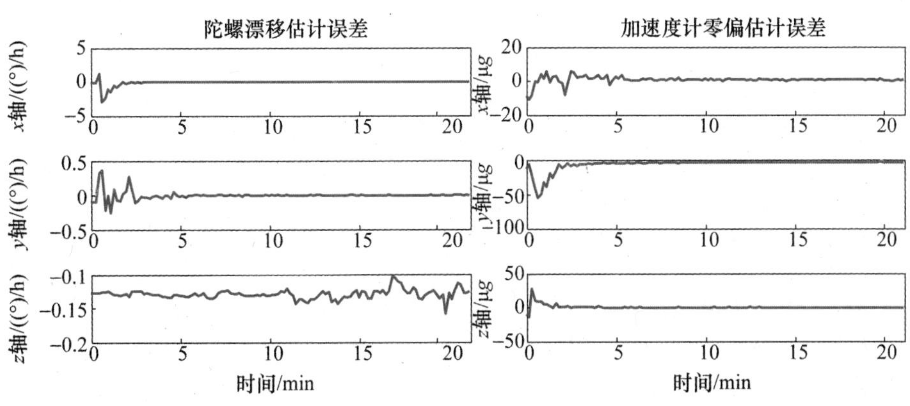

图 10－35　38m 试验中，非增广方法的组合导航误差估计曲线

表 10-7　38m 试验中,SINS、VNS 和非增广方法的导航结果

方法	位置误差/m		姿态误差终点值/(″)		
	终点值	百分比/%	俯仰	横滚	偏航
SINS	347.65	912.47	131.61	125.56	162.05
VNS	0.3751	0.98	-8134.30	-10978.02	-6451.48
非增广方法	0.04920	0.129	2.9771	1.9909	158.64

由图 10-35 和表 10-7 可以看出本节非增广方法进行组合导航的终点位置误差为 0.04920m,约占全程距离的 0.129%,精度比视觉导航提高了 6 倍以上,俯仰角和横滚角的估计值迅速收敛,其终点处的估计误差分别为 2.9771″和 1.9909″,航向角不收敛,其估计误差与纯惯导很接近。非增广方法的导航精度与相同条件下的状态增广算法几乎相同,但状态维数的降低以及模型的简化使得计算量也有所减少,可以明显提高计算效率。从导航精度和运行效率来看,以相对运动参数误差为量测量的基于状态估计值的简化模型方法具有最高的综合性能,但由于惯性导航和视觉导航均为相对导航方式,二者组合不能彻底消除位置误差的积累,惯性/视觉组合导航的位置误差仍随时间缓慢增加。

10.6　巡视器的惯性/天文/视觉组合导航方法

行星探测巡视器在行星表面自动巡视勘测、图像获取、采样分析和返回等方面发挥着重要作用,是当前深空探测的主要工具之一。巡视器要在一个陌生的环境中工作,有效的导航手段是其提高生存能力和成功完成预定科学探测任务的基本保障。传统的地面测控方式由于受地球和行星自转和公转运动的影响,存在地面站无法测控的时段或区域,并且由于行星距离地球非常遥远,会带来很大的通信延迟,难以满足巡视器对导航精度和可靠性的需求。因此,巡视器的自主导航已成为一项亟待解决的关键技术。

目前,常用的巡视器自主导航方法有惯性导航(航位推算)、视觉导航和天文导航等。惯性导航通过陀螺仪和加速度计等惯性器件感知巡视器本身的运动加速度和角速度获得测量信息。其短时精度高,可以输出连续、完备的导航参数,但由于巡视器通常运行速度非常缓慢,惯性器件所固有的常值偏差会导

致其导航误差随时间急剧增大。视觉导航通过感知外部环境信息来确定巡视器的相对位姿变化,并通过积分获取当前时刻的位置和姿态信息,短距离位置精度高,但数据更新率低,且随着行驶距离的增加,航向误差的逐渐增大会导致位置误差呈超线性增长,并且当运动幅度过大导致图像重叠区域较小或图像的特征点较少时,可能导致精度变差甚至失效。天文导航通过观测天体来提供导航参数,是一种绝对导航方式,其导航精度不受时间和距离的影响。当巡视器静止时,可以同时提供高精度的位置和姿态信息;当巡视器运动时,由于天体垂线方向精度较低,故无法提供高精度的位置信息。

惯性导航和视觉导航均难以独立完成长时间的高精度导航任务,由于它们在信息来源和更新频率上的互补特性,因此利用视觉信息对惯导进行修正,可以提高导航的精度和可靠性。国内外针对惯性/视觉组合导航已经进行了大量的研究,通常采用惯导的力学编排方程或误差方程作为状态方程,以特征点像素坐标(或归一化图像坐标)、相对运动参数(或其误差)、图像的极几何约束为量测量建立量测方程。惯性/视觉组合导航能够获得高精度的相对位置信息,但未知先验环境下的双目视觉导航和惯性导航都是相对导航方式,其各自的导航误差均随着时间积累,尤其是航向角会快速发散,因此即使二者组合其导航误差仍会逐渐增加。利用天文观测信息可以辅助惯导进行绝对位姿的确定和惯导误差的修正,国内外针对巡视器的惯性/天文组合导航也已经进行了大量研究。洛基 7 号巡视器利用一个太阳敏感器来提供绝对航向角,从而提高里程计的位置估计精度,其平均位置误差为总里程的 6% 。

综上所述,由于巡视器通常运行速度较慢,而陀螺和加速度计均存在常值误差,因此惯性导航的误差随时间逐渐发散。视觉导航可以提供高精度的位移矢量,距离越短精度越高,但其航向误差会逐渐发散,从而导致位置误差会随着行驶距离的增加呈超线性增长。利用视觉相对量测信息虽然可以部分修正惯导的位置误差,但由于惯性导航和视觉导航均为相对导航方式,位置误差仍会随时间逐渐积累。天文导航则是一种绝对导航方式,可以提供高精度的姿态信息,利用天文量测信息可以修正惯导的航向姿态角。由于惯性、视觉和天文具有互补的特性,将三者结合起来进行组合导航可以利用视觉对惯导的位置进行修正,利用天文对惯导的姿态进行修正,从而获得更高精度的导航参数并提高系统的可靠性,是行星探测巡视器自主导航的最佳选择。目前,针对巡视器的惯性/视觉/天文组合导航的研究较少,2004年登陆火星的"勇气"号和"机遇"号以及2012年登陆火星的"好奇"号上虽然配备了惯性、视觉和天文三种导航设备,但其根据运动状态的不同设定了三种工作模式,静止时利用太阳敏感器(即全景相机)和加速度计获取初始姿态,当车载仪器设备(Instrument Deployment Device,IDD)工作时采用加速度计和陀螺来推算姿态,运动时则采用车轮里程计和陀螺来确定位置和姿态,在容易出现滑移的情况下使用视觉导航来估计位置。可见,现有方法仅是根据巡视器运动状态的不同而划分不同的工作模式,并相应地采用合适的敏感器相结合使用,仅仅是敏感器之间的分时配合使用或两两之间的简单组合,而不是同时利用三种敏感器提供的直接量测信息进行信息融合,该方法没有充分利用量测信息及其之间的互补特性,无法达到最优的估计效果。因此,本文提出了一种适用于行星探测巡视器的惯性/视觉/天文组合导航方法,该方法以惯导误差方程作为状态方程,以惯性导航与视觉导航获取的相对运动参数之差和天文导航的星光方位矢量作为量测量,利用UKF进行信息融合,并对惯性器件的常值误差进行修正。半物理仿真表明,与其他导航方式相比,该方法能够显著提高位置和姿态估计精度。

10.6.1 惯性/视觉/天文组合导航算法流程

1. 系统组成与工作流程

该惯性/视觉/天文组合导航算法主要由四部分组成:捷联惯性导航系统(SINS)、视觉导航系统(VNS)、天文导航系统(CNS)和基于UKF的惯性/视觉/天文组合导航算法,如图10-36所示。

惯性导航系统主要由惯性测量单元(IMU)以及相应的SINS导航算法组成,IMU包括三轴陀螺和三轴加速度计,可测量得到本体坐标系下的角速度和比力信息,然后采用导航坐标系下的SINS力学编排方程进行导航解算,获得位置、速度和姿态。视觉导航系统由双目相机、图像处理软件和运动估计算法组成,双目相机对外部环境进行拍摄得到立体图像序列,通过图像处理算法得到匹配特征点的像素坐标,并在此基础上利用已标定的双目视觉系统的结构参数进行三维重建,根据得到的匹配特征点在相邻两个时刻摄像机坐标系下的三维坐标点集进行鲁棒的运动估计,获得相邻时刻的旋转矩阵和平移矢量。

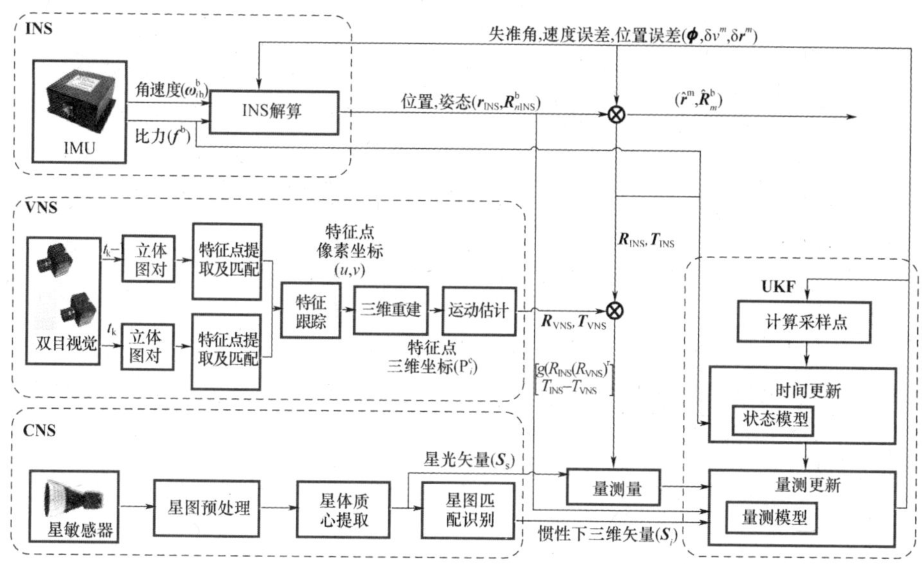

图 10－36　惯性/视觉/天文组合导航算法流程图

天文导航系统由星敏感器和星图处理软件组成，星敏感器拍摄的原始星图经过星图预处理和星体质心提取可以获得恒星在成像平面上的像素坐标，利用星敏感器参数进行坐标变换即可获得恒星星光方位矢量在星敏感器坐标系下的表示，同时通过星图匹配识别，可以得到恒星在惯性坐标系中的赤经赤纬和三维矢量。基于 UKF 的惯性/视觉/天文组合导航算法利用建立的状态模型、量测模型和上述导航系统提供的量测信息，通过 UKF 集中滤波器进行信息融合，得到组合导航的位置、速度和姿态信息。

2. 量测信息的获取

本书的量测信息为相对旋转与平移误差矢量和恒星星光方位矢量，下面将简要介绍量测信息的获取方法。

1）相对运动误差矢量

相对运动误差矢量由惯导和视觉分别获得的两个时刻之间巡视器本体的相对旋转矩阵（$\boldsymbol{R}_{\text{INS}}$，$\boldsymbol{R}_{\text{VNS}}$）和平移矢量（$\boldsymbol{T}_{\text{INS}}$，$\boldsymbol{T}_{\text{VNS}}$）相减得到。

设 $\boldsymbol{R}_{\text{b,INS}}^{n}(k)$ 和 $\boldsymbol{r}_{\text{INS}}(k)$ 分别表示 t_k 时刻由惯导获得的巡视器姿态矩阵和在月球固连坐标系下的位置，则由惯导获得的从 t_{k-1} 时刻到 t_k 时刻的相对旋转矩阵 $\boldsymbol{R}_{\text{INS}}$ 和表示在月球固连坐标系下的平移矢量 $\boldsymbol{T}_{\text{INS}}$ 可表示为

$$\begin{cases} \boldsymbol{R}_{\mathrm{INS}} = \boldsymbol{R}_{b_{k-1},\mathrm{INS}}^{b_k} = \boldsymbol{R}_{\mathrm{b,INS}}^{n}(k)^{\mathrm{T}} \cdot \hat{\boldsymbol{R}}_{\mathrm{b}}^{n}(k-1) \\ \boldsymbol{T}_{\mathrm{INS}} = \boldsymbol{r}_{\mathrm{INS}}(k) - \hat{\boldsymbol{r}}(k-1) \end{cases} \tag{10-46}$$

式中:$\hat{\boldsymbol{R}}_{\mathrm{b}}^{n}(k-1)$和$\hat{\boldsymbol{r}}(k-1)$分别为$t_{k-1}$时刻组合导航滤波估计得到的巡视器姿态矩阵和在月球固连坐标系下的位置。

通过双目视觉运动估计算法可直接获得从t_{k-1}时刻到t_k时刻巡视器的旋转矩阵$\boldsymbol{R}_{b_{k-1},\mathrm{VNS}}^{b_k}$和平移矢量$\boldsymbol{T}_{b_{k-1},\mathrm{VNS}}^{b_k}$,由于$\boldsymbol{T}_{b_{k-1},\mathrm{VNS}}^{b_k}$是在$t_k$时刻巡视器本体坐标系中的表示,因此需要进行坐标变换将其转换到月球固连坐标系中。从t_{k-1}时刻到t_k时刻的相对旋转矩阵$\boldsymbol{R}_{\mathrm{VNS}}$和表示在月球固连坐标系下的平移矢量$\boldsymbol{T}_{\mathrm{VNS}}$的计算公式为

$$\begin{cases} \boldsymbol{R}_{\mathrm{VNS}} = \boldsymbol{R}_{b_{k-1},\mathrm{VNS}}^{b_k} \\ \boldsymbol{T}_{\mathrm{VNS}} = \boldsymbol{R}_{\mathrm{b}}^{m}(k-1) \cdot \boldsymbol{T}_{b_{k-1},\mathrm{VNS}}^{b_k} \approx \hat{\boldsymbol{R}}_{n}^{m}(k-1) \cdot \hat{\boldsymbol{R}}_{\mathrm{b}}^{n}(k-1) \cdot \boldsymbol{T}_{b_{k-1},\mathrm{VNS}}^{b_k} \end{cases} \tag{10-47}$$

与传统方法不同的是,本文采用$\boldsymbol{R}_{\mathrm{INS}}$和$\boldsymbol{R}_{\mathrm{VNS}}^{\mathrm{T}}$的乘积矩阵对应的欧拉角,而不是传统的$\boldsymbol{R}_{\mathrm{INS}}$和$\boldsymbol{R}_{\mathrm{VNS}}^{\mathrm{T}}$对应的相对旋转四元数或欧拉角之差作为量测信息。此时,量测量和失准角之间是线性关系,可以简化量测方程,同时可以避免传统量测量对上一时刻状态量的依赖,令$\boldsymbol{Z}_1$表示相对运动误差矢量,则有

$$\boldsymbol{Z}_1 = \begin{bmatrix} g(\boldsymbol{R}_{\mathrm{INS}} \cdot \boldsymbol{R}_{\mathrm{VNS}}^{\mathrm{T}}) \\ \boldsymbol{T}_{\mathrm{INS}} - \boldsymbol{T}_{\mathrm{VNS}} \end{bmatrix} \tag{10-48}$$

式中:$g(\cdot)$表示从姿态矩阵到欧拉角的转换函数。

2) 恒星星光方位矢量

对星敏感器拍摄的原始星图进行星图预处理,然后,通过星体质心提取可以获得恒星像点的二维像素坐标(u,v),则星敏感器坐标系下的恒星星光方向的单位矢量$\boldsymbol{s}_{\mathrm{s}}$可以表示为

$$\boldsymbol{s}_{\mathrm{s}} = \frac{1}{\sqrt{(u-u_0)^2 d_u^2 + (v-v_0)^2 d_v^2 + f^2}} \begin{bmatrix} (u-u_0)d_u \\ (v-v_0)d_v \\ f \end{bmatrix} \tag{10-49}$$

式中:(u_0,v_0)表示星敏感器成像平面中心的像素坐标;d_u、d_v分别表示单位像素的宽和高;f为焦距。令$\boldsymbol{Z}_2$表示天文提供的量测信息,则有

$$\boldsymbol{Z}_2 = [\boldsymbol{s}_{\mathrm{s}}] \tag{10-50}$$

10.6.2　惯性/视觉/天文组合导航系统模型

本文采用导航坐标系下惯性导航的误差方程作为系统状态方程。

1.状态模型

导航坐标系中的惯导力学编排可以简写为

$$\begin{cases}\dot{\boldsymbol{R}}_{n,\mathrm{INS}}^{\mathrm{b}} = -\boldsymbol{\Omega}_{n\mathrm{b}}^{\mathrm{b}}\boldsymbol{R}_{n,\mathrm{INS}}^{\mathrm{b}} \\ \dot{\boldsymbol{v}}_{n,\mathrm{INS}} = \boldsymbol{R}_{\mathrm{b,INS}}^{n}\boldsymbol{f}_{\mathrm{ib}}^{\mathrm{b}} - (2\boldsymbol{\omega}_{im}^{n} + \boldsymbol{\omega}_{mn}^{n}) \times \boldsymbol{v}_{n,\mathrm{INS}} + \boldsymbol{g}_n \\ \dot{\boldsymbol{r}}_{n,\mathrm{INS}} = \boldsymbol{C}\boldsymbol{v}_{n,\mathrm{INS}}\end{cases} \tag{10-51}$$

$$\boldsymbol{C} = \begin{bmatrix} 0 & 1/R_m & 0 \\ 1/(R_m\cos L) & 0 & 0\end{bmatrix}$$

式中：$\boldsymbol{r}_{n,\mathrm{INS}} = [L,\lambda]^{\mathrm{T}}$ 和 $\boldsymbol{v}_{n,\mathrm{INS}} = [v_E^n, v_N^n, v_U^n]^{\mathrm{T}}$ 分别为导航坐标系中巡视器的位置和速度，L 和 λ 分别表示纬度和经度；$\boldsymbol{f}_{ib}^{b}$ 为加速度计输出比力；$\boldsymbol{g}_n$ 为在导航坐标系下的重力加速度矢量；$\boldsymbol{\omega}_{im}^{n} = [0, \omega_{im}\cos L, \omega_{im}\sin L]^{\mathrm{T}}$ 为月球自转角速度在导航坐标系下的矢量表示；$\omega_{mn}^{n} = [-v_{\mathrm{N}}^{n}/R_m, v_{\mathrm{E}}^{n}/R_m, v_{\mathrm{E}}^{n}\tan L/R_m]^{\mathrm{T}}$ 为导航坐标系相对月球固连坐标系的角速度在导航坐标系下的矢量表示；R_m 为月球平均半径，约为 1737.5km；Ω_{nb}^{n} 为 ω_{nb}^{b} 的反对称矩阵，$\omega_{\mathrm{nb}}^{\mathrm{b}} = [\omega_{nbx}^{\mathrm{b}}, \omega_{nby}^{\mathrm{b}}, \omega_{nbz}^{\mathrm{b}}]^{\mathrm{T}}$ 为本体坐标系相对导航坐标系的角速度在本体坐标系下的矢量表示，可表示为

$$\boldsymbol{\omega}_{n\mathrm{b}}^{\mathrm{b}} = \boldsymbol{\omega}_{\mathrm{ib}}^{\mathrm{b}} - \boldsymbol{R}_{n}^{\mathrm{b}}\boldsymbol{\omega}_{in}^{n} = \boldsymbol{\omega}_{\mathrm{ib}}^{\mathrm{b}} - \boldsymbol{R}_{n}^{\mathrm{b}}(\boldsymbol{\omega}_{im}^{n} + \boldsymbol{\omega}_{mn}^{n}) \tag{10-52}$$

式中：$\boldsymbol{\omega}_{\mathrm{ib}}^{\mathrm{b}}$ 为陀螺仪输出的角速度信息。

导航坐标系下的惯导误差方程可由式(10－51)推导得到，并作为组合导航滤波中的状态方程，其表达式为

$$\begin{cases}\dot{\boldsymbol{\phi}} = \boldsymbol{\phi} \times \boldsymbol{\omega}_{in}^{n} + \delta\boldsymbol{\omega}_{in}^{n} - \boldsymbol{\varepsilon} \\ \delta\dot{\boldsymbol{v}}_n = -\boldsymbol{\phi} \times \boldsymbol{f}_n - (2\delta\boldsymbol{\omega}_{im}^{n} + \delta\boldsymbol{\omega}_{mn}^{n}) \times \boldsymbol{v}_n - (2\boldsymbol{\omega}_{im}^{n} + \boldsymbol{\omega}_{mn}^{n}) \times \delta\boldsymbol{v}_n + \nabla \\ \delta\dot{\boldsymbol{r}}_n = \boldsymbol{C}\delta\boldsymbol{v}_n + \boldsymbol{D}\delta\boldsymbol{r} \\ \dot{\boldsymbol{\varepsilon}} = 0 \\ \dot{\nabla} = 0\end{cases} \tag{10-53}$$

式中：$\boldsymbol{\phi} = [\phi_{\mathrm{E}}, \varphi_{\mathrm{N}}, \varphi_{\mathrm{U}}]^{\mathrm{T}}$ 为平台失准角；$\boldsymbol{f}_n$ 为加计输出的比力在导航坐标系下的投影；$\delta\boldsymbol{v}_n = [\delta v_{\mathrm{E}}^{n}, \delta v_{\mathrm{N}}^{n}, \delta v_{\mathrm{U}}^{n}]^{\mathrm{T}}$ 和 $\delta\boldsymbol{r}_n = [\delta L, \delta\lambda]^{\mathrm{T}}$ 分别为导航坐标系下的速度

误差和位置误差；$\delta\boldsymbol{\omega}_{im}^{n}=[0\quad -\boldsymbol{\omega}_{im}\sin L\delta L\quad \boldsymbol{\omega}_{im}\cos L\delta L]^{\mathrm{T}}$ 为 $\boldsymbol{\omega}_{im}^{n}$ 的误差；$\delta\omega_{mn}^{n}=\left[-\dfrac{\delta v_{\mathrm{N}}^{n}}{R_m}\quad \dfrac{\delta v_{\mathrm{E}}^{n}}{R_m}\quad \dfrac{\delta v_{\mathrm{E}}^{n}}{R_m}\tan L+\dfrac{v_{\mathrm{E}}^{n}}{R_m}\sec^2 L\delta L\right]^{\mathrm{T}}$ 为 ω_{mn}^{n} 的误差；$\boldsymbol{\varepsilon}=(\varepsilon_{x},\varepsilon_{y},\varepsilon_{z})^{\mathrm{T}}$ 和 $\nabla=(\nabla_{x},\nabla_{y},\nabla_{z})^{\mathrm{T}}$ 分别为陀螺常值漂移和加速度计常值零偏。

2.量测模型

1）相对运动信息的量测方程

令 $\boldsymbol{R}_{\mathrm{b}}^{n}(k)$ 为 t_k 时刻巡视器姿态矩阵的真实值，$\boldsymbol{R}_{\mathrm{err}}$ 为 t_k 时刻惯导的姿态误差矩阵，其表达式为 $\boldsymbol{R}_{\mathrm{err}}=\boldsymbol{I}-[\boldsymbol{\phi}\times]$，$[\boldsymbol{\phi}\times]$ 为由失准角 $\boldsymbol{\phi}$ 构成的反对称矩阵。$\boldsymbol{r}(k)$ 为 t_k 时刻巡视器在月球固连坐标系下的位置真实值，$\delta\boldsymbol{r}(k)=\boldsymbol{r}_{\mathrm{INS}}(k)-\boldsymbol{r}(k)$ 为 $\boldsymbol{r}_{\mathrm{INS}}(k)$ 的误差矢量。t_k 时刻惯导输出的巡视器姿态矩阵和位置矢量可表示为

$$\begin{cases}\boldsymbol{R}_{\mathrm{b,INS}}^{n}(k)=\boldsymbol{R}_{\mathrm{b}}^{n}(k)\cdot\boldsymbol{R}_{\mathrm{err}}^{\mathrm{T}}\\ \boldsymbol{r}_{\mathrm{INS}}(k)=\boldsymbol{r}(k)+\delta\boldsymbol{r}(k)\end{cases}\tag{10-54}$$

假设滤波修正后，导航参数的估计误差非常小，则有如下关系成立，即

$$\begin{cases}\hat{\boldsymbol{R}}_{n}^{\mathrm{b}}(k-1)\approx\boldsymbol{R}_{n}^{\mathrm{b}}(k-1)\\ \hat{\boldsymbol{r}}(k-1)\approx\boldsymbol{r}(k-1)\end{cases}\tag{10-55}$$

将式(10-54)及式(10-55)代入式(10-46)，可得到由惯导获得的从 t_{k-1} 时刻到 t_k 时刻的相对旋转矩阵 $\boldsymbol{R}_{\mathrm{INS}}$ 和平移矢量 $\boldsymbol{T}_{\mathrm{INS}}$，即

$$\begin{cases}\boldsymbol{R}_{\mathrm{INS}}=\boldsymbol{R}_{\mathrm{err}}\cdot\boldsymbol{R}_{\mathrm{b}}^{n}(k)^{\mathrm{T}}\cdot\hat{\boldsymbol{R}}_{\mathrm{b}}^{n}(k-1)\approx\boldsymbol{R}_{\mathrm{err}}\cdot\boldsymbol{R}_{\mathrm{b}}^{n}(k)^{\mathrm{T}}\cdot\boldsymbol{R}_{\mathrm{b}}^{n}(k-1)\\ \boldsymbol{T}_{\mathrm{INS}}=\boldsymbol{r}(k)-\hat{\boldsymbol{r}}(k-1)+\delta\boldsymbol{r}(k)\approx\boldsymbol{r}(k)-\boldsymbol{r}(k-1)+\delta\boldsymbol{r}(k)\end{cases}\tag{10-56}$$

考虑到基于双目视觉的运动估计算法中存在的误差，其获得的相对旋转矩阵 $\boldsymbol{R}_{\mathrm{VNS}}$ 和平移矢量 $\boldsymbol{T}_{\mathrm{INS}}$ 可以表示为真实值和相应噪声的叠加，则有

$$\begin{cases}\boldsymbol{R}_{\mathrm{VNS}}=\Delta\boldsymbol{R}_{\mathrm{VNS}}^{\mathrm{T}}\cdot\boldsymbol{R}_{\mathrm{b}}^{n}(k)^{\mathrm{T}}\cdot\boldsymbol{R}_{\mathrm{b}}^{n}(k-1)\\ \boldsymbol{T}_{\mathrm{VNS}}=\boldsymbol{r}(k)-\boldsymbol{r}(k-1)-\Delta\boldsymbol{T}_{\mathrm{VNS}}\end{cases}\tag{10-57}$$

式中：$\Delta\boldsymbol{R}_{\mathrm{VNS}}$ 及 $\Delta\boldsymbol{T}_{\mathrm{VNS}}$ 分别表示由视觉导航获得的相对旋转矩阵和平移矢量的误差。

由式(10-56)和式(10-57)可得

$$\boldsymbol{R}_{\mathrm{INS}}\cdot\boldsymbol{R}_{\mathrm{VNS}}^{\mathrm{T}}=\boldsymbol{R}_{\mathrm{err}}\cdot\boldsymbol{R}_{\mathrm{b}}^{n}(k)^{\mathrm{T}}\cdot\hat{\boldsymbol{R}}_{\mathrm{b}}^{n}(k-1)\cdot\boldsymbol{R}_{\mathrm{b}}^{n}(k-1)^{\mathrm{T}}\cdot\boldsymbol{R}_{\mathrm{b}}^{n}(k)\cdot\Delta\boldsymbol{R}_{\mathrm{VNS}}$$

$$
\begin{aligned}
&\approx \boldsymbol{R}_{\mathrm{err}} \cdot \boldsymbol{R}_{n}^{\mathrm{b}}(k) \cdot \boldsymbol{R}_{\mathrm{b}}^{n}(k-1) \cdot \boldsymbol{R}_{b_k}^{b_{k-1}} \cdot \Delta\boldsymbol{R}_{\mathrm{VNS}} \\
&= \boldsymbol{R}_{\mathrm{err}} \cdot \boldsymbol{R}_{b_{k-1}}^{b_k} \cdot \boldsymbol{R}_{b_k}^{b_{k-1}} \cdot \Delta\boldsymbol{R}_{\mathrm{VNS}} \\
&= \boldsymbol{R}_{err} \cdot \Delta\boldsymbol{R}_{\mathrm{VNS}}
\end{aligned} \tag{10-58}
$$

当失准角 $\boldsymbol{\phi}$ 很小时，$\boldsymbol{\phi}$ 和 $\boldsymbol{R}_{\mathrm{err}}$ 之间的关系可表示为

$$
\boldsymbol{\phi} = g(\boldsymbol{R}_{\mathrm{err}}) \tag{10-59}
$$

当 $g(\boldsymbol{R}_{\mathrm{err}})$ 和 $g(\Delta\boldsymbol{R}_{\mathrm{VNS}})$ 都很小时，$g(\boldsymbol{R}_{\mathrm{INS}} \cdot \boldsymbol{R}_{\mathrm{VNS}}{}^{\mathrm{T}})$ 可表示为

$$
\begin{aligned}
g(\boldsymbol{R}_{\mathrm{INS}} \cdot \boldsymbol{R}_{\mathrm{VNS}}^{\mathrm{T}}) &= g(\boldsymbol{R}_{\mathrm{err}} \cdot \Delta\boldsymbol{R}_{\mathrm{VNS}}) \\
&\approx g(\boldsymbol{R}_{\mathrm{err}}) + g(\Delta\boldsymbol{R}_{\mathrm{VNS}}) \\
&= \boldsymbol{\phi} + \Delta\boldsymbol{\phi}
\end{aligned} \tag{10-60}
$$

式中：$\Delta\boldsymbol{\phi}$ 为视觉量测的误差。

惯导和视觉获得的平移矢量之差可以表示为

$$
\begin{aligned}
\boldsymbol{T}_{\mathrm{INS}} - \boldsymbol{T}_{\mathrm{VNS}} &= [\boldsymbol{r}(k) - \boldsymbol{r}(k-1) + \delta\boldsymbol{r}(k)] - [\boldsymbol{r}(k) - \boldsymbol{r}(k-1) - \Delta\boldsymbol{T}_{\mathrm{VNS}}] \\
&= \delta\boldsymbol{r}(k) + \Delta\boldsymbol{T}_{\mathrm{VNS}} \\
&= \boldsymbol{r}_{\mathrm{INS}}(k) - \boldsymbol{r}(k) + \Delta\boldsymbol{T}_{\mathrm{VNS}} \\
&= R_m \cdot [\boldsymbol{R}_{n,\mathrm{INS}}^{m}(k) - \boldsymbol{R}_{n}^{m}(k)] \cdot [0 \quad 0 \quad 1]^{\mathrm{T}} + \Delta\boldsymbol{T}_{\mathrm{VNS}}
\end{aligned} \tag{10-61}
$$

式中：$\boldsymbol{R}_n^m(k)$ 为 $\boldsymbol{r}_{n,\mathrm{INS}}(k) = [L_{\mathrm{INS}}(k), \lambda_{\mathrm{INS}}(k)]^{\mathrm{T}}$ 和 $\delta\boldsymbol{r}_n(k) = [\Delta L(k), \Delta\lambda(k)]^{\mathrm{T}}$ 的函数，可表示为

$$
\boldsymbol{R}_n^m(k) = \begin{bmatrix} -\sin\lambda(k) & -\sin L(k)\cos\lambda(k) & \cos L(k)\cos\lambda(k) \\ \cos\lambda(k) & -\sin L(k)\sin\lambda(k) & \cos L(k)\sin\lambda(k) \\ 0 & \cos L(k) & \sin L(k) \end{bmatrix} \tag{10-62}
$$

$$
\begin{aligned}
\lambda(k) &= \lambda_{\mathrm{INS}}(k) + \Delta\lambda(k) \\
L(k) &= L_{\mathrm{INS}}(k) + \Delta L(k)
\end{aligned} \tag{10-63}
$$

式中：$\lambda_{\mathrm{INS}}(k)$ 和 $L_{\mathrm{INS}}(k)$ 为 t_k 时刻惯导获得的经度和纬度。

由式(10-60)和式(10-61)，以惯导和视觉获得的相对运动参数之差为量测量的量测方程可以表示为

$$
\boldsymbol{Z}_1 = \begin{bmatrix} g(\boldsymbol{R}_{\mathrm{INS}} \cdot \boldsymbol{R}_{\mathrm{VNS}}^{\mathrm{T}}) \\ \boldsymbol{T}_{\mathrm{INS}} - \boldsymbol{T}_{\mathrm{VNS}} \end{bmatrix} = \boldsymbol{h}_1(\boldsymbol{X}) + \boldsymbol{V}_1 \tag{10-64}
$$

式中，$\boldsymbol{V}_1 = [\Delta\boldsymbol{\phi}, \Delta\boldsymbol{T}_{\mathrm{VNS}}]$ 为视觉相对运动信息的量测噪声。

2) 恒星星光方向矢量的量测方程

由星敏感器获得的星光方位矢量中包含巡视器的姿态信息,可用于修正惯导的姿态误差。通过星体质心提取,同时利用星敏感器相关参数可以获得星敏感器坐标系下的星光方位矢量$\boldsymbol{s}_s$。利用星图匹配,可以获得恒星的赤经赤纬,通过坐标转换进而获得恒星在惯性坐标系下的三维坐标矢量,表达式为

$$\boldsymbol{s}_i=[x_i,y_i,z_i]^{\mathrm{T}}=[\cos\Delta\cos R_{\mathrm{A}},\cos\Delta\sin R_{\mathrm{A}},\sin\Delta]^{\mathrm{T}} \tag{10-65}$$

式中:Δ 和 R_{A} 分别为恒星的赤经和赤纬,可根据观测时间查找对应的天文历获得。$\boldsymbol{s}_i$ 与$\boldsymbol{s}_s$ 的关系为

$$\boldsymbol{s}_s=\boldsymbol{R}_i^s\cdot\boldsymbol{s}_i=\boldsymbol{R}_b^s\cdot\boldsymbol{R}_n^b\cdot\boldsymbol{R}_m^n\cdot\boldsymbol{R}_i^m\cdot\boldsymbol{s}_i=\boldsymbol{R}_b^s\cdot\boldsymbol{R}_{\mathrm{err}}^{\mathrm{T}}\cdot\boldsymbol{R}_{n,\mathrm{INS}}^b\cdot\boldsymbol{R}_m^n\cdot\boldsymbol{R}_i^m\cdot\boldsymbol{s}_i \tag{10-66}$$

式中:$\boldsymbol{R}_b^s$ 为星敏感器的安装矩阵;$\boldsymbol{R}_{n,\mathrm{INS}}^b$为惯导提供的姿态矩阵;$\boldsymbol{R}_i^m$ 为从惯性坐标系到月球固连坐标系的坐标变换矩阵,其表达式为

$$\boldsymbol{R}_i^m=\begin{bmatrix}\cos(t_{\mathrm{SHA}}) & -\sin(t_{\mathrm{SHA}}) & 0\\ \sin(t_{\mathrm{SHA}}) & \cos(t_{\mathrm{SHA}}) & 0\\ 0 & 0 & 1\end{bmatrix} \tag{10-67}$$

式中:t_{SHA}为零度经线的恒星时角,可根据观测时间查找天文历表得到。

由式(10-66)可知,以恒星星光方位矢量为量测量的量测方程可以简写为

$$\boldsymbol{Z}_2=[\boldsymbol{s}_s]=\boldsymbol{h}_2(\boldsymbol{X})+\boldsymbol{V}_2 \tag{10-68}$$

式中:$\boldsymbol{V}_2$ 为星敏感器的测量噪声。

10.6.3 半物理仿真

下面以月面巡视器为例对上述惯性/视觉/天文组合导航方法进行半物理仿真试验验证,所用的惯性/视觉/天文半物理仿真系统如图10-37所示。

1. 半物理仿真系统

该系统主要由路径发生器、INS仿真系统、VNS仿真系统、CNS仿真系统及INS/VNS/CNS组合导航系统组成。由轨迹发生器生成标称轨迹,包括标称位置、标称速度、标称姿态角、标称IMU输出等。INS仿真系统主要包括一台搭载IMU的巡视器。水平固定IMU,并保持巡视器静止,提取产生的IMU噪声,并加到标称IMU输出中获取模拟IMU输出。VNS仿真系

统又称为月面视觉仿真,包含一个基于 NASA 获取的月球表面图像的 3DS MAX 模型和一套双目视觉仿真系统。3DS MAX 模型建立一个虚拟的 3D 月球表面地形,双目视觉仿真系统基于相机参数及理想轨迹产生双目图像。CNS 仿真系统由星光模拟器和星敏感器构成。通过星光模拟器产生模拟星光,并通过星敏感器观测。通过星图预处理、质心提取、星图匹配识别获取模拟 CNS 输出。

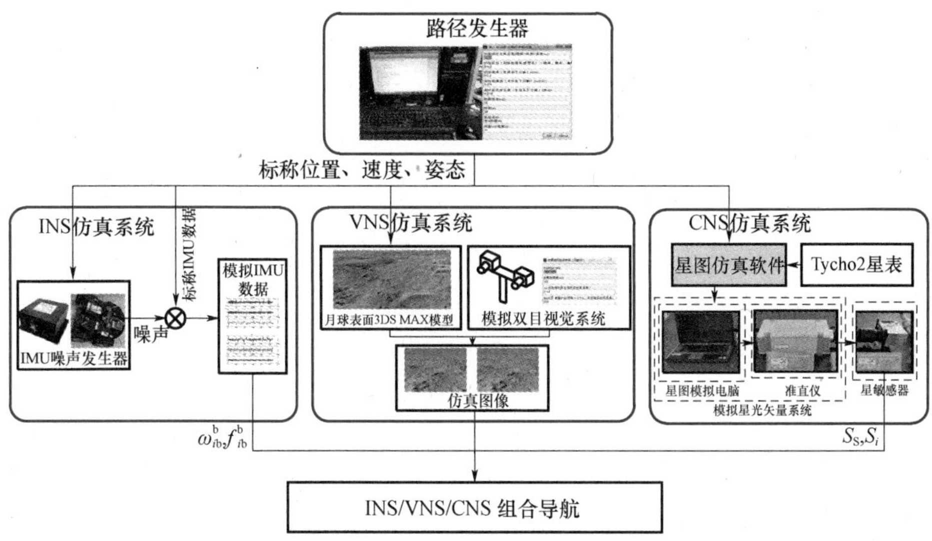

图 10－37　组合导航半物理仿真系统

2. 仿真条件

仿真中标称轨迹如图 10－38 和图 10－39 所示。轨迹长度 75m,平均运动速度 0.02m/s。陀螺常值漂移为 1(°)/h(1σ),加速度计常值偏置为 300μg(1σ),数据更新频率为 100Hz。相机基线 30cm,离地高度 1.65m,图像分辨率为 1024×1024,视场角为 45°×45°,采样频率为 0.2Hz。星敏感器的精度为 3″(1σ),更新频率为 5Hz。

3. 仿真结果

为了验证本文提出的惯性/视觉/天文组合导航方法的有效性,本节将该组合导航方法与纯惯导、视觉里程计、惯性/视觉和惯性/天文组合导航方法的结果进行对比。

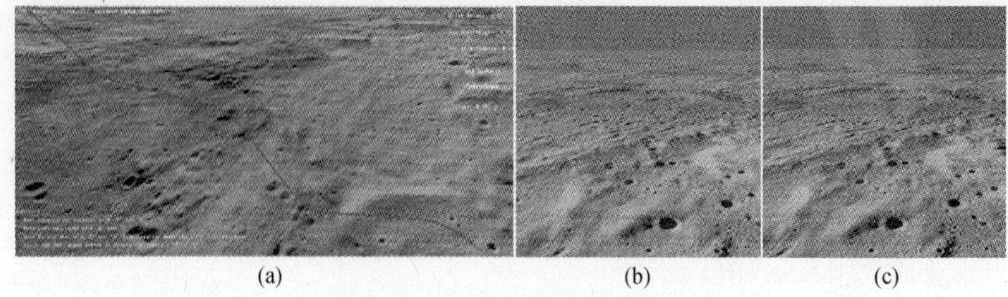

(a) (b) (c)

图 10－38　模拟月球表面图像

(a)完整图像;(b)右图;(c)右图。

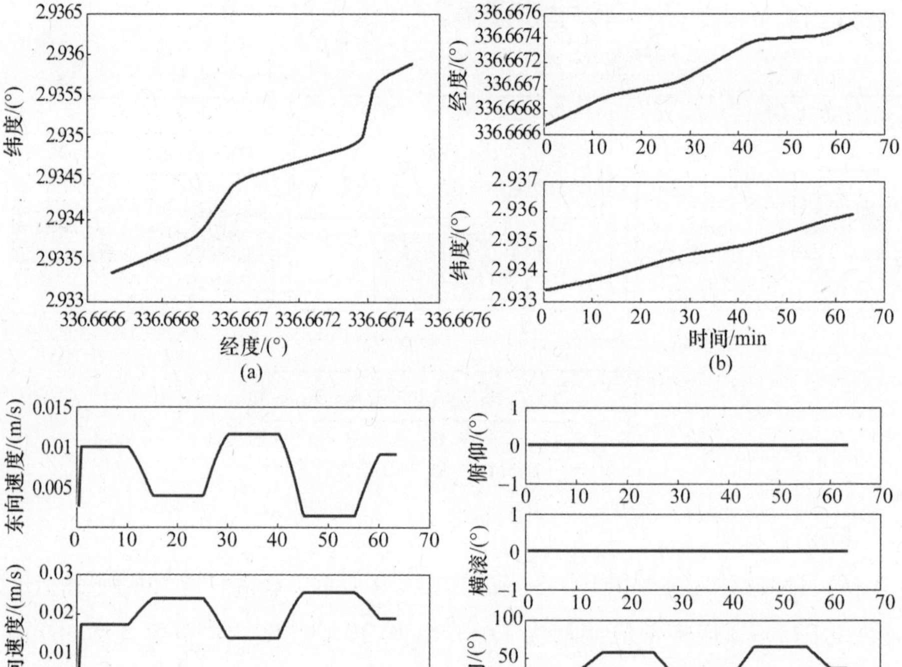

图 10－39　巡视器标称轨迹

(a)轨迹;(b)经纬度;(c)速度;(d)姿态。

1）纯惯导的仿真结果

在上述仿真条件下,采用纯惯导解算获得的巡视器行驶轨迹和导航参数估计误差如图10-40所示。由图10-40可以看出,纯惯性导航的位置和姿态误差随时间快速发散。这是由于陀螺和加速度计存在常值误差,惯导解算中的积分运算使得常值误差不断累积,从而导致导航参数误差随时间急剧增大。其终点位置误差约为53km,为全程距离705倍。终点东向及北向的速度误差分别为-2.1m/s及-27.2m/s。终点处的俯仰角、横滚角、航向角误差分别为-0.06°、0.08°及-1.25°。

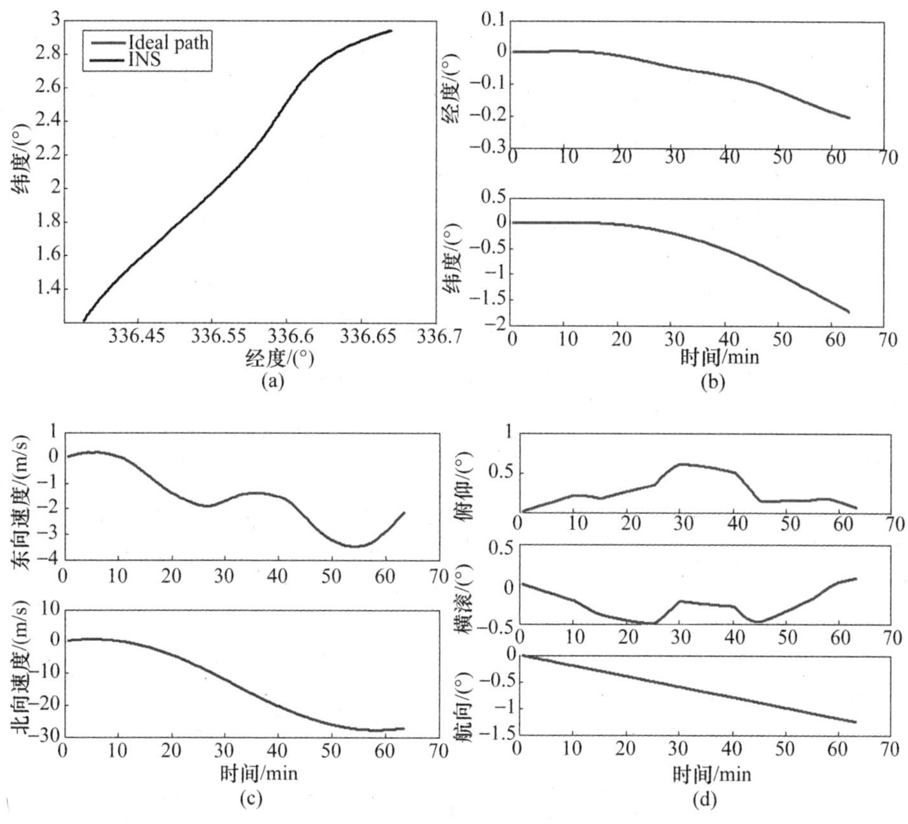

图10-40　纯惯性导航结果

(a)轨迹;(b)位置误差;(c)速度误差;(d)姿态误差。

2)视觉里程计的仿真结果

在上述仿真条件下,视觉里程计得到的巡视器行驶轨迹和姿态误差如图10-41所示。由图10-41可以看出,视觉里程计的位置和姿态估计误差也是随时间和距离逐渐累积的,这是由于视觉里程计是通过每段时间间隔相对运动的累加来确定位置和姿态参数。与纯惯导相比,位置误差较小,而姿态误差则较大。其终点位置误差约为3.93m,为行驶距离的5.2%。终点俯仰、横滚和航向角误差则分别达到-0.77°、4.13°及-3.53°。

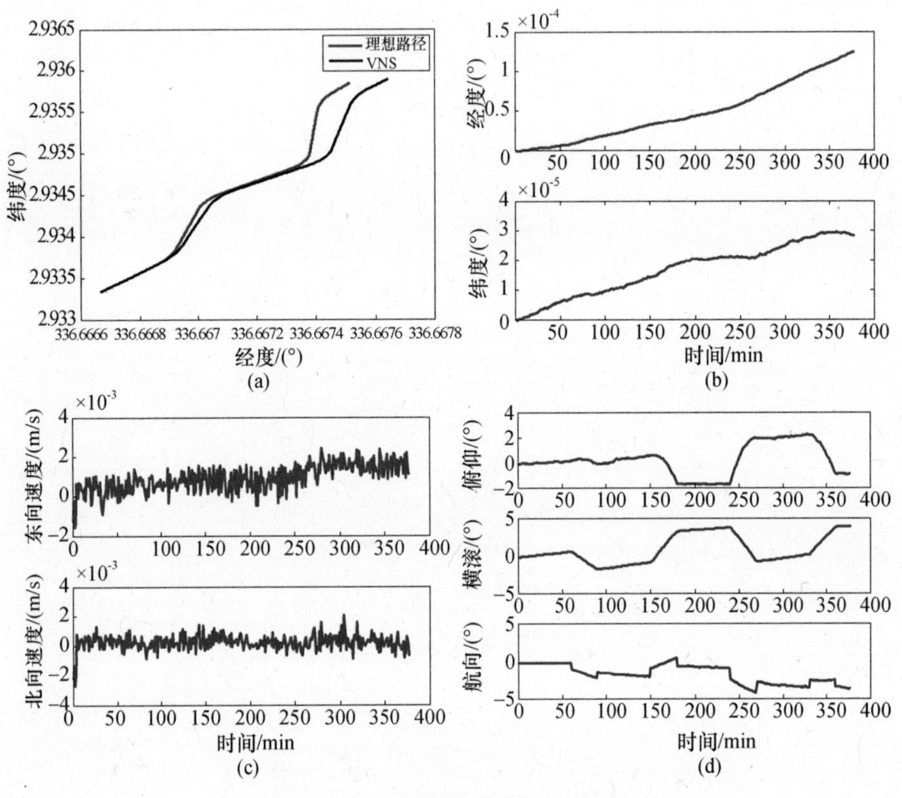

图10-41 视觉里程计的导航结果

(a) 轨迹;(b)位置误差;(c)速度误差;(d)姿态误差。

3）惯性/视觉组合导航方法

惯性/视觉组合导航方法以惯导和视觉获得的相对旋转与平移误差矢量为量测量来估计巡视器的位置、速度和姿态,该方法在上述仿真条件下的导航参数估计结果如图10-42所示。图10-42中,惯性/视觉组合导航的终点位置误差约为2.89m,占全程距离的3.9%。由图10-40(d)和图10-41(d)可以看出，惯性和视觉的姿态角均发散，故惯性/视觉组合导航的姿态角也是发散的。终点俯仰角、横滚角、航向角误差分别为 1.24°、-1.01°及 -1.82°。惯性/视觉组合导航方法虽然能够获得较高的位置精度，但姿态角仍发散，故该方法的位置误差仍会逐渐增加。

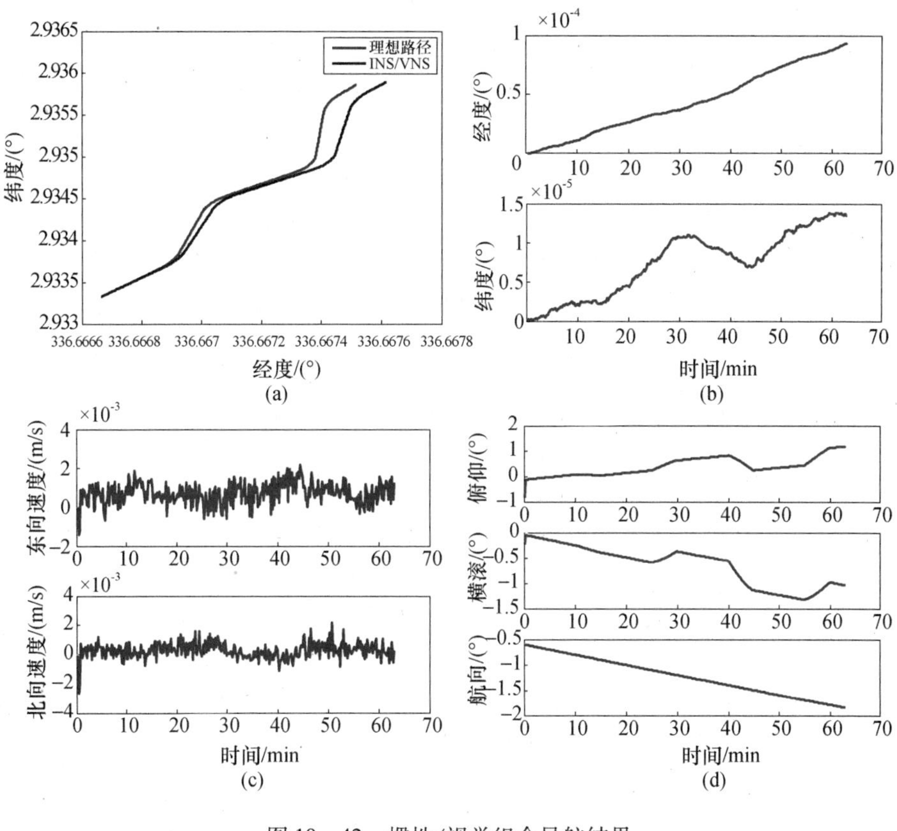

图 10-42　惯性/视觉组合导航结果

(a) 轨迹；(b) 位置误差；(c) 速度误差；(d) 姿态误差。

4）惯性/天文组合导航方法

惯性/天文组合导航方法以恒星的星光方位矢量为量测量来估计巡视器的位置、速度和姿态。该方法在上述仿真条件下的导航参数估计结果如图 10-43 所示。由图 10-43 可以看出，惯性/天文组合导航的终点位置误差为 7.8km，约为行驶距离的 104 倍。俯仰角、横滚角和姿态角的估计精度均优于 0.2°。这是由于天文观测信息中含有精确的姿态信息，而无法直接提供位置信息,因此,该方法具有很高的姿态估计精度,但对位置的修正作用较差。

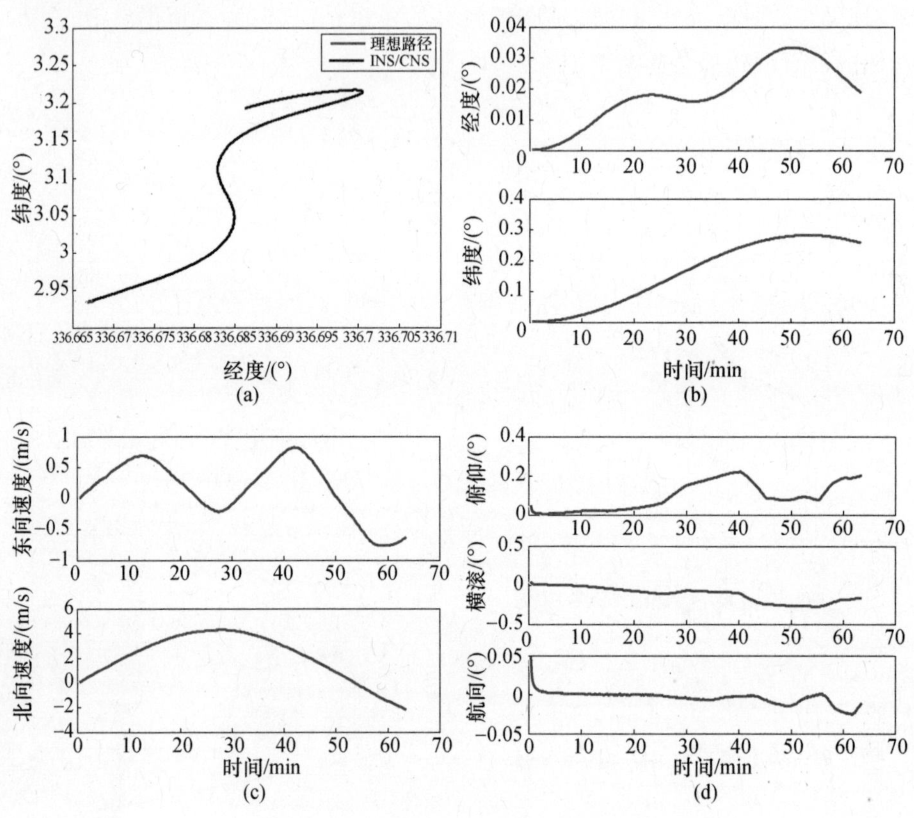

图 10-43 惯性/天文组合导航结果

(a)轨迹;(b)位置误差;(c)速度误差;(d)姿态误差。

5)惯性/视觉/天文组合导航方法

本文提出的惯性/视觉/天文组合导航方法同时利用惯性、视觉和天文提供的量测信息来进行状态估计,获得巡视器的运动参数。该方法在上述仿真条件下的导航参数估计结果如图 10-44 所示。由图 10-44 可以看出,惯性/视觉/天文组合导航方法的终点位置误差为 1.84m,为总路程的 2.5%,终点处三个姿态角的估计误差分别为 13.6″、3.3″及 -0.6″。这是由于三组合综合利用了惯性、视觉和天文的观测信息,不仅提高了位置估计精度,还提高了姿态估计精度。

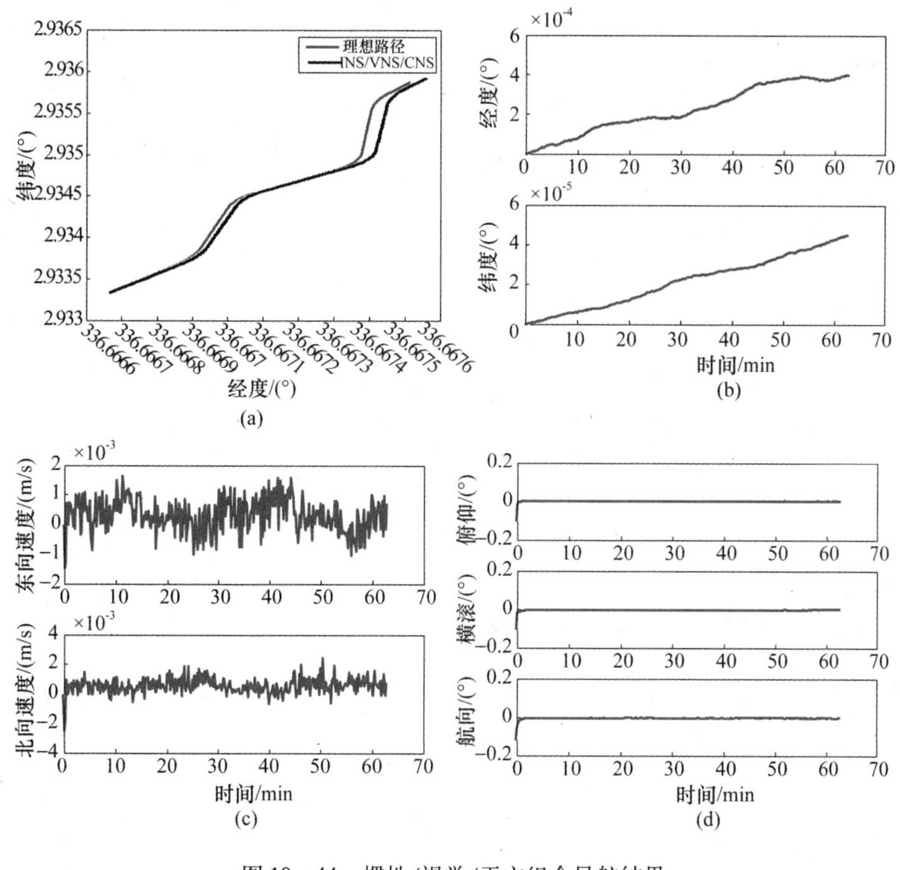

图10－44　惯性/视觉/天文组合导航结果

(a) 轨迹；(b)位置误差；(c)速度误差；(d)姿态误差。

表10－8给出了上述五种方法的详细数据，从表10－8可以看出，纯惯导的位置和姿态误差随时间严重发散，其发散速度取决于惯性器件的精度。视觉里程计的位置误差随着距离的增加逐渐积累，且姿态确定精度较差。惯性导航和视觉导航均难以独立用于巡视器的长时间长距离行驶情况。惯性/视觉组合导航可获得高精度的位置估计结果，但位置误差仍随时间逐渐增加。惯性/天文组合导航虽然具有很高的姿态估计精度，但位置估计精度较低。本文提出的惯性/视觉/天文组合导航方法则充分利用了惯性、视觉和天文量测信息的互补特性，可同时有效修正位置误差和姿态误差，进一步提高了惯性导航和组合导航的精度。

表10-8 几种导航方法结果对比

导航方法	位置误差/(m)			平均姿态误差/(″)			终点姿态误差/(″)		
	平均值	终点值	百分比/%	俯仰角	横滚角	航向角	俯仰角	横滚角	航向角
INS	14719	52839	70452	964	-989	-2266	206	275	-4495
VNS	1.61	3.93	5.2	3520	5597	-5806	-2790	14854	-12722
INS/VNS	1.36	2.89	3.9	1616	-2250	-4340	4449	-3647	-6538
INS/CNS	4956	7810	10413	335	449	-21	710	-603	-42
INS/VNS/CNS	0.96	1.84	2.5	10.9	9.9	4.8	13.6	3.3	-0.6

本节针对行星表面陌生的、非结构化环境中的巡视器自主高精度导航问题,提出了一种惯性/视觉/天文组合导航方法。该方法充分利用了三种导航方法的互补特性,利用视觉提供的相对运动信息修正惯导位置误差,利用星光方位矢量修正惯导姿态误差,提高了巡视器的位置和姿态估计精度。半物理仿真实验表明,惯性/视觉/天文三组合导航方法的位置和姿态估计精度显著优于纯惯导、视觉里程计以及惯性/视觉、惯性/天文两组合等导航方法。

10.7 小结

本章首先介绍了巡视段天文导航的基本原理,研究了基于天体高度观测的巡视器自主天文导航方法和可用于常值误差修正的ASUPF方法。在此基础上,分别研究了静止和运动条件下的巡视器导航的不同要求和特点,分别研究了静止条件下的惯性/天文初始化方法和运动条件下的惯性/天文/视觉组合导航方法。

参考文献

[1] Olson C F, Matthies L H, Wright J R, et al. Visual terrain mapping for Mars exploration[J]. Computer Vision and Image Understanding, 2007, V105(1):73-85.

[2] Madhavan R, Durrant-Whyte H. Natural landmark-based autonomous vehicle navigation [J]. Robotics and Autonomous Systems, 2004, V46(2):79-95.

[3] Goldberg S B, Maimone M W, Matthies L. Stereo vision and rover navigation software for planetary exploration[C]. Big Sky, Montana: Proceedings of 2002 IEEE Aerospace Confer-

ence. 2002.

[4] 房建成,宁晓琳. 深空探测器自主天文导航方法[M]. 西安:西北工业大学出版社,2010:167 - 168.

[5] Maimone M, Cheng Y, Matthies L. Two years of visual odometry on the Mars exploration rovers[J]. Journal of Field Robotics, 2007, V24(3):169 - 186.

[6] Olson C, Matthies L, Schoppers M, et al. Rover navigation using stereo ego - motion[J]. robotics and autonomous systems, 2003, V43(4):215 - 229.

[7] Cheng Y, Maimone M, Matthies L. Visual odometry on the Mars exploration rovers[J]. IEEE Robotics and Automation Magazine, 2006, V13(2):54 - 62.

[8] Barshan B, Durrant - Whyte H F. Inertial navigation systems for mobile robots[J]. IEEE Transactions on Robotics and Automation, 1995, V11(3):328 - 342.

[9] Fuke Y, Krotkov E. Dead reckoning for a lunar rover on uneven terrain[C]. Minneapolis: Proceedings of the 1996 IEEE International Conference on Robotics and Automation. 1996, V1:411 - 416.

[10] Baumgartner E T, Aghazarian H, Trebi - Ollennu A, et al. State estimation and vehicle localization for the FIDO rover[C]. In: Proceedings of Society of Photo - optical Instrumentation Engineers (SPIE): Sensor Fusion and Decentralized Control in Robotic SystemsIII. October, 2000, V4196:329 - 336.

[11] 石德乐,叶培建,贾阳. 我国月面巡视探测器定位方法研究[J]. 航天器工程,2006,15(4):14 - 20.

[12] Ali K S, Vanelli C A, Biesiadecki J J, et al. Attitude and Position Estimation on the Mars Exploration Rovers[C]. Waikoloa, HI: Proceedings of 2005 Systems Man and Cybernetics Conference. 2005:20 - 27.

[13] 徐帆. 惯性/天文/卫星组合导航方法研究[D]. 北京:北京航空航天大学,2008.

[14] 宁晓琳,房建成. 一种基于天体观测的月球车位置姿态确定方法[J]. 北京航空航天大学学报,2006,32(7):756 - 759,787.

[15] Krotkov E, Hebert M, Buffa M, et al. Stereo driving and position estimation for autonomous planetary rovers[C]. Montreal: Proceedings of IARP Workshop on Robotics in Space. 1994: 263 - 268.

[16] Kuroda Y, Kurosawa T, Tsuchiya A, et al. Accurate localization in combination with planet observation and dead reckoning for lunar rover[C]. New Orleans, LA: Proceedings of 2004 IEEE International Conference on Robotics and Automation (ICRA 2004). 2004, V2:2092 - 2097.

[17] Volpe R. Mars rover navigation results using sun sensor heading determination[C]. Kyongju: Proceedings of 1999 IEEE/RSJ International Conference on Intelligent Robot and Systems Conference. 1999.

[18] Furuki S, Yuta S. Pose estimation of a vehicle on rough terrain by using the sun direction

[C]. In: Proceedings of 2003 Multisensor Fusion and Integration for Intelligent Systems Conference. Tokyo, Japan, July, 2003:58 - 63.

[19] Trebi - Ollennu A, Huntsberger T, Cheng Y, et al. Design and analysis of a sun sensor for planetary rover absolute heading detection[J]. IEEE Transactions on Robotics and Automation, 2001, V17(6):939 - 947.

[20] Tsuchiya A, Shimoda S, Kubota T, et al. Position estimation for lunar rover by integration of the sun and the earth observation and dead Reckoning[C]. In: Proceedings of the 19th Annual Conference of the Robotics Society of Japan. Japan RSJ, 2001, 1301 - 1302.

[21] 宁晓琳,房建成. 一种基于UPF的月球车自主天文导航方法[J]. 宇航学报,2006,27(4):648 - 653,663.

[22] Putz P. Space robotics in europes: a survey[J]. Robotic and Autonomous Systems, 1998, V23(1):3 - 16.

[23] Lacroix S, Mallet A. Integration of concurrent localization algorithms for a planetary rover [J]. Robotic and Autonomous in Space, 2001, V21(2):1380 - 387.

[24] Lambert A, Furgale P, Barfoot T D, et al. Visual odometry aided by a sun sensor and inclinometer[C]. Big Sky, MT, March: Proceedings of 2011 IEEE Aerospace Conference. 2011.

[25] Baumgartner E T, Aghazarian H, Trebi - Ollennu A. Rover localization results for the FIDO Rover[C]. In: Proceedings of Society of Photo - optical Instrumentation Engineers (SPIE): Sensor Fusion and Decentralized Control in Robotic Systems IV. 2001.

[26] Hayati S, Volpe R, Backes P, et al. The Rocky7 rover: a Mars sciencecraft prototype[C]. New Mexico: Proceedings of the 1997 IEEE International Conference on Robotics and Automation. 1997.

[27] Liu H H S, Pang G K H. Accelerometer for mobile robot positioning[J]. IEEE Transactions on Industry Applications, 2001, V37(3):812 - 819.

[28] Fang J C, Wan J D - A fast initial alignment method for strapdown inertial navigation system on stationary base[J]. IEEE Transactions on Aerospace and Electronic Systems, 1996, V32(4):1501 - 1504.

[29] Britting K R. Inertial navigation systems analysis[M]. Wiley Interscience, NewYork, 1971.

[30] Jiang Y. F. Error analysis of analytic coarse alignment methods[J]. IEEE Transactions Aerospace and Electronic Systems, 1998, V34 (1):334 - 337.

[31] 魏春岭,张洪钺. 捷联惯导系统粗对准方法比较[J]. 航天控制,2000,13(2):16 - 21.

[32] 李瑶,徐晓苏,吴炳祥. 捷联惯导系统罗经法自对准[J]. 中国惯性技术学报,2008,16(4):386 - 389.

[33] 周广涛,陈明辉,刘星伯,等. 新的两位置组合对准方法研究[J]. 传感器与微系统,2008,27(9):17 - 20.

[34] 陈明辉. SINS误差特性及组合对准的方法研究[D]. 哈尔滨:哈尔滨工程大学控制理

论与控制工程,2008.

[35] Jr Benson D O. A comparison of two approaches to pure – inertial and doppler – inertial error Analysis[J]. IEEE Transactions on Aerospace and Electronic Systems,1975,11(4):447 – 455.

[36] Goshen – Meskin D,Bar – Itzhack I Y. A unified approach to inertial navigation system error modeling[J]. AIAA Journal of Guidance,Control and Dynamics. 1992,V15(3):648 – 653.

[37] Bar – Itzhack I Y,Berman N. Control theoretic approach to inertial navigation system[J]. Journal of Guidance,Control,and Dynamics,1988,V11(3):237 – 245.

[38] Jiang Y F,Lin Y P. Error estimation of INS ground alignment through observability analysis [J]. IEEE Transactions on Aerospace Electronic Systems. 1992,V28(1):92 – 96.

[39] 房建成,祝世平,俞文伯. 一种新的惯导系统静基座快速初始对准方法[J]. 航空航天大学学报,1999,25(6):728 – 731.

[40] 周姜滨,袁建平,岳晓奎,等. 一种快速精确的捷联惯性导航系统静基座自主对准新方法研究[J]. 宇航学报,2008,29(1):133 – 149.

[41] Wang X L. Fast alignment and calibration algorithms for inertial navigation system[J]. Aerospace Science and Technology,2009,V13(4 – 5):204 – 209.

[42] 高伟,张鑫,于飞,等. 基于状态量扩充的捷联惯导快速初始对准方法[J]. 系统工程与电子技术,2011,33(11):2492 – 2495.

[43] Zhang C B,Tian W F,Jin Z H. A novel method improving the alignment accuracy of a strapdown inertial navigation system on a stationary base[J]. Measurement Science and Technology,2004,V15(4):765 – 769.

[44] Guo Z W,Miao L J,Shen J. A novel initial alignment algorithm of SINS/GPS on stationary base with attitude measurement[C]. In:Proceedings of 2011 International Conference on Electronics,Communications and Control (ICEEC). Ningbo,China,2011:2458 – 2463.

[45] Dmitriyev S P,Stepanov O A,Shepel S V. Nonlinear filtering methods application in INS alignment[J]. IEEE Transaction on Aerospace and Electronic Systems,1997,V33(1):260 – 272.

[46] 魏春岭,张洪钺,郝曙光. 捷联惯导系统大方位失准角下的非线性对准[J]. 航天控制,2003,24(1):25 – 35.

[47] Yu M J,Lee J G,Park H W. Comparision of SDINS in – flight alignment using equivalent error models[J]. IEEE Transaction on Aerospace and Electronic Systems,1999,V35(3):1046 – 1054.

[48] Yu M J,Lee J G,Park C G. Nonlinear robust observer design for strapdown INS in – flight alignment[J]. IEEE Transactions on Aerospace and Electronic Systems,2004,V40(3):797 – 807.

[49] 武元新. 对偶四元数导航算法与非线性高斯滤波研究[D]. 长沙:国防科学技术大学,2005.

[50] 陈海明,熊智,乔黎,等. 天文/惯性组合导航技术在高空飞行器中的应用[J]. 传感

器与微系统,2008,27(9):4-6,10.

[51] 钱华明,孙龙,黄蔚,等. 捷联惯性/星光折射组合导航算法[J]. 哈尔滨工业大学学报,2013,45(9):52-56.

[52] 王岩,张路,郑辛,等. 在飞航导弹中用星敏感器修正捷联惯导陀螺漂移[J]. 中国惯性技术学报,2007,15(5):550-554.

[53] Xu F,Fang J C. Velocity and position error compensation using strapdown inertial navigation system/celestial navigation system integration based on ensemble neural network[J]. Aerospace Science and Technology,2008,V12(4):302-307.

[54] Jamshaid A,Fang J C. SINS/ANS integration for augmented performance navigation solution using unscented kalman filtering[J]. Aerospace Science and Technology,2006,V10(3):233-238.

[55] Wu X J,Wang X. L. A SINS/CNS deep integrated navigation method based on mathematical horizon reference[J]. Aircraft Engineering and Aerospace Technology,2011,V83(1):26-34.

[56] 宁晓琳,蔡洪炜,吴伟仁,等. 月球车的惯性/天文组合导航新方法[J]. 系统工程与电子技术. 2011,33(8):1838-1844.

[57] 司胜营. 星光/惯性组合导航系统分析与研究[D]. 哈尔滨:哈尔滨工业大学,2010.

[58] Tasadduq A,Zhang Y Y,Li Y J. SINS initial alignment for small tilt and large azimuth misalignment angles[C]. Xian:Proceedings of IEEE 3rd International Conference on Communication Software and Networks (ICCSN). 2011.

[59] Ning X L,Fang J C. A new autonomous celestial navigation method for the lunar rover[J]. Robotics and Autonomous System,2009,V57(1):48-54.

[60] 孔翔. 月面起飞初始对准及惯性器件标定技术研究[D]. 哈尔滨:哈尔滨工业大学,2011.

[61] Julier S J,Uhlmann J K. Reduced sigma point filters for the propagation of means and covariances through nonlinear transformations[C]. Anchorage:Proceedings of the American Control Conference. 2002.

[62] Julier S,Uhlmann J,Durrant-Whyte H F. A new method for the nonlinear transformation of means and covariances in Filters and Estimators[J]. IEEE Transactions on Automatic Control,2000,V45(3):477-482.

[63] Julier S J,Uhlmann J K. Unscented filtering and nonlinear estimation[C]. Proceedings of the IEEE. 2004.

[64] Wan E A,Merwe R V. The unscented Kalman filter for nonlinear estimation[C]. Lake Louise,Alberta,Canada:Proceedings of the IEEE Symposium on Adaptive Systems for Signal Processing,Communications,and Control. 2000.

[65] 丁扬斌,申功勋. Unscented 粒子滤波在静基座捷联惯导系统大方位失准角初始对准中的应用研究[J]. 宇航学报,2007,28(2):397-401.

[66] 张卫明,张继惟,范子杰,等. UKF在惯性导航系统初始对准中的应用研究[J].. 系统工程与电子技术,2007,29(4):589-592.

[67] Ramanandan A, Chen A, Farrell J A, et al. Detection of Stationarity in an Inertial Navigation System[C]. Portland, OR: Proceedings of the 23rd International Technical Meeting of the Satellite Division of the Institute of Navigation (ION GNSS 2010). 2010:238-244.

[68] Ramanandan A, Chen A, Farrell J A. Inertial navigation aiding by stationary updates[J]. IEEE Transactions on Intelligent Transportation Systems, 2012, V13(1):236-248.

[69] Ramanandan A, Chen A, Farrell J A. Observability analysis of an inertial navigation system with stationary updates[C]. San Francisco, CA, USA: Proceedings of 2011 American Control Conference. 2011.

[70] Ham F M, Brown T G. Observability, eigenvalues, and Kalman filtering[J]. IEEE Transactions on Aerospace and Electronic Systems, 1983, V19(2):269-27.

[71] 程向红,万德钧,仲巡. 捷联惯导系统的可观测性和可观测度研究[J]. 东南大学学报,1997,27(6):6-10.

[72] 宁晓琳,房建成. 一种基于UPF的月球车自主天文导航方法. 宇航学报,2006,27(4):648-653.

[73] 万德钧,房建成,王庆. GPS动态滤波的理论、方法及其应用. 南京:江苏科学技术出版社,2000.

[74] Ning X L, Fang J C. A new autonomous celestial navigation method for the lunar rover[J]. Robotics and Autonomous Systems, 2009, 57(1):48-54.

[75] Kubota T, Moesl K, Nakatani I. Autonomous navigation based on map matching for planetary Rover[C]. Hilton Head: AIAA Guidance, Navigation and Control Conference and Exhibit, 2007.

[76] Barshan B, Durrant-Whyte H F. Inertial navigation systems for mobile robots [J]. IEEE Transactions on Robotics and Automation, 1995, 11:328-342.

[77] Fuke Y, Krotkov E. Dead reckoning for a lunar rover on uneven terrain[C]. Minneapolis: Proceedings of the 1996 IEEE International Conference on Robotics and Automation, 1996.

[78] Goldberg S B, Maimone M W, Matthies L. Stereo vision and rover navigation software for planetary exploration[C]. Big Sky, Montana: Proceedings of 2002 IEEE Aerospace Conference, 2002.

[79] Thein M, Quinn D, Folta D. Celestial Navigation (CelNav): lunar surface navigation[C]. Hawaii, USA: AIAA/AAS Astrodynamics Specialist Conference and Exhibit. Honolulu, 2008.

[80] Olson C F, Matthies L H, Schoppers M, et al. Rover navigation using stereo ego-motion[J]. Robotics and Autonomous Systems, 2003, 43:215-229.

[81] Cheng Y, Maimone M, Matthies L. Visual odometry on the Mars exploration rovers[J]. IEEE Robotics and Automation Magazine, 2006, 13(2):54-62.

[82] Tardif J P,George M,Laverne M,et al. A new approach to vision – aided inertial navigation [C]. Taipei,Taiwan:The 2010 IEEE/RSJ International Conference on Intelligent Robots and Systems(IROS),2010.

[83] Chilian A,Hirschmuller H,Gorner M. Multisensor data fusion for robust pose estimation of a six – legged walking Robot[C]. San Francisco,CA,USA:2011 IEEE/RSJ International Conference on Intelligent Robots and Systems,2011.

[84] Panahandeh G,Jansson M. Vision – aided inertial navigation using planar terrain features[C]. 2011 First International Conference on Robot,Vision and Signal Processing,2011.

[85] Bilodeau V S,Beaudette D,Hamel J F,et al. Vision – based pose estimation system for the Lunar analogue rover "ARTEMIS"[C]. International Symposium on Artificial Intelligence, Robotics and Automation in Space (i – SAIRAS),Turin,Italy,2012.

[86] Roumeliotis S I,Johnson A E,Montgomery J F,et al. Augmenting inertial navigation with image – based Motion Estimation[C]. Washington D. C. :IEEE International Conference on Robotics and Automation,2002.

[87] Webb T P,Prazenica R J,KurdilaA J,et al. Vision – based state estimation for autonomous micro air vehicles[J]. Journal of Guidance,Control and Dynamics,2007,30(3):816 – 826.

[88] Ning X L,Wang L H,Wu W R,et al. A celestial assisted INS initialization method for lunar explorers[J]. Sensors 2011,11,6991 – 7003.

[89] Veth M M,Raquet J. Alignment and calibration of optical and inertial sensors using stellar observations[C]. Long Beach,CA::Proceedings of the 18th International Technical Meeting of the Satellite Division of The Institute of Navigation (IONGNSS 2005),2005.

[90] Volpe R. Mars rover navigation results using sun sensor heading determination[C]. Kyongju:in Proc. 1999 IEEE/RSJ Intelligent Robot and Systems Conf,1999.

[91] Kuroda Y,Kurosawa T,Tsuchiya A,et al. Accurate localization in combination with planet observation and dead reckoning for lunar rover[C]. New Orleans,LA:in Proc. 2004 Robotics and Automation Conf. ,2004 2:. 2092 – 2097.

[92] Furuki S,Yuta S. Pose estimation of a vehicle on rough terrain by using the sun direction [C]. in Proc. 2003 Multisensor Fusion and Integration for Intelligent Systems Conf. ,2003.

[93] Matthies L,Maimone M,Johnson A,et al. Computer Vision on Mars[J]. International Journal of Computer Vision,2007,75(1):67 – 92.

[94] Ali K S,Vanelli C A,Biesiadecki J J,et al. Attitude and position estimation on the Mars exploration rovers[C]. Waikoloa,HI:2005 Systems Man and Cybernetics Conf. ,2005(1):20 – 27.

[95] Grotzinger J P,Crisp J,Vasavada A R,et al. Mars science laboratory mission and science Investigation[J]. Space Science Review,2012,170:5 – 56.

[96] Julier S J,Uhlmann J K. Unscented filtering and nonlinear estimation[C]. Proceedings of the IEEE,2004.

[97] Hyosang Y, Yeerang L, Hyochoong B. New star – pattern identification using a correlation approach for spacecraft attitude determination[J]. Journal of Spacecraft and Rockets, 2011, 48(1):182 – 186.

[98] 董绪荣,张守信,华仲春. GPS/INS 组合导航定位及其应用[M]. 长沙:国防科技大学出版社,1998.

[99] Rufino G, Accardo D. Enhancement of the centroiding algorithm for star tracker measure refinement [J]. Acta Astronautica, 2003, 53(2):135 – 147.

[100] Kubota T, Moesl K, Nakatani I. Autonomous navigation based on map matching for planetary Rover[C]. Hilton Head: AIAA Guidance, Navigation and Control Conference and Exhibit, 2007.

[101] Barshan B, Durrant – Whyte H F. Inertial navigation systems for mobile robots [J]. IEEE Transactions on Robotics and Automation, 1995, 11:328 – 342.

[102] Fuke Y, Krotkov E. Dead reckoning for a Lunar rover on uneven terrain[C]. Minneapolis: Proceedings of the 1996 IEEE International Conference on Robotics and Automation, 1996.

[103] Goldberg S B, Maimone M W, Matthies L. Stereo vision and rover navigation software for planetary exploration[C]. Big Sky, Montana: Proceedings of 2002 IEEE Aerospace Conference, , 2002.

[104] Thein M, Quinn D, Folta D. Celestial navigation (CelNav): Lunar surface navigation[C]. Honolulu, Hawaii, USA: AIAA/AAS Astrodynamics Specialist Conference and Exhibit, 2008.

[105] 房建成,宁晓琳,田玉龙. 航天器自主天文导航原理与方法[M]. 北京:国防工业出版社. 2006.

[106] Wu Weiren, Ning Xiaolin, Liu Lingling. New celestial assisted INS initial alignment method for Lunar explorer[J]. Journal of Systems Engineering and Electronics, 2013, 24(1):108 – 117.

[107] Ning Xiaolin, Liu Lingling, Fang Jiancheng, et al. Initial position and attitude determination of lunar rovers by INS/CNS integration[J]. Aerospace Science and Technology, 2013, (30):323 – 332.

[108] Barshan B, Durrant – Whyte H F. Inertial navigation systems for mobile robots[J]. IEEE Trans. Robot. Automat., 1995, 11(3):328 – 342.

[109] Fuke Y, Krotkov E. Dead reckoning for a Lunar rover on uneven terrain[C]. Minneapols: in Proc. 1996 Robotics and Automation Conf., 1996.

[110] Goldberg S B, Maimone M W, Matthies L. Stereo vision and rover navigation software for planetary exploration[C]. Big Sky, MT: in Proc. 2002 IEEE Aerospace Conf., 2002, 5: 2025 – 2036.

[111] Sigel D A, Wettergreen D. Star tracker celestial localization system for a lunar rover[C]. San Diego, CA, USA: in Proc. 2007 IEEE/RSJ Intelligent Robots and Systems Conf.,

2007:2851 - 2856.

[112] Olson C F, Matthies L H, Schoppers M, et al. Rover navigation using stereo ego - motion [J]. Robotics and Autonomous Systems, 2003, 43(4):215 - 229.

[113] Cheng Y, Maimone M W, Matthies L H. Visual odometry on the Mars exploration rovers[J]. IEEE Robot. Automat. Mag., 2006, 13(2):54 - 62.

[114] Ning X L, Liu L L. A two - mode INS/CNS navigation method for lunar rovers[C]. IEEE Trans. Instrumentation Measurement, 2014.

[115] Chilian A, Hirschmuller H, M. Gorner. Multisensor data fusion for robust pose estimation of a six - legged walking robot[C]. San Francisco, CA USA: in Proc. 2011 IEEE/RSJ Intelligent Robots and Systems Conf., 2011.

[116] Panahandeh G, Jansson M. Vision - aided inertial navigation using planar terrain features [C]. Kaohsiung, Taiwan: Presented at the 2011 1st Int. Conf. Robot, Vision and Signal Processing, 2011.

[117] Bilodeau V S, Beaudette D, Hamel J F, et al. Vision - based pose estimation system for the lunar analogue rover "ARTEMIS", presented at the Int. Symp[C]. Turin, Italy: Artificial Intelligence, Robotics and Automation in Space, 2012.

[118] Roumeliotis S I, Johnson A E, Montgomery J F. Augmenting inertial navigation with image - based motion estimation [C]. Washington D. C., USA: 2002 Robotics and Automation Conf., 2002(4):4326 - 4333.

[119] Webb T P, Prazenica R J, Kurdila A J, et al. Vision - based state estimation for autonomous Micro air vehicles[C]. Journal of Guidance, Control and Dynamics, 2007, 30(3):816 - 826.

[120] Volpe R. Mars rover navigation results using sun sensor heading determination[C]. Kyongju: 1999 IEEE/RSJ Intelligent Robot and Systems Conf., 1999.

[121] Ali K S, Vanelli C A, Biesiadecki J J, et al. Attitude and Position Estimation on the Mars Exploration Rovers[C]. Waikoloa, HI: in Proc. 2005 Systems Man and Cybernetics Conf., 2005.

[122] Grotzinger J P, Crisp J, Vasavada A R, et al. Mars science laboratory mission and science investigation[J] Space Science Reviews, 2012, 170(1 - 4):5 - 56.

[123] Yoon H, Lim Y, Bang H. New star - pattern identification using a correlation approach for spacecraft attitude determination[J]. Journal of Spacecraft and Rockets, 2011, 48(1):182 - 186.

第 11 章
航天器的惯性/天文组合导航原理与方法

11.1 引言

前几章介绍了天文导航作为主要导航方式在卫星、深空探测器等航天器中的应用。本章将介绍利用天文导航星敏感器所测得的姿态信息修正惯性导航系统的误差,进而获得高精度导航信息的弹道导弹惯性/天文组合导航原理与方法。惯性导航系统(Inertial Navigation System,INS)是一种自主导航系统,具有短时精度高、输出连续、抗干扰能力强,可同时提供位置、姿态信息等优点,因而,受到海、陆、空、天各领域的青睐和重视,但其导航定位误差随时间积累,难以长时间独立工作。天文导航系统(Celestial Navigation System,CNS)利用恒星作为导航信息源,隐蔽性好、自主性强,不仅能够提供位置信息,而且能够提供高精度的姿态信息,但输出信息不连续。由于不同导航系统各有其特点,将不同导航系统相结合构成组合导航系统,可以优势互补,提高导航系统的精度和可靠性,已成为导航技术的一个重要发展方向。

惯性导航系统分为平台惯性导航系统和捷联惯性导航系统,目前,平台惯性导航系统是中远程弹道导弹广泛采用的导航系统,虽然精度很高,但是其成本昂贵。捷联惯性导航系统(Strapdown Inertial Navigation System,SINS)将惯性器件固联在载体上,用计算机平台代替物理平台,具有结构简单、成本低、可靠性高的优点,但其精度尚不高。近年来随着光学陀螺精度的不断提高,捷联惯性导航技术取得了快速发展,但是其精度仍难以满足中远程弹道导弹制导的要求。将捷联惯性导航系统与天文导航系统组合,利用星光信息不仅可以修正主动段 SINS 的姿态误差,还可以修正陀螺常值漂移、初始失准角引起的误差和发射点误差,可大大提高导航系统的精度。捷联惯性/天文组合导航系统与精度相当的平台惯性导航相比,不仅成本低、体积小、质量小,而且具有较高的容错能力,目前,已成为弹道导弹导航、制导与控制技术的重要发展方向。尤其对于机动发射或水下发射的弹道导弹,由于可以利用星光信息修正发射点位置误差,SINS/CNS 组合导航系统更具有明显的优势。本章将以弹道导弹为例系统地论述航天器惯性/天文组合导航的原理,重点介绍捷联惯性/天文组合导航方法及其导航系统性能的分析。

11.2 惯性/天文组合导航的基本原理

惯性/天文(也称为惯性/星光)组合导航系统以天文导航系统的信息来修正由陀螺漂移和初始失准角和发射点误差引起的误差,获得高精度的位置、速度和姿态导航信息。本节主要以弹道导弹为例,介绍惯性/天文组合导航系统的工作模式、基本原理、系统建模和导弹主动段导航误差的估计原理与仿真。

11.2.1 惯性导航的基本原理

惯性导航算法是通过求解惯性导航系统的力学编排方程来实现的,惯性导航力学编排方程的推导是基于牛顿力学定律而建立的,采用的导航坐标系不同,也就是描述载体运动参数的坐标系不同,则惯性导航解算的力学编排方程就有所不同。常用的导航坐标系是东北天坐标系,即地理坐标系,此时可以直接获得载体所在位置的大地坐标(经度、纬度和高度),直观地描述了在星球表面运动载体的导航参数。本文研究的惯性导航系统均为指北式捷联惯性导航系统,选取东北天坐标系为导航坐标系。捷联惯性导航系统惯性器件测量的物理量都是相对于导弹本体坐标系的,因此,需要借助捷联矩阵将这些量转换到导航坐标系下。

惯性导航解算需要在给定载体初始位置、速度和姿态等初始信息的基础上来进行,主要包括姿态计算和位置计算两部分,基本原理如图 11－1 所示。首先,将陀螺仪测量导弹本体坐标系下的运动角速度$\boldsymbol{\omega}_{\mathrm{ib}}^{\mathrm{b}}$消除月球自转角速度和运动角速度的影响,得到导弹相对于导航坐标系的旋转角速度,求解基于四元数建立的姿态微分方程获取导弹的姿态矩阵,进而计算出导弹的三轴姿态角。然后,将加速度计测量的导弹本体坐标系下的加速度$\boldsymbol{f}_{\mathrm{ib}}^{\mathrm{b}}$变换到导航坐标系下,利用速度微分方程在导航坐标系下进行积分运算获取导弹在导航坐标系下的线速度,进而利用位置微分方程进行一次积分即可获得导弹在导航坐标系下的位置。

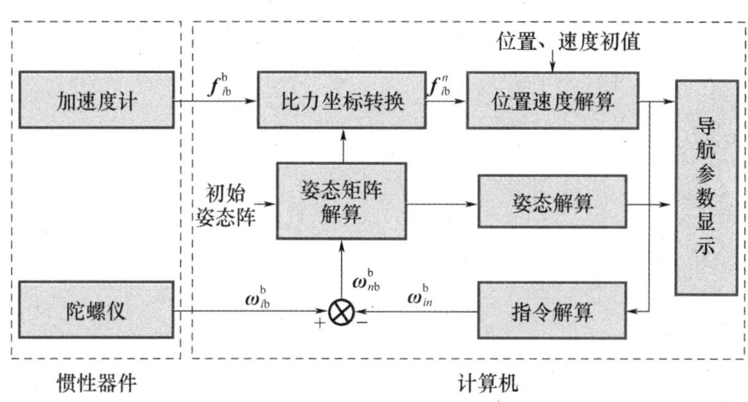

图 11－1　捷联式惯性导航系统的原理框图

1. 捷联式惯性导航系统的力学编排方程

1) 姿态的计算

捷联姿态矩阵在整个捷联导航系统中占重要地位,它不仅涉及导弹三轴姿态的实时解算,又要关系到比力的变换。本节主要利用基于四元数建立的姿态微分方程求解姿态矩阵。

首先,将陀螺仪测量的导弹相对惯性空间的转动角速度转换到导航坐标系中,即

$$\boldsymbol{\omega}_{\mathrm{ib}}^{n} = \boldsymbol{C}_{\mathrm{b}}^{n}\,\boldsymbol{\omega}_{\mathrm{ib}}^{\mathrm{b}} \tag{11-1}$$

根据矢量转换关系,有

$$\boldsymbol{\omega}_{in}^{n} = \boldsymbol{\omega}_{im}^{n} + \boldsymbol{\omega}_{mn}^{n} \tag{11-2}$$

式中:$\boldsymbol{\omega}_{in}^{n}$为导航坐标系相对惯性空间的转动角速度在导航坐标系下的投影;$\boldsymbol{\omega}_{im}^{n}$为月球自转角速度在导航坐标系下的投影;$\boldsymbol{\omega}_{mn}^{n}$为导航坐标系相对

月球的转动角速度在导航坐标系下的投影。式(11－2)中的$\boldsymbol{\omega}_{im}^{n}$和$\boldsymbol{\omega}_{mn}^{n}$的计算为

$$\boldsymbol{\omega}_{im}^{n}=[0,\omega_{im}\cos L,\omega_{im}\sin L]^{\mathrm{T}} \tag{11-3}$$

$$\boldsymbol{\omega}_{mn}^{n}=[-v_{\mathrm{N}}^{n}/R_{m},v_{\mathrm{E}}^{n}/R_{m},v_{\mathrm{E}}^{n}\tan L/R_{m}]^{\mathrm{T}} \tag{11-4}$$

式中:ω_{im}为月球自转角速率;R_m 为月球平均半径。

于是,导弹相对惯性空间的转动角速度$\boldsymbol{\omega}_{\mathrm{ib}}^{n}$和导航坐标系相对惯性空间的转动角速度$\boldsymbol{\omega}_{in}^{n}$之差就是导弹相对导航坐标系的转动角速度$\boldsymbol{\omega}_{\mathrm{nb}}^{n}$,即

$$\boldsymbol{\omega}_{\mathrm{nb}}^{n}=\boldsymbol{\omega}_{\mathrm{ib}}^{n}-\boldsymbol{\omega}_{in}^{n} \tag{11-5}$$

令$\boldsymbol{Q}_{n/\mathrm{b}}=[q_o,q_1,q_2,q_3]^{\mathrm{T}}$,四元数法微分方程可以表示为

$$\dot{\boldsymbol{Q}}_{n/\mathrm{b}}=\frac{1}{2}\boldsymbol{\Omega}(\boldsymbol{\omega}_{\mathrm{nb}}^{\mathrm{b}})\boldsymbol{Q}_{n/\mathrm{b}} \tag{11-6}$$

$$\boldsymbol{\Omega}(\boldsymbol{\omega}_{\mathrm{nb}}^{\mathrm{b}})=\begin{bmatrix}0 & -\boldsymbol{\omega}_{\mathrm{nb}x}^{\mathrm{b}} & -\boldsymbol{\omega}_{\mathrm{nb}y}^{\mathrm{b}} & -\boldsymbol{\omega}_{\mathrm{nb}z}^{\mathrm{b}}\\ \boldsymbol{\omega}_{\mathrm{nb}x}^{\mathrm{b}} & 0 & \boldsymbol{\omega}_{\mathrm{nb}z}^{\mathrm{b}} & -\boldsymbol{\omega}_{\mathrm{nb}y}^{\mathrm{b}}\\ \boldsymbol{\omega}_{\mathrm{nb}y}^{\mathrm{b}} & -\boldsymbol{\omega}_{\mathrm{nb}z}^{\mathrm{b}} & 0 & \boldsymbol{\omega}_{\mathrm{nb}x}^{\mathrm{b}}\\ \boldsymbol{\omega}_{\mathrm{nb}z}^{\mathrm{b}} & \boldsymbol{\omega}_{\mathrm{nb}y}^{\mathrm{b}} & -\boldsymbol{\omega}_{\mathrm{nb}x}^{\mathrm{b}} & 0\end{bmatrix}$$

计算四元数微分方程,得到 q_o、q_1、q_2、q_3 后,可由下式求解捷联矩阵,即

$$\boldsymbol{C}_{n}^{\mathrm{b}}=\begin{bmatrix}q_0^2+q_1^2-q_2^2-q_3^2 & 2(q_1q_2+q_0q_3) & 2(q_1q_3-q_0q_2)\\ 2(q_1q_2-q_0q_3) & q_0^2-q_1^2+q_2^2-q_3^2 & 2(q_2q_3+q_0q_1)\\ 2(q_1q_3+q_0q_2) & 2(q_2q_3-q_0q_1) & q_0^2-q_1^2-q_2^2+q_3^2\end{bmatrix} \tag{11-7}$$

于是,根据 φ、θ、ψ 三个姿态角的定义域,根据式(11－7)所示的姿态矩阵$\boldsymbol{C}_{n}^{\mathrm{b}}$ 的元素,可以确定三个姿态角,即

$$\begin{gathered}\varphi_{主}=\arcsin C_{23}\\ \theta_{主}=\arctan\left(-\frac{C_{13}}{C_{33}}\right)\\ \psi_{主}=\arctan\left(-\frac{C_{21}}{C_{22}}\right)\end{gathered} \tag{11-8}$$

由于俯仰角 φ 的取值范围与反正弦函数的主值域是相同的,所以求得的 φ 即为其真值;而横滚角 θ 和航向角 ψ 的取值范围与反正切函数的主值域不同,涉及多值判断问题,其真值判断方法不再一一赘述,参见相关文献。

2）位置和速度的计算

利用式(11 -7)求得的姿态矩阵$\boldsymbol{C}_n^{\mathrm{b}}$，将比力$\boldsymbol{f}_{\mathrm{ib}}^{\mathrm{b}}$转换到导航坐标系中，有

$$\boldsymbol{f}_{\mathrm{ib}}^n = \boldsymbol{C}_{\mathrm{b}}^n \boldsymbol{f}_{\mathrm{ib}}^{\mathrm{b}} \tag{11-9}$$

根据捷联惯性导航系统的速度微分方程(比力方程)，可得速度的计算公式为

$$\dot{\boldsymbol{v}}_n = \boldsymbol{C}_{\mathrm{b}}^n \boldsymbol{f}_{\mathrm{ib}}^{\mathrm{b}} - (2\boldsymbol{\omega}_{im}^n + \boldsymbol{\omega}_{mn}^n) \times \boldsymbol{v}_n + \boldsymbol{g}_m \tag{11-10}$$

式中：上标 n 表示在导航坐标系下的投影；$\boldsymbol{v}_n = [v_{\mathrm{E}}, v_{\mathrm{N}}, v_{\mathrm{U}}]^{\mathrm{T}}$ 表示导弹的速度矢量；$\boldsymbol{g}_m = [0, 0, -g_m]^{\mathrm{T}}$ 表示月球重力加速度矢量，$g_m = 1.618\mathrm{m/s^2}$ 为月球重力加速度。

导弹的位置(即经纬度 L, λ)可通过下式得到，即

$$\begin{aligned} \dot{L} &= \frac{v_{\mathrm{N}}^n}{R_m} \\ \dot{\lambda} &= \frac{v_{\mathrm{E}}^n}{R_m \cos L} \end{aligned} \tag{11-11}$$

2. 捷联惯性导航系统的误差模型

1）姿态误差方程

由于各种误差源的影响，捷联惯性导航系统模拟的数学平台坐标系(n'系，也可称为计算平台坐标系)与理想导航坐标系(n 系)之间存在转动误差。与 n 系到 b 系的转动过程类似，n 系先后依次经过三次转动可转换到 n'系，假设这三次转动角分别为 ϕ_{E}、ϕ_{N}、ϕ_{U}，也称为平台失准角。于是，n 系至 n'系的坐标转换矩阵为

$$\begin{aligned} \boldsymbol{R}_n^{n'} &= \boldsymbol{C}_y(\phi_{\mathrm{N}}) \boldsymbol{C}_x(\phi_{\mathrm{E}}) \boldsymbol{C}_z(\phi_{\mathrm{U}}) \\ &= \begin{bmatrix} \cos\phi_{\mathrm{N}}\cos\phi_{\mathrm{U}} - \sin\phi_{\mathrm{N}}\sin\phi_{\mathrm{E}}\sin\phi_{\mathrm{U}} & -\cos\phi_{\mathrm{E}}\sin\phi_{\mathrm{U}} & \sin\phi_{\mathrm{N}}\cos\phi_{\mathrm{U}} + \cos\phi_{\mathrm{N}}\sin\phi_{\mathrm{E}}\sin\phi_{\mathrm{U}} \\ \cos\phi_{\mathrm{N}}\sin\phi_{\mathrm{U}} + \sin\phi_{\mathrm{N}}\sin\phi_{\mathrm{E}}\cos\phi_{\mathrm{U}} & \cos\phi_{\mathrm{E}}\cos\phi_{\mathrm{U}} & \sin\phi_{\mathrm{N}}\sin\phi_{\mathrm{U}} - \cos\phi_{\mathrm{N}}\sin\phi_{\mathrm{E}}\cos\phi_{\mathrm{U}} \\ -\sin\phi_{\mathrm{N}}\cos\phi_{\mathrm{E}} & \sin\phi_{\mathrm{E}} & \cos\phi_{\mathrm{N}}\cos\phi_{\mathrm{E}} \end{bmatrix} \end{aligned} \tag{11-12}$$

若假定 n'系相对于 n 系的角速度为$\boldsymbol{\omega}_{nn'}^n$，平台失准角 $\boldsymbol{\phi} = [\phi_{\mathrm{E}}, \phi_{\mathrm{N}}, \phi_{\mathrm{U}}]^{\mathrm{T}}$，则$\boldsymbol{\omega}_{nn'}^n$与 $\boldsymbol{\phi}$ 之间的关系为

$$\boldsymbol{\omega}_{nn'}^{n}=\boldsymbol{C}_y(\phi_{\mathrm{N}})\boldsymbol{C}_x(\phi_{\mathrm{E}})\boldsymbol{C}_z(\phi_{\mathrm{U}})\begin{bmatrix}0\\0\\\dot{\phi}_{\mathrm{U}}\end{bmatrix}+\boldsymbol{C}_y(\phi_{\mathrm{N}})\boldsymbol{C}_x(\phi_{\mathrm{E}})\begin{bmatrix}\dot{\phi}_{\mathrm{E}}\\0\\0\end{bmatrix}+\boldsymbol{C}_y(\phi_{\mathrm{N}})\begin{bmatrix}0\\\dot{\phi}_{\mathrm{N}}\\0\end{bmatrix}\tag{11-13}$$

从而,由式(11-13)可得

$$\boldsymbol{\omega}_{nn'}^{n}=\begin{pmatrix}\cos\phi_{\mathrm{N}} & 0 & -\sin\phi_{\mathrm{N}}\cos\phi_{\mathrm{E}}\\0 & 1 & \sin\phi_{\mathrm{E}}\\\sin\phi_{\mathrm{N}} & 0 & \cos\phi_{\mathrm{N}}\cos\phi_{\mathrm{E}}\end{pmatrix}\begin{bmatrix}\dot{\phi}_{\mathrm{E}}\\\dot{\phi}_{\mathrm{N}}\\\dot{\phi}_{\mathrm{U}}\end{bmatrix}=\boldsymbol{C}_{\omega}\dot{\boldsymbol{\phi}}\tag{11-14}$$

由式(11-14)可以得到平台失准角的微分方程为

$$\dot{\boldsymbol{\phi}}=\boldsymbol{C}_{\omega}^{-1}\ \boldsymbol{\omega}_{nn'}^{n}\tag{11-15}$$

其中

$$\boldsymbol{C}_{\omega}^{-1}=\frac{1}{\cos\phi_{\mathrm{E}}}\begin{pmatrix}\cos\phi_{\mathrm{N}}\cos\phi_{\mathrm{E}} & 0 & \sin\phi_{\mathrm{N}}\cos\phi_{\mathrm{E}}\\\sin\phi_{\mathrm{N}}\sin\phi_{\mathrm{E}} & \cos\phi_{\mathrm{E}} & -\cos\phi_{\mathrm{N}}\sin\phi_{\mathrm{E}}\\-\sin\phi_{\mathrm{N}} & 0 & \cos\phi_{\mathrm{N}}\end{pmatrix}\tag{11-16}$$

理论上,捷联惯性导航系统姿态矩阵微分方程为

$$\dot{\boldsymbol{C}}_{\mathrm{b}}^{n}=\boldsymbol{C}_{\mathrm{b}}^{n}(\boldsymbol{\omega}_{n\mathrm{b}}^{\mathrm{b}}\times)\tag{11-17}$$

$$\boldsymbol{\omega}_{n\mathrm{b}}^{\mathrm{b}}=\boldsymbol{\omega}_{i\mathrm{b}}^{\mathrm{b}}-\boldsymbol{C}_{n}^{\mathrm{b}}\ \boldsymbol{\omega}_{in}^{n}$$

式中:$(\boldsymbol{R}\times)$表示由$\boldsymbol{R}$矢量构成的反对称矩阵。

利用式(11-17)可以得到

$$\boldsymbol{\omega}_{nn'}^{n'}=(\boldsymbol{I}-\boldsymbol{C}_{n}^{n'})\boldsymbol{\omega}_{in}^{n}+\delta\ \boldsymbol{\omega}_{in}^{n}-\boldsymbol{C}_{\mathrm{b}}^{n'}\boldsymbol{\varepsilon}\tag{11-18}$$

式中:$\boldsymbol{I}$为单位矩阵;$\boldsymbol{C}_{\mathrm{b}}^{n'}$为由导弹本体坐标系到计算导航坐标系的转换矩阵;$\delta\ \boldsymbol{\omega}_{in}^{n}$为$\boldsymbol{\omega}_{in}^{n}$的计算误差;$\boldsymbol{\varepsilon}=[\varepsilon_x,\varepsilon_y,\varepsilon_z]$为陀螺漂移。

将式(11-18)代入式(11-15)得以平台失准角表示的捷联惯性导航系统非线性姿态误差方程为

$$\dot{\boldsymbol{\phi}}=\boldsymbol{C}_{\omega}^{-1}[(\boldsymbol{I}-\boldsymbol{C}_{n}^{n'})\boldsymbol{\omega}_{in}^{n}+\delta\ \boldsymbol{\omega}_{in}^{n}-\boldsymbol{C}_{\mathrm{b}}^{n'}\boldsymbol{\varepsilon}]\tag{11-19}$$

在大方位失准角或小失准角情况下,$\boldsymbol{C}_{\omega}^{-1}=\boldsymbol{I}$,于是,有

$$\dot{\boldsymbol{\phi}}=(\boldsymbol{I}-\boldsymbol{C}_{n}^{n'})\boldsymbol{\omega}_{ie}^{n}+\delta\ \boldsymbol{\omega}_{in}^{n}-\boldsymbol{C}_{\mathrm{b}}^{n'}\boldsymbol{\varepsilon}\tag{11-20}$$

2) 速度误差方程

定义速度误差为$\delta\boldsymbol{v}_n=\hat{\boldsymbol{v}}_n-\boldsymbol{v}_n$,由式(11-10)可到捷联惯性导航系统速度

误差方程为

$$\delta \dot{\boldsymbol{v}}_n = (\boldsymbol{I} - (\boldsymbol{C}_n^{n'})^{\mathrm{T}})\boldsymbol{C}_{\mathrm{b}}^{n'}\boldsymbol{f}_{\mathrm{ib}}^{\mathrm{b}} - (2\delta\,\boldsymbol{\omega}_{im}^n + \delta\,\boldsymbol{\omega}_{mn}^n) \times \boldsymbol{v}_n - (2\,\hat{\boldsymbol{\omega}}_{im}^n + \hat{\boldsymbol{\omega}}_{mn}^n) \times \delta\,\boldsymbol{v}_n + \boldsymbol{C}_{\mathrm{b}}^{n'}\nabla \tag{11-21}$$

式中：$\delta\,\boldsymbol{v}_n = [\delta v_{\mathrm{E}}, \delta v_{\mathrm{N}}, \delta v_{\mathrm{U}}]$；$\delta\,\boldsymbol{\omega}_{im}^n$ 为 $\boldsymbol{\omega}_{im}^n$ 的计算误差；$\delta\,\boldsymbol{\omega}_{mn}^n$ 为 $\boldsymbol{\omega}_{mn}^n$ 的计算误差；$\nabla = [\nabla_x, \nabla_y, \nabla_z]$ 为加速度计偏置。

3）位置误差方程

对式(11-11)进行微分，可得到捷联惯性导航系统位置误差方程为

$$\begin{cases} \delta\dot{L} = \dfrac{\delta v_{\mathrm{N}}}{R_m} \\ \delta\dot{\lambda} = \dfrac{\delta v_{\mathrm{E}}}{R_m}\sec L + \dfrac{v_{\mathrm{E}}}{R_m}\tan L\sec L\delta L \end{cases} \tag{11-22}$$

4）惯性器件误差方程

陀螺漂移和加速度计偏置都可以作为随机常量来考虑，它们的误差方程可以表示为

$$\dot{\boldsymbol{\varepsilon}} = 0 \tag{11-23}$$

$$\dot{\nabla} = 0 \tag{11-24}$$

于是，总的捷联惯性导航系统误差方程可以描述为

$$\begin{cases} \dot{\boldsymbol{\phi}} = \boldsymbol{C}_{\omega}^{-1}[(\boldsymbol{I} - \boldsymbol{C}_n^{n'})\boldsymbol{\omega}_{in}^n + \delta\,\boldsymbol{\omega}_{in}^n - \boldsymbol{C}_{\mathrm{b}}^{n'}\boldsymbol{\varepsilon}] \\ \delta\,\dot{\boldsymbol{v}}_n = (\boldsymbol{I} - (\boldsymbol{C}_n^{n'})^{\mathrm{T}})\boldsymbol{C}_{\mathrm{b}}^{n'}\boldsymbol{f}_{\mathrm{ib}}^{\mathrm{b}} - (2\delta\,\boldsymbol{\omega}_{im}^n + \delta\,\boldsymbol{\omega}_{mn}^n) \times \boldsymbol{v}_n - (2\,\boldsymbol{\omega}_{im}^n + \boldsymbol{\omega}_{mn}^n) \times \delta\,\boldsymbol{v}_n + \boldsymbol{C}_{\mathrm{b}}^{n'}\nabla \\ \delta\dot{\boldsymbol{r}} = \boldsymbol{M}\delta\boldsymbol{v}_n + \boldsymbol{N}\delta\boldsymbol{r} \\ \dot{\boldsymbol{\varepsilon}} = 0 \\ \dot{\nabla} = 0 \end{cases} \tag{11-25}$$

$$\boldsymbol{M} = \begin{bmatrix} 0 & 1/R_m & 0 \\ 1/(R_m\cos L) & 0 & 0 \end{bmatrix} \quad \boldsymbol{N} = \begin{bmatrix} (v_{\mathrm{E}}/R_m)\sec L\tan L & 0 \\ 0 & 0 \end{bmatrix}$$

式中：$\boldsymbol{C}_{\omega}^{-1}$ 见式(11-16)；$\boldsymbol{C}_n^{n'}$ 见式(11-12)；$\delta\boldsymbol{r} = [\delta L, \delta\lambda]^{\mathrm{T}}$ 为位置误差。

当仅方位失准角较大，而水平失准角较小时，式(11-25)所示的捷联惯性导航系统误差方程可以简化为

$$\begin{cases}\dot{\boldsymbol{\phi}}=(\boldsymbol{I}-\boldsymbol{C}_n^{n'})\boldsymbol{\omega}_{in}^n+\delta\boldsymbol{\omega}_{im}^n+\delta\boldsymbol{\omega}_{mn}^n-\boldsymbol{C}_{\mathrm{b}}^{n'}\boldsymbol{\varepsilon}\\ \delta\dot{\boldsymbol{v}}_n=(\boldsymbol{I}-(\boldsymbol{C}_n^{n'})^{\mathrm{T}})\boldsymbol{C}_{\mathrm{b}}^{n'}\boldsymbol{f}_{\mathrm{ib}}^{\mathrm{b}}-(2\delta\boldsymbol{\omega}_{im}^n+\delta\boldsymbol{\omega}_{mn}^n)\times\boldsymbol{v}_n-(2\boldsymbol{\omega}_{im}^n+\boldsymbol{\omega}_{mn}^n)\times\delta\boldsymbol{v}_n+\boldsymbol{C}_{\mathrm{b}}^{n'}\nabla\\ \delta\dot{\boldsymbol{r}}=\boldsymbol{M}\delta\boldsymbol{v}_n+\boldsymbol{N}\delta\boldsymbol{r}\\ \dot{\boldsymbol{\varepsilon}}=0\\ \dot{\nabla}=0\end{cases}\tag{11-26}$$

相应地,$\boldsymbol{C}_n^{n'}$ 可以简化为

$$\boldsymbol{C}_n^{n'}=\begin{bmatrix}\cos\phi_{\mathrm{U}} & \sin\phi_{\mathrm{U}} & -\phi_{\mathrm{N}}\\ -\sin\phi_{\mathrm{U}} & \cos\phi_{\mathrm{U}} & \phi_{\mathrm{E}}\\ \phi_{\mathrm{N}}\cos\phi_{\mathrm{U}}+\phi_{\mathrm{E}}\sin\phi_{\mathrm{U}} & \phi_{\mathrm{N}}\sin\phi_{\mathrm{U}}-\phi_{\mathrm{E}}\cos\phi_{\mathrm{U}} & 1\end{bmatrix}\tag{11-27}$$

当三个失准角均为小角度的条件下,捷联惯性导航系统误差方程依旧可以表示为式(11-26)的形式,但是相应的$\boldsymbol{C}_n^{n'}$ 变为

$$\boldsymbol{C}_n^{n'}=\begin{bmatrix}1 & \phi_{\mathrm{U}} & -\phi_{\mathrm{N}}\\ -\phi_{\mathrm{U}} & 1 & \phi_{\mathrm{E}}\\ \phi_{\mathrm{N}} & -\phi_{\mathrm{E}} & 1\end{bmatrix}\tag{11-28}$$

11.2.2 惯性/天文组合导航系统工作模式

目前,惯性/天文组合导航系统有多种工作模式,根据星敏感器和惯性器件安装方式的不同,可分为全平台模式、平台惯性导航系统与星敏感器捷联模式以及全捷联模式三种。

(1) 全平台模式。全平台模式采用平台式惯性导航,星敏感器安装在惯性导航的三轴稳定平台上,比较典型的是美国三叉戟 IC-4 导弹所用的 MK5 惯性/星光组合系统。其特点是星敏感器不受载体振动等因素的影响,其视场可以做得比较小(一般 3°左右),测量精度较高。但因星敏感器安装在平台上,给平台结构设计造成了很大的困难,同时该模式的信息输入、输出方式及驱动电路等也都比较复杂。

(2) 平台惯性导航系统与星敏感器捷联模式。该工作模式采用平台式惯性导航,星敏感器捷联安装于载体上,因而对平台结构无要求。其特点是对原有的惯性导航平台系统不需做任何改动,便可实现惯性、天文导航系统的组

合。图 11－2 所示是用于“哥伦比亚”号宇宙飞船的惯性/星光制导系统。这种方案星敏感器的光轴指向随载体姿态的变化而变化，所以星敏感器视场通常做得比较大（一般要 10°以上）；星敏感器测量得到的载体姿态需转换到平台坐标系上，这样在量测误差的基础上又会进一步引入平台角度传感器的误差；由于星敏感器捷联安装在载体上，载体自身机动和各种扰动产生的振动问题，使星敏感器工作在动态环境中，影响其测量精度，对星敏感器的动态性能要求较高。

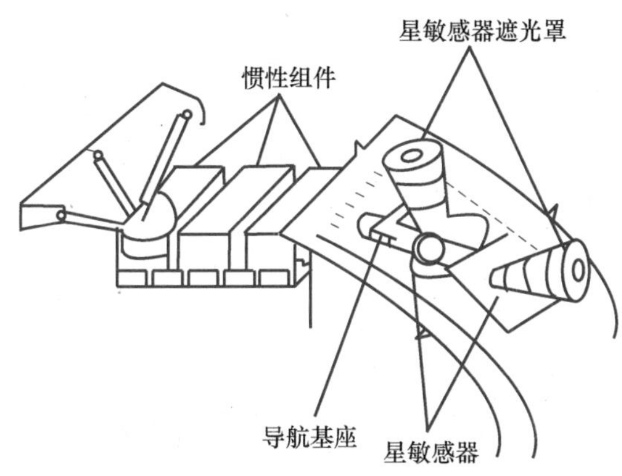

图 11－2　惯性组件、星敏感器和导航基座安装布置图

（3）全捷联模式。全捷联模式即惯性导航系统和星敏感器都采用捷联方式安装，是最灵活的工作模式。捷联惯性导航系统由计算机完成实时的捷联矩阵修正来模拟平台系，与平台系统相比具有成本低、可靠性高等多方面的优越性，但对陀螺仪和加速度计的性能要求较高。随着各种新型陀螺仪及加速度计的出现，捷联惯性导航系统更具有竞争力。捷联方式对星敏感器的动态性能要求较高，20 世纪 90 年代初，CMOS APS 星敏感器的出现使这一问题的解决成为可能。虽然对陀螺仪、加速度计和星敏感器的性能都要求较高，但从未来发展趋势看，全捷联工作模式的组合导航系统更有发展前景，为此，本章的以下内容都将以全捷联模式为例。

11.2.3　惯性/天文组合导航系统的组合模式

惯性/天文组合模式一般可分为简单组合模式、基于最优估计的组合模式和全面最优校正的惯性/天文组合模式。

1. 简单组合模式

该模式下,惯性导航系统独立工作,提供姿态、速度、位置等各种导航数据;星敏感器解算出载体姿态,对惯性导航系统的姿态进行校正,如图11-3所示。这种组合模式在国内外已得到广泛应用,如美国B2等大型轰炸机上的NAS-26系列惯性/天文组合导航系统都采用此组合模式。该模式虽简单、可靠,但精度较低。

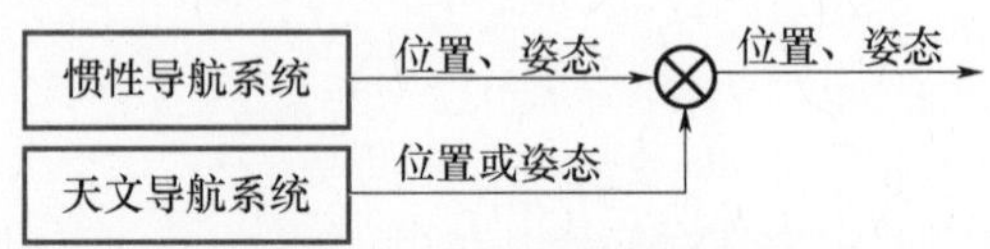

图11-3 简单组合模式

2. 基于最优估计的组合模式

该模式采用星敏感器的量测信息,通过最优估计的方法来精确补偿陀螺漂移,实现高精度导航,如图11-4所示。其原理是利用星敏感器的量测信息来精确地提供载体坐标系相对于惯性系的高精度姿态信息;捷联惯性导航系统利用陀螺仪组件敏感载体相对于惯性空间的角速度,通过积分求出航行载体坐标系相对于惯性坐标系的姿态信息,但由于陀螺漂移的存在,精度随时间增长而降低。因此用最优估计方法处理天文量测数据,对惯性导航系统进行补偿,来提高组合导航系统的精度。

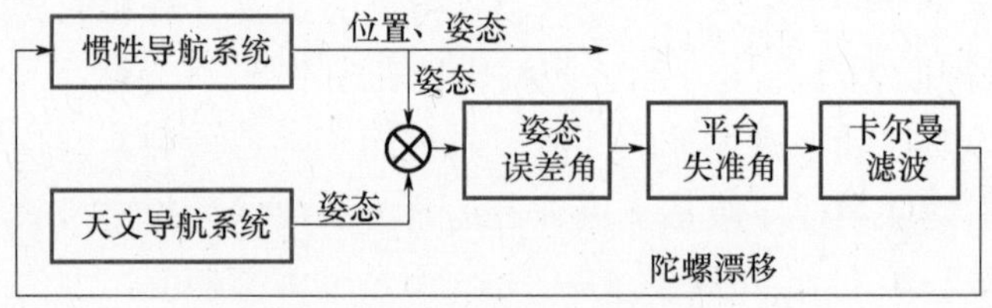

图11-4 基于最优估计的组合模式

3. 全面最优校正的惯性/天文组合模式

基于最优估计的惯性/天文组合模式虽然可以很好地估计出陀螺漂移,使捷联惯性导航的姿态保持较高的精度,但是不能补偿由加速度计偏置引起的位置误差。在高精度自主水平基准的条件下,天文导航不仅可以提供高精度的姿态信息,还可以独立提供位置信息,利用这些信息可以实现对惯性导航系统的全面最优校正,其原理框图如图 11 - 5 所示。

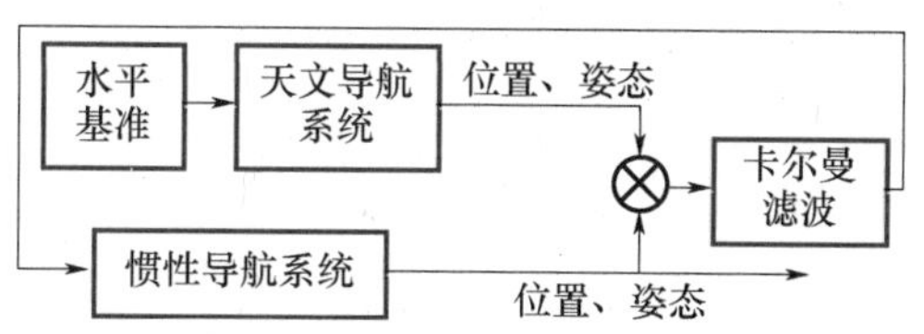

图 11 - 5　全面最优校正的惯性/天文组合模式

11.2.4　基于最优估计的惯性/天文组合导航基本原理

利用惯性/天文组合导航系统实现飞行器的高性能导航,首先需要建立 SINS/CNS 组合导航系统数学模型。由于弹道导弹和飞机采用不同的导航坐标系,需要在不同导航坐标系下建立系统的状态方程和量测方程。本节将分别针对采用发射点惯性坐标系的弹道导弹和采用当地地理坐标系的飞机,介绍它们的建模方法。

1. 弹道导弹用惯性/天文组合导航系统状态方程

弹道导弹用惯性/天文组合导航系统状态方程主要由速度误差方程、位置误差方程和姿态误差方程构成。综合 11.2.1 节中惯性系下的误差方程,可得如下系统状态方程,即

$$\dot{\boldsymbol{X}}(t)=\boldsymbol{F}(t)\boldsymbol{X}(t)+\boldsymbol{G}(t)\boldsymbol{W}(t) \tag{11-29}$$

状态变量为

$$\boldsymbol{X}(t)=[\phi_x\quad \phi_y\quad \phi_z\quad \delta v_x\quad \delta v_y\quad \delta v_z\quad \delta x\quad \delta y\quad \delta z\quad \varepsilon_x\quad \varepsilon_y\quad \varepsilon_z\quad \nabla_x\quad \nabla_y\quad \nabla_z]^{\mathrm{T}} \tag{11-30}$$

式中:变量分别为发射点惯性坐标系下的三个数学平台失准角、三个轴上的速度误差和位置误差、三个陀螺仪随机常值漂移和三个加速度计随机常值偏置;$\boldsymbol{F}(t)$为状态转移矩阵。

$$\boldsymbol{F}(t)=\begin{bmatrix} 0_{3\times3} & 0_{3\times3} & 0_{3\times3} & \boldsymbol{C}_{\mathrm{b}}^{li} & 0_{3\times3} \\ \boldsymbol{F}_{\mathrm{b}} & 0_{3\times3} & \boldsymbol{F}_{\mathrm{a}} & 0_{3\times3} & \boldsymbol{C}_{\mathrm{b}}^{li} \\ 0_{3\times3} & \boldsymbol{I}_{3\times3} & 0_{3\times3} & 0_{3\times3} & 0_{3\times3} \\ 0_{3\times3} & 0_{3\times3} & 0_{3\times3} & 0_{3\times3} & 0_{3\times3} \\ 0_{3\times3} & 0_{3\times3} & 0_{3\times3} & 0_{3\times3} & 0_{3\times3} \end{bmatrix}_{15\times15} \tag{11-31}$$

$$G(t)=\begin{bmatrix} C_{\mathrm{b}}^{li} & 0_{3\times3} \\ 0_{3\times3} & C_{\mathrm{b}}^{li} \\ 0_{3\times3} & 0_{3\times3} \\ 0_{3\times3} & 0_{3\times3} \\ 0_{3\times3} & 0_{3\times3} \end{bmatrix}_{15\times6} \tag{11-32}$$

其中

$$F_{\mathrm{a}}=\begin{bmatrix} f_{14} & f_{15} & f_{16} \\ f_{24} & f_{25} & f_{26} \\ f_{34} & f_{35} & f_{36} \end{bmatrix}, F_{\mathrm{b}}=\begin{bmatrix} 0 & \dot{a}_z & -\dot{a}_y \\ -\dot{a}_z & 0 & \dot{a}_x \\ \dot{a}_y & -\dot{a}_x & 0 \end{bmatrix}$$

$$f_{14}=\frac{\partial g_x}{\partial x}-\frac{\mathrm{GM}}{r^3}\left(1-3\frac{x^2}{r^2}\right),\quad f_{15}=\frac{\partial g_x}{\partial y}=3\frac{\mathrm{GM}}{r^3}\frac{x(y+R_0)}{r^2};$$

$$f_{16}=\frac{\partial g_x}{\partial z}=3\frac{\mathrm{GM}}{r^3}\frac{xz}{r^2},\quad f_{24}=\frac{\partial g_y}{\partial x}=\frac{\partial g_x}{\partial y}=f_{15}$$

$$f_{25}=\frac{\partial g_y}{\partial y}=-\frac{\mathrm{GM}}{r^3}\left(1-3\frac{(R_0+y)^2}{r^2}\right),\quad f_{26}=\frac{\partial g_y}{\partial z}=3\frac{\mathrm{GM}}{r^3}\left(\frac{(R_0+y)z}{r^2}\right)$$

$$f_{34}=\frac{\partial g_z}{\partial x}=\frac{\partial g_x}{\partial z}=f_{16},\quad f_{35}=\frac{\partial g_z}{\partial y}=\frac{\partial g_y}{\partial z}=f_{26}$$

$$f_{36}=\frac{\partial g_z}{\partial z}=-\frac{\mathrm{GM}}{r^3}\left(1-3\frac{z^2}{r^2}\right),\quad r=\sqrt{x^2+(y+R_0)^2+z^2}$$

式中:系数f_{14}、f_{15}、f_{16}、f_{24}、f_{25}、f_{26}、f_{34}、f_{35}、f_{36}为引力加速度对位置坐标的导数,它们随导弹位置的变化而变化;x、y、z为导弹在发射惯性系下的位置。

系统噪声为

$$W(t)=\begin{bmatrix} w_{\varepsilon_x} & w_{\varepsilon_y} & w_{\varepsilon_z} & w_{\nabla x} & w_{\nabla y} & w_{\nabla z} \end{bmatrix}^{\mathrm{T}} \tag{11-33}$$

式中:w_{ε_x}、w_{ε_y}、w_{ε_z}为陀螺仪随机噪声;$w_{\nabla x}$、$w_{\nabla y}$、$w_{\nabla z}$为加速度计随机噪声。

系统的噪声方差阵为

$$Q(t)=\mathrm{diag}\begin{bmatrix} \sigma_{\varepsilon x}^2 & \sigma_{\varepsilon y}^2 & \sigma_{\varepsilon z}^2 & \sigma_{\nabla x}^2 & \sigma_{\nabla y}^2 & \sigma_{\nabla z}^2 \end{bmatrix} \tag{11-34}$$

2. 飞机用惯性/天文组合导航系统状态方程

飞机用惯性/天文组合导航系统状态方程由姿态误差方程、速度误差方程和位置误差方程构成,即

$$\dot{X}=FX+GW \tag{11-35}$$

状态变量为

$$X = [\phi_E \quad \phi_N \quad \phi_U \quad \delta v_E \quad \delta v_N \quad \delta v_U \quad \delta L \quad \delta\lambda \quad \delta h \quad \varepsilon_x \quad \varepsilon_y \quad \varepsilon_z \quad \nabla_x \quad \nabla_y \quad \nabla_z]^T \tag{11-36}$$

式(11－36)中变量$[\phi_E \quad \phi_N \quad \phi_U]$为三个数学平台失准角；$[\delta v_E \quad \delta v_N \quad \delta v_U]$为三个速度误差；$[\delta L \quad \delta\lambda \quad \delta h]$为三个位置误差；$[\varepsilon_x \quad \varepsilon_y \quad \varepsilon_z]$为三个陀螺仪随机常值漂移和$[\nabla_x \quad \nabla_y \quad \nabla_z]$为三个加速度计随机常值偏置；$\boldsymbol{F}$ 为系统转移矩阵，即

$$\boldsymbol{F} = \begin{bmatrix} \boldsymbol{F}_N & \boldsymbol{F}_S \\ 0_{6\times6} & \boldsymbol{F}_M \end{bmatrix} \tag{11-37}$$

式中：F_N 为对应的九维基本导航参数系统阵，其非零元素为

$$F(1,2) = \omega_{ie}\sin L + \frac{v_E}{R_N + h}\tan L, \qquad F(1,3) = -\left(\omega_{ie}\cos L + \frac{v_E}{R_N + h}\right)$$

$$F(1,5) = -\frac{1}{R_M + h}, \qquad F(2,1) = -\omega_{ie}\sin L - \frac{v_E}{R_N + h}\tan L$$

$$F(2,3) = -\frac{v_N}{R_M + h}, \qquad F(2,4) = \frac{1}{R_N + h}$$

$$F(2,7) = -\omega_{ie}\sin L, \qquad F(3,1) = \omega_{ie}\cos L + \frac{v_E}{R_N + h}$$

$$F(3,2) = \frac{v_N}{R_M + h}, \qquad F(3,4) = \frac{1}{R_N + h}\tan L$$

$$F(3,7) = \omega_{ie}\cos L + \frac{v_E}{R_N + h}\sec^2 L, \qquad F(4,2) = -f_U$$

$$F(4,3) = f_N, \qquad F(4,4) = \frac{v_N}{R_M + h}\tan L - \frac{v_U}{R_M + h}$$

$$F(4,5) = 2\omega_{ie}\sin L + \frac{v_E}{R_N + h}\tan L, \qquad F(4,6) = -\left(2\omega_{ie}\cos L + \frac{v_E}{R_N + h}\right)$$

$$F(4,7) = 2\omega_{ie}\cos L \cdot v_N + \frac{v_E v_N}{R_N + h}\sec^2 L + 2\omega_{ie}\sin L \cdot v_U$$

$$F(5,1) = f_U, \qquad F(5,3) = -f_E$$

$$F(5,4) = -\left(2\omega_{ie}\sin L + \frac{v_E}{R_N + h}\tan L\right), \qquad F(5,5) = -\frac{v_U}{R_M + h}$$

$F(5,6) = -\frac{v_N}{R_M + h}$, $F(5,7) = -(2\omega_{ie}\cos L + \frac{v_E}{R_N + h}\sec^2 L)v_E$

$F(6,1) = -f_N$, $F(6,2) = f_E$

$F(6,4) = 2(\omega_{ie}\cos L + \frac{v_E}{R_N + h})$, $F(6,5) = \frac{2v_N}{R_M + h}$

$F(6,7) = -2v_E\omega_{ie}\sin L$, $F(7,5) = \frac{1}{R_M + h}$

$F(8,4) = \frac{\sec L}{R_N + h}$, $F(8,7) = \frac{v_E}{R_N + h}\sec L\tan L$

$F(9,6) = 1$

$\boldsymbol{F}_S$ 和 $\boldsymbol{F}_M$ 分别为

$$\boldsymbol{F}_S = \begin{bmatrix} \boldsymbol{C}_b^n & \boldsymbol{0}_{3\times3} \\ \boldsymbol{0}_{3\times3} & \boldsymbol{C}_b^n \\ \boldsymbol{0}_{3\times3} & \boldsymbol{0}_{3\times3} \end{bmatrix}, \boldsymbol{F}_M = [\boldsymbol{0}_{6\times6}]$$

矩阵 $\boldsymbol{G}$ 和 $\boldsymbol{W}$ 为

$$\boldsymbol{G} = \begin{bmatrix} \boldsymbol{C}_b^n & \boldsymbol{0}_{3\times3} & \boldsymbol{0}_{3\times9} \\ \boldsymbol{0}_{3\times3} & \boldsymbol{C}_b^n & \boldsymbol{0}_{3\times9} \\ \boldsymbol{0}_{9\times3} & \boldsymbol{0}_{9\times3} & \boldsymbol{I}_{9\times9} \end{bmatrix} \tag{11-38}$$

$$\boldsymbol{W} = [w_{\varepsilon_x} \ w_{\varepsilon_y} \ w_{\varepsilon_z} \ w_{\nabla_x} \ w_{\nabla_y} \ w_{\nabla_z} \ 0 \ 0 \ 0 \ 0 \ 0 \ 0 \ 0 \ 0 \ 0]^T \tag{11-39}$$

$\boldsymbol{G}$ 阵和 $\boldsymbol{W}$ 阵可以简写为

$$\boldsymbol{G} = \begin{bmatrix} \boldsymbol{C}_b^n & \boldsymbol{0}_{3\times3} \\ \boldsymbol{0}_{3\times3} & \boldsymbol{C}_b^n \\ \boldsymbol{0}_{9\times3} & \boldsymbol{0}_{9\times3} \end{bmatrix} \tag{11-40}$$

$$\boldsymbol{W} = [w_{\varepsilon_x} \quad w_{\varepsilon_y} \quad w_{\varepsilon_z} \quad w_{\nabla_x} \quad w_{\nabla_y} \quad w_{\nabla_z}]^T \tag{11-41}$$

式(11-41)中变量 w_{ε_x}、w_{ε_y}、w_{ε_z} 和 w_{∇_x}、w_{∇_y}、w_{∇_z} 分别为陀螺仪和加速度计的随机噪声。

3. 惯性/天文组合导航系统量测方程

对弹道导弹和飞机这两种运动载体而言,SINS/CNS 组合导航系统的量测方程是相同的。星敏感器的输出量为载体的姿态;在此以弹道导弹为例,量测

方程的观测量取经过转化后的数学平台失准角 ϕ_x、ϕ_y 和 ϕ_z，量测方程为

$$\boldsymbol{Z}(t)=\begin{bmatrix}\phi_x\\ \phi_y\\ \phi_z\end{bmatrix}=\boldsymbol{HX}(t)+\boldsymbol{V}(t) \tag{11-42}$$

式中：$\boldsymbol{H}=[\boldsymbol{I}_{3\times3}\quad \boldsymbol{0}_{3\times3}\quad \boldsymbol{0}_{3\times9}]$；$\boldsymbol{V}=\begin{bmatrix}\Delta X_S\\ \Delta Y_S\\ \Delta Z_S\end{bmatrix}$，$\Delta X_S$、$\Delta Y_S$ 和 ΔZ_S 是星敏感器测量噪声。

4. 基于天文量测信息的惯性器件误差修正原理

在 SINS/CNS 组合导航系统的全捷联模式下，SINS 通过捷联解算得到载体的三轴姿态信息为俯仰角 θ_0、航向角 φ_0 和横滚角 γ_0，而利用星敏感器获取的姿态信息也可以得到载体的三轴姿态信息，即俯仰角 θ、航向角 φ 和横滚角 γ。将两者相减得到载体的三轴姿态误差角 $\Delta\boldsymbol{a}$ 为

$$\Delta\boldsymbol{a}=\begin{bmatrix}a_\theta\\ a_\varphi\\ a_\gamma\end{bmatrix}=\begin{bmatrix}\theta-\theta_0\\ \varphi-\varphi_0\\ \gamma-\gamma_0\end{bmatrix} \tag{11-43}$$

由于 SINS 的姿态误差方程中采用的是数学平台失准角，因此需要将式(11-42)的姿态误差角转换成数学平台失准角，才能作为滤波器的量测量。转换关系为

$$\Delta\boldsymbol{a}'=\boldsymbol{M}\cdot\Delta\boldsymbol{a} \tag{11-44}$$

式中：$\boldsymbol{M}$ 为姿态角误差转换矩阵。

在 SINS/CNS 组合导航系统中，将 SINS 的误差方程作为组合系统状态方程，将 $\Delta\boldsymbol{a}'$ 作为系统量测值，通过滤波器实时估计并修正 SINS 的数学平台失准角，同时也实时估计出三个陀螺仪的漂移误差，然后直接对陀螺仪测量信息进行校正，其流程如图 11-6 所示。

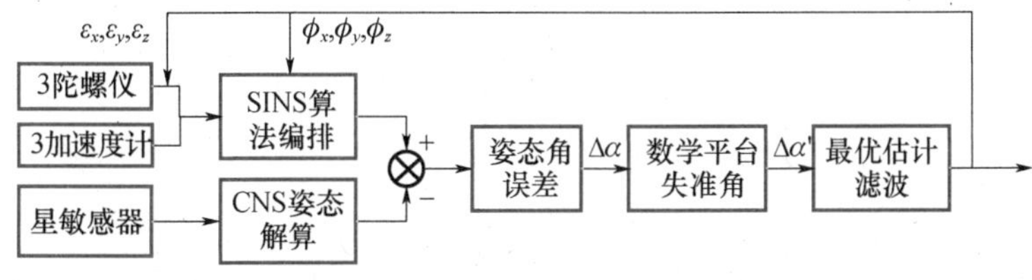

图 11-6　SINS/CNS 组合导航系统解算框图

一般星敏感器数据的姿态更新频率比 SINS 输出的角速率、比力等原始数据的频率低,所以通常滤波周期远大于 SINS 的解算周期。

11.3 弹道导弹的惯性/天文组合导航方法

11.3.1 利用惯性/天文组合导航系统修正发射点位置误差的原理

弹道导弹在水下发射或机动发射时,由于潜艇或导弹发射车主惯性导航系统导航误差的累积,往往难以精确确定发射点位置。如图 11-7 所示,在导弹发射前,其实际位置在 A 点,但是由于发射点位置误差,以为发射点是在 C 点,根据 C 点的水平面和先验知识就可以计算出某个恒星的高度角 θ。但是导弹的惯性导航系统实际上测出的是 A 点的水平面,在导弹飞出大气层后,通过星敏感器观测到该恒星的实际高度角为 θ',与高度角 θ 相差了 $\Delta\theta$,$\Delta\theta$ 就是 A 点与 C 点到地心 O 的两条地球半径之间的夹角,进而可以得到沿此恒星方向的发射点位置误差

$$\boldsymbol{AC}=\boldsymbol{R}\cdot\Delta\theta \tag{11-45}$$

式中:$\boldsymbol{R}$ 为地球半径。以此原理,观测两个方位角接近相互垂直的恒星,便可

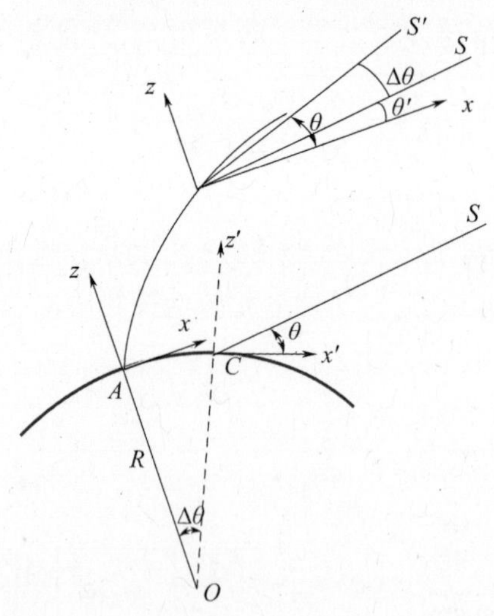

图 11-7 惯性/天文组合导航系统修正发射点位置误差的原理

以修正地面发射点的二维位置误差。显然，利用此原理修正发射点位置误差，发射前的水平对准必须具有足够高的精度，以至于可以在后面的解算中将水平对准误差忽略。

11.3.2　利用误差状态转移矩阵估计导弹主动段导航误差

1. 导弹主动段组合导航系统的误差估计基本原理

传统惯性/天文(星光)组合导航在星敏感器开始工作后开始校正姿态角误差，使速度误差停止快速增长，但是它只能在飞出大气层后才能工作，即使初始失准角只有几个角分，星敏感器开始工作时已形成了每秒米级的速度误差。常规的星光辅助导航系统只能估计出角运动的误差(平台误差角和陀螺的漂移率)，而不能直接估计出导弹在大气层中已经形成的过去时段线运动误差(位置误差与速度误差)，所以必须采用其他方法对导弹在星敏感器工作前已经积累的导弹速度位置误差进行估计与修正。

用误差状态转移阵的方法来修正由初始失准角、陀螺漂移、加计零偏三类误差源造成的导弹主动段的速度、位置误差，其原理是：先利用导弹飞出大气层后星敏感器观测得到的姿态信息，推算出当前时刻的平台失准角，后利用状态转移阵修正由其引起的之前积累的速度、位置误差，然后通过最优估计的方法估计出陀螺漂移，并由其反推出初始失准角，再利用关机点后加速度计的输出估计其零偏，最后利用状态转移阵修正由此引起的关机点之前积累的速度、位置误差。

2. 利用 SINS 误差转移矩阵估计主动段导航误差的方法

在进行组合导航时需要计算与滤波周期相应的惯性导航误差方程式(11－29)的状态转移阵 $\boldsymbol{\Phi}_{k,k-1}$，将实时飞行中每次得到的 $\boldsymbol{\Phi}_{k,k-1}$ 连乘，获得从发射0时刻到当前 T 时刻的状态转移阵 $\boldsymbol{\Phi}_{T,0}$ 为

$$\boldsymbol{\Phi}_{T,0}=\boldsymbol{\Phi}_{T,T-1}\cdots\boldsymbol{\Phi}_{2,1}\boldsymbol{\Phi}_{1,0},\ k=1,2,\cdots,T \tag{11-46}$$

通常，星敏感器只有在飞出大气层后才能工作，若其在飞出大气层后至关机点前开始工作则会产生下列影响：因为星敏感器固连于弹体上，若转动弹体(为保持弹体的稳定性，一般只能转动滚转角)跟踪恒星，就会影响弹道导弹姿态控制的稳定性；火箭发动机振动影响星敏感器测量精度。因此，工程中SINS/CNS组合导航系统通常在导弹关机(弹头与弹体分离)之后开始工作，

此时,可更加自由地转动弹头,先后跟踪两颗方向接近垂直的恒星测出弹体坐标系与惯性坐标系的姿态关系,进而得到当时的三个平台(数学平台)失准角。

通过两次连续观测不同的恒星,并进行滤波计算,可同时获得"数学平台"的三个失准角和三个陀螺的常值漂移误差,再利用导航误差转移矩阵的原理反算出"数学平台"在发射时刻的三个初始失准角。

由 $\boldsymbol{\Phi}_{T,0}$ 可以计算出 0 时刻的各误差源,如陀螺常值漂移 $\boldsymbol{\varepsilon}$,加速度计常值零偏∇和初始对准误差 $\boldsymbol{\varphi}_0$ 所产生的 T 时刻的导航位置和速度误差 $\delta \boldsymbol{V}_T$ 和 $\delta \boldsymbol{X}_T$,具体计算公式为

$$\begin{bmatrix} \boldsymbol{\varphi}_T \\ \delta \boldsymbol{V}_T \\ \delta \boldsymbol{X}_T \\ \boldsymbol{\varepsilon} \\ \nabla \end{bmatrix} = \boldsymbol{\Phi}_{\mathrm{T},0} \begin{bmatrix} \boldsymbol{\varphi}_0 \\ 0 \\ 0 \\ \boldsymbol{\varepsilon} \\ \nabla \end{bmatrix} \tag{11-47}$$

由于光学陀螺的漂移误差受加速度的影响很小,尤其是激光陀螺可以完全不受加速度计的影响,所以在惯性导航的误差方程中,可以不引入陀螺误差模型中与加速度有关的项。另外,由于平台失准角的变化只取决于陀螺漂移率 $\boldsymbol{\varepsilon}$,而与速度误差 $\delta \boldsymbol{V}$、位置误差 $\delta \boldsymbol{X}$ 以及加速度计误差∇无关,所以当前失准角 $\boldsymbol{\varphi}_T$ 与发射时刻失准角 $\boldsymbol{\varphi}_0$ 的关系为

$$\boldsymbol{\varphi}_T = \boldsymbol{\varphi}_0 + K_{T,0}^{\boldsymbol{\varphi},\boldsymbol{\varepsilon}} \cdot \boldsymbol{\varepsilon} \tag{11-48}$$

式中:$K_{T,0}^{\boldsymbol{\varphi},\boldsymbol{\varepsilon}}$为在 $\boldsymbol{\Phi}_{T,0}$阵中的 $\boldsymbol{\varphi}_T$ 与 $\boldsymbol{\varepsilon}$ 对应的列的子块。

因此,由当前时刻的失准角 $\boldsymbol{\varphi}_T$ 可反算出发射时刻的平台失准角 $\boldsymbol{\varphi}_0$。

弹道导弹在关机点后弹头不再受发动机推力和大气阻力的作用,姿态稳定时,加速度计的比力理论上应为0,如果仍有非零输出,则该输出值即为加速度计常值零偏。

由此,可在关机点后测算出发射时刻的平台失准角 $\boldsymbol{\varphi}_0$、陀螺的常值漂移 $\boldsymbol{\varepsilon}$ 和加速度计的常值零偏∇,由于在发射时刻没有位置误差 $\delta \boldsymbol{X}_0$ 和速度误差 $\delta \boldsymbol{V}_0$,可估算出 T 时刻的导航误差 $\delta \boldsymbol{V}_T$ 和 $\delta \boldsymbol{X}_T$ 为

$$\begin{cases} \delta \boldsymbol{V}_T = K_{T,0}^{\delta V,\varphi} \cdot \boldsymbol{\varphi}_0 + K_{T,0}^{\delta V,\varepsilon} \cdot \boldsymbol{\varepsilon} + K_{T,0}^{\delta V,\nabla} \cdot \nabla \\ \delta \boldsymbol{X}_T = K_{T,0}^{\delta X,\varphi} \cdot \boldsymbol{\varphi}_0 + K_{T,0}^{\delta X,\varepsilon} \cdot \boldsymbol{\varepsilon} + K_{T,0}^{\delta X,\nabla} \cdot \nabla \end{cases} \tag{11-49}$$

显然，此估计方法的一个前提条件是器件误差 $\boldsymbol{\varepsilon}$ 和 ∇ 在 0 时刻 ~ T 时刻保持为常值，即惯性器件要有较好的稳定性。利用 SINS 的误差转移矩阵估计方法可以较好地估计陀螺常值漂移和加速度计常值零偏在主动段中引起的位置和速度误差，解决了 SINS 中器件精度偏低的不足。

在关机点以后可以估计出发射时刻的平台失准角、陀螺漂移和加速度计常值误差，按照常规的方法，也可以用专门设置的异步并行计算模块计算由这三种误差源从发射时刻到当前时刻的导航参数，但是这种方法显然增加了计算的复杂性，不如误差状态转移矩阵方法计算简单有效。

3. 捷联惯性/天文组合导航误差修正的仿真实验

通常，在实际工程中星敏感器在关机后开始工作，而本部分仿真为验证利用 SINS 误差转移矩阵估计主动段导航误差的方法，假设星敏感飞出大气层后就开始工作。

设弹道导弹射程 4600km，飞行时间为 1458s。1 ~ 40s 在大气层内飞行为纯捷联惯性导航导航阶段；40s 时导弹飞出大气层，星敏感器开始工作；41 ~ 157s 为捷联惯性导航/天文组合导航阶段；158s 发动机关机。

仿真条件：导弹发射点位置经度 116°E，纬度 39.9°N，高度为 0m；导弹向东发射，发射俯仰角为 90°（垂直发射）；初始对准的方位失准角为 6′，水平失准角为 10″；陀螺常值漂移为 0.1°/h（1σ），随机漂移为 0.05°/h（1σ）；加速度计常值偏置为 100μg（1σ），随机偏置为 50μg（1σ）；星敏感器精度为 10″（1σ）。

集中式卡尔曼滤波器的状态维数高，容错性能差，但是其估计精度高。所以在某些要求高精度的系统中，一般都采用集中式卡尔曼滤波。为此本节中的计算机仿真采用集中式卡尔曼滤波器进行估计，主滤波器集中处理得到所有状态的估计值。选择式（11 - 29）和式（11 - 42）分别作为系统的状态方程和量测方程，未进行校正时由集中滤波估计得到速度、位置和姿态误差的仿真结果如图 11 - 8 所示。

利用组合导航系统的状态方程式（11 - 29）和量测方程式（11 - 42）进行建模，采用状态转移阵法和集中滤波进行修正和估计后得到速度、位置与姿态误差的仿真结果如图 11 - 9 所示。

上面两种仿真实验的结果对比如表 11 - 1 所列。

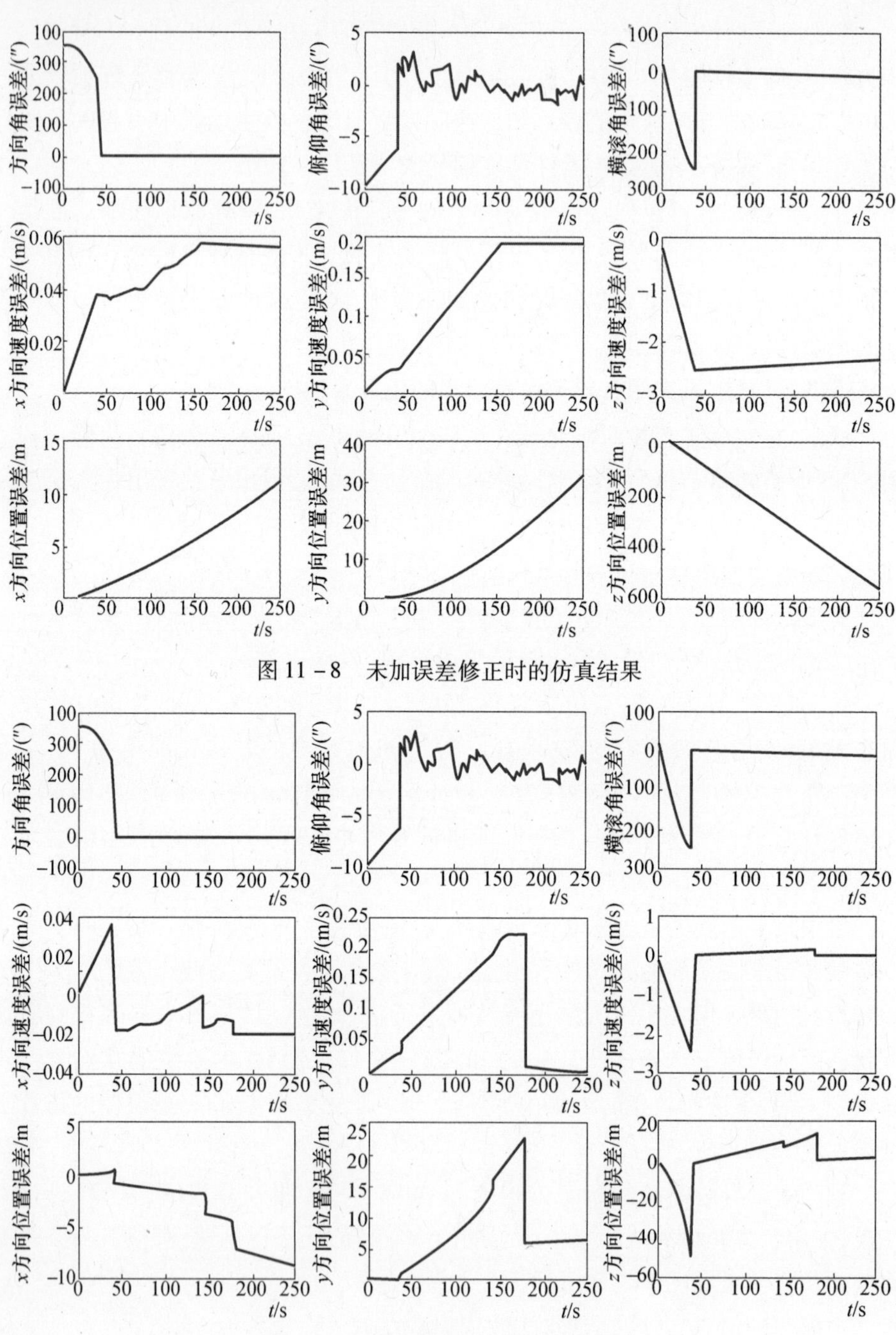

图 11－8　未加误差修正时的仿真结果

图 11－9　加误差修正时的仿真结果

表11－1 修正与不加修正误差效果对比表

	x方向速度误差/(m/s)	y方向速度误差/(m/s)	z方向速度误差/(m/s)	误差矢量和/(m/s)	x方向位置误差/m	y方向位置误差/m	z方向位置误差/m	误差矢量和/m	相应导弹落点误差/m
未修正时	0.0572	0.1913	－2.386	2.3943	7.232	18.123	－397.06	397.5392	5108
加修正时	－0.0752	0.04632	－0.00640	0.0886	－15.2860	11.01879	3.85272	19.2333	210

通过以上分析结果表明，这种利用状态转移阵法和集中滤波进行修正、估计捷联惯性/天文组合导航系统位置、速度与姿态误差的方法具有计算简单、估计精度高和易于实现的优点；同未加修正的仿真结果相比，速度和位置误差减小了20多倍。

11.3.3 基于UKF的弹载惯性/天文组合导航方法

11.3.2节简要介绍了基于天文量测信息的导弹发射点初始位置误差校正原理，本节将针对因地球质量分布不均匀、地表形状不规则、日月引力摄动和潮汐等因素使得地球椭球模型建立不准确，从而引起的重力加速度偏差进而导致SINS/CNS组合导航精度降低问题，简要介绍一种基于UKF的弹道导弹SINS/CNS组合导航的非线性滤波方法。

1.基于UKF的弹道导弹惯性/天文组合导航基本原理

SINS/CNS组合导航系统的结构如图11－10所示。SINS中IMU测量得到载体3轴角速率和3轴线加速度信息，通过误差补偿和导航计算机解算，获得载体位置、速度和姿态信息。CNS中恒星敏感器生成二维星图图像，结合星历数据，通过星图预处理、星图匹配识别和姿态确定等数据处理，实现CNS的高精度姿态解算。最优滤波器将SINS和CNS的数据相融合，最终获得弹道导弹的高精度导航。

对于最优滤波器而言，影响其滤波性能的重要问题之一是系统模型的非线性问题。对于SINS/CNS组合导航非线性系统，在此采用滤波性能好的UKF非线性滤波方法，同时组合导航系统模型采用摄动的状态方程和姿态量测方程。影响弹道导弹轨道的最大摄动影响因素是由地球椭球模型引起的重力加速度偏差，通过采用熟悉的多次谐波展开的方法可以解决这个问题。在这个系统状态方程中，引力加速度的有关项为非线性项。

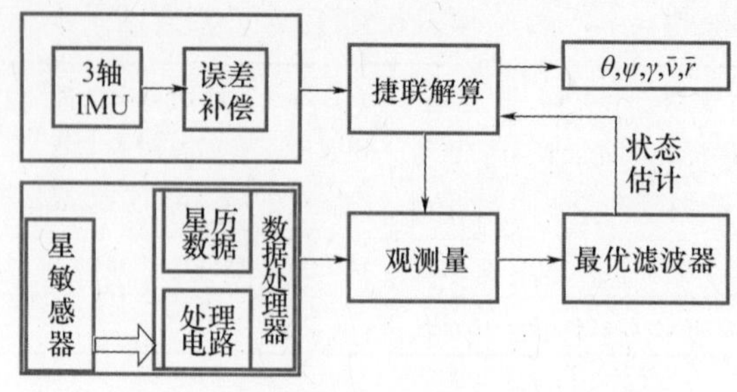

图 11-10　SINS/CNS 组合导航系统框图

在此采用摄动的状态方程为

$$
\begin{aligned}
&\dot{\phi} = C_{b}^{li}(\varepsilon^{b} + \omega^{b}) \\
&\delta\dot{v}^{li} = f^{li} \times \varphi^{li} + C_{b}^{li}(\nabla^{b} + \nu^{b}) + \delta g^{li} \\
&\delta\dot{r}^{li} = \delta v^{li}
\end{aligned}
\tag{11-50}
$$

式中:ϕ 表示数学平台失准角;C_{b}^{li} 表示相关坐标转换矩阵;ε 和 ω 为陀螺仪常值漂移和随机漂移;δv 表示速度误差;f 表示加速度计敏感到的视加速度;∇和 ν 表示加计常值偏置和随机偏置;δr 表示位置误差;δg 表示由重力引起的加速度误差,可通过下式求得,即

$$
\boldsymbol{g}^{li} = -\boldsymbol{C}_{i}^{li}\frac{\mu}{r^{3}}\begin{bmatrix}\left(1+\dfrac{3}{2}J_{2}\,(r_{e}/r)^{2}[1-5\,(r_{z}^{i}/r)^{2}]\right)r_{x}^{i}\\ \left(1+\dfrac{3}{2}J_{2}\,(r_{e}/r)^{2}[1-5\,(r_{z}^{i}/r)^{2}]\right)r_{y}^{i}\\ \left(1+\dfrac{3}{2}J_{2}\,(r_{e}/r)^{2}[3-5\,(r_{z}^{i}/r)^{2}]\right)r_{z}^{i}\end{bmatrix}
\tag{11-51}
$$

$$
\delta\boldsymbol{g}^{li} = \boldsymbol{C}_{i}^{li}\begin{bmatrix}\partial g_{x}^{i}/\partial r_{x}^{i} & \partial g_{x}^{i}/\partial r_{y}^{i} & \partial g_{x}^{i}/\partial r_{z}^{i}\\ \partial g_{y}^{i}/\partial r_{x}^{i} & \partial g_{y}^{i}/\partial r_{y}^{i} & \partial g_{y}^{i}/\partial r_{z}^{i}\\ \partial g_{z}^{i}/\partial r_{x}^{i} & \partial g_{z}^{i}/\partial r_{y}^{i} & \partial g_{z}^{i}/\partial r_{z}^{i}\end{bmatrix}\begin{bmatrix}\partial r_{x}^{i}\\ \partial r_{y}^{i}\\ \partial r_{z}^{i}\end{bmatrix}
\tag{11-52}
$$

式中:r 为载体到地心的距离;r_x、r_y、r_z 是 r 的三个分量,r_e 为地球半径;μ 是万有引力常数;J_2 是地球的引力势球谐函数;$\boldsymbol{C}_{i}^{li}$ 为相关坐标转换矩阵。

量测量采用星敏感器观测得到的数学平台失准角 ϕ,姿态量测方程采用式(11-42)所描述的方程。

基于上面介绍的摄动状态方程和量测方程,利用 4.6.3 节介绍的 UKF 算法和图 11－11 所示的流程可进行 SINS/CNS 组合导航系统的仿真，通过组合滤波可估计出失准角和陀螺漂移。但是星敏感器是在导弹飞出大气层之后才开始工作，在此之前 SINS 单独工作累积的位置误差和速度误差无法修正，必须利用特殊方法来修正由初始失准角、陀螺漂移和加速度计零偏这三类误差源所造成的导弹主动段速度和位置误差。

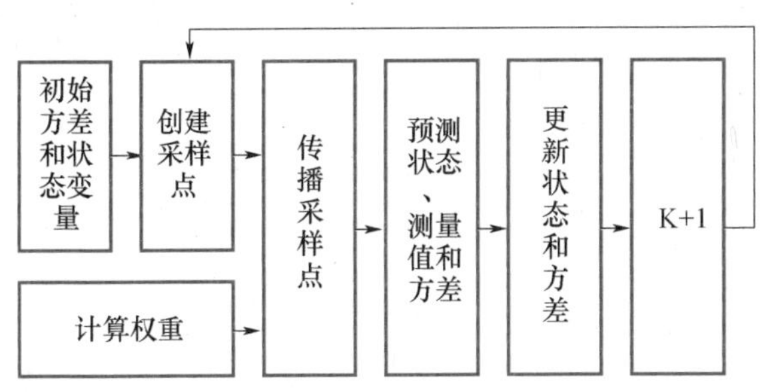

图 11－11　UKF 算法流程图

2. 基于 UKF 的弹道导弹惯性/天文组合导航的计算机仿真

设弹道导弹射程 4300km，飞行时间为 1458s。40s 前导弹在大气层内飞行，SINS/CNS 组合导航系统只进行纯捷联解算，为纯 SINS 导航阶段；40s 时导弹飞出大气层，星敏感器开始工作；41～157s 为 SINS/CNS 组合导航阶段，通过组合滤波估出陀螺漂移，此时，修正三个轴的姿态误差，并利用状态转移矩阵计算由初始失准角和陀螺漂移产生的速度、位置误差并进行补偿；158s 发动机关机，关机后加速度计输出视为加速度计零偏，在 180s 时利用状态转移矩阵计算由其产生的速度、位置误差并进行补偿，仿真时间 200s。

仿真条件：导弹发射点位置经度 116°E，纬度 39.9°N；导弹向东发射，发射俯仰角为 90°（垂直发射）；初始对准的方位失准角为 6′，水平失准角为 10″；陀螺仪常值漂移为 0.1(°)/h(1σ)，随机漂移为 0.05(°)/h(1σ)，加速度计常值零偏为 100μg (1σ)，随机零偏为 50μg(1σ)；星敏感器精度为 10″(1σ)。

机仿真结果如图 11－12 所示。从仿真结果可以看出，基于 UKF 的 SINS/CNS 组合导航具有较高的陀螺漂移和姿态估计精度，进而采用状态转移阵法修正了 SINS 在大气层内积累的位置误差和速度误差，有效提高了 SINS/CNS 组合导航系统的精度。

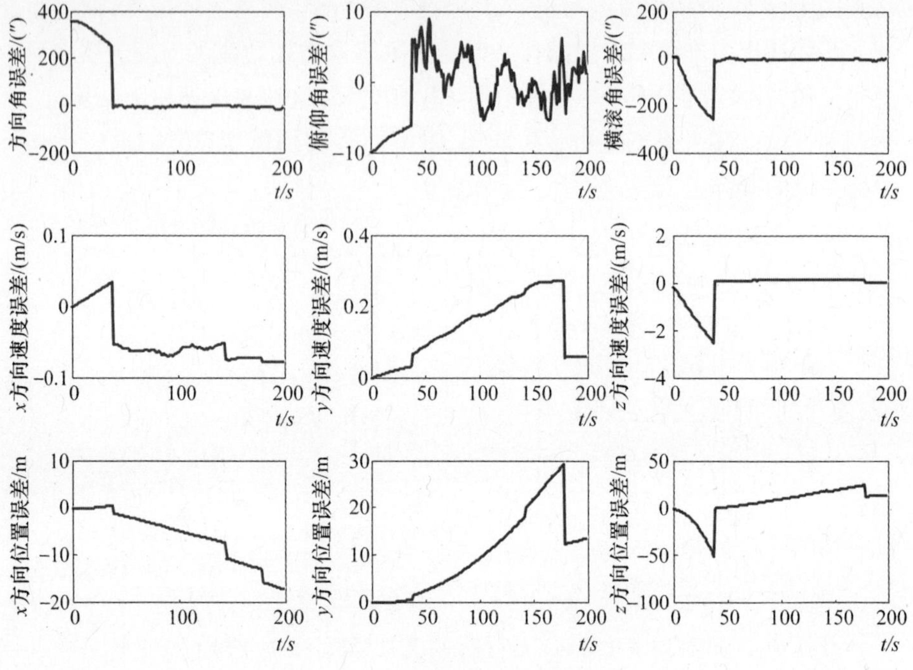

图 11-12　加误差修正时的仿真结果

11.4　卫星的惯性/天文组合定姿方法

随着深空探测技术、卫星技术的飞速发展,人们对卫星姿态控制的精度也提出了更高的要求,而实现高精度的姿态控制的前提就是要实现高精度的姿态确定。用星敏感器和惯性陀螺仪相结合来进行姿态确定的方案是一种最为有效的定姿方案,本节主要以卫星为背景,首先介绍卫星的定姿模型,然后介绍几种基于 SINS/CNS 的卫星高精度姿态确定方法。

11.4.1　卫星定姿系统方程

1. 螺仪量测模型

假定三个陀螺仪的敏感轴分别与卫星本体轴 x、y、z 一致,陀螺仪模型为

$$\omega_g = \omega + b + n_a \tag{11-53}$$

式中：ω_g 为陀螺仪测量值；ω 为陀螺仪真值；b 为陀螺仪的常值漂移；n_a 为测量噪声。

2. 元数表示的星体运动学方程

卫星的姿态用本体坐标系相对于惯性坐标系的四元数 q 表示，定义为

$$\boldsymbol{q}=[q,e]^{\mathrm{T}} \tag{11-54}$$

式中：$\boldsymbol{e}=[e_1,e_2,e_3]$ 为四元数矢量部分；q 为四元数标量部分。由四元数所表示的星体运动学方程为

$$\dot{\boldsymbol{q}}=\frac{1}{2}\boldsymbol{\Omega}(\boldsymbol{\omega})\boldsymbol{q}=\frac{1}{2}\boldsymbol{q}\otimes\boldsymbol{\omega} \tag{11-55}$$

式中：$\boldsymbol{\omega}=[\omega_x,\omega_y,\omega_z]^{\mathrm{T}}$ 是星体坐标系相对于惯性坐标系的转动角速度，即

$$\boldsymbol{\Omega}(\boldsymbol{\omega})=\begin{bmatrix}-[\boldsymbol{\omega}\times] & \boldsymbol{\omega}\\ -\boldsymbol{\omega}^{\mathrm{T}} & 0\end{bmatrix},[\boldsymbol{\omega}\times]=\begin{bmatrix}0 & -\omega_z & \omega_y\\ \omega_z & 0 & -\omega_x\\ -\omega_y & \omega_x & 0\end{bmatrix} \tag{11-56}$$

3. 状态方程

四元数存在范数约束，如果选择四元数的四个分量作为状态变量，则方差阵是奇异的。为了避开方差阵奇异的问题，采用乘性四元数定义真实四元数 q 与四元数计算值 $\hat{q}$ 之间的误差四元数为状态变量：

$$\delta\boldsymbol{q}=\hat{\boldsymbol{q}}^{-1}\otimes\boldsymbol{q}=[\delta\boldsymbol{q},\delta\boldsymbol{e}]^{\mathrm{T}} \tag{11-57}$$

取误差四元数的矢量部分 $\delta\boldsymbol{e}$ 和陀螺漂移估计误差 Δb 为误差状态变量，$\Delta\boldsymbol{X}=[\delta\boldsymbol{e},\Delta b]^{\mathrm{T}}$，由四元数运动学方程，有

$$\dot{\boldsymbol{q}}=\frac{1}{2}\boldsymbol{q}\otimes\boldsymbol{\omega} \tag{11-58}$$

$$\dot{\hat{\boldsymbol{q}}}=\frac{1}{2}\hat{\boldsymbol{q}}\otimes\hat{\boldsymbol{\omega}} \tag{11-59}$$

对式(11－57)求导，并将式(11－58)和式(11－59)代入得

$$\delta\dot{\boldsymbol{q}}=\frac{1}{2}[\delta\boldsymbol{q}\otimes\boldsymbol{\omega}-\hat{\boldsymbol{\omega}}\otimes\delta\boldsymbol{q}] \tag{11-60}$$

其中，$\delta\boldsymbol{\omega}$ 定义为

$$\delta\boldsymbol{\omega}=[\boldsymbol{\omega}-\hat{\boldsymbol{\omega}}]=[(\boldsymbol{b}-\hat{\boldsymbol{b}})+\boldsymbol{n}_a] \tag{11-61}$$

将式(11－61)代入(11－60)得

$$\delta\dot{\boldsymbol{q}}=\frac{1}{2}[\delta\boldsymbol{q}\otimes\hat{\boldsymbol{\omega}}-\hat{\boldsymbol{\omega}}\otimes\delta\boldsymbol{q}]+\frac{1}{2}\delta\boldsymbol{q}\otimes\delta\boldsymbol{\omega} \tag{11-62}$$

将式(11-62)线性化得

$$\delta\dot{\boldsymbol{q}} = -\hat{\boldsymbol{\omega}} \times \delta\boldsymbol{e} - \frac{1}{2}(\Delta\boldsymbol{b} + \boldsymbol{n}_a) \tag{11-63}$$

则误差变量状态方程为

$$\Delta\dot{\boldsymbol{X}}(t) = \boldsymbol{F}(t)\Delta\boldsymbol{X} + \boldsymbol{G}(t)\boldsymbol{\varepsilon}(t) \tag{11-64}$$

其中

$$\boldsymbol{F}(t) = \begin{bmatrix} -[\boldsymbol{\omega}(t)\times] & -\frac{1}{2}\boldsymbol{I}_{3\times3} \\ \boldsymbol{0}_{3\times4} & \boldsymbol{0}_{3\times3} \end{bmatrix}, \boldsymbol{G}(t) = \begin{bmatrix} -\frac{1}{2}\boldsymbol{I}_{3\times3} & \boldsymbol{0}_{4\times3} \\ \boldsymbol{0}_{3\times3} & \boldsymbol{I}_{3\times3} \end{bmatrix}, \boldsymbol{\varepsilon}(t) = \begin{bmatrix} \boldsymbol{n}_a \\ \boldsymbol{n}_b \end{bmatrix}$$

4. 卫星姿态四元数量测方程

星敏感器根据观测的星光矢量信息确定卫星本体坐标系相对于惯性坐标系的姿态四元数 $\boldsymbol{q}$,定义星敏感器输出的四元数 $\boldsymbol{q}$ 与计算四元数 $\hat{\boldsymbol{q}}$ 之间的误差四元数为 $\Delta\boldsymbol{q}$,则 $\Delta\boldsymbol{q}$ 表示为

$$\Delta\boldsymbol{q} = [\Delta q, \Delta\boldsymbol{e}] = \hat{\boldsymbol{q}}^{-1} \otimes \boldsymbol{q} \tag{11-65}$$

取 $\Delta\boldsymbol{q}$ 的矢量部分 $\Delta\boldsymbol{e}$ 作为观测量,将式(11-65)线性化,得到线性化的误差量测方程为

$$\Delta\boldsymbol{e} = \delta\boldsymbol{e} + \boldsymbol{v} = \boldsymbol{H}\Delta\boldsymbol{X} + \boldsymbol{v} = [\boldsymbol{I}_{3\times3} \quad \boldsymbol{0}_{3\times12}]^{\mathrm{T}}\Delta\boldsymbol{X} + \boldsymbol{v} \tag{11-66}$$

11.4.2 一种基于 EKF 自适应分段信息融合的惯性/天文组合定姿方法

根据上述的 SINS/CNS 组合定姿模型,结合基于矢量观测的姿态确定算法和 EKF 的不同特点,实现高精度定姿。

最优 REQUEST 方法的优点是:不仅可以顺序处理观测的星光矢量,且只有单星的情况下也能进行姿态确定;引入了卡尔曼滤波框架,可以有效估计最优渐消因子和简化滤波的设计过程。但是它只能针对系统噪声是白噪声的情况,而陀螺仪噪声不是单纯的白噪声,若陀螺漂移得不到补偿,最优 REQUEST 方法将很快发散。

EKF 方法的优点是:除了可以估计姿态参数外,还可以估计陀螺漂移,但是它需要来自星敏感器的姿态参数作为观测量。考虑将最优 REQUEST 方法和 EKF 方法结合起来,设计一个双重滤波器。将最优 REQUEST 滤波器嵌入到 EKF 滤波器里,最优 REQUEST 方法确定的四元数作为 EKF 滤波器的观测

量。在最优 REQUEST 方法中不对陀螺漂移建模，陀螺漂移被视为系统模型误差，由 EKF 滤波器估计的陀螺漂移来补偿最优 REQUEST 的系统模型误差。

1. EKF 算法

该方法处理线性系统时，其滤波性能与卡尔曼滤波相当；但对非线性系统，则需要进行线性化。具体原理参看本书的 4.6.2 节。

2. 最优 REQUEST 算法

同标准卡尔曼滤波过程一样，最优 REQUEST 算法需要对 $\boldsymbol{K}$ 矩阵和方差阵 $\boldsymbol{P}$ 进行初始化，然后进行时间更新和量测更新。

（1）时间更新为

$$\boldsymbol{K}_{k+1/k} = \boldsymbol{\Phi}_k K_{k/k} \boldsymbol{\Phi}_k^{\mathrm{T}} \tag{11-67}$$

$$\boldsymbol{P}_{k+1/k} = \boldsymbol{\Phi}_k \boldsymbol{P}_{k/k} \boldsymbol{\Phi}_k^{\mathrm{T}} + \boldsymbol{Q}_k \tag{11-68}$$

（2）量测更新为

$$\rho_{k+1}^{*} = m_k^2 \mathrm{tr}(P_{k+1/k}) / (m_k^2 \mathrm{tr}(P_{k+1/k}) + \delta m_{k+1}^2 \mathrm{tr}(R_{k+1})) \tag{11-69}$$

$$m_{k+1} = (1 - \rho_{k+1}^{*}) m_k + \rho_{k+1}^{*} \delta m_{k+1} \tag{11-70}$$

$$K_{k+1/k+1} = (1 - \rho_{k+1}^{*})(m_k / m_{k+1}) K_{k+1/k} + -\rho_{k+1}^{*} (\delta m_{k+1} / m_{k+1}) \delta K_{k+1} \tag{11-71}$$

$$P_{k+1/k+1} = [(1 - \rho_{k+1}^{*}) m_k / m_{k+1}]^2 P_{k+1/k} + (\rho_{k+1}^{*} \delta m_{k+1} / m_{k+1})^2 R_{k+1} \tag{11-72}$$

最优 REQUEST 算法以 $\boldsymbol{K}$ 矩阵为状态变量，只需要各个时刻的惯性角速度和星光矢量就能顺序的估计各个时刻的 $\boldsymbol{K}$ 矩阵。最优四元数是属于 $\boldsymbol{K}$ 矩阵最大特征值的特征矢量。

3. EKF + 最优 REQUEST 双重滤波器设计

以 EKF 滤波器为外框架，将最优 REQUEST 滤波器嵌入到 EKF 滤波器里，具体流程如下。

（1）首先，确定 EKF 滤波器的状态初值 $\boldsymbol{X} = [\boldsymbol{e}^{\mathrm{T}}, \boldsymbol{b}^{\mathrm{T}}]^{\mathrm{T}}$，根据观测到的星光矢量，利用 q－method 确定 $\boldsymbol{K}$ 矩阵的初值。从 $\boldsymbol{K}$ 矩阵中分离出四元数，取矢量部分作为 EKF 滤波器的 $\boldsymbol{e}^{\mathrm{T}}$ 部分的初值，同时给定陀螺漂移 $\boldsymbol{b}$ 的初值和方差阵 $\boldsymbol{P}$。

（2）在一步预测前，先对陀螺漂移进行补偿，即从测量的角速度中减去陀螺漂移，后对四元数进行一步预测，求出 $\boldsymbol{q}_{k+1/k}$，另外有 $\boldsymbol{b}_{k+1} = \boldsymbol{b}_k$，取 $\boldsymbol{X}_{k+1} =$

$[\boldsymbol{e}_{k+1/k}^{\mathrm{T}},\boldsymbol{b}_{k+1/k}^{\mathrm{T}}]^{\mathrm{T}}$,然后再求出 $\boldsymbol{K}_{k+1}$ 和 $\boldsymbol{P}_{k+1/k}$。

(3) 如果有星光矢量信息输入,则用最优 REQUEST 算法递推 $\boldsymbol{K}$ 矩阵,并从 $\boldsymbol{K}$ 矩阵中分离出四元数 q_m 作为 EKF 滤波器的观测量;同时计算 $\delta\hat{\boldsymbol{X}}_k$,公式变形为 $\delta\hat{\boldsymbol{X}}_{k+1}=\boldsymbol{K}_{k+1}\Delta\boldsymbol{e}_{k+1}$,其中 $\Delta\boldsymbol{e}_{k+1}$ 是 $\Delta\boldsymbol{q}_{k+1}=\hat{\boldsymbol{q}}_{k+1/k}{}^{-1}\otimes\boldsymbol{q}_m$ 的矢量部分。

(4) 计算 $\hat{\boldsymbol{X}}_{k+1}$ 和 $\hat{\boldsymbol{P}}_{k+1}$,求解出该时刻的姿态,后回到步骤(2),继续下一个循环。

(5) 如果没有星光矢量信息的输入,则 $\hat{\boldsymbol{X}}_{k+1}=\hat{\boldsymbol{X}}_{k+1/k}$,$\hat{\boldsymbol{P}}_{k+1}=\hat{\boldsymbol{P}}_{k+1/k}$,回到步骤(2),继续下一个循环。

4. 分段信息融合定姿方法

最优 REQUEST 的系统方程中 $\boldsymbol{\Phi}_k$ 的计算要用到角速度测量值,也就是说,要受到系统动力学模型误差的影响。若陀螺漂移估计误差较大,会影响到估计四元数的精度,如果用这个估计四元数作为 EKF 的观测量,也会对初始时刻估计四元数的精度产生影响。

考虑到开始时刻系统误差模型的不准确对最优 REQUEST 滤波器精度的影响,在此介绍一种分段信息融合的定姿方法,其工作原理如图 11-13 所示。

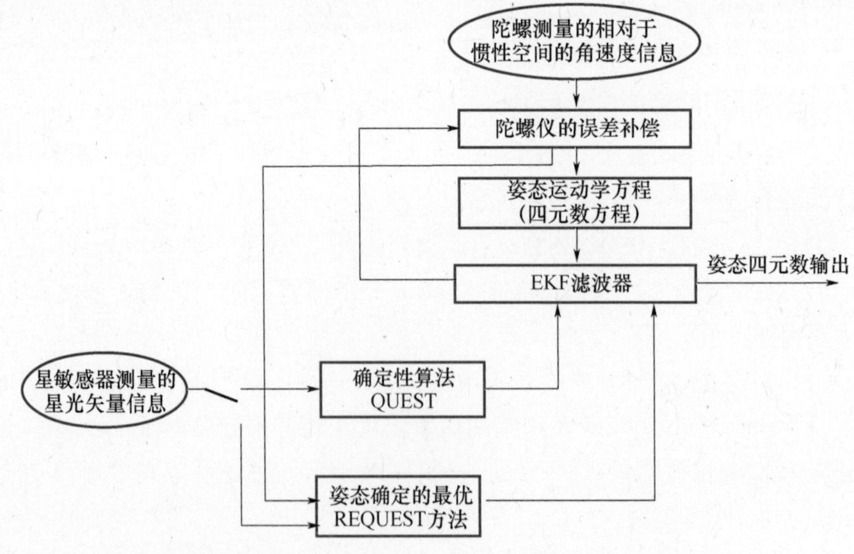

图 11-13　分段信息融合姿态估计器工作原理框图

开始时刻,利用星敏感器观测的矢量信息,采用 QUEST 算法确定的姿态四元数作为 EKF 滤波器的观测量。因为这个四元数的精度只与星敏感器的精度以及算法的精度有关,而不受动力学模型误差的影响。QUEST 与 EKF 结合将很快的估计出陀螺漂移,一旦陀螺漂移估计误差减小到一定范围,递推的最优 REQUEST 方法与 QUEST 算法相比较的优势就会体现出来。这时候,再切换到由最优 REQUEST 方法与 EKF 组成的双重滤波器,将会取得比单纯应用 EKF 与最优 REQUEST 融合滤波器的更好效果。

5. 计算机仿真

针对微小卫星姿态确定系统,使用基于 CMOS APS 的星敏感器和基于 MEMS 的微 IMU 执行定姿任务。设定仿真参数为:星敏感器测量精度为 100″(1σ),更新频率为 1Hz,假设星敏感器可观测到两个星光矢量,恒星星历用 tycho2。陀螺仪采样频率是 10Hz,陀螺常值漂移为 20(°)/h,陀螺随机漂移为 0.2(°)/h。假定微小卫星本体坐标系与惯性坐标系重合并相对于惯性坐标系静止,陀螺漂移估计误差初值为 10(°)/h,仿真时间为 500s。仿真结果用姿态角估计误差方式表达。

采用两种姿态确定方法:一种是 EKF 与最优 REQUEST 融合的双重滤波姿态确定方法;另一种是结合了 QUEST 的分段信息融合的姿态确定方法,即前 150s 为 QUEST 与 EKF 滤波器结合,估计出陀螺漂移并补偿,150s 以后切换到最优 REQUEST 方法与 EKF 组成的双重滤波器。仿真比较结果如图 11－14 和图 11－15 所示,图 11－14 为滚动角估计误差比较,图 11－15 为 X 轴陀螺漂移估计误差比较,其他姿态角和陀螺漂移估计误差结果类似,这里不再示出。

由图 11－14 和图 11－15 可以看到,EKF 与最优 REQUEST 融合的双重滤波方法的最终姿态角估计误差为 0.01°左右,陀螺漂移估计误差为 0.35(°)/h 左右;但是在开始时刻,滚动角估计误差有发散的趋势,这是因为最优 REQUEST 方法的系统方程要用到陀螺仪输出的角速度,如果在开始时刻陀螺漂移估计误差较大,将直接影响最优 REQUEST 算法估计的四元数的精度,进而影响双重滤波器的估计精度;但随着陀螺漂移进一步被估计和补偿,姿态角估计误差也逐渐减小,最终收敛到 0.01°水平。相比单纯的 EKF + 最优 REQUEST 双重滤波方法,分阶段信息融合的定姿方法收敛速度更快,且姿态角和陀螺漂移的估计精度更高,特别在初始陀螺漂移估计误差较大的情况下,分段信息融合姿态估计方法能够迅速收敛并能达到较高的定姿精度。

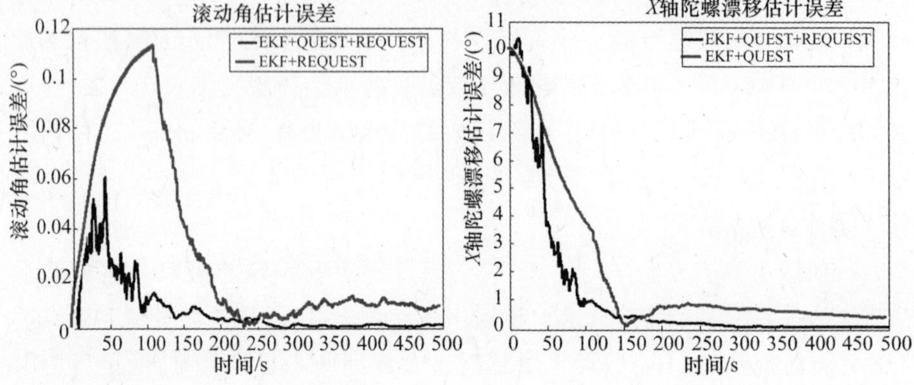

图 11-14　滚动角估计误差比较　　　　图 11-15　X 轴陀螺漂移估计误差比较

11.4.3　基于 UKF 的卫星最小参数姿态矩阵估计方法

11.4.2 节介绍了一种基于 EKF 自适应分段信息融合的 SINS/CNS 组合定姿方法,本节将介绍另一种适用于卫星姿态确定系统的最小参数姿态矩阵估计方法。

最小参数法由 Oshman 和 Markly 提出,采用正交矩阵微分方程的三阶解法,用估计的最小三维矢量来表示方向余弦阵的九个参数。它只需要陀螺仪测量的本体坐标系相对于惯性坐标系的转动角速度加上各个时刻的一个观测矢量,就可以顺序的确定各个时刻本体坐标系相对于惯性坐标系的姿态矩阵。

但是由于最小参数化法属于非线性滤波问题,而由 4.6.3 节可知,UKF 是一种解决非线性问题的有效滤波方法,因而,在 Oshman 和 Markly 提出的最小参数姿态矩阵估计方法的基础上,将 UKF 与最小参数姿态矩阵估计方法结合,介绍一种基于 UKF 的最小参数姿态矩阵估计方法。

1. 最小参数问题

姿态矩阵(方向余弦阵)是最普通的一种姿态参数,经常被应用到陀螺仪-星敏感器配置模式的姿态确定系统中。因为它从本质上是非奇异的,所以不需要特别的奇异处理过程。此外,它的动力学方程是线性的,有利于滤波器的实现。但是以姿态矩阵为姿态参数的主要缺点是计算量大,因为它要估计一个九维的状态矢量。

传统的最小参数姿态矩阵估计采用三阶最小参数方法解正交矩阵微分方程,使用最小三维的滤波器来依次估计各个时刻的姿态矩阵。因此,减轻了由直接估计姿态矩阵带来的计算负担。它只需要陀螺仪测量的本体坐标系相对于惯性坐标系的转动角速度加上各个时刻的一个观测矢量,就可以顺序地确定各个时刻本体坐标系相对于惯性坐标系的姿态矩阵。该方法简单、稳定、效率高。

给定 n 维矩阵微分方程

$$\dot{\boldsymbol{V}}(t)=\boldsymbol{W}(t)\boldsymbol{V}(t),\boldsymbol{V}(t_0)=\boldsymbol{V}_0 \tag{11-73}$$

式中:$\boldsymbol{V}(t)\in\boldsymbol{R}^{n,n}$;$\boldsymbol{V}_0\boldsymbol{V}_0^{\mathrm{T}}=\boldsymbol{I}$;$\boldsymbol{W}(t)=-\boldsymbol{W}^{\mathrm{T}}(t)$。最小参数问题就是找到一组可以明确的定义 $\boldsymbol{V}(t)$ 的 $m=n(n-1)/2$ 个参数,以及这 m 个参数满足的微分方程,进而找到这 m 个参数与矩阵 $\boldsymbol{V}(t)$ 相匹配的转换,并且用一个简单而有效的方法来求解 m 个参数满足的微分方程并计算矩阵 $\boldsymbol{V}(t)$。

令反对称矩阵 $\boldsymbol{D}(t,t_0)$ 定义为

$$\boldsymbol{D}(t,t_0)=\int_{t_0}^{t}\boldsymbol{W}(\tau)\mathrm{d}\tau \tag{11-74}$$

则矩阵 $\boldsymbol{V}(t)$ 的三阶近似解 $\tilde{\boldsymbol{V}}(t)$ 定义为

$$\tilde{\boldsymbol{V}}(t,t_0)=\left\{\boldsymbol{I}+\boldsymbol{D}(t,t_0)+\frac{\boldsymbol{D}^2(t,t_0)}{2!}+\frac{\boldsymbol{D}^3(t,t_0)}{3!}+\frac{(t-t_0)}{3!}[\boldsymbol{D}(t,t_0)\boldsymbol{W}_0-\boldsymbol{W}_0\boldsymbol{D}(t,t_0)]\right\}\boldsymbol{V}_0 \tag{11-75}$$

式中:$\boldsymbol{W}_0=\boldsymbol{W}(t_0)$;$\tilde{\boldsymbol{V}}(t)$ 是正交矩阵的 $\boldsymbol{V}(t)$ 三阶近似解,满足

$$\tilde{\boldsymbol{V}}(t,t_0)\tilde{\boldsymbol{V}}^{\mathrm{T}}(t,t_0)=\boldsymbol{I}+\boldsymbol{O}((t-t_0)^4) \tag{11-76}$$

这里的最小参数,就是 $\boldsymbol{D}(t,t_0)$ 的 $n(n-1)/2$ 个次对角线元素。对于三维问题,这些参数有一个简单的几何解释,它们是角速度矢量 $\boldsymbol{\omega}(t)$ 三个分量时间积分所得的角度,即

$$\boldsymbol{\omega}(t)=[\omega_1(t)\quad\omega_2(t)\quad\omega_3(t)]^{\mathrm{T}} \tag{11-77}$$

式中:ω_i 是沿着 i 轴的相对于惯性系的角速度分量,$i=1,2,3$ 分别代表 x,y,z。最小参数是矩阵 $\boldsymbol{D}(t,t_0)$ 的次对角线元素,这些参数满足的微分方程为

$$\dot{\boldsymbol{D}}(t,t_0)=\boldsymbol{W}(t),\boldsymbol{D}(t_0,t_0)=\boldsymbol{0} \tag{11-78}$$

式中:$\boldsymbol{W}(t)=[\boldsymbol{\omega}(t)\times]$,$[\boldsymbol{\omega}(t)\times]$ 是 $\boldsymbol{\omega}(t)$ 相应的反对称矩阵。

2. 姿态矩阵运动学方程

对于三维问题,正交矩阵指的是姿态矩阵或方向余弦阵,用 $\boldsymbol{A}(t)$ 表示,所满足的微分方程为

$$\dot{\boldsymbol{A}}(t)=\boldsymbol{\Omega}(t)\boldsymbol{A}(t),\boldsymbol{A}(t_0)=\boldsymbol{A}_0 \tag{11-79}$$

$$\boldsymbol{\Omega}(t)=-[\boldsymbol{\omega}(t)\times] \tag{11-80}$$

在该问题中,$\boldsymbol{D}(t,t_0)$ 采用以下形式:

$$\boldsymbol{D}(t,t_0)=-[\boldsymbol{\theta}(t)\times] \tag{11-81}$$

矢量 $\boldsymbol{\theta}(t)$ 定义为

$$\boldsymbol{\theta}(t)=[\theta_1(t)\quad\theta_2(t)\quad\theta_3(t)]^{\mathrm{T}} \tag{11-82}$$

$$\theta_i(t)=\int_{t_0}^{t}\omega_i(\tau)\mathrm{d}\tau,i=1,2,3 \tag{11-83}$$

式中:$\theta(t)$ 就是角速率积分参数,它的三个分量 $\theta_1(t)$、$\theta_2(t)$、$\theta_3(t)$ 分别由角速度矢量 $\boldsymbol{\omega}(t)$ 的三个分量 $\omega_1(t)$、$\omega_2(t)$、$\omega_3(t)$ 积分而得。

3. 基于 UKF 的航天器最小参数姿态矩阵估计方法

针对最小参数姿态矩阵估计方法的非线性问题,将 UKF 和最小参数姿态矩阵估计方法结合起来,设计了一种基于 UKF 的姿态估计器。该姿态估计器选取式(11-81)和(11-82)中定义的角速率积分参数 θ 作为状态变量。

卫星姿态确定系统使用星敏感器和惯性陀螺仪组合方式,星敏感器提供星光在卫星本体坐标系中的方向;惯性陀螺仪测量卫星三轴的惯性角速度。

1) 系统模型

以角速率积分参数 $\boldsymbol{\theta}(t)$ 为滤波器的状态变量,令采样周期 $T=t_{k+1}-t_k$,$\boldsymbol{\theta}(k)=\boldsymbol{\theta}(t_k)$,$t_k$ 时刻的状态矢量为

$$\boldsymbol{\theta}(k)=[\theta_1(k)\quad\theta_2(k)\quad\theta_3(k)]^{\mathrm{T}} \tag{11-84}$$

式(11-83)隐含着

$$\theta_i(k)=\int_{t_0}^{t_k}\omega_i(\tau)\mathrm{d}\tau,i=1,2,3 \tag{11-85}$$

式中:$\boldsymbol{\omega}(t)$ 是由式(11-77)定义的角速率矢量,根据式(11-85),有

$$\boldsymbol{\theta}(k+1)=\boldsymbol{\theta}(k)+\int_{t_k}^{t_{k+1}}\boldsymbol{\omega}(\tau)\mathrm{d}\tau,i=1,2,3 \tag{11-86}$$

式(11-86)即为系统方程,改写为

$$\dot{\boldsymbol{\theta}}(t)=\boldsymbol{\omega}(t)+\delta\boldsymbol{\omega}(t) \tag{11-87}$$

式中：$\boldsymbol{\theta}=[\theta_1,\theta_2,\theta_3]^{\mathrm{T}}$，另外，因为角速度是由陀螺仪测量得到的，因此只能得到测量角速度，用 $\hat{\boldsymbol{\omega}}(t)$ 表示，$\hat{\boldsymbol{\omega}}(t)$ 满足

$$\hat{\boldsymbol{\omega}}(t)=\boldsymbol{\omega}(t)+\delta\boldsymbol{\omega}(t) \tag{11-88}$$

式中：$\delta\boldsymbol{\omega}(t)$ 是陀螺仪噪声，为简化问题，假定陀螺仪噪声由陀螺仪常值漂移加白噪声组成，并服从高斯分布，即

$$\delta\boldsymbol{\omega}(t)\sim N(\bar{\boldsymbol{\omega}},Q(t)) \tag{11-89}$$

式中：$\bar{\boldsymbol{\omega}}$ 为陀螺漂移的期望值矢量；$Q(t)$ 为白噪声强度。

2）离散化后系统模型

离散化后系统模型为

$$\boldsymbol{\theta}_{k+1}=\boldsymbol{\theta}_k+\int_{t_k}^{t_{k+1}}\hat{\boldsymbol{\omega}}(\tau)\mathrm{d}\tau \tag{11-90}$$

3）量测方程

若 $b(k+1)$ 代表在卫星本体坐标系内对星光矢量 $\boldsymbol{r}(k+1)$ 的含噪声观测值，$b_0(k+1)$ 代表真值，$\delta b\perp b_0$ 是高斯白噪声：$\delta b(k)\sim N(0,R_b(k))$，则矢量观测模型为

$$\boldsymbol{b}_{k+1}=\boldsymbol{A}(\boldsymbol{\theta}_{k+1})\boldsymbol{r}_{k+1}+\delta\,\boldsymbol{b}_{k+1} \tag{11-91}$$

4. UKF 姿态估计器设计

（1）首先选取 UKF 状态初值为$\boldsymbol{\theta}_{k-1}=[0\quad 0\quad 0]^{\mathrm{T}}$，并确定 $\boldsymbol{P}$ 值。取 $\tau=-1$，根据公式计算各采样点以及相应权值。

（2）令各采样点通过离散化的系统模型式（11-90），并利用公式计算变换后的各采样点 $\theta_{k,k-1}$，同时可求出预测均值$\hat{\theta}_k^-$ 和预测方差P_k^-。

（3）变换后的采样点 $\theta_{k,k-1}$再通过非线性的量测模型式（11-91），结合公式计算出预测的量测值$\hat{b}_{k,k-1}$和量测均值$\hat{b}_k^-$，相应的协方差 $\boldsymbol{P}_{\hat{b}_k\hat{b}_k}$、$\boldsymbol{P}_{\theta_k b_k}$和滤波增益$\boldsymbol{K}_k$。

（4）根据最新得到的观测量b_k 进行量测更新，得到最终的状态估计值$\hat{\theta}_k$和协方差P_k。

（5）应该注意的是：在每个滤波周期开始时，$\hat{\theta}_{k-1}$都应该置 $\boldsymbol{0}$。相应的计算方向余弦阵的公式变为

$$\hat{A}(k+1)=\Big\{I+\hat{D}(k+1,k)+\frac{\hat{D}^2(k+1,k)}{2!}+\frac{\hat{D}^3(k+1,k)}{3!}$$

$$+\frac{T}{3!}[\hat{D}(k+1,k)\hat{W}(k)-\hat{W}(k)\hat{D}(k+1,k)]\Big\}\hat{A}(k)\tag{11-92}$$

5.计算机仿真

仿真条件:星敏感器测量精度为60″(1σ),视场为10°×10°,更新频率为0.5Hz,假设星敏感器光轴沿卫星本体坐标系z轴方向,恒星星历采用tycho2。陀螺漂移20(°)/h,陀螺仪随机噪声标准差为0.2(°)/h。陀螺仪的采样频率是20Hz。初始姿态是卫星本体坐标系相对于惯性坐标系的相应于欧拉角$[12° \quad 8° \quad 4°]^{T}$的姿态矩阵,假设惯性角速度按照$\boldsymbol{\omega}(t)=[2° \quad 3° \quad 4°]^{T}\times\sin(0.2\times t)$规律变化,仿真时间为300s。仿真结果首先将估计的姿态矩阵转换为相应的姿态角,用姿态角估计误差方式来表示估计的精度。图11-16为针对姿态角估计误差绝对值的UKF与EKF滤波器的仿真结果比较。

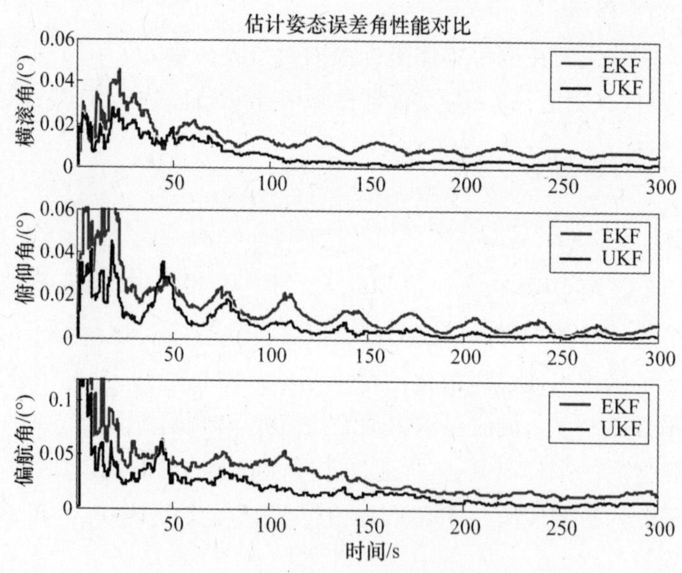

图11-16　UKF与EKF性能比较

由图11-16可以看出,UKF的收敛速度要比EKF快,波动小且精度高。因此,本节设计的UKF与最小参数姿态矩阵估计方法结合的UKF姿态估计器,进一步提高了姿态确定系统的定姿精度和稳定性,它既能满足卫星姿态确定精度的要求,又具有较好的实时性,是一种既适用于卫星的姿态稳定又适用于姿态机动的定姿方法。

11.4.4　一种基于 QUEST + UKF + 最优 REQUEST 的自适应分段信息融合定姿方法

11.4.2 节介绍了一种基于 EKF 的分段信息融合定姿方法，但该方法用于非线性系统时，EKF 存在线性化误差和滤波精度低的不足。UKF 方法不需要计算雅可比矩阵，不需要对状态方程和量测方程线性化等，因此也就没有对高阶项的截断误差，本节利用 QUEST 和 UKF、最优 REQUEST 和 UKF 构成两个组合定姿估计器；后者将最优 REQUEST 滤波器嵌入到 UKF 滤波器中，利用最优 REQUEST 方法得到的四元数，作为 UKF 滤波器的观测量，再由 UKF 滤波器估计的陀螺漂移来补偿最优 REQUEST 方法的系统模型误差。在滤波开始时刻利用前者进行组合定姿，可快速估计陀螺漂移；当准确地估计出陀螺漂移后，自适应地切换到后者；这种自适应分段组合定姿方式，可达到更高的定姿精度。

1. 惯性陀螺仪的量测模型

使用以下陀螺仪量测模型，即

$$\omega_g = \omega + b + g_{sf} + g_{ma} + n_a \tag{11-93}$$

式中：ω_g 为陀螺测量值；ω 为陀螺真值；b 为陀螺的常值漂移；g_{sf}为陀螺刻度因数误差；g_{ma} 陀螺不对准误差；n_a 为陀螺输出高斯白噪声，$E[\boldsymbol{n}_a(t)] = \boldsymbol{0}$，$E[\boldsymbol{n}_a(t)\boldsymbol{n}_a^T(t)] = Q_a(t)\delta(t-\tau)$。

一般陀螺常值漂移 b 用一个随机游走过程表示，即 $\dot{b} = n_b$，n_b 是陀螺随机游走噪声，$E[\boldsymbol{n}_b(t)] = \boldsymbol{0}$，$E[\boldsymbol{n}_b(t)\boldsymbol{n}_b^T(t)] = Q_b(t)\delta(t-\tau)$，陀螺刻度因数误差 g_{sf}和不对准误差 g_{ma} 也设为随机游走过程，$\dot{g}_{sf} = n_{sf}$，$\dot{g}_{ma} = n_{ma}$，$E[\boldsymbol{n}_{sf}(t)] = \boldsymbol{0}$，$E[\boldsymbol{n}_{ma}(t)] = 0$，$E[n_{sf}(t)n_{sf}^T(t)] = Q_{sf}(t)\delta(t-\tau)$，$E[n_{ma}(t)n_{ma}^T(t)] = Q_{ma}(t)\delta(t-\tau)$。$n_a$、$n_b$、$n_{sf}$和 n_{ma}不相关，陀螺输出的角速度信息不作为观测值，而是用于更新四元素得到载体姿态。

2. 卫星姿态运动学方程

卫星姿态参数的描述通常采用四元数法，它与欧拉角法相比，避免了奇异问题，没有复杂的三角运算，更有利于存储与实时计算。卫星姿态用本体坐标系相对于惯性坐标系的四元数 $\boldsymbol{q}$ 表示，其表达式参见 11.4.1 节。

3. 卫星姿态确定的 UKF 滤波器

1）状态方程

由于四元数满足正交约束条件,若选择它的四个分量作为状态变量,其方差阵必是奇异的;且随着方差的递推,这种奇异性很难得到保证。因此,在基于 UKF 滤波的卫星姿态确定中,直接取四元数的矢量部分 $\boldsymbol{e}$ 和陀螺漂移估计误差 b、g_{sf}、g_{ma} 为状态变量,即

$$\boldsymbol{X}=[\boldsymbol{e}\quad b\quad g_{sf}\quad g_{ma}]^{\mathrm{T}}$$

由四元数运动学方程,有

$$\dot{\boldsymbol{q}}=\frac{1}{2}\boldsymbol{q}\otimes\boldsymbol{\omega}\Rightarrow\begin{bmatrix}\dot{e}_1\\ \dot{e}_2\\ \dot{e}_3\\ \dot{q}_4\end{bmatrix}=\frac{1}{2}\begin{bmatrix}0 & \omega_z & -\omega_y & \omega_x\\ -\omega_z & 0 & \omega_x & \omega_y\\ \omega_y & -\omega_x & 0 & \omega_z\\ -\omega_x & -\omega_y & -\omega_z & 0\end{bmatrix}\begin{bmatrix}e_1\\ e_2\\ e_3\\ q_4\end{bmatrix}\tag{11-94}$$

则可得系统状态方程为

$$\dot{\boldsymbol{X}}=f(x,t)+n(t)$$

$$=\frac{1}{2}\begin{bmatrix}(\omega_{gx}-b_x-g_{sfx}-g_{max})q_4-(\omega_{gy}-b_y-g_{sfy}-g_{may})e_3+(\omega_{gz}-b_z-g_{sfz}-g_{maz})e_2\\ (\omega_{gx}-b_x-g_{sfx}-g_{max})e_3+(\omega_{gy}-b_y-g_{sfy}-g_{may})q_4-(\omega_{gz}-b_z-g_{sfz}-g_{maz})e_1\\ -(\omega_{gx}-b_x-g_{sfx}-g_{max})e_2+(\omega_{gy}-b_y-g_{sfy}-g_{may})e_1+(\omega_{gz}-b_z-g_{sfz}-g_{maz})q_4\\ n_x\\ n_y\\ n_z\end{bmatrix}\tag{11-95}$$

2）量测方程

恒星敏感器根据观测的星光矢量信息,确定卫星星体坐标系相对于惯性坐标系的姿态四元数$\boldsymbol{q}_m$;将$\boldsymbol{q}_m$ 作为 UKF 滤波器的观测量,其量测方程为

$$\boldsymbol{q}_m=\boldsymbol{q}\otimes\boldsymbol{q}_v\tag{11-96}$$

式中:$\boldsymbol{q}_v$ 为恒星敏感器精度的误差四元数,一般可近似为$\boldsymbol{q}_v=[\boldsymbol{v}^{\mathrm{T}},1]^{\mathrm{T}}$;$\boldsymbol{v}$ 为高斯白噪声矢量。

取$\boldsymbol{q}_m$ 的矢量部分 $\boldsymbol{e}$ 作为量测量,则可得量测方程为

$$\boldsymbol{e}=\boldsymbol{H}\boldsymbol{X}+\boldsymbol{v}=[\boldsymbol{I}_{3\times3}\quad \boldsymbol{0}_{3\times12}]\boldsymbol{X}+\boldsymbol{v}\tag{11-97}$$

在基于恒星敏感器的卫星用 SINS/CNS 组合定姿过程中，采用滤波方法，陀螺漂移需在一段时间后才能被准确估计出来。如前所述，QUEST 算法可以直接处理多个恒星矢量对，给出卫星的姿态四元数，不需要陀螺输出的角速度测量值。而对于最优 REQUEST 算法而言，其系统方程中 $\boldsymbol{\Phi}_k$ 的计算要用到角速度测量值；若在开始阶段由于陀螺漂移估计误差较大，此时，采用陀螺漂移估计值会影响到最优 REQUEST 算法所确定的姿态四元数精度，进而影响 UKF 估计的姿态四元数精度。

因而，设计以下自适应分段信息融合定姿方案：在开始阶段采用 QUEST 算法和 UKF 的组合模式，利用 QUEST 算法确定卫星的姿态四元数，并将其作为 UKF 滤波器的量测量；后结合 UKF 滤波，来快速地估计出陀螺漂移。当陀螺漂移估计误差小于所设定的门限时，即认为陀螺漂移已准确获得，则自适应地转换到最优 REQUEST 算法和 UKF 的组合模式。该定姿方案比单纯用 UKF 与最优 REQUEST 融合的滤波器具有更好的定姿效果。其工作原理如图 11 - 17 所示。

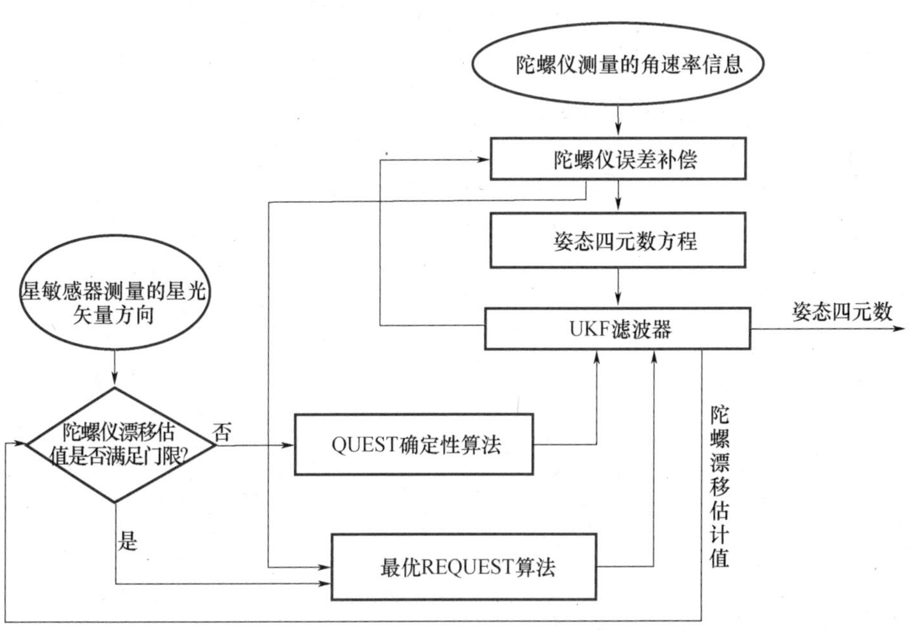

图 11 - 17　分段信息融合姿态估计器工作原理框图

在最优 REQUEST 算法和 UKF 滤波的组合模式下,最优 REQUEST 算法有嵌入的卡尔曼滤波,UKF 本身是一种最优滤波;考虑这两者的组合,设计了以下的双重滤波器,即以 UKF 为组合模式的外框架,最优 REQUEST 的滤波器嵌入到 UKF 中,具体如下。

(1) 首先,确定 UKF 滤波器的状态初值:根据观测到的星光矢量,利用 QUEST 确定 $\boldsymbol{K}$ 矩阵的初值;从 $\boldsymbol{K}$ 矩阵中分离出四元数,取矢量部分作为 UKF 滤波器 $\boldsymbol{e}$ 部分的初值,同时给定陀螺漂移初值 $\boldsymbol{b}$、g_{sf}和 g_{ma}。

(2) 利用 QUEST 和 UKF 组合模式获取卫星的高精度姿态信息,并估计陀螺漂移,当陀螺漂移估计误差满足所设定的要求时,则自适应转换到最优 REQUEST 和 UKF 组合模式。

(3) 在自适应地切换到最优 REQUEST 和 UKF 组合模式后,此时,陀螺漂移已估计出来,在一步预测前,对陀螺漂移进行补偿,即从测量的角速度中减去陀螺漂移;后计算采样点和相应权值。

(4) 根据计算的采样点和相应权值进行时间更新,即求解 $\hat{x}_k^-$、$\hat{y}_k^-$ 以及 P_k^-。

(5) 如果有星光矢量信息输入,则用最优 REQUEST 算法递推 $\boldsymbol{K}$ 矩阵,并从 $\boldsymbol{K}$ 矩阵中分离出四元数,取矢量部分作为 UKF 的观测量 y_k,进行 UKF 的量测更新,即求解 $\hat{x}_k$ 和 P_k,回到步骤(2),继续下一个循环。

(6) 如果没有星光矢量信息的输入,则 $\hat{x}_k = \hat{x}_{k|k-1}$,$P_k = P_{k-1}$,回到步骤(2),继续下一个循环。

对上述组合定姿方法进行计算机仿真试验,卫星姿态确定使用基于 CMOS APS 恒星敏感器和基于 MEMS 的微 IMU(由三个 MEMS 陀螺仪组成)的 SINS/CNS 组合定姿方式,设定初始仿真条件是:恒星敏感器测量精度为 3.6″(1σ),更新频率为 1Hz,假设恒星敏感器可观测到三个星光矢量,恒星星历用 tycho2;陀螺采样频率是 100Hz,陀螺漂移为 20(°)/h(1σ),陀螺随机噪声标准差为 0.2(°)/h(1σ);假定恒星敏感器坐标系(Z 轴方向即恒星敏感器光轴指向方向)与卫星本体坐标系的 Z 轴反方向一致,卫星星体坐标系 X 轴与恒星敏感器坐标系 X 轴重合,导航坐标系为 J2000 坐标系,仿真时间为 500s。

仿真两种姿态确定方法:一种是 UKF 与最优 REQUEST 融合的双重滤波姿态确定方法;另一种是本节介绍的分段信息融合的姿态确定方法。计算机仿真结果如图 11-18 和图 11-19 所示。

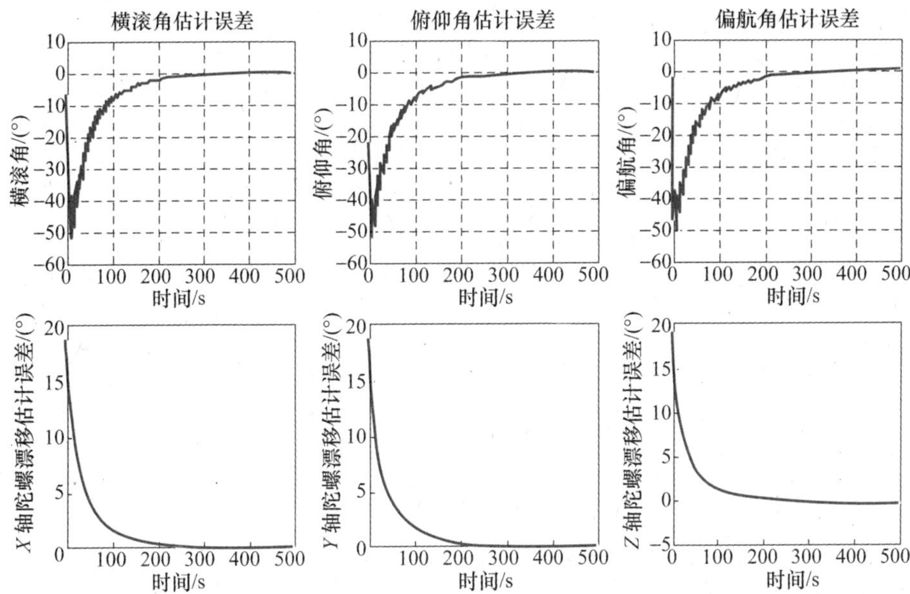

图 11－18　基于 UKF 与最优 REQUEST 双重滤波器的 SINS/CNS 组合定姿仿真结果

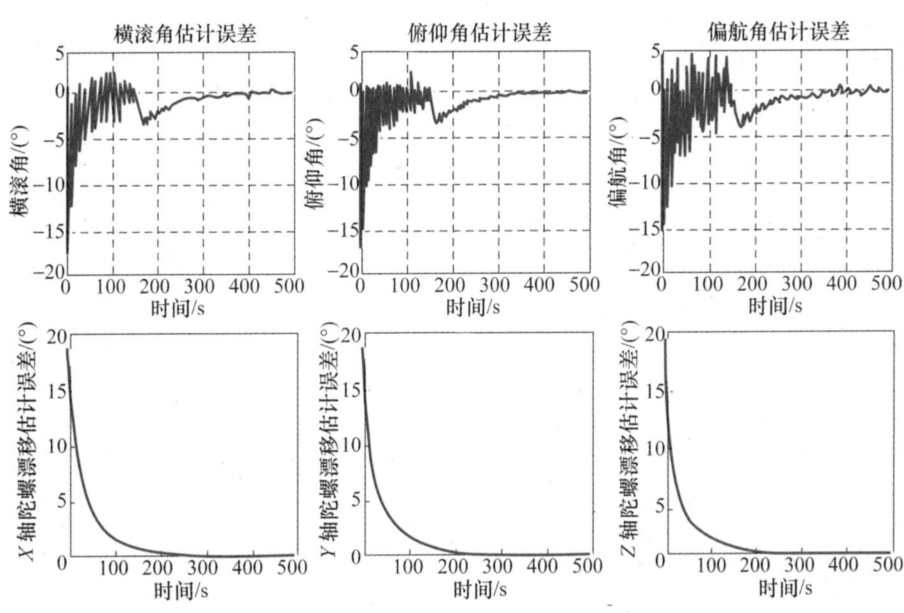

图 11－19　基于分段信息融合的 SINS/CNS 组合定姿仿真结果

从仿真结果图可看出,基于 UKF 与最优 REQUEST 双重滤波器的组合定姿方法在开始时刻,由于最优 REQUEST 算法利用了尚未估计准确的陀螺漂移,导致其提供给 UKF 的观测量也不准确,从而使三个姿态角估计误差有发散的趋势,达到了 50″,随着滤波时间的增长,陀螺漂移逐渐被精确估计出来,使得最终的滤波结果收敛到 CNS 定姿的精度水平。自适应分段信息融合的定姿方法在开始时刻由于采用了 QUEST 算法,没有将陀螺漂移参与其中,使得定姿精度比双重滤波定姿精度高;陀螺漂移估计误差在 100s 后即趋于稳定,此时,信息融合模式从 QUEST 和 UKF 组合模式自适应转换到最优 REQUEST 和 UKF 组合模式,姿态角有一微小波动,但很快趋于稳定,并最终也收敛到 CNS 定姿的精度水平。

11.5 小结

本章以弹道导弹为例系统地论述了惯性/天文组合导航的原理、方法及其导航系统性能分析。

首先,简要介绍了惯性/天文组合导航系统的几种工作模式,论述了利用星敏感器确定导弹姿态的基本原理;针对弹道导弹发射点位置误差较大的情况(如机动发射、水下发射),介绍了利用天文导航系统获得的姿态信息修正发射点位置误差的原理;以及利用所获得的姿态信息通过最优估计方法修正 SINS 姿态误差和陀螺常值漂移,进而获得高精度导航信息的原理、建模方法和计算机仿真结果。在此基础上,深入研究了一种利用误差状态转移阵来修正初始失准角、陀螺漂移在星敏感器开始工作前和加速度计零偏在关机点之前引起的速度误差和位置误差的原理和方法,仿真试验表明,该方法计算简单易于实现,且估计精度高,具有重要工程应用价值。

其次,为了提高组合导航系统的实时运行能力,本章提出了一种改进的基于奇异值分解的系统状态可观测度分析方法,设计了 SINS/CNS 组合导航系统的降维滤波器,降低了状态变量的维数,从而大大提高了系统的运算速度;针对重力异常会带来导弹加速度、速度和位置的计算误差问题,提出利用状态转移阵对弹道导弹所受重力异常进行估计补偿的方法,该方法可以补偿组合导航的速度、位置误差,得到较好的效果;同时,还针对弹道导弹在关机点后状态突变引起导航误差短时间内发散的问题，研究了利用带渐消因子的卡尔曼滤波方法，仿真试验表明，该方法因有效利用了当前时刻的观测数据，较好地跟踪了状态的突变，大大抑制了导航误差的发散。

最后，为进行弹道导弹组合导航系统仿真，首先研究了轨迹发生器的原理，成功设计了较高精度的轨迹发生器，还深入分析了星敏感器精度、滤波周期和不同初始失准角对 SINS/CNS 组合导航性能的影响，对组合导航系统设计和研制具有重要的指导意义。

参考文献

[1] 房建成，李学恩，申功勋. INS/CNS/GPS 智能容错导航系统研究[J]. 中国惯性技术学报，1999，7(1)：5－8.

[2] 徐延万. 控制系统[M]. 北京：宇航出版社，1991.

[3] 李艳华，房建成，贾志凯. INS/CNS/GPS 组合导航系统仿真研究[J]. 中国惯性技术学报，2002，10(6)：6－11.

[4] 万德钧，房建成. 惯性导航初始对准[M]. 南京：东南大学出版社，1998.

[5] 帅平，陈定昌，江涌. GPS/SINS 组合导航系统状态的可观测度分析方法[J]. 宇航学报，2004，2：219－224.

[6] 郭恩志，房建成，俞文伯. 一种重力异常对弹道导弹惯性导航精度影响的补偿方法[J]. 中国惯性技术学报，2005，13(3)：30－33.

[7] 房建成，宁晓琳. 深空探测器自主天文导航方法[M]. 西安：西北工业大学出版社，2010.

[8] 房建成，宁晓琳，田玉龙. 航天器自主天文导航原理与方法[M]. 北京：国防工业出版社，2006.

[9] 全伟，刘百奇，宫晓琳，等. 惯性/天文/卫星组合导航技术[M]. 北京：国防工业出版社，2011.

[10] Pearson J D. Dynamic decomposition techniques，in optimization methods for large scale systems[M]. McGrawHill，1971：121－188.

[11] Speyer J L. Computation and transmission requirements for a decentralized linear－quadratic－gaussian control problem[J]. IEEE Trans. Automatic Control，1979，AC－24(2)：266－269.

[12] Willsky A S，Bello M G，Castanon D A，et al. Combining and updating of local estimates and regional maps along sets of one－dimensional tracks[J]. IEEE Trans. On Automatic Control，1982，AC－27(4)：799－812.

[13] Bierman G J，Belzer M R. A decentralized square root information filter/smoother[C]. Lau-

derdate,FL:Proc. Of 24th IEEE Conf. on Decsion and Control,Ft. ,1985.

[14] Kerr T H. Decentralized filtering and redundancy management for multisensor navigation[J]. IEEE Trans. On Aerospace and Electronic Systems,1987,AES-23(1):83-119.

[15] Carlson N A. Federated filter for fault-tolerant integrated navigation systems[C]. Orlando, FL:Proc. Of IEEE PLANS'88,1988.

[16] 秦永元,张洪钺,汪叔华. 卡尔曼滤波与组合导航原理[M]. 西安:西北工业大学出版社,2004.

[17] 刘瑞华,刘建业. 联邦滤波信息分配新方法[J]. 中国惯性技术学报,2001,9(2):28-32.

[18] 王宇飞,黄显林,胡恒章. 组合导航系统中一种基于特征值分解的自适应信息融合滤波算法[J]. 航空学报,2000,21(3):274-276.

[19] 李艳华,房建成. 一种多模型自适应联邦滤波器及其在 INS/ CNS/ GPS 组合导航系统中的应用[J]. 航天控制,2003(2):33-38.

[20] 张国良,李呈良,邓方林,等. 弹道导弹 INS/ GNSS/ CNS 组合导航系统研究[J]. 导弹与航天运载技术,2004(2):11-15.

[21] 王子亮,房建成,全伟. 基于遗传算法的多模型 Kalman 滤波算法及应用研究[J]. 北京航空航天大学学报,2004,30(8):748-752.

[22] 郭恩志. 弹道导弹 SINS/CNS/GNSS 组合导航技术研究[D]. 北京:北京航空航天大学,2005.

[23] 吴海仙. SINS/CNS/GPS 组合导航系统信息融合技术研究[D]. 北京:北京航空航天大学,2005.

[24] Jamshaid A L I ,Fang Jiancheng. In-flight al Ignment of inertial navigation system by celestial observation technioue[J]. Transactions of Nanjing University of Aeronautics & Astronautics. 2005,22(2):132-138.

[25] 吴海仙,俞文伯,房建成. SINS/CNS 组合导航系统可观测度分析及应用[C]. 哈尔滨:2005 中国控制与决策年会,2005,6:888-891.

[26] Quan Wei,Xu Liang,Zhang Huijuan,et al. Interlaced optimal-REQUEST and unscented kalman filtering for attitude determination[J]. Chinese Journal of Aeronautics,2013,26(2):449-455.

第 12 章
基于 STK 的天文导航系统计算机仿真

12.1 引言

进行航天器自主天文导航的飞行试验不仅难度大，而且成本昂贵，如何在地面实现各种航天器自主天文导航方法的验证和测试，是航天器自主天文导航研究中的又一大技术难题。本章针对该问题，研究了基于 STK(Satellite Tool Kit)的航天器自主天文导航系统计算机仿真试验方法。STK 即卫星工具软件包，可生成航天器自主天文导航计算机仿真试验所需的轨道和姿态数据，是天文导航计算机仿真试验中必不可少的工具。下面以 STK6.0 为例，给出生成航天器轨道和姿态数据的具体方法。

12.2 基于 STK 的天文导航计算机仿真方法

利用 STK 进行航天器自主天文导航计算机仿真实验的流程如图 12 - 1 所示，首先利用 STK 生成航天器的标准轨道和姿态数据，根据轨道和姿态数据以及天体敏感器的安装方位和视场大小在导航星库中搜索可观测到的导航星，将导航星的赤经、赤纬与利用轨道数据获得的此时的地平或地心矢量、日心矢量信息相结合，就可计算得到准确的星光角距或星光仰角等所需的天文量测信息,在该准确的量测信息中加入模拟敏感器噪声特性的测量噪声就得到了仿真用的量测数据。有了量测数据,就可结合轨道动力学方程利用各种天文导航方法进行导航解算,获得航天器的位置、速度等导航参数,并通过与标准轨道参数对比,对导航性能进行评价。

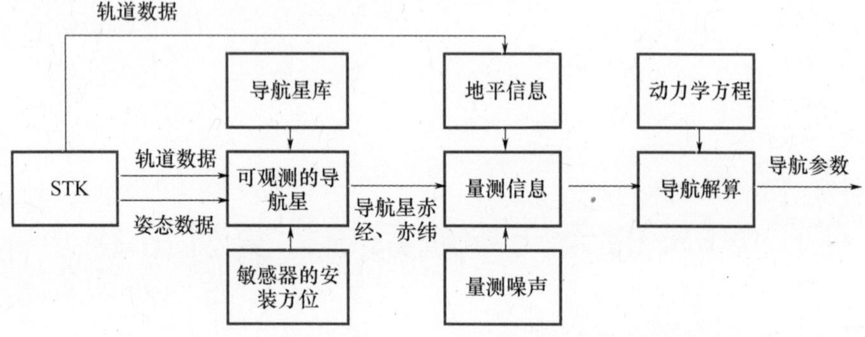

图 12-1　利用 STK 的天文导航计算机仿真试验流程图

计算机仿真试验的特点是可以通过变化各个仿真参数,方便、快捷地实现对航天器自主天文导航方法系统全面的分析,得到一些可供工程应用参考的重要结论,但缺点也是显而易见的,由于工程实际中的各种噪声与计算机模拟产生的噪声不可能完全一样等原因,使得计算机仿真试验的结果与工程实际结果不完全一致,可能存在偏差。为了进一步验证天文导航方法的有效性,还需对其进行半物理仿真试验。

12.3　基于 STK 的地球卫星仿真数据生成

打开 STK 软件,在弹出的“STK6.0 - Object Browser”窗口中选择“File”菜单下的“New”命令,创建一个新任务。单击菜单栏左下方的“Satellite”图标,在任务中添加一个航天器对象。在创建航天器模型的同时,会弹出一个轨道向导(Orbit Wizard)窗口,通过该向导可以快速、方便地生成一些特殊轨道,如地球同步轨道、太阳同步轨道等。也可通过双击航天器对象“Satellite1”,在打开的“Satellite1:Basic Orbit”窗口中对航天器的属性进行设置,如图 12-2 所示。航天器基本属性“Basic”选项下包括六个部分,其中第一部分“Orbit”为航天器轨道参数设置界面,第二部分“Attitude”为航天器姿态参数设置界面。下面首先介绍地球卫星的轨道数据生成方法。

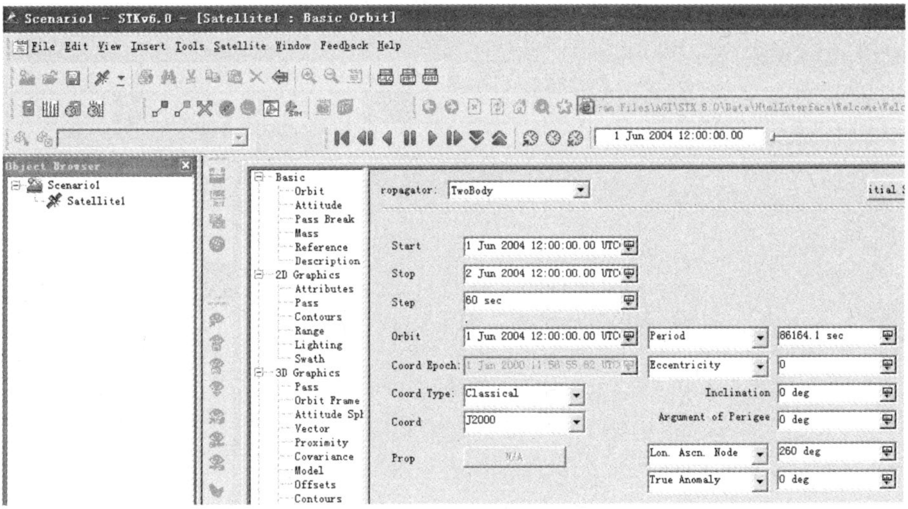

图12－2 轨道参数界面

12.3.1 轨道参数设置

下面对“Orbit”的参数设置进行说明。

1. 轨道预报模型“propagator”

STK提供了两种形式的航天器轨道预报算法,即解析算法和数值算法。解析算法通过求解航天器运动的微分方程得到一个近似解析解来获得航天器星历表,或直接给出航天器在各时刻的位置和速度信息。数值算法则是通过对航天器运动方程的数值积分来实现。STK中所有的标准算法均为解析算法。STK中提供的轨道预报模型包括:

TwoBody:二体模型,又叫开普勒运动模型,该模型将地球等效为一个质点,并仅考虑地球对航天器的引力。

J2 Perturbation:该模型考虑了因地球的非正球体中J2系数导致的航天器轨道要素的长期变化。J2是地球非球形引力值无穷级数表达式中的一个带谐项系数,代表了地球非球形带来的最重要的效应。在该模型中J2系数是唯一导致航天器轨道要素发生长期变化的因素。

J4 Perturbation:该模型同样考虑地球的非正球体导致的航天器轨道要素

的长期变化,与 J2 Perturbation 不同的是它不仅考虑 J2 系数的一阶效应,还考虑了 J4 系数所代表的偶次带谐项对轨道参数的影响(没考虑代表长周期性效应的 J3 系数)。J4 系数代表的地球非球形引力摄动大概比 J2 系数要小 1000 倍,所以这两种预报模型得出的航天器轨道差别很小。

HPOP(High - Precision Orbit Propagator):高精度轨道预报模型,可以用来处理轨道高度从地球表面到月球轨道甚至更远的任何圆形、椭圆、抛物线和双曲线轨道。

SGP4(Simplified General Perturbations):一个标准的 NASA/NORAD 近地轨道预报模型。该模型全面考虑了地球的非球形、日月引力以及引力谐振因素带来的长期和周期性效应,并用一个简单的大气减速模型来考虑轨道的降低。

LOP(Long - term Orbit Predictor):长期轨道预报模型,可获得较长时间间隔,如数月甚至几年内的高精度轨道预报数据。

StkExternal:能够从扩展名为“ *. e”的文件中读取航天器的星历表。

PODS(Precision Orbit Determination System):精确定轨系统,可根据提供的航天器跟踪数据确定相应的航天器轨道和参数,可处理的航天器跟踪数据包括由地面站、TDRSS 和 GPS 提供的各种速度、距离、星间距离和位置等。

SPICE(Spacecraft Planet Instrument C - Matrix and Event):可以从 SPICE 工具包里引入一个星历表文件。

Astrogator:当航天器需进行变轨或轨道机动时,该模型可用来拼接多段轨道进行航天器的轨道设计。

Real Time:该模型可引入实时数据以实时更新轨道。

2. Start、Stop 和 Step

分别用来设置航天器轨道的起止时间和步长。

3. Orbit Epoch

轨道历元用于设置与轨道参数相关的起始时间。

4. Coordinate Epoch

坐标系历元用于设置与坐标系相关的起始时间,该选项是否可用与所选坐标系有关。

5. Coord type

STK 支持多种不同的坐标类型,包括“Cartesian”直角坐标、“Classical”轨道参数、"Equinoctial""Delaunay Variables""Mixed Spherical""Spherical"和"Geodetic "。该选项决定了航天器轨道设置的参数。

6. Coord

用于设定坐标系,可供选择的坐标系如表 12 - 1 所列。

表 12 - 1 常用坐标系及其定义

坐标系名称	坐标系的定义
Fixed	X 轴指向 0°经线,Y 轴指向 90°经线,Z 轴指向北极
J2000	X 轴指向平春分点,Z 轴的方向与 2000 年 1 月 1 日 12 时 0 分 0 秒地球平自转轴(联合国开发委员会制定)的方向一致
B1950	X 轴指向平春分点,Z 轴的方向与贝塞尔年(1950 年)起始时(1949 年 12 月 31 日 22 时 09 分 07 秒)地球平自转轴的方向一致
TEME of Epoch	X 轴指向平春分点,Z 轴的方向与坐标历元的真自转轴方向一致
TEME of Data	X 轴指向平春分点,Z 轴的方向与轨道历元的真自转轴方向一致
Mean of Date	X 轴指向平春分点,Z 轴的方向与轨道历元的平自转轴方向一致
Mean of Epoch	X 轴指向平春分点,Z 轴的方向与坐标历元的平自转轴方向一致
True of Date	X 轴指向真春分点,Z 轴的方向与轨道历元的真自转轴方向一致
True of Epoch	X 轴指向真春分点,Z 轴的方向与坐标历元的真自转轴方向一致
Alignment at Epoch	与坐标历元下 ECF 坐标系一致的惯性坐标系,通常用于描述发射轨道

7. 轨道要素及其设置

当在"Coord type"中选择"Classical"时,可通过以下参数确定轨道。

1)轨道大小和形状的确定

在用 STK 设定航天器轨道时,下面五组参数中任意一组的两个参数均可确定轨道的大小和形状。这两个参数是对应的,如果选择了一个参数,另一个参数会自动出现。具体的五组参数如下。

Semimajor Axis/Eccentricity:(默认)半长轴/轨道偏心率。

Apogee Radius/Perigee Radius:远地点半径/近地点半径。

Apogee Altitude/Perigee Altitude:远地点高度/近地点高度。

Period/Eccentricity:轨道周期/轨道偏心率。

Mean Motion (revs/day)/Eccentricity:平均转速(圈/天)/轨道偏心率。

2)轨道位置的确定

轨道在空间中的位置可通过设置如下参数确定。

Inclination:轨道倾角,角动量矢量(方向垂直于轨道平面)与惯性系 Z 轴的夹角。

Argument of Perigee:近升角距,又称为近地点幅角,从升交点沿着航天器运动的方向到近地点所转过的夹角。对于一个圆轨道,近升角距规定为零(即近地点就定在升交点处)。

Right Ascension of the Ascending Node (RAAN)(默认):升交点赤经,赤道惯性坐标系的 X 轴按右手法则到升交点所转过的夹角。对于轨道倾角为零的轨道,升交点赤经也定义为零,即升交点就在 X 轴的正向上。

Longitude of the Ascending Node:升交点经度,航天器由南向北穿越赤道面时星下点的地理经度。

3) 航天器位置的确定

某一时刻,航天器在轨道上的位置可由以下参数中的任意一个确定。

True Anomaly(默认):真近点角,近地点到航天器位置的夹角,方向沿航天器运行方向。

Mean Anomaly:平近点角,假定航天器在一个圆轨道上运行,在该轨道上的周期与实际椭圆轨道的周期相等,此时,近地点到航天器位置的夹角即为平近点角。平近点角等速递增。

Eccentric Anomaly:偏近点角,过航天器所在位置作垂直于半长轴的垂线,该线和与椭圆轨道相切的一个圆轨道相交的交点到近地点之间的夹角。

Argument of Latitude:升交角距,真近点角与近地点角距的和,即航天器位置与升交点之间的夹角。

Time Past Ascending Node:过升交点时刻,二体模型中航天器自上一次过升交点所经过的时间。

Time Past Perigee: 过近地点时刻,二体模型中航天器自上一次过近地点后所经过的时间。

12.3.2 轨道数据文件的输出

生成的轨道数据文件可以两种格式输出。

一种是输出为扩展名为“ *.e”的文件,这种文件可用记事本打开。具体操作方法是打开菜单“File:Export:Data File”,会弹出“Create Data File for Satellite…"窗口。将"External STK File"设为"Ephemeris";"Ephemeris"设为"STK Ephemeris";"File"定义输出文件的名字和路径;"Coordinate"选择坐标系,较常用的是"J2000";"Central Body"用来选择中心天体,对于近地停泊轨道的航天器选"Earth";"Format"用来定义输出文件的格式,一般选择默认选项即可;"Use Ephemeris Step"定义星历表的时间间隔,默认值为在定义轨道参数选项时设定的时间间隔,也可以自行定义时间间隔;"Set Time Period"为输出数据时间的长短,默认选项为输出整个星历表,也可以根据需要调整。

另一种是输出扩展名为"＊. mat"的 Matlab 文件,自动生成的文件为构架型数组。具体方法是打开菜单"File:Export:Matlab plugin"项,"Override Variable Name"用来置换变量名;用"MAT"选项设置保存文件的路径和名称,例如可设为"C:\stk\satelliteorbit. mat",单击确定即可在指定位置生成 satelliteorbit. mat 文件。在 Matlab 中调用此文件的方法是,打开 Matlab 命令窗口,选择"file:Inport data"菜单,找到要打开的文件"satelliteorbit. mat",在 Matlab 命令窗口中显示"load　C:\stk\satelliteorbit. mat",则表示数据文件加载成功,Import Wizard 界面中会显示已经创建的变量名"satellite",数据类型为构架型数组,如图 12－3 所示。若调用星历表中的位置信息,只需在 matlab 命令窗口中输入 satellite. pos,若需要调用速度信息,则输入 satellite. vel 即可。

12.3.3　航天器姿态数据生成

航天器姿态数据的生成方法同轨道数据生成的方法类似,打开如图 12－4 所示的姿态属性页面,从中可以看出 STK 允许进行标准"Standard"、实时"Real Time"和"Multi Segment"三种类型的姿态设置。

1."Standard"标准姿态

标准姿态设置页面如图 12－4 所示。可以看到,STK 的标准姿态设置页由三个选项组组成,分别为"Basic"(基本)、"Target Pointing"(目标指向)和"Precomputed"(预计算)。

在 Basic 选项组的"Type"下拉列表中,可以选择姿态类型,STK 提供的姿态类型有 22 种。

1) Nadir alignment with ECF velocity constraint

Z 轴指向天底点方向。X 轴在与 Z 轴垂直的平面内,与地心固连坐标系

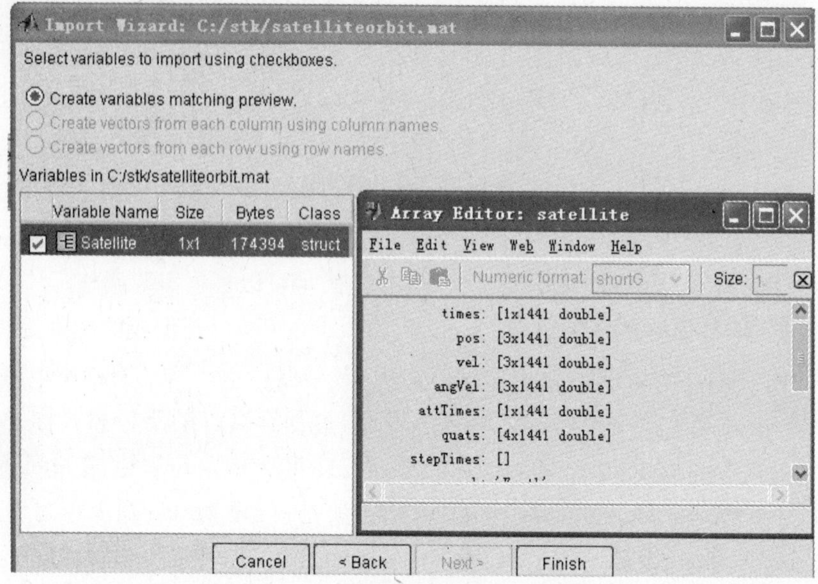

图 12－3 Matlab 装载数据引导界面

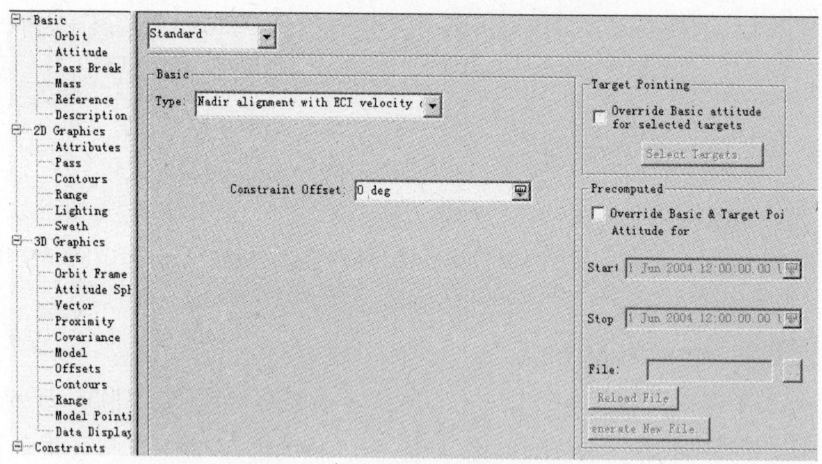

图 12－4 卫星姿态参数设置界面

“Earth－Centered Fixed,ECF”下的速度矢量方向间的夹角由约束倾斜角“Constraint offset angle”确定。STK 定义的天底方向与航天器位置矢量方向相反,指向地球中心,如图 12－5 所示。

2）Nadir alignment with ECI velocity constraint

Z 轴指向天底点方向。*X* 轴在与 *Z* 轴垂直的平面内，与地心惯性坐标系“Earth－Centered Inertial，ECI”下的速度矢量方向间的夹角由约束倾斜角确定。

3）Nadir alignment with orbit normal constraint

Z 轴指向天底点方向。*X* 轴在与 *Z* 轴垂直的平面内，与轨道面法向矢量间的夹角由约束倾斜角确定。

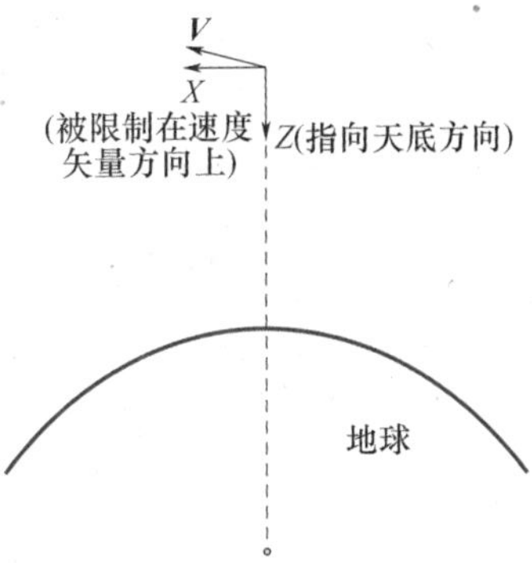

图12－5　SK定义的天底方向与航天器位置矢量方向示意图

4）Nadir alignment with Sun constraint

Z 轴指向天底点方向。*X* 轴在与 *Z* 轴垂直的平面内，与太阳矢量方向的夹角由约束倾斜角确定。

5）ECF velocity alignment with radial constraint

航天器的 *X* 轴指向 ECF 下的速度矢量方向。*Z* 轴在与 *X* 轴垂直的平面内，与天顶方向的夹角由约束倾斜角确定。

6）ECI velocity alignment with nadir constraint

航天器的 *X* 轴指向 ECI 下的速度矢量方向。*Z* 轴在与 *X* 轴垂直的平面内，与天底方向的夹角由约束倾斜角确定。

7）ECI velocity alignment with Sun constraint

航天器的 *X* 轴指向 ECI 下的速度矢量方向。*Z* 轴在与 *X* 轴垂直的平面内，与太阳矢量方向的夹角由对准倾斜角“Alignment offset angle”确定。

8）Sun alignment with nadir constraint

航天器的 *X* 轴指向太阳方向。*Z* 轴在与 *X* 轴垂直的平面内，与天底方向的夹角由对准倾斜角确定。

9）Sun alignment with ecliptic normal constraint

航天器的 *X* 轴指向太阳方向。*Z* 轴在与 *X* 轴垂直的平面内，与垂直黄道面方向的夹角由对准倾斜角确定。

10）Sun alignment with ECI Z axis constraint

航天器的 *X* 轴指向太阳方向。*Z* 轴在与 *X* 轴垂直的平面内，与 ECI 下的速度矢量方向的夹角由对准倾斜角确定。

11)"Sun alignment – occultation normal constraint

航天器的 X 轴指向太阳方向。Z 轴在与 X 轴垂直的平面内,与太阳－地球连线方向的夹角由对准倾斜角确定。

12) Sun alignment with Z in orbit plane

航天器的 X 轴指向太阳方向,Z 轴与 $((\boldsymbol{r}\times\boldsymbol{v})\times\mathrm{sun})$ 指向一致,式中 r 为航天器位置矢量;v 为航天器速度矢量;sun 为太阳方向矢量。

13) XPOP Inertial Attitude

XPOP 惯性姿态根据 XPOP 惯性系统的指向来确定姿态,如图 12－6 所示。

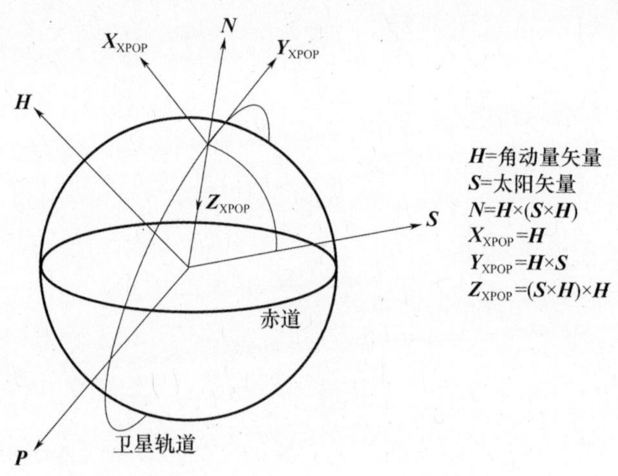

图 12－6 XPOP 坐标系

14) Yaw to nadir

航天器的 Z 轴在惯性空间中保持不变,垂直于航天器水平面,水平面由俯仰轴和横滚轴确定。X 轴在水平面内与天底方向一致。

15) Inertially fixed

航天器的姿态相对于惯性坐标系保持不变。

16) Spinning

航天器绕设定的旋转轴旋转。

17) Spin about nadir

航天器以 Z 轴作为旋转轴,Z 轴指向天底方向。

18) Spin about Sun vector

航天器以 Z 轴作为旋转轴,Z 轴指向太阳矢量方向。

19) Precessing spin

与“Spinning”相似,但该类型中的旋转轴在航天器运行过程中可以按设定的方式运动。

20) Fixed in Axes

航天器姿态相对某个特定的坐标系保持不变。

21) Aligned and Constrained

航天器姿态由特定的指向矢量和限制矢量定义。

22) Spin Aligned

航天器的自旋轴相对某个特定的参考坐标系定义。

在标准“Standard”姿态控制页的右上角是“Target Pointing”选项组,选中“Override Basic attitude for selected targets”复选框,则可通过单击“Select Targets”按钮,打开如图 12-7 所示的“TargetSeg for Satellite1”窗口,通过控制目标对象的指向来设置姿态。

选中可选对象“Available Targets”列表框中的目标,单击其右侧的“添加”按钮➡,将选中的目标添加到关联目标“Assigned Targets”列表中。通过设置旋转时间“Slew”来设置航天器从初始姿态到指向目标所需要的时间。

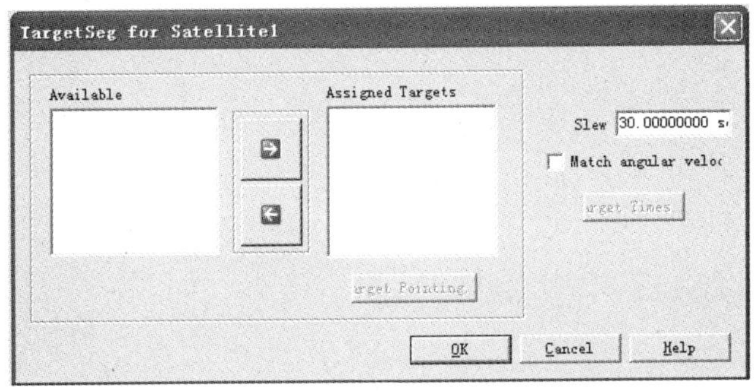

图 12-7　“TargetSeg for Satellite1”窗口

在标准姿态页右下角的“Precomputed”选项组中(图 12-4),有一个“Override Basic & Target Pointing Attitude for”复选框。选中该复选框,则可通过预定义的姿态文件(*.a)来确定目标对象在某个时间段内的姿态。要生成预定义姿态文件需利用“Generate New File”按钮打开如图 12 - 8 所示的姿态积分“Integrated Attitude”对话框。在此可设置起止时间、历元时刻,以及初始条件“Initial Conditions”、力矩“Torque”和输出“Output”等属性,在设置完成后,点击“确定”按钮即可生成预设定姿态文件。

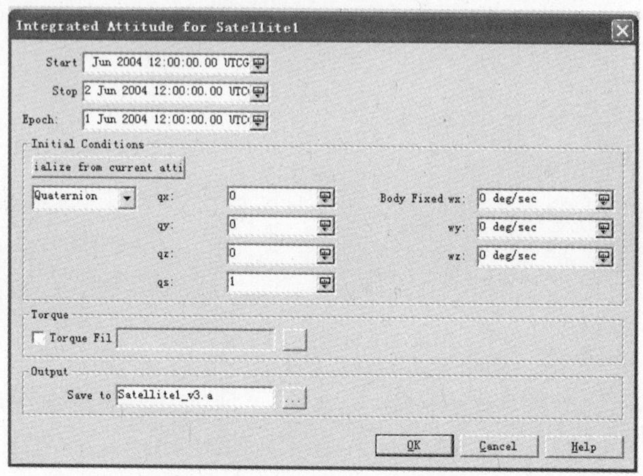

图 12 - 8 “姿态积分”对话框

2. 实时姿态

实时“Real Time”姿态页面如图 12 - 9 所示。

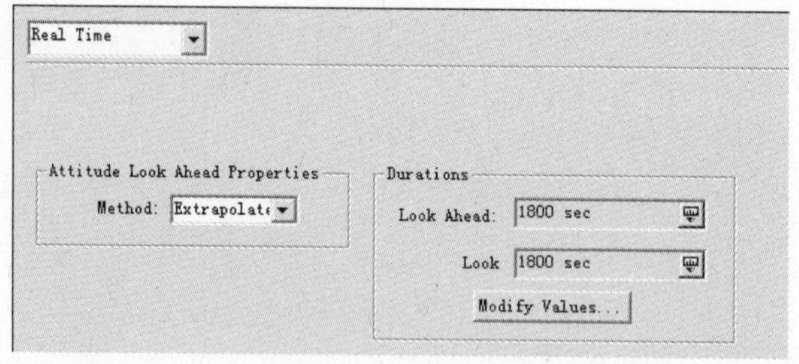

图 12 - 9 “实时”姿态控制页面

当需利用“STK/Connect”获取数据时,就需将姿态选项设为“Real Time”。其中“Attitude Look Ahead Properties Method”有两个选项:推断“Extrapolate”或固定“Hold”:

(1) 推断方法。STK 利用最后得到的两个姿态数据,推断航天器未来的姿态。

(2) 固定方法。航天器始终保持最后时刻的姿态。

在实时姿态控制页面中,还可以通过"Modify Values"按钮调整未来"Look Ahead"和过去"Look Behind"的持续时间"Duration"。

12.3.4 姿态数据文件的输出

与轨道数据输出的步骤基本一样,区别在于在"Create Date File for Satellite"窗口的"External STK File"选项选择"Attitude",这时"Format"项变为"Include"项,利用该项可定义输出文件的内容,可以选择四元数"Quaternions"或者四元数和欧拉角速率"Quaternions, Angular Velocity"。

12.4 利用STK生成月球探测器轨道数据

本节将建立一个月球探测任务。在该任务中,月球探测器将从地球停泊轨道出发,经过地月转移轨道,最终进入轨道倾角为90°的环月轨道。

12.4.1 任务基本参数设置

创建一个名为"LunarMission"的新任务,打开任务属性窗口"LunarMission: Basic Time Period",在"Basic"选项下的"Time Period",按图12-10设置任务的起止时间和历元。

在"Basic"选项下的"Animation",按图12-11设置动画显示的起止时间和步长。

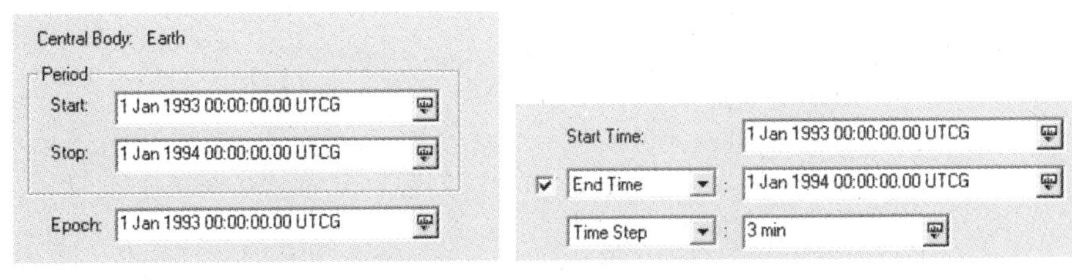

图12-10 任务的起止时间和历元　　图12-11 动画显示的起止时间和步长

选中二维视图窗口,然后单击属性按钮("Properties"),在"Details"中关闭“Background - Image”和所有“high resolution detail items”选项。在“Projection”中将“type”设为“Orthographic”、“Display Coordinate Frame”设为“BBR”,“Display Height ”设为900000km,“secondary body”设为“Sun”,“center”的纬度为89°,经度为90°。选中“Show Axes”复选框并点击“Format”按钮,令其只显示“+X Axis”和“- X Axis”,并将其颜色设为黄色和红色,两个坐标轴的“scale”设为10000,“Coordinate Frame”设为“BBR”,确认“secondary body”为“Sun”,完成之后单击“Apply”并点击“Reset”按钮( ),可看到如图12-12所示的二维视图。

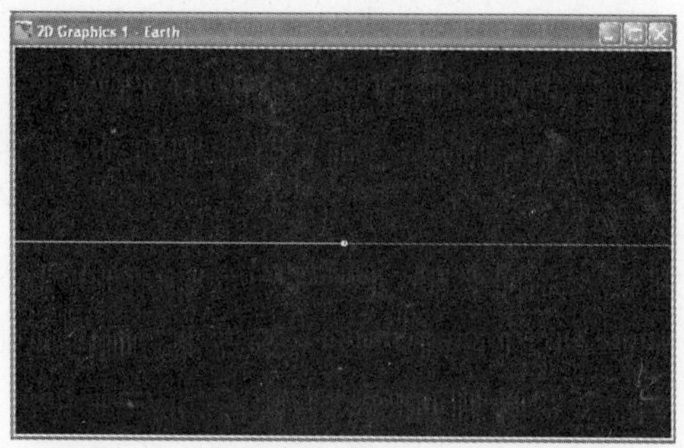

图12-12 “2D Graphics1 - Earth”窗口

选中三维视图窗口,然后单击属性按钮,在“Grid”中将“Space Grid”设为“ECI Coordinates”,显示“Radial Lines”。在“Advanced”中将“Visible Distance”设为100000000km,则此时的三维视图窗口应该如图12-13所示。

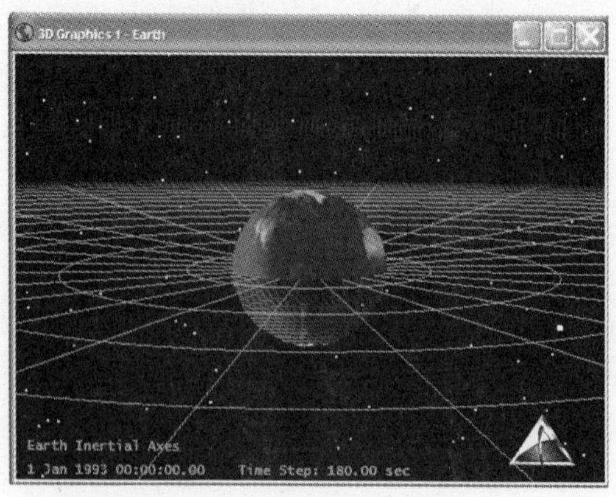

图12-13 “3D Graphics1 - Earth”窗口

单击菜单中的“View”，选择“Duplicate 3D Graphics Window”命令。选中复制得到的新三维视图窗口，然后单击属性按钮，在“Globe”中将“Central Body”设为“Moon”，可看到如图12－14所示的新三维视图窗口。

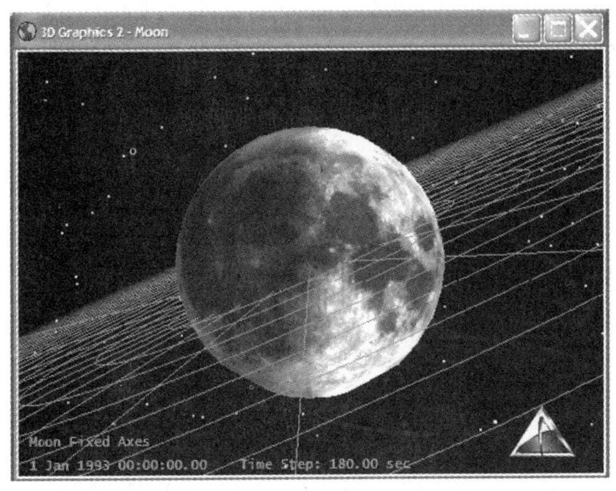

图12－14　“3D Graphics2－Moon”窗口

在任务中加入三颗行星（“planet”，），然后分别打开其属性窗口，在“Basic”下的“Definition”页面中，将“Central Body”分别设为“Sun”“Earth”和“Moon”。

在任务中加入一颗探测器（“satellite”，），将其重命名为“LunarProbe”。双击该探测器，打开“LunarProbe：Basic Orbit”窗口，将“propagator”设为“Astrogator”，并删除任务控制序列（Mission Control Sequence，MCS）中所有的内容，如图12－15所示。

打开“LunarMission”的“properties browser”窗口，在“2DGraphics”下的“Global Attributes”中将“Vehicle”栏中的“Show Ground Markers”选中，并取消“Show Ground Tracks”。在“Planets”栏中的，将“Show Orbits”选中，将“Show Subplanet Points”和“Show Subplanet Labels”取消。

打开“Earth”的“properties browser”窗口，在“2D Graphics Properties”中将颜色改为蓝色，同样的将“Moon”的“2D Graphics Properties”中的颜色改为白色。

打开探测器“LunarProbe”的属性窗口，在“2D Graphics Properties”下的

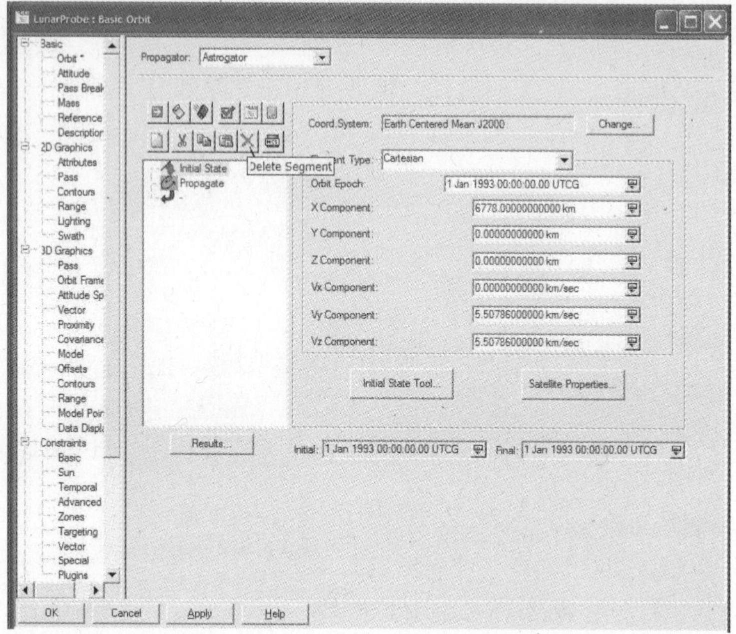

图 12－15 “LunarProbe:Basic Orbit”窗口

“Pass”中将“Ground Track Lead Type”设为“None”,将“Orbit Track Lead Type”设为“All”。在“3D Graphics Properties”下的“Pass”中将“Inherit from 2D Graphics”选中,在“Model”中将“Point”的大小设为7,并将“Detail Thresholds”栏中的“Marker,Label”和“Marker”调到最大值,此时可看到如图12－16所示的新二维视图。

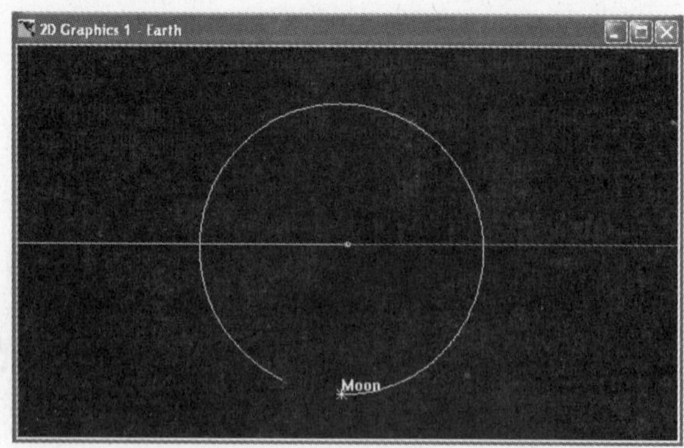

图 12－16 “2D Graphics1－Earth”窗口

12.4.2　月球探测器的任务控制序列(MCS)设置

在介绍具体的任务操作之前，先简要给出任务控制序列的组成和功能。表12－2给出了MCS图标对应的功能。

表12－2　MCS图标对应的功能

MCS工具		MCS组件	
图标	定义	图标	定义
	运行控制序列		限定机动
	生成报告		推进机动
	清除二维视图窗口		初始状态
	MCS选项		发射
	属性		轨道推算
	显示Log文件		停止
	插入新组件		序列
	剪切		目标跟踪
	复制		刷新
	粘贴		返回
	删除组件		
	控制序列浏览器		

打开“LunarProbe”的基本属性窗口，单击MCS选项中的“Options”( )图标，将其中的“Draw Trajectory as it is Calculated”和“Use Trajectory Segment Colors”选中，将“Propagate on Apply”关闭。

单击“Insert Segment”( )图标，在MCS中插入一个新的目标跟踪组件“Targets Sequence”( )。在该目标跟踪组件中首先插入一个发射“Launch”( )组件，并设置发射时间为1993年1月1日0点0分0.0秒，打开其属性窗口，将其颜色改为青色。在发射组件后面插入一个轨道生成组件“Propagate”( )，在其属性窗口中将其重命名为“Coast”，并将其颜色改为黄色，将“duration stopping condition”中的“Trip”值设为45min。随后再插入一个推进机动控制组件“Impulsive Maneuver”( )，在其属性窗口中将其重命名为“TransLunarInjection”，将“Attitude Control of the Maneuver Direction”设为“Thrust Vector”。接着插入另一个轨道生成组件“Propagate”，在其属性窗口中将其重命名为“ToSwingBy”，并将其颜色改为红色，将“propagator”设为“CisLunar”，插入一个新的“Stopping Condition”项，并将其“stopping condition”设为“R Magnitude”，“trip value”设为300000km，并删除原有的“Stopping Condition”选项。最后再插入第三个轨道生成组件“Propagate”，在其属性窗口中将其重命名为“ToPeriselene”，并将其颜色改为绿色，将“propagator”设为“CisLunar”，插入三个新的“Stopping Condition”项。第一个为“Altitude Stopping Condition”，将其“Trip”设为0.0km，“Central Body”设为“Moon”；第二个为“Duration Stopping Condition”，将其“Trip”设为10天；第三个为“Periapsis Stopping Condition”，将其“Central Body”设为“Moon”。最终生成的MCS序列如图12-17所示。

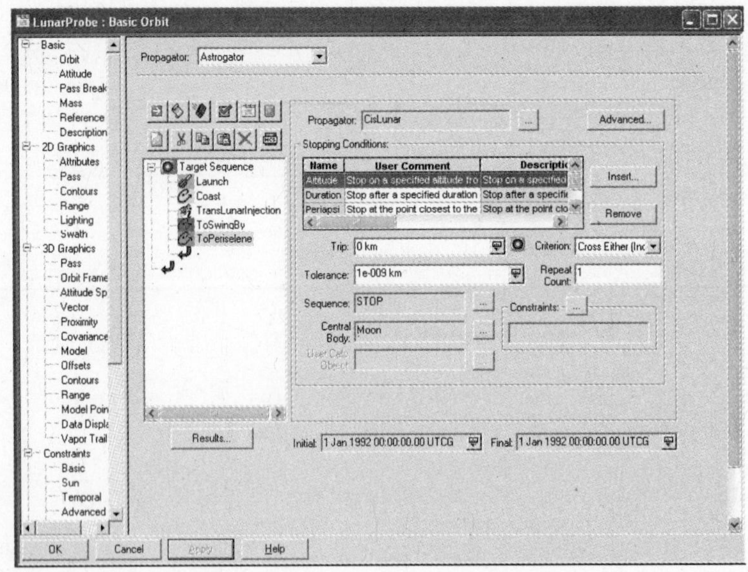

图12-17 “LunarProbe”的MCS序列

12.4.3　月球探测器的入轨参数确定

下面将使用三种不同的方法使探测器进入环月轨道。

1. 通过调整发射时间和转移时间来实现入轨

第一种方法为通过调整发射时间和转移时间来实现入轨。选中“target Sequence”，在右边“Profiles”的列表中，将默认的控制策略“Differential Corrector”重命名为“Delta RA and Dec”。在该方法中将使用发射时间“Launch Epoch”和转移时间“Coast Time”作为控制变量，使用赤经偏差“Delta Right Ascension”和赤纬偏差“Delta Declination”作为约束变量。具体操作步骤如下。

选中“TransLunarInjection”组件，将“X(Velocity)”设为 3.15km/s。单击“Go”按钮，运行 MCS。可以看到，月球探测器最终到达月球轨道附近。选中“Launch”组件，将“Launch Epoch”变量选中(点击其旁边的图标)。选中“Coast”组件，将“stopping condition”旁的“Trip Value”变量选中。选中“To Periselene”组件，单击 MCS 下面的“Results”按钮，在打开的“User - Selected Results”窗口中，在“MultiBody”选项下将变量“Delta Right Ascension”和“Delta Declination”通过右侧的箭头移动到已选变量框内，默认情况下，这两个变量的中心天体应为月球，如图 12-18 所示。

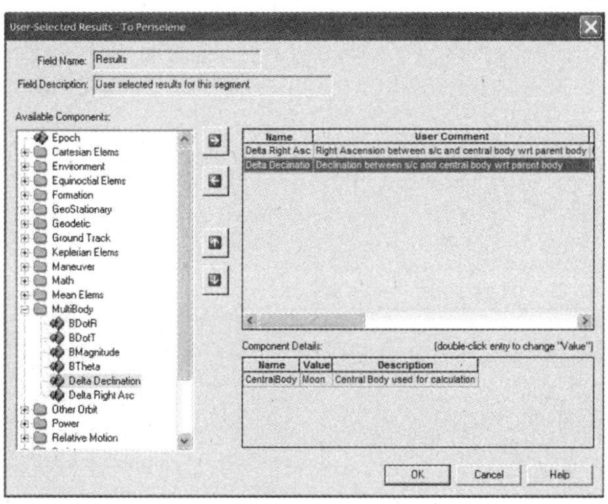

图 12-18　“User - Selected Results - To Periselene”窗口

选中“target Sequence”并单击“Profiles”下的属性“Properties”按钮,可以看到所选择的控制变量和约束变量出现在面板上。首先选中“Launch Epoch”控制变量,将其“perturbation”值设为1min,“maximum step”设为1hr。接着选中“StoppingConditions. Duration. TripValue”并将其“perturbation”值设为1min,“maximum step”设为5min。最后确认“Delta Right Ascension”和“Delta Declination”的“Desired Value”等于0,图12-19给出了设置完成后的结果。

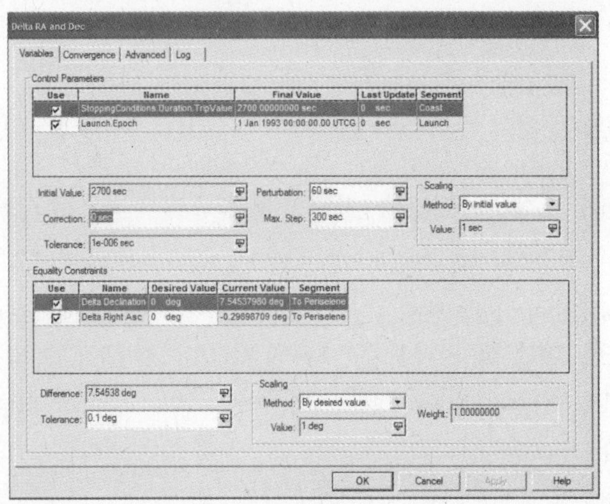

图12-19 “Delta RA and Dec”窗口

选中“Target Sequence”并将“Action”改为“Run Active Profiles ONCE”,将“Mode”从“Run Once”改为“Iterate”,运行MCS,将会弹出如图12-20所示的窗口。

Target Sequence.Delta RA and Dec: Finished: *DID NOT CONVERGE* in 0 iterations.

Control	New Value	Last Update	Constraint	Desired	Achieved	Dif
...ns.Duration.TripValue	2700 sec	0 sec	Delta Declination	0 deg	7.54538 deg	7.54
Launch.Epoch	1 Jan 1993 00:00:00.00 UTCG	0 sec	Delta Right Asc	0 deg	-0.298987 deg	-0.2

图12-20 “Target Sequence. Delta RA and Dec”的计算结果

选中“Target Sequence”并将“Action”改为“Run Active Profiles”并再次运行MCS,此时,会弹出如图12-21所示的窗口,在经过五次迭代后,控制变量收敛到满足要求的值。

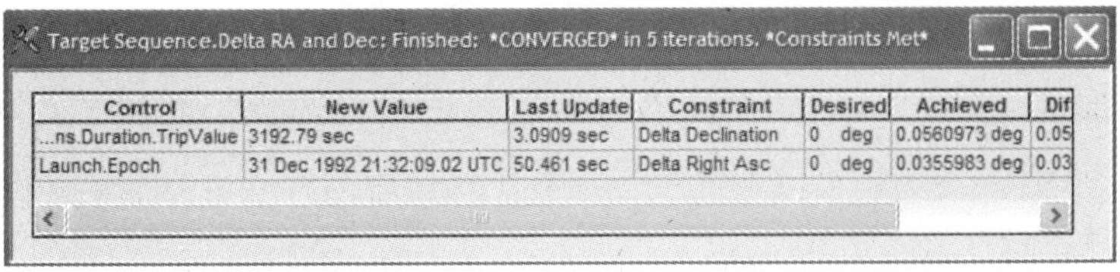

Target Sequence.Delta RA and Dec: Finished: *CONVERGED* in 5 iterations. *Constraints Met*
Control | New Value | Last Update | Constraint | Desired | Achieved | Dif
...ns.Duration.TripValue | 3192.79 sec | 3.0909 sec | Delta Declination | 0 deg | 0.0560973 deg | 0.05
Launch.Epoch | 31 Dec 1992 21:32:09.02 UTC | 50.461 sec | Delta Right Asc | 0 deg | 0.0355983 deg | 0.03

图 12-21　“Target Sequence. Delta RA and Dec”计算收敛后的结果

单击“Apply All Corrections”按钮来应用上面计算得到的新初始值，并将“Action”再次改为“Run Nominal Sequence”，运行MCS，可以看到月球探测器沿着新的转移轨道运行（图12-22）。此时，“Launch Epoch”和“Coast Time”的新值应该分别为“31Dec 1992 21:32:09 UTCG”和“3192.79s”。

2D Graphics 1 - Earth
Targeter Converged
MoonProbe
Delta RA and Dec = 0 deg

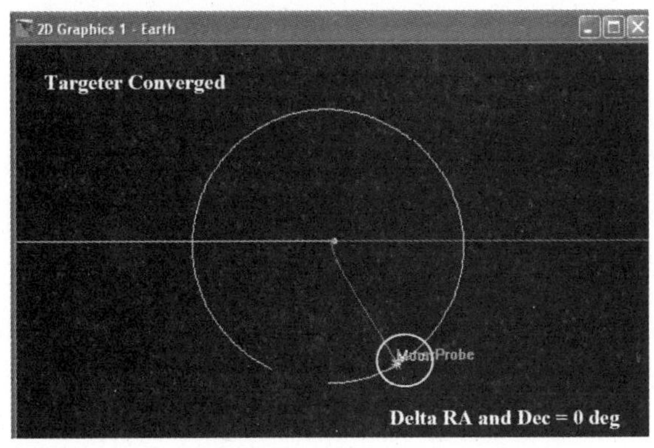

图 12-22　“2D Graphics1 - Earth”二维视图窗口

2. 通过调整 B-Plane 参数来实现入轨

第二种方法为通过调整B-Plane（B平面）参数来实现入轨，下面首先对B-Plane进行简单介绍。通常一个理想的二体轨道可视为一个双曲线，B-Plane定义为坐标原点位于要探测天体的质心（即是双曲轨道的焦点），坐标平面垂直于双曲轨道的入射渐近线（即无穷远速度方向）的平面坐标系统，如图12-23所示。B-Plane的坐标轴 $\boldsymbol{T}$ 和 $\boldsymbol{R}$ 都是根据参考单位矢量 $\boldsymbol{N}$ 定义的，$\boldsymbol{N}$ 通常指向探测天体的北极。令 $\boldsymbol{S}$ 为通过探测天体质心，方向平行于入射渐近线的单位矢量，则 $\boldsymbol{T}=\boldsymbol{S}\times\boldsymbol{N}$，$\boldsymbol{R}=\boldsymbol{S}\times\boldsymbol{T}$。由坐标原点指向B-Plane和双曲轨道交点的矢量定义为 $\boldsymbol{B}$ 矢量。$\boldsymbol{B}$ 矢量在坐标轴 $\boldsymbol{T}$ 和 $\boldsymbol{R}$ 上的投影可表示为 $\boldsymbol{B}\cdot\boldsymbol{T}$ 和 $\boldsymbol{B}\cdot\boldsymbol{R}$，这两个参数表示出了双曲轨道的入射渐近线与探测天体质心间的最短距离，因此通常也作为控制探测器入轨的重要参数。在这个例子中，月球探测器最终将进入轨道倾角为 90°的环月轨道。根据这个要求,应该使 $\boldsymbol{B}\cdot\boldsymbol{T}=0$km,而 $\boldsymbol{B}\cdot\boldsymbol{R}\neq 0$km,由于月球的平均半径为 1738km,在此设定 $\boldsymbol{B}\cdot\boldsymbol{R}=5000$km 以保证轨道不会与月球相撞。具体操作步骤如下。

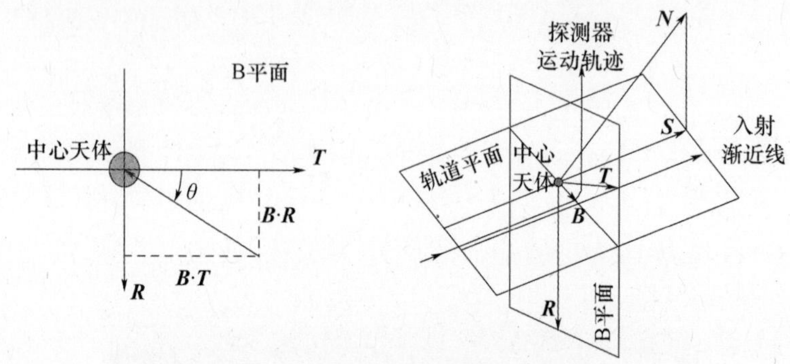

图 12 - 23　B 平面及其参数的定义

选中“Target Sequence”,在右边“Profiles”的列表中,复制控制策略“Delta RA and Dec”并将其重命名为“B - Plane Targeting”。将“Delta RA and Dec”的“Mode”改为“Not Active”。选中“ToPeriselene”组件,点击 MCS 下面的“Results”按钮,在弹出的“Use - Selected Results - ToPeriselene”窗口中将“Epoch”和“MultiBody”选项下的“BdotT”和“BdotR”添加到右边的已选变量框中,并确认后两个变量的“Target Body”为月球,如图 12 - 24 所示。

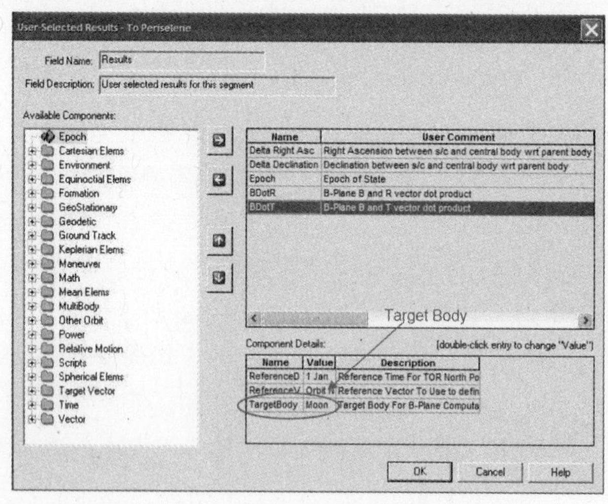

图 12 - 24　“Use - Selected Results - ToPeriselene”窗口

选中“TransLunarInjection”组件，确认“X(Velocity)”设置为 3.15km/s。单击“Target Sequence”，并选中控制策略“B－Plane Targeting”，单击属性“Properties”按钮，可以看到所有已选的控制变量和约束变量。控制变量包括三个“StoppingCondition Duration Trip Value”“Launch Epoch”和“Cartesian X”，将其全部选中。约束变量现在有五个，分别为“BdotR”“BdotT”“Delta Right Ascension”“Delta Declination”和“Epoch”，将其中的“BdotR”“BdotT”和“Epoch”选中。将“BdotR”的“Desired Value”设为5000km，“BdotT”的“Desired Value”设为0km，“Epoch”的“Desired Value”设为“4 Jan 1993 00:00:00.00”，如图 12－25 所示。

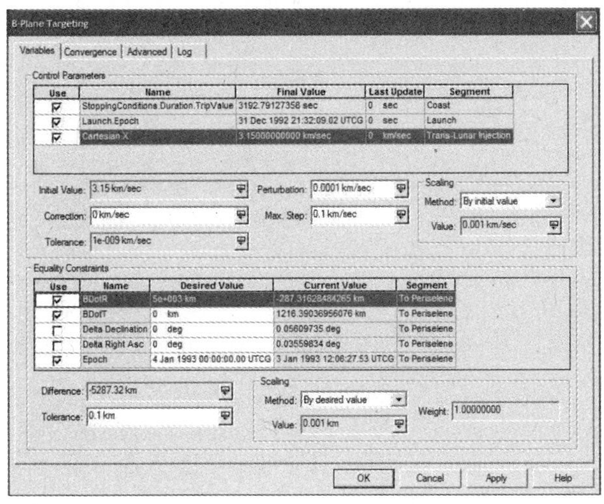

图 12－25　“B－Plane Targeting”窗口

选中“Target Sequence”并将控制策略“B－Plane Targeting”的“Action”改为“Run Active Profiles ONCE”，将“Mode”改为“Iterate”，运行 MCS，会弹出如图 12－26所示的窗口。

Target Sequence.B-Plane Targeting: Finished: *DID NOT CONVERGE* in 0 iterations.

Control	New Value	Last Update	Constraint	Desired	
...ns.Duration.TripValue	3192.79 sec	0 sec	BDotR	5000 km	-287
Launch.Epoch	31 Dec 1992 21:32:09.02 UTCG	0 sec	BDotT	0 km	121
Cartesian.X	3.15 km/sec	0 km/sec	Epoch	4 Jan 1993 00:00:00.00 UTCG	3 Ja

图 12－26　“B－Plane Targeting”的计算结果

选中“Target Sequence”并将控制策略“B－Plane Targeting”的“Action”改

为"Run Active Profiles"并再次运行 MCS,此时会弹出如图 12-27 所示的窗口,可以看到在经过七次迭代后,控制变量收敛到满足要求的值。"Stopping-Conditions Duration Trip Value"的值约为 3106.82s,"Launch Epoch"的值约为"31 Dec 1992 22:09:26.04 UTCG",而"Cartesian X"的值约为 3.12502km/s。单击"Apply All Corrections"按钮来应用上面计算得到的新初始值,并将"Action"再次改为"Run Nominal Sequence",运行 MCS,可以看到月球探测器沿着新的转移轨道运行。

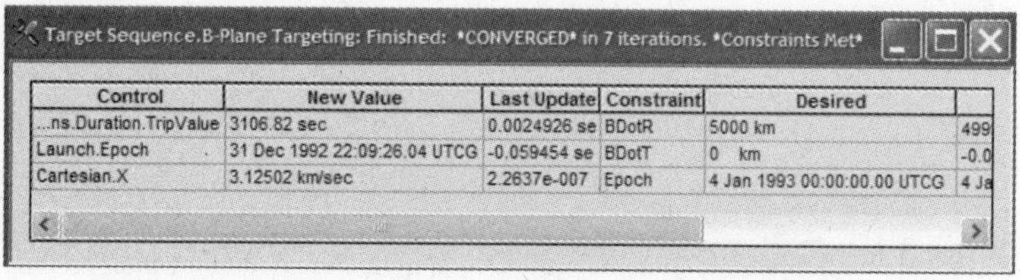

Target Sequence.B-Plane Targeting: Finished: *CONVERGED* in 7 iterations. *Constraints Met*

Control	New Value	Last Update	Constraint	Desired	
...ns.Duration.TripValue	3106.82 sec	0.0024926 se	BDotR	5000 km	499
Launch.Epoch	31 Dec 1992 22:09:26.04 UTCG	-0.059454 se	BDotT	0 km	-0.0
Cartesian.X	3.12502 km/sec	2.2637e-007	Epoch	4 Jan 1993 00:00:00.00 UTCG	4 Ja

图 12-27 "B-Plane Targeting"计算收敛的结果

3. 通过调整轨道高度和轨道倾角来实现入轨

如果最终环月轨道的参数已经确定,例如,要求其轨道倾角为 90°,轨道高度为 100km,则可直接使用这两个参数作为控制变量来实现探测器入轨。

为了在 STK 中表示月球探测器环月轨道的倾角,首先需要创建一个新的坐标系——月心惯性坐标系,该坐标系的 Z 轴指向月球北极。单击 View 菜单中的"Astrogator Browser"命令,打开如图 12-28 所示的"Astrogator Component Browser"窗口,在"Axes"选项下选中右侧选框里的"2-Vector User Defined"对象。

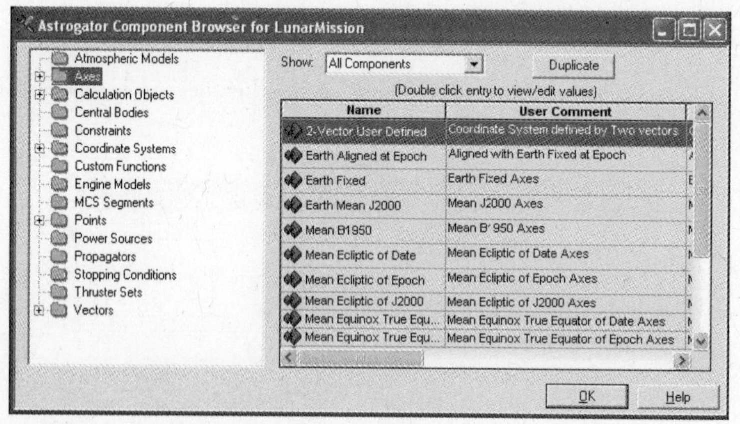

图 12-28 "Astrogator Component Browser for LunarMission"窗口

复制该选项,并将其重命名为“True Moon Equator”,如图12－29所示。

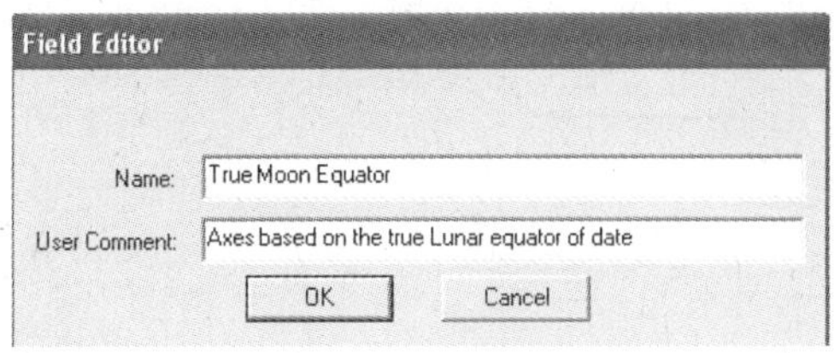

图12－29　“Field Editor”窗口

双击新创建的“True Moon Equator”,在弹出的“CrdAxes Aligned for STK”窗口中,按图12－30对坐标轴参数进行设置。

现在可以利用上面定义的坐标轴创建月心坐标系。在“Astrogator Component Browser”窗口中选择坐标系统“Coordinate Systems”,并复制右边选框中的“User Defined”选项将其重命名为“True Lunar Equatorial”。双击该选项,并将其坐标轴设置为“True Moon Equator”,坐标原点设置为月球,如图12－31所示。

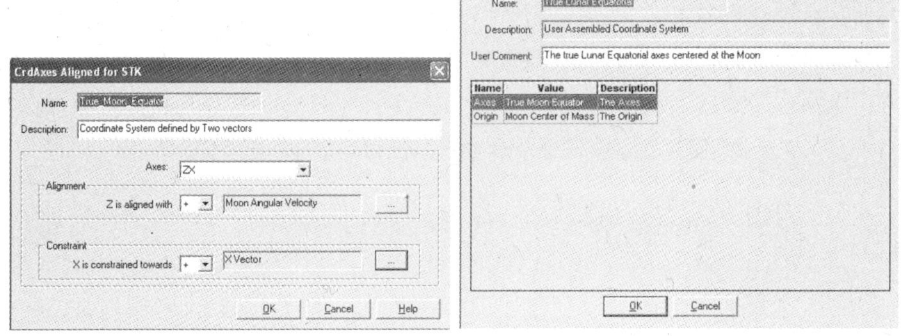

图12－30　“CrdAxes Aligned for STK”窗口　图12－31　“VaEdComponent for STK”窗口

重新打开探测器的基本属性窗口并选中“Target Sequence”组件,复制控制策略“B－Plane Targeting”,将其重命名为“Altitude and Inclination”,确认该控制策略的“Mode”为“Active”,而其他控制策略的“Mode”均为“Not Active”。

选中“TransLunarInjection”组件,并确认“X(Velocity)”设为3.15km/s。选中“ToPeriselene”组件,单击“Results”按钮,在“Geodetic”选项下面将“Altitude”选中,并将其“CentralBoby”设为月球。在“Keplerian Elems”选项下面将“Inclination”选中,并将其“CoordSystem”设为“True Lunar Equatorial”,如图12－32所示。

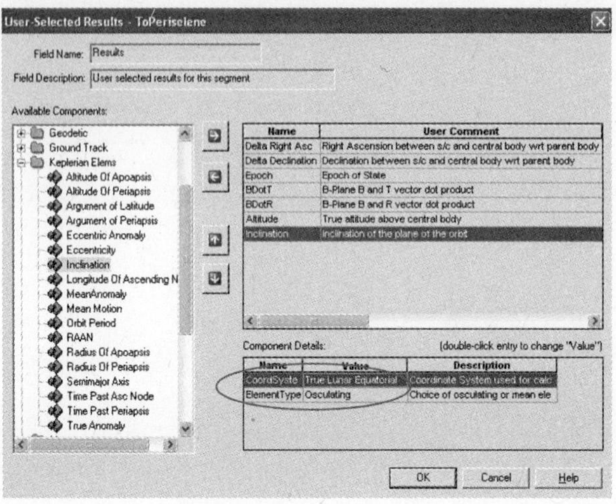

图12－32 “User Selected Results - ToPeriselene”窗口

选中“Target Sequence”的控制策略“Altitude and Inclination”。单击属性“Properties”按钮,可以看到全部的控制变量和约束变量。如图12－33所示,将三个控制变量全部选中,将约束变量“Epoch”“Altitude”和“Inclination”选中。将“Altitude”的“Desired Value”设为100km,“Inclination”的“Desired Value”设为90°,“Epoch”的“Desired Value”设为1993年1月4日0时0分0.0秒。

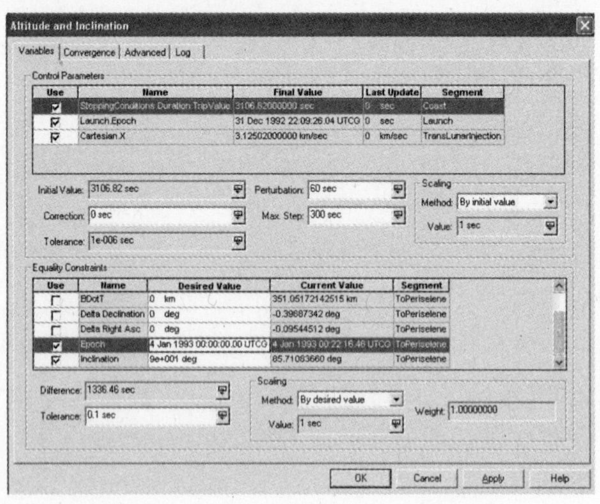

图12－33 “Altitude and Inclination”窗口

选中“Target Sequence”并将控制策略“Altitude and Inclination”的“Action”改为“Run Active Profiles ONCE”，将“Mode”改为“Iterate”，运行 MCS。选中“Target Sequence”并将控制策略“Altitude and Inclination”的“Action”改为“Run Active Profiles”并再次运行 MCS，此时，会弹出如图 12－34 所示的窗口，可以看到，在经过 13 次迭代后，控制变量收敛到满足要求的值。“StoppingConditions Duration Trip Value”的值约为 3101.95s，“Launch Epoch”的值约为“31 Dec 1992 22:10:45.60 UTCG”，而“Cartesian X”的值约为 3.12496km/s。单击“Apply All Corrections”按钮来应用上面计算得到的新初始值，并将“Action”再次改为“Run Nominal Sequence”，运行 MCS，可以看到月球探测器沿着新的转移轨道运行。

Target Sequence.Altitude and Inclination: Finished: *CONVERGED* in 13 iterations. *Constraints Met*

Control	New Value	Last Update	Constraint	Desired	Achieve
...ns.Duration.TripValue	3101.95 sec	-0.00084658	Altitude	100 km	100.083 km
Launch.Epoch	31 Dec 1992 22:10:45.60 UTCG	0.018505 sec	Epoch	4 Jan 1993 00:00:00.00 UTCG	3 Jan 1993 23:59:5
Cartesian.X	3.12496 km/sec	3.1524e-008	Inclination	90 deg	89.9982 deg

图 12－34 “Altitude and Inclination”计算收敛后的结果

12.4.4 环月轨道设置

在近月点如果不进行轨道控制，探测器将飞越月球，为了使探测器进入环月轨道，需进行入轨参数设置。点击任务控制序列，加入一个新的“Target Sequence”组件，在该控件中再加入一个“Impulsive Maneuver”组件，将其重命名为“LOI”，并将“Attitude Control of the Maneuver Direction”改为“Thrust Vector”，“Thrust Axes”改为“Moon VNC”。单击任务控制序列，再加入一个新的“Propagate”组件，将其颜色改为蓝色，名称改为“Prop3Days”。完成后的任务控制序列如图 12－35所示。

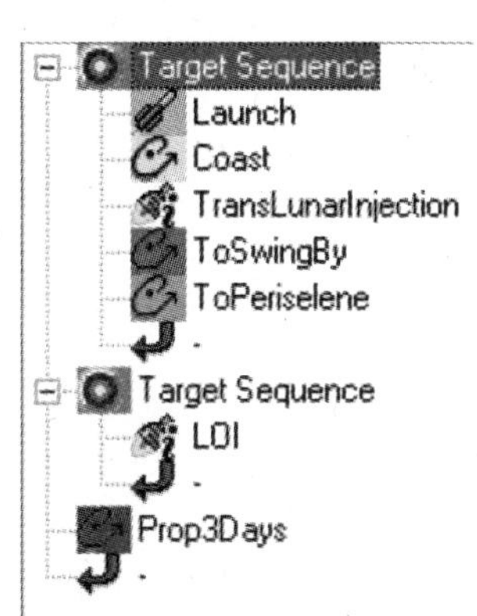

图 12－35 “Altitude and Inclination”窗口

选中新的“LOI”组件，将“X(velocity)”变

量选中,单击"Results"按钮,在"Keplerian Elems"选项下将偏心率"Eccentricity"移动到已选列表中,并将其"Central Body"改为月球。选中新的"Target Sequence"组件,点击"Profiles"选框中的"Properties"按钮,在弹出的"Differential Corrector"窗口中,按图12-36进行设置,将偏心率的期望值改为0.3。

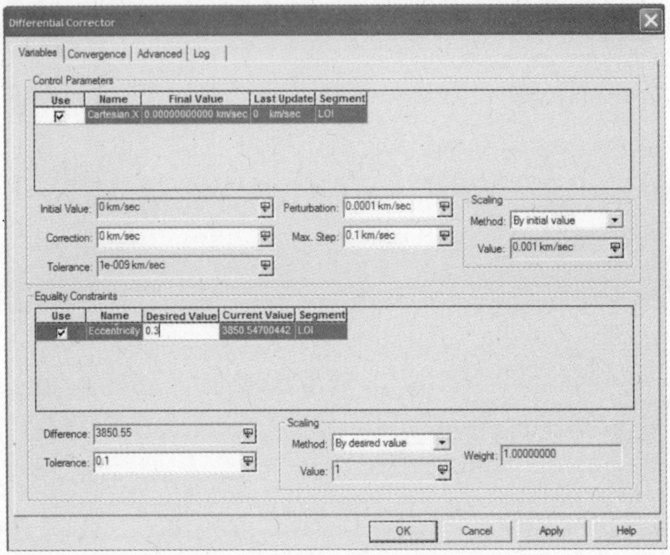

图12-36 "Differential Corrector"窗口

选中新的"Target Sequence"并将控制策略"Differential Corrector"的"Action"改为"Run Active Profiles ONCE",将"Mode"改为"Iterate",运行MCS。选中新的"Target Sequence"并将控制策略"Differential Corrector"的"Action"改为"Run Active Profiles"并再次运行MCS,在弹出的如图12-37所示的窗口中可以看到,经过七次迭代后"Cartesian X"的值约为-0.6924km/s,偏心率收敛到0.3附近。

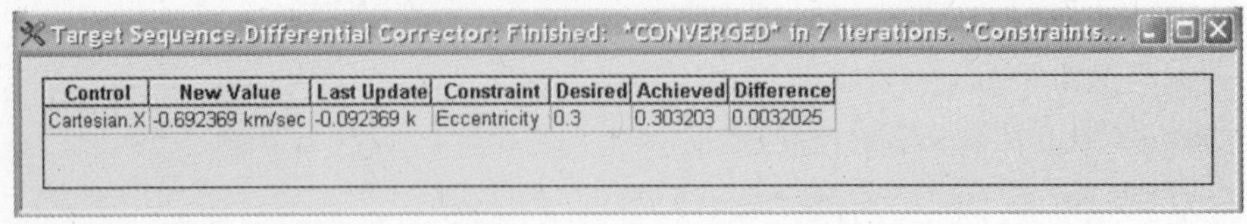

Control	New Value	Last Update	Constraint	Desired	Achieved	Difference
Cartesian.X	-0.692369 km/sec	-0.092369 k	Eccentricity	0.3	0.303203	0.0032025

图12-37 "Differential Corrector"计算收敛后的结果

单击"Apply All Corrections"按钮来应用上面计算得到的新初始值,并将

"Action"改为"Run Nominal Sequence",运行 MCS,可以看到月球探测器进入了环月轨道,如图 12-38 所示。

图 12-38　"Differential Corrector"窗口

12.5　利用 STK 生成火星探测器轨道数据

前面分别介绍了利用 STK 生成近地停泊轨道深空探测器和月球探测器轨道和姿态数据的方法。本节介绍火星探测器的轨道数据的生成方法,该火星探测器的具体数据参考美国"Mars Pathfinder"火星探测任务,探测器于 1996 年 12 月 4 日发射并于 1997 年 7 月 4 日着陆于火星表面。

12.5.1　任务基本参数设置

创建一个新任务"scenario",将其重命名为"Marsexplorer",在该任务中添加两颗行星和一个探测器。双击"Marsexplorer"打开"Marsexplorer:Basic Time Period"窗口,在周期"Period"栏中,把任务的开始时间"Start"和"Epoch"设为"1 Mar 1997 00:00:00.00.",设置任务结束时间"Stop"为"1 Mar 1998 00:00:00.00.",在"Animation"栏将"Time Step"设置为 1h(3600s)。打开任务二维图形属性"2D Graphics Global Attributes"窗口,按图 12-39 对参数进行设置。

把一颗行星命名为地球"Earth",将其"Ephemeris Source"设为"DE405",

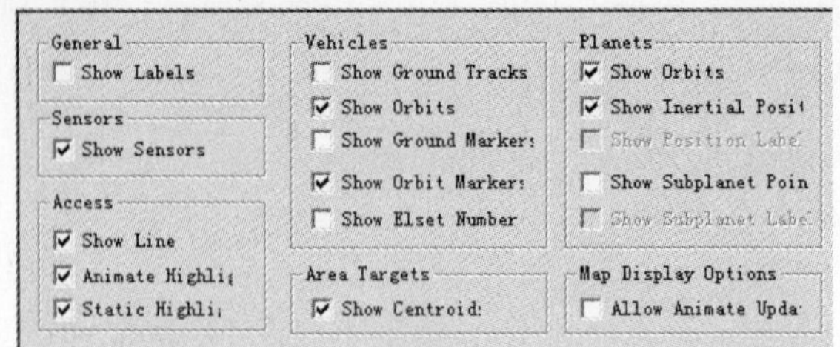

图12－39 “2D Graphics Global Attributes”窗口参数设置

把另一颗行星命名为火星“Mars”,并将其“Ephemeris Source”设为“DE405”。

在探测器属性窗口中,单击“2D Graphics:Attributes Properties”,如图12－40所示的“Marsexplorer:2D Graphics Attributes”窗口中单击“more…”按钮,用简单的符号,如“○”代表探测器,确认在“Pass”栏中的“Orbit Lead Type”为“All”。

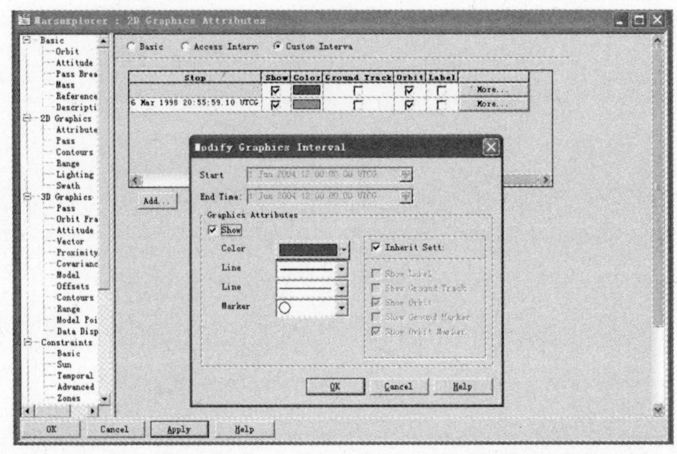

图12－40 “Marsexplorer:2D Graphics Attributes”窗口

打开“2D Graphics1”窗口,点击左侧工具栏中的视图中心天体“Map Central Body”( )按钮,在打开的窗口中选择“Sun”作为中心天体。打开该视图的属性窗口,在“Projection”页面上的“Projection Format”选框中,将“Type”设为“Orthographic”,“Displayed Coordinate”设为“CBI”,“Display”设为600000000km;在“Center”选框中,将“Lat”设为84.6°。单击视图中的“Reset”键即可在视图中显示出1997年3月1日地球和火星位置。

在“View”菜单中选择“Duplicate 2D Graphics Window:2D Graphics1 – Sun”命令,生成一幅新的二维视图。单击新视图的中心天体“Map Central Body”按钮,选择火星作为其中心天体。打开视图属性窗口的“Details”页面,将“Background”选框中的“Image”背景图像设为“mars. bmp”,并确认“Lat/Lon Lines”为“OFF”。打开“Projection”页面,在“Projection Format”选框中将“Type”设为“Orthographic”,“Displayed Coordinate”设为“CBI”,“Height”设为 40000km;在“Center”选框中,将“Lat”设为 90°,将“Orthographic Grid”选框中的“Show”设为“ON”。

12. 5. 2　地火转移轨道的数据生成

双击探测器“Marsexplore”打开“Marsexplore: Basic Orbit”窗口,把“Propagator”设为“Astrogator”,坐标系“Coordinate System”设为“Sun Centered Mean J2000”,“Element Type”设为“Keplerian”,“Orbit”设为“1 Mar 1997 00:00:00. 00.”。具体轨道参数的设置如表 12 – 3 所列。

表 12 – 3　轨道参数设置

轨道参数	数值
Semimajor Axis	193216365. 381 km
Eccentricity	0. 236386
Inclination	23. 455°
Right Ascension of Ascending Node	0. 258°
Argument of Periapsis	71. 347°
True Anomaly	85. 152°

选中 MCS 中的“Propagator”组件,将“Propagator”设为“Heliocentric”,单击“Advanced”按钮,禁止使用“Maximum Propagation Time”。在“Stopping Conditions”栏中插入一个新的“Periapsis”控制策略,同时删除其他控制策略。在中心天体“Central Body”选项中,选择太阳“Sun”作为中心天体。单击视图中的“Run”按钮,就可从日心视图上看到如图 12 – 41 所示的探测器的转移轨道。

从如图 12 – 42 所示的火星质心视图可以看出,当火星探测器距离火星很近时,在火星引力作用下其轨道发生了明显偏折。

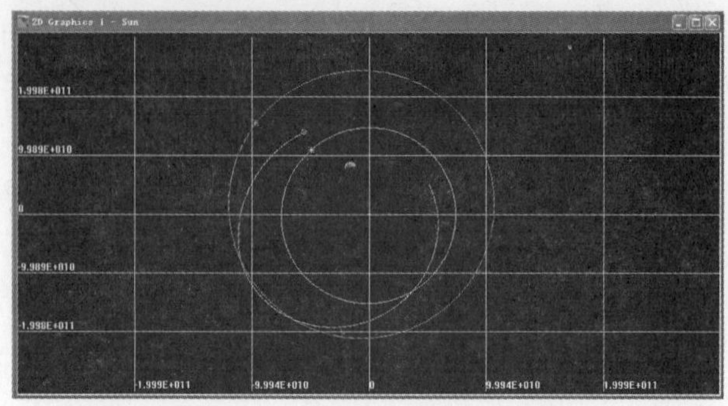

图 12-41　STK 生成火星转移轨道图

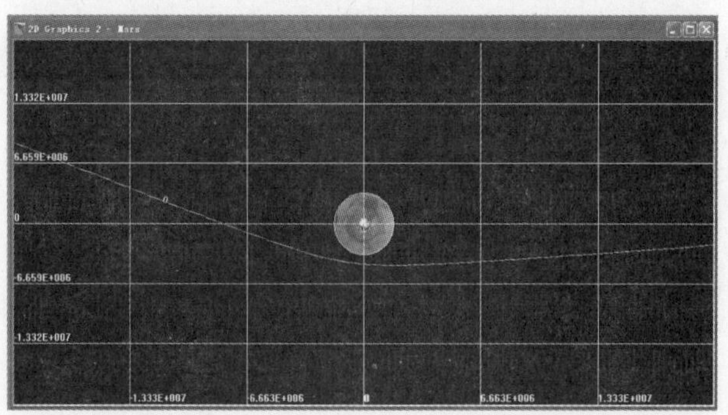

图 12-42　STK 生成转移轨道火星视图

12.5.3　环火轨道的数据生成

选中 MCS 中的"Propagator"组件,将中心天体改为火星"Mars",再次运行 MCS,观察视图窗口会发现当前探测器的轨道终止于火星附近。打开"Propagate"的"Properties"对话框,把坐标系"Coordinate System"改为火星质心惯性坐标系"Mars Centered Inertial"。单击"Summary"按钮,在生成的任务报告中可以看到探测器的入轨高度约为 1715km。

点击"View"菜单下的"Astrogator Browser"命令,打开如图 12-43 所示的"Astrogator Component Mass Propagator for Marsparthfinder"窗口。在"Propagators"选项下选择"Earth Point Mass",单击"Dulicate"按钮,将复制项命名为"Mars Point Mass",双击新生成的"Mars Point Mass",在弹出的"Astrogator Propagator:Force Models"窗口中将中心天体"Central Body"改为"Mars"。

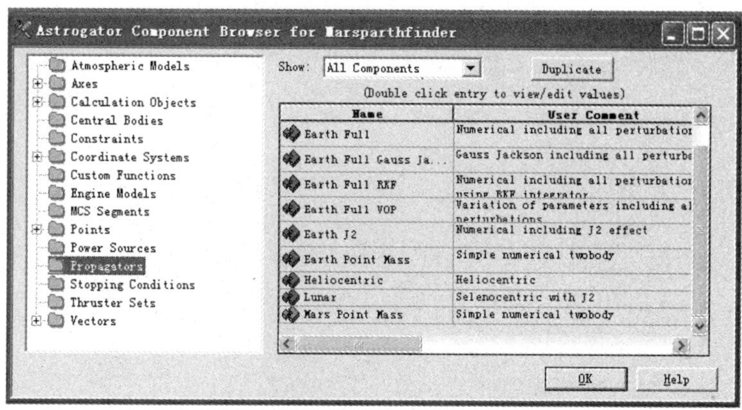

图 12－43　生成 Mars Point Mass Propagator

在 MCS 下添加一个“Target Sequence”组件，在“Target Sequence”下加入一个“Impulsive Maneuver”组件。选中“Impulsive Maneuver”，把“Attitude Control”设为“Thrust Vector”，把“Thrust Axes”设为“VNC”，“Vector Type”设为“Cartesian”，把控制变量选为 X(Velocity)和 Z。

单击“Results”按钮，在弹出的“User－Selected Results”窗口中，把“Keplerian Elems”选项下面将变量“Eccentricity”通过右侧的箭头移动到已选变量框内，并将其“CentralBody”设为火星。选中“Target Sequence”，单击“Profiles”选框下的“Properties”按钮，在打开的“Differential Corrector”窗口中，将两个控制变量均选中，将“Eccentricity”的“Desired Value”设为 0，将“Tolerance”设为 0.01。打开“Convergence”页面把“Maximum”值设为 50，如图 12－44 所示。再次选中“Target Sequence”，将控制策略“Differential Corrector”的“Action”改为“Run Active Profiles”，将“Mode”改为“Iterate”。

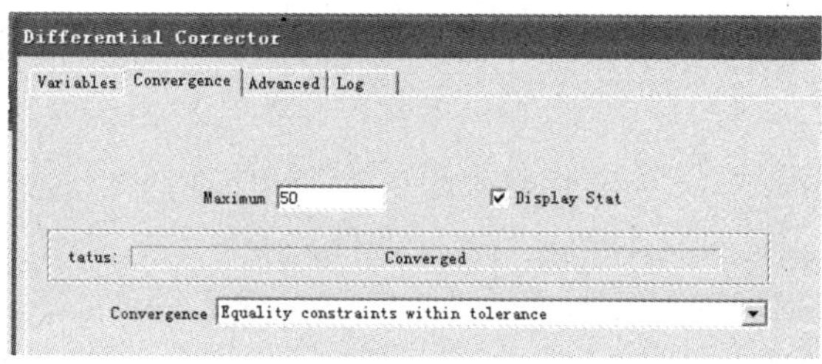

图 12－44　“Differential Corrector”窗口

在 MCS 下生成一个新的“Propagator”组件,把“Periapsis”设为唯一的控制策略,把“Propagator”改为“Mars Point Mass”,“Central Body”选为火星,“Repeat Count”设为2,运行 MCS,可以看到火星质心视图下的探测器轨道如图 12-45 所示。

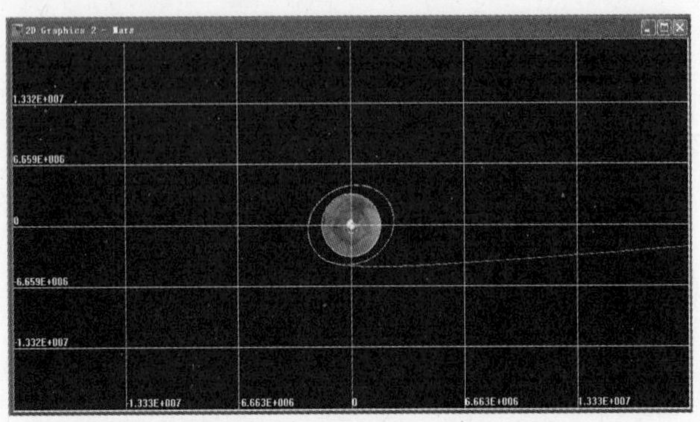

图 12-45 STK 生成环火轨道

12.5.4 火星探测器数据文件的输出

火星探测器轨道数据文件的输出方法与近地停泊轨道探测器的数据输出方法相同。

有了上述由 STK 生成的标准轨道和姿态数据,下一步就是根据轨道和姿态数据,以及天体敏感器的安装位置和其他参数生成仿真所需要的天体的量测数据,并进行计算机仿真,下一节将介绍天文导航计算机仿真实验的整个工作流程。

12.6 小结

本章在简要介绍 STK 这一卫星工具软件的基本安装和使用方法的基础上,重点介绍了利用其生成卫星轨道和姿态数据的具体方法。利用该软件,可以快速方便地生成各种轨道数据,这些数据作为标称数据既可进行航天器自主导航的计算机仿真,又可对各种天文导航方法的性能进行仿真分析。

参考文献

[1] 杨颖,王琦. STK 在计算机仿真中的应用[M]. 北京:国防工业出版社,2005.

第13章 天文导航中星图预处理及匹配识别技术

13.1 引言

上述几章介绍了航天器自主天文导航的原理与方法,为天文导航系统工程样机的实现奠定了坚实的理论基础。实际上获取观测天体(地球、太阳、其他恒星)的高精度方位角信息是其中的关键问题,它是保证航天器天文导航系统精确定位的前提。工程应用中天体的方位角信息需要通过天体敏感器来获得。其中,恒星敏感器以恒星为观测对象,实时敏感星空图像,再对该星空图像进行星图预处理、星图匹配识别和星体质心精确提取,最终给出被识别恒星在星敏感器坐标系和惯性坐标系中的星光矢量方向。

为此,本章首先研究了星图预处理技术,包括基于CL多小波去噪处理、多项式拟合校正畸变和基于局部熵的星体位置确定,为星图匹配识别提供了高质量的星图;其次提出了基于Delaunay剖分算法的星图匹配识别算法、基于新型Hausdorff距离(HD)的星图识别算法和基于新型Hausdorff距离(HD)的改进星图识别算法,以完成星图的匹配识别,为导航星的选取提供基础;然后研究了基于高斯曲面拟合的星体质心提取方法,精确确定导航星的位置,进而获得导航星的星光矢量方向;最后给出了各部分的仿真试验及其分析结果。

13.2 星图的预处理

在基于星敏感器的航天器自主天文导航中,星图预处理是进行星体质心提取的前提,它主要包括去噪处理、图像畸变的分析与校正和星体的位置确定,在星敏感器数据处理中占有重要地位。由于星敏感器的系统噪声、随机噪声和镜头变形等,从敏感器敏感头得到的图像是被各种噪声污染及畸变了的二维灰度图像,要进行星体质心的精确提取,必须对此图像进行预处理,去除各种噪声干扰和敏感器畸变所带来的失真并对星体初步定位。本节主要介绍利用CL多小波的星图去噪处理技术、利用多项式拟合的星图畸变校正技术和基于局部熵的星体位置确定方法。

13.2.1 星图图像的去噪方法

星图图像去噪的常用方法有线性滤波、中值滤波、形态滤波和小波分析等。其中小波分析作为一种时频分析工具,在图像去噪领域获得了广泛的应用。但在实际应用中,图像去噪要求小波分析具有紧支性、对称性和正交性,而单小波并不具有这些特点,因此Goodman等提出了多小波的概念,它是小波理论的新发展,不仅保持了单小波所具有的良好时频域特性,而且还克服了单小波的缺陷,将紧支性、对称性、正交性和高阶消失矩等性质完美地结合在一起,使得多小波比单小波具有更多的优势。

目前,利用多小波进行图像去噪的方法包括:Strela提出的把单小波中“软限幅”图像去噪直接用于多小波的方法,由于多小波处理的是多维信号,软限幅实质上是单变量门限法,因而采用单变量门限具有一定的局限性;Bui等将“移不变”法与多变量门限法相结合,利用GHM多小波进行去噪,这是目前极具应用前景的方法。

本节采用由Chui和Lian于1996年利用对称性选出的支撑在[0,2]上的CL多小波进行星图图像的去噪。与GHM多小波相比,图像经过CL多小波变换后,原图像的能量不但可汇聚于最低分辨率的子图像上,而且还可进一步汇聚于该最低分辨率子图像的第一个分量上。因而,在星图图像去噪时只处理相应的变换分量即可,这样可以大大提高图像的去噪效率。

1. 多小波变换原理

在多分辨率分析中，设 $V_{-1} \subset V_0 \subset V_1 \subset \cdots \subset V_i \subset \cdots$，且满足

$$\bigcup_{j=-\infty}^{\infty} V_j = L^2(R);\ \bigcap_{j=-\infty}^{\infty} V_j = \{0\} \tag{13-1}$$

式中：V_0 由 R 个尺度函数的平移 $\Phi_0(t-k), \Phi_1(t-k), \cdots, \Phi_{R-1}(t-k)$ 生成，$V_1 = V_0 \oplus W_0$，与 $\Phi_0(t), \Phi_1(t), \cdots, \Phi_{R-1}(t)$ 相应的 R 个小波函数 $\Psi_0(t), \Psi_1(t), \cdots, \Psi_R(t)$ 构成子空间 W_0 的基。记 $\boldsymbol{\Phi}(t) = [\Phi_0(t), \Phi_1(t), \cdots, \Phi_{R-1}(t)]^{\mathrm{T}}$，$\Psi(t) = [\Psi_0(t), \Psi_1(t), \cdots, \Psi_R(t)]^{\mathrm{T}}$，则 $\boldsymbol{\Phi}(t)$、$\boldsymbol{\Psi}(t)$ 满足下列二尺度方程：

$$\begin{aligned} \Phi(t) &= \sqrt{2}\sum_{k=0}^{N-1} \boldsymbol{L}_k \Phi(2t-k) \\ \boldsymbol{\Psi}(t) &= \sqrt{2}\sum_{k=0}^{N-1} \boldsymbol{H}_k \Psi(2t-k) \end{aligned} \tag{13-2}$$

式中：$\boldsymbol{L}_k$、H_k 为 $R \times R$ 的常数矩阵，分别是与尺度函数和小波函数相对应的矢值滤波器。设 $\boldsymbol{\Phi}(t)$ 满足 $\langle \Phi_i(\cdot - K), \Phi_j(\cdot - L)\rangle = \Delta_{i,j}\Delta_{K,L}$，$(0 \leqslant i, j \leqslant R-1)$，其中，内积定义为 $\langle f(t), g(t)\rangle = \int f(t) \cdot \bar{g}(t)\,\mathrm{d}t$，则 $\boldsymbol{\Phi}(t)$ 为正交多尺度函数。同时，若 $\langle \Phi_i(\cdot - K), \Phi_j(\cdot - L)\rangle = \Delta_{i,j}\Delta_{K,L} \geqslant 0$，那么，$W_0 \perp V_0$，$\{\Psi_i(\cdot - K), K \in Z, i = 0, \cdots, R-1\}$ 构成 W_0 的一组正交基。

这时，对于任意 $f(t) \in V_0$，可分解为

$$\begin{aligned} f(t) &= \sum_{k \in Z} \boldsymbol{C}_k^{(0)} \boldsymbol{\Phi}(t-k) \\ &= \sum_{k \in Z} \boldsymbol{C}_k^{(J_0)\mathrm{T}} 2^{J_0/2} \boldsymbol{\Phi}(2^{J_0}t - k) + \sum_{J_0 \leqslant j < 0} \sum_{k \in Z} \boldsymbol{D}_k^{(j)\mathrm{T}} 2^{j/2} \Psi(2^j t - k) \end{aligned} \tag{13-3}$$

其中

$$\boldsymbol{C}_k^{(j)} = [C_{0,k}^{(j)}, C_{1,k}^{(j)}, \cdots, C_{R-1,k}^{(j)}]^{\mathrm{T}}, \boldsymbol{D}_k^{(j)} = [D_{0,k}^{(j)}, D_{1,k}^{(j)}, \cdots, D_{R-1,k}^{(j)}]^{\mathrm{T}}$$

综上所述，可得到以下两式。

分析过程为

$$\boldsymbol{C}_k^{(j-1)} = \sum_{n=0}^{N-1} \boldsymbol{L}_n \boldsymbol{C}_{2k+n}^{(j)}, \boldsymbol{D}_k^{(j-1)} = \sum_{n=0}^{N-1} \boldsymbol{H}_n \boldsymbol{C}_{2k+n}^{(j)};\ j, k \in Z \tag{13-4}$$

合成过程为

$$\boldsymbol{C}_k^{(j)} = \sum_k \boldsymbol{L}_{n+2k}^{\mathrm{T}} \boldsymbol{C}_k^{(j-1)} + \sum_k \boldsymbol{H}_{n+2k}^{\mathrm{T}} \boldsymbol{D}_k^{(j-1)};\ j, k \in Z \tag{13-5}$$

2. 星图图像的 CL 多小波变换

多小波基是由多个小波母函数经过伸缩平移生成,相应地,有多个尺度函数,多小波变换只适用于矢量,因此要对图像进行多小波变换,必须先对图像行列进行前置滤波,然后再对图像的行列进行多小波变换,最终得到经过 CL 多小波变换的星图图像。其变换过程如图 13-1 所示。

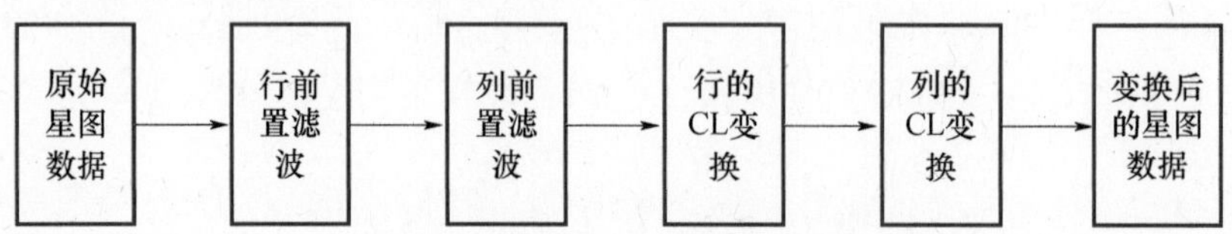

图 13-1　星图的 CL 多小波变换过程

设星图图像 $\boldsymbol{A}$ 为

$$\boldsymbol{A}=\begin{bmatrix} a_{11} & a_{12} & \cdots & a_{1N} \\ a_{21} & a_{22} & \cdots & a_{2N} \\ \vdots & \vdots & \ddots & \vdots \\ a_{N1} & a_{N2} & \cdots & a_{NN} \end{bmatrix}$$

式中:a_{ij} 为图像像素值,$i,j=1,2,\cdots,N$。

设与 CL 多小波相配套的前置滤波器 $\boldsymbol{P}_{\mathrm{re}}(0)$ 为

$$\boldsymbol{P}_{\mathrm{re}}(0)=\begin{bmatrix} 1/4 & 1/4 \\ 1/(1+\sqrt{7}) & -1/(1+\sqrt{7}) \end{bmatrix} \tag{13-6}$$

对图像 $\boldsymbol{A}$ 的行列分别进行前置滤波、多小波变换后,得到最终变换后的图像为

$$\boldsymbol{A}\Rightarrow\boldsymbol{D}=\begin{bmatrix} \boldsymbol{LL} & \boldsymbol{HL} \\ \boldsymbol{LH} & \boldsymbol{HH} \end{bmatrix} \tag{13-7}$$

其中

$$\boldsymbol{LL}=\begin{bmatrix} c_{1,1}^{LL} & \cdots & c_{1,\frac{N}{2}}^{LL} \\ \vdots & \ddots & \vdots \\ c_{\frac{N}{2},1}^{LL} & \cdots & c_{\frac{N}{2},\frac{N}{2}}^{LL} \end{bmatrix},\boldsymbol{HL}=\begin{bmatrix} c_{1,1}^{HL} & \cdots & c_{1,\frac{N}{2}}^{HL} \\ \vdots & \ddots & \vdots \\ c_{\frac{N}{2},1}^{HL} & \cdots & c_{\frac{N}{2},\frac{N}{2}}^{HL} \end{bmatrix}$$

$$\boldsymbol{LH}=\begin{bmatrix} c_{1,1}^{LH} & \cdots & c_{1,\frac{N}{2}}^{LH} \\ \vdots & \ddots & \vdots \\ c_{\frac{N}{2},1}^{LH} & \cdots & c_{\frac{N}{2},\frac{N}{2}}^{LH} \end{bmatrix},\boldsymbol{HH}=\begin{bmatrix} c_{1,1}^{HH} & \cdots & c_{1,\frac{N}{2}}^{HH} \\ \vdots & \ddots & \vdots \\ c_{\frac{N}{2},1}^{HH} & \cdots & c_{\frac{N}{2},\frac{N}{2}}^{HH} \end{bmatrix}$$

此部分内容的详细信息可参看文献[4],在这里就不再赘述。

一幅图像经过 CL 多小波变换后,会分解为 $\boldsymbol{LL}$、$\boldsymbol{LH}$、$\boldsymbol{HL}$、$\boldsymbol{HH}$ 四幅子图像,其中原图像的绝大部分能量都汇聚于最低分辨率的子图像 $\boldsymbol{LL}$ 中。虽然在图像去噪的应用中,往往要对图像进行多次多小波变换,但这时只需对每一次变换后的 $\boldsymbol{LL}$ 子图像再次进行多小波变换即可。

3. 星图图像的 CL 多小波反变换

一种变换如果没有反变换是没有意义的。经过多小波变换后得到的数据信息,根据要求进行图像的去噪处理后,还要经过反变换还原图像,并同原始图像进行比较来检验图像处理的结果是否满足要求,否则需重新调整参数来达到要求。

星图图像的 CL 多小波反变换,即是多小波变换的逆变换,其过程为图 13-1 的逆过程。

设式(13-7)中,有

$$\boldsymbol{D}=\begin{bmatrix} \boldsymbol{LL} & \boldsymbol{HL} \\ \boldsymbol{LH} & \boldsymbol{HH} \end{bmatrix}=\begin{bmatrix} d_{1,1} & \cdots & d_{1,N} \\ \vdots & \ddots & \vdots \\ d_{N,1} & \cdots & d_{N,N} \end{bmatrix}$$

1) 列的反变换

令

$$\boldsymbol{E}=\begin{bmatrix} e_{1,1} & \cdots & e_{1,N} \\ \vdots & \ddots & \vdots \\ e_{N,1} & \cdots & e_{N,N} \end{bmatrix},\boldsymbol{E}_{\text{icol}}(n)=\begin{bmatrix} e_{n,i} \\ e_{n+\frac{N}{2},i} \end{bmatrix},\boldsymbol{E}_{\text{icol}+\frac{N}{2}}(n)=\begin{bmatrix} e_{n,i+\frac{N}{2}} \\ e_{n+\frac{N}{2},i+\frac{N}{2}} \end{bmatrix}$$

式中:$i=1,2,\cdots,\dfrac{N}{2}$;$n=1,2,\cdots,\dfrac{N}{4}$,并且

$$\boldsymbol{E}_{\text{icol}}(n)=\sum_{m}\boldsymbol{L}^{\text{T}}(n-2m)\begin{bmatrix} d_{m,i} \\ d_{m+\frac{N}{4},i} \end{bmatrix}+\sum_{m}\boldsymbol{H}^{\text{T}}(n-2m)\begin{bmatrix} d_{m,i} \\ d_{m+\frac{N}{4},i} \end{bmatrix} \tag{13-8}$$

$$\boldsymbol{E}_{\mathrm{icol}+\frac{N}{2}}(n) = \sum_m \boldsymbol{L}^{\mathrm{T}}(n-2m)\begin{bmatrix} d_{m,i+\frac{N}{2}} \\ d_{m+\frac{N}{4},i+\frac{N}{2}} \end{bmatrix} + \sum_m \boldsymbol{H}^{\mathrm{T}}(n-2m)\begin{bmatrix} d_{m,i+\frac{N}{2}} \\ d_{m+\frac{N}{4},i+\frac{N}{2}} \end{bmatrix} \tag{13-9}$$

式中:$i=1,2,\cdots,\frac{N}{2}$;$m=1,2,\cdots,\frac{N}{4}$;$n=1,2,\cdots,\frac{N}{4}$。

2）行的反变换

设

$$\boldsymbol{F} = \begin{bmatrix} f_{1,1} & \cdots & f_{1,N} \\ \vdots & \ddots & \vdots \\ f_{N,1} & \cdots & f_{N,N} \end{bmatrix}, \boldsymbol{F}_{\mathrm{irow}}(n) = \begin{bmatrix} f_{i,n} \\ f_{i,\frac{N}{2}+n} \end{bmatrix}$$

式中:$i=1,2,\cdots,N$;$n=1,2,\cdots,\frac{N}{2}$,并且

$$\boldsymbol{F}_{\mathrm{irow}}(n) = \sum_m \boldsymbol{L}^{\mathrm{T}}(n-2m)\begin{bmatrix} e_{i,m} \\ e_{i,\frac{N}{4}+m} \end{bmatrix} + \sum_m \boldsymbol{H}^{\mathrm{T}}(n-2m)\begin{bmatrix} e_{i,m+\frac{N}{2}} \\ e_{i,m+\frac{N}{2}+\frac{N}{4}} \end{bmatrix} \tag{13-10}$$

式中:$m=1,2,\cdots,\frac{N}{4}$;$i=1,2,\cdots,N$;$n=1,2,\cdots,\frac{N}{2}$。这时得到的 F 矩阵为经过行反变换后的矢量。

3）列的后置滤波

设后置滤波器 $\boldsymbol{P}_{\mathrm{ost}}(0)$ 为

$$\boldsymbol{P}_{\mathrm{ost}}(0) = \begin{bmatrix} 2 & (1+\sqrt{7})/2 \\ 2 & -(1+\sqrt{7})/2 \end{bmatrix}$$

设

$$\boldsymbol{X} = \begin{bmatrix} x_{1,1} & \cdots & x_{1,N} \\ \vdots & \ddots & \vdots \\ x_{N,1} & \cdots & x_{N,N} \end{bmatrix}, \boldsymbol{X}_{\mathrm{icol}}(n) = \begin{bmatrix} x_{2n-1,i} \\ x_{2n,i} \end{bmatrix}$$

式中:$n=1,2,\cdots,\frac{N}{2}$;$i=1,2,\cdots,N$,则列后置滤波为

$$\boldsymbol{X}_{\mathrm{icol}}(n) = \boldsymbol{P}_{\mathrm{ost}}(0)\begin{bmatrix} f_{n,i} \\ f_{n+\frac{N}{2},i} \end{bmatrix} \tag{13-11}$$

式中：$n=1,2,\cdots,\frac{N}{2};i=1,2,\cdots,N$。

4）行的后置滤波

设

$$\boldsymbol{Y}=\begin{bmatrix} y_{1,1} & \cdots & y_{1,N} \\ \vdots & \ddots & \vdots \\ y_{N,1} & \cdots & y_{N,N} \end{bmatrix},\boldsymbol{Y}_{\text{irow}}(n)=\begin{bmatrix} y_{i,2n-1} \\ y_{1,2n} \end{bmatrix}$$

式中：$i=1,2,\cdots,N;n=1,2,\cdots,\frac{N}{2}$，则行后置滤波为

$$\boldsymbol{Y}_{\text{irow}}(n)=\boldsymbol{P}_{\text{ost}}(0)\begin{bmatrix} y_{i,n} \\ y_{i,\frac{N}{2}+n} \end{bmatrix} \tag{13-12}$$

式中：$n=1,2,\cdots,\frac{N}{2};i=1,2,\cdots,N$。

这时得到的 $\boldsymbol{Y}$ 矩阵为经过行后置滤波后的图像数据，也即经过反变换后的图像数据。

13.2.2　星图图像的畸变校正方法

星图图像的畸变校正是星图识别处理的基础，直接影响识别的成功率。为了有效地完成星图识别和构造容量较小的导航星库，需要把星敏感器的光学系统设计为大视场、大相对口径，而带来的最大问题是畸变。当畸变较为严重时，难以保证星敏感器整个视场内像点能量分布的均匀性和对称性，这样就会影响识别的成功率，因此在星敏感器图像预处理中要进行图像畸变的分析与校正。

对于畸变校正问题，国内外一些学者进行了大量的研究，目前，比较常用的有栅格模板校正法和点阵模板校正法，都能取得较好的效果。在这些方法的实现中，往往需要考虑模板与镜头的距离，而在试验中利用液晶光阀产生平行光束来模拟无穷远的星光，构成点阵模板，所以可不考虑此因素。本节采用多项式拟合技术和双线性插值方法对星敏感器图像的畸变进行校正。

1. 图像畸变与校正

1）图像的畸变原理

有畸变的光学系统对大的平面物体成像时，如果物面为一系列等间距的

同心圆,则其像为非等间距的同心圆。若畸变为正,同心圆的间距自内向外增大;若畸变为负,间距自内向外减小。若物面为正方形的网格时,那么,正畸变将使像呈枕形;负畸变将使像呈桶形。

假设对于任一像元 P,不失真成像在 $P_0(x_0,y_0)$,失真之后成像在 $P_1(x_1,y_1)$,令 $r_0=\sqrt{x_0^2+y_0^2}$,$r_1=\sqrt{x_1^2+y_1^2}$,如图 13-2 所示。

成像系统应满足关系:$r_1=F(r_0)$。

当 $F(r_0)=k\times r_0$ 时,无任何畸变,只有大小的变化。当 $F(r_0)\neq k\times r_0$ 时,产生几何畸变:当 $F(r_0)>k\times r_0$ 时,产生枕形畸变 ;当 $F(r_0)<k\times r_0$ 时,产生桶形畸变 。其中,k 为畸变系数。

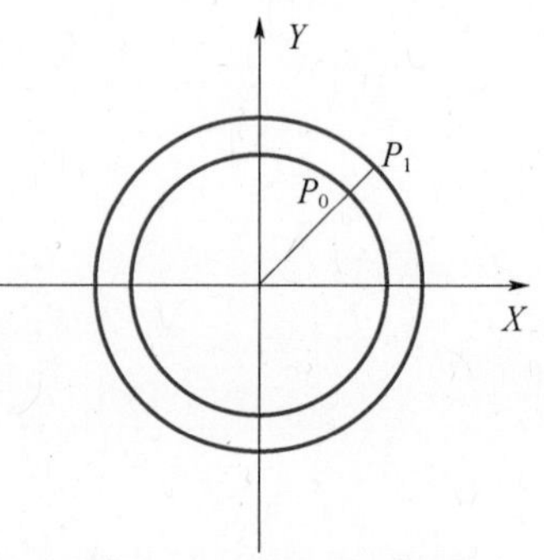

图 13-2 径向非线性畸变

2)图像畸变校正原理

从数字图像处理的观点来考察畸变校正,实际上是对一幅图像进行恢复的过程,几何畸变主要表现为图像像素点的位移使物体所成的图像发生变形。进行几何畸变校正一般分为两步:第一步是对理想图像所在的坐标空间进行变换,目的是使理想图像像素点与实际畸变图像像素点的空间位置对应起来,获得畸变的参数;第二步是根据实际图像像素点,进行插值来求得理想图像像素的灰度值。

3)校正过程

光学镜头的几何畸变是非线性的,通常使用多项式变换来表示此非线性变换。令点(x,y)为校正前图像上任一点,与之相对应的校正后的点为(u,v),则其对应关系为

$$\begin{cases} x=\sum_{i=0}^{n}\sum_{j=0}^{n-i}a_{ij}u^iv^j \\ y=\sum_{i=0}^{n}\sum_{j=0}^{n-i}b_{ij}u^iv^j \end{cases} \tag{13-13}$$

式中:a_{ij}、b_{ij}表示多项式的系数;n 为多项式的次数;$i=0,1,\cdots,s,\cdots,n$; $j=0,1,\cdots,t,\cdots,n-i$。

采用最小二乘法使拟合误差平方和最小，即使 $\varepsilon = \sum_{l=1}^{L}(x_l - \sum_{i=0}^{n}\sum_{j=0}^{n-i}a_{ij}u^i v^j)^2$ 最小，即

$$\frac{\partial \varepsilon}{\partial a_{st}} = 2\sum_{l=1}^{L}(\sum_{i=0}^{n}\sum_{j=0}^{n-i}a_{ij}u_l^i v_l^j - x_l)u_l^s v_l^t = 0 \tag{13-14}$$

式(13－14)是指 ε 分别对 u 的 s 次方以及 v 的 t 次方求导。由此得到

$$\sum_{l=1}^{L}(\sum_{i=0}^{n}\sum_{j=0}^{n-i}a_{ij}u_l^i v_l^j)u_l^s v_l^t = \sum_{i=0}^{n}\sum_{j=0}^{n-i}a_{ij}(\sum_{l=1}^{L}u_l^{i+s}v_l^{j+t}) = \sum_{l=1}^{L}x_l u_l^s v_l^t \tag{13-15}$$

同理，有

$$\sum_{l=1}^{L}(\sum_{i=0}^{n}\sum_{j=0}^{n-i}a_{ij}u_l^i v_l^j)u_l^s v_l^t = \sum_{i=0}^{n}\sum_{j=0}^{n-i}b_{ij}(\sum_{l=1}^{L}u_l^{i+s}v_l^{j+t}) = \sum_{l=1}^{L}y_l u_l^s v_l^t \tag{13-16}$$

式中：L 为控制点对的个数；$s = 0,1,2\cdots,n$；$t = 0,1,\cdots,n-s$；$s+t \leqslant n$。

令 $M = (n+1)(n+2)/2$。式(13－15)、式(13－16)为两组由 M 个方程组成的线性方程组，每个方程组包含 M 个未知数，通过解上述两式求出 a_{ij}、b_{ij}，将其代入式(13－13)可以实现两个坐标系之间的变换。将式(13－15)、式(13－16)表示为矩阵形式，即

$$\boldsymbol{Ta} = \boldsymbol{X} \tag{13-17}$$

$$\boldsymbol{Tb} = \boldsymbol{Y} \tag{13-18}$$

式中：$\boldsymbol{T}$ 为 M 阶方阵，$\boldsymbol{a}$、$\boldsymbol{b}$、$\boldsymbol{X}$、$\boldsymbol{Y}$ 是 M 维矢量。假设当 $n = 3$ 时，$M = 10$，那么，有

$$\boldsymbol{T} = \begin{bmatrix} L & \sum_{l=1}^{L}v_l & \sum_{l=1}^{L}v_l^2 & \sum_{l=1}^{L}v_l^3 & \sum_{l=1}^{L}u_l & \sum_{l=1}^{L}u_l v_l & \sum_{l=1}^{L}u_l v_l^2 & \sum_{l=1}^{L}u_l^2 & \sum_{l=1}^{L}u_l^2 v_l & \sum_{l=1}^{L}u_l^3 \\ \sum_{l=1}^{L}v_l & \sum_{l=1}^{L}v_l^2 & \sum_{l=1}^{L}v_l^3 & \sum_{l=1}^{L}v_l^4 & \sum_{l=1}^{L}u_l v_l & \sum_{l=1}^{L}u_l v_l^2 & \sum_{l=1}^{L}u_l v_l^3 & \sum_{l=1}^{L}u_l^2 v_l & \sum_{l=1}^{L}u_l^2 v_l^2 & \sum_{l=1}^{L}u_l^3 v_l \\ \vdots & \vdots & \vdots & \vdots & \vdots & \vdots & \vdots & \vdots & \vdots & \vdots \\ \sum_{l=1}^{L}u_l^3 & \sum_{l=1}^{L}u_l^3 v_l & \sum_{l=1}^{L}u_l^3 v_l^2 & \sum_{l=1}^{L}u_l^3 v_l^3 & \sum_{l=1}^{L}u_l^4 & \sum_{l=1}^{L}u_l^4 v_l & \sum_{l=1}^{L}u_l^4 v_l^2 & \sum_{l=1}^{L}u_l^5 & \sum_{l=1}^{L}u_l^5 v_l & \sum_{l=1}^{L}u_l^6 \end{bmatrix} \tag{13-19}$$

$$\boldsymbol{a} = (a_{00} \quad a_{01} \quad a_{02} \quad a_{03} \quad a_{10} \quad a_{11} \quad a_{12} \quad a_{20} \quad a_{21} \quad a_{30})^{\mathrm{T}} \tag{13-20}$$

$$\boldsymbol{b}=(b_{00}\quad b_{01}\quad b_{02}\quad b_{03}\quad b_{10}\quad b_{11}\quad b_{12}\quad b_{20}\quad b_{21}\quad b_{30})^{\mathrm{T}} \tag{13-21}$$

$$\boldsymbol{X}=\left(\sum_{l=1}^{L}x_l\quad \sum_{l=1}^{L}x_lv_l\quad \sum_{l=1}^{L}x_lv_l^2\quad \sum_{l=1}^{L}x_lv_l^3\quad \sum_{l=1}^{L}x_lu_l\quad \sum_{l=1}^{L}x_lu_lv_l\quad \sum_{l=1}^{L}x_lu_lv_l^2\right.$$
$$\left.\sum_{l=1}^{L}x_lu_l^2\quad \sum_{l=1}^{L}x_lu_l^2v_l\quad \sum_{l=1}^{L}x_lu_l^3\right)^{\mathrm{T}} \tag{13-22}$$

$$\boldsymbol{Y}=\left(\sum_{l=1}^{L}y_l\quad \sum_{l=1}^{L}y_lv_l\quad \sum_{l=1}^{L}y_lv_l^2\quad \sum_{l=1}^{L}y_lv_l^3\quad \sum_{l=1}^{L}y_lu_l\quad \sum_{l=1}^{L}y_lu_lv_l\quad \sum_{l=1}^{L}y_lu_lv_l^2\right.$$
$$\left.\sum_{l=1}^{L}y_lu_l^2\quad \sum_{l=1}^{L}y_lu_l^2v_l\quad \sum_{l=1}^{L}y_lu_l^3\right)^{\mathrm{T}} \tag{13-23}$$

通过上述分析可以看到,实现的关键就是按照式(13-15)和式(13-16)计算出式(13-17)和式(13-18)中的矩阵 $\boldsymbol{T}$ 及 $\boldsymbol{X}$、$\boldsymbol{Y}$ 矢量。假设 n 为多项式的次数,令 $\boldsymbol{T}=[t_{ij}]$,再设置二维数组 $P[M][2]$,使得 $P[k][0]$ 为式(13-13)中第 k 项的 u 的幂,$P[k][1]$ 为第 k 项 v 的幂。根据式(13-15)可得

$$t_{ij}=\sum_{l=1}^{L}u_l^{P_u}v_l^{P_v}$$

式中:$i,j=0,1,\cdots,M$;$P_u=P[i][0]+P[j][0]$;$P_v=P[i][1]+P[j][1]$。

这样就可以计算出变换矩阵 $\boldsymbol{T}$。$\boldsymbol{M}$ 维矢量 $\boldsymbol{X}$、$\boldsymbol{Y}$ 的计算类似。

在得到矩阵 $\boldsymbol{T}$ 和矢量 $\boldsymbol{X}$、$\boldsymbol{Y}$ 之后,可以通过式(13-17)求出系数矢量 $\boldsymbol{a}$ 和 $\boldsymbol{b}$,实现坐标空间变换。系数矢量 $\boldsymbol{a}$ 和 $\boldsymbol{b}$ 通过解线性方程组得到,在编程时采用高斯约当法。

2. 图像的灰度校正

在畸变校正过程中,将畸变图像的像素点(x,y)经过式(13-13)变换到理想图像的像素点坐标(u,v)时,得到的坐标值往往不是整数。这样不能构成理想图像上的像素点,无法进行灰度值的重建。为此,必须利用灰度校正技术,计算出(x,y)点的灰度,用此灰度值来填充理想图像上的点(u,v)。当理想图像上的每一点都进行这样的处理后,即可重建无畸变的理想图像,完成畸变的校正过程。

常用的灰度校正方法有三种:最近邻法、双线性插值法和三次内插法。最近邻法将与(u_0,v_0)最近的整数点(u'_0,v'_0)的灰度值作为(u_0,v_0)点的灰度值,这种方法简单快速,但是当相邻点的灰度值相差较大时会产生较大的误差。双线性插值利用4个相邻点的灰度值进行插值,这种方法产生的图像没有不

连续的缺点,而且校正精度较高。三次内插法不仅考虑到了(u_0,v_0)的直接邻点对它的影响,而且还考虑到该点周围 16 个点的灰度值对它的影响,该方法精度较高,但是计算量很大,影响校正速度。

本节采用双线性插值法进行灰度校正,其中,$f(i,j)$表示原始点灰度值,$f(i+u,j+v)$表示插值点灰度值,双线性插值法如图 13-3 所示,其中

$$f(i+u,j+v)=(1-u)(1-v)f(i,j)+(1-u)vf(i,j+1)+u(1-v)f(i+1,j)+uvf(i+1,j+1) \tag{13-24}$$

这样,就可以通过在畸变图像上插值,来得到校正后像素点的灰度值。

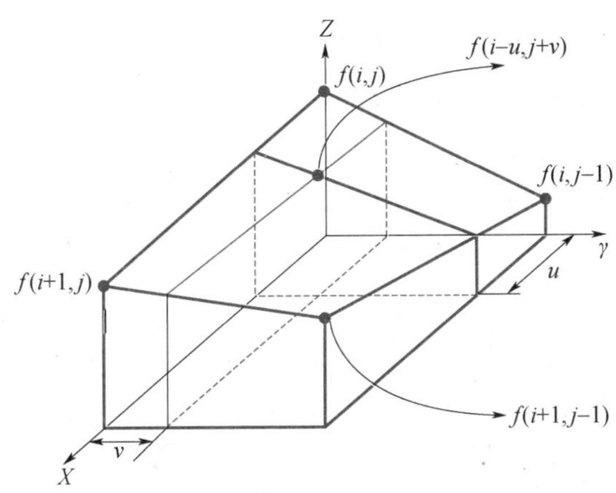

图 13-3　双线性插值法灰度校正

13.2.3　基于局部熵的星体位置确定方法

为了更好地进行星图匹配识别,必须对星体位置进行定位提取,为此,提出基于局部熵的星体位置确定方法。若不能满足识别精度,还需要进行图像插值。

熵是信息论中事件出现概率不确定性的量度,它能有效地反映事件包含的信息,用图像熵值作目标分割是一种有效的手段。对于星敏感器背景图像而言,星空本底噪声确定,则所以其熵值就确定。当图像中出现恒星目标时,图像的纹理特征被破坏,其熵值会发生变化。对于星敏感器图像而言,恒星属于小目标,其对整幅图像的熵值贡献较小,可能会被噪声淹没。况且,计算整幅图像熵值时,计算量大、耗时长,不利于实时处理。在局部窗口内,恒星引起

的灰度变化会引起局部熵值的较大变化,利用局部熵就易于检测恒星的存在,以初步确定星体位置。

1. 基于局部熵的星体位置粗提取

1) 图像的局部熵

设$f(x,y)$为图像中点(x,y)处灰度,显然,$f(x,y)>0$,对于一幅$M\times N$大小的图像,定义图像的熵为

$$H_f=-\sum_{i=1}^{M}\sum_{j=1}^{N}p_{ij}\log p_{ij} \tag{13-25}$$

$$p_{ij}=f(i,j)/\sum_{i=1}^{M}\sum_{j=1}^{N}f(i,j)$$

式中:H_f为图像的熵;p_{ij}为图像的灰度分布。如果$M\times N$是图像的局部窗口,则称H_f为图像的局部熵。局部熵反映了图像灰度的离散程度,在局部熵大的地方,图像灰度相对较均匀;局部熵小的地方,图像灰度混乱程度较大。在星敏感器灰度图像中,没有恒星的地方,图像的本底噪声近似为随机噪声,其局部熵近似相等。反之,如果图像中有恒星出现,图像的灰度就会有突变,图像的局部熵也会发生突变,因而,根据图像的局部熵可以得到恒星的位置。由于局部熵是窗口内所有像素点共同的贡献,对于单点噪声不敏感,所以局部熵本身具有一定的滤波效果。式(13-25)定义的熵涉及到对数运算,计算工作量大,运行速度慢。由定义可知,$p_{ij}\ll 1$,因此,可由泰勒展开舍去高次项得到近似计算式为

$$H_f\approx-\sum_{i=1}^{M}\sum_{j=1}^{N}p_{ij}(p_{ij}-1)=1-\sum_{(i,j)\in(M,N)}p_{ij}^2 \tag{13-26}$$

式(13-26)消除了对数运算,大大提高了运算速度。

2) 基于图像局部熵的星图检测

由于星敏感器的图像背景噪声具有平稳特征,由式(13-25)可知,其局部熵值较均匀且具有较大熵值。对于有恒星的区域,灰度有较大的起伏,其熵值较小,最小熵值位置即为恒星所处位置。下面给出基于图像局部熵值变化的多星图检测方法。对于恒星目标图像,其检测结果基本为一小亮点,很容易检测出恒星的位置。用目标图像的局部熵,也可以方便地实现多星图的目标检测。

基于局部熵技术的星敏感器星目标图像检测实现过程如下。

(1) 由式(13-26)计算星图图像局部熵。

(2) 在得到的局部熵数组中搜索最小局部熵值 e_{min}，当最小局部熵值 e_{min} 小于给定阈值时，该位置即为星斑点位置。

(3) 重复以上过程，直到检测出全部恒星斑点的位置。

在检测过程中，最小局部熵值的判决阈值根据实际情况而定，一般条件下，应小于背景噪声的局部熵值，即由在没有目标时背景图像的局部熵统计最小值作为阈值，这样当出现局部熵小于最小统计局部熵时，说明有恒星存在。

2. 基于线性内插的亚像素级星体位置提取

恒星在星敏感器中成像结果应该是一个以恒星位置为中心的斑点。由于恒星斑点比较小，近似地可以采用双线性内插技术进行内插细分，得到亚像素级的恒星坐标位置。如图13-4所示，设 $p_0(x,y)$ 为通过上面方法提取的恒星位置，其四个相邻的灰度值分别为 $p_1(x_1,y)$、$p_2(x_2,y)$、$p_3(x,y_1)$、$p_4(x,y_2)$，则线性内插后得到的亚像素坐标 (x',y') 为

$$\begin{cases} x' = \dfrac{x_1 p_1(x_1,y) + x_2 p_2(x_2,y)}{p_1(x_1,y) + p_2(x_2,y)} \\ y' = \dfrac{y_1 p_3(x,y_1) + y_2 p_4(x,y_2)}{p_3(x,y_1) + p_4(x,y_2)} \end{cases} \tag{13-27}$$

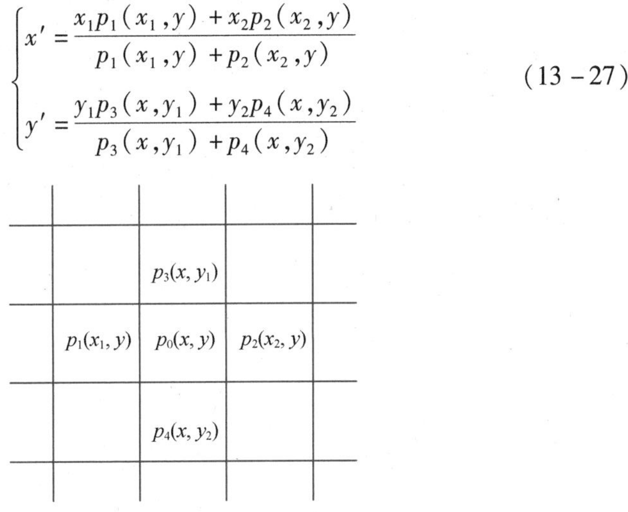

图13-4　恒星位置及相邻灰度分布

13.2.4　半物理仿真实验及结果分析

1. 星图图像的去噪仿真实验及结果分析

根据13.2.1节提出的CL多小波图像去噪方法，利用Matlab进行仿真，对

同一幅图像,分别采用传统的 D_4、D_8 单小波和 CL 多小波进行去噪处理,其结果如图 13-5 和图 13-6 所示。

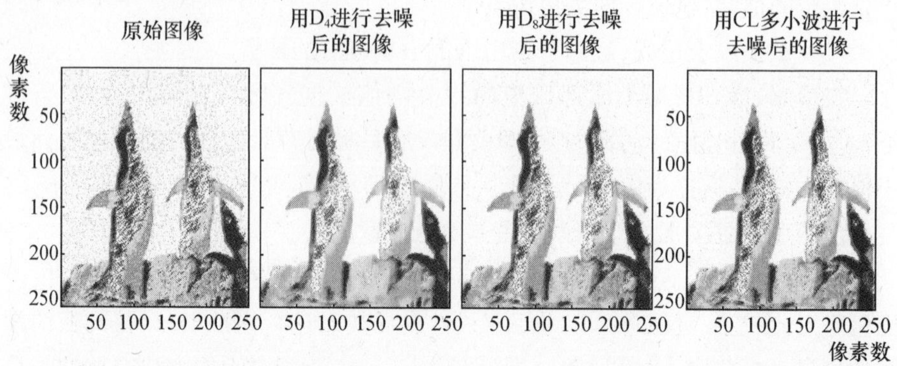

图 13-5 加入随机噪声的图像及其经 D_4、D_8 和 CL 多小波去噪后的处理结果

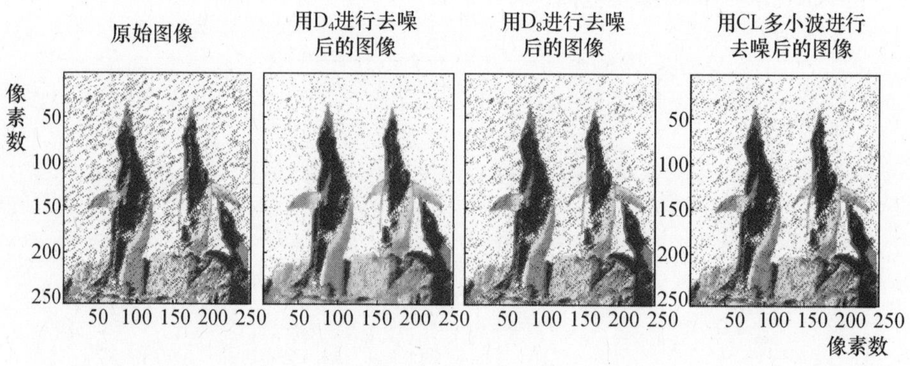

图 13-6 加入椒盐噪声的图像及其经 D_4、D_8 和 CL 多小波去噪后的处理结果

在天文导航半物理仿真系统中,需去除由星敏感器模拟器成像产生的星图噪声。图 13-7 为系统输出的原始星图,图 13-8 为经 CL 多小波去噪后的星图。为便于比较,图像已取反。

从仿真结果可以看出,与 D_4、D_8 去噪方法相比,CL 多小波处理后的图像既有效地去除了噪声,又很好地保留了图像的细节,大大提高了图像的信噪比,且对不同噪声具有比较好的适应性。

2. 星图图像的畸变校正仿真试验及结果分析

畸变校正算法的测试是在半物理仿真系统中进行的。该系统使用日本多晶硅 TFT 液晶光阀，北京嘉恒中自图像技术有限公司的 OK 系列采集卡。校正试验时，首先在第一台计算机屏幕上显示栅格，通过液晶光阀将第一台计算机屏幕上栅格变成平行光线射出，利用敏感器敏感，再由与敏感器相连的第二台计算机显示出来，以获得畸变的图像，一个简单的流程如图 13－9 所示。

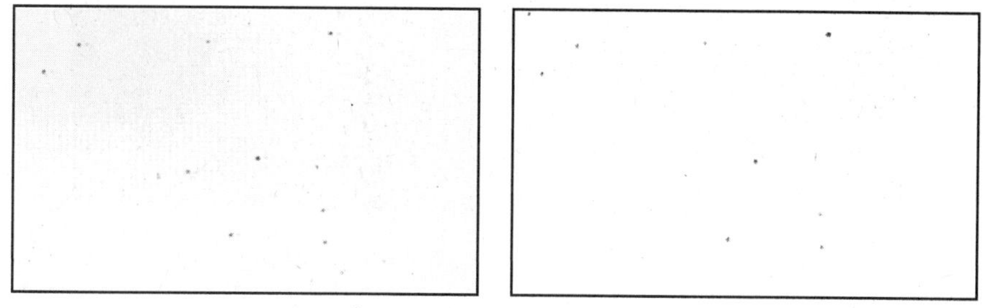

图 13－7　仿真系统输出的原始星图　　　图 13－8　经 CL 多小波去噪后的星图

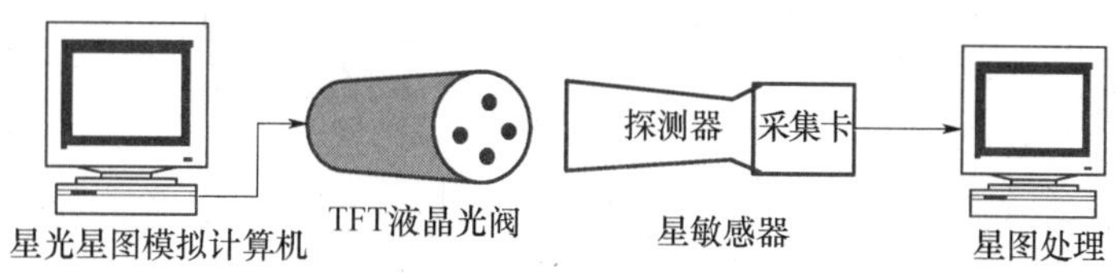

图 13－9　星图畸变校正的试验简图

在进行试验时，控制点的选取比较重要，一般来说，选择对称出现的控制点可以减小误差。通常选择的控制点数也应该满足 $L>(n+1)(n+2)/2$，n 为多项式(13－13)的次数。在确定了校正点之后，可以对其进行优化处理，除去反变换验证中误差较大的点，从而减小拟合误差。

根据 13.2.2 节的图像畸变校正方法，利用上述半物理仿真系统进行试验，得到的仿真结果如图 13－10 所示。图 13－10(a)为原始图像，图 13－10(b)为采用三次多项式拟合校正后的图像。通过大量的试验得出以下分析结果。

(1) 分别采用二次多项式、三次多项式和五次多项式拟合方法进行星图图像校正。结果显示，采用二次和五次多项式拟合均不能达到理想的校正结果，并且由于五次多项式本身具有较大的跳跃性，还会产生较大的误差；而采用三次多项式拟合得到的数据较为理想。从图 13－10(b)中可以看出原畸变图像 13－10(a)中间部分的桶形失真被很好地校正。

(2) 选取的控制点的个数不能太少。对于三次多项式拟合方法如果只选取10个以下的控制点,则不能得到理想的效果。

图13-10　非线性失真校正试验

(a)畸变图像;(b)校正后图像。

3. 基于局部熵的星体位置确定半物理仿真试验

1) 仿真试验

根据13.3.1节提出的局部熵的星体位置确定方法进行半物理仿真,图13-11、图13-12分别为仿真得到的三维星图和二维星图。表13-1为根据本方法得到的没有线性内插的星体位置确定结果。表13-2为通过线性内插得到的星体位置确定结果。从试验结果可以看出,可得到亚像素级的位置精度。但是,亮度比较小的恒星通过星敏感器后,由于感光比较弱,得到的斑点比较小,甚至只有一个像素,所以,提取的结果没有得到亚像素级的结果。这说明,星等越大,提取结果的误差可能越大。

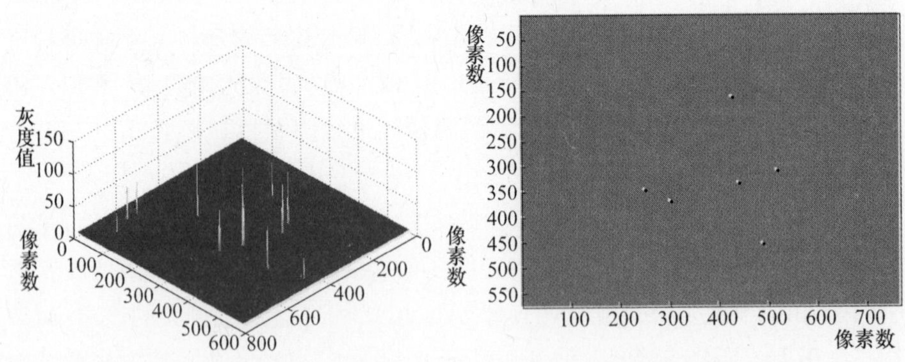

图13-11　仿真星图(三维表示)　　图13-12　仿真星图(平面图)

表13-1　没有线性内插的星图提取结果

X/像素	Y/像素	灰度值
44.0000	556.0000	13.0000
44.0000	601.0000	10.0000
46.0000	556.0000	47.0000
46.0000	601.0000	51.0000
68.0000	678.0000	29.0000
163.0000	427.0000	80.0000
165.0000	428.0000	33.0000
233.0000	171.0000	52.0000
290.0000	628.0000	5.0000
309.0000	519.0000	62.0000
334.0000	442.0000	121.0000
346.0000	249.0000	79.0000
347.0000	250.0000	58.0000
367.0000	303.0000	74.0000
368.0000	301.0000	51.0000
454.0000	489.0000	67.0000
547.0000	445.0000	32.0000

表13-2　通过线性内插得到的提取结果

X/像素	Y/像素	灰度值
44.0000	554.9973	13.0000
44.0000	599.9973	10.0000
46.0000	555.6037	47.0000
46.0000	600.4261	51.0000
68.0000	677.9756	29.0000
163.0000	427.1111	80.0000
165.0000	427.1761	33.0000
233.0000	170.3476	52.0000
290.0000	629.0080	5.0000
309.2309	518.9804	62.0000

(续)

X/像素	Y/像素	灰度值
333.8042	441.8261	121.0000
346.6335	248.8283	79.0000
346.4813	249.7435	58.0000
367.5771	302.7804	74.0000
367.3997	301.0562	51.0000
453.3879	488.6888	67.0000
546.0827	445.0000	32.0000

2）结果分析

上述基于局部熵的星体位置确定方法对图像背景噪声不敏感，能快速、有效地获得星体位置，但在恒星星等比较大的情况下，由于成像斑点较小，将不能得到有效的提取结果，需采用插值的方法提高星体提取精度。

13.3 星图的匹配识别

在星图匹配识别方面，目前较常用的算法有三角形匹配算法、多边形角距匹配算法、Bezooijen 提出的主星识别法等，它们在天空覆盖、数据库大小、噪声稳定、匹配速度上各有优劣，但当测量误差较大时，余度匹配和误匹配将会导致识别成功率的显著下降。虽然也有不少改进的算法，但都受到特征维数的限制，且对测量比较敏感。针对以上问题本节提出了三种比较新颖的识别算法。

本节先提出了利用地球物理建模中广泛使用的 Delaunay 剖分算法进行星图匹配识别，利用全天球星图的剖分不变性，采用对观测区域的剖分结果，进行局部匹配，从而达到识别的目的。针对系统输出星图畸变大，噪声污染严重的情况，本节还提出了一种基于 Hausdorff 距离（HD）的星图识别算法。Hausdorff 距离（HD）是两图像间相似性的一种度量方法，在计算时无需建立两图像间点与点之间的对应关系，从而可以很好地适应被噪声污染或严重失真的图像。本节最后还提出了一种基于 Hausdorff 距离进行星图识别的改进算法。

13.3.1　基于 Delaunay 剖分算法的快速星图匹配识别方法

1. Delaunay 剖分算法

1）Delaunay 三角形概念

剖分即是将一些随机散乱点，连成三角形网并给出每个三角形的基本信息。给定一系列离散点坐标，所形成的三角形并不唯一。Delaunay 证明，对于平面上任意给定的点集，存在一种唯一的剖分方法，满足所有的三角形的最小内角和最大的条件，这些三角形都将尽可能接近等边三角形，每个三角形的外接圆内不包含其他结点。目前，应用最广泛的是 Delaunay 三角形化方法。

Delaunay 三角形的定义从 Dirichlet 多边形说起，在每个网格点附近画出一个邻域，邻域内的任一个点到该网格点的距离小于到其他网格点的距离。这个邻域多边形称为 Dirichlet 多边形（图 13－13）。将每个多边形内的网格点与相邻的多边形的网格点连接起来，构成的三角形，称为 Delaunay 三角形（图 13－14）。它具有尽可能的避免形成过瘦三角形的性质。

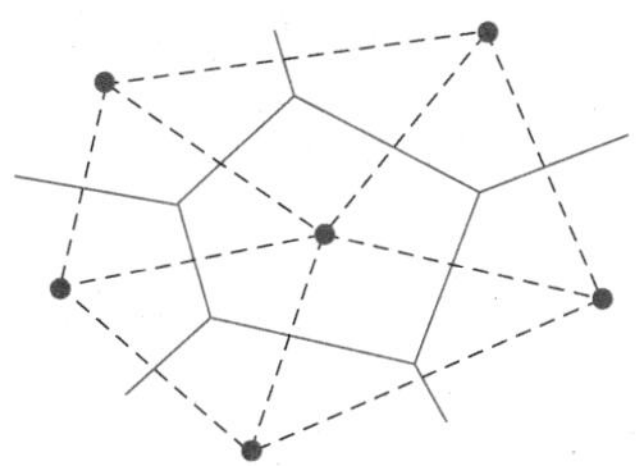

图 13－13　Dirichlet 多边形

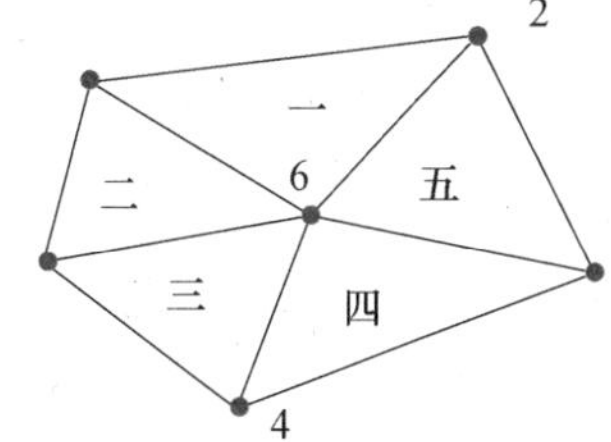

图 13－14　由图 13－13 构成的 Delaunay 三角形

2）Delaunay 三角形剖分算法

目前，较好的算法是 Lawson 和 Bowyer 提出的步进插入法，其理论根据是 Delaunay 三角化的外接圆特性，即每引入一个新的点便将其插入三角形中，并恢复 Delaunay 特性，它特别适用于二维特性，计算效率高，其时间复杂度为$O(5n/4)$。

算法的实现是通过不断增加网格点迭代计算的，其步骤如下。

（1）初始化，先任选三个点连接成三角形。

（2）判断新加入的网格点与三角形外接圆的内外关系，如果在某个三角形外接圆内，则这个三角形需要改造。

(3) 将需要改造的三角形集中起来,把它们的相邻边去掉,构成一个凸多边形。

(4) 找到这个多边形的外边界,并利用它们的相邻关系把它们连接起来构成一个头尾相接的环。

(5) 将环上的每两个相邻的网格点取出,与待加入的网格点构造三角形,计算其外心,并将相邻三角形的信息建立起来,将三角形网格点和相邻三角形信息储存在只包含这些三角形的 Delaunay 剖分的数据结构数组中。

(6) 将上述新加入的三角形数据结构数组替换三角形数据结构数组中需要改造的三角形,并对三角形重新编号,从而得到新的结构数组。

(7) 重复步骤(2) ~ 步骤(6),直至将所有网格点都加完,即完成了整个点集的剖分。

3) 结点删除算法

在对一特定点集进行 Delaunay 剖分后,点集中的结点有可能是伪结点(如流星、较亮行星和较大噪声等),这时需要从 Delaunay 剖分结果中减去该点,设 V 是一个待删除的结点,需要找到所有与 V 相连的三角形,将其中与待删除点相连的边去掉,其外边构成一个环,下面的步骤将在构成这个环的数据结构中进行。

(1) 如果环中仅剩下三个顶点,就到步骤(4),否则,从中任选三个相邻的结点 V_1、V_2、V_3。

(2) 如果待删除点在该三角形外接圆内,则到步骤(3),否则到步骤(1),重新选取三个点。

(3) 除掉 V 和 V_2 的连线,将 V_1 和 V_3 连上,返回步骤(1)。

(4) 当仅剩下三个顶点连接到 V 时,删除掉与 V 相连的边,从中得到最后一个三角形。

在局部修改完成后,将其代入总的数据结构中,更新原有的信息,从而完成删除一个点的任务,这为去除伪星算法提供了理论基础。

2. 导航星库的构造

1) 导航星库

导航星库一般装载于星敏感器的存储器中,其数据来源于基本星表,包含一定数量的恒星星等、星号、某历元坐标等基本信息以及星图识别信息。

导航星库的构造同识别算法存在紧密的联系，星图识别的速度和成功率在很大程度上取决于导航星库的容量及其存储和读取方式。选取的导航星集合一旦确定，即可确定 Delaunay 剖分算法的初始点集。对此点集进行剖分时，有唯一的剖分结果（图 13－14）。但此点集具有特殊性，如将全天球看成一个完备空间，则所有星点不均匀地散布在其中，形成一点集天球，而非一平面，因而在形成导航星库时，不能单纯用二维的 Delaunay 剖分，必须采用边界递归法来完成。

2）针对 Delaunay 剖分算法的导航星库构造

针对 Delaunay 剖分算法，导航星座数据库的构造步骤如下。

（1）对点集 M 中的每一点求其位置矢量。如图 13－15 所示，设恒星 P 在地心天球坐标系中的坐标为（α,β），Q 为天赤道圈与零经度线的交点。则其在地心天球坐标系中的位置矢量 $\boldsymbol{V}$ 可以由下式得到

$$\boldsymbol{V}=\begin{bmatrix} x \\ y \\ z \end{bmatrix}=\begin{bmatrix} \cos\alpha\cos\beta \\ \sin\alpha\cos\beta \\ \sin\beta \end{bmatrix} \tag{13-28}$$

其中

$$x^2+y^2+z^2=1$$

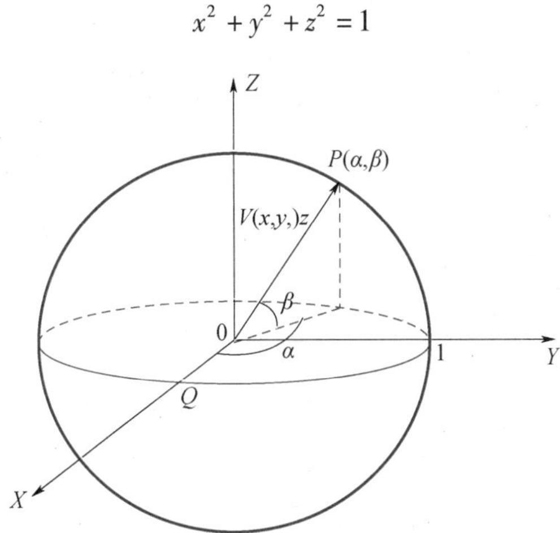

图 13－15　地心天球坐标系与位置矢量 $\boldsymbol{V}$ 的示意图

（2）经过步骤（1）的处理，完备空间中的所有点都变换到单位球面（即闭合曲面 f）上。这时采用曲面剖分的边界递归法，即在给定曲面 f 上不共线的

三点 P_1、P_2、P_3,定义球面 S 为 $(x_i-x_0)^2+(y_i-y_0)^2+(z_i-z_0)^2=R^2$,$(i=1,2,3)$,其中 (x_0,y_0,z_0) 满足 $z_0=f(x_0,y_0)$,该球是点 $P_i(i=1,2,3)$ 的外接曲面球,用 S 去切割曲面 f 得出内外两部分 f_1、f_2 及交线 C,C 是三点曲面外接球上的曲线,称为外接曲面拟圆。如果此外接曲面拟圆区域内部没有内环,且不包含点集 M 中的任意点,则称由 P_1、P_2、P_3 三点所构成的三角形是局部最优三角形。

(3) 经过步骤(2)的处理,即可完成整个点集 M 的曲面剖分,形成球状的三角形剖分网。将剖分结果按照三角形的特征信息(取三顶点之间的角距,顶点星等)进行排序,存储到导航星库中的识别信息库子库中,同时,将相应三角形的三个顶点信息(即导航星的信息:星等、星号、星名、赤经、赤纬等)存储到基本信息子库中。这样就完成了针对剖分算法的导航星库的构造。用这种方法形成的导航星库,不但容量小,而且由于是按一定规则排序的,检索速度快。

3. 一种基于 Delaunay 剖分算法的星图匹配识别算法

1) Delaunay 剖分识别算法的条件

如上所述,导航星库存储的是整个导航星集合的 Delaunay 剖分结果信息。在星图识别过程中,此算法要求星敏感器所能识别的最高星等 N 等于导航星库中的最高星等 M,当 $N>M$,则应将星敏感器识别的最高星等通过设置门限等方法调至 M;当 $N<M$,必须从导航星库中删除掉星等高于 N 的导航星,再将新生成的导航星集合重新进行曲面 Delaunay 剖分,形成删除后的导航星库。由于进行 Delaunay 三角形剖分,三角形即意味着三个顶点,因而,要求视场内保证至少有三颗导航星。

2) Delaunay 剖分识别算法原理

采用 Delaunay 剖分算法,针对一点集,从中选取 5 个点进行剖分的结果如图 13-16(a)所示,逐渐增加到 10 个点,并逐次对其进行剖分,图 13-16 是这一过程剖分结果的变化图。

由图 13-16 可以看出从(b)到(c)的变化,增加了新点 K,三角形 A 在(b)、(c)中一直存在,而三角形 B 在(b)中有,在(c)中已不存在,原因是新增加的点 K 落在三角形 A 的外接圆外,而落在三角形 B 的外接圆内,所以根据 Delaunay 剖分性质,需要对其进行修改,使 K 点不在任何的三角形外接圆内,因而,(b)在加入 K 点后就重新剖分成了(c)的形式。

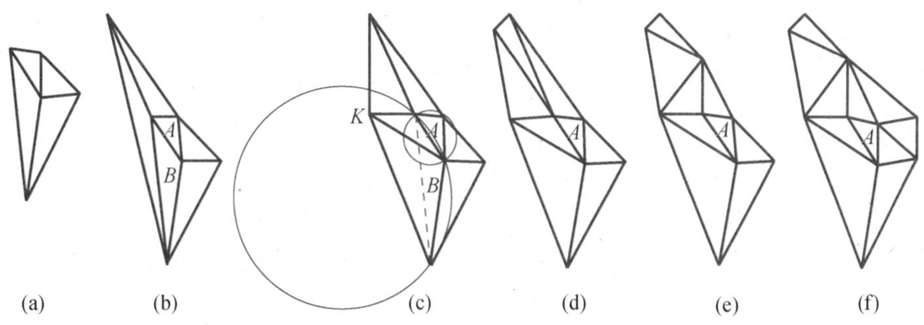

图13－16　从5个到10个结点的剖分结果变化图

从图13－16可得出，针对某一剖分三角形，只要新加入点没有落在它的外接圆内，则对新加入点后的点集进行重新剖分，其剖分后产生的三角形集合中一定包含此剖分三角形。

由此可得出以下结论：假设某一特定图像区域 P 是图像 Q 的子图，P 包含 m 个点，对这 m 个点进行剖分，形成剖分三角形集合 M，Q 包含 n 个点，对这 n 个点进行剖分，形成剖分三角形集合 N，即 $P \subseteq Q, m \subseteq n, m \in P, n \in Q$。从 M 集合中取一个三角形 $A(A \in M)$，其外接圆记为 R，如果 $R \subseteq P$，则 $A \in N$。

3）Delaunay 剖分识别算法

将 Delaunay 剖分算法运用到星图的匹配识别中，主要是由于星图图像有一个重要的特性，即在星敏感器识别的最高星等和导航星库的最高星等相等的前提下，每一幅星图图像 IMG 一定是一个由所有导航星所形成的全天星图 IMAGE（设其为含有 R 个恒星光点的点集）的子图像，IMG 一确定则其所包含的区域就确定了。设 IMG 中包含有 $Q(Q \leqslant R)$ 个恒星光点，对其进行 Delaunay 三角形剖分。由2）的结论可知，在该剖分结果中，如果能够确定至少有一个三角形（如图13－16中（b）内的 A 所代表的三角形）的外接圆内没有其他导航星，并且此外接圆区域包含在 IMG 中，则在 IMAGE 中由 R 个点所形成的剖分结果中一定包含此三角形（如图13－16中的（c）、（d）、（e）、（f）都含有 A 所代表的三角形）。因而，在一定的门限内，此三角形的特征信息在上面所形成的导航星库内必定有一条记录与其对应，如有多条记录与其对应，应适当调整门限并匹配三角形的其他信息。如果一条记录都没有，这时也可以适当放宽门限，但当达到可允许的最大门限时如果仍然没有相对应的记录，则认为有伪星存在,这时,应选择其他三角形(要求在其形成的外接圆内没有导航星)再进行匹配识别,此时,如果已没有其他三角形可以选,应在点集 Q 中临时减去一点 S_0(从边界点开始),重新剖分,再进行比较识别,如还没有匹配成功,则加上点 S_0 再在每次匹配中逐个减去 $S_1,\cdots,S_Q$,直到匹配成功,如果各种情况都执行完,仍没有匹配成功,则此次匹配失败。

如前所述,如果 IMG 中包含恒星光点个数 Q 小于3,显然经 Delaunay 剖分处理后不能形成三角形,因而就无法进行匹配识别。所以此算法的前提条件是在所形成的星图内至少要保证有三颗导航星存在。文献[20]中指出,如果识别的最高星等取七等星,如表13-3所列,则可保证在8°×8°的视场内至少有4颗导航星,因而可完全满足剖分条件。

表13-3　星等与视场星统计值的关系

星等	视场内恒星均值	视场内最少星数	视场内最多星数	选取导航星数
6.5	13.96	1	52	8971
6.6	15.61	1	59	10033
6.7	17.41	2	65	11194
6.8	19.57	3	68	12579
6.9	21.89	3	75	14090
7.0	24.58	4	85	15823
7.1	27.22	6	93	17508

4. 试验结果与分析

本节用蒙特卡罗方法随机产生一满足要求的模拟视场,其视场大小 $Fov_x \times Fov_y$ 为8°×8°,CCD 面阵 $N \times N$ 为512×512,CCD 透镜焦距 f 为98.8mm,每个像素大小 $d_h \times d_v$ 为27μm×27μm。采用 Tycho2 星表中亮于 6.95^m 的星(大约有14581颗)为完备基本星表,其包含信息为恒星编号、赤经(h)、赤纬(°)和星等(^{m})。

在测试中,参数的小数有效位数设定为6位,位置误差假设为服从正态分布的随机变量,位置精度10″(1σ),角距比较门限设定为0.01″,得到的统计识别成功率如图13-17曲线 A 所示,但随着位置误差的增大识别成功率呈快速下降趋势,曲线 B 和曲线 C 分别为改进的三角形识别法和传统的三角形识别法的结果曲线。

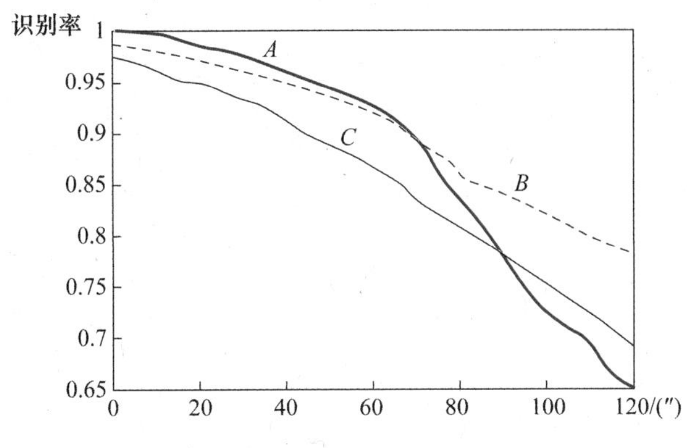

图 13－17　位置误差与识别成功率的关系图

从图 13－17 可以看出，随着位置误差的增大，识别成功率快速下降。这是因为此剖分算法主要是利用剖分三角形三个顶点的角距信息进行识别，当位置误差增大时，其剖分三角形的准确性降低，其特征信息也变得更加不准确。从图 13－17 中可看到此算法的识别率在位置误差小于 70″时优于改进的三角形识别法。

由于基本星表经过 Delaunay 剖分形成唯一的三角形剖分结果，因而没有数据冗余，存储容量小；在星图匹配识别时，采用剖分三角形三顶点之间角距的信息比较，按照角距排序以数据库形式存储，因而在检索速度上更体现其优势，平均识别时间小于 0.2s。

5. 小结

本节提出了一种基于 Delaunay 剖分算法的全天自主星图识别算法。Delaunay 剖分算法在地球物理建模方面已经得到非常广泛的应用，将其运用在星图识别上，在减小导航星库的容量，提高识别算法的实时性和鲁棒性等方面均比传统的星图识别有明显的改善。该算法一方面克服了三角形识别算法由于识别特征维数低而易于出现冗余匹配的缺点，另一方面克服了算法的检索速度慢以及导航星库存储容量大的缺点，因而此算法有较高的实用价值。

13.3.2　基于新型 Hausdorff 距离的星图识别方法

1. 基于 Hausdorff 距离的星图识别方法的基本原理

在图像识别方法中，模板匹配算法是常用的方法，但是，在图像畸变较大时,识别率会很低。本节采用了图像间的 Hausdorff 距离来进行星图识别达到了良好的效果。Hausdorff 距离是两图像间相似性的一种度量方法,在计算时不需建立两个图像间点与点之间的对应关系,从而可以很好地适应被噪声污染或严重失真的图像。这种方法不需任何先验知识,在视场中的星的数量大于三颗时,具有很高的识别精度,对噪声具有很强的鲁棒性,并能适应一定数目的流星干扰。

基于 Hausdorff 距离的星图识别方法是以基本星库中的赤经、赤纬和星等信息作为特征量,通过求取星库和星图中星间的 Hausdorff 距离差进行识别。在星敏感器中待识别的图像是二维灰度图像,二维 X、Y 坐标与赤经、赤纬相对应,图像灰度与星等相对应。但由于在进行识别之前,星敏感器的光轴指向不完全确定,需要通过星图识别来精确确定,这样,从 X、Y 坐标中只能得到相对的角度信息,而不能得到绝对值。同时,在星敏感器成像过程中,由于光学系统的畸变和噪声等干扰,也给星图识别造成困难。

1)新型 Hausdorff 距离定义

如果直接用最小最大 Hausdorff 距离作为判据,当待识别星存在较大噪声时,有可能出现难以判定的问题。由于视场内星的结构和相对位置基本保持不变,为此,设待识别星的集合为 $A=\{a_1,a_2,\cdots,a_p\}$,其中,$a_k=(a_{1,k},a_{2,k},a_{3,k})$,$k=1,2,\cdots,p$,为待识别星的三个特征分量,分别与星图图像上横向、纵向的角度信息和灰度对应;标准星库为 $B=\{b_1,b_2,\cdots,b_q\}$,其中,$b_j=(b_{1,j},b_{2,j},b_{3,j})$,$j=1,2,\cdots,q$,分别为赤经、赤纬和星等。新型 Hausdorff 距离定义为

$$H=\sum_{k=1}^{p}\min(w_1((a_{1,k}-a_{1,m})-(b_{1,j}-b_{1,i}))+w_2((a_{2,k}-a_{2,m})-(b_{2,j}-b_{2,i}))+w_3(a_{3,k}-b_{3,j})) \tag{13-29}$$

式中:$m=1,2,\cdots,p$;$i,j=1,2,\cdots,q$;$w_n(n=1,2,3)$为权值,一般取 w_1、w_2 相等,由于灰度的误差比较大,所以 w_3 取值应小于 w_1。当 H 最小时,星敏感器中的待识别星和星库中的星可达到最佳匹配效果,避免了由于个别星出现较大噪声所导致的误匹配问题。

2)干扰星的剔除

基于新型 Hausdorff 距离的星图识别方法由于利用了星图的空间结构信息,比传统的只利用星图的部分特征信息(如近临三角形面积、星角距)的识别方法具有更强的抗噪声能力,同时也不需要复杂的特征提取算法。但是对于

星空中陨石、流星、卫星(以下都以流星为代表)等进入星敏感器视场所造成的噪声,在可视星数较少时可能会造成误匹配。考虑到如果流星的位置和某一颗恒星很接近,那么,它到星库中的 Hausdorff 距离很小,对识别结果影响较小,可近似为一般噪声。如果流星的位置离恒星位置较远,那么它到星库中的 Hausdorff 距离就比较大,对结果影响就比较大,为此,必须把 Hausdorff 距离大于某一门限值的星作为流星给剔除掉,或者对计算的 Hausdorff 距离进行排序,最大 Hausdorff 距离的星不参与计算,从而可以避免流星造成的影响。

2. 基于新型 Hausdorff 距离的星图快速识别算法

1）有先验知识的星图快速识别算法

由于星库中星的个数较多,识别速度慢。但如果星敏感器在前一时刻的方向已知,考虑到航天器的方向和位置不可能突变,则星敏感器的视场应在确定的范围内。这样,如果在一个确定的范围内进行星图匹配,不仅可以减少误匹配率,还可大大提高匹配速度。

设前一时刻星敏感器的光轴指向为(α,β),在时间 t 内光轴的变化为$(\Delta\alpha,\Delta\beta)$,星敏感器的视场角为$(\alpha',\beta')$,则匹配区域中,当前时刻待选导航星的赤经、赤纬$(\theta,\gamma)$应该满足

$$\mathrm{abs}((\theta,\gamma)-(\alpha,\beta))\leqslant(\alpha',\beta')+(\Delta\alpha,\Delta\beta) \tag{13-30}$$

通过上述方法在指定的匹配区域内进行星图识别,可大大提高匹配速度和匹配准确度。

2）无先验知识的全星图快速识别算法

当星敏感器的光轴指向未知时,只能从星敏感器的星图中得到待识别星的相对空间位置坐标,不能确定其在星库中的大概区域。由于星库中导航星个数较多,识别速度慢,假设星库中的星的个数为 N,则每一次匹配的运算次数为 N^2。如果把星图等分成 M 个区域,每个区域星的个数约为 N/M,然后在每个区域里分别进行星图匹配,计算次数为 N^2/M,显然计算次数比全星图计算次数少 M 倍,理论上运算速度快 M 倍,M 越大计算速度越快。但是,每个区域的大小,应该大于星敏感器的视场范围,同时每个区域中应该有足够的冗余,使得星敏感器视场内的所有星都能在一个完整的子区域中进行匹配。

假设天球为一单位球体,恒星在天球中均匀分布,单位面积星的个数为

$N/4\pi$;待分割区域大小为 $K\times K$,星敏感器视场大小为 $L\times L$,应该满足 $K\times K\geqslant 2L\times 2L$。分割的区域平面面积近似为

$$S_{\text{partial}}\approx K^2 \tag{13-31}$$

其中有效面积为

$$S_{\text{effective}}\approx (K-L)^2 \tag{13-32}$$

其余为冗余面积。

假设每个区域相等,则分割的区域个数 NUM 为

$$\text{NUM}=S_{\text{full}}/S_{\text{effective}}\approx\frac{4\pi}{(K-L)^2} \tag{13-33}$$

每个区域内的星的个数近似为

$$M=S_{\text{partial}}\times\frac{N}{4\pi}\approx\frac{N}{4\pi}K^2 \tag{13-34}$$

总的计算次数为

$$\text{count}=M^2\times\text{NUM}\approx\frac{N^2K^4}{4\pi\,(K-L)^2} \tag{13-35}$$

对式(13-35)求导并令导数等于零可得,当 $K=2L$ 时对应最小计算次数为 N^2L^2/π。若星敏感器视场大小为10°×10°,分割的区域数近似为413,每个区域的星数近似为 $N/413$,计算次数约为 $N^2/100$,比未分割时的全天图的匹配速度约快100倍。

总的存储导航星个数为

$$\text{STORESTAR}=\text{NUM}\times M=4N \tag{13-36}$$

从式(13-36)可以看出,存储导航星的个数是实际导航星个数的4倍。也就是说分区匹配方法虽然提高了速度,但是增加了存储量。

本节以相对位置坐标的新型 Hausdorff 距离进行匹配,这意味着当星敏感器的视场角为 $L\times L$ 时,待识别星的赤经、赤纬角距小于等于 L,相应地,星库中的相对星角距也应小于等于 L,即

$$\begin{cases}\text{abs}(b_{1,j}-b_{1,i})\leqslant L\\ \text{abs}(b_{2,j}-b_{2,i})\leqslant L\end{cases} \tag{13-37}$$

式中:$b_{1,j}$、$b_{2,j}$定义同式(13-29)。

从而可以先动态地构造一个满足式(13-37)的参考角距库,然后进行识别。这样即可把匹配限制在一个小的范围内,从而大大提高了星的识别速度。

3）全天星图区域划分

由于全天星图按球坐标的经纬度进行划分，星敏感器的不同光轴指向对应不同的赤经、赤纬。星敏感器的视场在赤道附近对应的经度跨度小；越向两极，对应的经度跨度越大；特别是在南北两极，对应的经度范围为0°～360°。表13－4为根据星敏感器视场大小对全天星图的划分情况，为了便于计算，经度间隔取360°的约数。

表13－4　全天星图区域划分情况

序号	纬度范围/(°)	理论经度间隔/(°)	实际经度间隔/(°)	分割区域数
1	－90～－70	360	360	1
2	－80～－60	116	120	6
3	－70～－50	59	60	12
4	－60～－40	40	40	18
5	－50～－30	32	36	20
6	－40～－20	27	30	24
7	－30～－10	24	24	30
8	－20～0	22	24	30
9	－10～10	21	24	30
10	0～20	22	24	30
11	10～30	24	24	30
12	20～40	27	30	24
13	30～50	32	36	20
14	40～60	40	40	18
15	50～70	59	60	12
16	60～80	116	120	6
17	70～90	360	360	1
合计				312

3. 计算机仿真结果与分析

在不同仿真条件下，根据上面提出的新型Hausdorff距离方法进行全星图识别的仿真实验，导航星库采用星等在0^m～6.95^m的导航星。图13－18所示为全天星图。在无先验知识的情况下，为了便于试验及缩短时间，选用了任意一个60°×60°的区域作为导航星库，图13－19表示任意选取的一幅视场为

10°×10°的星敏感器星图,单位为0.1°。

图13-18　星等在$0^m \sim 6.95^m$的全天星图

图13-19　一幅任意的星敏感器视场星图

图13-20和图13-21表示在无先验知识的情况下,不同噪声的全天星图匹配试验结果。噪声均值分别为(36″,36″,0.5^m)和(1′,1′,1^m)。仿真分析表明,噪声对此方法的影响不大,且星敏感器的星图与导航星形成的参考星图不匹配时,Hausdorff距离比较大,并且是随机的,没有规律性,但当星敏感器的星图与导航星形成的参考星图匹配时,Hausdorff距离突然减小,远小于不匹配时的情况。

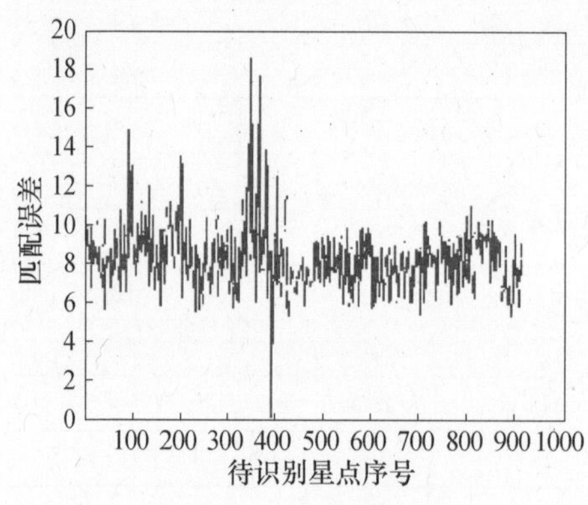

图13-20　无流星的匹配结果(36″,36″,0.5^m)

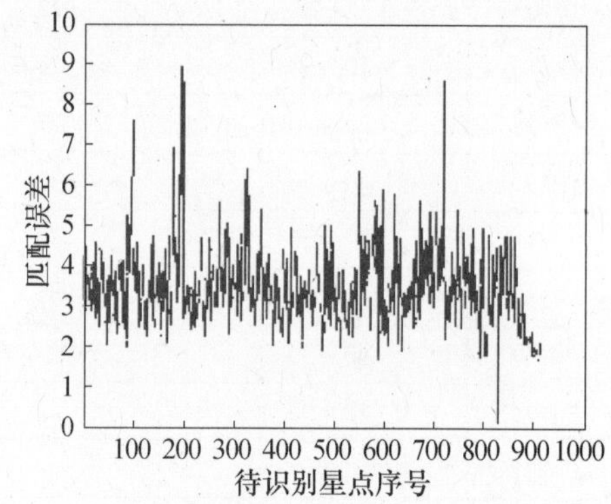

图13-21　无流星的匹配结果(1′,1′,1^m)

图13-22和图13-23分别表示在无先验知识,噪声均值为(1′,1′,1^m)时,有一颗流星的均值Hausdorff距离(MHD)和新型HD的匹配结果。仿真结果表明,当待识别星数比较多且存在一颗流星干扰时,基于MHD的识别方法无法成功匹配;

基于新型 HD 的识别方法可成功识别，说明该方法具有很强的抗噪能力。

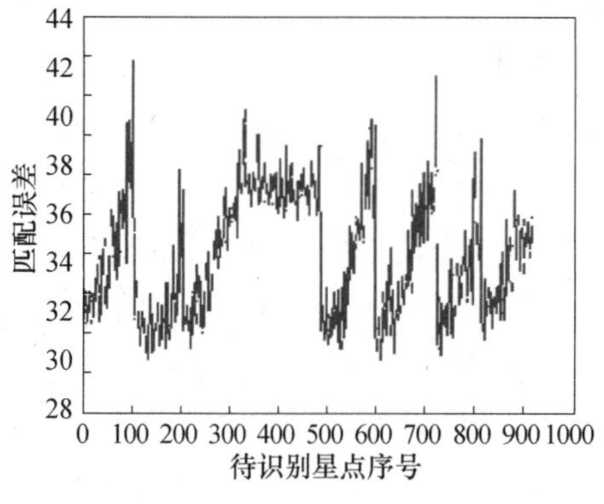

图 13－22　一颗流星的 MHD 匹配结果

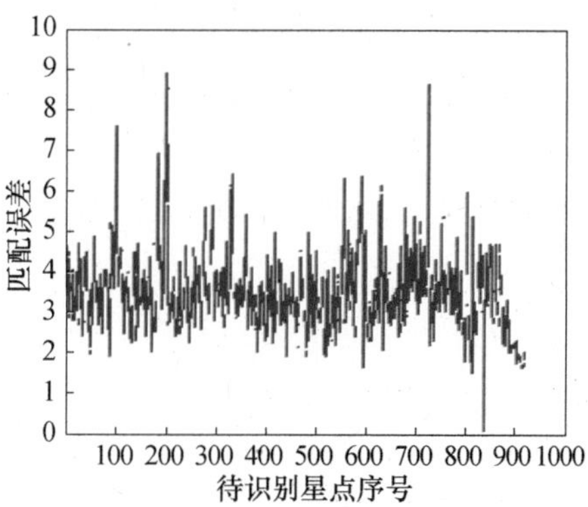

图 13－23　一颗流星的新型 HD 匹配结果

图 13－24～图 13－26 为有先验知识时的星图匹配结果。噪声均值为(36″,36″,0.5^m)。仿真结果表明，有先验知识的匹配方法与无先验知识的匹配方法识别效果相同，但在识别速度上前者明显高于后者。

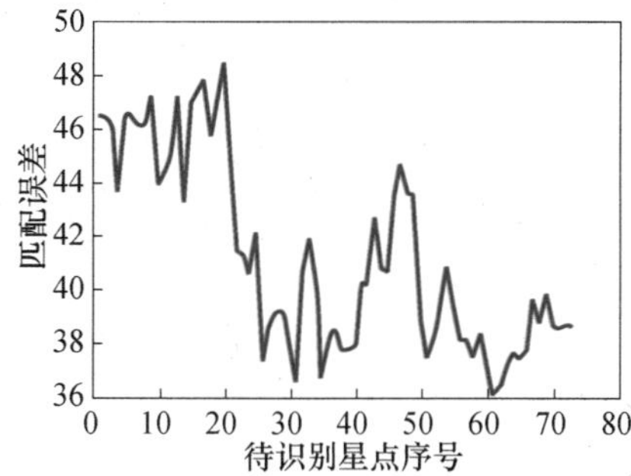

图 13－24　没流星时的识别结果

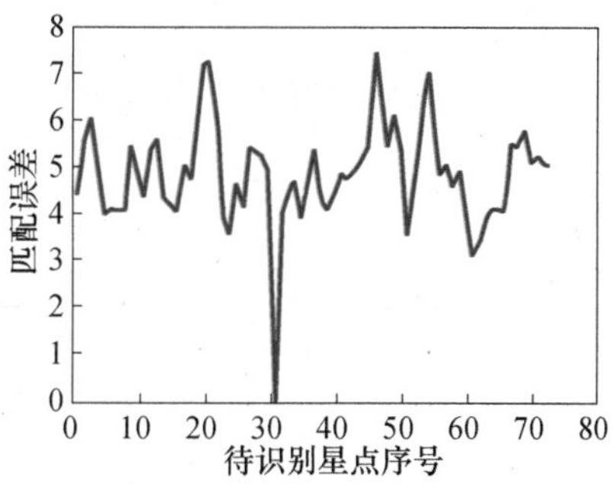

图 13－25　有流星时 MHD

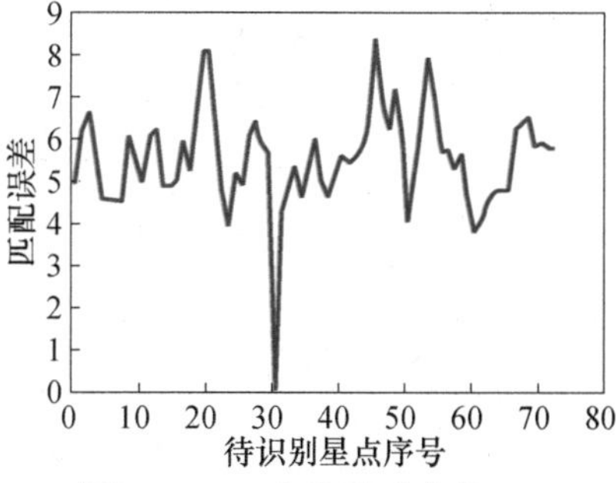

图 13－26　有流星时改进 HD

13.3.3 基于新型 Hausdorff 距离的改进星图识别方法

13.3.2 节介绍的基于新型 Hausdorff 距离的星图识别方法有两点不足之处:HD 距离的有向性对星敏感器安装及运行时面阵的旋转误差非常敏感,对识别率的影响很大;在识别时,由于采用的是全局最小值匹配,因而识别速度不是很高,在星多的区域更是如此。针对以上两点不足,本节介绍一种基于新型 HD 距离星图识别的改进算法。该算法首先采用有向距离和绝对距离相结合的方法,提高识别率,利用有向距离进行恒星空间结构的相似匹配,同时利用绝对距离来消除由于初始安装和运行时面阵造成的旋转误差;再通过选取恰当 Hausdorff 距离的匹配阈值进行识别来提高识别速度。这种方法不但可保持原有算法的高识别率,强抗噪性,而且还具有更快的识别速度和良好的抗旋转特性。

1. 有向距离和绝对距离

根据 HD 距离的思想,结合二值图像空间分布的结构信息,设两幅图像 M_A 和 M_B 分别包含的有限特征点集为

$$A=\{a_1,a_2,\cdots,a_p\},B=\{b_1,b_2,\cdots,b_q\},p\leqslant q \tag{13-38}$$

定义 a_i、a_j 两点的有向距离为

$$\begin{cases}d_x^L(a_i,a_j)=x_{a_i}-x_{a_j}\\ d_y^L(a_i,a_j)=y_{a_i}-y_{a_j}\end{cases},a_i\in A,a_j\in A \tag{13-39}$$

式中:$a_i(x_{a_i},y_{a_i})$,$0<i<p$;x_{a_i}、y_{a_i}为点 a_i 的横纵坐标。

定义 a_i、a_j 两点的绝对距离为

$$d^l(a_i,a_j)=\sqrt{(x_{a_i}-x_{a_j})^2+(y_{a_i}-y_{a_j})^2},a_i\in A,a_j\in A \tag{13-40}$$

设数列 $S_A^i=\{d^L(a_i,a_n)\}$ 表示参考点 a_i 到集合 A 内所有点的有向距离数列;同样定义数列 $R_A^i=\{d^l(a_i,a_n)\}$ 表示参考点 a_i 到集合 A 内所有点的绝对距离数列,$n=1,2\cdots,p,a_i\in A,a_n\in A$。元素 $S_A^i(j)=d^L(a_i,a_j)$ 表示 a_i、a_j 两点的有向距离,元素 $R_A^i(j)=d^l(a_i,a_j)$ 表示 a_i、a_j 两点的绝对距离。分别定义 $h_L^{ik}(A,B)$、$h_l^{ik}(A,B)$ 为 S_A^i 的各个元素同 S_B^k 的各个元素之间的最佳有向匹配值和最佳绝对匹配值,即

$$\begin{cases}h_L^{ik}(A,B)=\sum\limits_{j=1}^{p}\min\limits_{0<m<q+1}[S_A^i(j)-S_B^k(m)]\\ h_l^{ik}(A,B)=\sum\limits_{j=1}^{p}\min\limits_{0<m<q+1}[R_A^i(j)-R_B^k(m)]\end{cases},k=1,2,\cdots,q \tag{13-41}$$

定义 $H_L^i(A,B)=\min\limits_{0<k<q+1} h_L^{ik}(A,B)$ 为以参考点 a_i 的图像 M_A 和图像 M_B 之间的全局最佳有向匹配值，简称以 a_i 为参考点的两图像的有向距离；点 b_k 为 a_i 的全局最佳有向匹配点。$H_l^i(A,B)=\min\limits_{0<k<q+1} h_l^{ik}(A,B)$ 为以 a_i 的图像 M_A 和图像 M_B 之间的全局最佳绝对匹配值，简称以 a_i 为参考点的两图像的绝对距离；点 b_k 为 a_i 的全局最佳绝对匹配点。

对于相同的参考点，理论上全局最佳有向匹配点和全局最佳绝对匹配点是同一个点，但是在实际工程应用中，由于图像的旋转误差，有时会存在差异，特别在点集 A 中含有的元素个数少的情况下更是如此，这主要是由于有向距离的有向性对图像旋转误差特别敏感而造成的。

以基于有向距离的星图匹配为例，假设集合 A 是经过星图图像处理后得到的质心点集，点集 B 中的所有元素都是由导航星形成的真值数据，即不存在伪数据，则以 a_i 为参考点求解出的对应匹配点 b_k，当 $H_L^i(A,B)$ 的值满足预定的匹配门限时可认为是最佳匹配点，反之如果 $H_L^i(A,B)$ 的值不满足门限，由假设点集 B 中的元素都是真值数据可知 b_k 对应的 a_i 就可作为伪数据或奇异点，可将其去除。

设匹配比较门限为 T，即

$$a_i=\begin{cases}1, & H_L^i(A,B)\leqslant T\\ 0, & H_L^i(A,B)>T\end{cases}\tag{13-42}$$

式中：1 表示 a_i 是 b_k 的全局最佳匹配点；0 表示 a_i 为伪数据。

2. 基于新型 HD 的改进星图识别

基于新型 HD 的改进星图识别算法要求星敏感器所能识别的最高星等 N 要小于等于导航星库中的最高星等 M，并且理论上要保证视场内至少有两颗待识别星。假设在满足识别算法条件的前提下，每一幅星图图像 M_A 经星点质心提取后所形成的有限点集为 A(设其含有 p 个恒星光点元素)。在实际工程应用中，由于星库中可识别星的数目较多，识别速度慢，一般采用有先验知识的星图匹配识别。通常星敏感器在前一时刻的的光轴指向已知，实际情况中航天器的方向和位置不可能突变，星敏感器的视场应在特定的范围内变化。这样如果在这个特定的范围内进行星图匹配，不仅可以降低误识别率，同时还可大大提高识别速度。

假设星敏感器在前一时刻的光轴指向赤经赤纬值为 (α,δ)，时间 t 内光轴指向的变化为$(\Delta\alpha,\Delta\delta)$,星敏感器的视场大小为$Fov_x \times Fov_y$,则选取的导航星赤经赤纬$(x,y)$的范围满足

$$(x,y)=\begin{cases}x\in p(\alpha)(\alpha+\Delta\alpha-Fov_x-f(\delta+\Delta\delta)\ ,\ \alpha+\Delta\alpha+Fov_x+f(\delta+\Delta\delta))\\ y\in q(\delta)(\delta+\Delta\delta-Fov_y,\ \delta+\Delta\delta+Fov_y)\end{cases} \tag{13-43}$$

式中:$p(\alpha)$、$q(\delta)$为特定范围的调整因子;$f(x)$为根据赤纬求解赤经跨度的函数。

从基本星表中,只要恒星的赤经赤纬在x、y的取值范围之内,就将其选为导航星,将每个选定的导航星,根据坐标变换原理,得到CCD平面上的位置坐标(x_{a_i},y_{a_i}),完成标准特征数据的生成操作,形成有限点集B。坐标变换式为

$$\begin{cases}x_{a_i}=\dfrac{N_x}{2}\times\dfrac{1}{\tan(Fov_x/2)}\times\dfrac{\cos\delta_i\sin(\alpha_i-\alpha_0)}{\sin\delta_i\sin\delta_0+\cos\delta_i\cos\delta_0\cos(\alpha_i-\alpha_0)}\\ y_{a_i}=\dfrac{N_y}{2}\times\dfrac{1}{\tan(Fov_y/2)}\times\dfrac{\sin\delta_i\cos\delta_0-\cos\delta_i\sin\delta_0\cos(\alpha_i-\alpha_0)}{\sin\delta_i\sin\delta_0+\cos\delta_i\cos\delta_0\cos(\alpha_i-\alpha_0)}\end{cases} \tag{13-44}$$

式中:$N_x\times N_y$为CCD面阵的尺寸;$\alpha_0=\alpha+\Delta\alpha,\delta_0=\delta+\Delta\delta$;$x_{a_i}\in\left(-\dfrac{N_x}{2},\dfrac{N_x}{2}\right)$,$y_{a_i}\in\left(-\dfrac{N_y}{2},\dfrac{N_y}{2}\right)$;$Fov_x$、$Fov_y$为$x$、$y$方向上的视场角。

由上述可得两个有限点集$A=\{a_1,a_2,\cdots,a_p\}$和$B=\{b_1,b_2,\cdots,b_q\}$,针对此信息基于新型HD距离的改进星图匹配识别算法具体步骤如下。

(1) 从点集A中选取尽可能接近M_A图像中心的点a_i,求解其对应的数列$S_A^i=\{d^L(a_i,a_n)\}$,$R_A^i=\{d^l(a_i,a_n)\}$,$n=1,2,\cdots,p$,并初始化$j=1$,$m_k=0$。

(2) 在点集B中以b_j为参考点求解$S_B^j=\{d^L(b_j,b_m)\}$,$m=1,2,\cdots,q$。

(3) 计算$h_L^{ik}(A,B)$,$H_L^i(A,B)$。

(4) 判断$H_L^i(A,B)$是否小于有向匹配门限T_L,如果满足,则转到步骤(5),否则,当$j=q$时,转到步骤(7),$j<q$时$j=j+1$,并转到步骤(2)。

(5) 根据$H_L^i(A,B)$得出元素a_i所对应的b_k,求解R_B^k,$h_l^i(A,B)$,$H_l^i(A,B)$。

(6) 判断$H_l^i(A,B)$是否小于绝对匹配门限T_l,满足则转到步骤(8),否则,转到步骤(7)。

(7) 将 a_i 作为伪星点从 A 中去除，如果 A 中已无元素，则 $m_k=1$，转到步骤(8)，否则，转到步骤(1)。

(8) 识别算法结束，$m_k=1$ 表示识别失败，$m_k=0$ 表示识别成功，这时 b_k 所对应的恒星信息即是 a_i 所对应的信息。

其中 T_L 和 T_l 的大小同星敏感器系统噪声及随机噪声带来的提取位置误差、提取星点的个数以及采用的匹配方法有关，简单表达式可写为

$$\begin{cases} T_L=\rho_L\times n\times \bar{w} \\ T_l=\rho_l\times n\times \bar{w} \end{cases} \tag{13-45}$$

式中：ρ_L、ρ_l 为匹配算法调节因子；n 为提取星点个数；$\bar{w}$ 为提取位置误差。

3. 仿真试验与分析

设星敏感器视场大小 $Fov_x\times Fov_y$ 为 $8°\times 8°$，CCD 面阵 $N\times N$ 为 512×512，CCD 透镜焦距 f 为 98.8mm，每个像素大小 $d_h\times d_v$ 为 $27\mu m\times27\mu m$。采用 Tycho2 星表中亮于 6.95^m 的星(大约有 14581 颗)为完备基本星表，其包含信息为恒星编号、赤经、赤纬和星等。取 $p(\alpha)=q(\delta)=1.2$，$f(x)$ 取二次多项式为

$$f(x)=\frac{360°-Fov_x}{8100}x^2+Fov_x \tag{13-46}$$

提取位置误差为 1 个像素(1σ)，进行半物理仿真试验。

以光轴指向(90°,0°)为例，根据上述提出的基于新型 HD 距离的改进星图识别方法进行半物理仿真实验，其结果如图 13-27～图 13-30 所示。

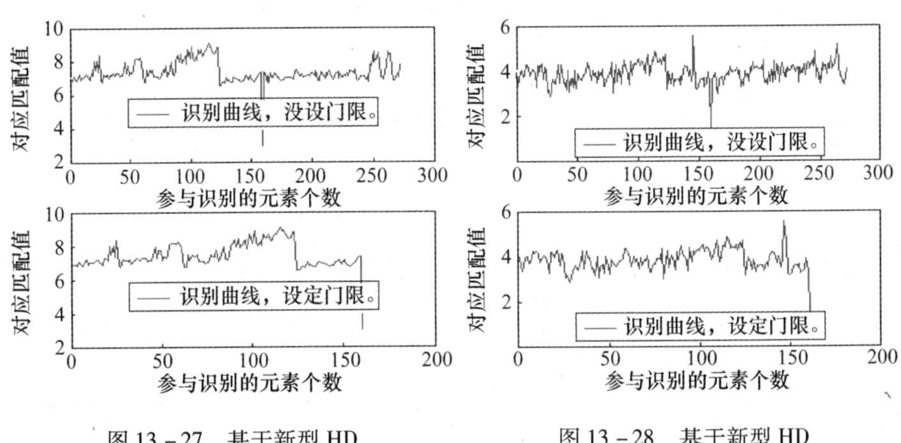

图 13-27　基于新型 HD 识别法的识别曲线图

图 13-28　基于新型 HD 改进识别法 $T_l=0.3$ 识别曲线图

用基于新型 HD 识别法和改进识别法进行仿真,设无旋转,$T_L=10$,仿真结果如图 13-27 和图 13-28 所示,可以看出,通过选取恰当的匹配门限进行识别,基于新型 HD 的识别法和改进识别法的识别速度都有很大的提高;图 13-27 显示最佳匹配值为 3.0791;图 13-28 显示的最佳匹配值为 1.5766。

用基于新型 HD 识别法和改进识别法进行仿真,设旋转 5°,$T_L=10$,仿真结果如图 13-29 和图 13-30 所示,可以看出,旋转对 HD 识别法影响特别大,最佳匹配值由无旋转时的 3.0791 增大到 6.6460;改进识别法的最佳匹配值为 1.5766,与无旋转时相等。

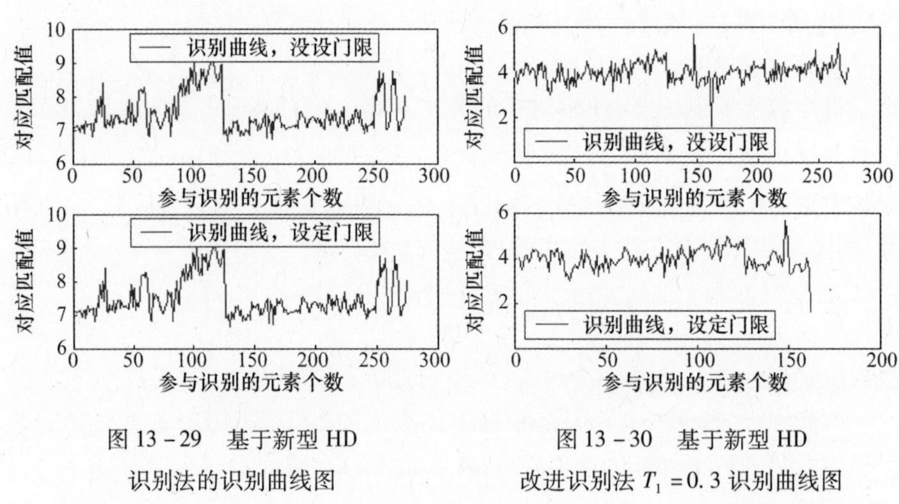

图 13-29 基于新型 HD 识别法的识别曲线图

图 13-30 基于新型 HD 改进识别法 $T_1=0.3$ 识别曲线图

综上所述,基于新型 HD 的识别法和改进识别法在采用匹配识别门限时,大大提高了识别速度;加入较小旋转时对基于新型 HD 识别法的识别成功率影响很大,但对基于新型 HD 的改进识别法影响很小。

13.3.4 基于蚁群聚类算法的快速星图识别方法

近年来,随着载人航天、深空探测与空间实验技术以及电子计算机技术的发展,对航天器快速高精度自主导航和自主管理能力的需求越来越迫切,进而促进了大相对口径、高灵敏度恒星敏感器的快速发展。然而,恒星敏感器的大相对口径和高灵敏度会带来光学系统畸变大、敏感星点多、匹配信息冗余、导航数据库容量大等问题,这对于传统星图匹配识别方法而言,会导致识别速度和识别成功率明显降低。

蚁群算法是由意大利学者 M. Dorigo 于 1991 年首次提出的模拟蚂蚁群体觅食行为的仿生优化算法，它采用正反馈并行自催化机制，具有强的鲁棒性、优良的分布式计算机制，以及快速高效的路径寻优能力等优点，在解决许多复杂优化问题方面已经展现出了优异的性能和巨大的发展潜力，目前，已在车辆路径问题、图像处理、数据挖掘、布局优化以及航迹规划等领域得到了广泛的应用，是解决以上问题的有效方法。

本节针对大相对口径、高灵敏度的恒星敏感器，提出了一种基于蚁群聚类算法的快速星图识别方法。该方法首次将蚁群算法引入恒星敏感器星图匹配识别中，利用蚁群算法的并行处理能力，以及在聚类分析和路径寻优等方面的优势，首先对星点集合进行快速聚类分析；然后以最优类中每个星点为圆心，以一定角距为半径画圆，将圆内所有星点构成集合；再将每个集合的星点两两求取角距，利用蚁群算法完成集合的路径优化；最后利用优化结果同导航星库中已有的优化数据相匹配，实现星图的快速匹配与识别。试验结果表明，与现有识别方法相比，该方法不但具有高的识别速度，而且具有良好的识别成功率，且所需导航星库的容量小，检索速度快。

1. 蚁群聚类算法基本原理

1）蚁群算法基本描述

仿生学家长期研究发现"蚂蚁虽没有视觉，但运动时会通过在路径上释放出一种特殊的分泌物——信息素来寻找路径。像蚂蚁这类群居昆虫，虽然单个蚂蚁的行为比较简单，但由这样简单的个体所组成的群体却表现出极其复杂的行为，能够完成复杂的任务。蚂蚁个体之间通过信息素进行信息传递，能相互协作，完成复杂的任务。蚂蚁在运动过程中，当碰到一个还没有走过的路口时，会随机挑选一条路径前行，并释放出与路径长度有关的信息素，该路径越长则释放的信息素就越少；后来的蚂蚁再次碰到这个路口时则选择信息素多的路径的概率相对较大，这样便形成一个正反馈机制。最优路径上的信息素越来越多，其他路径上的信息素会随时间而逐渐消减，最终通过蚁群的集体自组织性、自催化行为找出最优路径，如图 13－31 所示。不仅如此，蚁群还能够适应环境变化，如在蚁群运动路径上突然出现障碍物时蚁群能很快重新找到最优路径。

2）蚁群聚类算法基本原理

聚类，实际上是对数据集进行分组，使类间数据对象的相似性最小化，类

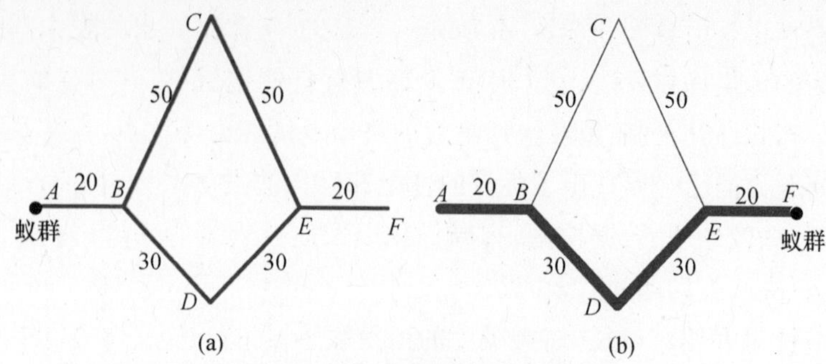

图 13-31　蚁群路径优化模拟

(a) 初始状态;(b) 最终优化路径。

内相似性最大化。蚁群聚类算法,1994 年由 E. Lumer 和 B. Faieta 提出,是将待聚类数据初始随机地映射到二维平面内,后结合蚁群算法,利用每只蚂蚁随机选择一个数据对象,计算该对象在特定区域的相似性概率,进而决定蚂蚁是否“拾起”或“放下”该对象。这样通过有限次迭代计算,平面内所有的数据对象便按照相似性而聚集,即完成了对数据集的聚类分析。

计算对象在特定区域的相似性概率公式为

$$p(x_i) = \max\left\{0, \frac{1}{l^2} \sum_{x_j \in R_l(s)} \left[1 - \frac{d(x_i, x_j)}{\alpha\left(1 + \frac{v-1}{v}\right)}\right]\right\}$$

式中:x_i、x_j 为数据对象;$R_l(s)$ 为地点 s 周围以 l 为边长的正方形特定区域;$d(x_i, x_j)$ 为对象 x_i 和 x_j 在属性空间中的距离;α 为调节数据对象间的相似性参数,值越大分组数越少,收敛速度越快;v 为蚂蚁运行速度。

属性空间距离的定义一般采用欧几里得距离函数和余弦距离函数的组合加权形式,即

$$d(x_i, x_j) = a\sqrt{\sum_{k=1}^{n}(x_{ik} - x_{jk})^2} + b\left(\frac{\sum_{k=1}^{n}(x_{ik} \cdot x_{jk})}{\sqrt{\sum_{k=1}^{n}(x_{ik})^2 \cdot \sum_{k=1}^{n}(x_{jk})^2}}\right)$$

式中:a、b 为加权系数,且 $a + b = 1$;n 为属性空间中属性的个数。

蚂蚁“拾起”或“放下”数据对象时,首先要判断该数据对象与其相邻对象的平均相似性程度,相似性越小则“拾起”的概率越高,“放下”的概率越低。一般定义“拾起”和“放下”概率的判别公式为

$$P_{拾起}=\frac{2e^{-cp(x_i)}}{1+e^{-cp(x_i)}},P_{放下}=\frac{1-e^{-cp(x_i)}}{1+e^{-cp(x_i)}}$$

式中:c 为调节参数,值越大则算法的收敛速度也越快。

2. 基于蚁群聚类算法的星图识别方法

1）导航星库的构造

导航星库是恒星敏感器进行星图匹配识别的唯一依据。它一般装载于恒星敏感器的存储器中,其数据来源于基本星表(本小节采用 Tycho2 星表,极限星等为6.95),包含一定数量的恒星星等、星号、某历元坐标等基本信息以及用于星图识别的信息。

导航星库的构造同识别算法紧密结合,星图识别的速度和成功率在很大程度上取决于导航星库的容量及其检索方式。

针对基于蚁群聚类算法的星图识别方法,导航星库的构造步骤如下:

(1) 选取导航星,为保证任一视场内都有导航星,需要对全天空恒星进行筛选。导航星的选取原则:根据恒星敏感器敏感芯片的频谱响应曲线、光学镜头工作特性以及仪器星等等信息,从基本星表中选取导航星,尽可能覆盖整个天球,不选择星等变化较大的恒星以及恒星间角距大于某一小角度的恒星。

(2) 对任意一颗导航星,以其为圆心,以小于恒星敏感器视场大小的 r 值为半径画圆,将与该导航星的角距值小于 r 值的恒星放入圆内,后将圆内所有恒星(基本星表中的恒星)构成数据集合,即

$$\theta=\arccos\left(\frac{\bar{i}\cdot\bar{j}}{|\bar{i}|\times|\bar{j}|}\right)$$

式中:θ 为天球坐标系下的恒星 i 和恒星 j 之间的角距。

(3) 将每个数据集合中的恒星,两两之间求取角距,选取圆心处那颗导航星(表13-5中的星点1为起始点,利用蚁群算法对路径快速寻优的优点,完成每个数据集合的路径优化。

(4) 最后将每个数据集合的路径优化结果按照升序的顺序存入数据库中,完成导航星库的构造;考虑数据库存储容量,仅存储路径优化结果中前两条路径的角距信息和所涉及的三颗星的赤经和赤纬值。通过这种方法形成的导航星库,不但容量小,而且由于是按升序排序的,因而可采用二分查找法,实现快速的检索和匹配。

2）基于蚁群聚类算法的星图识别

该基于蚁群聚类算法的星图识别方法特别适用于大视场高灵敏度恒星敏感器的星图快速匹配识别；在星图识别过程中，此方法要求星敏感器所能识别的最高星等 N 同导航星库中的最高星等 M 相等。

将蚁群聚类算法运用到星图的匹配识别中，主要是由于星图图像有一个重要的特性，即是在星敏感器识别的最高星等和导航星库的最高星等相等的前提下，每一幅星图图像一定是一个由所有导航星所形成的整个全天星图的子图像。

设一幅星图图像 IMG，包含有 Q 个恒星星点，构成点集为 R。利用蚁群聚类算法对星图 IMG 的识别过程步骤如下。

第一步，利用蚁群聚类算法，对星点集合 R 进行快速聚类分析，图 13－32 为蚁群聚类算法对星点集合 R 的聚类分析结果。

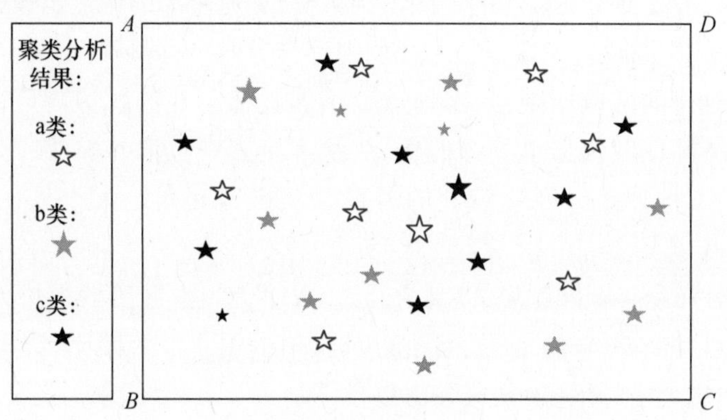

图 13－32　恒星星点数据的聚类分析结果

在此，x_i、x_j 取为恒星星点数据；$R_l(s)$ 取为恒星敏感器所敏感的星图区域（图 13－32 所示的矩形 ABCD）；考虑恒星通过光学系统所成像的属性，即亮度、像斑大小和位置，其中亮度通过灰度值体现，像斑大小通过星点所占的像素数体现，而位置信息仅同敏感时刻和光轴方向有关但同恒星本身的基本属性没有直接关系，因而，在此 $d(x_i, x_j)$ 涉及的属性主要选取星点的灰度值和星点所占的像素数；α 为调节星点间的相似性参数；v 为蚂蚁运行速度，取为常量；$a + b = 1$。

从图 13－32 可看出，通过蚁群聚类算法的聚类分析后，星点集合 R 被分成了 a、b 和 c 三大类。

第二步，从 a、b 和 c 三类中选取平均相似性程度尽可能大且星点大于 3 颗的一类，对该类中的每个星点，以其为圆心，以小于恒星敏感器视场大小的 r 值为半径画圆，选择一个覆盖区域被全部包含在星图区域中的圆，如图 13－33 中所示的以 P_0、P_1、P_2 或 P_3 为圆心，r 为半径的圆。

第三步，假设选择以 P_0 为圆心、r 为半径的圆，将此圆中所包含的所有星点构成集合 M，求解两两之间的角距，之后利用蚁群算法对集合 M 进行路径（路径的权为角距值）优化，优化的结果如图 13－34 所示。

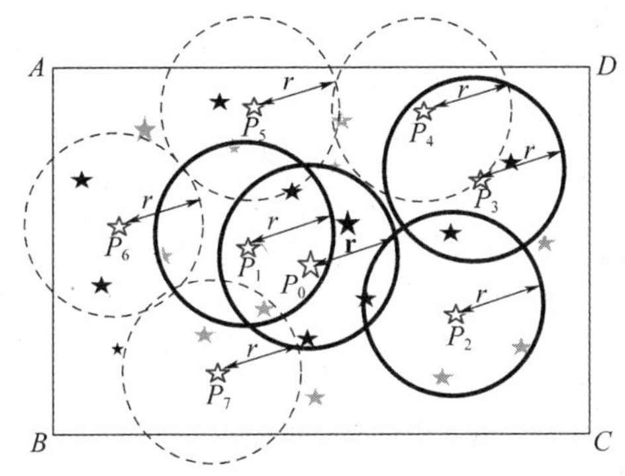

图 13－33　以星点为圆心 r 为半径的圆分布图

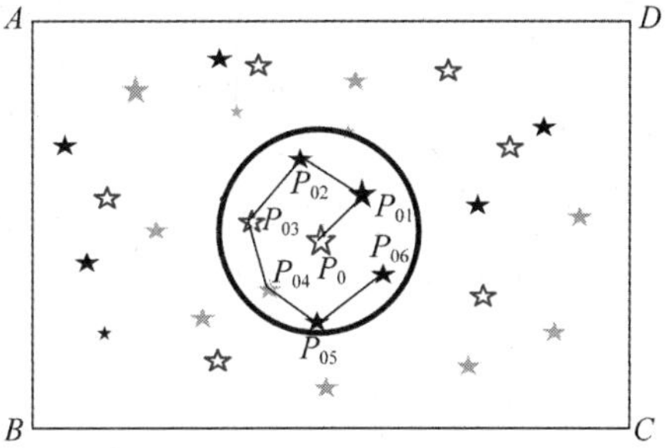

图 13－34　蚁群算法处理后的圆内星点最优路径图

第四步，存储 P_0P_{01}、$P_{01}P_{02}$ 的路径值（即角距值），并将其分别与导航星库中的角距 1 和角距 2 字段中的数值相比较，当满足以下条件时，即匹配识别成功，否则选取以 P_1 为圆心，r 为半径的圆，重复第三步、第四步，若以 P_2、P_3 为圆心时都不满足条件，则此次识别失败，即

$$\sqrt{(P_0P_{01}-\text{角距 }1)^2+(P_{01}P_{02}-\text{角距 }2)^2}<\theta_{\mathrm{th}}$$

式中：θ_{th} 为识别的最小门限，一般取为系统噪声的均方差。

3. 基于蚁群聚类算法的星图识别方法的计算机仿真试验

本节用 Monte Carlo 方法随机产生一满足要求的模拟圆形视场，其视场大小 $Fov_x \times Fov_y$ 为 $20° \times 20°$，敏感面阵 $n_x \times n_y$ 为 1024×1024，采用 Tycho2 星表中亮于 6.95 星等的星（大约有 14581 颗）为完备基本星表，其包含信息为恒星编号、赤经、赤纬和星等。参数的小数有效位数设定为 6 位，位置误差假设为服从正态分布的随机变量，识别的最小门限设定为 2″。初始化蚁群算法的最大循环次数为 200，信息启发式因子取 1，期望启发式因子取 1，信息素强度取 2000，信息素挥发系数取 0.2，蚂蚁数目取 50；x_i，x_j 表示恒星星点数据，蚁群聚类算法的$R_l(s)$取为视场$Fov_x \times Fov_y$所敏感的星图区域,n的个数取为2(星点灰度值和星点所占像素数)。

在上述条件下,进行了计算机仿真试验。表13-5为针对基于蚁群聚类算法的星图识别方法所构成的导航星库的部分存储信息。表中赤经的单位为小时(h),即0~24h对应0°~360°。

表13-5　导航星库的部分存储数据

编号	角距1	角距2	星点1	星点2	星点3
	角度/(°)		(赤经/h,赤纬/(°))		
…	…	…	…	…	…
1296	0.761741	3.286664	(14.90636,-11.89833)	(14.94614,-11.40973)	(14.82197,-14.14899)
1297	1.022368	1.842572	(20.15712,36.83959)	(20.24222,36.80614)	(20.10609,35.97348)
1298	1.478042	2.016786	(0.78990,6.74098)	(0.80627,5.28325)	(0.80482,7.29992)
…	…	…	…	…	…

下面首先仿真了敏感星图中星点的位置误差对识别成功率的影响。在此位置误差范围取0″~130″,此次试验与基于Delaunay剖分算法的识别方法和改进的三角形识别法作了比较,其仿真结果如图13-35(a)所示。

从图13-35(a)可以看出,在位置误差很小的情况下,基于Delaunay剖分算法的识别方法识别成功率最高,但由于剖分算法是利用剖分三角形三顶点的角距信息进行识别,当位置误差增大时,其剖分三角形的准确性快速降低,而基于蚁群聚类算法的识别方法却由于聚类分析处理选择平均相似程度最大的类用于识别具有平滑去噪作用,使得位置误差对识别率的影响大大降低。从图13-35(a)中可看到,此算法的识别成功率在位置误差大于20″时开始优于基于Delaunay剖分的识别法,并一直优于改进的三角形识别方法。

在识别速度上,仿真了敏感星图中星点的位置误差对识别时间的影响。此次仿真中,本节方法与基于Delaunay剖分算法的识别方法和改进的三角形识别法作了比较,其仿真结果如图13-35(b)所示,从仿真结果上可看出,所提出的方法比改进三角形识别方法和基于Delaunay剖分的识别法都快,且位置误差对本节方法的影响比另两种方法更小。这主要是由于基本星表经过蚁群聚类算法处理后形成最优类的蚁群路径优化结果,因而数据冗余小,并且所提出方法中的导航星库采用了数据库存储形式,在星图匹配识别时,按照排序

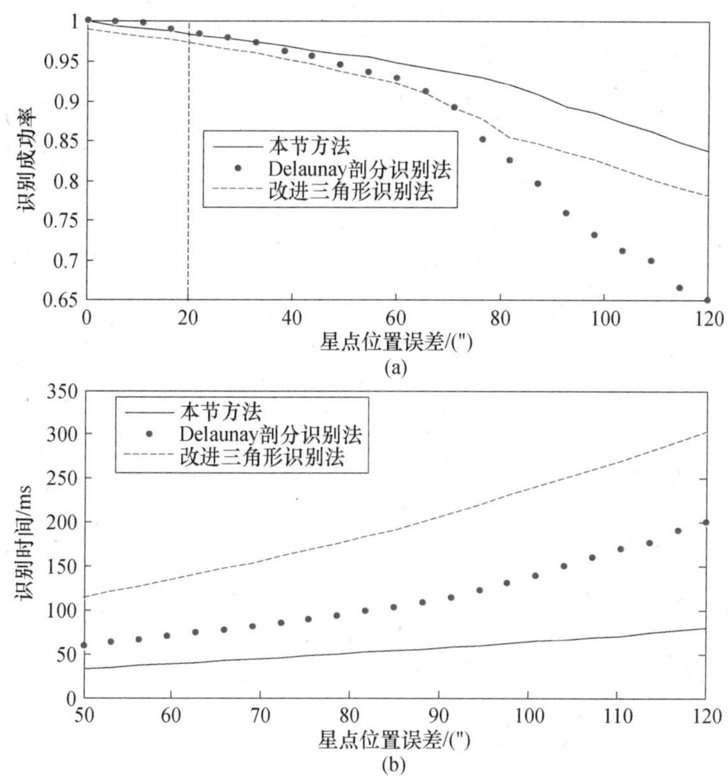

图 13－35　位置误差与识别成功率及识别时间的关系图

(a) 位置误差与识别成功率的关系图;(b) 位置误差与识别时间的关系图。

方式存储路径优化结果,可获得更快的检索速度。实验室进行了 1000 次的仿真试验,由统计结果可得出,模拟观测视场的时间加上加入随机噪声的时间以及一次识别时间平均约为 0.2s。

综上所述,本节提出了一种基于蚁群聚类算法的星图识别算法,该方法利用蚁群聚类算法对星点集合进行快速聚类分析;后选择其中一最优类,利用蚁群算法对路径快速寻优,完成集合的路径优化,实现星图的快速匹配与识别。该方法解决了在大相对口径、高灵敏度的恒星敏感器条件下星图识别速度和成功率明显降低的问题,克服了三角形识别算法由于识别特征维数低而易于出现的冗余匹配的缺点以及基于 Delaunay 剖分算法受位置误差影响大的不足。计算机仿真试验表明,该方法不但具有高的识别速度和识别成功率,而且对位置误差的影响小、鲁棒性高,且所需导航星库的容量小、检索速度快。

13.4 星体的质心提取

星图匹配识别后,为得到具体导航星的星光矢量方向,需进行导航星的精确位置提取,即计算星体的高精度质心坐标。因为星体的像可近似为高斯分布,所以本节提出了一种高斯曲面拟合的星体质心提取方法。

13.4.1 基于高斯曲面拟合的星体质心提取方法

由于透镜的散射作用,恒星在星敏感器中所成的像是以恒星位置为中心的斑点,即图像中相邻像素中都有一定的灰度分布。由于恒星是一种点光源,一般情况下,斑点的亮度都是用点扩散函数表示,分布可近似为高斯曲面如图 13-36所示,因而,研究高斯曲面的内插方法进行拟合,可得到高斯曲面参数的递推解析式和相应的质心提取方法。

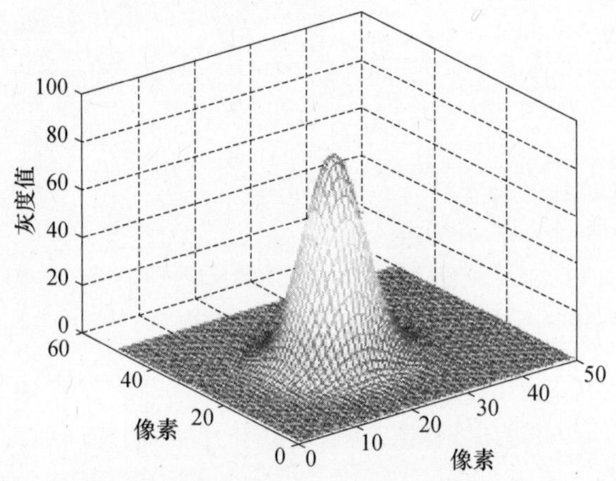

图 13-36 恒星在星敏感器中成像的高斯曲面

1. 系统参数 A、B 的最小二乘拟合

如图 13-36 所示,像素 $p_0(x,y)$ 和近邻像素 $p_1(x_1,y)$,$p_2(x_2,y)$,$p_3(x,y_1)$,$p_4(x,y_2)$是由高斯曲面构成,其数学表达式为

$$p = A\exp\left(-\frac{r^2}{B}\right) \tag{13-47}$$

式中:$r^2=(x-x_0)^2+(y-y_0)^2$,(x_0,y_0)对应高斯曲面的中心位置;A 对应高斯

曲面的最大值，与星亮度对应。星等越小，A 值越大；B 对应星光斑点的大小，光斑越小，B 值越大。上面方程含有 4 个未知数，要想得到方程的解析式，必须得到方程的参数 x_0、y_0、A、B。然而，上面方程为非线性指数函数，拟合得到参数的解析式非常困难。考虑到当坐标原点取为 (x_0, y_0) 时，上面方程中，只含 A、B 两个参数。对方程两边取对数，则有

$$\ln p = \ln A - \frac{r^2}{B} \tag{13-48}$$

令

$$y = \ln p, x = r^2, a = -\frac{1}{B}, b = \ln A$$

则有

$$y = ax + b \tag{13-49}$$

显然，式(13－49)是线性函数，通过最小二乘法进行线性拟合可以得到系数 a、b。

令

$$S = \sum_{i=1}^{n} (y_i - y)^2 = \sum_{i=1}^{n} (y_i - ax_i - b)^2 \tag{13-50}$$

对式(13－50)两边求导，并令导数等于零，则

$$\begin{cases} \dfrac{\partial S}{\partial a} = 0 \\ \dfrac{\partial S}{\partial b} = 0 \end{cases} \tag{13-51}$$

可得到

$$\begin{cases} a = \dfrac{k \sum y_i x_i - \sum y_i \sum x_i}{k \sum x_i^2 - \left(\sum x_i\right)^2} \\ b = \dfrac{\sum x_i^2 \sum y_i - \sum x_i \sum y_i x_i}{k \sum x_i^2 - \left(\sum x_i\right)^2} \end{cases} \tag{13-52}$$

式中：k 为拟合模板的维数。将系数 a、b 代入式(13－48)得到系数 A、B。式(13－52)表明，当已知恒星位置坐标时，可以通过高斯曲面拟合得到高精度的星等。上面系数可以以恒星位置中心点和 4 相邻或 8 相邻像素参加拟合。

2. 位置参数 x_0、y_0 的高斯曲线插值

上面计算中,恒星位置的确定成为整个算法的关键。一种简单的方法是采用上面介绍的线性插值。但是,由于线性插值时只考虑了近邻像素的灰度,而没有考虑中心位置的灰度,当星等较大时,由于斑点较小,可能会产生较大误差。下面研究在 x、y 方向上,分别进行高斯曲线拟合,然后用曲线最大值方法,求出恒星位置。

对于式(13-47),假设参数 y 不变,在 x 方向上,有

$$p = A\exp\left(-\frac{(x-x_0)^2+(y'-y_0)^2}{B}\right) \tag{13-53}$$

两边取对数

$$\ln p = \ln A - \frac{(x-x_0)^2+(y'-y_0)^2}{B} \tag{13-54}$$

$$\begin{cases} \ln p_1 = \left(\ln A - \dfrac{(y'-y_0)^2}{B}\right) - \dfrac{(x_1-x_0)^2}{B} \\ \ln p_2 = \left(\ln(A) - \dfrac{(y'-y_0)^2}{B}\right) - \dfrac{(x_2-x_0)^2}{B} \\ \ln p_3 = \left(\ln(A) - \dfrac{(y'-y_0)^2}{B}\right) - \dfrac{(x_3-x_0)^2}{B} \end{cases} \tag{13-55}$$

解上述方程,可以得到系数 A、B、x_0。但式(13-55)中包含二次项,所以方程的解析式非常复杂。如果取中心点的坐标为原点坐标,则有 $x_1=-1$,$x_2=0$,$x_3=1$。代入式(13-55)得

$$\begin{cases} \ln p_1 = \left(\ln A - \dfrac{(y'-y_0)^2}{B}\right) - \dfrac{(1+x_0)^2}{B} \\ \ln p_2 = \left(\ln A - \dfrac{(y'-y_0)^2}{B}\right) - \dfrac{x_0^2}{B} \\ \ln p_3 = \left(\ln(A) - \dfrac{(y'-y_0)^2}{B}\right) - \dfrac{(1-x_0)^2}{B} \end{cases} \tag{13-56}$$

解上面方程可得

$$\begin{cases} B = \dfrac{2}{2\ln p_2 - \ln p_1 - \ln p_3} \\ x_0 = \dfrac{B}{4}(\ln p_3 - \ln p_1) \end{cases} \tag{13-57}$$

显然,x_0 即是 x 方向上恒星坐标,它的大小与 y 无关。由于高斯曲面相对于坐标原点、X 轴和 Y 轴都是对称的,所以上述结果是合理的。用同样的方法,可以得到 y 方向上的恒星坐标为

$$\begin{cases} B' = \dfrac{2}{2\ln p_2 - \ln p_4 - \ln p_5} \\ y_0 = \dfrac{B'}{4}(\ln p_5 - \ln p_4) \end{cases} \tag{13-58}$$

式中:p_4、p_5 分别为 y 方向上相邻的两像素。

理论上,$B = B'$,但是,由于噪声的干扰,实际上,它们之间可能存在一定误差,可以用多点计算得到的均值代替 B,从而减少噪声的影响。

13.4.2　半物理仿真试验及结果分析

基于高斯曲面拟合的质心提取仿真试验结果及分析

1. 半物理仿真试验

根据 13.3.2 节提出的基于高斯曲面拟合的星体质心提取方法进行半物理仿真。设星敏感器得到的星光斑点为高斯曲面函数,其参数(A,B,x_0,y_0)分别为(50,0.6,4.7,4.1)。该条件下的成像示意图如图 13-37 所示,具体数据如表 13-6 所列。

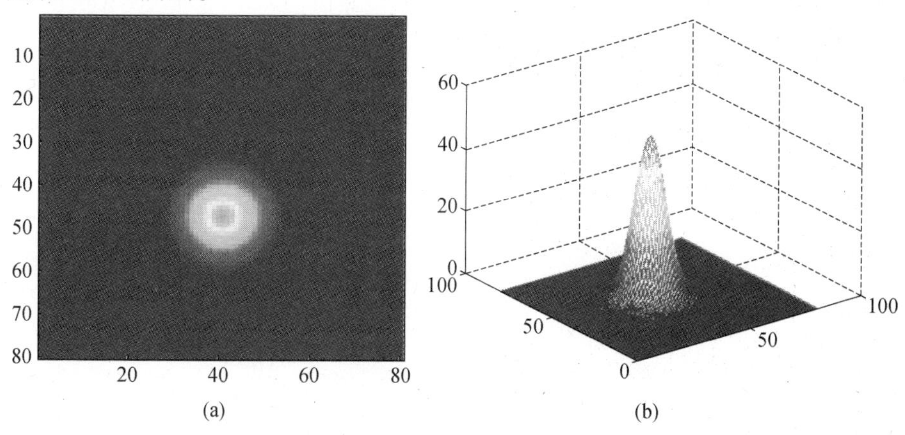

图 13-37　高斯斑点成像示意图

表 13-6　8×8 高斯曲面函数分布

灰度值	1	2	3	4	5	6	7	8
1	0.0000	0.0000	0.0000	0.0001	0.0001	0.0000	0.0000	0.0000
2	0.0000	0.0008	0.0203	0.0676	0.0304	0.0018	0.0000	0.0000
3	0.0004	0.0676	1.6573	5.5023	2.4724	0.1503	0.0012	0.0000
4	0.0041	0.7447	18.2684	60.6531	27.2532	1.6573	0.0136	0.0000
5	0.0061	1.1109	27.2532	90.4837	40.6570	2.4724	0.0203	0.0000
6	0.0012	0.2243	5.5023	18.2684	8.2085	0.4992	0.0041	0.0000
7	0.0000	0.0061	0.1503	0.4992	0.2243	0.0136	0.0001	0.0000
8	0.0000	0.0000	0.0006	0.0018	0.0008	0.0001	0.0000	0.0000

在加入标准差为5的随机噪声数据进行拟合实验(图13-38)时,结果表明,参加拟合模板的维数k取3时,误差最小,接近理论数据,随着k的增加,拟合结果明显偏小。在此基础上增加高斯曲面的参数B进行类似的试验。结果发现,k的值可以适当增大,但是必须限制在较小范围内,拟合结果才接近理论值。这主要是因为,光斑近似为一个高斯曲面函数,随着光斑离中心点距离的增加,光斑亮度急剧下降。在有噪声情况下,远离光斑中心点较远处已不能近似为高斯曲面。

综上所述,在星敏感器半物理仿真试验中,恒星成像斑点一般集中在一个3×3的区域,所以,k取3时比较接近实际的星光成像。

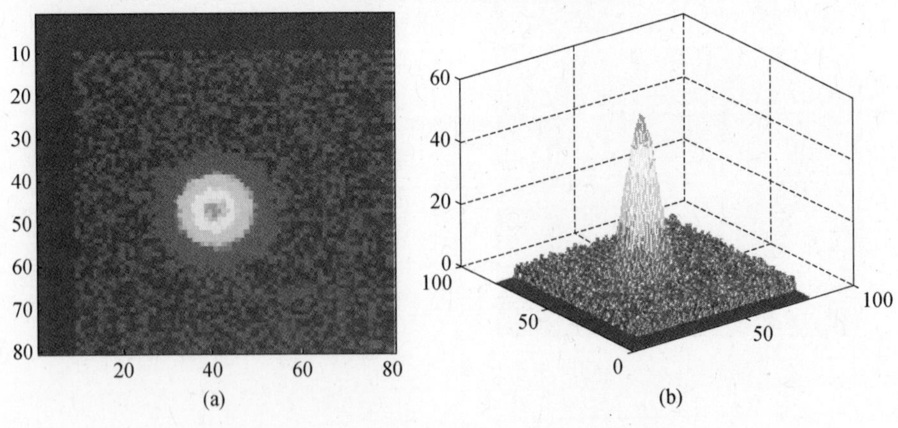

图13-38　加入标准差为5的高斯噪声图像

用基于高斯曲面拟合的星体质心提取方法进行恒星质心的亚像素级内插提取，试验条件为在原始图像中加入标准差为 5 的随机噪声，迭代 1000 次，半物理仿真试验结果如图 13-39 所示。

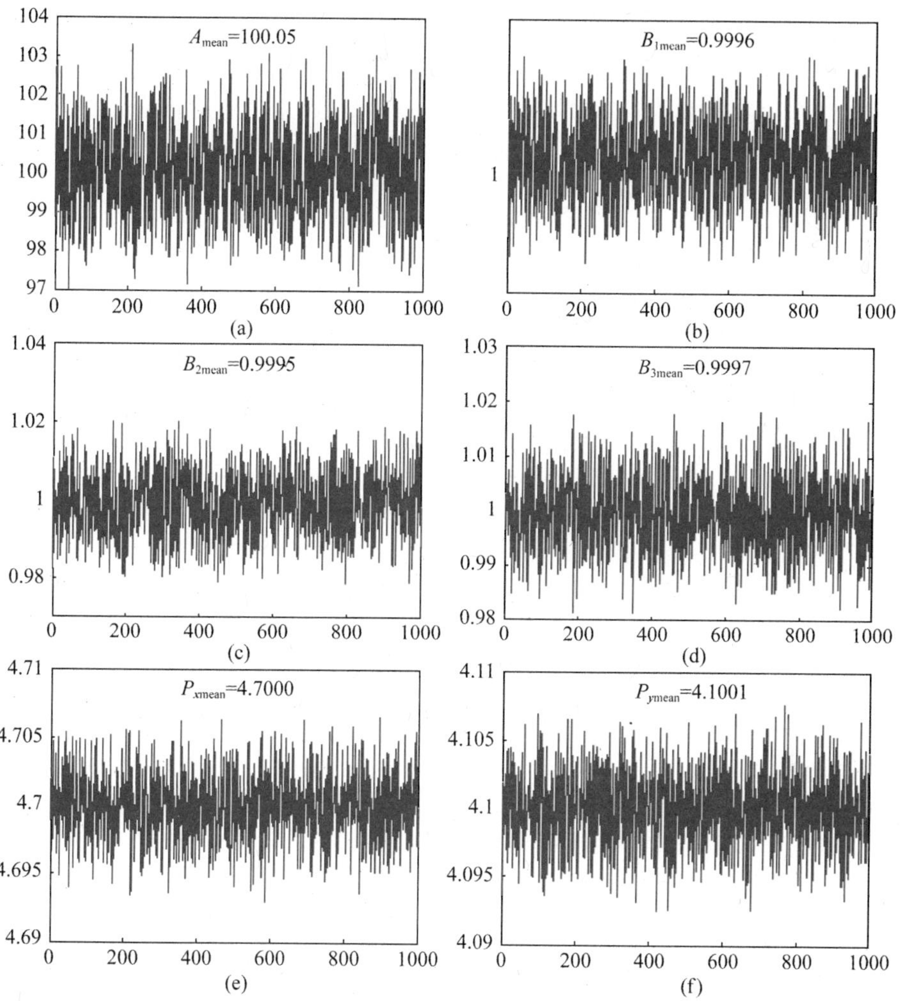

图 13-39　高斯曲面拟合参数仿真结果

其中图 13-39(a)为幅度 A 拟合结果，图 13-39(b)、(c)、(d)分别为按式(13-52)、式(13-57)和式(13-58)三种方法的 B 值拟合结果，图 13-13(e)、(f)分别为斑点位置(x,y)的拟合结果。从上面试验结果可以看出，位置误差小于0.05个像素且方差较小。该方法具有较强的抗噪声能力,可得到高精度的恒星位置和星等。

2. 试验结果分析

基于高斯曲面拟合的星体质心提取方法,进行恒星质心的亚像素级内插提取,实验结果表明,原始图像中加入标准差为5的随机噪声时,提取的位置误差小于0.05个像素,提取的幅度误差小于3%,均值非常接近理论值。在试验中还发现,拟合数据应限制在光斑附近的小区域内,随着拟合区域的增加,幅度误差急剧增加,而位置误差变化不大。这主要是因为,光斑是高斯函数,在远离光斑中心时,幅度值急剧下降,受噪声的影响非常大。光斑中心附近由于幅值较大,受噪声影响较小。所以星体质心提取时,应取星体中心区域附近的数据参加拟合,既可提高星体质心提取的精度,也可提高星体提取的速度。

13.5 小结

本章主要研究了天文导航半物理仿真系统中的星图预处理、星点质心提取和星图匹配识别等关键技术。基于星敏感器的航天器自主天文导航系统需要获取导航星的高精度方位角信息来保证其精确定位。

星图预处理是进行星图识别和星体质心提取的前提。要进行有效的星体质心提取,需要对星图进行噪声去除和畸变校正,针对星敏感器的系统噪声和随机噪声研究了利用CL多小波进行星图的去噪处理方法;针对镜头突变引起的畸变研究了利用多项式拟合进行星图的畸变校正方法,提高了图像信噪比,较好地校正了桶形失真。此外,提出了基于局部熵的星体位置确定方法,为星图匹配识别提供了基本的星体位置。

然后重点研究了快速有效的星图识别方法,提出了基于Delaunay剖分算法的全天自主星图识别算法、基于新型Hausdorff距离(HD)的星图识别算法和基于新型Hausdorff距离(HD)的改进星图识别算法。基于Delaunay剖分的识别算法具有识别速度快、存储容量小和识别成功率高的特点,特别是对星敏感器面阵的旋转误差不敏感,但对流星、行星等干扰比较敏感。后两者都对面阵的旋转误差较敏感(前者比后者更敏感,后者可消除小角度旋转误差的影响),但抗流星、行星等干扰能力强;前者可达到全局最小值,实现全局匹配,识别速度较慢,后者识别速度快,且在合理设定识别阈值时易实现全局匹配,具有很强的工程实用价值。

为了精确地确定导航星的位置,需对星体进行快速准确的质心提取,为此提出了基于高斯曲面拟合的星体质心精提取方法,实现了恒星质心的亚像素级快速提取,提取精度已达 1/20 个像素。

本章所研究的内容在半物理仿真实验中已取得良好的效果,随着我国航天事业的发展和科学技术的进步,在此领域的发展将会更加宽广和深入。

参考文献

[1] 高西奇,甘露,邹采荣. 多小波变换的理论及其在图像处理中的应用[J]. 通信学报,1999,20(11):55 - 60.

[2] Goodman T N T, Lee S L. Wavelets of multiplicity[J]. Trans on Amer Math Soc. 1994, 342:307 - 24.

[3] Strela V, et al. The application of multiwavelet Filter banks to image processing[J]. IEEE Transaction on Image Processing ,1997.

[4] 黄卓君,马争鸣. CL 多小波图像编码[J]. 中国图像图形学报,2001,6A(7):662 - 668.

[5] Christian B, Klaus V. A new algorithm to correction fish - eye and strong wide - angle - len distortion from single images[J]. IEEE Transaction on Image Processing,2001:225 - 228.

[6] Yucel A, Russell M. A fast parametric motion estimation algorithm with illumination and lens distortion correction[J]. IEEE Transaction on Image Processing,2003,12(4):395 - 408.

[7] Hideaki H, Yagihashi Y, Miyake Y. A New Methord for Distortion in Endoscopic Images[J]. IEEE Transaction on Medical Imaging,1995,9(14):548 - 555.

[8] Smith W E, Vakil N, Maislin S A. Correction of distortion in endoscope images[J]. IEEE Trans. Med. Imag. 1992, MI - 1 1 (1) :117 - 128(8).

[9] 阮秋琦. 数字图像处理学[M]. 北京:电子工业出版社,2000.

[10] 廖士中,高培焕,等. 一种光学镜头摄像机几何畸变的修正方法[J]. 中国图形图像学报,2000,5 (7):593 - 596.

[11] 田玉龙,王广君,房建成,等. 基于局部熵的星敏感器星图提取方法[J]. 哈尔滨工业大学学报,2005,37(8):1068 - 1070.

[12] 李力宏,林涛,宁永臣,等. 一种改进的全天自主三角形星图识别算法[J]. 光学技术,2000,26(4):372 - 374.

[13] 林涛,周建林,张钧萍,等. 四边形全天自主星图识别算法[J]. 宇航学报,2000,21(2):82 - 85.

[14] 林涛,刘瑞宽,贾晓光,等. 一种基于主星的导航星座构造方法[J]. 中国空间科学技术,2000,20(1):48 - 52.

[15] 房建成,全伟,孟小红. 一种基于 Delaunay 三角剖分的全天自主星图识别算法[J]. 北京航空航天大学学报,2005,31(3):311 - 315.

[16] 田玉龙,全伟,王广君,等. 星图识别的剖分算法. 系统工程与电子技术[J],2004. 26(11):2675 - 2679.

[17] 王广君,房建成. 基于 Hausdorff 距离的星图识别方法研究[J],北京航空航天大学学报,2005. 31(5):508 - 511.

[18] 全伟,王广君,房建成. 基于 HD 距离的改进星图识别方法[J],北京航空航天大学学报,2006.

[19] 孔德慧,陈其明. 有界曲面剖分的边界递归法[J],计算机辅助设计与图像学学报,1996,8(5):345 - 351.

[20] Kin H Y, Junkins J L. Self - organizing guide star selection algorithm for star trackers: thinning method[C]. IEEE AC paper 2001.

[21] Roelof W H, Van Bezooijen. True - sky Demonstrationof an Autonomous Star Tracker[C]. Proc. SPIE, 1994.

[22] 王广君,房建成. 一种星图识别的星体图像高精度内插算法[J]. 北京航空航天大学学报,2005,31(5):566 - 569.

[23] Quan Wei, Xu Liang, Fang Jiancheng. A new star identification algorithm based on improved hausdorff distance for star sensors[J]. IEEE Transactions ON Aerospace and Electronic Systems, 2013, 49(3):2101 - 2109(SCI).

[24] Quan Wei, Fang Jiancheng, Zhang Weina. A method of optimization for the distorted model of star map based on improved genetic algorithm[J]. Aerospace Science and Technology, 2011, 15(2):103 - 107 (SCI).

[25] Quan Wei, Fang Jiancheng. A star recognition method based on the adaptive ant colony algorithm for star sensors[J]. Sensors, 2010, 10(3):1955 - 1966(SCI).

第 14 章 天文导航半物理仿真系统

14.1 引言

进行航天器天文导航技术的飞行试验研究不仅难度大,而且成本昂贵,因此国内外均采用半物理仿真技术进行试验研究。利用由星光模拟器和星敏感器等构成的航天器自主天文导航半物理仿真系统,与计算机仿真研究相比可更准确地模拟量测信息及其误差特性,从而更精确地验证天文导航方法的性能以及工程样机的系统特性。

本章研究并实现了一种新颖的基于星敏感器的天文导航半物理仿真系统,它由轨道发生器、星模拟器、星敏感器和导航计算机组成。利用半物理仿真系统既可以研究先进的天文导航方法、系统建模和滤波算法,还可以测试和验证星敏感器等天文导航设备以及天文导航系统样机。此半物理仿真系统的开发,同时可减少空间试验次数,降低试验成本,缩短开发周期,可保证空间试验的安全可靠。因此,半物理仿真系统的构建对航天器天文导航系统样机的研制具有很强的理论指导意义和工程应用价值。

14.2 天文导航半物理仿真系统的总体设计

14.2.1 系统组成

如图14-1所示,天文导航半物理仿真系统由以下几部分组成。

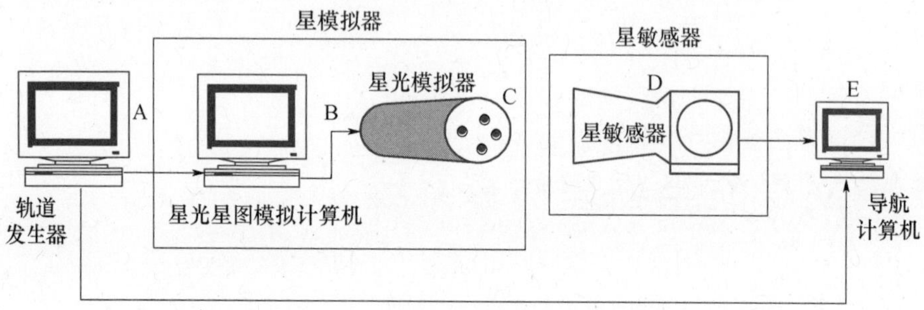

图14-1 半物理仿真系统总体框架

(1) 计算机A配以专业轨道生成软件STK,作为轨道发生器,提供航天器的位置、姿态、星敏感器的光轴指向等信息。

(2) 计算机B作为星光星图模拟计算机,装有导航星库和星图生成软件,用来生成星图。

(3) 设备C作为星光模拟器,此部分可有两种选择:由液晶光阀、发光面光源和平行光管组成,用来模拟无穷远处的平行恒星星光;直接采用高分辨率的投影仪,完成平行恒星星光的模拟。

(4) 设备D为星敏感器,该部分的硬件设备主要包括遮光罩、光学镜头及电路;软件部分主要有导航星库、星图预处理、星图识别、星体质心提取等相应软件。它有两种选择:真正的星敏感器;星敏感器模拟器,采用CCD敏感头、图像采集卡和图像处理终端实现星敏感器的功能。

(5) 计算机E作为导航计算机,主要利用前面获得的量测信息进行解算,获得航天器的位置、姿态等信息。

14.2.2 系统工作流程

天文导航半物理仿真系统的工作流程是:由轨道发生器生成航天器轨道、姿态以及星敏感器的光轴指向信息,并将上述数据传输给星光星图模拟计算机;星光星图模拟计算机生成沿途可供观测的恒星,并在显示屏幕上产生星图;该星图由星光模拟器经过光电转换器件,模拟成无穷远处星体的平行星光;此星光由星敏感器捕获,通过星图预处理、星图识别、质心提取给出星光的方位角信息和该星体的星历信息;导航计算机接收星光的方位角信息并结合地平仪等其他测量仪器的量测信息完成导航解算。其系统流程图如图 14－2 所示。

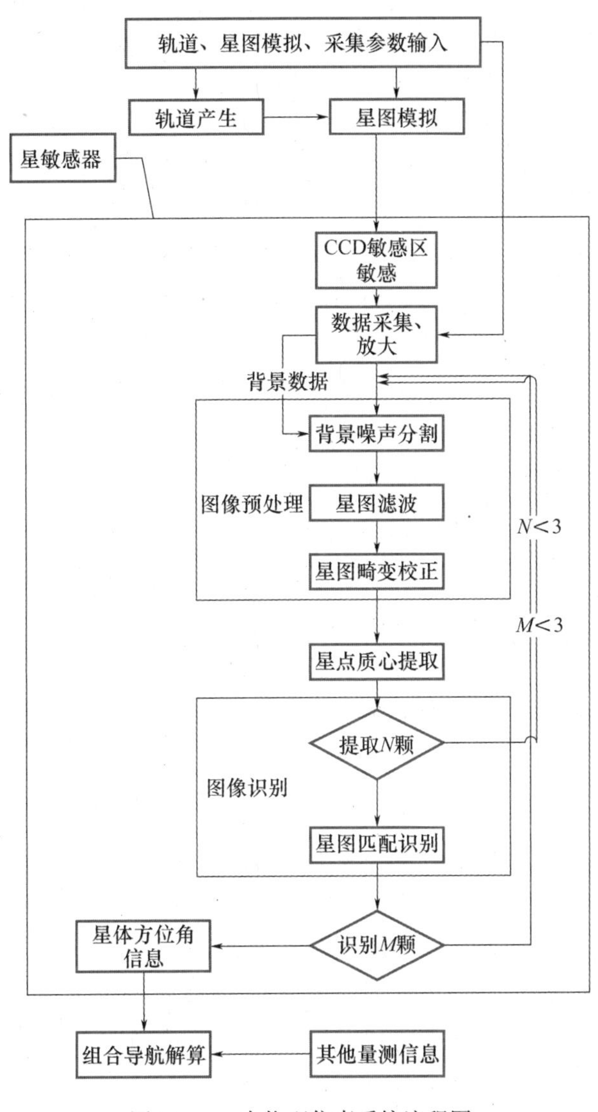

图 14－2　半物理仿真系统流程图

14.3 系统各模块的设计

天文导航半物理仿真系统由轨道发生器、星模拟器、星敏感器和导航计算机等几个模块组成。

14.3.1 轨道发生器的设计

轨道发生器作为天文导航系统仿真研究的基础,此半物理仿真系统由一台 PC 机(装入相应的轨道生成软件)和相应的串行通信接口组成,为星光星图模拟计算机提供光轴每时每刻的指向数据,以便星光星图模拟计算机生成星图。根据预先设定的航天器轨道,先由轨道生成软件(如 STK 等)生成航天器的位置、速度、姿态等信息,再由每时刻的位置姿态信息和星敏感器的安装方位,求解出相对应的地心惯性系下的光轴指向数据,最后通过串行通信接口传递给星光星图模拟计算机。

14.3.2 星模拟器的设计

星图模拟计算机根据轨道发生器生成的星敏感器的光轴指向信息,提取该时刻星敏感器视场内的导航星,通过接口及驱动电路驱动液晶光阀显示出星图,经平行光管产生平行的动态多星星光。

星图模拟器的系统框图如图 14-3 所示。

(1) 专用面光源:为液晶光阀提供照明条件。

(2) 基本星表:一定星等的恒星星库。

(3) 星图模拟计算机:完成星库的检索,并控制星图的显示。

(4) 分频器:将来自星图模拟计算机的星图数据分频给显示设备和液晶光阀(或投影仪)。

(5) 显示设备:对模拟星图图像的直观显示。

(6) 高分辨率液晶光阀:显示天区恒星在敏感面上的分布情况。

(7) 平行光管:去除杂散光模拟无穷远处的平行星光。

系统的具体工作原理是:在视场范围、液晶光阀的旋转角度以及天区中心的赤经和赤纬确定的条件下,计算机从星库中检索出该视场范围内的所有恒

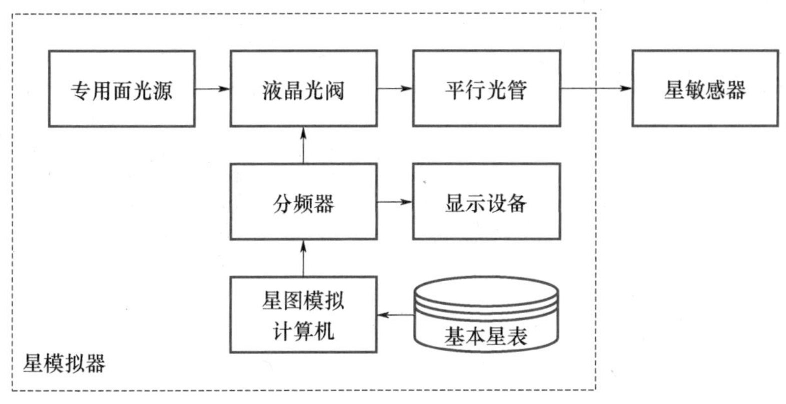

图 14-3 星图模拟的系统框图

星的赤经和赤纬,并按一定的比例计算出恒星与中心天区的相对位置关系,以一定的星体大小和灰度等级在显示器上显示恒星的分布情况(此模拟信号也可以直接输出到高分辨率的投影仪上来完成星图的模拟显示)。经过分频器将恒星的分布情况发送给液晶光阀。在面光源的作用下,液晶光阀再现恒星的空间分布情况。由于液晶光阀位于平行光管的焦平面上,经过平行光管的星图就可以模拟无穷远处的平行星光,并供星敏感器敏感。本半物理仿真系统采用国内外最新的发光成像材料以提高星光模拟成像的清晰度,力求接近真实的星空效果。

14.3.3 星敏感器模拟器的设计

对于采用星敏感器工程样机的方案,由于其都已经封装完好,且都实现了"星光入,姿态出"的功能,这对进一步研究星图预处理、星图识别、星体质心提取及确定星光矢量方向具有很大的局限性。因而,本半物理仿真系统总体方案采用 CCD 敏感头、图像采集卡和数据处理终端来实现星敏感器的功能,如图 14-4 所示,以下对此组合方案作简单介绍。

星敏感器模拟器的基本结构主要由光机部分和光电图像处理部分组成,其中光机部分包括遮光罩和光学系统,光电图像处理部分包括光电转换电路(CCD 组件、时序电路、驱动电路和放大电路)、控制电路(信号控制、工作参数采集)、二次电源、数据处理模块(星图预处理、星图识别、质心提取和星光矢量方向确定)以及对外接口等。其光机部分的原理图如图 14-5 所示。

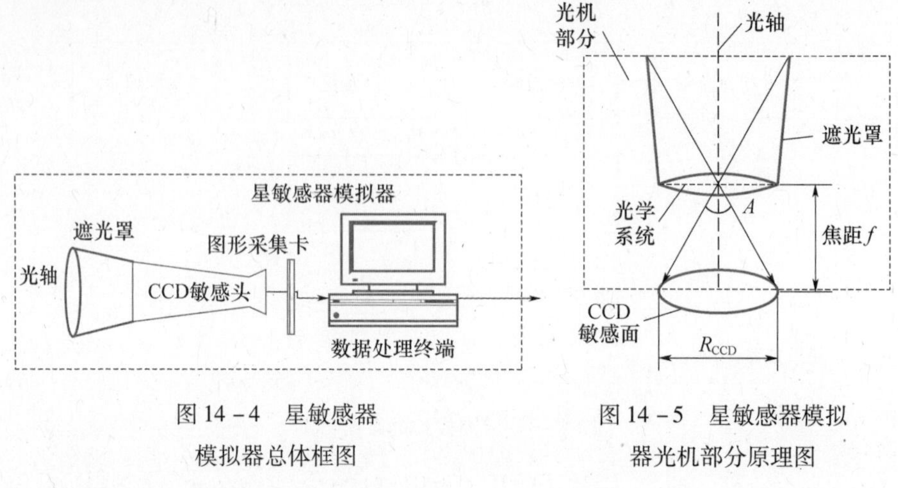

图 14－4　星敏感器模拟器总体框图

图 14－5　星敏感器模拟器光机部分原理图

视场角 $A=2\arctan\left(\dfrac{\boldsymbol{R}_{\mathrm{CCD}}}{2f}\right)$,$f$ 为光学系统镜头焦距,R_{CCD} 为 CCD 敏感面的直径。

1. 镜头遮光罩的设计

由于此半物理仿真系统主要针对地面试验,其影响星敏感器模拟器观测的杂散光源仅包括较弱的太阳折射光、漫射光以及实验室内一些物体较微弱的反照光等,因而,可以简化装置的设计。由于星敏感器模拟器为弱光信号成像系统,杂散光的干扰对成像质量的影响比较大,因此必须设计遮光罩抑制杂散光,保证星敏感器模拟器的成像质量,为星图识别奠定良好的基础。

图 14－6 为遮光罩干扰光能量衰减的示意图[4],遮光罩设计思想是使视场外的杂散光等入射到遮光罩内壁后,经过多次吸收和漫反射才进入光学系统,此时杂散光能量已衰减到允许程度,以保证星敏感器正常工作。图 14－7 为遮光罩实物图,从中可看出,遮光罩外形设计成圆筒形,其内壁采用植黑绒工艺织成的黑布并涂上涂料,反射率可降低到 0.5%,杂散光能量的总衰减系数可达到 10^8。

2. 敏感头的选择

为了更好地模拟星敏感器,需采用高分辨率敏感头。按光电转换器件的不同敏感头可分为两种类型:一种是 CMOS 敏感头,可以独立与微机配合使用,是以后的发展方向,但目前还不是很成熟,成像质量较差且分辨率也较低;

另一种是 CCD 敏感头，要配合视频采集卡一起使用，相对 CMOS 敏感头，分辨率高且成像质量好。

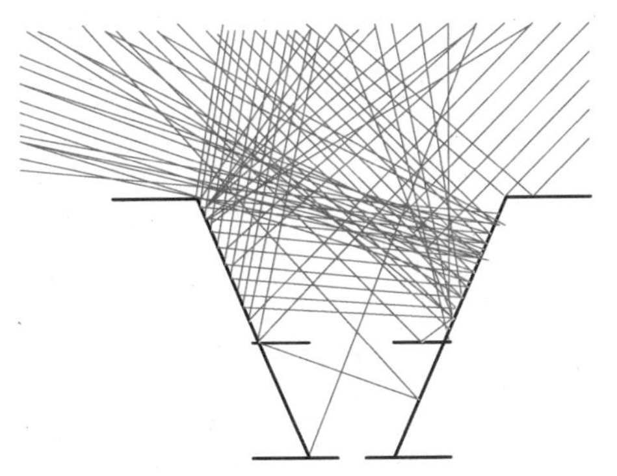

图 14－6　遮光罩干扰光能量衰减示意图

图 14－7　遮光罩实物图

根据目前状况，本半物理仿真系统的敏感头采用 1024×1024 分辨率的成像系统；选取 CCD 感光方式，它对光线的适应能力强，色彩饱和度高；输出的模拟视频信号通过图像采集卡与数据处理终端相连。目前 CCD 尺寸多为 1/3 英寸(8.47mm)或者 1/4 英寸(6.35mm)，在相同的分辨率下，应选择元件尺寸较大者。图 14－8 为 CCD 敏感头实物图。

(a)

(b)

图 14－8　CCD 敏感头实物图

3. 图像采集卡的选取

半物理仿真系统要求图像采集频率 1MHz 以上，分辨率最小为 1024×1024，支持至少 8 位的图像采集，因而图像采集卡采用北京嘉恒中自图像技术有限公司基于 PCI 总线的 OK_M90 采集卡。它支持即插即用标准，具有寄存器可任意地址映射和避免硬件冲突的功能。全 32 位驱动软件支持 WIN95/98、

WINME、WINNT4、WIN2000 和 WINXP,可实现方便、快捷的全软件调试。

4. 数据处理终端的方案设计

本部分有两种实现方案:直接利用 PC 机完成星图预处理、星图识别、星体质心提取和星光矢量方向计算等;选用 FPGA 实现星图的预处理,采用数字信号处理器 DSP 进行星图的匹配识别、星体质心提取和星光矢量方向计算,如图 14-9所示。

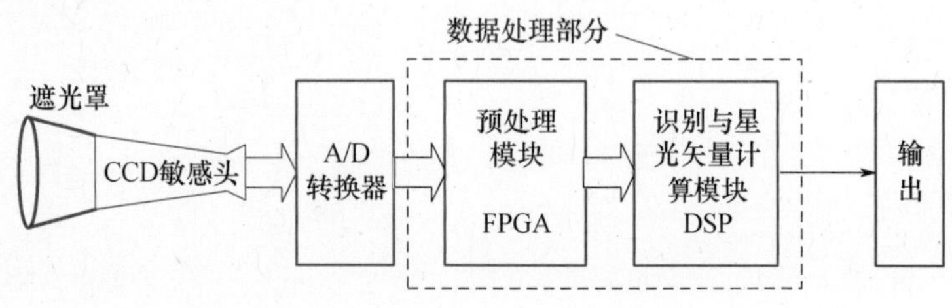

图 14-9　第二种方案设计框图

第二种方案星图的预处理由 FPGA 实现,输出星体的位置。FPGA 作为现代大规模集成电路芯片,可极大地简化电路,缩小体积和提高系统速度。FPGA具有极强的可编程修改和容错设计能力,使得系统的设计变得更加灵活。目前,航天界对于 FPGA 的使用呈上升趋势。根据系统星图预处理对处理速度、存储量的要求,选用 XILINX 公司的 SPARTANⅡ系列的 XC2S200 芯片,该芯片的主要特点有密度高达 20 万门,系统性能达 200MHz,多层次存储器系统,基于 SRAM 的存储器在系统内可配置。

为能给出高精度的星光矢量方向,数据处理终端要求具有实时快速处理浮点运算的能力。为此,选用 TI 公司的 TMS320C6711 芯片作为星敏感器数据处理芯片,该芯片是业界首先具有片内 cache 存储器的 DSP,具有超长指令字(VLIW)结构,每秒 12 亿次浮点运算能力,C 编译器与其结构结合紧密,并行性强等特点。

14.3.4　导航计算机的设计

根据模块化要求,系统分为数据采集模块和数据处理模块。数据采集模块完成星敏感器及其他敏感器输出量的采集。数据处理模块接收采集模块送来的星敏感器及其他敏感器数据,完成导航解算。图 10-14 为导航计算机的系统总体框图。

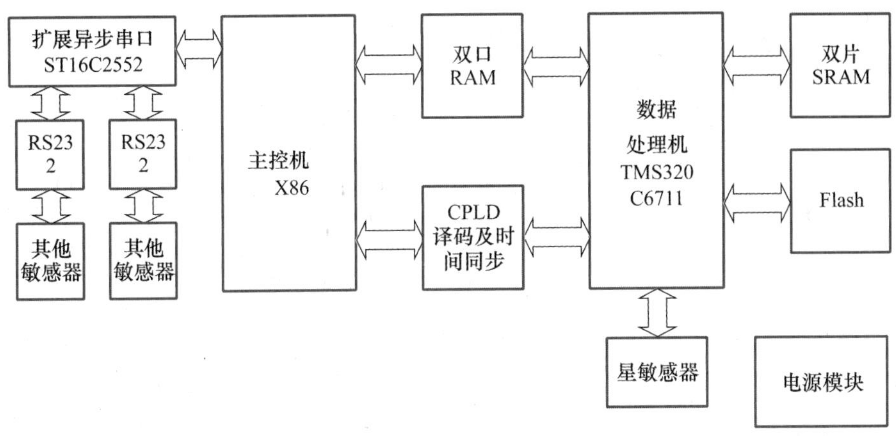

图 14－10　导航计算机的系统总体框图

系统的工作时序：X86 主控机加电，系统初始化，自检；DSP 上电，自动将 FLASH 中的程序代码转移到 RAM 中，程序从 RAM 中的特定地址开始执行初始化，自检；给各传感器及外设上电检测；检测 X86 与 DSP 之间以及 X86、DSP 分别同传感器和外设之间的通信连接；通过双口 RAM 从主控机读取计算初值；启动系统同步时钟（A/D 转换触发信号）；从敏感器读数据信息；完成导航解算；将解算结果送入双口 RAM；重复后面三步。

14.4　星图模拟系统实现

星图模拟系统是半物理仿真系统的重要组成部分，14.3.2 节给出了星图模拟器的硬件系统设计，本节将研究星图模拟的原理、方法及其系统实现。星图模拟主要利用基本星表中赤经、赤纬和星等信息通过计算机软硬件来实现。本节论述了一种利用几何关系求解赤经跨度，进行观测星选取的方法，以及利用星间角距性质验证模拟星图星点位置有效性的方法。

14.4.1　星图模拟的原理

1. 星图模拟系统

星图模拟系统是一种近似模拟星空的仿真系统，为测试星敏感器和验证星图识别算法提供仿真星图数据。系统由星图模拟计算机、液晶光阀和平行光管等组成,如图 14-11 所示。(详见 14.3.2 节)

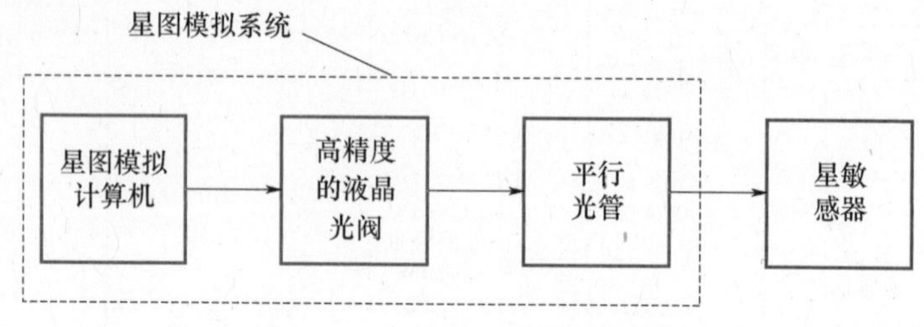

图 14-11　星图模拟系统简图

2. 星图模拟原理

星图模拟是在固定光轴指向的条件下,将特定视场范围内的导航星映射到星敏感器 CCD 面阵的过程,它需要确定天球坐标系与星敏感器坐标系之间的转换矩阵和星敏感器坐标系与 CCD 面阵的转换关系。航天器自主天文导航系统涉及到天球坐标系、航天器本体坐标系和星敏感器坐标系,由于星敏感器固定安装在航天器上,则航天器本体坐标系同星敏感器坐标系间的转换矩阵是确定的,所以可只考虑天球坐标系和星敏感器坐标系之间的关系。令 $O-UVW$ 表示天球赤道坐标系,$O'-XYZ$ 表示星敏感器坐标系。两个坐标系原点不同,由天球坐标系向星敏感器坐标系(CCD 面阵)转换,需要利用坐标平移和旋转来实现。由于恒星到地球的距离远远大于地球到航天器的距离,因此对恒星而言,从天球坐标系到星敏感器坐标系的转换可不考虑坐标平移所带来的误差,即认为星敏感器坐标系的原点 O' 与 O 重合,只需考虑旋转变换。两坐标系之间的关系可由三个旋转角 ϕ、θ、ψ 确定。初始时 $O-XYZ$ 与 $O-UVW$ 坐标轴重合,即原点 O 指向地心,OX 轴指向春分点,OZ 轴指向北极,OY 按右手准则确定。XYZ 与 UVW 的关系可由下式表示,即

$$[X,Y,Z]^{\mathrm{T}}=\boldsymbol{M}[U,V,W]^{\mathrm{T}} \tag{14-1}$$

式中:$\boldsymbol{M}$ 为旋转矩阵。

假设令 UVW 坐标系先绕 W 轴转 ϕ 角,得到 $U_1V_1W_1$ 坐标系,再绕 U_1 轴转 θ 角,使 W_1 轴与 Z 轴重合,得到 $U_2V_2W_2$ 坐标系,最后再绕 W_2 轴旋转 ψ 角,得到 XYZ 坐标系。

旋转矩阵 $\boldsymbol{M}$ 可以表示为

$$
\boldsymbol{M}=\begin{bmatrix}\cos\psi & \sin\psi & 0\\ -\sin\psi & \cos\psi & 0\\ 0 & 0 & 1\end{bmatrix}\times\begin{bmatrix}1 & 0 & 0\\ 0 & \cos\theta & \sin\theta\\ 0 & -\sin\theta & \cos\theta\end{bmatrix}\times\begin{bmatrix}\cos\phi & \sin\phi & 0\\ -\sin\phi & \cos\phi & 0\\ 0 & 0 & 1\end{bmatrix}
$$

$$
=\begin{bmatrix}\cos\phi\cos\psi-\sin\phi\sin\psi\cos\theta & \sin\phi\cos\psi+\cos\phi\sin\psi\cos\theta & \sin\psi\sin\theta\\ -\cos\phi\sin\psi--\sin\phi\cos\psi\cos\theta & -\sin\phi\sin\psi+\cos\phi\cos\psi\cos\theta & \cos\psi\sin\theta\\ \sin\phi\sin\theta & -\cos\phi\sin\theta & \cos\theta\end{bmatrix}
\tag{14-2}
$$

为便于计算,取 $\psi=90°$,定义光轴与 OW 轴的夹角为 $\theta=90°-\delta_0$,OX 轴与 OU 轴的夹角为 $\Phi=90°+\alpha_0$,其中(α_0,δ_0)为星敏感器光轴在天球坐标系中的指向。将 ψ、θ、ϕ 的取值代入旋转矩阵 $\boldsymbol{M}$ 可得

$$
\boldsymbol{M}=\begin{bmatrix}-\sin\delta_0\cos\alpha_0 & -\sin\delta_0\sin\alpha_0 & \cos\delta_0\\ \sin\alpha_0 & -\cos\alpha_0 & 0\\ \cos\delta_0\cos\alpha_0 & \cos\delta_0\sin\alpha_0 & \sin\delta_0\end{bmatrix}
\tag{14-3}
$$

由观测星在星敏感器参考系中的单位矢量确定其在焦平面上的位置坐标(x,y)的原理如图 14－12 所示。

根据相似三角形的几何关系可得

$$
\begin{cases}\dfrac{x\times d_h}{f}=\dfrac{X}{Z}\\[2ex] \dfrac{y\times d_v}{f}=\dfrac{Y}{Z}\end{cases}
\tag{14-4}
$$

即

$$
\begin{cases}x=\dfrac{f\times X}{d_h\times Z}\\[2ex] y=\dfrac{f\times Y}{d_v\times Z}\end{cases}
\tag{14-5}
$$

式中:(x,y)表示恒星在 CCD 平面上星像点的位置;f 为星敏感器光学系统的焦距;d_h、d_v 为像素的宽和高。

视场为 $Fov_x\times Fov_y$,CCD 面阵为 $N_x\times N_y$,N_x、N_y 为 CCD 平面上每行、每列像素的个数,从图 14－13 的几何三角关系可得

$$
\angle PQO=\frac{Fov_x}{2},\ \angle RQO=\frac{Fov_y}{2},\ OP=\frac{N_x\times d_h}{2},\ OR=\frac{N_y\times d_v}{2}
$$

$$\tan(\angle PQO)=\frac{OP}{f},\tan(\angle RQO)=\frac{OR}{f}$$

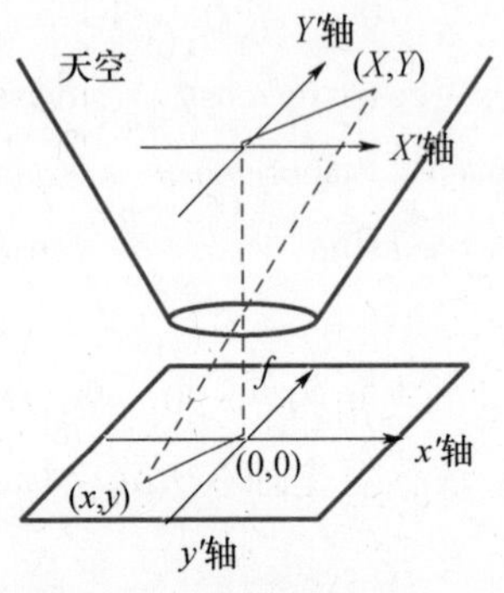

图 14-12　确定焦平面上恒星位置的理想模型

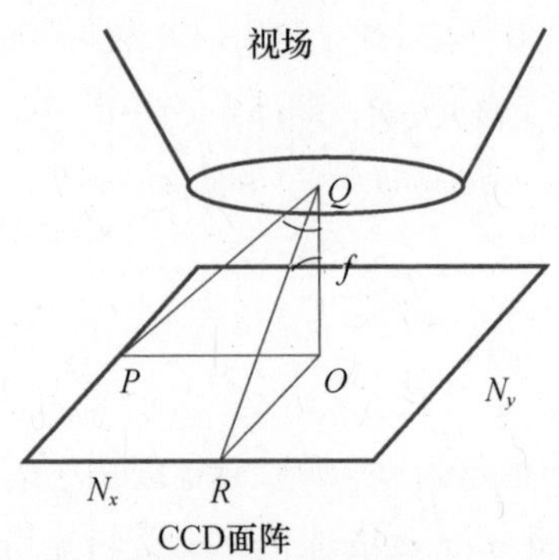

图 14-13　焦距与视场关系图

得出焦距 f 为

$$f=\frac{N_x\cdot d_h}{2\tan\left(\frac{Fov_x}{2}\right)}=\frac{N_y\cdot d_v}{2\tan\left(\frac{Fov_y}{2}\right)} \tag{14-6}$$

从完备基本星表选出的观测星只有赤经、赤纬信息,将其映射到单位球面上可以得到下面的表达式,即观测星在天球坐标系下的单位矢量为

$$\begin{bmatrix}\boldsymbol{U}\\ \boldsymbol{V}\\ \boldsymbol{W}\end{bmatrix}=\begin{bmatrix}\cos\alpha_i\cos\delta_i\\ \sin\alpha_i\cos\delta_i\\ \sin\delta_i\end{bmatrix} \tag{14-7}$$

结合式(14-1)~式(14-7),最终可得到观测星在 CCD 平面上的位置(x,y)表达式为

$$\begin{cases}x=\dfrac{N_x}{2}\times\dfrac{1}{\tan(Fov_x/2)}\times\dfrac{\cos\delta_i\sin(\alpha_i-\alpha_0)}{\sin\delta_i\sin\delta_0+\cos\delta_i\cos\delta_0\cos(\alpha_i-\alpha_0)}\\ y=\dfrac{N_y}{2}\times\dfrac{1}{\tan(Fov_y/2)}\times\dfrac{\sin\delta_i\cos\delta_0-\cos\delta_i\sin\delta_0\cos(\alpha_i-\alpha_0)}{\sin\delta_i\sin\delta_0+\cos\delta_i\cos\delta_0\cos(\alpha_i-\alpha_0)}\end{cases} \tag{14-8}$$

从式(14-8)可以看出,在运算过程中,焦距、像素的宽和高已经消去,在光轴指向(α_0,δ_0)确定的条件下,视场内任一颗导航星(α_i,δ_i)映射到 CCD 平面上的坐标可以只用像素个数和视场大小来表示。

14.4.2　随机视场中观测星的选取及其验证方法

1. 随机视场中观测星的选取

1）问题的描述

一定光轴条件下，从基本星表中选取观测星需要求解在特定视场内所对应单位天球上的赤经、赤纬的跨度范围。实验时采用 Tycho2 星表中亮于 6.95^m 的星（有 14581 颗）为完备基本星表，其包含信息为恒星编号、赤经（h）、赤纬（°）和星等（^{m}）。为了验证星图识别算法，使用蒙特卡罗方法随机地产生星敏感器的光轴方向（α,δ_0），$\alpha\in(0.00,24.00\mathrm{h})$，$\delta_0\in(-90°,90°)$，为以下计算方便将 α 的单位转化为角度，记为（α_0,δ_0），$\alpha_0\in(0°,360°)$。然后在星敏感器视场 $Fov_x\times Fov_y$ 内从子星表中提取视场范围内的恒星，并存储这些星的基本信息。在此视场下，通过透镜镜头看到单位天球上的区域固定不变，假设此区域 S 的宽度为 W，高度为 H。已知将光轴从赤道向南（北）极移动时，赤纬在区域 S 内的跨度可认为相等，但是赤经在区域 S 内的跨度则是同当前光轴赤纬值有关。因而在光轴一定时，从基本星表中提取视场范围内的恒星，首先需要确定赤经的跨度范围。

2）赤经跨度的求解方法

如图 14－14 所示：线段 $O'O$ 垂直于赤道面和以 O' 为圆心的截面圆（平行于赤道面），$\angle PQO$ 为当前光轴的赤纬值 δ_0，截面圆所跨经度的范围为 360°，设赤道拟圆的半径为 R，截面圆的半径为 r，则 $r=R\cos\delta_0$，截面圆的周长 $L=2\pi R\cos\delta_0$。

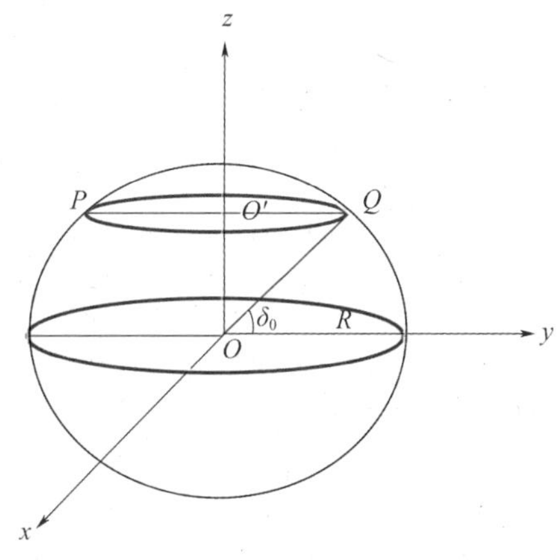

图 14－14　在特定光轴下，平行赤道面的截面

光轴一定时,求解赤经跨度范围 Range,只需求出区域 S 所覆盖的截面圆弧长。区域 S 覆盖的截面圆弧长分别如图 14-15 所示的三种情况。

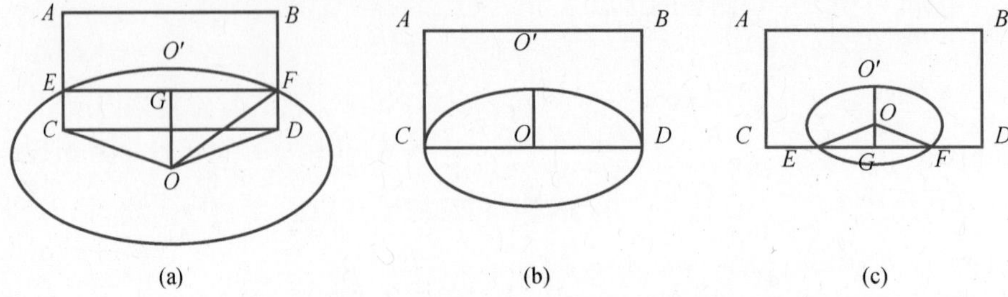

图 14-15　区域 S 覆盖截面圆弧长的三种情况

已知区域 $S(ABCD)$ 的宽度为 W,高度为 H,图 14-15(a)~(c)中各圆的半径都为 r,O'为区域 S 的中心,O 为截面圆的圆心,线段 OO'的长度总是等于截面圆的半径 r,下面分情况进行讨论。

(1) 当 $r>H/2$ 时,如图 14-15(a)所示。

设$\angle FOG=a$,已知 $OF=r$,$EF=AB=W=2GF$,则 $\sin a=GF/OF$,即 $a=\arcsin(W/2r)$,弧长 $EO'F=y$ 所对应的圆心角$\angle EOF=2a$,因而 $y=2ar$,即

$$y=2\arcsin(W/2R\cos\delta_0)R\cos\delta_0 \tag{14-9}$$

赤经的跨度在这种情况下为

$$\frac{360}{\text{Range}}=\frac{L}{y}=\frac{L}{2\arcsin(W/2R\cos\delta_0)\cdot R\cos\delta_0} \tag{14-10}$$

即

$$\text{Range}=\frac{360\times2\arcsin(W/2R\cos\delta_0)R\cos\delta_0}{L}=\frac{360}{\pi}\arcsin\left(\frac{W}{2R\cos\delta_0}\right) \tag{14-11}$$

(2) 当 $r=H/2$ 时,如图 14-15(b)所示。

从图 14-15(b)可以直观看出,区域 S 内赤经的跨度 Range 为 180°。

(3) 当 $r<H/2$ 时,求解其赤经跨度最为复杂,如图 14-15(c)所示。

设$\angle FOG$ 为 α,已知 $OF=r$,$GO'=H/2=r+OG$,则 $\cos\alpha=OG/OF$,即 $\alpha=\arccos[(H/2-r)/r]$,弧长 $EO'F=y$,即

$$y=2\arccos\left[\left(\frac{H}{2}-R\cos\delta_0\right)/R\cos\delta_0\right]\cdot R\cos\delta_0 \tag{14-12}$$

在这种情况下，区域 S 外的弧长 $\text{Range}_{\min}$ 为

$$\frac{360}{\text{Range}_{\min}}=\frac{L}{y}=\frac{L}{2\arccos\left[\left(\frac{H}{2}-R\cos\delta_0\right)/R\cos\delta_0\right]R\cos\delta_0} \tag{14-13}$$

$$\begin{aligned}\text{Range}_{\min}&=(360/L)\cdot 2\arccos\left[\left(\frac{H}{2}-R\cos\delta_0\right)/R\cos\delta_0\right]\cdot R\cos\delta_0\\&=\frac{360}{\pi}\arccos\frac{H/2-R\cos\delta_0}{R\cos\delta_0}\end{aligned} \tag{14-14}$$

则赤经的跨度为

$$\text{Range}=360-\text{Range}_{\min} \tag{14-15}$$

综上所述，区域 S 所覆盖的赤经跨度可以表示为

$$\text{Range}=\begin{cases}360\times\arcsin(W/2R\cos\delta_0)/\pi, & R\cos\delta_0>H/2\\ 180, & R\cos\delta_0=H/2\\ 360-360\times\arccos\left[\left(\frac{H}{2}-R\cos\delta_0\right)/R\cos\delta_0\right]/\pi, & R\cos\delta_0<H/2\end{cases} \tag{14-16}$$

3）观测星选取

设光轴方向为 (α_0,δ_0)，根据赤纬 δ_0 通过上述方法确定的赤经跨度为 Range，则观测星的选取方法如下：假设某一颗恒星的赤经、赤纬值为 (α,δ)，则只要 α、δ 值满足以下条件，即可将其选为观测星，即

$$\begin{cases}|\alpha-\alpha_0|\leqslant\frac{\text{Range}}{2})\cap(|\delta-\delta_0|)\leqslant\frac{Fov_y}{2}), & \frac{\text{Range}}{2}\leqslant\alpha_0<360-\frac{\text{Range}}{2}\\ \left(|\delta-\delta_0|\leqslant\frac{Fov_y}{2}\right)\cap\left((\alpha>\alpha_0-\frac{\text{Range}}{2}\right)\cup\left(\alpha\leqslant\alpha_0+\frac{\text{Range}}{2}-360)\right), & \alpha_0\geqslant 360-\frac{\text{Range}}{2}\\ \left(|\delta-\delta_0|\leqslant\frac{Fov_y}{2}\right)\cap\left((\alpha\leqslant\alpha_0+\frac{\text{Range}}{2}\right)\cup\left(\alpha\geqslant\alpha_0-\frac{\text{Range}}{2}+360)\right), & \alpha_0<\frac{\text{Range}}{2}\end{cases} \tag{14-17}$$

根据上面条件从完备基本星表中选取符合条件的观测星，这些星理论上都可以被 CCD 敏感器观测到。在用计算机进行实际星图模拟时，还需要考虑各种干扰、噪声以及畸变和偏差等因素，使恒星光点在提取过程中产生的误差在恒星的位置和亮度上有所体现。

2. 一种有效验证模拟星图的方法

从上面研究可知，利用敏感器理想化模型可推出从天球坐标向 CCD 平面

坐标的转换关系,但还需验证其有效性,即检验恒星在 CCD 平面上的投影位置是否正确。最有效的方法是比较在不同坐标系下恒星之间的角距是否保持不变。

天球坐标系内任意两颗恒星 i 和 j 的赤经、赤纬值分别为(α_i,δ_i)和(α_j,δ_j),则单位方向矢量 $\boldsymbol{l}_i$ 和 $\boldsymbol{l}_j$ 分别为

$$\boldsymbol{l}_i=\begin{bmatrix}\cos\alpha_i\cos\delta_i\\ \sin\alpha_i\cos\delta_i\\ \sin\delta_i\end{bmatrix},\boldsymbol{l}_j=\begin{bmatrix}\cos\alpha_j\cos\delta_j\\ \sin\alpha_j\cos\delta_j\\ \sin\delta_j\end{bmatrix}$$

将此两个矢量分别投影到单位球面上的 A、B 两点,如图 14-16 所示,它们的坐标为

$$\boldsymbol{A}=\begin{bmatrix}x_1\\ y_1\\ z_1\end{bmatrix}=\begin{bmatrix}\cos\alpha_i\cos\delta_i\\ \sin\alpha_i\cos\delta_i\\ \sin\delta_i\end{bmatrix},\boldsymbol{B}=\begin{bmatrix}x_2\\ y_2\\ z_2\end{bmatrix}=\begin{bmatrix}\cos\alpha_j\cos\delta_j\\ \sin\alpha_j\cos\delta_j\\ \sin\delta_j\end{bmatrix}$$

则 $\angle AOB=\alpha$ 即为 $\boldsymbol{l}_i$ 和 $\boldsymbol{l}_j$ 的角距,OP 垂直于 AB 并交于 O',根据球心角的性质,$\alpha=2\beta,\beta=\arcsin(AB/2)$。

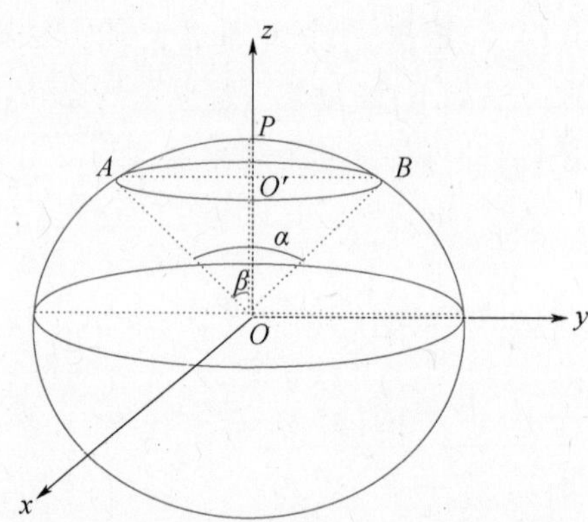

图 14-16 天球坐标系两矢量角距示意图

综上所述,恒星 i 和 j 在天球坐标系下的角距表达式为

$$\theta_{ij}=2\arcsin\left(\frac{\sqrt{(x_1-x_2)^2+(y_1-y_2)^2+(z_1-z_2)^2}}{2}\right) \tag{14-18}$$

在星敏感器坐标系中,如图 14-12 所示,由于透镜平面平行于 CCD 面阵

的平面，而这两个平面的距离为 f，所以平面 CCD 面阵上点的 z 值都为焦距 f 值，因而恒星 i 和恒星 j 的单位投影矢量 $\boldsymbol{m}_i$ 和 $\boldsymbol{m}_j$ 可以写成

$$\boldsymbol{m}_i = \frac{1}{p}\begin{bmatrix} x_i d_h \\ y_i d_v \\ f \end{bmatrix}, \boldsymbol{m}_j = \frac{1}{q}\begin{bmatrix} x_j d_h \\ y_j d_v \\ f \end{bmatrix}$$

式中：$p = \sqrt{x_i^2 \times d_h^2 + y_i^2 \times d_v^2 + f^2}$，$q = \sqrt{x_j^2 \times d_h^2 + y_j^2 \times d_v^2 + f^2}$，为归一系数；$d_h$、$d_v$ 分别为单位像素的宽和高；(x_i, y_i)、(x_j, y_j) 分别为由式（14－8）得到的恒星 i 和恒星 j 在 CCD 平面上的坐标值。

这两颗星之间的角距为

$$\theta_{ij}'' = \arccos(\boldsymbol{m}_i \cdot \boldsymbol{m}_j) = \arccos\left(\frac{x_i \times x_j \times d_h^2 + y_i \times y_j \times d_v^2 + f^2}{p \times q}\right) \quad (14-19)$$

这时，如果 $\theta_{ij} \approx \theta_{ij}''$，即可表明这种投影变换是正确的。

采用视场范围为 8°×8°，CCD 面阵为 512×512，每个像素的宽度和高度 $d_h = d_v = 27\mu m$，透镜焦距为 98.8mm，使用蒙特卡罗方法随机产生的星敏感器光轴指向为（96.73542°，57.26437°），则视场范围内的观测星在天球坐标系下的坐标值和 CCD 平面坐标系下的坐标值如表 14－1 所列。

表 14－1　天体坐标系下的坐标值和 CCD 平面下的坐标值的对应表

星等/（m）	X	Y	赤经/（°）	赤纬/（°）
6.70	－71.093275	－247.326216	92.941350	52.647360
6.10	－114.231646	186.335615	91.284300	59.393330
5.70	－75.755706	155.316939	92.495850	58.935650
6.9	24.708749	－196.509673	95.442150	53.452380
6.09	139.700359	－71.142115	98.636700	55.353030
6.8	34.297284	28.992013	95.776500	56.976520
6.42	0.000000	－0.000000	94.791600	56.526660
6.51	64.413411	－14.588721	96.607800	56.285050
6.37	56.647857	133.460781	96.492300	58.603230
…	…	…	…	…

根据式（14－18）和式（14－19），对表 14－1 进行计算可得，任意两颗星之间的角距在不同坐标系下近似保持不变，其角距差值的均值仅为 1.116″。利用此高精度的数据信息，采用 TFT 液晶光阀及平行光管模拟无穷远处的平行

星光,仿真试验显示达到了模拟高质量星图的目的,这表明利用上述原理对观测星图进行模拟完全可行。

3. 仿真试验

采用赛扬 1.7GHz,内存 256M,WINXP 操作系统的 PC 机,C 程序实现的软件,星敏感器视场 8°×8°,CCD 面阵为 512×512,像素宽度和高度 $d_h = d_v = 27\mu m$,透镜焦距为 98.8mm,选用 Tycho2 星表中亮于 6.95^m 的星为完备基本星表进行仿真试验。仿真结果如图 14-17 所示,采用本方法选取观测星的平均用时小于 10ms,准确率统计值达到 98.8742%;而传统选取方法[6]的准确率仅为 95.7345%。

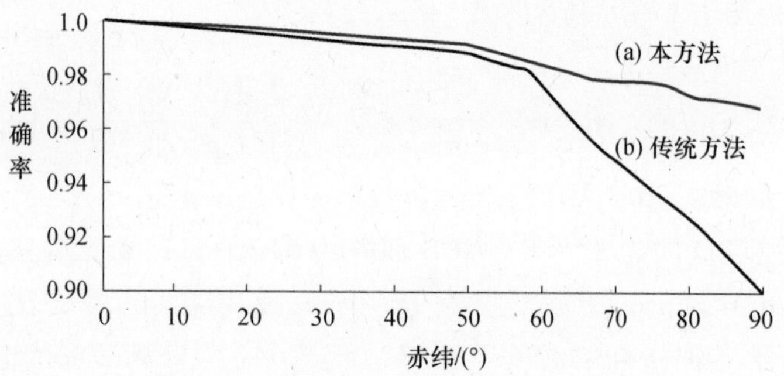

图 14-17 赤纬与选取导航星准确率的关系

14.4.3 星图的模拟及软件实现

1. 轨道数据生成

轨道发生器部分[7]由 STK 软件生成航天器的位置姿态数据,根据星敏感器在星体坐标系中的位置,由星体坐标系和地心惯性坐标系之间的转换矩阵就可以求得星敏感器光轴的方向。航天器的姿态用姿态四元数 $\boldsymbol{q}$ 来描述,定义 $\boldsymbol{q}$ 由三维矢量 $\boldsymbol{q}_0$ 和标量 q_4 来组成,前三个代表欧拉轴的方向,第四个代表欧拉转角,即

$$\boldsymbol{q} = \begin{bmatrix} \boldsymbol{q}_0 \\ q_4 \end{bmatrix} = \begin{bmatrix} q_1 \\ q_2 \\ q_3 \\ q_4 \end{bmatrix} = \begin{bmatrix} e_x \sin \dfrac{\Phi}{2} \\ e_y \sin \dfrac{\Phi}{2} \\ e_z \sin \dfrac{\Phi}{2} \\ \cos \dfrac{\Phi}{2} \end{bmatrix} \tag{14-20}$$

则从星体坐标系到地心惯性坐标系的坐标转换矩阵 $\boldsymbol{C}_b^i$ 可以用 4 元数计算，即

$$\boldsymbol{C}_b^i = \begin{bmatrix} q_1^2 - q_2^2 - q_3^2 + q_4^2 & 2(q_1q_2 + q_3q_4) & 2(q_1q_3 - q_2q_4) \\ 2(q_1q_2 - q_3q_4) & -q_1^2 + q_2^2 - q_3^2 + q_4^2 & 2(q_3q_2 + q_1q_4) \\ 2(q_1q_3 + q_2q_4) & 2(q_3q_2 - q_1q_4) & -q_1^2 - q_2^2 + q_3^2 + q_4^2 \end{bmatrix} \tag{14-21}$$

设星敏感器沿轨道径向安装，星敏感器光轴在星体坐标系中的方向为 $\boldsymbol{S}_b = [0 \quad 0 \quad -1]^T$，则其在地心惯性坐标系中的坐标 $\boldsymbol{S}_c$ 为

$$\boldsymbol{S}_c = \boldsymbol{C}_b^i \times \boldsymbol{S}_b = \begin{bmatrix} q_1^2 - q_2^2 - q_3^2 + q_4^2 & 2(q_1q_2 + q_3q_4) & 2(q_1q_3 - q_2q_4) \\ 2(q_1q_2 - q_3q_4) & -q_1^2 + q_2^2 - q_3^2 + q_4^2 & 2(q_3q_2 + q_1q_4) \\ 2(q_1q_3 + q_2q_4) & 2(q_3q_2 - q_1q_4) & -q_1^2 - q_2^2 + q_3^2 + q_4^2 \end{bmatrix} \begin{bmatrix} 0 \\ 0 \\ -1 \end{bmatrix}$$

$$= \begin{bmatrix} 2(-q_1q_3 + q_2q_4) \\ -2(q_3q_2 + q_1q_4) \\ q_1^2 + q_2^2 - q_3^2 - q_4^2 \end{bmatrix} = \begin{bmatrix} \cos\alpha\cos\beta \\ \sin\alpha\cos\beta \\ \sin\beta \end{bmatrix} \tag{14-22}$$

由式(14－22)可以求出星敏感器的光轴指向(α,β)，且 $\alpha \in (0° \sim 360°)$，$\beta \in (-90° \sim 90°)$。

2. 星图模拟器的软件框架及实现

星图模拟的软件流程框图如图 14－18 所示。

编写星图模拟软件，首先要根据软件的功能要求、交互方式和程序运行的特点，设计程序的结构，同时对上述理论方法和软件流程进行算法实现。选择合适的程序开发语言和平台，对提高程序的开发效率、兼容性和可移植性有着重要的意义。为了最大限度地利用已有的资源和减少程序开发的工作量，应采用面向对象的程序设计方法，本系统软件选用 VC＋＋6.0 实现。模拟软件的界面如图 14－19 所示。

星图模拟软件的基本功能包括静态模拟功能和动态模拟功能。

图 14－20 所示为静态模拟参数设置，包括设定模拟天区中心的赤经、赤纬值，仿真是否需要加系统误差，在航天器飞行的过程中是否设成抖动光轴，一般光轴抖动的范围设为 1°，抖动频率最好小于星图模拟的频率。

图 14－21 所示为动态模拟参数设置，只要给出轨道数据，即可模拟出航天器飞行过程中星敏感器敏感的星区。

星图模拟软件的主要设置参数如下。

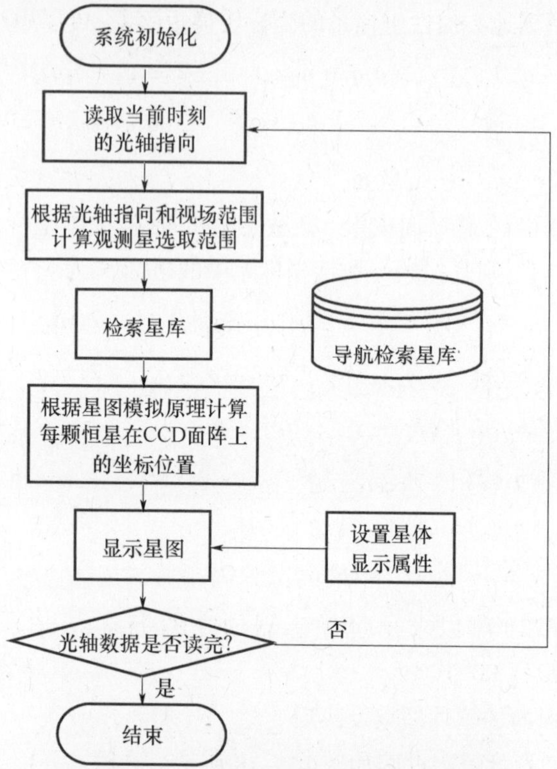

图 14-18　星图模拟的软件流程框图

图 14-19　星图模拟的软件界面

(1) 星图模拟速度。

(2) 星图模拟器的视场范围、星灰度值及星体大小;可设定随机加入伪星或随机缺星(图 14-22)。

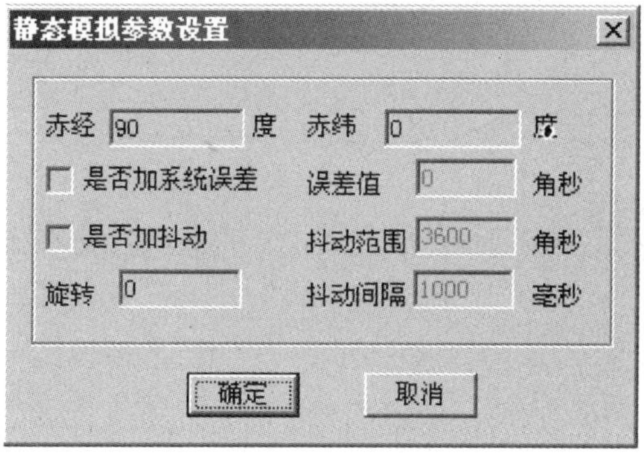

图 14－20　静态模拟参数设置

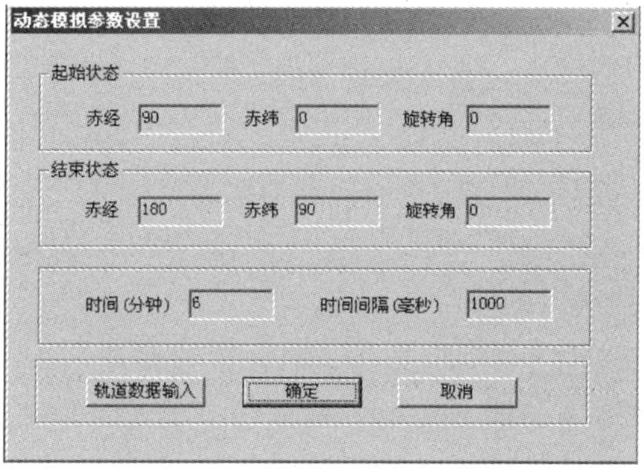

图 14－21　动态模拟参数设置

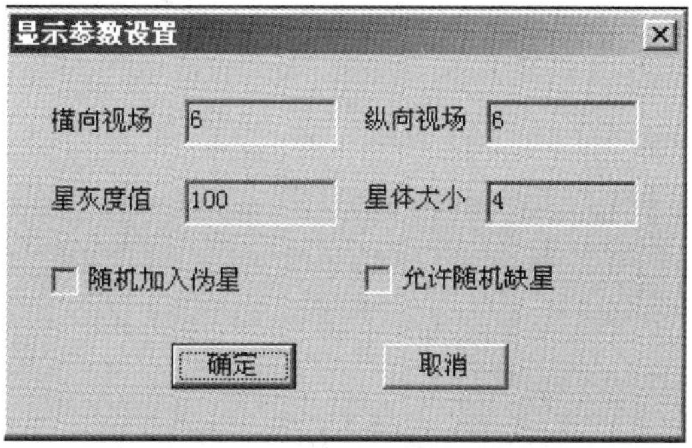

图 14－22　显示参数设置窗体

(3) 视场旋转角:$-90° \sim +90°$。

(4) 模拟天区中心的赤经、赤纬。

(5) 基本星表中检索观测星的星等值。

14.5 天文导航半物理仿真系统的标定及实验

天文导航半物理仿真系统软硬件设计完成后,必须进行大量的试验来验证系统的设计,特别是各部件各模块还需要不断测试、标定,以改进整个系统的动态性能。

14.5.1 系统硬件设备的标定

天文导航半物理仿真系统主要包括轨道发生器、星图模拟器、星敏感器模拟器和导航计算机四个部分。由于轨道发生器和导航计算机都由 PC 机实现,无需标定;星图模拟器作为星敏感器模拟器的前端设备,已设计成星敏感器模拟器的光轴指向与星图模拟器的视场中心保持在同一直线,且垂直于液晶光阀的液晶面,因而星图模拟器也无需标定。

星敏感器是航天器上一种高精度的姿态测量设备。在半物理仿真系统星敏感器模拟器的研制过程中,由于加工、设计等原因,不可避免地会产生一些偏差,这将会造成系统性能的改变;另外,各种杂散光的影响,以及镜头本身精度的原因,经拍摄后得到的图像在位置和灰度上都存在着严重的畸变。它们会对星敏感器模拟器平面上的星像造成干扰,有时可能会改变成像平面与真实天空间点与点的对应关系等,这些都会不同程度地给星敏感器模拟器引入误差,影响其精度,这种类型的误差大多可以标定和校正。因此,当星敏感器模拟器各部件组装完毕后,必须对其进行标定和校正,通过实验测得其位置传输函数的各个参量,才能减小或消除系统误差,提高星敏感器模拟器的精度。

1. 星敏感器模拟器系统的标定

如图 14-23 所示,星敏感器模拟器的标定是对星图模拟器输出的标准网格点数据与 CCD 敏感到的标准网格点数据图像经质心提取后得到的数据点进行比较,通过拟合方法得到星敏感器模拟器的标定系数。

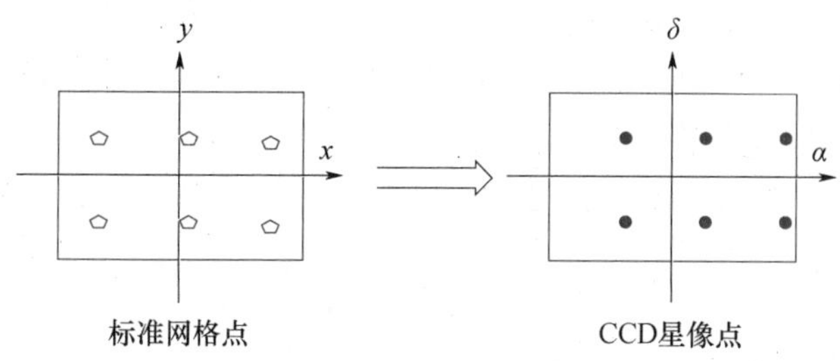

图 14-23　标准网格点和 CCD 星像点对照

设标准的网格点阵为(x_i,y_i)，成像后网格点质心提取坐标为(α_i,δ_i)，用二次曲面拟合其关系表示为

$$\begin{cases}\alpha_i = a_0 + a_1 x_i + a_2 y_i + a_3 x_i^2 + a_4 x_i y_i + a_5 y_i^2 \\ \delta_i = b_0 + b_1 x_i + b_2 y_i + b_3 x_i^2 + b_4 x_i y_i + b_5 y_i^2\end{cases} \tag{14-23}$$

式中：$a_0 \sim a_5$、$b_0 \sim b_5$为标定系数。

由最小二乘法可得，标定系数公式为

$$\boldsymbol{MA} = \boldsymbol{U},\ \boldsymbol{MB} = \boldsymbol{V} \tag{14-24}$$

其中

$$\boldsymbol{A} = \begin{bmatrix} a_0 \\ a_1 \\ a_2 \\ a_3 \\ a_4 \\ a_5 \end{bmatrix}, \boldsymbol{B} = \begin{bmatrix} b_0 \\ b_1 \\ b_2 \\ b_3 \\ b_4 \\ b_5 \end{bmatrix}, \boldsymbol{U} = \begin{bmatrix} \sum \alpha_i \\ \sum \alpha_i x_i \\ \sum \alpha_i y_i \\ \sum \alpha_i x_i^2 \\ \sum \alpha_i x_i y_i \\ \sum \alpha_i y_i^2 \end{bmatrix}, \boldsymbol{V} = \begin{bmatrix} \sum \delta_i \\ \sum \delta_i x_i \\ \sum \delta_i y_i \\ \sum \delta_i x_i^2 \\ \sum \delta_i x_i y_i \\ \sum \delta_i y_i^2 \end{bmatrix}$$

$$\boldsymbol{M} = \begin{bmatrix} n & \sum x_i & \sum y_i & \sum x_i^2 & \sum x_i y_i & \sum y_i^2 \\ \sum x_i & \sum x_i^2 & \sum x_i y_i & \sum x_i^3 & \sum x_i^2 y_i & \sum x_i y_i^2 \\ \sum y_i & \sum x_i y_i & \sum y_i^2 & \sum x_i^2 y_i & \sum x_i y_i^2 & \sum y_i^3 \\ \sum x_i^2 & \sum x_i^3 & \sum x_i^2 y_i & \sum x_i^4 & \sum x_i^3 y_i & \sum x_i^2 y_i^2 \\ \sum x_i y_i & \sum x_i^2 y_i & \sum x_i y_i^2 & \sum x_i^3 y_i & \sum x_i^2 y_i^2 & \sum x_i y_i^3 \\ \sum y_i^2 & \sum x_i y_i^2 & \sum y_i^3 & \sum x_i^2 y_i^2 & \sum x_i y_i^3 & \sum y_i^4 \end{bmatrix}$$

仿真试验条件:星敏感器视场大小为8°×8°,CCD面阵为512×512,CCD透镜焦距f为98.8mm,每个像素大小为27μm×27μm。设标准网格点为9×9星图,对网格星进行拍摄,提取星体质心位置,与原先的网格星阵位置进行比较,两者大体接近,如图14-24所示。通过二次曲面拟合,得到的标定系数如表14-2所列。

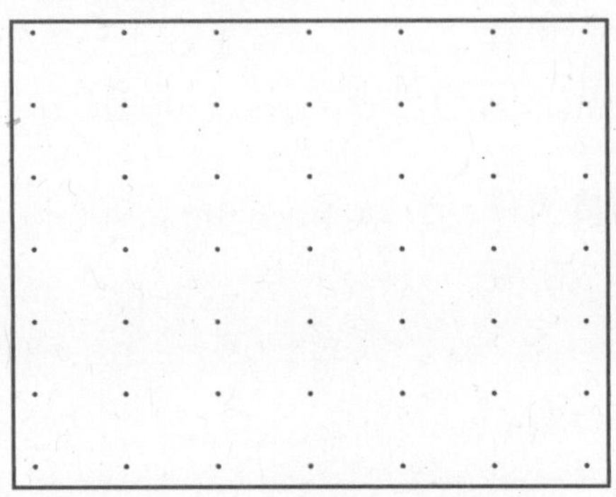

图14-24　网格星图位置误差

表14-2　标定系数列表

系数	$i=0$	$i=1$	$i=2$	$i=3$	$i=4$	$i=5$
a_i	-1.5835	0.0075	0.9713	-4.5268e-6	-7.6817e-7	3.8401e-8
b_i	11.3428	0.989	-0.0018	-4.0463e-7	1.6103e-6	-2.2318e-8

2. 光学透镜焦距的标定

星敏感器焦距的大小直接决定恒星在星敏感器中的成像位置,是星敏感器模拟器系统标定中很重要的问题。如果不能准确地确定星敏感器的焦距大小,所有的测量信息都将不准确。下面介绍利用姿态矩阵来标定星敏感器焦距的方法。

星敏感器的姿态矩阵表示为

$$\boldsymbol{A}=\begin{bmatrix}\cos\varphi\cos\psi & -\sin\varphi\cos\gamma+\sin\gamma\sin\psi\cos\varphi & \sin\varphi\sin\gamma+\cos\varphi\sin\psi\cos\gamma\\ \sin\varphi\cos\psi & \cos\varphi\cos\gamma+\sin\gamma\sin\psi\sin\varphi & -\cos\varphi\sin\gamma+\cos\gamma\sin\psi\sin\varphi\\ -\sin\psi & \cos\psi\sin\gamma & \cos\psi\cos\gamma\end{bmatrix}\tag{14-25}$$

式中：ψ、γ、φ 为三个姿态角，该姿态矩阵是一个单位正交矩阵。定义

$$\begin{cases} T_1 = A_{11}^2 + A_{12}^2 + A_{13}^2 \\ T_2 = A_{21}^2 + A_{22}^2 + A_{23}^2 \\ T_3 = A_{31}^2 + A_{32}^2 + A_{33}^2 \\ T_4 = A_{11}^2 + A_{21}^2 + A_{31}^2 \\ T_5 = A_{12}^2 + A_{22}^2 + A_{32}^2 \\ T_6 = A_{13}^2 + A_{23}^2 + A_{33}^2 \end{cases} \tag{14-26}$$

当星敏感器焦距准确确定时，从星敏感器测到的姿态矩阵也应该是单位正交矩阵，上面各式应该等于 1。

定义判别函数为

$$\begin{aligned} T = &\operatorname{abs}(T_1 - 1) + \operatorname{abs}(T_2 - 1) + \operatorname{abs}(T_3 - 1) + \operatorname{abs}(T_4 - 1) \\ &+ \operatorname{abs}(T_5 - 1) + \operatorname{abs}(T_6 - 1) \end{aligned} \tag{14-27}$$

即 $T(\cdot) \to 0$ 时，星敏感器焦距越接近最优值。

焦距 f 的标定步骤如下。

(1) 给出焦距初始值 f_0 和 $T_{\min}$ 值。

(2) 计算 $f_i = f_0 + \rho \times (i - M/2)$，其中 ρ 为迭代步长，i 为循环次数，M 为最大循环次数。

(3) 计算焦距取 f_i 时的 T_i 值，$T_{\min} = \min(T_i, T_{\min})$。

(4) $i < M$ 时转到步骤(2)，否则，记录 $T_{\min}$ 时所对应的焦距 f 值。

根据上面的步骤，进行了实际的仿真试验，测得系统的镜头焦距横向为 5491.455843 像素，纵向为 5495.367366 像素。

14.5.2　系统软件平台的实现

半物理仿真系统的软件平台采用 PC 机，在 Windows 操作系统下利用 VC 开发，其平台的实现界面如图 14－25 所示。

在实时运行的过程中，界面直接显示有六部分信息：当前捕捉到的原始星图、目前处理的帧数、匹配点轨迹（最下面点为最佳匹配点）、本次识别星的位置信息、当前时刻星图确定的姿态信息和与导航终端的通信状态。

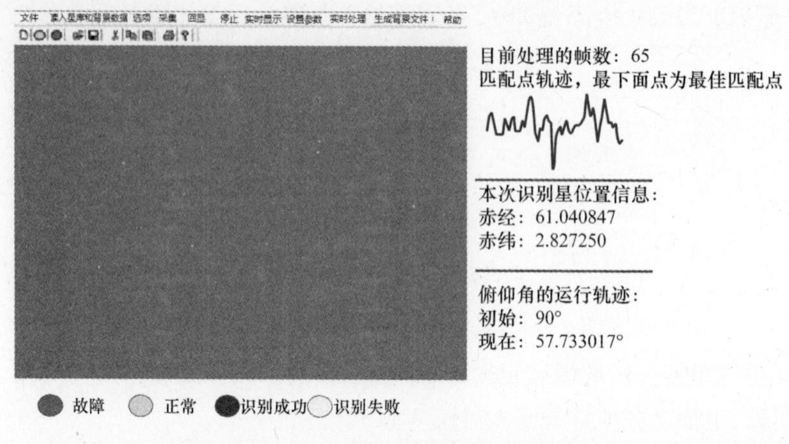

图 14-25 仿真系统软件平台的实现界面

14.5.3 动静态试验及结果分析

采用静态试验和动态试验来测试半物理仿真系统的性能、参数指标、各算法的正确性和各模块之间的协调性能。

1. 静态试验

静态试验是一种简单、便捷的测试方式，主要进行各环节的性能测试、参数指标的确定和算法模块的分割调试，利用半物理仿真系统解算出航天器的姿态信息来验证系统的静态性能。其流程是给定一个光轴指向，据其生成特定的计算机仿真星图数据，由液晶光阀根据星图数据产生平行光束模拟无穷远处的星光，经星敏感器模拟器敏感，进行预处理及识别工作，最后解算出航天器的姿态信息，并与轨道发生器生成的标称姿态信息进行比较，以此测试半物理仿真系统的静态性能，同时还能验证各算法模块的正确性和鲁棒性。

静态试验仿真条件：光轴指向固定在(82.126°,0°)，视场大小 8°×6°，星等≤6.95^m，试验时间220s，处理帧数1100。静态试验性能曲线如图14-26所示，解算出的俯仰、航向和横滚角的误差均值分别为 2.0617×10^{-4} rad(42.5287″)，3.3012×10^{-4} rad(68.097″)和 1.0694×10^{-4} rad(22.05958″)。

2. 动态试验

动态试验测试整个半物理仿真系统各个模块的协调性能，模拟航天器在

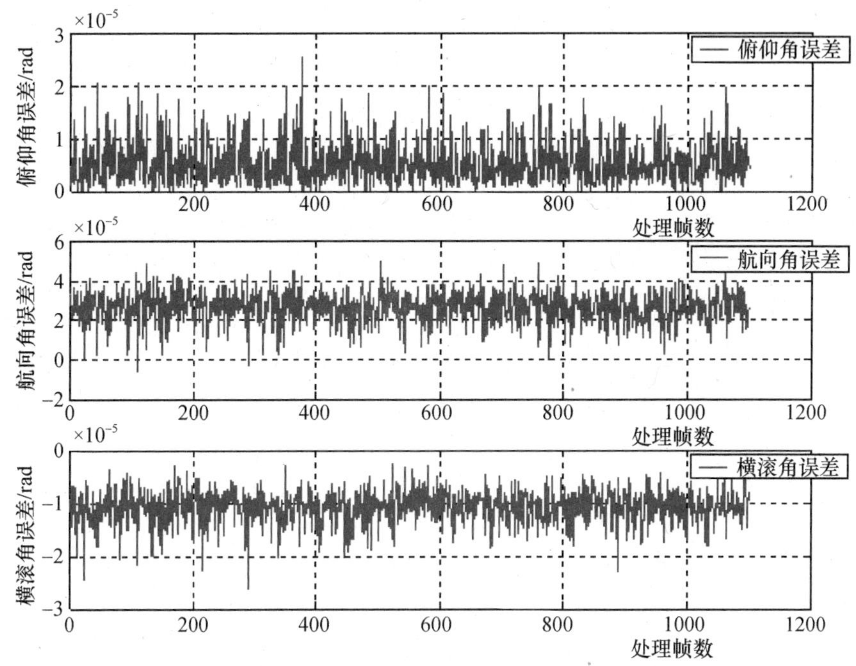

图 14－26　半物理仿真系统的静态试验性能曲线

特定轨道下，利用天文信息进行导航的情况，最终达到轨迹定、星光入、姿态出、导航准的目的。不同于静态试验的是静态试验固定光轴指向，而动态试验是首先根据需求设定轨道参数，生成航天器的轨道、姿态数据，然后根据轨道、姿态信息和星敏感器的安装矩阵，生成运行过程中的光轴指向数据，由星图模拟器根据每时刻的光轴指向动态生成计算机仿真星图数据。

动态试验将最终解算出的航天器姿态信息与轨道发生器生成的标称姿态信息进行比较，以此测试半物理仿真系统的动态性能。总之，通过各环节、各参数和各算法的组合设置，可方便、真实地模拟航天器在轨飞行时各状态量的变化情况。试验设计过程中考虑了系统的通用性、算法的正确性和模块的可移植性。

动态试验仿真条件：根据姿态的变化得出光轴指向从(26.345°,0°)到(82.126°,0°)，视场大小8°×6°，星等≤6.95^m，试验时间156s，处理帧数156。动态实验性能曲线如图14－27(噪声在10^{-4}量级)所示。系统运行40s后稳定状态下输出的俯仰、航向和横滚角的误差均值分别为 1.9835×10^{-4} rad (40.916″)、7.8302×10^{-5} rad(16.153″)、2.1448×10^{-5} rad(4.4243″)。

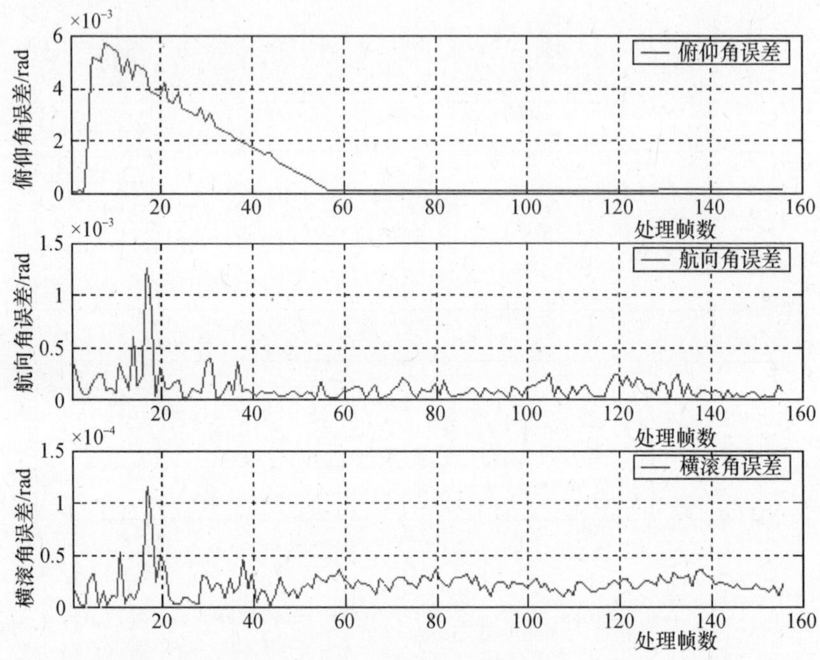

图 14-27　半物理仿真系统的动态试验性能曲线(噪声 10^{-4} 量级)

14.6　基于半物理仿真系统的天文导航试验

半物理仿真系统的天文导航试验是根据轨迹发生器产生的轨道、姿态数据,生成敏感器光轴指向,利用视场所对应天区的数据进行星图模拟,由星敏感器获得星图的数据信息,经过星图预处理、星图识别、星体质心提取得出导航星信息,作为航天器天文导航系统的观测量,实现航天器的定位导航。

本节以基于 UKF 滤波算法的低轨卫星直接敏感地平的自主天文导航为例,利用天文导航半物理仿真系统进行试验并给出其试验结果。仿真系统实物图如图 14-28 所示。

1. 仿真条件

仿真使用的轨道数据由通用的 STK 仿真软件产生(产生方法可参考第 12

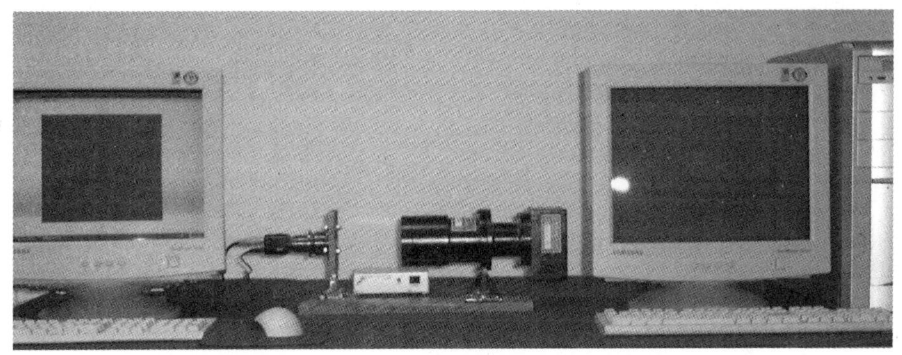

图 14-28　天文导航半物理仿真系统实物图

章)，具体仿真条件如下。

(1) 坐标系：J2000.0 地心赤道惯性坐标系。

(2) 使用 STK 生成标称轨道的参数设置。

① 轨道参数设置。

半长轴：$a=7136.635\ \text{km}$；偏心率：$e=1.809\times10^{-3}$；轨道倾角：$i=65°$

升交点赤经：$\Omega=30.00°$；近升角距：$\omega=30.00°$。

② 轨道摄动参数设置：地球非球形引力，地球模型采用 JGM-3(Joint Gravity Model)，地球非球形摄动考虑前 21×21 阶带谐项与田谐项；太阳引力；月球引力；太阳光压，其中 $C_r=1.00000$，面质比 $0.02000\text{m}^2/\text{kg}$；大气阻力，其中 $C_d=2.0000$，面质比 $0.02000\text{m}^2/\text{kg}$，大气密度模型采用 Harris-Priester 模型。

(3) 使用 STK 生成姿态的参数设置：卫星的姿态控制使卫星本体的 Z 轴指向天底方向，X 轴在轨道平面内与速度方向一致，星敏感器的光轴沿 Z 轴反方向安装。

(4) 测量仪器的精度：视场大小 $8°\times6°$，采用 Tycho2 星表中亮于 6.95^{m} 的星(有 14581 颗)为完备基本星表，星敏感器精度为 $3''(1\sigma)$，红外地平仪的精度 $0.02°(1\sigma)$。

(5) 滤波参数。

状态的真实初始值为

$$\boldsymbol{X}(0)=[4.5901\times10^6\text{m}\quad 4.3882\times10^6\text{m}\quad 3.2281\times10^6\text{m}\quad -4.6121\times10^3\text{m/s}\quad 0.5014\times10^3\text{m/s}\quad 5.8764\times10^3\text{m/s}]^{\text{T}}$$

各个滤波器的滤波初值都取

$$\hat{\boldsymbol{X}}(0|0)=\boldsymbol{X}(0)+[60\mathrm{m}\quad 60\mathrm{m}\quad 60\mathrm{m}\quad 0.2\mathrm{m/s}\quad 0.2\mathrm{m/s}\quad 0.15\mathrm{m/s}]^{\mathrm{T}}$$

初始系统噪声协方差阵为

$$\boldsymbol{P}(0|0)=\mathrm{diag}((60\mathrm{m})^2\quad (60\mathrm{m})^2\quad (60\mathrm{m})^2\quad (0.2\mathrm{m/s})^2\quad (0.2\mathrm{m/s})^2\quad (0.15\mathrm{m/s})^2)$$

系统噪声方差阵为

$$\boldsymbol{Q}=\mathrm{diag}(q_1^2\quad q_1^2\quad q_1^2\quad q_2^2\quad q_2^2\quad q_2^2)。$$

其中

$$q_1=5\times10^{-3}\mathrm{m},q_2=5\times10^{-6}\mathrm{m/s}$$

量测噪声方差阵为

$$\boldsymbol{R}=(3.4907\times10^{-4}\mathrm{rad})^2$$

滤波周期为3s,试验时间为4个轨道周期。

2. 基于半物理仿真系统的天文导航试验

1)标称轨道和标称姿态生成

利用上述半物理仿真系统,进行半物理仿真的试验,图14-29和图14-30为由轨道发生器上的STK软件生成的卫星轨道和姿态,表14-3和表14-4为其部分数据列表。

表14-3 利用STK生成的标称轨道数据

	位置/($\times10^6$m)			速度/($\times10^3$m/s)		
1	4.590139569	4.388298391	3.228143641	-4.61207966	0.50135713	5.87643758
2	4.304490927	4.409653483	3.574092010	-4.90639147	0.21024431	5.65136044
3	4.001762135	4.413511148	3.905858448	-5.18122875	-0.08816964	5.40386396
4	3.683154924	4.399856641	4.222127017	-5.43549639	-0.37330059	5.13493690
5	3.349934259	4.368745077	4.521643710	-5.66818238	-0.66340491	4.84565423
6	3.003423228	4.320301189	4.803221496	-5.87836194	-9.50852708	4.53717269
7	2.644997692	4.254718806	5.065745082	-6.06520132	-1.23449829	4.21072599
8	2.276080726	4.172260048	5.308175378	-6.22796109	-1.51321181	3.867619675
⋮	⋮	⋮	⋮	⋮	⋮	⋮

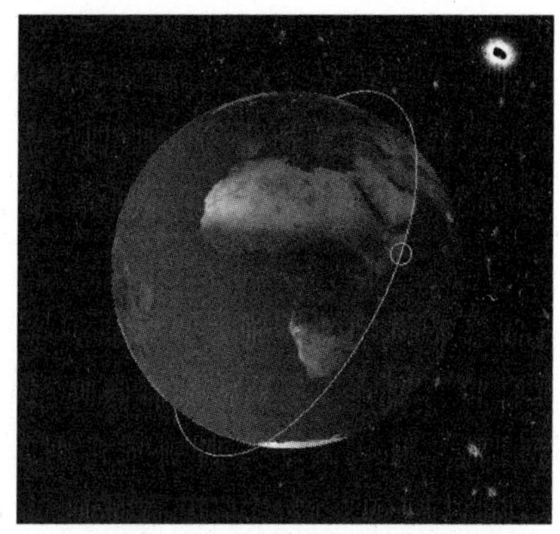

图 14－29　STK 生成的卫星轨道

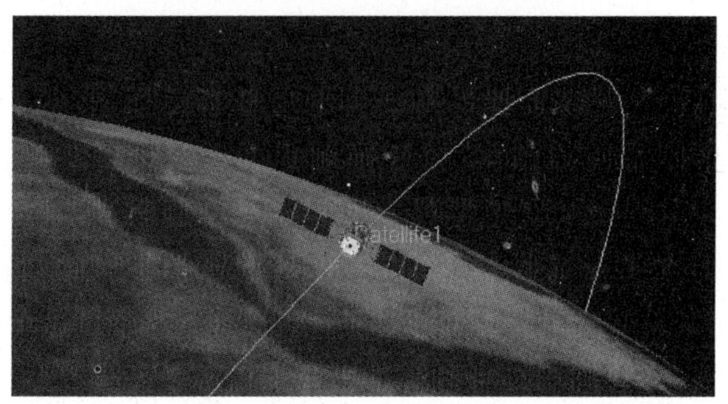

图 14－30　STK 生成的卫星姿态

表 14－4　由 STK 生成的姿态标称数据

	四元数/($\times 10^{-1}$)				欧拉角/($\times 10^{-3}$ rad)		
1	－5. 06585	1. 29527	－6. 26988	－5. 77476	－3. 27931	58. 3431	－1. 89331
2	－4. 86360	1. 12355	－6. 41346	－5. 82670	－3. 15371	58. 3428	－2. 09584
3	－4. 65731	9. 49838	－6. 55049	－5. 87351	－3. 01563	58. 3422	－2. 29007
4	－4. 44720	7. 74276	－6. 68087	－5. 91512	－2. 86561	58. 3411	－2. 47523
5	－4. 23347	5. 97028	－6. 80450	－5. 95146	－2. 70424	58. 3396	－2. 65058
6	－4. 01637	4. 18254	－6. 92127	－5. 98245	－2. 53216	58. 3377	－2. 81543
7	－3. 79609	2. 38118	－7. 03109	－6. 00805	－2. 35006	58. 3354	－2. 96912
8	－3. 57288	5. 67860	－7. 13387	－6. 02818	－2. 15867	5. 83326	－3. 11105
⋮	⋮	⋮	⋮	⋮	⋮	⋮	⋮

2）星图模拟及星图识别

将 STK 生成的标称轨道和标称姿态数据输入星模拟器得到模拟星图，再由星敏感器模拟器敏感并识别。图 14－31 给出了卫星升交点处，即光轴指向赤经赤纬坐标为(30°,0°)时的 CCD 敏感面上的成像结果。表 14－5 给出了星图识别的结果。试验结果表明，星图模拟结果与理论值基本一致，且质心提取误差基本在一个像素内。

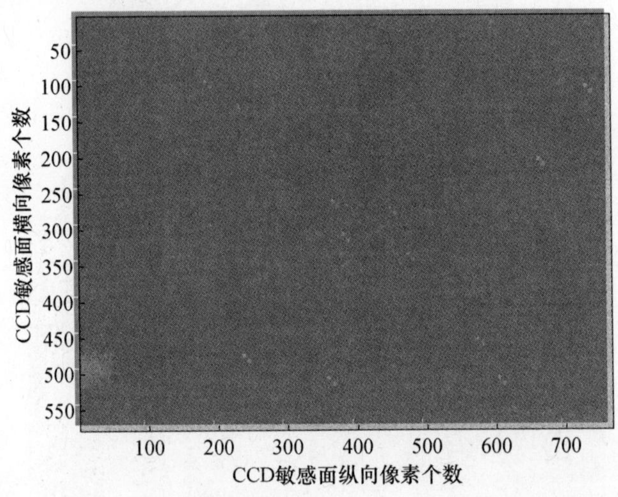

图 14－31　光轴为赤经赤纬(30°,0°)时的原始图像在 CCD 敏感面上的成像

表 14－5　光轴赤经赤纬为(30°,0°)的试验结果

序号	赤经	赤纬	X 的理论值	Y 的理论值	X 的实际值	Y 的实际值	X 误差	Y 误差
	/(°)		/(像素个数)					
1	33.065	2.745	164.763	24.259	165.131	25.058	－0.369	－0.799
2	28.974	1.849	557.102	110.456	557.580	110.640	－0.478	－0.183
3	34.505	1.757	26.418	119.077	27.784	119.983	－1.366	－0.906
4	33.790	0.720	95.189	218.825	95.457	218.886	－0.267	－0.060
5	30.798	0.128	382.196	275.679	382.126	275.240	0.0704	0.4388
6	31.622	0.035	303.249	284.607	302.567	284.856	0.6813	－0.249

（续）

序号	赤经	赤纬	X 的理论值	Y 的理论值	X 的实际值	Y 的实际值	X 误差	Y 误差
7	30.950	-0.340	367.604	320.626	367.718	320.888	-0.114	-0.262
8	31.893	-0.616	277.234	347.155	277.336	347.482	-0.101	-0.326
9	32.899	-1.825	180.730	463.252	180.275	463.827	0.4551	-0.574
10	29.497	-2.059	506.891	485.665	507.003	485.627	-0.112	0.0383
11	30.717	-2.377	389.916	516.184	388.927	517.160	0.989	-0.976
12	33.197	-2.393	152.134	517.901	151.802	517.542	0.331	0.359

利用半物理仿真系统进行星图识别试验，图 14-32 为光轴指向（30°，0°）时星敏感器进行星图识别的结果。从图中可看出，最小匹配误差远小于其他星点的匹配误差，易于成功识别。利用此匹配误差值最小的星点检索对应基本导航星库中的恒星，此恒星的天球坐标在光轴所确定的范围内，为（30.798°，0.128°），达到了成功识别的目的。

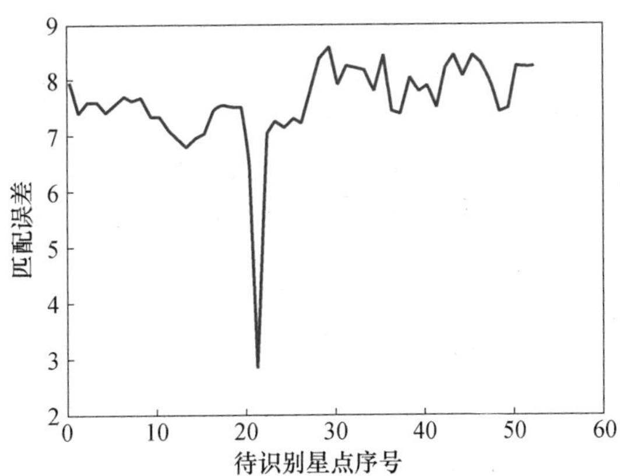

图 14-32　光轴为赤经赤纬（30°，0°）时的识别结果

3）定位导航解算

经星敏感器星图识别后的导航星信息被输入到导航计算机，进行天文导航解算。最终该卫星的天文导航结果如图 14-33 所示，其位置估计误差为 242.738m，速度估计误差为 0.241m/s。

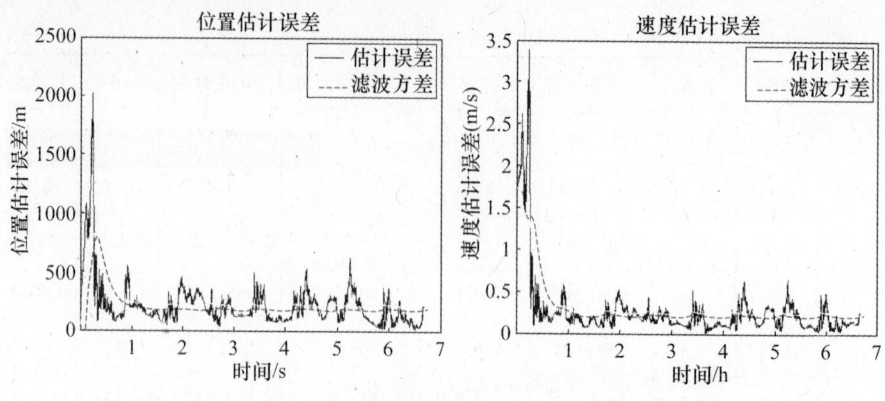

图 14－33　半物理试验的天文导航结果

14.7　小结

为了对各种天体敏感器和天文导航系统的性能进行有效的测试和验证，需要构建一个功能完备的天文导航半物理仿真系统，为此，本章着重研究了此系统的总体设计以及轨道发生器、星图模拟器、星敏感器模拟器等各模块的设计。系统的设计充分考虑了各模块的关系，保证系统的通用性、完善性和可靠性。其次介绍了星图的模拟技术、标定方法及其动、静态测试实验，以验证半物理仿真系统的性能、各模块的协调性和算法的正确性。最后，完成了基于半物理仿真系统的天文导航实验。

天文导航半物理仿真系统的建立有利于航天器自主天文导航新方法、新思路和新方案的研究。此系统具有很高的工程实用价值，对天文导航技术的研究及其组合导航技术的发展将会起到非常重要的作用。

参考文献

[1] 田玉龙，王广君，房建成，等. 星光模拟的半物理仿真技术[J]. 中国航天，2004(4)：25－26.

[2] 全伟. 天文导航中星图匹配识别算法的研究[D]. 北京：中国地质大学，2004.

[3] 全伟，房建成. 天文导航系统半物理仿真研究[J]. 系统仿真学报，2006，18(2)：353－358.

[4] 孙才红. 轻小型星敏感器研制方法和研制技术[D]. 北京：中国科学院，2002.

[5] 全伟，房建成. 高精度星图模拟及有效性验证新方法[J]. 光电工程，2005，32(7)：22－26.

[6] Hye – Young Kim, Junkins J L. Self – organizing guide star selection algorithm for star trackers: Thinning method[C] Aerospace Conference Proceedings, IEEE, 2002.

[7] 饶才杰. 自主天文导航半物理仿真系统中的恒星模拟器研究[D]. 北京:北京航空航天大学,2004.

[8] 饶才杰,房建成. 一种星图模拟中观测星提取的方法[J]. 光学精密工程,2004,12(2):129 – 135.

[9] 田宏,袁家虎,李展,等. 星敏感器在地面观星实验的结果分析[J]. 光电工程,2002,28(5):1 – 4.

[10] 索旭华,张新邦. 全天球实时恒星模拟器技术[J]. 航天控制,2002(1):47 – 49.

[11] 宋晓龙. 全轨道实时星模拟器. 系统仿真学报[J],1995(6):40 – 45.

[12] 王南华,张陶,赵旭行. 小型动态星模拟器设计[J]. 航天控制,1996(4):13 – 20.

[13] 张文明,林玲,郝永杰,等. 小型星模拟器中星图动态显示系统的设计[J]. 光电工程,2000,27(5):11 – 14.

[14] 卢欣. CCD 星敏感器光学系统设计. 中国空间科学技术[J],1994(8):49 – 53.

[15] 唐建国,袁家虎,吴钦章. 液晶光阀星图模拟设计与实现[J]. 光电工程,1999,26(增刊):75 – 78.

[16] 许世文,龙夫年,付苓,等. 实时星场模拟器中的坐标变换[J]. 哈尔滨工业大学学报,1998,30(5):118 – 120.

[17] 张钧萍,林涛,周建林,等. 一种模拟 CCD 星图的方法[J]. 中国空间科学技术,1999(6):46 – 50.

[18] Quan Wei, Fang Jiancheng, Xu Fan, et al. Hybrid simulation system study of SINS/CNS integrated navigation[J]. IEEE A&E Systems Magazine. 2008, 23(2):17 – 24. (SCI).

第 15 章 航天器天文导航的展望

随着航天技术的发展和空间探测任务的增多，对航天器自主导航的要求也越来越迫切，航天器自主天文导航技术以其自主性强、可靠性高等特点，受到广泛关注和高度重视。下面将分别探讨深空探测器和近地航天器自主天文导航方法未来的发展趋势。

15.1 近地航天器自主天文导航的发展趋势

对于包括地球卫星、弹道导弹等近地航天器而言，除了可利用天文导航实现自主导航外，还有其他的量测信息可供使用，如 GPS、地球物理场、陆标信息、激光测距信息等。因此，对于近地卫星的自主天文导航，其未来的发展主要集中新原理新方法的创新和组合导航方面。

1. 基于新原理、新方法的自主天文导航方法

对于近地航天器天文导航，地球是最重要的观测天体，地平方向和地心矢量方向是最重要的量测信息，其测量精度也是决定近地航天器天文导航精度的最关键因素。传统的基于天体直接观测的天文导航方法受到地平敏感器的精度限制，精度无法得到有效提升。因此，研究获取上述信息的新原理和新方法就成为近地航天器天文导航发展的重要研究方向。利用星光折射和仿生偏振导航是近年来发展很快的两种方法，当飞行器在大气层之外时，利用高精度

的星敏感器通过观测星光在大气中的折射间接获取地平是提高地平敏感精度,从而提高导航精度的重要手段。当飞行器位于大气层内时,利用太阳光的大气偏振现象可不受气象条件的限制实现高精度的定向定位。此外,短波红外全天时自主天文导航技术、大气层内折射角的计算模型和补偿方法等也是需要研究的课题。

2. 近地航天器的天文组合导航方法

天文导航是一种自主的全局定位方法,其精度受航天器与天体之间几何关系和测量仪器误差等因素的影响较大。将天文导航与其他导航方法相结合,互相取长补短,利用信息融合技术进行组合导航是近地航天器提高导航精度和系统故障检测能力的重要途径。如对于地球卫星,就可将天文导航与陆标导航、地磁场导航、重力场导航、GPS、星间链路等其他导航方式相结合,得到多种组合导航系统。对于弹道导弹和飞机,则可将天文导航与惯性导航、图像导航等导航方式相结合构成组合导航系统。组合导航系统相对于单一系统具有很大的优越性,理论上组合系统可达到优于任一子系统的定位精度。

15.2　深空探测器自主天文导航的发展趋势

与近地航天任务相比,深空探测具有任务更复杂,飞行时间长,通信距离大,从而时延很大、信号微弱,日凌时间长等特点。深空距离地球远,可用的信息更少,因此天文导航就成为了深空探测器最重要的一种自主导航方式。从 20 世纪 90 年代到目前为止,已有五个深空探测任务成功实现了探测器的自主天文导航:"深空"1 号(Deep Space 1,DS1)、星尘号(STARDUST),深度撞击(Deep Impact),EPOXI 和 NEXT 探测器。随着深空探测的领域不断发展,自主天文导航也将发挥更大的作用,但也面临更高的挑战,需要在状态方程的精确建模、基于新型测量原理的导航方法和量测信息的处理、先进滤波方法和天文组合导航方法等方面有所突破。

1. 状态方程的精确建模

天文导航系统中状态模型的精度是影响导航精度的一个重要因素。由于深空探测器的轨道运动与近地航天器相比更为复杂,包括发射段(Launch Phase)、巡航段(Cruise Phase)、接近段(Approach Phase)、捕获段(Capture

Phase)以及遭遇段(Encounter Phase)和环绕段等多个不同的阶段,这些不同阶段对导航算法的精度、实时性和可靠性的要求也不同,因此针对不同阶段导航的不同特点和要求,动力学模型是深空探测器自主天文导航的重要研究内容。

2. 基于新型测量原理的导航方法和量测信息的处理方法

当前深空探测器自主天文导航中常用的天体敏感器多为可见光敏感器,观测的天体主要为恒星和行星,使用的量测量主要为天体视线方向和天体间的角度信息。由于深空探测器多在外层空间运行,观测不受大气影响,因此,除了可见光之外,还可利用红外和紫外敏感器以及多光谱复合敏感器。除了角度信息外,还可获得探测器相对目标天体的相对运动速度等更多量测信息。

当探测器距离自然天体较远时,天体在敏感器上的像可视为点目标;当探测器距离天体较近时,天体就不能再视为点目标,由于受到天体本身形状不规则,太阳光照和阴影,以及观测角度等条件的影响,此时要想精确获得天体的质心,就需要研究相应的质心获取算法,这也是值得研究的方向之一。

脉冲星导航和恒星多普勒测速导航都是新兴的航天器自主天文导航方法。在脉冲星导航方面,由于航天器飞行速度快,X 射线脉冲星辐射信号微弱并且星载计算资源受限,因此高动态环境下的快速脉冲星微弱信号处理方法是一个亟待解决的关键问题。在恒星多普勒测速导航方面,多普勒测速导航涉及光谱仪和天文光谱数据。其中,天文光谱数据缺乏,且恒星光谱不稳定,需开展相关天文观测并研究光谱的演化规律及处理方法。

3. 先进滤波方法及相应的理论分析方法在天文导航中的应用

目前,国外工程任务中实际使用的滤波方法是最为简单的批处理加权最小二乘法。原因一方面来自星载计算机能力的限制,另一方面则是由于该滤波方法在野值的检测和剔除方面具有优势,并且在复杂误差条件下稳定性好,可靠性高。但该滤波方法的缺点也是显而易见的,其可靠性的获得是以牺牲精度为代价的,并且该方法还需要大量的存储空间,累积一个弧段的数据才能得到结果,实时性差。随着计算机技术的发展和星载计算能力的提高,该方法必然被性能更好的滤波方法的取代。困扰深空探测器滤波精度和可靠性的最大问题是其误差影响因素具有多源、时变和突变的特点,针对上述误差,目前所采用批处理加权最小二乘法显然不是最适合的滤波方法。要想在上述复杂的误差条件下获得高精度、高可靠的导航结果必然需要滤波方法的改进。此外，在滤波参数的选择上，除了探测器的位置、速度和姿态之外，在未来的深空探测任务中未知或不确定天体的重力场参数、星历参数、IMU 误差等参数也需要在滤波过程中进行实时估计。

4. 深空探测器的天文组合导航方法

随着航天技术的发展，对深空探测器自主导航系统性能的要求将越来越高，单独任何一种自主导航系统都无法独自满足日益增加的高精度和高可靠性的需求。将天文导航方法与其他导航方法相结合构成组合导航系统，可实现各种导航方法之间的优势互补，并使组合导航系统的性能优于各子系统，是最为实用的深空探测器自主导航系统实现方案。如将探测行星的陆标信息和天文信息相结合，就可提高深空探测器在绕飞和变轨时的轨道控制精度和着陆时的准确性。利用轨道器之间或轨道器和着陆器间的相对距离和速度信息与天文信息相结合可提高深空探测器在交会对接时的导航精度。此外，利用信息融合技术进行组合导航也是未来深空探测器提高系统故障检测和隔离能力的重要途径。

15.3　结束语

21 世纪伊始，我国国家航天局向世界公布了《中国航天白皮书》，未来将大力发展应用卫星、载人航天和深空探测技术，这些都对空间自主控制技术提出了更加迫切的要求，也为天文导航的发展提供了更为广阔的应用领域。

展望未来，有理由相信天文导航技术将在未来航天运输系统的自主导航、大型对地观测卫星的高精度、高稳定度导航控制，载人飞船的自主导航和空间站的交会对接以及深空探测等领域发挥重要作用。

科学探索永无止境，人类正在把探索的脚步迈向更深邃空间，这些对天文导航技术的发展既是机遇也是挑战。目前天文导航的研究工作虽然得到了越来越多的关注，但还没有在航天器上得到应用，与国外还有较大差距。我们应紧密关注国际上的新技术、新思路，认真分析未来发展趋势，以力求创新、提高起点和跨越发展为指导思想来推进我国的自主天文导航技术。

参考文献

[1] 刘林. 航天器轨道理论[M]. 北京:国防工业出版社,2000.

[2] 田玉龙,房建成,宁晓琳. 自主天文导航系统中的两种状态方程及其特性分析[J]. 系统工程与电子技术,2004 ,12:1829 - 1831.

[3] 宋利芳. 近地轨道航天器自主天文导航方法研究[D]. 北京:北京航空航天大学,2005.

[4] 周文艳,杨维廉. 月球探测器转移轨道的中途修正[J]. 宇航学报,2004,25(1):89 - 92.

[5] 周文艳,杨维廉. 月球探测器转移轨道的特性分析[J]. 空间科学学报,2004,24(5):354 - 359.

[6] 林胜勇,李珠基,康志宇. 月球探测技术——轨道设计和计算[J]. 上海航天. 2003,4:57 - 62.

[7] Farina A,Benvenuti D. Tracking a ballistic target:comparison of several nonlinear filters[J], IEEE Transaction on Aerospace and Electronic Systems,2002,38(3):854 - 867.

[8] 秦永元,张洪钺,汪淑华. 卡尔曼滤波与组合导航原理[M]. 西安:西北工业大学出版社,1998.

[9] Julier S J,Uhlmann J K. A New extension of the Kalman filter to nonlinear systems[C]. Orlando FL,USA:The Proceedings of AeroSense,The 11th International Symposium on Aerospace/Defense Sensing,Simulation and Controls,1997.

[10] Julier Simon J,Uhlmann Jeffrey K. Reduced sigma point filters for the propagation of means and covariances through nonlinear transformations[C]. AK:Proceedings of the American Control Conference Anchorage,2002.

[11] Sanjeev Arulampalam M,Simon Maskell,Neil Gordon,et al. A Tutorial on particle filter for online nonlinear/non - Gaussian Bayesian tracking[J]. IEEE Transaction on Signal Processing,2002,50(2):174 - 188.

[12] Cody Kwok,Dieter Fox,Marina Meila. Real - time particle filters[C]. Proceedings of the IEEE,2004,92(3):469 - 484.

[13] Merwe R,Doucet A,Freitas N,et al. The unscented particle filter[R]. Cambridge University Engineering Department,August,2000:1064 - 1070.

[14] 曾毅. 改进的遗传算法在非线性方程组求解中的应用[J]. 华东交通大学学报,2004,21(4):132 - 134.

[15] 白鹤峰,谢腾翔. 同伦算法在单位矢量法定规中的应用[J]. 飞行器测控技术,1998,17(2):25 - 29.

[16] 曾毅. 浮点遗传算法在非线性方程组求解中的应用[J]. 华东交通大学学报,2005,22

(1):152 - 155.

[17] 罗亚中,袁端才,唐国金. 求解非线性方程组的混合遗传算法[J]. 计算力学学报,2005,22(1):109 - 114.

[18] 胡剑波,陈新海,周天健. 一种可重构飞行控制系统设计的新方法[J]. 西北工业大学学报,1998,16(2):297 - 302.

[19] 张国良,柯熙政,陈坚,等. 卡尔曼滤波的集结法降阶设计与应用[J]. 弹箭与制导学报,2005,25(1):1 - 4.

[20] 王炎生,陈宗基. 基于系统矩阵实 Schur 分解的集结法模型降阶[J]. 自动化学报,1996,22(5):597 - 600.

[21] 杨军. 基于模糊理论的卫星导航系统综合效能评估研究[J]. 宇航学报,2004,25(2):147 - 151.

[22] Funabashi M,Maeda A,Morooka Y,Mori K. Fuzzy and neural hybrid expert systems:synergetic AI. Expert,IEEE Intelligent Systems and Their Applications[J],1995,10(4):32 - 40.

[23] 曾安军,沙基昌. 可能性理论的推广方法及合理性研究[J]. 模糊系统与数学,1994,8(2):31 - 38.

[24] Dubois D,Prade H. Possibility theory and its applications:a retrospective and prospective view fuzzy systems[C]. The 12th IEEE International Conference,2003.

[25] 邓勇,施文康. 随机集理论在数据融合中的应用研究[J]. 红外与激光工程,2002,31(6):545 - 549.

[26] Mori S. Random sets in data fusion:formalism to new algorithms[C]. Proceedings of the Third International Conference,2000.

[27] 戴冠中,潘泉,张山鹰,等. 证据推理的进展及存在问题[J]. 控制理论与应用,1999 16(4):465 - 469.

[28] 杨天杜,杨开忠,曹雨平. 应用证据推理理论实现卫星故障诊断信息的融合方法[J]. 空间科学学报,2003,23(3):226 - 232.

[29] Jian - Bo Yang,Jun Liu,Jin Wang,et al. The evidential reasoning approach for inference in rule - based systems[C]. 2003. IEEE International Conference,2003.

[30] 黄泽汉,刑昌凤. 基于模糊理论的机动目标自适应多模型跟踪算法[J]. 情报指挥控制系统与仿真技术,2004,26(5):42 - 46.

[31] Baruch I,Flores J M,Martinez J C,et al. A multi - model parameter and state estimation of mechanical systems[C]. Proceedings of the 2000 IEEE International Symposium,2000,4 - 8(2):700 - 705.

[32] Ji Ming,Hanna P,Stewart D,et al. Improving Speech Recognition Performance by using Multi - model Approaches[C]. Proceedings. ,1999 IEEE International Conference,1999.

[33] 许丽佳,陈阳舟,崔平远. 基于神经网络的组合导航系统状态估计[J]. 计算机测量与控制,2004,12(7):660 - 664.

[34] 柴霖,袁建平,方群,等. 神经网络辅助的组合导航系统信息融合方案[J]. 西北工业大学学报,2005,23(1):45-48.

[35] Hong Qiao, Jigen Peng, Xu Z B, et al. A reference model approach to stability analysis of neural networks[J]. Systems, Man and Cybernetics, Part B, IEEE Transactions, Dec. ,2003, 33(6):925-936.

[36] Zheng Pei, Keyun Qin, Yang Xu. Dynamic adaptive fuzzy neural-network identification and its application[C]. IEEE International Conference,2003.

[37] 韩崇昭. 信息融合理论与应用[J]. 中国基础科学·科学前沿,2000,7:14-18.

[38] 韩崇昭,朱洪艳. 多传感信息融合与自动化[J]. 自动化学报,2002,28(增刊):117-124.

[39] Churn-Jung Lian. A Conservative Approach to Distributed Belief Fusion[C]. Proceedings of the Third International Conference,2000.

[40] 周朝晖,嵇成新. 多种滤波器方案对机动目标跟踪自适应性比较[J]. 情报指挥控制系统与仿真技术,2003,10:25-36.

[41] Hofbaur M W, Williams B C. Hybrid estimation of complex systems[J]. Systems, Man and cybernetics, Part B, IEEE Transactions, Oct. ,2004,34(5):2178-2191.

[42] Inseok Hwang, Balakrishnan H, Tomlin C. Performance analysis of hybrid estimation algorithms[C]. Decision and Control. Proceedings. 42nd IEEE Conference. Dec9 ~ 12,2003,5:5353-5359.

[43] 张尚悦,贾传荧. 基于遗传算法的最佳天文定位星座组合[J]. 交通运输工程学报,2004,4(1):110-113.

[44] 范跃祖,张轶男,马浩凯. BP/ GA 混合算法在简易组合导航系统中的应用[J]. 北京航空航天大学学报,2005,31(5):535-538.

[45] Chaiyaratana N, Zalzala, A M S. Recent developments in evolutionary and genetic algorithms:theory and applications[C]. Genetic Algorithms in Engineering Systems:Innovations and Applications,1997.

[46] Long A, Leung D, Folta D, et al. Autonomous navigation of high-earth satellites using celestial objets and doppler measurements[C]. Denver, CO:AIAA/AAS Astrodynamis Speialist Conferene,2000.

[47] Fang Jiancheng, Ning Xiaolin. New autonomous celestial navigation method for lunar satellite [J]. Harbin Institute of Technology. 2003,10(3):308-310.

[48] Jo Ryeong Yim, John L. Grassidis, John L. Junkins. autonomous orbit navigation of interplanetary spaeraft[C]. AIAA/AASA Strodynamis Speialist Conferene,2000.

[49] Battin R. H. An introduction to the mathematics and methods of astrodynamics[M]. American Institute of Aeronautics and Astronautics, New York,1987.

[50] Kuroda Y, Kurosawa T, Tsuchiya A, Kubota T. Robotics and automation[C]. 2004 IEEE In-

ternational Conference, 2004.

[51] Richard Volpe. Mars rover navigation results using sun sensor heading determination[C]. Proceedings of the 1999 IEEE/RSJ International Conference on Intelligent Robots and Systems, 1999.

[52] Krotkov E, Hebert M, Buffa M, et al. stereo driving and position estimation for autonomous planetary rovers[C]. IARP Workshop on Robotics in Space, 1994.

[53] Robert Smith, Andy Frost, Penny Probed. Aspects of heading determination via fusion of inclinometer and magnetometer data[C]. Proceedings. 8th International Conference, 1997.

[54] Charles R. Weisbin, Guillermo, Rodriguez, et al. autonomous rover technology for Mars samplereturn[C]. 1999 International Symposium on Artificial Intelligence, Robotics and Automation in Space (i - SAIRAS99), June, 1999.

[55] Trautner R, Bello Mora M, Hechler M, K et al. A new celestial navigation method for Mars landers[C]. 35th Lunar and Planetary Science Conference, League City, Texas, March 15 - 19, 2004.

[56] Benjamin P Malay. Celestial navigation on the surface of Mars[R]. AIAA Trident Scholar project report, 2001.

[57] Vandenberg N R, Baver K D. International VLBI service for geodesy and astronomy[R]. NVI, Inc. NASA Goddard Space Flight Center, 2004.

[58] Mark S. Avnet. The hubble - shuttle linkage and the future of space - based astronomy[C]. Orlando, Florida: 1st Space Exploration Conference: Continuing the Voyage of Discovery, 2005.

[59] Keith Hefner. Performance as promised: how the chandra X - ray observatory accomplished one of NASA's most challenging missions for billions of dollars less than originally planned [C]. San Diego, California: Space 2004 Conference and Exhibit, 2004.

[60] William M. Johnson, Richard E. Phillips. Stellar/Inertial (EBCCD/MEMS) attitude measurement & control of small satellites[C]. Albuquerque, NWS: AIAA Space 2001 - Conference and Exposition, 2001.

[61] Quang M. Lam, Teresa Hunt, Paul Sanneman, Stanley Underwood. Analysis and design of a fifteen state stellar inertial attitude determination system[C]. Austin, Texas: AIAA Guidance, Navigation, and Control Conference and Exhibit, 2003.

内容简介

天文导航技术是航天器的自主导航手段之一，天文导航系统由于精度较高、自主性强正得到越来越广泛的应用。本书是作者在2006年所著第1版的基础上更新修订而成，主要根据作者课题组全体成员多年来的研究成果和国内外天文导航技术领域的最新进展撰写而成，全书内容共分15章。第1章~第4章主要介绍了天文导航的相关基础知识和基本理论。第5章和第6章系统地论述了地球卫星自主天文导航的原理与方法。第7章~第9章分别研究了深空探测器测角、测距、测速及组合导航的原理与方法。第10章和第11章分别介绍了巡视器和弹道导弹的惯性/天文组合导航方法。第12~14章介绍了天文导航的计算机仿真和半物理仿真技术，包括利用STK软件的天文导航系统的计算机仿真和天文导航半物理仿真系统设计方法以及恒星、行星的图像匹配与识别方法。最后在第15章对天文导航未来的发展趋势进行了展望。

本书既可作为从事导航技术研究和应用领域的工程技术人员的参考书，也可作为高等院校相关专业高年级本科生和研究生的教材及参考书。

Celestial navigation technology is oneof the means of spacecraft autonomous navigation. It has been widely used due to its high precision and strong autonomy. This is the second edition of the book published by the authors in 2006, in which many contents are improved and updated according to the latest results and developments in the field of spacecraft celestial navigation. The book includes fifteen chapters. The first four chapters mainly introduce the basic knowledge and basic theory of celestial navigation. The fifth chapter and the sixth chapter discuss the principle and methods of satellite autonomous celestial navigation. In the seventh, eighth and ninth chapters, the principle and methods of celestial navigation using angle, ranging or velocity as measurement are studied, and the corresponding integrated navigation method are also researched. The tenth chapter and the eleventh chapter cover the inertial/celestial integrated navigation methods of the rovers and the ballistic missiles. The twelfth, thirteenth and fourteenth chapters mainly deal with the computer simulation and semi-physical simulation technologies of celestial navigation. The use of software STK and the matching and recognition of stars are also introduced. Finally, in the fifteenth chapter, the future development trend of celestial navigation is discussed.

This book can be used as a reference book for engineering and technical personnel in the field of navigation technology research and application. It is also organized for use as a text in courses about navigation for the senior students and graduate students.